Hilfsbuch für
Nahrungsmittelchemiker
zum Gebrauch im Laboratorium

für die Arbeiten der Nahrungsmittelkontrolle,
gerichtlichen Chemie und anderen Zweige der
öffentlichen Chemie

verfaßt von

Dr. A. Bujard und **Dr. E. Baier**

Direktor des städtischen
chemischen Laboratoriums
zu Stuttgart

Direktor des Nahrungsmittel-Unter-
suchungsamts d. Landwirtschaftskammer
f. d. Prov. Brandenburg zu Berlin

Mit in den Text gedruckten Abbildungen

Dritte umgearbeitete Auflage

Berlin

Verlag von Julius Springer

1911

Alle Rechte, insbesondere das der
Übersetzung in fremde Sprachen, vorbehalten.

ISBN-13: 978-3-642-89266-0   e-ISBN-13: 978-3-642-91122-4
DOI: 10.1007/978-3-642-91122-4
Softcover reprint of the hardcover 3th edition 1911

Vorwort.

Das Hilfsbuch für Nahrungsmittel-Chemiker erscheint hiermit in dritter Auflage. Wie schon sein Titel besagt, soll es lediglich praktischen Zwecken dienen, jedoch die vorhandenen bewährten Lehrbücher der Nahrungsmittel-Chemie weder ersetzen noch ergänzen. Seinem Inhalte gemäß eignet sich das Hilfsbuch in erster Linie für den Gebrauch des Nahrungsmittel-Chemikers selbst, es kann aber auch andern Chemikern sowie Apothekern, Ärzten und Juristen in manchen Fällen als praktischer Ratgeber und Nachschlagebuch dienen.

Das Hilfsbuch gliedert sich in drei Hauptteile, einen chemischen, einen bakteriologischen und einen aus allgemeinen Hilfstabellen, Reichsgesetzen und -Verordnungen u. s. w. bestehenden Anhang.

Da der Nahrungsmittel-Chemiker meistens sich auch mit gerichtlicher Chemie und Harnanalyse zu befassen und technische Untersuchungen, wie die der Dünge- und Futtermittel, der Gerbmaterialien, von Bienenwachs, Seife, Schmiermittel, sowie zolltechnische Untersuchungen u. s. w. auszuführen hat, so wurden auch diese Gegenstände sowie die der Überwachung durch das Nahrungsmittel-Gesetz und die Spezialgesetze unterliegenden Gebrauchsgegenstände, soweit es der enge Rahmen des Hilfsbuches zuließ, wie bei der ersten und zweiten Auflage berücksichtigt. Das biologische Untersuchungsverfahren zur Unterscheidung der Blutarten wurde in die Abschnitte „Fleisch- und Wurstwaren" sowie „gerichtliche Chemie" als neuer Zweig der Untersuchungstechnik aufgenommen.

Der nahrungsmittelchemische Teil, dem wie bisher ein Abschnitt über Probeentnahme vorangestellt ist, bedurfte einer den Fortschritten der Nahrungsmittel-Chemie und -Gesetzgebung entsprechenden völligen Umarbeitung. Ein Vergleich der zweiten Auflage des Hilfsbuches mit der vorliegenden dritten Auflage gibt darüber am besten Auskunft. Bei der großen Fülle an Stoff mußte selbstverständlich zur Vermeidung einer erheblichen Vermehrung des Inhaltes eine sorgfältige Auslese stattfinden und konnten nur die bekanntesten und praktisch erprobten Methoden berücksichtigt und in knapper Form wiedergegeben werden, wobei wir nicht verfehlten, auch kritische Bemerkungen fremden und eigenen Ursprungs einfließen zu lassen. Ferner waren wir aber auch bestrebt, durch zahlreiche Literaturhinweise das Aufsuchen der Originalarbeiten zu erleichtern und die Aufmerksamkeit auch auf die neueren Veröffentlichungen zu lenken. Außerdem wurde auch bei der Beurteilung dem heutigen Stand der Rechtsprechung unter Hinweis auf die wichtigsten Entscheidungen sowie den Beschlüssen der freien Vereinigung deutscher Nahrungsmittel-Chemiker in entsprechender Weise Rechnung getragen.

Der bakteriologische Teil umfaßt die Beschreibung der Untersuchungsmethoden sowie eine Übersicht über die wichtigsten bakteriologischen bezw. mykologischen Vorgänge bei der Herstellung und Aufbewahrung der Nahrungs- und Genußmittel. Bei der Auswahl und Anordnung der medizinsch-bakteriologischen Methoden wurden nur die in der Praxis des Nahrungsmittel-Chemikers tatsächlich vorkommenden Untersuchungen berücksichtigt. Auf eine Anleitung zu Tierversuchen wurde als eine dem Nahrungsmittel-Chemiker im allgemeinen nicht zukommende Arbeit verzichtet, dagegen die Untersuchung von Wasser auf Coli- und Typhusbakterien sowie Choleraspirillen aufgenommen. Ferner finden sich in diesem Teil noch die Methoden des Tuberkelbacillennachweises in Sputum und Milch und diejenigen zur Prüfung von Desinfektionsmitteln sowie die bewährtesten Anleitungen zur Vornahme von Desinfektionen.

Obwohl die Absicht bestand, eine Erweiterung des Buchumfanges zu vermeiden und deshalb ein großer Teil, insbesondere auch der ganze Anhang in kleiner Schrift abgesetzt und eine Stoffverringerung durch Weglassen weniger wichtiger Methoden und Tabellen herbeigeführt wurde, so war es doch nicht möglich, ohne Schädigung der Übersichtlichkeit den früheren Umfang des Werkes beizubehalten.

Wir bitten um gütige Nachsicht, daß das Erscheinen des schon seit mehreren Jahren vergriffenen Hilfsbuches sich verzögert hat und hoffen auf eine ebenso günstige Aufnahme desselben seitens der Berufsgenossen, wie sie den beiden früheren Auflagen zuteil wurde. Allen, welche uns durch Mitteilungen und anderweitige Mitarbeit freundlichst unterstützt haben, sprechen wir unseren verbindlichsten Dank aus.

Stuttgart und Berlin, im April 1911.

Die Verfasser.

Inhaltsübersicht.

Die Probeentnahme.

	Seite
A. Allgemeines	1
B. Probeentnahme bei der amtlichen Nahrungsmittelkontrolle nebst Verzeichnis der Untersuchungsgegenstände	2—6
C. Spezielle Anleitungen für Probeentnahme	4
1. Stallprobeentnahme von Milch	6
2. Entnahme von Trinkwasserproben	7
a) Für chemische Untersuchung	7
b) Für die bakteriologische Untersuchung	8
3. Entnahme von Margarine, Margarinekäse und Kunstspeisefett	9
4. Weinkellerkontrolle	9

Chemischer Teil.

I. Allgemeiner Gang bei den Untersuchungen von Nahrungs-, Futter- und Düngemitteln.

A. Bestimmung von Wasser und Trockensubstanz	10
B. Bestimmung der Asche (Mineralbestandteile) und des Sandes (in Salzsäure unlöslicher Teil)	12
C. Bestimmung der Eiweißstoffe (Proteinstoffe) bzw. des Stickstoffes	13
D. Bestimmung des Fettes (Rohfett, Äther-Extrakt)	16
E. Bestimmung und Trennung der stickstofffreien Extraktivstoffe (namentlich der Kohlenhydrate)	16
1. Bestimmung der in Wasser löslichen Stoffe	17
2. Bestimmung von Trockensubstanz (Extrakt) und Asche	17
3. Trennung und Bestimmung der löslichen Kohlenhydrate	17
a) Bestimmung der Zuckerarten	18
b) Bestimmung der Dextrine	22
c) Trennungsverfahren für die Zuckerarten und Dextrine	22
Tabellen für Zucker- und Dextrinbestimmungen	26—41
4. Bestimmung der Stärke	42
F. Bestimmung der Pentosane und der Rohfaser (Cellulose)	43
Die Berechnung des Nährgeldwertes der Nahrungsmittel	44
Untersuchung von Futtermitteln, Getreide u. s. w.	46
Untersuchung von Düngemitteln	49

II. Untersuchung der Fette.

Allgemeine Untersuchungsmethoden	56
1. Bestimmung des Schmelz- und Erstarrungspunktes	56
2. Bestimmung des optischen Drehungsvermögens (Polarisation)	57

		Seite
3.	Bestimmung des Brechungsvermögens mit dem Butterrefraktometer nach Zeiß-Wollny	57
4.	Bestimmung des spezifischen Gewichtes	62
5.	Bestimmung der freien Fettsäuren (des Säuregrads)	63
6.	Bestimmung der flüchtigen, in Wasser löslichen Fettsäuren (der Reichert-Meißl-Zahl)	63
7.	Bestimmung der Verseifungszahl (der Köttstorferschen Zahl)	65
8.	Bestimmung der unlöslichen Fettsäuren (der Hehnerschen Zahl)	66
9.	Bestimmung der Jodzahl nach von Hübl	67
10.	Bestimmung der unverseifbaren Bestandteile	69
11.	Phytosterin- und Phytosterinacetatprobe nach A. Börner	69
12.	Trennung der flüssigen Fettsäuren von den festen	72
13.	Farbenreaktionen zur Unterscheidung pflanzlicher Fette von tierischen	72

Untersuchung und Beurteilung der Speisefette.

A. Flüssige Fette (Öle) 73
   1. Probeentnahme 73
   2. Untersuchung 73
   Beurteilung 74

B. Feste Fette . . . .
   Butter (Butter-, Rindsschmalz, Schmelzbutter) 75
   Probeentnahme 75
   Untersuchung 76
   1. Bestimmung des Wassers 76
   2. Bestimmung von Casein, Milchzucker und Mineralbestandteilen (Kochsalz) 76
   3. Bestimmung des Fettes 78
   4. Bestimmung des Säuregrades 78
   5. Nachweis von Verdorbenheit 78
   6. Nachweis wiederaufgefrischter (oder sog. Renovated- oder Prozeß-) Butter 79
   7. Nachweis von Konservierungs-(Frischerhaltungs-)mitteln . . . 79
   8. Untersuchung des Butterfettes auf fremde Fette 79
   Beurteilung 88
   Margarine (Schmelzmargarine) 93
   Beurteilung 94
   Schweinefett (Schmalz) 96
   Beurteilung 100
   Rindsfett, Hammelfett (-Talg), (Premier jus, Oleomargarine, Preßtalg) und Gänsefett; nebst Instruktion für die zolltechnische Untersuchung des Talges u. s. w. 103
   Beurteilung 105
   Cocosfett 106
   Anlage d der Ausführungsbestimmungen D §§ 15 und 16 zum Schlachtvieh- und Fleischbeschaugesetz vom 3. Juni 1900 bzw. deren Änderung vom 22. Februar 1908 107
   Preußische Ministerialverfügung, betr. die Untersuchung ausländischen Fleisches vom 24. Juni 1909; nebst Anleitung zum Nachweis geringer Mengen Wasser im Schweineschmalz . . 115
   Übersicht über die Konstanten der wichtigsten Fette 116

Anhang.

A. Unterscheidung von Tran, Mineral-, Harz- und Teeröl 118
B. Untersuchung von Schmiermitteln 120
C. Untersuchung von Petroleum 122
D. Untersuchung von Bienenwachs 124
E. Untersuchung von Seifen 126

Inhaltsübersicht. VII

Seite

III. Milch und Milcherzeugnisse.

1. Bestimmung des spezifischen Gewichtes 129
2. Bestimmung der Trockensubstanz (bzw. fettfreien Trockensubstanz) und des spezifischen Gewichtes der Trockensubstanz 131
3. Bestimmung des Fettes 132
4. Bestimmung der Eiweißstoffe (des Stickstoffs) 135
5. Bestimmung des Milchzuckers. 135
6. Bestimmung der Mineralbestandteile 136
7. Bestimmung des Säuregrades bzw. Nachweis der Frische . . . 136
8. Bestimmung von Konservierungsmitteln 136
9. Nachweis der Salpetersäure 138
10. Bestimmung des Schmutzgehaltes 138
11. Unterscheidung gekochter (pasteurisierter) Milch von ungekochter (frischer) Milch 139
12. Bestimmung des Katalasegehaltes (Nachweis von Fermenten) 139
13. Gärprobe 140
14. Caseinprobe 140
15. Nachweis von Saccharose bzw. Zuckerkalk 140
16. Nachweis von Mehl 141
17. Nachweis von Saccharin 141
18. Nachweis von Alkohol 142
19. Nachweis von Farbstoffen 142
20. Untersuchung von geronnener Milch 142
21. Mikroskopische Untersuchung 142
Beurteilung 143
Tabellen für Milchuntersuchungen . . . . 148—155

IV. Käse.

Probeentnahme und Vorbereitung der Käseproben 156
Ausführung der Untersuchung 156
1. Bestimmung des Wassers und der Trockensubstanz 156
2. Bestimmung des Fettes 156
3. Bestimmung des Gesamtstickstoffs 157
4. Bestimmung der löslichen Stickstoffverbindungen 157
5. Bestimmung der freien Säure 157
6. Bestimmung der Mineralbestandteile (besonders Kochsalz) . . . 158
7. Bestimmung des Milchzuckers 158
8. Untersuchung des Käsefetts auf seine Abstammung 158
9. Mikroskopische Untersuchung u. s. w. 159
Beurteilung 159

V. Fleisch, Wurstwaren und Fleischkonserven, auch Fischkonserven und dergl., sowie Eier.

Probeentnahme 161
A. Zur chemischen Untersuchung von Fleisch, ausgenommen zubereitete Fette 161
B. Zur chemischen Untersuchung zubereiteter Fette 163
C. Vorprüfung vorbereiteter Fette 163
D. Beurteilung der Gleichartigkeit von Sendungen zubereiteten Fleisches; Probeentnahme in zweifelhaften Fällen 164
Untersuchungsmethoden 164
Anweisung für die chemische Untersuchung von Fleisch gemäß der Ausführungsbestimmungen zum Fleischbeschaugesetz 164
1. Bestimmung des Wassergehaltes, des Fettgehaltes (Ätherextraktes), der Mineralbestandteile (Asche) und der Stickstoffsubstanz (Zucker) u. s. w. 170
2. Bestimmung der wasserlöslichen Extraktivstoffe, des Bindegewebes und der Muskelfaser 170
3. Identitätsnachweis (insbesondere biologischer und chemischer Nachweis von Pferdefleisch) 170

		Seite
4.	Prüfung auf Bindemittel (Mehle, Stärkemehl, Semmel, Eiweiß)	177
5.	Nachweis von Farbstoffen	179
6.	Nachweis von Konservierungsmitteln	180
7.	Nachweis von minderwertigen Stoffen und Verdorbenheit	185
8.	Nachweis von Giften	186

Fleischextrakte, Peptone, fleischhaltige Nährmittel, Suppenwürzen
u. s. w. 186
1. Bestimmung des Wassers 187
2. Bestimmung des Gesamtstickstoffes und der einzelnen Verbindungsformen desselben 187
3. Bestimmung des Fettes 190
4. Bestimmung von Zucker und Dextrin in Suppenwürzen 190
5. Bestimmung der Mineralstoffe 190
6. Bestimmung des Alkoholextraktes in Fleischextrakten 190
7. Identitätsnachweis von Fleischextrakt 191
8. Nachweis von Hefeextrakt in Fleischextrakt 191
  Beurteilung 191
Anhang 198
  Eier 198

VI. Getreide- und Hülsenfrüchte nebst Fabrikaten, Back- und Teigwaren. Kindermehle u. s. w.

A. Chemische Untersuchung 201
  1. Bestimmung von Wasser 201
  2. Bestimmung von Asche, Sand 201
  3. Bestimmung von Fett (Ätherextrakt) 201
  4. Bestimmung von Eiweiß (Rohprotein) 202
  5. Bestimmung des Klebers bzw. Ermittelung der Backfähigkeit 202
  6. Bestimmung von Zucker, Dextrin und Stärke (Kohlenhydrate) 204
  7. Bestimmung der Rohfaser 204
  8. Nachweis von Verdorbenheit 204
  9. Säuregehalt 205
  10. Metalle 205
  11. Nachweis von ozoniertem Mehl 206
  12. Nachweis von Unkrautsamen 206
  13. Nachweis von kranken Getreidesorten 207
  14. Nachweis von Talkum 207
  15. Nachweis von Farbstoffen 207
  16. Nachweis von schwefliger Säure 208
  17. Bestimmung der Lezithinphosphorsäure, von Eigelb bzw. Ei . 208
  18. Nachweis von Solanin 210
B. Mikroskopische Untersuchung 210
  Nachweis von Verfälschungen 210
  1. Nachweis von Weizenmehl im Roggenmehl und umgekehrt . 211
  2. Nachweis von Gersten- und Reismehl 212
  3. Nachweis von Maismehl, nebst zollamtlicher Anweisung .. 212
  4. Nachweis von Hafermehl 214
  5. Nachweis von Hülsenfrüchten 214
  6. Nachweis von Kartoffelmehl 214
  Nachweis von Unkrautsamen 215
  Nachweis von kranken Getreidesorten 216
  Beurteilung 216

VII. Gemüse (Pilze) und Gemüsekonserven.

1. Prüfung auf Marktfähigkeit, Genießbarkeit bezw. Verdorbenheit 220
2. Prüfung auf Metallgifte 221
3. Prüfung auf Konservierungsmittel 222
4. Bestimmung der freien Säure 222
5. Nachweis künstlicher Färbung 222

Inhaltsübersicht. IX

	Seite
6. Nachweis von Zuckerung	222
7. Vollständige Analyse zur Berechnung des Nährwertes	222
Beurteilung	222

VIII. Obst (Früchte) und Obstkonserven.

A. Frischobst ... 223
B. Dörrobst und kandierte Früchte ... 224
   1. Prüfung auf Unverdorbenheit ... 224
   2. Prüfung auf metallische Gifte ... 224
   3. Nachweis von Konservierungsmitteln ... 225
   4. Nachweis von Teerfarbstoffen ... 225
   5. Bestimmung der Zuckerstoffe ... 225
   6. Nachweis künstlicher Süßstoffe ... 225
   7. Bestimmung der freien und flüchtigen Säure ... 225
   Beurteilung ... 225
C. Fruchtsäfte, -sirupe, Limonaden, sowie sog. alkoholfreie Getränke ... 226
   1. Bestimmung des spezifischen Gewichtes, von Wasser und Trockensubstanz (Extrakt) ... 226
   2. Bestimmung des Extraktrestes ... 227
   3. Bestimmung des Alkohols ... 228
   4. Bestimmung der Mineralstoffe und deren Alkalität ... 228
   5. Bestimmung der Gesamtsäure ... 228
   6. Nachweis und Bestimmung der Zuckerarten ... 228
   7. Bestimmung des Stickstoffgehaltes ... 232
   8. Prüfung auf künstliche Süßstoffe ... 232
   9. Prüfung auf gesundheitsschädliche Metalle ... 232
   10. Nachweis von Glycerin ... 232
   11. Nachweis von Wein-, Citronen-, Apfelsäure ... 232
   12. Nachweis künstlicher Färbung ... 232
   13. Nachweis von Konservierungsmitteln ... 232
   14. Nachweis von Saponin ... 234
   Beurteilung ... 234
D. Marmeladen, Muse, Jams, Kompotte, Gelées, Rübenkraut, Obstkraut ... 239
   1. Bestimmung des Unlöslichen, Wassergehaltes und Extraktes ... 239
   2. Bestimmung des spezifischen Gewichts und Polarisation der invertierten Lösung ... 240
   3. Ermittelung und Bestimmung der Zuckerarten ... 240
   4. Bestimmung des zuckerfreien Extraktes ... 241
   5. Bestimmung der Mineralstoffe, Alkalität und einzelner Mineralstoffe ... 241
   6. Bestimmung der Gesamtsäure ... 241
   7. Bestimmung von Saccharin, Teerfarbstoffen, Konservierungsmitteln, Glycerin, Stickstoff, Schwermetallen, Pektinstoffen ... 241
   8. Nachweis von Gelatine und Agar-Agar (Gelose) ... 241
   9. Nachweis fremder Obst- bzw. Pflanzenbeimischungen ... 242
   Beurteilung ... 242

IX. Gewürze.

Pfeffer ... 245
Paprika (Spanischer Pfeffer) ... 249
Muskatblüte (Macis) und Muskatnüsse ... 249
Gewürznelken ... 251
Safran ... 252
Piment ... 253
Zimt ... 254
Senfmehl ... 255
Vanille ... 256
Anis ... 257
Cardamomen ... 257

	Seite
Fenchel	257
Ingwer	257
Koriander	257
Kümmel	257
Majoran	258
Anhang: Kochsalz	258

X. Zucker und Zuckerwaren, künstliche Süßstoffe.

A. Rohr-(Rüben-)zucker (Saccharose) 258
   1. Bestimmung des Wassers 258
   2. Bestimmung der Asche 258
   3. Nachweis von mineralischen Beimengungen. 258
   4. Nachweis von Mehl, Stärke. 259
   5. Bestimmung des Saccharosegehaltes 259
   6. Bestimmung von Saccharose neben Invertzucker 260
   7. Unterscheidung von Rübenzucker und Zuckerrohrzucker. . . . 260
   Beurteilung 260
B. Traubenzucker (Glucose), Stärkezucker-[sirup] 261
   1. Bestimmung des Wassers 261
   2. Bestimmung der Asche 261
   3. Bestimmung von in Wasser unlöslichen Stoffen. 261
   4. Bestimmung des Säuregehaltes durch Titration 261
   5. Bestimmung von Glucose und Dextrin. 261
   Beurteilung 263
C. Zucker und Konditoreiwaren, sowie Speiseeis 263
     a) Prüfung auf Mineralstoffe 263
     b) Prüfung auf Farbstoffe 263
     c) Bestimmung und Nachweis der Zuckerstoffe, auch von Honig, von Stärkesirup, Dextrinen. 264
     d) Umhüllungen von Stanniol auf Blei u. s. w. 264
     e) Nachweis künstlicher Süßstoffe 264
     f) Nachweis von Hühnereigelb 264
     g) Nachweis fremder Fette 264
     h) Nachweis von Blausäure und Nitrobenzol in Marzipan . . 264
   Beurteilung 264
   Ausführungsbestimmungen (vom 18. Juni 1903) zum Zuckersteuergesetz vom 27. Mai 1896 265
   Tabelle zur Ermittelung des Zuckergehalts wässeriger Zuckerlösungen . . . . 283—292
D. Künstliche Süßstoffe 293
   Anweisung zur chemischen Untersuchung der künstlichen Süßstoffe 294

XI. Honig.

1. Bestimmung von Wasser und Trockensubstanz 297
2. Bestimmung der Asche 298
3. Bestimmung des Säuregehalts 298
4. Nachweis von Mehl 298
5. Nachweis des direkt reduzierenden Zuckers 298
6. Nachweis und Gehaltsermittelung von Stärkesirup 298
7. Nachweis von Saccharose. 300
8. Bestimmung von Glucose und Fructose 301
9. Bestimmung des Nichtzuckergehalts 301
10. Nachweis von Melasse 301
11. Nachweis von Stickstoff 301
12. Spezialreaktionen 301
13. Nachweis von Farbstoffen und künstlichen Süßstoffen 303
14. Biologische Untersuchung. 304
15. Mikroskopische Untersuchung. 304
   Beurteilung 304

XII. Kaffee und Kaffeeersatzstoffe.

1. Ungebrannter Kaffee 307
   a) Nachweis von Farbstoffen 307
   b) Nachweis von Seewasser in havarierten Bohnen 308
   c) Bestimmung des Wassergehaltes, von Coffein u. s. w ... 308
2. Gebrannter Kaffee 308
   a) Nachweis von Beschwerungs- und Glasurmitteln 308
   b) Bestimmung des Extrakts 309
   c) Bestimmung von Zucker, Stärke und Rohfaser 310
   d) Bestimmung der Stickstoffsubstanzen 310
   e) Gehalt an Fett, Mineralstoffen, Salzsäureunlöslichem, Chlor, Metallen 310
   f) Gehalt an Säure 310
   g) Gehalt an Coffein 310
   h) Mikroskopische Untersuchung 313
3. Künstliche Bohnen.................... 314
4. Ersatzstoffe....................... 314
   Beurteilung 314

XIII. Tee.

1. Chemische Untersuchung................ 317
2. Botanische und mikroskopische Untersuchung 317
   Beurteilung 318

XIV. Kakao und Kakaowaren.

1. Bestimmung des Wassers 319
2. Bestimmung der Gesamtasche und Bestimmung ihrer Alkalität 319
3. Bestimmung des Zuckers................. 319
4. Bestimmung und Prüfung des Fettes 320
5. Bestimmung der Stickstoffverbindungen 321
6. Nachweis eines Zusatzes von stärkemehlhaltigen Stoffen und Bestimmung des Stärkemehls............... 321
7. Bestimmung der Rohfaser................ 322
8. Bestimmung von Theobromin, einschl. Coffein 322
9. Nachweis von Fettsparern bzw. Befestigungsstoffen in Schokolade 323
10. Nachweis von Kakaoschalen 324
11. Ermittelung von Milch bzw. Rahm 325
12. Nachweis von Teerfarbstoffen, Saccharin 326
13. Mikroskopische Prüfung 326
    Beurteilung 327

XV. Tabak.

Chemische Untersuchung 330
Beurteilung 332

XVI. Branntweine und Liköre.

1. Bestimmung des spezifischen Gewichts........... 332
2. Bestimmung des Alkohols 332
3. Bestimmung des Fuselöls 333
   Tabelle zur Ermittelung des Fuselölgehalts 334
4. Bestimmung der Gesamtsäure............... 335
5. Bestimmung der freien Mineralsäuren 335
6. Bestimmung der freien Blausäure............. 335
7. Bestimmung von Extrakt, Mineralstoffen, Glycerin, Weinsteinsäure u. s. w. 336
8. Bestimmung von Zucker bzw. der verschiedenen Zuckerarten 336
9. Bestimmung künstlicher Süßstoffe 336
10. Bestimmung von ätherischen Ölen 336
11. Bestimmung von Äther-(Ester)arten 336

	Seite
12. Nachweis von Farbstoffen	336
13. Nachweis von Caramel	337
14. Nachweis von Vergällungsmitteln	337
15. Nachweis von Aldehyd und Furfurol	340
16. Nachweis von Bitterstoffen, Branntweinschärfen, Verstärkungsessenzen u. s. w.	341
17. Nachweis von Metallen	341
18. Nachweis von unreinem Wasser	342
19. Nachweis von Stärkesirup, Lezithin-(Eigelb-)gehalt, Milch	342
Beurteilung	342
Ausführungsbestimmungen zum Branntweinsteuergesetz v. 1. Okt. 1900 bzw. 28. März 1901 und 18. Sept. 1902	345
Anleitung zur Untersuchung der Vergällungsmittel mit Ausnahme des Essigs	352
Anleitung zur Untersuchung von Kollodium auf den Gehalt an Kollodiumwolle	356
Anleitung zur Untersuchung von Lacken und Polituren auf den Harzgehalt	356
Anleitung zur Untersuchung von Rücklaufaceton	356
Anleitung zur Untersuchung von Seifen auf ihren Gehalt an Alkohol, Wasser und verseifbaren Bestandteilen	357
Tafel zur Ermittelung des Alkoholgehalts	358
Hilfstafel I. Verdünnung von höherprozentigem Branntwein auf 24,7 Gew.-%	363
Hilfstafel II. Bereitung des Branntweins von 24,7 Gew.-% aus niedriger prozentigem mittels Zusatzes von absolutem Alkohol bei 15° C.	367

XVII. Essig.

1. Bestimmung des Säuregehalts	368
2. Bestimmung des spezifischen Gewichtes, Extrakts und der Mineralstoffe	368
3. Bestimmung des Aldehyds, Alkohols	368
4. Nachweis von Metallen	368
5. Nachweis von freien Mineralsäuren	368
6. Bestimmung von organischen freien Säuren	368
7. Nachweis scharfer Pflanzenstoffe	368
8. Nachweis von Farbstoffen	368
9. Nachweis von Konservierungsmitteln	368
10. Feststellung der Art und Herkunft	368
11. Unterscheidung von Gärungsessig und Holzessig	369
Beurteilung	369
Essigsäure-Ordnung	370

XVIII. Bier und seine Rohstoffe.

A. Materialien	371
1. Brauwasser	371
2. Gerste	371
3. Malz	373
4. Hefe (auch Getreidepreßhefe) nebst Beurteilung	375
5. Hopfen	378
B. Erzeugnisse	379
Würze	379
Bier	379
1. Bestimmung des spezifischen Gewichts	380
2. Bestimmung des Alkohols	380
3. Bestimmung des Extraktes	380
4. Bestimmung des Extraktgehaltes der Stammwürze und des Vergärungsgrades	381
5. Bestimmung des Zuckergehalts	381

	Seite
6. Bestimmung des Dextrins	381
7. Bestimmung der stickstoffhaltigen Substanzen	382
8. Bestimmung der Säure	382
9. Bestimmung der flüchtigen Säuren	382
10. Bestimmung des Glycerins	382
11. Bestimmung der Asche, Phosphorsäure und Alkalität	383
12. Bestimmung der Kohlensäure	383
13. Nachweis von Konservierungsmitteln	383
14. Bestimmung der künstlichen Süßstoffe	384
15. Prüfung auf Neutralisation	384
16. Prüfung auf Bitterstoffe und Alkaloide	385
17. Prüfung auf Metalle	385
18. Prüfung auf Trübungen	385
Beurteilung	386

XIX. Trauben- und Obstsaft(-most), Wein und Obstwein.

	Seite
A. Moste	389
Unvergorener bezw. auch eingedickter Traubensaft	389
1. Bestimmung des Zucker- bzw. Extrakts	389
Tabelle nach Halenke und Möslinger	390
2. Gesamtsäure	391
3. Spezifisches Gewicht	391
4. Trockensubstanz	391
5. Polarisation	391
6. Weinstein	391
7. Phosphorsäure	391
8. Mineralbestandteile	391
9. Konservierungsmittel	391
Weinmostverbesserung	391
Obstmost (-säfte)	392
1. Apfelmost	392
2. Birnenmost	392
3. Beerenmost (-saft)	392
B. Wein, Traubenwein	393
Amtliche Anleitung zur Untersuchung des Weines vom 25. Juni 1896	393
1. Bestimmung des spezifischen Gewichts	394
2. Bestimmung des Alkohols	396
3. Bestimmung des Extrakts	396
4. Bestimmung der Mineralbestandteile	397
5. Bestimmung der Schwefelsäure	398
6. Bestimmung der freien Säuren	399
7. Bestimmung der flüchtigen Säuren	399
8. Bestimmung der nichtflüchtigen Säuren	400
9. Bestimmung des Glycerins	401
10. Bestimmung des Zuckers	406
11. Polarisation	409
12. Nachweis des unreinen Stärkezuckers durch Polarisation	411
13. Nachweis fremder Farbstoffe in Rotweinen	412
14. Bestimmung der Gesamtweinsteinsäure, der freien Weinsteinsäure, des Weinsteins und der an alkalische Erden gebundenen Weinsteinsäure	413
15. Bestimmung der Schwefelsäure in Weißweinen	415
16. Bestimmung der schwefligen Säure	415
17. Bestimmung des Saccharins	417
18. Nachweis von arabischem Gummi und Dextrin	418
19. Bestimmung des Gerbstoffs	419
20. Bestimmung des Chlors	419
21. Bestimmung der Phosphorsäure	420
22. Nachweis der Salpetersäure	422
23. und 24. Nachweis von Barium und Strontium	422

Inhaltsübersicht.

	Seite
25. Bestimmung des Kupfers	423
26. Nachweis von Konservierungsmitteln	423
27. Nachweis von Schwefelwasserstoff	425
28. Bestimmung des Stickstoffs	425
29. Bestimmung von Kalk, Magnesia, Alkalien, Kieselsäure, Eisen- und Tonerde, Mangan und Alkalien	425
C. Weinähnliche und weinhaltige Getränke	425
Beurteilung	425
Tafel I. Alkoholtafel	446
Tafel II. Extrakttafel	450

XX. Trink-, Gebrauchs-, Mineral- und Abwasser, Eis.

A. Trinkwasser ... 457
   Physikalische Untersuchung ... 458
   Chemische Untersuchung ... 459
     1. Suspendierte (Sediment- und Schwebestoffe) ... 459
     2. Abdampfrückstand und Glühverlust ... 460
     3. Chloride ... 460
     4. Sulfate ... 460
     5. Salpetersäure ... 460
     6. Salpetrige Säure ... 462
     7. Phosphorsäure ... 463
     8. Schwefelwasserstoff ... 464
     9. Eisen- und Manganverbindungen ... 464
     10. Tonerde (nebst Eisenoxyd), Kalk und Magnesia ... 465
     11. Härte ... 465
     12. Berechnung der Härte aus der gefundenen Menge Kalk und Magnesia ... 466
     13. Bestimmung der Magnesia aus der Differenz zwischen Gesamthärte und Kalkbestimmung ... 466
     14. Kieselsäure und Alkalien ... 466
     15. Ammoniak ... 467
     16. Gesamtstickstoff ... 467
     17. Organische Substanz ... 468
     18. Gase ... 470
        I. Kohlensäure ... 470
          a) gesamte ... 470
          b) freie ... 471
          c) freie und halbgebundene sowie gesamte ... 471
        II. Sauerstoff ... 472
     19. Zusammenstellung und Berechnung der analytischen Resultate ... 473
     20. Blei, Kupfer, Zink ... 473
     21. Mikroskopische Untersuchung ... 474
        Beurteilung ... 474
B. Gebrauchs- (Nutz-)Wasser ... 478
   Kesselspeisewasser ... 478
   Die Anforderungen der industriellen Betriebe ... 478
C. Natürliches und künstliches Mineralwasser ... 480
D. Abwasser ... 481
E. Eis ... 483

XXI. Luft ... 483

XXII. Boden ... 487

XXIII. Gebrauchsgegenstände ... 489

A. Ess-, Koch- und Trinkgeschirre, Töpferwaren, emaillierte Gefässe, Konservenbüchsen, Spielwaren, Tuschfarben, Buntpapiere, Legierungen, Metallfolien, Faßhähne mit metallener Abflußröhre, Tapeten, Abziehbilder usw. ... 489

	Seite
B. Gespinste	492
Amtliche Anleitung zur Bestimmung des Baumwollengehaltes im Wollengarn	494
Anweisung für die chemische Untersuchung von Zündwaren auf einen Gehalt an weißem oder gelbem Phosphor	494

XXIV. Gerbstoffbestimmungsmethoden.

1. Methode nach Löwenthal, verbessert von v. Schröder — 499
2. Gewichtsanalytische Methode nach v. Schröder — 500

XXV. Gerichtliche Chemie.

A. Ausmittelung von Giften — 501
  Voruntersuchung — 501
  Hauptuntersuchung — 502
  Ausmittelung der Alkaloide und ähnlich wirkender Stoffe — 506
  Gang nach Stas-Otto unter Anwendung des Gipsverfahrens nach Hilger — 509
  Reaktionen der Alkaloide und ähnlich wirkender Körper — 509
  Reaktionen einiger Arzneimittel — 517
  Bemerkungen zu dem Stas-Ottoschen Verfahren — 518
  Notiz über die allgemeinen und speziellen Alkaloidreagentien — 519
  Untersuchung auf mineralische Gifte — 519
  Unterschiede der Arsen- und Antimonspiegel — 520
  Prüfung auf Mineralsäuren, Oxalsäure und ätzende Alkalien — 521
B. Erkennung von Blutflecken und Untersuchung der verschiedenen Blutarten — 522
  1. Chemisch-physikalische Methode — 522
  2. Die Untersuchung der Blutarten auf biologischer Grundlage nach P. Uhlenhuth — 526
  3. Nachweis von Kohlenoxyd im Blut — 531
C. Chemische Untersuchung von Schriften und Tinten — 531
D. Untersuchung von Arznei- und medizinischen Geheimmitteln — 533
E. Einführung in die Mikrophotographie — 533

XXVI. Harnanalyse.

Bestimmung normaler Bestandteile — 536
Bestimmung von zufälligen Bestandteilen — 538
Bestimmung der pathologischen Bestandteile — 538
Harnsedimente — 542

Bakteriologischer Teil.

I. Allgemeiner Teil.

Die Methoden der bakteriologischen Untersuchung — 543
  A. Sterilisation — 543
  B. Die Herstellung von Nährböden — 544
    Allgemeine Bemerkungen zu dem vorstehenden Kapitel — 547
  C. Herstellung von Farbstofflösungen und anderen Reagentien — 548
  D. Die Kulturverfahren — 550
  E. Die Gewinnung von Reinkulturen — 553
  F. Die mikroskopische Untersuchung und die Methoden der Bakterienfärbung — 554
  G. Anhaltspunkte zur Identifizierung einer Mikroorganismenart — 559
  H. Tierversuch — 560
  J. Aufbewahrung der mikroskopischen Präparate und der Kulturen — 561

II. Spezieller Teil.

	Seite
A. Anleitung zur bakteriologischen Untersuchung von Nahrungs- und Genußmitteln	561
1. Probeentnahme	561
2. Das Anlegen und Zählen von Kulturen	562
3. Die Identifizierung der durch die Platten- oder andere Kulturverfahren gewonnenen Kolonien und Mikroorganismen	564
4. Kontrolle sterilisierter (pasteurisierter) Nahrungs- und Genußmittel auf Haltbarkeit	564
B. Kurze Übersicht über die in Nahrungs- und Genußmitteln, Wasser, Boden und Luft vorkommenden Mikroorganismen	565
1. Milch	565
2. Butter	568
3. Käse	568
4. Fleisch- und Wurstwaren, Fische, Krebse, Austern, Miesmuscheln u. s. w.	570
5. Mehl, Brot, Futtermittel, Gemüse, Obst und deren Dauerwaren, Gewürze, Kaffeepulver und dessen Surrogate, Kakao u. s. w.	571
6. Zucker (und Materialien der Zuckerfabrikation), sowie Honig	572
7. Hefe	572
8. Bier	574
9. Wein	575
10. Spiritus (Brennerei)	576
11. Essig	576
12. Tabak	577
13. Wasser und Eis	577
14. Boden	582
15. Luft	583
C. Anleitung zu medizinisch-bakteriologischen Untersuchungen	583
1. Die Untersuchung von Sputum, Milch u. s. w. auf Tuberkelbazillen	583
2. Nachweis von Gonokokken in Urin, Sekreten u. s. w.	587
3. Nachweis von Typhus- (Paratyphus-) und Colibakterien im Wasser (Trink- und Abwasser), sowie in Fäces	587
4. Nachweis von Choleravibrionen im Wasser	590
5. Prüfung von Desinfektionsmitteln und Desinfektionsapparaten auf ihre Wirkung	591
Desinfektionsmittel, sowie Ausführung der Desinfektion	593

Anhang.

Allgemeine Hilfstabellen, sowie Gesetze und Verordnungen	595
1. Tabelle der Atomgewichte	595
2. Faktorentabelle zur Berechnung der Analysen	596
3. Faktorentabelle zur Maßanalyse, sowie Vorschriften zur Herstellung von Indikatoren	598
4. Vergleichung der Baumé-Grade mit dem Volumgewichte	599
5. 1000 g Alkoholwassermischung messen bei 15,5° C	600
6. 1 Liter Alkoholwassermischung wiegt bei 15,5° C	601
7. Verdünnung des Alkohols mit Wasser	601
8. Ammoniak	602
9. Kalilauge	602
10. Natronlauge	603
11. Kalkmilch	603
12. Chlornatrium	603
13. Essigsäure	604
14. Glycerin	604
15. Kohlensaures Kalium	604
16. Kohlensaures Natrium	605
17. Phosphorsäure	605
18. Salpetersäure	606
19. Salzsäure	606

Inhaltsübersicht. **XVII**

Seite
20. Schwefelsäure 606
21. Bereitung von Schwefelsäure irgendwelcher Konzentration durch Mischen der Säure von 1,85 Vol.-Gewicht mit Wasser 607
22. Schweflige Säure 607

Gesetze und Verordnungen.

Reichsgesetze nebst Ausführungsbestimmungen

I. Gesetz, betreffend den Verkehr mit Nahrungsmitteln, Genußmitteln und Gebrauchsgegenständen vom 14. Mai 1879 ... 608

II. Gesetz, betreffend den Verkehr mit blei- und zinkhaltigen Gegenständen, vom 25. Juni 1887 611

III. Gesetz, betreffend die Verwendung gesundheitsschädlicher Farben bei der Herstellung von Nahrungsmitteln, Genußmitteln und Gebrauchsgegenständen, vom 5. Juli 1887 612
    Anleitung für die Untersuchung von Nahrungs- und Genußmitteln, Farben, Gespinsten und Geweben auf Arsen und Zinn 614

IV. Gesetz, betreffend den Verkehr mit Butter, Käse, Schmalz und deren Ersatzmitteln, vom 15. Juni 1897 618
    Bekanntmachung, betreffend Bestimmungen zur Ausführung des Gesetzes über den Verkehr mit Butter, Käse, Schmalz und deren Ersatzmitteln, vom 4. Juli 1897. 622
    Grundsätze, betreffend die Trennung der Geschäftsräume für Butter u. s. w. und Margarine u. s. w. 624
    Bekanntmachung, betreffend den Fett- und Wassergehalt der Butter, vom 1. März 1902 624

V. Gesetz, betreffend die Schlachtvieh- und Fleischbeschau, vom 3. Juni 1900 624
    Ausführungsbestimmungen D zum Schlachtvieh- und Fleischbeschaugesetz vom 3. Juni 1900 630
    Untersuchung und gesundheitspolizeiliche Behandlung des in das Zollinland eingehenden Fleisches. 630
    Anlage a. Anweisung für die tierärztliche Untersuchung des in das Zollinland eingehenden Fleisches. 637

VI. Weingesetz, vom 7. April 1909 638
    Bekanntmachung, betreffend Bestimmungen zur Ausführung des Weingesetzes, vom 9. Juli 1909. 645
    Weinzollordnung, vom 15. Juli 1909 673
    Erlaß vom 30. November 1909, betreffend Verwertung gerichtlich eingezogener Weine, Getränke und Stoffe 692

VII. Süßstoffgesetz, vom 7. Juli 1902 693
    Ausführungsbestimmungen vom 23. März 1903 zum Süßstoffgesetze 695

VIII. Brausteuergesetzgebung
    a) Reichsbrausteuergesetz, vom 15. Juli 1909 698
    b) Bayerisches Malzaufschlaggesetz vom 18. März 1910 ... 699
    c) Württembergisches Gesetz, betreffend die Biersteuer vom 4. Juli 1900 699
    d) Badisches Gesetz, betreffend die Biersteuer vom 30. Juni 1896, in der abgeänderten Fassung vom 2. Juni 1904 700
    Brausteuer-Ausführungsbestimmungen zum Reichsbrausteuergesetz vom 15. Juli 1909. 700
    Bekanntmachung des Reichskanzlers vom 24. Juli 1909 .. 700

X. Gesetz, betreffend Phosphorzündwaren, vom 10. Mai 1903 ... 703

Kaiserliche Verordnungen.

	Seite
I. Verordnung über das gewerbsmäßige Verkaufen und Feilhalten von Petroleum, vom 24. Februar 1882	703
II. Verordnung, betreffend das Verbot von Maschinen zur Herstellung künstlicher Kaffeebohnen, vom 1. Februar 1891	704
III. Verordnung, betreffend den Verkehr mit Arzneimitteln, vom 22. Oktober 1901	704
IV. Verordnung, betreffend den Verkehr mit Essigsäure, vom 14. Juli 1908	710
Vorschriften, betreffend die Prüfung der Nahrungsmittelchemiker, Bundesratsbeschluß vom 22. Februar 1894	711

Die Probeentnahme.

A. Allgemeines.

Die entnommene Probe soll der durchschnittlichen Beschaffenheit der zu untersuchenden Ware entsprechen; man muß daher die Ware, namentlich aber bei sichtbar vorhandener oder naturgemäß zu erwartender Ungleichmäßigkeit, erst entweder einer Durchmischung durch Umrühren, Schütteln, Kneten etc. unterziehen oder durch Entnahme kleiner Mengen an verschiedenen Stellen der Ware und Vermengen derselben eine Durchschnittsprobe zu gewinnen suchen. Unter besonderen Umständen müssen jedoch auch die von einzelnen Stellen entnommenen Proben gesondert entnommen und untersucht werden. Bei Gebrauchsgegenständen kann es sich sinngemäß um kein eigentliches Probeziehen handeln, sondern die Gegenstände müssen einzeln wie sie sind untersucht werden.

Bei Nahrungsmittelrohstoffen ungleichartiger Beschaffenheit oder Art, wie Gemüse, Obst und dgl. kommt Entnahme größerer und kleinerer Exemplare bezw. solcher verschiedenen Aussehens in Betracht. Wo die Oberfläche lediglich durch Verdunsten oder durch Wasseranziehen ihr Ansehen geändert hat, genügt eine Probe aus der Tiefe, wo aber die Oberfläche in den Verdacht kommt zum Zweck der Täuschung von besserer Beschaffenheit zu sein als die übrigen Teile der Ware, sind von beiden Teilen Proben zu entnehmen. Auch die in Originalpackung befindlichen Waren müssen in derselben Weise vor der Untersuchung erst durchgemischt werden, wie die aus größeren Beständen entnommenen.

Bei größeren Warensendungen bedient man sich zur Entnahme der Proben bisweilen besonderer Geräte, z. B. der Probestecher bei Fetten, Heber und dgl. Vergl. auch Wasserprobeentnahme.

Da sich fast in jedem Falle die Probeentnahme dem Zweck der Untersuchung und der Art und Beschaffenheit des Gegenstandes anzupassen hat, können nur ganz allgemeine Andeutungen für die Ausführung der Entnahme gemacht werden.

Im allgemeinen ist in den einzelnen Abschnitten noch mancher spezielle Wink für die Probeentnahme gegeben.

Die Proben sind derartig zu verpacken, daß eine Veränderung, ein Verlust, sowie eine Vermengung von mehreren gleichzeitig versandten Proben ausgeschlossen ist. Am zweckmäßigsten werden doppelte Papierhüllen genommen, deren äußere Pergamentpapier ist. Waren, welche leicht feucht werden, austrocknen oder den Geruch verlieren bezw. verändern können (Salz, Seife, Butter, Schmalz, Fleisch, Früchte und dgl.), sind in Gefäßen aus Glas, Porzellan, Steingut unter Pergament- oder Korkverschluß oder mit luftdicht schließenden Glasstöpseln zu verschicken. Die Versendung von Flüssigkeiten hat entweder in den Originalgefäßen oder in Flaschen zu geschehen, welche vorher sorgfältig gereinigt und darauf mit einer kleinen Menge der betreffenden Flüssigkeit nachgespült sind, übrigens unter Verschluß mit neuen, guten Korken.

Sämtliche Proben sind mit der Bezeichnung, welche die Vorratsgefäße im Kaufladen zeigten, oder mit welcher sie von dem Verkäufer bezeichnet wurden, zu versehen. Hat der Verkäufer außer dieser Bezeichnung noch eine andere angegeben, z. B. bei Kognak, Rum etc. „Verschnitt", bei Speisefetten „Schmalz, Vegetabilisches Fett, Kunstspeisefett, Margarine" etc., bei Essig, „Weinessig" und dgl., bei Schokolade- (pulver) „mit Mehlzusatz" u. s. w., ohne daß diese Bezeichnung auch auf dem betreffenden Vorratsgefäß vermerkt wäre, oder ist die Ware unter solcher Bezeichnung verkauft worden, so ist dies besonders zu vermerken. Außerdem ist darauf zu achten, ob Surrogate häufig unter zu Täuschungen geeigneten Bezeichnungen feilgehalten und verkauft werden.

Die Versiegelung der Proben ist wegen der etwa zu erwartenden gerichtlichen Verfahren notwendig. Bei unversiegelten Proben kann unter Umständen die Identität angezweifelt werden.

Außer der deutlichen Bezeichnung (womöglich mit Tinte) auf den einzelnen Proben, sei es durch Nummern oder durch die volle Benennung, wobei einer Verwechselung mehrerer gleichartiger Proben vorgebeugt sein muß, ist ein Verzeichnis der eingesandten Proben erforderlich, in welchem neben dem Warennamen (bezw. No.) der Name und der Wohnort des Verkäufers, wenn möglich auch des Lieferanten, der Preis der Ware nach Gewicht, Maß oder Stückzahl, das Datum der Entnahme und etwaige besondere Umstände bei der Entnahme enthalten sein müssen. Da viele Waren raschem Verderben ausgesetzt sind, müssen die Proben unverzüglich versandt werden.

B. Probeentnahme bei der amtlichen Nahrungsmittelkontrolle[1]).

Zur erfolgreichen Durchführung der präventiven (amtlichen, polizeilichen) Nahrungsmittelkontrolle gehört unbedingt eine sachgemäße und einwandsfreie Probeentnahme. Letztere kann unter Umständen

---

[1]) Für die praktische Unterweisung der Beamten eignen sich die ausführlichen Leitfäden von A. Hasterlick „Die praktische Lebensmittelkontrolle", Stuttgart, 1906, sowie E. von Raumer & E. Späth „Die Vornahme der Lebensmittelkontrolle", München, 1907.

sogar (z. B. in gerichtlichen Fällen) von großer Wichtigkeit sein. Die mit der Probeentnahme beauftragten Personen (Polizeibeamte, Gendarmen oder sonstige Vertrauenspersonen) sind deshalb entsprechend eingehend zu instruieren und namentlich mit der normalen Zusammensetzung, den Verfälschungen und Nachmachungen, den einschlägigen Gesetzen etc. völlig vertraut zu machen. Die Verwendung von Sachverständigen (Nahrungsmittelchemikern) ist besonders bei umfangreicheren Beschlagnahmen und bei Waren, die eine besonders vorsichtige Entnahme erfordern, wichtig. In ländlichen Bezirken ist der Kontrolle durch Sachverständige oder erfahrene Probenehmer der Vorzug zu geben.

Nach § 2 des Nahrungsmittelgesetzes (s. Anhang) sind die Beamten befugt, „in die Räumlichkeiten, in welchen Gegenstände der in § 1 bezeichneten Art feilgehalten[1]) werden, während der üblichen Geschäftsstunden oder während die Räumlichkeiten dem Verkehr geöffnet sind, einzutreten[2]). Sie sind befugt von den Gegenständen der in § 1 bezeichneten Art, welche in den angegebenen Räumlichkeiten sich befinden oder welche an öffentlichen Orten, auf Märkten, Plätzen, Straßen oder im Umherziehen verkauft oder feilgehalten werden, nach ihrer Wahl Proben zum Zwecke der Untersuchung gegen Empfangsbescheinigung zu entnehmen[3]). Auf Verlangen ist dem Besitzer ein Teil der Probe amtlich verschlossen oder versiegelt zurückzulassen. Für die entnommene Probe ist Entschädigung in Höhe des üblichen Kaufpreises zu leisten"[4]).

Nach § 3 dieses Gesetzes sind „die Beamten der Polizei befugt bei Personen, welche auf Grund der §§ 10, 12, 13 dieses Gesetzes zu einer Freiheitsstrafe verurteilt sind, in den Räumlichkeiten, in welchen Gegenstände der in § 1 bezeichneten Art feilgehalten werden, oder welche zur Aufbewahrung oder Herstellung solcher zum Verkaufe bestimmter Gegenstände dienen, während der im § 2 angebenen Zeit Revisionen vorzunehmen.

Diese Befugnis beginnt mit der Rechtskraft des Urteils und erlischt mit dem Ablauf von drei Jahren von dem Tage an gerechnet, an welchem die Freiheitsstrafe verbüßt, verjährt oder erlassen ist".

Betreffs Erstattung der Kosten für die Untersuchung und Verwendung der Geldstrafen im Falle der Verurteilung siehe § 16 und 17 d. N.G. und die betr. Bestimmungen der Spezialgesetze. Eingehende Erläuterungen hierzu hat A. Juckenack gegeben. Zeitschr. f. Unters. d. Nahr.- u. Genußm. 1908. 16. 129.

---

[1]) Es empfiehlt sich, die Judikatur über die Auslegung der Begriffe Verkaufen und Feilhalten nachzulesen (vgl. C. A. Neufeld, Der N.-Chemiker als Sachverständiger, Verlag J. Springer, Berlin 1907; Lebbin und Baum, Deutsches Nahrungsmittelrecht, Berlin 1907 u. A.

[2]) Manche Spezialgesetze, z. B. das Gesetz vom 15. Juni 1897, gestatten auch den Eintritt in die Fabrik- und Aufbewahrungsräume etc. Das Weingesetz vom 7. April 1909 schreibt direkt die Kontrolle der Geschäftsräume vor. S. diese Gesetze im Anhang.

[3]) Verweigerung des Zutritts bezw. der Probeentnahme ist mit Geld- bezw. Haftstrafe bedroht (§ 9 d. N.G.). Für Beschlagnahme und Durchsuchung sind die Bestimmungen der Strafprozeßordnung (§ 94 u. ff.) maßgebend. Vgl. im übrigen § 3 und 4 d. N.G.

[4]) Die Proben sind zu versiegeln (s. das S. 2 Gesagte). Die Bestimmungen des N.G. schließen den Ankauf von Proben durch Mittelspersonen (Geheimankauf für amtliche Zwecke) nicht aus.

Verzeichnis der Gegenstände[1]), welche auf Grund der Reichsgesetze und Verordnungen der polizeilichen Überwachung unterliegen.

Gegenstand	Einzusendende Menge
1. Alkoholfreie Getränke, vgl. Wein, Limonaden, Fruchtsäfte etc.	1—2 Fl.
2. Biere, auch Flaschenbier von Wagen	
a) untergärige (Dunkles, Helles, Pilsener, Münchener [bayrisch])	
b) obergärige (Weiß-, Jung-, Werdersches-, Braunbier-, Malz-, Kraftbier etc.)	1—2 l
3. Blei- und zinkhaltige Gegenstände, als	
a) Eß-, Trink-, Kochgeschirre und Flüssigkeitsmaße von Zinn, verzinntem Blech und gelöteten Metallen (ausgenommen Deckel und Beschläge der Bierkrüge)	1 Stück
b) Desgleichen aus emailliertem oder glasiertem Eisen, Ton und Steingut	1 Stück
c) Druckvorrichtungen zum Bierausschank, besonders metallene Leitungsröhren[2])	2-3 cm
d) Siphons für kohlensäurehaltige Getränke	1 Stück
e) Metallteile für Kindersaugflaschen	1 Stück
f) Metallene Ausbesserungen (Ausgüsse an Mühlsteinen)	2—3 g
Hinsichtlich der Verzinnung des Herstellungsapparates für Mineralwasser s. bei Mineralwässer.	
g) Metallfolien (Stanniol) als Packung für Schnupf-, Kautabak und Käse (nicht für Tee, Schokolade, Konfekt u. dergl.)	200 qcm
h) Konservenbüchsen	1 Stück
i) Mundstücke f. Saugflaschen mit Bezug auf den Kautschuk	1 Stück
k) Saugringe und Schläuche an Saugflaschen	1 Stück
l) Warzenhütchen	1 Stück
m) Leitungsschläuche für Wein, Bier oder Essig	10—20 cm
n) Spielsachen, bei welchen außer der Untersuchung des Kautschuks als zweiter Gegenstand der Prüfung auch die Farbe in Betracht kommen kann	1 Stück
o) Trillerpfeifen, Torpedoflöten, Kindertrompeten, Bleisoldaten	1 Stück bezw. 1 Schachtel
4. Branntwein, gewöhnlicher wie Nordhäuser etc. und feiner, Kognak, Arrak, Rum, auch zur Untersuchung auf Denaturierungsmittel	2 l
Kirschwasser etc., von Likören, besonders Fruchtlikőre (Himbeer-) Eierkognak etc.	0,5 l
5. Brot und Backwaren mindestens 250 g auch Milchgebäcke und solche namentlich, bei welchen die Verwendung von Butter durch Plakat etc. garantiert ist	
6. Butter, -schmalz	250 g
7. Dörrgemüse (auch Pilze), -obst siehe No. 12.	
8. Essig, Essigsprit, -essenz und Wein-, Frucht-, Obstessig	0,3 l
9. Fette und Fettwaren (siehe auch No. 35)	250 g
10. Fleisch, namentlich Hackfleisch, gepökeltes; Fleischextrakt, Fleischpepton	125—250 g
11. Fruchtsäfte aller Art (auch alkoholfreie Getränke)	1 Fl. bezw. 250 g
12. Früchte, Gemüse, Pilze, frische und getrocknete	100 g
13. Geheimmittel (Spezialitäten)	1 Stück
14. Gefärbte Gegenstände, als:	
a) Nahrungs- u. Genußmittel (s. diese)	
b) Gefäße, Verpackungen und Umhüllungen, ohne Rücksicht auf die Möglichkeit des Überganges der Farbe in das Nahrungsmittel, also auch wenn die Farben sich außen auf der Umhüllung befinden	1 Stück

---

[1]) Im wesentlichen dem im Nahrungsmitteluntersuchungsamt der Landwirtschaftskammer für die Provinz Brandenburg gebräuchlichen Verzeichnisse entnommen.

[2]) Betreffs der Einrichtung und Reinhaltung der Bierdruckvorrichtungen (Bierpressionen) sind landes- bezw. ortspolizeiliche Vorschriften erlassen.

Gegenstand	Einzusendende Menge
c) Schutzmittel für Nahrungs- und Genußmittel, wie Fliegenschränke und Glocken aus gefärbtem Drahtgeflecht	1 Stück
d) Kosmetische Mittel, wie Seifen, Zahnseifen, Zahnpulver, Mundwasser, Puder, Schminken, Pomaden, Crême, Haarfärbemittel, ohne Rücksicht darauf, ob die Farbe zum Färben des Mittels dient, oder die Farbgebung erst bei Verwendung auf dem menschlichen Körper auftritt	1 Stück
e) Spielwaren, ausgenommen solche mit in Glasmasse und Glasuren eingeschlossenen Farben	1 Stück
f) Bilderbücher, Bilderbögen und Tusch- und Malkasten für Kinder	1 Stück
g) Blumentopfgitter, künstliche Christbäume	1 Stück
h) Tapeten	50 g oder 1 m
i) Teppiche oder die zur Herstellung verwandten Gespinste	50 g
k) Möbel- und Vorhangstoffe, besonders bedruckte	50 g od. ½ qm
l) Masken	1 Stück
m) Kerzen (bunte Christbaumkerzen)	1 Stück
n) Künstliche Blätter, Blumen und Früchte	1 Stück
o) Schreibmaterialien (Tinte, Buntstifte, buntes Papier)	10 - 30 g
p) Lampenschirme, Lichtschirme und Manschetten	10—30 g
q) Oblaten (auch weiße)	10—30 g
r) Wasser- und Leimfarben zum Anstrich von Fußböden, Decken, Wänden, Türen, Fenstern der Wohn- und Geschäftsräume von Roll-, Zug- oder Klappläden oder Vorhängen, von Möbeln und sonstigen häuslichen Gebrauchsgegenständen	30—100 g
15. Gewürze gemahlene und ganze aller Art	50—100 g
von Safran und Vanille	weniger
16. Gummiwaren, wie Mundstücke, Saugstöpsel, Warzenhütchen, Trinkbecher, Spielwaren, Leitungsschläuche für Wein, Bier und Essig (s. 3 k bis o)	
17. Hefe (Preß-, Getreidepreß-)	250 g
18. Honig	250 g
19. Käse, auch Margarine- (Verpackung in Metallfolie s. bei 3 g)	300 - 500 g
20. Kaffee ganz, roh und gebrannt, in letzterem Zustande auch gepulvert, Kaffeesurrogate, Zichorien (Verpackung s. bei 3 g)	250 g
21. Kakao	250 g
22. Kochgeschirre (spez. Töpferwaren, emailliertes Geschirr)	1 Stück
23. Konditorwaren, besonders gefärbte, sowie mit Schokolade überzogene (Kuvertüre) und Marzipane	25—50 g
24. Konserven (Fleisch, Fische, Gemüse, Früchte) wobei als zweiter Untersuchungsgegenstand (nach 3 h) die Büchse in Betracht kommt	1 Dose
25. Liköre, vgl. Branntwein	
26. Limonaden, Brauselimonaden (alkoholfreie Getränke) mit Angabe der Fruchtart	2 Fl.
27. Marmeladen, Gelées, Obstkraut u. dergl.	250 g
28. Margarine; in der vom Verkäufer abgegebenen Umhüllung	250 g
29. Mehle mit Angabe des Ursprunges, Müllereiprodukte und alle Stärkesorten, Kindermehle u. s. w.	125—250 g
30. Milch in der Regel nach Benennung in den betr. Polizeiverordnungen, sowie Buttermilch (Marktmilchkontrolle, Stallprobe etc., s. Anweisung S. 6), Milchpräparate	250 g bezw. 1 l
31. Mineralwässer, künstliche; mit Beziehung auf die Verzinnung der Herstellungsapparate	1—2 l, 5 l
32. Öle mit Angabe der Bezeichnung z. B. Olivenöl	100 g
33. Petroleum, Petroläther, Gasoline, Benzine	0,3 l
34. Rahm (Sahne)	0,25 l
35. Schmalz (Butter-, Schweine-, Cocos-), Cocosnußfett (Palmin), andere Speisefettarten, Kunstspeisefett butter- bzw. schweineschmalzähnlich. Beschaffenheit	250 g
36. Schnupf- und Kautabak (betr. Umhüllung s. bei 3 g), Tabak und Zigarren	50 g
37. Schokolade (-pulver, Vanillenpulver etc.)	125—250 g bezw. 1 Tafel
38. Seife	50 g oder 1 Stück
39. Senf	125—250 g
40. Soda und andere Chemikalien	100 g
41. Stanniol (s. bei 3 g).	

Gegenstand	Einzusendende Menge
42. Sirup (mit Angabe der Bezeichnung desselben)	100 g
43. Tee	20—50 g
44. Teigwaren, namentlich Eierteigwaren (-nudeln)	250 g
45. Trinkwasser (mit Beschreibung der Brunnen) in besonderen Fällen 5 l und mehr. Für die bakteriologische Untersuchung geschieht die Entnahme am besten an Ort und Stelle durch einen Sachverständigen, siehe auch die Anweisung S. 7	2 l
46. Wein, weißer, roter, Süßwein, Obstwein (Most) auch alkoholfreie, je nach Ausdehnung der Analyse	1—2 ½ l
47. Wurstwaren	250—500 g bzw. ganze Würste
48. Zucker	25—50 g
49. Zuckerwaren	25—50 g

Wo sich auf dem Lande weder Kaufläden, Hökereien, Mühlen oder Schankwirtschaften finden, sind besonders im Auge zu behalten: Trinkwasser, ländliche Erzeugnisse, wie Butter, Milch, Käse, ferner alle im Hausieren feilgebotenen Waren, sowie solche, bei welchen Verdachtgründe der Verfälschung vorliegen und deren Bezugsquelle genau bekannt ist.

C. Spezielle Anleitungen für Probeentnahme.

I. Stallprobeentnahme von Milch[1]).

Die Stallprobe ist nur möglich, wenn sicher festgestellt werden kann, aus welchem Stalle die fragliche Milch stammt, und hat nur Zweck, wenn ganz genau bekannt ist, von welcher Melkzeit die Milch herrührt. Zu dem Zwecke sind spätestens innerhalb dreier Tage nach der Beanstandung einer Handelsmilch die Kühe, welche die fragliche Milch geliefert haben, zu der gleichen Melkzeit, zu welcher die beanstandete Milch gewonnen wurde, in Gegenwart eines geeigneten Sachverständigen bezw. Polizeibeamten zu melken.

Es ist besonders darauf zu achten, daß die Kühe in der sonst üblichen Reihenfolge gemolken und die Milch einzeln oder in Gemischen, wie es gewohnheitsmäßig geschieht, in die Melk- bezw. Handelsgefäße (Kannen u. s. w.) gelangt. Noch besser ist es, um etwaigen späteren Einwänden mit Sicherheit begegnen zu können, jedes Milchtier für sich melken zu lassen, das ermolkene Quantum zu messen und dann die Probe daraus zu entnehmen.

Instruktion für die Vornahme der Stallprobe:

Bei der Stallprobe, die durch den Sachverständigen selbst oder eine hinreichend instruierte Person (Polizeibeamten) erfolgen muß, ist auf folgende Punkte besonders, und zwar stets Rücksicht zu nehmen:
1. Die Stallprobe ist bei derjenigen Melkzeit bzw. denjenigen Melkzeiten vorzunehmen, welcher bzw. welchen die fragliche Probe entstammte.
2. Die Stallprobe ist am besten schon nach 24 Stunden, auf keinen Fall später als 3 Tage nach der Melkzeit der fraglichen Milch vorzunehmen.

---

[1]) Allgemeine Probeentnahme und Konservierung der Milch, s. Abschnitt Milch.

3. Die Probe muß sich auf alle Kühe, aber auch nur auf diejenigen erstrecken, welchen die fragliche Milch entstammte.
4. Es ist dafür zu sorgen, daß sämtliche Kühe vollständig ausgemolken werden, und dies ist von demjenigen, welcher die Stallprobe vornimmt, zu kontrollieren.
5. Von der gut durchmischten, abgekühlten Milch sämtlicher in Frage kommenden Kühe ist eine Durchschnittsprobe von ½ bis 1 Liter in einer reinen, trockenen, vollständig gefüllten Flasche versiegelt möglichst schnell der Kontrollstelle einzusenden, wobei es sich empfiehlt, im Sommer mit Eis zu kühlen.
6. Es ist möglichst genau zu erforschen und anzugeben:
a) die Anzahl der vorhandenen milchenden Kühe, von denen die Milch stammt;
b) Ernährungs- und Gesundheitszustand, sowie Zeit der Lactation der Kühe;
c) ob und welche Veränderungen in der Haltung der Kühe zwischen der Zeit, welcher die fragliche Probe entstammt bzw. kurz vorher, und der Zeit der Stallprobe stattgefunden haben;
d) ob in dieser Zeit ein Witterungsumschlag stattgefunden hat.

Es empfiehlt sich, für die Stallprobe gedruckte Vorschriften vorrätig zu halten, auf denen die unter 1—6 angegebenen Punkte angeführt sind. Die unter 6 bezeichneten Angaben sind möglichst ausführlich zu machen und gleichzeitig mit der entnommenen Milchprobe der Kontrollstelle einzusenden. (Nach den Vereinbarungen I. Teil.)

2. Entnahme von Trinkwasserproben[1]).

a) Für chemische Untersuchung.

Bei einfacheren Untersuchungen genügt die Einsendung von 1½—2 Liter Wasser, bei ausführlichen sind 3—10 Liter und noch mehr, je nach dem Umfang der Analyse nötig. Die Abfüllung des Wassers geschehe in völlig reine trockene Flaschen, die zuvor gründlich auszuspülen bzw. nach Benützung von Soda, Sand und anderen Putzmitteln noch ebenso gründlich nachzuspülen sind. Bei der Entnahme spült man dann noch mit dem zu entnehmenden Wasser einmal nach. Zum Verstopfen müssen entweder Glasstopfen oder neue ungebrauchte Korke verwendet werden, die mit Wasser zuvor abzuspülen sind. Man lasse vor der Entnahme das Wasser einige Zeit (bei Wasserleitungen etwa 5 Minuten oder

---

[1]) Für die Entnahme von Abwasserproben können keine allgemeine Grundsätze angeführt werden, da die Vorkehrungen für dieselbe dem einzelnen Falle angepaßt werden müssen. — Für die Entnahme mehrerer Proben an Ort und Stelle sowie von Proben aus der Tiefe sind besondere Schöpfvorrichtungen, wie sie von Heyroth, Lepsius, Bujard u. a. konstruiert worden sind, und auch Transportkasten nötig, s. W. Klut, Untersuchung des Wassers an Ort und Stelle, sowie Ohlmüller und Spitta, Untersuchung und Beurteilung des Wassers und Abwassers, Verlag: J. Springer, Berlin 1908 bzw. 1910. Diese Apparate sind auch meist in den Katalogen der Handlungen für chemische Geräte etc. abgebildet, ebenda sind auch die für die an Ort und Stelle vorzunehmende Bestimmung der freien Kohlensäure und des Sauerstoffes (siehe Abschnitt Wasser) geeigneten Apparate angegeben.

länger, wenn es die Verhältnisse erfordern) aus den Brunnenröhren u. s. w. auslaufen. Pumpbrunnen sind zuvor etwa 10 Minuten lang, event. länger abzupumpen. Bei Entnahme aus Bohrlöchern ist ebenfalls vorher längere Zeit mit einer besonders angelegten Pumpe (für Hand- oder Maschinenbetrieb) zu pumpen. Gestandenes Wasser eignet sich nicht zur Untersuchung. Außer der näheren Bezeichnung des Wassers und Angabe des Zwecks der Untersuchung, sind noch folgende allgemeine Angaben zu machen über:
1. Art der Entnahmestelle (ob Kessel-, Tief- (Abessinier-, Röhren-), artesischer Brunnen, Wasserleitung, (Quell-, Fluß-, Teich-) usw.);
2. Beschaffenheit der Entnahmestelle (Brunnen, Leitung usw.):
    a) Alter und Tiefe (Länge der Leitung);
    b) Brunnenrohr, ob aus Holz, Eisen; bei Wasserleitungen die Röhren, ob aus Eisen, Ton, Blei, Zement;
    c) Art und baulicher Zustand des Brunnenschachtes;
    d) Deckung, ob mit Bohlen, Stein, Metallplatten usw.;
3. Beschaffenheit der Umgebung (ob Ställe, Dunggruben, Aborte, Fabriken, Straßenrinnen usw. vorhanden);
4. Bodenbeschaffenheit;
5. Meteorologische Verhältnisse bei der Entnahme;
6. Sonstige Angaben z. B. über fehlerhafte äußere Beschaffenheit des Wassers und namentlich auch über eventuelle frühere Verunreinigungen desselben.

b) Für die bakteriologische Untersuchung

werden die Proben am besten, wenn möglich von einem Sachverständigen oder mindestens einer sehr zuverlässigen, auf die Probenahmen eingeübten Person an Ort und Stelle entnommen. Gefäße von etwa 100 bis 200 ccm Inhalt mit eingeriebenem Glasstöpsel bzw. Wattebausch und Gummikappe versehen müssen vorher sterilisiert werden (siehe im bakteriol. Teil). Dieselben sind mit dem betr. Wasser zuvor mehrfach auszuspülen. Der Stöpsel der Flasche darf nur an dem oberen Rande berührt werden[1]). Die Flasche darf erst unmittelbar vor der Probenahme geöffnet werden. Aus Pumpbrunnen und Wasserleitungen muß das Wasser zuerst einige Zeit (vgl. oben) abgelaufen sein. Bei der Probenahme aus Seen, Teichen u. s. w. ist zu verhüten, daß abgesetzter Schlamm u. dgl. mit in das Gefäß gelangt. Für die Entnahme aus der Tiefe empfiehlt sich der Abschlagapparat nach Sclavo-Czaplewski. Bei Probenahmen für Wasserversorgungszwecke (Grundwasser) aus Bohrlöchern, Nadeln mittels Pumpen hat man sehr lange pumpen zu lassen, zuvor die Pumpen gut zu reinigen, jeweils bei Handpumpen für gekochtes Nachgießwasser beim Versagen der Pumpe bzw. für Bereithaltung von mindestens demselben gepumpten Wasser für Nach-

---

[1]) Bujard hat den Stöpsel von solchen Glasgefäßen (30—50 ccm Inhalt) mit einem Glasschutzmantel umgeben lassen, der noch $^1/_2$ cm über den Stöpsel hervorragt, um ein achtloses Berühren des Stöpsels zu vermeiden, das Beiseitelegen desselben während der Entnahme aber zu ermöglichen. (Vergl. Forschungsberichte, 1896, S. 132.)

gießzwecke zu sorgen. Pumpen und Bohrröhren sind unter Umständen mit Dampf oder Phenolschwefelsäure zu desinfizieren. Die Proben sind sofort, wenn davon nicht an der Entnahmestelle Platten gegossen werden (letzteres Verfahren ist vorzuziehen, wenn es zu ermöglichen ist), gut verschlossen und versiegelt per Post oder wo möglich per Eilpost, in Eis verpackt (geschieht am besten in einer Blechbüchse) einzusenden. (Bei Frostwetter ist Eisverpackung nicht nötig.) Siehe auch die Probenahme von Wasser im bakteriol. Teil.

3. Entnahme von Margarine, Margarinekäse und Kunstspeisefett.

Die damit beauftragten Personen (revidierenden Beamten) haben besonders die Vorschriften des Gesetzes betreffend den Verkehr mit Butter, Käse, Schmalz und deren Ersatzmitteln vom 15. Juni 1897 §§ 1, 2, 4 und 8 und die Ausführungsbestimmungen zu diesem Gesetze (siehe Anhang) sowie den Abschnitt „Probenahme" in der amtlichen Anleitung zur chemischen Untersuchung, s. Abschnitt Butter, zu berücksichtigen.

4. Weinkellerkontrolle.

Die Kontrolle des Verkehrs mit Wein, weinhaltigen und weinähnlichen Getränken erfolgt im Deutschen Reich nach §§ 21 und 24 des Reichsgestzes vom 7. April 1909 nebst Vollzugs- und Ausführungsbestimmungen (vgl. Anhang). Zur Ausübung derselben werden im Hauptberufe tätige Sachverständige von den Landesregierungen besonders aufgestellt.

Auf die im Abschnitt Weinbeurteilung angegebenen Kommentare zum Weingesetz sei ausdrücklich hingewiesen.

Chemischer Teil.

I. Allgemeiner Gang bei den Untersuchungen von Nahrungs-, Futter- und Düngemitteln.

Untersuchung von Nahrungsmitteln.

Als Untersuchungsmaterial müssen stets Durchschnittsproben[1]) genommen werden. Bei jeder Bestimmung wird in der Regel eine Kontrollbestimmung ausgeführt; das Mittel aus beiden näher übereinstimmenden Bestimmungen gilt als Resultat. Dies gilt besonders da, wo es sich um Beanstandungen handelt.

Einer großen Anzahl von Nahrungsmitteln usw. ist die Ermittelung folgender Bestandteile durch die chemische Analyse gemeinsam:

A. Bestimmung von Wasser und Trockensubstanz.

Anzuwendende Substanz 2—10 g. Die Bestimmung wird meistens je nach der Natur der Substanz in einer Platin- (Nickel-) oder Porzellan- (Quarz-) schale ausgeführt. Stark hygroskopische Substanzen werden in einer Wägeglasschale, pulverförmige, nicht hygroskopische Substanzen zwischen zwei durch eine Klammer zusammengehaltenen Uhrgläsern getrocknet. Im Trockenschrank[2]) werden die Gläser geöffnet resp. auseinander genommen. Das Trocknen wird bei 100—110° C vorgenommen; gewogen wird (bei hygroskopischen Körpern unter Bedecken des Glases) von Stunde zu Stunde bzw. auch in kürzeren Zeitintervallen, bis das Gewicht konstant bleibt. Die Abnahme des Gewichtes gibt den Wasserverlust bzw. den Wassergehalt an.

---

[1]) Probenahme siehe Seite 1.

[2]) Im allgemeinen verwendet man nicht Luft-, sondern Wasserdampftrockenschränke, oder solche mit anderen Heizflüssigkeiten (Glycerin, Kochsalzlösung u. s. w.); die Bauart der Trockenschränke ist eine verschiedene, besonders bekannte Formen sind der Soxhletsche und der Weintrockenschrank. Trockenschränke mit Gaszufuhrregulatoren sind zur Sicherung einer konstanten Temperatur sehr zweckmäßig. Namentlich hat sich die von der Firma G. Christ & Co. Berlin-Weißensee eingeführte Konstruktion sehr bewährt. Vakuumtrockenschränke sind bei hygroskopischen Substanzen sowie zum schnellen Arbeiten besonders geeignet.

Der Rückstand von eingedampften Flüssigkeiten heißt Trockensubstanz (Extrakt). Diese wird entweder durch direktes Eindampfen oder durch Eindampfen in passenden Schälchen mit geglühtem Sand oder Bimssteinstückchen oder auch ohne Auflockerungsmittel[1]) auf dem Wasserbade (Porzellanring, auch Emaillering), Trocknen bei 100—105° im Trockenschrank bis zum konstant bleibenden Gewicht, bestimmt. Bei Anwesenheit von sonstigen flüchtigen Bestandteilen muß auf diese Rücksicht genommen werden und man gibt in diesem Fall als Resultat den Gewichtsverlust als Wasser+flüchtige Substanzen an. Leicht zersetzliche Stoffe müssen ohne Wärmezufuhr im Vakuumexsiccator über Schwefelsäure getrocknet werden, was naturgemäß oft längere Zeit in Anspruch nimmt.

Sirupöse, gelatinöse und ähnliche Substanzen, insbesondere Sirupe, Extrakte u. s. w. oder Flüssigkeiten, die einen sirupösen Rückstand erwarten lassen, trocknet man unter Zusatz von Auflockerungsmitteln wie Bimsstein, Seesand, Holzwolle ein. Selbstverständlich müssen diese selbst zusammen mit der Schale und einem Glasstäbchen scharf getrocknet und gewogen sein. Für manche Körper empfiehlt sich ein Vortrocknen durch Anwendung gelinderer Wärme (z. B. bei Brotkrume). Es empfiehlt sich überhaupt die Temperatur allmählich zu steigern. Bei Kräutern, Wurzeln u. s. w. wird ab und zu ein Vortrocknen vor der eigentlichen Bestimmung nötig. Diese führt man aus, wie es die Vereinbarungen[2]) angeben: Das Vortrocknen geschieht bei etwa 40—50° C im Dampftrockenschranke, indem man entweder, wie z. B. Wurzelgewächse oder ähnliches unter möglichster Vermeidung eines Wasserverlustes in dünne Scheiben schneidet und sie an einem Drahtbügel aufspießt, oder bei krautartigen Gemüsen und dgl., indem man sie nach dem Zerschneiden in flachen Porzellanschalen oder auf Hürden auseinanderbreitet und einige Tage bei obiger Temperatur vortrocknet. Man verwendet hierbei eine größere abgewogene Menge (etwa 500 g), läßt sie nach der Entfernung aus dem Trockenschranke etwa 2—3 Stunden an der Luft liegen, damit sie die für die lufttrockne Substanz normale Feuchtigkeit annimmt und beim darauf folgenden Wägen und Zerkleinern keine weiteren wesentlichen Feuchtigkeitsmengen wieder aufnimmt. Die mit Luftfeuchtigkeit gesättigte Substanz wird dann gewogen, mit der Schrotmühle zerkleinert und sofort in gutschließende Glasbüchsen gefüllt. Von der zerkleinerten Masse dienen kleinere Proben für die vollkommene Austrocknung bei 100—110° C, wie eingangs angegeben, und für die übrigen Bestimmungen.

Aus beiden Wasserbestimmungen berechnet man den Wassergehalt der natürlichen Substanz. Den Gehalt an sonstigen Bestandteilen berechnet man zunächst auf Trockensubstanz und hiernach mittels des gefundenen Gesamtwassergehaltes auf die natürliche Substanz.

---

[1]) Die Art des Eindampfens ist bei den einzelnen Materialien besonders angegeben.
[2]) I. Teil, S. 1.

B. Bestimmung der Asche (Mineralbestandteile) und des Sandes (in Salzsäure unlöslicher Teil).

Die angewandte Substanzmenge richtet sich nach dem ungefähren Aschengehalt. Die Bestimmung wird meistens nach der Trockensubstanz-, Wasser-, Extrakt- u. s. w. bestimmung mit der dabei angewandten Menge vorgenommen. Die Substanz soll womöglich ganz wasserfrei sein, um ein etwaiges Spritzen zu verhindern. Man verascht entweder über der Bunsenflamme oder wenn eine Beeinflussung der Zusammensetzung der Asche durch die Verbrennungsprodukte des Heizgases zu befürchten ist mit der Spiritus- oder Benzinlampe (Barthelbrenner). Mindestens sind die Verbrennungsprodukte des Gases durch eine um den Tiegel bzw. die Schale gelegte Asbestplatte oder dgl. möglichst vom Inhalt derselben fern zu halten, weil die Alkalität der Asche sich unter der Einwirkung der entweichenden SO_2 erheblich verändern kann. (Vgl. Abschnitte Fruchtsäfte, Wein u. s. w.)

Die Veraschung in Muffelöfen kann nur angewendet werden, wenn die Ermittelung leichtflüchtiger Salze bzw. Metalle nicht in Betracht kommt. Im allgemeinen ist das schärfere Glühen der Aschen bei der Nahrungsmittelanalyse stets zu vermeiden. Man verkohlt erst unter zeitweiligem Entfernen der Flamme bzw. mit Pilzbrenneraufsatz bei möglichst niedriger Flammenstellung so weit, bis alle Extraktivstoffe verbrannt sind, dann laugt man mit etwas Wasser aus, filtriert von der Kohle ab und verascht das Filter, dessen Asche später abzuziehen ist, mit dem Kohlerückstand zusammen, gibt die Lauge wieder zu, dampft sie ein und glüht nochmals, aber vorsichtig, unter Hin- und Herbewegen der Flamme. Bei schwer zu veraschenden Massen (Phosphaten u. s. w.), welche schmelzen und Kohleteilchen einschließen, muß die Asche mit Wasser oder chemisch reinem schwefelsäurefreiem 3%igem H_2O_2 befeuchtet, dann wieder geglüht, und diese Operation je nach Umständen mehrmals wiederholt werden. Als allgemeine Regel gilt, die Hitze erst allmählich zu steigern. Erhitzt man sofort stark, so findet viel leichter Schmelzen mit Kohlebildung statt; die Kohle verbrennt dann sehr schwer und man ist genötigt, sie mit Wasser oder je nach der Substanz auch mit salpetersäurehaltigem Wasser auszulaugen, um schließlich ihre Veraschung zu bewirken. Die Asche darf keine Kohleteilchen mehr erkennen lassen. Hiervon überzeugt man sich dadurch, daß man sie mit etwas Wasser befeuchtet, worauf die fein zerteilte Kohle deutlich sichtbar wird. Zur Verhütung des Entweichens gewisser Stoffe, wie Arsen u. s. w., hat man entsprechende Zusätze zum Aufschließen gemäß den Regeln der analytischen Chemie vorzunehmen. Betreffs Verbrennung organischer Substanzen zum Zwecke der Aschenanalyse vgl. den Abschnitt forens. Analyse und die Ausführungsbestimmungen zum Gesetz betr. den Verkehr mit gesundheitsschädlichen Farben v. 5. Juli 1887 im Anhang sowie die Methode von Halenke im Abschnitt Mehl; A. Neumann und E. Wörner[2]) nehmen ein Gemisch von gleichen Teilen konzentrierter

---

[1]) Zeitschr. f. physiol. Chemie 1902. 37. 116 u. 1907. 43. 35.
[2]) Zeitschr. f. Unters. d. Nahr.- u. Genußm. 1908. 15. 732.

H_2SO_4 und konzentrierter HNO_3 (s = 1,4). Auf 5 g Substanz nimmt man 10 ccm dieses Gemisches.

Vielfach folgt der Aschenbestimmung die Bestimmung des Sandes. Man löst die Asche unter Erwärmen in verdünnter 10% iger Salzsäure, filtriert ab, wäscht aus, verbrennt das Filter samt Rückstand, glüht und wägt. Rückstand minus Filterasche = Sand (wird oft auch als „Salzsäure unlöslicher Teil" angegeben). Aus diesen Daten ergibt sich auch die Menge der Reinasche bzw. der in Salzsäure löslichen Aschenbestandteile, — Angaben, welche ebenfalls zuweilen erforderlich sind.

Nicht selten enthält der in 10% iger Salzsäure unlösliche Rückstand noch wesentliche Mengen löslicher Kieselsäure. Man entfernt dieselbe aus dem Rückstande durch halbstündiges Auskochen mit einer kalt gesättigten Lösung von Natriumkarbonat, der man etwas Natronlauge zusetzt, in einer geräumigen Platinschale. Die Menge der Gesamtasche abzüglich des so erhaltenen Rückstandes ergibt die Menge der Reinasche.

Für die Ermittelung und Trennung der einzelnen Aschenbestandteile nach zweckmäßigen und genauen analytischen Methoden müssen, soweit das Hilfsbuch in einzelnen Abschnitten z. B. Düngemittel keine Anhaltspunkt bietet, die Lehrbücher der analytischen Chemie (besonders geeignet ist Treadwell, kurzes Lehrbuch der analytischen Chemie) zu Rate gezogen werden. Eine besondere ausführliche und gründliche Bearbeitung findet sich im III. Teil I. Bd. des Werkes J. König, Chemie der menschlichen Nahrungsmittel u. s. w. Verlag von J. Springer 1910.

C. Bestimmung der Eiweißstoffe (Proteinstoffe bezw. des Stickstoffes).

Der Stickstoffgehalt gibt multipliziert mit 6,25[1]) (vereinbarte Zahl, wobei Tiereiweiß als im Mittel 16% N enthaltend, angenommen ist) den Gesamteiweißgehalt.

Bei Körpern, die noch Ammoniak- und Amido- u. s. w. Verbindungen enthalten, müssen die dafür in Betracht kommenden Stickstoffmengen bei der Berechnung in Betracht gezogen werden.

Die Kjeldahlsche Methode wird wohl heute ausschließlich benützt. Von den verschiedenen Modifikationen zur Aufschließung der Substanz ist folgende auf den von Gunning und Atterberg[2]) angegebenen Verbesserungen basierende besonders zu empfehlen; bezüglich anderer Modifikationen sei auf J. König, Chemie der menschlichen Nahrungs- und Genußmittel, 1910, III. Bd., I. Teil, S. 240 verwiesen. Weitere Winke, namentlich auch hinsichtlich der Apparatur vgl. C. Beger, Zeitschr. f. analyt. Chemie 1910, 49, 427.

---

[1]) Die Anwendung eines anderen Faktors ergibt sich aus den einzelnen Abschnitten.
[2]) Chem. Z. 1898. 22. 505.

14 Chemischer Teil.

Anzuwendende Menge der Substanz:

1. Feste Körper: von Fleisch, Fleischextrakten u. s. w. nimmt man 0,5 g, von Brot, Mehl, Futtermitteln u. s. w. 1—2 g, bei N-armen Substanzen auch größere Mengen ih Arbeit.
2. Flüssigkeiten dampft man in dem Zersetzungskolben (s. unten) entweder direkt oder unter Zusatz von etwas Schwefelsäure ein und verfährt wie bei den festen Körpern; manchmal empfiehlt sich auch das Eindampfen unter Zusatz von Sand im Hofmeisterschen Schälchen, welches dann nach vorausgegangenem Trocknen zertrümmert und in den Zersetzungskolben gebracht wird. Z. B. man nimmt von Milch etwa 20 ccm, von Wasser mindestens 250 ccm. Das Eindampfen im Zersetzungskolben geht leicht und rasch vor sich, wenn man in das auf dem Wasserbade befindliche Gefäß einen erhitzten Gebläseluftstrom über die Flüssigkeitsoberfläche leitet. Die heiße Luft führt den sich bildenden Dampf in sehr kurzer Zeit aus dem enghalsigen Kolben. Substanzverlust wird dabei völlig vermieden.

Ausführung der Bestimmung:

Zu der Substanz im Zersetzungskolben (Jenaer Kaliglaskolben mit langem Hals) gibt man 20 ccm reine konzentrierte Schwefelsäure, 1 g (etwa 1 Tropfen) metallisches Quecksilber oder 0,5 g Kupferoxyd, erhitzt bis zur Auflösung der Masse (nach etwa 15 Minuten), gibt dann 15—18 g stickstofffreies K_2SO_4 zu und erhitzt weiter und nach eingetretener Farblosigkeit der Lösung noch etwa 15 Minuten lang.

Es ist empfehlenswert, das Gemenge vorher etwa 6—12 Stunden (wenn angängig) auf die Substanz einwirken zu lassen, indem man den Kolben mit einer Glaskugel schließt und an einem ammoniakfreien Orte (Glasglocke) stehen läßt. Namentlich ist zu beachten, daß die Substanz oder der eingedampfte Rückstand vollständig von der zugesetzten Säure durchtränkt wird. Der Kolben darf nur langsam angewärmt und etwa ½—¾ Stunde einer ganz geringen Hitze ausgesetzt werden. Nach und nach wird dann die Hitze gesteigert. Man vermeide ein rasches Anheizen, weil dadurch Stickstoffverlust eintreten kann. Die Zerstörung der Substanz ist sodann in der Regel in etwa 2—2½ Stunden vollendet, was sich an der hellen Lösung zu erkennen gibt. In dieser Lösung ist nun der Stickstoff als schwefelsaures Ammoniak enthalten. Man verdünnt die erkaltete Lösung mit etwa 250 ccm Wasser, übersättigt sie mit 80 ccm salpetersäurefreier Natronlauge (1,35), die mittels eines Tropftrichters zugeführt wird, fügt 25 ccm Schwefelkaliumlösung[1]) (40 g K_2S im Liter) oder etwas mehr falls erforderlich zur vollständigen Ausfällung des Hg zu und destilliert etwa 150—200 ccm unter Verwendung eines Reitmaierschen Destillationsaufsatzes mittels eines Liebigschen Kühlers oder auch mit Luftkühlung sowie mit einer an die Apparatur angeschlossenen Wasserdampfstromeinrichtung in eine Vorlage (Meßkolben ca. 250—300 ccm Inhalt), die mit einem Indikator (Congorot, Cochenille) versetzte ¼-Normalsäure oder eine anders eingestellte solche enthält, ab.

---

[1]) Bei Anwendung von CuO statt Hg erübrigt sich dieser Zusatz; die Schwefelsäure wird vielfach mit 10% P_2O_5-Anhydrid verstärkt; Zusätze von Oxydationsstoffen wie Hg und CuO können dann bei leichtzerstörbaren Stoffen unterbleiben.

1 ccm verbrauchte ¼-Normalsäure = 3,51 mg N. Man titriert mit der entsprechenden Normallauge zurück und berechnet aus der verbrauchten Säure den Stickstoffgehalt.

Die Verwendung der Kjeldahlschen Methode zur Zerstörung der organischen Stoffe für den Nachweis von Metallen in organischen Stoffen empfehlen Gras und Gintl, namentlich für die Untersuchung von Teerfarben, sowie A. Halenke[1]) für Mehl (s. o.). Sie nehmen auf 10 g Substanz 60—80 g konzentrierte Schwefelsäure, die 10% Kaliumsulfat enthält.

Über N-Bestimmung in Milch, namentlich fettreicher, vgl. M. Popp und G. Wiegner[2]).

Bestimmung des Stickstoffs bei Anwesenheit von Nitraten und Nitriten nach Jodlbaur s. Abschnitt Düngemittel S. 52.

Sollen außer N noch ein oder mehrere Elemente bestimmt werden, so empfiehlt sich die Anwendung des Dennstedtschen Verfahrens (Anleitung zur vereinfachten Elementaranalyse, Hamburg, 1903).

Im allgemeinen genügt die vorstehend angegebene Bestimmung der Gesamtstickstoffsubstanz (Rohproteins) für die Untersuchung und Begutachtung der verschiedenen Nahrungsmittel u. s. w.; für eingehendere Analysen, Trennung des in verschiedenen Formen vorhandenen Stickstoffes als Eiweißstickstoff, Reinprotein, Peptone u. s. w. und als nicht eiweißartiger Stickstoff, als Ammoniak-, Amid- und Salpeterstickstoff muß auf die Literatur, insbesondere auf J. König, ,,Chemie der menschlichen Nahrungs- und Genußmittel" Bd. III 1. Teil 1910, Verlag J. Springer, Berlin, verwiesen werden.

Noch ist zu bemerken, daß der Stickstoff im tierischen Eiweiß etwa 16%, im Pflanzeneiweiß etwa 16,6% beträgt, nichtsdestoweniger aber rechnet man den Stickstoff in der Regel (siehe jedoch Abschnitt Milch) durch Multiplikation mit 6,25 auf Eiweiß bzw. Protein; man hat aber, was aus oben Gesagtem schon hervorgeht, zu berücksichtigen, daß manche Körper auch noch anderen Stickstoff als lediglich Eiweißstickstoff haben, so ist z. B. der N bei Kartoffeln bis zu etwa 40% auf Amidokörper (hier auch Solanin), bei Pilzen desgl. zu etwa 30% zu beziehen, bei Kakao ist auf Theobrominstickstoff zu achten u. s. w.

Zur Analyse von Körpern, bei denen es schwer hält, eine kleine Durchschnittsprobe für die Stickstoffbestimmung sich herzustellen, wie bei Fleischwaren, Würsten, Gemüsen, und auch bei Futtermitteln bedient man sich der in landwirtschaftlichen Versuchsstationen üblichen Methode, welche auch die ,,Vereinbarungen" angeben: 10—20 g der gemischten Substanz verrührt man unter Erwärmen auf dem Wasserbad mit 150 g reiner konzentrierter Schwefelsäure mit einem Glasstab solange, bis ein flüssiger, gleichmäßiger Brei entsteht. Diesen bringt man in einen 200 ccm-Glaskolben, spült mit derselben Säure nach und stellt auch mit derselben Säure nach dem Erkalten auf 200 ccm ein. Nach dem genügenden Durchmischen unter kräftigem Umschütteln pipettiert man 20 ccm des Gemisches (= 1—2 g Substanz) in einen Zersetzungskolben und verfährt wie eingangs angegeben.

---

[1]) Zeitschr. f. Unters. d. Nahr.- u. Genußm. 1899. 2. 128.
[2]) Milchw. Zentralbl. 1906, 263.

D. Bestimmung des Fettes (Rohfett, Äther-Extrakt).

Unter Fett versteht man bei der Nahrungsmittelanalyse den Ätherextrakt der wasserfreien Substanz d. h. alle aus der wasserfreien Substanz durch wasserfreien d. h. über Natrium oder Natriumamalgam destillierten Äther extrahierbaren, bei einstündigem Trocknen im Dampftrockenschrank nicht flüchtigen Bestandteile.

Verfahren nach Soxhlet mittels dessen Extraktionsapparat und des Soxhletschen Kugelkühlers oder sonst einer geeigneten Kühlvorrichtung.

Anzuwendende Menge etwa 5—10 g der gepulverten Substanz.

Man bereitet sich zunächst eine Papierhülse[1]) aus fettfreiem Filtrierpapier, indem man das Papier um einen zylindrischen Holzstab zweimal herumrollt. Das untere Ende wird mit einer Lage entfetteter Watte versehen, sodann bringt man die Substanz oder den auf Bimsstein, Sand u. s. w. angetrockneten Extrakt u. s. w. in Pulverform ohne Verlust hinein, legt wieder Watte darauf, und schließt das überstehende Papier durch Zusammenfalten so, daß eine Hülse entsteht. — Ist die Substanz nicht schon durch die vorbereitenden Manipulationen vollständig getrocknet worden, so muß die gefüllte Hülse im Wassertrockenschrank noch getrocknet werden. Im Extraktionsapparat, dessen Einrichtung als bekannt vorausgesetzt wird, wird dann etwa 4—6 Stunden[2]) je nach dem Fettgehalt und dem Grade der Ausziehungsfähigkeit der Substanz mit Äther extrahiert. Im gewogenen und zuvor gut getrockneten Kolben wird der Äther verdampft bzw. abdestilliert und das Zurückgebliebene im Wasserdampftrockenschrank eine Stunde getrocknet und nach dem Erkalten im Exsiccator gewogen.

Es empfiehlt sich, einen zweiten tarierten Kolben parat zu halten und noch eine Zeitlang aufs neue zu extrahieren, um zu sehen, ob noch eine weitere Menge Fett ausgezogen wird.

Die Bestimmung der freien Fettsäuren (des Säuregrades) dieser Extrakte siehe S. 63.

E. Bestimmung und Trennung der stickstofffreien Extraktivstoffe (namentlich der Kohlenhydrate).

Die Gesamtmenge der stickstofffreien Extraktivstoffe, welche eine ganze Reihe von Verbindungen in den Nahrungsmitteln umfassen, nämlich die Zuckerarten, Stärke, Gummi, Pflanzenschleime und Säuren, Bitter- und Farbstoffe u. s. w., rechnet man gewöhnlich aus der Differenz, indem man die Summe des Wasser-, Rohprotein-, Rohfett-, Holzfaser- und Aschegehaltes von 100 abzieht.

Hat man eine ausführlichere Analyse der Extraktivstoffe[3]) zu machen oder einzelne derselben zu bestimmen, so verfährt man wie folgt:

---

[1]) Statt dieser sind die Extraktionshülsen von Schleicher & Schüll, Düren, zu empfehlen.
[2]) Bisweilen mehr.
[3]) Die Ermittelung der Zuckerarten und -mengen sowie des Stärkegehaltes bringt das Nachfolgende; betr. der übrigen oben angeführten Extraktivstoffe muß auf die einzelnen Spezialabschnitte verwiesen werden.

Man erschöpft die eventuell erst durch Äther entfettete Substanz zuerst mit kaltem, dann mit heißem Wasser und bringt die wässerige Lösung auf ein bestimmtes Volumen. Hiervon nimmt man unter Vernachlässigung des Volumens des unlöslichen Rückstandes zu folgenden Bestimmungen je einen aliquoten Teil.

1. Bestimmung der in Wasser löslichen Stoffe.

Einen aliquoten Teil, etwa 50—100 ccm kocht man zur Entfernung von Albumin[1]) auf, filtriert, wäscht mit Wasser nach, dampft ein, trocknet bei 105° bis zur Gewichtskonstanz und wägt. Alsdann verascht man den Inhalt der Schale und wägt wieder. Die Differenz beider Wägungen ergibt die Menge der wasserlöslichen Kohlenhydrate (Vereinbarungen). Man kann bequemer, namentlich bei stärkemehlreichen Stoffen, diese Bestimmung in der ursprünglichen Substanz (etwa 3—5 g) indirekt vornehmen, indem man die eventuell vorher entfettete mit Wasser extrahierte Substanz nach mehrmaligem Nachwaschen auf einem tarierten Filter sammelt, bei 105° trocknet und wägt; bei der Berechnung hat man den Wassergehalt der Substanz, der in einer besonderen Durchschnittsprobe bestimmt werden muß, zu berücksichtigen.

2. Bestimmung von Trockensubstanz (Extrakt) und Asche.

Man dampft ein bestimmtes, etwa 4 g der Substanz entsprechendes Volumen der Lösung in einer Platinschale ein, trocknet bei 105° bis zum konstant bleibenden Gewicht und wägt. Sodann äschert man den gewogenen Abdampfungsrückstand vorsichtig ein (vgl. S. 10 und 12) und wägt.

3. Trennung und Bestimmung der löslichen Kohlenhydrate.

Da die folgende, übrigens in praxi selten anzuwendende Trennungsmethode[2]) nur annähernd richtige Werte gibt, ist eine peinlichst gleichmäßige Ausführung erforderlich, um Ergebnisse zu gewinnen, die unter sich vergleichbar sind.

Ein etwa 2,5 g Trockensubstanz entsprechender Teil einer auf Dextrine und Zucker zu untersuchenden Flüssigkeit bzw. ein aliquoter Teil (etwa 200 ccm) des in oben angegebener Weise erhaltenen wässerigen Auszuges fester Stoffe, welcher die Gesamtmenge der wasserlöslichen Kohlenhydrate enthält, wird in einer Porzellanschale auf dem Wasserbade fast bis zur Trockne eingedampft[3]), der Sirup in 10 oder

---

[1]) Dieses bezw. andere lösliche Stickstoffverbindungen können ebenfalls in einem besonderen Teil der Lösung bestimmt werden. Ein Teil — entsprechend 2—5 g der ursprünglichen Substanz — der wässerigen Lösung wird nach der Kjeldahlschen Methode behandelt (vgl. S. 13), nachdem man die Lösung in dem Aufschließungskolben erst über kleiner Flamme unter vorheriger Zugabe von verdünnter Schwefelsäure auf etwa 20—30 ccm eingedampft hat.

[2]) Nach O st (Zeitschr. für angew. Chem. 1900, S. 726) ist die Trennung nach dieser den Vereinbarungen entnommenen Methode unmöglich, ebenso diejenige unter 4., S. 25. Nach Ansicht d. Verff. sind dieselben aber zu Vergleichsversuchen (siehe oben) verwendbar. Exakte Verfahren fehlen überhaupt. Die Vergärungsmethode ist oft wegen der Beschaffung des Hefematerials nicht ausführbar und überdies auch nicht unter allen Umständen zuverlässig.

[3]) Enthält die Lösung freie Säuren, so sind diese vorher mit Natriumkarbonat zu neutralisieren.

20 ccm warmem Wasser gelöst und die Lösung unter fortwährendem Umrühren allmählich mit 100 bzw. 200 ccm Alkohol von 95 Vol.-% versetzt. Nachdem sich der entstandene Niederschlag, welcher die Dextrine enthält, abgesetzt hat, filtriert man die fast klare alkoholische Lösung in eine Porzellanschale ab und wäscht den Rückstand in der ersten Schale unter Reiben mit einem Pistill mehrmals mit kleinen Mengen Alkohol (hergestellt durch Vermischen von 1 Vol. Wasser mit 10 Vol. Alkohol von 95 Vol.-%) aus. Der Rückstand der Alkoholfällung wird in Wasser gelöst, eingedampft, abermals in 10 ccm Wasser gelöst und nochmals mit Alkohol behandelt.

In derselben Weise empfiehlt es sich, die erste alkoholische Lösung von Alkohol zu befreien, den Rückstand in 10 ccm Wasser zu lösen und wie vorhin nochmals mit Alkohol zu fällen.

Die vereinigten alkoholischen Filtrate, welche die Zuckerarten enthalten, werden durch vorsichtiges Erwärmen auf dem Wasserbade von Alkohol befreit und zur Bestimmung und Trennung der Zuckerarten auf ein bestimmtes Volumen gebracht. Der Rückstand der Alkoholfällung auf dem Filter und in den Schalen enthält die Dextrine. Man löst denselben in heißem Wasser und bestimmt die Dextrine nach Inversion in Dextrose nach Seite 22.

Die Trennung kann auch durch Vergären der Dextrine bzw. Zuckerarten vorgenommen werden. Die in Frage kommenden Hefearten sind von P. Lindner[1]) angegeben. Ihre Verwendungsweise ist von P. Hörmann und J. König[2]) nachgeprüft.

a) Bestimmung der Zuckerarten.

Die nach obigem Trennungsverfahren oder auf einem anderen Wege erhaltene Lösung, die keinesfalls mehr, in einzelnen Fällen sogar wesentlich weniger als 1% Zucker enthalten soll, verwendet man

Zur quantitativen[3]) Bestimmung der Zuckerarten nach dem Kupferreduktionsverfahren (n. Fehling).

Herrichtung der Filtrierröhrchen: Feinsten Seidenasbest behandelt man aufeinanderfolgend mit 20%-iger Natronlauge, heißem Wasser, Salpetersäure, entfernt die Säure mit heißem Wasser und trocknet. In die Glasröhrchen (Filtrierröhrchen) bringt man zuerst einen siebartig durchlochten Platinkonus, stopft hierauf den präparierten Asbest in etwa 1 cm hoher Schicht mäßig fest, setzt das Röhrchen auf eine Saugflasche, wäscht mit heißem Wasser, darauf mit Alkohol, dann mit Äther aus und trocknet im Trockenschrank. Die gebrauchten Röhrchen richtet man sich für eine neue Bestimmung her, indem man sie mit heißer Salpetersäure füllt, die Säure etwa 12 Stunden einwirken läßt und dann mit heißem Wasser, Alkohol und Äther auswäscht und trocknet.

[1]) Wochenschr. f. Brauerei 1900, 17. 49—51.
[2]) Zeitschr. f. Unters. d. Nahr.- u. Genußm. 1907. 13. 113.
[3]) Die Bestimmung der Zuckerarten auf polarimetrischem Wege siehe Abschnitt „Zucker, Fruchtsäfte, Marmeladen, Honig und Wein". Vorwiegend angewendet wird diese Methode zur Ermittelung der Saccharose und des Stärkesirups. Vgl. J. Hetper, Die Zuckerpolarisation in praktischer Anwendung. Zeitschr. f. Unters. d. Nahr.- u. Genußm. 1910, 19, 633.

Man erhitze die frisch zusammengemischte alkalische Kupferlösung[1]) in einer Porzellansiedeschale oder einem Erlenmeyerkolben zum Sieden, gebe die für die einzelne Zuckerart vorgeschriebene Menge der Lösung zu, koche die vorgeschriebene Zeit und filtriere die heiße Lösung durch ein in oben beschriebener Weise hergestelltes Asbestfiltrierröhrchen mittels der Wasserstrahlpumpe. Zum Eingießen der heißen Lösung setze man ein Trichterchen auf. Das ausgeschiedene Kupferoxydul wasche man mit heißem Wasser etwa 15 mal nach und spüle es mit Hilfe eines Gummiwischers u. s. w. in das Röhrchen. Dieses soll bis zum Abnehmen von der Wasserstrahlpumpe immer mit Wasser möglichst gefüllt sein. Endlich wasche man noch mit Alkohol und Äther nach, nachdem zuvor die Saugflasche ausgeleert wurde, und trockne das Röhrchen im Trockenschranke; durch das trockene Röhrchen leite man unter schwachem Glühen des Kupferoxyduls Wasserstoff, bis alles Kupferoxydul reduziert ist, was daran zu erkennen ist, daß einige Tröpfchen gebildetes Wasser erscheinen und endlich der Wasserstoff am Ende des Röhrchens sich entzündet. Einfacher und weniger zeitraubend ist, statt Wasserstoff solange während des Glühens mit der Saugpumpe Luft[2]) durch das Röhrchen zu leiten, bis alles Kupferoxydul zu Kupferoxyd oxydiert ist, was sehr leicht erkannt wird. Statt der Filtrierröhrchen können auch Goochtiegel verwendet werden. H. Röttger löst das im Filtrierröhrchen gesammelte Kupferoxydul sofort in rauchende Salpetersäure, dampft die Lösung im Porzellantiegel ein und wiegt das Kupfer als CuO. Auf diese Weise wird gleichzeitig das Filtrierröhrchen für die weitere Benutzung vorgereinigt.

Das im Wasserstoff- bzw. Luftstrom erkaltete Röhrchen wird dann gewogen und aus dem erhaltenen Kupfer bzw. Kupferoxyd nach den verschiedenen Tabellen (s. S. 26 u. f.) die entsprechende Zuckermenge entnommen und mit Berücksichtigung der Verdünnung umgerechnet. Auf die Bestimmung der Zuckerarten mittels Kupferkaliumcarbonatlösung nach H. Ost wird verwiesen. Chem. Ztg. 1895, S. 1784 ff.

Einzelverfahren:

α) **Bestimmung der Glucose nach E. Meißl und F. Allihn.** 30 ccm Kupfersulfatlösung (69,278 g chemisch reiner Kupfervitriol zu einem Liter Wasser gelöst), 30 ccm Seignettesalzlösung (346 g Seignettesalz und 250 g KOH zu 1000 ccm gelöst) und 60 ccm Wasser erhitzt man zum Sieden, fügt 25 ccm der nicht mehr als einprozentigen Zuckerlösung zu, erhält 2 Minuten im Sieden, verfährt nach der oben beschriebenen Methode und schlägt die dem gefundenen Kupfer entsprechende Menge Glucose in der Tabelle S. 30 nach.

β) **Bestimmung des Invertzuckers nach E. Meißl.** 25 ccm obiger Kupfersulfatlösung, 25 ccm Seignettesalz-Natronlauge[3]), (173 g Seig-

---

[1]) Die Bereitung der zu verwendenden Lösungen u. s. w. siehe unten.
[2]) K. Farnsteiner, Forschungsberichte 1895, 235; R. Hefelmann, Forschungsberichte 1895, 235 und Pharm. Zentralbl. 36, 637 u. a.
[3]) Die Seignettesalz-Natronlauge ist auch für die Bestimmung der Glucose anwendbar und umgekehrt die für letztere angegebene auch für die des Invertzuckers. Kupfersulfat und Seignettesalzlösung sind stets getrennt aufzubewahren; letztere möglichst frisch zu verwenden.

nettesalz löst man zu 400 ccm Wasser und fügt 100 ccm Natronlauge hinzu, welche 516 g Natriumhydroxyd im Liter enthält[1]) und soviel Kubikzentimeter Invertzuckerlösung, als im Maximum 0,245 g Invertzucker entsprechen, bringt man auf 100 ccm, erhitzt zum Sieden und kocht dann 2 Minuten lang (s. Tabelle S. 32).

Enthalten Invertzuckerlösungen auch Saccharose, z. B. in Fruchtsäften, Marmeladen u. s. w., so wird mehr Kupferlösung reduziert, als wenn nur Invertzucker auf überschüssige alkalische Kupferlösung einwirkt. Starke Abweichungen, die durch entsprechende Korrektion auszugleichen sind, fallen jedoch praktisch nur ins Gewicht, wenn mehr als 90 Teile Rohrzucker auf 10 Teile Invertzucker kommen. Bei Anwendung der maßanalytischen Methode zur Bestimmung des Invertzuckers nach F. Soxhlet, bei welcher ein Überschuß von Kupferlösung vermieden wird, wirkt die Saccharose nicht vermehrend auf die Reduktion ein. Nach dieser Methode kann man also auch bei Gegenwart von Saccharose den Invertzucker bestimmen. Vgl. im übrigen S. 22. Trennungsverfahren unter c.

γ) **Bestimmung der Maltose nach E. Wein.** 25 ccm Kupferlösung, 25 ccm Seignettesalz-Natronlauge (nach β) und 25 ccm der nicht mehr als 1%-igen Maltoselösung (Würze u. s. w.) werden gemischt zum Sieden erhitzt und dann 4 Minuten im Kochen erhalten (s. T. S. 35).

δ) **Bestimmung der Lactose nach F. Soxhlet.** 25 ccm obiger Kupferlösung, 25 ccm Seignettesalz-Natronlauge (nach β), 20 bis 100 ccm Lactoselösung je nach der Konzentration werden gemischt, das Ganze auf 150 ccm gebracht, dann zum Sieden erhitzt und 6 Minuten lang im Sieden erhalten (s. T. S. 36, siehe auch Kapitel Milch über Milchzuckerbestimmung).

ε) **Bestimmung der Saccharose** (durch Inversion zu Invertzucker mittels Salzsäure); 100 ccm der nicht über 1%-igen Saccharoselösung werden in einem 250 ccm-Kolben im siedenden Wasserbad eine halbe Stunde lang mit 30 ccm $^1/_{10}$ Normalsalzsäure oder nach der zolltechnischen Anweisung (s. S. 23, Anm. 1 und S. 268) erhitzt, dann abgekühlt, mit 30 ccm $^1/_{10}$ Normalalkalilauge neutralisiert und das Ganze mit Wasser auf 250 ccm aufgefüllt. 50 ccm dieser Invertzuckerlösung (= 0,20 g, wenn eine 1%-ige Saccharoselösung zur Verwendung kam) werden wie bei der Invertzuckerbestimmung nach E. Meißl, S. 19, angegeben weiter behandelt.

Sind direkt reduzierende Zuckerarten vorhanden, so zieht man die vor der Inversion für dieselben gefundene Kupfermenge von der nach der Inversion gefundenen Kupfermenge ab und sucht die dem als Rest verbleibenden Kupfer entsprechende Invertzuckermenge in der Tabelle S. 32 auf. Die gefundene Menge Invertzucker, multipliziert mit 0,95, gibt die vorhandene Saccharose an.

Polarimetrische Bestimmung der Saccharose siehe Seite 23.

Bemerkungen zu obigen Zuckerbestimmungen:

Kjeldahl[2]) hat die Meißl-Allihnsche Methode modifiziert, in der Absicht, den Einfluß der Luft auf die Abscheidungen des Kupferoxyduls während des Kochens zu beseitigen. Zu diesem Zweck empfiehlt

---

[1]) Durch Titration zu ermitteln.
[2]) Zeitschr. f. analyt. Chemie 1896, S. 344.

er das Kochen der zusammengemischten Lösungen in einem Erlenmeyerschen Kolben im Wasserstoffstrom (oder Leuchtgasstrom) vorzunehmen, und zwar 20 Minuten lang zu kochen und die schließlich erhaltenen, nicht mehr mit den Meißl-Allihnschen übereinstimmenden Kupferwerte aus einer von ihm besonders entworfenen, von R. Woy[1]) auch auf CuO als Wägungsform berechneten Tabelle zu entnehmen. Diese Methode hat den Vorteil, alle Zuckerarten einer und derselben Behandlung unterwerfen zu können[2]).

Da die Methode bis jetzt, wie es scheint, sich nicht eingebürgert hat, wird von ihrer eingehenderen Wiedergabe abgesehen.

ζ) **Maßanalytische Zuckerbestimmung nach Soxhlet**[3]). Man bringt 25 ccm Kupfersulfatlösung und 25 ccm Seignettesalzlösung (Herstellung s. unter β) S. 19) zum Sieden und läßt soviel Zuckerlösung hinzutropfen, bis nach einer der betreffenden Zuckerart entsprechenden Kochdauer (s. unter α—δ) die Lösung nicht mehr blau ist. Auf diese Weise wird ungefähr festgestellt, wieviele Kubikzentimeter Zuckerlösung 50 ccm Fehlingscher Lösung entsprechen, bzw. wieviele Prozent Zucker die betreffende Zuckerlösung enthält. Durch Verdünnen oder Eindampfen macht man dann die Lösung ungefähr 1%-ig. Sodann erhitzt man wieder 50 ccm Fehlingscher Lösung zum Sieden und setzt aus einer Bürette von der etwa 1%igen Zuckerlösung so viel hinzu, als der Menge entspricht, die beim Vorversuche 50 ccm Fehlingscher Lösung völlig reduziert hatte. Man kocht dann so lange, als für die betreffende Zuckerart notwendig ist und gibt dann die ganze Flüssigkeit auf ein dichtes Faltenfilter, wobei keine Spur Kupferoxydul durchs Filter gehen darf. Ist das Filtrat noch blau oder grün gefärbt, so ist noch Kupfer in Lösung und es bedarf keiner Prüfung; ist es gelb, so prüft man eine Probe nach Ansäuern mit Essigsäure durch Zusatz von Ferrocyankaliumlösung auf Kupfergehalt.

Ist das Filtrat so stark gefärbt, daß die Reaktion mit Ferrocyankalium nicht deutlich sichtbar ist, so versetzt man dasselbe mit einigen Tropfen Zuckerlösung, kocht 1 Minute und läßt 3—4 Minuten stehen. Gießt man dann vorsichtig ab, so lassen sich Spuren von rotem Kupferoxydul entweder so erkennen oder indem man mit einem Stückchen Filtrierpapier über den Boden der Schale wischt.

War im Filtrat noch Kupfer nachzuweisen, so gibt man bei einem neuen Titrationsversuch etwas mehr Zuckerlösung, im entgegengesetzten Falle etwas weniger Zuckerlösung zu der Fehlingschen Lösung und wiederholt diese Versuche so lange, bis von zwei aufeinander folgenden Titrationen die eine noch eine Spur Kupfer im Filtrate zeigt, während die folgende mit einer 0,1 ccm vermehrten Menge Zuckerlösung ausgeführte Titration eine vollständige Reduktion der Kupferlösung ergibt. Die richtige, 50 ccm Fehlingscher Lösung genau reduzierende, Menge Zuckerlösung liegt in der Mitte.

---

[1]) Zeitschr. f. öffentl. Chemie 1897, S. 436.
[2]) Vgl. ferner H. Jessen-Hansen, Zeitschr. f. Unters. d. Nahr.- und Genußm. 1900. 3. 175 (Ref.) betr. Invertzuckerbestimmung neben Saccharose nach Kjeldahl.
[3]) Journ. f. prakt. Chemie N. F. 1880. 21. 227.

Aus der verbrauchten Anzahl Kubikzentimeter Zuckerlösung berechnet man den Zuckergehalt unter Berücksichtigung der von Soxhlet für die verschiedenen Zuckerarten ermittelten Reduktionsverhältnisse, nach denen in etwa 1%-igen Lösungen 50 ccm Fehlingscher Lösung entsprechen

0,2375 g Glucose
0,2572 g Fructose
0,2470 g Invertzucker
0,3890 g Maltose
0,3380 g kristallisierte Lactose.

Ist der Zuckergehalt der Flüssigkeit annähernd bekannt, so kann man sich auch des Reischauerschen Titrationsverfahrens bedienen. Näheres siehe: J. König, Die Untersuchung landwirtschaftlich und gewerblich wichtiger Stoffe. Berlin 1906.

Auf die maßanalytische Bestimmung nach K. B. Lehmann[1]), E. Riegler[2]) und H. Barth sei verwiesen[3]).

b) Bestimmung der Dextrine.

Von den zu bestimmenden Dextrinen stellt man eine Lösung in etwa 200 ccm Wasser her, setzt 20 ccm Salzsäure (von 1,19 spez. Gew.) zu und erwärmt 3 Stunden lang im kochenden Wasserbade am Rückflußkühler. Nach dem Erhitzen wird rasch abgekühlt, mit Natronlauge bis zur schwach sauren Reaktion versetzt und soweit verdünnt, daß die Lösung höchstens 1% Glucose enthält. In 25 ccm jeder Lösung wird Glucose nach Meißl und Allihn S. 19 bestimmt. Aus der gefundenen Menge Glucose wird durch Multiplikation mit 0,90 die Menge des vorhandenen Dextrins erhalten.

c) Trennungsverfahren für die Zuckerarten und Dextrine.

1. Bestimmung des Invertzuckers und der Saccharose nebeneinander. Wenn Lösungen neben Invertzucker Saccharose enthalten und dieses Gemisch mit überschüssiger Fehlingscher Lösung erhitzt wird, so wird bedeutend mehr Kupferlösung reduziert, als wenn nur Lösungen von Invertzucker auf überschüssige Fehlingsche Lösung einwirken. Wenn daher in solchen Fällen der Invertzucker nach E. Meißl gewichtsanalytisch durch Kochen mit überschüssiger Kupferlösung bestimmt werden soll, so muß man Korrektionen anbringen, welche je nach dem Verhältnisse von Invertzucker zu Saccharose verschieden sind; doch sind die Reduktionsverhältnisse nur stark abweichend, wenn auf 10 Teile Invertzucker mehr als 90 Teile Saccharose vorhanden sind. Auf die für diese Fälle ermittelten Korrektionstabellen von E. Meißl und E. Wein wird verwiesen[4]).

---

[1]) Arch. f. Hyg. **30.** 267.
[2]) Zeitschr. f. anal. Chemie 1898. 22.
[3]) Zeitschr. f. Unters. d. Nahr.- u. Genußm. 1900. **3.** 174 (Ref. n. Schweiz. Wochenschr. f. Chir. u. Pharm. 1899. **37.** 290).
[4]) E. Wein, Tabellen zur quantitativen Bestimmung der Zuckerarten, Stuttgart 1888. S. 17—30.

Wenn man jedoch bei dem Vorhandensein von Saccharose den Invertzucker maßanalytisch nach F. Soxhlet (s. S. 21) bestimmt, also einen Überschuß von Kupferlösung vermeidet, so wirkt die Saccharose nicht vermehrend auf die Reduktion der Kupferlösung. Die Resultate der maßanalytischen Bestimmung des Invertzuckers sind daher auch bei der Gegenwart von Saccharose ebenso verwendbar wie bei Abwesenheit derselben.

Die neben Invertzucker vorhandene Saccharose bestimmt man in der Weise, daß man einen anderen Teil der Zuckerlösung nach S. 20 invertiert, nun die Summe des ursprünglich vorhandenen und des neugebildeten Invertzuckers gewichts- oder maßanalytisch bestimmt, und hiervon den vor der Inversion vorhandenen Invertzucker abzieht. Die übrig bleibende Invertzuckermenge, mit 0,95 multipliziert, ergibt die Menge der neben dem Invertzucker vorhandenen Saccharose.

Die Bestimmung der Saccharose neben Invertzucker kann auch durch Polarisation der zuckerhaltigen Lösung vor und nach der Inversion nach dem Vorschlage von Clerget[1]) ausgeführt werden.

2. Bestimmung des Invertzuckers neben Glucose bzw. anderer Zuckerarten nebeneinander. Um zwei Zuckerarten nebeneinander zu bestimmen oder die Identität einer Zuckerart mit einer bekannten festzustellen, bedient man sich der Eigenschaft der Zuckerarten, Fehlingsche Kupferlösung und Sachssesche Quecksilberlösung in verschiedenen, aber unter gleichen Arbeitsbedingungen konstanten Verhältnissen zu reduzieren. Die Ausführung der Zuckerbestimmung mittels Fehlingscher Kupfer- und Sachssescher Quecksilberlösung[2]) geschieht auf maßanalytischem Wege. Die Titration mit Fehlingscher Lösung wird, wie S. 21 angegeben ist, mit der Änderung vorgenommen, daß 100 ccm Fehlingsche Lösung angewendet werden und die Zuckerlösung bis zu 1% Zucker enthalten kann. Die Kochdauer ist dieselbe, wie bei den einzelnen Zuckerarten S. 19 angegeben ist. Ein Vorversuch zur Einstellung (Verdünnung) der Zuckerlösung ist jedesmal auszuführen. Mit der Sachsseschen Quecksilberlösung operiert man in ähnlicher Weise. Man verwendet davon zum Versuch 100 ccm und kocht, bis alles Quecksilber gefällt ist. Die Endreaktion nimmt man mit Zinnoxydullösung (käufl. Zinnchlorür wird mit Ätzkali im Überschuß versetzt) oder mit solcher getränktem Papier vor. Anfangs entsteht eine schwarze Fällung, dann eine leichte Bräunung und wenn alles Quecksilber ausgefällt ist, bleibt die Farbe unverändert.

Für die Berechnung der Mengen der vorhandenen Zuckerarten hat F. Soxhlet gefunden, daß je 1 g der verschiedenen Zuckerarten in 1%-igen Lösungen folgende Mengen Fehlingscher und Sachssescher Lösungen reduziert, bzw. daß 100 ccm der letzteren (unverdünnt) durch nebenstehende Zuckermengen in 1%-igen Lösungen reduziert werden:

---

[1]) Ber. deutsch. chem. Ges. 1888. 21. 191, auch Zeitschr. f. analyt. Chem. 1889. 28. 203. — Vergl. ferner die Ausführungsbestimmungen zum Zuckersteuergesetz, S. 277 und die Abschnitte Zucker, Honig, Fruchtsäfte.

[2]) 18 g reines und trockenes Jodquecksilber (durch Fällung von Sublimatlösung mit Jodkalium erhalten), werden mit Hilfe von 25 g Jodkalium in Wasser gelöst, dann 80 g in Wasser gelöstes Kalihydrat hinzugefügt und auf 1 l Wasser gebracht. Die Lösung enthält 7,9295 g Quecksilber im Liter.

Zuckerart	1 g Zucker in 1 proz. Lösung reduziert		100 ccm der Lösungen von Fehling Sachsse werden reduziert in 1 proz. Lösung durch	
	Fehling ccm	Sachsse ccm	mg	mg
Glucose	210,4	302,5	475,3	330,5
Invertzucker	202,4	376,0	494,1	266,0
Fructose	194,4	449,5	514,4	222,5
Lactose	148,0	214,5	675,7	466,0
Desgl. (nach der Inversion)	202,4	257,7	494,1	388,0
Galactose	196,0	226,0	510,2	442,0
Maltose	128,4	197,6	778,8	506,0

Wenn man in Zuckerlösungen von 1% Gehalt an zwei verschiedenen Zuckerarten, z. B. an Glucose (durch Inversion von Dextrin erhalten) und an Invertzucker (durch Inversion von Saccharose erhalten) einerseits mit Fehlingscher Kupferlösung, andererseits mit Sachssescher Quecksilberlösung, wie vorstehend angegeben ist, titriert, so berechnet sich der Gehalt an Glucose (Traubenzucker) und Invertzucker aus den beiden Gleichungen:

$$ax + by = F, \quad cx + dy = S,$$

worin bedeutet:

a die Anzahl der ccm Fehlingscher Lösung, welche durch 1 g Glucose (Traubenzucker) reduziert werden,

b die Anzahl der ccm Fehlingscher Lösung, welche durch 1 g Invertzucker reduziert werden,

c die Anzahl der ccm Sachssescher Lösung, welche durch 1 g Glucose (Traubenzucker) reduziert werden,

d die Anzahl der ccm Sachssescher Lösung, welche durch 1 g Invertzucker reduziert werden,

F die Anzahl der für 1 Vol. der Zuckerlösung (etwa 100 ccm) verbrauchten ccm Fehlingscher Lösung,

S die Anzahl der für 1 Vol. der Zuckerlösung (etwa 100 ccm) verbrauchten ccm Sachssescher Lösung,

x die Menge der gesuchten Glucose (Traubenzucker) in Gramm, enthalten in 1 Vol. der Zuckerlösung,

y die Menge des gesuchten Invertzuckers in Gramm, enthalten in 1 Vol. der Zuckerlösung.

Handelt es sich also um Bestimmung von Glucose und Invertzucker nebeneinander, so würden die obigen Formeln lauten:

$$210,4\,x + 202,4\,y = F$$
$$302,5\,x + 376,0\,y = S.$$

Hieraus berechnet man die vorhandenen Glucose- und Invertzuckermengen in bekannter Weise[1]).

---

[1]) Berechnung der Fructose (Lävulose) und Glucose nach O. Gubbe (Berl. Ber. 1885. 18. 2207) u. H. Ost (ebenda 1891. 24. 1636) nach der Formel

$$L = \frac{0,525 \cdot s + (\alpha)}{1,48}$$

3. Bestimmung von Glucose und Dextrin nebeneinander, nach Sieben, siehe S. 261, Abschnitt Stärkezucker.

4. Bestimmung der Raffinose neben Saccharose wird unter Abschnitt „Zucker" (S. 260) angegeben werden.

5. Bestimmung von Saccharose, Glucose, Fructose, Maltose, Isomaltose und Dextrin nebeneinander[1]). Bei gleichzeitiger Anwesenheit obiger Zuckerarten und des Dextrins bestimmt man:

a) Das Reduktionsvermögen für Fehlingsche Lösung

  α) in der Lösung direkt,

  β) nach der Inversion mit Invertin (bei 50—55°),

  γ) in dem Gärrückstande nach dem Vergären mit einer geeigneten, d. h. Maltose nicht vergärenden, reingezüchteten Hefenart direkt,

  δ) in dem nach γ erhaltenen Gärrückstande nach der Inversion mit Salzsäure nach Sachsse mit 3 Stunden Kochdauer,

b) Die Dextrine durch Alkoholfällung in der ursprünglichen Lösung.

Aus diesen Bestimmungen ergibt sich:

1. die Saccharose aus der Differenz von $\beta-\alpha$,
2. die Summe von Glucose, Fructose und Invertzucker aus der Differenz von $\alpha-\gamma$.
3. die Summe von Maltose und Isomaltose aus γ oder der Differenz von δ—b,
4. der Gehalt an Dextrinen aus b oder der Differenz $\delta-\gamma$.

Sind einzelne der angeführten Zuckerarten nicht zugegen, so können unter Umständen Vereinfachungen eintreten.

Aus dieser Übersicht ergibt sich keine Trennung von Maltose und Isomaltose und keine Trennung von Glucose und Invertzucker; auch ist keine Rücksicht genommen auf den Einfluß, den die Gegenwart von Saccharose auf das Reduktionsvermögen anderer Zuckerarten ausübt. **Diese Trennungsmethode ist nur der Vollständigkeit halber aufgenommen; der praktische Nahrungsmittelchemiker kommt unseres Wissens kaum in die Lage, die Methode benützen zu müssen.** Vgl. die Anmerkung 2, S. 17.

Eine wertvolle Ergänzung der gewichtsanalytischen Bestimmungen ergibt sich unter Umständen durch Heranziehung der polarimetrischen Zuckerbestimmung in den verschiedenen, in obigem Gang in Betracht kommenden Flüssigkeiten; vgl. im übrigen die Abschnitte Zucker, Honig, Fruchtsäfte, Wein etc.

  L = Gramm Fructose in 100 ccm,
  s = Gramm Gesamtzucker (als Invertzucker).
  α = Gerade Linksdrehung im 100 mm-Rohr bei 15° (Temperatur ist einzuhalten).
Glukose ergibt sich aus Differenz zwischen Gesamtzucker und Fructose.
Spez. Drehung ($[\alpha] D^{15}$) f. Glucose + 52,50, für Fructose — 95,50.

[1]) Bestimmung der Saccharose, Raffinose, von Invertzucker und Glucose nebeneinander in Gemischen nach L. Grzybowski, Deutsche Zuckerindustrie 1903, 1929 u. Zeitschr. f. Unters. d. Nahr.- u. Genußm. 1904. 8. 511.

Umrechnung des gewogenen Kupferoxyds auf Kupfer, zum Gebrauch für alle Zuckerarten. Nach A. Fernau.

CuO mg	Cu mg	CuO mg	Cu mg	CuO mg	Cu mg	CuO mg	Cu mg
10	8,0	47	37,5	83	66,3	120	95,8
11	8,8	48	38,3	84	67,1	121	96,6
12	9,6	49	39,1	85	67,9	122	97,4
13	10,4	50	39,9	86	68,7	123	98,2
14	11,2	51	40,7	87	69,5	124	99,0
15	12,0	52	41,5	88	70,3	125	99,8
16	12,8	53	42,3	89	71,1	126	100,6
17	13,6	54	43,1	90	71,9	127	101,4
18	14,4	55	43,9	91	72,7	128	102,2
19	15,2	56	44,7	92	73,5	129	103,0
20	16,0	57	45,5	93	74,3	130	103,8
21	16,8	58	46,3	94	75,1	131	104,6
22	17,6	59	47,1	95	75,9	132	105,4
23	18,4	60	47,9	96	76,7	133	106,2
24	19,2	61	48,7	97	77,5	134	107,0
25	20,0	62	49,5	98	78,3	135	107,8
26	20,8	62,6	50,0	99	79,1	136	108,6
27	21,6	63	50,3	100	79,8	137	109,4
28	22,4	64	51,1	101	80,6	138	110,2
29	23,2	65	51,9	102	81,4	139	111,0
30	24,0	66	52,7	103	82,2	140	111,8
31	24,8	67	53,5	104	83,0	141	112,6
32	25,6	68	54,3	105	83,8	142	113,4
33	26,4	69	55,1	106	84,6	143	114,2
34	27,2	70	55,9	107	85,4	144	115,0
35	28,0	71	56,7	108	86,2	145	115,8
36	28,7	72	57,5	109	87,0	146	116,6
37	29,5	73	58,3	110	87,8	147	117,4
38	30,3	74	59,1	111	88,6	148	118,2
39	31,1	75	59,9	112	89,4	149	119,0
40	31,9	76	60,7	113	90,2	150	119,8
41	32,7	77	61,5	114	91,0	151	120,6
42	33,5	78	62,3	115	91,8	152	121,4
43	34,4	79	63,1	116	92,6	153	122,2
44	35,1	80	63,9	117	93,4	154	123,0
45	35,9	81	64,7	118	94,2	155	123,8
46	36,7	82	65,5	119	95,0	156	124,6

Untersuchung von Nahrungsmitteln.

CuO	Cu	CuO	Cu	CuO	Cu	CuO	Cu
mg	mg	mg	mg	mg	mg	mg	mg
157	125,4	195	155,7	233	186,1	271	216,4
158	126,2	196	156,5	234	186,9	272	217,2
159	127,0	197	157,3	235	187,7	273	218,0
160	127,8	198	158,1	236	188,5	274	218,8
161	128,6	199	158,9	237	189,3	275	219,6
162	129,4	200	159,7	238	190,0	276	220,4
163	130,2	201	160,5	239	190,8	277	221,2
164	131,0	202	161,3	240	191,6	278	222,0
165	131,8	203	162,1	241	192,4	279	222,8
166	132,6	204	162,9	242	193,2	280	223,6
167	133,4	205	163,7	243	194,0	281	224,4
168	134,2	206	164,5	244	194,8	282	225,2
169	134,9	207	165,3	245	195,6	283	226,0
170	135,7	208	166,1	246	196,4	284	226,8
171	136,5	209	166,9	247	197,2	285	227,6
172	137,3	210	167,7	248	198,0	286	228,4
173	138,1	211	168,5	249	198,8	287	229,2
174	138,9	212	169,3	250	199,6	288	230,0
175	139,7	213	170,1	251	200,4	289	230,8
176	140,5	214	170,9	252	201,2	290	231,6
177	141,3	215	171,7	253	202,0	291	232,4
178	142,1	216	172,5	254	202,8	292	233,2
179	142,9	217	173,3	255	203,6	293	234,0
180	143,7	218	174,1	256	204,4	294	234,8
181	144,5	219	174,9	257	205,2	295	235,6
182	145,4	220	175,7	258	206,0	296	236,4
183	146,2	221	176,5	259	206,8	297	237,2
184	147,0	222	177,3	260	207,6	298	238,0
185	147,8	223	178,1	261	208,4	299	238,8
186	148,6	224	178,9	262	209,2	300	239,6
187	149,4	225	179,7	263	210,0	301	240,4
188	150,1	226	180,5	264	210,8	302	241,2
189	150,9	227	181,3	265	211,6	303	242,0
190	151,7	228	182,1	266	212,4	304	242,8
191	152,5	229	182,9	267	213,2	305	243,6
192	153,3	230	183,7	268	214,0	306	244,4
193	154,1	231	184,5	269	214,8	307	245,2
194	154,9	232	185,3	270	215,6	308	246,0

CuO mg	Cu mg	CuO mg	Cu mg	CuO mg	Cu mg	CuO mg	Cu mg
309	246,8	349	278,7	389	310,7	429	342,6
310	247,6	350	279,5	390	311,5	430	343,4
311	248,4	351	280,3	391	312,3	431	344,2
312	249,2	352	281,1	392	313,1	432	345,0
313	250,0	353	281,9	393	313,9	433	345,8
314	250,8	354	282,7	394	314,7	434	346,6
315	251,6	355	283,5	395	315,5	435	347,4
316	252,4	356	284,3	396	316,3	436	348,2
317	253,2	357	285,1	397	317,1	437	349,0
318	254,0	358	285,9	398	317,9	438	349,8
319	254,8	359	286,7	399	318,7	439	350,6
320	255,6	360	287,5	400	319,4	440	351,4
321	256,4	361	288,3	401	320,2	441	352,2
322	257,2	362	289,1	402	321,0	442	353,0
323	258,0	363	289,9	403	321,8	443	353,8
324	258,8	364	290,7	404	322,6	444	354,5
325	259,6	365	291,5	405	323,4	445	355,3
326	260,4	366	292,3	406	324,2	446	356,1
327	261,2	367	293,1	407	325,0	447	356,9
328	262,0	368	293,9	408	325,8	448	357,7
329	262,8	369	294,7	409	326,6	449	358,5
330	263,6	370	295,5	410	327,4	450	359,3
331	264,4	371	296,3	411	328,2	451	360,1
332	265,2	372	297,1	412	329,0	452	360,9
333	266,0	373	297,9	413	329,8	453	361,6
334	266,8	374	298,7	414	330,6	454	362,4
335	267,6	375	299,5	415	331,4	445	363,2
336	268,4	376	300,3	416	332,2	456	364,0
337	269,2	377	301,1	417	333,0	457	364,8
338	270,0	378	301,9	418	333,8	458	365,6
339	270,8	379	302,7	419	334,6	459	366,4
340	271,6	380	303,5	420	335,4	460	367,2
341	272,4	381	304,3	421	336,2	461	368,0
342	273,2	382	305,1	422	337,0	462	368,8
343	274,0	383	305,9	423	337,8	463	369,6
344	274,8	384	306,7	424	338,6	464	370,4
345	275,6	385	307,5	425	339,4	465	371,2
346	276,4	386	308,3	426	340,2	466	372,0
347	277,2	387	309,1	427	341,0	467	372,8
348	278,0	388	309,9	428	341,8	468	373,6

Untersuchung von Nahrungsmitteln.

| CuO | Cu | CuO | Cu | CuO | Cu | CuO | Cu |
mg	mg	mg	mg	mg	mg	mg	mg
469	374,4	497	396,9	525	419,3	553	441,6
470	375,2	498	397,7	526	420,1	554	442,4
471	376,0	499	398,5	527	420,9	555	443,2
472	376,8	500	399,3	528	421,7	556	444,0
473	377,6	501	400,1	529	422,5	557	444,8
474	378,4	502	400,9	530	423,3	558	445,6
475	379,2	503	401,7	531	424,1	559	446,4
476	380,0	504	402,5	532	424,9	560	447,2
477	380,8	505	403,3	533	425,7	561	448,0
478	381,6	506	404,1	534	426,5	562	448,8
479	382,5	507	404,9	535	427,3	563	449,6
480	383,3	508	405,7	536	428,1	564	450,4
481	384,1	509	406,5	537	428,9	565	451,2
482	384,9	510	407,3	538	429,7	566	452,0
483	385,7	511	408,1	539	430,5	567	452,8
484	386,5	512	408,9	540	431,2	568	453,6
485	387,3	513	409,7	541	432,0	569	454,4
486	388,1	514	410,5	542	432,8	570	455,2
487	388,9	515	411,3	543	433,6	571	456,0
488	389,7	516	412,1	544	434,4	572	456,8
489	390,5	517	412,9	545	435,2	573	457,6
490	391,3	518	413,7	546	436,0	574	458,4
491	392,1	519	414,5	547	436,8	575	459,2
492	392,9	520	415,3	548	437,6	576	460,0
493	393,7	521	416,1	549	438,4	577	460,8
494	394,5	522	416,9	550	439,2	578	461,6
495	395,3	523	417,7	551	440,0	579	462,4
496	396,1	524	418,5	552	440,8	580	463,2

Tabellen für die nach dem Kupferreduktionsverfahren ausgeführten Zuckerbestimmungen.

Tabelle zur Ermittelung der Glucose nach Meißl-Allihn[1]).

Kupfer mg	Glucose mg	Kupfer mg	Glucose mg	Kupfer mg	Glucose mg	Kupfer mg	Glucose mg
10	6,1	51	26,4	92	46,9	133	67,7
11	6,6	52	26,9	93	47,4	134	68,2
12	7,1	53	27,4	94	47,9	135	68,8
13	7,6	54	27,9	95	48,4	136	69,3
14	8,1	55	28,4	96	48,9	137	69,8
15	8,6	56	28,8	97	49,4	138	70,3
16	9,0	57	29,3	98	49,9	139	70,8
17	9,5	58	29,8	99	50,4	140	71,3
18	10,0	59	30,3	100	50,9	141	71,8
19	10,5	60	30,8	101	51,4	142	72,3
20	11,0	61	31,3	102	51,9	143	72,9
21	11,5	62	31,8	103	52,4	144	73,4
22	12,0	63	32,3	104	52,9	145	73,9
23	12,5	64	32,8	105	53,5	146	74,4
24	13,0	65	33,3	106	54,0	147	74,9
25	13,5	66	33,8	107	54,5	148	75,5
26	14,0	67	34,3	108	55,0	149	76,0
27	14,5	68	34,8	109	55,5	150	76,5
28	15,0	69	35,3	110	56,0	151	77,0
29	15,5	70	35,8	111	56,5	152	77,5
30	16,0	71	36,3	112	57,0	153	78,1
31	16,5	72	36,8	113	57,5	154	78,6
32	17,0	73	37,3	114	58,0	155	79,1
33	17,5	74	37,8	115	58,6	156	79,6
34	18,0	75	38,3	116	59,1	157	80,1
35	18,5	76	38,8	117	59,6	158	80,7
36	18,9	77	39,3	118	60,1	159	81,2
37	19,4	78	39,8	119	60,6	160	81,7
38	19,9	79	40,3	120	61,1	161	82,2
39	20,4	80	40,8	121	61,6	162	82,7
40	20,9	81	41,3	122	62,1	163	83,3
41	21,4	82	41,8	123	62,6	164	83,8
42	21,9	83	42,3	124	63,1	165	84,3
43	22,4	84	42,8	125	63,7	166	84,8
44	22,9	85	43,4	126	64,2	167	85,3
45	23,4	86	43,9	127	64,7	168	85,9
46	23,9	87	44,4	128	65,2	169	86,4
47	24,4	88	44,9	129	65,7	170	86,9
48	24,9	89	45,4	130	66,2	171	87,4
49	25,4	90	45,9	131	66,7	172	87,9
50	25,9	91	46,4	132	67,2	173	88,5

[1]) Der Faktor für die Berechnung von Cu aus CuO ist = 0,79901.

Untersuchung von Nahrungsmitteln.

Kupfer mg	Glucose mg	Kupfer mg	Glucose mg	Kupfer mg	Glucose mg	Kupfer mg	Glucose mg
174	89,0	219	112,7	264	136,8	309	161,5
175	89,5	220	113,2	265	137,3	310	162,0
176	90,0	221	113,7	266	137,8	311	162,6
177	90,5	222	114,3	267	138,4	312	163,1
178	91,1	223	114,8	268	138,9	313	163,7
179	91,6	224	115,3	269	139,5	314	164,2
180	92,1	225	115,9	270	140,0	315	164,8
181	92,6	226	116,4	271	140,6	316	165,3
182	93,1	227	116,9	272	141,1	317	165,9
183	93,7	228	117,4	273	141,7	318	166,4
184	94,2	229	118,0	274	142,2	319	167,0
185	94,7	230	118,5	275	142,8	320	167,5
186	95,2	231	119,0	276	143,3	321	168,1
187	95,7	232	119,6	277	143,9	322	168,6
188	96,3	233	120,1	278	144,4	323	169,2
189	96,8	234	120,7	279	145,0	324	169,7
190	97,3	235	121,2	280	145,5	325	170,3
191	97,8	236	121,7	281	146,1	326	170,9
192	98,4	237	122,3	282	146,6	327	171,4
193	98,9	238	122,8	283	147,2	328	172,0
194	99,4	239	123,4	284	147,7	329	172,5
195	100,0	240	123,9	285	148,3	330	173,1
196	100,5	241	124,4	286	148,8	331	173,7
197	101,0	242	125,0	287	149,4	332	174,2
198	101,5	243	125,5	288	149,9	333	174,8
199	102,0	244	126,0	289	150,5	334	175,3
200	102,6	245	126,6	290	151,0	335	175,9
201	103,1	246	127,1	291	151,6	336	176,5
202	103,7	247	127,6	292	152,1	337	177,0
203	104,2	248	128,1	293	152,7	338	177,6
204	104,7	249	128,7	294	153,2	339	178,1
205	105,3	250	129,2	295	153,8	340	178,7
206	105,8	251	129,7	296	154,3	341	179,3
207	106,3	252	130,3	297	154,9	342	179,8
208	106,8	253	130,8	298	155,4	343	180,4
209	107,4	254	131,4	299	156,0	344	180,9
210	107,9	255	131,9	300	156,5	345	181,5
211	108,4	256	132,4	301	157,1	346	182,1
212	109,0	257	133,0	302	157,6	347	182,6
213	109,5	258	133,5	303	158,2	348	183,2
214	110,0	259	134,1	304	158,7	349	183,7
215	110,6	260	134,6	305	159,3	350	184,3
216	111,1	261	135,1	306	159,8	351	184,9
217	111,6	262	135,7	307	160,4	352	185,4
218	112,1	263	136,2	308	160,9	353	186,0

Kupfer mg	Glucose mg	Kupfer mg	Glucose mg	Kupfer mg	Glucose mg	Kupfer mg	Glucose mg
354	186,6	382	202,5	410	218,7	438	235,1
355	187,2	383	203,1	411	219,3	439	235,7
356	187,7	384	203,7	412	219,9	440	236,3
357	188,3	385	204,3	413	220,4	441	236,9
358	188,9	386	204,8	414	221,0	442	237,5
359	189,4	387	205,4	415	221,6	443	238,1
360	190,0	388	206,0	416	222,2	444	238,7
361	190,6	389	206,5	417	222,8	445	239,3
362	191,1	390	207,1	418	223,3	446	239,8
363	191,7	391	207,7	419	223,9	447	240,4
364	192,3	392	208,3	420	224,5	448	241,0
365	192,9	393	208,8	421	225,2	449	241,6
366	193,4	394	209,4	422	225,7	450	242,2
367	194,0	395	210,0	423	226,3	451	242,8
368	194,6	396	210,6	424	226,9	452	243,4
369	195,1	397	211,2	425	227,5	453	244,0
370	195,7	398	211,7	426	228,0	454	244,6
371	196,3	399	212,3	427	228,6	455	245,2
372	196,8	400	212,9	428	229,2	456	245,7
373	197,4	401	213,5	429	229,8	457	246,3
374	198,0	402	214,1	430	230,4	458	246,9
375	198,6	403	214,6	431	231,0	459	247,5
376	199,1	404	215,2	432	231,6	460	248,1
377	199,7	405	215,8	433	232,2	461	248,7
378	200,3	406	216,4	434	232,8	462	249,3
379	200,8	407	217,0	435	233,4	463	249,9
380	201,4	408	217,5	436	233,9		
381	202,0	409	218,1	437	234,5		

Tabelle zur Bestimmung des Invertzuckers nach E. Meissl.

Kupfer mg	Invertzucker mg	Kupfer mg	Invertzucker mg	Kupfer mg	Invertzucker mg	Kupfer mg	Invertzucker mg
90[1])	46,9	96	50,0	102	53,2	108	56,4
91	47,4	97	50,5	103	53,7	109	56,9
92	47,9	98	51,1	104	54,3	110	57,5
93	48,4	99	51,6	105	54,8	111	58,0
94	48,9	100	52,1	106	55,3	112	58,5
95	49,5	101	52,7	107	55,9	113	59,1

[1]) Die für 10—89 mg Cu entsprechenden Mengen Invertzucker sind aus der vorhergehenden Tabelle für Traubenzucker zu entnehmen.

Untersuchung von Nahrungsmitteln.

Kupfer mg	Invertzucker mg	Kupfer mg	Invertzucker mg	Kupfer mg	Invertzucker mg	Kupfer mg	Invertzucker mg
114	59,6	159	83,8	204	108,5	249	134,1
115	60,1	160	84,3	205	109,1	250	134,6
116	60,7	161	84,8	206	109,6	251	135,2
117	61,2	162	85,4	207	110,2	252	135,8
118	61,7	163	85,9	208	110,8	253	136,3
119	62,3	164	86,5	209	111,3	254	136,9
120	62,8	165	87,0	210	111,9	255	137,5
121	63,3	166	87,6	211	112,5	256	138,1
122	63,9	167	88,1	212	113,0	257	138,6
123	64,4	168	88,6	213	113,6	258	139,2
124	64,9	169	89,2	214	114,2	259	139,8
125	65,5	170	89,7	215	114,7	260	140,4
126	66,0	171	90,3	216	115,3	261	140,9
127	66,5	172	90,8	217	115,8	262	141,5
128	67,1	173	91,4	218	116,4	263	142,1
129	67,6	174	91,9	219	117,0	264	142,7
130	68,1	175	92,4	220	117,5	265	143,2
131	68,7	176	93,0	221	118,1	266	143,8
132	69,2	177	93,5	222	118,7	267	144,4
133	69,7	178	94,1	223	119,2	268	144,9
134	70,3	179	94,6	224	119,8	269	145,5
135	70,8	180	95,2	225	120,4	270	146,1
136	71,3	181	95,7	226	120,9	271	146,7
137	71,9	182	96,2	227	121,5	272	147,2
138	72,4	183	96,8	228	122,1	273	147,8
139	72,9	184	97,3	229	122,6	274	148,4
140	73,5	185	97,8	230	123,2	275	149,0
141	74,0	186	98,4	231	123,8	276	149,5
142	74,5	187	99,0	232	124,3	277	150,1
143	75,1	188	99,5	233	124,9	278	150,7
144	75,6	189	100,1	234	125,5	279	151,3
145	76,1	190	100,6	235	126,0	280	151,9
146	76,7	191	101,2	236	126,6	281	152,5
147	77,2	192	101,7	237	127,2	282	153,1
148	77,8	193	102,3	238	127,8	283	153,7
149	78,3	194	102,9	239	128,3	284	154,3
150	78,9	195	103,4	240	128,9	285	154,9
151	79,4	196	104,0	241	129,5	286	155,5
152	80,0	197	104,6	242	130,0	287	156,1
153	80,5	198	105,1	243	130,6	288	156,7
154	81,0	199	105,7	244	131,2	289	157,2
155	81,6	200	106,3	245	131,8	290	157,8
156	82,1	201	106,8	246	132,3	291	158,4
157	82,7	202	107,4	247	132,9	292	159,0
158	83,2	203	107,9	248	133,5	293	159,6

Bujard-Baier. 3. Aufl.

Kupfer mg	Invert- zucker mg	Kupfer mg	Invert- zucker mg	Kupfer mg	Invert- zucker mg	Kupfer mg	Invert- zucker mg
294	160,2	329	181,0	364	202,3	399	224,3
295	160,8	330	181,6	365	203,0	400	224,9
296	161,4	331	182,2	366	203,6	401	225,7
297	162,0	332	182,8	367	204,2	402	226,4
298	162,6	333	183,5	368	204,8	403	227,1
299	163,2	334	184,1	369	205,5	404	227,8
300	163,8	335	184,7	370	206,1	405	228,6
301	164,4	336	185,4	371	206,7	406	229,3
302	165,0	337	186,0	372	207,3	407	230,0
303	165,6	338	186,6	373	208,0	408	230,7
304	166,2	339	187,2	374	208,6	409	231,4
305	166,8	340	187,8	375	209,2	410	232,1
306	167,3	341	188,4	376	209,9	411	232,8
307	167,9	342	189,0	377	210,5	412	233,5
308	168,5	343	189,6	378	211,1	413	234,3
309	169,1	344	190,2	379	211,7	414	235,0
310	169,7	345	190,8	380	212,4	415	235,7
311	170,3	346	191,4	381	213,0	416	236,4
312	170,9	347	192,0	382	213,6	417	237,1
313	171,5	348	192,6	383	214,3	418	237,8
314	172,1	349	193,2	384	214,9	419	238,5
315	172,7	350	193,8	385	215,5	420	239,2
316	173,3	351	194,4	386	216,1	421	239,9
317	173,8	352	195,0	387	216,8	422	240,6
318	174,5	353	195,6	388	217,4	423	241,3
319	175,1	354	196,2	389	218,0	424	242,0
320	175,6	355	196,8	390	218,7	425	242,7
321	176,2	356	197,4	391	219,3	426	243,4
322	176,8	357	198,0	392	219,9	427	244,1
323	177,4	358	198,6	393	220,5	428	244,9
324	178,0	359	199,2	394	221,2	429	245,6
325	178,6	360	199,8	395	221,8	430	246,3
326	179,2	361	200,4	396	222,4		
327	179,8	362	201,1	397	223,1		
328	180,4	363	201,7	398	223,7		

Untersuchung von Nahrungsmitteln.

Tabelle zur Bestimmung der Maltose nach E. Wein.

Kupfer mg	Maltose mg	Kupfer mg	Maltose mg	Kupfer mg	Maltose mg	Kupfer mg	Maltose mg
30	25,3	73	62,7	116	100,8	159	139,5
31	26,1	74	63,6	117	101,7	160	140,4
32	27,0	75	64,5	118	102,6	161	141,3
33	27,9	76	65,4	119	103,5	162	142,2
34	28,7	77	66,2	120	104,4	163	143,1
35	29,6	78	67,1	121	105,3	164	144,0
36	30,5	79	68,0	122	106,2	165	144,9
37	31,3	80	68,9	123	107,1	166	145,8
38	32,2	81	69,7	124	108,0	167	146,7
39	33,1	82	70,6	125	108,9	168	147,6
40	33,9	83	71,5	126	109,8	169	148,5
41	34,8	84	72,4	127	110,7	170	149,4
42	35,7	85	73,2	128	111,6	171	150,3
43	36,5	86	74,1	129	112,5	172	151,2
44	37,4	87	75,0	130	113,4	173	152,0
45	38,3	88	75,9	131	114,3	174	152,9
46	39,1	89	76,8	132	115,2	175	153,8
47	40,0	90	77,7	133	116,1	176	154,7
48	40,9	91	78,6	134	117,0	177	155,6
49	41,8	92	79,5	135	117,9	178	156,5
50	42,6	93	80,3	136	118,8	179	157,4
51	43,5	94	81,2	137	119,7	180	158,3
52	44,4	95	82,1	138	120,6	181	159,2
53	45,2	96	83,0	139	121,5	182	160,1
54	46,1	97	83,9	140	122,4	183	160,9
55	47,0	98	84,8	141	123,3	184	161,8
56	47,8	99	85,7	142	124,2	185	162,7
57	48,7	100	86,6	143	125,1	186	163,6
58	49,6	101	87,5	144	126,0	187	164,5
59	50,4	102	88,4	145	126,9	188	165,4
60	51,3	103	89,2	146	127,8	189	166,3
61	52,2	104	90,1	147	128,7	190	167,2
62	53,1	105	91,0	148	129,6	191	168,1
63	53,9	106	91,9	149	130,5	192	169,0
64	54,8	107	92,8	150	131,4	193	169,8
65	55,7	108	93,7	151	132,3	194	170,7
66	56,6	109	94,6	152	133,2	195	171,6
67	57,4	110	95,5	153	134,1	196	172,5
68	58,3	111	96,4	154	135,0	197	173,4
69	59,2	112	97,3	155	135,9	198	174,3
70	60,1	113	98,1	156	136,8	199	175,2
71	61,1	114	99,0	157	137,7	200	176,1
72	61,8	115	99,9	158	138,6	201	177,0

Kupfer mg	Maltose mg	Kupfer mg	Maltose mg	Kupfer mg	Maltose mg	Kupfer mg	Maltose mg
202	177,9	227	200,2	252	222,6	277	245,1
203	178,7	228	201,1	253	223,5	278	246,0
204	179,6	229	202,0	254	224,4	279	246,9
205	180,5	230	202,9	255	225,3	280	247,8
206	181,4	231	203,8	256	226,2	281	248,7
207	182,3	232	204,7	257	227,1	282	249,6
208	183,2	233	205,6	258	228,0	283	250,4
209	184,1	234	206,5	259	228,9	284	251,3
210	185,0	235	207,4	260	229,8	285	252,2
211	185,9	236	208,3	261	230,7	286	253,1
212	186,8	237	209,1	262	231,6	287	254,0
213	187,7	238	210,0	263	232,5	288	254,9
214	188,6	239	210,9	264	233,4	289	255,8
215	189,5	240	211,8	265	234,3	290	256,6
216	190,4	241	212,7	266	235,2	291	257,5
217	191,2	242	213,6	267	236,1	292	258,4
218	192,1	243	214,5	268	237,0	293	259,3
219	193,0	244	215,4	269	237,9	294	260,2
220	193,9	245	216,3	270	238,8	295	261,1
221	194,8	246	217,2	271	239,7	296	262,0
222	195,7	247	218,1	272	240,6	297	262,8
223	196,6	248	219,0	273	241,5	298	263,7
224	197,5	249	219,9	274	242,4	299	264,6
225	198,4	250	220,8	275	243,3	300	265,5
226	199,3	251	221,7	276	244,2		

Tabelle zur Bestimmung der Lactose nach Fr. Soxhlet.

Kupfer mg	Lactose mg	Kupfer mg	Lactose mg	Kupfer mg	Lactose mg	Kupfer mg	Lactose mg
100	71,6	111	79,8	122	87,9	133	96,1
101	72,4	112	80,5	123	88,7	134	96,9
102	73,1	113	81,3	124	89,4	135	97,6
103	73,8	114	82,0	125	90,1	136	98,3
104	74,6	115	82,7	126	90,9	137	99,1
105	75,3	116	83,5	127	91,6	138	99,8
106	76,1	117	84,2	128	92,4	139	100,5
107	76,8	118	85,0	129	93,1	140	101,3
108	77,6	119	85,7	130	93,8	141	102,0
109	78,3	120	86,4	131	94,6	142	102,8
110	79,0	121	87,2	132	95,3	143	103,5

Untersuchung von Nahrungsmitteln.

Kupfer mg	Lactose mg	Kupfer mg	Lactose mg	Kupfer mg	Lactose mg	Kupfer mg	Lactose mg
144	104,3	189	138,5	234	172,4	279	207,5
145	105,1	190	139,3	235	173,1	280	208,3
146	105,8	191	140,0	236	173,9	281	209,1
147	106,6	192	140,8	237	174,6	282	209,9
148	107,3	193	141,6	238	175,4	283	210,7
149	108,1	194	142,3	239	176,2	284	211,5
150	108,8	195	143,1	240	176,9	285	212,3
151	109,6	196	143,9	241	177,7	286	213,1
152	110,3	197	144,6	242	178,5	287	213,9
153	111,1	198	145,4	243	179,3	288	214,7
154	111,9	199	146,2	244	180,1	289	215,5
155	112,6	200	146,9	245	180,8	290	216,3
156	113,4	201	147,7	246	181,6	291	217,1
157	114,1	202	148,5	247	182,4	292	217,9
158	114,9	203	149,2	248	183,2	293	218,7
159	115,6	204	150,0	249	184,0	294	219,5
160	116,4	205	150,7	250	184,8	295	220,3
161	117,1	206	151,5	251	185,5	296	221,1
162	117,9	207	152,2	252	186,3	297	221,9
163	118,6	208	153,0	253	187,1	298	222,7
164	119,4	209	153,7	254	187,9	299	223,5
165	120,2	210	154,5	255	188,7	300	224,4
166	120,9	211	155,2	256	189,4	301	225,2
167	121,7	212	156,0	257	190,2	302	225,9
168	122,4	213	156,7	258	191,0	303	226,7
169	123,2	214	157,5	259	191,8	304	227,5
170	123,9	215	158,2	260	192,5	305	228,3
171	124,7	216	159,0	261	193,3	306	229,1
172	125,5	217	159,7	262	194,1	307	229,8
173	126,2	218	160,4	263	194,9	308	230,6
174	127,0	219	161,2	264	195,7	309	231,4
175	127,8	220	161,9	265	196,4	310	232,2
176	128,5	221	162,7	266	197,2	311	232,9
177	129,3	222	163,4	267	198,0	312	233,7
178	130,1	223	164,2	268	198,8	313	234,5
179	130,8	224	164,9	269	199,5	314	235,3
180	131,6	225	165,7	270	200,3	315	236,1
181	132,4	226	166,4	271	201,1	316	236,8
182	133,1	227	167,2	272	201,9	317	237,6
183	133,9	228	167,9	273	202,7	318	238,4
184	134,7	229	168,6	274	203,5	319	239,2
185	135,4	230	169,4	275	204,3	320	240,0
186	136,2	231	170,1	276	205,1	321	240,7
187	137,0	232	170,7	277	205,9	322	241,5
188	137,8	233	171,6	278	206,7	323	242,3

Kupfer mg	Lactose mg	Kupfer mg	Lactose mg	Kupfer mg	Lactose mg	Kupfer mg	Lactose mg
324	243,1	344	259,0	364	275,3	384	292,5
325	243,9	345	259,8	365	276,2	385	293,4
326	244,6	346	260,6	366	277,1	386	294,2
327	245,4	347	261,4	367	277,9	387	295,1
328	246,2	348	262,3	368	278,8	388	296,0
329	247,0	349	263,1	369	279,6	389	296,8
330	247,7	350	263,9	370	280,5	390	297,7
331	248,5	351	264,7	371	281,4	391	298,5
332	249,2	352	265,5	372	282,2	392	299,4
333	250,0	353	266,3	373	283,1	393	300,3
334	250,8	354	267,2	374	283,9	394	301,1
335	251,6	355	268,0	375	284,8	395	302,0
336	252,5	356	268,8	376	285,7	396	302,8
337	253,3	357	269,5	377	286,5	397	303,7
338	254,1	358	270,4	378	287,4	398	304,6
339	254,9	359	271,2	379	288,2	399	305,4
340	255,7	360	272,2	380	289,1	400	306,3
341	256,5	361	272,9	381	289,9		
342	257,4	362	273,7	382	290,8		
343	258,2	363	274,5	383	291,7		

Untersuchung von Nahrungsmitteln. 39

Tabelle zur Bestimmung der Stärke bezw. des Dextrins nach E. Wein.

Kupfer mg	Stärke oder Dextrin mg	Kupfer mg	Stärke oder Dextrin mg	Kupfer mg	Stärke oder Dextrin mg	Kupfer mg	Stärke oder Dextrin mg
10	5,5	53	24,7	96	44,0	139	63,7
11	5,9	54	25,1	97	44,5	140	64,2
12	6,4	55	25,5	98	44,9	141	64,6
13	6,8	56	25,9	99	45,4	142	65,1
14	7,3	57	26,4	100	45,8	143	65,6
15	7,7	58	26,8	101	46,3	144	66,1
16	8,1	59	27,3	102	46,7	145	66,5
17	8,6	60	27,7	103	47,2	146	67,0
18	9,0	61	28,2	104	47,6	147	67,4
19	9,5	62	28,6	105	48,1	148	67,9
20	9,9	63	29,1	106	48,6	149	68,4
21	10,4	64	29,5	107	49,1	150	68,9
22	10,8	65	30,0	108	49,5	151	69,3
23	11,3	66	30,4	109	50,0	152	69,8
24	11,7	67	30,9	110	50,4	153	70,3
25	12,2	68	31,3	111	50,9	154	70,7
26	12,6	69	31,8	112	51,3	155	71,2
27	13,1	70	32,2	113	51,8	156	71,6
28	13,5	71	32,7	114	52,2	157	72,1
29	14,0	72	33,1	115	52,7	158	72,6
30	14,4	73	33,6	116	53,2	159	73,1
31	14,9	74	34,0	117	53,6	160	73,5
32	15,3	75	34,5	118	54,1	161	74,0
33	15,8	76	34,9	119	54,5	162	74,5
34	16,2	77	35,4	120	55,0	163	75,0
35	16,7	78	35,8	121	55,4	164	75,4
36	17,0	79	36,2	122	55,9	165	75,9
37	17,5	80	36,7	123	56,3	166	76,3
38	17,9	81	37,2	124	56,8	167	76,8
39	18,4	82	37,6	125	57,3	168	77,3
40	18,8	83	38,1	126	57,8	169	77,8
41	19,3	84	38,6	127	58,2	170	78,2
42	19,7	85	39,1	128	58,7	171	78,7
43	20,2	86	39,5	129	59,1	172	79,1
44	20,6	87	40,0	130	59,6	173	79,6
45	21,1	88	40,4	131	60,0	174	80,1
46	21,5	89	40,9	132	60,5	175	80,6
47	22,0	90	41,3	133	60,9	176	81,0
48	22,4	91	41,8	134	61,4	177	81,5
49	22,9	92	42,2	135	61,9	178	82,0
50	23,3	93	42,6	136	62,4	179	82,4
51	23,8	94	43,1	137	62,8	180	82,9
52	24,2	95	43,6	138	63,03	181	83,4

Kupfer mg	Stärke oder Dextrin mg	Kupfer mg	Stärke oder Dextrin mg	Kupfer mg	Stärke oder Dextrin mg	Kupfer mg	Stärke oder Dextrin mg
182	83,8	226	104,8	270	126,0	314	147,8
183	84,3	227	105,2	271	126,5	315	148,3
184	84,8	228	105,7	272	127,0	316	148,8
185	85,2	229	106,2	273	127,5	317	149,3
186	85,7	230	106,7	274	128,0	318	149,8
187	86,2	231	107,1	275	128,5	319	150,3
188	86,7	232	107,6	276	129,0	320	150,8
189	87,1	233	108,1	277	129,5	321	151,3
190	87,6	234	108,6	278	130,0	322	151,8
191	88,1	235	109,1	279	130,5	323	152,3
192	88,6	236	109,6	280	131,0	324	152,8
193	89,1	237	110,1	281	131,5	325	153,3
194	89,5	238	110,6	282	132,0	326	153,8
195	90,0	239	111,1	283	132,5	327	154,3
196	90,5	240	111,5	284	133,0	328	154,8
197	91,0	241	112,0	285	133,5	329	155,3
198	91,4	242	112,5	286	134,0	330	155,8
199	91,8	243	113,0	287	134,5	331	156,3
200	92,3	244	113,4	288	135,0	332	156,8
201	92,8	245	113,9	289	135,5	333	157,3
202	93,3	246	114,4	290	135,9	334	157,8
203	93,8	247	114,8	291	136,4	335	158,3
204	94,3	248	115,3	292	136,9	336	158,8
205	94,8	249	115,8	293	137,4	337	159,3
206	95,2	250	116,3	294	137,9	338	159,8
207	95,7	251	116,8	295	138,4	339	160,3
208	96,2	252	117,3	296	138,9	340	160,8
209	96,7	253	117,7	297	139,4	341	161,3
210	97,1	254	118,2	298	139,9	342	161,8
211	97,6	255	118,7	299	140,4	343	162,3
212	98,1	256	119,2	300	140,9	344	162,8
213	98,6	257	119,7	301	141,4	345	163,4
214	99,0	258	120,2	302	141,9	346	163,9
215	99,5	259	120,7	303	142,4	347	164,4
216	100,0	260	121,2	304	142,9	348	164,9
217	100,4	261	121,6	305	143,4	349	165,4
218	100,9	262	122,1	306	143,9	350	165,9
219	101,4	263	122,6	307	144,4	351	166,4
220	101,9	264	123,1	308	144,9	352	166,9
221	102,4	265	123,6	309	145,4	353	167,4
222	102,9	266	124,0	310	145,8	354	167,9
223	103,3	267	124,5	311	146,3	355	168,4
224	103,8	268	124,9	312	146,8	356	168,9
225	104,3	269	125,5	313	147,3	357	169,5

Untersuchung von Nahrungsmitteln.

Kupfer mg	Stärke oder Dextrin mg	Kupfer mg	Stärke oder Dextrin mg	Kupfer mg	Stärke oder Dextrin mg	Kupfer mg	Stärke oder Dextrin mg
358	170,0	385	183,8	412	197,9	439	212,1
359	170,5	386	184,3	413	198,4	440	212,7
360	171,0	387	184,9	414	198,9	441	213,1
361	171,5	388	185,4	415	199,4	442	213,7
362	172,0	389	185,9	416	200,0	443	214,3
363	172,5	390	186,4	417	200,5	444	214,8
364	173,1	391	186,9	418	201,0	445	215,3
365	173,6	392	187,5	419	201,5	446	215,9
366	174,1	393	188,0	420	202,1	447	216,4
367	174,6	394	188,5	421	202,6	448	216,9
368	175,1	395	189,0	422	203,1	449	217,5
369	175,6	396	189,5	423	203,7	450	218,0
370	176,1	397	190,0	424	204,2	451	218,5
371	176,6	398	190,5	425	204,7	452	219,1
372	177,1	399	191,1	426	205,2	453	219,6
373	177,7	400	191,6	427	205,7	454	220,1
374	178,2	401	192,2	428	206,3	455	220,6
375	178,7	402	192,7	429	206,8	456	221,1
376	179,2	403	193,2	430	207,4	457	221,7
377	179,7	404	193,7	431	207,9	458	222,2
378	180,2	405	194,2	432	208,5	459	222,7
379	180,7	406	194,8	433	209,0	460	223,3
380	181,3	407	195,3	434	209,5	461	223,8
381	181,8	408	195,8	435	210,0	462	224,4
382	182,3	409	196,3	436	210,5	463	224,9
383	182,8	410	196,8	437	211,0		
384	183,3	411	197,4	438	211,6		

4. Bestimmung der Stärke.

Stärke[1]) wird durch Diastase, Säuren oder überhitzten Wasserdampf invertiert; die nach der Inversion erhaltene Lösung reduziert Fehlingsche Lösung. Da nach den Untersuchungen von J. König u. a. (Landw. Versuchsst. 1897, 48, 81 und 1909, 70, 343) gleichzeitig mehr oder weniger Pentosane usw. mit aufgeschlossen und in Zucker übergeführt werden, so fallen die nach diesem Verfahren erhaltenen Werte zu hoch aus.

Altes Verfahren. Man entfettet 3—5 g Substanz (siehe S. 16), entfernt Zucker und Dextrin durch Wasser, vermengt dann die zurückgebliebene stärkehaltige Substanz mit 100 ccm Wasser, erhitzt etwa 8 Stunden im Druckkölbchen nach Reischauer (Öl-, Glycerin- oder Kochsalzbad bei 108 bis 110° C) oder in Soxhlets Dampftopf 3—4 Std. bei 3 Atmosphären Druck, filtriert, ergänzt das Filtrat auf etwa 200 ccm und erhitzt mit 20 ccm Salzsäure (S = 1,125) 3 Stunden lang am Rückflußkühler im siedenden Wasserbade. Nach dem Abkühlen gibt man NaOH bis zur schwach sauren Reaktion hinzu, filtriert[2]) ev. noch durch Watte und füllt auf 500 ccm auf. Die in dieser Lösung enthaltene Glukose wird nach Meißl-Allihn (S. 19) bestimmt. Glukose $\times 0,9$ = Stärke.

Im allgemeinen genügt diese Methode für die Praxis. Genauere, aber wie gesagt, ebenfalls mit denselben grundsätzlichen Fehlern behaftete Methoden sind folgende:

Reinkes Hochdruckverfahren. 3 g feingepulverte ev. erst mit Wasser und Äther ausgezogene Substanz wird in einem etwa 150 ccm fassenden Zinnbecher mit 30 ccm Wasser und 25 ccm 1%-iger Milchsäure angerührt und zugedeckt in Soxhlets Dampftopf 2½ Stunden auf 3,5 Atmosphären erhitzt; die Lösung verdünnt man auf 250 ccm, filtriert und invertiert davon 200 ccm mit 15 ccm HCl (1,125 spez. Gew.) 2½ Stunden lang im Wasserbade am Rückflußkühler (Glasrohr), neutralisiert nach dem Erkalten annähernd und bestimmt die in Glucose übergeführte Stärke nach S. 19.

Diastaseverfahren nach Märker. 3 g wie beim Reinkeschen Verfahren vorbehandelte Substanz wird in einer Reibschale mit lauwarmem Wasser angerieben, damit sich keine Klümpchen bilden. Das Ganze wird in einen 200 ccm-Kolben mit so viel Wasser gespült, daß die Gesamtmenge desselben etwa 100 ccm beträgt. Durch Erwärmen im Wasserbade wird nun die Stärke verkleistert und nach Abkühlung auf 60—65° C 10 ccm eines Malzauszuges (100 g Malz auf 1 Liter Wasser) oder einer Lösung von reiner Diastase[3]) hinzugefügt. Zur Einwirkung der Diastase auf die

---

[1]) bezw. die „in Zucker überführbaren Stoffe".

[2]) Der Filtrationsrückstand darf unter dem Mikroskop keine Stärkereaktion mit Jodlösung erkennen lassen.

[3]) Herstellung der Diastase: 2 kg frisches Grünmalz werden in einem Mörser mit einer Mischung von 1 l Wasser und 2 l Glycerin übergossen und durchgemischt, dann 8 Tage stehen gelassen. Darauf preßt man die Flüssigkeit möglichst gut aus und filtriert; das Filtrat wird mit dem 2 bis 2,5-fachen Vol. Alkohol gefällt, der Niederschlag abfiltriert, mit Alkohol und Äther behufs Entwässerung ausgewaschen, über Schwefelsäure getrocknet und für den Gebrauch in glycerinhaltigem Wasser gelöst.

Stärke wird 2 Stunden lang auf 65⁰ C erwärmt, dann ½ Stunde gekocht, wieder auf 65⁰ abgekühlt und nochmals etwa ½ Stunde mit 10 ccm Malzauszug bei 65⁰ gehalten, dann auf 200 ccm aufgefüllt und filtriert. 200 ccm des Filtrats werden darauf mit 15 ccm einer Salzsäure von 1,125 spezifisches Gewicht versetzt und 3 Stunden lang im kochenden Wasserbade erhitzt, das Ganze mit Natronlauge bis zur schwach sauren Reaktion versetzt und auf 250 ccm aufgefüllt. Von dieser Lösung werden 25 ccm zur Bestimmung der Glucose verwendet. Falls Malzauszug zur Verzuckerung gedient hat, ist der Zuckergehalt desselben zu bestimmen und in Abzug zu bringen. Bei Anwendung einer Lösung von reiner Diastase ist die vorherige Zuckerbestimmung unnötig. Filtrationsrückstand unter dem Mikroskop durch Jod auf ungelöste Stärke prüfen!

Das Mayrhofersche Stärkebestimmungsverfahren: (vgl. Fleisch) gibt den wahren Stärkewert, eignet sich aber mehr für Gegenstände, die geringere Stärke-(Mehl-)mengen enthalten, als für stärkereiche Substanzen.

Weitere Verfahren von G. Baumert und H. Bode[1]), ferner Witte[2]), J. C. Lintner und Belschner[3]) (Polarimetrisch), E. v. Raumer[4]) (bei Gewürzen).

F. Bestimmung der Pentosane und der Rohfaser (Cellulose).

Erstere kommen nur in seltenen Fällen bei der Nahrungsmittelanalyse in Betracht (ev. bei Pfeffer und Kakao zum Nachweis eines Schalengehaltes), öfter bei Futtermitteln. Behufs Ausführung muß auf die Spezialliteratur namentlich die bereits mehrfach erwähnten Königschen Werke verwiesen werden.

Weender-Verfahren zur Bestimmung der Rohfaser:

Die Ausführung dieses Verfahrens erfolgt gemäß den Vereinbarungen nach der Modifikation von Fr. Holdefleiß[5]) unter Anwendung einer besonderen Glasbirne von etwa 300 ccm Inhalt oder einfacher und schneller in folgender Weise:

3 g der lufttrockenen, nötigenfalls entfetteten Substanz werden in einer Porzellanschale, welche bis zu einer im Innern angebrachten kreisförmigen Marke 200 ccm Flüssigkeit faßt, mit 200 ccm 1¼%-iger Schwefelsäure (von einer Lösung, welche 50 g konzentrierter Schwefelsäure im Liter enthält, nimmt man 50 ccm und setzt 150 ccm Wasser hinzu) genau ½ Stunde unter Ersatz des verdampfenden Wassers gekocht, sofort durch ein dünnes Asbestfilter filtriert und mit heißem Wasser hinreichend ausgewaschen. Darauf spült man das Filter mit seinem Inhalt in die Schale zurück, gibt 50 ccm Kalilauge hinzu, welche 50 g Kalihydrat im Liter enthält, füllt bis zur Marke der Schale auf, kocht wiederum genau ½ Stunde unter Ersatz des verdampfenden Wassers, filtriert

---

[1]) Zeitschr. f. angew. Chem. 1900. 1074 u. 1111. 1901. 461. Zeitschr. f. Unters. d. Nahr. u. Genußm. 1909. 18. 167.
[2]) Ebenda 1904. 7. 65.
[3]) Vgl. W. Sutthoff, Zur Kenntnis der stickstoffreien Extraktstoffe. Inaug.-Diss. München 1909.
[4]) Zeitschr. f. angew. Chemie 1893, 455.
[5]) Landw. Jahrbücher 1877, Supplementheft S. 103.

durch ein neues Asbestfilter (am besten Goochtiegel und Saugnutsche) und wäscht mit einer reichlichen Menge kochenden Wassers und darauf nach Entfernung des Filtrats aus der Saugflasche je 2- bis 3- mal mit Alkohol und Äther nach. Das alsdann sehr bald lufttrocken gewordene Filter nebst Inhalt bringt man in eine ausgeglühte Platinschale (beim Goochtiegel fällt diese Manipulation natürlich weg) und trocknet 1 Stunde bei 105—110° C. Nachdem die Schale im Exsiccator erkaltet ist, wird sie so schnell wie möglich gewogen, darauf kräftig geglüht, bis kein Aufleuchten von verbrennenden Rohfaserteilchen mehr stattfindet, im Exsiccator erkalten gelassen und wiederum schnell gewogen. Die Differenz zwischen der ersten und zweiten Wägung ergibt die Menge der in 3 g Substanz vorhandenen Rohfaser.

Die auf diese Weise erhaltene Rohfaser ist die aschefreie, enthält aber noch vielfach nicht unbeträchtliche Mengen (2—5%) Stickstoffsubstanz, welche nötigenfalls in einem gleichbehandelten Teile der Substanz nach dem zweiten Filtrieren nach Kjeldahl (S. 13), ermittelt und von der Rohfaser in Abzug gebracht werden kann.

Auf die Methoden von E. Späth, Zeitschr. f. Unters. d. Nahr.- u. Genußm. 1905, 9, 589 (für Gewürze s. S. 247) und von Lebbin, Arch. f. Hygiene 1897, 28, 212 sei verwiesen.

Methode König[1]).

Diese Methode verdient vor dem obigen Verfahren den Vorzug, weil sie eine annähernd pentosanfreie Rohfaser liefert und die Lingnine und das Cutin dabei nicht angegriffen werden. 3 g lufttrockene[2]) bzw. 5—14% Wasser enthaltende Substanz (bei Fettgehalt über 10% erst entfetten) in einem 500—600 ccm-Kolben bzw. in einer -Porzellanschale mit 200 ccm Glycerin (s = 1,23), welches 20 g konzentrierter H_2SO_4 in 1 Liter enthält, versetzen. gut verteilen und entweder am Rückflußkühler bei 133—135° 1 Stunde kochen oder im Autoklaven bei 137° (= 3 Atmosphären) ebensolange dämpfen. Nach dem Erkalten den Inhalt ungefähr auf 400—500 ccm verdünnen, nochmals aufkochen und heiß durch Asbestfilter im Platin-Goochtiegel von 6 cm Höhe, 6 cm oberem und 4 cm unterem Durchmesser vermittels der Saugpumpe filtrieren. Man wäscht den Rückstand auf dem Filter mit ca. 400 ccm siedend heißem Wasser, dann mit angewärmtem Alkohol von 80—90% und mit einem warmen Gemisch von Alkohol und Äther, bis das Filtrat vollkommen farblos abläuft. Trocknen bei 105—110° und wägen; veraschen und wieder wägen.

Die Berechnung des Nährgeldwertes der Nahrungsmittel[3]).

Bei der Berechnung des Nährgeldwertes eines Nahrungsmittels hat man zunächst auf die Zusammensetzung des Nahrungsmittels ein-

---

[1]) Vgl. Bd. II. Abt. I v. Königs Chemie der menschlichen Nahrungs- und Genußmittel 1910; ferner Zeitschr. f. Unters. d. Nahr.- u. Genußm. 1898. 1. 1; sowie 1903. 6. 769; siehe ebenda auch die Methode zur Bestimmung der Cellulose, des Lingnins und Cutins.

[2]) Dickflüssige oder breiartige Massen (Marmeladen u. s. w.) kann man in Mengen, die etwa 3 g Trockensubstanz entsprechen, vorher in den betreffenden Gefäßen auf dem Wasserbade eintrocknen und dann wie sonst weiter behandeln.

[3]) Vgl. Bd. I v. Königs Chemie der menschlichen Nahrungs- und Genußmittel 1904.

Untersuchung von Nahrungsmitteln.

zugehen und den Gehalt an Eiweiß, Fett und Kohlenhydraten nach den auf S. 19 ff. besprochenen Methoden zu bestimmen. Der Gehalt an Wasser, Cellulose, Salzen und Mineralstoffen, sowie anderen Bestandteilen, wird bei dieser Berechnung vernachlässigt[1]).
Auf Grund der Annahme (Emmerling, König), daß
1 g Kohlenhydrate den Wert von 1 Nährwerteinheit,
1 g Fett „ „ „ 3 Nährwerteinheiten,
1 g Eiweiß „ „ „ 5 „
haben, multipliziert man den Gehalt der Nahrungsmittel an Eiweiß mit 5, den an Fett mit 3 und den an Kohlenhydraten mit 1, addiert und erhält so die Summe der Nährwerteinheiten[2]). Man rechnet nun auf 1 Kilogramm.

Will man nun den Marktpreis einer Nährwerteinheit erfahren, so dividiert man mit der Summe der Nährwerteinheiten in den Marktpreis. Aus der geringeren oder größeren Höhe desselben schließt man auf die Preiswürdigkeit des Nahrungsmittels.

Tabelle einiger Nährgeldwerte [3]).

	Nährwerteinheiten in kg	Angenommener Marktpreis pro 1 kg in Pfennigen	1000 Nährwerteinheiten kosten	Für 1 Mark erhält man Nährwerteinheiten
Magermilch . . .	216	9,0	41,7	2400
Magerkäse . . .	1914	82,7	43,2	2314
Milch	320	15,0	46,8	2133
Speck	2767	172,0	62,1	1608
Schweinefleisch .	1836	131,0	71,4	1401
Halbfetter Käse .	1970	141,7	71,9	1319
Butter	2610	213,3	81,7	1223
Kalbfleisch . . .	1157	112,0	96,8	1033
Rindfleisch . . .	1168	128,3	109,8	911
Bohnen	1755	22,5	12,8	7800
Erbsen	1713	28,9	16,8	5927
Linsen	1842	37,0	20,1	4979
Kartoffeln . . .	304	6,1	20,1	4982
Weizenmehl . .	1328	38,7	29,1	3431
Reis	1177	58,0	49,3	2029

[1]) Die Berechnung hat deshalb nur Zweck, wenn man ähnliche Produkte miteinander vergleicht. Der Nährwert vieler Substanzen (z. B. des Lecithins) läßt sich nicht in Zahlen ausdrücken; auch Genußmittel wie Wein, Bier, Kaffee, Schokolade u. s. w. lassen sich nicht nach Nährwerteinheiten bewerten.
[2]) Neuerdings wird besonderer Wert auf die Bestimmung des Wärmewertes (ausgedrückt in Kalorien) zur Feststellung des Nährwertes gelegt. Siehe Spezialliteratur.
[3]) Die Tabelle dient nur als Beispiel; im Einzelfalle ist stets eine Berechnung der Nährwerteinheiten und des Nährgeldwertes unter Zugrundelegung des entsprechenden Marktpreises auszuführen. Vgl. Beispiel S. 46.

Flügge und Hofmann berechnen, wieviel Nährwerteinheiten man für eine Mark erhält z. B.:

pro Kilo Rindfleisch seien gefunden worden:

Eiweiß (bzw. N × 6,25) 209 g = 209 × 5 = 1045 ⎫ Nähr-
Fett . . . . 54 g = 54 × 3 = 162 ⎬ wert-
N-freie Extraktivstoffe . 1,4 g = 1,4 × 1 = 1,4 ⎭ einheiten

Summe 1208,4

Diese kosten 1,50 Mk.; eine Nährwerteinheit kostet dann $\frac{150}{1208,4} = 0{,}1241$ Pf. oder für 1 Mk. erhält man $\frac{1208{,}4 \times 100}{150} = 800{,}5$ Nährwerteinheiten.

Untersuchung von Futtermitteln, Getreide u. s. w.[1]).

Bei Körnern, Mehlen, Kleien u. s. w. in Säcken werden Proben mittels Probestecher entnommen. Bei Ölkuchen entnimmt man mehrere ganze Kuchen an verschiedenen Stellen, zerkleinert sie bis auf Walnußgröße, mischt und zieht hieraus die Durchschnittsprobe wie dies bei der Probenahme von Kohlen, Gasreinigungsmasse u. a. bewerkstelligt wird.

Bei Rohmaterialien, die in Schiffsladungen ankommen, wird jedes fünfte Entladungsgefäß auf den Probehaufen gestürzt (Feinung auf Haselnußgröße). Von solchen Durchschnittsmustern werden 100 bis 200 g weiter zerkleinert (Mühle) und das Mehl durch ein Sieb mit 1 mm Maschenweite geschlagen. Bei einigen Futtermitteln ist eine weitergehende Pulverisierung erwünscht (Dreefsche Mühle, nach Angabe von Märcker von Mechaniker Dreef in Halle a. S. konstruiert).

Die Untersuchung kann sich erstrecken auf die Bestimmung von

a) Wasser; 5 g der Substanz werden in kleinen ca. 6 cm hohen Bechergläsern von 3 cm Durchmesser abgewogen und 3 Stunden lang im Wasserbadtrockenschrank bei 95—100° C erhitzt, im Exsiccator erkalten gelassen und gewogen. Für Handelsanalysen hinreichend genau! Für genaue Ermittelungen erhitzt man etwa 5 g Substanz bei 100—102° C in „Liebig'schen Trockenenten"[2]) im Wasserstoff oder Leuchtgasstrom, der zuvor durch ein Trockensystem geleitet wird.

b) Fett (Rohfett) (s. S. 16); als Extraktionsmittel ist alkohol- und wasserfreier Äther zu benützen (internat. vereinbart Berlin 1903). Aus Malzkeimen, Biertrebern, Mohn, Fleischmehl wird das Fett nicht vollständig vom Äther herausgezogen (Beger, Chem. Ztg. 1902 S. 112). Bei wissenschaftlichen Versuchen verwendet man daher besser das Dormeyersche Verfahren: 3—5 g Substanz werden mit 1 g Pepsin, 480 g Wasser und 20 ccm 25%-iger Salzsäure bei 37—40° während 24 Stunden der Verdauung unterworfen, das Unlösliche abfiltriert, ausgewaschen, getrocknet und

---

[1]) Es können im Rahmen dieses Buches nur die notwendigsten Methoden angegeben werden. Auf das ausführliche Werk v. J. König, die Untersuchung landwirtschaftlich und gewerblich wichtiger Stoffe, III. Aufl. 1906 sei verwiesen.

[2]) Trockenröhren.

mit Äther extrahiert. Das Filtrat wird mit Äther ausgeschüttelt und der Ätherrückstand dem Ätherextrakt des Unlöslichen hinzugefügt. Die Filtration erfolgt durch eine mit Asbest oder mit Papierfilterstoff belegte Siebplatte eines Trichters.

c) **Protein (Rohprotein).**
1. Rohprotein (Gesamtstickstoff):
   nach S. 13; gefundener N × 6,25 = Protein.
2. Reines Protein nach A. Stutzer[1]).

   1—2 g der feingemahlenen Substanz übergieße man in einem Becherglas mit 100 ccm Wasser und erhitze dann zum Sieden — stärkmehlhaltige Stoffe erwärme man 10 Minuten im kochenden Wasserbad —, hierauf setze man 0,3—0,5 ccm aufgeschlemmtes Kupferoxydhydrat[2]) zu, filtriere nach dem Erkalten, wasche den Filterrückstand mit Wasser aus und verbrenne denselben samt Filter nach S. 13. Bei phosphatreichen Futtermitteln setzt man der Abkochung 1 ccm Alaunlösung (1 : 10) und dann das Kupferoxydhydrat zu.
3. Nichtprotein-Stickstoff.

   Man koche 5 g der Substanz in einem 500 ccm fassenden Meßkolben mit 400 ccm Wasser auf, lasse erkalten und fälle das Eiweiß mit einer mit Essigsäure angesäuerten 5%-igen Tanninlösung und fülle auf 500 ccm mit Wasser auf; 100 ccm der von dem Niederschlag abfiltrierten Flüssigkeit dampfe man ein und behandle nach Kjeldahl (S. 13) weiter.
4. Verdauliches Protein. Stutzers Methode, modifiziert von Kühn und Kellner.

   2 g der feingemahlenen Substanz werden in einer Verdauungsbirne mit 500 ccm Magensaft[3]) bei 37—38° C im Wasserbad oder Brutschrank erwärmt. Nach 12 Stunden werden 10 ccm einer 12½%-igen HCl zugesetzt, ebenso nach 24 und 36 Stunden, sodaß der Gehalt der Flüssigkeit an Salzsäure 1% beträgt. Nach

---

[1]) Journ. f. Landwirtsch. 1881. 473. Verfahren v. Barnstein, Landw. Versuchsst. 1900. 327. Verfahren v. Schjerning, Zeitschr. f. anal. Chem. 1900. 545 u. 633.

[2]) 100 g Kupfersulfat werden in 5 l Wasser gelöst und 2,5 ccm Glycerin zugesetzt. Hierauf fällt man mit so viel verdünnter Natronlauge, daß die Flüssigkeit schwach alkalisch reagiert. Der schwarzbraune Niederschlag wird abfiltriert, dann in einer Schale mit 0,5%-igem Glycerinwasser angerührt und die letzten Spuren von Alkali durch wiederholtes Dekantieren und Filtrieren entfernt. Der zuletzt wieder auf ein Filter gebrachte Niederschlag wird endlich mit 10%-igem Glycerinwasser verrieben, sodaß er eine gleichmäßige, mit einer Pipette aufsaugbare Masse bildet; in 10 ccm wird dann der Gehalt an Kupferoxydhydrat quantitativ bestimmt und das Ganze in gut verschließbare Flaschen gebracht. (Zu konzentrierte Kupferoxydhydrat-Wassermischungen verdünnt man mit 10%-igem Glycerinwasser so, daß 10 ccm 0,3—0,4 gCu(OH)$_2$ enthalten.

[3]) Die innere abgelöste Schleimhaut eines frischen Schweinemagens wird mit der Schere in kleine Stücke zerschnitten und in einer weithalsigen Flasche mit 5 l Wasser und 75 ccm einer Salzsäure, die 10 g HCl in 100 ccm enthält, übergossen, 1—2 Tage unter öfterem Umschütteln stehen gelassen, durch ein Flanellsäckchen, ohne auszupressen, gegossen und dann durch gewöhnliches Filtrierpapier filtriert. Um den Magensaft mehrere Monate aufbewahren zu können, setzt man dem salzsäurehaltigen Wasser bei der Extraktion 2—3 g Salicylsäure pro Magen zu.

weiteren 12 Stunden läßt man den Magensaft ablaufen und wäscht mit Wasser, Alkohol und Äther nach und trocknet die Substanz durch Absaugen. Letztere wird dann samt Filter nach Kjeldahl (S. 13) weiter behandelt. Der N-gehalt des Filters muß ermittelt und berücksichtigt werden. Sjollema und Wedemayer wenden statt Magensaft Pepsin an. Laut Internationaler Vereinbarung gestattet. Auf die Modifikation (landwirtschaftliche Versuchsstationen Bd. 51, S. 385) wird verwiesen.

Gesamt-N abzüglich dem noch vorhandenen = Verdaulicher N.

Einige Futtermittel wie Kümmel, Anis, Koriander, Fenchel müssen längere Zeit mit Magensaft behandelt werden (84 Stunden). Vers.-Stat. 44 S. 188 u. s. f.

In der Regel genügt es, den als reines Eiweiß (Proteïn) vorhandenen Stickstoff und den Gesamtstickstoff zu bestimmen, den Stickstoff der Nichteiweißstoffe aber aus der Differenz zu nehmen.

Bezüglich der Trennung letzterer muß auf das Werk von J. König (die Untersuchung landwirtschaftlich und gewerblich wichtiger Stoffe, Berlin 1906), sowie auf die entsprechende Spezialliteratur verwiesen werden.

d) Asche (Rohasche) (die reine Asche ist Rohasche abzüglich Sand (s. S. 12)[1]). Auf den Kieselsäuregehalt mancher Futtermittel ist Rücksicht zu nehmen.
e) Cellulose (Rohfaser) (s. S. 43).
f) Stickstofffreie Extraktivstoffe (s. S. 16).
    Außerdem noch
g) Zucker, Stärke, nach S. 18 und 42,
h) Säure (bei Sauerfutter) durch Titriren des kalten, wässerigen Auszuges (bzw. $^1/_{10}$-N-Lauge) und Berechnen auf Milchsäure oder Essigsäure. 1 ccm Normalalkali = 0,09 g Milchsäure, = 0,06 g Essigsäure.
i) Gesamtphosphorsäure. Siehe bei den Düngemitteln S. 49.
k) Kali.

25 g werden vorsichtig verascht, die Asche mit verdünnter Salzsäure ausgelaugt und in einen 250 ccm Meßkolben gespült. Man füllt auf 250 ccm auf, filtriert und bringt davon 100 ccm mittels einer Pipette in einen 200 ccm-Kolben, und fällt daraus SO_3, Erdalkalien u. s. w. nach S. 54 (Kalibestimmung in Düngemitteln; dann füllt man auf 200 ccm auf, filtriert und dampft 50 ccm = 2,5 g in einer Platinschale ein und verfährt weiter, wie ebenfalls dort angegeben ist.

l) Mikroskopische (bakteriologische) Untersuchung siehe Spezialliteratur bzw. den bakteriologischen Teil des Hilfsbuchs.

Anhaltspunkte zur Beurteilung: Die chemische Untersuchung kommt hauptsächlich nur für die Beurteilung des Nährwerts in Betracht.

---

[1] Zur qualitativen Prüfung auf Sand verfährt man so, daß man in einem zugeschmolzenen Trichter Zinksulfatlösung (1 kg $ZnSO_4$: 700 ccm HO_2) (s = 1,435) mit 5 g des gepulverten Futtermittels mehrmals schüttelt. Der Sand sinkt nach unten und kann ev. schätzungsweise angegeben werden (Emmerlings Methode).

Bezüglich des Nachweises der Reinheit bzw. von Verfälschungen und Verdorbenheit entscheidet am meisten und ehesten die mikroskopische Prüfung; betreffs der Ranzidität und des Säuregrades von Ölkuchen u. s. w. gilt das unter „Butter" Gesagte. (1 ccm Normal-Alkali = 0,282 Ölsäure = 0,088 Buttersäure). Muffige, schimmlige u. s. w. Futtermittel sind zu verwerfen.

Untersuchung von Düngemitteln[1]).

Vorbereitung der Proben.

a) Trockene Proben von Phosphaten oder sonstigen künstlichen Düngemitteln müssen gesiebt und dann gemischt werden.

b) Bei feuchten Düngemitteln, bei welchen dieses nicht zu erreichen ist, hat sich die Vorbereitung auf eine sorgfältige Durchmischung mit der Hand zu beschränken.

c) Bei Rohphosphaten und Knochenkohle soll zum Nachweise der Identität der Wassergehalt bestimmt werden.

d) Bei Substanzen, welche beim Pulvern ihren Wassergehalt ändern, muß sowohl in der feinen wie in der groben Substanz der Wassergehalt bestimmt und das Resultat der Analyse auf den Wassergehalt der ursprünglichen groben Substanz umgerechnet werden.

A. Wasserbestimmung.

10 g werden bei 100° bis zum konstanten Gewicht, bei gipshaltigen Substanzen 3 Stunden getrocknet. In solchen Materialien, welche flüchtige Stoffe (z. B. Ammoncarbonat) enthalten, werden diese für sich bestimmt und vom erstgefundenen Verluste abgezogen.

B. Phosphorsäurebestimmung.

In Superphosphaten, Präcipitaten, Rohphosphaten u. s. w. außer Thomasmehl.

1. Wasserlösliche und Gesamtphosphorsäure.

Die Extraktion der Superphosphate geschieht in der Weise, daß 20 g Superphosphat in einer Literflasche mit etwa 800 ccm Wasser 30 Minuten lang fortwährend und kräftig geschüttelt[2]) werden. Auffüllen mit Wasser bis zur Marke, durchmischen und filtrieren. Doppelsuperphosphatlösungen müssen vor der Fällung der P_2O_5 mit HNO_3[3])

---

[1]) Aufnahme können nur die am häufigsten benutzten Methoden finden. Eingehende Literatur vgl. J. König, Die Untersuchung landwirtschaftlich und gewerblich wichtiger Stoffe. Berlin 1906. III. Aufl. sowie namentlich die auch im Nachstehenden mitbenutzten Vereinbarungen der landwirtschaftlichen Versuchsstationen und die Methoden zur Untersuchung der Kunstdüngemittel, herausgegeben vom Verein Deutscher Düngerfabrikanten. Berlin 1903. 3. Aufl., ferner P. Kriesche, Die Untersuchung und Begutachtung von Düngemitteln, Futtermitteln u. s. w. Berlin.

[2]) Schüttelmaschinen, ca. 150 t pro Minute.

[3]) Überführung von Pyrophosphorsäure in Orthophosphorsäure.

aufgekocht werden; auf 35 ccm Lösung der Superphosphate 10 ccm konzentrierter HNO_3 anzuwenden.

Zur Bestimmung der P_2O_5 in Rohphosphaten, Guanos, Knochenmehl u. s. w. sowie der Gesamtphosphorsäure in Superphosphaten und Präcipitaten werden 5 g Substanz in einem Jenaer Hartglaskolben mit Marke und Inhalt von 250 ccm mit 50 ccm Königswasser kräftig solange (½ Stunde) gekocht, bis die Flüssigkeit im Kolben rein weiß ist, dann nach dem Erkalten aufgefüllt bis zur Marke und durch ein Faltenfilter filtriert.

In 50 ccm dieser Lösungen (= 1 g Substanz[1]) bestimmt man dann die Phosphorsäure entweder:

a) nach der **Molybdänmethode**, siehe Abschnitt Wein oder

b) nach der **Citratmethode**, indem man 50 ccm Märkersche Citratlösung (100 g Citronensäure in 333 g 24%-igem NH_3) und 25 ccm Magnesiamixtur[2]) zugibt. Man rührt nun, bis der Niederschlag entsteht und dann noch weitere 5 Minuten (ev. mit Rührwerk) um, läßt 2 Stunden stehen und filtriert die gefällte phosphorsaure Ammoniakmagnesia auf ein Filter oder in den mit Asbest ausgelegten Goochschen Platintiegel[3]) und glüht den Niederschlag zunächst schwach und dann 5 Minuten im Gebläse. Faktor = 0,638.

2. Citratlösliche Phosphorsäure.

a) nach Wagner.

In einer 500 ccm fassenden, mit Marke versehenen Stohmannschen Schüttelflasche werden 5 g Superphosphat oder Präcipitat mit verdünnter Wagnerscher Citratlösung[4]) von 17,5⁰ C, mit welcher zur Marke aufgefüllt war, genau 30 Minuten (30—40 Umdrehungen in der Minute) im Rotier- oder Schüttelapparat ausgeschüttelt. Der Raum, in welchem geschüttelt wird, muß eine konstante Temperatur von etwa 13—18⁰ haben. Darnach wird sofort filtriert (bei trübem Durchlaufen der Flüssigkeit muß zurückgegossen werden) und werden 50 ccm Flüssigkeit nach der Molybdänmethode (s. oben; Zugabe von 1 ccm Molybdänlösung auf je 1 mg P_2O_5) weiter verarbeitet.

b) nach Petermann[5]).

α) Superphosphate: 2,5 g Substanz mit mehr als 10% Phosphorsäure bzw. 5 g von Superphosphaten mit weniger als 10% Phosphorsäure und zusammengesetzten Düngern werden in einem kleinen Glasmörser zunächst trocken zerrieben, dann nach Zusatz von 20—25 ccm

---

[1]) Sofern die Substanz nicht über 20% P_2O_5 enthält; bei höher prozentigen 25 ccm = 0,5 g Substanz.

[2]) 110 g $MgCl_2$ + 140 g NH_4Cl + 1300 ccm H_2O; Lösung mit NH_3 (s = 0,96) auf 2 l gebracht.

[3]) Neuerdings werden vielfach die von W. C. Heräus in Hanau angefertigten Neubauertiegel mit Platinschwammfilter benutzt.

[4]) 150 g krystall. Citronensäure + 23 g Ammoniakstickstoff pro 1 l (N ist analyt. zu ermitteln, konz. Lösung); 2 l mit 3 l H_2O verdünnen (verd. Lösung).

[5]) 250 g kryst. Citronensäure in 500 ccm H_2O lösen, 550 ccm H_2O + 276 ccm 24%-iges NH_3 zufügen; Lösung mittels konz. Citronensäurelösung neutralisieren. Fertige Lösung soll s = 1,09 haben.

weiter innig zerrieben, die Flüssigkeit alsdann auf ein Filter dekantiert und in einen 250 ccm Kolben filtriert. Der Rückstand im Mörser wird noch 3-mal in derselben Weise behandelt, dann selbst auf das Filter gebracht und solange mit Wasser ausgewaschen, bis das Filtrat etwa 200 ccm beträgt. Letzteres wird mit einigen Tropfen Salpetersäure oder Salzsäure angesäuert, je nachdem die Phosphorsäure nach der Molybdän- oder Citratmethode bestimmt wird, mit Wasser aufgefüllt und gemischt.

Das Filter mit dem Rückstande wird in einem 250 ccm-Kolben mit 100 ccm Petermannscher Lösung solange geschüttelt bis das Papier vollständig zerteilt ist. Die Einwirkung der Petermannschen Lösung dauert 15 Stunden bei Zimmertemperatur, dann 1 Stunde im Wasserbade bei 40°. Hierauf wird mit Wasser bis zur Marke aufgefüllt und filtriert.

Zur Bestimmung der wasserlöslichen Phosphorsäure in Superphosphaten und zusammengesetzten Düngern werden 50 ccm von der wässerigen Lösung und zur Bestimmung der Summe der wasserlöslichen und citratlöslichen Phosphorsäure 50 ccm des Citratauszugs mit 50 ccm des wässerigen Auszugs vereinigt, nach der Molybdän- oder Citratmethode untersucht.

β. Präcipitate[1]): 1 g Präcipitat mit 100 ccm obiger Lösung in einer Reibschale zerreiben, in einen ¼ Literkolben spülen, 15 Stunden bei gewöhnlicher Temperatur unter Umschütteln stehen lassen, dann bei 40° C 1 Stunde im Wasserbade digerieren, nach dem Erkalten auffüllen und filtrieren. Von dem Filtrat 50 ccm mit 10 ccm konzentrierter Salpetersäure 10 Minuten kochen und die Phosphorsäure nach der Molybdän- oder Citratmethode fällen. Bei letzterer annähernd mit Ammoniak neutralisieren, 15 ccm Petermannsche Citratlösung und 10 ccm Ammoniak, spezifisches Gewicht 0,91, zufügen, mit 25 ccm Magnesiamixtur tropfenweise versetzen und ½ Stunde ausrühren.

3. Freie Phosphorsäure.

10 g des bei 100° bis zur Gewichtskonstanz getrockneten Superphosphats werden mit wasserfreiem Äther oder Alkohol in der Weise, wie dies bei Fettbestimmungen üblich, mit Rückflußkühler etwa 2 Stunden extrahiert. Nach dem Verdunsten des Alkohols bzw. Äthers wird mit Wasser aufgenommen, wenn nötig filtriert und die Phosphorsäure mit Magnesiamixtur gefällt.

In Thomasphosphatmehl.

1. Gesamtphosphorsäure.

a) **Salzsäuremethode.** 10 g des zerriebenen und durch ein 2 mm Sieb gesiebten Thomasmehls — bleiben erhebliche Mengen Eisen zurück, so sind dieselben in Rechnung zu ziehen — werden in einem Meßkolben von 500 ccm Inhalt mit etwa 80 ccm konzentrierter Salzsäure übergossen

---

[1]) Méthodes suivies dans l'analyse des matières fertilisantes, publiées par A. Petermann, Gembloux 1897.

und auf dem Sandbade bis zur Sirupkonsistenz eingedampft. Die Lösung wird mit einigen Tropfen Salzsäure versetzt und nach dem Erkalten mit Wasser bis zur Marke aufgefüllt. 50 ccm des Filtrats werden nach Zusatz von 100 ccm ammoniakalischer Citronensäurelösung nach Märker (1500 g Citronensäure, 5000 ccm 24%-iges NH_3 auf 15 Liter) mit 25 ccm Magnesiamixtur gefällt, ½ Stunde im Rührapparate gerührt und nach zweistündigem Stehen filtriert und weiter behandelt, wie oben bei der Bestimmung der wasserlöslichen Phosphorsäure angegeben ist.

b) **Schwefelsäuremethode.** 10 g des Phosphatmehls werden mit einigen Kubikzentimetern verdünnter (1 : 2) Schwefelsäure übergossen und gut durcheinander geschüttelt; nach Hinzufügen von 50 ccm konzentrierter Schwefelsäure wird die Mischung anfangs zum Sieden, nachher bis zu beginnendem Sieden erhitzt, bis die ganze Masse zur Dickflüssigkeit eingedampft ist und starkes Stoßen eintritt. Nach dem Auffüllen kann die Analyse sowohl nach der Citrat- als auch nach der Molybdänmethode ausgeführt werden.

2. Zitronensäurelösliche Phosphorsäure.

5 g Substanz werden in einem 500 ccm Kolben, der zur Verhütung des Festsetzens der Substanz mit 1 ccm Alkohol beschickt ist, mit 500 ccm obiger 2%-iger Citronensäure bei einer Temperatur von 17,5° eine halbe Stunde lang im Rotierapparate digeriert. Der Rotierapparat soll 30—40 Umdrehungen in der Minute machen. Nach dem Filtrieren werden 50 ccm mit 50 ccm Kellner-Böttcherscher Lösung[1]) versetzt, der Niederschlag wird eine halbe Stunde lang ausgerührt, dann sofort auf den Goochtiegel filtriert, geglüht und gewogen. Der Niederschlag darf vor der Filtration nicht längere Zeit stehen, da sonst Ausscheidung von Kieselsäure zu befürchten ist.

C. Stickstoff- und Perchloratbestimmung.

Der Stickstoff von nitratfreien Düngemitteln wird wie der von Futtermitteln (s. S. 47) bestimmt, in nitrathaltigen und in Salpeter selbst wird der Stickstoff in folgender Weise bestimmt:

a) Verfahren von Jodlbaur[2]): 0,5 g des fein zerriebenen Salpeters oder etwa 1,0 g des salpetersäurehaltigen Stoffes werden in einer Reibschale mit 2—3 g gebranntem, fein gepulvertem Gips innig vermischt. Diese Mischung wird in den Kjeldahl-Kolben gebracht, unter Abkühlung mit 25 ccm Phenolschwefelsäure[3]), welche 40 g Phenol in 1 Liter konzentrierter Schwefelsäure von 66° Bé. enthält, versetzt und durch leichtes Hin- und Herbewegen mit der Säure gemengt. Nach Verlauf von ungefähr 5 Minuten fügt man ganz allmählich und unter Abkühlung des Kolbens 2—3 g durch Waschen

---

[1]) 1 kg Citronensäure wird in 5 l 20%-igen Ammoniaks gelöst und mit 5 l Magnesiamischung versetzt.

[2]) Landw. Versuchs-Stationen 1888. 35. 447.

[3]) Das Phenol wird durch die Salpetersäure nitriert; beim weiteren Verlaufe wird die Nitrogruppe in die Amidogruppe übergeführt und schließlich schwefelsaures Ammon gebildet.

mit Wasser gereingten Zinkstaub, sowie 2 Tropfen metallisches Quecksilber hinzu. Nun wird die Mischung gekocht bis die Flüssigkeit nicht mehr gefärbt ist; nach dem Erkalten wird, wenn in einem kleinen Kolben verbrannt wird, in den Destillationskolben übergespült, mit Natronlauge übersättigt, 25 ccm Schwefelkaliumlösung (40 g K_2S zu 1 Liter) hinzugefügt und das Ammoniak abdestilliert.

Anmerkung: Von wesentlichem Belang für die Sicherheit dieses Verfahrens ist, daß die zu verbrennenden Stoffe nicht zu feucht, sondern genügend trocken sind.

Statt der Phenolschwefelsäure ist auch eine Auflösung von Benzoesäure (75 g für 1 Liter) oder von Salicylsäure in konzentrierter Schwefelsäure vorgeschlagen.

b) Nach O. Förster[1]): 0,5 g Salpeter bezw. 1,0 g eines salpetersäurehaltigen Stoffes — oder Lösungen derselben nach vorherigem Eindampfen im Kjeldahl-Kolben — werden in letzterem mit 15 ccm einer 60%-igen Phenolschwefelsäure und mit 15 ccm einer 6%-igen Salicylsäure-Schwefelsäure vermischt, bis Lösung eingetreten ist; alsdann werden bis zu 5 g unterschwefligsaures Natrium, sowie nach Zersetzung dieses Salzes noch 10 ccm reine Schwefelsäure und das nötige Quecksilber hinzugefügt und erhitzt. Nach der vollzogenen Verbrennung wird weiter wie gewöhnlich verfahren. Das unterschwefligsaure Natrium darf nicht vor der Phenolschwefelsäure zu dem Salpeter gesetzt werden.

Ammoniak bestimmt man am besten durch Destillation einer abgewogenen Menge mit Wasser und frisch gebrannter Magnesia (auf 1 g Ammonsalz etwa 3 g Magnesia); das Ammoniak fängt man in titrierter Schwefelsäure oder Salzsäure auf und titriert mit Natronlauge zurück.

Bestimmung des Perchlorats: Die quantitative Bestimmung des Kaliumperchlorats im Chilisalpeter geschieht durch Ermittelung des Chlorgehalts in der zu untersuchenden Substanz vor und nach der Zerstörung des Perchlorats. Die Überführung des Perchlorats in Chlorkalium bewirkt man entweder durch einfaches Glühen oder durch Glühen unter Zusatz verschiedener Reagentien, wie metallisches Blei, Ätzkalk, Natriumkarbonat, Mangansuperoxyd u. s. f.

a) Nach Selkmann[2]): 5 g Salpeter, dessen Chlorgehalt ermittelt ist, werden in einem Porzellantiegel von 40—50 ccm Inhalt mit 15—20 g Blei in Form von Spänen, einer allmählich gesteigerten Hitze ausgesetzt. Ist Salpeter und Blei geschmolzen, so rührt man mit einem hakenförmig gebogenen Kupferdrahte fleißig um und hält durch Regelung der Temperatur das Entweichen von Gasen in mäßigen Grenzen. Wenn die Masse teigig geworden ist und nur noch einige Blasen auftreten, steigert man die Hitze bis zur dunklen Rotglut des Tiegelbodens und hält diese Temperatur etwa 1—2 Minuten. Die erkaltete Schmelze, die nun Alkalinitrit und -Chlorid enthält, wird mit heißem Wasser aufgeweicht und in

---

[1]) Chem.-Zeitg. 1889. 13. 229. 1890. 14. 1673, 1690.
[2]) Zeitschr. f. angew. Chem. 1898. Heft 15.

ein Becherglas gespült. Man setzt 2—3 g doppeltkohlensaures Natron hinzu und erwärmt mäßig. Im Filtrate wird mit Salpetersäure angesäuert und durch Zusatz von Silbernitrat das Chlor bestimmt. Zieht man hiervon das vorher gefundene Chlor ab, so ergibt sich aus der Differenz die Menge des Perchlorats. 1 Äquivalent Chlorsilber 143,4 entspricht 1 Äquivalent Kaliumperchlorat 138,6.

b) Nach Blattner-Brasseur[1]): 5 g Salpeter, bei 150—160° zwecks Feuchtigkeitsbestimmung getrocknet, in welchem der Chlorgehalt ermittelt ist, werden mit 7—8 g reinem chlorfreien Kalkhydrat in einem Porzellan- oder Platintiegel von 25—30 ccm Inhalt gemischt und der zugedeckte Tiegel 15 Minuten über einem Bunsenbrenner erhitzt. Die Lösung des Glührückstandes wird entweder mit Salpetersäure neutralisiert und das Chlor mit Silbernitrat titriert oder wie oben gewichtsanalytisch bestimmt.

D. Kali- (bezw. Alkalien-) Bestimmung.

Zur Bestimmung des Kalis in Düngerlösungen als Kaliumplatinchlorid muß erst die Schwefelsäure und Phosphorsäure entfernt werden. Die salzsaure kalihaltige Lösung wird dieserhalb zum Kochen erhitzt, zunächst behufs Abscheidung der Schwefelsäure mit Chlorbaryum versetzt, erkalten und absitzen gelassen, filtriert und ausgewaschen. Das Filtrat wird erhitzt, bei Vorhandensein von viel Phosphorsäure mit Eisenchlorid versetzt, ammonikalisch gemacht und so lange mit Ammoncarbonatlösung versetzt, als eine Fällung entsteht. Nachdem sich die Flüssigkeit geklärt hat, wird filtriert, ausgewaschen und das Filtrat nebst Waschwasser in Ermangelung von großen geräumigen Platinschalen in einer gut glasierten Porzellanschale auf dem Wasserbade zum Trockne verdampft. Die trockene Masse wird mittels eines Platinspatels in eine kleinere Platinschale gebracht und über freier Flamme vorsichtig geglüht. Man läßt die Platinschale erkalten, spült mit heißem Wasser die noch in der Porzellanschale verbliebenen Reste in erstere hinein, seztz etwas kalifreie Oxalsäure zu und verdampft auf dem Wasserbade zur Trockne. Der gut getrocknete Rückstand wird vorsichtig und anhaltend geglüht, um die überschüssige freie Oxalsäure zu verjagen, sowie die oxalsauren Salze in Carbonate überzuführen. Auf diese Weise werden die Magnesia, sowie die noch vorhandenen kleinen Mengen von Kalk, Baryt und Mangan, Tonerde u. s. w. von den Alkalien getrennt. Der Glührückstand wird mit wenig heißem Wasser aufgenommen, filtriert, quantitativ ausgewaschen, das Filtrat nochmals mit Oxalsäure in der Platinschale eingedampft, hinreichend geglüht, wieder mit wenig heißem Wasser aufgenommen, filtriert und ausgewaschen. Darauf wird das Filtrat mit einigen Tropfen Salzsäure angesäuert, in einer vorher gereinigten, ausgeglühten und gewogenen Platinschale zur Trockne verdampft, der Rückstand vorsichtig schwach geglüht und die Alkalien als Gesamt-Chlorkalium gewogen. Zur Bestimmung des Kalis werden letztere nach dem Wägen in Wasser gelöst, nötigenfalls filtriert, mit genügend Platin-

---

[1]) Chem.-Zeitg. 1900. 72. 767.

chlorid versetzt und im Wasserbad zur Trockene verdampft. Der trockene Rückstand darf nicht mehr nach Salzsäuregas riechen. Nach Zugabe von 1—2 Tropfen destillierten Wassers übergießt man mit Äther-Alkohol (1:3), filtriert die deutlich gefärbt sein sollende Flüssigkeit durch ein ausgewaschenes, bei 130° getrocknetes und gewogenes Filter, wäscht mit Äther-Alkohol aus bis er farblos abläuft, läßt den anhaftenden Äther-Alkohol auf dem Filter an der Luft verdunsten, trocknet bei 130° und wägt. Auf die Modifikationen von Faßbänder, Vogel und Häfcke (Landw. Versuchstationen, Ber. 1896. 47. 97) und auf die Bestimmung als Kaliumperchlorat (vom Kalisyndikat[1]) empfohlen) wird verwiesen.

E. Eisenoxyd-, Tonerde-, Kieselsäure- und Kohlensäure-Bestimmung.

Eisenoxyd und Tonerde nach E. Glaser: 5 g Phosphat werden in bekannter Weise in 25 ccm Salpetersäure von 1,2 spezifischem Gewicht, sowie in etwa 12,5 ccm Salzsäure von 1,12 spezifischem Gewicht gelöst und auf 500 ccm gebracht. 100 ccm Filtrat (= 1 g Substanz) werden in einen Kolben von 250 ccm gegeben und zu 25 ccm Schwefelsäure von 1,84 spezifischem Gewicht gesetzt.

Man läßt den Kolben etwa 5 Minuten stehen und schüttelt ihn einige Male, setzt dann etwa 100 ccm 95%-igen Alkohol zu und kühlt den Kolben ab, füllt mit Alkohol bis zur Marke auf und schüttelt gut durch. Hierbei findet Kontraktion statt. Man lüftet den Stöpsel, füllt abermals mit Alkohol bis zur Marke auf und schüttelt von neuem. Nach halbstündigem Stehen wird filtriert. 100 ccm Filtrat (= 0,4 g Substanz) werden in einer Platinschale eingedampft, bis der Alkohol entfernt ist. Die alkoholfreie Lösung wird in einem Becherglase mit etwa 50 ccm Wasser versetzt und zum Kochen erhitzt. Man setzt zu der Lösung Ammoniak bis zur alkalischen Reaktion, aber, um ein zu starkes Aufbrausen zu vermeiden, nicht während des Kochens. Das überschüssige Ammoniak wird weggekocht. Man läßt erkalten, filtriert ab, wäscht mit warmem Wasser aus, kocht und glüht und wägt phosphorsaures Eisenoxyd + phophorsaure Tonerde. Die Hälfte des ermittelten Gewichtes nimmt man als aus $Fe_2O_3 + Al_2O_3$ bestehend an.

Das Glasersche Verfahren, welches sich in 1½—2 Stunden ausführen läßt, liefert unter gewöhnlichen Verhältnissen genügend richtige Ergebnisse; nur in Streitfällen soll es nach den Vereinbarungen deutscher Düngerfabrikanten durch das Jonessche Verfahren[2]) ersetzt werden.

Kieselsäure und Kohlensäure ermittelt man nach den bekannten analytischen Methoden; letztere am besten volumetrisch nach Scheibler.

---

[1]) Zeitschr. f. angew. Chem. 1889. 636. Siehe im Übrigen S. 53.
[2]) Methoden zur Untersuchung der Kunstdüngermittel. Berlin 1903. 9.

II. Untersuchung der Fette.

Vorbemerkung: Zur Untersuchung nimmt man nur klare, wasser- und bodensatzfreie Fette. Feste Fette werden bei möglichst niederer Temperatur geschmolzen. Das Filtrieren geschieht mit Filtrierpapier. Vgl. auch die in Anlage D zum Schlachtvieh- und Fleischbeschaugesetz vom 3. Juni 1900 erlassenen Ausführungsbestimmungen vom 22. Februar 1908 hinsichtlich der Beschaffenheit der bezüglich Fette angegebenen Gesichtspunkte und der Untersuchungsverfahren S. 107.

Allgemeine Untersuchungsmethoden.

(Die mit Ausführungszeichen versehenen Kapitel sind der amtlichen Anweisung zur chemischen Untersuchung von Fetten und Käsen vom 1. April 1898 entnommen[1]).)

1. Bestimmung des Schmelz- und Erstarrungspunkts.

„Zur Bestimmung des Schmelzpunkts wird das geschmolzene Butterfett in ein an beiden Enden offenes, dünnwandiges Glasröhrchen von ½ bis 1 mm Weite von U-Form aufgesaugt, sodaß die Fettschicht in beiden Schenkeln gleich hoch steht. Das Glasröhrchen wird 2 Stunden auf Eis liegen gelassen, um das Fett völlig zum Erstarren zu bringen. Erst dann ist das Glasröhrchen mit einem geeigneten Thermometer in der Weise durch einen dünnen Kautschukschlauch zu verbinden, daß das in dem Glasröhrchen befindliche Fett sich in gleicher Höhe wie die Quecksilberkugel des Thermometers befindet. Das Thermometer wird darauf in ein etwa 3 cm weites Probierröhrchen, in welchem sich die zur Erwärmung dienende Flüssigkeit (Glycerin) befindet, hineingebracht und die Flüssigkeit erwärmt. Das Erwärmen muß, um jedes Überhitzen zu vermeiden, sehr allmählich geschehen. Der Augenblick, da das Fettsäulchen vollkommen klar und durchsichtig geworden, ist als Schmelzpunkt festzuhalten.

Zur Ermittelung des Erstarrungspunkts bringt man eine 2 bis 3 cm hohe Schicht des geschmolzenen Butterfettes in ein dünnes Probierröhrchen oder Kölbchen und hängt in dasselbe mittels eines Korkes ein Thermometer so ein, daß die Kugel desselben ganz von dem flüssigen Fette bedeckt ist. Man hängt alsdann das Probierröhrchen oder Kölbchen in ein mit warmem Wasser von 40 bis 50⁰ gefülltes Becherglas und läßt allmählich erkalten. Die Quecksilbersäule sinkt nach und nach und bleibt bei einer bestimmten Temperatur eine Zeitlang stehen, um dann weiter zu sinken. Das Fett erstarrt während des Konstantbleibens; die dabei herrschende Temperatur ist der Erstarrungspunkt.

Mitunter findet man bis zum Anfange des Erstarrens ein Sinken der Quecksilbersäule und alsdann während des vollständigen Erstarrens wieder ein Steigen. Man betrachtet in diesem Falle die höchste Temperatur, auf welche das Quecksilber während des Erstarrens wieder steigt, als den Erstarrungspunkt."

---

[1]) Vgl. auch K. Farnsteiner, Vorschläge d. fr. Vereinigung deutscher Nahrungsm.-Chemiker betr. Speisefette u. Öle, Zeitschr. f. Unters. d. Nahr.- u. Genußm. 1905, 10, 51.

Für den Nachweis von Verfälschungen von Butter und Schmalz hat E. Polenske ein besonderes Schmelzpunktverfahren ausgearbeitet, vgl. S. 85.

Bestimmung des Schmelz- und Erstarrungspunkts der Fettsäuren.

„Bei flüssigen Fetten bestimmt man bisweilen den Schmelz- und Erstarrungspunkt der aus ihnen gewonnenen Fettsäuren."

Zur Gewinnung der Fettsäuren aus den Ölen bedient man sich des unter g S. 84 beschriebenen Verfahrens; falls die Bestimmung der unlöslichen Fettsäuren nach Hehner ausgeführt wurde, können die gewogenen Fettsäuren zur Bestimmung des Schmelz- und Erstarrungspunkts benutzt werden. Die Ausführung der letzteren erfolgt in derselben Weise bei den festen Fetten.

Vgl. auch S. 103: die zolltechnische Prüfung von Fetten nach dem Verfahren von Finkener[1]).

2. Bestimmung des optischen Drehungsvermögens (Polarisation).

Ausführung wie bei reinen Zuckerlösungen.

Zur Vorbereitung müssen die Öle ev. filtriert oder mit Tierkohle behandelt werden. Die Polarisation eignet sich namentlich zum Nachweis der stark rechts drehenden Harzöle in fetten Ölen vgl. S. 118 und der ätherischen Öle z. B. zum Nachweis von fettem Öl oder Alkohol in Citronenöl u. s. w. Im allgemeinen kann sonst wenig von dieser physikalischen Methode bei Fetten Gebrauch gemacht werden.

3. Bestimmung des Brechungsvermögens mit dem Butterrefraktometer nach Zeiss-Wollny[2]).

„Die wesentlichen Teile des Butterrefraktometers (vgl. Abbildung 2)[3]) sind 2 Glasprismen, die in den 2 Metallgehäusen A und B enthalten sind. Je eine Fläche der beiden Glasprismen liegt frei. Das Gehäuse B ist um die Axe C drehbar, so daß die beiden freien Glasflächen der Prismen aufeinander gelegt und voneinander entfernt werden können. Die beiden Metallgehäuse sind hohl; läßt man warmes Wasser hindurchfließen, so werden die Glasprismen erwärmt. An das Gehäuse A ist eine Metallhülse für Thermometer M eingesetzt, dessen Quecksilbergefäß bis in das Gehäuse A reicht. K ist ein Fernrohr, in dem eine von 0 bis 100 eingeteilte Skala angebracht ist; J ist ein Quecksilberspiegel, mit Hilfe dessen die Prismen und die Skala beleuchtet werden.

Zur Erzeugung des für die Butterprüfung erforderlichen warmen Wassers kann die in Abbildung 1 gezeichnete Heizvorrichtung dienen.

---

[1]) Chem.-Zeitg. 1896. 20. 132.
[2]) Andere Konstruktionen sind in der Praxis wenig in Gebrauch.
[3]) Das Refraktometer wird jetzt mit Mikrometerschraube versehen hergestellt, wodurch eine genauere Ablesung möglich ist.

Der einfache Heizkessel ist mit einem gewöhnlichen Thermometer T_1 und einem sogenannten Thermoregulator S_1 mit Gasbrenner B_1 versehen. Der Rohrstutzen A_1 steht durch einen Gummischlauch mit einem ½ bis 1 m höher stehenden Gefäße C_1 mit kaltem Wasser (z. B. eine Glasflasche)

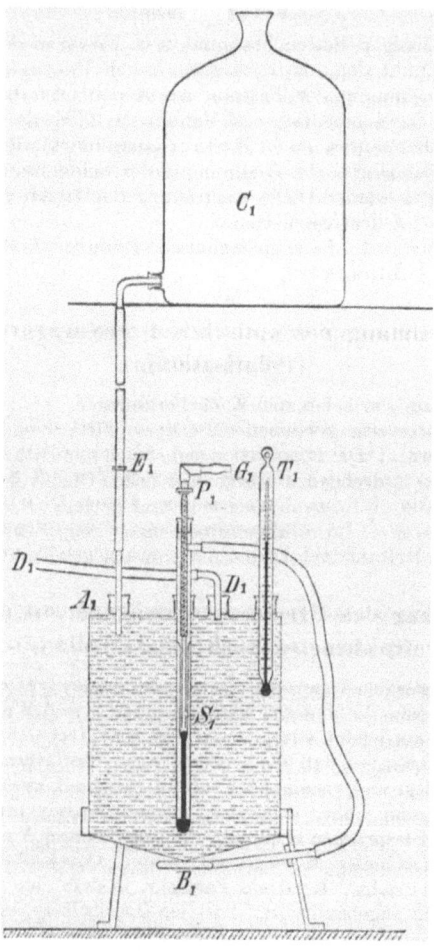

Fig. 1.

in Verbindung; der Gummischlauch trägt einen Schraubenquetschhahn E_1. Vor Anheizung des Kessels läßt man ihn durch Öffnen des Quetschhahns E_1 voll Wasser fließen, schließt dann den Quetschhahn, verbindet das Schlauchstück G_1 mit der Gasleitung und entzündet die Flamme bei B_1. Durch Drehen an der Schraube P_1 reguliert man den Gaszufluß zu dem Brenner B_1 in der Weise, daß die Temperatur des Wassers in dem Kessel 40—45° C beträgt[1]). An Stelle der hier beschriebenen Heizvorrichtung können auch andere Einrichtungen verwendet werden, welche eine möglichst gleichbleibende Temperatur des Heizwassers gewährleisten. Falls eine Gasleitung nicht zur Verfügung steht, behilft man sich in der Weise, daß man das hochstehende Gefäß C_1

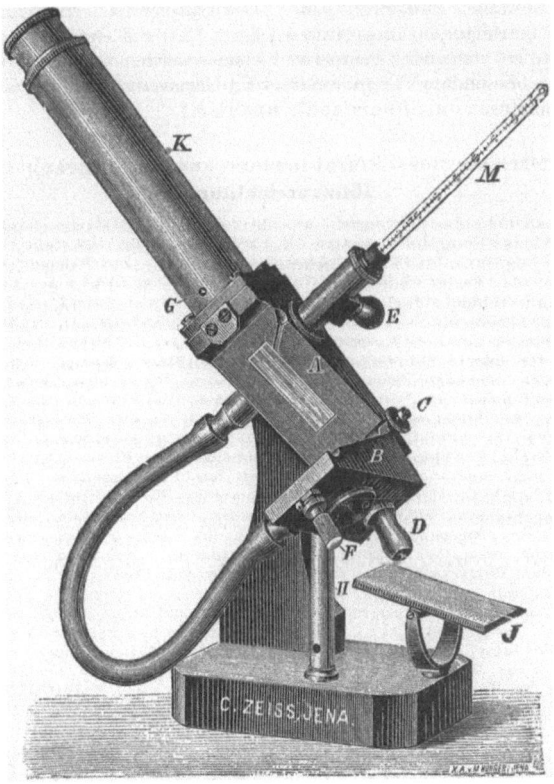

Fig. 2.

mit Wasser von etwa 45° füllt, dasselbe durch einen Schlauch unmittelbar mit dem Schlauchstücke D des Refraktometers verbindet und das warme

---

[1]) Bei der Untersuchung fester Fette 40—45°C, bei derjenigen von Ölen 25—30° C beträgt. Sollten jedoch Fette zur Untersuchung gelangen, die schon bei 42° erstarren, so ist die Bestimmung des Brechungsvermögens bei einer Temperatur vorzunehmen, welche ausreicht, um das Fett geschmolzen zu erhalten; hierzu wird es einer Erhöhung der Temperatur über 60° hinaus nicht bedürfen. (Zusatz bezw. Abänderung nach Anlage d der Ausführungsbestimmungen D zum Fleischbeschaugesetz s. diese S. 107.)

Wasser durch das Prismengehäuse fließen läßt. Wenn die Temperatur des Wassers in dem hochstehenden Gefäße C_l bis auf 40° gesunken ist, muß es wieder auf die Temperatur von 45° gebracht werden.

Dem Refraktometer werden zwei Thermometer beigegeben; das eine ist ein gewöhnliches, die Wärmegrade anzeigendes Thermometer, das andere hat eine besondere, eigens für die Prüfung von Butter bzw. Schweineschmalz eingerichtete Einteilung. An Stelle der Wärmegrade sind auf letzterem diejenigen höchsten Refraktometerzahlen aufgezeichnet, welche normales Butterfett bzw. Schweineschmalz erfahrungsgemäß bei den betreffenden Temperaturen zeigt. Da die Refraktometerzahlen der Fette bei steigender Temperatur kleiner werden, so nehmen die Gradzahlen des besonderen Thermometers, im Gegensatze zu den gewöhnlichen Thermometern, von oben nach unten zu."

a) Aufstellung des Refraktometers und Verbindung mit der Heizvorrichtung.

Man hebt das Instrument aus dem zugehörigen Kasten heraus, wobei man nicht das Fernrohr K, sondern die Fußplatte anfaßt, und stellt es so auf, daß man bequem in das Fernrohr hineinschauen kann. Zur Beleuchtung dient das durch das Fenster einfallende Tageslicht oder das Licht einer Lampe.

Man verbindet das an dem Prismengehäuse B des Refraktometers (Abbildung 2) angebrachte Schlauchstück D mit dem Rohrstutzen D_l (Abbildung 1) des Heizkessels; gleichzeitig schiebt man über das an der Metallhülse des Refraktometers angebrachte Schlauchstück E einen Gummischlauch, den man zu einem tiefer stehenden leeren Gefäß oder einem Wasserablaufbecken leitet. Man öffnet hierauf den Schraubenquetschhahn E_l und läßt aus dem Gefäße C_l Wasser in den Heizkessel fließen. Dadurch wird warmes Wasser durch den Rohrstutzen D_l (Abbildung 1) und mittels des Schlauchstück D (Abbildung 2) in das Primengehäuse B, von hier durch den in Abbildung 2 gezeichneten Schlauch nach dem Prismengehäuse A gedrängt und fließt durch die Metallhülse des Thermometers M, den Stutzen E und den daran angebrachten Schlauch ab. Die beiden Glasprismen und das Quecksilbergefäß des Thermometers werden durch das warme Wasser erwärmt.

Durch geeignete Stellung des Quetschhahns regelt man den Wasserzufluß zu dem Heizkessel so, daß das aus E austretende Wasser nur in schwachem Strahle ausfließt und daß das Thermometer bei festen Fetten eine Temperatur von nicht unter 38° und nicht über 42°, bei Ölen nicht unter 23° und nicht über 27° anzeigt. Liegen Fette zur Untersuchung vor, welche schon bei 42° erstarren, so darf die Temperatur des Heizwassers nur allmählich gesteigert und nach Beendigung der Messungen nur allmählich wieder vermindert werden. Einer Erhöhung der Temperatur über 60° hinaus wird es nicht bedürfen. (Zusatz der Ausführungsbestimmungen zum Fleischbeschaugesetz.)

b) Aufbringen des geschmolzenen Butterfetts auf die Prismenfläche und Ablesung der Refraktometerzahl.

„Man öffnet das Prismengehäuse des Refraktometers, indem man den Stift F (Abbildung 2) etwa eine halbe Umdrehung nach rechts dreht, bis Anschlag erfolgt; dann läßt sich die eine Hälfte des Gehäuses (B) zur Seite legen. Die Stütze H hält B in der in Abbildung 2 dargestellten Lage fest. Man richtet das Instrument mit der linken Hand so weit auf, daß die freiliegende Fläche des Glasprismas B annähernd horizontal liegt, bringt mit Hilfe eines kleinen Glasstabs drei Tropfen des filtrierten Butterfetts auf die Prismenfläche, verteilt das geschmolzene Fett mit dem Glasstäbchen so, daß die ganze Glasfläche davon benetzt ist, und schließt dann das Prismengehäuse wieder. Man drückt zu dem Zwecke den Teil B an A an und führt den Stift F durch Drehung nach links wieder in seine anfängliche Lage zurück; dadurch wird der Teil B am Zurückfallen verhindert und zugleich ein dichtes Aufeinanderliegen der beiden Prismenflächen bewirkt. Das Instrument stellt man dann wieder auf seine Bodenplatte und gibt dem Spiegel eine solche Stellung, daß die Grenzlinie zwischen dem hellen und dunklen Teile des Gesichtsfeldes deutlich zu sehne ist, wobei nötigenfalls der ganze Apparat etwas verschoben oder gedreht werden muß. Ferner stellt man den oberen ausziehbaren Teil des Fernrohrs so ein, daß man die Skala scharf sieht.

Nach dem Aufbringen des geschmolzenen Butterfetts auf die Prismenfläche wartet man etwa 3 Minuten und liest dann in dem Fernrohr ab, an welchem Teilstriche der Skala die Grenzlinie zwischen dem hellen und dunklen Teile des Gesichtsfeldes liegt; liegt sie zwischen zwei Teilstrichen, so werden die Bruchteile durch Abschätzen [1]) ermittelt. Sofort hinterher liest man das Thermometer ab.

a)[2]) Bei Verwendung des **gewöhnlichen** Thermometers sind die abgelesenen Refraktometerzahlen[3]) in der Weise auf die Normaltemperatur von 40° umzurechnen, daß für jeden Temperaturgrad, den das Thermometer **über** 40° zeigt, 0,55 Teilstriche zu der abgelesenen Refraktometerzahl zuzuzählen sind, während für jeden Temperaturgrad, den das Thermometer **unter** 40° zeigt, 0,55 Teilstriche von der abgelesenen Refraktometerzahl abzuziehen sind.

b)[4]) Bei Verwendung des Thermometers **mit besonderer Einteilung** zieht man die an dem Thermometer abgelesenen Grade von der in dem Fernrohr abgelesenen Refraktometerzahl ab und gibt den Unterschied mit dem zugehörigen Vorzeichen an. Wurde z. B. im Fernrohre die Refraktometerzahl 44,5, am Thermometer aber 46,7° abgelesen, so ist die Refraktometerdifferenz des Fettes 44,5—46,7 = —2,2[5]).

Die Refraktometerprobe kann nur als Vorprüfung herangezogen werden; sie hat für sich allein keinen ausschlaggebenden Wert."

c) Reinigung des Refraktometers.

„Nach jedem Versuche müssen die Oberflächen der Prismen und deren Metallfassungen sorgfältig von dem Fette gereinigt werden. Dies geschieht durch Abreiben mit weicher Leinwand oder weichem Filtrierpapier, wenn nötig unter Benutzung von etwas Äther."

d) Prüfung der Refraktometerskala auf richtige Einstellung.

„Vor dem erstmaligen Gebrauch und späterhin von Zeit zu Zeit ist das Refraktometer daraufhin zu prüfen, ob nicht eine Verschiebung der Skala stattgefunden hat. Hierzu bedient man sich der dem Apparate beigegebenen Normalflüssigkeit[6]). Man schraubt das zu dem Refraktometer gehörige gewöhnliche Thermometer auf, läßt Wasser von Zimmertemperatur durch das Prismengehäuse fließen (man heizt also in diesem Falle die Heizvorrichtung nicht an), bestimmt in der vorher beschriebenen Weise die Refraktometerzahl der Normalflüssigkeit und liest gleichzeitig den Stand des Thermometers ab. Wenn die Skala richtig eingestellt ist, muß die Normalflüssigkeit bei verschiedenen Temperaturen folgende Refraktometerzahlen zeigen:

---

[1]) Neuerdings wird mit Mikrometerschraube auf Zehntelgrade eingestellt.

[2]) Der Absatz beginnt in den Ausführungsbestimmungen zum Fleischbeschaugesetz „Die abgelesenen Refraktometerzahlen sind in der Weise . . ."

[3]) cf. Butter S. 81.

[4]) Absatz b fällt nach dem in den Ausführungsbestimmungen zum Fleischbeschaugesetz gegebenen Wortlaut weg.

[5]) Über den Gebrauch des von E. Baier angegebenen neuen Specialthermometers vgl. den Abschnitt Butter.

[6]) Sie ist von der Firma Carl Zeiß in Jena zu beziehen.

Bei einer Temperatur von	Skalenteile	Bei einer Temperatur von	Skalenteile	Bei einer Temperatur von	Skalenteile
25⁰ Celsius	71,2	19⁰ Celsius	74,9	13⁰ Celsius	78,6
24⁰ ,,	71,8	18⁰ ,,	75,5	12⁰ ,,	79,2
23⁰ ,,	72,4	17⁰ ,,	76,1	11⁰ ,,	79,8
22⁰ ,,	73,0	16⁰ ,,	76,7	10⁰ ,,	80,4
21⁰ ,,	73,6	15⁰ ,,	77,3	9⁰ ,,	81,0
20⁰ ,,	74,3	14⁰ ,,	77,9	8⁰ ,,	81,6

Weicht die Refraktometerzahl bei der Versuchstemperatur von der in der Tabelle angegebenen Zahl ab, so ist die Skala bei der seitlichen kleinen Öffnung G (Abbildung 2) mit Hilfe des dem Instrumente beigegebenen Uhrschlüssels wieder richtig einzustellen."

Bestimmung des Brechungsvermögens von Ölen.

„Bei der Bestimmung der Refraktometerzahl muß man sich des gewöhnlichen Thermometers bedienen. Die Ablesung ist hier häufig erschwert und ungenau, da infolge des verschiedenen Zerstreuungsvermögens der Öle und des dadurch hervorgerufenen Auftretens breiter farbiger Bänder der beleuchtete und der unbeleuchtete Teil des Gesichtsfeldes nicht durch eine scharfe Linie voneinander getrennt sind. In diesem Falle beleuchtet man die Prismen nicht mit dem gemischten Tages- oder Lampenlichte, sondern mit einheitlichem Lichte, z. B. dem einer Natriumflamme."

Als Normaltemperatur für die Bestimmung des Brechungsvermögens der Öle gilt die Temperatur von 25⁰. Man stellt bei der Untersuchung der Öle den Thermoregulator des Heizkessels so ein, daß das Thermometer des Refraktometers möglichst nahe eine Temperatur von 25⁰ anzeigt. Die Umrechnung der bei abweichenden Temperaturen abgelesenen Refraktometerzahlen auf die Normaltemperatur von 25⁰ erfolgt nach denselben Grundsätzen wie bei dem Butterfette."

4. Bestimmung des spezifischen Gewichtes.

Die Bestimmung des spezifischen Gewichtes eines Fettes ist nur äußerst selten erforderlich in der Nahrungsmittelanalyse, da sie im allgemeinen kaum einen brauchbaren Anhaltspunkt zur Beurteilung eines Fettes bildet.

a) Von flüssigen Fetten.

Dieselbe wird in bekannter Weise mit Pyknometer[1]) Westphalscher Wage, Aräometer u. s. w. bei 15⁰ C ausgeführt.

b) Von festen Fetten

(namentlich von Wachs, Paraffin u. s. w.) nach der sog. Alkoholschwimmmethode (nach Hager; Pharm. Centralbl. 20, 132).

Für diese Methode hält man sich in gut verschlossenen Flaschen etwa ¼ Liter Alkohol von verschiedenen Stufen des spezifischen Gewichts, 0,880—0,900—0,910—0,920 u. s. w. bis 0,980 vorrätig und

---

[1]) Besondere Ölpyknometer vgl. Benedikt-Ulzer, 5. Aufl. 1908; Verlag von J. Springer, Berlin.

probiert durch vorsichtiges Eintropfenlassen des Öles bzw. geschmolzenen Fettes in einige der Alkohole aus, zwischen welchen Zahlen das gesuchte spezifische Gewicht liegt. Man gießt hierauf von einem derjenigen beiden Alkohole, deren spezifische Gewichte demjenigen des zu prüfenden Fettes am nächsten liegen, soviel in ein Becherglas, als zur spezifischen Gewichtsbestimmung mittelst Pyknometer oder der Westphalschen Wage erforderlich ist und verändert unter Umrühren mit einem Thermometer durch Zusatz von sehr verdünntem Alkohol bzw. absoluten Alkohol das spezifische Gewicht des gewählten Alkohols solange, bis ein in den Alkohol hineingefallener Tropfen des Fettes in dem Alkohol schwebt. In diesem Moment ist das spezifische Gewicht des Fettes gleich dem des Alkohols, welcher nunmehr mittels des Pyknometers oder der Mohrschen bzw. Westphalschen Wage ermittelt werden kann. Die bei Vornahme von spezifischen Gewichtsbestimmungen gewählte Temperatur ist stets anzugeben.

Die Bestimmung des spezifischen Gewichtes fester Fette kann auch nach Königs[1], Wolkenhaar[2] u. a. mit besonderen Aräometern bei 100⁰ vorgenommen werden. Vgl. auch S. 103 die zolltechnische Prüfung von Fetten nach dem Verfahren von Finkener (Chem. Z. 1896, **20**, 132).

5. Bestimmung der freien Fettsäuren (des Säuregrads).

„5 bis 10 g Butterfett werden in 30 bis 40 ccm einer säurefreien Mischung gleicher Raumteile Alkohol und Äther gelöst und unter Verwendung von Phenolphtalein (in 1%-iger alkoholischer Lösung) als Indikator mit $^1/_{10}$-Normal-Alkalilauge titriert. Die freien Fettsäuren werden in Säuregraden ausgedrückt. Unter Säuregrad eines Fettes versteht man die Anzahl Kubikzentimeter Normal-Alkali, die zur Sättigung von 100 g Fett erforderlich sind."

Sollte während der Titration eine teilweise Ausscheidung des Fettes eintreten, so muß man vom Lösungsmittel von neuem zusetzen. 1 ccm $^1/_{10}$-Normalkali = 0,0282 Ölsäure.

6. Bestimmung der flüchtigen, in Wasser löslichen Fettsäuren (der Reichert-Meißl-Zahl).

„Genau 5 g Butterfett werden mit einer Pipette in einem Kölbchen von 300—350 ccm Inhalt abgewogen und das Kölbchen auf das kochende Wasserbad gestellt. Zu dem geschmolzenen Fette läßt man aus einer Pipette unter Vermeidung des Einblasens 10 ccm einer alkoholischen Kalilauge (20 g Kaliumhydroxyd in 100 ccm Alkohol von 70 Vol.-% gelöst) fließen. Während man nun den Kolbeninhalt durch Schütteln öfter zerteilt, läßt man den Alkohol zum größten Teile weggehen; es tritt bald Schaumbildung ein, die Verseifung geht zu Ende und die Seife wird zähflüssig; sodann bläst man solange in Zwischenräumen von etwa

---

[1] Chem.-Zentralbl. 1879. 127.
[2] Repert. f. anal. Chemie 1885. 11. 236.

je ½ Minute mit einem Handblasebalg[1]) unter gleichzeitiger schüttelnder Bewegung des Kolbens Luft ein, bis durch den Geruch kein Alkohol mehr wahrzunehmen ist. Der Kolben darf hierbei nur immer so lange und so weit vom Wasserbade entfernt werden, als es die Schüttelbewegung erfordert. Man verfährt am besten in der Weise, daß man mit der Rechten den Ballon des Blasebalges drückt, während die Linke den Kolben, in dessen Hals das mit einem gebogenen Glasrohre versehene Schlauchende des Ballens eingeführt ist, faßt und schüttelt. Auf diese Art ist in 15, längstens in 25 Minuten die Verseifung und die vollständige Entfernung des Alkohols bewerkstelligt. Man läßt nun sofort 100 ccm Wasser zufließen und erwärmt den Kolbeninhalt noch mäßig einige Zeit, während welcher der Kolben lose bedeckt auf dem Wasserbade stehen bleibt, bis die Seife vollkommen klar gelöst ist. Sollte hierbei ausnahmsweise keine völlig klare Lösung zu erreichen sein, so wäre der Versuch wegen ungenügender Verseifung zu verwerfen und ein neuer anzustellen.

Zu der etwa 50° warmen Lösung fügt man sofort 40 ccm verdünnte Schwefelsäure (1 Raumteil konzentrierte Schwefelsäure auf 10 Raumteile Wasser) und einige erbsengroße Bimssteinstückchen. Der auf ein doppeltes Drahtnetz gesetzte Kolben wird darauf sofort mittels eines schwanenhalsförmig gebogenen Glasrohrs (von 20 cm Höhe und 6 mm lichter Weite), welches an beiden Enden stark abgeschrägt ist, mit einem Kühler (Länge des vom Wasser umspülten Teiles nicht unter 50 cm) verbunden und sodann werden genau 110 ccm Flüssigkeit abdestilliert (Destillationsdauer nicht über ½ Stunde). Das Destillat mischt man durch Schütteln, filtriert durch ein trockenes Filter und mißt 100 ccm ab. Diese werden nach Zusatz von 3 bis 4 Tropfen Phenolphtaleinlösung mit $^1/_{10}$-Normal-Alkalilauge titriert. Der Verbrauch wird durch Hinzuzählen des zehnten Teiles auf die Gesamtmenge des Destillats berechnet. Bei jeder Versuchsreihe führt man einen blinden Versuch aus, indem man 10 ccm der alkoholischen Kalilauge mit so viel verdünnter Schwefelsäure versetzt, daß ungefähr eine gleiche Menge Kali wie bei der Verseifung von 5 g Fett ungebunden bleibt und sonst wie bei dem Hauptversuche verfährt. Die bei dem blinden Versuche verbrauchten Kubikzentimeter $^1/_{10}$-Normal-Alkalilauge werden von den bei dem Hauptversuche verbrauchten abgezogen. Die erhaltene Zahl ist die Reichert-Meißlsche Zahl. Die alkoholische Kalilauge genügt den Anforderungen, wenn bei dem blinden Versuche nicht mehr als 0,4 ccm $^1/_{10}$-Normal-Alkalilauge zur Sättigung von 110 ccm Destillat verbraucht werden.

Die Verseifung des Butterfetts kann statt mit alkoholischem Kali auch nach folgendem Verfahren[2]) ausgeführt werden. Zu genau 5 g Butterfett gibt man in einem Kölbchen von etwa 300 ccm Inhalt 20 g Glycerin und 2 ccm Natronlauge (erhalten durch Auflösen von 100 Gewichtsteilen Wasser, Absetzenlassen des Ungelösten und Abgießen der klaren Flüssigkeit). Die Mischung wird unter beständigem Um-

---

[1]) Nach Sendtner's Angaben Arch. f. Hyg. 8. 422.
[2]) Dieses Verfahren (von Leffmann u. Beam angegeben, Analyst 1891, 153 und 1896, 251) ist das einfachere und zugleich zuverlässigere, daher neuerdings fast allgemein im Gebrauch.

schwenken unter einer kleinen Flamme erhitzt; sie gerät alsbald ins Sieden, das mit starkem Schäumen verbunden ist. Wenn das Wasser verdampft ist (in der Regel nach 5 bis 8 Minuten), wird die Mischung vollkommen klar; dies ist das Zeichen, daß die Verseifung des Fettes vollendet ist. Man erhitzt noch kurze Zeit und spült die an den Wänden des Kolbens haftenden Teilchen durch Umschwenken des Kolbeninhalts herab. Dann läßt man die flüssige Seife auf etwa 80 bis 90⁰ abkühlen und wägt 90 g Wasser von etwa 80 bis 90⁰ hinzu. Meist entsteht sofort eine klare Seifenlösung; anderenfalls bringt man die abgeschiedenen Seifenteile durch Erwärmen auf dem Wasserbade in Lösung. Man versetzt die Seifenlösung mit 50 ccm verdünnter Schwefelsäure (25 ccm konzentrierte Schwefelsäure im Liter enthaltend) und verfährt weiter wie bei der Verseifung mit alkoholischem Kali."

Bestimmung der Reichert-Meißlschen Zahl (Modifikation nach Wollny)[1]).

Vollständige Trennung der flüchtigen von den nichtflüchtigen Fettsäuren nach Goldmann[2]).

7. Bestimmung der Verseifungszahl (der Köttstorferschen Zahl[3]).

"Man wägt 1—2 g Butterfett[4]) in einem Kölbchen aus Jenaer Glas von 150 ccm Inhalt ab, setzt 25 ccm einer annähernd $\frac{1}{2}$-normalen alkoholischen Kalilauge hinzu, verschließt das Kölbchen mit einem durchbohrten Korke, durch dessen Öffnung ein 75 cm langes Kühlrohr aus Kaliglas führt. Man erhitzt die Mischung auf dem kochenden Wasserbade 15 Minuten lang zum schwachen Sieden. Um die Verseifung zu vervollständigen, jedoch unter Vermeidung des Verspritzens an Kühlrohrverschluß. zu mischen.

Das Ende der Verseifung ist daran zu erkennen, daß der Kolbeninhalt eine gleichmäßige, vollkommen klare Flüssigkeit darstellt, in der keine Fetttröpfchen mehr sichtbar sind. Man versetzt die vom Wasserbade genommene Lösung mit einigen Tropfen alkoholischer Phenolphtaleinlösung und titriert die noch heiße Seifenlösung sofort mit $\frac{1}{2}$-Normalsalzsäure zurück. Die Grenze der Neutralisation ist sehr scharf; die Flüssigkeit wird beim Übergang in die saure Reaktion rein gelb gefärbt.

Bei jeder Versuchsreihe sind mehrere blinde Versuche in gleicher Weise, aber ohne Anwendung von Fett auszuführen, um den Wirkungswert der alkoholischen Kalilauge gegenüber der $\frac{1}{2}$-normalen Salzsäure festzustellen.

Aus den Versuchsergebnissen berechnet man, wieviel Milligramm Kaliumhydroxyd erforderlich sind, um genau 1 g des Butterfettes zu

---

[1]) Zeitschr. f. anal. Chemie 1889, 28. 721 ist neuerdings nicht mehr gebräuchlich.
[2]) Chem.-Zeitg. 1888. 12. 308.
[3]) Zeitschr. f. anal. Chem. 1882. 21. 394.
[4]) Bei sonstigen Fetten 2—2,5 g (Fleischbeschaugesetz).

verseifen. Dies ist die Verseifungszahl oder Köttstorfersche Zahl des Butterfetts.

(Nach Henriques werden zur Herstellung der alkoholischen Kalilauge 30 g gepulvertes reinstes Kaliumhydroxyd mit 1 Liter reinstem 95%-igen Alkohol am Rückflußkühler bis zur Lösung gekocht und die Lösung nach 24 stündigem Stehen filtriert)[1].

Berechnung des Resultats nach folgendem Beispiel: Angewandte Fettmenge — 1,7955 g. a) Blinder Versuch 25,0 ccm Kalilauge = 23,5 ccm Salzsäure = 28,1 mg KOH. b) Hauptversuch: Titration mit Salzsäure ergibt 8,9 ccm; demnach 23,5 HCl

$$\frac{-\ 8,9\ \ ,,}{= 14,6\ \text{ccm HCl.}}$$

$$VZ = \frac{14,6 \times 28,1}{1,7955} = 228,5.$$

8. Bestimmung der unlöslichen Fettsäuren (der Hehnerschen Zahl)[2].

„3 bis 4 g Fett werden in einer Porzellanschale von etwa 10 cm Durchmesser mit 1 bis 2 g Ätznatron und 50 ccm Alkohol versetzt und unter öfterem Umrühren auf dem Wasserbad erwärmt, bis das Fett vollständig verseift ist. Die Seifenlösung wird bis zur Sirupdicke verdampft, der Rückstand in 100 bis 150 ccm Wasser gelöst und mit Salzsäure oder Schwefelsäure angesäuert. Man erhitzt, bis sich die Fettsäuren als klares Öl an der Oberfläche gesammelt haben und filtriert durch ein vorher bei 100° getrocknetes und gewogenes Filter aus sehr dichtem Papiere. Um ein trübes Durchlaufen der Flüssigkeit zu vermeiden, füllt man das Filter zunächst zur Hälfte mit heißem Wasser an und gießt erst dann die Flüssigkeit mit den Fettsäuren darauf. Man wäscht mit siedendem Wasser bis zu 2 Liter Waschwasser aus, wobei man stets dafür sorgt, daß das Filter nicht vollständig abläuft.

Nachdem die Fettsäuren erstarrt sind, werden sie samt dem Filter in ein Wägegläschen gebracht und bei 100° C bis zum konstanten Gewichte getrocknet oder in Äther gelöst, in einem tarierten Kölbchen nach dem Abdestillieren des Äthers getrocknet und gewogen. Aus dem Ergebnisse berechnet man, wieviel Gewichtsteile unlösliche Fettsäuren in 100 g Gewichtsteilen Fett enthalten sind und erhält so die Hehnersche Zahl."

Die Hehnersche Zahl wird heute nicht mehr als zuverlässiges Erkennungsmittel für Verfälschungen (insbesondere des Butterfettes) angesehen, für die Gewinnung von Fettsäurenmaterial zur Ausführung anderer Bestimmungen (wie Schmelzpunkt, Molekulargewicht u. s. w.) ist die Ausführung der Methode aber sehr geeignet. Bestimmung des Molekulargewichts der unlöslichen Fettsäuren der Butter vgl. S. 84.

---

[1] M. Siegfeld, Chem.-Zeitg. 1908. 32. 63 u. Zeitschr. f. Unters. d. Nahr.- u. Genußm. 1909. 17. 134 gibt praktische Winke für eine ex tempore herzustellende alkoholische Kalilauge.

[2] Zeitschr. f. anal. Chem. 1877. 16. 145.

9. Bestimmung der Jodzahl nach von Hübl[1]).

Erforderliche Lösungen:

a) Es werden einerseits 25 g Jod, andererseits 30 g Quecksilberchlorid in je 500 ccm fuselfreiem Alkohol von 95 Volum-% gelöst, letztere Lösung, wenn nötig, filtriert und beide Lösungen getrennt aufbewahrt. Die Mischung beider Lösungen erfolgt zu gleichen Teilen und soll mindestens 48 Stunden vor dem Gebrauche stattfinden.

b) Natriumthiosulfatlösung. Sie enthält im Liter etwa 25 g des Salzes. Die bequemste Methode zur Titerstellung ist die Volhardsche: 3,8 g wiederholt umkrystallisiertes und nach Volhards Angaben geschmolzenes Kaliumbichromat löst man zum Liter auf. Man gibt 15 ccm einer 10%-igen Jodkaliumlösung in ein dünnwandiges Kölbchen mit eingeriebenem Glasstopfen von etwa 250 ccm Inhalt, säuert die Lösung mit 5 ccm konzentrierter Salzsäure an und verdünnt sie mit 100 ccm Wasser. Unter tüchtigem Umschütteln bringt man hierauf 20 ccm der Kaliumbichromatlösung zu. Jeder Kubikzentimeter derselben macht genau 0,01 g Jod frei. Man läßt nun unter Umschütteln von der Natriumthiosulfatlösung zufließen, wodurch die anfangs stark braune Lösung immer heller wird, setzt, wenn sie nur noch weingelb ist, etwas Stärkelösung hinzu und läßt unter jeweiligem kräftigem Schütteln noch so viel Natriumthiosulfatlösung vorsichtig zufließen, bis der letzte Tropfen die Blaufärbung der Jodstärke eben zum Verschwinden bringt. Die Kaliumbichromatlösung läßt sich lange unverändert aufbewahren und ist stets zur Kontrolle des Titers der Natriumthiosulfatlösung vorrätig, welcher besonders im Sommer öfters neu festzustellen ist.

Berechnung: Da 20 ccm der Kaliumbichromatlösung 0,2 g Jod freimachen, wird die gleiche Menge Jod von der verbrauchten Anzahl Kubikzentimeter Natriumthiosulfatlösung gebunden. Daraus berechnet man, wieviel Jod 1 ccm Natriumthiosulfatlösung entspricht. Die erhaltene Zahl, den Koeffizienten für Jod, bringt man bei allen folgenden Versuchen in Rechnung.

c) Chloroform, am besten eigens gereinigt.

d) 10%-ige Jodkaliumlösung.

e) Stärkelösung: Man erhitzt eine Messerspitze voll „löslicher Stärke"[2]) in etwas destilliertem Wasser; einige Tropfen der unfiltrierten Lösung genügen für jeden Versuch."

Ausführung der Bestimmung der Jodzahl.

„Man bringt 0,8—1 g geschmolzenes Butterfett[3]) (Fett) in ein dünnwandiges Kölbchen, das mit eingeriebenem Stöpsel verschließbar ist, löst das Fett in 15 ccm Chloroform und läßt 30 ccm

---
[1]) Die Jodzahl der Fettsäuren wird in gleicher Weise wie die der Fette ausgeführt.

[2]) Darstellung: Eine beliebige Menge Kartoffelstärke wird mit 7½%-iger Salzsäure gemischt, sodaß die Säure über der Stärke steht. Nach siebentägigem Stehen bei gewöhnlicher Temperatur oder dreitägigem Stehen bei 40° hat die Stärke die Fähigkeit, sich zu verkleistern, verloren. Durch Dekantieren wäscht man nun mit kaltem Wasser aus, bis das ablaufende Wasser nicht mehr sauer reagiert, saugt das Wasser dann ab und trocknet die Stärke an der Luft. Das so erhaltene Präparat ist in heißem Wasser klar und leicht löslich.

[3]) Bei Schmalz 0,6—0,7 (Fleischbeschaugesetz).

Jodlösung (No. a) zufließen, wobei man die Pipette bei jedem Versuch in genau gleicher Weise entleert. Sollte die Flüssigkeit nach dem Umschwenken nicht völlig klar sein, so wird noch etwas Chloroform hinzugefügt. Tritt binnen kurzer Zeit fast vollständige Entfärbung der Flüssigkeit ein, so muß man noch Jodlösung zugeben. Die Jodmenge muß so groß sein, daß noch nach 1½ — 2 Stunden die Flüssigkeit stark braun gefärbt erscheint. Nach dieser Zeit ist die Reaktion beendet. Die Versuche sind bei Temperaturen von 15—18° anzustellen, die Einwirkung direkten Sonnenlichts ist zu vermeiden.

Man versetzt dann die Mischung mit 15 ccm Jodkaliumlösung (No. d), schwenkt um und fügt 100 ccm Wasser hinzu. Scheidet sich hierbei ein roter Niederschlag aus, so war die zugesetzte Menge Jodkalium ungenügend, doch kann man diesen Fehler durch nachträglichen Zusatz von Jodkalium verbessern. Man läßt nun unter oftmaligem Schütteln so lange Natriumthiosulfatlösung zufließen, bis die wässerige Flüssigkeit und die Chloroformschicht nur mehr schwach gefärbt sind. Jetzt wird etwas Stärkelösung zugegeben und zu Ende titriert. Mit jeder Versuchsreihe ist ein sogenannter blinder Versuch, d. h. ein solcher ohne Anwendung eines Fettes zur Prüfung der Reinheit der Reagentien (namentlich auch des Chloroforms) und zur Feststellung des Titers der Jodlösung zu verbinden.

Bei der Berechnung der Jodzahl ist der für den blinden Versuch nötige Verbrauch in Abzug zu bringen. Man berechnet aus den Versuchsergebnissen, wieviel Gramm Jod von 100 g Butterfett aufgenommen worden sind, und erhält so die Hüblsche Jodzahl des Butterfetts (Fettes).

Da sich bei der Bestimmung der Jodzahl die geringsten Versuchsfehler in besonders hohem Maße multiplizieren, so ist peinlich genaues Arbeiten erforderlich. Zum Abmessen der Lösungen sind genau eingeteilte Pipetten und Büretten, und zwar für jede Lösung stets das gleiche Meßinstrument zu verwenden."

„Von nichttrocknenden Ölen verwendet man 0,3—0,4 g und bemißt die Zeitdauer der Einwirkung auf zwei Stunden. Von trocknenden Ölen verwendet man 0,15—0,18 g und läßt die Jodlösung 18 Stunden darauf einwirken. In letzterem Falle ist sowohl zu Beginn als auch am Ende der Versuchsreihe ein blinder Versuch auszuführen" und für die Berechnung des Wirkungswertes der Jodlösung das Mittel dieser beiden Versuche zu Grunde zu legen.

Das Verfahren von J. A. Wiß [1]) beruht auf der Anwendung einer Lösung von Jodmonochlorid in Eisessig, wobei als Fettlösungsmittel Tetrachlorkohlenstoff benutzt wird. Das Verfahren soll vor dem von Hüblschen den Vorzug haben, daß die Lösung in ihrer Wirksamkeit viel beständiger und die Reaktion schneller beendigt ist. Die Jodzahlen sollen dieselben sein wie die Hüblschen. Lewkowitsch empfiehlt das Verfahren sehr [2]). Bezüglich der sonstigen zahlreich vorgeschlagenen Modifikationen und Ersatzmethoden für das von Hüblsche Verfahren muß auf die Spezialliteratur verwiesen werden.

---

[1]) Berichte d. deutsch. chem. Gesellsch. 1898. 31. 750 u. Zeitschr. f. Unters. d. Nahr.- u. Genußm. 1902. 5. 497 u. s. w.

[2]) Vgl. J. König, Die Untersuchung landwirtschaftlich und gewerblich wichtiger Stoffe. 1906. Berlin.

10. Bestimmung der unverseifbaren Bestandteile.

„10 g Butterfett werden in einer Schale mit 5 g Kaliumhydroxyd und 50 ccm Alkohol verseift; die Seifenlösung wird mit einem gleichen Raumteile Wasser verdünnt und mit Petroleumäther ausgeschüttelt. Der mit Wasser gewaschene Petroleumäther wird verdunstet, der Rückstand nochmals mit alkoholischem Kali verdünnt und die mit dem gleichen Raumteile Wasser verdünnte Seifenlösung mit Petroleumäther ausgeschüttelt. Der mit Wasser gewaschene Petroleumäther wird verdunstet, der Rückstand getrocknet und gewogen."

11. Phytosterin- und Phytosterinacetatprobe nach A. Börner[1])[2]).

a) **Phytosterinprobe** (Gewinnung von Roh-Phytosterin beziehungsweise -Cholesterin).

100 g Fett werden in einem Erlenmeyer-Kolben von etwa 1—1½ Liter Inhalt auf dem Wasserbade geschmolzen und mit 200 ccm alkoholischer Kalilauge (200 g KOH in 1 Liter 70%-igen Alkohols) auf dem kochenden Wasserbade am Rückflußkühler verseift, wobei man anfangs häufig und kräftig umschüttelt, bis der Kolbeninhalt klar geworden ist, und dann ½—1 Stunde die Seife unter zeitweiligem Umschütteln auf dem Wasserbade erwärmt. Darauf gibt man die noch warme Seifenlösung in einen Schütteltrichter von etwa 2 Liter Inhalt, in den man vorher 300 ccm Wasser gegeben hat, und spült die im Kolben verbliebenen Seifenreste mit weiteren 300 ccm Wasser in den Schütteltrichter.

Nach dem Abkühlen setzt man 800 ccm Äther zu, schüttelt den Inhalt etwa ½—1 Minute kräftig durch und trennt ihn, nachdem sich die Schichten abgesetzt haben, in der üblichen Weise. Das Ausschütteln wird noch zwei- oder dreimal mit 300—400 ccm Äther wiederholt, die ätherischen Auszüge zur Entfernung mitgerissener Seifenlösung filtriert und der Äther unter Zusatz von 1—2 Bimssteinstückchen abdestilliert. In dem Destillationskolben bleiben in der Regel geringe Mengen Alkohol zurück, aus welchem sich bei langsamem Erkalten bereits Phytosterinbezw. Cholesterinkrystalle abscheiden. Diesen Alkoholrest verjagt man durch Eintauchen des Kolbens in das kochende Wasserbad und Einblasen von Luft. Man verseift den Rückstand zur Entfernung etwa noch vorhandenen unverseiften Fettes nochmals mit 10 ccm obiger Kalilauge etwa 5—10 Minuten im Wasserbade am Rückflußkühler, gibt den Inhalt des Kolbens in einen Scheidetrichter, spült mit 20—30 ccm Wasser nach und schüttelt mit 100 ccm Äther zweimal aus. Nach dem Abscheiden der

---

[1]) Zeitschr. f. Unters. d. Nahr.- u. Genußm. 1898. 1. 21, 81, 532; 1899. 2. 46; 1901. 4. 865, 1070; 1902. 5. 1018. Die Methode, ursprünglich v. E. Salkowski, Zeitschr. f. anal. Chem. 26, 557 empfohlen, dient auch zum Nachweis des Cholesterins, bezw. um damit den Nachweis einer Beimischung von Pflanzenfetten in tierischen Fetten herbeizuführen.

[2]) Vgl. auch die amtliche Anweisung, Anlage d der Ausführungsbestimmungen zum „Fleischbeschaugesetz" für die Untersuchung des Schweineschmalzes auf Pflanzenfette betr. Phytosterinnachweis S. 113; sowie S. 99 des Abschnitts Schweinefett.

Ätherlösung (ev. Zugabe von etwas Wasser dazu nötig), läßt man die unterstehende wässerig-alkoholische Schicht abfließen und wäscht die Ätherlösung dreimal mit etwa 10 ccm Wasser. Nach dem Ablaufen des letzten Waschwassers filtriert man den Äther zur Entfernung geringer Wassermengen in einem kleinen Erlenmeyer-Kölbchen und destilliert den Äther langsam ab. Beim Trocknen im Wasserdampftrockenschranke erhält man einen meist festen, bei tierischen Fetten schön strahlig krystallinen Rückstand, welcher das Cholesterin bzw. Phytosterin[1]) enthält.

A. Bömer gibt noch folgende sehr beachtenswerte Winke:

Die vorstehenden Mengeverhältnisse müssen genau innegehalten werden, weil anderenfalls die Ausschüttelungen unter Umständen Schwierigkeiten bieten.

Will man nur 50 g oder weniger Fett anwenden, so müssen die anzuwendenden Mengen Kalilauge, Wasser und Äther bei der ersten Verseifung entsprechend erniedrigt werden.

Da sich die alkoholische Kalilauge bei längerem Stehen meist etwas verändert (Braunfärbung), kann man auch eine wässerige Kalilauge (200 g Kalihydrat mit Wasser zu 300 ccm gelöst) vorrätig halten und statt der 200 ccm alkoholischen Kalilauge 60 ccm der wässerigen Lauge und 140 ccm 95%-igen Alkohol zur Verseifung verwenden.

Um den Äther wieder zu weiteren Ausschüttelungen verwenden zu können, muß man ihn durch mehrmaliges Ausschütteln mit Wasser von seinem Alkoholgehalt möglichst befreien.

Das in oben erwähnter Weise gewonnene Roh-Phytosterin bzw. -Cholesterin löst man je nach seiner Menge in 5—20 ccm absolutem Alkohol, gibt die Lösung in ein entsprechend großes Krystallisationsschälchen, und läßt unter anfänglichem Bedecken mit einem Uhrglase die Lösung erkalten und verdunsten. Nach einiger Zeit — je nach der Menge des verwendeten Alkohols nach mehreren Stunden — beginnt die Krystallisation.

Zur mikroskopischen Untersuchung entnimmt man am besten mittels eines kleinen Platinspatels einige Krystalle aus der Lösung und bringt sie gleichzeitig mit etwas Mutterlauge auf ein Objektglas, bedeckt mit einem Deckglas und betrachtet die Krystalle im gewöhnlichen, stark kondensierten Tageslicht, womöglich auch im polarisierten Licht. Unter Umständen empfiehlt es sich, die ersten Krystallisationen wieder in Alkohol zu lösen und sie nochmals umzukrystallisieren.

Die Unterschiede in den Krystallformen werden am besten durch den praktischen Versuch kennen gelernt; bezüglich der Abbildungen muß auf die Bömersche Originalarbeit[2]) bzw. auf das Werk von J. König, Die Untersuchung landwirtschaftl. und gewerblich wichtiger Stoffe (J. Springer, Berlin 1906, 537) verwiesen werden.

A. Bömer beschreibt die Krystallform folgendermaßen:

α) Cholesterinkrystalle sind dünne Tafeln mit rhombischem Umriß, die wahrscheinlich dem triklinen System angehören und bei denen die sog. Auslöschungsrichtungen — wobei also die Krystalle unter dem Polarisationsmikroskope bei gekreuzten Nikols dunkel erscheinen — fast diagonal verlaufen.

β) Phytosterinkrystalle bestehen meist aus dünnen, verhältnismäßig breiten Nadeln mit zweiseitiger Zuspitzung; manchmal fehlt aber auch die Zuspitzung und vereinzelt sind die Krystalle an den Enden auch abgeschrägt, indem

---

[1]) Korrigierter Schmelzpunkt des Phytosterins und des Cholesterins der verschiedenen Fettarten siehe Tabelle S. 117.
[2]) l. c.

die eine der beiden zuspitzenden Flächen fehlt. Je öfter die Phytosterinkrystalle umkrystallisiert werden, desto größer werden sie meist und desto mannigfaltiger wird ihre Form. Die Auslöschungsrichtungen liegen parallel der Längsrichtung der Krystalle und senkrecht dazu.

γ) Mischungen von Phytosterin und Cholesterin. Diese krystallisieren nicht in nebeneinander auftretenden Formen von Cholesterin und Phytosterin, sondern, wenn beide Körper in ungefähr gleichen Mengen vorhanden sind oder wenn das Phytosterin vorherrscht, in den gleichen oder doch so gut wie gleichen Formen wie die reinen Phytosterine. Wenn dagegen Cholesterin in der Mischung bedeutend vorherrschend ist, so ist die Krystallform des Gemisches weder die des Phytosterins noch Cholesterins, sondern es entstehen große Mengen äußerst feiner, kurzer Krystallnädelchen, die sich bei genauerer Untersuchung als dreiseitige Säulchen erkennen lassen und die für derartige Gemische kennzeichnend sind. Bei sehr langsamem Krystallisieren aus verdünnter Lösung erhält man zuweilen aus dieser Mischung auch große dünne Tafeln, die am Rande fast ausschließlich aus den obengenannten feinen Nädelchen bestehen oder auf denen zahlreiche Nädelchen in paralleler Stellung angeordnet sind. Diese Mischkrystalle beobachtet man selbst noch in Gemischen, in denen auf 1 Teil Phytosterin 10—20 Teile Cholesterin kommen. Ist dagegen der Phytosteringehalt der Mischung noch geringer, z. B. 1 Teil Phytosterin auf 50 Teile Cholesterin, so lassen sich die Krystalle von denen des reinen Cholesterins makro- und mikroskopisch nicht unterscheiden.

b) **Phytosterinacetatprobe** (Bestimmung der Schmelzpunkte der Acetylester der Phytosterine und des Cholesterins).

Man verbindet am besten die Phytosterinacetatprobe mit der Phytosterinprobe. Das aus 50 oder besser aus 100 g Fett in der unter a) beschriebenen Weise gewonnenem Roh-Cholesterin bzw. -Phytosterin löst man in möglichst wenig absolutem Alkohol, führt es unter Nachspülen mit geringen Mengen Alkohol in ein kleines Krystallationsschälchen über und läßt krystallisieren. Nachdem man die sich zuerst ausscheidenden Krystalle nach a) α, β, γ mikroskopisch geprüft hat, verdunstet man den Alkohol wieder vollständig auf dem Wasserbade, setzt darauf 2—3 ccm Essigsäureanhydrid (am besten von E. Merck, Darmstadt) hinzu, erhitzt, unter Bedeckung des Schälchens mit einem Uhrglase, auf dem Drahtnetze etwa ¼ Minute zum Sieden und verdunstet nach Entfernung des Uhrglases den Überschuß des Essigsäureanhydrids auf dem Wasserbade. Darauf erhitzt man den Inhalt des Schälchens unter Bedeckung mit einem Uhrglase mit soviel absolutem Alkohol, wie zur Lösung des Esters erforderlich ist (etwa 10—25 ccm absolutem Alkohol) und überläßt die klare Lösung anfangs — bis zum Erkalten auf Zimmertemperatur — unter Bedeckung mit einem Uhrglase der Krystallisation.

Nachdem die Hälfte bis zwei Drittel der Flüssigkeit verdunstet und der größte Teil des Esters auskrystallisiert ist, filtriert man die Krystalle durch ein kleines Filter ab und bringt den in der Schale noch befindlichen Rest mit Hilfe eines kleinen Spatels und durch zweimaliges Aufgießen von 2—3 ccm 95 %-igem Alkohol gleichfalls auf das Filter. Den Inhalt des Filters bringt man wieder in das Krystallisationsschälchen zurück, löst denselben je nach seiner Menge in 2—10 ccm absolutem Alkohol und läßt wiederum krystallisieren. Nachdem der größte Teil des Esters umkrystallisiert ist, filtriert man abermals ab und krystallisiert weiter in derselben Weise solange um, wie die Menge des Esters ausreicht.

Von der dritten Krystallisation an bestimmt man den Schmelzpunkt des Esters und wiederholt diese Bestimmung bei jeder folgenden Krystallisation.

Ist bei den in dieser Weise ausgeführten Schmelzpunktsbestimmungen bei der letzten Krystallisation der Ester bei 116° (korrigierter Schmelzpunkt) noch nicht vollständig geschmolzen, so ist ein Zusatz von Pflanzenfett anzunehmen, schmilzt der Ester aber erst bei 117° (korrigierter Schmelzpunkt) oder noch höher, so kann ein Gehalt an Pflanzenfett mit Bestimmtheit als erwiesen angesehen werden [1]).

Von den 14 zu dieser Methode von Bömer angegebenen praktischen Winken seien folgende als besonders wichtig hervorgehoben:

Man muß beim Abfiltrieren der weiteren Krystallisationen immer möglichst kleine Filterchen nehmen oder aber man kann, — was meist noch zweckmäßiger erscheint — etwa von der dritten Krystallisation an den feuchten Krystallbrei mit der Mutterlauge, anstatt ihn durch ein in einem Trichter befindlichem zu filtrieren, mittels eines kleinen Spatels auf die Mitte eines Stückchens möglichst glatten Filtrierpapieres auf einen Tonteller bringen, und die Mutterlauge von diesem einsaugen lassen. Nachdem dies geschehen ist, deckt man die Krystalle behufs vollständiger Befreiung von der noch anhaftenden Mutterlauge mit einigen Tropfen 95%-igen Alkohols.

Es empfiehlt sich die Schmelzpunktbestimmungen mit einem verkürzten Normalthermometer 100—150° nach Gräbe-Anschütz auszuführen und dasselbe bis mindestens zu dem Teilstrich 116° bezw. dem zu erwartenden Schmelzpunkte in die Heizflüssigkeit eintauchen zu lassen. In diesem Falle ist eine Korrektur des Schmelzpunktes nicht erforderlich. Benützt man dagegen ein längeres Thermometer, so muß man den Schmelzpunkt für den aus der Heizflüssigkeit hervorragenden Quecksilberfaden korrigieren nach der Gleichung:

$$S = T + n(T - t) \cdot 0{,}000154$$

S = korrigierter Schmelzpunkt.
T = Beobachteter Schmelzpunkt.
n = Länge des aus der Heizflüssigkeit hervorragenden Quecksilberfadens in Temperaturgraden.
t = die mittlere Temperatur der die hervorragende Quecksilbersäule umgebenden Luft, gemessen mittels eines zweiten Thermometers, welches man an der Mitte des hervorragenden Quecksilberfadens anbringt.

12. Trennung der flüssigen Fettsäuren von den festen
nach Tortelli und Ruggeri.

J. Lewkowitsch, Chemische Technologie und Analyse der Fette, Öle, Wachse. Braunschweig. 1905.

13. Farbenreaktionen zur Unterscheidung pflanzlicher Fette von tierischen

bezw. zur Charakterisierung der einzelnen pflanzlichen Fettarten finden sich im nächstfolgenden Abschnitt „Die Untersuchung und Beurteilung der Speisefette" und in dessen Unterabschnitten.

Weitere Fettuntersuchungsmethoden finden sich in den nachfolgenden Spezialabschnitten.

---

[1]) Phytosterinnachweis neben Paraffin (in Butter) vgl. S. 88.

Untersuchung und Beurteilung der Speisefette.

A. Flüssige Fette (Öle).

1. Probeentnahme.

„Aus dem gut durchmischten Ölvorrate sind mindestens 100 g Öl zu entnehmen; die Ölproben sind in reinen, trockenen Glasflaschen, die mit Kork oder eingeriebenen Glasstöpseln verschließbar sind, aufzubewahren und zu versenden.

2. Untersuchung.

Falls die Öle ungelöste Bestandteile enthalten, sind sie zu erwärmen und, wenn sie dann nicht vollkommen klar sind, durch ein trockenes Filter zu filtrieren."

In der Regel genügt es zur Identifizierung eines Öles oder zum Nachweis einer Verfälschung desselben von obigen Bestimmungen diejenige der Refraktometerzahl, der Jod- und Verseifungszahl, des Schmelz- oder Erstarrungspunktes der Fettsäuren auszuführen (Konstanten S. 116); in besonderen Fällen sind noch folgende Bestimmungen vorzunehmen.

a) zur Unterscheidung von Tier- und Pflanzenfetten die Phytosterinprobe (s. S. 69),

b) zur Unterscheidung von trocknenden und nichttrocknenden Ölen (Fetten) die Elaidinprobe: 10 g Öl, 5 g Salpetersäure vom spezif. Gewicht 1,410 werden in einem Reagensglase längere Zeit (2 Minuten) stark geschüttelt, dem Gemisch dann 1 g Quecksilber zugesetzt und dieses durch starkes Schütteln gelöst. Sodann läßt man die Mischung etwa ½ Stunde stehen; Olein geht dabei in festes Elaidin (gelbgefärbte Masse) über, während die Glyceride der Leinölsäure etc. flüssig bleiben. — Statt Quecksilber kann auch Kupfer (1,0 : 10 ccm 25%-iger Salpetersäure) verwendet werden. Die Vereinbarungen empfehlen etwa 2 g Öl und an Stelle von Kupfer und Salpetersäure eine konzentrierte Auflösung von Kaliumnitrat und verdünnter Schwefelsäure.

Nichttrocknende Öle geben Elaidin. Trocknende Öle geben kein Elaidin.

Zu den nichttrocknenden Ölen gehören:
Olivenkernöl, Olivenöl, Mandelöl, Erdnußöl, Palmöl, Ricinusöl, Cocosnußöl.

Zu den trocknenden Ölen gehören:
Mohnöl, Hanföl, Walnußöl, Leinöl, Dorschlebertran.

Außerdem gibt es halbtrocknende Öle:
Sesamöl, Baumwollsaatöl, (Cottonöl), Rüböl.

Ferner sind:

c) zur Identifizierung eines Pflanzenöles bezw. zum Nachweise der Art einer Verfälschung folgende Reaktionen:

1. Reaktionen allgemeiner Art:
α) die Belliersche Reaktion siehe Schmalz S. 98 u. S. 112.
β) die Welmansche Reaktion siehe Schmalz S. 98.

2. Spezialreaktionen:
α) Nachweis von Sesamöl durch die Baudouinsche Furfurol-Probe und die Soltsiensche Zinnchlorürprobe siehe Abschnitt Butter S. 87.
β) Nachweis von Baumwollsamenöl (Kottonöl) durch die Becchi-Probe (siehe S. 97), durch die Halphensche Reaktion (siehe S. 98 u. 113) oder, falls das Öl erhitzt und damit der die Reaktion bedingende Körper in Öl zerstört war, mit der Hauchecorneschen Salpetersäurereaktion, welche folgendermaßen auszuführen ist: Gleiche Volumina Öl und Salpetersäure vom spez. Gewicht 1,375 werden geschüttelt; nach längerer Zeit — bis 24 Stunden — tritt dann kaffebraune Färbung ein.
γ) Nachweis von Erdnußöl (Arachis-) durch den Nachweis größerer Mengen von Arachinsäure und Lignocerinsäure (geringe Mengen von ersterer kommen auch im Olivenöle vor, im Erdnußöl etwa 5%, nach Renard[1]), bezw. mit Verbesserungen von de Negri und G. Fabris[2]). Vorschrift lautet nach der zollamtlichen Anweisung für Baumöl:

Zur Prüfung auf Erdnußöl wird das Baumöl (10 g) verseift; aus der erhaltenen Seife werden die Fettsäuren durch Salzsäure abgeschieden. Die ausgeschiedenen Fettsäuren werden darauf in 90%-igem Weingeist wieder gelöst und mit Bleizucker gefällt. Der erhaltene Niederschlag wird mit Äther behandelt und das zurückbleibende, in Äther nicht lösliche Gemisch der Bleisalze durch Salzsäure zerlegt. Durch wiederholtes Umkrystallisieren der so erhaltenen Säuren aus heißem Alkohol wird die zunächst sich abscheidende Arachinsäure gewonnen. Reine Arachinsäure schmilzt bei 75° C. — Auf die Abänderungen von Tortelli und Ruggeri[3]) sei verwiesen.

Beurteilung.

Von den Speiseölen unterliegt fast nur das Olivenöl, auch Baum-[4]) und namentlich sehr häufig Provenceröl genannt, der Verfälschung. Diese besteht im Zusatz minderwertiger und billigerer Öle, wie Baumwollsamen-, Sesam-, Erdnußöl. Die beste Sorte von Olivenöl wird als Nizzaöl, Jungfernöl u. s. w. verkauft. Der Nachweis der Verfälschung mit fremden Ölen geschieht mit Hilfe der Jodzahl und der Spezialreaktionen, bisweilen bietet auch die Refraktometerzahl und die Ermittelung anderer Konstanten brauchbare Anhaltspunkte (Tabelle der Konstanten S. 116).

---

[1]) Zeitschr. f. anal. Chem. 1873. 12. 231.
[2]) Ebenda 1894. 33. 553.
[3]) Chem.-Zeitg. 1898. 22. 600.
[4]) Die Untersuchung des Baumöls gemäß zollamtlicher Vorschrift umfaßt die Bestimmung des spezifischen Gewichts, des Brechungsvermögens, der Jodzahl nach von Hübl, der Elaidinprobe, Prüfungen auf Baumwollsamen-, Sesam- und Erdnußöl. Die Methoden weichen von den vorstehend angegebenen nicht ab.

Mischungen verschiedener Öle werden häufig als Tafelöl, Speiseöl, ff. Speiseöl, Salatöl und unter ähnlichen Bezeichnungen in Verkehr gebracht. Da diese Bezeichnungen nur den Verwendungszweck in sich schließen, können sie nicht beanstandet werden, dagegen ist es nicht zu billigen, daß solche Mischungen auch als Provenceröl gehandelt werden. Diese Bezeichnung ist nur dem Olivenöl eigen. Das Feilhalten und Verkaufen eines anderen Öls oder einer Mischung verschiedener Öle statt Olivenöl kann als Verstoß gegen das Nahrungsmittelgesetz aufgefaßt werden. Eine geringe Menge fremden Öls kann als Verunreinigung vorkommen und ist nicht zu beanstanden.

Kupfergrünspanhaltige Olivenöle (Malagaöl) sollen schon vorgekommen sein. Mohnöl, Raps-, Leinöl etc. werden selten zum Verfälschen der Olivenöle benutzt. Leinöl wird in frisch abgepreßtem Zustande (häufig noch mit Samenresten behaftet), als Speisefett auf dem Land als Beigabe zu Kartoffeln benutzt.

Ranzige Öle sind als verdorben zu beanstanden (Säuregrad).

Mineralzusätze erkennt man an größeren Mengen an Unverseifbarem; wobei zu berücksichtigen ist, daß die Pflanzenfette selbst 1—2 g davon enthalten. Erdnußöl gibt sich durch Isolierung größerer Mengen Arachinsäure und Lignocerinsäure (Schmelzpunkt des Gemisches 74 bis 75,5⁰) zu erkennen, sein Gehalt beträgt etwa 4—5 %. Sesamöl enthält Sesamin und Sesamol [1]).

B. Feste Fette.

Butter [2]) (Butter-Rindsschmalz, Schmelzbutter).

Probenentnahme.

„1. Die Entnahme der Proben hat an verschiedenen Stellen des Buttervorrats zu erfolgen, und zwar von der Oberfläche, vom Boden und aus der Mitte. Zweckmäßig bedient man sich dabei eines Stechbohrers aus Stahl. Die entnommene Menge soll nicht unter 100 g (möglichst 250 g) betragen.

2. Die einzelnen entnommenen Proben sind mit den Handelsbezeichnungen (z. B. Dauerbutter, Tafelbutter u. s. w.) zu versehen.

3. Aufzubewahren und zu versenden ist die Probe in sorgfältig gereinigten Gefäßen von Porzellan, glasiertem Tone, Steingut (Salbentöpfe der Apotheker) oder von dunkel gefärbtem Glas, welche sofort möglichst luft- und lichtdicht zu verschließen sind. Papierumhüllungen sind zu vermeiden. Die Versendung geschehe ohne Verzug. Insbesondere für die Beurteilung eines Fettes auf Grund des Säuregrades ist jede Verzögerung, ungeeignete Aufbewahrung, sowie Unreinlichkeit von Belang."

---

[1]) Kreis, Chem.-Zeitg. 1903. 27. 1030.
[2]) Die zwischen Anführungszeichen stehenden Kapitel sind der Anweisung des Bundesrats vom 1. April 1898 entnommen.

Die genaue Ermittelung des Wassergehalts erfordert die Entnahme einer größeren Probe, mindestens eines ½ Pfunds; gute Durchmischung der Probe und rasche Untersuchung.

Untersuchung.

Die Untersuchung erstreckt sich in den meisten Fällen auf Wassergehalt, Fettgehalt und Ermittelung von fremden Fetten und Konservierungsmitteln, im Einzelfalle auch auf Casein, Kochsalz und Verdorbenheit.

Die erste Vorbereitung für die Untersuchung auf fremde Fette besteht in Beobachtung der beim langsamen Abschmelzen einer größeren Buttermenge eintretenden Erscheinungen (siehe unten) und im Filtrieren des abgeschmolzenen Fettes durch ein trockenes Papierfilter.

1. Bestimmung des Wassers[1]).

„5 g Butter, die von möglichst vielen Stellen des Stückes zu entnehmen sind, werden in einer mit gepulvertem, ausgeglühtem Bimsstein beschickten, tarierten flachen Nickelschale abgewogen, indem man mit einem blanken Messer dünne Scheiben der Butter über dem Schalenrand abstreift; hierbei ist für möglichst gleichförmige Verteilung Sorge zu tragen. Die Schale wird in einen Soxhletschen Trockenschrank mit Glycerinfüllung oder einem Vakuumtrockenapparat gestellt. Nach einer halben Stunde wird die im Trockenschrank erfolgte Gewichtsabnahme festgestellt; fernere Gewichtskontrollen erfolgen nach je weiteren 10 Minuten, bis keine Gewichtsabnahme mehr zu bemerken ist; zu langes Trocknen ist zu vermeiden, da alsdann durch Oxydation des Fettes wieder Gewichtszunahme eintritt."

2. Bestimmung von Kasein, Milchzucker und Mineralbestandteilen (Kochsalz).

„5 bis 10 g Butter werden in einer Schale unter häufigem Umrühren etwa 6 Stunden im Trockenschranke bei 100° C vom größten Teile des Wassers befreit; nach dem Erkalten wird das Fett mit etwas absolutem Alkohol und Äther gelöst, der Rückstand durch ein gewogenes Filter von bekanntem geringem Aschengehalte filtriert und mit Äther hinreichend nachgewaschen.

Der getrocknete und gewogene Filterinhalt ergibt die Menge des wasserfreien Nichtfetts (Kasein + Milchzucker + Mineralbestandteile).

Zur Bestimmung der Mineralbestandteile wird das Filter samt Inhalt in einer Platinschale mit kleiner Flamme verkohlt. Die Kohle wird mit Wasser angefeuchtet, zerrieben und mit heißem Wasser

---

[1]) Für rasche Orientierung über den Wassergehalt ist die F u n k e sche Wage „Perplex" (vgl. auch G. Fendler & W. Stüber, Zeitschr. f. Unters. d. Nahr.- u. Genußm. 1909. 17. 90) und die damit verbundene Methode geeignet; die hiermit ermittelten Werte weichen bei richtiger Handhabung von den gewichtsanalytisch ermittelten kaum oder nur wenig ab. Im übrigen genügt oft schon der Ausfall der Schmelzprobe (vgl. S. 79) zur Orientierung über den Wassergehalt der Butter.

Untersuchung und Beurteilung der Speisefette. 77

wiederholt ausgewaschen; den wässerigen Auszug filtriert man durch ein kleines Filter von bekanntem geringem Aschengehalte. Nachdem die Kohle ausgelaugt ist, gibt man das Filterchen in die Platinschale zur Kohle, trocknet beide und verascht sie. Alsdann gibt man die filtrierte Lösung in die Platinschale zurück, verdampft sie nach Zusatz von etwas Ammoniumcarbonat zur Trockne, glüht ganz schwach, läßt im Exsikkator erkalten und wägt.

Zieht man den auf diese Weise ermittelten Gehalt an Mineralbestandteilen von der Gesamtmenge von Kasein + Milchzucker + Mineralbestandteilen ab, so erhält man die Menge des im wesentlichen aus Kasein und Milchzucker bestehenden „organischen Nichtfetts".

Die Bestimmung des Chlors erfolgt entweder gewichtsanalytisch oder maßanalytisch in dem wässerigen Auszuge der Asche, bezw. bei hohem Kochsalzgehalte der Asche in einem abgemessenen Teile des auf ein bestimmtes Volumen gebrachten Aschenauszugs nach folgenden Verfahren:

a) Gewichtsanalytisch.

Der wässerige Auszug der Asche oder ein abgemessener Teil derselben wird mit Salpetersäure angesäuert und das Chlor mit Silbernitratlösung gefällt. Der Niederschlag von Chlorsilber wird auf einem Filter von bekanntem geringem Aschengehalte gesammelt und bei 100° C getrocknet. Dann wird das Filter in einem gewogenen Porzellantiegel verbrannt. Nach dem Erkalten befeuchtet man den Rückstand mit einigen Tropfen Salpetersäure und Salzsäure, verjagt die Säuren durch vorsichtiges Erhitzen, steigert dann die Hitze bis zum Schmelzen des Chlorsilbers und wägt nach dem Erkalten. Jedem Gramm Chlorsilber entsprechen 0,247 g Chlor oder 0,408 g Chlornatrium. (Internat. Atomgewichte $O = 16$.)

b) Maßanalytisch.

Man versetzt den wässerigen Aschenauszug bezw. einen abgemessenen Teil desselben mit 1 bis 2 Tropfen einer kalt gesättigten Lösung von neutralem, gelbem Kaliumchromat und titriert ihn unter fortwährendem sanftem Umschwenken oder Umrühren mit $^1/_{10}$-Normal-Silbernitratlösung; der Endpunkt der Titration ist erreicht, wenn eine nicht mehr verschwindende Rotfärbung auftritt. Jedem Kubikzentimeter $^1/_{10}$-Normal-Silbernitratlösung entsprechen 0,003545 g Chlor oder 0,00585 g Chlornatrium. (Internat. Atomgew. $O = 16$.) Für die Praxis ist jedoch heute noch der Faktor 0,00355 genügend genau, bei NaCl deckt sich zufällig der alte Wert mit dem auf $O = 16$ bezogenen.

Zur Bestimmung des Kaseins wird aus einer zweiten etwa gleichgroßen Menge Butter durch Behandlung mit Alkohol und Äther und daraufolgendes Filtrieren durch ein schwedisches Filter die Hauptmenge des Fettes entfernt. Filter nebst Inhalt gibt man in ein Rundkölbchen aus Kaliglas, fügt 25 ccm konzentrierte Schwefelsäure und 0,5 g Kupfersulfat hinzu und erhitzt zum Sieden, bis die Flüssigkeit farblos geworden ist. Alsdann übersättigt man die saure Flüssigkeit in einem geräumigen Destillierkolben mit ammoniakfreier Natronlauge, destilliert das dadurch freigemachte Ammoniak über, fängt es in einer abgemessenen überschüssigen Menge $^1/_{10}$-Normalschwefelsäure auf und titriert die Schwefelsäure zurück. Durch Multiplikation der gefundenen Menge des Stickstoffs mit 6,37 erhält man die Menge des vorhandenen **Kaseins**.

Der **Milchzucker** wird aus der Differenz von Kasein + Milchzucker + Mineralbestandteilen und den einzeln ermittelten Mengen von Kasein und Mineralbestandteilen berechnet."

3. Bestimmung des Fettes[1]).

a) **indirekt.** „Der Fettgehalt der Butter wird mittelbar bestimmt, indem man die für Wasser, Kasein, Milchzucker und Mineralbestandteile gefundenen Werte von 100 abzieht.

b) **direkt.** α) Man trocknet 5 g Butter auf 20 g Gipspulver 6 Stunden bei etwa 100° C und extrahiert nachher im Extraktionsapparat."

β) Methode Röse-Gottlieb-Hesse (übliche Methode): 1,5—2 g der gut durchgemischten Butter werden in einer ungefähr 3 cm langen halbcylindrischen, durch Aufspalten einer dünnwandigen Glasröhre erhaltenen Wägeform abgewogen und in den Gottliebschen Schüttelapparat (vgl. Milch[2])) gebracht. Durch Zufügen von 8 ccm heißem Wasser und eventuell noch durch Einstellen des Zylinders in warmes Wasser bringt man die Butter zum Schmelzen, gibt 1 ccm Ammoniak zu und mischt darauf mit 10 ccm Alkohol gut durch, bis sich die Eiweißstoffe aufgelöst haben. Nach Abkühlung der Mischung gibt man 25 ccm Äther zu, schüttelt um, gibt noch 25 ccm Petroläther zu und schüttelt nochmals durch. Nach dem klaren Abscheiden der Ätherfettlösung hebert man dieselbe in ein Kölbchen ab, gibt nochmals 50 ccm Äther und hebert ab, ohne durchgeschüttelt zu haben, schüttelt darauf nochmals mit 50 ccm einer zugegebenen Mischung von Äther-Petroläther durch und fügt diese Lösung nach dem Abscheiden zu den ersten beiden, darauf verdunstet man den Äther und wägt das im Kölbchen zurückbleibende Fett nach dem Trocknen.

4. Bestimmung des Säuregrades.

Außer dem Säuregrad des Butterfettes (Ausführung S. 63) ist es unter Umständen auch von Wichtigkeit, den der Butter in ungeschmolzenem Zustande zu kennen.

5. Nachweis von Verdorbenheit

kann nur durch grobsinnliche Wahrnehmungen geführt werden. (Geruch, Geschmack, Aussehen u. s. w.). Als unterstützend kann noch die mikroskopische Prüfung bei schimmliger oder sonstwie durch Mikroben-

---

[1]) Chem.-Zeitg. 1905. 29. 362. Die besonders zum Gebrauch für Laien empfohlenen Methoden von Gerber, Vogtherr u. s. w. geben keine zuverlässigen Werte, können also höchstens als Vorprüfungen gelten.

[2]) Neuere Konstruktion von A. Röhrig, Zeitschr. f. Unters. d. Nahr.- u. Genußm. 1905. 9. 531.

einwirkung (Butterfehler) hervorgerufener Veränderung, und bisweilen auch der Säuregrad herangezogen werden. Ein bestimmter Gradmesser für Ranzigkeit ist letzterer aber nicht (C. Schmid, Mayrhofer u. a.). Eingehende Studien über das Ranzig- und Talgigwerden der Butter hat neuerdings Orla Jensen[1]) gemacht.

Beurteilung verdorbener Butter siehe den betreffenden Abschnitt S. 92, sowie auch im bakteriologischen Teil.

6. Nachweis wiederaufgefrischter (oder sog. Renovated- oder Prozeß-) Butter.

Sichere Methoden können zurzeit noch nicht angegeben werden. Gewisse Anhaltspunkte bietet die Schmelzprobe (vgl. S. 80) und die Untersuchung im Polarisationsmikroskop (vgl. S. 85). Nach Ch. A. Crampton[2]) soll die sogenannte Waterhouse-Probe[3]) am zuverlässigsten sein.

7. Nachweis von Konservierungs- (Frischhaltungs-) mitteln.

Vergleiche die Anweisung Anlage d der Ausführungsbestimmungen D zum Fleischbeschaugesetz S. 109 und S. 165 u. 180.

Quantitative Methode zum Borsäurenachweis nach Monhaupt[4]): Man extrahiert die in einen weithalsigen Kolben, der nach Art einer Spritzflasche eingerichtet ist, oder in einen Scheidetrichter eingewogene Menge Butter mit einem gemessenen Volumen Wasser, indem man die Mischung bei 50—60° kurze Zeit kräftig durchschüttelt. Nach eingetretener Trennung der Schichten wird die untere wässerige, trübe Flüssigkeit abgezogen, abgekühlt und filtriert. Ein aliquoter Teil wird dann nach dem Übersättigen mit Kalilauge eingedampft und verascht; die Asche wird mit heißem Wasser in einem 110 ccm Kölbchen gespült, zur Marke aufgefüllt und filtriert, 100 ccm der Lösung werden nach der Jörgensenschen Methode gemäß den Angaben von Beythien[5]) (vgl. auch S. 180 Abschnitt Fleisch- und Wurstwaren) titriert. Im Endresultat muß berücksichtigt werden, daß die in der Butter enthaltene Buttermilch, Salze u. s. w. die wässerige Lösung um etwa 15 ccm auf 100 g Fett vermehren. Einfacher und sicherer ist es, 10—20 g Butter zu veraschen und dann nach Jörgensen zu verfahren.

8. Untersuchung des Butterfettes auf fremde Fette.

Vorprüfung an der Butter selbst mittels „Schmelzprobe".

Die Probe besteht darin, daß man etwa 50 g Butter in einem Becherglaschen bei etwa 50° abschmilzt und dabei den Verlauf des Abschmelzens beobachtet. Bei einiger Übung läßt sich die Probe zur Auffindung von

---

[1]) Zentralbl. f. Bakteriol. 2. Abt. 1902. 8. 11 u. Forts.; Zeitschr. f. Unters. d. Nahr.- u. Genußm. 1903. 6. 376.
[2]) Zeitschr. f. Unters. d. Nahr.- u. Genußm. 1904. 7. 43 (Referat).
[3]) Ebenda 1905. 9. 174 (Referat).
[4]) Chem.-Zeitg. 1905. 29. 362.
[5]) Zeitschr. f. Unters. d. Nahr.- u. Genußm. 1902. 5. 764.

Verdachtsmomenten wohl verwerten. Während Butter im allgemeinen klar abschmilzt, gibt Margarine infolge seiner anderen physikalischen Beschaffenheit eine völlig trübe Schmelze, bei Mischungen beider ist die Schmelze von entsprechend schwächerer Trübung. Zu berücksichtigen ist, daß alte bezw. stark ranzige und käsige oder sonstwie verdorbene Butter bisweilen auch Trübungen beim Schmelzen aufweisen.

Die neuerdings öfter auftauchende, wieder aufgefrischte Butter verhält sich wie Margarine, da sie auch ein mit Wasser bzw. Milch emulgiertes, geschmolzenes Fett ist.

Wurde die Butter mit Misch- und Knetmaschinen bearbeitet, so erscheint die Schmelze zwar klar, das Abschmelzen verläuft indessen meist anders als bei normal zubereiteter, nur mit dem Butterknetteller hergestellte Butter. Als besonders charakteristisch ist dabei das Emportreiben (bisweilen in länglichen Fäden) des Käsestoffes an die Oberfläche der Fettschicht. Dieses Verhalten der Butter gibt einen Anhaltspunkt dafür, daß die Butter wahrscheinlich zwecks Vermehrung des Wassergehaltes oder Zusatzes von Fremdfetten nachbearbeitet wurde.

Endlich läßt sich aus der Menge des wässerigen Bodensatzes ein gewisser Rückschluß auf die Menge bezw. ein Übermaß von Wasser ziehen.

Chemische Untersuchung des Butterfettes.

„Zur Gewinnung des Butterfettes wird die Butter bei 50—60⁰ C geschmolzen und im trockenen Fett nach einigem Stehen durch ein trockenes Filter filtriert."

Die Untersuchung des gewonnenen Fettes hat teils nach dem Abschnitt „Allgemeine Untersuchungsmethoden der Fette", teils nach den im Nachstehenden beschriebenen Methoden zu erfolgen.

Der gegenwärtige Stand der Untersuchungs- und Verfälschungstechnik ermöglicht es in der Regel nicht, kleinere Mengen fremder Fette mit Sicherheit nachzuweisen. Der Nachweis von Margarine (latent gefärbter) gelingt im allgemeinen am leichtesten, auch Cocosfett läßt sich namentlich mit Hilfe der Verseifungszahl und der Polenske-Zahl nachweisen, dagegen sind Schmalz, Talg und Mischungen dieser beiden Fettarten mit Cocosfett als schwieriger nachweisbare und zur Verfälschung dienende Beimengungen bekannt. Im allgemeinen kann man sich auf die nachstehend genannten Verfahren beschränken. In seltenen Fällen wird man noch das Molekulargewicht der nicht flüchtigen unlöslichen Fettsäuren, den Nachweis von Phytosterin (bei Vermutung von Pflanzenfetten), das Polarisationsmikroskop (bei Verfälschungen mit Schmalz und Talg) und noch weitere Methoden (siehe S. 85) zu Rate ziehen. Es muß dem Urteil des Analytikers überlassen bleiben, ob er es für geboten erachtet, schon aus den Ergebnissen einzelner Bestimmungsarten oder erst aus dem Gesamtanalysenbild sich ein Urteil zu bilden. In ganz besonderen Fällen kann auch die Stallprobe den erwünschten Aufschluß über die Reinheit der untersuchten Butter geben. Die Ausführung der Methoden [1]) für die Untersuchung des Butterfettes ist folgende:

---

[1]) Siehe auch Zeitschr. f. Unters. d. Nahr.- u. Genußm. 1907. 14. 47. Arnold hat in dieser Arbeit „Beiträge zum Ausbau der Chemie der Speisefette" besondere Vorschläge für den Gang der Butterfettuntersuchung gemacht.

a) Die Reichert-Meißl-Zahl
b) Die Köttstorfer-Zahl (Verseifungszahl)
c) Die Jodzahl nach von Hübl
d) Die Phytosterin- und die Phytosterinacetatprobe

vgl. allgemeine Untersuchungsmethoden der Fette S. 63 u. ff.

Letzteres Verfahren läßt sich wegen seiner Kostspieligkeit nur in ganz besonderen Fällen anwenden; zum Nachweis von Pflanzenfetten würde es sonst am ehesten zum Ziel führen.

e) Die Refraktometerzahl.

Die Bedeutung der Refraktometerzahl hat an Wert sehr abgenommen, seitdem die Butterfälschungen unter Benützung der Erfahrungen von Wissenschaft und Technik ausgeübt werden. Als Ergänzungsmethode wird sie sich aber in einfacheren Fällen noch brauchbar erweisen. Neuerdings hat Hoton[1]) an Hand eines größeren Untersuchungsmaterials (etwa 90000 Butterproben holländischen und belgischen Ursprungs) bestimmte Beziehungen der Refraktometerzahl zur Reichert-Meißl-Zahl nachgewiesen, die zur Aufdeckung schwieriger nachweisbarer Verfälschungen dienlich sein können, aber allerdings zunächst auf deutsche Verhältnisse ohne weiteres nicht anwendbar sind. Da die deutsche Butter (namentlich die norddeutsche) indessen nicht wesentlich andere Schwankungen in ihrer Zusammensetzung aufweist als die holländische, so ist die Hotonsche Feststellung doch sehr beachtenswert.

In bezug auf die refraktometrischen Grenzwerte ist von E. Baier[2]) nachgewiesen, daß zwischen Sommer- und Winterbutter folgende Unterschiede bestehen:

Obere Grenze für	C 25°	35°	40°
Winterbutter (November bis Mai)	51,2	45,7	43,0
Sommerbutter (Juni bis Oktober)	53,2	47,7	45,0

Das Thermometer mit „besonderer Einteilung" (vgl. S. 61) hat er deshalb darnach entsprechend abgeändert[3]).

Farnsteiner empfiehlt statt dieses Thermometers die Anwendung des Normalthermometers mit Korrektionsskala (0,55° für 1° Temperaturdifferenz). Beide Thermometer liefert die Firma Zeiß, Jena.

f) Die neue Butterzahl — Polenskesche[4]) Zahl.

Die Methode dient ausschließlich zum Nachweis von Cocosfett. Über ihre Leistungsfähigkeit siehe „Beurteilung".

Die Ausführung der Methode bedingt das genaue Einhalten der Maße des Destillationsapparates, der im wesentlichen ein aufrechtstehender Reichert-Meißl-Zahl-Destillationsapparat ist, vergleiche die Abbildung 3.

5 g Butterfett werden nach Leffmann-Beam verseift (vgl. S. 64) und die Seife in 90 ccm warmem ausgekochtem Wasser gelöst. Die Lösung muß klar und farblos oder nur schwach gelblich gefärbt sein; sie wird etwa 50° warm mit 50 ccm verdünnter Schwefelsäure (25 ccm Schwefelsäure auf 1 Liter) und dann mit einer Messerspitze voll groben Bimssteinpulvers[5]) versetzt und nach sofortigem Verschluß des Kolbens der Destillation unterworfen. Es ist sehr zweckmäßig, die Flamme schon vorher so zu regulieren, daß das Destillat von 110 ccm in 19—21 Minuten übergeht. Die Kühlung ist während der Destillation

---

[1]) Zeitschr. f. Unters. d. Nahr.- u. Genußm. 1909. 18. 379. (Ref.)
[2]) Ebenda 1902. 5. 1145.
[3]) Siehe auch G. Baumert ebenda 1905. 9. 134.
[4]) Arbeiten a. d. Kais. Gesundh.-Amte 1904. 20. 545 u. Zeitschr. f. Unters. d. Nahr.- u. Genußm. 1904. 7. 273.
[5]) s. Fritzsche, Zeitschr. f. Unters. d. Nahr.- u. Genußm. 1908. 15. 193.

so einzurichten, daß das Destillat keineswegs warm, aber auch nicht zu kalt, sondern mit einer unter gewöhnlichen Verhältnissen sich ergebenden Temperatur von etwa 20—23⁰ abtropft.

Sobald 110 ccm Destillat erhalten sind, wird zunächst die Flamme entfernt und darauf die Vorlage sofort durch einen Meßzylinder von 25 ccm Inhalt ersetzt. Ohne vorher das Destillat zu mischen, setzt man den Kolben 10 Minuten lang in Wasser von 15⁰, wobei sich die 110-Marke etwa 3 cm unter der Oberfläche des Kühlwassers befindet. Nach 5 Mi-

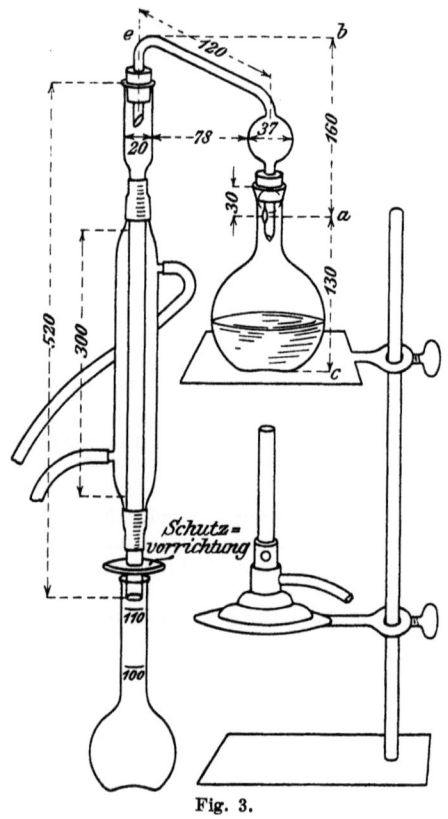

Fig. 3.

nuten bewegt man den Kolbenhals im Wasser nun so stark, daß die auf der Oberfläche des Destillates schwimmenden Säuren an die Wandungen des Halses gelangen. Nach 10 Minuten stellt man den Aggregatzustand der auf dem Destillate schwimmenden Säuren fest. Bei reinem Butterfett bestehen diese Säuren aus einer festen oder halbweichen, trüben, formlosen Masse, während sie bei Vorhandensein von 10% und mehr Cocosfett in dem Butterfett aus klaren Öltropfen bestehen (Kaprylsäure erstarrt nämlich erst bei 12⁰).

Nun wird das Destillat in dem mit Glasstopfen verschlossenen Kolben durch vier- bis fünfmaliges Umkehren desselben, unter Vermeidung starken Schüttelns, gemischt und filtriert. Im Filtrat wird die Reichert-Meißl-Zahl bestimmt. Das zu benützende Filter muß fest und glatt an den Trichterwandungen anliegen. Nachdem das Destillat ganz abfiltriert ist, wird das Filter sofort dreimal mit je 15 ccm Wasser, wodurch es jedesmal bis zum Rande gefüllt wird, gewaschen. Dieses Waschwasser wird vorher zum dreimaligen Nachspülen des Kühlrohrs, des Meßzylinders und des 110 ccm-Kolben benutzt. Wenn das letzte Waschwasser, von dem die zuletzt abfiltrierten 10 ccm durch 1 Tropfen $^1/_{10}$-Normal-Barytlauge neutralisiert werden müssen, abgetropft ist, wird dieselbe Behandlung in gleicher Weise 3-mal mit je 15 ccm neutralem 90%-igem Alkohol wiederholt. Die in den vereinigten alkoholischen Filtraten gelösten Fettsäuren werden alsdann unter Zusatz von 3 Tropfen Phenolphtaleinlösung mit $^1/_{10}$-N.-Barytlauge bis zur deutlich eintretenden Rötung titriert.

Die Zahl der zur Neutralisation verbrauchten ccm $^1/_{10}$-N.-Barytlauge stellt die der vorher gefundenen Reichert-Meißlschen Zahl entsprechende „Neue Butterzahl" (Polenskesche Zahl) dar. Die quantitative Bestimmung beruht auf dem Befunde, daß durch einen Zusatz von 10% Cocosfett zur Butter die Polenskesche Zahl derselben um 0,8—1,2; im Mittel um 1,0 erhöht wird. Man hat zunächst die gefundene Reichert-Meißlsche Zahl mit der gleichhohen der Tabelle S. 84 zu vergleichen und zu ermitteln, ob die gefundene Polenskesche Zahl ebenso hoch oder höher ist, als sie nach der Tabelle bei reinen Butterfetten sein soll. Ist sie größer, dann entspricht jede Erhöhung der Polenskeschen Zahl um 0,1 einem Zusatz von 1% Cocosfett. Eine Erhöhung um weniger als 0,5 soll noch nicht als Fälschung angesehen werden. Ist aber die Differenz, die sich aus beiden Polenskeschen Zahlen ergibt, größer als + 0,5, dann ist in ihrem ganzen Betrage nach (vgl. Spalte 3 nachstehender Tabelle) auf Cocosfett zu berechnen.

Die praktische Erfahrung[1]) hat gelehrt, daß die Höchstgrenze je um 0,3 höher zu legen ist.

Durch einen Zusatz von Cocosfett wird die Reichert-Meißlsche Zahl der Butter erniedrigt und die Polenskesche Zahl erhöht. Normale Butter mit niederer Reichert-Meißlscher Zahl hat auch niedere Polenskesche Zahl; das Ansteigen der Reichert-Meißlschen Zahl und der Polenskeschen Zahl verläuft ziemlich parallel, bei reinen Butterfetten gehört zu jeder Reichert-Meißlschen Zahl eine um wenig schwankende Polenskesche Zahl. Eine Erhöhung der Reichert-Meißlschen Zahl um 1,0 entspricht bis zur Zahl 27 einer Erhöhung der Polenskeschen Zahl um 0,1; Zahlen von 28—30 stehen solchen von 0,2—0,5 gegenüber.

Für die qualitative Beurteilung dient nachstehende Tabelle von

---

[1]) A. Hesse, Milchw. Zentralbl. 1905. 1. 13. M. Siegfeld, ebend. 155. W. Arnold, Zeitschr. f. Unters. d. Nahr.- u. Genußm. 1905. 10. 201. Orla Jensen, Ebenda 265. M. Fritzsche, ebenda 1909. 17. 528.

Polenske; derselben sind die um 0,5 höheren als die gefundenen obersten Grenzwerte beigefügt.

Reichert-Meißlsche Zahl	Polenskesche Zahl	Höchst zulässige Polenskesche Zahl	Reichert-Meißlsche Zahl	Polenskesche Zahl	Höchst zulässige Polenskesche Zahl
20—21	1,3—1,4	1,9	25—26	1,8—1,9	2,4
21—22	1,4—1,5	2,0	26—27	1,9—2,0	2,5
22—23	1,5—1,6	2,1	27—28	2,0—2,2	2,7
23—24	1,6—1,7	2,2	28—29	2,2—2,5	3,0
24—25	1,7—1,8	2,3	29—30	2,5—3,0	3,5

g) **Bestimmung des mittleren Molekulargewichts der nichtflüchtigen wasserunlöslichen Fettsäuren** (nach A. Juckenack und R. Pasternack[1]).

Die Methode dient zur Erkennung von Cocosfett und Schweinefett in Butter. Naturgemäß schwankt auch dieser Wert bei reiner Butter in relativ weiten Grenzen, weshalb die Methode in zweifelhaften Fällen auch nicht als allein ausschlaggebend angesehen wird. In Verbindung mit anderen Konstanten kann sie aber als wertvolle Ergänzung namentlich bei der Feststellung von Verfälschungen der Butter mit Cocosfett herangezogen werden[2]).

10 g Butterfett werden mit 40 g einer 5 %-igen Glycerin-Natronlauge in einem 300 ccm fassenden Kolben aus Jenaer Glas verseift. Die Seife[3]) versetzt man mit 80 ccm verdünnter Schwefelsäure (1:10) und destilliert die flüchtigen Fettsäuren im starken Wasserdampfstrom ab. (In derselben Weise, wie die flüchtigen Säuren im Weine.) Man fängt etwa 300 ccm Destillat auf. Die im Kolben zurückbleibende Mischung von festen Fettsäuren und verdünnter Schwefelsäure verdünnt man mit heißem Wasser und läßt erkalten. Die danach festgewordenen, oben schwimmenden Fettsäuren werden wiederholt mit Wasser gewaschen (abwechselnd Heißwasserzugabe und erkalten lassen) und dann in Äther gelöst. Die ätherische Lösung wird noch 3—4-mal mit Wasser ausgeschüttelt, dann mit Chlorcalcium getrocknet und durch Trocknen im Wassertrockenschranke vom Äther befreit.

Ungefähr 2 g der Fettsäuren werden in einem Erlenmeyerkölbchen genau abgewogen, bei gelinder Wärme in Alkohol gelöst, der nach Zusatz von Phenolphthalein mit Kalilauge genau neutralisiert war; dann wird die Lösung der Fettsäuren mit $^1/_4$ N.-Kalilauge titriert. Das mitt-

---

[1]) Zeitschr. f. Unters. d. Nahr.- u. Genußm. 1904. 7. 202. Siehe dort auch Molekulargew. der flüchtig. wasserl. Fettsäuren.
[2]) W. Arnold führt das Verfahren in Kombination mit den anderen üblichen Verfahren aus; ebenda 1905. 10. 201. Weitere Orientierungsquellen A. Olig u. J. Tillmanns, ebenda 1904. 8. 728; 1906. 11. 81; H. Lührig 1906. 11. 11.
[3]) Vgl. auch Gewinnung der Fettsäuren bei Ermittelung der Hehnerschen Zahl S. 66.

lere Molekulargewicht (M) dieser Fettsäuren berechnet sich aus der Formel

$$M = \frac{P \cdot 1000}{K}$$

P = das Gewicht der angewendeten Fettsäuren
K = verbrauchte ccm Alkali.

Das mittlere Molekulargewicht der nichtflüchtigen Fettsäuren der Butter liegt nach bisherigen Beobachtungen zwischen 251,8 und 269,1; das des Cocosfettes zwischen 208,5 und 210,5; das des Schweinefettes zwischen 271,5 und 273,5.

h) **Die Anwendung des Polarisationsmikroskops** zum Nachweis von Schmalz, Talg und Oleomargarin u. s. w. erfordert viel Erfahrung und bietet nur gewisse Anhaltspunkte. Reine, frische Butter erscheint bei gekreuzten Nikolschen Prismen isotrop, d. h. gleichmäßig dunkel, dagegen treten bei geschmolzenen Fetten (Talg, Schweinefett, Oleomargarin, Cocosfett und auch wieder aufgefrischter Butter [Renovated-Butter vgl. S. 79]) mehr oder weniger deutliche Polarisationserscheinungen (durch Krystallbildungen) ein. Da solche auch bei älterer Butter vorkommen können, muß man in der Beurteilung sehr vorsichtig sein. Im Gegensatz zu den meist reichlich vorhandenen Krystallen der zugesetzten Fremdfette sind solche aber bei älterer Butter mehr vereinzelt.

i) **Das Schmelzpunktbestimmungsverfahren
nach E. Polenske**[1])
zur Feststellung von Schmalz und Talg in Butter ergibt neuerer Prüfung zufolge keine zuverlässigen Anhaltspunkte für die Butteruntersuchung.

k) Auf die **Bestimmungen des Molekulargewichts der flüchtigen wasserlöslichen Fettsäuren nach Henriques**[2]) **und Farnsteiner**[3])**, der Silberzahl**[4])**, der Cadmiumzahl**[5])**, des Verfahrens nach O. Jensen**[6]) (Bestimmung der Capron-, Caprylund Caprinsäure), **der Laurinsäure- und Myristinsäurezahl und der Magnesiumzahl**[7]) kann nur verwiesen werden.

l) Als weitere Prüfungsverfahren kommen beim Butterfett in Betracht:

α) **Nachweis fremder Farbstoffe**[8]).

(Nach der amtlichen Anweisung zum Gesetz, betr. den Verkehr mit Butter u. s. w. vom 15. Juni 1897 in Anführungszeichen; vgl. auch die zum Fleischbeschaugesetz erlassene Anweisung S. 112).

„Die Gegenwart fremder Farbstoffe erkennt man durch Schütteln des geschmolzenen Butterfettes mit absolutem Alkohol oder mit Petro-

---

[1]) Vgl. S. 100 Abschnitt Schweinefett.
[2]) [3]) [4]) Zeitschr. f. Unters. d. Nahr.- u. Genußm. 1899. 2. 385.
[5]) Ebenda, C. Paal und C. Amberger 1909. 17. 23.
[6]) Ebenda 1905. 10. 265.
[7]) G. Fendler, Arbeiten a. d. Pharm.-Inst. d. Univ. Berlin 1908. 5. 261. (Zeitschr. f. Unters. d. Nahr.- u. Genußm. 1909. 17. 550 sowie Milchwirtsch. Zentralblatt 1910, 199). E. Ewers, ebenda, 154.
[8]) Wasserlösliche, in das Schmelzwasser übergehende Farbstoffe werden heutzutage kaum mehr verwendet.

leumäther vom spezifischen Gewichte 0,638. Nicht künstlich gefärbtes Butterfett erteilt diesen Lösungsmitteln keine oder nur eine schwach gelbliche Färbung, während sie sich bei gefärbtem Butterfette deutlich gelb färben.

Zum Nachweise gewisser Teerfarbstoffe werden 2 bis 3 g Butterfett in 5 ccm Äther gelöst und die Lösung in einem Probierröhrchen mit 5 ccm konzentrierter Salzsäure vom spezifischen Gewicht 1,125 kräftig geschüttelt. Bei Gegenwart gewisser Azofarbstoffe färbt sich die unten sich absetzende Salzsäureschicht deutlich rot."

Farbstoff	Konzentr. H_2SO_4	Konzentr. HNO_3	HNO_3 und H_2SO_4	Konzentr. HCl
Anatto	Indigoblau geht in Violett über	Blau, beim Stehen farblos	Wie mit HNO_3	Unverändert, schmutziggelb oder braun
Anatto mit entfärbter Butter	Blau, dann grün und violett	Blau, dann grün und farblos	Entfärbt	Wie oben
Curcuma[1]	Rein violett	Violett	Violett	Violett, beim Verdampfen d. HCl kehrt die ursprüngliche Farbe wieder
Safran	Violett bis kobaltblau, dann schnell rötlich braun	Hellblau, wird bald rötlichbraun	Wie mit HNO_3	Gelb, dann schmutziggelb
Mohrrübe	Umbrabraun	Entfärbt	Gibt Dämpfe von HNO_2 und Geruch nach Caramel	Unverändert
Ringelblume	Dunkel violett, grün bleibend	Blau geht sofort in Schmutziggelbgrün über	Grün	Grün bis gelblichgrün
Safflorgelb	Hellbraun	Teilweise entfärbt	Entfärbt	Unverändert
Anilingelb	Gelb	Gelb	Gelb	Gelb
Martiusgelb	Blaßgelb	Gelb mit rötlichem Niederschlag	Gelb	Gelblicher Niederschlag, der beim Behandeln mit NH_3 und Glühen verpufft
Viktoriagelb	Teilweise entfärbt	Teilweise entfärbt	Teilweise entfärbt	Die Farbe kehrt beim Neutralisieren mit Ammoniak wieder

Untersuchung auf Färbung nach Leeds. 100 g Butterfett werden in 300 ccm Petroläther (S = 0,638) gelöst und die Lösung, nachdem sie 15 bis 20 Stunden stehen gelassen und dabei viel Stearin auskrystallisiert war, mit 50 ccm einer $1/10$ N.-Kalilösung geschüttelt. Die wässerige Farbstofflösung, in welche die Farbe übergeht, trennt

---

[1] Mit Ammoniak sich vorübergehend braun färbend.

man ab und säuert sehr sorgfältig mit verdünnter Salzsäure an bis zur ganz schwach sauren Reaktion. Man filtriert dann den dabei abgeschiedenen Farbstoff (einschl. geringe Menge Fettsäure) durch ein tariertes Filter und wäscht ihn mit kaltem Wasser aus. Zu beachten ist, daß die Lösung der Fette in Petroläther stets selbst eine gelbliche Farbe hat. Leeds verwendet zur Unterscheidung der Farben (Farbstoffe) 2 bis 3 Tropfen ihrer alkoholischen Lösung mit ebensoviel der in vorstehender Tabelle angegebenen Reagentien zusammengemischt.

Dimethylamidoazobenol ist neuerdings ein sehr vielfach verwendeter Butterfarbstoff; auch andere Azofarbstoffe sind im Gebrauch, sie färben sich, namentlich der erstgenannte mit Salzsäure (1,125) rosa, mit Salzsäure (1,190) nur wenig oder gar nicht (siehe den Nachweis von Sesamöl).

H. Sprinkmeyer und H. Wagner[1]) lösen zum Nachweis von Farbstoff 10 g geschmolzenes Fett in einem kleinen Schütteltrichter in 10 ccm Petroläther und schütteln die Lösung nach Zusatz von 15 ccm Eisessig kräftig durch; bei Farbstoffzusatz ist die Eisessigschicht gelb oder rosa gefärbt (evtl. ist Einengen der Eisessiglösung zur Erkennung geringer Zusätze nötig).

β) **Nachweis von Ölen** (latente Färbung).

Nachweis von Sesamöl[2]) nach Baudouin. Nach der amtlichen Anweisung vom 1. April 1898; vgl. auch die amtliche Anweisung zum Fleischbeschaugesetz (S. 112).

„1. Wenn keine Farbstoffe vorhanden sind, die sich mit Salzsäure rot färben, so werden 5 ccm geschmolzenes Butterfett mit 0,1 ccm einer alkoholischen Furfurollösung (1 Raumteil farbloses Furfurol in 100 Raumteilen absoluten Alkohols gelöst) und mit 10 ccm Salzsäure vom spezifischen Gewicht 1,19 mindestens ½ Minute lang kräftig geschüttelt. Wenn die am Boden sich abscheidende Salzsäure eine nicht alsbald verschwindende deutliche Rotfärbung zeigt, so ist die Gegenwart von Sesamöl nachgewiesen.

2. Wenn Farbstoffe vorhanden sind, die durch Salzsäure rot gefärbt werden, so schüttelt man 10 ccm geschmolzenes Butterfett in einem kleinen zylindrischen Scheidetrichter mit 10 ccm Salzsäure vom spezifischen Gewicht 1,125 etwa ½ Minute lang. Die unten sich ansammelnde rot gefärbte Salzsäureschicht läßt man abfließen, fügt zu dem in dem Scheidetrichter enthaltenen geschmolzenen Fette nochmals 10 ccm Salzsäure vom spezifischen Gewicht 1,125 und schüttelt wiederum ½ Minute lang. Ist die sich abscheidende Salzsäure noch rot gefärbt, so läßt man sie abfließen und wiederholt die Behandlung des geschmolzenen Fettes mit Salzsäure vom spezifischen Gewicht 1,125, bis letztere nicht mehr rot gefärbt wird. Man läßt alsdann die Salzsäure abfließen und prüft 5 ccm des so behandelten, geschmolzenen

---
[1]) Zeitschr. f. Unters. d. Nahr.- u. Genußm. 1905. 9. 598.
[2]) Auf Grund der Ausführungsbestimmungen v. 15. Juni 1897 (vgl. Anhang) müssen 100 Gewichtsteile Margarinefett mindestens 10 Gewichtsteile Sesamöl enthalten.

Butterfettes nach dem unter 1. beschriebenen Verfahren auf Sesamöl. Zu diesen Versuchen verwende man keine höhere Temperatur, als zur Erhaltung des Fettes in geschmolzenem Zustande notwendig ist."

Gegen die B a u d o u i n sche Reaktion als Erkennungszeichen für Margarine in Butter sind mehrfach Einwände erhoben worden, z. B. daß der die charakteristische Reaktion des Sesamöls mit Furfurol und Salzsäure bedingende Stoff beim Füttern von Sesamkuchen in das Milchfett übergehe, und daß manche zum Färben von Butter benutzten Teerfarbstoffe sich mit Salzsäure der Sesamölreaktion ähnlich rot färben und dieser Farbstoff mit Salzsäure oft erst nach Waschen entfernen ließe, wobei dann auch der Reaktionsstoff des Sesamöles mit ausgewaschen würde u. dgl.

Es würde hier zu weit führen, alle die erschienenen einzelnen Arbeiten für und wider die Kennzeichnung der Margarine mit Sesamöl und die Durchführung dieses Nachweises einzeln zu behandeln, weshalb auf die Literatur verwiesen werden muß. Jedoch möge betont sein, daß die meisten Angriffe widerlegt wurden oder sich praktisch als bedeutungslos erwiesen haben. Im ganzen hat sich die Reaktion als Erkennungsmittel bewährt.

Im übrigen ist stets Vorsicht bei Beurteilung von schwach eingetretenen Reaktionen zu empfehlen. Jeder Nahrungsmittelchemiker sollte selbst Versuche mit Sesamöl, mit Mischungen von Butter, Sesamöl und Margarine in verschiedenen Mengeverhältnissen und mit Butterfarbstoffen u. s. w. anstellen, um darüber orientiert zu sein, welche Anforderungen er an diese Reaktion stellen kann. Längeres Erwärmen des mit Salzsäure und Furfurol versetzten Butterfettes ist jedenfalls zu unterlassen. Nur deutliche, sofort eintretende Rotfärbungen sind als positiv anzusehen.

Statt bezw. neben der Baudouinschen Reaktion empfiehlt es sich namentlich bei Anwesenheit von Farbstoffen auch die Zinnchlorürreaktion nach P. Soltsien[1]) vorzunehmen. 2 bis 3 Teile Butterfett und 1 Teil Zinnchlorürlösung (nach Bettendorf[2]) schüttelt man einmal kräftig durch, sodaß eine Emulsion entsteht, und stellt das Reagensglas sofort senkrecht in das warme Wasserbad, doch nur so tief, als die Zinnchlorürlösung reicht; diese setzt sich rasch ab und ist bei Anwesenheit von Sesamöl je nach Menge hellhimbeerrot bis dunkelweinrot. Bei sehr geringem Gehalt an Sesamöl kann nach wiederholtem Schütteln die zuerst aufgetretene Färbung wieder verblassen oder gar verschwinden. Die Reaktion zeigt noch 1% Sesamöl an. Ranzige Fette geben nicht zu verwechselnde Braunfärbungen. Curcuma gibt Färbung, die beim Erwärmen aber verschwindet, dagegen tritt die Sesamölreaktion erst beim Erwärmen auf.

Nachweis von Baumwollsamenöl, Erdnußöl u. s. w. siehe S. 74.

m) Nachweis von Paraffin nach E. Polenske[3]).

Beurteilung.

Gesetzliche Bestimmungen: Das Nahrungsmittelgesetz und das Gesetz, betr. den Verkehr mit Butter, Käse, Schmalz und deren Ersatzmitteln vom 15. Juni 1897 (Margarinegesetz), sowie die auf Grund des § 11 dieses Gesetzes erlassene Bekanntmachung des Bundesrats vom 1. März 1902, betr. Mindestfettgehalt und Höchstwassergehalt (s. Anhang).

---

[1]) Zeitschr. f. öffentl. Chem. 1897. 3. 63; 1898. 4. 269.
[2]) Herstellung s. die amtliche Anweisung z. Fleischbeschaugesetz, Abschnitt Margarine S. 112, Abs. d, β.
[3]) Angewendet in geringen Zusätzen zur Verhinderung des Phytosterinnachweises. Arbeiten a. d. Kais. Gesundh.-Amte 1905. 22. 576. Zeitschr. f. Unters. d. Nahr.- u. Genußm. 1905. 10. 559.

Das sog. Margarinegesetz enthält namentlich Vorschriften für den Verkehr mit Margarine und anderen Kunstspeisefetten. Von wesentlicher Bedeutung ist der § 8, weil er Revisionen der Verkaufs-, Aufbewahrungs- und Verpackungsräume gestattet. Im übrigen bleiben laut § 20 die Vorschriften des Nahrungsmittelgesetzes unberührt. Vereinzelt sind Polizei-Verordnungen erlassen betr. den Kochsalzgehalt. Während Margarine unter die Bestimmungen des Fleischbeschaugesetzes fällt, trifft dies für Butter (Butterschmalz) nicht zu.

Begriffsbestimmung: Butter ist das erstarrte, aus der Milch abgeschiedene Fett, welches noch eine gewisse Menge süßer oder saurer Magermilch in gleichmäßiger und feinster Verteilung enthält.

Butterschmalz ist das durch Schmelzen der Butter von den Milchbestandteilen getrennte klare, erstarrte Fett. (Beschluß der freien Vereinigung deutscher Nahrungsmittelchemiker vom Jahre 1906.)

Handelsbezeichnungen für Butter[1]: Tafelbutter, Bauern-, Land-, Gras-, Sauerrahm-, Süßrahm-, Winter-, Sommer-, Faktorei- (Prozeß-Renovated) vgl. weiter unten) u. s. w. Butter, für Butterschmalz: Schmelzbutter, Rindschmalz (Süddeutschand).

Mittlere Zusammensetzung, natürliche Schwankungen und Beeinflussungen:

Wasser 13,45 %   Milchzucker 0,50 %
Fett 83,70 %   Milchsäuren 0,12 %
Casein 0,76 %   Salze 1,59 %

Von praktischer Bedeutung sind fast nur die Schwankungen des Wasser- bezw. Fettgehalts und namentlich diejenigen der Zusammensetzung des Butterfettes selbst (Gehalt an Menge und Art der flüchtigen Fettsäuren und auch der höheren Fettsäuren) und ist ferner die Beobachtung, daß mit dem Fortschreiten der Lactation die Menge der flüchtigen Fettsäuren (Reichert-Meißlsche Zahl) zurückgeht, die Oleinmenge (Jodzahl) wächst und daß mit dem Übergang der Stallfütterung zur Weidefütterung und umgekehrt ein Sinken bezw. Steigen der Reichert-Meißlschen Zahl eintritt. Einfluß auf Refraktion des Fettes ist ebenfalls nachgewiesen. Die Einwirkung einzelner Futtersorten hat in neuerer Zeit namentlich Siegfeld[2] studiert. Der Übergang von gewissen charakteristischen Stoffen (z. B. der die Sesamöl- und Baumwollsamenölreaktionen bedingenden Stoffe) tritt bei normaler Fütterungsweise nicht ein.

Verfälschungen und Nachahmungen: Grobe Zusätze von Mehl, Kartoffeln u. s. w. kommen kaum vor, ihr Nachweis ist unter den Untersuchungsmethoden nicht vorgemerkt, da sie vorkommenden Falls leicht zu entdecken sind bezw. ihr Nachweis der Findigkeit des einzelnen Analytikers überlassen bleiben muß.

Ungenügender Entzug von Wasser (Buttermilch) über die gesetzlichen Höchstgrenzen bei Herstellung der Butter gilt als Verfälschung[3]. Häufig fehlt es jedoch an Anhaltspunkten dafür, daß er zum

---
[1] Gemeint ist stets nur Kuhbutter. Betr. Zusammensetzung von Ziegenbutter vgl. Fischer und Alpers, Zeitschr. f. Unters. d. Nahr.- u. Genußm. 1908. 15. 1.
[2] Diese sowie weitere Literaturangaben s. S. 91.
[3] Entscheidung des Reichsgerichts Bd. IV. Urteil vom 24. Dez. 1888.

Zwecke der Täuschung geschehen ist. Künstliche Erhöhung (nachträgliche) des Wassergehalts ist Fälschung und geschieht meist zum Zwecke der Täuschung. Verfälschung liegt auch dann vor, wenn selbst die gesetzliche Grenze des Wassergehalts durch die Erhöhung nicht überschritten ist (Urteile des Kgl. Preuß. Kammergerichts vom 13. Dez. 1904 und vom 4. Juli 1905, vgl. Deutsches Nahrungsmittelbuch S. 58, 59). Die vom Bundesrat festgesetzten Grenzzahlen haben nur Bezug auf normal hergestellte Butter. Zum Beimischen von Wasser werden Mischmaschinen benutzt. Über die Erkennungsmöglichkeit übermäßig gewässerter Butter und die in der Nichtbeachtung derselben liegende Fahrlässigkeit vgl. Entscheidung des Preuß. Kammergerichts vom 22. November 1904 [1]). Der Kochsalzgehalt beträgt im allgemeinen 1 bis 2%. Ein größerer Gehalt, jedenfalls ein 3% überschreitender, macht scharfen, salzigen Geschmack und ist als Verfälschung anzusehen bezw. ist solche übersalzene Butter als verdorben zu bezeichnen. Dauerbutter wird mit 3,5 bis 5% Kochsalz [2]) hergestellt, jedoch kommt Verfälschung dabei nicht in Frage, weil diese Menge als Konservierungsmittel für überseeische Zwecke dient und vor dem Genuß der Butter wieder zum größten Teil ausgeknetet wird; in diesem Falle findet deshalb auch keine Täuschung oder Beschwerung statt. Zusätze von anderen Konservierungs-(Frischhaltungs-)mitteln als Kochsalz werden aus denselben Gründen, wie bei Fleisch (S. 194), als unzulässig beanstandet. Die Bestimmungen des Fleischbeschaugesetzes und die dazu erlassene Bekanntmachung vom 18. Februar 1902 sind auf Butter nicht anwendbar; wohl aber treffen die dazu gegebenen amtlichen Begründungen, sowie auch die zu § 10 des Weingesetzes vom 7. April 1909 gegebene Begründung zu den einzelnen in Frage kommenden Konservierungsmitteln auch auf die Beurteilung derselben bei Butter zu.

Das Färben der Butter mit unschädlichen Farbstoffen ist eine in Deutschland so verbreitete Sitte, daß gesetzlich bisher dagegen nicht eingeschritten wurde und auch die Rechtslage eine andere geworden ist, als sonst bei Färbung von Nahrungsmitteln u. s. w. Unter Umständen aber, z. B. wenn alter, blaß oder grau aussehender Butter durch Gelbfärbung der Anschein von Grasbutter oder dgl. gegeben würde, könnten die objektiven Tatbestandsmerkmale des § 10 des Nahrungsmittelgesetzes (Verschlechterung und Täuschung) als erfüllt gelten. Wird alte bezw. ranzige oder überhaupt minderwertige (z. B. sogen. renovierte) [3]) Butter mit frischer Ware vermengt, dieses Gemenge aber als frische Butter in Verkehr gebracht, so liegt Verfälschung vor. Der Zusatz von anderen Speisefetten (Margarine, Schweinefett, Talg, Oleomargarin, Cocosfett u. s. w. oder Mischungen solcher Fremdfette) zum Zwecke des Handelns ist auf Grund der §§ 3, 14 des Gesetzes vom 15. Juni 1897 verboten und als Verfälschung im Sinne des § 10 des Nahrungsmittel-

---

[1]) Zeitschr. f. Unters. d. Nahr.- u. Genußm. 1909. Beilage S. 59.

[2]) Vgl. auch Arbeiten a. d. Kais. Gesundh.-Amt 1905, 22, 235, E. Krauß und M. Müller, Untersuchung über den Einfluß der Herstellung, Verpackung und des Kochsalzgehaltes der Butter auf ihre Haltbarkeit mit besonderer Berücksichtigung des Versands in die Tropen.

[3]) A. Bömer, Über die Beurteilung und den Nachweis wiederaufgefrischter Butter. Zeitschr. f. Unters. d. Nahr.- u. Genußm. 1908. 16. 27.

gesetzes anzusehen. Für die Beurteilung der Reinheit bezw. Verfälschung bilden, sofern es sich um gröbere Verfälschungen (Margarine) handelt, die Reichert-Meißlsche Zahl, die Köttstorfersche Zahl und evtl. die Sesamölreaktion die Grundlagen, bei teilweisem oder ganzem Versagen dieser Methoden infolge komplizierterer Verfälschung sind die S. 81 ff. beschriebenen Verfahren anzuwenden. Die Reichert-Meißlsche Zahl beträgt bei reinem Butterfett 20 bis 34 ccm, vereinzelt sogar bis zu 17 herab, die Köttst. Zahl 219 bis 232 mg (natürliche Beeinflussungen siehe oben); erstere Zahlen sind schon beobachtet, aber meist nur bei Butter, welche aus Milch einzelner oder einiger Kühe gewonnen ist. Da die größere Mehrzahl der Handelsbutter eine zwischen 26—30 liegende Reichert-Meißlsche Zahl aufweist, können darunter liegende Werte schon als verdachterregend gelten; man wird aber in jedem Falle Jahreszeit und Ursprung der Butter [1]) zu berücksichtigen haben. Mangels derartiger Anhaltspunkte empfiehlt sich die Beanstandungsgrenze der Reichert-Meißlschen Zahl eventuell noch weiter zurückzusetzen. Beimischung von Cocosfett erkennt man an der Erhöhung der Köttstorferschen Zahl, Abnahme der Reichert-Meißlschen Zahl und Refraktometerzahl, Erhöhung der Polenskeschen Zahl, an der Erniedrigung des Molekulargewichts der nichtflüchtigen Fettsäuren und der Erhöhung des Phytosterinacetat-Schmelzpunktes. Vergleiche im übrigen die S. 116 u. 117 angegebenen Konstanten und sonstigen Anhaltspunkte. Das Polenskesche Verfahren und das Bömersche Phytosterinacetat-Verfahren vermag am ehesten zum Nachweis von Cocosfett zu verhelfen; neuerdings kommt allerdings auch phytosterinfreies Cocosfett in Handel, wodurch auch letztere Methode illusorisch wird. Ihrer Umständlich- und Kostspieligkeit halber muß man leider überhaupt oft von ihrer Anwendung absehen. Mit der Polenskeschen Zahl lassen sich weniger als 10 % Cocosfett kaum noch nachweisen. Noch schwieriger gestaltet sich die Aufdeckung der Butterverfälschungen, wenn außer Cocosfett auch noch andere, die Konstanten des Cocosfetts kompensierende Zusätze wie Schmalz, Talg u. s. w. vorgenommen werden und wenn, wie dies namentlich in Holland geschehen sein soll, als Ausgangsprodukt eine mit möglichst hoher Reichert-Meißlscher Zahl bedachte Butter genommen ist. In solchen Fällen vermag vielleicht die Heranziehung aller einigermaßen aussichtsversprechenden Methoden zum Ziele führen, aber wahrscheinlich nur selten. Verschiedene Methoden, z. B. die Bestimmung der Refraktometer-Zahl, versagen dabei völlig.

Außer den angeführten bezw. an anderer Stelle beschriebenen Methoden sind auch zahlenmäßige zwischen Reichert-Meißlscher Zahl und Köttstorferscher Zahl, sowie zwischen Reichert-Meißlschen Zahlen und Refraktometer-Zahlen bestehende Beziehungen zur Beurteilung empfohlen worden.

Juckenack und Pasternack [2]) haben den Differenzwert

---
[1]) Einwirkung der Fütterung; über die Einwirkung der Rübenblattfütterung auf die Konstanten des Butterfetts vgl. Lührig und Hepner, Pharm.-Zeitg. 1907. 48. 1049 u. 1067. M. Siegfeld, Zeitschr. f. Unters. d. Nahr.- u. Genußm. 1909. 17. 171. M. Fritzsche, ebenda 533.

[2]) Zeitschr. f. Unters. d. Nahr.- u. Genußm. 1904. 7. 193; ferner K. Farnsteiner, ebenda 1905. 10. 51.

(a—b) — 200 zum Nachweis von Cocosfett vorgeschlagen, wobei a die Reichert-Meißlsche Zahl, b die Köttstorfersche Zahl bedeutet. Bei Butter soll die Differenz im allgemeinen = ± 0 sein, kann aber auch positiv oder negativ sein. Bei Anwesenheit von Cocosfett wird folgende „Differenz"-Veränderung bewirkt, je nachdem diese positiv, neutral oder negativ ist:

a) eine ursprüngliche + Differenz geht in ± oder (bei sehr viel Cocosfett) in — Differenz über.

b) eine ursprüngliche ± Differenz geht in — Differenz über,

c) eine ursprüngliche — Differenz wird erheblich größer.

Die Differenzbestimmung hat infolge der Zunahme der Doppelfälschungen, wie die anderen Methoden, an Bedeutung verloren.

Die Hotonschen[1]) Diagramme lassen sich nur da mit einigem Erfolg, auch bei Doppelfälschungen anwenden, wo die äußersten Grenzen bei den Reichert-Meißlschen Zahlen und Refraktometer-Zahlen nach oben und unten für die einzelnen Gegenden und Jahreszeiten durch umfangreiches Analysenmaterial ermittelt sind bezw. fortlaufend bestimmt werden, wie z. B. in Holland. Die deutschen Butterhandelsverhältnisse gestatten vorerst die Benutzung der Diagramme nicht.

Über die Zuverlässigkeit und Tragweite der einzelnen Untersuchungsmethoden vergl. im übrigen auch die Methoden selbst.

Nachmachungen von Butter und Butterschmalz vergl. Margarine und andere Speisefette.

Gesundheitschädlich (§§ 12 bis 14 des Nahrungsmittelgesetzes) kann Butter sein infolge Gehalts an pathogenen Bakterien (vgl. den bakteriologischen Teil), an Konservierungsmitteln, an gesundheitsschädlichen Farben, an Metallen, z. B. Blei, Kupfer, aus Umhüllungspapier oder Gefäßen stammend, sowie auch durch hochgradige allgemeine Verdorbenheit (Ranzigkeit u. s. w.). Die Beurteilung ist im allgemeinen Sache der Ärzte.

Verdorbenheit (§ 10, 2, § 11 des Nahrungsmittelgesetzes) ist gekennzeichnet durch hohe Ranzigkeit, talgige, käsige Beschaffenheit, wie überhaupt durch vom normalen Aussehen, Geruch und Geschmack abweichende, die Genußfähigkeit völlig beeinträchtigende, bezw. ekelerregende Eigenschaften, aber auch durch die auf unrichtige Bearbeitung oder fehlerhaftes Rohmaterial (namentlich bei Land-, Bauernbutter) zurückzuführenden Butterfehler z. B. bitteren Geschmack. Die Ranzigkeit ist der häufigste Butterfehler, häufig aber unabhängig vom Säuregrad. Bei sogen. wieder aufgefrischter Butter tritt Ranzigkeit u. s. w. oft schon bald nach Herstellung und bei sehr niedrigem Säuregrad (2—3 ccm) ein, weil wohl die Säure abgestumpft wurde, nicht aber die Organismen völlig abgetötet waren. Für die Feststellung der Ranzigkeit u. s. w. gibt es keine chemischen Methoden, sie kann nur durch Sinnenprüfung ermittelt werden. Charakteristisch für Ranzigkeit ist besonders der kratzende Nachgeschmack. Koch- und Backbutter, wie überhaupt im Preis herabgesetzte Butter, muß natürlich anders bewertet werden als Tafelbutter bezw. eine zum normalen Tagespreis erstandene Ware.

---

[1]) S. S. 81.

Die Eigenschaften ersterer dürfen aber nicht sehr erheblich von normaler Ware abweichen oder die Gebrauchsfähigkeit ausschließen. Nach einer Entscheidung des Oberlandesgerichts Dresden vom 8. Jan. 1904 kommt es sogar nur auf den Zustand im Augenblicke des Verkaufs an, nicht aber darauf, ob mit der fraglichen verdorbenen Butter noch genießbare Backwaren hergestellt werden können. Mit Fasern durchsetzte (von verwendetem Werg, Seihtuch oder dergl. herrührend) Butter ist als verdorben zu beanstanden.

Margarine (Schmelzmargarine).

Die Untersuchung dieser Fette geschieht im wesentlichen unter Anwendung der amtlichen Anweisung zur chemischen Untersuchung von Fetten u. s. w. vom 1. April 1898 (vergl. Abschnitt Butter) und unter Berücksichtigung der Bestimmungen des Reichsgesetzes betr. den Verkehr mit Butter, Käse, Schmalz und deren Ersatzmitteln vom 15. Juni 1897 nebst Ausführungsbestimmungen vom 4. Juli 1897 (vgl. im Anhang), sowie ferner unter Anwendung der S. 107 u. 111 befindlichen Anlage d, zweiter Abschnitt, der Ausführungsbestimmungen[1]) D §§ 15 und 16 zum Schlachtvieh- und Fleischbeschaugesetz betr. Untersuchung von zubereiteten Fetten und unter Berücksichtigung der Bestimmungen des § 21 des genannten Fleischbeschaugesetzes und den dazu erlassenen Bundesratsbekanntmachungen vom 18. Februar 1902 und 4. Juli 1908 (vgl. im Anhang).

Ferner ist noch folgendes zu beachten:

1. Betreffs **Sesamölnachweis** nach der amtlichen Anweisung vom 1. April 1898.

Schätzung des Sesamölgehaltes der Margarine. „0,5 ccm des geschmolzenen, klar filtrierten Margarinefettes werden mit 9,5 ccm Baumwollsamenöl, das nach dem S. 87 bei Butter beschriebenen Verfahren geprüft, mit Furfurol und Salzsäure keine Rotfärbung gibt, vermischt. Man prüft die Mischung nach demselben Verfahren auf Sesamöl. Hat die Margarine dem vorgeschriebenen Gehalt an Sesamöl von der vorgeschriebenen Beschaffenheit, so muß die Sesamölreaktion noch deutlich eintreten."

2. A. **Kirschner**[2]), **Verfahren zum Nachweis des Butterfetts neben Cocosfett in Margarine**; unter Umständen von Wichtigkeit bei Nachprüfung, ob cocosfetthaltige Margarine den Bestimmungen des § 2 des Gesetzes vom 15. Juni 1897 entspricht.

3. **Schmelzprobe** siehe Butter.

4. **Nachweis von Eigelb** (zum Bräunen und Schäumen zugesetzt) **nach Mecke**[3]). 100 g Margarine werden bei 45° C geschmolzen und

---

[1]) In der durch Bekanntmachung des Bundesrats vom 4. Juli 1908 abgeänderten Form.
[2]) Zeitschr. f. Unters. d. Nahr.- u. Genußm. 1905. 9. 65.
[3]) Zeitschr. f. öffentl. Chem. 1899. 231, 496.

mit 50 ccm einer 1%-igen NaCl-Lösung im Scheidetrichter geschüttelt. Nach dem Absetzen wird die wässerige Lösung abgelassen, mit Petroleumäther ausgeschüttelt und nach Zusatz von Tonerdehydrat durch ein dichtes Filter filtriert; die Lösung bleibt gewöhnlich trübe. Das Filtrat wird mit 250 ccm Wasser verdünnt. Bei Anwesenheit von Eigelb scheidet sich beim Verdünnen Vitellin in weißen Flocken ab.

5. Nachweis von Rohrzucker neben Milchzucker nach Mecke. 100 g Margarine werden in einem Mörser mit 60 ccm einer erwärmten schwachen Sodalösung versetzt (um Inversion durch Milchsäure zu vermeiden) gemischt und in ein Spitzglas gegossen. Letzteres wird einige Stunden in warmes Wasser gestellt, dann läßt man erkalten, durchbohrt den Fettkuchen, gießt die wässerige Lösung ab, säuert zur Abscheidung des Caseins mit Citronensäure an und filtriert. 25 ccm des Filtrats werden direkt, weitere 25 ccm nach der Inversion mit Citronensäure mit Fehlingscher Lösung in bekannter Weise behandelt. Aus der aus der ersten Partie erhaltenen Kupfermenge läßt sich der Milchzucker, aus der zweiten der Rohrzucker berechnen. Bei der Berechnung ist der Wassergehalt der Margarine zu berücksichtigen.

Beurteilung:

Gesetzliche Bestimmungen. Das Gesetz betr. den Verkehr mit Butter, Käse, Schmalz und deren Ersatzmitteln vom 15. Juni 1897 nebst Ausführungsbestimmungen vom 4. Juli 1897 (s. Anhang) gibt Bestimmungen für die Begriffsbestimmung im § 1, Abs. 2, für den Einzelverkauf und das Feilhalten (§ 1, Abs. 1 und 2), für Verkaufen und Feilhalten in größeren Quantitäten (§ 2, Abs. 1 und 2), für das Vermischen mit Butter und Butterschmalz (§ 3), für die Trennung der Verkaufsräume (§ 4), für den Zusatz von Sesamöl (§ 6), für die Probenahme (§ 8), für die Herstellung und Anzeigepflicht (§ 9).

Betreffs Einzelankauf der Margarine in Würfeln und würfelförmigen Umhüllungen ist durch Urteil des Königl. Kammergerichts vom 21. Juni 1907 (siehe Zeitschr. f. Unters. d. Nahr.- u. Genußm. 1901, Beilage S. 110) entschieden worden, daß für würfelförmige Margarinestücke nicht eine doppelte Kennzeichnung, Einpressung der Inschrift und Umhüllung mit Inschrift, sondern nur wahlweise das eine oder andere in Betracht kommt. Es genüge, wenn würfelförmige Margarinestücke die eingepreßte, im übrigen den gesetzlichen Erfordernissen entsprechende Inschrift haben.

Durch Urteil des Oberlandesgerichts zu Hamburg vom 31. Jan. 1908 (s. Zeitschr. f. Unters. d. Nahr.- u. Genußm. 1909, Beilage S. 114) ist außerdem entschieden worden, daß Würfelstücke weder auf den Stücken selbst noch auf ihrer Umhüllung den Namen oder die Firma des Verkäufers zu tragen brauchen. (Gegensatz zu den sonstigen Bestimmungen betr. den Einzelverkauf von Margarine (§ 2, Abs. 3)).

Für das Feilhalten von Margarine in Stückenform auf Flachtellern kommen die Vorschriften des § 2, Abs. 1 (nicht verwischbarer Inschrift Margarine und roter Streifen) nicht in Betracht. (Urteil des Landgerichts Hagen vom 8. Juli 1908).

Untersuchung und Beurteilung der Speisefette. 95

Das Fleischbeschaugesetz vom 3. Juni 1900 (§ § 4, 16, 21) und dessen Ausführungsbestimmungen, sowie die Bekanntmachung des Bundesrats vom 18. Februar 1902 geben umfangreiche Vorschriften über den Verkehr mit Margarine, besonders auch betr. gesundheitsschädliche und täuschende Zusätze (Konservierungsmittel); die Bestimmungen erstrecken sich namentlich auch auf die tierischen Rohmaterialien.

Handelsbezeichnungen. Margarine, Margarinebutter, Kunstbutter[1]), (Schmelzmargarine, Margarineschmalz). Neben den gesetzlichen Bezeichnungen tragen die Umhüllungen meist noch besondere Wortzeichen, wie „Mohra", „Sana" und dergleichen mehr.

Mittlere Zusammensetzung, ähnlich wie bei Butter, in bezug auf die Zusammensetzung des Fettes, natürlich davon gänzlich abweichend und durchaus verschieden. Besondere Bestandteile in jedoch nicht ins Gewicht fallender Menge sind Eigelb (etwa 2%), Lecithin (etwa 0,2%), Glucose (Stärkesirup), Rohrzucker, Wachs, Casein; Aromastoffe (Margol, Käseextraktaroma, flüchtige Säuren), ferner Farbstoffe und Konservierungsmittel, (neuerdings namentlich Benzoesäure seit dem Verbot der Borsäure).

Als Fettrohmaterialien kommen in Betracht: Premier jus, Oleomargarin, Talg, Schweinefett (Neutrallard), Cocosfett, Baumwollsamenöl (-stearin), Sesamöl, Erdnußöl, im Ausland auch Maisöl u. s. w.

Das verwendete Milchmaterial wird verschiedenartig vorbehandelt — pasteurisiert, gesäuert u. s. w. Statt Kuhmilch wird auch Mandelmilch (Margarine Sana) genommen.

Verfälschungen und Nachahmungen. Die Verfälschungen sind in bezug auf den Nichtfettgehalt (Wasser, Käsestoff, Salze, Mehl, gröbliche Zusätze wie Kartoffelbrei u. s. w.) die gleichen wie bei Butter. Bezüglich der Beurteilung des Wassergehalts, der bisweilen weit mehr als 16%, bei normaler Herstellungsweise durchschnittlich aber kaum 12% beträgt, schwanken die Ansichten beträchtlich, da Margarine nicht als Naturprodukt in dem Sinne wie Butter anzusehen und eine gesetzliche Grenze für den Wassergehalt nicht vorgeschrieben ist. Unseres Erachtens sollte jeder übermäßige, mindestens 16% übersteigende Wassergehalt (wie bei Butter) als Verfälschung beanstandet werden. Des Näheren haben sich Beythien[2]), Reinsch[3]) und Buttenberg[4]) u. a. zu dieser Frage ausgesprochen. In bezug auf die Fettbestandteile kommen Verfälschungen nicht in Frage. Der Zusatz von Butter bezw. Gehalt an Milchfett ist durch § 3 des Gesetzes vom 15. Juni 1897 verboten bzw. beschränkt. Dementsprechend müssen also Reichert-Meißlsche Zahlen bis zu etwa 1,0 unbeanstandet gelassen werden. Durch erheblichen Zusatz von Cocosfett kann zwar die Reichert-Meißlsche Zahl noch erhöht werden, jedoch lassen sich solche Zusätze an den niedrigen Jod- bzw. hohen Verseifungszahlen erkennen. Die

---

[1]) In Deutschland ist nur die Bezeichnung „Margarine" gesetzlich zulässig.
[2]) Zeitschr. f. Unters. d. Nahr.- u. Genußm. 1908. **16.** 46.
[3]) Ebenda 1908. **15.** 613.
[4]) Ebenda 1907. **13.** 542 und 1908. **16.** 48.

Refraktometerzahlen wechseln entsprechend der Zusammenstellung der Fette erheblich. Die Kennzeichnung unterliegt in Deutschland gesetzlichen Bestimmungen (Sesamölgehalt), vergl. auch S. 93.

Als Verfälschungen kommen ferner in Betracht: Konservierungsmittel (vergl. Butter); mehrere sind überhaupt als verboten im Fleischbeschaugesetz bezw. in der Bundesratsbekanntmachung v. 18. Febr. 1902 namhaft gemacht; die Verarbeitung von minderwertigen oder gar verdorbenen Materialien ist ebenfalls Fälschung. Nachmachungen von Margarine gibt es selbstredend nicht, da Margarine selbst eine Nachmachung (Ersatzstoff) und ihrem ganzen Wesen nach butterähnlich ist[1]). Verkauf von Margarine unter der Bezeichnung Butter ist daher nach dem Nahrungsmittelgesetz strafbar. Insoweit als die Margarine dabei nicht in entsprechender Umhüllung oder in anderer als Würfelform verkauft wird, kommt das Gesetz vom 15. Juni 1897 in Anwendung. Außerdem kann auch Betrug unter Umständen angenommen werden.

Gesundheitsschädlichkeit und Verdorbenheit. Die Beurteilung erfolgt im wesentlichen nach den für Butter angegebenen Grundsätzen. Die Verwendung von tierischen und vegetabilischen Fetten, welche zersetzt oder infolge ihrer Herkunft, z. B. von Tieren, welche einer auf Menschen übertragbaren Infektionskrankheit erlegen sind, von Kadavern- und Abdeckereifetten stammen, fällt unter dieses Kapitel.

Der Nachweis wird im allgemeinen lediglich von Tierversuchen und kriminellen Feststellungen abhängen.

Über die Gesundheitsschädlichkeit der verbotenen Konservierungsmittel, Borsäure u. s. w. vergl. den Abschnitt Fleisch, über diejenige der Benzoesäure liegen noch keine bestimmten Erfahrungen, Äußerungen jedoch von K. B. Lehmann[2]), sowie vom 4. Internationalen Hygienischen Kongreß in Berlin[3]) vor. Die Beurteilung der Konservierungsmittel lediglich als Verfälschungsmittel vgl. S. 238, Abschnitt Fruchtsäfte.

Schweinefett (Schmalz).

(Die zwischen Anführungszeichen gesetzten Abschnitte sind der amtlichen Anweisung vom 1. April 1898 entnommen.)

Probeentnahme s. Butter S. 75 und Fleisch S. 163.

1. Bestimmung des Wassers.

Die Bestimmung des Wassers erfolgt in gleicher Weise wie bei Butter.

Für die Bestimmung geringer Wassermengen hat Polenske eine sehr sinnreiche Methode ausgearbeitet[4]). Siehe außerdem die amtliche Anleitung zum Nachweis geringer Mengen Wasser im Schweineschmalz Anlage 2 zur preuß. Ministerialverfügung betr. die Untersuchung ausländischen Fleisches vom 24. Juni 1809, S. 115.

---

[1]) Betr. Butterähnlichkeit von Margarine vgl. die Reichsgerichtsentscheidungen v. 12. Dez. 1907 u. v. 3. Nov. 1908; s. ferner auch Abschnitte Cocosfett und Rinderfett.
[2]) Chem.-Zeitg. 1908. 79. 949.
[3]) s. den darüber herausgegebenen Bericht sowie das Referat Zeitschr. f. Unters. d. Nahr.- u. Genußm. 1909. 17. 239.
[4]) Arbeiten a. d. Kais. Gesundh.-Amte. 1907. 25. 505.

Untersuchung und Beurteilung der Speisefette.

2. Bestimmung der Mineralbestandteile.

„10 g Schmalz werden geschmolzen und durch ein getrocknetes, dichtes Filter von bekanntem, geringem Aschengehalte filtriert. Man entfernt die größte Menge des Fettes von dem Filter durch Waschen mit entwässertem Äther, verascht alsdann das Filter und wägt die Asche."

3. Bestimmung des Fettes.

„Man erhält den Fettgehalt des Schmalzes, indem man die Werte für den Gehalt an Wasser und Mineralbestandteilen von 100 abzieht."

4. Untersuchung des klar filtrierten Schmalzes[1]).

a) Bestimmung des Schmelz- und Erstarrungspunktes.
b) Bestimmung des Brechungsvermögens.
c) Bestimmung der freien Fettsäuren (des Säuregrades).
d) Bestimmung der flüchtigen, in Wasser löslichen Fettsäuren (der Reichert-Meißlschen Zahl).
e) Bestimmung der Verseifungszahl (der Köttstorfferschen Zahl).
f) Bestimmung der unlöslichen Fettsäuren (der Hehnerschen Zahl).
g) Bestimmung der Jodzahl nach von Hübl[2]).
h) Bestimmung der unverseifbaren Bestandteile.
i) Nachweis von Sesamöl.

Diese Bestimmungen erfolgen in derselben Weise wie bei Butterfett mit folgenden Abweichungen:

1. Will man sich bei der Bestimmung des Brechungsvermögens eines besonders eingerichteten Thermometers bedienen, so muß es ein solches sein, das auch für Schweineschmalz bestimmt ist und eine dementsprechende Einteilung besitzt.

2. Bei dem Nachweise des Sesamöles ist auf Teerfarben keine Rücksicht zu nehmen."

k) Nachweis von Baumwollsamenöl.

1. nach Bechi[3]).

Erforderliche Lösungen:

„α) 1 g Silbernitrat wird in 200 g reinem Alkohol von 98 Volumprozent gelöst und die Lösung mit 0,1 g Salpetersäure vom spezifischen Gewicht 1,153 und 40 g Äther versetzt; die schwach saure Mischung wird filtriert.

β) Man mischt 100 g reinen Amylalkohol (Siedepunkt 130 bis 132⁰ C) und 15 g Rapsöl.

Zunächst hat man sich davon zu überzeugen, daß beim Erhitzen einer Mischung der beiden Reagentien keine Reduktion des Silbernitrats

---

[1]) Vgl. auch Anweisung zum Fleischbeschaugesetz S. 111 ff., die dem neuesten Stand der Fettanalyse Rechnung trägt.
[2]) Die Bestimmung der Jodzahl der Fettsäuren kann unter Umständen auch gute Dienste leisten. (Muter und de Koningh, Analyst 1889. 14. S. 61 und Benedikt-Ulzer, Analyse der Fette, 1908, J. Springer, Berlin; Wallenstein und Fink, Chem.-Zeitg. 1894. S. 1190.)
[3]) Diese Methode ist neuerdings nicht mehr anerkannt; vgl. dafür die S. 98 angegebene, sowie die unter Kapitel „Fette und Öle" angeführten Methoden.

eintritt, indem man 1 ccm der Silbernitratlösung und 10 ccm der Amylalkohol-Rapsölmischung miteinander mischt, gut durchschüttelt und an einem gegen die Einwirkung des Tageslichtes geschützten Orte eine Viertelstunde im kochenden Wasserbad erhitzt. Hierbei darf nicht die geringste Bräunung oder Schwärzung eintreten, wenn die Reagentien brauchbar sein sollen.

Ist die Brauchbarkeit der Reagentien erwiesen, so bringt man 5 ccm geschmolzenes und klar filtriertes Schmalz in ein dünnwandiges Kölbchen, fügt 10 ccm absoluten Alkohol hinzu, erwärmt die Mischung im Wasserbade bis zur Lösung, gibt dann 10 ccm der Alkohol-Rapsölmischung und 1 ccm der Silbernitratlösung zu, schüttelt das Ganze gut durch, hängt das Kölbchen an einem vor der Einwirkung des Tageslichtes möglichst geschützten Ort ins kochende Wasserbad und beläßt es genau eine Viertelstunde darin. Bei Gegenwart von Baumwollsamenöl tritt eine Reduktion des Silbernitrats ein, wobei die Mischung eine tiefbraune bis schwarze Färbung annimmt."

2. **Halphensche Reaktion**[1]) (wird neuerdings mit Recht empfohlen). Gleiche Volumina geschmolzenes und filtriertes Fett, Amylalkohol und einer 1%-igen Lösung von Schwefel in Schwefelkohlenstoff werden 10 Minuten im siedenden Salzwasserbade erhitzt; Rotfärbung mit etwas gelblich vermischt zeigt Baumwollsamenöl an; sie ist weit empfindlicher als die Bechi-Probe; wie von Soltsien festgestellt ist und auch von den Verff. bestätigt werden kann, lassen sich in farblosen Fetten noch 1% Baumwollsamenöl mit dieser Methode nachweisen, in gefärbten Ölen (z. B. Olivenöl) gelang es noch 2 bis 5% nachzuweisen. Die Reaktionsfarbe ist sehr haltbar, auch erhitztes Öl gibt die Reaktion.

l) Nachweis von Pflanzenölen im allgemeinen (Reaktionen nach Welmans und Bellier).

„1 g des geschmolzenen und klar filtrierten Schmalzes löst man in einem dickwandigen, mit Stöpsel verschließbaren Probierröhrchen in 5 ccm Chloroform, setzt 2 ccm einer frisch bereiteten Lösung von Phosphormolybdänsäure oder phosphormolybdänsaurem Natron und einige Tropfen Salpetersäure zu und schüttelt kräftig durch. Bei Abwesenheit von fetten Ölen bleibt das Gemisch gelb, bei deren Anwesenheit jedoch tritt eine Reduktion ein: die Mischung nimmt eine grünliche, bei bedeutenden Zusätzen eine smaragdgrüne Färbung an.

Durch Vergleich mit reinem Schmalz läßt sich der Unterschied zwischen gelb und grün leichter beobachten. Läßt man einige Minuten stehen, so scheidet sich die Flüssigkeit in zwei Schichten; die untere (Chloroform) erscheint wasserhell, während die obere grün gefärbt ist. Man vermeide niedere Temperaturen, damit sich das Fett nicht in festem Zustande wieder abscheidet.

Macht man die saure Mischung mit Ammoniak alkalisch, so geht die grüne Farbe in Blau über, dessen Intensität der vorherigen Grünfärbung entspricht. Ein nur schwachblauer Schimmer ist unberücksichtigt zu lassen."

---

[1]) S. auch die amtliche Anweisung S. 113. Abänderungsvorschläge v. P. Soltsien, Z. f. öff. Chemie 1901, 7, 25; Rupp, Zeitschr. f. Unters. d. Nahr.- u. Genußm. 1907, 13, 74.

Statt bezw. neben dieser Methode wird jetzt mit größerem Erfolg die Belliersche angewendet (vergl. S. 112).

A. Olig und E. Brust[1]) geben der Bellierschen Reaktion als Gattungsreagens auf Pflanzenöle vor der Welmansschen den Vorzug; es ist aber wohl möglich, die Öle durch entsprechende Behandlung gegen die Belliersche Reaktion zu inaktivieren; daher Ausbleiben der Reaktion kein absolut sicheres Merkmal für Abwesenheit von Pflanzenölen in Schmalz. Oleomargarin oder Talg geben auch mit Bellierschem Reagens Rotfärbungen.

m) Nachweis von Phytosterin (Bestandteil von Pflanzenölen).

„Zu 50 g Fett setzt man in einem Kolben 20 g Kaliumhydroxyd, ebensoviel Wasser und, wenn sich das Kaliumhydroxyd gelöst hat, 50 ccm Alkohol (von 70 Volumprozent); man erwärmt so lange auf dem Wasserbade, bis Verseifung eingetreten ist, verdünnt die Seifenlösung mit Wasser auf 1000 bis 1200 ccm und schüttelt sie in einem großen Scheidetrichter mit 500 ccm Äther durch. Der Äther wird nach dem Absetzen, das durch Zusatz von etwas Alkohol gefördert werden kann, von der wässerigen Flüssigkeit getrennt, wenn nötig, durch ein trockenes Filter filtriert, verdunstet, der Rückstand, welcher fast stets noch etwas unverseiftes Fett enthält, nochmals mit alkoholischer Kalilauge erwärmt und die wässerige Lösung wiederum mit wenig Äther geschüttelt. Nachdem die alkalische Lösung aus dem Scheidetrichter abgelassen ist, wird der Äther zur Entfernung von aufgenommener Seife mehrmals mit Wasser durchgeschüttelt, der Äther abdestilliert, der Rückstand in heißem Alkohol gelöst, letzterer bis auf 1 bis 2 ccm verdunstet und die beim Erkalten sich bildende Krystallmasse auf einer porösen Tonplatte ausgebreitet. Nach dem Trocknen bestimmt man ihren Schmelzpunkt.

Das Phytosterin der Pflanzenfette schmilzt bei 133 bis 136⁰ C, das sich sonst ähnlich verhaltende Cholesterin, das sich in tierischen Fetten findet, schmilzt bei 146 bis 147⁰ C."

Nach Forster und Riechelmann kann man die zu verseifende Menge auch in der Weise an Phytosterin bezw. Cholesterin anreichern, daß man 50 g Fett 2-mal mit je 75 ccm 95 bis 96%-igem Alkohol am Rückflußkühler unter häufigem Schütteln je 5 Minuten lang kocht, das Fett durch rasches Abkühlen zur Ausscheidung bringt, den überstehenden Alkohol abfiltriert, das alkoholische Filtrat mit 15 ccm 50%-iger Natronlauge verseift und die Seife nach Entfernung des Alkohols mit Äther wie vorhin auszieht. (Nach den Vereinbarungen.)

von Raumer[2]) schlägt vor, zur Vermeidung der Arbeitsweise mit den großen Äthermengen die Seife zu trocknen und im Extraktionsapparat zu extrahieren.

Den Vorzug vor diesen Methoden verdient entschieden das Bömersche Verfahren, das S. 69 ausführlichst wiedergegeben ist. Vergl. im übrigen auch die amtliche Anweisung zum Fleischbeschaugesetz S. 113.

---

[1]) Zeitschr. f. Unters. d. Nahr.- u. Genußm. 1909. 17. 561.
[2]) Zeitschr. f. angew. Chem. 1898. 555.

n) **Nachweis von Cocosfett und Palmkernfett** geschieht mit Hilfe der Verseifungszahl und Reichert-Meißlschen Zahl, evtl. auch mit dem Refraktometer bezw. mit Hilfe der Phytosterinacetatmethode.

o) **Nachweis von Erdnußöl** vgl. S. 74.

p) **Nachweis von Rind- und Hammelfett (-Talg).**

Unter Umständen, aber selten, gibt die Jodzahl einen Anhaltspunkt, jedoch nur unter gleichzeitiger Berücksichtigung der übrigen Konstanten.

Das Verfahren von Goske[1]), aufgebaut auf den Nachweis der verschiedenen Krystallformen der Stearine (Heptadekyldistearin bei Schweinefett und Palmidodistearin bei Rind- und Hammeltalg)[2]) soll sich nicht bewährt haben, wie verschiedene Autoren und Goske selbst angeben.

Dagegen verspricht das Verfahren von E. Polenske[3]) zur Bestimmung des Schmelz- und Erstarrungspunktes (Temperaturdifferenzverfahren) den Erfahrungen K. Fischers und K. Alpers[4]) zufolge sich zum Nachweis von gröberen Fälschungen des Schmalzes mit Talg zu eignen.

q) **Nachweis fremder Farbstoffe**
r) **Nachweis von Konservierungs- (Frischhaltungsmitteln)**

siehe die nachstehenden Ausführungsbestimmungen zum Fleischbeschaugesetz.

Beurteilung.

Gesetzliche Bestimmungen im allgemeinen wie bei Butter und Margarine.

Begriffsbestimmung und Handelsbezeichnungen: Durch § 1, Abs. 4 des Gesetzes vom 15. Juni 1897 ist die begriffliche Unterscheidung von Schweinefett und Kunstspeisefett (schweineschmalzähnliche Zubereitung) bestimmt. Schmalz, Schweinefett, -Schmalz, Schmeer, ist das durch Ausschmelzen der inneren Fettpartien (Darm-, Nierenfett) des Schweins gewonnene Fett. Es wird aber auch nicht selten aus anderen fettreichen Körperteilen gewonnen (Rücken-, Bauchspeck, Liesen), angeblich sogar aus den Borsten. Anerkanntermaßen ist an Güte das aus der Bauchwand entnommene Schweinefett das beste. Auf andere Weise gewonnenes Schweinefett wird meist unter Zugabe von Zwiebeln, Brot, Salbei und anderen Gewürzstoffen ausgelassen (-gebraten).

Das amerikanische Schweineschmalz spielt eine große Rolle im Handel. Bezeichnungen: Neutrallard, Prima Stearin Lard u. s. w. sind offizielle in den Vereinigten Staaten giltige Namen für die Gewinnung und die Herstellung aus den verschiedenen Körperteilen.

---

[1]) Chem.-Zeitg. 1892. 16. 1560 und 1895. 19. 1043.
[2]) H. W. Wiley, Zeitschr. f. anal. Chem. 1891. 30. 510; H. Kreis u. A. Hafner, Zeitschr. f. Unters. d. Nahr.- u. Genußm. 1904. 7. 641.
[3]) Arbeiten a. d. Kais. Gesundh.-Amte 1907. 26. 444 nebst Anhang ebenda 1908. 29. 272. Zeitschr. f. Unters. d. Nahr.- u. Genußm. 1907. 14. 758.
[4]) Zeitschr. f. Unters. d. Nahr.- u. Genußm. 1909. 17. 181; vgl. ferner M. Fritzsche ebenda, 532; L. Laband, ebenda 18. 289.

Mittlere Zusammensetzung: Enthält meist nur Spuren von Wasser (bis zu 0,3 % sind zulässig)[1]) und von Mineralbestandteilen.

Das Schweinefett hat eine sehr schwankende Zusammensetzung, weshalb die früher als besonders wertvoll betr. Beurteilung von Schweinefett angesehene Jodzahl erheblich an Gültigkeit gelitten hat, was namentlich für die Schweinefette ausländischer Herkunft zutrifft. Nach bisherigen Erfahrungen soll die Jodzahl zwischen 46 und 64 liegen; bei ausländischen Fetten steigen die Werte jedoch bis 85. Auch die Jodzahl der flüssigen Anteile der Fettsäuren schwankt noch in ziemlich weiten Grenzen. Die Refraktometerzahl liegt zwischen 48,5 und 51,5 bei 40⁰ C. Nach K. Farnsteiner[2]) ist mit größter Wahrscheinlichkeit anzunehmen, daß diesen Refraktometer-Zahlen Jodzahlen von 48 bis 69 entsprechen. Der hiernach anzunehmende Parallelismus erleichtert die Aussortierung der verdächtigen Proben von den unverdächtigen. Die freie Vereinigung Deutscher Nahrungsmittelchemiker hat neuerdings den Leitsatz aufgestellt: Es ist zurzeit nicht mehr angängig, feste Grenzzahlen von Schweinefett aufzustellen.

Verfälschungen: 1. Zusatz von Pflanzenfetten, Baumwollsamenöl und -stearin, Erdnuß-, Sesam-, Cocosöl. 2. Zusatz von Preßtalg, Rindertalg und Hammeltalg. 3. Gleichzeitiger Zusatz von Talg und Pflanzenfetten. 4. Zusatz von gewichtsvermehrenden Stoffen außer Fetten, sowie das vereinzelt beobachtete teilweise Verseifen (mit Soda und dergl.) zur Bindung größerer Wassermengen. Derartige Verfälschungen dürften wohl kaum in großem Maßstabe vorkommen (n. d. Vereinbarungen).

Verfälschungen erkennt man im allgemeinen an den Jodzahlen (vergl. die Konstantentabelle) bezw. unter Umständen ebenso leicht mit dem Refraktometer oder durch Nachweis des Phytosterins (Pflanzenöle). Cocosfett wird außerdem durch Köttstorfer-, Reichert-Meißl- und Polenske-Zahl[3]) nachgewiesen.

Talgzusatz kann unter Umständen an der Erniedrigung der Jodzahl (siehe indessen oben) erkannt werden. Rindstalg hat nämlich die Jodzahlen 35,6 bis 40,0 und Rindspreßtalg geht bis zu 17 bis 20 herab; doch ist hierbei zu beachten, daß von Einfluß auf die Jodzahl nach Amthor und Zink[4]), sowie E. Spaeth[5]) auch das Alter des Schweinefettes sein kann, insofern als mit einer Zunahme von freien Fettsäuren eine Abnahme der Jodzahl Hand in Hand geht und daß eine unter 46 sinkende Jodzahl auch von einem Gehalt desselben an Cocosöl oder Palmkernöl herrühren kann.

---

[1]) Vgl. auch den Preuß. Ministerialerlaß vom 24. Juni 1909, § 7, S. 115. dieses Buches.
[2]) Bericht des hygien. Instituts Hamburg 1903—04. 28. Zeitschr. f. Unters. d. Nahr.- u. Genußm. 1906. 11. 310.
[3]) Arnold fand, daß Schweinefett eine Polenske-Zahl von etwa 0,5 hat und nur geringe Schwankungen aufweist. Zeitschr. f. Unters. d. Nahr.-u. Genußm. 1905. 10. 211.
[4]) Zeitschr. f. anal Chem. 1892. 31. S. 534.
[5]) Forschungsberichte über Lebensmittel u. s. w. 1894. 1. S. 344 und Zeitschr. f. analyt. Chemie 1896. 35. S. 471.

Über den Nachweis von Talg mittels der Krystallform des Talgstearins besteht zurzeit noch große Unsicherheit, weshalb hier auf die betreffende Literatur[1]) hingewiesen wird.

Der Nachweis bei kombinierten Fälschungen (Pflanzen- und tierischen Fetten) ist oft sehr erschwert, namentlich dann, wenn das fette Öl (Baumwollsamenöl, Sesam-, Arachisöl) behufs Entsäuerung oder Entfärbung mit chemischen Agentien behandelt oder höheren Temperaturen unterworfen wurde. In solchen Fällen versagen nämlich sowohl die Bechische, wie die Welmanssche und auch die Halphensche und Belliersche Reaktion. Indessen können, namentlich wenn auch die Jodzahl keinen sicheren Anhaltspunkt gibt, die Prüfung auf Phytosterin und die Bestimmung der Jodzahl der flüssigen Fettsäuren unter Umständen Aufschluß über eine vorliegende Fälschung geben.

Die Anwesenheit der Pflanzenöle stellt man durch die für dieselben charakteristischen qualitativen Reaktionen fest. Verfälschungen von Schweinefett mit Ölen begegnet man fast gar nicht mehr.

Bei der Ausführung und Beurteilung der Farbenreaktionen ist darauf zu achten, daß die Ausführungsvorschriften peinlich genau eingehalten und die Fette nur in vollständig klar geschmolzenem Zustande verwendet werden. Dabei sind sehr geringe Verfärbungen nicht, sondern nur das deutliche Auftreten der charakteristischen Färbungen als positive Reaktionen anzusehen. Ferner können die Bechische und Welmanssche Reaktion eintreten, ohne daß Baumwollsamenöl vorhanden ist, wenn das betreffende Fett beim Ausschmelzen einen Zusatz von Zwiebeln und dergl. erhalten hat (Bratenschmalz). Namentlich bei der Welmansschen Reaktion sind nur deutliche Grünfärbungen, nicht schwache Grüngelbfärbungen als für die Anwesenheit fetter Öle sprechend anzusehen.

Zusätze mineralischer Natur und organische Füllmittel außer Fett, sowie von Konservierungsmitteln, sind als Verfälschungen zu beanstanden. Von den zuletzt genannten Stoffen sind die in der Bundesratsbekanntmachung vom 18. Februar 1902 angeführten (siehe im Anhang) als Zusätze zu Schmalz, ebenso wie zu Margarine verboten.

Nachmachungen sind Mischungen von Schweinefett mit fremden Fetten und in diesem Fall identisch mit Verfälschungen, werden aber auch gänzlich mit Hilfe anderer Fette hergestellt. Alle dem Schweineschmalz ähnlichen Zubereitungen, deren Fettgehalt nicht ausschließlich aus Schweinefett besteht, sind entsprechend den Bestimmungen des § 1, Abs. 4 des Gesetzes vom 15. Juni 1897 als Kunstspeisefette zu bezeichnen. Der Verkauf letzterer unterliegt gewissen gesetzlichen Bestimmungen in der Art wie bei Margarine (§§ 2, 4 und 5 des Gesetzes vom 15. Juni 1897), siehe Anhang. Ausgenommen sind unver-

---

[1]) H. W. Wiley, Zeitschr. f. anal. Chem. 1891. 30. 510. C. Goske, Chem.-Zeitg. 1892. 1560 u. 1597 und 1895. 1403. P. Soltsien, Ph.-Zeitg. 1893. 634. C. A. Neufeld, Arch. f. Hygiene 1893. 452. O. Hehner, Chem.-Zeitg. 1894. 18. 367.

fälschte[1]) Fette bestimmter Tier- und Pflanzenarten, welche unter den ihrem Ursprung entsprechenden Bezeichnungen in den Verkehr gebracht werden. Die neuerdings in Handel gebrachten Cocosschmalze, -bratenschmalze (schmalzartige Mischungen von Cocosfett mit Baumwollsamenöl) sind Kunstspeisefette (Nachmachungen) und fallen nicht etwa unter die Ausnahmen des Gesetzes. Den unverfälschten Fetten stehen nicht allein die verfälschten und nachgemachten, sondern überhaupt die zusammengemischten gegenüber. (Vergl. Reichstagsverhandlungen zum Entwurf des Margarinegesetzes vom 15. Juni 1897.) Fettmischungen schweinefettähnlicher Beschaffenheit sind stets Nachmachungen.

Vergl. im übrigen die Ausführungen in den Abschnitten Rinderfett (Talg), Cocosfett u. s. w.

Gesundheitsschädlichkeit und Verdorbenheit: Beurteilung wie bei Butter und Margarine.

Rindsfett, Hammelfett[2]) (-Talg), (Premier jus, Oleomargarin, Preßtalg) und Gänsefett.

Die chemische Untersuchung dieser Fette erfolgt nach denselben Grundsätzen und Methoden wie bei Butter und Schweinefett bezw. nach den durch das Fleischbeschaugesetz und seine Ausführungsbestimmungen vorgeschriebenen Methoden. Für die zolltechnische Unterscheidung der Talge u. s. w. ist nachstehende Anweisung erlassen.

Instruktion
für die zolltechnische Unterscheidung des Talgs, der schmalzartigen Fette und der unter Nr. 26 i des Zolltarifs fallenden Kerzenstoffe[3]).

Vom 6. Februar 1896.

„Zur zolltechnischen Unterscheidung des Talgs (No. 26 l), der schmalzartigen Fette (No. 26 h), soweit sie nicht in Schmalz von Schweinen oder Gänsen bestehen, und der unter dem Namen Stearin in den Handel kommen, nach No. 26 i zu tarifierenden festen, harten Fettsäuregemische der Stearin- und Palmitinsäure sowie ähnlicher Kerzenstoffe, dient in erster Linie die von den Zollämtern vorzunehmende Feststellung des Erstarrungspunktes. Liegt der ermittelte Erstarrungspunkt der Fette unter 30° C, so sind sie als schmalzartige Fette, liegt er zwischen 30 und 45° C, so sind sie als Talge, und liegt er über 45° C, so sind sie als Kerzenstoffe zu behandeln. Jedoch wird Preßtalg, der als solcher deklariert ist, noch mit einem Erstarrungspunkt von 50° C zur Verzollung als Talg zugelassen, wenn er nicht mehr als 5% freie Fettsäure enthält.

---

[1]) Gewürze, Zwiebeln u. s. w. sind herkömmliche Zusätze und keine Verfälschungen.
[2]) Dieses, sowie Pferdefett kommt als menschliches Nahrungsmittel kaum in Betracht.
[3]) Auszugsweise; nach dem Finken er schen Verfahren.

Behufs der Prüfung ist eine Durchschnittsprobe der Ware in der Weise herzustellen, daß mittels eines Bohrlöffels aus verschiedenen Höhenlagen des zu prüfenden Fettes, und zwar sowohl aus der Mittelachse als auch aus den gegen die Seitenränder hin gelegenen Teilen desselben, Proben entnommen und miteinander vermischt werden. Bei größeren Fettposten von augenscheinlich gleicher Beschaffenheit und gleichem Ursprung genügt es, wenn aus 2 bis 5% der Kolli je eine Durchschnittsprobe entnommen wird. Jede Probe ist für sich zu untersuchen; zeigt hierbei der Inhalt auch nur eines Kollo der Sendung eine abweichende Beschaffenheit, so ist die Prüfung auf sämtliche Kolli der Sendung auszudehnen.

Zur Feststellung des Erstarrungspunktes dient der abgebildete, vorgeschriebene Apparat, der besonders zu beschaffen ist.

Fig. 4.

Das Verfahren der Feststellung des Erstarrungspunktes, welches etwa 2 Stunden Zeit in Anspruch nimmt, ist folgendes:

Man bringt 150 g der Durchschnittsprobe des zu untersuchenden Fettes in einer unbedeckten Porzellanschale auf einem siedenden Wasserbade zum Schmelzen, läßt sie nach dem Eintritt der Schmelzung mindestens 10 Minuten oder so lange auf dem siedenden Wasserbade stehen, bis das geschmolzene Fett eine vollständig klare Flüssigkeit darstellt, und füllt alsdann aus der außen abgetrockneten Schale Fett in das Kölbchen des Apparates bis zur Marke. Das Kölbchen stellt man, nachdem der Schliff, wenn nötig, abgeputzt und das Thermometer eingesetzt ist, sofort in den Kasten, klappt den Deckel desselben zu und fängt, wenn das Thermometer auf 50° C gesunken ist, an, den Stand desselben mit Zwischenräumen von 2 Minuten abzulesen und abzuschreiben.

Bei harten Fetten fängt das Thermometer nach einiger Zeit an langsamer zu fallen, bleibt einige Minuten stehen, steigt wieder, erreicht einen höchsten Stand und sinkt abermals. Dieser höchste Stand ist der Erstarrungspunkt.

Bei weichen Fetten fängt das Thermometer nach einiger Zeit an langsamer zu fallen, bleibt mehrere Minuten auf einem sich nicht ändernden Stand stehen und sinkt dann, ohne den vorigen dauernden Stand wieder zu erreichen. Der beobachtete höchste, sich auf einige Zeit nicht ändernde Stand gibt den Erstarrungspunkt an.

In zweifelhaften Fällen ist die Bestimmung des Erstarrungspunktes in der Weise zu wiederholen, daß das Fett direkt im Kolben, nachdem man das Thermometer herausgenommen hat, durch Einstellen in das Heißwasserbad abermals geschmolzen und demnächst nochmals auf seinen Erstarrungspunkt geprüft wird.

Eine genaue Regelung der Temperatur des Zimmers, in welchem die Untersuchung vorgenommen wird, ist, wenn dieselbe von einer gewöhnlichen Zimmertemperatur nicht sehr stark abweicht, nicht erforderlich. Das Abkühlen des mit einer Temperatur von 100° C in den Kolben gebrachten Fettes auf 50° C dauert etwa dreiviertel Stunden. Wenn die Untersuchung beendet ist, bringt man das Fett in dem Kölbchen durch Einstellen des letzteren in siedendes Wasser zum Schmelzen, nimmt erst dann das Thermometer heraus, gießt das Fett aus und spült das erkaltete Kölbchen mit einigen Kubikzentimetern Äther einige Male aus.

Bestehen über die Richtigkeit der Ermittelungen nach dem Verfahren der Prüfung des Fettes in bezug auf den Erstarrungspunkt Zweifel oder Meinungsverschiedenheiten, so ist durch einen Chemiker die Jodzahl des Fettes zu bestimmen. Zu dem Zwecke bringt man etwa 0,35 bis 0,45 g des fraglichen Fettes (genau gewogen) in eine 500 bis 700 ccm fassende, mit gut eingeschliffenem Stopfen versehene Flasche, löst in 20 ccm Chloroform und setzt 20 ccm Hüblsche Jodlösung, die 30 bis 36 ccm $^1/_{10}$ N.-Natriumthiosulfatlösung entsprechen müssen, hinzu. Man verschließt die Flasche gut, läßt sie 2 Stunden unter öfterem Umschwenken bei 15 bis 20° C stehen und titriert dann, nachdem man noch 20 ccm Jodkaliumlösung (1 : 10) und 200 ccm Wasser hinzugesetzt hat, den Jodüberschuß mit $^1/_{10}$ N.-Natriumthiosulfatlösung zurück.

Die Jodlösung ist unmittelbar vor dem Gebrauch, unter Zusatz von Chloroform, Jodkaliumlösung und Wasser in den oben angegebenen Mengenverhältnissen zu kontrollieren. Ist sie schwächer, als oben vorgeschrieben ist, so hat man entsprechend mehr zu nehmen.

Liegt die ermittelte Jodzahl zwischen 30 und 42, so ist das Fett als Talg anzusprechen, bei Abweichungen von diesen Zahlen aber nach Maßgabe des gefundenen Erstarrungspunktes entweder als Kerzenstoff oder als schmalzartiges Fett zu behandeln. Die schmalzartigen Fette zeigen höhere Jodzahlen als 42, die Kerzenstoffe dagegen niedrigere als 30.

Wenn die vorbezeichneten Untersuchungsmethoden sich nicht soweit ergänzen, daß eine endgültige Entscheidung getroffen werden kann, oder wenn es sich um die Unterscheidung des Stearins von dem sogenannten Preßtalge handelt, d. i. den durch das Auspressen von tierischen Fetten in niederer oder höherer Temperatur gewonnenen Preßrückständen von nicht schmalzartiger Konsistenz, welche im wesentlichen Neutralfette sind und in den Regel einen Erstarrungspunkt über 50° C zeigen, bezw. nicht mehr als 5% freier Fettsäure enthalten, so hat der mit der Sache befaßte Chemiker eine Untersuchung der Durchschnittsprobe auf ihren Gehalt an Fettsäure im Wege des Titrierverfahrens vorzunehmen. Wird bei der Titration in der Warenprobe ein Gehalt von mehr als 30, in Proben von Preßtalg ein Gehalt von mehr als 5% freier Fettsäure ermittelt, so ist die betreffende Ware als Kerzenstoff anzusehen."

Beurteilung.

Rindsfett (-Talg) wird als solches „ausgelassen" direkt verwendet oder technisch raffiniert durch Ausschmelzen bei 60 bis 65°; das Produkt ist premier jus. Durch Auskrystallisieren desselben bei 30° und Abpressen erhält man das Oleomargarin (für die Margarinefabrikation); der Preßrückstand ist der sogen. Preßtalg (Stearin); minderwertiges Oleomargarin, d. h. bei höherer Temperatur abgepreßtes enthält entsprechend mehr Stearin. Die Fettkonstanten (siehe S. 116), namentlich die Jodzahlen, schwanken deshalb teilweise innerhalb erheblicher Grenzen, außerdem ist das Fett der einzelnen Körperteile zum Teil sehr verschieden.

Mischungen mit anderen Fetten dürfen nicht unter täuschenden Bezeichnungen feilgehalten oder verkauft werden (Nahrungsmittelgesetz). Nach den Bestimmungen des Fleischbeschaugesetzes und der dazu erlassenen Bundesratsbekanntmachung sind Zusätze von Farbstoffen und gewissen Konservierungsmitteln verboten. Fettgemische bestehend aus Rindfett und anderen Fetten von einer der Butter und dem Butterschmalz ähnlichen Zubereitung müssen den für Margarine vorgeschriebenen Sesamölgehalt enthalten und als Margarine (-schmalz) bezeichnet werden, solche von schweineschmalzähnlicher Beschaffenheit müssen als Kunstspeisefett gekennzeichnet sein (Gesetz vom 15. Juni 1897). Rindfett fällt aber als solches nicht unter die Bestimmungen dieses Gesetzes. Sofern also Mischungen von Rindfett mit anderen Fetten keine schweine- oder butterschmalzartige Zubereitung darstellen, können sie unter geeigneter Bezeichnung in Verkehr gebracht werden. Vergl. im übrigen die betr. gefärbtes Cocosnußfett gemachten Ausführungen und die dabei erwähnten, neuesten Gerichtsentscheidungen"[1]. Gänseschmalz wird häufig mit Schweinefett vermischt, in manchen Gegenden soll ein gewisser Vermischungsgrad ortsüblich sein. Die einander sehr naheliegenden Konstanten dieser Fette lassen solche Zusätze jedoch nicht erkennen. Aussichtsvoller scheint die Polenskesche Zahl (s. S. 81) dafür zu sein.

Betreffs Verdorbenheit und Gesundheitsschädlichkeit siehe Butter und Schweinefett.

Cocosfett.

Die Untersuchung dieses Fettes erfolgt sinngemäß nach den bei „Butter u. s. w." angegebenen Verfahren.

Betreffs Nachweis von Cocosfett in Butter und Margarine vergl. S. 80. Charakteristisch sind mehrere der S. 116 zusammengestellten Konstanten, hohe Verseifungszahl, niedere Jodzahl, niedrige Refraktion, ferner neuerdings Polenskezahl. Wird das Cocosfett mit Fantasienamen, wie Palmin, Vegetaline, Kunerol, Laureol, Kaiserpallin u. s. w. in Verkehr gebracht, so ist nach der Entscheidung des Reichsgerichts vom 15. Januar 1906 bezw. dem Urteil des Landgerichts zu Hamburg vom 2. August 1905 neben dem Fantasienamen noch die deutliche Bezeichnung „Cocosfett" anzubringen, weil nach § 1, Abs. 4 des Gesetzes vom 15. Juni 1897 nur unverfälschte Fette bestimmter Tier- und Pflanzenarten unter den ihrem Ursprung entsprechenden

---

[1] s. S. 107.

Bezeichnungen in Verkehr gebracht werden dürfen. Bildliche Darstellungen von Palmen und dergl. auf den Verpackungen sind keine Bezeichnung im Sinne dieser gesetzlichen Bestimmung. Frühere Urteile des Oberlandesgerichts München vom 1. Juli 1899 und des Landgerichts Nürnberg vom 21. April 1899 lauteten entgegengesetzt.

Cocosbratenschmalz ist bereits unter „Schweinefett" behandelt. Kunstspeisefette können auch schmalzartige Zubereitungen ohne Schweinefettgehalt sein, ebenso wie auch Margarine ohne Milch hergestellt sein kann. (Urteil des Reichsgerichts vom 15. Januar 1906.) Vergl. im übrigen auch das unter Abschnitt Schweinefett S. 102 Gesagte.

Gefärbtes (weichgemachtes) Cocosfett (Pflanzenfett) unterlag mehrfach strafrechtlicher Entscheidung und verstößt als butterschmalzähnlich gegen die §§ 1, Abs. 2 bezw. 14 des Gesetzes vom 15. Juni 1897. Vergl. Urteil des Landgerichts Hamburg vom 2. August 1905 bezw. des Reichsgerichts vom 15. Januar 1906 [1]); desselben Gerichts vom 12. Dezember 1907 [2]), insbesondere bezüglich des Begriffes „ähnlich"; des Land- und Oberlandgerichts Stuttgart vom 14. Januar 1907 bezw. vom 15. April 1907 [3]); vgl. ferner Preuß. Ministerialerlaß vom 17. Nov. 1908 betr. gelbgefärbtes Pflanzenfett [4]); bayerischen Ministerialerlaß betr. den Vollzug des Gesetzes vom 15. Juni 1897 u. s. w.[5]). Gelbgefärbtes, butterschmalzähnliches Cocosfett muß darnach als Margarine angesehen werden und demgemäß den dafür erlassenen Bestimmungen für Herstellung (Sesamölzusatz von 10 %) und Verkauf entsprechen.

Anlage d der Ausführungsbestimmungen D §§ 15 und 16[6]) zum Schlachtvieh- und Fleischbeschaugesetz v. 3. Juni 1900 bezw. deren Änderung vom 22. Februar 1908.

Zweiter Abschnitt[7]).

Untersuchung von zubereiteten Fetten.

Proben, bei denen ein bestimmter Verdacht vorliegt, sind zunächst auf den Verdachtsgrund zu untersuchen.

Sobald sich bei der Untersuchung eines Fettes herausstellt, daß dasselbe nach Maßgabe der im folgenden unter I angegebenen Prüfungen einer der im § 15, Abs. 3 unter a bis d der Ausführungsbestimmungen D aufgeführten Bestimmungen nicht entspricht, so ist von einer weiteren Untersuchung des Fettes abzusehen.

Eine jede Durchschnittsprobe ist vor der Vornahme der einzelnen Prüfungen gut durchzumischen und für sich zu untersuchen.

---

[1]) Zeitschr. f. Unters. d. Nahr.- u. Genußm. 1907. 13. 762.
[2]) Ebenda 1909. Beilage Jan. S. 41.
[3]) Ebenda 1909. Beilage Jan. S. 62. Febr. S. 65.
[4]) Ebenda 1909. Beilage Jan. S. 40.
[5]) Ebenda 1909. Beilage Jan. S. 41.
[6]) Wortlaut der Ausführungsbestimmungen s. im Anhang.
[7]) Erster Abschnitt siehe unter „Fleisch". Probeentnahme siehe S. 163.

I. Allgemeine Gesichtspunkte.

1. Bei der Prüfung, ob äußerlich am Fette wahrnehmbare Merkmale auf eine Verfälschung oder Nachmachung oder sonst auf eine vorschriftswidrige Beschaffenheit hinweisen, ist auf Farbe, Konsistenz, Geruch und Geschmack zu achten. Dabei sind die folgenden Gesichtspunkte zu berücksichtigen.

Bei der Beurteilung der Farbe ist darauf zu achten, ob das Fett eine ihm nicht eigentümliche Färbung oder Verfärbung aufweist oder fremde Beimengungen enthält.

Bei der Prüfung des Geruchs ist auf ranzigen, „sauer-ranzigen, fauligen, sauer-fauligen", talgigen, öligen, dumpfigen (mulstrigen, grabelnden), schimmeligen Geruch zu achten. Die Fette sind hierzu vorher zu schmelzen.

Bei der Prüfung des Geschmacks ist festzustellen, ob ein bitterer oder ein allgemein ekelerregender Geschmack vorliegt. Auch ist darauf zu achten, ob fremde Beimengungen durch den Geschmack erkannt werden können.

„Ist ein ranziger Geruch oder Geschmack festgestellt, so ist die Bestimmung des Säuregrads gemäß III unter h dieses Abschnitts auszuführen."

2. Margarineproben sind auf die Anwesenheit des vom Bundesrat in Ausführung des Gesetzes vom 15. Juni 1897, betr. den Verkehr mit Butter, Käse, Schmalz und deren Ersatzmitteln (Reichsgesetzbl. 1897, S. 591), vorgeschriebenen Erkennungsmittel (Sesamöl) zu prüfen. Die Ausführung der Untersuchung geschieht „gemäß III unter d, γ dieses Abschnitts."

3. Bei Schweineschmalz ist die refraktometrische Prüfung mit einem Zeiß - Wollny schen Refraktometer „unter Verwendung des gewöhnlichen Thermometers" auszuführen. Die Ausführung der refraktometrischen Prüfung geschieht „gemäß III unter a dieses Abschnitts".

4. „Soweit nicht auf Grund dieser Untersuchungen nach 1—3 eine Beanstandung erfolgt", ist in Ausführung des § 15, Abs. 3 unter b der Ausführungsbestimmungen D zu prüfen:

a) ob das Fett anderweitig verfälscht oder verdorben ist;

b) ob es unter das Verbot des § 3 des Gesetzes vom 15. Juni 1897 (Reichsgesetzbl. S. 475) fällt;

c) ob es einen der im § 5, No. 3 der Ausführungsbestimmungen D verbotenen Stoffe enthält.

Die Untersuchungen unter „a" und „b" sind nach den „nachstehend" unter III aufgestellten Bestimmungen auszuführen. „In den Fällen des § 12, Abs. 4 der Ausführungsbestimmungen D hat sich jedoch die Ausdehnung der Untersuchung zunächst nur auf dasjenige Bestimmungsverfahren zu beschränken, welches zu der Beanstandung geführt hat; soweit sich hiernach ein Verdacht nicht ergibt, bedarf es einer weiteren Untersuchung über die Stichprobenuntersuchung hinaus nicht.

Liegt ein bestimmter Verdacht vor, dass Fette, welche unter einer für Pflanzenfette üblichen Bezeichnung oder als Butter, Butterschmalz u. dgl. eingeführt werden, unter das Gesetz, betreffend die Schlachtvieh- und Fleischbeschau vom 3. Juni 1900, fallen, so sind diese Fette einer Untersuchung gemäß III zu unterziehen."

Die Untersuchung unter c geschieht nach der „nachstehend" unter II gegebenen Anweisung.

Die Anzahl der zu untersuchenden Proben für die „vorstehend" angeführten Prüfungen richtet sich nach dem letzten Absatze des § 15 der Ausführungsbestimmungen D.

II. Untersuchungen der Fette auf die im § 5 No. 3 der Ausführungsbestimmungen D verbotenen Zusätze.

Sofern nicht ein besonderer Verdachtsgrund vorliegt (Zweiter Abschnitt, Abs. 1), ist in allen Fällen auf die nachstehend unter 1 angeführten Stoffe zu untersuchen. Verläuft diese Untersuchung ergebnislos, so ist mindestens noch auf einen der übrigen Stoffe zu prüfen, „wobei je nach Lage des Falles tunlichst auf einen Wechsel bei der Auswahl der Stoffe, auf die geprüft werden soll, auch bei den aus einer Sendung entnommenen Stichproben zu achten ist".

1. Nachweis von Borsäure und deren Salzen[1]).

50 g Fett werden in einem Erlenmeyerkolben von 250 ccm Inhalt auf dem Wasserbade geschmolzen und mit 30 ccm Wasser von etwa 50° und 0,2 ccm Salzsäure vom spezifischen Gewichte 1,124 eine halbe Minute lang kräftig durchgeschüttelt. Alsdann wird der Kolben so lange auf dem Wasserbad erwärmt, bis sich die wässerige Flüssigkeit abgeschieden hat. Die Flüssigkeit wird durch Filtration von dem Fette getrennt. 25 ccm des Filtrats werden nach Ziffer II 1 des Ersten Abschnittes weiter behandelt.

Fett, in welchem Borsäure nach diesen Vorschriften nachgewiesen ist, ist im Sinne der Ausführungsbestimmungen D § 5, No. 3 als mit Borsäure oder deren Salzen behandelt zu betrachten."

2. Nachweis von Formaldehyd „und solchen Stoffen, die bei ihrer Verwendung Formaldehyd abgeben."

50 g Fett werden in einem Kolben von etwa 550 ccm Inhalt mit 50 ccm Wasser und „10 ccm 25 %-iger Phosphorsäure" versetzt und erwärmt. Nachdem das Fett geschmolzen ist, destilliert man unter Einleiten eines Wasserdampfstroms 50 ccm Flüssigkeit ab. Das „filtrierte" Destillat ist nach „Ziffer II 2 des Ersten Abschnittes" weiter zu behandeln.

„Durch den positiven Ausfall der Quecksilberchloridreaktion ist der Nachweis des Formaldehyds erbracht.

Fett, in welchem Formaldehyd nach diesen Vorschriften nachgewiesen ist, ist im Sinne der Ausführungsbestimmungen D § 5, No. 3 als mit Formaldehyd oder solchen Stoffen, die bei ihrer Verwendung Formaldehyd abgeben, behandelt zu betrachten."

3. Nachweis von Alkali- und Erdalkali-Hydroxyden und -Karbonaten.

a) 30 g geschmolzenes Fett werden mit der gleichen Menge Wasser in einem mit „Kühlrohr" versehenen Kolben von etwa 550 ccm Inhalt vermischt. In das Gemisch wird $^1/_2$ Stunde lang Wasserdampf eingeleitet. Nach dem Erkalten wird der wässerige Auszug filtriert.

b) Das zurückbleibende Fett, „sowie das unter a benutzte Filter werden gemeinsam" nach Zusatz von 5 ccm Salzsäure „vom spezifischen Gewicht 1,124" in gleicher Weise, wie unter a angegeben, behandelt.

„Wird kein klares Filtrat erhalten, so bringt man das trübe Filtrat in einen Schütteltrichter, fügt auf je 20 ccm der Flüssigkeit 1 g Kaliumchlorid hinzu und schüttelt mit 10 ccm Petroleumäther etwa 5 Minuten lang aus. Nach dem Abscheiden der wässerigen Flüssigkeit filtriert man diese durch ein angefeuchtetes Filter. Nötigenfalls wird das anfangs trübe ablaufende Filtrat so lange zurückgegossen, bis es klar abläuft."

Alsdann ist das klare Filtrat von a auf 25 ccm einzudampfen und nach dem Erkalten mit verdünnter Salzsäure anzusäuern. Bei Gegenwart von Alkaliseife scheidet sich Fettsäure aus, die mit Äther auszuziehen und nach dem Ver-

---

[1]) Quantitativer Nachweis von Borsäure nach A. Beythien (Zeitschr. f. Unters. d. Nahr.- u. Genußm. 1902. 5. 764.)

50—100 g Margarine werden in einen weithalsigen Kolben abgewogen und mit 50 g heissem Wasser nach Aufsetzen eines Kautschukstopfens mehrmals kräftig durchgeschüttelt. Man filtriert dann den wässerigen Teil durch ein trockenes Papierfilter und kühlt ihn ab; 40 ccm des Filtrats werden mit $^1/_{10}$ NaOH unter Verwendung von Phenolphtalein neutralisiert, darauf nach Zusatz von 25 ccm Glycerin zu Ende titriert. In einem blinden Versuch mit bekannten Borsäuremengen wird der Titer der $^1/_{10}$-Lauge ermittelt. Der Wassergehalt der Margarine ist, da er das Volumen der Lösung vermehrt, in der Berechnung der Borsäuremengen zu berücksichtigen.

Vgl. ferner die Ermittelung der Borsäure in Butter S. 79.

Auf die Methode von Partheil-Rose (Zeitschr. f. Unters. d. Nahr.- und Genußm. 1902. 5. 1049) mit Ätherperforation kann nur verwiesen werden, da sie für praktische Zwecke weniger in Betracht kommt.

dunsten desselben als solche zu kennzeichnen ist. Entsteht jedoch beim Ansäuern eine in Äther schwer lösliche oder gelblichweiße Abscheidung, so ist diese gegebenenfalls nach der folgenden Ziffer 4 unter b auf Schwefel weiter zu prüfen.

Das klare Filtrat von b wird durch Zusatz von Ammoniakflüssigkeit und Ammoniumkarbonatlösung auf alkalische Erden geprüft.

„Tritt keine Fällung ein, dann ist die Flüssigkeit auf 25 ccm einzudampfen und durch Zusatz von Ammoniakflüssigkeit und Natriumphosphatlösung auf Magnesium zu prüfen.

Fett, in welchem nach diesen Vorschriften Alkali- oder Erdalkali-Hydroxyde und -Carbonate nachgewiesen sind, ist im Sinne der Ausführungsbestimmungen D § 5, No. 3 als mit Alkali- oder Erdalkali-Hydroxyden und Carbonaten behandelt zu betrachten."

4. Nachweis von schwefliger Säure und deren Salzen und von unterschwefligsauren Salzen.

„30 g Fett werden nach Ziffer II 3 des Ersten Abschnittes behandelt. Während des Erwärmens und auch während des Erkaltens wird der Kolben wiederholt vorsichtig geschüttelt.

Tritt eine Bläuung des Papierstreifens ein, dann ist der entscheidende Nachweis der schwefligen Säure durch nachstehendes Verfahren zu erbringen."

a) Zur Bestimmung der schwefligen Säure und der schwefligsauren Salze werden 50 g geschmolzenes Fett in einem Destillierkolben von 500 ccm Inhalt mit 50 ccm Wasser vermischt. Der Kolben wird darauf mit einem dreimal durchbohrten Stopfen verschlossen, durch welchen 3 Glasröhren in das Innere des Kolbens führen. Von diesen reichen zwei Röhren bis auf den Boden des Kolbens, die dritte nur bis in den Hals. Die letztere Röhre führt zu einem L i e b i g'schen Kühler, an diesen schließt sich luftdicht mittels durchbohrten Stopfens eine kugelig aufgeblasene U-Röhre (sog. P e l i g o t sche Röhre).

Man leitet durch die eine der bis auf den Boden des Kolbens führenden Glasröhren Kohlensäure, bis alle Luft aus dem Apparat verdrängt ist, bringt dann in die P e l i g o t'sche Röhre 50 ccm Jodlösung (erhalten durch Auflösen von 5 g reinem Jod und 7,5 g Kaliumjodid in Wasser zu 1 Liter; „die Lösung muß sulfatfrei sein)", lüftet den Stopfen des Destillationskolbens und läßt, ohne das Einströmen der Kohlensäure zu unterbrechen, 10 ccm einer wässerigen 25 %-igen Lösung von Phosphorsäure hinzufließen. Alsdann leitet man durch die dritte Glasröhre Wasserdampf ein und destilliert unter stetigem Durchleiten von Kohlensäure 50 ccm über. Darauf verfährt man weiter, wie im Ersten Abschnitt unter II 3a angegeben ist.

Lieferte die Prüfung ein positives Ergebnis, so ist „das Fett im Sinne der Ausführungsbestimmungen D § 5, No. 3 als mit schwefliger Säure, schwefligsauren Salzen oder unterschwefligsauren Salzen behandelt zu betrachten". Liegt ein Anlaß vor, festzustellen, ob die schweflige Säure unterschwefligsauren Salzen entstammt, so ist in folgender Weise zu verfahren:

b) 50 g geschmolzenes Fett werden mit der gleichen Menge Wasser in einem mit Rückflußkühler versehenen Kolben von etwa 500 ccm Inhalt vermischt. In das Gemisch wird eine halbe Stunde lang strömender Wasserdampf eingeleitet, der wässerige Auszug nach dem Erkalten filtriert und das Filtrat mit Salzsäure versetzt. Entsteht hierbei eine in Äther schwer lösliche Abscheidung, so wird diese auf Schwefel untersucht. Zu dem Zwecke wird der abfiltrierte und gewaschene Bodensatz nach den im Ersten Abschnitt unter II 3b gegebenen Bestimmungen weiterbehandelt.

5. Nachweis von Fluorwasserstoff und dessen Salzen.

30 g geschmolzenes Fett werden mit der gleichen Menge Wasser in einem mit Rückflußkühler versehenen Kolben von etwa 500 ccm Inhalt vermischt. In das Gemisch wird eine halbe Stunde lang strömender Wasserdampf eingeleitet, der wässerige Auszug nach dem Erkalten filtriert und das Filtrat ohne Rücksicht auf eine etwa vorhandene Trübung mit Kalkmilch bis zur stark alkalischen Reaktion versetzt. Nach dem Absetzen und Abfiltrieren wird der Rückstand getrocknet, zerrieben, in einen Platintiegel gegeben und alsdann nach der Vorschrift im Ersten Abschnitt unter II 4 weiter behandelt.

„Fett, in welchem nach dieser Vorschrift Fluorwasserstoff nachgewiesen ist, ist im Sinne der Ausführungsbestimmungen D § 5, No. 3 als mit Fluorwasserstoff oder dessen Salzen behandelt zu betrachten."

6. Nachweis von Salicylsäure und deren „Verbindungen".

„Man mischt in einem Probierröhrchen 4 ccm Alkohol von 20 Volumprozent mit 2—3 Tropfen einer frisch bereiteten 0,05 %-igen Eisenchloridlösung, fügt 2 ccm geschmolzenes Fett hinzu und mischt die Flüssigkeiten, indem man das mit dem Daumen verschlossene Probierröhrchen 40—50-mal umschüttelt. Bei Gegenwart von Salicylsäure färbt sich die untere Schicht violett.

Fett, in welchem nach dieser Vorschrift Salicylsäure nachgewiesen ist, ist im Sinne der Ausführungsbestimmungen D § 5, No. 3 als mit Salicylsäure oder deren Verbindungen behandelt zu betrachten."

7. Nachweis von fremden Farbstoffen.

Die Gegenwart fremder Farbstoffe erkennt man durch Auflösen des geschmolzenen Fettes (50 g) in absolutem Alkohol (75 ccm) „in der Wärme". Bei künstlich gefärbten Fetten bleibt die „unter Umschütteln in Eis abgekühlte und filtrierte" alkoholische Lösung deutlich gelb oder rötlich gelb gefärbt. „Die alkoholische Lösung ist in einem Probierrohre von 18—20 mm Weite im durchfallenden Lichte zu beobachten."

Zum Nachweis bestimmter Teerfarbstoffe werden 5 g Fett in 10 ccm Äther oder Petroleumäther" gelöst. Die Hälfte der Lösung wird in einem Probierröhrchen mit 5 ccm Salzsäure vom spezifischen Gewicht 1,124, die andere Hälfte der Lösung mit 5 ccm Salzsäure vom spezifischen Gewicht 1,19 kräftig durchgeschüttelt. Bei Gegenwart gewisser Azofarbstoffe ist die unten sich absetzende Salzsäureschicht deutlich rot gefärbt.

„Fett, in welchem nach vorstehenden Vorschriften fremde Farbstoffe nachgewiesen sind, ist im Sinne der Ausführungsbestimmungen D § 5, No. 3 als mit fremden Farbstoffen behandelt zu betrachten."

III. Untersuchung der Fette auf ihre Abstammung und Unverfälschtheit bezw. darauf, ob sie den Anforderungen des Reichsgesetzes vom 15. Juni 1897 entsprechen.

Zu diesem Zwecke sind, „soweit nicht nachstehende Abweichungen vorgesehen sind", die Verfahren der „Anweisung zur chemischen Untersuchung von Fetten und Käsen" anzuwenden, welche auf Grund des § 12, Ziffer 2 des Gesetzes vom 15. Juni 1897 durch Bekanntmachung des Reichskanzlers vom 1. April 1898 (Zentralbl. f. d. Deutsche Reich, 1898, S. 201 bis 216) erlassen wurde.

„Bei allen tierischen Fetten, ausgenommen Margarine und Kunstspeisefett, (z. B. bei Schmalz, Talg und Oleomargarin) ist in allen Fällen außer der Bestimmung des Brechungsvermögens (a) die Prüfung auf Pflanzenöle nach den nachstehenden Vorschriften und d, α oder β und e auszuführen. Bei Schmalz auch die Prüfung nach c; dagegen hat die Prüfung unter g nur in den dort angegebenem Umfange, die Bestimmung der Verseifungszahl (f), bei mindestens je einer Probe einer Sendung und die Bestimmung der Jodzahl (b), abgesehen von besonderen Verdachtsfällen, nur dann zu erfolgen, wenn bei 40° die Refraktometerzahl:

a) von Schmalz außerhalb der Grenzen 48,5—51,5
b) von Talg außerhalb der Grenzen 45,0—48,5
c) von Oleomargarin außerhalb der Grenzen 46,0—50,0 liegt.

Bei der Untersuchung von Margarine und von Kunstspeisefetten sind die Bestimmung des Brechungsvermögens (a), der Jodzahl (b) und die Prüfung auf Pflanzenöle (c, d, e und g), unbeschadet der Bestimmung im Zweiten Abschnitt unter I 2 zu unterlassen; die Bestimmung der Verseifungszahl (f) hat bei mindestens je einer Probe einer Sendung stattzufinden.

Sofern der Verdacht vorliegt, daß tierische Fette unter einer für Pflanzenfette üblichen Bezeichnung oder als Butter, Butterschmalz oder dgl. eingeführt werden, sind je nach Lage des Falles die in Betracht kommenden Verfahren der oben genannten „Anweisung zur chemischen Untersuchung von Fetten und Käsen" anzuwenden.

Läßt bei Fetten aller Art die Geruchs- und Geschmackprobe auf eine ranzige, sauer-ranzige oder sauer-faulige Beschaffenheit des Fettes schließen, so ist die Bestimmung des Säuregrades (h) auszuführen.

Die vorstehend besonders genannten Prüfungen sind nach folgenden Verfahren auszuführen:

a) Bestimmung des Brechungsvermögens.

Die zugehörige Vorschrift findet sich im Abschnitt „Allg. Untersuchungsmethoden der Fette". S. 57.

b) Bestimmung der Jodzahl nach von Hübl[1]).

Die zugehörige Vorschrift findet sich im Abschnitt „Allg. Untersuchungsmethoden der Fette". S. 67.

c) Nachweis von Pflanzenölen im Schmalz „nach Bellier".

„5 ccm geschmolzenes, filtriertes Fett werden mit 5 ccm farbloser Salpetersäure vom spezifischen Gewicht 1,4 und 5 ccm einer kalt gesättigten Lösung von Resorcin in Benzol in einer dickwandigen, mit Glasstopfen verschließbaren Probierröhre 5 Sekunden lang tüchtig durchgeschüttelt. Treten während des Schüttelns oder 5 Sekunden nach dem Schütteln rote, violette oder grüne Färbungen auf, so deuten diese auf die Anwesenheit von Pflanzenölen hin. Später eintretende Farbenerscheinungen sind unberücksichtigt zu lassen."

d) Nachweis von Sesamöl.

α) Wenn keine Farbstoffe vorhanden sind, die sich mit Salzsäure rot färben, so werden „5 ccm geschmolzenes Fett in 5 ccm Petroleumäther gelöst und" mit 0,1 ccm einer alkoholischen Furfurollösung (1 Raumteil farbloses Furfurol in 100 Raumteilen absolutem Alkohol gelöst) und mit 10 ccm Salzsäure vom spezifischen Gewichte 1,19 mindestens eine halbe Minute lang kräftig geschüttelt. „Bei Anwesenheit von Sesamöl zeigt" die am Boden sich abscheidende Salzsäure eine nicht alsbald verschwindende deutliche Rotfärbung.

β) Wenn Farbstoffe vorhanden sind, die durch Salzsäure rot gefärbt werden, „so werden 5 ccm geschmolzenes Fett in 10 ccm Petroleumäther gelöst und 2,5 ccm stark rauchender Zinnchlorürlösung zugesetzt. Die Mischung wird kräftig durchgeschüttelt, sodaß alles gleichmäßig gemischt ist (aber nicht länger) und die Mischung nun in Wasser von 40° getaucht. Nach Abscheidung der Zinnchlorürlösung taucht man die Mischung in Wasser von 80°, sodaß dieses nur die Zinnchlorürlösung erwärmt und ein Sieden des Petroleumäthers verhindert wird. Bei Gegenwart von Sesamöl zeigt die Zinnchlorürlösung nach drei Minuten langem Erwärmen eine deutliche bleibende Rotfärbung.

Die Zinnchlorürlösung ist aus 5 Gewichtsteilen krystallisiertem Zinnchlorür, die mit einem Gewichtsteile Salzsäure anzurühren und vollständig mit trockenem Chlorwasserstoff zu sättigen sind, herzustellen, nach dem Absetzen durch Asbest zu filtrieren und in kleinen, mit Glasstopfen verschlossenen, möglichst angefüllten Flaschen aufzubewahren.

γ) „Bei der Untersuchung von Margarine auf den vorgeschriebenen Gehalt an Sesamöl werden, wenn keine Farbstoffe vorhanden sind, die sich mit Salzsäure rot färben, 0,5 ccm des geschmolzenen, klar filtrierten Fettes in 9,5 ccm Petroleumäther gelöst und die Lösung nach dem unter α angegebenen Verfahren geprüft.

Wenn Farbstoffe vorhanden sind, die durch Salzsäure rot gefärbt werden, so läßt man 1 ccm des geschmolzenen, klar filtrierten Margarinefettes in 19 ccm Petroleumäther und schüttelt diese Lösung in einem kleinen zylindrischen Scheidetrichter mit 5 ccm Salzsäure vom spezifischen Gewichte 1,124 etwa eine halbe Minute lang. Die unten sich ansammelnde rot gefärbte Salzsäureschicht läßt man abfließen und wiederholt dieses Verfahren, bis die Salzsäure nicht mehr rot gefärbt wird. Alsdann läßt man die Salzsäure abfließen und prüft 10 ccm der so behandelten Petroleumätherlösung nach dem unter α angegebenen Verfahren.

Untersuchung und Beurteilung der Speisefette. 113

„Hat die Margarine den vorgeschriebenen Gehalt an Sesamöl von der durch die Bekanntmachung vom 4. Juli 1897, Reichsgesetzbl. S. 591 vorgeschriebenen Beschaffenheit, so muß in jedem Falle die Sesamölreaktion noch deutlich eintreten.

e) Nachweis von Baumwollsamenöl.

5 ccm Fett werden mit der gleichen Raummenge Amylalkohol und 5 ccm einer 1 %-igen Lösung von Schwefel in Schwefelkohlenstoff in einem weiten, mit Korkverschluß und weitem Steigrohre versehenen Reagensglas etwa $^1/_4$ Stunde lang im siedenden Wasserbad erhitzt. Tritt eine Färbung nicht ein, so setzt man nochmals 5 ccm der Schwefellösung zu und erhitzt von neuem $^1/_4$ Stunde lang. Eine deutliche Rotfärbung der Flüssigkeit kann durch die Gegenwart von Baumwollsamenöl bedingt sein.

f) Bestimmung der Verseifungszahl (der Köttstorferschen Zahl).

Vgl. Allg. Untersuchungsmethoden der Fette S. 65.

g) Prüfung auf das Vorhandensein von Phytosterin.

Wenn die vorhergehenden Prüfungen darauf hinweisen, daß eine Verfälschung von „Schmalz, Talg und Oleomargarin" mit Pflanzenölen stattgefunden hat, so ist die Untersuchung auf Phytosterin anzustellen. „Auch ohne diese Voraussetzung ist die Prüfung auf Phytosterin so häufig auszuführen, daß im Jahresdurchschnitte bei den genannten Fetten auf etwa 25 nach § 15, Abs. 6 der Ausführungsbestimmungen D bei einer Beschaustelle zur Untersuchung gelangenden Proben außer den Prüfungen in Verdachtsfällen noch je eine sonstige Prüfung auf Phytosterin entfällt."

Die Prüfung auf das Vorhandensein von Phytosterin ist in folgender Weise auszuführen:

100 g Fett werden in einem Kolben von 1 Liter Inhalt auf dem Wasserbade geschmolzen und mit 200 ccm alkoholischer Kalilauge, welche in 1 Liter Alkohol von 70 Volumprozenten 200 g Kaliumhydroxyd enthält, auf dem kochenden Wasserbad am Rückflußkühler verseift. Nach beendeter Verseifung, die etwa eine halbe Stunde Zeit erfordert, wird die Seifenlösung mit 600 ccm Wasser versetzt und nach dem Erkalten in einem Schütteltrichter viermal mit Äther ausgeschüttelt. Zur ersten Ausschüttelung verwendet man 800 ccm, zu den folgenden je 400 ccm Äther. Aus diesen Auszügen wird der Äther abdestilliert und der Rückstand nochmals mit 10 ccm obiger Kalilauge 5—10 Minuten im Wasserbad erhitzt, die Lösung mit 20 ccm Wasser versetzt und nach dem Erkalten zweimal mit je 100 ccm Äther ausgeschüttelt. Die ätherische Lösung wird viermal mit je 10 ccm Wasser gewaschen, darnach durch ein trockenes Filter filtriert und der Äther abdestilliert. Der Rückstand wird in ein „etwa 8 ccm fassendes zylinderförmiges, mit Glasstopfen versehenes Gläschen gebracht und bei 100° getrocknet. Der erkaltete Rückstand wird mit 1 ccm unterhalb 50° siedenden Petroleumäthers übergossen und mit einem Glasstabe zu einer pulverförmigen Masse zerdrückt. Alsdann wird das verschlossene Gläschen 20 Minuten lang in Wasser von 15—16° gestellt. Hierauf bringt man den Inhalt des Gläschens in einen kleinen, mit Wattestopfen versehenen Trichter und bedeckt diesen mit einem Uhrglase. Nachdem die klare Flüssigkeit abgetropft ist, werden Glasstab, Gläschen und Trichterinhalt fünfmal mit je 0,5 ccm kaltem Petroleumäther nachgewaschen. Der am Glasstabe im Gläschen und Trichter sich befindende ungelöste Rückstand wird alsdann in Äther gelöst, die Lösung in ein Glasschälchen gebracht und der Rückstand nach dem Verdunsten des Äthers bei 100° getrocknet." Darauf versetzt man 1—2 ccm Essigsäureanhydrid hinzu, erhitzt unter Bedeckung des Schälchens mit einem Uhrglas auf dem Drahtnetz etwa eine halbe Minute lang zum Sieden und verdunstet den Überschuß des Essigsäureanhydrids auf dem Wasserbade. Der Rückstand wird 3—4-mal aus geringen Mengen, etwa 1 ccm absolutem Alkohol umkrystallisiert.

Die einzelnen Krystallisationsprodukte werden unter Anwendung eines kleinen Platinkonus, der an seinem spitzen Ende mit zahlreichen äußerst

Übersicht über die bei der chemischen Untersuchung der Fette auszuführenden Prüfungen.

		Schweineschmalz	Talg	Oleomargarin[1])	Kunstspeisefett	Margarine
Vorprüfung	Auszuführen bei allen von einer Sendung gemäß § 15 (5) der Ausführungsbestimmungen D entnommenen Stichproben	a) Prüfung, ob die Packstücke den Angaben in den Begleitpapieren entsprechen und gemäß den für den Inlandverkehr bestehenden Vorschriften bezeichnet sind („Margarine", „Kunstspeisefett"). (Ausführungsbestimmungen D § 15 (2) a und Anlage c C.)				
		b) Prüfung auf äußere Beschaffenheit: Farbe, Konsistenz, Geruch und nötigenfalls Geschmack, auf Vorhandensein von Schimmelpilzen und Bakterienkolonien sowie auf sonstige Anzeichen von Verdorbensein. (Ausführungsbestimmungen D § 15 (2) b und Anlage c C.)				
	Auszuführen bei allen gemäß § 15 (5) der Ausführungsbestimmungen D entnommenen Stichproben	a) Prüfung, ob äußerlich am Fette wahrnehmbare Merkmale auf eine Verfälschung oder Nachmachung oder sonst auf eine vorschriftswidrige Beschaffenheit hinweisen. (Ausführungsbestimmungen D § 15 (3) a und Anlage d, Zweiter Abschn. I 1.)				
		b) Bestimmung des Brechungsvermögens (Ausführungsbestimmungen D § 15 (3) d.)	—	—	—	Prüfung auf den vorgeschriebenen Gehalt an Sesamöl (Ausführungsbestimmungen D § 15 (3) c.)
Hauptprüfung	Auszuführen bei den gemäß § 15 (6) der Ausführungsbestimmungen D entnommenen Stichproben	a) Bestimmungen des Brechungsvermögens (Anlage d, Zweiter Abschnitt III.)			—	—
		b) Prüfung auf Borsäure. (Anlage d, Zweiter Abschnitt II.)				
		c) Sofern die Prüfung auf Borsäure ergebnislos verläuft, Prüfung auf einen weiteren verbotenen Stoff je nach Lage des Falles. (Anlage d, Zweiter Abschnitt II.)				
		d) Prüfungen auf Pflanzenöle. (Anlage d, Zweiter Abschnitt III.)				
		Prüfung nach Bellier	Prüfung auf Sesamöl, Prüfung auf Baumwollsamenöl			
	Auszuführen bei Verdachtsgründen	a) Bestimmung der Jodzahl, wenn die Refraktometerzahlen bei 40° außerhalb der Grenzen liegen: (Anlage d, Zweiter Abschnitt III.)				
		48,5—51,5	45,0—48,5	46—50		
		b) Bestimmung des Säuregrads. (Anlage d, Zweiter Abschn. III.)				
	Auszuführen bei einer beschränkteren Anzahl von Proben	a) Phytosterinacetatprobe, wenn die Bestimmung des Brechungsvermögens, die Bestimmung der Jodzahl und die Prüfungen auf Pflanzenöle darauf hinweisen, daß eine Verfälschung mit Pflanzenölen stattgefunden hat, sowie bei mindestens einer von 25 der gemäß § 15 (6) entnommenen Stichproben. (Anlage d, Zweiter Abschnitt III.)			—	—
		b) Bestimmung der Verseifungszahl in mindestens je einer Probe einer Sendung. (Anlage d, Zweiter Abschnitt III.)				

[1]) Sonstige tierische Fette sind wie Talg und Oleomargarin zu untersuchen.

kleinen Löchern versehen ist, durch Absaugen von den Mutterlaugen getrennt." Von der zweiten Krystallisation ab wird jedesmal der Schmelzpunkt bestimmt. Schmilzt das letzte Krystallisationsprodukt erst bei 117° (korrigierter Schmelzpunkt) oder höher, so ist der Nachweis von Pflanzenöl als „erbracht und das Fett als verfälscht im Sinne des § 21 der Ausführungsbestimmungen D anzusehen".

h) Bestimmung der freien Fettsäuren (des Säuregrads).

S. Allg. Untersuchungsmethoden der Fette S. 63.

K. Preußische Ministerialverfügung, betr. die Untersuchung ausländischen Fleisches.

Vom 24. Juni 1909[1]).

§ 7. Schweineschmalz mit einem höheren Wassergehalt als 0,3 % ist als verfälscht anzusehen und von der Einfuhr zurückzuweisen.

Die Untersuchung von Schweineschmalz auf den Wassergehalt ist künftig nach der beigefügten Anleitung (Anlage 2) vorzunehmen. Sie hat nur in Verdachtsfällen zu erfolgen.

Anlage 2.

Anleitung zum Nachweise geringer Mengen Wasser im Schweineschmalz.

Man bringt in ein starkwandiges Probierröhrchen aus farblosem Glase von 9 cm Länge und 18 ccm Rauminhalt etwa 10 g der vorher gut durchgemischten Schmalzprobe und verschließt es mit einem durchlochten Gummistopfen, in dessen Öffnung ein bis 100° reichendes Thermometer so weit eingeschoben wird, bis sich dessen Quecksilberbehälter in der Mitte der Fettschicht befindet. Darauf wird das Probierröhrchen in einer Flamme allmählich erwärmt, bis das Fett die Temperatur von 70" angenommen hat. Stellt das geschmolzene Schweineschmalz bei dieser Temperatur eine vollkommen klare Flüssigkeit dar, dann enthält es weniger als 0,3 % Wasser, und es bedarf keiner weiteren Untersuchung. Ist das Fett dagegen bei 70° trübe geschmolzen oder sind in demselben Wassertröpfchen sichtbar, dann wird das Probierröhrchen in einer Flamme allmählich auf 95° erwärmt und bei dieser Temperatur zwei Minuten lang kräftig durchgeschüttelt. In der Mehrzahl der Fälle wird das Fett dann zu einer völlig klaren Flüssigkeit geschmolzen sein. Alsdann läßt man das Fett unter mäßigem Schütteln in der Luft abkühlen und stellt diejenige Temperatur fest, bei der eine deutlich sichtbare Trübung des Schmalzes eintritt. Das Erwärmen auf 95°, das Schütteln und Abkühlenlassen wird zwei- bis dreimal oder so oft wiederholt, bis sich die Trübungstemperatur des Fettes nicht mehr erhöht. Beträgt die konstante Trübungstemperatur des Schweineschmalzes mehr als 75°, dann enthält es mehr als 0,3 % Wasser und ist als mit Wasser verfälscht zu betrachten.

Ist das Schweineschmalz bei 95° nicht zu einer klaren Flüssigkeit geschmolzen, dann enthält es entweder mehr als 0,45 % Wasser oder andere unlösliche Stoffe, wie Gewebsteile oder chemische Stoffe (Fullererde) und ist als verfälscht zu betrachten.

---

[1]) Ähnliche Verfügungen sind auch in den anderen Bundesstaaten erlassen. Die §§ 1—6 beziehen sich auf die tierärztliche Untersuchung, §§ 8 und 9 auf administrative Vorschriften für die Chemiker und sind deshalb hier fortgelassen.

Übersicht über die Konstanten der wichtigsten Fette.
A. Für flüssige Fette.

Fett	Spezifisches Gewicht bei 15°	Refraktometerzahl (Zeißsches Butterrefraktometer) bei 25°	Schmelzpunkt der Fettsäuren	Erstarrungspunkt der Fettsäuren	Jodzahl der Fette	Jodzahl der flüssigen Fettsäuren	Verseifungszahl	Schmelzpunkt des Phytosterins bzw. Cholesterins (korrig.)
Baumwollsaatöl (Cottonöl)	0,920—0,930	67,6—69,4	34—43	31—40	102—117 Baumwollstearin = 89—104	142—152	191—198	139,1—139,3
Erdnußöl (Arachisöl)	0,911—0,926	65,8—67,5	27—36	22—32	83—105	105—129	186—197	140,3—141,2
Leinöl	0,930—0,941	81—87,5	11—24	13—21	170—202	190—210	188—195	140,1
Mandelöl, süßes	0,914—0,920	64—64,8	13—14	5—12	93—102	102	188—195	—
Mohnöl	0,924—0,937	72—74,5	20—21	16—17	131—158	150	189—198	139,6
Olivenöl	0,914—0,925	62—62,8	19—33	17—25	79—94 [1])	93—104	185—196	138—138,5 (Reichert-Meißlsche Zahl = 0,3—1,5)
Maisöl	0,921—0,927	71,5	16—23	13—16	111—131	136—144	188—203	138—138,3
Rüböl (Raps-)	0,911—0,918	68,0	16—22	12—19	94—106	121—126	168—179	140,6—143,7
Sesamöl	0,921—0,924	66,2—69	21—32	18—29	103—115	129—140	187—195	140,1—140,4 (Reichert-Meißlsche Zahl = 0,1—1,2)
Dorschlebertran	0,920—0,941	75,0	21—25	13—24	123—181	167,6	171—206	150,5

[1]) Nach der zollamtl. Vorschrift zur Untersuchung des Baumöls 79—88.

Übersicht über die Konstanten der wichtigsten Fette.
B. Für feste Fette.

Fett	Spezifisches Gewicht bei 15°	Refraktometerzahl (Zeiß sches Butterrefraktometer bei 40°)	Schmelzpunkt	Erstarrungspunkt	Schmelzpunkt der Fettsäuren	Erstarrungspunkt der Fettsäuren	Jodzahl der Fette	Jodzahl der flüssigen Fettsäuren	Verseifungszahl	Reichert-Meißlsche Zahl	Schmelzpunkt des Phytosterins bezw. Cholesterins (korrig.)
Butterfett .	0,926–0,946	39,4–46	28–35	19–26	38–45	33–38	26–38	—	219–233	17–34[1])	148,4–150,3 (Hehnersche Zahl 87,5[2]))
Gänsefett .	0,916–0,930	50–51,5	25–40	18–34	35–41	31–40	59–81	—	184–198	0–0,2	—
Hammeltalg (-fett) .	0,937–0,961	47,5–48,7	43–55	31–41	41–57	39–52	33–46	92,7	192–198	0,1–1,2	150,0
Kakaofett .	0,945–0,976	46–47,8	28–36	20–27	48–53	45–51	33–42	—	192–202	0,2–1,6	—
Knochenfett	0,914–0,926	—	30–45	36–43	—	—	46–63	—	181–195	—	—
Cocosnußfett[3]) .	0,925–0,926	33,5–35,5	20–28	14–23	24–27	16–23	8–10	32–54	246–268	6,0–8,5	(Hehnersche Zahl 84–91)
Margarine .	0,925–0,930	48,6–50,4	32–35	20–22	42	39,8	48–77	—	192–220	0,1–6,5	136–142,2[4])
Palmöl (-fett)	0,921–0,947	36,5	27–43	31–39	47–50	39–46	50–52	94,6	196–203	0,3–1,0	139,1
Pferdefett .	0,916–0,933	51,0–60,0	15–39	20–48	36–44	30–38	71–90	124–125	183–200	0,2–2,1	—
Rindertalg (-fett) .	0,943–0,953	45–50	42–50,0	27–38	41–47	39–47	35–48	89–92	193–200	0,1–1,0	149,2–150
Schweinefett (Schmalz) .	0,931–0,938	48,5–51,5	34–48	26–32	35–47	34–42	46–77[5])	89–116	195–200	1,1	148,9–150,7

[1]) Die häufigsten Zahlen liegen zwischen 26 und 30; unter 22 und über 32 sind große Seltenheiten.
[2]) Die Hehnersche Zahl beträgt bei den übrigen Fetten 95–96.
[3]) Cocosfett erhöht die R.-M.-Z. (mit Ausnahme bei Verfälschungen von Butter/u. Köttst.-Z. erheblich. Betr. Polenske-Zahl s. S. 81.
[4]) Acetatschmelzpunkt 128–131. — [5]) Vgl. auch S. 101.

Anhang.
A. Unterscheidung von Tran, Mineral-, Harz- und Teeröl.

1. Trane

sind nichttrocknende Öle und geben kein Elaidin (siehe S. 73). Sie sind am Fischgeruche und Geschmacke leicht zu erkennen. — Beim Kochen mit NaOH werden sie braun oder rotbraun. Sehr charakteristisch ist die Reaktion mit Phosphorsäure. 5 Volumina Öl werden mit 1 Volumen sirupöser Phosphorsäure erwärmt: Sämtliche Trane geben, wenn sie auch verfälscht sind, intensivrote, braunrote bis braunschwarze Färbungen.

Dorschlebertran enthält 0,02 bis 0,03% Jod und bis 2,7% unverseifbare Stoffe, freie Fettsäuren 3,8 bis 28%. Er gibt mit Salpetersäure (s = 1,50) an der Berührungsstelle von Öl und Säure rote, beim Umrühren feurig rosenrote Färbung, welche nach kurzer Zeit citronengelb wird. Die Verseifungs- und Jodzahl gibt bei Tranen wenig Aufschluß.

Flüssige Wachse (aus Seetieren stammend) sind nichttrocknend, geben kein Elaidin und sind nur zum Teil verseifbar. Das Unverseifbare beträgt etwa 40% und ist eine feste Masse (Unterscheidung von Gemischen aus fetten Ölen und Mineralölen!).

2. Mineralöle

(aus den höchst siedenden Bestandteilen von Rohpetroleum gewonnen) haben meist ein spezifisches Gewicht von etwa 0,800 bis 0,980, sind unverseifbar und zeigen in der Regel Fluoreszenz, jedoch ein wenig sicheres Kennzeichen. Die Fluoreszenz kann durch einen Nitronaphtalinzusatz verdeckt sein. Durch Ausziehen mit Alkohol und Eindampfen des Extraktionsmittels erhält man das Nitronaphtalin als gelbe Nadeln; als Entscheinungsstoffe werden außerdem Nitrobenzol und Anilinfarbstoffe angewendet. Die Mineralöle verhalten sich bei der Polarisation indifferent. Die Jodzahl ist selten höher als 14. (Valenta.) Sie dienen als Schmieröle und als Fußbodenöle und haben als solche besonderen Lieferungsbedingungen zu entsprechen. Siehe: Post, Chem. techn. Analyse von B. Neumann, 1907.; Chem. Techn. Untersuchungsmethoden von Lunge-Berl, 1910; Holde, Die Untersuchung der Schmiermittel 1909, Springer, Berlin. In diesen Werken findet sich auch die Beschreibung der für die Mineralöluntersuchung in Betracht kommenden, vielfach vereinbarten Spezialapparate.

3. Harzöle.

Das spezifische Gewicht der Harzöle liegt in der Regel zwischen 0,960 bis 1,100.

Nachweis:

a) Durch die Polarisation.

Harzöle drehen rechts; das Harzöl muß zur Polarisation mit einem optisch inaktiven Lösungsmittel, z. B. Äther, zuvor verdünnt werden.

Drehung im 200 mm-Rohr = 30 bis 40° (Halbschattenapparat mit Kreisgradteilung).

Unterscheidung von Tran, Mineral-, Harz- und Teeröl. 119

Fette Öle des Tier- und Pflanzenreiches ± 1°.
Formel zur Berechnung der spez. Drehung $(\alpha)_D$ nach Landolt.

I. $[\alpha]_D = \dfrac{100 . \alpha}{1 . d}$ II. $[\alpha]_D = \dfrac{10^4 . \alpha}{1 . p . d}$

$(\alpha)_D$ = spezifische Drehung,
α = abgelesener Ablenkungswinkel,
l = Rohrlänge,
d = spezifisches Gewicht der untersuchten Flüssigkeit,
p = Prozentgehalt an aktiver Substanz in der Flüssigkeit.

Die Formel II dient zur Berechnung in denjenigen Fällen, in welchen ein Lösungsmittel verwendet wurde.

Versuchstemperatur und Art der Lösungsmittel sind stets anzugeben.

b) Durch die Reaktion von Storch.

1 bis 2 ccm Öl werden mit 1 ccm Essigsäureanhydrid geschüttelt, nach einigem Stehen das letztere abpipettiert und mit einem Tropfen Schwefelsäure versetzt. Harzöl zeigt sich durch violettrote Färbung an. — (Gute Probe, namentlich bei Mischungen von Harz- und Mineralölen.)

Sind fette Öle [1]) mit Harzöl vermischt, so nehmen erstere bei der Storchschen Reaktion wohl verschiedene Färbungen an, verhindern jedoch dadurch nur selten die Erkennung von Harzöl.

Die Jodzahl der Harzöle ist zwischen 43 und 48. (Valenta.)

c) Durch die Reaktion nach Renard.

Beim Vermischen von 10 bis 12 Tropfen Harzöl mit 1 Tropfen wasserfreiem Zinnchlorid (Bromid nach Allen) tritt eine prachtvolle Purpurfärbung auf.

d) Durch die Elaidinprobe nach Hager.

Harzöl gibt eine dunkelrote, klare Flüssigkeit. Mineralöl bleibt unverändert.

Eine Mischung von Harzöl mit Mineralöl wird nach der Reaktion von Morawski und Demski erkannt:

1 Teil des Öles wird mit dem gleichen Volumen Aceton vermischt, dabei löst sich Harzöl oder mit wenig Mineralöl vermischtes Harzöl vollständig, während reines oder nur mit wenig Harzöl gemischtes Mineralöl ungelöst bleibt. Mit Aceton ist Harzöl in jedem Verhältnis mischbar. Mineralöl gebraucht das Mehrfache seines Volumens zur Lösung. Näheres siehe in Post, Chem. Techn. Analyse, 1907; Lunge-Berl, Chem.-techn. Unters.-Meth., Springer, Berlin 1909; Holde, Die Untersuchung der Schmiermittel, ebenda, 1910.

4. Teeröle

haben ein spezifisches Gewicht von über 1,010 und sind unverseifbar.

Mischungen von Teeröl mit Mineralöl kann man durch die lebhafte Reaktion entdecken, die eintritt, wenn man das Ölgemisch mit Salpetersäure (1,45 spez. Gewicht) vermischt. Reines Mineralöl erwärmt

---
[1]) Die Gegenwart von Mineral- und Harzölen oder auch von Teerölen (seltener) in fetten Ölen ist meistens schon durch den Geruch, Geschmack und insbesondere durch deren Unverseifbarkeit zu erkennen.

sich nur schwach; teerhaltiges sehr stark. Teeröle sind im Alkohol löslich, riechen kreosotartig und werden durch konzentrierte Schwefelsäure zu wasserlöslichen Verbindungen.

B. Untersuchung von Schmiermitteln.

1. Flüssige Schmiermittel.

Dieselben können pflanzliche, tierische oder Mineralöle sein (letztere in der Hauptsache).

Ihre Untersuchung erstreckt sich:

a) auf ihren Reinheitsgrad Verfälschungsnachweis):

α) Wasser; die Bestimmung geschieht nach Marcusson, Literaturangabe S. 122.

β) Mechanische Verunreinigungen; durch Abfiltrieren, Trocknen, Auswaschen mit einem Lösungsmittel und Wägen zu bestimmen.

γ) Gehalt an freien Mineralsäuren.

Man schüttelt 100 g des Öles mit dem doppelten Volumen heißen Wassers wiederholt aus, läßt absitzen, ermittelt die Säure qualitativ und titriert dann mit ½ oder ¼ Normalalkali mit Methylorange oder Phenolphtalein als Indikator. Der ermittelte Gehalt wird entweder in % SO_3 (anhydrid) oder als Säurezahl angegeben.

Säurezahl = mg KOH, welche zur Neutralisation von 1 g Öl erforderlich sind.

Organische Säuren können von harzartigen Körpern und Naphtencarbonsäuren herrühren. Man titriert das Öl direkt und bezieht den Säuregehalt auf Prozente SO_3 oder auf Säurezahl. Indikator: Phenolphtalein, je nach Farbe der Öle und Alkaliblau 6b von Höchst (mit Säure blau, mit Alkali rot). Künstlich gefärbte Öle bedürfen einer besonderen Behandlung, auf die verwiesen werden muß (z. B. Post, Chem. Analyse 1907, Bd. I. Heft 2).

δ) Ermittlung eines Gehaltes an Seife (Alkali- oder Tonerde.)

Mit Seife werden manche Mineralöle verdickt. Die Anwesenheit von Seife macht sich durch die beim Schütteln mit Wasser entstehenden, auf Zusatz von Mineralsäure wieder verschwindenden Emulsionen bemerkbar. Erhebliche Mengen von Seifen scheiden sich beim Lösen der Öle in Benzin aus, geringe Mengen bestimmt man nach Holde, l. c., Die Untersuchung der Schmiermittel.

ε) Bestimmung der unverseifbaren Substanz[1] siehe

---

[1] Die Identität der unverseifbaren Bestandteile läßt sich folgendermaßen bestimmen: Man koche die zu prüfende Substanz 1—2 Stunden am Rückflußkühler mit dem gleichen Gewichte Essigsäureanhydrid. Sind Fettalkohole anwesend, so lösen sich dieselben vollständig auf und bleiben nach dem Erkalten gelöst. Scheiden sich beim Erkalten Krystalle aus, so hat man es mit Cholesterinen oder Fettalkoholen zu tun. Mischt sich die Substanz auch beim Kochen nicht mit der Essigsäure, so ist die Substanz Paraffin oder Ceresin. Die erhaltenen Essigsäureester werden mit Wasser gekocht und aus Alkohol umkrystallisiert und können, wenn nötig, noch weitergehend untersucht werden.

S. 69 bezw. der verseifbaren Substanz (fetten Öle) siehe Verseifungszahl S. 65. Die zur freien Säure etwa verbrauchten mg KOH sind bei der Verseifungszahl in Abrechnung zu bringen. — Zur Berechnung des Zusatzes an fettem Öl in Mineralöl kann man die Verseifungszahl 185 als mittleren Wert für fette Öle, für mineralische die Verseifungszahl 0 annehmen. 10% fettes Öl würde sich also durch die Verseifungszahl 18,5 anzeigen. Die Art der einem Schmieröl etwa zugesetzten anderen Öle läßt sich durch die unter Fetten und Ölen (S. 74) und unter Teer-, Harz- und Mineralöl (S. 118) angegebenen Spezialreaktionen ermitteln.

ζ) Prüfung auf freies alkohollösliches Harz (Kolophonium) kommt fast nur für Mineralöl in Betracht, wenn freie Säure gefunden worden ist. Nachweis qualitativ. 8 bis 10 ccm Öl werden in einem Reagensglas mit dem gleichen Volumen Alkohol von 70% heiß durchgeschüttelt und dann mit Wasser abgekühlt. Nach Trennung der alkoholischen und der Ölschicht wird die erstere möglichst quantitativ in eine mit Glasstab gewogenen Glasschale filtriert, die Flüssigkeit eingedampft und gewogen. Ob der Rückstand Kolophonium ist, wird mit der Morawskischen Reaktion geprüft: Auflösen des Rückstandes in 1 ccm Essigsäureanhydrid und Zusatz von 1 Tropfen konzentrierter Schwefelsäure (S = 1,53) erzeugt Violettfärbung.

Die Harze von dunklem Mineralöle sind Pech- und Asphaltharze. Man schüttelt etwa ½ ccm Öl in einem Reagensglas mit Petroleumbenzin (von höchstens 35° Siedepunkt) und läßt die Lösung absitzen (etwa 1 Tag). Die ausfallenden dunklen Flocken trocknet man auf einem Filter (asphaltartiges Aussehen), sie sind frisch gefällt in Benzol löslich (charakteristisch für Asphalt).

b) auf ihre Brauchbarkeit als Schmiermittel.

α) Bestimmung des Flüssigkeitsgrades (Viskosität) mit Englers Viskosimeter. Der Apparat gestattet eine Ordnung der Öle nach ihrer Zähflüssigkeit durch Ermittlung ihrer Ausflußzeiten aus einem engen Röhrchen unter gleichen Flußbedingungen, d. h. gleicher Anfangsdruckhöhe und Temperatur. Als „Flüssigkeitsgrad" wird der Quotient aus Ausflußzeit von 200 ccm Öl bei der Versuchswärme und der Ausflußzeit von 200 ccm Wasser bei 20° C bezeichnet.

Genaue Gebrauchsanweisung ist dem Apparat beigegeben; eine ausführliche Beschreibung derselben, sowie seiner Handhabung findet sich in Holde, die Untersuchung der Schmiermittel, l. c., ferner in Posts Chem. Analyse 1907, in Lunge-Berl, Chem. Techn. Untersuchungsmethoden 1911.

β) Die Bestimmung des spezifischen Gewichts geschieht am besten mit den von der Normalaichungskommission geaichten Aräometern, für schwere Mineralöle aber mittels eines Pyknometers.

γ) **Bestimmung der Verdampfbarkeit (flüchtiger Öle).**

Diese wird ausgeführt durch 24 Stunden langes Erwärmen einer bestimmten Menge Öls in einem Luftbad bei derjenigen Temperatur, welcher das Öl beim Gebrauch ausgesetzt werden soll; nach dem Erkalten wird gewogen. Gefundene Verdampfung = Verdampfungsmenge.

Die fetten Öle geben bei diesen Temperaturen gewöhnlich nichts ab, während Mineralöle (je nach vorangegangener guter oder schlechter Reinigung u. s. w.) flüchtige Beimengungen abgeben. Solche Schmieröle sind schon der Feuergefährlichkeit halber unbrauchbar.

δ) **Bestimmung des Entflammungspunktes.**

1. im **Pensky-Martens**schen Apparat. Genauere Beschreibung siehe auch Holde (l. c.);
2. im **Abel**schen Petroleumprüfer, wenn die Schmieröle niedrig siedende Produkte enthalten (s. S. 123).
3. Einfacher wird der Entflammungspunkt durch Erhitzen einer Portion Öl in einem Porzellantiegel[1]), in welchem ein Thermometer hineingehängt wird, bestimmt, indem man die Temperatur abliest, bei welcher sich zündbare Dämpfe entwickeln. Der Entflammungspunkt von Cylinderölen soll nach Allen nicht unter 200° C liegen.
4. Unter Umständen muß noch bestimmt werden: das Erstarrungsvermögen und die Refraktion des Schmiermittels; doch muß hierfür auf die schon angeführte Spezialliteratur verwiesen werden.

2. Konsistente Schmiermittel.

(Tocotefett, Compoundfette, Kammradschmiere u. s. w.)

Die Zusammensetzung, wie auch die Konsistenz dieser Fette ist eine sehr wechselnde.

Die Untersuchung hat sich zu erstrecken auf:

Schmelzpunkt, Öl, Seife, Wasser (nach Marcusson)[2]), Säure, Beschwerungsmittel wie Kalk, $BaSO_4$ u. s. w., Verunreinigungen anderer Art, freies Alkali und auf die unter 1a (α—ζ) aufgeführten Bestimmungen.

C. Untersuchung von Petroleum.

1. Prüfung auf den Entflammungspunkt.

Im deutschen Reiche darf Petroleum, welches unter einem Barometerstande von 760 mm schon bei Erwärmung auf weniger als 21° C

---

[1]) Zylindrische glasierte Porzellantiegel von 4 cm Höhe, 4 cm lichtem Durchmesser; Blechschale 18 cm Durchmesser, 1,5 hoch, mit feinem Sand gefüllt; Thermometer 100—200° C zeigend. Der Porzellantiegel wird bis auf 1 cm vom Rande mit Öl gefüllt und auf den Sand direkt aufgesetzt. Mit der Prüfung mittels eines 10 mm großen Entzündungsflämmchens wird begonnen, wenn das Öl 120° C erreicht, bis zur Erwärmung auf 145° C wird von 5° C zu 5° C, von 145° C an aufwärts von Grad zu Grad geprüft. (Vorschr. der preuß. Bahnen.)

[2]) Holde, Schmiermittel. 1897. Berlin. S. 105; Lunge, Chem.-techn. Unters. Berlin 1905. Bd. III. S. 124.

entflammbare Dämpfe entwickelt, nur unter besonderen Vorsichtsmaßregeln und als „feuergefährlich" bezeichnet, verkauft werden. Obli-
gatorisch eingeführt zu dieser Prüfung ist Abels Petroleumprober. Die
Kaiserliche Verordnung, betreffend das gewerbsmäßige Verkaufen und
Feilhalten von Petroleum vom 24. Februar 1882, siehe im Anhang.

Jedem Apparat ist eine genaue Gebrauchsanweisung mit Reduktionstabelle beigegeben, wir können deshalb von einer näheren Beschreibung des Apparates absehen.

Mit dem Abelschen Petroleumprober können nur die gewöhnlichen Petroleumsorten auf ihren Entflammungspunkt geprüft werden,
ferner noch Öle, deren Entflammungspunkt nicht über 40^0 C liegt,
jedoch muß bei der Prüfung letzterer von der amtlichen Vorschrift
insofern abgewichen werden, als bei den Ölen mit einem zwischen 30
und 40^0 liegenden Entflammungspunkt das Wasserbad bei der Prüfung
anstatt auf 55 auf etwa 65^0 zu erwärmen ist. Aber auch für höher test-
haltige, sogenannte Sicherheitsöle, deren Entzündungstemperatur weit
über 40^0 C liegt, kann der Abelsche Apparat gebraucht werden, wenn
man höhere Temperaturen angebende Thermometer anstatt der nur
bis 40 bezw. 60^0 C gehenden amtlichen Thermometer in den Apparat
einsetzt, und zwar erhitzt man nach dem Vorschlag Kisslings (Chem.
Zeitg. 1892), bei Ölen mit einem Entflammungspunkt zwischen 40 und
50^0 C das Wasserbad auf etwa 75^0, bei solchen mit höherer Entzündungstemperatur auf 75 bis 100^0 bezw. bis zum Sieden des Wassers.

2. Das spezifische Gewicht dient nur zur Identitätsbestimmung. Für sich allein kann es nicht zur Beurteilung eines Öles dienen.

3. Chemische Prüfung:

Gutes Petroleum soll wasserhell, nicht hellgelblich, aber bläulich
schimmernd sein, es soll keinen empyreumatischen Geruch haben, mit
dem gleichen Volumen Schwefelsäure geschüttelt, sich nicht dunkel
färben, eine Mischung von 5 ccm Petroleum mit 2 ccm Ammoniaklösung
und einigen Tropfen Silberlösung soll sich nicht bräunen oder schwärzen.
Auf die Charitschkoffsche Natronprobe zur Ermittlung der Erd-
ölsäuren wird verwiesen[1]). Für die Schwefelbestimmung dienen verschiedene Methoden, so die von Carius, die von Lidoff modifizierte
Eschka sche Methode, diejenige von Engler und Kissling u. a.[2]).

4. Die Destillationsprobe gibt Anhaltspunkte für die Beurteilung des Petroleum zum Brennen in den Lampen. Sind größere
Mengen hochsiedender Bestandteile vorhanden, so ziehen sie sich nicht
im Docht hoch. Zur Ausführung der fraktionierten Destillation sind
zwei Verfahren, das diskontinuierliche und das kontinuierliche nach
Engler übliche. Für die Ausführung sind besondere Apparate und
Regeln vereinbart. (Siehe Post, Chem. Analyse, 1907, Bd. I, Heft 2,
Lunge-Berl, Chem. Untersuchungsmethoden 1910 und andere Spezialwerke, sowie Fußnote 1).

---

[1]) Rakusin, Die Untersuchung des Erdöls und seiner Produkte.
Vieweg, Braunschweig 1906, S. 167; Chem. Revue 36. 57. 1896.

[2]) Rakusin, l. c. S. 100 u. ff., Ainsinmann, Die einheitlichen
Prüfungsmethoden in der Mineralölindustrie. Stuttgart 1897.

5. **Brennprobe**: Man vergleicht das Verhalten des Petroleums in Lampen gleicher Konstruktion durch Wägen der Lampen, ermittelt den stündlichen Verbrauch und vergleicht photometrisch.

D. Untersuchung von Bienenwachs.

Nach der Methode von Hübl.

a) Die Bestimmung der Säurezahl und
b) Die Bestimmung der Äther-(Ester-)zahl
erfolgt in folgender Weise:

3 bis 4 g Wachs werden mit 20 ccm neutralem 90%-igem Alkohol im Wasserbade bis zum Schmelzen erwärmt und unter Umschütteln und erneutem Erwärmen mit ½ normaler alkoholischer KOH und mit Phenolphthalein titriert. Diese Operation gibt die Säurezahl als = mg KOH in 1 g Wachs ausgedrückt. Nach der Titration gibt man weitere 20 bis 25 ccm der alkoholischen Lauge hinzu, verseift am Rückflußkühler (1 Stunde auf dem Drahtnetz) und titriert mit ½ normaler Salzsäure den Alkaliüberschuß zurück. Verbrauchte mg KOH in 1 g = Ätherzahl

Säurezahl + Ätherzahl = Verseifungszahl[1]).

Das Verhältnis der Säurezahl zur Ätherzahl ist bei reinem Wachs wie 1 : 3,6 bis 3,8 (Verhältniszahl).

Für reines Bienenwachs liegt die Säurezahl zwischen 19 und 21 (meist 20), die Ätherzahl zwischen 73 bis 76 (meist 75), die Verseifungszahl zwischen 92 bis 97 (meist 95).

Reines Wachs und seine Verfälschungsmittel zeigen folgende Werte:

	Säurezahl	Ätherzahl	Verseifungszahl	Verhältniszahl
Japanwachs	20	200	220	10
Carnaubawachs	4	75	79	19
Talg	4	176	180	44
Stearinsäure	195	0	195	0,195
Harz	110	1,6	111,6	0,015
Paraffin und Ceresin . . .	0	0	0	0
Reines Wachs (gelbes) . .	20	75	95	3,75

Mit Hilfe dieser Zahlen läßt sich annähernd die Art der Verfälschung feststellen. Geringe Abweichungen von diesen Zahlen sind jedoch noch kein Beweis für eine Verfälschung (siehe auch weiter unten).

Bei indischen und chinesischen Wachssorten fand G. Buchner[2]) andere Konstanten; eine Erniedrigung der Säurezahl bis gegen 6; desgleichen zum Teil eine solche der Verseifungszahl bis gegen 82; bei einigen

---

[1]) Über Verseifung von Bienenwachs siehe Chem.-Ztg. 1908, 31 (verschied. Arb. von G. Buchner, Berg u. Bohrisch).

[2]) Zeitschr. f. öffentl. Chemie 1897, S. 570.

jedoch auch eine Erhöhung bis 120,17; außerdem eine Erhöhung der Ätherzahl bis zu 111,45 und eine solche der Verhältniszahl bis 17,9 (im Minimum 11,06). — Solche Zahlen sind unseres Wissens bei den gangbaren europäischen und afrikanischen Wachsarten noch nicht beobachtet worden.

Außer der v. Hüblschen Methode kann noch die Bestimmung des spezifischen Gewichts, Schmelzpunktes und der Jodzahl des Wachses wertvoll sein.

Das spezifische Gewicht bei 15^0 C liegt zwischen etwa 0,956 und 0,970; die Jodzahl liegt zwischen 8,3 und 11 (Buisine); der Schmelzpunkt durchschnittlich bei 60 bis 64^0.

G. Buchner[1]) stellt nach der Prüfung[2]) durch die v. Hüblsche Methode noch folgende Reaktionen auf das Vorhandensein von Stearinsäure, Harz, Japanwachs und Talg an, da auch bei richtigen v. Hüblschen Konstanten eine Vermischung mit einer Komposition der genannten Materialien hergestellt sein kann.

a) Prüfung auf Stearinsäure:

1,0 g Wachs wird mit 10 ccm 80%-igem Alkohol einige Minuten gekocht und die Lösung auf 18 bis 20^0 C abgekühlt. Man filtriert und fügt zum Filtrat Wasser hinzu, darnach scheidet sich die Stearinsäure in Flocken ab und sammelt sich an der Oberfläche. Bei 7 bis 8% bleibt die Stearinsäure dicklich rahmartig im Wasser verteilt.

b) Prüfung auf Harz:

5,0 g Wachs erhitzt man in einem Kolben mit 20 bis 25 g roher Salpetersäure (1,32 bis 1,33) 1 Minute lang; übergießt dann die Masse mit dem gleichen Volumen Wasser und übersättigt unter Umschütteln mit Ammoniak. Gießt man nun die Flüssigkeit von dem ausgeschiedenen Wachse ab, so besitzt dieselbe bei reinem Wachse eine gelbe, bei Gegenwart von Harz eine mehr oder minder rotbraune Farbe. 1% Kolophonium ist noch auf diese Weise nachzuweisen.

c) Prüfung auf Glyceride (Japanwachs, Talg):

Den Rückstand von der v. Hüblschen Methode dampft man auf dem Wasserbade ein, bis der Alkohol verjagt ist, setzt dann das Wasser zu, filtriert, dampft das Filtrat ein und reagiert durch Erhitzen des Rückstandes mit Kaliumbisulfat auf Glycerin (Acrolein).

Wenn diese drei Prüfungen negativ ausfallen und auch die v. Hüblschen Zahlen normal sind, kann die betr. Wachsprobe als „rein" gelten. Sind die letzteren aber anormal, so liegt mit Bestimmtheit ein Zusatz (Verfälschung) vor. Eine Ausnahme davon könnte z. B. nur eintreten, wenn nur die Säurezahl eine etwas erhöhte ist, und die Probe auf Stearinsäure und Harz negativ ausfällt, da die Säurezahl bei chemisch gebleichtem Wachs bis auf 24 steigen kann.

---

[1]) Chem. Zeitung 1893, 918.
[2]) Das Wachs muß zuerst mit destilliertem Wasser so oft umgeschmolzen werden, bis das Wasser nicht mehr sauer reagiert.

Auf die Methode von Benedikt und Mangold, Chemikerzeitung 1891, S. 15, und Benedikt-Ulzer, Analyse der Fette, J. Springer, Berlin 1908, sei verwiesen. Nach den Untersuchungen von Dietrich, Kremel u. a. bietet die Methode gegenüber der v. Hüblschen jedoch keine Vorteile.

Bestimmung der Kohlenwasserstoffe (Paraffin, Ceresin) in Wachs siehe Ahrens und Hett, Zeitschr. f. öffentl. Chemie 1899, S. 91 (Verbesserung der Methode von A. und P. Buisine). Reines Wachs enthält selbst etwa 12 bis 15% Kohlenwasserstoffe.

Wird bei der v. Hüblschen Methode die kalte Verseifung nach Henriques[1]) vorgenommen, so muß ein Petroleumbenzin, das zwischen 100 bis 150⁰ C siedet, verwendet werden (vergl. auch G. Buchner, Zeitschr. f. öffentl. Chemie 1897, S. 570).

E. Untersuchung von Seifen[2]).

Die Untersuchung erstreckt sich auf:

1. **Die Bestimmung des Wassergehaltes.** In einem Platintiegel werden 2,5 bis 4 g Seife und mindestens die 3-fache Menge käuflichen Oleins genau abgewogen und vorsichtig mit einer kleinen Bunsenflamme erwärmt, bis nur noch einzelne Bläschen aufsteigen und die wasserfreie Seife sich klar im Olein gelöst hat. Abweichung höchstens bis zu 0,5% bei Kontrollbestimmungen.

2. **Bestimmung des Gesamtfettes und des Gesamtalkalis.**

2,5 bis 4 g Seife (ungefähr 2 g Gesamtfett entsprechend) werden in warmen Wasser gelöst, die Lösung in einem Scheidetrichter gespült und nach dem Erkalten mit 25 ccm Äther und 10 ccm Normalsalzsäure oder Normalschwefelsäure — letztere gestattet auch Kochen, das aber selten nötig ist — tüchtig durchgeschüttelt. Man läßt längere Zeit, am besten über Nacht, stehen oder man schüttelt nach einigen Stunden ein zweites Mal mit 15 ccm Äther aus. Anstatt Äther kann man auch Petroläther verwenden, welcher gleichzeitig einen etwaigen Gehalt an „Oxysäuren", z. B. in Leinölschmierseifen, anzeigt. Die vollkommen klare, saure, wässerige Lösung wird unten abgezogen, die Äther- bezw. Petrolätherlösung oben abgegossen und der Scheidetrichter zunächst mit Äther bezw. Petroläther, dann mit Wasser nachgespült. Die wässerige Lösung (inkl. Waschwasser) wird mit Phenolphtalein versetzt und mit Normallauge[3]) genau neutralisiert. Der Verbrauch, von 10 abgezogen, gibt das Gesamtalkali, während die Äther- oder Petrolätherlösung beim Verdunsten das Gesamtfett hinterläßt. Zur Kontrolle löst man letzteres in Alkohol und bestimmt durch Neutralisieren mit Normallauge die Säurezahl bezw. — bei Abwesenheit von Neutralfett — das mittlere Molekulargewicht der Fettsäuren. Ist Neutralfett zugegen, so läßt sich dieses in bekannter Weise durch Ausschütteln der entsprechend mit Wasser verdünnten, neutralen Lösung mit Petrol-

---

[1]) Zeitschr. für angew. Chem. 1895, S. 721; 1896, S. 221, 443; 1897, S. 366.
[2]) Vgl. auch Einheitsmethoden des Verbands der Seifenfabrikanten; Berlin, sowie G. Fendler, Zeitschr. f. angew. Chemie 1909, 22. 252, 540.
[3]) Man kann natürlich auch mit Halbnormalsäure und -lauge arbeiten.

äther abscheiden und durch Verseifung u. s. w. schließlich auch noch vom Unverseifbaren trennen.

3. **Bestimmung des freien Alkalis bezw. der freien Fettsäuren.** Man erwärmt 2,5 bis 4 g Seife mit 50 ccm etwa 55%-igen Alkohols. Ein etwaiger ungelöst bleibender Rückstand wird abfiltriert, mit 50%-igem Alkohol ausgewaschen und, wenn er lufttrocken geworden ist, mit Wasser behandelt und für sich auf seine etwaige Alkalität geprüft. Die wässerig-alkoholische Seifenlösung wird mit Phenolphtalein versetzt. Tritt sofort starke Rötung ein, so liegt eine alkalische Seife vor und man bestimmt den Gehalt an freiem Alkali durch Titration mit Halbnormal- (evtl. Zehntelnormal-) salzsäure. Bleibt die Seifenlösung nach Zusatz von Phenolphtalein farblos, während nach Zusatz von 1 Tropfen Normallauge Rötung eintritt, so liegt neutrale Seife vor. Bei den sauren Seifen ist eine größere Menge Alkali zur Neutralisation erforderlich. Die neutrale wässerig-alkoholische Seifenlösung kann zu Kontrollbestimmungen dienen. Durch Ausschütteln mit Petroläther läßt sich das Neutralfett samt dem Unverseifbaren, durch nachheriges Eindampfen in die Reinseife und durch Auflösen der letzteren in Wasser, Zersetzen mit 10 ccm Normalsalzsäure u. s. w. das Gesamtalkali und die Fettsäuren bestimmen. Eine Komplikation bei der Bestimmung des freien Alkalis tritt ein, wenn die Seife Soda, Borax oder Wasserglas enthält, welche ebenfalls alkalisch reagieren und in 50%-igem Alkohol nicht unlöslich sind. Man bestimmt in diesem Falle entweder den Gehalt an obigen Substanzen sowohl in der wässerigalkoholischen Seifenlösung, als auch im unlöslichen Rückstande, oder man verwendet anstatt 50%-igen absoluten Alkohol. Dies bringt aber verschiedene Nachteile mit sich, vor allen Dingen denjenigen, daß die Salze der festen Fettsäuren in absolutem Alkohol schwer löslich sind. Man braucht daher große Mengen des letzeren und muß häufig erwärmen, um Ausscheidungen hintanzuhalten. Besonders das Filtrieren wird dadurch umständlich und zeitraubend. Späth[1]) hat, um diese Übelstände zu vermeiden, vorgeschlagen, die getrocknete Seife in einem Wiegegläschen mit durchlöchertem Boden im Soxhletapparat mit absolutem Alkohol zu extrahieren. Im unlöslichen Rückstande sind alsdann die obigen alkalisch reagierenden Substanzen nach bekannten Methoden zu bestimmen, evtl. zu trennen, während das freie Alkali in die alkoholische Lösung übergeht.

4. **Bestimmung des freien und des kohlensauren Alkalis.**
Häufig enthalten die Seifen neben einer geringen Menge freien Alkalis auch eine geringe Menge Alkalikarbonat. Für die meisten Zwecke der Praxis macht es nichts aus, wenn letzteres als freies Alkali mitbestimmt und in Rechnung gesetzt wird. In manchen Fällen, z. B. in der Seidenfärberei, kann dagegen eine Differenz von 0,05% NaOH von Bedeutung sein. Für solche Fälle empfiehlt Heeremann[2]) einen Analysengang, auf welchen verwiesen werden muß.

---

[1]) Zeitschr. f. angew. Chemie 1893, S. 513; 1896, S. 5.
[2]) Chem.-Zeitung 1904, S. 5.

5. Die Bestimmung der Fettsäuren.

Man löst 5 bis 10 g der getrockneten Seife in einer geräumigen Porzellanschale in etwas Wasser und zersetzt mit verdünnter Säure unter Kochen die Seife. Hierauf läßt man erkalten, wobei die Fettsäuren erstarren. Bleiben sie jedoch flüssig, so kann dadurch abgeholfen werden, daß man eine genau gewogene, etwa gleich große Menge Paraffin oder Wachs u. s. w. hinzufügt und nochmals erhitzt. Nachdem die Fettsäuren durch mehrmaliges Waschen von Mineralsäure ganz frei sind, werden sie auf einem bei 100^0 getrockneten und gewogenen Filter getrocknet und gewogen. Die Menge des zugesetzten Paraffins u. s. w. ist vom Resultat abzuziehen.

Die Fettsäuren können auch aus der zersetzten Seife in einem Schüttelzylinder mit einer abgemessenen Menge Äther ausgeschüttelt werden, von der man dann einen aliquoten Teil abpipetiert, den Äther verdampft und auf geschlossenem Wasserbade $\frac{1}{2}$ Stunde trocknet, nachher noch kurz im Trockenschrank nachtrocknen. Der Paraffinzusatz fällt dabei natürlich weg. Diese Methode ist die beste.

Die Fettsäuren werden meist als Anhydride angegeben; 100 Teile Fettsäuren sind gleich 96,75 Fettsäureanhydrid.

Beurteilung:

Gute Natronseifen sollen höchstens Spuren von Alkali und nicht mehr als 0,5% kohlensaures Alkali enthalten, Medizinalseifen sollen gar kein freies Alkali enthalten. Für die polizeilcihe Kontrolle genügt es in der Regel, den in Alkohol unlöslichen Teil qualitativ und quantitativ zu untersuchen; bei Kaliseifen (Schmierseifen u. s. w.) sind auch die Fettsäuren zu bestimmen, ein kleiner Stärkegehalt ist in denselben zu gestatten; metallische Gifte sind zu beanstanden. — Im übrigen richten sich die Eigenschaften von Seifen nach deren Preis.

Einheitliche Bezeichnungen und Qualitätsbestimmungen bei öffentlichen Ausschreibungen von Seife sind folgende:

1. Harte Seifen.
 a) Kernseife mit mindestens 60 %
 b) Halbkernseife mit mindestens 46 % } Fettsäuregehalt
 c) Cocosseife (Handseife) mit mindestens 60 %

2. Weiche Seifen.
 a) Naturkernseife
 b) Glatte Seife, grün, gelb oder braun } mit mindestens 40 % Fettsäure-
 c) Hellgelbe, sogenannte Silberseife   Gehalt

3. Harzseifen.
Bezüglich dieser Seifen wird im allgemeinen in maximo 20 % Harzzusatz gestattet.

Die gelieferten harten Seifen dürfen kein freies Alkali in merklicher Menge enthalten.

Ausführungsbestimmungen, betreffend das Gesetz über die Erhebung einer Abgabe von Salz; Bundesratsbeschluß vom 18. Juli 1888 (Zentralblatt f. d. Deutsche Reich 1888, S. 484 und 651.

(Anlage II B.)

Anleitung zur chemischen Untersuchung von Seifenpulver.

Zur Prüfung von Seifenpulver auf seine Reinheit und Unverfälschtheit ist eine Probeflüssigkeit herzustellen, welche aus gleichen Raumteilen 85 prozentigen Alkohols und konzentrierter Essigsäure durch Mischen erhalten wird.

Von dem zu untersuchenden Pulver, das vor der Untersuchung etwa acht Tage lang der Luft auszusetzen ist, bringt man in ein Proberohr ungefähr 1 g, gießt von der Probeflüssigkeit ungefähr 10—15 ccm darauf und erwärmt die Flüssigkeit bis zum Kochen. Reines Seifenpulver gibt hierbei eine fast klare Lösung; fremde der Seife beigesetzte Bestandteile setzen sich zu Boden.

Man läßt die Flüssigkeit sich vollkommen absetzen, gießt sodann die klargewordene Flüssigkeit vom Bodensatz ab und setzt derselben Wasser hinzu (das gleiche oder doppelte Volumen).

Die Fettsäuren der Seife scheiden sich alsbald an der Oberfläche ab als ölige Masse. Bei sogenanntem mineralischen Seifenpulver, Talk u. s. w., tritt letztere Erscheinung nicht ein.

Dabei ist zu bemerken, daß auch allenfallsige Beimischungen von kohlensauren Alkalien (Soda), sowie von kohlensauren Erden (Kreide, Magnesia) sich in dem Gemisch von Alkohol und Essigsäure vollständig auflösen. In diesem Falle tritt jedoch beim Übergießen des verfälschten Seifenpulvers mit dem Säuregemisch ein starkes oder doch deutlich wahrnehmbares Aufbrausen von Kohlensäure ein, wodurch jene Beimengungen angezeigt werden. Dabei ist nur zu beachten, daß auch bei unvermischtem Seifenpulver eine sehr geringe Entwickelung von Kohlensäure in einzelnen Bläschen stattfindet, welche Erscheinung mit der aufbrausenden Entwickelung der Kohlensäure bei absichtlichen Zusätzen sehr verschieden ist.

Als geboten ist weiter zu bezeichnen, daß die prüfenden Zoll- oder Steuerbeamten durch Versuche mit selbstgeschabter reiner Kernseife sich von dem Unterschiede der letztgedachten Erscheinung ein klares Bild verschaffen.

Erwünscht ist auch die Gewinnung einer Erfahrung seitens der Beamten hinsichtlich der Menge der schließlich abgeschiedenen Fettsäuren; die Beamten würden bei Ausführung vorbezeichneten Probeversuchs zugleich ein Bild von der Menge der dabei sich abscheidenden Fettsäure gewinnen können und darauf den Vergleich mit anderem zur Denaturierung von Salz vorgeführten Seifenpulver zu machen imstande sein.

In bezug auf die äußere Beschaffenheit des Seifenpulvers ist noch zu bemerken, daß das reine Seifenpulver immer etwas gelblich gefärbt ist und einen schwach-laugenhaft-fettigen Geschmack und schwachen Seifengeruch besitzt, während die mineralischen Fälschungsmittel farb-, geschmack- und geruchlos sind.

III. Milch[1]) und Milcherzeugnisse.

Betr. Probeentnahme cf. das S. 7 oben Abs. 5 Gesagte.

Vor jeder chemischen Untersuchung hat eine Prüfung auf äußere Beschaffenheit und gründliche Durchmischung der Milch durch Umrühren oder Umgießen zu erfolgen. Abgesehen von abnormen Färbungen, Fehlern (s. bakteriol. Teil), Schmutz u. s. w., lassen sich bei einiger Übung aus der mehr oder weniger kräftigen, satten Farbe, namentlich an den Wandungen der Gefäße und der Durchsichtigkeit in dünner Schicht (z. B. beim Herausheben des Lactodensimeters aus der Milch an der Thermometerskala zu beobachten) und in ähnlicher Weise Anhaltspunkte über Minderwertigkeit im Allgemeinen bezw. an Fett finden.

1. Bestimmung des spezifischen Gewichtes.

Das spezifische Gewicht wird pyknometrisch, mit der Westphalschen Wage oder aräometrisch ermittelt. Von den Milcharäometern (Lactodensimetern) wird am besten das von Soxhlet konstruierte

---

[1]) Haltbarmachung der Milch für Untersuchungszwecke geschieht durch 1,5—2 g Kaliumbichromat oder 1 ccm 40 °-iges Formaldehyd (Formalin) auf 1 Liter Milch; erstere Substanz schließt Prüfung auf Nitrate aus. Vgl. auch K. Windisch, Milchw. Zentralblatt 1908, 97.

Bujard-Baier. 3. Aufl.

benutzt. Die darauf befindlichen Zahlen (Grade) bedeuten die Tausendstel des betreffenden spezifischen Gewichtes. Wenn z. B. die Zahl 32,5 abgelesen wird, so bedeutet dies = 1,0325 spezifisches Gewicht. Eine Ablesung von $1/10$ Graden ist bei dem Gradabstand von 8 bis 10 Millimetern noch möglich. Daß die Lactodensimeter mit dem Pyknometer auf Richtigkeit geprüft werden müssen, ist selbstverständlich. Das spezifische Gewicht bestimmt man bei 15° C in der gut durchmischten Milch, nachdem man durch Abkühlen oder Erwärmen die Milch, welche nach dem Melken gekühlt und mehrere Stunden gestanden haben soll, auf diese Temperatur gebracht hat. Ist dieses nicht angängig, so kann man sich der Korrektionstabellen von Fleischmann, S. 148 bedienen. Für die Marktkontrolle sind in manchen Orten sogen. Milchprober (Lactodensimeter) mit Korrektionsangaben für die Umrechnung auf 15° im Gebrauch. Abgesehen von der häufigen Ungenauigkeit solcher Instrumente, lassen sich damit nur grobe Wässerungen nachweisen. Die absolute Unzuverlässigkeit und Ergebnislosigkeit solcher Vorprüfung ist längst erwiesen.

Berechnung des spezifischen Gewichts aus Trockensubstanz und Fettgehalt.

$$s = \frac{1000}{1000 - 3,75 (t - 1,2 f)}.$$

t = Trockensubstanz, f = Fett in Prozenten.

Ohne viel zu rechnen, findet man das spezifische Gewicht folgendermaßen: Man multipliziert f mit 1,2 (s. Tabelle I, S. 152), zieht das Produkt von t ab, sucht den bleibenden Rest in der Tabelle II, S. 155; auf derselben Linie nebenan steht dann das diesem Wert entsprechende spezifische Gewicht.

Da die Bestimmung der Trockensubstanz wegen der nicht zu vermeidenden teilweisen Karamelisierung des Milchzuckers stets etwas zu niedrige Werte gibt, bedient man sich dieser Formel höchstens in Ausnahmefällen und zur Kontrolle der Befunde. Die besten Grundlagen für eine genaue Milchanalyse bilden stets die genauen Ermittelungen des spezifischen Gewichts und des Fettgehalts (siehe auch S. 144).

Das spezifische Gewicht des Milchserums wird in derselben Weise wie das der Milch und zwar bei 15° bestimmt. Die Herstellung des Serums geschieht in der Weise, daß man entweder die Milch auf natürlichem Wege bezw. mit Hilfe von Milchsäurereinkulturen durch Einstellen in einen Thermostaten oder an einen anderen warmen Ort gerinnen läßt und das Serum vom Quark abfiltriert, oder daß man zu 100 ccm der auf 40° erwärmten Milch 2 ccm Essigsäure (20%-ige) zusetzt[1]), das Serum wird dann durch Filtrieren wie oben erhalten.

Ein sehr präziser Ausdruck für die Dichte des Milchserums ist das Lichtbrechungsvermögen nach der von E. Ackermann (Zeitschr. f.

---

[1]) Dieses Verfahren ist von der fr. Vereinig. Deutsch. Nahrungsmittel-Chem. angenommen. Vgl. auch A. Burr, F. M. Berberich, Fr. Lauterwald, Milchwirtschaftl. Zentralbl. 1908. 4. 225.

Unters. d. Nahr.- u. Genußm. 1907, S. 13, 186)[1]) für den Gebrauch des Eintauchrefraktometers (der Firma Zeiß in Jena) angegebenen Methode:

30 ccm Milch werden in entsprechend großen Reagenszylindern, die man sich zweckmäßig mit Marke bei 30 ccm und einem aufgeschliffenen Schild für die Nummern versehen läßt, mit 0,25 ccm einer Chlorcalciumlösung vom spezifischen Gewicht 1,1375 vermischt, nach Aufsetzen eines Kautschukstopfens mit einer 22 cm langen Kühlröhre 15 Min. im lebhaft siedenden Wasserbade erhitzt und dann durch Einstellen in kaltes Wasser abkühlt. Die etwa am oberen Teil des Reagenszylinders niedergeschlagenen Wassertropfen müssen durch entsprechendes Neigen des Zylinderglases wieder mit der Hauptmasse der Flüssigkeit sorgfältig vereinigt werden. Das Serum kann dann klar abgegossen und nach dem Temperieren auf 17,5° mittels besonderer Vorrichtung, welche die Firma Zeiß in Jena liefert, zur refraktometrischen Untersuchung benutzt werden.

2. Bestimmung der Trockensubstanz (bezw. fettfreien Trockensubstanz) und des spezifischen Gewichts der Trockensubstanz.

Der Gehalt an Trockensubstanz wird entweder aus dem genau ermittelten spezifischen Gewicht und dem Fettgehalt nach der unten angegebenen Formel berechnet oder gewichtsanalytisch durch Abdampfen von 2 bis 3 g Milch, die auf der Analysenwage in einer mit Deckel versehenen, flachen Schale abgewogen werden, im Wassertrockenschrank (oder Soxhletschen) bis zur möglichsten Gewichtskonstanz getrocknet und dann gewogen. Bei größeren Milchmengen dienen als Auflockerungsmittel Bimsstein, Sand, Holzwolle u. s. w.

Wie schon wiederholt festgestellt wurde, findet man die Trockensubstanz nach der quantitativen Methode etwas zu nieder, namentlich bei älterer, etwas gesäuerter Milch.

Berechnung des Trockensubstanzgehaltes aus dem spezifischen Gewicht und dem Fettgehalt nach Fleischmann:

$$t = 1{,}2\,f + 2{,}665 \left(\frac{100\,s - 100}{s} \right)\text{,}[2])$$

f = Fett in Prozenten,
t = Trockensubstanz in Prozenten,
s = spezifisches Gewicht bei 15° C.

Die jedesmalige Berechnung kann man sich durch Anschaffen eines Ackermannschen automatischen Rechners oder durch die von Fleischmann, Herz, Siats u. a. herausgegebenen Hilfstafeln ersparen.

Die Werte von $2{,}665 \times \frac{100\,s - 100}{s}$ sind ebenfalls von Fleischmann berechnet und in der Tabelle II (S. 155) zusammengestellt:

---

[1]) Über den Nachweis von Wasserzusatz zur Milch auf refraktometrischem Wege vgl. C. Mai und S. Rothenfußer, Zeitschr. f. Unters. d. Nahr.- u. Genußm. 1908. 16. 7, sowie Milchw. Zentralbl. 1910, 145.

[2]) H. Schrott-Fiechtl hat ein Lactodensimeter konstruiert, bei dem man den zu jedem spezifischen Gewicht gehörenden Wert $2{,}665 \left(\frac{100\,s - 100}{s} \right)$ direkt ablesen kann; zu beziehen von Greiner in München.

Beispiel einer Berechnung von t unter Benutzung dieser Tabelle:

Es sei $s = 1{,}0321$; $f = 3{,}456 \%$,
so ist nach dieser Tabelle:

$$2{,}665 \times \frac{100\,s - 100}{s} = 8{,}289$$
$$1{,}2\,f \text{ ist } (1{,}2 \times 3{,}456) = 4{,}147$$

plus

$$\text{Summe} = 12{,}436$$
$$t = 12{,}436 \%.$$

Berechnung des spezifischen Gewichtes der Trockensubstanz und des Gehaltes an fettfreier Trockensubstanz in der Milch.

a) **Das spezifische Gewicht der Milchtrockensubstanz** (m) berechnet sich aus dem spezifischen Gewichte (s) und dem Trockensubstanzgehalte (t) der Milch nach der Formel

$$m = \frac{t\,s}{t\,s - 100\,s + 100}\,.$$

b) **Der Gehalt an fettfreier Trockensubstanz** (r) wird durch Subtraktion des Fettgehaltes (f) vom Trockensubstanzgehalt (t) erhalten.

$$r = t - f$$
oder
$$r = \frac{d}{4} + \frac{f}{5} + 0{,}2$$

$d = $ Tausendstelgrade des spezifischen Gewichtes.

3. Bestimmung des Fettes.

a) **Soxhlets Ätherextraktionsmethode:** Die durch Zugabe eines Auflockerungsmittels (Holzwolle, Bimsstein u. s. w.) erhaltene Trockensubstanz der Milch wird nach S. 16 in eine Hülse gebracht und diese im Soxhletschen Extraktionsapparat mit Äther extrahiert; das so gewonnene Fett wird getrocknet und gewogen.

b) **Soxhlets aräometrische Methode:** Prinzip: Äther wird in bestimmten Mengen mit Milch und Alkalilauge geschüttelt, dann das spezifische Gewicht der Ätherfettlösung bei 17,5° genommen und aus einer der Tabellen der Fettgehalt in Prozenten abgelesen. Dem zur Ausführung der Bestimmung erforderlichen besonderen Apparate ist auch eine genaue Anleitung mit Tabellen beigegeben, weshalb dieselbe hier unterbleiben kann.

c) **Adamsche Papiermethode:** Mit präpariertem[1]) fettfreiem, zuvor getrocknetem Filtrierpapierstreifen, der in Spiralform gebracht wird und mittels eines feinen Platindrahtes umwickelt wird, saugt man von 5 bis 6 g Milch einen Teil auf und wägt die übrige Milch zurück; als Gefäß zum Abwägen der Milch dient entweder ein kleines, mit Uhrglas zu bedeckendes Becherglaschen oder auch eine kleine Spritzflasche; die Spirale wird alsdann bei 100° C getrocknet, im Ätherextraktionsapparat (Soxhlets) extrahiert und das Fett getrocknet und gewogen.

---

[1]) Papierhülsen und Papierstreifen können bezogen werden.

Milch und Milcherzeugnisse.

d) Nach Röse-Gottlieb-Farnsteiner[1]): 10 ccm der mit einer Pipette entnommenen Milch werden entweder direkt oder genauer nach dem Abwägen (wozu kleine, zum Stehen eingerichtete, mit entsprechender Marke versehene und mit einem Glasplättchen bedeckbare zylindrische Glasröhrchen dienen) in den Röse-Gottliebschen Schüttelapparat (Glasröhre von besonderer Form und Einteilung)[2]) gebracht und darauf der Reihe nach mit 2 ccm 10%-igem Ammoniak, 10 ccm absolutem Alkohol[3]), 25 ccm Äther und 25 ccm niedrigsiedendem Petroleumäther (Siedepunkt 50 bis 80°) versetzt. Nach jedem Zusatz muß kräftig umgeschüttelt werden. Der Zusatz des Petroleumäthers erfolgt am besten erst nach einigen Minuten, wenn sich die ätherische und wässerige Schicht vollständig getrennt haben. Man läßt die Röhre nunmehr mindestens 2 Stunden (am besten über Nacht) ruhig stehen, wonach das Volumen der Ätherschicht, deren Grenzflächen bei genauer Einhaltung der angegebenen Mengenverhältnisse stets in die graduierten Teile der Röhre fallen, abgelesen wird. 25 oder 40 ccm der ätherischen Lösung werden hierauf mit einer Pipette entnommen, in ein gewogenes Kölbchen gebracht, der Äther verdunstet, der Fettrückstand 1 Stunde oder nach Bedarf länger bei 100° getrocknet und nach dem vollständigen Erstarren gewogen. Aus der Menge des gefundenen Fettes, der angewendeten Ätherlösung und dem Gesamtvolumen der letzteren berechnet man die in der angewendeten Milchmenge vorhandene Fettmenge, die man auf Gewichtsprozente durch Division mit dem spez. Gewicht umrechnet.

Sahne wägt man indirekt in Gottl. Röhre und erwärmt nach dem Alkoholzusatz im Wasserbade bis zur Lösung (Alkohol darf dabei nicht verdunsten), sonst wie oben.

e) Nach Gerbers Acidbutyrometrie (besonders gebräuchliches Schnellverfahren):

10,0 ccm technisch reiner Schwefelsäure (spezifisches Gewicht 1,810) bringt man mittels einer Pipette (evtl. automatischer Abmeßvorrichtung) in das schräg gehaltene Butyrometer[4]) (besonders konstruierte Glasröhre mit zugeschmolzenem unteren Ende), wobei man die Säure so einfließen läßt, daß der Butyrometerhals möglichst wenig davon befeuchtet wird. Darauf mißt man 11 ccm Milch von 15° ab, läßt dieselbe aus der Pipette an der Bauchung des Butyrometers entlang langsam auf die Säure fließen, sodaß sich beide möglichst wenig vermischen, alsdann gibt man 1 ccm Amylalkohol (spezifisches Gewicht etwa 0,815) zu. Diese Reihenfolge ist genau innezuhalten. Nachdem sämtliche Butyrometer auf diese Weise beschickt sind, verschließt man jedes

---

[1]) Zur Zeit die beste gewichtsanalytische Methode.
[2]) Es genügt auch ein in $^1/_{10}$ geteilter Meßzylinder mit Stopfen. Neue sehr brauchbar verbesserte Konstruktion der Gottliebschen Röhre von A. Röhrig, Zeitschr. f. Unters. d. Nahr.- u. Genußm. 1905. 9. 531; vgl. auch Hesse, Molk.-Ztg. Hildesheim 1903, 277 betr. Fettbestimmung im Rahm, sowie R. Eichloff u. Grimmer, Milchw. Zentralbl. 1910, 114, Abänderungen zu obiger Methode (sog. Greifswalder Methode).
[3]) Mindestens 90 Vol.-%. Mats. Weibull, Zeitschr. f. Unters. d. Nahr.- u. Genußm. 1909. 17. 443.
[4]) Es gibt verschiedene Konstruktionen; Rund- und Flachbutyrometer sind die besten; neue Rahmbutyrometer nach du Roi und Hoffmeister sowie nach Köhler.

einzelne mit einem trockenen und rissefreien Gummipfropfen und schüttelt rasch und kräftig, mehrere Butyrometer evtl. gleichzeitig mit Schüttelgestellen, bis sich die Milch unter Erwärmung und Dunkelbraunfärbung zu einer gleichmäßigen Flüssigkeit ohne Flocken gelöst hat. Die Butyrometer bringt man alsdann in die Zentrifuge [1]) (5 Minuten lang; in 1 Minute etwa 700 bis 800 Umdrehungen), legt sie darauf noch einige Minuten in ein Wasserbad [2]) von 60 bis 70^0 (möglichst 65^0) und liest sie nach dem Herausnehmen ab, indem man die Butyrometer gegen das Licht hält und den Tropfen etwas hereindrückt, bis die untere scharfe Grenze der Fettschicht dadurch genau mit einem Hauptteilstrich zusammenfällt. Die Höhe der Fettschicht ist in $1/10$ Teilstriche oder Grade abzulesen. Bei Vollmilch gilt der niedrigste, bei fettarmer Milch (Mager-, Buttermilch) dagegen der mittlere Punkt des oberen Meniskus als der richtige Ablesungspunkt. Die abgelesenen Grade geben die Fettprozente an, z. B. $35 \times 1/10 = 3,5\%$ Fett. Die Ablesung kann mit Sicherheit auf $1/2^0 = 0,05$ Gew.-% geschehen; geringere Grade ($1/3$, $1/4$) lassen sich, namentlich mittels Lupe noch abschätzen. Man liest stets zweimal ab, wobei zu beachten ist, daß der untere Einstellungspunkt mit dem Pfropfen auch wirklich festgehalten wird. Stimmen zwei Ablesungen nicht untereinander, so setzt man das Butyrometer nochmals kurze Zeit ins Wasserbad und liest nochmals ab.

Sehr fettreiche Milch bzw. Rahm muß für die Fettbestimmung nach Gerber erst mit warmem Wasser gewichtsprozentisch verdünnt werden; man korrigiert das Resultat zweckmäßig durch Multiplikation mit 1,03; für Rahm existieren besondere Verdünnungsapparate, bei denen das Abwägen des Rahmes vermieden wird. Selbstverständlich hat man die Butyrometer, bevor man sie in Gebrauch nimmt, auf gewichtsanalytischem Wege bzgl. ihrer Genauigkeit zu prüfen.

Von anderen Zentrifugalmethoden sind zu erwähnen: als ältere das Lactokritverfahren [2]), das Babcocksche, Lindströmsche und Thörnersche [2]); als neuere das Sinacidverfahren von Sichler und Richter und Gerbers Salmethode [3]) (bei beiden Methoden Anwendung von Trinatriumphosphat statt Schwefelsäure) sowie die Neusalmethode [4]).

f) Die refraktometrische Fettbestimmung nach R. Wollny [5]) beruht auf der lichtbrechenden Eigenschaft einer Ätherfettlösung.

g) Fettbestimmungsapparate und Methoden, welche nur die annähernde Fettbestimmung ermöglichen, sind das Lactobutyrometer von Marchand, das Cremometer von Chevallier und das Fesersche Lactoskop, der Bernsteinsche Magermilchprüfer, der Milchspiegel von Hausner u. a. Seitdem man die Zentrifugalmethoden besitzt, wird der Fettgehalt der Milch fast ausschließlich damit bestimmt. Bis-

---

[1]) Besonders geeignete Zentrifugen für die verschiedensten Anforderungen sowie praktische Wasserbäder werden von den bekannten Firmen geliefert.

[2]) Beschreibungen vgl. P. Vieth, Die neuen Massenfettbestimmungsverfahren für Milch. Leipzig, 1895, sowie die Milchwirtschaftl. Lehrbücher von Fleischmann, Kirchner u. s. w.

[3]) Molkereizeitung 1910, Nr. 37.

[4]) Milchzeitung 1910, Nr. 20.

[5]) Ausführung vgl. Naumann, Milch-Ztg. 1900. **29**. 50; E. Baier und P. Neumann, Zeitschr. f. Unters. d. Nahr.- u. Genußm. 1907. **13**. 369.

weilen finden obige Apparate in technischen Betrieben und als Vorprüfungsinstrumente bei Polizeibehörden und Milchhändlern Anwendung.
Berechnung des Fettgehaltes aus dem spezifischen Gewicht und der Trockensubstanz der Milch:

1. nach Fleischmann

$$f = \frac{t - \left(2{,}665 \times \frac{100\,s - 100}{s}\right)}{1{,}2} \quad \begin{array}{l} t = \text{Trockensubstanz} \\ f = \text{Fett} \\ s = \text{spez. Gewicht bei } 15^0 \end{array} \Big\} \text{ in } \%$$

Die Werte von 1,2 f und von $2{,}665 \cdot \frac{100\,s - 100}{s}$ sind für die spezifischen Gewichte von 1,0190—1,0400 von Fleischmann berechnet und in den Tabellen S. 152 und 155 enthalten. Die Berechnung des Fettgehaltes wird ebenso wie die des spezifischen Gewichts nur in Ausnahmefällen oder zur Kontrolle der Befunde vorgenommen (siehe auch S. 130).

2. nach Halenke und Möslinger

$$F = 0{,}8 \times t - \frac{s}{5}$$

4. Die Bestimmung der Eiweißstoffe (des Stickstoffs).

a) Nach Kjeldahl, 15 bis 20 g, vgl. S. 13. Das Ammoniak wird mit Natronlauge in eine 25 ccm ½-normale (oder auch ¼-normal) Schwefelsäure enthaltende Vorlage abdestilliert und der Überschuß derselben mit dem entsprechenden normalen Ammoniak (oder Natronlauge) zurücktitriert. Durch Multiplikation der gefundenen Menge Stickstoff mit 6,37 erhält man die Menge Eiweißkörper.

b) Nach Ritthausen.

25 g Milch werden mit 400 ccm Wasser verdünnt, mit 10 ccm Kupfersulfatlösung (34,63 g $CuSO_4$ im Liter) und mit 6,5 bis 7,5 ccm einer Kali- oder Natronlauge versetzt, welche 14,2 g KOH oder 10,2 g NaOH im Liter enthält. Diese Mischung wird auf 500 ccm aufgefüllt. Die Flüssigkeit muß nach dem Absetzen des Niederschlages noch ganz schwach sauer oder neutral, darf aber keinesfalls alkalisch reagieren. Die klargewordene Flüssigkeit wird durch ein Filter von bekanntem Stickstoffgehalt filtriert, der Niederschlag einige Male mit Wasser dekantiert, dann aufs Filter gebracht, mit Wasser ausgewaschen und samt dem Filter nach Kjeldahl verbrannt. Von dem gefundenen Stickstoff wird der des Filters abgezogen, und die Stickstoffsubstanz wie oben durch Multiplikation mit 6,37 berechnet (Vereinbarungen). (Bei abnormer Milch genügt unter Umständen obige Menge Kupfersulfatlösung nicht, um ein klares, eiweißfreies Filtrat zu erhalten.)

Über die Trennungsmethoden der einzelnen Eiweißstoffe siehe König, Chemie der menschlichen Nahrungsmittel u. s. w., IV. Aufl., 1910 III. Bd., 1. T. und Schloßmann, Zeitschr. f. physik. Chemie 1896 22, 197.

5. Die Bestimmung des Milchzuckers

geschieht im Filtrat aus der Ritthausenschen Eiweißbestimmung nach dem Kupferreduktionsverfahren (S. 18).

Man hat jedoch die Flüssigkeit nach dem Ausfällen des Eiweißes erst auf 500 ccm aufzufüllen.

Die Bestimmung des Milchzuckers kann auch auf titrimetrischem Wege[1]), ferner mit Hilfe des Zeiß-Wollnyschen Milchrefraktometers[2])[3]), oder polarimetrisch nach A. Scheibe[4]) sowie nach Oppenheim[5]) ausgeführt werden.

6. Die Bestimmung der Mineralbestandteile.

Durch Eindampfen von 10 bis 15 g Milch in einer Platinschale, Einäschern und Wägen zu ermitteln.

Die Reaktion der Asche ist schwach alkalisch.

B. Sprinkmeyer und A. Diedrichs [6]) benutzen den Aschengehalt des Spontanserums zum Nachweis von Wässerungen.

7. Die Bestimmung des Säuregrades bzw Nachweis der Frische.

50 ccm Milch + 2 ccm einer alkoholischen 2%-igen Phenolphthaleinlösung werden mit $\frac{1}{4}$-Normalnatronlauge titriert [6]). (Methode von Soxhlet und Henkel.) Mit Wasser darf nicht verdünnt werden.

100 ccm Milch verbrauchen etwa 6,8 bis 7,5 ccm der $\frac{1}{4}$-Lauge (= Säuregrade). Schwankungen 5,5 bis 9,0.

Die Frische der Milch wird auch durch die sogen. Alkoholprobe ermittelt. Frische Milch darf mit dem gleichen Volumen 68 bis 70 Vol.-%-igen Alkohols versetzt, nicht gerinnen; H. Große-Bohle[7]) hat die Alkoholprobe näher auf ihren Wert geprüft und faßt seine Ergebnisse in folgenden Sätzen zusammen:

1. Frische oder schwach zersetzte Milch (bis etwa 8 Säuregrade) gerinnt nicht mit dem doppelten Volumen 70%-igen Alkohols.

2. Mäßig zersetzte Milch (etwa 8—9 Säuregrade) gerinnt mit dem doppelten Volumen 70%-igen, aber nicht mit dem doppelten Volumen 50%-igen Alkohols.

3. Stark zersetzte Milch (9 Säuregrade und darüber) gerinnt mit dem doppelten Volumen 50%-igen Alkohols.

4. Milch mit mehr als 11 Säuregraden gerinnt schon mit $\frac{1}{2}$, solche mit etwa 15 Säuregraden und darüber mit $\frac{1}{4}$ Volumen 50%-igen Alkohols. (Abnorme Milch, die öfters sehr eiweißreich ist, kann eventuell schon auf Zusatz von $\frac{1}{2}$ Vol. 70%-igen oder noch schwächeren Alkohols gerinnen bei ganz niederem Säuregrad.)

8. Die Bestimmung von Konservierungsmitteln.

a) Salicylsäure nach Girard: 100 ccm Milch und 100 ccm Wasser von 60⁰ C werden mit 8 Tropfen Essigsäure und 8 Tropfen sal-

---

[1]) Riegler, Zeitschr. f. analyt. Chemie 1898. 37. 24.
[2]) Braun, Milchzeitung 1901, 30 578.
[3]) E. Baier, und P. Neumann, Zeitschr. f. Unters. d. Nahr.- u. Genußm. 1907. 13. 369.
[4]) Zeitschr. f. analyt. Chemie 1901. 40. 1.
[5]) Chem.-Zeitg. 1909, 927.
[6]) Zeitschr. f. Unters. d. Nahr.- u. Genußm. 1909. 17. 505.
[7]) Zeitschr. f. Unters. d. Nahr.- u. Genußm. 1907. 14. 78. Vgl. ferner Th. Henkel, Milchw. Zentralbl. 1907, 340, Die Acidität der Milch, deren Beziehungen zur Gerinnung b. Kochen u. mit Alkohol u. s. w. u. A. Auzinger, ebenda 1909, 293, Studien über die Alkoholprobe und ihre Verwendung zum Nachweis abnormer Milch u. s. w.

petersaurem Quecksilberoxyd gefällt, geschüttelt und filtriert. Das Filtrat wird mit 50 ccm Äther ausgeschüttelt. Im Verdunstungsrückstand wird dann die Salicylsäure mit $FeCl_3$ (stark verdünnte Lösung) nachgewiesen.

b) Borsäure: Verdampfen einiger Kubikzentimeter Milch mit verdünnter H_2SO_4, Rückstand mit Alkohol anrühren und entzünden. Grünfärbung der Flamme; oder man setzt zu 15 ccm Milch 5 ccm HCl und prüft das Filtrat mit Curcumapapier (rotbraune Färbung), vergl. auch die bei Fleisch angegebenen qualitativen und quantitativen Methoden.

c) Soda (und doppeltkohlensaures Natron): Eine mit Soda versetzte Milch wird meist eine, wenn auch schwache, alkalische Reaktion zeigen. Durch Bestimmung des Aschengehalts, welche durch Eindampfen von 100 ccm Milch unter Zusatz einiger Tropfen Alkohol und vorsichtiges Einäschern erfolgt, lassen sich nur größere Mengen von Soda nachweisen. Da aber kaum mehr als 1,5 g pro Liter genommen werden, so ist der Nachweis von Soda aus der Erhöhung der Milchasche unsicher; derselbe wird geführt durch die relative Erhöhung des Kohlensäuregehaltes der Asche. Reine Milchasche enthält nicht mehr als 2% Kohlensäure, während ein Sodazusatz von 1 g pro Liter den CO_2-Gehalt (wasserfreie Soda = 41,2% CO_2) mehr als verdreifacht. Nach P. Süß[1]) kann man noch 0,05% Soda oder doppeltkohlensaures Natron nacheisen, wenn man zu 100 ccm Milch 5 bis 10 ccm Alizarinsäurelösung[2]) hinzufügt — Rotfärbung.

d) Formaldehyd: Man destilliert von 100 ccm 20 ccm ab und prüft nach den bei Fleisch und Fetten angegebenen Methoden oder man verbindet die Untersuchung mit der Gerberschen Fettbestimmung (vergl. Nachweis von Nitraten).

e) Benzoesäure: Nach E. Meißl[3]) 250 bis 500 ccm Milch werden mit etwas Kalk- oder Barytwasser alkalisch gemacht, etwa auf den vierten Teil und dann unter Zusatz von Gipspulver zur Trockne verdampft; die trockene, gepulverte Masse wird mit etwas verdünnter Schwefelsäure befeuchtet und 3—4-mal mit kaltem, 50%-igem Alkohol ausgeschüttelt. Die sauren alkoholischen Auszüge neutralisiert man mit Barytwasser und dampft sie auf ein kleines Volumen ein. Dieser Rückstand wird wieder mit verdünnter Schwefelsäure angesäuert und nun mit Äther ausgeschüttelt. Die nach dem Verdunsten desselben zurückgebliebene, fast reine Benzoesäure wird in Wasser gelöst, mit einem Tropfen Natriumacetat und neutraler Eisenchloridlösung versetzt. Es entsteht ein rötlicher Niederschlag von benzoesaurem Eisen. Aus dem Ätherrückstand, in wenig absolutem Alkohol gelöst, mit etwas konzentrierter Salzsäure versetzt und damit zum Sieden erhitzt, entsteht Benzoesäureester.

Vergl. auch die im Abschnitt Fleisch angegebenen Methoden.

f) Wasserstoffsuperoxydnachweis vergl. E. Feder, Zeitschr. f. Unters. d. Nahr.- u. Genußm. 1908, 15, 235; sowie W. P. Wilkinson

---

[1]) Pharm. Zentralbl. 1900. 41. 465.
[2]) 2 g in 1 l 90%-igem Alkohol unter Erwärmen lösen.
[3]) Zeitschr. f. analyt. Chemie 1882. 21. 531.

und E. R. C. Peters, ebenda 1908, 16, 172, 515; ferner S. Rothenfußer, Zeitschr. f. Unters. d. Nahr.- u. Genußm. 1908, 16, 589. Das sogen. Buddisieren ist Haltbarmachung mittels H_2O_2 (vergl. darüber Deutsche Nahrungsmittel-Rundschau 1906, 170, 194; Perhydrol (Merk) ist H_2O_2. Perhydrasemilch wird hergestellt mit Perhydrol, das nach längerer Einwirkungsdauer durch die Katalase der Milch wieder zersetzt wird.

9. Nachweis der Salpetersäure.

Nach Möslinger:

a) 100 ccm Milch werden unter Zusatz von 1,5 ccm 20%-iger Chlorcalciumlösung aufgekocht und filtriert (oder man verwendet das nach dem Verfahren von Ackermann für die Bestimmung der Refraktion in ähnlicher Weise hergestellte Serum, cf. III, 1).

b) 20 mg Diphenylamin werden in 20 ccm verdünnter Schwefelsäure (1 + 3 Vol.-Teile) gelöst und diese Lösung zu 100 ccm mit reiner, konzentrierter Schwefelsäure aufgefüllt.

c) 2 ccm Diphenylaminlösung werden in ein kleines, weißes Porzellanschälchen gebracht. Alsdann läßt man vom Filtrat (a) ½-ccm tropfenweise in die Mitte der Lösung fallen und das Ganze, ohne zu mischen, 2 bis 3 Minuten ruhig stehen. Erst dann bewege man die Schale anfangs langsam hin und her, überlasse wieder einige Zeit sich selbst u. s. f., bis die bei Vorhandensein von Salpetersäure zunächst auftretenden, mehr oder weniger intensiv blauen Streifen sich verbreitert haben, und schließlich die ganze Flüssigkeit gleichmäßig mehr oder weniger intensiv blau gefärbt erscheinen lassen. (Bericht über die 7. Versammlung bayerischer Chemiker in Speier 1888.)

d) Nach N. Gerber und W. Weiske[1]).

Zu 2 ccm Milch setzt man 2 ccm chemisch reine Schwefelsäure und einen Tropfen einer schwachen Formaldehydlösung; an der Berührungsstelle entsteht bei Anwesenheit von Nitraten ein blauer Ring, bei Durchmischung wird die ganze Flüssigkeit blau. Die Reaktion tritt bei der Gerberschen Fettbestimmungs-Methode ein, wenn die Milch mit Formalin versetzt war.

10. Bestimmung des Schmutzgehaltes.

In der Regel genügt es in einer Milch die Anwesenheit von abnorm viel Schmutz zu konstatieren. Zur Fixierung und evtl. vergleichsweisen Ermittelung der Mengen eignen sich die Milchfilter von Bernstein und Fliegel oder der Gerbersche Milchschmutzfänger.

Quantitative Methoden von Renk, Münch. med. Wochenschr. 1891. No. 6 und 7; von Stutzer, Die Milch als Kindernahrung, Bonn 1895; von R. Eichloff, Zeitschr. f. Unters. d. Nahr.- u. Genußm. 1898. S. 678; P. Bohrisch und A. Beythien, daselbst 1900. 3. 319; A. Schlicht, daselbst 1900. 3. 343; G. Fendler und O. Kuhn, Über die Bestimmung und Beurteilung des Schmutzgehaltes der Milch, Zeitschr. f. Unters. d. Nahr.- u. Genußm. 1909. 17. 513 und H. Weller, ebenda 18. 309; Seiffert, Über Milchschmutz und seine Bekämpfung, Zeitschr. f. Fleisch- u. Milchhyg. 1909. 361. Auch die quantitativen Methoden geben nur Annäherungswerte.

---

[1]) Milch-Ztg. 1902. 31. 82.

11. Die Unterscheidung gekochter (pasteurisierter) Milch von ungekochter (frischer) Milch.

1. Nach Storch[1]). Erforderlich ist eine filtrierte Lösung von 1 g Paraphenylendiamin in 50 ccm warmem Wasser und eine Lösung von Wasserstoffsuperoxyd (eine 1%-ige H_2O_2-Lösung wird mit der fünffachen Menge Wasser verdünnt und dazu eine sehr geringe Menge Schwefelsäure — 1 ccm konz. SO_3 zu 1 Liter Wasser — gesetzt).

Die Reaktion wird in der Weise ausgeführt, daß man 10 ccm Milch mit einem Tropfen der Wasserstoffsuperoxydlösung und zwei Tropfen der Paraphenylendiaminlösung schüttelt. Wird Milch (Rahm oder Molke) sofort stark gefärbt (Milch oder Rahm indigoblau, Molke violettrotbraun), so ist nicht bis 78⁰ C oder überhaupt nicht erwärmt worden. Wird Milch deutlich, entweder sofort oder binnen ½ Minute hellblau-grün gefärbt, so ist auf 79 bis 80⁰ C erwärmt worden. Wenn Milch (Rahm) die weiße Farbe behält oder nur einen äußerst schwach violettroten Farbeton annimmt, so ist über 80⁰ C erwärmt worden.

2. Guajakprobe: Ungekochte Milch gibt mit frisch bereiteter Guajaktinktur, (hergestellt aus Guajakholz, nicht -harz, oder man bereitet sie aus einem Auszug von Guajakharz und -holz mit Aceton) und etwas Wasserstoffsuperoxyd Blaufärbung. Die Guajakprobe ist einer vielfachen wissenschaftlichen Prüfung und Kritik unterzogen worden. (Vergl. Glage[2]), C. Arnold und C. Mentzel[3]), E. Weber[4]), W. Rullmann[5]), Neumann-Wender[6]). Weitere Methoden sowie Kritiken über die vorhandenen vgl. M. Siegfeld[7]), E. Zink, Schardinger[8]), S. Rothenfußer[9]).

Die einfachste Probe geschieht durch Erhitzen des Serums (bei frischer Milch muß sich Albumin ausscheiden).

12. Bestimmung des Katalasegehaltes (Nachweis von Fermenten).

Gärröhrchen (siehe Abschnitt Hefe oder Harn) werden mit einer Mischung von 5 ccm 1%-iger H_2O_2-Lösung und 15 ccm Milch beschickt; nach 2-stündiger Erwärmung bei 25⁰ wird der gebildete Sauerstoff abgelesen. Beträgt die gebildete O-Menge mehr als 2,5 ccm, so ist die Milch zu reich an Bakterien (bezw. Fermenten) bezw. zu alt, um noch als Kindermilch Verwertung finden zu können [10]).

Der Katalasegehalt normaler, guter, frischer Milch ist im allgemeinen durch obige O-Menge begrenzt.

---

[1]) Kopenhagen; 40. Beretning fra den kgl. Vetrinär og Landbohojskols Laboratorium for landökonomiske Forsög 1898.

[2]) Milch-Ztg. 1901. 30. 182.

[3]) desgl. 1902. 31. 247.

[4]) desgl. 1902. 31. 657, 673.

[5]) Zeitschr. f. Unters. d. Nahr.- u. Genußm. 1904. 7. 81.

[6]) Österr. Chem.-Ztg. 1903. 6. 1.

[7]) Zeitschr. f. angew. Chemie 1903, 16, 764 und Milch-Ztg. 1901, 30, 723.

[8]) Milch-Ztg. 1903, 32, 193, 217; Zeitsschr. f. Unters. d. Nahr.- u. Genußm. 1902, 5, 1113.

[9]) Zeitschr. f. Unters. d. Nahr.- u. Genußm. 1908, 16, 63.

[10]) Koning, Biologische und biochemische Studien über Milch (übersetzt von Kaufmann). Milchwirtsch. Zentralbl. 1907. 58. 235; Orla Jensen, Über den Ursprung der Oxydasen und Reduktasen der Kuhmilch. Zentralbl. f. Bakt. Abt. II. 1907 18. 211. A. Faitelowitz, Milchw. Zentralblatt 1910, 299 u. ff. betr. Entstehung der Katalase und deren Bedeutung für die Milchkontrolle.

140 Chemischer Teil.

13. Die Gärprobe.

Schaffer hat dazu einen einfachen Apparat angegeben, in welchem die in sterile Gärprobegläser gebrachte Milch während 12 bis 24 Stunden auf 35—38⁰ C erwärmt und von Zeit zu Zeit auf Gasentwickelung, Gerinnungsfähigkeit u. s. w. beobachtet wird.

14. Kaseinprobe.

100 ccm Milch werden auf demselben Apparate (s. oben) auf 35⁰ C erwärmt und hierauf mit 2 ccm einer Lablösung, welche eine Hansensche Tablette kleinster Nummer in $^1/_2$ l Wasser enthält, versetzt. Hierauf wird notiert, welche Zeit bis zum Gerinnen der Milch verstreicht und ob die Gerinnung eine genügend vollständige ist[1]).

15. Nachweis von Saccharose beziehungsweise Zuckerkalk
n. E. Baier und P. Neumann[2]).

a) Nachweis der Saccharose in Milch und Rahm.

25 ccm Milch oder Rahm werden in einem kleinen Erlenmeyer-Kölbchen mit 10 ccm einer 5 %-igen Uranacetatlösung versetzt, umgeschüttelt, etwa 5 Min. stehen gelassen und durch ein Faltenfilter filtriert. Das Filtrat ist in der Regel vollkommen klar und braucht nur in seltenen Fällen nochmals durch dasselbe Filter zurückgegossen zu werden. Von dem Filtrat gibt man 10 ccm in ein Reagensglas — bei Rahm erhält man kaum mehr als 10 ccm, sodaß man hier das gesamte Filtrat nehmen kann — gibt 2 ccm einer kalt gesättigten Ammoniummolybdatlösung und 8 ccm einer Salzsäure hinzu, die auf 1 Teil 25 %-iger Säure 7 Teile Wasser zugesetzt erhalten hat. Man schüttelt dann um und setzt in ein auf 80⁰ C gebrachtes Wasserbad, worin man das Reagensröhrchen zunächst 5 Minuten beläßt. Nach dieser Zeit ist bei Anwesenheit von Saccharose in Milch und Rahm die Lösung mehr oder weniger blau, je nach der vorhandenen Menge der zugesetzten Saccharose. Ein längeres Stehen der Röhrchen im Wasserbade bewirkt, daß die blaue Farbe noch stärker wird. Nach 10 Minuten ist sie tief blau, während bei normaler Milch die Farbe nach 5 Minuten schwach grünlich, nach 10 Minuten etwas stärker grünlich ist, jedoch ohne den charakteristischen blauen Farbenton aufzuweisen. Nimmt man die Röhrchen nach 10 Minuten aus dem Wasserbade und läßt sie im Reagensgestell zugestopft über Nacht stehen, so hat sich ein schwacher, bläulicher Niederschlag am Boden abgesetzt, während die darüber stehenden klaren Lösungen von tiefblauer Farbe sind, bei normaler Milch ohne Saccharose dagegen von rein grüner Farbe. Die Farbentöne sind am besten bei durchfallendem Lichte zu beobachten. Die Reaktion ist so empfindlich, daß auch geringere Mengen als 0,095 % Saccharose mit Sicherheit noch nachweisbar sind.

b) Kalknachweis bei Milch.

250 ccm Milch von etwa 15⁰ werden mit 10 ccm einer 10 %-igen Salzsäure versetzt, umgeschüttelt und eine halbe Stunde bei gewöhnlicher Temperatur stehen gelassen, alsdann wird durch ein Faltenfilter filtriert. Das zuerst Durchgehende fängt man im Reagensglase wieder auf und gießt es aufs Filter zurück. Die Filtration geht, ähnlich wie bei der Gewinnung des Milchserums, langsam; man muß, um alles Serum zu erhalten, nötigenfalls über Nacht filtrieren lassen. Der Trichter ist, um Verdunstungen vorzubeugen, zu bedecken. Vom Filtrat nimmt man 104 ccm, entsprechend 100 ccm Milch, gibt sie in ein 200 ccm-Kölbchen, fügt 10 ccm einer 10 %-igen Ammoniaklösung hinzu, füllt mit Wasser von 15 bis zur Marke auf, läßt eine halbe Stunde stehen und fil-

---

[1]) Landw. Jahrbuch d. Schweiz 1887. 53.
[2]) Zeitschr. f. Unters. d. Nahr.- u. Genußm. 1908. 16. 51.

triert durch ein Faltenfilter, wobei man das zuerst Durchgehende wieder besonders in einem Reagensgläschen auffängt und auf das Filter zurückgießt. Von diesem Filtrat versetzt man 100 ccm, entsprechend 50 ccm Milch, mit 10 ccm einer 5 %-igen Ammoniumoxalatlösung und führt dann die Kalkbestimmung vollends in der üblichen Weise, jedoch ohne zu erwärmen, aus.

Auch schon qualitativ kann man einen Zuckerkalkzusatz nach diesem Verfahren deutlich erkennen; am deutlichsten tritt dieser qualitative Unterschied auf, wenn man folgendermaßen verfährt:

Von den mit Salzsäure erhaltenen Sera der beiden Vergleichsproben normaler und gefälschter Milch nimmt man je 15 ccm ab, gibt 1 ccm Ammoniak hinzu, schüttelt um und filtriert. Zu je 10 ccm dieses Filtrats läßt man dann in jedes Gläschen schnell hintereinander je 1 ccm Ammoniumoxalatlösung fließen und beobachtet bei durchfallendem Lichte die Entstehung der Trübung. Man wird dann wahrnehmen, daß die Trübung bei der zuckerkalkhaltigen Probe schneller erscheint und daß das Röhrchen dieser Probe infolge der Zunahme der Trübung bald weniger durchscheinend wird als bei der nicht zuckerkalkhaltigen Probe. Voraussetzung bleibt dabei, daß immer eine Gegenprobe mit reiner Milch angestellt wird und die verwendeten Reagensgläschen denselben Durchmesser haben. Bei einiger Übung wird man, nachdem man mehrere Vergleichungsversuche angestellt hat, schon auf Grund der qualitativen Prüfung hin eine zuckerkalkhaltige Milchprobe zu erkennen imstande sein.

c) Kalknachweis bei Rahm.

250 ccm Rahm von 15° werden mit 8 ccm einer 10 %-igen Salzsäure versetzt, umgeschüttelt und eine halbe Stunde stehen gelassen. Alsdann filtriert man das Serum durch ein Faltenfilter und zwar auch wieder mit der Vorsicht, daß man das zuerst durchlaufende Filtrat wieder in einem Reagensglase auffängt. Von dem Serum nimmt man nun $\frac{208}{4} = 52$ ccm entsprechend 50 ccm Rahm ab, gibt diese 52 ccm in ein Kölbchen von 100 ccm, fügt 5 ccm 10 %-igen Ammoniaks hinzu, füllt es mit Wasser bis zur Marke auf, läßt eine halbe Stunde stehen und filtriert. Von dem Filtrat versetzt man 50 ccm, entsprechend 25 ccm Rahm, mit 10 ccm 5 %-iger Ammoniumoxalatlösung und läßt die Flüssigkeit in einem kleinen Bechergläschen über Nacht stehen. Die Bestimmung des Kalkes geschieht weiter in derselben Weise, wie oben bei Milch beschrieben worden ist. Das Ergebnis multipliziert man mit 4.

Nachprüfungen dieser Methoden sind erfolgt von K. Frerichs[1]), H. Lührig[2]) und A. Beythien und A. Friedrich[3]) und namentlich von S. Rothenfußer[4]); letzterer gibt nachstehende Vorschrift für den Nachweis von Saccharose: [Reagens besteht aus 20 ccm 5 %-iger alkoholischer Diphenylaminlösung, 60 ccm Eisessig und 120 ccm verdünnter Salzsäure (1 + 1)].

Kurz vor dem Gebrauch mischt man Bleiessig (D. A. IV.) mit Ammoniak (10 %) im Verhältnis 2 + 1 Vol. und versetzt mit dieser Lösung ein gleiches Volumen Milch oder Rahm, schüttelt tüchtig und filtriert. Zu etwa 3—4 ccm des Filtrates bringt man das Diphenylaminreagens im doppelten Volumen und setzt ins kochende Wasserbad. In 2—3 Minuten — Blaufärbung je nach vorhandenen Saccharosemengen in heller oder dunklerer Abtönung.

16. Nachweis von Mehl

in bekannter Weise mit Jodlösung. Zu 10 ccm Milch sollen 12 bis 13 $^1/_{100}$-Normaljodlösung zugesetzt werden. Milch bindet selbst erhebliche Mengen an Jod.

17. Nachweis von Saccharin

geschieht im Serum der Milch durch Ausschütteln mit Äther-Petroleumäther (vergl. Abschnitt Bier).

---

[1]) Zeitschr. f. Unters. d. Nahr.- u. Genußm. 1908. 16. 682.
[2]) Hildesheimer Molk.-Ztg. 1909, 226.
[3]) Pharm. Zentralh. 1907. 48. 39.
[4]) Zeitschr. f. Unters. d. Nahr.- u. Genußm. 1909. 18. 135.

18. Nachweis von Alkohol.

Uhl und Henzold, Milch-Ztg. 1901, 30, 181, 248; C. Teichert, desgl. 1901, 30, 148, 217.

19. Nachweis von Farbstoffen.

Zeitschr. f. Unters. d. Nahr.- u. Genußm. 1906, 11, 289. (5. Bericht des Hamburger hygien. Instituts.) Ferner A. E. Leach, desgl. 1905, 9, 164.

20. Die Untersuchung geronnener Milch

soll am besten gänzlich unterbleiben, insbesondere, wenn die Milch sich schon länger als 24 Stunden in diesem Zustande befunden hat.

In gewissen Fällen ist es jedoch nötig, wenn auch nicht absolut sicher, so doch annähernd den Gehalt einer geronnenen Milch zu kennen. Man verfährt dann am besten folgendermaßen:

Man schüttelt die geronnene Milch gut durcheinander und teilt sie ab in 2 Portionen. Die eine Portion filtriert man ab; im Filtrat bestimmt man das spezifische Gewicht des Serums bei 15⁰ C; die andere Portion versetzt man mit 25%-igem Ammoniak (für $1/2$ Liter Milch etwa $1/2$ ccm Ammoniak), schüttelt kräftig durch und läßt die Mischung $1/2$ bis 1 Stunde je nach Bedarf stehen, bis die Milch dünnflüssig geworden ist. Die einzelnen Bestimmungen werden dann darin wie in frischer Milch ausgeführt. Der Fettgehalt läßt sich in der Regel auch in geronnener Milch auf diese Weise noch ziemlich genau ermitteln [1]).

21. Die mikroskopische Untersuchung.

Die Anwesenheit von Colostrum, Eiter, Blut u. s. w. in Milch kann gegebenenfalls durch das Mikroskop festgestellt werden. (Siehe auch Bakteriologische Untersuchung und Blutnachweis.)

Milchprodukte und -präparate.

Wie Milch werden in entsprechender Weise abgerahmte Milch, Rahm, Buttermilch und Molken, sowie die durch künstliche Veränderung von Kuhmilch gewonnene Säuglingsmilch (nach Backhaus, Szekely u. s. w.) untersucht.

Die Bewertung von Rahm (Sahne) wird aus dem Fettgehalt ermittelt, die der Magermilch (Buttermilch) und Molken aus dem spezifischen Gewicht und aus der Möslingerschen Trockensubstanz. Die Fleischmannschen Formeln sind für die genannten Milchprodukte nicht anwendbar.

Die Untersuchung von Milchkonserven (-präparaten); kondensierter und sterilisierter, homogenisierter Milch, Kumys, Kefir, Yoghurt, Milchpulver, -tafeln u. s. w. erstreckt sich in der Regel auf folgende Bestandteile: Wassergehalt, Milchzucker, Fett [2]), Protein (Eiweißkörper),

---

[1]) M. Weibull, Chem.-Ztg. 1893. 17. 91; vgl. auch 1894. 18. 49; R. Eichloff, Milch-Ztg. 1895. 24. 48.

[2]) Das Fett ist auch auf Identität nach den bei Butterfett angegebenen Methoden nachzuprüfen. Neuerdings enthalten manche Milchpulver (z. B. sog. Backmilch) Pflanzenfette.

Rohrzucker, Asche; ferner kommt noch in Betracht der Nachweis von Verunreinigungen, Zusätzen oder Verfälschungsmitteln, wie Mehl u. s. w., von Konservierungsmitteln, des Säuregrades, von Metallen, und die mikroskopische bezw. bakteriologische Prüfung auf Unverdorbenheit und Haltbarkeit. Der Gesamtzuckergehalt (Milch- und etwa zugesetzter Rohrzucker) wird nach Abzug von Fett, Eiweiß und Salzen von der Trockensubstanz erhalten. Annähernd erhält man den Rohrzuckergehalt, wenn man den Milchzuckergehalt zu 60% des Gehaltes der Milch an Fett, Eiweiß und Salzen annimmt. Die Bestimmung von Rohrzucker neben Milchzucker geschieht nach den Vorschriften der Anlage E der Ausführungsbestimmungen (vom 18. Juni 1903) zum Zuckersteuergesetz vom 27. 5. 1896 bzw. 6. 1. 1903 vergl. Abschnitt Zucker S. 282 oder man stellt sich eine Lösung der betreffenden Milchpräparate her, fällt daraus mit Bleiessig in der bekannten Weise die Eiweißstoffe aus und bestimmt in der davon befreiten Lösung (nach dem Entbleien!) den Milchzucker nach den S. 135 angegebenen Methoden. In einem zweiten Teile derselben Lösung führt man den Rohrzucker in Invertzucker über (Inversion mit 1 ccm konzentrierter HCl[1]) pro 20 ccm Milchlösung 1 : 5 etwa ½ Stunde auf dem Wasserbade), und bestimmt denselben in der später neutralisierten Lösung. Da bei der Inversion der Milchzucker ebenfalls in Invertzucker umgewandelt worden ist, so ist der für sich direkt bestimmte Milchzuckergehalt in Invertzucker umzurechnen. Milchzucker : Invertzucker = 134 : 100.

Nach Abzug desselben ergibt sich der als Invertzucker bestimmte Rohrzuckergehalt; ersterer wird durch Multiplikation mit 0,95 dann auf den letzteren berechnet.

Beurteilung.

Gesetze und Verordnungen; Begriffsbestimmung. Der Verkehr mit Milch unterliegt den Bestimmungen des Nahrungsmittelgesetzes bezw. des § 367, Abs. 7 des D.St.G.B. Ein einheitliches Spezialgesetz für das ganze Reich hat sich in Anbetracht der verschiedenen Verhältnisse in Nord und Süd bis jetzt nicht verwirklichen lassen. Die meisten Bundesstaaten haben aber Grundsätze[2]) aufgestellt oder Ministerialverordnungen für die Regelung des Verkehrs mit Milch erlassen. Außerdem haben zahlreiche Polizeibehörden und Magistrate besondere Verordnungen herausgegeben.

Unter Milch versteht man im allgemeinen nur Kuhmilch; Milch anderer Tiere (Ziegen, Schafe u. s. w.) ist unter entsprechender deutlicher Benennung zulässig. Die in Verkehr gebrachte Milch soll die ganze aus dem Euter zurzeit durch Melken erhältliche Milch enthalten, also das ganze Gemelk umfassen. Durch Polizei-Verordnungen[3]) sind in manchen Orten und Gegenden bestimmte Handelsbezeichnungen eingeführt,

---

[1]) Mit 2%-iger Citronensäure nach A. W. S t o c k e s und R. B o d m e r.
[2]) Preuß. Runderlaß vom 12. Dezember 1905.
[3]) Wegen unklarer bezw. unrichtiger Begriffserklärung wurden in letzter Zeit wiederholt solche Polizeiverordnungen durch Gerichte für ungültig erklärt. Vgl. Zeitschr. f. Unters. d. Nahr.- u. Genußm. 1909, Beilage S. 130 und 1910, ebenda S. 175.

Vollmilch [1]), Marktmilch u. s. w. Für Kindermilch und andere Vorzugsmilch müssen namentlich betr. hygienischer Gewinnung besondere Garantien geleistet sein.

Untersuchungsgang. Zur Orientierung, ob man es mit einer verfälschten (gewässerten, entrahmten, mit Magermilch versetzten bezw. auf mehrfache Weise verfälschten) Milch zu tun hat, genügt es, zunächst das spezifische Gewicht bei 15° C genau zu nehmen und den Fettgehalt event. nach Gerber (cf. III, 3 e) festzustellen. Den Trockensubstanzgehalt berechnet man dann aus den beiden ersteren, s. S. 131. Aus dem Ausfall dieser 3 Werte und namentlich, wenn auch noch die Werte m und r (s. S. 132) berechnet werden, ist dann hinreichend ersichtlich, ob die betreffende Probe verfälscht bezw. einer Verfälschung verdächtig ist; zu ihrer Beanstandung, speziell auch für gerichtliche Zwecke, versäume man nicht, Doppelbestimmungen auszuführen, eventuell kann man auch Fett und Trockensubstanz gewichtsanalytisch zur Kontrolle ermitteln; wenn es sich um den Nachweis von Wasserzusätzen handelt, ist noch das spezifische Gewicht des Serums bei 15° C oder das Lichtbrechungsvermögen desselben zu bestimmen und ev. der Salpetersäurenachweis vorzunehmen. Die letztgenannte Bestimmung kann jedoch nur in manchen Fällen als Ergänzung dienen.

Die Prüfung auf Konservierungsmittel kann auf verdächtige Fälle beschränkt werden. Die Ermittelung des Stickstoff- (Eiweiß-) und Milchzucker-Gehalts erfolgt nur in besonderen Fällen, z. B. bei Nährwertbestimmungen von Kindermilch u. s. w.

Die Zusammensetzung von Milch schwankt innerhalb ziemlich bedeutender Grenzen. Die Vereinigung der Deutschen Nahrungsmittel-Chemiker [2]) gibt für die Schwankungen der Milch einzelner Kühe folgende Zahlen an:

Grenzen der Schwankungen:

Wasser	86,0—89,5%
Fett	2,3—5,0% (eventl. noch größere)
Trockensubstanz	10,3—14,5%
Fettfreie Trockensubstanz	7,8—10,5%
Spezifisches Gewicht	1,0270—1,0350

Dieser Wechsel in der Zusammensetzung der Milch steht im Zusammenhange mit der Rasse, Veranlagung des Milchtieres, der Futterweise, dem Geschlechtstrieb, der Lactation, dem Gesundheitszustand u. s. w. der Milchtiere. Die Höhenschläge zeichnen sich im allgemeinen durch fettreichere und überhaupt gehaltreichere Milch gegenüber den sogen. Niederungsarten aus. Die Milch der in Deutschland gehaltenen Viehschläge hat folgende Durchschnittszusammensetzung:

Wasser	87,75%
Fett	3,40 „
Eiweißstoffe	3,50 „
Milchzucker	4,60 „
Mineralbestandteile	0,75 „

---

[1]) Gemische von Magermilch mit Rahm sind keine Vollmilch. Entsch. des Reichs-Ger. vom 21. Dezember 1899. (Deutsch. Nahrungsmittelb. II. Aufl. S. 45.)
[2]) Zeitschr. f. Unters. d. Nahr.- u. Genußm. 1907. 14. 65 und 1908. 16. 5.

Der Einfluß der Lactation macht sich insofern geltend, als die Milch frischmilchender Kühe in der Regel etwas weniger gehaltreich ist und der Fettgehalt im letzten Drittel der Lactation zumeist ansteigt und teilweise recht hoch werden kann. In den letzten Wochen des Lactationsstadiums aber unterliegt bei manchen Kühen der Fettgehalt der Milch großen täglichen Schwankungen. Infolge Rinderns (Brunst) tritt oft ein starkes Sinken im Fettgehalt der Milch bei einer der Tagesmelkzeiten ein. Gewöhnlich ist es die Morgenmilch, welche dann niedrigen Fettgehalt aufweist; der Gehalt an Trockenmasse ändert sich dabei in gleichem Sinne. Meist schnellt der Fettgehalt am gleichen Tage noch, also bei der nächsten Melkung schon, um fast den gleichen Betrag wieder in die Höhe, sodaß man am Tagesgemelke kaum einen Unterschied gegenüber anderen Tagesgemelken bemerkt.

Der Einfluß der Melkzeit macht sich in der Weise bemerkbar, daß der Fettgehalt der Milch mit der größeren Zwischenmelkzeit der niedrigere ist und umgekehrt. Bei dreimaligem Melken ist daher den ungleichen Zwischenmelkzeiten entsprechend die Mittag- und Abendmilch fettreicher als die Morgenmilch. Bei zweimaligem Melken ist gewöhnlich die Zeit zwischen Abend- und Morgenmilch länger, daher der Fettgehalt der Morgenmilch geringer.

Die Fütterung übt gewöhnlich einen größeren Einfluß auf die Milchmenge als auf den Fettgehalt der Milch aus. Einen wesentlichen Einfluß auf den Fettgehalt hat aber eine rasche Änderung in der Fütterung (ohne Übergang), nicht nur bei einzelnen Tieren, sondern sogar auf ganze Viehstapel. Die Art des Futters und die Witterung (b. Weidegang) sind von Einfluß; im allgemeinen tritt bei Übergang zur Weide Erhöhung des Fettgehaltes um einige Zehntelprozente ein. Von nachteiligem Einfluß können auf die Beschaffenheit der Milch auch noch andere äußere Umstände sein, wie ungewöhnliche Arbeitsleistung, unrichtiges Melken, Beunruhigung der Tiere. (Beschlüsse der Freien Vereinigung deutscher Nahrungsmittel-Chemiker.)

Verfälschungen. Für den Nachweis derselben[1]) können bestimmte Grenzwerte nicht aufgestellt werden. Bei Milch weniger Kühe kann man nur mit Hilfe einer Stallprobe bestimmte Schlüsse auf Verfälschung durch Wässerung oder Fettentzug ziehen. Die auch zwischen Stall- und Marktmilchprobe sich ergebenden normalen Schwankungen dürfen dabei nicht außer Acht gelassen werden. Um ein in jeder Hinsicht bedenkenfreies Urteil abzugeben, empfiehlt sich bei Milch einzelner Kühe wiederholt Untersuchungen hintereinander nebst Stallproben vorzunehmen.

Bei Misch- bezw. Sammelmilch kann man häufig ohne Stallprobe auskommen; zum Vergleich legt man die in der betreffenden Gegend ermittelten Durchschnittswerte von Stallproben zugrunde.

Für Mischmilch [2]) ergeben sich selten niedrigere Werte als nachstehende:

---

[1]) Bemerkenswerte Entscheidung des Reichsgerichts betr. Wasserzusatz vom 6. Mai 1892, betr. Entrahmung vom 10. Juni 1901 und vom 21. Dezember 1899 (Zeitschr. f. Unters. d. Nahr.- u. Genußm. 1909, Beiheft S. 128).

[2]) In Anbetracht der oft erheblichen Schwierigkeiten, welche der Nachweis des subjektiven Verschuldens bei Verfälschungen bereitet, enthalten die

Spezifisches Gewicht bei 15⁰ C = (s) 1,028
Fettgehalt (f) . . . . 2,50 %
Trockensubstanz (t) . . . . 10,50 %
Fettfreie Trockensubstanz (r) . . . . 8,00 %
Das spezifische Gewicht von t = (m) soll nicht übersteigen. 1,4
Der Fettgehalt der Trockensubstanz (p) nicht unter 20,0 %
Das spezifische Gewicht des Serums (se) nicht unter 1,026
Das Lichtbrechungsvermögen (l) nicht weniger als 36,5 Skalenteile[1]
betragen.

Wasserzusatz gibt sich in der Regel zu erkennen durch Sinken der Werte s, t, f, r, se, l unter die Minima; p und m bleiben unverändert; eventl. Nitratreaktion.

Entrahmung (Zumischen von Mager- [abgerahmter] Milch) gibt sich zu erkennen durch Steigen von s, m, durch Fallen von p, t und namentlich f; r und se bleiben unverändert.

Wasserzusatz und Entrahmung nebeneinander geben sich zu erkennen durch Sinken von se, l, p, f, t und r und Steigen von m. s kann normal sein. (Nitratreaktion.)

Um den Grad einer Verfälschung mit Hilfe einer Stallprobe (Vergleichsprobe) annähernd festzustellen, bedient man sich der nachstehenden Formeln von Fr. J. Herz[2]).

a) bei gewässerter Milch

$$1.\ w = \frac{100\,(r_1 - r_2)}{r_1}$$

$$2.\ v = \frac{100\,(r_1 - r_2)}{r_2}$$

b) bei Entrahmung

$$\varphi = f_1 - f_2 + \frac{f_2\,(f_1 - f_2)}{100}$$

c) bei gleichzeitiger Wässerung und Entrahmung

$$\varphi = f_1 - \frac{\left[100 - \left(\frac{M f_1 - 100 f_2}{M}\right)\right] \cdot \left[f_1 - \left(\frac{M f_1 - 100 f_2}{M}\right)\right]}{100}$$

w = das in 100 Teilen gewässerter Milch enthaltene zugesetzte Wasser.
d = das zu 100 Teilen reiner Milch zugesetzte Wasser.
v = das von 100 Teilen reiner Milch durch Entrahmung hinweggenommene Fett.
r = den Gehalt der Milch an fettfreier Trockensubstanz.
f = den Fettgehalt der Milch.
M = 100 — w = die in 100 Teilen gewässerter Milch enthaltene Menge ursprünglich ungewässerter Milch.

Polizeiverordnungen neben den hygienischen Bestimmungen auch solche betr. Anforderungen an Fettgehalt und spezifisches Gewicht; die aufgestellten Normen tragen den jeweiligen örtlichen Verhältnissen Rechnung. C. Mai, Zeitschr. f. Unters. d. Nahr.- u. Genußm. 1910, 19, 24 verwirft die Aufstellung von Grenzzahlen in solchen Polizei-Verordnungen und tritt für eingehende Verfolgung der Verfälschungen durch Entnahme an Stallproben u. s. w. ein. Dieser Forderung kann indessen nur bedingungsweise beigetreten werden.

[1]) Vgl. C. Mai und S. Rothenfußer, Molkereizeitung. Berlin, 1909. 19. 37.
[2]) Chem.-Ztg. 1893. 17. 836.

Milch und Milcherzeugnisse. 147

Die mit Index 1 bezeichneten Größen beziehen sich auf die Stallprobenmilch, die mit dem Index 2 auf die verdächtige Milch. Fälschungen unter 10% sind höchstens bei Wässerungen, aber auch nicht weiter als bis zu 5 bis 7% nachweisbar. Solche geringe Fälschungen können meistens nur durch Serienuntersuchungen nachgewiesen werden.

Das spezifische Gewicht der
Magermilch schwankt zwischen etwa . . . . 1,032—1,036 bei 15⁰ C
Buttermilch „ „ „ . . . . 1,032—1,035 bei 15⁰ C
Molken „ „ „ . . . . 1,027—1,030 bei 15⁰ C

Normale Milch soll nicht mehr als 9 Säuregrade (Soxhlet-Henkel) aufweisen und beim Zusatz des gleichen Volumens 68 bis 70 Vol.-%-igen Alkohols nicht gerinnen (s. auch S. 136); sie soll ferner innerhalb 12 Stunden bei der Gärprobe nicht gerinnen. Bei der Caseinprobe soll sie in weniger als 20 Minuten normal gerinnen. Erhitzte Milch u. s. w. ist entsprechend zu bezeichnen.

Der Milch oder dem Rahm Konservierungsmittel[1]), Farbstoffe oder Verdickungsmittel wie Zuckerkalk zuzufügen, ist unstatthaft.

Kaffeerahm (Sahne) soll mindestens 10% Fett, Schlagsahne mindestens 25% Fett enthalten. Verdünnen eines fettreichen Rahmes mit Milch oder Magermilch auf den notwendigen niedrigen Fettgehalt ist zulässig; jedoch kann bei Überstreckung unter das festgesetzte Maß (Polizei-Verordn.) Verfälschung in Frage kommen[2]). Bei Buttermilch kann ein Wasserzusatz von 25% als technisch unvermeidlich unter Deklaration zugelassen werden. Biestmilch (Colostrum) kann unter Deklaration verkauft werden. Milch anderer Säugetiere oder Mischungen solcher Milch mit Kuhmilch sind besonders zu kennzeichnen.

Im allgemeinen werden die Erfordernisse für den Marktverkehr durch Polizei-Verordnungen[3]) geregelt, insbesondere auch hinsichtlich der hygienischen Eigenschaften, namentlich betr. Beschaffenheit von Kindermilch[4]), Säuglingsmilch, Milchfehler, infizierter Milch, Kuhhaltung, Transportgefäßen. Jede das natürliche Aussehen entstellende oder die Tauglichkeit der Milch ungünstig beeinflussende Veränderung[5]) der Milch fällt unter die Begriffe „verdorben oder auch gesundheitsschädlich".

Das Einlegen von Eis zum Zwecke der Kühlung ist vom hygienischen Standpunkte aus unzulässig und außerdem wegen der damit verbundenen Verdünnung der Milch auch als Verfälschung anzusehen.

---

[1]) Verschiedene Urteile betr. Formaldehydzusatz s. Zeitschr. f. Unters. d. Nahr.- u. Genußm. 1909, Beiheft 139; Gutachten der preuß. wissenschaftl. Deputation für das Medizinalwesen betr. Zulässigkeit von Formaldehyd zu Handelsmilch, Zeitschr. f. Unters. d. Nahr.- u. Genußm. 1909, Beilage S. 68.

[2]) Vgl. auch Urteile des Landgerichts I Berlin und des Kammergerichts betr. Rechtsgültigkeit einer Polizei-Verordnung über den Fettgehalt der Sahne und Verfälschung von Sahne, Zeitschr. f. Unters. d. Nahr.- u. Genußm. 1909. Beiheft S. 134.

[3]) Grundsätze hierzu sind in den meisten Bundesstaaten aufgestellt (z. B. preuß. Ministerialerlaß vom 12. Dezember 1905).

[4]) Jede beliebige Vollmilch kann nicht als Kindermilch bezeichnet werden. Entscheid. des Reichsger. vom 21. April 1898, Zeitschr. f. Unters. d. Nahr.- u. Genußm. 1900, 3, 873; betr. der zu erwartende Sauberkeit bei Milchgewinnung und Vermeidung von Schmutz siehe Entsch. des Reichsger. vom 3. Mai 1906. D. Nahrungsmittelbuch, II. Aufl. 47. Siehe auch Beurteilung hinsichtlich Katalasegehalt s. S. 139.

[5]) Siehe auch den bakteriologischen Teil.

10*

In bezug auf die Genußtauglichkeit müssen auch die Milchkonserven, -präparate u. s. w. den oben ausgesprochenen Anforderungen entsprechen. Die Anwesenheit von Konservierungsmitteln, Metallen (aus den Büchsen) ist wie bei Milch zu beurteilen. Sonstige Verfälschungen und Nach-

Tabelle zur Umrechnung des spezifischen Gewichts von Milch 15° C nach

°C	14	15	16	17	18	19	20	21	22	23	24
0	12,9	13,9	14,9	15,9	16,9	17,8	18,7	19,6	20,6	21,5	22,4
1	12,9	13,9	14,9	15,9	16,9	17,8	18,7	19,6	20,6	21,5	22,4
2	12,9	13,9	14,9	15,9	16,9	17,8	18,7	19,7	20,7	21,6	22,5
3	13,0	14,0	15,0	16,0	17,0	17,9	18,8	19,7	20,7	21,7	22,6
4	13,0	14,0	15,0	16,0	17,0	17,9	18,8	19,7	20,7	21,7	22,7
5	13,1	14,1	15,1	16,1	17,1	18,0	18,9	19,8	20,8	21 8	22,8
6	13,1	14,1	15,1	16,1	17,1	18,1	19,0	19,9	20,9	21,9	22,9
7	13,1	14,1	15,1	16,1	17,1	18,1	19,0	20,0	21,0	22,0	23,0
8	13,2	14,2	15,2	16,2	17,2	18,2	19,1	20,1	21,1	22,1	23,1
9	13,3	14,3	15,3	16,3	17,3	18,3	19,2	20,2	21,2	22,2	23,2
10	13,4	14,4	15,4	16,4	17,4	18,4	19,3	20,3	21,3	22,3	23,3
11	13,5	14,5	15,5	16,5	17,5	18,5	19,4	20,4	21,4	22,4	23,4
12	13,6	14,6	15,6	16,6	17,6	18,6	19,5	20,5	21,5	22,5	23,5
13	13,7	14,7	15,7	16,7	17,7	18,7	19,6	20,6	21,6	22,6	23,6
14	13,8	14,8	15,8	16,8	17,8	18,8	19,8	20,8	21,8	22,8	23,8
15	14,0	15,0	16,0	17,0	18,0	19,0	20,0	21,0	22,0	23,0	24,0
16	14,1	15,1	16,1	17,1	18,1	19,1	20,1	21,1	22,2	23,2	24,2
17	14,2	15,2	16,3	17,3	18,3	19,3	20,3	21,4	22,4	23,4	24,4
18	14,4	15,4	16,5	17,5	18,5	19,5	20,5	21,6	22,6	23,6	24,6
19	14,6	15,6	16,7	17,7	18,7	19,7	20,7	21,8	22,8	23,8	24,8
20	14,8	15,8	16,9	17,9	18,9	19,9	20,9	22,0	23,0	24,0	25,0
21	15,0	16,0	17,1	18,1	19,1	20,1	21,1	22,2	23,2	24,2	25,2
22	15,2	16,2	17,3	18,3	19,3	20,3	21,3	22,4	23,4	24,4	25,4
23	15,4	16,4	17,5	18,5	19,5	20,5	21,5	22,6	23,6	24,6	25,6
24	15,6	16,6	17,7	18,7	19,7	20,7	21,7	22,8	23,8	24,8	25,8
25	15,8	16,8	17,9	18,9	19,9	20,9	21,9	23,0	24,1	25,1	26,1
26	16,0	17,0	18,1	19,1	20,1	21,1	22,1	23,2	24,3	25,3	26,3
27	16,2	17,2	18,3	19,3	20,3	21,3	22,3	23,4	24,5	25,5	26,5
28	16,4	17,4	18,5	19,5	20,5	21,5	22,5	23,6	24,7	25,7	26,7
29	16,6	17,6	18,7	19,7	20,7	21,7	22,7	23,8	24,9	26,0	27,0
30	16,8	17,8	18,9	20,0	21,0	22,0	23,0	24,1	25,2	26,3	27,3

[1]) Beispiel: Hat man das spezifische Gewicht einer Milch bei 24° C zu 31,2 + 0,1 . 7 = 31,9 stellen. Man findet nämlich bei 24° C für 29,0 und für Zehntelgrad 0,1 und für sieben Zehntel 0,1 . 7.

Milch und Milcherzeugnisse.

ahmungen kommen auch vor z. B. Ersatz des Milchfettes durch fremde Fette (sogen. Backmilch, die zum Verbrauch in Bäckereien hergestellt und verkauft wird).

auf den zur Vergleichung vereinbarten Wärmegrad von Fleischmann[1]).

25	26	27	28	29	30	31	32	33	34	35	°C
23,3	24,3	25,2	26,1	27,0	27,9	28,8	29,7	30,6	31,5	32,4	0
23,3	24,3	25,3	26,2	27,1	28,0	28,9	29,8	30,7	31,6	32,5	1
23,4	24,4	25,4	26,3	27,2	28,1	29,0	29,9	30,8	31,7	32,6	2
23,5	24,5	25,5	26,4	27,3	28,2	29,1	30,0	30,9	31,8	32,7	3
23,6	24,6	25,6	26,5	27,4	28,3	29,2	30,1	31,0	31,9	32,8	4
23,7	24,7	25,7	26,6	27,5	28,4	29,3	30,3	31,1	32,1	33,0	5
23,8	24,8	25,8	26,7	27,6	28,5	29,5	30,4	31,3	32,2	33,1	6
23,9	24,9	25,9	26,8	27,7	28,6	29,6	30,5	31,4	32,3	33,2	7
24,0	25,0	26,0	26,9	27,8	28,7	29,7	30,6	31,6	32,5	33,4	8
24,1	25,1	26,1	27,0	27,9	28,8	29,8	30,8	31,8	32,7	33,6	9
24,2	25,2	26,2	27,1	28,1	29,0	30,0	31,0	32,0	32,9	33,8	10
24,3	25,3	26,3	27,2	28,2	29,2	30,2	31,2	32,2	33,1	34,0	11
24,5	25,5	26,5	27,4	28,4	29,4	30,4	31,4	32,4	33,3	34,2	12
24,6	25,6	26,6	27,6	28,6	29,6	30,6	31,6	32,6	33,5	34,4	13
24,8	25,8	26,8	27,8	28,8	29,8	30,8	31,8	32,8	33,8	34,7	14
25,0	26,0	27,0	28,0	29,0	30,0	31,0	32,0	33,0	34,0	35,0	15
25,2	26,2	27,2	28,2	29,2	30,2	31,2	32,2	33,2	34,2	35,2	16
25,4	26,4	27,4	28,4	29,4	30,4	31,4	32,4	33,4	34,4	35,4	17
25,6	26,6	27,6	28,6	29,6	30,6	31,7	32,7	33,7	34,7	35,7	18
25,8	26,9	27,9	28,9	29,9	30,9	32,0	33,0	34,0	35,0	36,0	19
26,0	27,1	28,2	29,2	30,2	31,2	32,3	33,3	34,3	35,3	36,3	20
26,2	27,3	28,4	29,4	30,4	31,4	32,5	33,6	34,6	35,6	36,6	21
26,4	27,5	28,6	29,6	30,6	31,6	32,7	33,8	34,9	35,9	36,9	22
26,6	27,7	28,8	29,9	30,9	31,9	33,0	34,1	35,2	36,2	37,2	23
26,8	27,9	29,0	30,1	31,2	32,2	33,3	34,4	35,5	36,5	37,5	24
27,1	28,2	29,3	30,4	31,5	32,5	33,6	34,7	35,8	36,8	37,8	25
27,3	28,4	29,5	30,6	31,7	32,7	33,8	34,9	36,0	37,1	38,1	26
27,5	28,6	29,7	30,8	31,9	33,0	34,1	35,2	36,3	37,4	38,4	27
27,7	28,9	30,0	31,1	32,2	33,3	34,4	35,5	36,6	37,7	38,7	28
28,0	29,2	30,3	31,4	32,5	33,6	34,7	35,8	36,9	38,0	39,1	29
28,3	29,5	30,6	31,7	32,8	33,9	35,1	36,2	37,3	38,4	39,5	30

29,7 Graden (= 1,0297 spez. Gew.) beobachtet, so würde es sich bei 15° C auf 30,0 Grade die Zahlen 31,2 und 32,2; der Unterschied beträgt also 1,0, für einen

Tabelle zur Umrechnung des spezifischen Gewichts von Mager-15 ° C nach

° C	18	19	20	21	22	23	24	25	26	27	28
0	17,2	18,2	19,2	20,2	21,1	22,0	22,9	23,8	24,8	25,8	26,8
1	17,2	18,2	19,2	20,2	21,1	22,0	22,9	23,8	24,8	25,8	26,8
2	17,2	18,2	19,2	20,2	21,1	22,0	22,9	23,8	24,8	25,8	26,8
3	17,2	18,2	19,2	20,2	21,1	22,0	22,9	23,8	24,8	25,8	26,8
4	17,2	18,2	19,2	20,2	21,2	22,1	23,0	23,9	24,9	25,9	26,9
5	17,3	18,3	19,3	20,3	21,3	22,2	23,1	24,0	25,0	26,0	27,0
6	17,3	18,3	19,3	20,3	21,3	22,3	23,2	24,1	25,1	26,1	27,1
7	17,3	18,3	19,3	20,3	21,3	22,3	23,2	24,1	25,1	26,1	27,1
8	17,3	18,3	19,3	20,3	21,3	22,3	23,2	24,1	25,1	26,1	27,1
9	17,4	18,4	19,4	20,4	21,4	22,4	23,3	24,2	25,2	26,2	27,2
10	17,5	18,5	19,5	20,5	21,5	22,5	23,4	24,3	25,3	26,3	27,3
11	17,6	18,6	19,6	20,6	21,6	22,6	23,5	24,4	25,4	26,4	27,4
12	17,7	18,7	19,7	20,7	21,7	22,7	23,6	24,5	25,5	26,5	27,5
13	17,8	18,8	19,8	20,8	21,8	22,8	23,7	24,6	25,6	26,6	27,6
14	17,9	18,9	19,9	20,9	21,9	22,9	23,9	24,8	25,8	26,8	27,8
15	18,0	19,0	20,0	21,0	22,0	23,0	24,0	25,0	26,0	27,0	28,0
16	18,1	19,1	20,1	21,1	22,1	23,1	24,1	25,1	26,1	27,1	28,1
17	18,2	19,2	20,2	21,2	22,2	23,2	24,2	25,2	26,3	27,3	28,3
18	18,4	19,4	20,4	21,4	22,4	23,4	24,4	25,4	26,5	27,5	28,5
19	18,6	19,6	20,6	21,6	22,6	23,6	24,6	25,6	26,7	27,7	28,7
20	18,8	19,8	20,8	21,8	22,8	23,8	24,8	25,8	26,9	27,9	28,9
21	18,9	19,9	20,9	21,9	22,9	23,9	24,9	25,9	27,0	28,1	29,1
22	19,1	20,1	21,1	22,1	23,1	24,1	25,1	26,1	27,2	28,3	29,3
23	19,3	20,3	21,3	22,3	23,3	24,3	25,3	26,3	27,4	28,5	29,5
24	19,5	20,5	21,5	22,5	23,5	24,5	25,5	26,5	27,6	28,7	29,7
25	19,7	20,7	21,7	22,7	23,7	24,7	25,7	26,7	27,8	28,9	29,9
26	19,9	20,9	21,9	22,9	23,9	24,9	25,9	26,9	28,0	29,1	30,1
27	20,1	21,1	22,1	23,1	24,1	25,1	26,1	27,1	28,2	29,3	30,3
28	20,3	21,3	22,3	23,3	24,3	25,3	26,3	27,3	28,4	29,5	30,5
29	20,5	21,5	22,5	23,5	24,5	25,5	26,5	27,5	28,6	29,7	30,7
30	20,7	21,7	22,7	23,7	24,7	25,7	26,7	27,7	28,8	29,9	31,0

Milch und Milcherzeugnisse.

milch auf den zur Vergleichung vereinbarten Wärmegrad von Fleischmann.

29	30	31	32	33	34	35	36	37	38	39	40	°C
27,8	28,7	29,7	30,7	31 7	32,6	33,5	34,4	35,3	36,2	37,1	38,0	0
27,8	28,7	29,7	30,7	31,7	32,6	33,5	34,4	35,4	36,3	37,2	38,1	1
27,8	28,7	29,7	30,7	31,7	32,6	33,5	34,5	35,5	36,4	37,3	38,2	2
27,8	28,7	29,7	30,7	31,7	32,7	33,6	34,6	35,6	36,5	37,4	38,3	3
27,9	28,8	29,8	30,8	31,8	32,8	33,7	34,7	35,7	36,6	37,5	38,4	4
28,0	28,9	29,9	30,9	31,9	32,9	33,8	34,8	35,8	36,7	37,6	38,5	5
28,1	29,0	30,0	31,0	32,0	32,9	33,8	34,8	35,8	36,8	37,7	38,6	6
28,1	29,0	30,0	31,0	32,0	33,0	33,9	34,9	35,9	36,9	37,8	38,7	7
28,1	29,1	30,1	31,1	32,1	33,1	34,0	35,0	36,0	37,0	37,9	38,8	8
28,2	29,2	30,2	31,2	32,2	33,2	34,1	35,1	36,1	37,1	38,0	38,9	9
28,3	29,3	30,3	31,3	32,3	33,3	34,2	35,2	36,2	37,2	38,2	39,1	10
28,4	29,4	30,4	31,4	32,4	33,4	34,3	35,3	36,3	37,3	38,3	39,2	11
28,5	29,5	30,5	31,5	32,5	33,5	34,4	35,4	36,4	37,4	38,4	39,4	12
28,6	29,6	30,6	31,6	32,6	33,6	34,6	35,6	36,6	37,6	38,6	39,6	13
28,8	29,8	30,8	31,8	32,8	33,8	34,8	35,8	36,8	37,8	38,8	39,8	14
29,0	30,0	31,0	32,0	33,0	34,0	35,0	36,0	37,0	38,0	39,0	40,0	15
29,1	30,1	31,2	32,2	33,2	34,2	35,2	36,2	37,2	38,2	39,2	40,2	16
29,3	30,3	31,4	32,4	33,4	34,4	35,4	36,4	37,4	38,4	39,4	40,4	17
29,5	30,5	31,6	32,6	33,6	34,6	35,6	36,6	37,6	38,6	39,6	40,6	18
29,7	30,7	31,8	32,8	33,8	34,8	35,8	36,9	37,9	38,9	39,9	40,9	19
29,9	30,9	32,0	33,0	34,0	35,0	36,0	37,1	38,2	39,2	40,2	41,2	20
30,1	31,1	32,2	33,2	34,2	35,2	36,2	37,3	38,4	39,4	40,4	41,4	21
30,3	31,3	32,4	33,4	34,4	35,4	36,4	37,5	38,6	39,7	40,7	41,7	22
30,5	31,5	32,6	33,6	34,6	35,6	36,6	37,7	38,8	39,9	41,0	42,0	23
30,7	31,7	32,8	33,9	34,9	35,9	36,9	38,0	39,1	40,2	41,3	42,3	24
30,9	31,9	33,0	34,1	35,2	36,2	37,2	38,3	39,4	40,5	41,6	42,6	25
31,1	32,1	33,2	34,3	35,4	36,4	37,4	38,5	39,6	40,7	41,8	42,9	26
31,3	32,3	33,4	34,5	35,6	36,7	37,7	38,8	39,9	41,0	42,1	43,2	27
31,5	32,5	33,6	34,7	35,8	36,9	38,0	39,1	40,2	41,3	42,4	43,5	28
31,7	32,7	33,9	35,0	36,1	37,2	38,3	39,4	40,5	41,6	42,7	43,8	29
32,0	33,0	34,1	35,2	36,3	37,4	38,5	39,7	40,8	41,9	43,0	44,1	30

Tabelle I zur Berechnung des prozentischen Gehaltes der Milch an Trockensubstanz t aus dem spezifischen Gewicht s und dem prozentischen Fettgehalte f; nach Fleischmann.

f	1,2 f	f	1,2 f	f	1,2 f	f	1,2 f	f	1,2 f
1,00	1,200	1,40	1,680	1,80	2,160	2,20	2,640	2,60	3,120
1	212	1	692	1	172	1	652	1	132
2	224	2	704	2	184	2	664	2	144
3	236	3	716	3	196	3	676	3	156
4	248	4	728	4	208	4	688	4	168
5	260	5	740	5	220	5	700	5	180
6	272	6	752	6	232	6	712	6	192
7	284	7	764	7	244	7	724	7	204
8	296	8	776	8	256	8	736	8	216
9	308	9	788	9	268	9	748	9	228
1,10	1,320	1,50	1,800	1,90	2,280	2,30	2,760	2,70	3,240
1	332	1	812	1	292	1	772	1	252
2	344	2	824	2	304	2	784	2	264
3	356	3	836	3	316	3	796	3	276
4	368	4	848	4	328	4	808	4	288
5	380	5	860	5	340	5	820	5	300
6	392	6	872	6	352	6	832	6	312
7	404	7	884	7	364	7	844	7	324
8	416	8	896	8	376	8	856	8	336
9	428	9	908	9	388	9	868	9	348
1,20	1,440	1,60	1,920	2,00	2,400	2,40	2,880	2,80	3,360
1	452	1	932	1	412	1	892	1	372
2	464	2	944	2	424	2	904	2	384
3	476	3	956	3	436	3	916	3	396
4	488	4	968	4	448	4	928	4	408
5	500	5	980	5	460	5	940	5	420
6	512	6	992	6	472	6	952	6	432
7	524	7	2,004	7	484	7	964	7	444
8	536	8	016	8	496	8	976	8	456
9	548	9	028	9	508	9	988	9	468
1,30	1,560	1,70	2,040	2,10	2,520	2,50	3,000	2,90	3,480
1	572	1	052	1	532	1	012	1	492
2	584	2	064	2	544	2	024	2	504
3	596	3	076	3	556	3	036	3	516
4	608	4	088	4	568	4	048	4	528
5	620	5	100	5	580	5	060	5	540
6	632	6	112	6	592	6	072	6	552
7	644	7	124	7	604	7	084	7	564
8	656	8	136	8	616	8	096	8	576
9	668	9	148	9	628	9	108	9	588

Milch und Milcherzeugnisse.

f	1,2 f	f	1,2 f	f	1,2 f	f	1,2 f	f	1,2 f
3,00	3,600	3,40	4,080	3,80	4,560	4,20	5,040	4,60	5,520
1	612	1	092	1	572	1	052	1	532
2	624	2	104	2	584	2	064	2	544
3	636	3	116	3	596	3	076	3	556
4	648	4	128	4	608	4	088	4	568
5	660	5	140	5	620	5	100	5	580
6	672	6	152	6	632	6	112	6	592
7	684	7	164	7	644	7	124	7	604
8	696	8	176	8	656	8	136	8	616
9	708	9	188	9	668	9	148	9	628
3,10	3,720	3,50	4,200	3,90	4,680	4,30	5,160	4,70	5,640
1	732	1	212	1	692	1	172	1	652
2	744	2	224	2	704	2	184	2	664
3	756	3	236	3	716	3	196	3	676
4	768	4	248	4	728	4	208	4	688
5	780	5	260	5	740	5	220	5	700
6	792	6	272	6	752	6	232	6	712
7	804	7	284	7	764	7	244	7	724
8	816	8	296	8	776	8	256	8	736
9	828	9	308	9	788	9	268	9	748
3,20	3,840	3,60	4,320	4,00	4,800	4,40	5,280	4,80	5,760
1	852	1	332	1	812	1	292	1	772
2	864	2	344	2	824	2	304	2	784
3	876	3	356	3	836	3	316	3	796
4	888	4	368	4	848	4	328	4	808
5	900	5	380	5	860	5	340	5	820
6	912	6	392	6	872	6	352	6	832
7	924	7	404	7	884	7	364	7	844
8	936	8	416	8	896	8	376	8	856
9	948	9	428	9	908	9	388	9	868
3,30	3,960	3,70	4,440	4,10	4,920	4,50	5,400	4,90	5,880
1	972	1	452	1	932	1	412	1	892
2	984	2	464	2	944	2	424	2	904
3	996	3	476	3	956	3	436	3	916
4	4,008	4	488	4	968	4	448	4	928
5	020	5	500	5	980	5	460	5	940
6	032	6	512	6	992	6	472	6	952
7	044	7	524	7	5,004	7	484	7	964
8	056	8	536	8	016	8	496	8	976
9	068	9	548	9	028	9	508	9	988

f	1,2 f	f	1,2 f	f	1,2 f	f	1,2 f	
5,00	6,000	5,26	6,312	5,51	6,612	5,77	6,924	9 0,011
1	012	7	324	2	624	8	936	
2	024	8	336	3	636	9	948	8 0,010
3	036	9	348	4	648			
4	048			5	660	5,80	6,960	7 0,008
5	060	5,30	6,360	6	672	1	972	
6	072	1	372	7	684	2	984	
7	084	2	384	8	696	3	996	6 0,007
8	096	3	396	9	708	4	7,008	
9	108	4	408			5	020	5 0,006
		5	420	5,60	6,720	6	032	
5,10	6,120	6	432	1	732	7	044	
1	132	7	444	2	744	8	056	4 0,005
2	144	8	456	3	756	9	068	
3	156	9	468	4	768			
4	168			5	780	5,90	7,080	3 0,004
5	180	5,40	6,480	6	792	1	092	
6	192	1	492	7	804	2	104	2 0,002
7	204	2	504	8	816	3	116	
8	216	3	516	9	828	4	128	
9	228	4	528			5	140	1 0,001
		5	540	5,70	6,840	6	152	
5,20	6,240	6	552	1	852	7	164	Für Tausendstel von f
1	252	7	564	2	864	8	176	ist zu addieren
2	264	8	576	3	876	9	188	
3	276	9	588	4	888			
4	288			5	900	6,00	7,200	
5	300	5,50	6,600	6	912			

Milch und Milcherzeugnisse.

Tabelle II zur Berechnung des prozentischen Gehaltes der Milch an Trockensubstanz t aus dem spezifischen Gewichte s und dem prozentischen Fettgehalte f; nach Fleischmann.

s Tausendstel	$\frac{d}{s}$ 2,665	s Tausendstel	$\frac{d}{s}$ 2,665	s Tausendstel	$\frac{d}{s}$ 2,665	s Tausendstel	$\frac{d}{s}$ 2,665	s Tausendstel	$\frac{d}{s}$ 2,665
19,0	4,967	23,2	6,042	27,4	7,107	31,6	8,163	35,8	9,211
1	994	3	068	5	133	7	188	9	236
2	5,021	4	093	6	158	8	213	36,0	9,261
3	47	5	119	7	183	9	239	1	285
4	72	6	144	8	208	32,0	8,264	2	310
5	98	7	170	9	234	1	289	3	335
6	122	8	195	28,0	7,259	2	314	4	360
7	149	9	221	1	284	3	339	5	385
8	173	24,0	6,246	2	309	4	364	6	409
9	199	1	271	3	334	5	389	7	434
20,0	5,225	2	297	4	360	6	414	8	459
1	251	3	322	5	385	7	439	9	484
2	277	4	348	6	410	8	464	37,0	9,509
3	302	5	373	7	435	9	489	1	533
4	328	6	398	8	460	33,0	8,514	2	558
5	353	7	424	9	485	1	539	3	583
6	379	8	449	29,0	7,511	2	563	4	608
7	405	9	475	1	536	3	588	5	632
8	430	25,0	6,500	2	561	4	613	6	657
9	456	1	525	3	586	5	638	7	682
21,0	5,481	2	551	4	611	6	663	8	707
1	507	3	576	5	636	7	688	9	732
2	532	4	601	6	662	8	713	38,0	9,756
3	558	5	627	7	687	9	738	1	781
4	584	6	652	8	712	34,0	8,763	2	806
5	609	7	677	9	737	1	788	3	830
6	635	8	703	30,0	7,762	2	813	4	855
7	660	9	728	1	787	3	838	5	880
8	686	26,0	6,753	2	812	4	863	6	904
9	711	1	779	3	837	5	888	7	929
22,0	5,737	2	804	4	863	6	912	8	954
1	762	3	829	5	888	7	937	9	979
2	788	4	855	6	913	8	962	39,0	10,003
3	813	5	880	7	938	9	987	1	028
4	839	6	905	8	963	35,0	9,012	2	053
5	864	7	930	9	988	1	037	3	077
6	890	8	956	31,0	8,013	2	062	4	102
7	915	9	981	1	038	3	087	5	127
8	941	27,0	7,006	2	063	4	111	6	151
9	966	1	032	3	088	5	136	7	176
23,0	5,992	2	057	4	113	6	161	8	201
1	6,017	3	082	5	138	7	186	9	225
								40,0	10,250

IV. Käse[1]).

Probeentnahme und Vorbereitung der Käseproben.

"Der zur Untersuchung gelangende Teil des Käses darf nicht der Rindenschicht oder dem inneren Teile entstammen, sondern muß einer Durchschnittsprobe entsprechen. Bei großen Käsen entnimmt man mit Hilfe des Käsestechers senkrecht zur Oberfläche ein zylindrisches Stück, bei kugelförmigen Käsen einen Kugelausschnitt. Kleine Käse nimmt man ganz in Arbeit. Die zu entnehmende Menge soll etwa 500 g betragen.

Die Versendung der Käseproben muß entweder in gut gereinigten, schimmelfreien und verschließbaren Gefäßen von Porzellan, glasiertem Tone, Steingut oder Glas oder in Pergamentpapier eingehüllt geschehen. Harte Käse zerkleinert man vor der Untersuchung auf einem Reibeisen; weiche Käse werden mittels einer Reibkeule in einer Reibschale zu einer gleichmäßigen Masse verarbeitet.

Ausführung der Untersuchung.

Die Auswahl der bei der Käseuntersuchung auszuführenden Bestimmungen richtet sich nach der Fragestellung. Handelt es sich um die Entscheidung der Frage, ob Milchfettkäse oder Margarinekäse vorliegt, so genügt die Untersuchung des Käsefettes.

Da das Material nicht immer gleichmäßig ist, behandelt man erst ein größeres Stück, das für die ganze Analyse ausreicht und entnimmt davon die nötigen Mengen.

1. Bestimmung des Wassers und der Trockensubstanz.

3 bis 5 g Käsemasse werden in einer Platinschale mit geglühtem Sande oder Bimssteinpulver so gut wie möglich vermischt, zuerst einige Tage im evakuierten Exsiccator und darauf im Dampftrockenschrank 8 Stunden lang getrocknet oder ohne Sand u. s. w. bei 103—105° im Glycerinwassertrockenschrank.

2. Bestimmung des Fettes.

"Man bringt 3 bis 5 g Käsemasse in einen Mörser, auf dessen Boden sich eine entsprechende Menge geglühter Sand befindet, und erwärmt den Mörser einige Stunden im Dampftrockenschranke. Darauf zerreibt man die Masse mit Sand, füllt diese Mischung in eine entfettete Papierhülse, spült die Schale mit entwässertem Äther nach und zieht die Mischung im Extraktionsapparat 4 Stunden mit entwässertem Äther aus. Die Käsesandmischung wird darauf nochmals zerrieben und wiederum zwei Stunden extrahiert. Schließlich wird der Äther abdestilliert, der Rückstand eine Stunde im Dampftrockenschranke getrocknet und gewogen."

Die Methode gibt namentlich bei mageren Käsen kein zuverlässiges Resultat.

Ratzlaff[2]) gibt folgende, auch von Siegfeld[3]) nachgeprüfte und empfohlene Methode an: 3 bis 5 g in einem Kölbchen von etwa

---

[1]) Siehe Anmerkung 2 S. 75.
[2]) Milch-Ztg. 1903. 32. 65. bzw. Zeitschr. f. Unters. d. Nahr.- u. Genußm. 1904. 7. 409.
[3]) Ebenda 1904. 33. 289. Derselbe, siehe auch Milchwirtsch, Zentralbl. 1910. 352 über Wasser- u. Fettbestimmung in Käse.

30 ccm abwägen und mit 10 ccm Salzsäure (1,125) bis zur vollständigen Lösung unter Umschwenken über kleiner Flamme erhitzen, dann noch 8 bis 10 Minuten im schwachen Sieden erhalten. Nach Abkühlung in eine Gottliebsche Röhre gießen (vergl. Milch S. 133) und das Kölbchen 2 bis 3-mal (im ganzen mit 25 ccm) Äther nachspülen; dann 25 ccm Petroleumäther zufügen u. s. w.; weiter verfahren wie bei Milch, Methode Gottlieb-Röse-Farnsteiner, angegeben ist.

K. Windisch[1]) führt die Methode in ähnlicher Weise, aber ohne Gottliebsche Röhre aus.

Bei überreifen Käsen und solchen, welche Zusätze erhalten haben, empfiehlt sich nach Devarda eine Reinigung des Rohfettes durch Auflösen im kalten Äther.

Bezüglich weiterer Fettbestimmungsmethoden, namentlich für technische Zwecke sei auf das acidbutyrometrische Verfahren nach Gerber, sowie auf das neue lipometrische Verfahren nach Burstert[2]) verwiesen.

Man gibt im allgemeinen den Fettgehalt nicht als solchen sondern als Fettgehalt der Trockensubstanz an.

3. Bestimmung des Gesamtstickstoffs.

„1 bis 2 g Käsemasse werden in einem Rundkölbchen aus Kaliglas mit 25 ccm konzentrierter Schwefelsäure und 0,5 g Kupfersulfat gekocht, bis die Flüssigkeit farblos (grün) geworden ist; man verfährt dann weiter wie bei der Bestimmung des Kaseins in der Butter."

4. Bestimmung der löslichen Stickstoffverbindungen.

„15 bis 20 g Käsemasse werden bei etwa 40° C getrocknet und die getrocknete Masse in der unter No. 2 angegebenen Weise mit Äther extrahiert. 10 g der fettfreien Trockensubstanz verreibt man mit Wasser zu einem dünnflüssigen Breie, spült diesen in einen 500ccm-Kolben, füllt mit Wasser bis zu etwa 450 ccm auf und läßt das Ganze unter zeitweiligen Umschütteln 15 Stunden bei gewöhnlicher Temperatur stehen. Dann füllt man die Flüssigkeit bis zur Marke auf, schüttelt um und filtriert. 100 ccm Filtrat werden in einem Rundkölbchen aus Kaliglas eingedampft und der Rückstand mit 25 ccm konzentrierter Schwefelsäure und 0,5 g Kupfersulfat gekocht, bis die Flüssigkeit farblos wird. Zur Bestimmung des Stickstoffes verfährt man dann weiter wie bei der Bestimmung des Kaseins in der Butter."

Über Trennungsverfahren L. L. van Slyke und E. B. Hart, Zeitschr. f. Unters. d. Nahr.- u. Genußm. 1905, 9, 168 (Refer.).

5. Bestimmung der freien Säure.

„10 g Käsemasse werden mehrmals mit Wasser ausgekocht, die Auszüge vereinigt, filtriert und auf 200 ccm aufgefüllt. In 100 ccm der Flüssigkeit titriert man nach Zusatz einiger Tropfen einer alkoholischen Phenolphtaleinlösung die freie Säure mit $1/_{10}$-Normal-Alkalilauge. Die Säure des Käses ist auf Milchsäure zu berechnen; 1 ccm $1/_{10}$-Normal-Alkalilauge entspricht 0,009 g Milchsäure."

---

[1]) Arbeiten aus dem Kais. Gesundh.-Amte 1900. 17. 281.
[2]) Siehe die Gebrauchsanweisungen zu den beiden letzten Verfahren sowie Burstert, Zentralbl. f. Milchwirtschaft 1908, 4, 193.

6. Bestimmung der Mineralbestandteile (besonders Kochsalz).

„3 bis 5 g Käsemasse werden in einer Platinschale mit kleiner Flamme verkohlt. Weiter wird wie bei der Bestimmung der Mineralbestandteile in der Butter verfahren, ebenso bei der Bestimmung des Kochsalzes in der Käseasche."

Zur Vermeidung von NaCl-verlusten versetzt man die Käsemasse mit der gleichen Menge wasserfreier Soda und erhitzt vorsichtig. Die durch Auslaugung der Kohle gewonnene Lösung wird dann auf Cl bezw. NaCl weiter untersucht.

7. Bestimmung des Milchzuckers.

Die Käsemasse muß getrocknet und entfettet werden (s. S. 156); darnach wird der Milchzucker mit Wasser ausgezogen und im Auszug wie bei Milch bestimmt. Man kann den Milchzucker auch als Differenzzahl angeben.

8. Untersuchung des Käsefetts auf seine Abstammung.

a) Abscheidung des Fettes aus dem Käse.

„α) 200 bis 300 g zerkleinerte Käsemasse werden im Trockenschrank auf 80 bis 90° C erwärmt. Nach einiger Zeit schmilzt das Käsefett ab; es wird abgegossen und durch ein trockenes Filter filtriert." (Nur bei Hartkäsen anwendbar.)

„β) 200 g Käsemasse werden mit Wasser zu einem Breie angerieben. Der Brei wird mit soviel Wasser (nebst einem Zusatz von KOH) in eine Flasche von 500 bis 600 ccm Inhalt mit möglichst weitem Halse gespült, daß insgesamt etwa 400 ccm verbraucht werden. Schüttelt oder zentrifugiert man die geschlossene Flasche, so scheidet sich das Käsefett in der Form von Butter oder Margarine an der Oberfläche ab. Die Butter oder Margarine wird abgehoben, mit Eis gekühlt, ausgeknetet, geschmolzen und das Fett durch ein trockenes Filter filtriert."

Besser ist folgende Methode von K. Windisch[1]). 50 bis 100 g zerkleinerte Käsemasse in Reibschale mit der 1½ bis 2-fachen Menge Salzsäure (1,125) zerreiben, Masse im Becherglase im kochenden Wasserbade erhitzen, bis Fett als klare ölige Schicht sich an der Oberfläche abscheidet. Einstellen in eiskaltes Wasser, herausheben der erstarrten Fettschicht, abspülen mit Wasser, dann in Porzellanschale mehrmals mit warmem Wasser zur Entfernung von HCl-resten umschmelzen, Fett wieder erstarren lassen, abtrocknen und nach dem Schmelzen filtrieren.

Das erhaltene Fett enthält noch Seife und freie Fettsäuren, eignet sich also noch nicht zu allen Bestimmungen.

Um neutrales Fett, wie es zur eingehenden Untersuchung auf fremde Stoffe absolut nötig ist, zu erhalten, löst man nach K. Windisch das ausgeschmolzene Fett in Alkohol und Äther, setzt einige Tropfen

---

[1]) Arbeiten aus dem Kais. Gesundh.-Amte 1898. 14. 554 und 1900. 17. 281; andere Methoden sind angegeben von O. Henzold, Milch-Ztg. 1895. 729; O. Devarda, Zeitschr. f. analyt. Chemie 1897. 37, 751; A. Kirsten, Zeitschr. f. Unters. d. Nahr.- u. Genußm. 1898. 1. 742. P. Buttenberg und W. König mischen den Käse, wenn das direkte Ausschmelzen des Fettes nicht gelingt, mit soviel entwässertem Na_2SO_4, daß eine krümmelige Masse entsteht, die dann mit Petroläther behandelt werden kann, Zeitschr. f. Unters. d. Nahr.- u. Genußm. 1910. 19. 478.

Käse. 159

Phenolphtaleinlösung zu und versetzt unter kräftigem Umschütteln so lange wässerige Kalilauge zu, bis alle Fettsäuren neutralisiert sind (Bildung von zwei Schichten). Nach Abdunsten des Alkohols und Äthers (bei niederer Temperatur) kann man den neutralen Fettkuchen abheben; nach dem Abtrocknen mit Filtrierpapier wird das Fett geschmolzen und dann durch ein trockenes Filter filtriert.

b) Untersuchung des Käsefettes.

„Das Käsefett wird nach denselben Grundsätzen wie Butterfett (s. S. 80) untersucht. Handelt es sich um Margarinekäse, so ist noch folgende Prüfung des Käsefetts auszuführen:

Schätzung des Sesamölgehaltes des Käsefetts.

1 ccm Käsefett wird mit 9 ccm Baumwollsamenöl, das, nach dem unter S. 93 beschriebenen Verfahren geprüft, mit Furfurol und Salzsäure keine Rotfärbung gibt, vermischt. Man prüft die Mischung nach demselben Verfahren auf Sesamöl. Hat das Käsefett den vorbeschriebenen Gehalt an Sesamöl, von der vorgeschriebenen Beschaffenheit, so muß die Sesamölreaktion noch deutlich eintreten."

Mikroskopische Untersuchung sowie Untersuchung auf fremde Beimengungen wie Mehl, Kartoffeln, Farbstoffe, anorganische Stoffe (außer NaCl), Metalle, Kupfer, Zinn (Stanniol) u. s. w. in üblicher Weise, siehe auch Abschnitt Gebrauchsgegenstände. Die bakteriologische Untersuchung (Feststellung der Käsefehler) siehe im bakteriologischen Teil.

Beurteilung.

Außer dem Nahrungsmittelgesetz finden noch die Bestimmungen des Gesetzes betr. den Verkehr mit Butter, Käse, Schmalz und deren Ersatzmitteln vom 15. Juni 1897 Anwendung, letzteres betrifft aber nur Margarine- (Kunst-) käse und Vorschriften für den Verkauf desselben. Als Verfälschungen[1]) bezw. Nachmachungen kommen in Betracht: Beschwerungsmittel (event. auch aus Umhüllungen stammend), wie Mehl, Kartoffeln, Kreide, Schwerspat und sonstige Stoffe sowie Konservierungsmittel, ungenügender Fettgehalt, bezw. Unterschiebung einer fettärmeren Sorte für eine fettreichere, von Margarinekäse für Milchkäse, zu hoher Wassergehalt (bei frischem Käse). Künstliche Färbung ist wie bei Butter im allgemeinen jedoch zulässig, sofern nicht besondere Täuschungen vorgenommen sind oder giftige Farbstoffe in Betracht kommen. Der Fettgehalt hängt im allgemeinen mit den Handelsbezeichnungen zusammen. Zum Teil herrschen in einzelnen Gegenden bezüglich Benennung im Handel und Verkehr noch bedauerliche und den Bestimmungen des Nahrungsmittelgesetzes zuwiderlaufende Gepflogenheiten, z. B. daß als „Sahnenkäse" ein ordinärer aus Magermilch hergestellter Kümmelkäse bezeichnet wird. Die Mehrzahl der Käufer dürfte indessen davon keine Kenntnis haben. Mangels bestimmter gesetzlicher Vorschriften für den Fettgehalt hat man sich an die übliche Zusammensetzung der einzelnen Käsegattungen zu halten

---

[1]) Hilfsmittel wie verdünnte Salzsäure zum Ansäuern des Rahms oder von Natriumbicarbonat zum Konservieren des Quarks, von Salpeter zur Verhinderung des Blähens sollen nach Ansicht der Praktiker zulässig sein.

und darnach die Beurteilung event. noch unter Berücksichtigung der Ortsüblichkeit vorzunehmen. Vergl. z. B. P. Buttenberg[1]) und F. Guth betr. Camembertkäse u. s. w.

Bei einzelnen Käsesorten z. B. beim Tilsiter, Romadour u. s. w. variiert der Fettgehalt und man unterscheidet dann zwischen Rahm-, vollfetten, fetten und halbfetten und Magerkäsen oder auch, wie dies in der Käsereipraxis geschieht, mit Angabe von Fettgehaltsstufen z. B. $^3/_4$-fett, $^1/_2$-fett, $^1/_3$-fett u. s. w. Unter Rahmkäse versteht man solche, welche aus Rahm bezw. aus Vollmilch mit Rahmzusatz hergestellt sind. Vollfette Käse werden aus Vollmilch oder aus Milch vom Durchschnittsfettgehalt der betreffenden Gegend, Fettkäse ($^3/_4$-käse) aus schwachabgerahmter oder einem Gemisch von Vollmilch und halbabgerahmter, Halbfettkäse aus einem Gemisch gleicher Teile Voll- und Magermilch oder dementsprechend entrahmter Milch, Magerkäse aus ganz entrahmter Milch bereitet. Die Bezeichnungen werden neuerdings nicht selten auch nicht nur im Engros,- sondern auch im Detailhandel benützt, z. B. vollfetter Tilsiterkäse; selbstverständlich müssen solche Käsesorten dementsprechenden Fettgehalt aufweisen.

Auf Grund bisheriger Erfahrungen[2]) kann man
bei Rahmkäse über . . . .   55% Fett in der Trockensubstanz
bei vollfetten Käsen etwa . . 45—55% Fett in der Trockensubstanz
bei fetten Käsen etwa . . .   40% Fett in der Trockensubstanz
bei halbfetten Käsen etwa .   25—30% Fett in der Trockensubstanz
bei Magerkäse unter . . . .   25% Fett in der Trockensubstanz
erwarten.

Bei Emmenthalerkäse beträgt der Fettgehalt 48—52%, Goudakäse wird mit einem Minimalfettgehalt von 45%, Edamerkäse von 40% gearbeitet. Die Allgäuer Weichkäse (Romadour, Limburger, Weißlacker) werden mit einem Fettgehalt der Trockensubstanz von mindestens 30, 35 und 40% hergestellt und in verschieden gefärbten Umhüllungen verkauft.

Ganzer oder teilweiser Ersatz des Butterfettes durch Fremdfette ist Nachmachung bezw. Verfälschung. Betr. Kennzeichnung von Margarinekäse durch Sesamöl siehe das Gesetz vom 15. Juni 1897. Neuerdings hat P. Buttenberg[3]) und W. König in Kräuterkäsen Cocosnußfett nachgewiesen. Die mißbräuchliche Verwendung von Herkunftsbezeichnungen wie z. B. echter Gervaiskäse für ein inländisches nachgemachtes Fabrikat muß als Nachmachung angesehen werden. Im allgemeinen werden aber besondere Unterschiede nicht gemacht und ist die Herkunftsbezeichnung zur Gattungsbezeichnung geworden, z. B. gilt als Schweizerkäse nicht nur der in der Schweiz, sondern auch in Deutschland u. s. w. gewonnene Käse dieser Art.

Verdorbene bezw. fehlerhafte und gesundheitsschädliche Käse entstehen vielfach durch Mikroorganismen (siehe bakteriologischen Teil) oder durch giftige Metalle wie Blei, Kupfer, Zinn (Stanniol)[4]) oder anderweitige, oft gar nicht oder schwer festzustellende Ursachen.

---

[1]) Zeitschr. f. Unters. d. Nahr.- u. Genußm. 1907. 14. 677; 1908. 15. 416. 1910. 19. 475.
[2]) H. Weigmann, Zeitschr. f. Unters. d. Nahr.- u. Genußm. 1910. 20. 376 (Beratungen der fr. Vereinigung Deutscher Nahrungsmittelchemiker 1910).
[3]) Ebenda 1909. 18. 413.
[4]) A. Eckardt, Über Zinnvergiftungen. Zeitschr. f. Unters. f. Nahr.- u. Genußm. 1909. 18. 193.

Die bekanntesten Käsefehler sind: Fleckenbildung, (blau, rot, schwarz u. s. w.), meist von außen nach innen fortschreitend; abnormer Geschmack wie bitter, seifig, talgig, sauer, auch faulig; Risse oder übermäßig weiche Beschaffenheit; Blähen (gasbildende Bakterien), Gläsler (schwache Lochbildung bei Schweizerkäse) ist spröde und zerfällt oft leicht beim Schneiden; Nißler (sehr zahlreiche kleine Löcher oder Augen).

V. Fleisch, Wurstwaren und Fleischkonserven
auch Fischkonserven und dergl. sowie Eier.
Fleisch- und Wurstwaren[1]).
Probeentnahme.

Bei der Entnahme der Proben bezw. des Untersuchungsmaterials kommt es im wesentlichen darauf an, gute Durchschnittsmuster zu erhalten bezw. eine gründliche Durchmischung des Materials vorzunehmen. Die erlassenen Ausführungsbestimmungen vom 28. Juli 1902 bezw. 22. Februar 1908 Anlage c zum Schlachtvieh- und Fleischbeschaugesetz vom 3. Juni 1910 schreiben nachstehendes betr. Probeentnahme zur chemischen Untersuchung von Fleisch und zubereiteten Fetten vor und können auch bei der allgemeinen Nahrungsmittelkontrolle gegebenenfalls zur Richtschnur dienen:

A. Probeentnahme zur chemischen Untersuchung von Fleisch ausgenommen zubereitete Fette.

(Vgl. § 11 bis 14 und 16 der Ausführungsbestimmungen D; Anlage c.)

Die Probeentnahme geschieht, soweit angängig, durch den mit der Untersuchung betrauten Chemiker, sonst durch den als Beschauer bestellten approbierten Tierarzt.

I. Die Auswahl der Proben geschieht nach folgenden Grundsätzen:

1. Bei frischem Fleische (§ 13, Abs. 2 der Ausführungsbestimmungen D):
Es ist von jedem verdächtigen Tierkörper eine Durchschnittsprobe in der Weise zu entnehmen, daß an mehreren (etwa 3—5) Stellen Proben im Ge-

---

[1]) Die Untersuchung von Fleisch auf Genußtauglichkeit bezw. Verdorbenheit im Sinne des Schlachtvieh- und Fleischbeschaugesetzes ist Sache der dafür aufgestellten Tierärzte und Laienfleischbeschauer. Die Pflichten und Befugnisse derselben sind in den Ausführungsbestimmungen des genannten Gesetzes vorgeschrieben. Die Untersuchung des Fleisches und namentlich der Fette auf fremde und gesundheitsschädliche Zusätze ist dem Chemiker (Nahrungsmittelchemiker) zugewiesen. Die neuerdings für die Unterscheidung der Blut-, Eiweiß- und Fleischarten in Anwendung gebrachte Uhlenhutsche biologische Methode kann von Tierärzten und Nahrungsmittelchemikern ausgeführt werden. Der Nachweis von Verdorbenheit (Fleischfäulnis, Ranzigkeit und andere Veränderungen) im Sinne des Nahrungsmittelgesetzes fällt in die Kompetenz der Ärzte, Tierärzte und Nahrungsmittelchemiker. Die Frage der Gesundheitsschädlichkeit ist dem Arzt zur Begutachtung überlassen. Sofern der Nachweis von Verdorbenheit und Gesundheitsschädlichkeit sich nicht lediglich auf äußere Merkmale oder auf bakteriologische Feststellungen (z. B. Nachweis von pathogenen Bakterien, Paratyphus u. s. w.) gründet, ist der Chemiker imstande, auch noch chemische Methoden zu Rate zu ziehen.

Die Untersuchung von Fleisch- und Wurstwaren u. s. w. auf Konservierungsmittel, Metalle, Farbstoffe, Mehl u. s. w., sowie die Ermittelung der Zusammensetzung hinsichtlich Nährwert u. s. w. gehört ausschließlich zum chemischen Gebiet.

Bujard-Baier. 3. Aufl.

samtgewichte von etwa 500 g abgetrennt werden. Die einzelnen Proben sind möglichst der Außenseite in Form dicker Muskelstücke an saftigen Stellen des Tierkörpers zu entnehmen.

2. Bei zubereitetem Fleische:

a) Zur Feststellung, ob dem Verbote des § 5, No. 2 der Ausführungsbestimmungen D zuwider Pferdefleisch unter falscher Bezeichnung einzuführen versucht wird, ist aus „dem" verdächtigen Fleischstück eine Durchschnittsprobe im Gesamtgewichte von 500 g zu entnehmen, wobei möglichst Stellen mit fetthaltigem Bindegewebe auszusuchen sind.

b) Zur Untersuchung, ob das Fleisch mit einem der im § 5, No. 3 der Ausführungsbestimmungen D verbotenen Stoffe behandelt worden ist, sind die Proben nach folgenden Grundsätzen zu entnehmen:

α) Durchschnittsproben im Gesamtgewichte von 500 g sind zu entnehmen:
„Bei gleichartigen Sendungen im Sinne des § 12, Abs. 3 der Ausführungsbestimmungen D nach den Grundsätzen des § 14, Abs. 3, 4 ebenda,

im übrigen aus jedem einzelnen Fleischstücke, bei Speck jedoch nur aus etwaigen verdächtigen Stücken und bei Därmen nur aus etwaigen verdächtigen Packstücken."

Führt die chemische Untersuchung auch nur bei einer Probe aus einer gleichartigen Sendung zu einer Beanstandung, so „ist gemäß § 12, Abs. 4 ebenda zu verfahren.

Die Durchschnittsprobe ist, abgesehen von Därmen, so auszuwählen, daß neben möglichst großen Flächen der Außenseite auch tiefere Fleisch- oder Fettschichten mitgenommen werden. Sind an der Außenseite Anzeichen von Konservierungsmitteln wahrnehmbar, so sind diese Stellen bei der Probeentnahme zu berücksichtigen.

β) Bei Fleisch, welches von Pökellake eingeschlossen ist oder äußerlich die Anwendung von Konservesalz erkennen läßt (vgl. § 14, Abs. 4 ebenda), wird außerdem eine Probe der Lake (mindestens 200 ccm) oder, wenn möglich, des Salzes (bis zu 50 g) entnommen.

c) „Aus Schinken in Postsendungen bis zu 3 Stück, aus anderen Postsendungen, im Gewichte bis zu 2 kg, ferner aus Sendungen, die nachweislich als Umzugsgut von Ansiedlern und Arbeitern eingeführt werden, sind Proben nur im Verdachtsfalle zu entnehmen."

II. Die weitere Behandlung der Proben geschieht nach folgenden Grundsätzen:

1. Die Proben sind dergestalt zu kennzeichnen, daß ohne weiteres festgestellt werden kann, aus welchen Packstücken sie entnommen wurden.

2. In einem besonderen Schriftstücke sind genaue Angaben zu machen über die Herkunft und Abstammung des Fleisches sowie über den Umfang der Sendung, der die Proben entnommen wurden. Werden bei der Probeentnahme besondere Beobachtungen gemacht, welche vermuten lassen, daß das Fleisch unter „die Verbote" in § 5, No. 2 und 3 der Ausführungsbestimmungen D fällt, oder wurde die Probeentnahme auf Grund derartiger Beobachtungen veranlaßt, so ist eine Angabe hierüber gleichfalls in das Schriftstück aufzunehmen. Bei gesalzenem Fleische ist zugleich anzugeben, ob dasselbe in Pökellake oder Konservesalz eingehüllt lag.

3. Zur Verpackung sind sorgfältig gereinigte und gut verschlossene Gefäße aus Porzellan, Steingut, glasiertem Ton oder Glas zu verwenden; in Ermangelung solcher Gefäße dürfen auch Umhüllungen von starkem Pergamentpapier zur Verwendung gelangen.

4. Die Aufbewahrung oder Versendung der Pökellake erfolgt in gut gereinigten, dann getrockneten und mit neuen Korken versehenen Flaschen aus farblosem Glase.

5. Konservesalz wird ebenfalls in Glasgefäßen aufbewahrt und verschickt.

6. Die Proben sind, sofern nicht ihre Beseitigung infolge Verderbens notwendig wird, so lange in geeigneter Weise aufzubewahren, bis die Entscheidung über die zugehörige Sendung getroffen ist.

B. Probeentnahme zur chemischen Untersuchung zubereiteter Fette.

(Vgl. §§ 15 und 16 der Ausführungsbestimmungen D.)

1. Auf die Probeentnahme findet die Bestimmung unter A Abs. 1 Anwendung. Ausnahmsweise können hiermit andere Personen, welche genügende Kenntnisse nachgewiesen haben, betraut werden.

2. Durchschnittsproben im Gesamtgewichte von 250 g sind zu entnehmen:

a) wenn die Sendung aus einem oder zwei Packstücken besteht, oder wenn sie aus mehr als zwei Packstücken besteht, ohne daß eine gleichartige Sendung im Sinne des § 12, Abs. 3 der Ausführungsbestimmungen D vorliegt, aus jedem Packstücke;

b) wenn die Sendung aus mehr als zwei Packstücken besteht und im vorgenannten Sinne gleichartig ist, aus „jedem" gemäß § 15, Abs. 5 ebenda auszuwählenden Packstücke;

c) wenn die Untersuchung „infolge einer Stichprobenbeanstandung ausgedehnt werden muß", gemäß § 12, Abs. 4 ebenda aus allen Packstücken „der gleichartigen" Sendung.

Die Durchschnittsproben sind an mehreren Stellen des Packstückes zu entnehmen; zweckmäßig bedient man sich hierbei eines Stechbohrers aus Stahl.

„Aus Postsendungen und Warenproben im Gewichte bis zu 2 kg, ferner bei Sendungen, die nachweislich als Umzugsgut von Ansiedlern und Arbeitern eingeführt werden, sind Proben zur Untersuchung gemäß § 15, Abs. 3 ebenda nur im Verdachtsfalle zu entnehmen."

3. Die Durchschnittsproben sind dergestalt zu kennzeichnen, daß ohne weiteres festgestellt werden kann, aus welchen Packstücken sie entnommen wurden.

4. In einem besonderen Schriftstücke sind genaue Angaben zu machen über die Herkunft und Abstammung des Fettes, „über den Namen und Wohnort des Empfängers, über Zeichen, Nummer und Umfang der Sendung, der die Proben entnommen wurden, über die bei der Entnahme der Probe gemachten Beobachtungen und schließlich darüber, ob die Probeentnahme zur ständigen Kontrolle oder auf Grund eines besonderen Verdachts stattfand.

Außerdem ist den Proben eine kurze Angabe über das Ergebnis der Vorprüfung beizufügen.

5. Die Aufbewahrung oder Versendung der Proben erfolgt in gutverschlossenen und sorgfältig gereinigten Gefäßen aus Porzellan, glasierten Tonsteingut (Salbentöpfe der Apotheker) oder von dunkelgefärbtem Glas, welche möglichst luft- und lichtdicht zu verschließen sind.

6. Die Proben sind so lange aufzubewahren, bis die Entscheidung über die zugehörige Sendung getroffen ist.

C. Vorprüfung zubereiteter Fette.

(Vgl. § 15, Abs. 2 und § 16 der Ausführungsbestimmungen D.)

Die Packstücke müssen den Angaben in den Begleitpapieren entsprechen und die für den Handelsverkehr vorgeschriebene Bezeichnung tragen („Margarine", „Kunstspeisefett").

Die Fette müssen ein der betreffenden Gattung im unverdorbenen und unverfälschten Zustande zukommendes Aussehen haben. Insbesondere ist auf Farbe, Konsistenz, Geruch und Geschmack Rücksicht zu nehmen.

Folgende Gesichtspunkte müssen hierbei besonders beobachtet werden:

1. Bei Gegenwart von Schimmelpilzen und Bakterienkolonien ist festzustellen, ob diese

a) als unwesentliche örtliche äußere Verunreinigung (z. B. infolge kleiner Schäden der Verpackung)

b) als wesentlicher äußerer Überzug der Fettmasse oder

c) als Wucherungen im Innern des Fettes vorliegen.

2. Bei der Beurteilung der Farbe ist darauf zu achten, ob das Fett eine ihm nicht eigentümliche Färbung oder Verfärbung aufweist, oder ob es sonst sinnlich wahrnehmbare fremde Beimengungen enthält.

3. Bei der Prüfung des Geruchs ist auf ranzigen, „sauer-ranzigen, fauligen oder sauer-fauligen", talgigen, öligen, dumpfigen (mulstrigen, grabelnden), schimmeligen Geruch zu achten.

4. Bei der Prüfung des Geschmacks ist festzustellen, ob ein bitterer oder ein allgemein ekelerregender Geschmack vorliegt. Auch ist darauf zu achten, ob fremde Beimengungen durch den Geschmack erkannt werden können.

5. Ist Schimmelgeruch oder -Geschmack festgestellt, so ist zu prüfen, ob derselbe nur von geringfügigen äußeren Verunreinigungen des Fettes oder des Packstückes herrührt.

D. Beurteilung der Gleichartigkeit von Sendungen zubereiteten Fleisches. Probenentnahme in zweifelhaften Fällen.

Bei Anwendung des § 12 Abs. 3 der Ausführungsbestimmungen D ist nach folgenden Grundsätzen zu verfahren:

1. Bei Verschiedenheit der Verpackung darf Gleichartigkeit einer Sendung nur angenommen werden:

a) bei Fett, wenn und insoweit die Kennzeichnung gleich ist und eine äußerliche Prüfung des Inhalts keinen Verdacht verschiedener Fabrikation erregt;

b) bei sonstigem Fleische, einschließlich Därmen, wenn und insoweit die Art der Kennzeichnung und eine äußerliche Prüfung des Inhalts auf eine gleiche Fabrikation schließen lassen.

2. Als gleiche Kennzeichnung gilt bei Fett eine einheitliche Fabrikmarke. Neben der Fabrikmarke angebrachte Buchstaben und Nummern bleiben der Beurteilung der Gleichartigkeit einer Sendung unberücksichtigt, soweit sich aus ihnen ein Verdacht verschiedener Fabrikation nicht ergibt. Fehlt ein Fabrikzeichen, so darf bei Fett eine gleichartige Sendung nur insoweit angenommen werden, als die Verpackung gleich ist, auch die Art der sonstigen Kennzeichnung keinen Verdacht verschiedener Fabrikation ergibt.

3. Insoweit nach den vorstehenden Grundsätzen über die Gleichartigkeit der Sendungen von zubereiteten Fetten wegen verschiedener Verpackung oder verschiedener Kennzeichnung einzelner Teile Zweifel entstehen, ist die Probeentnahme nach § 15, Abs. 5 der Ausführungsbestimmungen D so einzurichten, daß mindestens aus jedem dieser Teile eine Probe zum Zwecke der Vorprüfung und der Prüfung gemäß § 15, Abs. 3a, c und d ebenda entnommen wird.

4. Wird bei der nach vorstehendem Absatze vorgenommenen Prüfung der Verdacht der Ungleichartigkeit nicht bestätigt, so hat die Auswahl der Stichproben für die weitere Prüfung nach den Vorschriften im § 15, Abs. 5 und 6 ebenda zu erfolgen.

Untersuchungsmethoden.

Zunächst folgt die Anweisung für die chemische Untersuchung von Fleisch, Anlage d I Abschnitt der Ausführungsbestimmungen D (§§ 11 bis 14 und § 16 zum Schlachtvieh- und Fleischbeschaugesetz).

Anlage d. Erster Abschnitt. Anweisung für die chemische Untersuchung von Fleisch.

Proben, bei denen ein bestimmter Verdacht vorliegt, sind zunächst auf den Verdachtsgrund zu untersuchen.

I. Bei der Untersuchung auf Grund von § 5 No. 2 der Ausführungsbestimmungen D kommt für die chemische Untersuchung zurzeit lediglich der Nachweis von Pferdefleisch[1]) in Frage.

Zur Untersuchung sind die beiden nachstehend unter No. 1 und 2 bezeichneten Verfahren anzuwenden. Der Nachweis ist nur dann als erbracht anzusehen, wenn beide Verfahren zu einem positiven Ergebnisse geführt haben."

---

[1]) Vgl. die neuerdings eingeführte biologische Methode S. 171, sowie das S. 175 über den chemischen Nachweis von Pferdefleisch Gesagte.

Fleisch- und Wurstwaren. 165

1. **Verfahren, welches auf der Bestimmung des Brechungsvermögens des Pferdefettes beruht.**
Aus Stücken von 50 g möglichst mit fetthaltigem Bindegewebe durchsetztem Fleische wird das Fett durch Ausschmelzen bei 100° oder, falls dies nicht möglich ist, durch Auskochen mit Wasser gewonnen und im Zeiß-Wollny schen Refraktometer nach der im Zweiten Abschnitt unter IIIa gegebenen Anweisung zwischen 38 und 42° geprüft. Wenn die erhaltene Refraktometerzahl auf 40° umgerechnet den Wert 51,5 übersteigt, so ist auf die Gegenwart von Pferdefleisch zu schließen.

2. **Verfahren, welches auf der Bestimmung der Jodzahl des Pferdefettes beruht.**
Aus Stücken von 100—200 g möglichst mit fetthaltigem Bindegewebe durchsetztem Fleische wird das Fett in der gleichen Weise wie beim Verfahren unter 1 gewonnen und seine Jodzahl nach der im Zweiten Abschnitte unter IIIb gegebenen Anweisung bestimmt. Unter den vorliegenden Umständen ist die Anwesenheit von Pferdefleisch als erwiesen anzusehen, wenn die Jodzahl des Fettes 70 und mehr beträgt.

II. **Bei der Untersuchung auf verbotene Zusätze (§ 5 No. 3 der Ausführungsbestimmungen D) ist nach der folgenden Anweisung zu verfahren**[1]:

Liegt ein Anhalt dafür vor, daß ein bestimmter, verbotener Zusatz zugesetzt worden ist, so ist zunächst auf diesen zu untersuchen. Im übrigen ist auf die nachstehend unter 1 angeführten Stoffe in allen Fällen zu untersuchen. Verläuft diese Untersuchung ergebnislos, so ist mindestens noch auf einen der übrigen Stoffe zu prüfen, ,,wobei je nach Lage des Falles tunlichst auf einen Wechsel bei der Auswahl der Stoffe, auf die geprüft werden soll, auch bei den aus einer Stellung entnommenen mehreren Stichproben, zu achten ist.''

Wird einer der genannten Stoffe gefunden, so braucht auf die übrigen nicht weiter untersucht zu werden.

,,Jedes der für die Durchschnittsprobe von 500 g entnommenen Fleischstückchen ist in Hälften zu zerlegen. Für die Untersuchung ist zunächst die eine Hälfte aller Untersuchungsproben möglichst fein zu zerkleinern und gut durchzumischen, die andere Hälfte dagegen für eine etwa notwendig werdende Nachprüfung unvermischt zu belassen.'' Von dieser Mischung werden die angegebenen Mengen für die Einzelprüfungen verwendet.

Bei Untersuchungen von Pökellake und von Konservesalz finden die unten angegebenen Vorschriften sinngemäße Anwendung. Die Untersuchung der Lake und des Konservesalzes hat derjenigen des Fleisches voranzugehen.

1. **Nachweis von Borsäure und deren Salzen.**

,,50 g der fein zerkleinerten Fleischmasse werden in einem Becherglas mit einer Mischung von 50 ccm Wasser und 0,2 ccm Salzsäure vom spezifischen Gewicht 1,124 zu einem gleichmäßigen Brei gut durchgemischt. Nach halbstündigem Stehen wird das mit einem Uhrglase bedeckte Becherglas, unter zeitweiligem Umrühren, eine halbe Stunde in einem siedenden Wasserbad erhitzt. Alsdann wird der noch warme Inhalt des Becherglases auf ein Gazetuch gebracht, der Fleischrückstand abgepreßt und die erhaltene Flüssigkeit durch ein angefeuchtetes Filter gegossen. Das Filtrat wird nach Zusatz von Phenolphthalein mit $^1/_{10}$-Normal-Natronlauge schwach alkalisch gemacht und bis auf 25 ccm eingedampft. 5 ccm von dieser Flüssigkeit werden mit 0,5 ccm Salzsäure vom spezifischen Gewicht 1,124 angesäuert, filtriert und auf Borsäure mit Kurkuminpapier[2]) geprüft. Dies geschieht in der Weise, daß ein etwa 8 cm

---
[1]) Siehe auch das S. 179, 180 u. ff. über den Nachweis von Farbstoffen und Konservierungsmitteln Gesagte.

[2]) Das Kurkuminpapier wird durch einmaliges Tränken von weißem Filtrierpapier mit einer Lösung von 0,1 g Kurkumin in 100 ccm 90 %-igem Alkohol hergestellt. Das getrocknete Kurkuminpapier ist in gut verschlossenen Gefäßen, vor Licht geschützt, aufzubewahren.

Das Kurkumin wird in folgender Weise hergestellt:
30 g feines bei 100° getrocknetes Kurkumawurzelpulver (Curcuma longa) werden im Soxhletschen Extraktionsapparat zunächst vier Stunden lang

langer und 1 cm breiter Streifen geglättetes Kurkuminpapier bis zur halben Länge mit der angesäuerten Flüssigkeit durchfeuchtet und auf einem Uhrglase von etwa 10 cm Durchmesser bei 60—70° getrocknet wird. Zeigt das mit der sauren Flüssigkeit befeuchtete Kurkuminpapier nach dem Trocknen keine sichtbare Veränderung der ursprünglichen gelben Farbe, dann enthält das Fleisch keine Borsäure. Ist dagegen eine rötliche oder orangerote Färbung entstanden, dann betupft man das in der Farbe veränderte Papier mit einer 2 %-igen Lösung von wasserfreiem Natriumkarbonat. Entsteht hierdurch ein rotbrauner Fleck, der sich in seiner Farbe nicht von dem rotbraunen Fleck unterscheidet, der durch die Natriumcarbonatlösung auf reinem Kurkuminpapier erzeugt wird, oder eine rotviolette Färbung, so enthält das Fleisch ebenfalls keine Borsäure. Entsteht dagegen durch die Natriumcarbonatlösung ein blauer Fleck, dann ist die Gegenwart der Borsäure nachgewiesen. Bei blauvioletten Färbungen und in Zweifelsfällen ist der Ausfall der Flammenreaktion ausschlaggebend.

Die Flammenreaktion ist in folgender Weise auszuführen: 5 ccm der rückständigen alkalischen Flüssigkeit werden in einer Platinschale zur Trockne verdampft und verascht. Zur Herstellung der Asche wird die verkohlte Substanz mit etwa 20 ccm heißem Wasser ausgelaugt. Nachdem die Kohle bei kleiner Flamme vollständig verascht worden ist, fügt man die ausgelaugte Flüssigkeit hinzu und bringt sie zunächst auf dem Wasserbad, alsdann bei etwa 120° C zur Trockne. Die so erhaltene lockere Asche wird mit einem erkalteten Gemische von 5 ccm Methylalkohol und 0,5 ccm konzentrierter Schwefelsäure sorgfältig zerrieben und unter Benützung weiterer 5 ccm Methylalkohol in einen Erlenmeyerkolben von 100 ccm Inhalt gebracht. Man läßt den verschlossenen Kolben unter mehrmaligem Umschütteln eine halbe Stunde lang stehen; alsdann wird der Methylalkohol aus einem Wasserbade von 80—85° vollständig abdestilliert. Das Destillat wird in ein Gläschen von 40 ccm Inhalt und etwa 6 cm Höhe gebracht, welches mit einem zweimal durchbohrten Stopfen verschlossen wird, durch den zwei Glasröhren in das Innere führen. Die eine Röhre reicht bis auf den Boden des Gläschens, die andere nur bis an den Hals. Das verjüngte äußere Ende der letzteren Röhre wird mit einer durchlochten Platinspitze, die aus Platinblech hergestellt werden kann, versehen. Durch die Flüssigkeit wird hierauf eingetrockneter Wasserstoffstrom derart geleitet, daß die angezündete Flamme 2—3 cm lang ist. Ist die bei zerstreutem Tageslichte zu beobachtende Flamme grün gefärbt, so ist Borsäure im Fleisch enthalten.

Fleisch, in welchem Borsäure nach diesen Vorschriften nachgewiesen ist, ist im Sinne der Ausführungsbestimmungen D § 5, No. 3 als mit Borsäure oder deren Salzen behandelt zu betrachten.

2. Nachweis von Formaldehyd und solchen Stoffen, welche bei ihrer Verwendung Formaldehyd abgeben.

30 g der zerkleinerten Fleischmasse werden in 200 ccm Wasser gleichmäßig verteilt und nach halbstündigem Stehen in einem Kolben von etwa 500 ccm Inhalt mit 10 ccm einer 25 %-igen Phosphorsäure versetzt. Von dem bis zum Sieden erhitzten Gemenge werden unter Einleiten eines Wasserdampfstromes 50 ccm abdestilliert. Das Destillat wird filtriert. Bei nichtgeräuchertem Fleische werden 5 ccm des Destillats mit 2 ccm frischer Milch und 7 ccm Salzsäure vom spezifischen Gewicht 1,124, welche auf 100 ccm 0,2 ccm einer 10 %-igen Eisenchloridlösung enthält, in einem geräumigen Probiergläschen gemischt und etwa eine halbe Minute lang in schwachem Sieden erhalten. Durch Vorversuche ist festzustellen, einerseits, daß die Milch frei von Formaldehyd ist, andererseits, daß sie auf Zusatz von Formaldehyd die Reaktion gibt. Bei geräucherten Fleischwaren ist ein Teil des Destillats mit der vierfachen Menge Wasser zu verdünnen und 5 ccm der Verdünnung in derselben Weise zu behandeln. Die Gegenwart von Formaldehyd bewirkt Violettfärbung. Tritt letztere nicht ein, so bedarf es einer weiteren Prüfung nicht. Im

---

mit Petroleumäther ausgezogen. Das so entfettete und getrocknete Pulver wird alsdann in demselben Apparat mit heißem Benzol 8—10 Stunden lang, unter Anwendung von 100 ccm Benzol, erschöpft. Zum Erhitzen des Benzols kann ein Glycerinbad von 115—120° verwendet werden. Beim Erkalten der Benzollösung scheidet sich innerhalb 12 Stunden das für die Herstellung des Kurkuminpapiers zu verwendende Kurkumin ab.

anderen Falle wird der Rest des Destillats mit Ammionakflüssigkeit im Überschusse versetzt und in der Weise, unter zeitweiligem Zusatze geringerer Mengen Ammoniakflüssigkeit, zur Trockne verdampft, daß die Flüssigkeit immer eine alkalische Reaktion behält. Bei Gegenwart von nicht zu geringen Mengen von Formaldehyd hinterbleiben charakteristische Krystalle von Hexamethylentetramin. Der Rückstand wird in etwa vier Tropfen Wasser gelöst, von der Lösung je ein Tropfen auf einen Objektträger gebracht und mit den beiden folgenden Reagentien geprüft.

a) mit einem Tropfen einer gesättigten Quecksilberchloridlösung. Es entsteht hierbei sofort oder nach kurzer Zeit ein regulärer krystallinischer Niederschlag; bald sieht man drei- und mehrstrahlige Sterne, später Oktaeder;

b) mit einem Tropfen einer Kaliumquecksilberjodidlösung und einer sehr geringen Menge verdünnter Salzsäure. Es bilden sich hexagonale, sechsseitige, hellgelb gefärbte Sterne.

Die Kaliumquecksilberjodidlösung wird in folgender Weise hergestellt: Zu einer 10 %-igen Kaliumjodidlösung wird unter Erwärmen und Umrühren so lange Quecksilberjodid zugesetzt, bis ein Teil desselben ungelöst bleibt; die Lösung wird nach dem Erkalten abfiltriert.

In nichtgeräucherten Fleischwaren darf die Gegenwart von Formaldehyd als erwiesen betrachtet werden, wenn der erhaltene Rückstand die Reaktion mit Quecksilberchlorid gibt. In geräucherten Fleischwaren ist die Gegenwart des Formaldehyd erst dann nachgewiesen, wenn beide Reaktionen eintreten.

Fleisch, in welchem Formaldehyd nach diesen Vorschriften nachgewiesen ist, ist im Sinne der Ausführungsbestimmungen D § 5, No. 3 als mit Formaldehyd oder solchen Stoffen, die Formaldehyd abgeben, behandelt zu betrachten."

3. Nachweis von schwefliger Säure und deren Salzen und von unterschwefligsauren Salzen.

„30 g fein zerkleinerte Fleischmasse und 5 ccm 25 %-ige Phosphorsäure werden möglichst auf dem Boden eines Erlenmeyerkölbchens von 100 ccm Inhalt durch schnelles Zusammenkneten gemischt. Hierauf wird das Kölbchen sofort mit einem Korke verschlossen. Das Ende des Korkes, welches in den Kolben hineinragt, ist mit einem Spalt versehen, in dem ein Streifen Kaliumjodatstärkepapier so befestigt wird, daß dessen unteres etwa 1 cm lang mit Wasser befeuchtetes Ende ungefähr 1 cm über der Mitte der Fleischmasse sich befindet. Die Lösung zur Herstellung des Jodstärkepapiers besteht aus 0,1 g Kaliumjodat und 1 g löslicher Stärke in 100 ccm Wasser.

Zeigt sich innerhalb 10 Minuten keine Bläuung des Streifens die zuerst gewöhnlich an der Grenzlinie des feuchten und trockenen Streifens eintritt, dann stellt man das Kölbchen bei etwas loserem Korkverschluß auf das Wasserbad. Tritt auch jetzt innerhalb 10 Minuten keine vorübergehende oder bleibende Bläuung des Streifens ein, dann läßt man das wieder festverschlossene Kölbchen an der Luft erkalten. Macht sich auch jetzt innerhalb einer halben Stunde keine Blaufärbung des Papierstreifens bemerkbar, dann ist das Fleisch als frei von schwefliger Säure zu betrachten. Tritt dagegen eine Bläuung des Papierstreifens ein, dann ist der entscheidende Nachweis der schwefligen Säure durch nachstehendes Verfahren zu erbringen:"

a) 30 g der zerkleinerten Fleischmasse werden mit 200 ccm ausgekochtem Wasser in einem Destillierkolben von etwa 500 ccm Inhalt unter Zusatz von Natriumcarbonatlösung bis zur schwach alkalischen Reaktion angerührt. Nach einstündigem Stehen wird der Kolben mit einem zweimal durchbohrten Stopfen versehen, durch welchen zwei Glasröhren in das Innere des Kolbens führen. Die erste Röhre reicht bis auf den Boden des Kolbens, die zweite nur bis an den Hals. Die letztere Röhre führt zu einem Liebigschen Kühler; an diesen schließt sich luftdicht mittels durchbohrten Stopfens eine kugelig aufgeblasene U-Röhre (sog. Peligotsche Röhre).

Man leitet durch das bis auf den Boden des Kolbens führende Rohr Kohlensäure, die alle Luft aus dem Apparat verdrängt ist, bringt dann in die Peligotsche Röhre 50 ccm Jodlösung (erhalten durch Auflösung von 5 g Jod und 7,5 g Kaliumjodid in Wasser zu 1 Liter; „die Lösung muß sulfatfrei sein"), lüftet den Stopfen des Destillierkolbens und läßt, ohne das Einströmen der Kohlensäure zu unterbrechen, 10 ccm einer wässerigen 25 %-igen Lösung von Phosphorsäure einfließen. Alsdann schließt man den Stopfen wieder, erhitzt den Kolbeninhalt vorsichtig und destilliert unter stetigem Durchleiten von Kohlensäure die Hälfte der wässerigen Lösung ab.

Man bringt nunmehr die Jodlösung, die · noch braun gefärbt sein muß, in ein Becherglas, spült die Peligotsche Röhre gut mit Wasser aus, setzt etwas Salzsäure zu, erhitzt das Ganze kurze Zeit und fällt die durch Oxydation der schwefligen Säure entstandene Schwefelsäure mit Baryumchloridlösung (1 Teil krystallisiertes Baryumchlorid in 10 Teilen destilliertem Wasser gelöst). Im vorliegenden Falle ist eine Wägung des so erhaltenen Baryumsulfats nicht unbedingt erforderlich. Liegt jedoch ein besonderer Anlaß vor, den Niederschlag zur Wägung zu bringen, so läßt man ihn absetzen und prüft durch Zusatz eines Tropfens Baryumchloridlösung zu der über dem Niederschlag stehenden klaren Flüssigkeit, ob die Schwefelsäure vollständig ausgefällt ist. Hierauf kocht man das Ganze nochmals auf, läßt dasselbe sechs Stunden in der Wärme stehen, gießt die klare Flüssigkeit durch ein Filter von bekanntem Aschengehalte, wäscht den im Becherglase zurückbleibenden Niederschlag wiederholt mit heißem Wasser aus, indem man jedesmal absetzen läßt und die klare Flüssigkeit durch das Filter gießt, bringt zuletzt den Niederschlag auf das Filter und wäscht so lange mit heißem Wasser, bis das Filtrat mit Silbernitrat keine Trübung mehr erzeugt. Filter und Niederschlag werden getrocknet, in einem gewogenen Platintiegel verascht und geglüht; hierauf befeuchtet man den Tiegelinhalt mit wenig Schwefelsäure, raucht letztere ab, glüht schwach, läßt im Exsiccator erkalten und wägt.

Lieferte die Prüfung ein positives Ergebnis, so „ist das Fleisch im Sinne der Ausführungsbestimmungen D § 5, No. 3 als mit schwefliger Säure, schwefligsauren Salzen oder unterschwefligsauren Salzen behandelt zu betrachten". Liegt ein Anlaß vor, festzustellen, ob die schweflige Säure unterschwefligsauren Salzen entstammt, so ist in folgender Weise zu verfahren:

b) 50 g der zerkleinerten Fleischmasse werden mit 200 ccm Wasser und Natriumcarbonatlösung bis zur schwach alkalischen Reaktion unter wiederholtem Umrühren in einem Becherglase eine Stunde ausgelaugt. Nach dem Abpressen der Fleischteile wird der Auszug filtriert, mit Salzsäure stark angesäuert und unter Zusatz von 5 g reinem Natriumchlorid aufgekocht. Der erhaltene Niederschlag wird abfiltriert und so lange ausgewaschen, bis im Waschwasser weder schweflige Säure noch Schwefelsäure nachweisbar sind. Alsdann löst man den Niederschlag in 25 ccm 5 %-iger Natronlauge, fügt 50 ccm gesättigtes Bromwasser hinzu und erhitzt bis zum Sieden. Nunmehr wird mit Salzsäure angesäuert und filtriert. Das vollkommen klare Filtrat gibt bei Gegenwart von unterschwefligsauren Salzen im Fleische auf Zusatz von Baryumchloridlösung sofort eine Fällung von Baryumsulfat.

4. Nachweis von Fluorwasserstoff und dessen Salzen.

25 g der zerkleinerten Fleischmasse werden in einer Platinschale mit einer hinreichenden Menge Kalkmilch durchgeknetet. Alsdann trocknet man ein, verascht und gibt den Rückstand nach dem Zerreiben in einen Platintiegel, befeuchtet das Pulver mit etwa drei Tropfen Wasser und fügt 1 ccm konzentrierte Schwefelsäure hinzu. Sofort nach dem Zusatz der Schwefelsäure wird der behufs Erhitzens auf eine Asbestplatte gestellte Platintiegel mit einem großen Uhrglase bedeckt, das auf der Unterseite in bekannter Weise mit Wachs überzogen und beschrieben ist. Um das Schmelzen des Wachses zu verhüten, wird in das Uhrglas ein Stückchen Eis gelegt.

„Sobald das Glas sich an den beschriebenen Stellen angeätzt zeigt, so ist der Nachweis von Fluorwasserstoff im Fleische als erbracht und das Fleisch im Sinne der Ausführungsbestimmungen D § 5, No. 3 als mit Fluorwasserstoff oder dessen Salzen behandelt anzusehen."

5. Nachweis von Salicylsäure und deren „Verbindungen".

„50 g der fein zerkleinerten Fleischmasse werden in einem Becherglase mit 50 ccm einer 2 %-igen Natriumcarbonatlösung zu einem gleichmäßigen Brei gut durchgemischt und eine halbe Stunde lang kalt ausgelaugt. Alsdann setzt man das mit einem Uhrglase bedeckte Becherglas eine halbe Stunde lang unter zeitweiligem Umrühren in ein siedendes Wasserbad. Der noch warme Inhalt des Becherglases wird auf ein Gazetuch gebracht und abgepreßt. Die abgepreßte Flüssigkeit wird alsdann mit 5 g Chlornatrium versetzt und nach dem Ansäuern mit verdünnter Schwefelsäure bis zum beginnenden Sieden erhitzt. Nach dem Erkalten wird die Flüssigkeit filtriert und das klare Filtrat im Schütteltrichter mit einem gleichen Raumteil einer aus gleichen Teilen Äther und Petroleumäther bestehenden Mischung kräftig ausgeschüttelt. Sollte hierbei eine Emulsionsbildung stattfinden, dann entfernt man zunächst die untere klar abgeschiedene wässerige Flüssigkeit und schüttelt die emulsionsartige Ätherschicht unter Zusatz von 5 g pulverisiertem Natriumchlorid nochmals mäßig durch, wobei nach einiger Zeit eine hinreichende Abscheidung der Ätherschicht stattfindet. Nachdem die ätherische Flüssigkeit zweimal mit je 5 ccm Wasser gewaschen worden ist, wird sie durch ein trockenes Filter gegossen und in einer Porzellanschale unter Zusatz von 1 ccm Wasser bei mäßiger Wärme und mit Hilfe eines Luftstromes verdunstet. Der wässerige Rückstand wird nach dem Erkalten mit einigen Tropfen einer frisch bereiteten 0,05 %-igen Eisenchloridlösung versetzt. Eine deutliche Blauviolettfärbung zeigt Salicylsäure an.

Fleisch, in welchem Salicylsäure nach dieser Vorschrift nachgewiesen ist, ist im Sinne der Ausführungsbestimmungen D § 5, No. 3 als mit Salicylsäure oder deren Verbindungen behandelt zu betrachten.

6. „Nachweis von chlorsauren Salzen."

30 g der zerkleinerten Fleischmasse werden mit 100 ccm Wasser eine Stunde lang kalt ausgelaugt, alsdann bis zum Kochen erhitzt. Nach dem Erkalten wird die wässerige Flüssigkeit abfiltriert und mit Silbernitratlösung im Überschusse versetzt. 25 ccm der von dem durch Silbernitrat entstandenen Niederschlag abfiltrierten klaren Flüssigkeit werden mit 1 ccm einer 10%-igen Lösung von schwefligsaurem Natrium und 1 ccm konzentrierter Salpetersäure versetzt und hierauf bis zum Kochen erhitzt. Ein hierbei entstehender Niederschlag, der sich auf erneuten Zusatz von kochendem Wasser nicht löst und aus Chlorsilber besteht, zeigt die Gegenwart chlorsaurer Salze an.

„Fleisch, in welchem nach vorstehender Vorschrift chlorsaure Salze nachgewiesen sind, ist im Sinne der Ausführungsbestimmungen D § 5, No. 3 als mit chlorsauren Salzen behandelt zu betrachten."

7. Nachweis von Farbstoffen oder Farbstoffzubereitungen.

„50 g der zerkleinerten Fleischmasse werden in einem Becherglase mit einer Lösung von 5 g Natriumsalicylat in 100 ccm eines Gemisches aus gleichen Teilen Wasser und Glycerin gut durchgemischt und eine halbe Stunde lang unter zeitweiligem Umrühren im Wasserbad erhitzt. Nach dem Erkalten wird die Flüssigkeit abgepreßt und filtriert, bis sie klar abläuft. Ist das Filtrat nur gelblich und nicht rötlich gefärbt, so bedarf es einer weiteren Prüfung nicht. Im anderen Falle bringt man den dritten Teil der Flüssigkeit in einen Glaszylinder und setzt einige Tropfen Alaunlösung hinzu und läßt einige Stunden stehen. Karmin wird durch einen rotgefärbten Bodensatz erkannt. Zum Nachweise von Teerfarbstoffen wird der Rest des Filtrats mit einem Faden ungebeizter entfetteter Wolle unter Zusatz von 10 ccm einer 10%-igen Kaliumbisulfatlösung und einigen Tropfen Essigsäure längere Zeit im kochenden Wasserbade erhitzt. Bei Gegenwart von Teerfarbstoffen wird der Faden rot gefärbt und behält die Färbung auch nach dem Auswaschen mit Wasser.

Fleisch, in welchem nach vorstehender Vorschrift fremde Farbstoffe nachgewiesen sind, ist im Sinne der Ausführungsbestimmungen D § 5, No. 3 als mit fremden Farbstoffen oder Farbstoffzubereitungen behandelt zu betrachten.

III. Die Untersuchung von Pökelfleisch auf Kochsalz (vergl. auch Anlage a § 13 Abs. 2) hat nach folgender Anweisung zu erfolgen:

2 g Fleisch werden mit 2 g chlorfreiem Seesand und 2—3 ccm Wasser in einer Porzellanschale zu einem gleichmäßigen Brei zerrieben. Dieser wird mit geringen Mengen Wasser in einen Maßkolben von 110 ccm Inhalt gespült, der über der 100 ccm-Marke noch einen Steigraum von mindestens 10 ccm

hat. Darauf wird zu der Mischung Wasser hinzugefügt, bis die 100 ccm-Marke erreicht ist. Hierauf stellt man den Kolben, nachdem sein Inhalt tüchtig durchgeschüttelt ist, 10 Minuten lang in kochendes Wasser. Hierbei gerinnt das Eiweiß und die Flüssigkeit wird fast farblos. Nunmehr wird der Kolbeninhalt durch Einstellen in kaltes Wasser schnell abgekühlt, nochmals durchgeschüttelt und filtriert. Vor dem klaren, fast farblosen Filtrat werden je 25 ccm, wenn nötig, mit Natronlauge unter Anwendung von Lackmus als Indikator neutralisiert. In der neutralisierten Flüssigkeit wird nach Zusatz von 1—2 Tropfen einer kalt gesättigten Lösung von Kaliumchromat durch Titrieren mit $^{1}/_{10}$-Normal-Silbernitratlösung der Kochsalz(lösung)-gehalt ermittelt."

Außer vorstehenden kommen folgende Bestimmungen bezw. Methoden in Betracht:

1. Die Bestimmung des Wassergehaltes, des Fettgehaltes[1]) (Ätherextraktes), der Mineralbestandteile (Asche) und der Stickstoffsubstanz, Zucker[2]) u. s. w.

erfolgt nach den im allgemeinen Gang S. 10 u. s. w. angegebenen Methoden. Die Prüfung des gewonnenen Fettes (auch des zugesetzten Fremdfettes wie Olivenöl, Butterfett u. s. w.) bei Fischkonserven, Krebsbutter u. s. w. auf Identität und Säuregrad u. s. w. erfolgt nach den im Abschnitt „Untersuchung der Fette" und in den Ausführungsbestimmungen D Anlage d, II. Abschnitt zum Schlachtvieh und Fleischbeschaugesetz S. 108 und folgende angegebenen Methoden.

Die Ermittelung einzelner Mineralstoffe wie Phosphorsäure, Chlor geschieht nach bekannten analytischen Methoden. Betr. Phosphorsäure vergl. im Übrigen S. 49; betr. Chlor S. 77.

2. Bestimmung der wasserlöslichen Extraktivstoffe, des Bindegewebes und der Muskelfaser.

Da diese Untersuchungen nur vereinzelt vorkommen und außerhalb des Rahmens der allgemeinen Nahrungsmittelkontrolle liegen, kann hier nur darauf verwiesen werden. Vgl. E. Kern und H. Wattenberg; Journal f. Landwirtschaft 1878. 549 und 810.

3. Identitätsnachweis (insbesondere Nachweis von Pferdefleisch).

Die Ermittelung der Abstammung der einzelnen Fleischarten ist im wesentlichen Sache des Tierarztes. Sofern nicht anatomische Merk-

---

[1]) E. Baur und H. Barschall, Über die Bestimmung des Fettes in Fleisch. Arb. a. d. Kais. Gesundh.-Amte 1909. **30.** 52 und 62. Die Methode umgeht die Ätherextraktion im Soxhletschen Apparat und führt schneller zum Ziel. Das mit der Fleischhackmaschine gut zerkleinerte Fleisch wird mit einem Gemisch bestehend aus gleichen Raumteilen Schwefelsäure (1,81) und Wasser auf dem Wasserbade erwärmt, wobei das Fleisch unter zeitweiligem Umschwenken in 20—30 Minuten löst. Die Lösung wird auf etwa 100 ccm verdünnt und zweimal mit Äther ausgeschüttelt. Die vereinigten Auszüge läßt man in einem Becherglase einige Zeit stehen, gießt in ein gewogenes Destillierkölbchen und destilliert den Äther ab. Eine halbe Stunde trocknen und nach dem Erkalten wägen.

[2]) E. Baur, ebenda **30.** 63—73.

male (Knochen u. s. w.) vorhanden sind, ist die sichere Unterscheidung des Fleisches stammverwandter Tiere auf Grund äußerer Beschaffenheit bisweilen überhaupt nicht möglich; dagegen hat sich von den nachfolgenden Verfahren namentlich das zunächst genannte bewährt.

Biologisches Verfahren nach Uhlenhuth[1]).

Es beruht darauf, daß durch wiederholte Injektion des Blutserums eines Tieres in die Blutbahn eines Kaninchens in letzterem ein Serum erzeugt wird, welches in dem Serum des betreffenden Tieres Ausscheidungen (Präzipitate) hervorbringt. Diese präzipitierenden Sera nennt man Antisera. Die Präzipitate sind Eiweißkörper. Das Verfahren läßt sich nach Uhlenhuth nicht nur am Blut, sondern auch an Fleisch (eiweiß) -lösungen anwenden, wodurch die Identifizierung der Fleischsorten bezw. der Nachweis derselben in Gemengen, auch Würsten u. s. w. ermöglicht ist, unter der Voraussetzung, daß eine erhebliche Erwärmung über die Gerinnungstemperatur der Eiweißkörper (Erhitzung, Kochung) bei denselben nicht stattgefunden hat. Bestandteile von Mehl sollen in den Fleischlösungen nicht vorhanden sein. Die Gewinnung zuverlässiger Antisera ist Sache der dazu besonders eingerichteten Spezialinstitute[2]), sie können jedoch auch bei entsprechender Einrichtung und Übung vom Chemiker selbst hergestellt werden, wie dies z. B. u. a. im Stuttgarter städt. Laboratorium der Fall ist.

Die Ausführung des biologischen Verfahrens (Anstellung der Reaktion nebst den nötigen Vor- und Kontrollarbeiten) im Laboratorium erfordert große Sorgfalt und Erfahrungen, weshalb es sich empfiehlt, Information und praktische Winke bei erfahrenen Hygienikern, Chemikern oder Tierärzten einzuholen, sowie die Literatur eingehend durchzusehen.

Für die Zwecke der Nahrungsmittelkontrolle kommt fast nur der Nachweis von Pferdefleisch, namentlich in Würsten, in Betracht. Ausnahmsweise kann auch Untersuchung auf Hunde-, Katzen-, Rehfleisch vorkommen oder eine solche auf Rind-, Schweine- u. s. w. fleisch gefordert werden. In jedem Falle sind die betreffenden spezifischen Antisera erst zu besorgen. Pferdeantisera sind in den vorgenannten Instituten meist vorrätig. Für die praktische Ausführung der biologischen Untersuchung ist die in den Ausführungsbestimmungen zum Schlachtvieh- und Fleischbeschaugesetz erlassene Anweisung D (Anlage a) § 16, Anm. 3 für die tierärztliche Untersuchung des in das Zollinland eingehenden Fleisches maßgebend, die im nachstehenden abgedruckt ist. Weitere Anhaltspunkte bieten die Arbeiten von O. Weidanz[3]),

---

[1]) Über das biologische Verfahren zur Erkennung von Menschen- und Tierblut. Jena 1905. Verlag von Gustav Fischer. Siehe auch das im Abschnitt „Über die Erkennung von Blutflecken und Unterscheidung der Blutarten Gesagte.
[2]) Bezugsquellen: Die bakteriologische Abteilung des Kais. Gesundh.-Amtes in Berlin; Rotlaufimpfanstalt der Landwirtschaftskammer für die Provinz Brandenburg in Prenzlau. Hygien. Institut der Univ. Greifswald; Farbwerke Meister, Lucius u. Brüning, Höchst a. M. u. a.
[3]) Zeitschr. f. Fleisch- u. Milchhyg. 1907. 18. 33.

Fiehe[1]), Baier und Reuchlin[2]), Behre[3]), Schüller, Müller[4]), O. Mezger[5]) u. a. Die Zahl der Veröffentlichungen auf diesem Gebiete ist sehr groß. In erschöpfender Weise ist das Verfahren von Uhlenhuth und O. Weidanz in deren „Praktische Anleitung zur Ausführung des biologischen Eiweißdifferenzierungsverfahrens" beschrieben. Siehe ferner P. Th. Müller, Technik der seradiagnostischen Methoden, beide Bücher Jena 1909.

Das für die Zwecke der Fleischbeschau vorgeschriebene Verfahren ist folgendes:

„Zur Ausführung der biologischen Untersuchung auf Pferdefleisch und anderes Einhuferfleisch sind mit einem ausgeglühten oder ausgekochtem Messer aus der Tiefe des verdächtigen Fleischstückes etwa 30 g Muskelfleisch, möglichst ohne Fettgewebe, von einer frisch hergestellten Schnittfläche zu entnehmen und auf einer ausgekochten, mit ungebrauchtem Schreibpapier bedeckten Unterlage durch Schaben mit einem ausgekochten Messer zu zerkleinern. Die zerkleinerte Fleischmasse wird in ein ausgekochtes oder sonst durch Erhitzen sterilisiertes, etwa 100 ccm fassendes Erlenmeyersches Kölbchen gebracht, mit Hilfe eines ausgekochten sterilisierten Glasstabes gleichmäßig verteilt und 50 ccm mit sterilisierter 0,85%-iger Kochsalzlösung übergossen. Gesalzenes Fleisch ist zuvor in einem größeren sterilisierten Erlenmeyerschen Kolben zu entsalzen, indem man es mit sterilem destilliertem Wasser übergießt und letzteres, ohne zu schütteln, während 10 Minuten mehrmals erneuert. Das Gemisch von Fleisch und 0,85%-iger Kochsalzlösung bleibt zur Ausziehung der im Fleisch vorhandenen Eiweißsubstanzen etwa 3 Stunden bei Zimmertemperatur oder über Nacht im Eisschrank stehen und darf, um eine klare Lösung zu erhalten, nicht geschüttelt werden. Zur Feststellung, ob die für die Untersuchung nötige Menge Eiweiß in Lösung gegangen ist, sind etwa 2 ccm der Ausspülungsflüssigkeit in ein sterilisiertes Reagensglas zu gießen und tüchtig durchzuschütteln. Entwickelt sich dabei ein feinblasiger Schaum, der längere Zeit stehen bleibt, so ist der Auszug verwendbar. Die zu untersuchende Eiweißlösung muß für die Ausführung der biologischen Untersuchung wie alle übrigen zur Verwendnung kommenden Flüssigkeiten, vollständig klar sein. Zu diesem Zwecke muß der Fleischauszug filtriert werden und zwar entweder durch gehärtete Papierfilter, oder, wenn hierbei ein klares Filtrat nicht erzielt wird, durch ausgeglühten Kieselgur auf Büchnerschen Trichtern oder auch durch Berkefeldsche Kieselgurkerzen. Das Filtrat ist für die weitere Prüfung geeignet, wenn es wie der unfiltrierte Auszug beim Schütteln schäumt und außerdem eine Probe (etwa 1 ccm) beim Kochen nach Zusatz eines Tropfens Salpetersäure vom spezifischen Gewicht 1,153 eine opalisierende Eiweißtrübung gibt, die sich nach etwa 5 Minuten langem Stehen als eben noch erkennbaren Niederschlag zu Boden senkt.

---

[1]) Zeitschr. f. Unters. d. Nahr.- u. Genußm. 1907. **13**. 744.
[2]) Ebenda 1908. **15**. 513.
[3]) Ebenda 1908. **15**. 521.
[4]) Zeitschr. f. Fleisch- u. Milchhyg. 1908. Heft 1, 2 u. 3.
[5]) Chem.-Zeitung 1910. **31**. 346, Mitteilung aus dem städt. Laboratorium Stuttgart.

Fleisch- und Wurstwaren. 173

Dann besitzt das Filtrat die für die biologische Prüfung zweckmäßigste Konzentration des Eiweißes in der Ausziehungsflüssigkeit (etwa 1 : 300). Ist das Filtrat zu konzentriert, so muß es so lange mit sterilisierter Kochsalzlösung verdünnt werden, bis die Salpetersäure-Kochprobe den richtigen Grad der Verdünnung anzeigt. Ferner soll das Filtrat neutral, schwach sauer oder schwach alkalisch reagieren.

Von der filtrierten, neutralen, schwach sauren oder schwach alkalischen völlig klaren Lösung wird mit ausgekochter oder anderweitig durch Hitze sterilisierter Pipette je 1 ccm in 2 Reagensröhrchen von je 11 cm Länge und 0,8 cm Durchmesser (Röhrchen 1 und 2) gebracht. In ein Röhrchen 3 wird 1 ccm einer ebenfalls klaren, neutral, schwach sauer oder schwach alkalisch reagierenden, aus Pferdefleisch in gleicher Weise hergestellten Filtrats eingefüllt. Weitere Röhrchen 4 und 5 werden mit je 1 ccm einer ebenso hergestellten Schweine- und Rindfleischlösung beschickt. In ein Röhrchen 6 wird 1 ccm sterilisierter 0,85 %-iger Kochsalzlösung gegossen. Die Röhrchen werden in ein kleines passendes Reagensglasgestell eingehängt. Sie müssen vor dem Gebrauch ausgekocht oder anderweitig durch Hitze sterilisiert und vollkommen sauber sein. Zum Einfüllen der verschiedenen Lösungen in die einzelnen Röhrchen sind je besondere sterilisierte Pipetten zu benutzen. Zu den, wie angegeben, beschickten Röhrchen wird mit Ausnahme von Röhrchen 2, je 0,1 ccm vollständig klares, von Kaninchen gewonnenes Pferdeeiweiß ausfüllendes Serum von bestimmtem Titer so zugesetzt, daß es an der Wand des Röhrchens herabfließt und sich auf seinem Boden ansammelt. Zu Röhrchen 2 wird 0,1 ccm normales, ebenfalls völlig klares Kaninchen-Serum in gleicher Weise gegeben.

Die Röhrchen sind bei Zimmertemperatur aufzubewahren und dürfen nach dem Serumzusatze nicht geschüttelt werden. Beurteilung der Ergebnisse: Tritt in Röhrchen 1 ebenso wie in Röhrchen 3 nach etwa fünf Minuten eine hauchartige, in der Regel am Boden des Röhrchens beginnende Trübung auf, die sich innerhalb weiterer fünf Minuten in eine wolkige umwandelt und nach spätestens 30 Minuten als Bodensatz absetzt, während die Lösungen in den übrigen Röhrchen völlig klar bleiben, so handelt es sich um Pferdefleisch (oder anderes Einhuferfleisch). Später entstehende Trübungen dürfen als positive Reaktion nicht aufgefaßt werden. Zur besseren Feststellung der zuerst eintretenden Trübung können die Röhrchen bei auffallendem Tages- oder künstlichem Lichte betrachtet werden, indem hinter das belichtete Reagensglas eine schwarze Fläche (z. B. schwarzes Papier oder dergl.) geschoben wird.

Das ausfällende Serum muß einen Titer 1 : 20 000 haben, d. h. emuß noch in der Verdünnung 1 : 20 000 in einer Lösung von Pferdeblut. Serum binnen fünf Minuten eine beginnende Trübung herbeiführen. Derartiges Serum ist bis auf weiteres vom kaiserlichen Gesundheitsamt erhältlich. Das Serum wird in Röhrchen von 1 ccm Inhalt versandt. Getrübtes oder auch nur opalisierendes Serum ist nicht zu verwenden. Serum, das durch den Transport trüb geworden ist, darf nur gebraucht werden, wenn es sich in den oberen Schichten binnen 12 Stunden vollkommen klärt, so daß die trübenden Bestandteile entfernt werden können.

Zur Untersuchung soll stets nur der Inhalt eines Röhrchens, nicht dagegen eine Mischung mehrerer Röhrchen verwendet werden."

Vorstehende praktische Ausführung des biologischen Verfahrens läßt sich sinngemäß auch beim Identitäts-Nachweis von Fleisch anderer Tiere anwenden, indem man die dafür entsprechenden Sera bzw. Antisera benutzt.

Nach Uhlenhuth und Weidanz kommen bei genauem Einhalten dieser Vorschriften Täuschungen durch heterologe Trübungen nicht vor. Sogenannte Verwandtschaftsreaktionen (betr. Pferdefleisch z. B. bedingt durch Esel- oder Maultierfleisch u. s. w.) können unter Umständen ein unrichtiges Ergebnis vortäuschen, kommen aber bei Pferdefleisch praktisch in Deutschland wenigstens nicht in Betracht. Die Reaktion tritt auch bei gepökeltem, geräuchertem und faulendem Fleisch ein; bei solchem Untersuchungsmaterial muß man aber die Auslaugungszeit zwecks Gewinnung einer brauchbaren Eiweißlösung verlängern. In erhitztem oder gebratenem Fleisch bleiben meistens reaktionsfähige Eiweißkörper zurück; bei Suppenfleisch versagt aber die Methode meist gänzlich. Die Auslaugung solchen Materials ist 24 Stunden und länger fortzusetzen, Reaktionen können auch oft erst nach 10 bis 20 Minuten eintreten.

Auch mit dem aus Fettproben gewonnenen Eiweiß lassen sich biologische Untersuchungen auf Herkunft anstellen.

Oben beschriebene Methode ist sinngemäß auch auf Würste anwendbar. Zweckmäßig wendet man etwa 50 g an, das zuvor mit einem sterilen Messer möglichst fettfrei gemacht ist. Die Wurstmasse ist möglichst klein zu schneiden. Die Auslaugung mit 0,85%-iger NaCl-lösung beansprucht bei Wurst meist mehr Zeit als bei Fleisch, namentlich bei stark geräucherten erhitzten u. s. w. Würsten; 20 Minuten ist Mindestdauer. Die Herstellung eines klaren Filtrates, sowie dessen Verdünnung von 1 : 300 erfolgt wie oben. Das verwendete Antiserum muß sehr hochgradig sein, um auch geringere Mengen Pferdefleisch nachzuweisen. Nach Uhlenhuth soll die Wirkung noch in Verdünnungen 1 : 20 000 eintreten. Da im allgemeinen aber geringere Pferdefleischzusätze als 25 bis 30% kaum vorkommen, wird man auch mit einem Antiserum 1 : 10 000 in der Praxis meistens auskommen. Man hat womöglich jedesmal eine Kontrollwurst, die etwa 30% Pferdefleisch enthält, mit in Arbeit zu nehmen.

Für die Ausführungen der Reaktionen kommen folgende 6 Röhrchen in Betracht: (je 1 ccm Lösung, in den ersten fünf mit 0,1 ccm Pferdeantiserum)

I. Zu untersuchende Wurstlösung,
II. Normales Kaninchenserum,
III. Pferdefleisch enthaltende Wurstlösung,
IV. Kein Pferdefleisch enthaltende Wurstlösung,
V. Physiologische (0,85%-ige) Kochsalzlösung,
VI. Zu untersuchende Wurstlösung ohne Antiserum.

Da die Untersuchung von Würsten auf Pferdefleisch häufiger zu den Obliegenheiten des Nahrungsmittelchemikers gehört und an denselben auch die Frage nicht selten gestellt wird, ob Pferdewürste gewisse äußere

Kennzeichen haben, die erfahrenen Gewerbetreibenden (Schlächtern, Wursthändlern u. s. w.) als verdächtige Anhaltspunkte dienen können, so sei noch kurz folgendes über die äußere Beschaffenheit des Pferdefleisches gesagt.

Äußere Eigenschaften und Merkmale für Pferdefleisch sind die meist dunkelrote, braunrote Farbe der Fleisch- und Wurstmasse, der süßliche Geschmack (bei frischem Fleisch) und die grobfaserige Struktur, die man durch Anschneiden und Auseinanderziehen bei Dauerwürsten feststellt. Fleisch von alten Schlachttieren (Rind) oder minderwertige Fleischteile derselben, wie Kopffleisch, das vielfach zur Wurstfabrikation verwendet wird, zeigt bisweilen aber ebenfalls letztere Eigenschaften.

Chemischer Nachweis von Pferdefleisch.

Der chemische Nachweis hat an Bedeutung verloren, seitdem das biologische Verfahren eingeführt ist. Zur Erhärtung des Befundes des letzteren oder in besonderen Fällen können aber auch die chemischen Methoden mit Erfolg herangezogen werden. Die auf der Untersuchung des Pferdefettes beruhende chemische Methode ist deshalb häufig nicht anwendbar, namentlich bei Wurstwaren, weil das Pferdefett wegen seines tranigen Geschmackes und seiner gelben Farbe im Fleischereigewerbe nicht verwendet werden kann, sondern durch Schweinefett ersetzt werden muß. Die auf dem Glykogennachweis beruhende Methode versagt, weil das Glykogen aus dem Fleisch nach dem Schlachten rasch abnimmt bezw. ganz verschwindet [1]). Bei Anwesenheit von Stärke ist die Methode überhaupt nicht anwendbar. Der chemische Nachweis von Pferdefleisch bleibt deshalb im wesentlichen auf das rohe, unbearbeitete Fleisch beschränkt [2]).

a) **Verfahren, welches auf der Identitätsbestimmung des Pferdefettes beruht,** vergl. Ausführungsbestimmungen zum Fleischbeschaugesetz (Anlage d, II. Abschnitt, im Kapitel Fette S. 000).

b) **Glykogennachweis,** Methode Niebel [3]), nach den Modifikationen von Külz [4]) und Brücke [5]) zerfällt in 3 Teile [6]):

α) Bestimmung des Glykogens. 50 g von anhaftendem Fett möglichst befreites und zerhacktes Fleisch werden in einer Porzellanschale in 200 ccm kochendes Wasser gebracht und eine halbe Stunde unter Ersatz des verdunstenden Wassers im Sieden erhalten. Dann gießt man vorsichtig die Flüssigkeit ab, zerreibt den Rückstand ohne Verlust möglichst fein, bringt ihn in die Flüssigkeit zurück, fügt 2 g Kalihydrat hinzu und läßt auf dem Wasserbade eindunsten, bis das Volumen etwa 100 ccm beträgt. Ist noch nicht alles gelöst, oder ist auf der Oberfläche eine Haut vorhanden, so bringt

---

[1]) Umwandlung durch Enzym in Zucker.
[2]) Über den Wert der Glykogenmethode vgl. auch Martin, Zeitschr. f. Unters. d. Nahr.- u. Genußm. 1906. 11. 249.
[3]) Zeitschr. f. Fleisch- u. Milchhyg. 1891. 1. 185.
[4]) Zeitschr. f. Biologie 1886. 22. 161.
[5]) Sitzungsber. d. Wiener Akad. d. Wissensch. 1874. Abt. 2. 63.
[6]) Der Untersuchungsgang ist den früheren Ausführungsbestimmungen zum Fleischbeschaugesetz entnommen.

man den Inhalt der Schale in ein Becherglas und erhitzt bei aufgelegtem Uhrglas, bis völlige Lösung erfolgt ist. (4 bis 8 Stunden). Die erkaltete Flüssigkeit neutralisiert man mit Salzsäure und setzt abwechselnd tropfenweise Salzsäure und Kaliumquecksilberjodidlösung (Brücke-Reagens [1]) zu. Der reichliche, flockige Niederschlag enthält alles Eiweiß (Pepton u. s. w.); man filtriert ihn ab. Ist das Filtrat nicht klar, sondern milchig, so versetzt man nach Pflüger [2]) die Flüssigkeit mit dem doppelten Volumen 96 bis 98%-igem Alkohol, läßt den Niederschlag sich vollkommen absetzen, hebt oder filtriert den Alkohol ab. Man löst den Niederschlag in 2%-iger Kalilauge, neutralisiert und fällt von neuem mit Salzsäure und Kaliumquecksilberjodid solange noch ein Niederschlag entsteht. Letzterer wird nun abfiltriert, noch feucht in einer Schale mit Wasser verrührt, dem einige Tropfen Salzsäure und Kaliumquecksilberjodid zugefügt sind und nochmals auf das Filter gebracht. Diese Behandlung wird viermal wiederholt. Zu den vereinigten Filtraten gibt man unter Umrühren das doppelte Volumen 96%-igen Alkohols, läßt 12 Stunden absetzen und filtriert. Den Niederschlag löst man in wenig warmem Wasser, versetzt nach dem Erkalten mit einigen Tropfen Salzsäure und Kaliumquecksilberjodid, um Spuren von Eiweiß zu entfernen, filtriert und fällt das Filtrat wieder mit Alkohol. Das gefällte Glykogen wird auf einem gewogenen Filter gesammelt, zuerst mit Alkohol, dann mit Äther, zuletzt noch mit absolutem Alkohol gewaschen, bei 110° getrocknet und gewogen.

Das so gewonnene Glykogen muß ein amorphes, weißes Pulver sein; die wässerige Lösung desselben muß eine starke, weiße Opaleszenz zeigen; die Lösung muß mit Jod eine burgunderrote Färbung geben, darf Fehlingsche Lösung nicht reduzieren und weder Stickstoff noch Asche enthalten.

β) **Bestimmung des Zuckers** (Traubenzuckers). 100 g von anhaftendem Fett möglichst befreites, fein zerhacktes Fleisch werden mit der fünffachen Menge destillierten Wassers 2 Minuten gekocht und die Masse dann durch ein Koliertuch filtriert.

Der auf dem Tuche verbleibende Rückstand wird gut ausgepreßt, in einer Reibeschale gründlich verrieben, darauf noch zweimal mit geringen Mengen Wasser ausgekocht und weiter wie vorstehend behandelt. Nachdem man den schließlich verbliebenen Rückstand gut ausgepreßt hat, dampft man die vereinigten Filtrate auf dem Wasserbade auf weniger als 100 ccm ein und filtriert darauf durch gewöhnliches Filtrierpapier. Das klare Filtrat wird mit Natronlauge schwach alkalisch gemacht und auf 150 ccm aufgefüllt. In einem abgemessenen Teile dieser Lösung wird der Traubenzucker (die Glucose) bestimmt (vergl. S. 19).

γ) **Bestimmung der fettfreien Trockensubstanz.** Man bringt 2 g der zu untersuchenden Probe in eine Mischung von Alkohol und Äther, läßt eine halbe Stunde darin, filtriert und mischt mit Äther nach. Der Rückstand wird auf 100° erwärmt, wieder mit Äther ge-

---

[1]) Herstellung: Zu einer 5—10 proz. KI-Lösung wird unter Erwärmen und Umrühren solange HgI_2 zugesetzt, bis ein Teil desselben ungelöst bleibt, und die Lösung nach dem Erkalten abfiltriert.

[2]) Arch. d. ges. Physiol. 1893. 53. 491.

waschen, bei 110⁰ getrocknet und gewogen. Der so erhaltene Rückstand ist die fettfreie Trockensubstanz.

Die gefundene Glykogenmenge wird auf Traubenzucker umgerechnet (162 Teile Glykogen = 180 Teile Traubenzucker oder 9 Teile Glykogen = 10 Teile Traubenzucker; Glykogen × 1,11 = Traubenzucker) und diese Zahl zu der gefundenen Menge Traubenzucker zugezählt. Die so erhaltene Summe darf 1% der fettfreien Trockensubstanz der Fleischware nicht übersteigen, andernfalls ist anzunehmen, daß Pferdefleisch vorliegt.

c) Nach der Methode Bujard[1]), welche genau nach der ursprünglich von Mayrhofer für die Bestimmung der Stärke angegebenen Methode in Würsten, s. unten, das Glykogen bestimmen läßt. Stärke darf nicht vorhanden sein. Die Methode ist nicht so zeitraubend wie die Niebelsche und gibt sehr gute Resultate.

4. Prüfung auf Bindemittel (Mehl, Stärkemehl, Semmel, Eiweiß).

a) Qualitativ

durch Betupfen der frischen Schnittflächen von Wurst oder von möglichst glattgestrichenem Hackfleisch (kommt im allgemeinen nur bei Schweinehackfleisch oder Wurstfüllmasse, sogen. Brät, vor) mit Jodjodkalilösung. Bei Anwesenheit von Mehl oder Stärke ist die betupfte Stelle diffus-blau bis schwarz-blau. Stärkemehlfreie, aber gepfefferte Fleischware zeigt, wenn überhaupt Reaktion eintritt, mit bloßem Auge kaum zu erkennende blaue, vereinzelte Pünktchen auf der mit Jodlösung betupften Stelle. Blaugefärbte Teile sind noch mikroskopisch nachzuprüfen. Die kleinen Stärkekörner des Pfeffers sind leicht von denjenigen der Getreidearten und der Kartoffel zu unterscheiden. Die Unterscheidung, ob Mehl oder Semmel zugesetzt ist, ist meist eine unsichere, weil z. B. bei Würsten ebenso eine Verkleisterung der Stärke eingetreten sein kann, wie bei gebackenen Semmeln.

b) Quantitative Prüfung.

Verfahren von Mayrhofer[2]), das wegen seiner schnellen Ausführbarkeit und gleichzeitig hinreichenden Genauigkeit am meisten zu bevorzugen ist.

20 bis 30 g getrocknetes Fleisch oder zerkleinerte Wurst (die anzuwendende Menge ergibt sich aus der qualitativen Reaktion) werden in einem Becherglase mit etwa 50 ccm 8%-iger alkoholischer Kalilauge (Bedecken mit Uhrglas) auf dem kochenden Wasserbade zum Lösen gebracht und alsdann mit heißem 50%-igem Alkohol bis zum 2 bis 3-fachen Volumen verdünnt. Nach dem Absitzen wird durch ein mit Asbest belegten Trichter filtriert und noch 2-mal mit heißer 8%-iger Kalilauge nachgewaschen. Weiteres Nachwaschen mit heißem 50%-igem Alkohol ist dann noch so

---

[1]) Forschungsber. 1897. 4. 47.
[2]) Forschungsber. 1896. 3. 141 und 429; Zeitschr. f. Unters. d. Nahr.- u. Genußm. 1901. 4. 1101; vgl. auch A. Bujard, Forschungsber. 1897. 4. 47; D. Crispo, Zeitschr. f. Unters. d. Nahr.- u. Genußm. 1903. 6. 802 (nach Ann. chim. anal. 1902).

lange erforderlich, bis das Filtrat auf Zusatz von Säure vollkommen klar bleibt und die alkalische Reaktion verschwunden ist. Der Filtrationsrückstand wird nunmehr in das ursprüngliche Gefäß zurückgegeben und mit etwa 60 ccm der 8%-igen Kalilauge auf dem Wasserbade behandelt, dann nach dem Erkalten mit Essigsäure schwach angesäuert, der ganze Inhalt samt Filter in einen 100 ccm-Zylinder gebracht und mit Wasser bis zur Marke aufgefüllt. Nach dem Absetzen filtriert man und fällt in einem aliquoten Teil der Lösung die Stärke (ev. + Glykogen) durch Zusatz eines gleichen Volumens Alkohol von 96 Gew.-%. Den Niederschlag läßt man sich absetzen, gießt die Flüssigkeit durch ein gewogenes Filter, digeriert den Rückstand nochmals mit 50%-igem Alkohol bei 65°, filtriert jedesmal nach dem Absetzen, wobei man möglichst wenig von dem Niederschlag auf das Filter bringt, bis das Filtrat etwa 150 ccm beträgt und nach dem Verdampfen einer Probe kein Rückstand verbleibt. Dann bringt man den Niederschlag mit Alkohol von 96 Vol.-% aufs Filter, verdrängt den Alkohol mit Äther und trocknet bei 100° bis zur Gewichtskonstanz.

Diastaseverfahren [1]).

Etwa 20 g der getrockneten und noch durch Extraktion entfetteten (Ausführung vergl. „Allgemeine Untersuchungsverfahren", S. 16) Fleischware kocht man mit Wasser etwa eine halbe Stunde lang, wobei wegen des Schäumens der Masse vorsichtig zu verfahren ist, läßt auf etwa 60° erkalten, gibt 0,1 bis 0,2 g Diastase oder 15 Tropfen Diastaselösung [2]) zu und hält etwa 5 Stunden bei 60 bis 65°. Zur Abscheidung der Eiweißstoffe kocht man die Flüssigkeit noch einmal auf, filtriert durch Asbest in einen 150 ccm-Kolben, wäscht mit wenig heißem Wasser aus (der Rückstand ist auf ungelöste Stärke zu prüfen), versetzt das Filtrat mit Tonerdebrei, füllt mit Wasser auf 150 ccm auf und läßt den Niederschlag sich absetzen. Dann filtriert man 75 oder 100 ccm und invertiert diese mit 7,5 bezw. 10 ccm 25%-iger Salzsäure (1,125) durch dreistündiges Erhitzen am Rückflußkühler im kochenden Wasserbade. Nach dem Erkalten wird die Flüssigkeit mit Natronlauge (300 g NaOH in 1 Liter) oder festem kohlensaurem Natrium fast neutralisiert, eventl. filtriert und mit Wasser auf 100 bezw. 150 ccm gebracht. In je 25 oder 50 ccm dieser Lösung bestimmt man die Glucosemenge nach Allihn (S. 19); die gefundene Zuckermenge mit 0,9 multipliziert gibt die Stärkemenge.

c) Statt Mehl wird neuerdings auch Eiweiß (Albumin, Kleber u. s. w.) als Bindemittel angewendet; der Nachweis solcher Stoffe ist chemisch vielfach nicht zu erbringen. A. Kickton [3]), sowie E. Feder [4]) weisen auf den meistens hohen Aschengehalt, auf die hohe Alkalität und die veränderte Zusammensetzung der Asche der Eiweißbindemittel gegenüber der Fleischasche, namentlich bezüglich des Kalkgehaltes hin. Die Fähigkeit eines wässerigen, warmen Auszuges der Wurstware, leicht zu gelatinieren, deutet unter Umständen auf die Verwendung von Eiweiß-

---

[1]) Forschungsber. 1897. 4. 204.
[2]) Herstellung S. 42.
[3]) Zeitschr. f. Unters. d. Nahr.- u. Genußm. 1908. 16. 561.
[4]) Ebenda 1909. 17. 191.

bindemitteln hin. Bisweilen enthalten solche Eiweißbindemittel auch Stärkemehle.

5. Nachweis von Farbstoffen.

Die Ausführung der qualitativen Untersuchung auf diese Stoffe geschieht am besten nach A. Kickton und W. König [1]). 20 bis 50 g Wurstmasse bezw. 5 bis 10 g, eventl. auch weniger, der möglichst von Fett und Fleisch befreiten Wursthüllen werden im Becherglase mit soviel 96%-igem Alkohol so übergossen, daß letzterer etwa 1 cm über der Substanz steht, das Glas wird darauf mit einem Uhrglas bedeckt, ¼ bis ½ Stunde auf dem kochenden Wasserbade erhitzt und die Lösung abgegossen. Nach starkem Abkühlen (Abscheiden des Fettes) wird die Flüssigkeit filtriert und das Filtrat nach Zusatz von 5 bis 10 ccm einer 5%-igen Weinsäure- oder 10%-igen Kaliumbisulfatlösung mit einem entfetteten Wollfaden auf kochendem Wasserbade bis zur Verjagung des Alkohols und unter Ersatz des verdampfenden Wassers im Wasserbade weiter erhitzt. Der gefärbte Wollfaden wird dann noch zur Entfernung etwaiger anhaftender organischer Substanzen mit Wasser, Alkohol und Äther nachgewaschen und dann getrocknet. Die Methode wird neuerdings auch von Ed. Späth [2]) wärmstens empfohlen. In ähnlicher Weise wie von Kickton und König wurde bereits seit verschiedenen Jahren von den Verff. verfahren [3]). Die alkoholische Extraktion hat sich immer bestens bewährt. Die Methode eignet sich auch zum Farbstoffnachweis in Wursthüllen.

Die amtliche Anweisung, welche in den Ausführungsbestimmungen zum Schlachtvieh- und Fleischbeschaugesetz vom 3. Juni 1900 enthalten ist (Wortlaut siehe S. 169), ist nicht so zuverlässig. Die dort angegebene Methode zum Nachweis von Karmin (Cochenille) und Teerfarbstoffen ist im wesentlichen eine auf Grund von Erfahrungen vorgenommene Kombination der Methoden von Klinger und Bujard [4]), Späth [5]), Bremer [6]), Merl [7]) u. a. Nach letzterem reißt die beim Ansäuern der Extraktionsflüssigkeit ausfallende Salicylsäure den Farbstoff zum Teil mit. Die gefärbten Krystalle sammelt man auf Glaswolle, wäscht oberflächlich mit kaltem Wasser nach und löst dann die Salicylsäure in heißem Wasser auf. Aus dieser Lösung lassen sich auch geringe Farbstoffmengen auf Wolle auffärben. Auf andere Methoden, bei welchen als Lösungsmittel Amylalkohol, Ammoniak (bei Karmin) u. s. w. vorgeschlagen ist, sei verwiesen. Vergl. A. Juckenack und R. Sendtner [8]), E. Späth [9]), Ed. Polenske [10]), A. Reinsch [11]). Mit Kochsalz, Zucker,

---

[1]) Ebenda 1909. **17**. 433.
[2]) Ebenda 1909. **18**. 587.
[3]) Nicht besonders veröffentlicht.
[4]) Zeitschr. f. angew. Chemie 1891. 515.
[5]) Pharm. Zentralbl. 1897. **38**. 884.
[6]) Forschungsber. 1897. **4**. 45.
[7]) Pharm. Zentralh. 1909. **11**. 215.
[8]) Zeitschr. f. Unters. d. Nahr.- u. Genußm. 1899. **2**. 177.
[9]) Ebenda 1901. **4**. 1020.
[10]) Arbeiten a. d. Kais. Gesundh.-Amt 1900. **17**. 568.
[11]) Zeitschr. f. Unters. d. Nahr.- u. Genußm. 1902. **5**. 581 und Zeitschr. f. öffentl. Chemie 1900. 485.

Salpeter oder mit schwefligsauren Salzen erzeugte Röte (Salzungs-) (beim Pökeln) gibt an die Lösungsmittel keinen Farbstoff ab, der sich fixieren läßt; die Färbung verschwindet auch meist schon beim Kochen. Ausfärbungen sind als Beweismittel aufzubewahren. Statt der Färbung mit Teerfarbstoffen oder Karmin wird auch mit Paprika (dem sehr milden bezw. der Schärfe beraubten Rosenpaprika) mangelnder frischer Wurstfarbe aufzuhelfen versucht. Bisweilen ist solcher Paprika noch mit Teerfarbe gemischt. Paprika-Färbungen sind meist schon am gelbroten Aussehen der Würste zu erkennen. Die auf den Auszügen schwimmende Fettschicht ist dunkelgelb. Paprikazusätze, welche zwecks Färbung der Fleischmasse gemacht sind, sind als Verfälschung wie die anderen Farbstoffzusätze zu betrachten.

Der Nachweis der Darmfarbe (Räucher-) geschieht wie derjenige der Wurstmasse; der Darm ist von der Wurstmasse vorher zu trennen. Nicht selten dringt die Darmfarbe auch mehr oder weniger in das Wurstinnere ein.

6. Nachweis von Konservierungsmitteln.

Vergl. die amtlichen Anweisungen für Fleisch und Fette, S. 109 und 165.

Zur Ergänzung sei noch folgendes hinzugefügt:

a) Borsäure bezw. deren Salze.

Zur Auffindung sehr geringer Mengen Borsäure werden verschiedene Methoden vorgeschlagen. Goske[1]) verwendet die Kapillaranalyse. Arbeiten von Spindler[2]) und Mezger[3]) beziehen sich auf die Flammenreaktion. Zum Nachweis minimaler Mengen Borsäure, wie sie in Früchten, in Kochsalz (0,6 bis 3,0 mg in 100 g) vorkommen, eignen sich die Methoden von Hebebrand[4]) (kolorimetrisch) und von Partheil und Rose[5]) (Perforation), letztere zu forensen Zwecken.

Quantitative Methode zur Feststellung der Borsäure (Verfahren von Jörgensen nach den Vorschlägen von Beythien und Hempel[6]):

Zerkleinerte Fleisch- und Wurstwaren werden mit Sodalösung in einer Platinschale getrocknet, verascht und die Asche mehrfach mit heißem Wasser ausgelaugt. Die vereinigten etwa 100 bis 150 ccm betragenden Filtrate werden mit Schwefelsäure versetzt, dann zur Austreibung von etwa vorhandener Kohlensäure kurze Zeit schwach erwärmt und nach dem Abkühlen mit kohlensäurefreier Natronlauge unter Zusatz von Phenolphthalein genau neutralisiert. Die Lösung wird mit kohlensäurefreiem Wasser auf 200 ccm aufgefüllt, gemischt und filtriert. Man fügt nun zu 50 ccm Filtrat 25 ccm reines neutrales Glycerin oder 1 bis 2 g Mannitpulver und titriert mit $1/_{10}$ Normal-Natronlauge bis zum Eintritt schwacher Rotfärbung. Es tritt dabei eine Fällung von Phosphaten ein, die unberücksichtigt bleiben kann; Zusatz von neutralem

---

[1]) Zeitschr. f. Unters. d. Nahr.- u. Genußm. 1905. **10**. 242.
[2]) Ebenda 1905. **10**. 578.
[3]) Ebenda 1905. **10**. 243.
[4]) Chem. Ztg. 1905. **29**. 566; Zeitschr. f. U. d. N. u. G. 1902. **5**. 55.
[5]) Ebenda 1901. **4**. 1172 und 1902. **5**. 1049.
[6]) Ebenda 1899. **2**. 842.

Alkohol verschärft die Erkennung des Farbenumschlags. Mittels einer Borsäurelösung (hergestellt durch Lösung von 2 g chemisch reiner krystallisierter Borsäure in 1 Liter kohlensäurefreiem Wasser), von welcher ebenfalls 50 ccm unter Zugabe von Phenolphtalein erst mit $^1/_{10}$ Natronlauge bis zur Rotfärbung versetzt, dann mit 25 ccm Glycerin bezw. 1 bis 2 g Mannitpulver gemischt werden und dann wiederum mit $^1/_{10}$ Natronlauge austitriert werden, wird der Titer der Natronlauge festgestellt. Beträgt z. B. der Titer 15,80 ccm $^1/_{10}$ Natronlauge, so entspricht 1 ccm = 0,00633 g H_3BO_3 = 0,00343 g B_2O_3.

Da die Methode[1]) in dieser Ausführung sehr gute Resultate liefert, so genügt es auf die Abänderungen von König und Spitz[2]) bezw. Polenske[3]) hinzuweisen.

Bestimmung und Trennung von Borsäure und Borax vergleiche A. Beythien und H. Hempel[4]). Über Borsäurenachweis haben u. a. noch Beiträge geliefert: G. Fendler[5]), L. Wolfrum und I. Pinnow[6]), Ch. E. Cassal und H. Gerrans[7]), R. Riechelmann und E. Leuscher[8]). Siehe auch „Wein".

b) Benzoesäure und deren Salze.

Amtliche Anweisung zum Nachweis ist nicht erlassen.

Die unter Wärmezufuhr hergestellte wässerige Lösung (Ausschüttelung bei Fetten) wird mit verdünnter Schwefelsäure oder Phosphorsäure angesäuert und mit Äther ausgezogen. Rückstand nach dem Verdunsten des Äthers mit verdünnter KOH neutralisieren, mit etwas Natriumacetat und $FeCl_3$ versetzen — rötlich-gelber Niederschlag zeigt Benzoesäure an. A. E. Leach[9]) dampft den Ätherrückstand mit NH_3 im Uhrglas zur Trockne. Nach Auflegen eines zweiten Uhrglases kann die Benzoesäure durch Sublimation in bekannter Weise gewonnen und mit $FeCl_3$ als solche festgestellt werden. Die Methode eignet sich besonders bei verunreinigten Ätherausschüttelungen, die die $FeCl_3$-Reaktion stören können. Man erhält so reine Benzoesäurelösungen. — K. Fischer und O. Gruenert[10]) nehmen den Ätherrückstand mit ammoniakalischem Wasser auf, dampfen bis zur neutralen Reaktion auf ein kleines Volumen ein und versetzen dann mit einigen Tropfen 1%-iger $FeCl_3$-Lösung. Dieser Nachweis ist sehr scharf. Die beiden letztgenannten Autoren haben für Benzoesäurenachweis im Fleisch und in Fetten folgendes Verfahren ausgearbeitet: 50 g des zerkleinerten Fleisches u. s. w. werden mit 100 ccm 50%-igen Alkohols durchgemischt, mit verdünnter H_2SO_4 angesäuert und ½ Stunde lang unter öfterem Umrühren ausgelaugt. Man preßt dann die Masse durch ein Gazetuch ab. Die

---

[1]) Sie eignet sich auch für Milch, Margarine und Butter.
[2]) Zeitschr. f. angew. Chemie 1896. 549.
[3]) Arbeiten a. d. Kais. Gesundh.-Amte 1900. **17**. 561.
[4]) Zeitschr. f. Unters. d. Nahr.- u. Genußm. 1899. **2**. 842.
[5]) Ebenda 1906. **11**. 137.
[6]) Ebenda 1906. **11**. 144.
[7]) Chem. News 1903 und Zeitschr. f. Unters. d. Nahr.- u. Genußm. 1904. **7**. 315.
[8]) Zeitschr. f. öffentl. Chemie 1902. **8**. 205.
[9]) Zeitschr. f. Unters. d. Nahr.- u. Genußm. 1905. **9**. 50.
[10]) Ebenda 1909. **17**. 721.

abgepreßte Flüssigkeit wird alkalisch gemacht und solange auf dem Wasserbad erwärmt, bis der Alkohol verdampft ist. Dann auf etwa 50 ccm auffüllen, mit 5 g NaCl versetzen und nach dem Ansäuern mit verdünnter H_2SO_4 bis zum Sieden erhitzen. Filtrieren und Filtrat mit Äther ausschütteln. Ätherflüssigkeit mit H_2O waschen und dann zur Ausführung obiger Reaktion verdampfen. — Ferner 50 g geschmolzenes oder gut gemischtes Fett mit 100 ccm Alkohol von 20 Vol.-% und 0,2 g HCl (1,124) in verschlossenen Kolben 40 bis 50-mal kräftig umschütteln. Erwärmen des Gemisches auf dem Wasserbad bei etwa 70°, im Scheidetrichter das Fett vom wässerig alkoholischen Teil trennen und letzteren mit KOH neutralisieren, Alkohol verjagen, dann erwärmen und nach dem Erkalten filtrieren. Fortsetzung wie oben.

Betreffs weiterer Reaktionen — Überführen der Benzoesäure in B.-Äthylester (nach Röhrig[1]), in Benzaldehyd, in Anilinblau, in Salicylsäure siehe die oben zitierte ausführliche Arbeit von K. Fischer und O. Gruenert.

Nachweis von Benzoesäure nach Meißl siehe Abschnitt ,,Milch".

Statt Benzoesäure soll auch schon Zimtsäure verwendet worden sein. Betr. Nachweises siehe ,,Wein".

c) Salpeter[2]).

Amtliche Anweisung zum Nachweis ist nicht erlassen.

Man zieht nach Entfernung bezw. Extraktion des Fettes mit Wasser aus und prüft die Lösung mit den bekannten Nitratreagentien. Quantitativ bestimmt man den Salpeter nach Rabuteau[3]), indem man den wässerigen Auszug mit Bleiacetat fällt, das Filtrat mit kohlensaurem Natrium entbleit, filtriert, zur Trockne dampft und mit Alkohol extrahiert. Die Nitrate bleiben darnach rein zurück. Man löst in Wasser und bestimmt in der so hergerichteten Flüssigkeit die Salpetersäure nach Ulsch oder gasvolumetrisch nach Schlösing und Tiemann (vgl. ,,Wasser"), (Modifikation nach K. Farnsteiner und W. Stüber[4]). Auf das Nitronverfahren nach Paal und Mehrtens[5]) sei verwiesen.

d) Formaldehyd.

Außer der in der amtlichen Anweisung angegebenen Methode (nach Romijn)[6]), die als die schärfste gilt, sei noch auf folgende hingewiesen:

Reaktion nach Rimini[7]) mit Abänderung von C. Arnold und C. Mentzel[8]), 10 ccm formaldehydhaltige Flüssigkeit mit 10 ccm absolutem Alkohol durchschütteln, absitzen lassen, nötigenfalls überstehende Flüssigkeit durch ein trockenes Filter filtrieren; zu 5 ccm Filtrat 0,03 g festes Phenylhydrazinchlorid, dann 4 Tropfen $FeCl_3$ und schließlich unter Kühlung allmählich 12 Tropfen konzentrierte H_2SO_4 hinzufügen. Bei Vorhandensein von Formaldehyd entsteht rote, sonst nur gelbe

---

[1] Bericht der chem. Untersuchungsanstalt Leipzig 1906. 12.
[2] Kochsalznachweis in Pökelfleisch siehe die amtliche Anweisung.
[3] Gaz. med. de Paris 1874.
[4] Zeitschr. f. Unters. d. Nahr.- u. Genußm. 1905. 10. 330.
[5] Ebenda 1906. 12. 410.
[6] Pharm. Ztg. 1895. 40. 407.
[7] Zeitschr. f. Unters. d. Nahr.- u. Genußm. 1898. 1. 858.
[8] Ebenda 1902. 5. 753 und Chem. Ztg. 1902. 26. 246.

Färbung (Acetaldehyd gibt die Reaktion nur in Verdünnungen von 1 : 150, Benzaldehyd, Chloral, Aceton überhaupt nicht). Die Reaktion eignet sich besonders auch zum Nachweis in Milch.

Phloroglucinreaktion nach Tollens und Weber[1]). Erhitzen der Formaldehydlösung mit einigen Tropfen 1%-iger Phloroglucinlösung und gleichen Raumteilen HCl (1,19) 2 Stunden lang. Zunächst weißliche Trübung, spätere Ausscheidung von rotgelben Flocken. (Quantitative Anwendung der Methode auch möglich, siehe Literatur.)

Reaktion nach O. Hehner[2]) mit Schwefelsäure (namentlich für Milch anwendbar). Man verdünnt erst die Milch mit dem gleichen Volumen Wasser und läßt konzentrierte H_2SO_4 zufließen. Berührungszone bei Anwesenheit von Formaldehyd violetter Ring; die Sicherheit und Schärfe der Reaktion wird erhöht, wenn man vorher der Milch etwas Pepton zusetzt (K. Farnsteiner[3]) u. a.).

Weitere zahlreiche Reaktionen auf Formaldehyd finden sich in den Handbüchern von J. König u. s. w. und in der Zeitschr. f. Unters. d. Nahr.- u. Genußm.

e) Schweflige Säure, schwefligsaure und unterschwefligsaure Salze.

Vgl. die amtl. Anweisung S. 167.

Qualitativ läßt sich schweflige Säure auch nach H. Schmidt[4]) nachweisen, indem man Stärkepapier mit 1 Tropfen einer stark verdünnten Jod-Jodkaliumlösung betupft; die entstehende Blaufärbung wird durch SO_2 aufgehoben. — Mit Zink und Salzsäure tritt Reduktion zu H_2S ein — Bleipapier! (Zink auf H_2S-Entwickelung erst prüfen!) —

Thiosulfate werden neben schwefligsauren Salzen nach C. Arnold und C. Mentzel[5]) auf folgende Weise nachgewiesen: Etwa 10 bis 12 g des feingehackten Materials mit ebensoviel einer Mischung gleicher Raumteile Wasser und Weingeist mit einem Glasstab im Reagensglase durcharbeiten, langsam unter Umschwenken zum Sieden erhitzen und nach dem Abkühlen filtrieren. Bei genügender Abkühlung läuft das Filtrat klar ab. Zu 2 bis 3 Tropfen davon etwa 1 bis 2 ccm 0,5 %-iges Natriumamalgam und nach 10 Minuten langer Entwickelung von Wasserstoff (Umschwenken!), in kurzen Zwischenräumen 2 bis 3 Tropfen einer 2%-igen Nitroprussidnatriumlösung zusetzen. Rötliche Färbung (infolge H_2S-Bildung) bei Anwesenheit von Thiosulfat. Gelbfärbung, wenn nur Sulfit zugegen ist.

Bezüglich quantitativer Methoden sei nur noch auf die von Th. Schumacher und E. Feder[6]) angegebene Methode verwiesen. Die amtlich vorgeschriebene und allbekannte quantitative Methode wird wohl in der Regel zu bevorzugen sein.

Betreffs freier und gebundener SO_2 siehe bei „Obstdauerwaren".

---

[1]) Bericht der deutsch. chem. Ges. 1897. 30. 2510; 1899. 32. 2841; vgl. auch Utz, Apothek.-Ztg. 1900. 15. 884.
[2]) Zeitschr. f. Unters. d. Nahr.- u. Genußm. 1896. 11. 276.
[3]) Forschungsber. 1896. 3. 363.
[4]) Arbeiten a. d. Kais. Gesundh.-Amte 1904. 21. 226.
[5]) Zeitschr. f. Unters. d. Nahr.- u. Genußm. 1903. 6. 550.
[6]) Ebenda 1905. 10. 649.

f) Fluorwasserstoff und dessen Salze.

Qualitativ s. amtl. Anweisung S. 168 und Abschnitt Wein S. 424.

Quantitative Bestimmungen siehe Treadwell (Zeitschr. f. analyt. Chemie 1903, 2, 325) und sonstige Lehrbücher für analytische Chemie.

g) Salicylsäure und deren Verbindungen.

Methoden zum Nachweis siehe amtl. Anweisung S. 168 sowie auch Abschnitte „Milch" und „Wein".

Zur quantitativen Bestimmung der Salicylsäure gibt es zurzeit für die Praxis keine völlig exakten Methoden. Da es sich in den meisten Fällen auch nur um annähernde Feststellungen der Menge handeln dürfte, genügt es im allgemeinen, die gewichtsanalytische Bestimmung durch Verdunsten des Ätherpetrolätherauszugs [1]) und vorsichtiges Trocknen (wegen Sublimation) bei niedriger Temperatur bezw. über Schwefelsäure vorzunehmen. Erhält man keine reinen, weißen Krystalle, so empfiehlt es sich, das Objekt mit Chloroform umzukrystallisieren. Auf die kolorimetrische Methode von W. L. Dubois[2]) sei verwiesen.

Bemerkung: Vorstehende Untersuchungsmethoden finden sinngemäß auch bei der Untersuchung der Konservierungs- und Farberhaltungsmittel selbst entsprechende Anwendung. Das über die Anwendung gewisser gesundheitsgefährlicher Stoffe verhängte gesetzliche Verbot (Bekanntmachung des Bundesrats v. 18. Febr. 1902) hatte zur Folge, daß eine große Zahl — man kennt mehr als 100 — sogen. Konservierungssalze mit allerlei Fantasienamen z. B. to Seeth, Treuenit, Assovia, Lipsiasalz, Carvin, Zeolith u. s. w. u. s. w. zusammengestellt und in Verkehr gebracht worden sind. Abgesehen davon, daß manche derselben auch verbotene Stoffe enthalten, kehren deren sonstigen Bestandteile in den einzelnen Produkten häufig wieder. Im wesentlichen handelt es sich um Mischungen von Kochsalz, Salpeter, Zucker, Holzessig, essigsaurer Tonerde Benzoesäure und deren Salze, Acetate und Phosphate verschiedener Basen. Der Nachweis dieser Stoffe erfolgt, soweit derselbe nicht durch obige Methoden erbracht werden kann, nach dem allgemeinen Gang der qualitativen und quantitativen Analyse. Bestimmte Untersuchungsnormen lassen sich dafür nicht zum voraus angeben. Mit Vorteil kann man sich jedoch die Alkalitätsbestimmung der Fleischasche nach dem von K. Farnsteiner ausgearbeiteten Fällungsverfahren [3]) zunutze machen. Vergl. auch A. Kickton, die Alkalitätsbestimmungen bei Fleischasche [4]). Die Alkalitätshöhe läßt auch Schlüsse auf eine etwa zugesetzte Kochsalzmenge ziehen. Über die Beurteilung der nicht unter das Fleischbeschaugesetz fallenden Konservierungsmittel als Zusätze zu Fleisch u. s. w. vergl. weiter unten.

---

[1]) Ed. Späth nimmt 3 Teile Petroläther und 2 Teile Chloroform (Zeitschr. f. Unters. d. Nahr.- u. Genußm. 1901. 4. 924).
[2]) Ebenda 1907. 18. 656.
[3]) Zeitschr. f. Unters. d. Nahr.- u. Genußm. 1907. 13. 305.
[4]) Ebenda 1908. 16. 561.

7. Nachweis von minderwertigen Stoffen und Verdorbenheit[1])

kann meist nur durch Sinnenprüfung erbracht werden; von wesentlicher Bedeutung ist dabei, daß die zu untersuchende Ware möglichst in allen Teilen, an äußeren und inneren, geprüft wird. Würste werden zu diesem Zwecke langseitig oder diagonal durchschnitten. (Auch das Gewicht und die Form ist zu notieren.) Des weiteren ist die Ware teils makroskopisch, teils mit der Lupe auf fremdartige oder ungewohnte Beimengungen (Knorpeln, Därme u. s. w.) durchzusehen. Alte eingehackte Würste sind bisweilen, wenn sie nicht gründlich zerhackt sind, an besonderer Umgrenzung und an den Farbenunterschieden zu erkennen, auch Därme von eingearbeiteten Würsten und dergl. mehr lassen sich bisweilen auffinden. Neben der Prüfung der Ware auf Geruch und Geschmack in ursprünglichem Zustand empfiehlt sich auch die Geruchsprobe nach dem Erwärmen mit oder ohne Wasser.

Sichere Anzeichen für Fleischfäulnis sind neben den durch den Geruchssinn wahrzunehmenden Veränderungen: graugrüne bis schwärzliche Verfärbung, sowie schmierige Beschaffenheit (Fingereindrücke bleiben längere Zeit bestehen). Die Querstreifung der Muskelfasern (unter dem Mikroskop) ist teilweise oder ganz verwischt; alkalische Reaktion, abgesehen von solchen Fällen, wo Säuerung eingetreten ist. Zu beachten ist aber, daß alkalische Reaktion auch bei gänzlich normalem Zustande z. B. bei gewissen, frischen Organen und Blut u. s. w., bei gepökeltem und geräuchertem Schinken, marinierten Fischen (Trimethylamin) und ähnlichen Fleischwaren eintreten kann. Erkennungszeichen für Verdorbenheit von Fischen sind: Bläße der roten Kiemen, Glanzlosigkeit der Augen. Bei Krebsen, welche erst einige Zeit nach dem Tode abgekocht wurden und deshalb giftig sein können, behält der Schwanz die gestreckte Lage bei, während lebende Krebse, in siedendes Wasser gebracht, ihren Schwanz so krümmen, daß er am Bauche liegt. An Fleisch- und Fischkonserven in Büchsen ist das äußere Erkennungszeichen beginnender oder vorhandener Verderbnis, daß die Deckel- oder Bodenwand der Büchsen eine mehr oder weniger starke Wölbung (Bombage) zeigt. Bei normaler Ware müssen beide glatt oder eingezogen sein. Es kommt vor, daß bombierte Büchsen zwecks Entfernung der Gase angebohrt und wieder verlötet werden. Selbstverständlich ist eine solche Tat höchst verwerflich. Man muß bei der Prüfung derartiger Ware stets nach solchen Bohrstellen suchen. Bei marinierter Ware sind schleimige und trübe Beschaffenheit, sowie strenger unangenehmer, bisweilen übler Geruch der Sauce, Aspicmasse (Gallerte) sichere Kennzeichen für Fäulnis oder anderweitige Zersetzungserscheinungen. Verdorbenheit von Dauerwaren kann auch in Ranzigkeit des Specks und dem bei alten Waren öfters eingetretenen muffigen Geruch bestehen; auch Maden, Milben und deren Exkremente können die Ursache von Verdorbenheit bilden.

Die bakteriologische Untersuchung (siehe diese) verdorbener

---

[1]) Vgl. auch die Ausführungsbestimmungen D zum Schlachtvieh- und Fleischbeschaugesetz im Anhang.

oder giftig wirkender Fleischwaren und Konserven verläuft vielfach gänzlich negativ.

Die chemischen Untersuchungsmethoden auf Fleischfäulnis sind folgende:

a) Methode W. Eber [1]. 1 ccm einer Mischung von 1 Teil reiner Salzsäure, 3 Teilen 96%-igen Alkohols und 1 Teil Äther bringt man in ein möglichst weites Reagensglas und führt ein an einem Draht befestigtes Stückchen des Untersuchungsmaterials in direkte Nähe der Mischung. Eine Berührung der Wände mit dem Objekt ist zu vermeiden. Bei Fleischfäulnis tritt Nebelbildung (salzsaures Ammonium) ein. (Beobachtung bei durchfallendem Licht). Vergl. im übrigen das Vorhergesagte betreffs Ammoniakbildung bei unverdorbenen Waren. Selbstverständlich ist, daß in dem Raum, wo die Prüfung stattfindet, nicht Ammoniakdämpfe vorhanden sind. Auf den S. 34 der „Vereinbarungen", 1. Teil, empfohlenen Nachweis der Fleischfäulnis durch Ermittelung einzelner Fäulnisprodukte wie Skatol u. s. w. sei verwiesen. Es muß dem Urteil des Einzelnen überlassen bleiben, ob er sich von dem dort angegebenen Wege Erfolg verspricht oder nicht.

b) Nachweis von Schwefelwasserstoff geschieht dadurch, daß das fragliche Objekt in ein Glas gebracht und mittels eines Korkes ein mit Bleiacetat befeuchteter Filtrierpapierstreifen hineingehängt wird.

c) Der Säuregrad wird nach der im Abschnitt „Fette" angegebenen Methode bestimmt.

Vergl. im übrigen die Ausführungsbestimmungen zum Fleischbeschaugesetz betr. Feststellung der äußeren Merkmale und der Verdorbenheit.

8. Nachweis von Giften.

a) Metallgifte und Alkaloide vergl. den Abschnitt „Die Ausmittelung von Giften in gerichtlichen Fällen". A. Halenke [2] nimmt die Zerstörung der organischen Substanz mittels der Kjeldahlschen Methode vor.

b) Ptomaine. Ihr Nachweis erfordert viel Material und Zeitaufwand, daneben sind physiologische Versuche notwendig. Von praktischer Bedeutung ist dieser Nachweis nicht und kann daher nur auf die Speziallitteratur verwiesen werden [3].

Fleischextrakte, Peptone, fleischhaltige Nährmittel, Suppenwürzen u. s. w.[4].

Vorbemerkung. Falls die Präparate nur geringe Mengen von in kaltem Wasser unlöslichen Bestandteilen enthalten, nimmt man von

---

[1] Arch. f. wissenschaftl. und prakt. Tierheilk. 1891. 17.
[2] Zeitschr. f. Unters. d. Nahr.- u. Genußm. 1899. 2. 128.
[3] L. Brieger, Vereinbarungen III. 18 und Deutsche med. Wochenschrift 1885. No. 53 (betr. Mytilotoxinnachweis in giftigen Miesmuscheln).
[4] Im Wesentlichen nach den Vereinbarungen I. Teil.

Fleischextrakte, Peptone, fleischhaltige Nährmittel, Suppenwürze. 187

festen und sirupösen Präparaten 10 bis 20 g, von flüssigen entsprechend mehr (25 bis 50 g), löst in kaltem Wasser, filtriert und füllt das Filtrat auf 500 ccm auf.

Von diesem klaren Filtrate dienen entsprechende aliquote Teile zur Bestimmung der einzelnen Bestandteile. Nur für die Bestimmung des Gesamtstickstoffes, sowie der Mineralstoffe verwendet man bei festen und sirupösen Präparaten vorteilhaft auch vielfach die unveränderte Substanz; ebenso muß man die letztere verwenden zur Bestimmung des Wassers und Stickstoffs, falls ein Teil der Substanz in kaltem Wasser unlöslich ist.

Der Untersuchung hat auch eine Prüfung der äußeren Beschaffenheit, event. auf bakteriologische Untersuchung vorauszugehen.

1. Bestimmung des Wassers.

Man trocknet in einer mit Sand u. s. w. beschickten Platinschale einen aliquoten Teil der obigen Lösung oder, falls ein Teil der Substanz in kaltem Wasser unlöslich ist, so viel von der ursprünglichen Substanz, die man direkt in die Schale gewogen und in warmen Wasser zur Verteilung gelöst hat, ein, als 1 bis 2 g Trockensubstanz entspricht, und verfährt im übrigen nach S. 11, wie es dort für sirupöse Substanzen angegeben ist.

2. Bestimmung des Gesamtstickstoffes und der einzelnen Verbindungsformen desselben.

a) Bestimmung des Gesamtstickstoffes[1]).

In einem aliquoten Teile der Lösung oder in so viel der ursprünglichen Substanz, als höchstens 1 g Trockensubstanz entspricht, wird der Gesamtstickstoff nach Kjeldahl bestimmt.

Bei ungleichmäßigen Gemischen verfährt man zur Erzielung einer besseren Durchschnittsprobe nach S. 15.

b) Stickstoff in Form von Fleischmehl oder unveränderten Eiweißstoffen und koagulierbarem Eiweiß (Albumin).

Enthalten die Fleischpräparate in kaltem Wasser unlösliche Substanzen (Fleischmehl u. s. w.), so löst man, wie oben angegeben, bei festen oder sirupösen Präparaten 10 bis 20 g in kaltem Wasser oder verdünnt bei flüssigen Präparaten 25 bis 50 g mit etwa 100 bis 200 ccm, unter Umständen auch mehr kaltem Wasser und filtriert nach dem Absetzen des Unlöslichen durch ein Filter von bekanntem Stickstoffgehalt, wäscht mit kaltem Wasser hinreichend nach und verbrennt das Filter mit Inhalt nach Kjeldahl. Die so gefundene Stickstoffmenge, von welcher die Stickstoffmenge des Filters in Abzug zu bringen ist, mit 6,25 multipliziert, ergibt die Menge der vorhandenen unlöslichen Eiweißstoffe, bezw. des Fleischmehles. Das etwaige Vorhandensein des letzteren ist durch mikroskopische Untersuchung nachzuweisen.

---

[1]) Bestimmung des verdaulichen Stickstoffes (Protein) nach Stutzer, siehe Abschnitt Futtermittel, S. 47.

Das Filtrat, oder wenn die Substanz in kaltem Wasser vollständig löslich ist, die wässerige Lösung der Substanz wird mit Essigsäure schwach angesäuert und gekocht. Scheidet sich hierbei **koagulierbares Eiweiß (Albumin)** in Flocken ab, so wird dasselbe ebenfalls durch ein Filter von bekanntem Stickstoffgehalt abfiltriert, mit heißem Wasser gewaschen und nach Kjeldahl verbrannt; die gefundene Stickstoffmenge abzüglich des Filterstickstoffs mit 6,25 multipliziert, ergibt die Menge des vorhandenen koagulierbaren Eiweißes (Albumin). Das Filtrat wird auf 500 ccm aufgefüllt.

Wenn die Fleischpräparate nur geringe Mengen unlösliches und gerinnbares Eiweiß enthalten, so ist eine Trennung derselben nicht erforderlich.

c) **Bestimmung des Albumosen-Stickstoffes.**

Zur Bestimmung der Albumosen (einschließlich des Leimes) verwendet man 50 ccm der obigen klaren Lösung des Präparates, bezw. des auf 500 ccm aufgefüllten Filtrates der Albumin- u. s. w. Fällung.

Die 50 ccm dieser Lösung werden nach A. Bömer[1]) mit Schwefelsäure schwach angesäuert (um das Ausfallen von unlöslichen Zinksalzen wie Phosphat u. s. w. zu verhindern) und darauf mit fein gepulvertem Zinksulfat in der Kälte gesättigt. Nachdem sich die ausgeschiedenen Albumosen (an der Oberfläche der Flüssigkeit) abgesetzt haben und am Boden des Glases noch geringe Mengen des ungelösten Zinksulfates vorhanden sind, werden sie abfiltriert, mit kaltgesättigter Zinksulfatlösung hinreichend nachgewaschen und nach Kjeldahl verbrannt. Durch Multiplikation der gefundenen Stickstoffmenge abzüglich des Filterstickstoffs mit 6,25 erhält man die derselben entsprechenden Albumosen. Da Fleischextrakte und Peptone in der Regel nur wenig Ammoniakstickstoff zu enthalten pflegen und bei Gegenwart geringer Mengen von Ammoniaksalzen in einer mit Zinksulfat gesättigten Lösung kein unlösliches Doppelsalz von Ammonsulfat mit Zinksulfat sich abscheidet, so kann von einer Bestimmung des Ammoniakstickstoffes in der Zinksulfatfällung bei der Bestimmung der Albumosen abgesehen werden.

Sind dagegen nennenswerte Mengen Ammoniak in den Präparaten, so werden weitere 50 ccm der obigen Lösung in derselben Weise mit Zinksulfat gefällt, in dem Niederschlage nach e) der Ammoniakstickstoff bestimmt und letzterer von dem Gesamtstickstoff des Zinksulfatniederschlages abgezogen.

d) **Bestimmung des Pepton- und Fleischbasen-Stickstoffes.**

Enthalten die zu untersuchenden Fleischpräparate neben Peptonen auch noch Fleischbasen, so ist eine Trennung derselben bis jetzt unmöglich: wenn dagegen durch qualitative Reaktionen die Abwesenheit von Peptonen nachgewiesen ist, oder die Peptone frei von Fleischbasen und anderen Alkaloiden sind, so geschieht die Fällung und Bestimmung der Peptone oder Fleischbasen am besten durch Phosphorwolfram- oder Phosphormolybdänsäure.

---

[1]) Zeitschr. f. analyt. Chemie 1895. 34. 562.

Für den qualitativen Nachweis von Pepton empfiehlt sich die Biuret-Reaktion nach dem von R. Neumeister[1]) empfohlenen Verfahren. Man verwendet hierzu zweckmäßig das Filtrat der Zinksulfatfällung oder sättigt einen neuen Teil der wässerigen Lösung mit Zinksulfat, wie oben angegeben ist. Darauf wird filtriert, das Filtrat mit so viel konzentrierter Natronlauge vermischt, bis das anfänglich sich ausscheidende Zinkhydroxyd sich wieder vollständig gelöst hat, und zu der klaren Lösung einige Tropfen einer 1%-igen Lösung von Kupfersulfat hinzugefügt. Eine rotviolette Färbung zeigt Pepton an.

Hierzu ist zu bemerken, daß bei dunkelgefärbten Präparaten (Liebigs Fleischextrakt) wegen der erforderlichen starken Verdünnung sich geringe Mengen von Pepton dem Nachweise entziehen.

Für den qualitativen Nachweis von Fleischbasen neben Pepton versetzt man einen neuen Anteil der wässerigen filtrierten Lösung mit überschüssigem Ammoniak bis zur deutlichen alkalischen Reaktion, filtriert von etwa entstehendem Niederschlage (Phosphate) ab, und fügt zu dem Filtrat eine Lösung von salpetersaurem Silber (etwa 2,5 g Silbernitrat in 100 ccm Wasser) hinzu. Der entstehende Niederschlag enthält die Silberverbindung der Xanthinbasen und beweist die Anwesenheit von Fleischbasen[2]).

Die quantitative Fällung der Peptone, sowie der Fleischbasen geschieht in folgender Weise:

Das Filtrat der Zinksulfatfällung wird stark mit Schwefelsäure angesäuert und mit der üblichen Lösung des phosphorwolframsauren Natriums[3]), zu der man auf 3 Raumteile 1 Raumteil verdünnte Schwefelsäure (1 : 3) hinzusetzt, so lange versetzt, als noch ein Niederschlag entsteht; der Niederschlag wird durch ein Filter von bekanntem Stickstoffgehalt filtriert, mit verdünnter Schwefelsäure (1 : 3) ausgewaschen, samt Filter noch feucht in einen Kolben gegeben und darin der Stickstoffgehalt nach Kjeldahl ermittelt. Durch Multiplikation des gefundenen Stickstoffgehaltes mit 6,25 erhält man die Menge des vorhandenen Peptons.

Bei Gegenwart von Fleischbasen neben Pepton oder von Fleischbasen allein ist eine Berechnung des Gehaltes an Pepton + Fleischbasen bezw. der Fleischbasen allein wegen des hohen Stickstoffgehaltes der letzteren durch Multiplikation des Stickstoffes mit 6,25 nicht angängig. Es empfiehlt sich in solchen Fällen nur die Angabe der „in Form von Pepton- + Fleischbasen und event. von Ammoniak vorhandenen Stickstoffmenge".

Fleischbasen und Pepton können auch zusammen mit den Albumosen in der ursprünglichen wässerigen Lösung in der angeführten

---

[1]) Zeitschr. f. Biologie 1890 (N. F.). 2. 324.
[2]) Eigentlich nur die Anwesenheit von Hypoxanthin und Xanthin; weil diese aber in allen Fleischsorten und Fleischerzeugnissen in geringerer Menge vorkommen als Kreatin und Kreatinin u. s. w., mindestens letztere stets begleiten, so kann aus dem erhaltenen Niederschlage auch auf die Anwesenheit der anderen Fleischbasen geschlossen werden.
[3]) Bereitung: 120 g phosphorsaures und 200 g wolframsaures Natrium löse man in 1 l destillierten Wassers und gebe zu dieser Lösung 10 ccm Salpetersäure.

Weise mit Phosphorwolframsäure gefällt werden; in diesem Falle ist der durch Zinksulfat fällbare Stickstoff von der gefundenen Stickstoffmenge in Abzug zu bringen und der Rest als Pepton- + Fleischbasenstickstoff zu bezeichnen.

Die Phosphorwolframsäurefällung entsteht erst allmählich, die Probe ist daher einige Tage (5 bis 7) stehen zu lassen.

Durch Phosphorwolframsäure wird der Ammoniakstickstoff gefällt, bei der Berechnung des Pepton- + Fleischbasenstickstoffes ist der nach e) gefundene Ammoniakstickstoff von der durch Phosphorwolframsäure gefällten Stickstoffmenge abzuziehen, besser ist es jedoch, in einer zweiten Phosphorwolframsäure-Fällung den Ammoniakstickstoff durch Destillation mit Magnesia nach e) bestimmen und abziehen.

e) Bestimmung des Ammoniakstickstoffes im Fleischextrakt.

100 ccm der Fleischextraktlösung werden mit etwa 100 ccm Wasser verdünnt und aus dieser Lösung das Ammoniak durch Magnesia oder Bariumkarbonat abdestilliert.

f) Aus der Differenz zwischen dem Gesamtstickstoff und der Summe der unter b) bis e) bestimmten Stickstoffmengen ergibt sich der Gehalt des Präparates an „sonstigen Stickstoffverbindungen".

g) Bestimmung des Leimstickstoffes.

Enthält das zu untersuchende Präparat Leim, so findet man denselben nach den vorstehenden Methoden als Albumosen.

Eine Trennung des Leimes von den Albumosen, oder des Leimpeptons von den Eiweißpeptonen ist mit einiger Genauigkeit nicht möglich. Auf das Stutzersche Verfahren wird verwiesen.

3. Bestimmung des Fettes.

Dieselbe geschieht in der mit Sand eingetrockneten, wasserfreien, zerriebenen Masse durch Ätherextraktion und Verdunsten der ätherischen Lösung in einem gewogenen Kölbchen. Fleischextrakte, welche sich klar im Wasser lösen, enthalten kein Fett. Vergl. im übrigen S. 170 Fettbestimmung des Fleisches.

4. Bestimmung von Zucker und Dextrin in Suppenwürzen.

Diese erfolgt in der wässerigen Lösung nach den allgemeinen Untersuchungsmethoden — Bestimmung der löslichen Kohlenhydrate [1]).

5. Bestimmung der Mineralstoffe.

Zur Ermittelung der Asche verfährt man nach S. 12. Darin event. Bestimmung von Kali, Phosphorsäure siehe S. 49, Abschnitt „Düngemittel".

6. Bestimmung des Alkoholextraktes in Fleischextrakten.

Nach J. v. Liebig [2]) und H. Röttger [3]). 2 g Extrakt werden in einem Becherglase abgewogen, in 9 ccm Wasser gelöst und darauf

---

[1]) Siehe auch Zeitschr. f. analyt. Chemie 1895. 34. 562.
[2]) Arch. f. Hygiene 1. 511.
[3]) Bericht über die 8. Versamml. bayr. Vertreter der angew. Chemie 1889. 99.

mit 50 ccm Weingeist von 93 Volumprozent versetzt. Der sich bildende Niederschlag setzt sich fest ans Glas an, worauf der klare Weingeist in eine vorher gewogene Schale abgegossen werden kann. Der Niederschlag wird wiederholt mit je 50 ccm Weingeist von 80 Volumprozent ausgewaschen, der Weingeist zu dem ersten Auszuge gegeben, die gesamte Lösung im Wasserbade bei etwa 70⁰ abgedampft und der Rückstand bis zur Gewichtskonstanz (was oft 20 bis 24 Stunden erfordert) bei 100⁰ getrocknet.

7. Identitätsnachweis von Fleischextrakt.

a) **Durch Nachweis und Bestimmung des Kreatinins** (Micko, Zeitschr. f. Unters. d. Nahr.- u. Genußm. 1902, **5**, 193 und 1910, **19**, 426. Baur und Barschall, Arb. a. d. Kais. Ges.-Amt 1906, 552.)

b) Auf biologischem Wege (siehe Abschnitt „Fleisch" S. 171 und Abschnitt „Blutnachweis".)

8. Nachweis von Hefeextrakt in Fleischextrakt.

(Micko, Zeitschr. f. Unters. d. Nahr.- u. Genußm. 1904, 8, 225.) Das Verfahren beruht auf dem Nachweis des von Salkowski (Berichte d. Deutsch. chem. Ges. 1894, **27**, 499) in Hefen entdeckten Hefegummis. Zum Nachweise löst man 1 Teil Extrakt in 3 Teilen heißem Wasser und versetzt die Lösung mit Ammoniak in mäßigem Überschuß. Das von dem entstandenen Niederschlage getrennte Filtrat wird nach dem Abkühlen auf gewöhnliche Temperatur mit frisch bereiteter natronhaltiger, ammoniakalischer Kupferlösung (100 ccm 13%-ige Kupfersulfatlösung, 150 ccm Ammoniak, 300 ccm 14%-ige Natronlauge) im Überschuß vermengt. Bei Gegenwart von Hefenextrakt entsteht ein klumpiger Niederschlag.

Nach eigenen Beobachtungen findet man mikroskopisch bisweilen noch Hefezellen in dem gelösten und zentrifugierten Extrakt.

Beurteilung.

a) Begriffsbestimmung und Zuständigkeit. Als Fleisch hat man der Deutschen Gesetzgebung folgend alle diejenigen tierischen Teile anzusehen, welche in den Ausführungsbestimmungen zum Schlachtvieh- und Fleischbeschaugesetz vom 3. Juni 1900 D § 1 Ziffer 1 benannt sind. Dazu gehören auch Körperfette und Würste. (Siehe auch Ziffer 2, wonach Fleischerzeugnisse, wie z. B. Fleischextrakt dazu nicht rechnen.) Embryonales Fleisch von ungeborenen oder zu früh geborenen Tieren gilt als verdorbenes Fleisch. Über zubereitetes Fleisch vergl. § 2 der vorerwähnten gesetzlichen Bestimmungen. Wurst ist nach der Auffassung des preußischen Kammergerichts (Urteil vom 24. Januar 1901)[1]) nur ein Gemenge von Fleischteilen und Gewürzen. Die Beurteilung von Fleisch ist, soweit rohes Fleisch in Betracht kommt, meist Sache des Tierarztes; diejenige zubereiteten Fleisches (gepökeltes, geräuchertes, gebratenes, gekochtes, mariniertes, konserviertes, Büchsen-Fleisch, Pasteten,

---

[1]) Auszüge a. d. gerichtl. Entscheid. (Veröff. d. Kais. Ges.-A.) **6**, 450.

Wurstwaren) ist häufiger Sache des Nahrungsmittelchemikers als des Tierarztes. Vergl. im übrigen das im Anfang des Abschnittes Gesagte.
b) **Verfälschungen bezw. Nachmachungen** (Verstoß gegen § 10 des Gesetzes vom 14. Mai 1897 bezw. § 367, 7 St.G.B.). Verarbeitung minderwertiger, nicht als normale Bestandteile giltiger Fleischteile (unappetitlicher Reste und Abfälle, alter Würste, von Geschlechtsteilen, Hautfleisch und dergl., sowie von Hundefleisch, Pferdefleisch [1]), § 18 des Fleischbeschaugesetzes) ist als Verfälschung, Unterschiebung gewisser Fleischsorten für andere, z. B. Pferdefleisch für Rindfleisch, Rindsleber für Kalbsleber ist als Nachmachung und event. als Betrug (§ 263 St.G.B.) anzusehen. Vergl. auch Urteil des Reichsgerichts [2]), Strafs. I. vom 15. Mai 1882 betr. Nachmachung von Schwartenmagen mit Schmer und Kuttelflecken, statt Fleisch, Schwarte und Speck. Beschwerung mit Wasser kommt weniger bei Fleisch, sondern bei Würsten (frischen) in Betracht. Als Fleischsorte, der direkt Wasser zugesetzt wird, kommt nur Schweinegehacktes in Betracht, das eine erhebliche Menge (bis zu etwa 30%), namentlich unter Zuhilfenahme von Bindemitteln ohne äußere augenfällige Veränderungen aufnimmt. Bei Brühwürsten (Wiener-, Jauersche-, Breslauer-, Knobländer- u. s. w.) soll angeblich ein Wasserzusatz zu Erzielung der Saftigkeit und des Knackens beim Brechen und Verzehren notwendig sein. Die Größe des Wasserzusatzes hängt natürlich auch von der relativen Trockenheit des Fleisches ab. Nach den „Vereinbarungen" soll der Wassergehalt bei Dauerwürsten nicht über 60%, bei solchen, welche für den augenblicklichen Konsum (namentlich Brühwürsten) bestimmt sind, nicht über 70% betragen. Mehl- (Stärkemehl-, Semmel-) gehören nicht zu den normalen Bestandteilen von Würsten und ähnlichen Erzeugnissen (Leberkäse und dergl.) vergl. auch die unter a) gegebene Definition des Kammergerichts. Als ortsüblich zugelassen ist in manchen Gegenden ein Zusatz von 1 bis 2% und mehr für einzelne oder auch für alle Wurstsorten; im allgemeinen beschränkt sich diese Ortsüblichkeit auf die billigen Sorten (insbesondere Semmelzusatz zu frischer Blut- und Leberwürsten) [3]). Ob Ortsüblichkeit besteht, dafür kann natürlich nicht die Ansicht der Schlächter allein maßgebend sein. Das Publikum kennt im allgemeinen den Mehlzusatz nicht, Semmelzusatz nur ausnahmsweise; wo letzterer gemacht wird, handelt es sich um herkömmlich so zubereitete vereinzelte Wurstsorten, dagegen ist Zusatz von Kartoffelmehl u. s. w. stets auf absichtliche Täuschung gerichtet und dem Publikum der Zweck [4]) dieses Zusatzes nicht bekannt. Mehl-

---

[1]) sowie Entscheidung des Reichsger. betr. nachgemachter Würstchen vom 1. März 1898; Auszüge a. d. gerichtl. Entscheidungen (Veröff. d. Kais. Ges.-A.) Bd. V. 334.
[2]) Entsch. d. Reichsger. Bd. IV, 485.
[3]) Nach dem Urteil vom 3. Juli 1906 des Oberst. Landgerichts München betr. Leberkäse darf auch die Grenze der Ortsüblichkeit nicht überschritten werden (vgl. Auszüge a. d. gerichtl. Entsch. Bd VII, 636).
[4]) Vgl. auch Urteil des Reichsger. vom 14. Oktober 1904, Auszüge a. d. gerichtl. Entsch Bd. VI, 514 d. Beil. zu den Veröffentl. des Kais. Gesundh.-Amtes; Urteil des Kammergerichts vom 24. Jan. 1901, ebenda Bd. VI, 450 des Oberlandesger. Stuttgart vom 19. Okt. 1908 betr. Kartoffelmehl (Fécule), Zeitschr. f. Unters. d. Nahr.- u. Genußm. Beil. 1909, S. 542.

Fleischextrakte, Peptone, fleischhaltige Nährmittel, Suppenwürze. 193

zusatz ist deshalb als eine Verschlechterung anzusehen, weil er Bindung minderwertiger, nicht bindungsfähiger Fleischteile ermöglicht, also dem Gefüge der Wurst bessere bezw. normale Beschaffenheit erteilt, ferner das Fleisch wasseraufnahmefähiger macht. Bei größeren Mehlzusätzen (über 2 %) spielt auch die Gewichtsvermehrung und Beschwerung durch einen billigen und minderwertigen Stoff als Fleisch eine Rolle. Der in der Wurst gebildete Stärkekleister gibt auch Veranlassung zu raschem Verderben (namentlich Sauerwerden).

Eiweißbindemittel (Albumin- und Kleberpräparate mit verschiedenartigen Fantasienamen, Sirona, Proteid und dergl.) sind ebenso wie Mehl zu beurteilen. Wegen ihres Bakterienreichtums sind alle Bindemittel, auch Mehl, schon der Haltbarkeit der Würste wegen, direkt schädlich; v. Raumer[1]) stellte auch Zusätze von Magnesiumsalzen (besonders essigsaurem Magnesium) fest. Bezüglich Beachtung von Stärkekörnern aus Pfeffer ist unter Nachweis S. 177 bereits das Nötige gesagt. Die üblichen anderen Gewürze, Koriander, Macis, Nelken, Majoran, Paprika enthalten keine Stärke.

Das künstliche Färben (mit Farbstoffen oder farbebildenden Stoffen) von Hackfleisch, Wurstwaren, einschließlich Wursthüllen [2]), welche zwecks Vortäuschung von Räucherung gemacht wird, ist als Verfälschung im Sinne des § 10 des Gesetzes vom 14. Mai 1897 anzusehen. § 21 des Fleischbeschaugesetzes vom 3. Juni 1900 in Verbindung mit den Bundesratsbekanntmachungen vom 18. Februar 1902 und 4. Juli 1908 verbietet die Verwendung täuschender oder gesundheitsschädlicher Stoffe bei der Zubereitung von Fleisch, womit namentlich auch die Verwendung von schwefliger Säure und Borsäure sowie die Färbung der Wurstwaren und die zwecks Vortäuschung von Räucherung vorgenommene Färbung der Wursthüllen mit Kesselrot u. s. w. getroffen werden soll. Nur bei Gelbwurst ist gelbe Färbung des Darmes zugelassen. Vergl. Anhang. Die Berechtigung dieser Annahme bezw. dieses Verbots geht aus der (unten[3]) bezeichneten Denkschrift die in folgenden Sätzen gipfelt, hervor.

1. „Bei Verwendung geeigneten farbstoffreichen Fleisches und unter Beobachtung der handwerksgerechten Sorgfalt und Reinlichkeit läßt sich eine gleichmäßig rot gefärbte Dauerwurst ohne Benutzung künstlicher Färbemittel herstellen;

2. der Zusatz von Farbstoff ermöglicht es, einer aus minder geeignetem Material oder mit nicht genügender Sorgfalt hergestellten Wurst den Anschein einer besseren Beschaffenheit zu verleihen, mithin die Käufer über die wahre Beschaffenheit der Wurst zu täuschen;

3. im Einklang mit den von dem Reichsgericht aufgestellten Rechtsgrundsätzen nimmt die Mehrzahl der bisher mit der Frage befassten

---

[1]) Zeitschr. f. Unters. d. Nahr.- u. Genußm. 1905. 9. 405.
[2]) Betr. Färben von Würsten vgl. Urteil des Reichsger. vom 8. März 1901 und vom 12. Januar 1903; betr. Wursthüllen vgl. Urteil des Kammerger. vom 1. Nov. 1907, Auszüge a. d. gerichtl. Entscheid. Bd. VI, S. 449, 467, letztgenannte Entscheidung ist noch nicht veröffentlicht.
[3]) Denkschrift über die Färbung der Wurst sowie des Hack- und Schabefleisches; ausgearbeitet im Kais. Gesundh.-Amte, Okt. 1898.

Bujard-Baier. 3. Aufl. 13

Gerichte an, daß die in manchen Gegenden eingeführte Färbung von Wurst vom Standpunkte des Nahrungsmittelgesetzes als ein berechtigter Geschäfsgebrauch nicht anzuerkennen ist;

4. bei Verwendung giftiger Farbstoffe vermag der Genuß damit gefärbter Wurst die menschliche Gesundheit zu schädigen;

5. aus frischgeschlachtetem Fleisch läßt sich ohne Anwendung von chemischen Konservierungsmitteln unter Beobachtung handwerksgerechter Sauberkeit Hackfleisch herstellen, das bei Aufbewahrung in niedriger Temperatur seine natürliche Farbe länger als 12 Stunden behält;

6. der Zusatz von schwefligsauren Salzen[1]) und solche Salze enthaltenden Konservierungsmitteln ist geeignet, die natürliche Färbung des Fleisches — aber nicht das Fleisch selbst — zu verbessern und länger haltbar zu machen; dem Hackfleisch kann mithin hierdurch der Anschein besserer Beschaffenheit verliehen werden;

7. der regelmäßige Genuß von Hackfleisch, welches mit schwefligsauren Salzen versetzt ist, vermag die menschliche Gesundheit, namentlich von kranken und schwächlichen Personen, zu schädigen."

Auf die Verwendung von sog. mildem Paprika (Rosenpaprika)[2]) als Färbemittel ist bereits unter Nachweis von Farbstoffen hingewiesen.

Von Konservierungsmitteln sind in der schon erwähnten Bekanntmachung verschiedene genannt, deren Zusatz strikte verboten ist. Ihr Zusatz kann unter besonderen Umständen auch als Vergehen bezw. Verbrechen im Sinne der §§ 12 bis 14 des Nahrungsmittelgesetzes angesehen werden, wenn dadurch der Fleischware eine gesundheitsschädliche Beschaffenheit verliehen wurde. Von derartigen Konservierungsmitteln kommen am meisten Borsäure und schweflige Säure und deren Salze in Betracht, Formaldehyd, Fluorwasserstoffsäure u. s. w. kommen seltener vor; während über die große Schädlichkeit der beiden letzteren keinerlei Zweifel geltend gemacht wurden, involvierte die Frage, inwieweit die erstgenannten die menschliche Gesundheit zu beschädigen geeignet sind, zahlreiche Kontroverse. Die relative Giftigkeit der schwefligen Säure (s. auch oben) und namentlich der Borsäure geht aus zahlreichen, von deutschen und ausländischen Medizinern und Hygienikern[3]) angestellten Versuchen hervor und ist auch vom XIV. internationalen Hygienischen

---

[1]) Am bekanntesten ist das als Präservesalz bezeichnete schwefligsaure Natrium. Neuerdings wird dasselbe auch als „Scheuersalz angeboten, wodurch indirekt der Verwendung vom Präservesalz Vorschub geleistet wird. Verschiedene Winke über die Beurteilung des Zusatzes von schwefligsauren Salzen zu Fleisch (insbesondere zu Hack- und Schabefleisch) cf. Preuß. Ministerialerlaß vom 7. Jan. 1910 Zeitschr. f. Unters. d. Nahr.- u. Genußm. 1910, Beiheft S. 51.

[2]) Vgl. auch Polenske, Arbeiten aus dem Kais. Gesundh.-Amte 1904. 20. 567; A. Beythien, Zeitschr. f. Unters. d. Nahr.- u. Genußm. 1902. 5. 858.

[3]) Kionka, Giftwirkung der schwefligen Säure. Zeitschr. f. Hyg. 1896. 22. 351; Rost, Wirkung der Borsäure. Arbeiten aus dem Kais. Gesundh.-Amt 1902. 19. 1; H. W. Wiley, Die Wirkungen der Borsäure. U. S. Dep. of Agricult. Bur. of Chem. Circ. 15; Pharm. Zentralh. 1905. 154. Die Aufnahme von SO_2 aus den Verbrennungsprodukten des Leuchtgases ist so gering, daß sie unter normalen Verhältnissen gar nicht in Frage kommen kann. (A. Kickton, Zeitschr. f. Unters. d. Nahr.- u. Genußm. 1905, 10, 159.)

Kongreß 1906 [1]) anerkannt worden. Weitere Anhaltspunkte finden sich in der technischen Begründung des Bundesratsbeschlusses vom 18. Februar 1902 betr. gesundheitsschädliche und täuschende Zusätze zu Fleisch und dessen Zubereitungen [2]). Folgender Passus möge davon hervorgehoben sein: „Bei der Beurteilung der Frage, welche Konservierungsmittel eine gesundheitsschädliche Beschaffenheit des Fleisches herbeizuführen oder eine minderwertige Beschaffenheit desselben zu verdecken geeignet sind, ist davon auszugehen, daß man allen chemischen Konservierungsmitteln, welche nicht gleich dem Kochsalze, dem Salpeter und den beim Räuchern entstehenden Produkten durch lange Übung eingebürgert sind, mißtrauisch gegenübertreten muß, solange nicht ihre Unschädlichkeit erwiesen ist. Besonders muß aber der Verwendung solcher Stoffe entgegengetreten werden, die einer an sich nicht einwandfreien Ware den Anschein der Frische und der guten Beschaffenheit oder der sachgemäßen Zubereitung verleihen." Nach dem Urteil des Reichsgerichts, IV. Strafsenat vom 28. Nov. 1904 [3]) ist die Verwendung der in der vorgenannten Bekanntmachung zum § 21 des Fleischbeschaugesetzes angeführten Stoffe, ohne Rücksicht darauf, ob das in Einzelfällen verwendete Quantum gesundheitsschädliche Wirkungen hervorzubringen vermag, überhaupt verboten. Vgl. Urteil des Reichsgerichts vom 27. März 1908, Minist.-Bl. f. Mediz. u. s. w. Angel. 1908, 266. Andere Entscheidungen des Reichsgerichts [4]) und des preußischen Kammergerichts [5]) betr. Borsäure zu Eierkognak, bezw. Salicylsäure zu Citronensaft, Bier lassen sich ohne weiteres auch auf Fleischwaren u. s. w. anwenden; darnach sind alle fremden Zusätze, die das kaufende Publikum nicht erwartet, als eine Verschlechterung und damit als Verfälschung im Sinne des § 10 des Nahrungsmittelgesetzes anzusehen. In diesem Sinne können auch andere Konservierungsmittel, welche nicht zu den verbotenen der Bekanntmachung zählen, auch ohne als gesundheitsschädlich zu gelten, als unzulässig beanstandet werden. Die frischhaltende Wirkung dieser Mittel ist im allgemeinen eine noch geringere, als sie das schwefligsaure Natrium hervorzubringen imstande ist. Reinlich hergestelltes Hack- und Schabefleisch hält sich ebenso lange frisch als das konservierte. Die vielfach in Mischung mit anderen Stoffen (namentlich Salpeter, benzoesaurem Na u. s. w.) vermischten Alkaliphosphate wirken wegen ihrer starken Alkaleszenz wie Hydroxyde und Carbonate der Alkalien, woraus sich ebenfalls ohne weiteres das Recht ergibt, die Phosphate den letztgenannten auch rechtlich gleich zu stellen. Vergl. z. B. Urteil des Landgerichts Düsseldorf vom 15. Juni 1905 [6]) betr. eines aus

---

[1]) M. Gruber, K. B. Lehmann und Th. Paul, Der Stand der Verwendung von Konservierungsmitteln für Nahrungsmittel. Bericht des Hyg. Kongresses 1907, ref. Zeitschr. f. Unters. d. Nahr.- u. Genußm. 1909. 17. 102.

[2]) Deutscher Reichsanz. vom 24. Febr. 1902, No. 47, abgedruckt in Zeitschrift f. öffentl. Chemie 1902. 8. 61.

[3]) Auszüge aus den gerichtl. Entscheid. der Veröffentlichungen des Kais. Gesundh.-Amtes. Bd. VII. S. 599.

[4]) Vom 27. März 1908; Zeitschr. f. Unters. d. Nahr.- u. Genußm. 1909, Beilage S. 48.

[5]) Vom 16. Mai 1905; Auszüge aus den Entscheid. Bd. VII. 389.

[6]) Zeitschr. f. Unters. d. Nahr.- u. Genußm. 1907, 13, 168.

benzoesaurem Natrium und Kochsalz bestehenden Gemisches. Der Zusatz von Borsäure u. s. w. zu Fischkonserven (Krabben, Appetitsild, Kaviar u. s. w.) kann auf Grund des Fleischbeschaugesetzes nicht beanstandet werden, da in diesem nur von Fleisch warmblütiger Tiere die Rede ist. Nach einem Urteil des Landgerichts II, Berlin[1] vom 6. Dez. 1904 soll auch die Beanstandung von Krabbenkonserven mit Borsäuregehalt nach § 12 des Nahrungsmittelgesetzes nicht gerechtfertigt sein (Neufeld l. c.); könnte aber nach § 10 erfolgen.

Vgl. auch P. Buttenberg, Über die Herstellung von borsäurefreien Krabben, Zeitschr. f. Unters. d. Nahr - u. Genußm. 1908, 16, 92 u. 1910, 20, 311.

Die Büchsen von Fleischkonserven müssen den Bestimmungen des Gesetzes betr. den Verkehr mit blei- und zinkhaltigen Gegenständen vom 25. Juni 1887 entsprechen. Das Olivenöl der Fischkonserven verändert[2] seine ursprüngliche chemische Beschaffenheit, da es allmählich mit Fischtran sich vermengt, also Vorsicht bei der Beurteilung!

An Fleischextrakte (feste) sind folgende Anforderungen[3] zu stellen:

1. Sie sollen kein Albumin und Fett (letzteres = Ätherextrakt nur bis 1,5%) enthalten.
2. Der Wassergehalt darf 21% nicht übersteigen.
3. In Alkohol von 80 Volumprozent sollen etwa 60% löslich sein.
4. Der Stickstoffgehalt soll 8,5 bis 9,5% betragen.
5. Der Aschengehalt soll zwischen 15 und 25% liegen und neben geringen Mengen Kochsalz vorwiegend aus Phosphaten bestehen.
6. Die Fleischextrakte dürfen keine oder nur Spuren unlöslicher (Fleischmehl u. s. w.) oder koagulierbarer Eiweißstoffe (Albumin) oder Fett enthalten.
7. Von dem Gesamtstickstoff dürfen nur mäßige Mengen in Form von durch Zinksulfat ausfällbaren löslichen Eiweißstoffen vorhanden sein.
8. Fleischextrakte dürfen nur geringe Mengen Ammoniak enthalten.
9. Fleischextrakte, welche in der Asche einen über 15% Chlor entsprechenden Kochsalzgehalt haben, sind als mit Kochsalz versetzt zu bezeichnen.

An Fleischpeptone sind folgende Anforderungen zu stellen:

10. Sie dürfen keine oder nur Spuren von unlöslichen oder koagulierbaren Eiweißstoffen oder Fett enthalten.
11. Der Stickstoff derselben soll möglichst vollkommen durch Phosphorwolframsäure fällbar sein, d. h. es sollen möglichst geringe Mengen von stickstoffhaltigen Fleischzersetzungsprodukten vorhanden sein, wobei für den Gehalt an Ammoniak dasselbe gilt, wie bei den Fleischextrakten.

Alle übrigen Fleischpräparate (Fleischsaft u. s. w.) fallen nicht unter die obigen Ausführungen.

Als Nachmachungen kommen Hefen- und Pflanzenfleischextrakte, als Verfälschungen Mischungen letztgenannter mit Fleischextrakten im Handel vor. Die Nachmachungen sind meist mit Fantasienamen, z. B.

---

[1] Auszüge a. d. gerichtl. Entsch. Bd. VII, 423.
[2] O. Klein, Zeitschr. f. angew. Chemie 1900. 559.
[3] 1—5 nach v. Liebig; 6—11 n. d. Vereinbarungen.

Fleischextrakte, Peptone, fleischhaltige Nährmittel, Suppenwürze. 197

Ovos u. s. w. belegt. Neuerdings sind solche Nachmachungen aus dem Verkehr fast völlig verschwunden, angeblich sollen aber vielfach Verfälschungen von Fleischextrakt damit ausgeführt werden. Suppenwürzen, Bouillontafeln, Suppentafeln u. . w. sind häufig minderwertige und aus oder mit Hefenextrakten hergestellte Produkte, teilweise mit erheblichen Mengen Kochsalz vermischt. Ihre Beurteilung bleibt, sofern nicht letztere Verfälschungen vorliegen, im allgemeinen auf Geschmack und Nährwert beschränkt. Der Preis steht vielfach nicht im Verhältnis zum Nähr- oder Genußwert. Maggis Suppenwürze soll öfters durch Wasserzusatz verfälscht worden sein. (Kontrolle durch Feststellung des spezifischen Gewichts bezw. Kochsalzgehalts.)

Fälschungen des Kaviars bestehen in Zusätzen von Öl, Sago, minderwertigen Fischeiern, Farbstoffen, Konservierungsmitteln; die Farbe des Kaviars ist dunkelgrau bis schwarz. Reaktion ist neutral. (Unter Kaviar versteht man die von den häutigen und faserigen Teilen befreiten Eier der verschiedenen Störe oder Acipenseriden.) Bei gutem Kaviar sind die Eier unverletzt und glatt, bei geringeren Sorten eingeschrumpft. Der Kaviar enthält stets Kochsalz in Mengen von 4 bis 12% beigemengt; sein Eiweißgehalt ist sehr hoch, etwa 31%. Das Bestreichen der Kiemen von Fischen mit roter Farbe zwecks Verdeckung von Minderwertigkeit oder Verdorbenheit, bezw. Erweckung des Scheins besserer Beschaffenheit ist einer Reichsgerichts-Entscheidung vom 18. Februar 1882 zufolge als Verfälschung anzusehen. Auf derselben Grundlage muß das Färben von Krabben, Krebsschwänzen, Hummern und die Behandlung von Wildpret oder Fischen mit Kaliumpermanganat zur Geruchlosmachung oder Verbesserung des Aussehens beurteilt werden[1]). Beimengungen von Mehl, Brot u. s. w. zu Pasteten, Pains und dergl. sind unzulässig. Anchovispasteten werden mit Ocker rot gefärbt. Während diese Färbung als erlaubt gilt, ist das Färben von Krebs- und Krabbenpräparaten, -extrakten, -pulvern wegen der dabei in Betracht kommenden Täuschung zu beanstanden. Krebsbutter darf nur aus Krebsen und Butter hergestellt sein. Schalenzusatz ist Fälschung[2]) und Betrug. Über Verfälschung der Krebsbutter mit Fremdfetten siehe Abschnitt „Butter".

c) **Verdorbenheit bzw. Gesundheitsschädlichkeit** (§ 10, Abs. 2, § 11 und §§ 12—14 des Gesetzes v. 14. Mai 1879; ferner § 367, Abs. 7, St.G.B.).

Im wesentlichen geben das Fleischbeschaugesetz und die dazu erlassenen Ausführungsbestimmungen (vergl. im Anhang) Auskunft über die Auslegung des Begriffes „Verdorben". (Dieses Gesetz unterscheidet außerdem noch nach Genußtauglichkeit (bedingter) und Minderwertigkeit. Als objektives Tatbestandsmerkmal des Begriffs Verdorben gilt beim Nahrungsmittelgesetz, daß erhebliche Abweichung vom Normalen vorhanden ist. Da es bisweilen schwierig ist, namentlich bei Würsten und dergl. die Grenze zwischen Minderwertigkeit und Verdorbenheit zu ziehen, empfiehlt es sich nur dann die Beanstandung auszusprechen, wenn mehrere der getroffenen Feststellungen überein-

---
[1]) Siehe auch K. Borchmann, Beiträge zur Marktkontrolle der animalischen Nahrungsmittel, Begutachtung von Büchsenkonserven. Zeitschrift f. Fleisch- u. Milchhyg. 1906. 16. 289.
[2]) Vgl. auch Urteil des Reichsger. vom 18. Dezember 1904.

stimmen. In Anbetracht der schweren Schädigungen, die durch verdorbene Fleischware entstehen können, muß andererseits die Beurteilung solcher Waren strenger als bei manchen anderen Nahrungsmitteln gehandhabt werden. Zu seiner Orientierung wird der Sachverständige sich die Rechtsanschauungen [1]) und ergangenen Entscheidungen in solchen Fällen ganz besonders zu Nutze machen.

Auf die hauptsächlichsten Merkmale der Verdorbenheit von Fleischwaren ist bereits unter „Nachweis" hingewiesen. Zu den verdorbenen Fleischwaren ist auch leuchtendes Fleisch zu rechnen; die erwähnte durch Bakterien hervorgerufene Eigenschaft ist, wenn auch nicht gesundheitsschädlich, so doch mindestens ekelerregend. Aufgeblasenes, finniges, madiges, embryonales und von ungeborenen Kälbern stammendes Fleisch gilt als verdorben, ebenso Fleisch, das von Tieren stammt, die mit Fischen oder dergl. gefüttert sind und deshalb einen tranigen Geschmack hat. Für die Annahme einer Straftat im Sinne der gesetzlichen Bestimmungen ist von wesentlicher Bedeutung, daß die fraglichen Waren feilgehalten oder verkauft sind. Bei Beschlagnahme und Abfassung des Gutachtens ist darauf besonders Wert zu legen. Sind z. B. verdorbene Würste im Nebenraum einer Schlächterei gefunden worden, so ist es fraglich, ob der betreffende Verkäufer u. s. w. sich strafbar gemacht hat; §§ 10, 11 des Nahrungsmittelgesetzes erfordern auch den Nachweis eines gewissen Täuschungszweckes (wissentlich oder fahrlässig), während § 367, 7, St.G.B. (Übertretung) das Feilhalten und Verkaufen verfälschter und verdorbener Nahrungsmittel schlechtweg verbietet.

Die Frage der Gesundheitsschädlichkeit muß dem Arzt oder Tierarzt überlassen bleiben. Wo sich feststehende Ansichten darüber gebildet haben, kann sich auch der Nahrungsmittelchemiker unter entsprechendem Hinweis auf medizinische Obergutachten äußern, z. B. bei den Konservierungsmitteln (Borsäure, schweflige Säure und dergl.). Die Gesundheitsschädlichkeit braucht nicht bereits eingetreten zu sein, es genügt, daß eine Fleischware als „geeignet die menschliche Gesundheit zu beschädigen" (§ 12) angesehen wird. Fleischvergiftungen[2]) können durch faulige Zusetzungen (Botulismus) oder Veränderungen (infolge kranker Organe) oder durch pathogene Bakterien z. B. den Paratyphusbazillus hervorgerufen werden; bisweilen fehlen die äußeren Kennzeichen vollständig (Bakterien, Fäulnisalkaloide), z. B. bei den häufig epidemisch auftretenden Hackfleisch-, Austern- und Miesmuschelvergiftungen. Dasselbe kann auch bei Büchsenkonserven (namentlich solchen von Fischen und Krustentieren) vorkommen.

Anhang:

Eier.

Die Untersuchung erstreckt sich meist nur auf Genußtauglichkeit, bestehend in Bestimmung des spezifischen Gewichts und in Durchleuchtung.

---

[1]) Vgl. C. A. Neufeld, Der Nahrungsmittelchemiker als Sachverständiger. Verlag von J. Springer, Berlin 1907 und andere Spezialliteratur wie z. B. R. Ostertag, Handbuch der Fleischbeschau. Stuttgart 1904.
[2]) Siehe Näheres im bakteriol. Teil.

Frische Eier haben ein spezifisches Gewicht von 1,0784 bis 1,0942; das Gewicht nimmt täglich um annähernd 0,0018 ab. In einer 11%-igen NaCl- (1,0733) Lösung sinken frische Eier unter, während ältere mehr oder weniger an die Oberfläche steigen. Eier sind meist faul, wenn sie in solcher Lösung auf der Oberfläche schwimmen bezw. in einer 8%-igen NaCl-Lösung nicht untersinken.

Für die Durchleuchtung benützt man den sogen. Eierspiegel[1] — ein Kasten, in dessen Innern sich ein im Winkel von 45° gegen die obere Wand geneigter Spiegel befindet; die obere Wand enthält kreisrunde Löcher zur Aufnahme der Eier, die mit dem spitzen Ende hineingestellt werden. An der dem Spiegel zugekehrten Wand befinden sich 2 Okularlöcher für den Prüfenden. Das Licht geht nun durch die Eier, fällt auf den Spiegel und wird von diesem nach dem Okular reflektiert. Der Beschauende kann aus der Größe der Luftblase, sowie aus der im Ei wahrzunehmenden Trübung auf das Alter des Eies schließen. Bequemer ist die Verwendung eines Blechgefäßes für die Einlage je eines Eis mit elektrischer Glühbirne oder gewöhnlichem Licht für direkte Beobachtung nach Hallmayer[2].

Verdorbene Eier pflegen meist, wenn man die Zunge an die Enden bringt, an beiden Enden gleichmäßig warm zu sein, im Gegensatz zu guten Eiern, die an der Spitze kühler als am breiten Ende sind. Mit sogen. Knickeiern, die einen begehrten Handelsartikel von Bäckern und Konditoren bilden, wird vielfach ein unreeller Handel getrieben, insofern man alte bezw. fleckige Eier künstlich knickt, um die Feststellung des Alters zu verhindern[3].

Gaffky und Abel[4] beantworten die Frage, unter welchen Voraussetzungen Fleckeier als verdorben, und unter welchen sie als gesundheitsschädlich anzusehen sind, sowie ob und unter welchen Vorsichtsmaßregeln etwa Fleckeier für Menschen genießbar sein würden, wie folgt:

„1. Fleckeier, d. h. Eier, bei denen sich bei der Durchleuchtung, dem sog. „Klären", sichtbare Schimmelpilzwucherungen entwickelt haben, sind ausnahmslos als verdorben anzusehen.

2. Beobachtungen über Gesundheitsschädigungen durch den Genuß von Fleckeiern liegen nicht vor. Es läßt sich aber nicht ausschließen, daß unter besonderen Umständen, namentlich bei bereits bestehenden krankhaften Veränderungen der Verdauungsorgane, der Genuß von Fleckeiern, in denen sich Pilze, wie Aspergillus- und Mukorarten, entwickelt haben, gesundheitsschädigend wirkt.

3. Die von der Pilzwucherung offensichtlich durchsetzten Teile sind als genießbar nicht anzusehen. Die für das bloße Auge unver-

---

[1] Für Marktkontrolle besonders geeignet.
[2] Zu beziehen von Robert Hallmayer, Stuttgart.
[3] Vgl. namentlich die sehr eingehende Arbeit von K. Borchmann, Amtliche Kontrolle des Marktes mit Eiern. Zeitschr. f. Fleisch- u. Milchhyg. 1907. 17. 3.
[4] Gutachten der Preuß. wissenschaftlichen Deputation für das Medizinalwesen. Vierteljahrsschr. für gerichtliche Medizin u. s. w. 1909. Bd. 38. S. 332 sowie Zeitschr. f. Unters. d. Nahr.- u. Genußm. 1910, 20, Beiheft S. 299; Schüller, Zeitschr. f. Fleisch- und Milchhygiene 1909. 3, 89 (Referat).

änderten oder wenig veränderten Teile sind zwar nicht als ungenießbar, aber stets als minderwertig anzusehen und daher vom freien Verkehr auszuschließen. Falls ihre Verwendung als Nahrungsmittel oder zur Herstellung von Nahrungs- und Genußmitteln zugelassen wird, müssen Vorkehrungen dahin getroffen werden, daß der Käufer über die Beschaffenheit der Eier und der mit ihnen hergestellten Waren nicht im Zweifel gelassen wird."

Faulig oder modrig riechende Eier sind als verdorben im Sinne des Nahrungsmittelgesetzes zu bezeichnen. Verdorbenheit ist keine seltene Erscheinung bei Eiern; durch unrationelles Aufbewahren (in dumpfen Räumen, muffigem Stroh u. s. w.), langes Lagern, langen Transport kann leicht Verdorbenheit eintreten; insbesondere unterliegen angebrütete Eier leicht der Verderbnis. Zersetzung des Eies findet namentlich durch Eindringen der Bakterien von außen her statt.

Verfälschungen und Nachmachungen kommen nicht vor. Das Unterschieben von konservierten oder Kühlhauseiern u. s. w. für frische ist Betrug. Eikonserven, namentlich flüssiges oder pulverförmiges Eigelb werden vielfach durch Konservierungsmittel (Borsäure, Benzoesäure, Fluorwasserstoff u. s. w.), sowie durch Mehl, Milchcasein, Farbstoffe, deren Nachweis nach den in den Abschnitten Fleisch und Milch angegebenen Methoden erfolgt, verfälscht. Auch völlige Nachmachungen von Eipulvern u. s. w. kommen vor. Die übrigen Bestimmungen (Wasser-, Stickstoff-, Fett- und Aschengehalt) werden bei Eierkonserven nach dem allgemeinen Gang S. 10 ausgeführt.

Über die Zusammensetzung des Hühnereis seien folgende Anhaltspunkte mitgeteilt, da dieselben zur Berechnung des Eigehalts einer Ware bisweilen gebraucht werden:

Ein Durchschnittsei enthält:

	Trockensubstanz	Ges.-P_2O_5	Lezith.-P_2O_5
16 g Eigelb =	7,8	0,2046	0,1316
31 g Eiweiß =	4,5	0,0097	—
47 g Eiinhalt =	12,3 g	0,2143 g	0,1316 g

Eigelb besteht aus:

47 bis 54 % Wasser ⎫
0,5 bis 1,6 % Mineralstoffe ⎬ Lezithin
15,6 bis 17,5 % Eiweiß (Vitellin u. s. w.) ⎬ etwa 7 %
28,7 bis 36,2 % Fett ⎭

also etwa 49 % Trockensubstanz.

Die Mineralbestandteile des Eigelbs enthalten 64 bis 67 % P_2O_5.
Im Eigelb ist enthalten etwa 0,823 % Lezithinphosphorsäure.

Eiweiß besteht aus:

85 % Wasser
0,3—0,8 % Mineralstoffe
12—13 % Eiweiß

also etwa 14 % Trockensubstanz.

Die Mineralstoffe des Eiweißes enthalten 3,2 bis 4,8 % P_2O_5.

Verteilung der Gesamt-P_2O_5 im Ei:
Eigelb = 1,279 % P_2O_5
Eiweiß = 0,031 % P_2O_5
Das ganze Ei = 0,443 % P_2O_5
Durchschnittlich somit etwa 0,214 g P_2O_5.

Weitere eingehende Angaben über Gewicht und Zusammensetzung der verschiedenen Handelseiersorten haben G. Popp und C. Becker gemacht; vergl. Deutsches Nahrungsmittelbuch II. Aufl. Heidelberg 1909; ferner A. Juckenack, Z. f. U. d. N. 1899. **2**. 905.

VI. Getreide- und Hülsenfrüchte nebst Fabrikaten. Back- und Teigwaren; Kindermehle u. s. w.

Die Untersuchung sowohl der Rohstoffe als auch der daraus hergestellten Nahrungsmittel kann sich auf folgende Bestimmungen erstrecken:

A. Chemische Untersuchung.

1. Wasser, siehe allgemeiner Gang S. 10 (Vortrocknen bei niederer Temperatur).

2. Asche, Sand (in HCl-Unlösliches). Nachweis von fremden, mineralischen Beimengungen, siehe allgemeiner Gang S. 12. Als rasche Orientierungsprobe zum Nachweise gröblicher Beimengungen oder Verunreinigungen dient die Chloroformprobe. 2 bis 4 g Mehl und 30 bis 40 ccm Chloroform schüttelt man tüchtig in einem Reagensglase zusammen, setzt 40 bis 50 Tropfen Wasser zu und läßt stehen. Das etwa entstandene Sediment ist auf Schwerspat, Gips, Marmor, Sand u. s. w. zu prüfen.

Der Nachweis von NaCl, Borax, Phosphorsäure erfolgt in üblicher Weise.

3. Fett (Ätherextrakt). Bestimmung in der Regel nach den S. 16 angegebenen Gesichtspunkten. Für Brot hat E. Polenske[1]) nachstehende Methode angegeben:

10 g Brotpulver mit 50 ccm Wasser und 1 ccm HCl (1,124) in einer Stöpselflasche von etwa 200 ccm Inhalt 1½ Stunden in kochendem Wasserbad am Rückflußkühler erhitzen (Invertieren der Stärke). Die heiße Flüssigkeit vorsichtig mit 1 g gepulvertem Marmor versetzen und nach dem Erkalten mit genau 50 ccm Chloroform 15 Minuten lang schütteln. 24 Stunden stehen lassen, dann 25 ccm der klaren Chloroformlösung entnehmen, durch ein mit Chloroform angefeuchtetes Filter gießen, nachspülen mit Chloroform, dieses verdünnen und Rückstand nach dem Trocknen bei 105° C wägen.

Zur Untersuchung des Fettes bei Backwaren, Eiernudeln u. s. w. auf Identität hat man eine größere Quantität (150 bis 250 g) in Arbeit zu nehmen, wobei man das Stärkemehl am besten invertiert, und den

---
[1]) Arb. a. d. Kais. Gesundh.-Amte 1893, 8, 698.

abgesaugten Rückstand nach dem Eintrocknen und Verreiben mit einem Auflockerungsmittel wie üblich extrahiert. Das extrahierte, gereinigte und getrocknete Fett wird wie Butterfett, Schmalz, Margarine u. s. w. (vergl. Abschnitt „Fette") weiter untersucht [1]). Die Fettkonstanten werden jedoch durch das Fett (Öl der Cerealien aus dem Lezithingehalt der Keime stammend) erheblich beeinflußt. Folgende Konstanten des Weizenöls sind gefunden:

Refraktion bei 25⁰ C . . . . = 92
Verseifungszahl . . . . = 166,5; 182,2
Jodzahl . . . . = 101,5; 115,2
Reichert-Meißlsche Zahl . . . . . . = 2,8

„Der Nachweis des Ölens von Weizen läßt sich durch Übergießen einer Probe mit heißem Wasser, — Öltropfen sammeln sich an der Oberfläche — erbringen.

Bestimmung des Milchanteils in Kindermehlen u. s. w. Anhaltspunkte gibt der Fettgehalt, eventuell auch die Bestimmung des Gehalts an Lactose, wobei zu beachten ist, daß durch die Bereitungsweise auch Glukose entstanden sein kann. Die Mehle an sich enthalten nur etwa 0,5% Fett, ein höherer Fettgehalt weist auf Milchzusatz hin. Siehe auch Abschnitt „Milchkonserven".

4. **Eiweiß** (Rohprotein) sowie lösliches Eiweiß siehe S. 13 bezw. 17.

5. **Kleber** bezw. Ermittelung der Backfähigkeit:

Die frühere Annahme, daß im wesentlichen die Klebermenge eines Mehles (Weizen- und Roggen-) und die Elastizität des Klebers den Grad der Backfähigkeit bedinge, ist zahlreichen, neueren Untersuchungen zufolge fallen gelassen.

Die auf die Ermittelung und Beschaffenheit des nach dem Auswaschen gewonnenen Weizenklebers gegründeten Verfahren, wozu teilweise besondere Apparate (Aleurometer nach Boland, Farinometer nach Kunis) nötig sind, haben deshalb an Bedeutung verloren. Auch der von Kosutány empfohlene Festigkeitsprüfer von Rejtö hat keinen besonderen Vorzug. E. Fleurents [2]) chemische Ermittelungsweise (Verhältnis von Glutenin : Gliadin; Gliadimeter) ist zahlreichen Versuchen gemäß ebenfalls kein zutreffender Ausdruck für die Backfähigkeit [3]).

Da alle chemischen und physikalischen Methoden mehr oder weniger fehlschlagen, kann nur der zunftgemäße Backversuch als geeignetes Auskunftsmittel empfohlen werden. Die Handhabung des Bäckergewerbes (namentlich des Teigmachens) ist jedoch so verschiedenartig, daß auch diese Feststellung der Backfähigkeit nicht immer als zuverlässige Methode gelten kann. Backversuche im kleinen mit dem Kreuslerschen Backapparat, Sellnickschen Artopton und dergl. kommen der Wirklichkeit zu wenig nahe. Für größere Versuche mit Broten natürlicher Größe und

---

[1]) Siehe auch E. Hofstädter, Über die Untersuchung des Buttergebäckes. Zeitschr. f. Unters. d. Nahr.- u. Genußm. 1909. 17. 436 (betr. Sesamölreaktion).

[2]) Compt. rendus 1896. **123**. 755; Annal. scienc. Agron. 1898 [$_2$]. 4, I. 371; Zeitschr. f. Unters. d. Nahrungs- u. Genußm. 1899. **2**. 583 und 1904. 7. 298.

[3]) A. Maurizio, Landw. Jahrb. 1902. **31**. 179—234; Zeitschr. f. Unters. d. Nahr.- u. Genußm. 1903. **6**. 169 (**Ref.**).

Form leistet der von der Firma Christ & Co., Berlin-Weißensee konstruierte Versuchsbackofen mit hochsiedender Flüssigkeit und Dampfentwickler gute Dienste. Man vermag mit diesem Laboratoriumsbackofen unabhängig vom Bäcker zunftgemäße Backversuche auszuführen.

Die Ermittelung der Backfähigkeit ist im übrigen mehr ein Mittel zur Beurteilung des Mehles auf Handelswert und hat deshalb für den Nahrungsmittelchemiker nur eine allgemeine Bedeutung. Eingehende Sachkenntnis muß aus der Spezialliteratur [1]) erworben werden.

Für die rasche Ermittelung des Klebergehaltes und zur raschen Orientierung darüber, ob ein Mehl überhaupt teigbildende Eigenschaften besitzt oder nicht, kann nachstehend angegebener Weg eingeschlagen werden:

50 g Mehl und 13 ccm Wasser bzw. soviel Wasser (am besten gesättigtes Gipswasser) als zur Herstellung eines knetbaren von der Schüssel leicht sich lösenden Teiges erforderlich ist, werden zu einem gleichmäßigen Teig gemacht und dieser 1 Stunde lang unter eine Glasglocke gelegt. Schlecht backendes Mehl zeigt oft schon nach ½ Stunde Glanz und beginnendes Zerfließen, nach 12 Stunden ist solcher Teig meist ganz zerflossen. Teig aus gutem Mehl bleibt trocken und fest. Darnach wird die Stärke mittels Wasser völlig ausgewaschen, der zurückbleibende Kleber direkt und nach dem Trocknen bei 105° gewogen und dessen Menge und Trockensubstanz sowie Eigenschaften bestimmt. Kleberverluste werden dadurch vermieden, daß man das ablaufende Wasser durch ein Sieb aus Müllergaze No. 12 laufen läßt, in welchem sich der etwa mit gerissene Kleber sammelt; jedenfalls Doppelbestimmung ausführen.

Die Teiggärprobe wird namentlich in der Praxis gleichzeitig mit dem Backversuche ausgeführt. Man läßt den Teig bei 33—35° 2 Stunden gären und mißt seine Steighöhe im Vergleich mit anderen aus gutem Mehl hergestellten Teigen. Man kann die Probe auch zur Kontrollprobe für die Güte der Hefe anwenden. Näheres z. B A. Maurizio, Anm. 1.

Halenke und Möslinger[2]) beurteilen die Güte eines Mehls nach dessen Maltosegehalt (sogen. diastatische Probe). Hilger und Günther bestimmen die freien Säuren und die fertig gebildete Maltose [3]). Diese beiden Methoden lassen es aber auch an der nötigen Sicherheit fehlen.

Von den mechanischen Proben, die zur handelstechnischen Beurteilung der Mehle dienen und eigentlich nur für die praktische Müllerei in Betracht kommen, sind anzuführen:

1. Die Siebprobe mit Müllergaze No. 8 (= etwa 0,2 mm) unter Anwendung von 50 g Mehl; gesiebt wird 3 Minuten. Die Gaze wird auf einen Holzrahmen von 22 cm lichter Weite, 15 cm lichter Breite und 5 cm Höhe gespannt. Der Rückstand soll nach dem am 1. Januar 1898 in Kraft getretenen Regulativ für Getreidemühlen und Mälzereien bei gebeuteltem Weizenmehl höchstens 7%, bei gebeuteltem Roggenmehl höchstens 3% betragen.

---

[1]) Zeitschr. für das gesamte Getreidewesen, herausg. v. J. Buchwald u. M. P. Neumann, Berlin, Selbstverlag der Versuchsanstalt f. Getreideverarbeitung; A. Maurizio, Getreide, Mehl und Brot. Berlin, 1903.
[2]) Corr.-Bl. d. fr. Vereinig. bayer. Vertr. d. ang. Chem. 1884, 1 u. 2.
[3]) Mitteilungen aus dem pharm. Institut zu Erlangen 1889, II. 13.

2. Die Bamihlsche Probe, Zeitschr. f. analyt. Chemie 1871, S. 366 und Vereinbarungen II. Bd., S. 19 beruht auf der Feststellung des Klebergehaltes.

3. Das Pekarisieren ist bei den Steuerbehörden zur Beurteilung von Ausfuhrmehlen (Zurückerstattung des Eingangszolles für den Rohstoff) eingeführt. Das Verfahren beruht auf dem Farbenunterschied der einzelnen Mehlsorten und Qualitäten, für die bestimmte Typen eingeführt sind; ergeben sich dabei Zweifel, so entscheidet der durch einen Chemiker bestimmte Aschengehalt (Grenzzahlen, S. 217).

Anweisung zur zollamtlichen Prüfung von Mühlenfabrikaten (auszugsweise) siehe S. 212.

6. Zucker, Dextrin und Stärke (Kohlenhydrate):

5 bis 10 g Mehl schüttele man mit 1 Liter kalten Wassers, lasse absitzen bezw. sauge ab, und bestimme in einem aliquoten Teil Zucker (als Maltose), in einem anderen Zucker und Dextrin in bekannter Weise (vergl. S. 18 bezw. S. 22); in einer weiteren Probe Zucker + Dextrin + Stärke und ziehe dann die zuerst gefundene Menge Zucker + Dextrin ab. Die aus der Differenz sich ergebende Menge ist auf Stärke umzurechnen (siehe S. 42). Nachweis von künstlichen Süßstoffen siehe S. 293.

Bestimmung der löslichen Kohlenhydrate (nach Gerber und Radenhausen).

α) Bei diastasierten Kindermehlen.

3 bis 5 g entfetteter Substanz rührt man mit dem 10-fachen Gewicht Wasser an, digeriert 3 Stunden lang bei 70 bis 75⁰ C, setzt unter Umrühren 100 ccm 50%-igen Alkohol zu, läßt dann klar absitzen, filtriert ab (Saugpumpe), wäscht den Rückstand mit 50%-igem Weingeist gut aus (mindestens 100 ccm) und bringt das Filtrat auf ein bestimmtes Volumen (250 oder 500 ccm). Ein aliquoter Teil wird eingedampft (scheidet sich hierbei Albumin aus, so muß abfiltriert werden) und in einer gewogenen Platinschale zur Trockne gebracht, bei 100 bis 105⁰ C bis zur Gewichtskonstanz getrocknet, gewogen und eingeäschert. Extrakt minus Asche = lösliche Kohlenhydrate.

β) Bei gewöhnlichen Kindermehlen.

3 bis 5 g entfettete Substanz mischt man mit der 10-fachen Menge Wasser, kocht 5 Minuten unter stetem Umrühren, gibt nach dem Erkalten 100 ccm 50%igen Alkohol zu, rührt wiederholt um, läßt dann klar absitzen, filtriert ab, wäscht mit 50%-igem Alkohol aus, bringt das Filtrat auf ein bestimmtes Volumen und verfährt wie bei α).

Den Filterrückstand kann man zur Bestimmung der Stärke benützen und ihn noch feucht nach S. 42 behandeln.

7. Rohfaser:

Die Bestimmung derselben, welche nach S. 43 erfolgt, kann über den Feinheitsgrad eines Mehles Aufschluß geben. Feine Mehle enthalten Spuren bis 0,5%.

8. Nachweis von Verdorbenheit

geschieht, sofern nicht eine mykologische Untersuchung namentlich auf Schimmelpilze (s. d. bakteriol. Teil) in Betracht kommt, durch Anwärmen, durch Kauen des Objektes zur

Feststellung des Geruches und Geschmackes, durch Absieben der Verunreinigungen (Gespinste der Mehlmotte, Larven und Käfer, Metallteile, Steine, Unkrautsamen, Mäusekot u. s. w.). Milben lassen sich nach dem Glattstreichen von Mehl an den von denselben gebildeten Gängen und Häufchen nach mehrstündigem Stehen erkennen; auch das Durchmustern mit der Lupe führt meist bald zu ihrer Entdeckung. In Mühlen vielfach verbreitet ist die amerikanische Mehlmotte (Ephestia Kühniella); weitere Schädlinge sind: der Mehlkäfer (Larve, ist der bekannte ziemlich lange Mehlwurm), Tenebrio molitor; der Kornbohrer (Calandra granaria oder Sitophylus granarius) mit weißer Larve, höhlt ganze Körner (Reis, Graupen u. s. w.) aus; der Getreideschmalkäfer oder roter Kornwurm (Apion frumentarius); die Kornmotte (Tinea granella); das Weizenälchen (Anguillula tritici). Vereinzelte Exemplare solcher Schädlinge können stets vorkommen, nur wo sie in größerer Zahl vorhanden oder größere Verunreinigungen und Schäden angerichtet haben, ist Verdorbenheit erwiesen.

Betreffs Getreidekrankheiten siehe weiter unten.

9. Säuregehalt. Man bringt 10 g Mehl in ein 100-Kölbchen und gießt absoluten Alkohol bis zur Marke unter öfterem Umschütteln zu. Man läßt 24 Stunden stehen und titriert 50 ccm der abfiltrierten Flüssigkeit mit $^1/_{10}$ N.-Natronlauge. Berechnung auf 100 g Mehl und Milchsäure (1 ccm $^1/_{10}$ N.-Lauge = 0,009 g Milchsäure).

Der Säuregehalt von Brot wird in 50 g Krume ermittelt, die in etwa 200 g heißen Wassers etwa 1 Stunde lang aufgeweicht wurde, man füllt auf 250 ccm auf und titriert in einem aliquoten Teil.

10. Metalle. Kupfersulfat. Dieses Salz kann dem Brot, bezw. auch dem Mehl schon durch Wasser entzogen und mit Ferrocyankalium nachgewiesen werden. Bei einem Zusatz von etwa 550 mg $CuSO_4$ zu 1 kg Brot tritt grünliche Färbung ein. Am besten bestimmt man das Kupfer in der Asche, die mit HCl digeriert wird (Kieselsäure abscheiden!). Spuren von Kupfer sind übrigens natürliche Bestandteile von Mehl, deshalb Vorsicht bei der Beurteilung!

Alaun[1]: a) Mehl. In einem Becherglase befeuchte man Mehl mit Wasser und Alkohol, setze alsdann einige Kubikzentimeter Alkohol und einige Tropfen Kampecheholztinktur[2]) zu (durch Digerieren von 5 g mit 100 g 96%-igem Alkohol erhalten), schüttle den Brei und fülle mit gesättigter NaCl-Lösung auf. — In der überstehenden klaren Flüssigkeit zeigen sich 0,05 bis 0,1 % Alaun durch blaue Farbe, 0,01 % Alaun durch violette Farbe an.

b) Brot. Man tauche Brot 6 bis 7 Minuten in oben beschriebene Kampecheholztinktur und drücke es aus; nach 2 bis 3 Stunden muß es bei Alaunzusatz eine violette Färbung zeigen (nach Horseley).

Zink und Blei werden nach dem Veraschen oder nach anderer Zerstörung der organischen Substanz[3]) gemäß den allgemeinen analytischen Methoden nachgewiessen. Zink, siehe auch Dörrobst, S. 224.

---

[1]) Nach Herz, Repert. f. analyt. Chemie 1886. 359.
[2]) Statt diesem kann man auch Alizarin nehmen.
[3]) Halenke empfiehlt die Bestimmung der organischen Substanz durch Aufschließen mit H_2SO_4 und HgO nach Kjeldahl, Zeitschr. f. Unters. d. Nahr.- u. Genußm. 1899. 2. 128.

11. Nachweis von ozonisiertem Mehl nach J. Buchwald und H. Treml, Zeitschr. f. d. ges. Getreidewesen 1909, 1, 96 mit dem Grieß-Illoswayschen Reagenz auf Stickstoffdioxyd (0,5 g Sulfanilsäure, 0,1 g α-Naphtylamin in je 150 ccm 30%-iger Essigsäure warm gelöst und zusammengemischt) — eintretende schwache Rötung der Reagentien wird durch Zusatz von Zn-staub verhindert; siehe im übrigen den Abschnitt Wasser betr. Nachweis salpetriger Säure.

12. Nachweis von Unkrautsamen. Man schüttele einige Gramm Mehl mit etwa 10 ccm 70%-igen Alkohols, der mit 5% Salzsäure (1,19) versetzt ist, und beobachte nach dem Absitzen des Mehles die Färbung der Flüssigkeit.

Färbung der überstehenden Flüssigkeit:

bei reinem Weizen- und Roggenmehl = vollkommen farblos,
bei reinem Hafer- und Gerstenmehl . = blaß- bis strohgelb,
bei groben Mehlen . . . . = gelblich.

Die Flüssigkeit wird, wenn mehr als 5% beigemengt sind:

bei Kornrade . . = orangegelb,
bei Wicken . . . = rosenrot,
bei Mutterkorn . = intensiv fleischrot,
bei Rhinantaceen = bräunlich bis bräunlichrot nach einigen Stunden oder im Wasserbade von 40° C nach 10 bis 30 Minuten immer intensiver blau bis blaugrün (nach Vogel).

Man darf sich auf diese Reaktionen nicht vollständig verlassen, sondern muß auch auf mikroskopischem Wege den Nachweis führen.

Nachweis von Saponin (der Kornrade) nach A. Petermann siehe J. König, Die Untersuchung landw. und gewerbl. wichtiger Stoffe, 1906, S. 271 sowie H. Medicus und H. Kober, Zeitschr. f. Unters. d. Nahr.- u. Genußm. 1902, 5, 1077.

13. Nachweis von kranken Getreidesorten.

Mutterkorn:

a) Mit Kalihydrat erwärmt = Geruch nach Trimethylamin (Heringslakegeruch), (Wittstein); diese Reaktion geben auch in Zersetzung begriffene Mehle.

b) Vergleiche oben Absatz 12.

c) Man rühre das Mehl mit Wasser an, extrahiere mit Äther, versetze das Filtrat mit Oxalsäure und erwärme. Rötliche Farbe der Ätherlösung (nach Elsner).

d) Man befeuchte etwa 15 g Mehl mit 30 ccm Äther und 10 Tropfen verdünnter Schwefelsäure, lasse 5 bis 6 Stunden stehen, filtriere, wasche mit Äther aus, bis man 30 ccm hat. Dieses Filtrat versetze man mit 10 bis 15 Tropfen einer kalt gesättigten Natriumbikarbonatlösung und schüttle; letztere nimmt den Mutterkornfarbstoff auf und färbt sich violett (Hoffmann und Kandel). Nach Hilger sollen nach dieser Methode noch 0,01 bis 0,005% Mutterkorn nachweisbar sein. Die Reaktion soll nach Medicus und Kober auch von Körnern hervorgerufen werden.

Diese Lösung kann auch zum spektroskopischen Nachweis[1]) nach J. Petri dienen; Auslöschung nahe vor der Linie D in stark gefärbten Lösungen. In schwach gefärbten Lösungen bei Aufhellung des vorher absorbierten Teils des Spektrums drei deutliche an den Rändern verwaschene Absorptionsbänder, darunter zwei sehr charakteristische im Grün, ein drittes schwächeres im Blau.

14. Nachweis von Talkum (an polierten Graupen, Reis und Hülsenfrüchten) geschieht nach A. Forster[2]) durch Ausschütteln von etwa 20 bis 30 g Substanz mit Chloroform; nach dem Verjagen des letzteren wird der Rückstand geglüht und gewogen. Der Nachweis kann auch durch völliges Veraschen, Ausziehen des säurelöslichen Teils der Asche mit verdünnter HCl, Abfiltrieren, Glühen und Wägen des Rückstandes geschehen. Das Talken geschieht bisweilen unter Verwendung von Sirup und Farbstoffen (bei Reis blauen), worauf gegebenenfalls zu achten ist.

15. Nachweis von Farbstoffen. Färben von Mehl dürfte kaum vorkommen (event. mit Berlinerblau, Ultramarin- oder Anilinblau zur Hebung der weißen Farbe); neuerdings soll letzteres mit Ozonisieren (Bleichen) geschehen (Nachweis siehe S. 206). Die zum Färben von Reis, Graupen etwa verwendeten mineralischen Farbstoffe können mit Chloroform abgespült werden (siehe beim Talkumnachweis) und lassen sich mikroskopisch und mikrochemisch am ehesten nachweisen.

Der Nachweis von künstlicher Färbung in Teigwaren (erst zu pulverisieren) spielt eine größere Rolle. In der Regel handelt es sich um Teerfarbstoffe, selten um Curcuma, Orleans u. s. w., deren Extraktion auf verschiedene Weise erreicht wird; mit 70%-igem Alkohol oder Äther (nach A. Juckenack)[3]); mit alkoholischer Salzsäure — 10 Teile Alkohol und 1 Teil HCl — (A. L. Winton und A. W. Ogden)[4]); mit 60%-igem Aceton oder 70%-igem Alkohol, nachdem das Extraktionsmittel schwach alkalisch gemacht ist (F. Fresenius)[5]). Weitere Vorschläge von W. Schmitz-Dumont[6]), A. Heiduschka und H. Murschhauser[7]). Ausfärbung des Farbstoffes findet nach dem Extrahieren mit Alkohol (50% Vol.) unter Beifügen von Weinsäure mit Wollfaden statt (vergl. Abschnitt „Wein"). Für die Bestimmung der Art des Farbstoffes, besonders auch schädlicher Farbstoffe, wie Pikrinsäure, Martiusgelb (Dinitronaphtol) u. s. w. kann der Gang nach F. Coreil[8]) einige Anhaltspunkte bieten. Vergl. auch Abschnitt „Zuckerwaren" und das Gesetz vom 7. Juli 1887 betr. gesundheitsschädliche Farben.

Betr. eosinhaltiger Gerste in Brot aus Roggenmehl s. F. Schwarz u. O. Weber, Zeitschr. f. Unters. d. Nahr.- u. Genußm. 1910, **19**, 441.

---

[1]) Nähere Beschreibung der spektroskopischen Prüfung. Zeitschr. f. analyt. Chemie 1879. 119—211.

[2]) Zeitschr. f. öffentl. Chemie 1905. 36. Weitere Beiträge lieferten: E. v. Raumer, Zeitschr. f. Unters. d. Nahr.- u. Genußm. 1905. **10**. 744; H. Matthes, Zeitschr. f. öffentl. Chemie 1905. 76; R. Hefelmann u. s. w., ebenda 309.

[3]) Zeitschr. f. Unters. d. Nahr.- u. Genußm. 1900. **3**. 1.

[4]) Ebenda 1902. **5**. 671.

[5]) Ebenda 1907. **13**. 132.

[6]) Zeitschr. f. öffentl. Chemie 1902. 424.

[7]) Pharm. Zentralh. 1908. **49**. 177.

[8]) Hilger's Vierteljahrsschr. 1888. **3**. 378.

Lutein (das natürliche Dottergelb) löst sich in Äther, entfärbt sich auf Zusatz von wässeriger, salpetriger Säure; mit wenig salpetrige Säure enthaltender Salpetersäure tritt vorübergehend pfirsichrote Färbung auf.

16. Nachweis von schwefliger Säure (namentlich als Bleichmittel bei Graupen u. s. w. benutzt) **sowie anderer Konservierungsmittel.** Qualitative und quantitative Bestimmung erfolgt wie bei Fleisch.

17. Lezithinphosphorsäure, Eigelb bzw. Ei; nach A. Juckenack[1]). Etwa 30 g feinst gemahlener Teigware (Exzelsiormühle!)[2]) werden mit absolutem Alkohol im Soxhletschen Extraktionsapparat mindestens 12 Stunden ausgezogen. Nach dem Verjagen oder Abdestillieren des Alkohols wird der Rückstand mit 5 ccm alkoholischer Kalilauge (siehe Reichert-Meißlsche Zahl S. 63) verseift, in Wasser gelöst, in einer Platinschale zur Trockne verdampft und bis zur Verkohlung verascht. Die Kohle wird mit HNO_3 ausgezogen (langsam zugeben unter Bedecken der Schale); dann filtriert man die Lösung ab, verascht das Filter für sich und gibt zur Filterasche die salpetersaure Lösung; die ganze Lösung dampft man nochmals zur Trockne, löst Rückstand in verdünnter HNO_3 und bestimmt die Phosphorsäure nach den S. 420 „Wein" angegebenen Methoden. Gefundene P_2O_5 wird auf Prozente der Trockensubstanz der angewendeten Teigware berechnet. Aus nachstehender von Juckenack aufgestellten Tabelle erfährt man, wieviel Eier bezw. Eidotter aus den erhaltenen Mengen an Lezithinphosphorsäure und N-Substanz auf 1 Pfund Mehl verwendet wurden. Der Ätherextrakt ist gesondert zu bestimmen, kann aber allein nicht maßgebend sein, weil er durch Fettzugabe zur Teigware möglicherweise verändert ist; auch der Eiweiß-, Asche- und Gesamtphosphorsäuregehalt kann künstlich erhöht sein.

Das Vorhandensein von Eigelb kann auch durch die Luteinreaktion (s. oben) und durch den Nachweis von Cholesterin (nach der Phytosterinmethode S. 69) korr. Schmelzpunkt 150,5°; Essigsäureester mit dem korr. Schmelzpunkt 114,3 bis 114,8° erbracht werden. Der Nachweis von Cholesterin kann auch nach Windaus durch Überführen in Dibromcholesterin erfolgen. Aus der Stärke der Fällung läßt sich noch ein Eigehalt von ½ Ei pro Pfund Mehl erkennen. Zur Isolierung des Cholesterins extrahiert man erst 50 bis 100 g gepulverte Nudeln mehreremals mit Äther; verseift den Ätherrückstand am Rückflußkühler und verfährt dann weiter nach der Bömerschen Methode S. 69. In die zuletzt erhaltene ätherische Cholesterinlösung, die auf etwa 10 ccm eingeengt ist, gibt man ein Paar Tropfen Brom in Eisessig (1 g Brom in 10 g Eisessig). Dibromcholesterin tritt in nadelförmigen Büscheln auf. A. Bömer[3]) fand im Eieröl 4,49% Cholesterin. Die Bestimmung von Fett und Stickstoff, Asche und Gesamtphosphorsäure ist oft unwesentlich für den Nachweis von Eigelb bzw. Eisubstanz (s. oben). Die Jodzahl

---

[1]) Zeitschr. f. Unters. d. Nahr.- u. Genußm. 1900. 3. 1. Nähere Einsichtnahme in diese instruktive Arbeit ist sehr empfehlenswert.

[2]) Bei Porzellankugelmühlen ist schon erhebliche Zunahme des Mineralstoffgehalts konstatiert worden.

[3]) Zeitschr. f. Unters. d. Nahr.- u. Genußm. 1898. 1. 81.

Tabelle A.

Stückzahl Eier auf 1 Pfund Mehl	Bei Verwendung des Gesamteiinhaltes			
	Die Trockensubstanz der so dargestellten Nudeln enthält im Mittel			
	Asche %	Gesamtphosphorsäure %	Lezithinphosphorsäure %	Ätherextrakt %
1 Ei	0,565	0,2716	0,0513	1,56
2 Eier	0,664	0,3110	0,0786	2,42
3 „	0,758	0,3482	0,1044	3,24
4 „	0,848	0,3834	0,1289	4,01
5 „	0,933	0,4172	0,1522	4,75
6 „	1,013	0,4490	0,1744	5,45
7 „	1,090	0,4795	0,1954	6,11
8 „	1,163	0,5086	0,2155	6,75
9 „	1,234	0,5362	0,2348	—
10 „	1,300	0,5626	0,2531	—
11 „	1,364	0,5880	0,2707	—
12 „	1,426	0,6123	0,2875	—

Tabelle B.

Stückzahl Eier auf 1 Pfund Mehl	Bei Verwendung von Eidotter			
	Die Trockensubstanz der so dargestellten Nudeln enthält im Mittel			
	Asche %	Gesamtphosphorsäure %	Lezithinphosphorsäure %	Ätherextrakt %
1 Ei	0,488	0,2720	0,0518	1,57
2 Eier	0,516	0,3127	0,0801	2,47
3 „	0,542	0,3520	0,1075	3,33
4 „	0,568	0,3901	0,1339	4,17
5 „	0,593	0,4268	0,1594	4,98
6 „	0,617	0,4625	0,1842	5,75
7 „	0,640	0,4968	0,2081	6,51
8 „	0,662	0,5301	0,2313	7,26
9 „	0,683	0,5622	0,2537	—
10 „	0,705	0,5937	0,2755	—
11 „	0,725	0,6239	0,2966	—
12 „	0,745	0,6533	0,3171	—

Bujard-Baier. 3. Aufl.

des Fettes (Eieröl hat eine Jodzahl von 68 bis 82, Refraktometerzahl bei 25^0 = 68,5; Verseifungszahl 184 bis 191) kann unter Umständen von Bedeutung sein.

Biologischer Nachweis von Eigelb nach D. Ottolenghi[1]).

18. **Nachweis von Solanin** siehe G. Baumert, Lehrbuch der gerichtl. Chemie, Bd. 1, II. Aufl., Braunschweig 1907, 392; M. Wintgen, Zeitschr. f. Unters. d. Nahr.- u. Genußm. 1906, 12, 113.

B. Mikroskopische Untersuchung[2]).

Nachweis von Verfälschungen.

Bei mikroskopischen Untersuchungen[3]) nimmt man stets Vergleichsobjekte (verschiedene Mischungen) von bekannten unverfälschten Substanzen zu Hilfe. Die mikroskopische Untersuchung mit dem rohen Mehl direkt auszuführen, ist im allgemeinen nicht angängig, wenn nicht schon die Form und Größe der Stärkekörner oder andere besondere Merkmale auf gewisse Anomalitäten hinweisen, da das Aufsuchen der Haare und anderer Gewebsteile im rohen Mehl sehr schwer und zeitraubend ist.

Vorbereitung zur mikroskopischen Untersuchung.

Um möglichst viel Gewebsteile aufzusammeln, bedient man sich der sogenannten Schaumprobe:

Man verrührt etwa 3 g Mehl mit etwa 100 ccm Wasser unter Erwärmen bis zum Kochen; in dem an der Oberfläche der Flüssigkeit entstehenden Schaum ist dann ein großer Teil der Haare enthalten. Man mikroskopiert ersteren unter Verwendung von Chloralhydratlösung (8 Teile in 5 Teile Wasser) oder noch besser, nachdem man den in dünner Schicht auf den Objektträger gestrichenen Schaum vorsichtig erwärmt hat, unter Zugabe von 1 Tropfen Nelken- oder Citronenöl[4]). Die Haare von Weizenmehl erscheinen dann wie dünne schwarze Striche in hellem Gesichtsfeld, Roggenmehlhaare sind mehr breit und grau aussehend. In schwierigen Fällen sind außer den Haaren auch die Längs- und Querzellen zu berücksichtigen.

---

[1]) Ebenda 1904. 8. 438.
[2]) A. J. W. Schimper, Anleitung zur mikroskopischen Untersuchung der Nahrungsmittel. Jena 1910; J. Möller, Mikroskopie der Nahrungs- und Genußmittel, Berlin 1905; Tschirch und Österle, Anatomischer Atlas der Pharmakognosie und Nahrungsmittelkunde. Leipzig 1893 u. s. w.
[3]) Bei Verfälschungen von Mehl mit Mehl (z. B. Roggenmehl mit Weizenmehl oder umgekehrt) kann nur die mikroskopische Untersuchung ausschlaggebend sein.
[4]) Nach Vogl mischt man 2 g Mehl mit alkoholischer Naphthylenblaulösung (1 : 5000 = 0,1 N-blau, 100 absol. Alkohol und 400 Wasser) mit einem Glasstabe zusammen, streicht davon auf den Objektivträger, läßt eintrocknen und mikroskopiert mit einem Tropfen ätherischen Sassafrassöls oder analogen ätherischen Öles oder Kreosot. N-blau färbt alles blau mit Ausnahme der Membran der Stärkekörnerzellen und der Stärkekörner; Die wichtigsten veget. Nahr.- u. Genußmittel. Wien u. Leipzig 1899.

Statt der Schaumprobe kann man namentlich behufs Anreicherung der anderen Gewebselemente außer den Haaren die Bodensatzprobe [1]) machen:

Man mischt 2 g des Mehles mit 100 ccm Wasser, fügt 2 ccm konzentrierter Salzsäure zu und läßt in einer Porzellanschale etwa 10 Minuten kochen. Nach dem Absitzenlassen gießt man vorsichtig die Flüssigkeit vom Bodensatz ab und untersucht in einem Tropfen Chloralhydrat (nach Schimper).

1. Nachweis von Weizenmehl im Roggenmehl und umgekehrt.

Wichtigste Unterscheidungsmerkmale von Weizen und Roggen.

Weizen.	Roggen.
(Das beste Unterscheidungsmerkmal bieten die Haare.)	(Das beste Unterscheidungsmerkmal bieten die Haare.)
Haare[2]).	Haare[2]).
Die Dicke der Wand ist beinahe stets mit Ausnahme der zwiebelförmigen Basis des Haares größer, als die Breite des Lumen, oder demselben zum mindesten gleich (Ausnahme: Spelt).	Die Dicke der Wand ist in der Regel, mit Ausnahme der Spitze, geringer als die Breite des Lumen.
Also kurz: Enges Lumen.	Also kurz: Weites Lumen.
Die Längszellen sind dickwandig, stark getüpfelt, im Profil eckig.	Die Längszellen sind dünnwandig, schwach getüpfelt, im Profil gerundet.
Die Querzellen sind dickwandig, stark getüpfelt, an den Seiten dachig zugespitzt.	Die Querzellen sind dünnwandig, schwach getüpfelt, an den Seiten gerundet.
Größe der Stärkekörner im Maximum	
etwa 42 μ Durchmesser.	etwa 52 μ Durchmesser.

Verkleisterungsprobe nach Wittmack.

1 g Mehl wird in einem Becherglase mit 50 ccm Wasser zu einem dünnen Brei angerührt, das Becherglas dann in ein Wasserbad gesenkt und letzteres mit kleiner Flamme so lange unter Umrühren mit einem in $1/10$ Grade eingeteilten Thermometer erwärmt, bis der Mehlbrei genau $62{,}0^0$ C erreicht hat. Man nimmt dann das Becherglas sofort heraus und taucht es in kaltes Wasser, nachdem die Temperatur noch auf $62{,}5^0$ C gestiegen ist.

Damit ist die Probe zum Mikroskopieren vorbereitet. Die Roggenstärkekörner sind bei $62{,}5^0$ meist aufgequollen oder schon geplatzt, haben also ihre ursprüngliche Form verloren. Die Weizenkörner bleiben völlig unverändert, lichtbrechend und an ihren schwarzen, scharfen Rändern erkennbar.

---

[1]) Vorteilhaft lassen sich auch außerdem die Methoden für die Rohfaserbestimmung S. 43 anwenden.

[2]) Bei Schätzungen der Größe der Verfälschung ist in Rechnung zu ziehen, daß Weizen von Hause aus etwa viermal mehr Haare hat als Roggen.

2. Nachweis von Gersten- und Reismehl.

Das sicherste Unterscheidungsmerkmal bei Gerste sind Bruchstücke der Spelze, Epidermis und Fasern. Die Wände sind scharf verdickt und zickzackartig hin- und hergebogen. Fasern fehlen in Weizen- und Roggenmehl gänzlich. Querzellen sind ganz glatt und dünnwandig. Haare sind kurz kugelförmig. Man kann auch den in HCl unlöslichen Teil darauf prüfen. Stärkekörner klein, etwa 10 bis 30 μ groß.

Das Reisstärkekorn ist kantig, eckig, z. T. sind mehrere Körner zusammengesetzt; Größe 4—6 μ.

3. Nachweis von Maismehl.

Unterscheidungsmerkmal: Das Stärkekorn. Dasselbe ist sehr klein (das größte ist kleiner als kleine Groß-Körner von Roggen und Weizen), eckig und hat radiale Spalten. Näheres siehe unten. Gewebselemente fehlen.

Um die Maiskörner in anderen Mehlen (speziell in Weizen) besser sichtbar zu machen, macht man die folgenden Verkleisterungsproben:

a) Eine kleine Probe des Mehles wird mit 5 g Wasser und 8 g Chloralhydrat 24 Stunden verschlossen stehen gelassen. Die Weizenstärke soll dann verkleistert, die Maisstärke noch unverändert sein;

b) nach Baumann[1]): Etwa 0,1 g Mehl schüttelt man in einem Reagensglase mit 10 ccm 1,8%-iger Kalilauge um und während der nächsten 2 Minuten noch einige Male, um ein Absetzen der Stärke zu verhüten. (Konzentration und Zeitdauer genau einhalten!) Nach dieser Zeit gibt man 4 bis 5 Tropfen konzentrierter Salzsäure (etwa 25%-ige) hinzu und schüttelt um. Die Flüssigkeit muß alkalisch bleiben; nun bringt man einen Tropfen auf ein Objektglas und betrachtet unter dem Mikroskop. Die Weizenstärke ist völlig verquollen, und um so deutlicher tritt die unversehrt gebliebene Maisstärke hervor. (Die Methode ist auch für Roggenmehl brauchbar.)

Nach der zollamtlichen Anweisung erfolgt die Erkennung von Maismehl in Weizenmehl in folgender Weise:

Der Nachweis von Maismehl wird auf mikroskopischem Wege geführt und gründet sich auf die Beschaffenheit der Stärkekörner.

Im reinen Weizenmehl findet man teils ganze Zellen oder Bruchstücke von solchen mit Stärkekörnern erfüllt, teils einzelne Stärkekörner. Je „griffiger" oder „griesiger" das Mehl ist, desto zahlreicher sind ganze Zellen, und das ist besonders beim amerikanischen Weizenmehl der Fall.

Die Stärkekörner des Weizens sind in zwei Formen vorhanden: als Großkörner und als Kleinkörner. Zwischen beiden kommen wenig Übergänge vor.

Die Großkörner sind dick-linsenförmig von Gestalt, von der Fläche gesehen unregelmäßig kreisrund oder oval, von der hohen Kante gesehen länglich elliptisch oder lanzettlich, häufig mit dunklem deutlich erkennbarem Längsspalt. Ihre Größe ist verschieden und schwankt beim amerikanischen Weizenmehl, soweit solches untersucht werden konnte, zwischen 0,023 bis 0,038 mm, meist beträgt sie 0,030 mm.

Die Kleinkörner der Weizenstärke sind bedeutend kleiner als die Großkörner, etwa 0,003 bis 0,006 mm und teils rundlich, teils eckig. Letztere sind weniger häufig und hängen mitunter noch zu mehreren zusammen, da die Teile von zusammengesetzten Körnern sind.

Ferner ist zu beachten, daß Großkörner und Kleinkörner in den gleichen Zellen vereinigt sind; die Großkörner sind dicht von Kleinkörnern umgeben, und letztere füllen die von dem ersteren gelassenen Zwischenräume fast ganz aus.

---

[1]) Zeitschr. f. Unters. d. Nahr.- u. Genußm. 1899. 2. 27.

Der Mais hat ebenfalls zwei Arten von Stärkekörnern, welche aber nicht in denselben Zellen liegen. Im äußeren, glasigen oder hornigen Teile des Maiskornes sind sie eckig und liegen dicht gedrängt aneinander, im inneren, mehligen Teile aber sind sie rundlich und locker gelagert.

Die Ausdehnung des hornigen und des mehligen Teiles ist bei den einzelnen Maissorten verschieden; so ist z. B. das sogenannte „Flintkorn" (Feuerstein-Mais) durch und durch glasig, während andere, wie z. B. viele „Pferdezahn-Mais"-Sorten verhältnismäßig stark mehlig und nur am äußersten Rande glasig sind.

Die scharfkantigen Stärkekörner aus dem h o r n i g e n Teile des Maises finden sich im Mehl zwar häufig zu mehreren zusammenhängend, sind aber niemals zusammengesetzte, sondern stets Einzelkörner. Sie haben im Mittel einen Durchmesser von 0,017 bis 0,020 mm, selten erreichen sie 0,030 mm oder gar mehr.

Die rundlichen Stärkekörner aus dem m e h l i g e n Teile haben meist 0,009 bis 0,015 mm im Durchmesser, sehr selten 0,020 mm oder mehr. Übrigens kommen an der Grenze zwischen dem hornigen und dem mehligen Teile auch Übergänge von eckigen zu rundlichen Stärkekörnern vor.

Der N a c h w e i s v o n M a i s m e h l im Weizenmehl verursacht dann keine besonderen Schwierigkeiten, wenn eckige Stärkekörner aus dem hornigen Teile des Maiskorns in ausreichender Menge vorhanden sind oder sich ganze Zellen oder Bruchstücke von solchen mit vielen eckigen Körnern finden. Letztere zeigen außerordentlich scharfe Umrisse und tiefe Schatten an den Seiten und besitzen außerdem meistens einen deutlich sichtbaren, zentral gelegenen Spalt (Kernhöhle). Von den kleinen eckigen Teilkörnern der Weizenstärke ist die eckige Maisstärke durch ihre Größe leicht zu unterscheiden.

Schwieriger gestaltet sich der Nachweis, wenn sehr mehliger Mais verwendet wurde, und solchen werden die Müller gerade vorziehen. Da nämlich viele Weizen-Großkörner nur 0,020 mm messen, so können diese in M i s c h m e h l e n leicht mit den rundlichen Körnern der Maisstärke verwechselt werden. Außerdem liegen im mehligen Mais die Stärkekörner — wie gesagt — nicht so dicht zusammen, wie im hornigen, sondern trennen sich leicht beim Vermahlen, sodaß sich im Mehl nur Einzelkörner finden. Zwei Umstände führen jedoch in fraglichen Fällen zur Unterscheidung. Einmal sind die Maisstärkekörner dicker als die Körner der Weizenstärke und haben mehr „Körperlichkeit", d. h. sie zeigen unter dem Mikroskop scharfe schwarze Ränder, und zweitens ist auch bei den rundlichen Körnern der Maisstärke in den meisten Fällen eine spalt- oder kreisförmige Kernhöhle erkennbar. Beide Merkmale — „Körperlichkeit" und Kernhöhle müssen jedoch zusammentreffen, wenn man ein einiger maßen sicheres Urteil fällen will.

In zweifelhaften Fällen tut man gut, eine kleine Probe des zu untersuchenden Mehles mit einer Lösung von 8 Teilen Chloralhydrat in 5 Teilen Wasser 24 Stunden hindurch (nicht länger) in einem verschlossenen Glase stehen zu lassen. Im Chloralhydrat quellen die Stärkekörner auf, sie verkleistern jedoch die Maisstärke weniger als die Weizenstärke. Untersucht man dann nach Ablauf von 24 Stunden, so kann man schon bei schwächerer Vergrößerung die noch scharf umrandeten Maisstärkekörner oder ganze Verbände von solchen von den matt erscheinenden Körnern der Weizenstärke unterscheiden. Auf diese Weise erhält man auch eine bessere Vorstellung von der Menge des Maismehlzusatzes, welche sich bei der bloßen mikroskopischen Untersuchung nur schwer abschätzen läßt.

Hat man nicht genügend Zeit, um die Behandlung mit Chloralhydrat durchzuführen, so erwärme man 2 g Mehl mit 100 g Wasser im Wasserbade auf 70—72° C und untersuche dann mit dem Mikroskop. Die Weizenstärke ist verkleistert, ihre Körner sind gequollen, während die Maisstärkekörner — runde wie eckige — wohl erhalten geblieben sind. Man tut gut, sämtliche Untersuchungen vorher oder gleichzeitig an selbst hergestellten Gemischen von Weizen- und Maismehl auszuführen, um den Blick für die Unterscheidungsmerkmale der einzelnen Stärkeformen zu schärfen. Die Schale des Maiskornes, welche anders gebaut ist, wie die des Weizens, kann nicht gut als Hilfsmittel zur Erkennung des Maismehles herangezogen werden, da Schalenteile in den meisten Fällen im Mehl nicht vorhanden sind.

4. Nachweis von Hafermehl.

Charakteristisch sind die vielseitigen Formen der Stärkekörner (sichel-, spindelförmige, Zwillinge u. s. w.). Weitlumige, sehr lange Haare sehr zahlreich vorhanden.

5. Nachweis von Hülsenfrüchten.

Unterscheidungsmerkmal: Stärkekörner mit großen Spalten, die unter dem Mikroskop schwarz erscheinen, bis an den Rand gehen und längliche Form haben.

Die Stärkekörner der Hülsenfrüchte sind in einer proteinreichen Grundsubstanz eingebettet, die sich auf Zusatz von Alaunkarmin erst färbt; diese Grundsubstanz tritt bei den Hülsenfrüchten viel mehr hervor, als bei den Getreidefrüchten. Bei der Verkleisterungsprobe nach Wittmack verquellen die Stärkekörner der Bohnen nicht. Unterschied zwischen Weizen- und Bohnenstärke besonders hervortretend, wenn man das erwärmte Gemisch einige Tage stehen läßt. Mehl von Vicia faba ist sogenanntes Kastormehl[1]), das manchmal dem Weizenmehl zur Erhöhung der Backfähigkeit zugesetzt wird.

6. Nachweis von Kartoffelmehl.

Unterscheidungsmerkmal: Ovale oder dreieckige Form der Stärkekörner mit deutlicher Schichtung und exzentrischem Kern. Mittlere Größe 70 bis 90 μ; selten bis 140 μ.

Kartoffelmehl im Brot[2]).

5 g Brotkrume werden in einer Reibschale mit Wasser durchfeuchtet und zu einem dünnen Brei zerrieben. Die möglichst klumpenfreie Mischung wird mit 20 ccm Kalilauge (10%-ig) und 40 ccm Wasser versetzt, 15 Minuten auf dem siedenden Wasserbade erwärmt und dann mit heißem Wasser auf etwa 500 ccm verdünnt. Nach dem Absetzen der schweren Partikel (etwa nach 30 Minuten) gießt man die trübe, überstehende Flüssigkeit ab und füllt nochmals mit heißem Wasser auf. Dies wird nötigenfalls so lange wiederholt, bis die Flüssigkeit klar erscheint. Das Sediment ist nunmehr unmittelbar zur mikroskopischen Betrachtung geeignet und wird in Wasser oder Chloralhydrat untersucht. Es empfiehlt sich übrigens, gleich zwei aus verschiedenen Teilen des Brotes entnommene Proben in dieser Weise zu behandeln.

Da die naturgemäß sehr spärlich vorhandenen Elemente der Kartoffel in der Masse der Kleiebestandteile vollständig verschwinden, so ist man gezwungen, eine ganze Reihe von Präparaten (10 und mehr von jeder Probe) genau abzusuchen.

Charakteristisch für die Gewebselemente der Kartoffel ist:

a) Das Korkgewebe der Schale. Der die Kartoffelknolle bedeckende großzellige Kork besteht aus dünnwandigen, in der Flächenansicht poly-

---

[1]) J. Buchwald, Zeitschr. f. Unters. d. Nahr.- u. Genußm. 1904. 8. 436.

[2]) C. Griebel, Zeitschr. f. Unters. d. Nahr.- u. Genußm. 1909. 17. 661.

gonalen Zellen. Im Walzmehl findet man vorwiegend größere Trümmer des Korkgewebes in Gestalt von flächenförmigen Komplexen, die sofort durch die braune Farbe der Zellwände auffallen. Da das Gewebe sehr durchsichtig ist, so sieht man häufig — namentlich bei etwas schräger Lage des Objektes — die Zellen der einzelnen Korkschichten genau etagenartig übereinander liegen. Die Anwesenheit dieser sehr charakteristischen Gewebetrümmer im Brot beweist allein schon das Vorhandensein von Kartoffelwalzmehl.

b) Die Gefäßelemente (Spiral-, Ring- und Netzgefäße bezw. Tracheiden). Als weiteres Kennzeichen sind die Gefäße zu nennen, die in Form von Spiral-, Ring- und Netzgefäßen bezw. Tracheiden in den Leitbündeln der Kartoffel vorkommen. Während man im Walzmehl häufig größere Bruchstücke der ganzen Gefäßbündelstränge beobachtet, kann man im Brot nicht immer mit der Auffindung so großer Fragmente rechnen; es kommen hier vielmehr hauptsächlich die Trümmer einzelner oder mehrerer nebeneinander liegender Gefäße in Frage. Besonders charakteristisch sind auch die Netztracheiden, die oft einen beträchtlichen Durchmesser besitzen. Die Weite der Gefäßelemente schwankt etwa zwischen 15 und 18 μ und beträgt meist 25 bis 50 μ, während die im Roggen- und Weizenmehl vorkommenden Spiroiden kaum einen Durchmesser von 10 μ erreichen, sodaß eine Verwechslung beider ausgeschlossen sein dürfte.

c) Eigentümliche, verhältnismäßig wenig verdickte, poröse Zellen, die aus der Rindenschicht der Kartoffel stammen. Diese Zellen fallen in den aus Walzmehl hergestellten Präparaten sofort durch die starke Quellung der Wandverdickungen auf, die durch die Behandlung mit Chloralhydrat hervorgerufen wird.

Als weitere Stärkesorten (feinste) kommen noch das Arowroot (Marantastärke), die Tapioka, der ostindische Sago in Betracht.

Nachweis von Unkrautsamen.

1. Radenmehl (Agrostemma Githago) im Weizen- u. Roggenmehl.

Merkmal: Die Stärkekörner sind von meist unregelmäßiger, rundlicher, spindel- und keulenförmiger Gestalt und von bräunlicher Farbe; sie zerfallen leicht in zahllose ganz kleine Körner mit Molekularbewegung. Die Samen selbst sind schwarz, nierenförmig, höckrig, bis 4 mm groß; das im Keim enthaltene Sapotoxin ist giftig. Fragmente der schwarzen Samenschale findet man meist schon in der Bodensatzprobe. Erkennungszeichen: zackige, wellig gebuchtete, stark verdickte Oberhautzellen, die nach außen buckelartig vorspringen. Beobachtung in Chloralhydrat, Stärkekörner in Glycerinwasser, worin sie nicht so leicht in ihre Teilkörner zerfallen.

2. Taumellolchmehl (Lolium temulentum).

Wirkt giftig; manchmal zufällige Verunreinigung, aber dann stets in geringer Menge vorhanden.

Der Nachweis desselben ist nicht sehr einfach, siehe Speziallitteratur und A. L. Winton, Zeitschr. f. Unters. d. Nahr.- u. Genußm. 1904, 7, 321.

Nachweis von kranken Getreidesorten.

(In der Bodensatzprobe auszuführen.)

1. Mutterkorn (kommt am meisten in Roggenmehl vor).

Merkmale: Unter dem Mikroskop in Nelken- oder Citronenöl sind rosenrote Flecken zu sehen und Mutterkornfragmente (siehe Vergleichsobjekte). Dieselben sind unregelmäßige Klumpen, die farblose, glänzende Kugeln (Öltropfen) einschließen. Sie färben sich mit Überosmiumsäure schwarz oder braun. (Siehe auch A. Gruber, Arch. f. Hygiene 1898, 24, 228.)

2. Nachweis von Brandpilzen im Weizenmehl.

(Tilletia Caries und Tilletia laevis, kommt nur im Weizen vor). Im reinen Roggenmehl kommt Tilletia (secalis) nur selten vor. Der Nachweis von Tilletia im Roggenmehl läßt daher auf eine Beimengung von Weizenmehl schließen; er wird in der Bodensatzprobe vorgenommen.

Merkmal: Sporen sind kugelig, bei Tilletia Caries mit netzartigen Verdickungen versehen. Bei Tilletia laevis enthalten die Sporen Öltropfen, erscheinen aber glatt. Mit Überosmiumsäure werden letztere schwarz. Ob der Weizenbrand (Stinkbrand) giftig ist, ist bis jetzt noch nicht erwiesen. (Trimethylaminbildung.)

Betreffs anderer Unkrautsamen u. s. w. muß auf die Spezialliteratur verwiesen werden.

Beurteilung.

Gesetze: Nahrungsmittelgesetz, Süßstoffgesetz und Gesetz betr. den Verkehr mit gesundheitsschädlichen Farben u. s. w.

Getreidefrüchte. Roggen wird fast ausschließlich zur Brotbereitung (Schwarzbrot, Pumpernickel, Soldatenbrot, Schrotbrot, Simonsbrot u. s. w.) verwendet, die sehr verschiedenartig ist und vielfach mit Ortsgebräuchen zusammenhängt. Weizen (Dinkel) wird namentlich zu Semmeln, Weißbrot, Feingebäck und im Küchenbedarf, der kleberreiche Hartweizen, ein Produkt heißer Länder, zu Makkaroni, Nudeln u. s. w. verarbeitet. Als Backmehl zur Feinbäckerei unter verschiedenen Benennungen kommen Mischungen von Weizenmehl, Natriumbicarbonat und Weinstein u. s. w., z. T. mit Eierpulver, Eieransatzpulver, Kuchengelb (Teerfarbe), Vanille und Rosinen vermischt in den Handel.

Weitere Produkte des Weizens sind der Gries, die Graupen, die Weizenstärke (Kraftmehl); der bei ihrer Gewinnung als Nebenprodukt abfallende Kleber wird als Zusatz zu Nudeln, Makkaroni, sowie zur Herstellung von Nährpräparaten (Aleuronat, Roborat u. s. w.) benutzt. Grünkern ist unreifer, bespelzter Weizen und dient zu Suppenmehlen; Gerste wird zu Rollgerste, Graupen und Suppenmehlen, letztere auch diastasiert, verarbeitet.

Verwertung anderer Getreidefrüchte: Hafer in Form von Flocken, Grütze, gequetscht (Quäker Oats), in aufgeschlossener (präparierter) Form. Reis, geschält, als Tapioka Julienne (mit Kräutern), als Reismehl, Reisstärke, Reisflocken, aufgedämpft, getrocknet und vermahlen,

Getreide- und Hülsenfrüchte nebst Fabrikaten. 217

neuerdings als Backhilfsmittel (siehe unten) empfohlen. Mais, als Mehl und Gries, als Stärke (Maizena); ferner Buchweizen und Hirse.

Die Zusammensetzung der Getreidefrüchte ist sehr verschieden und auch bei einzelnen Arten schwankend. Stickstoffsubstanz zwischen 6 und 18%, Fettgehalt meist 1 bis 2%, bei Hafer und Mais jedoch 5 bis 12%, Asche 0,2 bis 4% [1]).

Verfälschungen: Rohstoffe durch Ölen oder Befeuchten mit Wasser, Überziehen und Polieren mit Talkum (Graupen, Reis), Bleichen mit SO^2 (Graupen, Gerste) [2]), Färben (Reis bläulich, Hirse gelb); der mehlförmigen Produkte und Präparate: mit Gips, Kreide, Schwerspat und anderen mineralischen Beschwerungsmitteln; mit Alaun, Kupfer, Zink, die als Mittel zur Hebung der Backfähigkeit in Betracht kommen; Blei kann von Mühlsteinen herrühren. Die wichtigste Mehlverfälschung ist die Vermengung mit Mehlen anderer Art, und namentlich mit minderwertigen oder verdorbenen (hart und pilzig gewordenen) Sorten. Bleichen des Mehles mit Ozon dient zur Vortäuschung feinerer Qualität. Verfälschung kann auch in größeren Beimengungen von Unkrautsamen, krankem Getreide (Mutterkorn) mehr als 0,5%, Schädlingen erblickt werden. In solchen Fällen kommt auch Verdorbensein in Frage. Über die verschiedene Möglichkeit der Verunreinigungen bezw. des Verdorbenseins vergl. den Untersuchungsgang S. 204. Der Säuregrad normaler Mehle beträgt im äußersten Fall 0,1%, meist erheblich weniger. Wassergehalt beträgt im Mittel etwa 12%, sein Maximum soll 18% nicht übersteigen.

Handelsweizenmehl nimmt zur Bildung eines brauchbaren Teiges 60 bis 66% Wasser auf, Roggenmehl etwa 50 bis 55%. Über Backfähigkeit siehe das S. 202 Gesagte. Der feuchte Klebergehalt beträgt 25 bis 35%. Mineralstoffe des Weizenmehls 0,5 bis 1,0%. Roggenmehl 1 bis 2%; Sand (HCl-Unlösliches) soll 0,3% nicht übersteigen.

Die groben mit dem Anspruch auf Zollvergütung ausgeführten Weizen und Roggenmehle werden, falls Zweifel beim Typenverfahren (Pekarisieren) vorhanden sind, ob ein Mehl noch vergütungsberechtigt ist, auf Aschengehalt untersucht, wobei folgende Grenzzahlen (Bundesrat beschluß vom 21. Oktober 1897) festgesetzt sind:

für Weizenausfuhrmehl . . . . . . = 2,65%
für Roggenausfuhrmehl . . . . . . = 1,87% } Asche in der
für Weizen- und Roggenkleie . . . = 4,10% } Trocken-
für Gerstenkleie als Minimum . . . = 5 %   } substanz
für Gerstenkleie als Maximum . . = 8 %
(Zolltarifgesetz vom 25. Juli 1902.)

Hülsenfrüchte. (Bohnen, Erbsen, Linsen) enthalten etwa 20 bis 25% Eiweißstoffe, darunter namentlich Pflanzenkasein (Legumin); werden in ungeschälter und geschälter, sowie in aufgeschlossener Form (diastasierter) oder gedämpft, gedarrt und feinvermahlen als Suppen- und Kindermehle, in Mischungen mit Gewürzen als Suppentafeln, mit

---

[1]) Diese Zahlen sollen nur einen ungefähren Anhaltspunkt bieten.
[2]) Urt. d. Oberlandesger. Breslau v. 9. April 1907 vgl. Zeitschr. f. Unters. d. Nahr.- u. Genußm. 1910, Beilage 180.

Fleisch oder Speck zu wurstförmigen Konserven (Erbswurst) u. s. w. zur menschlichen Ernährung verwendet.

Verfälschungen kommen im wesentlichen nur bei den ganzen geschälten Produkten vor und bestehen in Färben und Polieren (Ausfüllen von angefressenen Stellen) mit Talkum [1]). Die Ursachen der Verdorbenheit sind dieselben wie bei den Getreidefrüchten und Mehlen; am bedeutungsvollsten ist der verschiedene Nährwert [2]), sowie die Haltbarkeit und Schmackhaftigkeit der Fabrikate im Hinblick auf Verpflegung von Armee und Marine und auch für die allgemeine (namentlich Kinder-) Ernährung.

Andere Mehlfabrikate sind der Sago, ein verkleistertes, zu runden Körnern geformtes Stärkemehl verschiedener, namentlich ostindischer und brasilianischer Palmen- und Wurzelknollen (Arrowroot, Tapioka).

Brot (sonstige Backwaren-, Kuchen), seine Ersatzstoffe und Verfälschungen. Brot muß von gutem Geschmack und Geruch, locker, gut durchgebacken sein und feste gleichmäßige und braune Kruste aufweisen. Die Struktur des Brotes soll gleichmäßig sein, Risse aus Teig- und Mehlkrume u. s. w. verraten ungenügende Durcharbeitung des Teiges bezw. Beimengung minderwertigen Mehles. Tragen solche Waren besondere, auf die Verwendung bestimmter Mehlsorten oder Zutaten (z. B. Weizenmehl, Milch, Butter) hindeutende Bezeichnungen, so dürfen diese zu erwartenden Stoffe nicht ganz oder teilweise durch Stoffe anderer Art ersetzt sein; z. B. Weizenmehl nicht durch Roggenmehl, Kartoffelmehl u. s. w.; Butter nicht durch Margarine, Cocosnußfett u. s. w. Nach der Judikatur (Entscheidung des Preußischen Kammergerichts vom 30. Mai 1904; Auszüge aus d. gerichtl. Entscheidungen, Veröff. d. Kais. Ges.-A. Bd. VII) ist das Ankündigen in Schaufenstern, Plakaten u. s. w., daß die Backwaren mit Butter gebacken sind, sofern dies nicht zutrifft, ebenso als Verfälschung anzusehen, wie wenn die Ware direkt als Buttergebäck feilgehalten worden wäre. Bei jeder Backware, die unter Zusatz eines Fettes hergestellt zu werden pflegt, ausschließlich Butterfett zu verlangen, ist eine unbillige Forderung. Im übrigen kommt es auch auf eventuelle Gebräuche an, namentlich betr. Zusammensetzung gewisser Spezialitäten. — Zusatz alter Brotreste, die zu diesem Zweck erst in Wasser aufgeweicht werden, namentlich wenn deren Minderwertigkeit oder Unappetitlichkeit erwiesen ist, gilt nach der Entscheidung des Reichsgerichts vom 10. Januar 1899, Beilage zu den Veröffentlichungen des Kaiserlichen Gesundheits-Amtes Bd. V, 37, als Verschlechterung bezw. als Verfälschung; auch Zusatz von verschimmelten Backwaren ist Verfälschung, Urteil des Reichs-Gerichts vom 20. Januar 1888, Veröff. d. Kais. Ges.-A. 1888, 696. Vom bäckereitechnischen Standpunkt sollen Zusätze lediglich altbackenen Brotes, ein Mittel zur Hebung der Backfähigkeit sein; derartige Gewohnheiten der Bäcker können aber ohne Wissen und Willen des Publikums nicht geduldet werden,

---

[1]) Siehe auch Abschnitt Gemüse.
[2]) Chemische Zusammensetzung siehe J. König, Chemie d. menschl. Nahrungsmittel u. s. w. 1903 Bd. 1; H. Wagner, J. Clement, Zeitschr. f. Unters. d. Nahr.- u. Genußm. 1909. 18. 314.

weshalb solche Zusätze entsprechend deklariert sein müssen, ebenso wie andere Backhilfsmittel, die nicht lediglich zum Lockern des Teiges dienen (wie Hefe, Backpulver, Eiweißschaum, Alkohol u. s. w.); solche Backhilfsmittel sind z. B. gequollenes Reismehl, Kartoffelmehl (-walzmehl), Tätosin, Diamalt (Grünmalzextrakt) u. s. w. Mineralische Zusätze zur Erhöhung der Backfähigkeit wie Zink,- Kupfer-Tonerdeverbindungen sind aus denselben Gründen unzulässig und außerdem aber auch noch gesundheitsgefährlich.

Der Wassergehalt des Brotes (Krume) übersteigt normalerweise 40 bis 45%, Mineralstoffgehalt 2,5% (ausschließlich NaCl) nicht. Sandgehalt von mehr als 0,3% zeigt sich in der Regel durch Knirschen beim Kauen an. Der Säuregehalt hängt von der Art der Bereitung ab. Nach K. B. Lehmann[1]) sind 3 bis 5 ccm N.-Alkaliverbrauch für 100 g Brot erwünscht, 7 bis 10 ccm als oberste noch zu tolerierende Grenze zu bezeichnen.

Backstreumittel aus Holz, Haferspelzen u. s. w. sind zulässig, da sie beim Backprozeß ihre holzigen Eigenschaften verlieren, dagegen erscheint Kieselguhr wegen der harten Kieselskelettteile weniger geeignet und dürfte den menschlichen Därmen gefährlich sein.

Brotfehler, die durch Bakterien erzeugt sind, siehe im bakteriologischen Teil; auffallende Verunreinigungen berechtigen zu der Annahme von Verdorbenheit bezw. Gesundheitsschädlichkeit.

Teigwaren und ihre Verfälschungen[2]). Man unterscheidet eihaltige Ware (Eiernudeln, Eiergraupen) und eifreie Ware, also Wasserware (Nudeln, Hausmachernudeln, Makkaroni, Spagetti u. s. w.). Die Form der Nudeln, ob Faden-, Band-, Sternnudeln u. s. w. hat kein nahrungsmittelrechtliches Interesse. Als Maßstab für den Eigehalt entscheidet in erster Linie der Gehalt an Lezithinphosphorsäure, ferner eventuell die Ätherextraktmenge (siehe oben bei Untersuchung) und das Vorhandensein von Cholesterin, Lutein. Der Lezithingehalt der Weizenmehlsorten (etwa zwischen 0,010 bis 0,030 schwankend) beeinflußt indessen die Feststellung des aus Ei stammenden Lezithingehalts; bei geringem Eigehalt (unter ½ Eigelb pro 1 Pfund Mehl) ist deshalb auch die Entscheidung, ob Ei verwendet ist, schwierig. Bei fabrikmäßiger Herstellung von Eierteigwaren wird das Eigelb vielfach nicht nach der Zahl der Eier, sondern nach Maß oder Gewicht zugegeben. Der Einwand, daß die Lezithinphosphorsäure beim Lagern der Eiernudeln zurückgehe, hat sich insofern bestätigt, als bei Nudeln mit einem erheblich größeren Eigehalt, als er bei den üblichen Handelswaren vorhanden ist (siehe unten), ein Rückgang der Lezithinphosphorsäure tatsächlich in nennenswertem Umfang eintritt; ebenso bei der üblichen Handelsware, die in gepulvertem Zustande aufbewahrt wurde. Als wesentlicher Faktor scheint die Art der Herstellung und die Aufbewahrung dabei in Betracht zu kommen, jedoch sind diese Beobachtungen deshalb praktisch bedeutungslos, weil ge-

---

[1]) Arch. f. Hygiene. 1893. **19.** 363.
[2]) Siehe auch A. Juckenack und R. Sendtner, Zeitschr. f. Unters. d. Nahr.- u. Genußm. 1902. 5. 997.

pulverte Eiernudeln nicht gehandelt und in diesem Zustande auch nicht mehr als Nudeln angesprochen werden können, und weil im Hinblick auf den verlangten Mindesteigehalt von nur 2 Eiern die Frage des Lezithinphosphorsäurerückganges gar nicht weiter berührt wird. Auf die zahlreichen Veröffentlichungen[1]), welche die Frage hervorrief, kann hier nur verwiesen werden. Das Gesagte gilt als überwiegender Meinungsausdruck. Das Eigelb verleiht den Teigwaren besondere Vorzüge hinsichtlich ihrer stofflichen Zusammensetzung, wie auch in bezug auf Nähr- und Genußwert und ist nicht lediglich als nebensächlicher Hilfsstoff zur Teigbildung, etwa wie Kleber oder andere Eiweißstoffe anzusehen, wie öfter behauptet wird[2]).

Die Vereinigung Deutscher Nahrungsmittelchemiker[3]) sieht als Eierteigware ein Erzeugnis an, bei dessen Herstellung auf je 1 Pfund Mehl die Eimasse von mindestens 2 Eiern durchschnittlicher Größe Verwendung fand und stellt dieselben Anforderungen an Hausmachereiernudeln. Künstliche Färbung ist bei Eier- und Wasserwaren zu beanstanden, da sie stets höheren Eigehalt vortäuscht[4]). Gefärbte Wassernudeln müssen gegenüber Eiernudeln als nachgemacht gelten. Konserviertes Eigelb, das zur Verwendung gelangt, kann Borsäure, Flußsäure oder andere bedenkliche Konservierungsmittel enthalten.

VII. Gemüse (Pilze) und Gemüsekonserven.

1. Prüfung auf Marktfähigkeit, Genießbarkeit bezw. Verdorbenheit.

Bei frischer (roher) Ware kommt chemische Untersuchung auf Verfälschungen u. s. w. im allgemeinen überhaupt nicht in Frage; die Waren sind vielmehr einer Prüfung auf Genuß- und Marktfähigkeit, Verdorben- und Unverdorbenheit zu unterziehen, eventuell kommt noch eine botanische Beurteilung betr. Untermengung oder Unterschiebung von Surrogaten oder gesundheitsschädlichen (bei Pilzen) Waren in Betracht.

Die in Verkehr gebrachten Rohprodukte müssen von frischem Aussehen, natürlicher Farbe, nicht welk, frei von Schmutz und Staub (Wurzelgewächse gewaschen und abgebürstet) sein. Sie dürfen keine oder wenigstens keine erheblichen fauligen oder schimmligen oder durch Pflanzenkrankheiten veränderten (Pilzwucherungen) Stellen zeigen. Kartoffeln dürfen nicht ausgewachsen sein oder Spuren von abgerissenen Keimentwickelungen zeigen. Ebensowenig dürfen Schnecken, Würmer, Maden und Insekten oder von solchen angefressene Stellen in größerer Menge vorhanden sein. Dasselbe gilt im wesentlichen für getrocknete

---

[1]) Zeitschr. f. Unters. d. Nahr.- u. Genußm. und Zeitschr. f. öffentl. Chem. 1904—1910 (J ä c k l e , S e n d t n e r , J u c k e n a c k , L ü h r i g , L e p è r e , B e y t h i e n und A t h e n s t ä d t , L u d w i g , P o p p , Heiduschka und Scheller u. a.).
[2]) Die von Hausfrauen und im Kleingewerbe (Bäckereien u. s. w.) hergestellten Eiernudeln enthalten 3—5 Eier.
[3]) Zeitschr. f. Unters. d. Nahr.- u. Genußm. 1902. 5. 998.
[4]) Vgl. auch Entscheid. d. Reichsger. vom 23. Jan. 1908. Zeitschr. f. Unters. d. Nahr.- u. Genußm., Gesetze u. Verordnungen, 1909, 551.

Waren. Über Zusammensetzung, Nährgehalt der Gemüse vergl. J. König, Die menschlichen Nahrungs- und Genußmittel, Bd. 2, Aufl. III; betr. Pilze das vom Kaiserlichen Gesundheits-Amte herausgegebene „Pilzmerkblatt" und die Abhandlungen von K. Giesenhagen[1]) (betr. Überwachung und Kontrolle des Verkehrs mit Pilzen). Gegebenenfalls sind noch botanische Werke zu Rate zu ziehen.

Bei den Gemüsekonserven erstreckt sich die Untersuchung außer auf äußere Beschaffenheit noch auf die durch die Konservierungsart (Sterilisieren im Fruchtwasser, Einmachen in Salz, Essig, Zucker u. s. w.) bedingte Veränderung der Gemüse und deren Zutaten. Die Einbettungsflüssigkeiten müssen klar und dürfen namentlich nicht bakterientrüb sein. Dosenkonserven sollen nicht sauer sein, höchstens einen geringen Eigensäuregrad besitzen und die Dosen selbst nicht gebläht (bombiert) sein. Gasentwickelung deutet auf Zersetzung. Bei gewissen Gemüsen (Spargel, grünen Erbsen) tritt bisweilen scharfer Geruch auf, der mit Gärungs- und Fäulniserscheinungen nicht zusammenhängt, sondern nach Ansicht von Praktikern durch starke Stickstoffdüngung hervorgerufen ist. Untersuchung auf Bakteriengehalt (bezw. Sterilität) wird unter Umständen darüber Aufschluß geben, ob Zersetzungserscheinungen vorhanden sind. Ptomaïnbildung, wodurch der Genuß von Konserven gesundheitsschädlich werden kann, ohne daß äußere erkennbare Veränderungen eintreten, kommt bei Gemüsekonserven höchst selten vor.

2. Prüfung auf Metallgifte (auch Färbung mit solchen). — Gemüse, wie Bohnen, Erbsen und namentlich Spinat, Gurken (Cornichons u. s. w.), welche beim Konservieren ihre Farbe z. T. verändern, werden öfters durch Präparieren im Kupferkessel indirekt oder durch Beimischung von Kupfersulfat direkt gekupfert, um ihnen eine schöne, grüne Farbe zu verleihen (Aufgrünung). Statt Kupfersulfat kann auch Nickelsulfat in Betracht kommen.

Der chemische Nachweis des Kupfers[2]) geschieht wie folgt:

Die gewogene Konservenmasse (etwa 50 g) wird in Platinschalen oder größeren Porzellantiegeln erst zur Trockne gebracht, verascht[3]), die Asche wird mit Salpetersäure in geringem Überschuß ausgezogen, die entstandene Lösung 2 mal eingetrocknet, der Rückstand mit HNO_3 befeuchtet, mit H_2O aufgenommen und filtriert. Auf dem Filter bleibt event. vorhandenes Zinn zurück. Das Filtrat wird mit konzentrierter H_2SO_4 (etwa 5 ccm) versetzt, eingeengt (zur Ausfällung der Ca-Salze und event. Bleies, mit H_2O verdünnt, abgekühlt in einem Erlenmeyerschen Kolben filtriert und auf etwa 100 ccm aufgefüllt. Hierauf wird H_2S eingeleitet (erwärmen). Das Weitere geschieht wie üblich[3]); selbstverständlich kann das Cu elektrolytisch bestimmt werden. Auf das Verfahren von C. Brebeck, Zeitschr. f. Unters. der Nahr.- u. Genußm. 1907, 13, 551 sei verwiesen.

---

[1]) Zeitschr. f. Unters. d. Nahr.- u. Genußm. 1902. 5. 593 und 1903. 6. 942.
[2]) Vor der Bestimmung muß auf Blei, Zinn und Nickel qualitativ geprüft werden.
[3]) Zerstörung der organischen Substanzen nach A. Halenke siehe Abschnitt Brot.

Blei, Zinn und Zink können durch die Büchsen selbst in die Konserven gelangen, insbesondere, wenn diese sich in saurer Gärung befinden. Der Nachweis geschieht nach den Regeln der analytischen Chemie.

3. Prüfung auf Konservierungsmittel (bezw. Bleichmittel). — Als solche dienen hauptsächlich Borverbindungen, Salicylsäure, schweflige Säure, Formalin u. s. w. Ihr Nachweis geschieht gemäß den Abschnitten Fleisch und Milch, Fruchtsäfte, Wein u. s. w.

4. Bestimmung der freien Säure. Siehe Wein und Fruchtsäfte.

5. Nachweis künstlicher Färbung, mit Teerfarben, siehe Wein und Fruchtsäfte.

6. Nachweis von Zuckerung, z. B. bei Erbsenkonserven, siehe Schwarz und Rischen, Zeitschr. f. Unters. d. Nahr.- u. Genußm. 1904, 550.

7. Vollständige Analyse zur Berechnung des Nährwertes vergl. Fleischkonserven bezw. den allgemeinen Gang zur Untersuchung von Nahrungsmitteln u. s. w.

Beurteilung

erfolgt nach dem Nahrungsmittelgesetz, dem Gesetz betr. die Verwendung gesundheitsschädlicher Farben u. s. w., dem Süßstoffgesetz und nach dem Gesetz betr. den Verkehr mit blei- und zinkhaltigen Gegenständen (Konservenbüchsen).

An Verfälschungen kommen die bereits erwähnten Vermengungen normaler (edler) Ware mit minderwertiger, was namentlich bei Pilzen vorkommt, in Betracht. Völlige Unterschiebung von minderwertiger Ware ist Betrug (§ 263, Abs. 7, D. St. G. B.) in Idealkonkurrenz mit Nahrungsmittelfälschung. Die hauptsächlichsten Verfälschungen betreffen das künstliche Färben mit Teerfarben (besonders bei Erbsen, Spinat und Tomaten beobachtet) und namentlich das Aufgrünen mit Kupfer (Reverdissage).

Beim Vorhandensein größerer Mengen an Kupfersalzen[1]) kommt Gesundheitsschädlichkeit in Betracht. Die Beurteilung der Schädlichkeitsgrenze ist dem medizinischen Sachverständigen zu überlassen. Die Anschauung der Hygieniker über die Giftigkeit sind zum Teil verschieden (vergl. K. B. Lehmann, Arch. f. Hyg. 1895, 24, 118, 73; 1896, 27, 1, 18, 73; J. Brandl, Arb. a. d. Kais. Gesundh.-Amt

---

[1]) § 1 des Gesetzes vom 5. Juli 1887 verbietet die Verwendung gesundheitsschädlicher F a r b e n zur Herstellung von Nahrungs- und Genußmitteln u. s. w. Die neuerdings erhobenen Bedenken, daß das zum Aufgrünen verwendete Kupfersulfat bezw. das aus Kupferkesseln beim Einkochen der pflanzensauren Gemüse aufgenommene Kupfer als „Farbe" bezw. als „Farbstoffzubereitung" im Sinne des genannten Gesetzes nicht aufgefaßt werden könne, können nicht geteilt werden, da die Motive zu dem genannten Gesetze dieser Auffassung entgegenstehen. Bestimmungen des Nahrungsmittelgesetzes (§ 10 bezw. 12) gelangen gleichzeitig oder allein zur Anwendung. Vgl. im übrigen das Urteil des Landger. Mannheim vom 28. Juni 1906 (Auszug aus den gerichtl. Enscheidungen, Beilage zu den Veröff. d. Kaiserl. Gesundh.-Amts. Bd. VII, 429) sowie das Urteil d. Landger. III Berlin vom 3. Okt. 1910, Zeitschr. f. Unters. d. Nahr.- u. Genußm. 1911, Beilage 17.

1896, 13, 104; A. Tschirch, Das Kupfer vom Standpunkt der gerichtlichen Chemie 1893, Stuttgart u. a. Die Bindungsform der Kupfersalze, ob mehr an Eiweißkörper (z. B. bei Schoten, Bohnen) oder an Pflanzensäuren (Phylocyaninsäure) im Spinat u. s. w., ist von prinzipieller Bedeutung für die Annahme der Gesundheitsschädlichkeit. Kupfereiweißverbindungen scheinen unbedenklicher zu sein als die anderen. Auch die vorauszusetzende Art und Menge beim Verzehren spielt eine Rolle. Vergl. betr. Spinat das Obergutachten der Kgl. preuß. Deputation für das Medizinalwesen vom 15. Juli 1908 (Zeitschr. f. Unters. d. Nahr.- u. Genußm. 1909, Beilage, 74). Aus diesen Gründen lassen sich Grenzzahlen nicht aufstellen. Nach einem preuß. Ministerialerlaß vom 16. Mai 1908 sollen 55 mg pro 1 kg Konserven noch unberücksichtigt bleiben; eine großherzogl. badische Verfügung vom 31. Dezember 1906 läßt nur 30 mg, das österreichische Ministerium ebenfalls 55 mg pro 1 kg gelten. (Siehe auch C. Brebeck, Zeitschr. f. Unters. d. Nahr.- u. Genußm. 1909, 18, 416; G. Graff, ebenda 1908, 16, 459.)

Das gleichzeitig mit dem Färben vorgenommene Polieren von Hülsenfrüchten (Erbsen, weißen Bohnen, Linsen) mittels Talkum[1]) fällt ebenfalls unter das Nahrungsmittelgesetz, da es im allgemeinen zum Zweck der Verdeckung von Mängeln und Fehlern (Verstopfen von Spalten und Löchern) vorgenommen wird. Jeder Zusatz von Konservierungsmitteln (mit Ausnahme von NaCl, Zucker und Essig) ist im Fall des Verschweigens überhaupt unzulässig; über die Gesundschädlichkeit größerer und deshalb überhaupt auszuschließender Mengen, sowie über diejenige von Metallen, wie Blei, Zink, Zinn vergl. das bereits oben bei Kupferzusatz Erwähnte. Auf Verdorbenheit und anderweitige gesundheitsschädliche Beschaffenheit ist schon im Eingang des Abschnittes hingewiesen.

VIII. Obst (Früchte) und Obstkonserven.

A. Frischobst.

Die Untersuchung und Beurteilung für den Marktverkehr auf Unverdorbenheit geschieht durch Sinnenprüfung, wofür die bei „Gemüse" angegebenen Gesichtspunkte in Betracht kommen.

Die chemische Untersuchung auf Bestandteile geschieht nach den im Abschnitt Marmeladen angegebenen Methoden[2]). Von besonderer Wichtigkeit ist dabei die Herstellung einer guten Durchschnittsprobe. (Stiele, Steinkerngehäuse sind zu entfernen; Beeren- und Kernobst in Porzellanmörser zerreiben und mischen; Kernobst mittels Reiber zerkleinern.)

Von Verfälschungen bezw. Nachmachungen kommt die künstliche Rotfärbung des Fruchtfleisches von Apfelsinen zum Zwecke des Nach-

---

[1]) Veröffentl. d. Kais. Gesundh.-Amtes 1905. **29**. 293; Preuß. Ministerialerlaß vom 18. Jan. 1905; siehe auch Abschnitt Getreide und Hülsenfrüchte.
[2]) Vgl. A. Beythien u. P. Simmich, Zeitschr. f. Unters. d. Nahr.- u. Genußm. 1910, **20**, 249; E. Hotter, Die chemische Zusammensetzung steirischer Obstfrüchte, III. Teil, Z. f. landw. Versuchswesen in Österreich 1906, **9**, 747.

ahmens der Blutapfelsinen[1]), das Schwefeln von Walnüssen zwecks Vortäuschung jüngeren Alters durch hellere Farbe u. a. in Betracht. Mandeln werden mit Pfirsich- und Aprikosenkernen vermengt oder durch solche ersetzt.

B. Dörrobst und kandierte Früchte.

1. Prüfung auf Unverdorbenheit geschieht durch Sinnenprüfung auf Farbe, Geruch, Geschmack und sonstige Merkmale; schimmelige, von Insekten, Milben, Pilzen bezw. durch Gärung oder Fäulnis erheblich veränderte Ware ist verdorben. Im Bedarfsfalle ist zur Feststellung die Lupe oder das Mikroskop zu Hilfe zu nehmen. Vergl. auch den Abschnitt „Gemüse".

2. Prüfung auf metallische Gifte, namentlich auf Blei, Kupfer, Nickel, Zink, Zinn. Diese Stoffe können durch das Herstellungs- oder Aufbewahrungsmaterial in die Ware gelangt sein. Bei Apfelschnitten kommt hauptsächlich Zink (von verzinkten Hürden oder auch von Bestreuung mit Zinkoxyd zur Erhaltung heller Farbe herrührend) in Betracht.

Da die Bestimmung von Zink in Äpfelschnitten (Scheibenäpfeln) mit einigen Schwierigkeiten verknüpft ist, sind im Nachstehenden zwei Methoden angegeben:

Die Untersuchung von getrockneten Äpfelschnitten auf Zink zerfällt in zwei Hauptabschnitte:

1. In das Auslösen des Zinks aus den Äpfelschnitten; dieses wird entweder durch Veraschen der gesamten organischen Substanz[2]), Auslaugen der Kohle mit Salz- oder Salpetersäure und nachfolgendem Weißbrennen der rückständigen Kohle bewerkstelligt, oder man zerstört die organische Substanz auf nassem Wege, indem man den salzsauren Auszug der Äpfel mit $KClO_3$ erhitzt. Bei der Veraschung sind Verluste an Zink nicht zu befürchten, wenn dieselbe nicht mit zu großer Flamme vorgenommen wird. Am besten verfährt man so, daß die Äpfel in einer geräumigen Platinschale vorsichtig über einer kleinen Flamme erhitzt werden, bis die entweichenden Dämpfe sich entzünden oder die Masse ins Glühen gerät. Entfernt man nun die Flamme, so glimmt die Kohle weiter, nötigenfalls wird mit der Flamme nachgeholfen. Die Masse wird nun in einem Porzellanmörser zerkleinert und mit Salzsäure oder Salpetersäure ausgezogen und die rückständige Kohle wie oben schon angegeben behandelt.

2. In die Ausfällung des Zinks aus dem sauren Auszuge:

a) nach dem Verfahren von Brandl und Scherpe[3]). Unter Erhitzen auf dem Wasserbade wird die salpetersaure Lösung in einer Porzellanschale mit reinem Zinn, sowie rauchender Salpetersäure in kleinen Portionen versetzt und endlich bis fast zur Trockne verdampft. Die gesamte P_2O_5 verbindet sich hierbei mit dem Zinn. Hierauf wird

---

[1]) P u m und M i c k o , Zeitschr. f. Unters. d. Nahr.- u. Genußm. 1900. 3. 729.

[2]) H e f e l m a n n , Pharm. Zentralhalle 1894. S. 77.

[3]) Arbeiten aus dem Kais. Gesundh.-Amte. 1899, 15. 185.

der Rückstand mit heißem Wasser vollständig erschöpft und durch H_2S aus der nötigenfalls mit Salpetersäure angesäuerten klaren Lösung zunächst das Zinn gefällt. Aus dem durch Zugabe von Natriumacetat essigsauer gemachten Filtrat kann man nun entweder durch Kochen das Eisen als basisches Acetat und hierauf durch H_2S das Zn als ZnS abscheiden (siehe Methode b), oder noch besser — man nimmt zunächst die Fällung mit H_2S vor, löst, wenn der Sulfidniederschlag deutlich erkennbar Eisen enthält, nochmals in Königswasser und bewirkt in dieser Lösung die Trennung von Zn und Fe durch Natriumacetat.

Den Niederschlag löst man in Salzsäure und fällt dann das Zn mittels Na_2CO_3, das darauf in bekannter Weise in ZnO übergeführt wird.

b) Aus dem nach 1. hergestellten salzsauren Auszuge fällt man nach vorheriger Oxydation mit einigen Tropfen Salpetersäure Eisen + Tonerde mit Ammoniak und filtriert dieses ab. Die Lösung säuert man dann wieder mit HCl schwach an, erhitzt sie auf dem Drahtnetz zum Kochen, gibt dann etwa 3 Tropfen Eisenchloridlösung und soviel Natriumacetat (in Substanz) mit einem Löffelchen zu, bis alles Eisen mit der in der Lösung enthaltenen Phosphorsäure gefällt ist. Man läßt eine Minute sieden und filtriert sofort. Nach dem Filtrieren und Auswaschen des Niederschlages wird die Flüssigkeit mit H_2S-Gas gesättigt, das gefällte ZnS auf einem Filter gesammelt, gut ausgewaschen, in Salzsäure gelöst und in dieser Lösung das Zn nochmals mit Na_2CO_3 gefällt. Das entstandene $ZnCO_3$ wird endlich vollends als ZnO bestimmt. Der Nachweis und die Bestimmung der übrigen Metallgifte erfolgt nach den Regeln der allgemeinen Analyse[1]). Siehe jedoch auch S. 221.

3. **Nachweis von Konservierungsmitteln** siehe Abschnitt „Fleisch", „Milch" und „Wein".

Schweflige Säure kommt in gebundenem (an Zucker speziell Glucose) und freiem Zustande bei geschwefeltem Dörrobst vor (siehe unten).

4. **Nachweis von Teerfarbstoffen** siehe Abschnitte „Fruchtsäfte" und „Wein".

5. **Bestimmung der Zuckerstoffe** (Invertzucker, Saccharose, Glucose, Stärkesirup u. s. w.) siehe Abschnitte „Marmeladen" und „Zucker", insbesondere die dort abgedruckte amtliche Anleitung zur Ermittelung des Zuckergehaltes in zuckerhaltigen Waren, Anlage E der Ausführungsbestimmungen zum Zuckersteuergesetz. Bei stärkezuckerhaltigen Fruchtkonserven empfiehlt O. Schrefeld[2]) zur Bestimmung der Saccharose die optische Inversionsmethode.

6. **Nachweis künstlicher Süßstoffe** sowie

7. **Bestimmung der freien und flüchtigen Säure** vergl. Abschnitt „Wein".

Beurteilung.

Das betreffs Marktfähigkeit unter „Gemüse" Vorgebrachte kann sinngemäß im Bedarfsfalle auch auf Dörrobst übertragen werden.

---

[1]) Vgl. auch K. B. Lehmann, Arch. f. Hyg. 1897. 291; F. Wirthle, Chem.-Ztg. 1900. 263; L. Janke, ebenda. 1896. 800.

[2]) Zeitschr. d. Ver. deutsch. Zucker-Ind. 1902. 204; Zeitschr. f. Unters. d. Nahr.- u. Genußm. 1903. 6. 31.

Im allgemeinen handelt es sich meist um die Beurteilung eines Gehaltes an schwefliger Säure und Metallen (speziell Zink), also um gesundheitsschädliche Stoffe. Betreffs der schwefligen Säure ist die von A. Schmidt[1]), W. Kerp[2]), E. Rost und Fr. Franz[3]) eingehend bearbeitete, interessante Frage der Bindung der SO_2 an Glucose und ihre hydrolytische Zerlegung zu beachten. Im geschwefelten Dörrobst ist der größte Teil der SO_2 an Glucose gebunden; durch Behandeln mit Wasser wird diese Verbindung sehr rasch zerlegt und freie SO_2 abgespalten. Eine gesetzliche Regelung der Grenzen des Höchstgehaltes an schwefliger Säure hat bisher nicht stattgefunden; in Preußen wird vorerst durch Ministerialerlaß vom 15. Februar 1904 eine Menge von 125 mg in 100 g als äußerster Grenzwert bezeichnet.

SO_2-gehalt kommt meist in den vom Ausland eingeführten Ringäpfeln und Aprikosen vor. Vergl. auch die Abhandlung „Über die Verwendung der schwefligen Säure als Konservierungsmittel, insbesondere den jetzigen Stand der Beurteilung des geschwefelten Dörrobstes" von A. Beythien[4]). Metallgehalt, namentlich Zink, rührt hauptsächlich von Berührung mit metallischen Geräten (z. H. Hürden aus Zinkdraht u. s. w.) her. Zink ist übrigens auch in geringen Mengen im Pflanzenreich verbreitet[5]). Geschwefelte und zinkhaltige Ringäpfel haben meist eine sehr helle, manchmal fast weiße Farbe. Betreffs Verfälschung von getrockneten Pflaumen siehe Zeitschr. f. öffentl. Chemie 1904, 10, 12.

C. Fruchtsäfte-, -sirupe, Limonaden und sog. alkoholfreie Getränke[6]).

Der chemischen Untersuchung hat eine Prüfung des Geschmackes, Geruches, der Farbe und sonstiger äußerer Eigenschaften vorauszugehen.

1. Bestimmung des spezifischen Gewichtes, von Wasser und Trockensubstanz (Extrakt). Ersteres wird pyknometrisch wie bekannt (s. Wein) festgestellt. Da meistens Alkohol vorhanden ist, geschieht die Bestimmung der beiden anderen Werte gleichzeitig miteinander, indem das spezifische Gewicht der entgeisteten Flüssigkeit aus der Differenz des ursprünglichen spezifischen Gewichts und dem des Destillats berechnet und dann aus der Tabelle von Windisch (S. 283) der Extrakt bezw. Trockensubstanzgehalt entnommen wird.

Der Wassergehalt berechnet sich durch Subtraktion des Extrakt- und Alkoholgehaltes (s. unten) von 100. Die Ermittelung dieser Werte auf direktem Wege durch Eindampfen der Fruchtsäfte u. s. w. und Wägen des Rückstandes gibt unsichere Resultate.

---

[1]) Arbeiten aus dem Kais. Gesundh.-Amte. 1904. 21. 226.
[2]) Ebenda. 1904. 21. 372.; Zeitschr. f Nahr.- u. Genußm. 1904. 8. 53.
[3]) Ebenda. 1904. 21. 312.
[4]) Zeitschr. f. Unters. d. Nahr.- u. Genußm. 1904. 8. 36.
[5]) L. Laband, ebenda. 1901. 4. 489.
[6]) Empfehlenswerte eingehende Abhandlungen: A. Juckenack und A. Pasternack, Zeitschr. f. Unters. d. Nahr.- u. Genußm. 1904. 8. 10; E. Lepère, Zeitschr. f. öffentl. Chemie 1906. 12; W. Fresenius, Zeitschr. f. Unters. d. Nahr.- u. Genußm. 1906. 12. 26; L. Grünhut, Zeitschr. f. analyt. Chemie. 1906. 45. 359; K. Windisch und Ph. Schmidt, Zeitschr. f. Unters. d. Nahr.- u. Genußm. 1909. 17. 584.

Bei kohlensäurehaltigne Materialien ist die Kohlensäure durch Anwärmen zu verjagen; das Entgeisten fällt bei Limonaden und sonstigen alkoholfreien Getränken, sofern tatsächlich kein Alkoholgehalt in Betracht kommt, fort.

Bei Säften, deren Extrakt zum größten Teil aus freien Säuren besteht (z. B. Citronensäften), wird die indirekt mit Hilfe der Zuckertabelle ausgeführte Methode ungenau. K. Farnsteiner[1]) hat dies erkannt und eine besondere Tabelle für den Extraktgehalt von Citronensäften bei zuckerfreien Säften zur Ermittelung aus dem spezifischen Gewicht der entgeisteten Flüssigkeit aufgestellt:

Spez. Gew. $\frac{15^0}{15^0}$	In 100 ccm $\left(\frac{15^0}{4^0}\right)$ Citronensäure[2])	Spez. Gew. $\frac{15^0}{15^0}$	In 100 ccm $\left(\frac{15^0}{4^0}\right)$ Citronensäure	Spez. Gew. $\frac{15^0}{15^0}$	In 100 ccm $\left(\frac{15^0}{4^0}\right)$ Citronensäure	Spez. Gew. $\frac{15^0}{15^0}$	In 100 ccm $\left(\frac{15^0}{4^0}\right)$ Citronensäure
1,020	4,762 g	1,030	7,165 g	1,040	9,582 g	1,050	12,015 g
21	5,001 „	31	7,406 „	41	9,825 „	51	12,259 „
22	5,241 „	32	7,647 „	42	10,068 „	52	12,503 „
23	5,481 „	33	7,888 „	43	10,311 „	53	12,748 „
24	5,721 „	34	8,130 „	44	10,554 „	54	12,992 „
25	5,961 „	35	8,372 „	45	10,797 „	55	13,237 „
26	6,202 „	36	8,614 „	46	11,040 „	56	13,482 „
27	6,442 „	37	8,856 „	47	11,284 „	57	13,727 „
28	6,683 „	38	9,098 „	48	11,528 „	58	13,972 „
29	6,924 „	39	9,340 „	49	11,771 „	59	14,217 „

Interpolationstafel.

Einheiten der 4. Dezimale	Citronensäuremenge	Einheiten der 4. Dezimale	Citronensäuremenge	Einheiten der 4. Dezimale	Citronensäuremenge
1	0,024	4	0,096	7	0,169
2	0,048	5	0,120	8	0,193
3	0,072	6	0,145	9	0,217

2. Bestimmung des Extraktrestes. Man versteht darunter den zuckerfreien, also nach Abzug der gefundenen Zucker- (Invertzucker-) menge hinterbleibenden Rest. Bei Citronensäften versteht man nach Farnsteiner jedoch unter „Extraktrest" den nach Abzug der freien, wasserfreien Citronensäure und Gesamtzucker verbleibenden Rest des unter Zuhilfenahme obiger Tabelle indirekt bestimmten Gesamtextraktes. Der „totale Extraktrest" ergibt sich daraus, daß auch noch

---
[1]) Wasserfreie.
[2]) Zeitschr. f. Unters. d. Nahr.- u. Genußm. 1903. 6. 1; 1904. 8. 593; es empfiehlt sich das Studium der Abhandlungen bei Vornahme eingehender Citronensaftanalysen.

die gebundene Citronensäure, die durch Bestimmung der Alkalität der Asche ermittelt wird, in Abzug gebracht wird.

3. **Bestimmung des Alkohols** erfolgt mit der indirekten Extraktermittlung aus dem spezifischen Gewicht des Destillats (siehe Wein); vergl. auch E. Günzel[1]).

4. **Bestimmung der Mineralstoffe und deren Alkalität.** Man wägt 25 g Saft in einer Platin- (Wein-) schale, verdampft vorsichtig das Wasser und verkohlt den Extrakt unter peinlicher Fernhaltung der Verbrennungsprodukte des Heizgases dadurch, daß man entweder statt letzterem nur Spiritusbrenner (sogen. Barthel-) anwendet oder, wenigstens mit einer durchlochten Asbestplatte, deren Loch durch die Platinschale gut ausgefüllt wird, die Verbrennungsprodukte des Heizgases fernhält. Man benutzt auch zweckmäßig einen Bunsenbrenner mit aufgesetztem Lochsiebbrenner und mit kleingestellter Flamme. Die Weiterbehandlung der Asche erfolgt wie bei Wein bezw. im allgemeinen Gang angegeben ist. Der fertigen Asche setzt man nach dem Wägen etwa 20 ccm $^1/_{10}$-Normalschwefelsäure und etwas heißes Wasser zu, erhitzt bis zum Sieden und titriert mit $^1/_{10}$-Normalalkali zurück. Alkalität = ccm Normalalkali für 100 g Substanz berechnen. (Alkalitätzahl siehe Beurteilung.) Phosphorsäure, Kalk, Magnesia, Kali u. s. w. werden in der salzsauren Lösung der Asche wie üblich ermittelt.

5. **Gesamtsäure** wird in 25 g, die mit etwas Wasser verdünnt werden, mit $^1/_4$ Normal-Alkali titriert (siehe Wein). Die verbrauchten Kubikzentimeter $^1/_4$ N-Alkali × 0,067 = Apfelsäure, × 0,064 = wasserfr. Citronensäure in 100 g Saft. Siehe auch bei „Marmeladen". Die Art der Säure sollte stets mit dem Resultat angegeben werden.

Betreffs Citronensäureester in alkoholischen Säften siehe K. Farnsteiner[2]).

6. **Nachweis und Bestimmung der Zuckerarten,** auch des Stärkesirups.

Aus dem optischen Verhalten (Polarisation) der Saftlösung 1:10 vor (s. Wein) und nach der Inversion im 200 mm-Rohr erfährt man die einzelnen Zuckerarten und deren Mengen. Die dazu erforderliche Inversion wird folgendermaßen ausgeführt:

20 g Fruchtsaft werden mit etwas Wasser verdünnt und tropfenweise mit Bleiessig[3]) bis zum Farbenumschlag unter Umschwenken versetzt, dann auf 100 ccm aufgefüllt und filtriert. Von dem Filtrat werden 25 ccm in einem 50 ccm-Kölbchen mit 2,5 ccm HCl (1,19) versetzt und auf 68—70° 5 Min. lang (öfters umschütteln) erhitzt; man kühlt bis auf + 20° und füllt mit Wasser von + 20° auf 50 ccm auf.

Berechnung:

a) Saccharose ergibt sich durch Multiplikation des Differenzergebnisses der Polarisation vor und nach der Inversion mit 5,7. Das Nähere der Berechnung siehe Abschnitt „Honig" S. 301 Anm. 2.

---

[1]) Zeitschr. f. Unters. d. Nahr.- u. Genußm. 1909. 18. 206 betr. indirekte Alkoholbestimmung.
[2]) Zeitschr. f. Unters. d. Nahr.- u. Genußm. 1903. 6. 1.
[3]) Man kann zur Polarisation auch mit Tierkohle entfärben.

b) **Stärkesirup**: Das Resultat der Polarisation nach der Inversion ist zur Feststellung des Stärkesirups zu verwenden (s. unten).

c) **Invertzucker**: Bei Abwesenheit von Stärkesirup schließt man aus der Polarisation $\times \dfrac{100}{4}$ auf den Gesamtzucker (Extrakt) als Invertzucker; will man ihn auf Saccharose ausrechnen, so muß man $\times \dfrac{95}{4}$ nehmen.

Quantitative Bestimmung von Saccharose, Invertzucker, Dextrin geschieht nach den S. 19 angegebenen Verfahren von Meißl, Allihn u. a. Ausführung der Inversion wie beim Polarisationsverfahren. Alkohol ist durch vorheriges Abdampfen zu entfernen; man hat der jeweiligen Konzentration des zu untersuchenden Saftes entsprechende Verdünnungen, die nicht mehr als 1% Zucker enthalten, anzufertigen, vor dem Verdünnen erst mit Blei zu fällen und wieder zu entbleien (siehe Wein S. 407); man kann auch die schon stark verdünnte Lösung (etwa 1 g Zucker enthaltend) mit Tierkohle entfärben (vergl. Wein).

Der Nachweis von Stärkesirup geschieht qualitativ nach J. Fiehe[1]).

10 g Saft werden mit 10 g Wasser verdünnt, nach Zugabe von 5 Tropfen 10%-igen Ammonoxalatlösung aufgekocht und nach nochmaligem Aufkochen mit Tierkohle filtriert. 2 ccm des klaren Filtrats werden mit 2 Tropfen HCl versetzt und in der bei „Honig" angegebenen Weise weiterbehandelt. Reine Säfte bleiben vollkommen klar, während selbst ein geringer Prozentsatz Stärkesirup sich durch eine Trübung bemerkbar macht.

Verdünnungen der Fruchtsäfte 1:2 mit absolutem Alkohol ergeben bei Anwesenheit von Stärkesirup starke Trübungen und klebrige Ausscheidungen von Dextrinen.

Zur quantitativen Bestimmung von Stärkesirup verfährt man:

a) nach A. Juckenack und A. Pasternack[2]), indem man 10 ccm Saft mit etwa 70 ccm Wasser verdünnt, mit einer Messerspitze voll aschefreier, gereinigter Tierkohle versetzt und nach Zugabe von 5 ccm konzentrierter HCl (1,19) auf 68 bis 70⁰ erwärmt, dann sofort abkühlt, auf 100 ccm auffüllt, filtriert und in 200 mm-Rohr bei genau 20⁰ polarisiert. Die erhaltene Drehung ist auf spezifische Drehung ($[\alpha]_D$) (= 100 g Extrakt: 100 ccm im 100 mm-Rohr) umzurechnen und aus dieser ein event. vorhandener Stärkesirupgehalt mit nachstehender Tabelle zu berechnen, wie folgt:

Das spezifische Gewicht des alkoholfreien Saftes (vergl. die Extraktbestimmung S. 226) sei 1,3260 = 65,99 Gew.-% = 87,43 g Zucker in 100 ccm, die Drehung des Saftes (10 ccm : 100 ccm im 200 mm-Rohr) sei = + 4,3⁰, so entsprechen 10 ccm Saft = 100 ccm im 100 mm-Rohr = 2,15⁰, also der reine Saft im 100 mm-Rohr = + 21,5⁰ und die spezifische Drehung des Extraktes = 24,59⁰ (d. i. 100 g Extrakt : 100 ccm im 100 mm-Rohr). Nach der Tabelle entsprechen einer Drehung von

---

[1]) Zeitschr. f. Unters. d. Nahr.- u. Genußm. 1909. **18**. 31.
[2]) Ebenda. 1904. **8**. 10. Siehe auch Matthes und Müller, ebenda, 1906, **11**, 75.

Chemischer Teil.

Tabelle[1]).

$[a]_D$ des invertierten Extraktes	Stärkesirup mit 18% Wasser %	Stärkesirup wasserfrei %	$[a]_D$ des invertierten Extraktes	Stärkesirup mit 18% Wasser %	Stärkesirup wasserfrei %	$[a]_D$ des invertierten Extraktes	Stärkesirup mit 18% Wasser %	Stärkesirup wasserfrei %	$[a]_D$ des invertierten Extraktes	Stärkesirup mit 18% Wasser %	Stärkesirup wasserfrei %
− 21,5	0,0	0,0	+ 18	31,0	25,4	+ 58	62,3	51,1	+ 98	93,7	76,8
− 21	0,4	0,3	+ 19	31,7	26,0	+ 59	63,1	51,7	+ 99	94,4	77,4
− 20	1,2	1,0	+ 20	32,5	26,7	+ 60	63,9	52,4	+ 100	95,2	78,1
− 19	2,0	1,6	+ 21	33,3	27,3	+ 61	64,7	53,0	+ 101	96,0	78,7
− 18	2,8	2,3	+ 22	34,1	27,9	+ 62	65,5	53,7	+ 102	96,8	79,4
− 17	3,5	2,9	+ 23	34,9	28,6	+ 63	66,2	54,3	+ 103	97,6	80,0
− 16	4,3	3,5	+ 24	35,6	29,2	+ 64	67,0	55,0	+ 104	98,4	80,7
− 15	5,1	4,2	+ 25	36,4	29,9	+ 65	67,8	55,6	+ 105	99,2	81,3
− 14	5,9	4,8	+ 26	37,2	30,5	+ 66	68,6	56,2	+ 106	99,9	81,9
− 13	6,7	5,5	+ 27	38,0	31,2	+ 67	69,4	56,9	+ 107	100,7	82,6
− 12	7,4	6,1	+ 28	38,8	31,8	+ 68	70,1	57,5	+ 108	101,5	83,2
− 11	8,2	6,8	+ 29	39,6	32,4	+ 69	70,9	58,2	+ 109	102,3	83,9
− 10	9,0	7,4	+ 30	40,4	33,1	+ 70	71,7	58,8	+ 110	103,1	84,5
− 9	9,8	8,0	+ 31	41,1	33,7	+ 71	72,5	59,4	+ 111	103,8	85,1
− 8	10,6	8,7	+ 32	41,9	34,4	+ 72	73,3	60,1	+ 112	104,6	85,8
− 7	11,4	9,3	+ 33	42,7	35,0	+ 73	74,1	60,7	+ 113	105,4	86,4
− 6	12,2	10,0	+ 34	43,5	35,7	+ 74	74,8	61,4	+ 114	106,2	87,1
− 5	12,9	10,6	+ 35	44,3	36,3	+ 75	75,6	62,0	+ 115	107,0	87,7
− 4	13,7	11,3	+ 36	45,1	37,0	+ 76	76,4	62,6	+ 116	107,8	88,4
− 3	14,5	11,9	+ 37	45,9	37,6	+ 77	77,2	63,3	+ 117	108,6	89,0
− 2	15,3	12,5	+ 38	46,6	38,2	+ 78	78,0	63,9	+ 118	109,3	89,7
− 1	16,1	13,2	+ 39	47,4	38,9	+ 79	78,8	64,6	+ 119	110,1	90,3
± 0	16,9	13,8	+ 40	48,2	39,5	+ 80	79,6	65,2	+ 120	110,9	90,9
+ 1	17,6	14,5	+ 41	49,0	40,2	+ 81	80,3	65,9	+ 121	111,7	91,6
+ 2	18,5	15,1	+ 42	49,8	40,8	+ 82	81,1	66,5	+ 122	112,5	92,2
+ 3	19,2	15,8	+ 43	50,6	41,5	+ 83	81,9	67,2	+ 123	113,3	92,9
+ 4	20,0	16,4	+ 44	51,3	42,1	+ 84	82,7	67,8	+ 124	114,0	93,5
+ 5	20,8	17,0	+ 45	52,1	42,7	+ 85	83,5	68,4	+ 125	114,8	94,2
+ 6	21,6	17,7	+ 46	52,9	43,4	+ 86	84,2	69,1	+ 126	115,6	94,8
+ 7	22,3	18,3	+ 47	53,7	44,0	+ 87	85,0	69,7	+ 127	116,4	95,4
+ 8	23,1	19,0	+ 48	54,5	44,7	+ 88	85,8	70,4	+ 128	117,2	96,1
+ 9	23,9	19,6	+ 49	55,2	45,3	+ 89	86,6	71,0	+ 129	118,0	96,7
+ 10	24,7	20,3	+ 50	56,0	46,0	+ 90	87,4	71,7	+ 130	118,7	97,3
+ 11	25,5	20,9	+ 51	56,8	46,6	+ 91	88,2	72,3	+ 131	119,5	98,0
+ 12	26,3	21,5	+ 52	57,6	47,2	+ 92	89,0	72,9	+ 132	120,3	98,7
+ 13	27,1	22,2	+ 53	58,4	47,9	+ 93	89,7	73,6	+ 133	121,1	99,3
+ 14	27,8	22,8	+ 54	59,2	48,5	+ 94	90,5	74,2	+ 134	121,9	99,9
+ 15	28,6	23,5	+ 55	60,0	49,2	+ 95	91,3	74,9	+ 134,1	122,0	100,0
+ 16	29,4	24,1	+ 56	60,7	49,8	+ 96	92,1	75,5			
+ 17	30,2	24,7	+ 57	61,5	50,5	+ 97	92,9	76,2			

[1]) In der von A. Beythien und P. Simmich, Zeitschr. f. Unters. d. Nahr.- u. Genußm. 1910. 20. 248 abgeänderten bequemeren Form.

Obst (Früchte) und Obstkonserven. 231

+ 24,59° (nach vorgenommener Interpolation) rund 36,04% wasserhaltiger Stärkezucker, oder auf 100 g des Extraktes (Zucker) kommen etwa 36,04 g Stärkesirup, also auf 65,99 g des Extraktes (Zucker) kommen rund 23,78 g Stärkesirup oder in 100 g Fruchtsaft sind etwa 23,78 g Stärkesirup enthalten.

Da kleinere Schwankungen in der Zusammensetzung des Stärkesirups[1]) vorkommen, empfiehlt es sich, das Vorhandensein von Stärkesirup bei Fruchtsäften erst von 5% an als feststehend anzunehmen; bei Marmeladen erst von 10% ab[2]), da der Einfluß der größeren Menge an Nichtzuckerstoffen zu berücksichtigen ist. Auf die ohne Zucker eingekochten Muse (Pflaumenmus) läßt sich die Juckenacksche Methode zum Nachweis von Stärkesirup direkt ohne besondere Korrektur nicht anwenden. P. Hasse siehe weiter unten, gibt dafür eine besondere Formel an.

b) P. Hasse[3]) hat einige einfache Formeln angegeben, welche die etwas umständliche Berechnung des Stärkesirupgehalts aus der Polarisation der invertierten Lösung und die Anwendung der Tabelle entbehrlich macht. Der Genannte hat auch die Fehlergrenzen und ihre Einwirkung auf das Resultat festgestellt und berechnet, daß je weniger Stärkesirup vorhanden ist, desto geringer auch die Fehler sind. Seine Formeln basieren auf den Mittelwerten (spezifische Drehung des invertierten Extraktes von — 21,5 bis + 134,1), welche Juckenack und Pasternack bezw. Beythien ihrer Tabelle zu Grunde legten.

Unter der Voraussetzung, daß die invertierte Lösung (10 g : 100 ccm) im 200 mm-Rohr polarisiert ist, ergeben sich folgende Formeln:

1. Für Liköre, Limonaden: $1/6$ Extrakt + 4-mal Polarisation,

2. Für Fruchtsirupe[4]): 10 + 4-mal Polarisation, oder $0,17 E + 3,9 p$ (E = Extraktgehalt in Prozenten, p = Polarisation).

3. Für Marmeladen: $1/6$ Extrakt + 4-mal Polaris.

4. Für Pflaumenmus: $4 1/2$-mal Polarisation.

Nach den Erfahrungen der Verff. lassen sich diese Formeln speziell zwecks rascher Orientierung über den Stärkesirupgehalt einer Obstdauerware gut und vorteilhaft verwerten.

c) Nach der amtlichen Vorschrift Anlage E des Zuckersteuergesetzes, siehe S. 281.

---

[1]) A. Beythien und P. Simmich, Zeitschr. f. Unters. d. Nahr.- u. Genußm. 1910. 20. 241; dortselbst eingehende Erläuterung über die Entstehung und Brauchbarkeit der Methoden unter entsprechender Würdigung der gegen die Methode vorgebrachten Einwände. Vgl. ferner A. Herzfeld, Zeitschr. des Vereins d. Deutsch. Zuckerindustrie 1907 [N. F.] 44, 611; sowie L. Grünhut, Zeitschr. f. analyt. Chem. 1910. 49. 745.

[2]) Vgl. auch E. Baier, Jahresber. d. Nahr.-Unters.-Amts d. Landw.-Kammer f. d. Provinz Brandenburg. 1904. 23. Siehe auch Beurteilung S. 243 No. 7.

[3]) Pharm.-Ztg. 1906. 51. 815; mathematische Ableitung der Formeln siehe ebenda.

[4]) Je zuckerreicher der Sirup ist und je mehr er sich dem normalen Verhältnis 65 : 35 (D. Arz.-Buch) nähert, um so genauer fallen die Resultate der spezifischen Drehung aus.

d) **Nach A. Beythien**[1]). Dessen Methode liefert nur annähernde Werte.

7. **Bestimmung des Stickstoffgehaltes** nach dem Kjeldahlschen Verfahren (siehe S. 13).

8. **Prüfung auf künstliche Süßstoffe** siehe Abschnitte „Wein" und „Bier".

9. **Prüfung auf gesundheitsschädliche Metalle** (Arsen, Kupfer, Blei, Zink, Zinn u. s. w.) in bekannter Weise, in der vorsichtig hergestellten Asche. Eventuell Zerstören der organischen Substanz mit HCl und chlorsaurem Kali oder mit Schwefelsäure, vergl. Abschnitt „Gemüse". Arsen und Zinn werden nach den gesetzlichen Methoden (Ausführungsbestimmungen zum Farbengesetz vom 5. Juli 1887) nachgewiesen.

10. **Nachweis von Glycerin** vergl. Abschnitt „Wein".

11. **Nachweis von Wein-, Citronen-, Apfelsäure** siehe „Wein".

12. **Nachweis künstlicher Färbung mit**

a) Teerfarbstoffen[1]) siehe Abschnitt „Wein",

b) Farbstoffreichen Fruchtsäften, wie Kirschsaft. Letzterer kommt fast allein in Betracht und ist eventuell am Blausäure- (Benzaldehyd-) gehalt erkennbar. Nachweis dieser im alkoholischen Destillat (in den paar ersten übergehenden Kubikzentimetern) mittels alkoholischer Guajakharztinktur und Kupfersulfatlösung (1 : 10 000)[2]), (siehe „Branntweine", Nachweis von Blausäure). Kirschsaft gibt sich auch an der nach der Bleifällung (s. S. 228 unter 6) entstehenden bläulichen Färbung der Lösung zu erkennen. Heidelbeeren-, Kermsbeeren- u. s. w. nachweis vergl. Speziallliteratur bezw. Abschnitt „Wein".

13. **Konservierungsmittel** werden nach den in den Abschnitten „Fleisch", „Milch" und „Wein" angegebenen Gesichtspunkten nachgewiesen. Am ehesten kommen in Betracht Salicylsäure, Benzoesäure, schweflige Säure, Fluorwasserstoffsäure, sowie Ameisensäure. Da in den erwähnten Abschnitten Methoden für letztere nicht angegeben sind und die Ameisensäure neuerdings zur Frischhaltung von Obstdauerwaren Anwendung findet, mögen die für den Nachweis derselben geeigneten Methoden an dieser Stelle Platz finden:

Nachweis und Bestimmung der Ameisensäure.

Qualitativ:

Die Ameisensäure wird am sichersten an der Form ihres Blei- oder Cer-Salzes erkannt (siehe Behrens, Anleitung z. mikrochem. Analyse d. organ. Verb., Heft IV)[3]).

---

[1]) Zeitschr. f. Unters. d. Nahr.- u. Genußm. 1903. 6. 1095 und 1910. 20. 242.

[2]) Vgl. auch Ed. Späth, Pharm. Zentralh. 1903. 117; K. Windisch, Zeitschr. f. Unters. d. Nahr.- u. Genußm. 1901. 4. 817. Siehe auch Langkopf, Pharm. Zentralh. 1900. 421.

[3]) Siehe ferner V. Castellana, Zeitschr. f. analyt. Chemie. 1908. 770.

1. **Mikrochemischer Nachweis als Bleiformiat.** Man treibt im Apparate für flüchtige Säure (siehe bei Wein) 150 bis 200 ccm über, fügt zum Destillate 0,05 g Bleioxyd (nicht mehr) und dampft zur Trockne. Lebhaft glänzende Nadeln im Rückstande zeigen Ameisensäure an. Bei Anwendung von zuviel Bleioxyd kann die glasig erstarrende Masse des etwa entstehenden Bleiacetates die Nädelchen einhüllen und der Beobachtung entziehen. Man kann das Acetat durch Digerieren mit 50%-igem Alkohol auswaschen und den Rückstand nochmals aus Wasser umkristallisieren. Doch bleibt diese Operation für den Ungeübten trotz aller Anweisungen mißlich. Bei Anwendung von höchstens 0,05 Bleioxyd gelingt der Nachweis von 0,025 Ameisensäure neben 0,3 Essigsäure mühelos. Erkennung mit bloßem Auge oder schwach vergrößert.

2. **Mikrochemischer Nachweis von Ceroformiat.** Dieser ist auch für sehr kleine Mengen von Ameisensäure sicher zu führen, erfordert aber zum Gelingen Sorgfalt und einige Übung. Man dampft das Destillat mit den flüchtigen Säuren nach Zusatz von 0,02 bis 0,05 Zinkoxyd zur Trockne ein und stellt mit dem Rückstande die Reaktion an. Enthält dieser viel Zinkacetat[1]), so muß dies durch mehrfaches Ausziehen mit warmen Alkohol entfernt und das Formiat aus dem basischen Zinksalz ausgezogen und abgedampft werden. Es wird nun ein stecknadelknopfgroßes Bröckchen des trocknen Formiates in einem linsengroßen, flachen Tropfen Wasser gelöst und soviel Ceronitrat zugegeben, als das Zinksalz betrug, stark umgerührt und mit einem Uhrglase bedeckt ¼ bis ½ Stunde zur Kristallisation beiseite gestellt. Bei Gegenwart von Ameisensäure zeigt sich Ceroformiat in der Form von Pentagondodekaedern und radialstrahligen Scheibchen. (Betrachtung bei 200 bis 300-facher Vergrößerung.) Die Reaktion ist sehr empfindlich[2]) und ihr positiver Ausfall durchaus beweisend. Ihr schwacher Punkt (für den Ungeübten) liegt in der Neigung des Ceroformiates, übersättigte Lösungen zu bilden, d. h. nicht zu kristallisieren. Das Übel tritt besonders dann auf, wenn die Lösung eine dickliche Beschaffenheit bekommt, wenn also z. B. zuviel Ceronitrat genommen wird, oder andere leicht lösliche Salze (Acetate z. B.) in größerer Menge zugegen sind.

Quantitativ:

Bestimmung der Ameisensäure[3]), **auch bei Gegenwart von Essigsäure.** Von den vielen vorgeschlagenen Methoden zur Be-

---

[1]) Er sieht dann glasig aus.
[2]) Löslichkeit des Ceroformiates in Wasser etwa 1 : 400.
[3]) Literatur: A. Leys, Zeitschr. f. analyt. Chemie. 1899. 677. K. Windisch, Die chemische Untersuchung und Beurteilung des Weines. 1896. Verlag von J. Springer, Berlin.; Freyer, Zeitschr. f. analyt. Chemie. 1897. 3. 28; Auerbach und Plüddemann, Arbeiten aus d. Kais. Gesundh.-Amte. 1909. 30. 178; Otto und Tolmacz, Zeitschr. f. Unters. d. Nahr.- u. Genußm. 1904. 7. 78; Macnair, Zeitschr. f. analyt. Chemie. 1888. 298 (Oxyd. mit Cr_2O_3); Aufrecht, Zeitschr. f. analyt. Chem. 1908. 7. 73 (Permanganatmeth.); Th. Merl, Zeitschr. f. Unters. d. Nahr.- u. Genußm. 1908. 16. 385 (Gasometr.); Schwarz und Weber, Zeitschr. f. Unters. d. Nahr.- u. Genußm. 1909. 17. 194.

stimmung der Ameisensäure empfehlen wir als erprobt die beiden folgenden, bemerken aber dazu, daß in beiden Fällen, sobald nur kleine Mengen von Ameisensäure vorliegen, auf den qualitativen Nachweis nach den besprochenen Methoden nicht verzichtet werden kann.

1. **Methode.** (Caprinsäure darf nicht vorhanden sein): Reduktion von Quecksilberchlorid in neutraler Lösung zu Calomel.

Reagens: 5 g $HgCl_2$ und 2,75 g Natriumacetat auf 100 ccm gefüllt.

Man destilliert im Dampfstrom, bis keine Säure mehr übergeht, titriert mit $^1/_{10}$ N.-Lauge (Lackmuspapier) und dampft von der Flüssigkeit einen Teil, der nicht mehr als 0,075 HCOOH enthalten darf, auf etwa 10 ccm ein, fügt 30 ccm Reagens hinzu und erwärmt bedeckt einige Stunden auf dem geschlossenen Wasserbade. Der Niederschalg wird im Goochtiegel gesammelt, gewaschen und gewogen. 1 g Calomel = 0,0976 HCOOH.

2. **Methode:** Oxydation der Ameisensäure mit Chromsäure, (Essigsäure wird nicht angegriffen).

Nach Titration der flüchtigen Säure wird auf etwa 20 ccm eingedampft und zur Zerstörung der Ameisensäure mit 30 ccm Oxydationsgemisch[1]) zum Sieden erhitzt, darnach wird die flüchtige Säure abermals titriert. Jeder ccm im Unterschied der beiden Titer entspricht bei Verwendung von $^1/_{10}$ N.-Lauge 0,0046 g HCOOH.

Betreffs schwefliger Säure sei noch besonders auf Unterabschnitt B (Dörrobst) verwiesen.

14. **Nachweis von Saponin** nach Fuße[2]).

Beurteilung.

Gesetzliche Unterlagen sind das Nahrungsmittelgesetz, das Süßstoffgesetz und das Gesetz betr. die Verwendung gesundheitsschädlicher Farben.

Die Unterscheidung der Fruchtsäfte als Roh- (Mutter-) saft und eingekochte Säfte (Sirupe) muß als bekannt vorausgesetzt werden. Das Verhältnis von Zucker und Saft ist schwankend, im allgemeinen werden 40 Teile Rohsaft mit 60 Teilen Rübenzucker (das Deutsche Arzneibuch schreibt als Verhältnis 7:13 vor) als Grundlage angesehen.

Die verbreitetsten Verfälschungen, namentlich des am meisten beliebten Himbeersaftes sind Zusätze von Nachpresse (bezw. Wasser), von Stärke- (Kapillär-) sirup, Auffärben mit Teerfarben und Kirschsaft, Vermischen edlerer Säfte mit geringwertigeren, z. B. Himbeersaft mit Johannisbeersaft u. s. w.; außerdem kommt Verfälschung mit Fruchtsäuren, mit Konservierungsmitteln und endlich künstlichen Süßstoffen, Metallen, sowie event. auch mit Alkohol in Frage. Nachmachungen

---

[1]) Oxydationsgemisch nach Macnair: 12 g Kal. bichrom., 30 g konz. Schwefelsäure, 100 g Wasser.
[2]) Zeitschr. f. Unters. d. Nahr.- u. Genußm. 1899. 2. 938; 1900. 3. 365 (Ref.); K. Brunner, ebenda. 1902. 5. 1197. Vgl. auch Ed. Schaer, Zeitschr. f. Unters. d. Nahr.- u. Genußm. 1906. 12. 51; Kobert, Beiträge zur Kenntnis der Saponinsubstanzen. Stuttgart 1904. 94; O. May, Pharm. Zentralbl. 1906. 47. 223.

werden mit und ohne Verwendung von **Natursäften** unter Zuhilfenahme obiger Stoffe und künstlicher Aschenbestandteile vorgenommen (letztere hauptsächlich bei Citronensaft beobachtet). Derartige Produkte wurden unter täuschenden oder verfänglichen Bezeichnungen wie Himbeerlimonadensirupextrakt in Handel gebracht, sind aber neuerdings kaum mehr zu finden.

Gröbere Verfälschungen und Nachmachungen ergeben sich zum Teil ohne weiteres aus dem qualitativen Befund, z. B. künstliche Färbung; behufs annähernder Feststellung des Fruchtsaftgehaltes müssen aber nähere Anhaltspunkte erst aus dem weiteren Analysenbild entnommen und die gefundenen Werte mit den Werten absolut reiner Produkte verglichen werden; dies gilt besonders hinsichtlich des Gehalts an Asche und deren Alkalität bezw. der Alkalitätszahl $\frac{(\text{Alkalität} \times 100)}{\text{Asche}}$, (Erkennung von Verdünnungen mit Nachpresse bezw. Wasser), der einzelnen Bestandteile der Asche (z. B. Gehalt an Kalk, Magnesia, Kali, Phosphorsäure u. s. w.), des Stickstoffgehaltes, des zuckerfreien bezw. auch säurefreien (totalen) Extraktgehaltes und auch des Säuregehalts. Die zur Erforschung der natürlichen Schwankungen ins Werk gesetzte Statistik [1]), die namentlich zuerst von Ed. Späth [2]), A. Beythien [3]), A. Juckenack [4]) begonnen war, liefert wertvolles Material für die Beurteilung. Das bisherige Ergebnis der Statistik, die im übrigen nach völlig einheitlichen Gesichtspunkten nicht aufgestellt ist, läßt ziemlich erhebliche Schwankungen bei den gleichen Beerensorten und in den verschiedenen Jahrgängen erkennen, indessen muß in Betracht gezogen werden, daß die Untersuchung zum Teil nur an kleinen Beerenmengen, wie sie dem Kleinhandel entnommen worden waren, ausgeführt sind und zum Teil sogar von einzelnen Beerensträuchern stammten, während die Fruchtsäfte des Handels vielfach, wohl sogar in den meisten Fällen, größeren Mischprodukten entstammen. Im Nachstehenden sind die Grenzzahlen für Asche, Alkalität und Alkalitätszahl angegeben:

Die bei vergorenen Himbeerrohsäften in den Jahren 1901 bis 1909 (einschl.) beobachteten Schwankungen in der Zusammensetzung liegen für

die Mineralstoffe zwischen . . . . . 0,35 und 0,95 %
die Alkalität zwischen . . . . 3,5 und 10,8
die Alkalitätszahl zwischen . . . . 9,0 und 13,5.

Ähnliche Werte ergaben sich auch bei den vergorenen Rohsäften von Erdbeeren (großen) und Kirschen (Sauer-); bei letzteren scheint die Zusammensetzung jedoch konstanter zu sein [5]).

Die weitaus überwiegende Mehrzahl der Himbeersäfte der Statistik liegt jedoch zwischen folgenden Grenzen:

---

[1]) Siehe die Jahrgänge der Zeitschr. f. Unters. d. Nahr.- u. Genußm. 1901 bis 1909; auf die Wiedergabe der Namen der an der Statistik beteiligten zahlreichen Autoren muß hier verzichtet werden.
[2]) Zeitschr. f. Unters. d. Nahr.- u. Genußm. 1901. 4. 97.
[3]) Ebenda. 1903. 6. 1095.
[4]) Ebenda. 1904. 8. 10.
[5]) P. Buttenberg, und P. Berg, Zeitschr. f. Unters. d. Nahr.- u. Genußm. 1909. 17. 673.

für Mineralstoffe . . . 0,450 bis 0,540 %
„ Alkalität . . . . 5,70 bis 6,50
„ Alkalitätszahl . . 10,00 bis 12,00

Bei den mit Zucker eingekochten Säften (Sirupen) sind die ermittelten Werte erst auf den ursprünglichen Rohsaftgehalt zu berechnen, da der Zucker- bezw. Saftgehalt sehr verschieden ist. Auch der etwa vorhandene Alkoholgehalt ist dabei zu berücksichtigen. Man zieht den Gesamttrockensubstanzgehalt, der aus dem spezifischen Gewicht der entgeisteten Flüssigkeit ermittelt ist (siehe oben), und im allgemeinen etwa 60 bis 65 Gewichts-Prozente beträgt, bezw. auch den vorhandenen Alkoholgehalt von 100 ab und rechnet Asche und Alkalität prozentisch auf die erhaltene Differenz um. Nachpresse kann unter Umständen noch erhebliche Asche- bezw. Alkalitätswerte aufweisen und dadurch sich der Erkennbarkeit entziehen. Von reinen Citronensäften [1]) liegt ebenfalls ein stattliches Untersuchungsmaterial vor; dasselbe erstreckt sich auf folgende Bestimmungen, die hauptsächlich den Veröffentlichungen von K. Farnsteiner [2]), A. Beythien und P. Bohrisch [3]), H. Lührig [4]), Juckenack, Büttner, Prause [5]) u. s. w. entnommen sind.

Extrakt (indirekt) . . . . . . 5,80 bis 11,31 g in 100 ccm
Citronensäure (wasserfreie) von 4,70 „ 8,11 g in 100 ccm
Asche (Mineralstoffe) . . . . 0,222 „ 0,598 g in 100 ccm
Alkalität . . . . 2,95 „ 7,50 ccm N.-Säure
Stickstoff . . . . 0,027 „ 0,098 g in 100 ccm
Extraktrest [6]) . . . . 0,86 „ 2,76 g in 100 ccm
Totaler Extrakt [6]) . . . . . . 0,28 „ 2,02 g in 100 ccm
Phosphorsäure . . . . 0,015 „ 0,067 g in 100 ccm

Aschenanalysen von Citronensäften nach A. Beythien (Zeitschr. f. Unters. d. Nahr.- u. Genußm. 1905, 10, 339).

Kali (K_2O) . . . . . von 43,50 bis 50,01 %
Natron (Na_2O) . . . „ 1,96 „ 3,45 %
Kalk (CaO) . . . . . „ 7,90 „ 9,28 %
Magnesia (MgO) . . . „ 3,27 „ 5,57 %
Phosphorsäure (P_2O_5) „ 1,83 „ 2,12 %
Chlor (Cl) . . . . . . „ 0,27 „ 1,59 %
Kohlensäure (CO_2) . . „ 28,01 „ 29,59 %
Schwefelsäure (SO_3) . „ 1,83 „ 2,12 %

Der Alkoholgehalt beträgt bei eingekochtem Beerenobst- und Kirschsäften meist erheblich unter 10 Gew.-% und rührt von der Gärung bezw. von gespritetem Rohsaft her. Bei Citronensäften können höchstens Spuren von Alkohol durch Gärung gebildet sein. Vgl. auch Gutachten

---

[1]) W. Stüber, Über Apfelsinensaft (Zusammensetzung). Zeitschr. f. Unters. d. Nahr.- u. Genußm. 1908. 15. 273.
[2]) Zeitschr. f. Unters. d. Nahr.- u. Genußm. 1903. 6. 1.
[3]) Ebenda. 1905. 9. 449; dieselben und Hempel 1906. 11. 651.
[4]) Ebenda. 1906. 11. 441.
[5]) Zeitschr. f. Unters. d. Nahr.- u. Genußm. 1906. 12. 735.
[6]) Der Extrakt ist indirekt (nach Farnsteiner) bestimmt.

des Kaiserl. Gesundh.-Amts über den Alkoholgehalt der Fruchtsäfte, abgedruckt in Z. f. öff. Chemie 1905, 11, 163.

Die rechtliche Beurteilung der Fruchtsäfte erfolgt an Hand der Bestimmungen des Nahrungsmittelgesetzes, in seltenen Fällen dürfte das Süßstoffgesetz und das Gesetz betr. gesundheitsschädliche Farben zur Anwendung zu gelangen haben. Stärkesirupzusatz bedingt Verschlechterung und Täuschung, da er saftverdünnend wirkt und höhere Konzentration vortäuscht [1]). Auch seine geringe Süßkraft ist ein Mangel. Nachpresse- und Wasserzusätze vermindern ebenfalls die Qualität der Säfte [2]). Färbung kann zum Zwecke der Auffärbung mißfarbig gewordener Säfte dienen, geschieht aber hauptsächlich zur Verdeckung von anderen Verfälschungsmitteln, namentlich der Verdünnungen mit Wasser, Stärkesirup u. s. w., und überhaupt zur Erweckung besserer Beschaffenheit. Auch Beimischungen von Kirschsaft allein verändern z. B. das Wesen des Himbeersaftes in Aroma und Farbe. Die Färbekraft des Kirschsaftes beträgt etwa das 8 bis 10-fache gegenüber dem Himbeersaft. Beimengungen von künstlichen Fruchtäthern, meist nur durch Geruch und Geschmack feststellbar, verrät unzulässige Manipulation; das Beimischen von echtem Aroma, das unter Umständen beim Einkochen u. s. w. der Säfte zurückgewonnen wird, ist jedoch statthaft. Bei Nachmachungen ist das Nötige bereits eingangs erwähnt und ergibt sich auch aus dem Vorhergehenden.

Die freie Vereinigung deutscher Nahrungsmittelchemiker stellt für Fruchtsäfte [3]) folgende Leitsätze auf:

1. Für reine Fruchtsirupe ist ein geringer Zusatz von Weinsäure ohne Kennzeichnung zulässig.
2. Bei Fruchtsirupen soll durch die Deklaration „mit Stärkesirup" ein Gehalt an solchem bis zu 10% gedeckt werden.
3. Bei der Deklaration eines Farbzusatzes ist das Wort „gefärbt" zu verwenden. Das Wort „gefärbt" genügt unter allen Umständen.

Betreffs Ausführung der Deklaration siehe die Leitsätze für Marmeladen, S. 244.

Bei Citronensäften begegnet man oft Kunstprodukten, die in den wesentlichen Bestandteilen analysenfest gemacht sind; meist verrät aber die Zusammensetzung der Aschenbestandteile die künstliche Herstellung; Fremdstoffe wie Glycerin u. s. w. werden dabei bisweilen zur Vortäuschung von Extraktivstoffen verwendet. Bei künstlichen Citronensäften wird angeblich als Grundlage auch das aus den Citronenproduktionsstätten versandte, bei der Verarbeitung der Citronen entstehende Abfallwasser (Fruchtwasser) verwendet; dasselbe ist meist sehr dünn und säurearm, wird aber anscheinend als garantiert reiner Rohsaft eingeführt.

Als Konservierungsmittel kommen hauptsächlich Salicylsäure, Borsäure, Fluorwasserstoffsäure und neuerdings Benzoesäure und Ameisensäure (angeblich auch Zimtsäure, siehe Abschnitt Wein) in Betracht;

---
[1]) Urteil des Reichsgerichts vom 24. November 1900, Zeitschr. f. Unters. d. Nahr.- und Genußm. 1902, 5, 189.
[2]) Desgl. vom 20. Dezember 1900 ebenda 190; desgl. vom 22. Juni 1906 (betr. ausgelaugte Dörräpfel als Apfelsaft; ebenda 1907, 16, 270.
[3]) Zeitschr. f. Unters. d. Nahr.- u. Genußm. 1909. 18. 77.

mehrere dieser Stoffe kommen in minimalen Mengen, auch als natürlicher Bestandteil in Obst vor, z. B. Salicylsäure in Erd- und Himbeeren, Borsäure überhaupt in zahlreichen Obstarten, Benzoesäure in Preißelbeeren, was unter Umständen zu berücksichtigen sein mag. Nachgewiesen sind folgende Mengen:

Salicylsäure[1]): 0,10 bis 0,25 mg in 100 g Fruchtart bezw. Fruchtsaft
Borsäure [2]): 0,4 bis 7 mg in 100 g Fruchtart bezw. Fruchtsaft
Benzoesäure [3]): 4,5 bis 22,4 mg in 100 g Preißelbeeren
Benzoesäure [3]): 2,1 bis 6,1 mg in 100 g Brombeeren.

Bei der üblichen Analyse entziehen sich aber derartige winzige Mengen dem Nachweise oder zeigen sich höchstens in Spuren an, die niemand beanstanden wird.

Die üblichen Zusätze betragen 25 bis 50 g Salicylsäure und 100—150 g Ameisensäure pro 100 kg Saft. Borsäure wird kaum verwendet. Fluorwasserstoffsäure ist der wirksame Bestandteil des sogen. Frut-Frutverfahrens, bei dem diese Säure nachträglich durch Kalk wieder entfernt werden soll. Die Unzulänglichkeit dieses Verfahrens liegt auf der Hand. Über die Schädlichkeit der Salicylsäure vergleiche Gutachten der Königl. Preußischen Deputation f. d. Medizinalwesen vom 14. Februar 1904, der Medizinalkollegien zu Würzburg und des Königreichs Sachsen. Der Zusatz von Salicylsäure schließt aber darnach vor allem auch eine Verschlechterung der Waren in sich[4]). Bei Benzoesäure, auch Cordin, Bacidol, Hydrinsäure, Benzoazyt u. s. w. im Handel benannt, und Ameisensäure (letztere in 10 %-iger Lösung als Fruktol, Werderol u. s. w. im Handel) steht Gesundheitsschädlichkeit anscheinend nicht fest (vgl. Arbeiten a. d. Kaiserl. Gesundheitsamte betr. Ameisensäure Bd. 32 Heft 2); im übrigen sind aber diese Stoffe hinsichtlich der Frage der Verfälschung im Sinne des § 10 des Nahrungsmittelgesetzes wie die vorgenannten zu behandeln. Deklaration ist unter allen Umständen zu verlangen [5]). Ebenso muß die Deklaration von Alkohol, namentlich bei Citronensäften, die zu Kurzwecken empfohlen sind, verlangt werden [6]).

Fruchtlimonaden und ähnliche alkoholfreie Getränke sind hinsichtlich der Fruchtbestandteile bezw. ihrer Ersatzstoffe wie Fruchtsäfte zu beurteilen, hinsichtlich der Beschaffenheit des Wassers bezw. der Kohlensäure wie künstliche Mineralwässer (siehe S. 480). Die freie Vereinigung Deutscher Nahrungsmittelchemiker hat folgende Leitsätze für künstliche (nachgemachte) Brauselimonaden [7]) angenommen:

---

[1]) K. Windisch, Zeitschr. f. Unters. d. Nahr.- u. Genußm. 1903. 6. 447; 1902. 5. 653; R. Hefelmann, Zeitschr. f. öffentl. Chem. 1897. 3. 171.
[2]) E. v. Lippmann, Chem.-Ztg. 1902. 26. 465; H. Hebebrand, Zeitschr. f. Unters. d. Nahr.- u. Genußm. 1903. 5. 1044.
[3]) K. B. Lehmann, Chem.-Ztg. 1908. 32. 949; A. Behre, F. Grosse und G. Schmidt, Zeitschr. f. Unters. d. Nahr.- u. Genußm. 1908. 16. 736; A. Nestler, ebenda. 1909. 18. 690; C. Griebel, ebenda. 1910. 19. 241.
[4]) Vgl. auch Urteil des Preuß. Kammergerichts vom 3. Juli 1902, Urteil des Reichsgerichts vom 3. Juli 1906 (betr. Salicylsäure in Bier); Zeitschr. f. Unters. d. Nahr.- u. Genußm. 1907. 13. 300.
[5]) Siehe auch das Deutsche Nahrungsmittelbuch 1909. S. 314.
[6]) Vgl. Urteil des Preuß. Kammergerichts vom 18. Januar 1907.
[7]) Vgl. auch Urteil des Preuß. Kammergerichts vom 24. März 1902 und des Oberlandesgerichts Dresden vom 7. Dezember 1905.

A. 1. Brauselimonaden mit dem Namen einer bestimmten Fruchtart sind Mischungen von Fruchtsäften mit Zucker und kohlensäurehaltigem Wasser.

2. Die Bezeichnung der Brauselimonaden muß den zu ihrer Herstellung benutzten Fruchtsäften entsprechen. Letztere müssen den an echte Fruchtsäfte zu stellenden Anforderungen genügen.

3. Eine Auffärbung mit anderen Fruchtsäften (Kirchsaft), sowie ein Zusatz von organischen Säuren ist nur zulässig, wenn sie auf der Etikette in deutlicher Weise angegeben werden. Mit dem Safte von Citronen, Orangen oder anderen Früchten der Gattung Citrus hergestellte Brauselimonaden dürfen einen Zusatz des entsprechenden natürlichen Schalenaromas ohne Deklaration erhalten.

B. Unter künstlichen Brauselimonaden versteht man Mischungen, die neben oder ohne Zusatz von natürlichem Fruchtsaft, Zucker und kohlensäurehaltigem Wasser organische Säuren oder Farbstoffe oder natürliche Aromastoffe enthalten. In solcher Weise zusammengesetzte Brauselimonaden dürfen nicht unter dem Namen „Brauselimonade" allein gehandelt werden, sondern müssen die deutliche Bezeichnung „Künstliche Brauselimonade" oder „Brauselimonade mit Himbeer- etc. Geschmack" tragen.

C. Saponinhaltige Schaumerzeugungsmittel sind für die unter A und B genannten Produkte unzulässig.

D. Das zu verwendende Wasser muß den an künstliche Mineralwässer zu stellenden Anforderungen genügen.

Siehe auch die ausführliche Abhandlung von A. Beythien über Brauselimonaden, Zeitschr. f. Unters. d. Nahr.- u. Genußm. 1907, **14**, 31.

D. Marmeladen, Muse, Jams, Kompotte, Gelées, Rübenkraut, Obstkraut[1]).

Vor der Untersuchung ist eine innige Durchmischung des Materials erforderlich; nach Möglichkeit sind auch alle Bestimmungen sofort in Angriff zu nehmen unter Verwendung einer für sämtliche Bestimmungen dienenden Urlösung (1 : 10) und die nötigen Wägungen auszuführen. Abgesehen vom Unlöslichen sind sämtliche Bestimmungen im löslichen Teile auszuführen. Die Resultate werden auf Marmelade bezw. deren Trockensubstanz bezogen.

1. Bestimmung des Unlöslichen, des Wassergehaltes und des Extraktes. In ein Becherglas wägt man 25 g der Marmelade u. s. w. ein, übergießt mit etwa 150 bis 200 ccm Wasser und erwärmt auf dem Wasserbad unter häufigem Zerdrücken und Umrühren der Masse eine Stunde lang. Die Lösungsdauer ist eine verschiedene. Man filtriert darauf die erhaltene Lösung durch Watte, Glaswolle oder Papierfilter, die vorher mit einer Nickel- oder Platinschale getrocknet und gewogen waren, in einen 250 ccm-Kolben, und

---
[1]) Juckenack und Prause, Zeitschr. f. Unters. d. Nahr.- u. Genußm. 1908. **8**. 26; F. Härtel, ebenda 1908. **15**. 462; **16**. 78 u. 86; A. Beythien, ebenda **16**. 79; derselbe und P. Simmich s. S. 231.

wäscht den auf der Watte angesammelten unlöslichen Teil mehrfach mit heißem Wasser nach, bis keine saure Reaktion mehr zu konstatieren ist. In der Urlösung (1 : 10) bestimmt man pyknometrisch das spezifische Gewicht dieser Lösung, um mit Hilfe der Tabelle Windisch (S. 283) den Gesamtextraktgehalt zu erfahren. Das erhaltene Resultat ist mit 10 zu multiplizieren.

Wasser wird direkt durch Eintrocknen von 2 bis 5 g mit ausgeglühtem Seesand innig vermengten Materials (event. im Vakuum) im Wassertrockenschrank ermittelt; indirekt ergibt sich der Wassergehalt durch Abziehen des Unlöslichen und des Extraktgehaltes von 100.

2. Spezifisches Gewicht und Polarisation der invertierten Lösung bezw. Ermittelung des Extraktgehalts der invertierten Marmelade (nach Juckenack).

Man nimmt 80 ccm der Urlösung = 8 g Substanz und versetzt dieselbe in einem 100 ccm-Kölbchen mit gereinigter Tierkohle, erwärmt nach Zugabe von 5 ccm konzentrierter HCl (1,19) 5 Minuten lang auf 68—70°, kühlt dann rasch ab und füllt auf 100 ccm auf. Polarisation im 200 mm-Rohr bei 20° und Ermittelung des spezifischen Gewichts der Lösung bei 15° im Pyknometer. Gleichzeitig ermittelt man das spezifische Gewicht der HCl-Lösung (5 : 100 ccm) und zieht dieses von dem ersteren ab. Die Differenz wird mit 1 addiert und der entsprechende Wert für das spezifische Gewicht der invertierten Lösung der Zuckertabelle von Windisch entnommen. Der erhaltene Extraktgehalt $\times \frac{100}{8}$ ist = dem Extraktgehalt der invertierten Marmelade.

3. Ermittelung und Bestimmung der Zuckerarten.

a) durch Polarisation.

Von der Urlösung entfärbt man 50 ccm mit Tierkohle und polarisiert vor und nach der Inversion. (Das Nähere siehe „Fruchtsäfte".)

b) chemisch (quantitativ). 100 ccm Lösung dürfen nicht mehr als 1 g Zucker enthalten. 20 ccm der entfärbten Urlösung 1 : 10 werden nach der Neutralisation auf 100 ccm aufgefüllt (die Verdünnung berechnet man am besten nach dem Ergebnis der Extraktbestimmung) und hierin der direkt reduzierende Zuckergehalt (Invertzucker, Glucose) nach Meißl (S. 19) bestimmt. Ebenso wird die nach der Inversion (siehe oben) erhaltene Lösung behandelt. Der nach der Inversion als mehr gefundene Zucker wird als Saccharose in Rechnung gebracht unter Vernachlässigung etwa vorhanden gewesenen und mit invertierten Dextrins. (Berechnung siehe S. 20). Man bestimmt am besten den gesamten Zucker als Invertzucker in der neutralisierten, invertierten Lösung (2) und läßt die Saccharose ganz aus dem Spiele.

Die Ermittelung des Stärkesirups geschieht nach A. Juckenack und A. Pasternack. Die Drehung der invertierten Lösung (s. oben) wird durch Division mit 2 auf das 100 mm-Rohr umgerechnet, darauf durch den Extraktgehalt der gleichen Lösung dividiert; mit 100 multipliziert erhält man dann die spezifische Drehung des invertierten Extraktes. Aus der Tabelle (Seite 230) entnimmt man den zugehörigen Gehalt des Extraktes an wasserhaltigem Stärkesirup. Durch nochmalige

Multiplikation mit dem Extraktgehalt der Marmelade erfährt man den Stärkesirupgehalt der letzteren (A. Beythien und P. Simmich l. c.; siehe auch den Abschnitt Fruchtsäfte).

Berechnung des Stärkesirupgehaltes nach P. Hasse aus Extrakt und Polarisation der invertierten Lösung siehe Abschnitt Fruchtsäfte. E. v. Raumers Vergärungsmethode s. Zeitschr. f. Unters. d. Nahr.- u. Genußm. 1903. 6, 481.

4. **Zuckerfreier Extrakt** ergibt sich aus der Differenz zwischen Gesamtzucker (Invertzucker) und dem Extraktgehalte der invertierten Marmelade. (2.)

5. **Bestimmung der Mineralstoffe, Alkalität** und einzelner Mineralstoffe (z. B. Phosphorsäure), in 300 ccm der Urlösung siehe Abschnitt „Fruchtsäfte".

6. **Gesamtsäure,** 100 ccm der Urlösung wie Wein titrieren. Berechnung bei Stein- und Kernobst mit Apfelsäure-Faktor = 0,0067; bei Beerenfrüchten und Orangen mit Citronensäure-Faktor = 0,0064 (K. Windisch und P. Schmidt, Zeitschr. f. Unters. d. Nahr.- u. Genußm. 1909, 17. 591).

7. **Saccharin, Teerfarbstoffe, Konservierungsmittel, Glycerin, Stickstoff, Schwermetalle** siehe Abschnitt „Fruchtsäfte". **Pektinstoffe** 50—100 ccm der Urlösung (1 : 10) in einer Porzellanschale auf 10 ccm eindampfen und mit 100 ccm Alkohol (von 96 Vol.-%) ansetzen. Auf gewogenem Filter den Niederschlag sammeln, mit demselben Alkohol auswaschen, zum konstant bleibenden Gewicht trocknen und wägen.

8. **Nachweis von Gelatine und Agar-Agar (Gelose).** Nach A. Börner[1]) fällt man eine konzentrierte Lösung des Materials mit der 10-fachen Menge absoluten Alkohols und bestimmt in dem getrockneten Niederschlag den Stickstoffgehalt (siehe Bestimmung der Pektinstoffe). Bei Zusatz von Gelatine ist dieser Niederschlag erheblich reicher an Stickstoff als bei reinen Produkten. Agar-Agar enthält Diatomeen[2]), die mikroskopisch nachgewiesen werden, nachdem das Material (Marmeladen u. s. w.) mit 5%-iger Schwefelsäure gekocht ist und einige Kristalle $KMnO_4$ zugefügt sind. Absitzenlassen des Niederschlags (eventuell zentrifugieren), welcher die Diatomeen enthält.

Da manche Agarpräparate (Gelose) keine Diatomeenpanzer enthalten, verfährt man nach Desmoulières[3]): 200 ccm der Lösung 1:10 werden zum Sirup eingedampft und mit 100 ccm eines 90%-igen Alkohols gefällt. Der dekantierte Niederschlag wird in 2 Teile geteilt, wovon man den einen in H_2O löst und die Lösung mit Pikrinsäure und Tannin auf Gelatine prüft. Der andere Teil wird mit CaO erhitzt, wobei Gelatine NH_3 entwickelt. Zur Prüfung auf Agar wird gegebenenfalls eine neue Portion der Alkoholfällung in kochendem H_2O gelöst, mit Kalkwasser alkalisch gemacht, 2—3 Minuten gekocht und durch

---

[1]) Chem.-Ztg. 1895. 552; ferner O. Henzold, Zeitschr. f. öffentl. Chem. 1900. 292; ferner Beckmann, Forschungsberichte über Lebensmittel u. s. w. 1896. 3. 324.
[2]) Marpmann, Zeitschr. f. angew. Mikrosk. 1896, Heft 2.
[3]) Zeitschr. f. Unters. d. Nahr.- u. Genußm. 1903. 763 (Ref.).

Leinwand filtriert. Das mit Oxalsäure neutralisierte Filtrat engt man auf dem Wasserbade ein, versetzt mit Formaldehyd und dampft zur Trockene. Der mit H_2O einige Minuten gekochte Rückstand wird durch einen Heißwassertrichter filtriert, das Filtrat auf 7—8 ccm eingedampft und in ein Reagensglas gegossen. Bei Gegenwart von Agar-Agar entsteht nach dem Abkühlen eine steife Gallerte, welche beim Umdrehen des Glases nicht ausfließt. Ist keine Gelatine vorhanden, so kann die Behandlung mit Formaldehyd wegfallen.

9. Identitätsbestimmung der Früchte und Nachweis fremder Obst- bezw. Pflanzenbeimischungen (botanisch-mikroskopisch) unter Benutzung selbstverfertigter Vergleichspräparate und der SpeziallIteratur, z. B. Lehrbuch Möller (vergl. Gewürze), ferner A. L. Winton, Anatomie des Beerenobstes[1]), Schindler[2]) (Johannisbeermarmelade); C. Griebel[3]) (Moosbeere). Die Feststellung der Art der Obsttrester ist eine mühsame Arbeit und oft nicht erfolgreich. Bei besseren Marmeladesorten (namentlich Himbeer-) kommt hauptsächlich Beimischung von Apfelmus und Johannisbeeren in Betracht. Apfelbestandteile zeichnen sich durch großzelliges Parenchym neben reichlichen Gefäßbündelpartien aus. Himbeerfleisch zeigt dagegen neben sehr undeutlich konturierten, dünnwandigen Parenchymzellen lange gewundene Haare, sehr charakteristische Griffel, sehr spärliche Spiralgefäße und dergl. mehr. Himbeeren und Äpfel lassen sich leicht auseinander halten. Man hat aber zahlreiche mikroskopische Präparate durchzumustern. (Bilder eventuell photographisch fixieren!)

Es sind auch schon Vorschläge gemacht worden, die zwischen Extrakt und Unlöslichem u. s. w. bei den einzelnen Fruchtarten anscheinend vorhandenen Verhältniswerte zur Differenzierung der Fruchtarten bezw. zum Nachweise von fremden Obsttrestern zu verwenden. Siehe Ludwig[4]), sowie Baier und Hasse[5]) sowie derselbe und Neumann[6]).

Seltenere Verfälschungs- (Füll-) mittel sind rote und weiße Rüben, Tomaten, Pflaumen, Bananen u. s. w. u. s. w.

Beurteilung.

Gesetzliche Bestimmungen: wie bei Fruchtsäften.

Zusammensetzung und Verfälschungen: Maßgebend sind die Leitsätze der freien Vereinigung Deutscher Nahrungsmittelchemiker[7]):

1. Als Grundlage für die Beurteilung eines Nahrungsmittels gilt die normale Beschaffenheit. Abweichungen von dieser werden als zulässig erachtet, sofern sie richtig deklariert und die Zusätze nicht gesundheitsschädlich oder wertlos sind.

2. Die beim Einkochen eines Obsterzeugnisses entweichenden und wiedergewonnenen Stoffe dürfen demselben Produkte wieder zugesetzt werden, ohne daß Deklaration nötig ist.

---

[1]) Zeitschr. f. Unters. d. Nahr.- u. Genußm. 1902. 5. 785.
[2]) Ebenda. 1904. 7. 309.
[3]) Ebenda. 1909. 17. 65.
[4]) Ebenda. 1906. 11. 212.
[5]) Ebenda. 1908. 15. 140.
[6]) Ebenda. 1907. 13. 675.
[7]) Ebenda. 1909. 18. 59.

3. Breiige oder breiig stückige Fruchtzubereitungen, welche als Konfitüren oder Jams bezeichnet werden, sind wie Marmeladen zu beurteilen. Marmeladen sind Zubereitungen aus frischen Früchten und Zucker[1]).

4. Als Zusätze zu Obsterzeugnissen sind unzulässig: unter Zusatz von Wasser ausgelaugte oder der Destillation unterworfen gewesene Preßrückstände ausgelaugter Früchte. Zulässig sind jedoch: Preßrückstände von Saueräpfeln, die mit nicht mehr als 50% Wasser gekocht worden sind.

5. Bei der Herstellung von Marmeladen, die nach einer bestimmten Fruchtart benannt sind, müssen mindestens 45% der Frucht, die den Namen der Marmelade trägt, als Einwage genommen werden. Auf Marmeladen aus bitteren Orangen und Citronen findet diese Bestimmung keine Anwendung. Bei der Herstellung gemischter Marmeladen sind mindestens 45% Gesamtfruchtmasse zu verwenden. In diesen 45% sind die 25% Apfelmark, die mit Deklaration zugesetzt werden dürfen, und die 8% Apfelsaft einbegriffen.

6. Zusatz von Stärkesirup muß deklariert werden. Bei Obsterzeugnissen mit mehr als 25% Stärkesirup im fertigen Produkt ist die Deklaration „mit mehr als 25% Stärkesirup" anzuwenden.

7. Die Deklaration „mit mehr als 25% Stärkesirup" deckt Stärkesirupgehalte bis zu 50%. Die analytische Fehlergrenze der zur Bestimmung des Stärkesirups vorgeschriebenen Methode von Juckenack wird zu 10% des gefundenen Wertes festgesetzt, sodaß ein Befund von 27,5 statt 25 und von 55 statt 50% noch keinen Grund zur Beanstandung bildet.

8. Als Geliermittel darf Apfelsaft oder ein anderer geeigneter Saft bis zu einem Gehalte von 8% ohne Deklaration verwendet werden. Außerdem darf das vollwertige Mark einer anderen Fruchtart hinzugesetzt werden. Ein solcher Zusatz ist zu kennzeichnen „mit Zusatz von Apfelmark" oder ähnlich. Diese Deklaration deckt einen Zusatz bis zu 25% der angewendeten Gesamtfruchtmasse.

9. Zusätze von Agar, Gelatine und ähnlichen Geliermitteln sind zu kennzeichnen. Zu Marmeladen mit dem Namen einer bestimmten Fruchtart dürfen diese Geliermittel nicht verwendet werden.

10. Preß- und Obstrückstände, also auch teilweise entsaftete Beeren, dürfen nicht für Marmeladen mit dem Namen einer bestimmten Fruchtart verwendet werden.

11. Gemischte Marmeladen, bei deren Herstellung Preßrückstände Verwendung gefunden haben, sind zu kennzeichnen als „Gemischte Marmelade mit Zusatz von Obst- oder Preßrückständen". Diese Deklaration deckt einen Zusatz bis zu 25% der angewendeten Gesamtfruchtmasse.

12. Marmeladeähnliche Zubereitungen, die mit mehr Obstrückständen hergestellt sind, als 25% der angewendeten Gesamtfruchtmasse entspricht, oder welche von Stärkesirup und anderen fremden Bestandteilen mehr als 50% enthalten, müssen als Kunstmarmelade bezeichnet werden.

---

[1]) Unter Mus versteht man mit und ohne Zucker eingekochtes Fruchtmark; Beurteilung wie Marmeladen.

13. Bei ganzen Kompottfrüchten ist ein Zusatz von Weinsäure und Citronensäure ohne Kennzeichnung zulässig. Eingesottene Preißelbeeren sind hiervon ausgenommen.

14. Der Verband Deutscher Geleefabrikanten regt an, im fertigen Apfelkraut einen Gehalt von Rohr- oder Rübenzucker in Mengen von höchstens 20% ohne Kennzeichnung zuzulassen, soweit ein solcher Zusatz erforderlich ist.

15. Alle Deklarationen müssen auf der Seite angebracht sein, auf welcher der Inhalt des Gefäßes verzeichnet ist. Die Deklarationen können auf der Hauptetikette oder auf einer besonderen Etikette angebracht sein; letztere muß sich jedoch alsdann über oder unter der Hauptetikette befinden. Falls nur eine Etikette gewählt wird, muß sich die Deklaration unmittelbar über oder unter der Warenbezeichnung in gleichlaufender Schrift befinden. Auf Gefäßen bis zu 16 cm Höhe sollen die kleinen Buchstaben der Deklaration 3 mm und auf Gefäßen von über 16 cm Höhe 5 mm groß sein. Bei Kunstmarmelade, Kunstgelee u. s. w. darf kein Wort der Etikette größer sein, als das Wort: Kunst. Für die Deklaration muß eine leicht lesbare, dunkle Schrift auf weißem Grund genommen werden. Wenn normale Bestandteile auf den Etiketten besonders hervorgehoben werden, darf dies nicht in einer Schrift geschehen, die größer ist, als die der Deklaration.

Im übrigen kann das bei Fruchtsäften Gesagte sinngemäß auf Marmeladen u. s. w. übertragen werden. Neuere Judikatur: Entsch. d. Reichsgerichts vom 30. Dezember 1907 mit Urteil des Landgerichts Leipzig vom 3. bis 16. Juli 1906; Zeitschr. f. Unters. d. Nahr.- u. Genußm. 1908, 15, 496; Entsch. des Reichsgerichts vom 27. April 1909 nebst Urteil des Landgerichts Freiberg vom 11. Januar 1909; Zeitschr. f. Unters. d. Nahr.- u. Genußm. 1909, Beilage S. 524; Entsch. d. Reichsgerichts vom 10. Dezember 1907 und Urteil des Landgerichts I Berlin vom 27. Sept. 1907 (betr. Zusatz ausgelaugter Apfelschnitzel), ebenda S. 520; Urteil des bayer. Obersten Landgerichts (Zusatz von Farbstoff) vom 13. Juni 1908, ebenda S. 65.

IX. Gewürze[1]).

Die Untersuchung der Gewürze (Gewürzpulver) geschieht chemisch und mikroskopisch. Die Probe[2]) ist durchzusieben und deren feinere und gröbere Teile je für sich zu untersuchen. Der mikroskopischen Untersuchung läßt man am besten erst eine makroskopische Besich-

---

[1]) Beratungen der Vereinigung Deutscher Nahrungsmittelchemiker (Ref. E d. S p ä t h), Zeitschr. f. Unters. d. Nahr.- u. Genußm. 1905. 10. 16—37; sowie namentlich E d. S p ä t h , Die chemische und mikroskopische Untersuchung der Gewürze und deren Beurteilung, Pharm. Zentralh. 1908. (Umfassende Monographie.)

[2]) Zu beachten ist, daß man eine wirkliche Durchschnittsprobe erhält; durch häufiges Hin- und Herbewegen der Gefäße (Schubladen) tritt bisweilen teilweise Entmischung ein.

Gewürze. 245

tigung (Lupe) und Sortierung des auf einem weißen Bogen Papier oder dergleichen ausgebreiteten Materials vorausgehen.

Die chemische Untersuchung erstreckt sich im allgemeinen auf die Bestimmung des Wassers, der Asche und des Sandgehaltes, in manchen Fällen auch auf die Bestimmung des Extraktes (Alkohol- bezw. Ätherextraktes) und der Stärke, der Rohfaser und des ätherischen Öles. Wo außerdem noch Spezialmethoden in Betracht kommen, sind dieselben angegeben[1]).

Zur mikroskopischen Prüfung stelle man sich Dauerpräparate (eventuell auch Mikrophotographien) von zuverlässig reinen, selbst gemahlenen Gewürzen her, ebenso beschaffe man sich die Pulver der häufigsten Verfälschungsmittel und verfertige davon Mischungen in verschiedenen Verhältnissen, von denen man sich auch Dauerpräparate herstellen kann. Außerdem bediene man sich der Atlanten und Spezialwerke der Mikroskopie von Tschirch-Österle, Möller, Schimper und anderer Autoren.

Dauerpräparate stellt man in der Regel durch Einbetten in Glycerin-Gelatine her (1 Teil Gelatine in 6 Teilen destillierten Wassers aufweichen, 7 Teile Glycerin zugeben, etwa 15 Minuten im Wasserbad erwärmen bis zur Lösung und durch Glaswolle oder Asbest filtrieren. Zur Haltbarmachung setzt man 1% konzentrierte Carbolsäure zu). Chloralhydratlösung, bestehend aus 8 Teilen Chloralhydrat und 5 Teilen Wasser, dient zweckmäßig als Aufhellungsmittel.

Zur Vorbereitung des Untersuchungsmaterials ist auch, abgesehen von den vielfach herzustellenden Schnitten, Aufweichen durch Kochen in verdünnter Natronlauge oder Glycerinessigsäure (2 Vol. Glycerin und 1 Vol. 60%-ige Essigsäure) zweckmäßig. Die Kenntnis der Herstellung von Schnitten wird vorausgesetzt. Die Entfernung von schleimigen Substanzen geschieht durch Kochen mit Salpetersäure; Stärke wird durch Auskneten entfernt.

Die wichtigsten mikroskopischen Reagenzien sind:

Jodlösung: $2 J + 1 KJ + 200 H_2O$ (Stärkenachweis); Schultzes Reagens: $HNO_3 + KClO_3$ (zur Zellenisolierung); Millons Reagens: $1 Hg + 1$ rauchende $HNO_3 + 1 H_2O$ (für Nachweis von Eiweißkörpern); Überosmiumsäure: 1:100 (f. Fettnachweis); Phloroglucin: 1%-ig, Zusatz von HCl (Nachw. v. Holzstoff); Chromsäure: 1:6 (z. Hervorheb. der Schichtung der Stärkekörner; Chlorzinkjod: $30 Zn Cl_2 + 5 KJ + 0,89 J + 14 H_2O$ (Reag. auf Cellulose).

Pfeffer.

Schwarzer Pfeffer[2]). Definition: Die getrockneten unreifen Früchte von Piper nigr. Linné. Piperaceen.

Weißer Pfeffer[2]). Definition: Die reifen von dem äußeren

---

[1]) Mit Schimmelpilzen u. s. w. durchsetzte Gewürzpulver sind verdorben (siehe auch im bakteriologischen Teil). Bei Gewürzen kennt man jedoch im allgemeinen nur marktfähige Ware, da stets kleine Verunreinigungen anhaften.

[2]) Die bekanntesten Handelssorten sind: Malabar-, Tellichery, Aleppo-, Singapore-, Penang- und Lampongpfeffer.

Teil der Fruchtschale, dem Perikarp befreiten (geschälten) Früchte von Piper nigr. Linné.

Verfälschungen: Pfefferschalen[1]), Pfefferstaub, Pfefferstiele, erdige Bestandteile, Preßrückstände ölhaltiger Samen, Nußschalen, Reisspelzen, Holzmehl, Rindenpulver, Mehl von Cerealien, Pfeffermatta[2]), mineralische Zusätze, Wachholderbeerpulver[3]) u. s. w., Färben mit Ruß; bei weißem Pfeffer ferner Überziehen mit kohlensaurem Kalk. Sogenannte Pfefferköpfe sind ebenfalls Surrogate. Künstliche Pfefferkörner dürften eine Seltenheit sein.

Neuerdings spielen nur noch Verfälschungen mit Pfefferschalenstielen und sonstigen Pfefferabfällen eine erheblichere Rolle. Zu ihrem Nachweis dient die Bestimmung von Rohfaser, Piperin und Stärke, sowie die Feststellung der sogen. Bleizahl und des nichtflüchtigen Ätherextraktes bezw. dessen Stickstoffgehalts, eventuell auch die Ermittelung der Pentosane (Furfurolhydrazon).

Mikroskopische Merkmale: Dunkelgelbe, starkverdickte Membrane der Steinzellen des äußeren Teils der Frucht, braungelbe Fragmente der inneren Steinzellenschicht. Endospermzellen mit den kleinen polyedrischen Stärkekörnchen und auch Ölzellen. Parenchymfetzen und zahlreiche Stärkekörnchen. Beim Pulver des weißen Pfeffers fehlen aber die Steinzellen des Hypodermas, die braunen Stücke der Oberhaut und die äußeren Parenchymschichten des Mesokarps.

Mikroskopische Untersuchung: Schnitte bzw. eine Skalpellspitze voll des gemahlenen Gewürzes werden durch 24-stündiges Liegen in Chloralhydratlösung (siehe S. 245) aufgehellt und darin untersucht. Auch Aufkochen einer Probe in Glycerinessigsäure führt zum Ziel.

Chemische Untersuchung.

Feuchtigkeitsbestimmung: Etwa 5 g Pfefferpulver 3 Stunden über Schwefelsäure stehen lassen, und dann bei 100° trocknen. Ein konstantes Gewicht erhält man wegen nachheriger Zunahme des Gewichtes durch Oxydationsvorgänge nur schwer; deshalb wiegt man zum ersten Mal nach 1½ Stunden, dann alle ¼ Stunden, bis das Gewicht zunimmt, und nimmt die vorletzte Wägung als die richtige an. Da die Bestimmung auch mit Verlust an flüchtigen Stoffen (ätherischen Ölen u. s. w.) verbunden ist, gibt sie nur annähernde Werte.

Asche: 2 bis 3 g Substanz werden in einem Platinschälchen vorsichtig mit kleiner Flamme verbrannt.

Sand: d. h. in Salzsäure unlöslicher Teil der Asche: Die Asche mit Salzsäure (10%-ige) bei 30 bis 40° langsam ausziehen, das ungelöst Bleibende abfiltrieren, auswaschen, trocknen, das Filter mit Inhalt veraschen, glühen und wägen. (Chloroformprobe siehe Mehl).

Stickstoff: Siehe S. 13. Die Stickstoffbestimmung ist namentlich auch bei Verfälschungen mit Pulver von Olivenkernen von Wert, welch letztere nur 1,2% N.-Substanz haben. Pfeffer hat 10 bis 13,7%.

---

[1]) Der weiße Pfeffer wird durch Schälen des schwarzen Pfeffers hergestellt.

[2]) Pfeffermatta besteht vorzugsweise aus Hirsekleie.

[3]) Forschungsberichte 1894, I, 37 (Späth).

Alkoholischer Extrakt: Die Bestimmung ist eine indirekte. Etwa 5 g Pfefferpulver bei 100⁰ trocknen, in Papierhülse bringen, im Extraktionsapparat mit etwa 90%-igem Alkohol bis zur Erschöpfung ausziehen (etwa 10—20 Stunden). Rückstand in der Hülse bei 40⁰ C trocknen, dann ins Trockengläschen bringen, bei 100⁰ C 1 Stunde und dann über H_2SO_4 3 Stunden trocknen und wägen: Differenz = Extrakt. In derselben Weise wird auch der Ätherextrakt ermittelt.

Piperin (nach Cazeneuve und Caillol): 10 g Substanz mit etwa 20 g gelöschtem Kalk und Wasser zum dünnen Brei anrühren und die Mischung ¼ Stunde kochen, auf dem Wasserbad eintrocknen, zerreiben und das Pulver im Extraktionsapparat mit Äther ausziehen, den Abdampfungsrückstand aus heißem Alkohol umkrystallisieren, trocknen und wägen.

Piperinbestimmung nach den Vereinbarungen, siehe daselbst.

Bleizahl nach W. Busse[1]): 5 g Pfefferpulver mit absolutem Alkohol vollkommen extrahieren und dann trocknen; danach mit wenig Wasser zu Brei anrühren und mit etwa 50 ccm heißem Wasser in einen 200 ccm fassenden Kolben spülen. 25 ccm 10%-ige NaOH zusetzen und am Rückflußkühler 5 Stunden lang unter Umschütteln digerieren. Sodann die Flüssigkeit mit konzentrierter Essigsäure fast neutralisieren, in einen 250-Meßkolben spülen und bis zur Marke mit Wasser auffüllen, kräftig schütteln und über Nacht stehen lassen. 50 ccm Filtrat in einem 100 ccm-Kölbchen mit Essigsäure ansäuern und dann mit 20 ccm einer 10%-igen Lösung von essigsaurem Bleiacetat von bekanntem Gehalt versetzen und mit H_2O auf 100 auffüllen. Dann abfiltrieren und in 10 ccm Filtrat nach Zusatz von verdünnter H_2SO_4 und Alkohol das Blei als Sulfat fällen. Menge des erhaltenen Bleisulfats wird zur Umrechnung auf Blei mit 0,6822 multipliziert und das Produkt von der in 2 ccm der angewendeten Bleiacetatlösung enthaltenen Bleimenge abgezogen. Differenz = Menge Blei, welche durch die in 0,1 g des Pfeffers vorhandenen bleifällenden Körper gebunden wurde. Die Bleimenge × 10, d. h. also auf 1 g Substanz = Bleizahl.

Rohfaser: Nach dem Weender-Verfahren vergl. S. 43.

Nach Ed. Späth[2]): 3 g der feingepulverten, durch ein 0,5 mm Sieb gesiebten Probe mit 50 ccm Alkohol und 25 ccm Äther versetzen und am Rückflußkühler im Wasserbade eine Stunde lang extrahieren. Die Alkoholätherlösung durch ein Asbestfilter (Goochtiegel) vorsichtig von dem abgesetzten Pulver abgießen, den Rückstand noch einige Male ebenso behandeln. Das Asbestfilter in eine Porzellanschale (ringförmige Marke für 200 ccm Flüssigkeit) bringen, dazu das entölte Pfefferpulver unter Nachspülen mit 1,25%-iger Schwefelsäure bringen und den zu 200 ccm fehlenden Rest solcher Schwefelsäurelösung nachgießen. Im übrigen wird weiter verfahren nach der Weender Methode (siehe oben). Das Gewicht des Asbestfilters muß abgezogen werden.

Bestimmung der Pentosane (Furfurolhydrazon) vergl. J. König, Die Untersuchung landwirtschaftlich und gewerblich wichtiger Stoffe, Berlin 1906, III. Aufl.

---

[1]) Arbeiten aus dem Kais. Gesundh.-Amte 1894. 9. 509.
[2]) Zeitschr. f. Unters. d. Nahr.- u. Genußm. 1905. 9. 589.

Stärke: Nach E. v. Raumer[1]) 5 g mit 200 ccm destilliertem Wasser ½ Stunde am Rückflußkühler kochen, Masse auf 65⁰ abkühlen, mit entsprechender Menge (0,05 bis 0,10 g) reiner zuckerfreier Diastaselösung nach Lintner (siehe S. 42) versetzen und 4 bis 5 Stunden auf 65⁰ erwärmen; dann 25 ccm Bleiessig zusetzen und das Ganze auf 250 ccm mit Wasser auffüllen. 1 Stunde stehen lassen und 200 ccm abfiltrieren. Im Filtrat mit doppeltkohlensaurem Kali das Blei fällen, auf 250 ccm auffüllen und 200 abfiltrieren, Filtrat mit Essigsäure neutralisieren, 20 ccm einer 25%-igen Salzsäure (1,124) zusetzen und 2½ Stunden am Rückflußkühler erhitzen. Zuckerbestimmung darnach in bekannter Weise. Siehe auch Lenz, Zeitschr. f. analyt. Chemie 1884, 501.

Beurteilung[2]). Ganzer, schwarzer Pfeffer muß aus vollwertigen, Schale und Perisperm enthaltenden, ungefärbten Körnern bestehen; der Höchstgehalt an tauben Körnern, Fruchtspindeln und Stielen betrage 15%.

Ganzer, weißer Pfeffer bestehe aus vollwertigen, reifen oder geschälten schwarzen unreifen Körnern. Überziehen mit Ton oder Kalk ist als Fälschung anzusehen.

Gemahlene Pfeffer müssen aus den Früchten der oben definierten Pfefferarten hergestellt sein, ohne Beimischung von Pfefferschalen, -spindeln, sogen. Pfefferköpfen, abgesiebter, extrahierter Ware u. s. w.; jedenfalls sollen nicht mehr als 15% davon enthalten sein.

Höchst-Grenzzahlen:

	schwarzer	weißer Pfeffer
1. Mineralbestandteile (Asche)	7,0%	4,0%
2. In 10%-iger Salzsäure Unlösliches (Sand)	2,0%	1,0%
3. Rohfaser	nicht über 17,5%	nicht über 7,0%
4. Bleizahl (in wasserfr. Pulver)	„ „ 0,08 g per 1 g	nicht über 0,03 g p. 1 g

Als wertvolle Anhaltspunkte können eventuell gelten:

5. Stärke (Diastaseverfahren)	30—38%	45—60%
6. Piperin	4,0—7,5%	5,5—9,0%
7. Nichtflüchtiger Ätherextrakt im ganzen	nicht unter 6,0	nicht unter 6,0
Stickstoff in 100 Teilen desselben	„ „ 3,25	„ „ 3,5
8. Furfurolhydrazon (Pentosane) (auf 5 g bei 100⁰ getrockneten Pfeffer berechnet)	0,20—0,23 g	0,046—0,052 g

Pfefferschalen enthalten nur 4 bis 14% Stärke, etwa 30% Rohfaser und etwa 0,2% Piperin; ihre Bleizahl 0,1 und darüber.

Pfefferköpfe[3]) 31,6% Rohfaser; 0,129 Bleizahl. Im allgemeinen wird die Ermittelung der 4 erstgenannten Bestimmungen ausreichen.

---

[1]) Zeitschr. f. angew. Chem. 1893. 455.
[2]) Nach den von der Vereinigung Deutscher Nahrungsmittel-Chemiker aufgestellten Grundsätzen. Zeitschr. f. Unters. d. Nahr.- u. Genußm. 1905. 10. 27.
[3]) Nach A. Beythien, Jahresber. d. Unters.-Amtes Dresden. 1903. 14.

Siehe auch G. Graff, Zur Beurteilung des schwarzen Pfeffers, Zeitschr. f. öffentl. Chemie 1908, 14, 425 bis 447; ferner H. Lührig und R. Thamm, Zeitschr. f. Unters. d. Nahr.- u. Genußm. 1906, 11, 129; Ed. Späth, ebenda 1905, 10, 577; A. Hebebrand, 1903, 6, 345; A. Beythien, ebenda, 1903, 6, 957; A. Forster, Z. f. öff. Chemie 1898, 4, 626; A. Rau, ebenda 1899, 5, 22. Verunreinigte Ware ist als verdorben zu beanstanden.

Paprika (Span. Pfeffer)[1].

Definition: Die getrockneten reifen Früchte mehrerer Capsicumarten (Ungarn), insbesondere von Capsicum annuum L. u. longum. Solanaceen. Cayennepfeffer kommt von den kleinfrüchtigen Capsicum-Arten. Rosenpaprika ist eine besonders milde Art.

Verfälschungen: Sandelholz, Zigarrenkistenholz, Preßrückstände ölhaltiger Samen, Cerealienmehl, Rindenmehl, Ocker, Ziegelmehl, Teerfarbstoffe (Sulfoazobenzol-β-Naphtol), Schwerspat, Beimischung extrahierter Ware; letztere kommt auch als „edelsüßer oder Rosenpaprika" (Färbe-) in den Handel.

Mikroskopischer Bau: Zahlreiche orangegelbe und rote Öltropfen in den Collenchym- und Parenchymzellen der Fruchtwand. Sie färben sich mit konzentrierter Schwefelsäure indigoblau. Unregelmäßig verdickte Zellen der Samenschale. Stengel und Kelchteile mit Drüsenhaaren. Längliche wellig konturierte, an ihren Seitenwänden getüpfelte Steinzellen der Innenepidermis. Sehr kleine Stärkekörner in geringer Anzahl.

Mikroskopische Untersuchung: Siehe mikroskopischer Bau. Vorbereitung zur mikroskopischen Prüfung wie bei Pfeffer.

Chemische Untersuchung:
Asche, Sand, alkoholischer Extrakt, mineralische Beimengungen (Unters. d. Asche) wie bei Pfeffer.

Beurteilung: Die Asche soll rein weiß sein und 6,5% nicht übersteigen.

Salzsäure Unlösliches höchstens 1%. Der Alkoholextrakt soll mindestens 25% betragen,

Muskatblüte (Macis) und Muskatnüsse[2]).

Definition: Myristica fragrans, Muskatnuß und deren getrocknete und gepulverte Samenmäntel (arilli) (Bandamacis).

Verfälschungen: Papuamacis, auch Makassarmacis genannt von Myr. argentia einer weniger aromatischen Muskatnuß; Bombay-Macis,

---

[1] A. Nestler, Über sog. capsaicinfr. Paprika, Zeitschr. f. Unters. d. Nahr.- u. Genußm. 1907, 13, 739; A. Beythien, Einige Paprikaanalysen, ebenda, 1902. 5, 858; R. Krzizan, ebenda, 1906, 12, 223 betr. Färben; derselbe, Z. f. öff. Chemie 1907, 161 betr. Extraktion von Paprika und die Beurteilung des Extraktgehaltes.

[2] W. Busse, Arbeiten a. dem Kais. Gesundh.-Amte. 1895. 11. 390 (Muskatnüsse) und ebenda 1896, 12, 628 (Macis); J. Vonderplanken, Chem.-Ztg. 1900. 24. Rep. 31; F. Ranwez, ebenda und 149.

(wilde der geschmack- und geruchlosen Myr. malabarica). Curcuma, gemahlener Zwieback, Maismehl, Muskatnußpulver, gefärbte Olivenkerne, Zucker.

Mikroskopischer Bau: Das Macispulver enthält zahlreiche kleine Körnchen von Amylodextrin. Die Gewebetrümmer bestehen aus derbwandiger Epidermis und parenchym. Zellen mit Ölräumen. Muskatnußpulver hat dünnwandige Endospermzellen mit eingelagertem Fett, Eiweiß und Stärke; im Primärperisperm Kristalle sichtbar.

Mikroskopische Untersuchung: Siehe Mikrosk. Bau. Vorbereitung zur mikroskopischen Prüfung wie bei Pfeffer.

Chemische Untersuchung: Der Alkohol-Auszug (3 : 30 absoluten Alkohols) soll nach dem Verdünnen mit der dreifachen Menge Wasser mit Kaliumchromatlösung (1%) erhitzt nur gelb gefärbt werden. Rötliche Färbung zeigt Bombay-Macis [1] an. Curcuma zeigt sich durch grünliche Fluoreszenz der alkoholischen Lösung an. (Waage, Pharm. Zentralh. 1892, 33, 372; 1893, 34, 131; P. Soltsien, Zeitschr. f. öffentl. Chemie 1897, 253.) 1 ccm des alkoholischen Auszuges mit 3 ccm Wasser und einigen Tropfen NH_3 versetzt: reine Macis rosa; Bombay-Macis tieforange (schon bei 2,5%) bis gelbrot (5%).

Zuckernachweis siehe bei Zimt. Vorherige Extraktion wird durch Bestimmung des fetten (Ätherextrakt) und ätherischen Öles erkannt. Für die Bestimmung des letzteren läßt man 10 g Macispulver in etwa 10 g Alkohol über Nacht aufweichen und leitet dann durch das Gemisch Wasserdampf, solange ätherisches Öl überdestilliert. Das Destillat wird mit NaCl übersättigt und das ätherische Öl mit Äther ausgeschüttelt. Abdunsten des Äthers an der Luft, trocknen des ätherischen Öles über H_2SO_4 (Siehe auch Th. Arnst u. F. Hart, Zeitschr. f. ang. Chem. 1893, 136 sowie W. Lang, Zeitschr. f. anal. Chem. 1894. **33**. 193).

Nachweis der Papuamacis [2]). Je 0,1 g reiner gemahlener Bandamacis und des zu prüfenden Pulvers werden in Reagensgläsern mit je 10 ccm leicht siedenden Petroläthers übergossen und diese

---

[1] Für die Prüfung auf Bombay-Macis eignet sich auch die Kapillaranalyse von W. Busse, Arbeiten des Kais. Gesundh.-Amtes 1896. XII. 628 und Vierteljahrsschr. 1896. II. 193. (Ref.) Filtrierpapier in Streifen von 15 mm Breite wird in die in Bechergläsern befindlichen alkoholischen Auszüge (1 : 10) eingehänkt, so daß es 10—12 mm tief eintaucht. Die mit Macisauszug (s. oben) 30 Min. lang getränkten und sodann getrockneten Papierstreifen werden schnell in ein zum Sieden erhitztes, gesättigtes Barytwasser getaucht und dann sofort auf reinem Filtrierpapier zum Trocknen ausgebreitet. Zunächst tritt dann bei reiner Macis wie bei Mischungen mit Bombay-Macis Braunfärbung der Streifen ein, die sich jedoch schon nach kurzer Zeit durch Verblassen und Auftreten rötlicher Töne verändert. Erst nachdem die Streifen völlig trocken geworden, läßt sich das Ergebnis beurteilen. Bei reiner echter Macis sind dann die Gürtel bräunlich-gelb gefärbt, der untere Teil der Streifen ist blaßrötlich; (ähnlich, nur bedeutend schwächer, reagiert Papua-Macis). Bei Gegenwart von Bombay-Macis erscheinen die Gürtel aber ziegelrot. Beim Betupfen der mit Barytwasser behandelten trockenen Streifen mit verdünnter Schwefelsäure tritt Gelbfärbung ein. Zieht man die schwach braungefärbten Papierstreifen durch kaltgesättigte wässerige Borsäurelösung, so färbt sie sich rotbraun. Betupfen mit KOH gibt einen blauen Ring (bei Bombay-Macis einen roten). (Vergleichsreaktion anstellen!). Vgl. auch P. Schindler, Zeitschr. f. öffentl. Chem. 1892. 8. 182, 288.

[2] C. Griebel, Zeitschr. f. Unters. d. Nahr.- u. Genußm. 1909. 18. 202.

Gemische eine Minute lang kräftig durchgeschüttelt. Ein Teil der Filtrate (etwa je 2 ccm) wird mit dem gleichen Volumen Eisessig gemischt und dann möglichst schnell hintereinander vorsichtig mit konzentrierter Schwefelsäure unterschichtet, wobei jede Vermischung der Flüssigkeiten vermieden werden muß. Bei reiner Bandamacis entsteht alsdann an der Berührungszone ein gelblicher Ring, während bei Gegenwart von Papuamacis je nach der Menge derselben, schneller oder langsamer eine rötliche Färbung auftritt. Falls nach 1 bis 2 Minuten nicht eine deutlich rötliche Färbung eingetreten ist, ist die Reaktion als negativ anzusehen, weil später auch bei Bandamacis ähnliche Farbentöne entstehen. Aus diesem Grunde ist auch die Kontrollprobe mit reiner Bandamacis nötig und es empfiehlt sich, den Schwefelsäurezusatz bei dieser zuerst vorzunehmen. Bombaymacis gibt bei gleicher Behandlung eine farblose Zone.

Es lassen sich auf diese Weise weniger als 20% Papuamacis nicht sicher erkennen. In zweifelhaften Fällen empfiehlt es sich deshalb mit noch verdünnteren Lösungen zu arbeiten und zwar nimmt man dann 0,1 g Pulver auf 20 ccm Petroläther. In diesen dünnen Lösungen treten die Färbungen zwar langsamer auf (2 bis 4 Minuten), auch bleiben sie schwächer, aber sie sind so leichter zu unterscheiden.

Zur besseren Wahrnehmung der Farbenunterschiede kann man unter die Reagensgläser weißes Papier legen und im auffallenden Licht beobachten. Dasselbe erreicht man auch durch Heben der Reagensgläser und Betrachtung der Ringzone von unten gegen das Licht. Bei einiger Übung gelingt es, auf diesem Wege auch geringere Mengen als 20% Papuamacis (bis etwa 10%) wahrzunehmen, namentlich wenn man mit selbsthergestellten Mischungen Kontrollen anstellt. Für die Praxis kommen geringere Zusätze kaum in Betracht.

Asche und Salzsäure Unlösliches in bekannter Weise (siehe Pfeffer).

Beurteilung: Macis-Asche nicht über 3%. Salzsäure-Unlösliches nicht über 0,5%. Bombaymacis hat höheren Fettgehalt und Ätherextrakt (bis zu 50% bezw. 67%) als Bandamacis. (Fettgehalt bis 24%). Jodzahl des Fettes der letzteren 77 bis 80; der ersteren 50 bis 53.

Muskatnüsse enthalten: 8—15 % ätherisches Öl und im Mittel 34 % Fett; Aschengehalt höchstens 3,5 %; Salzsäure-Unlösliches höchstens 0,5 %. Falsifikate bestehen aus Leguminosenmehl, Bruchstücken oder Pulver von schlechten Nüssen, Ton und Muskatbutter. Durch Insektenfraß verdorbene Muskatnüsse kommen öfter vor.

Gewürz-Nelken[1]).

Definition: Die nicht vollständig entfalteten, getrockneten und gepulverten Blütenknospen von Eugenia aromatica Baillon u. and. Sorten (Myrtaceen). Sie müssen unverletzt, voll sein und aus Unterkelch und Köpfchen bestehen. Beim Drucke mit dem Fingernagel muß sich aus dem Unterkelch leicht ätherisches Öl absondern. Nelkenpulver soll braun und von gutem, kräftigen Geruch sein.

---

[1]) R. Thamm, Zeitschr. f. Unters. d. Nahr.- u. Genußm. 1906. **12.** 168.

Verfälschungen: Entölte Nelken, Nelkenstiele, Mutternelken, Holzpulver, mineralische Zusätze, Mehl und andere mehr wie bei Pfeffer, Sandelholz in gemahlenen Nelken.

Mikroskopischer Bau: Ölbehälter, Bruchstücke der Epidermis, der Gefäßbündel mit ihren schmalen Spiralgefäßen; Parenchymfetzen. Durch Fe_2Cl_6 wird das Gewebe der Nelken tiefblau gefärbt. Bringt man zu ölhaltigen Schnitten konz. KOH, so entstehen säulen- oder nadelförmige Kristalle (nelkensaures Kali); ihr Entstehen kann unter dem Mikroskop beobachtet werden. Kalkoxalatdrusen.

Mikroskopische Untersuchung: Siehe Mikroskopischer Bau. Vorbereitung zur mikroskopischen Prüfung wie bei Pfeffer.

Chemische Untersuchung: Asche und Salzsäure-Unlösliches eventuell Analyse der Asche. Bestimmung des Gehaltes an ätherischem Öl siehe Muskatblüte.

Beurteilung: Asche höchstens 8 %. Salzsäure-Unlösliches höchstens 1 %. Nelkenstiele nicht mehr als etwa 10 %. Ätherisches Öl mindestens 10 %. Der Gehalt an letzterem schwankt in der Regel von 12—16 %. (Abnahme an ätherischem Öl, Zunahme an Asche.)

Safran[1]).

Definition: Die getrockneten Blütennarben der im Herbste blühenden kultivierten Form von Crocus sativ. L. Iridaceen.

Verfälschungen: 1. Durch Extrahieren und nachheriges Auffärben mit Saflor, Sandelholz, Teerfarbstoffen. 2. Durch Beschweren mit löslichen und unlöslichen Mineralstoffen in Verbindung mit Honig, Sirup, Glycerin, Baryt, Zinnoxyd, Borax, Kochsalz, Kreide, Magnesiumsulfat, gefärbtes Mehl, Curcuma u. s. w. 3. Durch Substitution von Ringelblumen, Saflor (Carthamus tinctorius), Sandelholz, Fleischfasern, Maisgriffel, Griffeln der Safranblüte. Die Bezeichnung Feminell wird nicht nur auf Safrangriffel, sondern auch auf Ringelblumen angewendet, weshalb sie ganz vermieden werden sollte (Ed. Späth).

Mikroskopische Merkmale: Zartzelliges, von engen Geweben durchzogenes Parenchym, Narbenpapillen, Pollenkörner.

Mikroskopische Untersuchung: Unter Paraffin betrachtet ist extrahierter Safran und Feminell (Griffelteile) hellgelb, echter Safran orangegelb.

Läßt man zu trockenem Safranpulver vom Rande des Deckgläschens aus konzentrierte Schwefelsäure fließen, so entstehen bei echtem Safran dunkelblaue, bald in violett übergehende Strömungen in der Flüssigkeit.

Bei Anwesenheit von Saflor, Sandelholz, Anilinfarben, treten andere Färbungen auf. Zur Erkennung der Gewebselemente wird in Chloralhydrat aufgehellt und der Farbstoff ausgewaschen.

---

[1]) Vgl. R. Krzizan, Zeitschr. f. Unters, d. Nahr.- u. Genußm. 1905. **10**. 249; Fresenius und Grünhut, ebenda. 1900. **3**. 810.

Ringelblumen haben vielzellige Haare, Saflor ist kenntlich an den Harzschläuchen, den langgestreckten Oberhautzellen.

Chemische Untersuchung: Feuchtigkeitsgehalt, Asche und Salzsäure-Unlösliches. Identitätsreaktion siehe oben.

Nachweis von extrahiertem Safran nach Dowzard[1]): 0,2 g gepulverter Safran mit 20 ccm 50 %-igem Alkohol im Glaszylinder übergießen und 2½ Stunden in Wasser von 50° stellen, die Lösung abkühlen und filtrieren, 10 ccm Filtrat = 0,1 g Safran mit Wasser auf 50 ccm auffüllen und Tiefe der Färbung mit einer Chromsäurelösung vergleichen, welche 78,7 g Chromsäure pro 1 enthält; davon entsprechen 100 ccm = 0,15 g Rohcrocin in 100 ccm Wasser. Gute Safranproben sollen nicht unter 50 % Crocin enthalten. Nach dem Deutschen Arzneibuch sollen 100 000 Teile Wasser durch 1 Teil Safran deutlich und rein gelb gefärbt werden.

Kapillaranalyse nach Gopelsröder-Kayser zum Nachweis fremder Farben.

5 g Safran digeriert man mit 50 ccm Wasser 24 Stunden lang (nicht kochen!) und hänge in den Auszug 4—5 cm breite Flitrierpapierstreifen. Nach etwa 6-stündigem Stehen findet man bei Anwesenheit fremder Farbstoffe die Streifen in verschiedener Höhe verschieden gefärbt. Man schneidet die einzelnen gefärbten Stücke heraus, wäscht mit heißem Wasser aus, kapillarisiert diese Lösungen zur vollständigen Trennung der Teerfarbstoffe eventuell nochmals und stellt endlich Reaktionen mit den so gewonnenen wässerigen Lösungen an. Noch besser ist die folgende Methode Kaysers: Einen wässerigen Safranauszug behandelt man mit wenig Alkali in der Wärme, neutralisiert und filtriert das abgeschiedene Crocetin ab. Die Lösung behandelt man kapillaranalytisch wie oben.

Identitätsprüfung der zugesetzten Teerfarben vgl. Vereinbarungen für das Deutsche Reich II, 67.

Sandelholz wird nach A. Boythicn[2]) durch Ermittelung des Rohfasergehalts nachgewiesen; sie muß nach vorherigem Auswaschen des Crocins mit siedendem Wasser vorgenommen werden. Safran hat etwa 5%, Sandelholz etwa 62% Rohfaser.

Beurteilung: Feuchtigkeitsgehalt nicht über 15% (im Wassertrockenschrank bestimmt).

Asche höchstens 8,0%; Salzsäure-Unlösliches höchstens 1%. Safranasche enthält Al_2O_3; Kalendulaasche: Mn; Saflorasche: Fe. Ein mäßiger Gehalt an Safrangriffeln (Feminell) — etwa 10% — wird nicht beanstandet. Sogenannter elegierter Safran muß aber ganz frei von Griffeln und Griffelenden sein.

Piment[3]).

(Nelkenpfeffer, Neu- und Modegewürz, Almodi.)

Definition: Die getrockneten nicht völlig reifen Früchte von Pimenta officin. Lindl. Myrtaceen.

---
[1]) Zeitschr. f. Unters. d. Nahr.- u. Genußm. 1899. 2. 522.
[2]) Ebenda 1901. 4. 368.
[3]) R. Thamm, Zeitschr. f. Unters. d. Nahr.- u. Genußm. 1906. 12. 168.

Verfälschungen: Wie bei Pfeffer, auch mit Birnenmatta (das Mehl gedörrter Birnen), Nelkenstielen, Sandelholz, Steinnuß u. s. w.

Mikroskopische Merkmale: Teils farblose, teils gelbe Steinzellen von verschiedener Wandstärke, stark verdickte Trichome, farblose oder weinrote, dünnwandige Fetzen des Keimes, Ölbehälter, Haare, Kalkoxalatdrusen, kleine einfache oder gepaarte, meist zerbrochene Stärkekörnchen. Pigment mit Fe_2Cl_6 blau, mit Säuren (HCl, H_2SO_4, Essigsäure) sich rot färbend.

Mikroskopische Untersuchung: Siehe Mikroskopischer Bau.

Chemische Untersuchung: Asche, Salzsäure-Unlösliches, eventuell Analyse der Asche; Ermittelung des Gehaltes an ätherischem Öl, Cellulose u. s. w.

Beurteilung: Asche höchstens 6,0, Salzsäure-Unlösliches höchstens 0,5 %, ätherisches Öl mindestens 2 %. Stiele und Blätter nicht über 2 %; überreife Früchte nicht über 5 %.

Zimt[1]).

Definition: Die getrocknete, von der Oberhaut bezw. dem Periderm mehr oder weniger entblößte Rinde verschiedener Cinnamomarten, besonders von Cinnamomum Ceylanicum Breyne und Cinnamom. Cassia Blume. Handelssorten: Ceylonzimt, chinesischer Zimt, Holzzimt.

Verfälschungen: Zimtabfälle, -bruch (Cinnamomchips) mit fremden Rinden, mit der ihres ätherischen Öls beraubten Zimtrinde, Zimtmatta (= Hirsespelzenmehl), Sandelholz, Zucker, Walnußschalen, auffallend durch Sklerenchymzellen, Ocker, Kakaoschalen, Mandelkleie u. s. w.

Mikroskopischer Bau: Mannigfach geformte, teilweise nur einseitig verdickte Steinzellen und spindelförmige Bastfasern. Im Rindenparenchym sind zuweilen einzelne Schleimzellen zu erkennen. Reichlich Stärke und Trümmer des charakteristischen Steinkorkes. Die mikroskopische Unterscheidungsmerkmale der verschiedenen Arten von Zimtrinden müssen in Spezialwerken nachgelesen werden.

Mikroskopische Untersuchung: Die von Zimtbruch herrührenden Rindenstücke zeigen Epidermis mit Spaltöffnungen und kurzen Haaren. Innen anhaftende Holzbestandteile des Cinnamomchips. Verkleisterte Stärke zeigt an, daß die Rinde durch Destillation mit Wasserdampf ihres ätherischen Öls beraubt worden ist. Nach Molisch färben sich alle Zimtrinden mit konzentrierter HCl intensiv blutrot, insbesondere enthalten die gegen das Cambium vorspringenden Markstrahlen den sich rötenden Farbstoff, der sich leicht mit Wasser extrahieren läßt. Ungefärbt gebliebene Teile weisen auf Fälschungen hin.

Chemische Untersuchung: Bestimmung des alkoholischen Extrakts. (Hierzu nimmt man Alkohol von 0,833 spez. Gew.) Trocknen bis zur Gewichtskonstanz im Wassertrockenschrank und Wägen des

---

[1]) E. Späth, Forschungsber. 1896. 3. 291; Zeitschr. f. Unters. d. Nahr.- u. Genußm. 1906. 11. 447; H. Lührig und R. Thamm, ebenda. 129; R. Hefelmann, Pharm. Zentralh. 1896. 27. 699. G. Rupp, Zeitschr. f. Unters. d. Nahr.- u. Genußm. 1899. 2. 209.

getrockneten Extraktes. Nachweis von Zucker durch Polarisation in der wässerigen Lösung; Vorprüfung durch Schütteln mit Chloroform [1]). Bestimmung des Zimtaldehyds [2]), Asche u. s. w.

Beurteilung: Asche soll grauweiß sein; nicht über 5%; in HCl unlöslich höchstens 2%. Äther. Öl nicht unter 1%, alkoholischer Extrakt nicht unter 18%. Ceylonzimt zeigt im Polarisationsapparat schwache Linksdrehung. Zimtbruch hat in der Regel 8 und mehr % Asche und über 4% Sand. Aus Zimtbruch hergestelltes Zimtpulver muß deutlich als solches bezeichnet werden.

Senfmehl [3]).

Definition. a) Schwarzer Senf-Samen (bezw. -Mehl) von Brassica nigra Koch. b) Weißer Senf-Samen von Sinapis alba L. c) Sarepta-Senf-Samen von Sinapis juncea L. Cruciferen.

Verfälschungen: Mit dem Samen anderer Cruciferen, besonders Rapsarten. Senfpulver mit Getreidemehl, Curcuma, Leinsamenmehl, Rapskuchen, Maismehl, Teerfarbstoffen, Konservierungsmitteln (Salicylsäure, Benzoesäure u. s. w.).

Mikroskopischer Bau: Fetttropfen; Stärke nicht vorhanden, gefelderte Flächenansichten der Becherzellen. Die Kleberschicht und das zartzellige Gewebe des Keimlings ist charakteristisch.

Mikroskopische Untersuchung: Kalilauge färbt weißes Senfpulver sofort gelb, beim Erwärmen tief orange. Schwarzer Senf bleibt auch beim Erwärmen gelb. Fremde Cruciferen-Samen sind nur durch Vergleichspräparate zu erkennen.

Chemische Untersuchung: Bestimmung von N, Fett u. s. w. Bestimmung des Senföls geschieht

nach O. Förster, Landwirtsch. Versuchsstat. 1888. **35**. 209; 1898. **50**. 417; vgl. auch J. König, Untersuchung landwirtschaftlicher und gewerblicher wichtiger Stoffe, III. Aufl. 1906. 269. Schlicht findet darnach prozentisch zu wenig Senföl. Seine Methode (Zeitschr. f. analyt. Chem. 1891. 001 mit Verbesserungen, Zeitschr. f. öffentl Chem. 1903. **9**. 37) ist folgende: 25 g (eventuell auch weniger bei starker Senfölentwickelung) Senfmehl mit Wasser 4 Stunden bei Zimmertemperatur behandeln, die Masse ungefähr 15 Minuten lang zum Sieden erhitzen. Nach völligem Abkühlen Myrosinlösung zusetzen und diese ohne zu erwärmen, 16 Stunden einwirken lassen oder man behandelt den gepulverten Samen mit 300 ccm Wasser, in welchem 0,5 g Weinsäure gelöst sind, 16 Stunden bei Zimmertemperatur. In beiden Fällen hat man von vornherein den Entwickelungskolben mit der eine alkalische Permanganatlösung enthaltenden Vorlage verbunden. Nach dem Digerieren in beiden Fällen unter Vermeidung jeglicher Kühlung möglichst viel aus dem Entwickelungskolben abdestillieren. Nach beendeter Destillation Inhalt der Vorlage unter tüchtigem Durchschütteln erwärmen, das übrschüssige Permanganat durch Zusatz von reinem Alkohol zerstören, das ganze auf ein bestimmtes Volumen füllen, mischen, durch ein trockenes Filter filtrieren und in einem aliquoten Teil des Filtrats die Schwefelsäure bestimmen. Man setzt noch in dem abgegossenen Teil nach dem Ansäuern mit Salzsäure etwas Jod zu und fällt erst nach dem Erwärmen mit $BaCl_2$ erhaltenes $BaSO_4$ multipliziert mit 0,424 g = Senfölgehalt.

---

[1]) Im übrigen Untersuchung auf Mineralstoffe, Sand u. s. w.
[2]) J. Hanus, Zeitschr. f. Unters. d. Nahr.- u. Genußm. 1903. **6**. 817 und 1904. **7**. 669.
[3]) Eingemachter Senf, Tafelsenf (Mostrich) ist mit Essig, Gewürzen und auch Zucker hergestellt.

Nachweis künstlicher Färbung[1]). Orientierende Prüfung mit einigen Tropfen Salzsäure (1 : 3) (Tropäoline) bezw. mit Ammoniak (Curcuma).

Zu eingehender Prüfung etwa 50 g Speisesenf mit 75 ccm 70%-igem Alkohol schütteln, 10 Minuten stehen lassen und filtrieren. Ein Teil des Filtrates + 10 % Salzsäure (Rot- oder Violettfärbung bei Gegenwart von Tropäolinen, Methylorange u. s. w.). Einen weiteren Teil des Filtrates + 10 % Ammoniak (Curcuma), einen dritten Teil des Filtrates unter Zusatz von etwas Weinsäure mit Wollfaden ausfärben und Prüfung mit Salzsäure; einen vierten Teil des Filtrates kapillaranalytisch prüfen.

Urteil des Oberlandesgerichts Cöln betr. Senffärbung (Speisesenf) vom 19. Aug. 1908, Zeitschr. f. Unters. d. Nahr.- u. Genußm. 1909, Beilage S. 118 und Landg. Entsch. Leipzig v. 10. April 1906, ebenda 1910, 20, Beilage S. 325. Über bleihaltigen Senf vgl. Ed. Späth, Zeitschr. f. Unters. d. Nahr.- u. Genußm. 1909, 18, 656.

Beurteilung: Senfpulver Asche 4,5 %, Sand 0,5 %. Senfölgehalt: Destillation von schwarzem Senf etwa 1 %, von weißem Senf = 0. Beide Sorten enthalten etwa 30 % durch Äther extrahierbares fettes Öl.

Vanille [2]).

Definition: Die nicht völlig ausgereiften und getrockneten Fruchtkapseln der aromatischen Vanille (Vanilla planifolia Andrews) Orchidee Mexiko. Orchidaceen.

Verfälschungen: Extrahierte Vanille mit Perubalsam bestrichen und mit Benzoesäurekristallen bestreut. Schlechtere Sorten für gute. (La Guayra-, Pompona-, brasilianische Vanille) die sog. Vanillons oder Vaniloes. Sie enthalten neben Vanillin noch Piperonal; meist kürzer und stets breiter als echte Vanille. Aufgesprungene, dünne, gelblichbraune, steife Früchte sowie heliotropartig riechend sind keine normale Ware.

Mikroskopische Untersuchung: Wie bei Pfeffer.

Chemische Untersuchung: Vanillinbestimmung, Extraktion von etwa 5 g zerkleinerter mit Sand gemischter Vanille mit Äther; Ausschütteln des Äthers mit einer Mischung von Natriumbisulfitlauge und H_2O zu gleichen Teilen. Zersetzen der Lösung mit H_2SO_4 und nach Entweichen der SO_2 nochmals Ausschütteln mit Äther. Verdunsten des Äthers bei

---

[1]) H. Röttger, Lehrbuch der Nahrungsmittel-Chemie. 1907. 499. Vgl. auch: P. Süß, Pharm. Zentralh. 1905. 46. 291; A. E. Leach, Zeitschr. f. Unters. d. Nahr.- u. Genußm. 1905. 9. 229 (Ref.); A. Beythien, ebenda 1904. 8. 283.; T. Bohrisch, ebenda. 1904. 8. 285; P. Köpke, Pharm. Zentralh. 1905. 293.

[2]) W. Busse, Arbeiten aus dem Kais. Gesundh.-Amte. 1899. 15. 1; J. Hanus, Zeitschr. f. Unters. d. Nahr.- u. Genußm. 1900. 3. 531, 657 und 1905. 10. 585.

Über Vanilleextrakte (vielfach aus Vanillin, Cumarin hergestellt) vgl. A. E. Leach, Zeitschr. f. Unters. d. Nahr.- u. Genußm. 1904. 8. 523; Ref. und A. L. Winton, E. Monroe Bailey, Zeitschr. f. Unters. d. Nahr. u. Genußm. 1906. 11. 350.

40—50°. Trocknen im Exsiccator, Wägen des Rückstandes. Die wässerige Lösung der Vanillinkristalle färbt sich mit Eisensalzen violett, ebenso diejenige des künstlichen Vanillins.

Nachweis von Benzoesäure nach Lecomte: Man mischt eine schwache Lösung von Phloroglucin in Alkohol mit dem gleichen Volumen Salzsäure und gibt zu der Mischung einen Kristall des vermutlichen Vanillins. Bestand derselbe wirklich aus Vanillin, so färbt sich die Mischung sofort schön rot, bestand der Kristall aus Benzoesäure, so bleibt die Mischung farblos.

Beurteilung: Vanillin mindestens 2 %. Feuchtigkeit höchstens 20—28 %. Asche höchstens 5 %.

Die nachstehenden teilweise seltener benützten Gewürze sind nach denselben Grundsätzen wie die speziell aufgeführten Arten zu untersuchen. In Betracht kommt fast nur die botanische und mikroskopische Prüfung; bei pulverförmigen Gegenständen die Ermittelung des Gehalts an Asche und von in HCl Unlöslichem; Beimischung von extrahierten Materialien ist durch Ermittelung des Gehaltes an Öl bezw. ätherischem Öl feststellbar. Spezialmethoden sind besonders benannt.

a) **Anis** (auf Verwechslung mit Schierlingssamen achten!). Asche nicht über 10 %; HCl Unlösliches höchstens 2,5 %; ätherisches Öl 2—3 %.

b) **Cardamomen** [1]) (Unterschiebung von geringwertigen Ammoniumarten, entölte Ware, Mehle), Asche nicht über 10 %; HCl Unlösliches nicht über 4 %. Ätherisches Öl nicht unter 3 %.

c) **Fenchel** [2]) (ganze Früchte entölt und aufgefärbt). Als Farbstoffe dienen: Schüttgelb, ein durch Fällung mit Alaun und Kreide oder Barytsalzen gewonnener gelber Farbstoff der Gelbbeeren und Quercitronrinde, ferner Chromgelb oder grüner Eisenocker. Asche höchstens 10 %, HCl Unlösliches höchstens 2,5 %, ätherisches Öl 3—6 %. Künstliche Färbung ist Fälschung.

d) **Ingwer** [3]) (wird meist geschält, mit SO_2 oder Cl gebleicht und gekalkt; gelber Ingwer ist Curcuma). Asche höchstens 8 %, HCl Unlösliches höchstens 3 %. Extrahierter Ingwer kann auch an erniedrigtem Gehalt der Gesamtasche und besonders der wasserlöslichen Aschenbestandteile erkannt werden. Ätherisches Öl etwa 2 %.

e) **Koriander**: Asche höchstens 7 %, HCl Unlösliches höchstens 2 %; ätherisches Öl bis etwa 1 %.

f) **Kümmel**: (extrahierter Kümmel ist besonders dunkel); Asche höchstens 8 %; HCl Unlösliches höchstens 2 %; ätherisches Öl 4—7 %.

---

[1]) W. Busse, Arbeiten des Kais. Gesundh.-Amtes. 1898. 14. 139; R. Thamm, Zeitschr. f. Unters. d. Nahr.- u. Genußm. 1906. 12. 168.
[2]) A. Juckenack und R. Sendtner, Zeitschr. f. Unters. d. Nahr.- u. Genußm. 1899. 2. 69, 329.
[3]) J. Buchwald, Arbeiten des Kais. Gesundh.-Amtes. 1899. 15. 229; Dyer und Gilbard, Chem.-Ztg. 1893. 17. 838.

g) **Majoran**: geschnittener soll höchstens 12% Asche und 2,5 % in HCl Unlösliches, Gerebelter oder Blatt-Majoran höchstens 16 bezw. 3,5 % enthalten. Beim französischen Majoran muß man noch um je 1 % in Aschengehalt und im HCl Unlöslichen höher gehen. Ätherisches Öl 0,7—0,9 %.

Anhang: Kochsalz: Fälschungen kommen kaum vor, gröbere Verunreinigungen selten und dann meist zufällig. Natürliche Beimengungen in kleinen Mengen sind Gips, Magnesiumsulfat, Chlormagnesium, bisweilen auch Borsäure; der Wassergehalt wechselt wegen der Hygroskopizität, steigt bis etwa 3 % (ungebundenes Wasser), die natürlichen Verunreinigungen bis zu etwa 2,5 %.

X. Zucker und Zuckerwaren, künstliche Süßstoffe.

A. Rohr- (Rüben-) zucker (Saccharose).

1. Bestimmung des Wassers (bezw. der Trockensubstanz). 10 g des fein gepulverten Zuckers (Sirupen, Melassen setze man Sand oder Bimsstein zu) werden bis zum konstant bleibenden Gewicht bei 105 bis 110⁰ C getrocknet. Besser wird im Vakuum getrocknet. Bei gleichzeitiger Anwesenheit von Invertzucker wird die quantitative Bestimmung ungenau; man bestimmt deshalb das spezifische Gewicht einer hergestellten Zuckerlösung mittels Pyknometers, Westphal'scher Wage oder Aräometers oder noch einfacher mit dem Balling'schen Saccharometer und entnimmt nun den Tabellen S. 290 den Zuckergehalt (vgl. auch die Umrechnung der Grade Brix in Beaumé-) oder man verfährt nach Anlage A der Ausführungsbestimmungen zum Zuckersteuergesetz vom 27. Mai 1896 bezw. 6. Januar 1903, S. 265; der Wassergehalt ergibt sich dann aus der Differenz von 100.

2. Bestimmung der Asche (nach Scheibler): 3 g Zucker werden in einer flachen Platinschale getrocknet, dann mit reiner konzentrierter Schwefelsäure durchfeuchtet, nach einigen Minuten über einer möglichst großen Flamme erhitzt und schließlich im Muffelofen weiß gebrannt (der Zucker bläht sich, deshalb Vorsicht!). Von dem Resultat sind 10 % in Abzug zu bringen (Korrektur wegen Verwendung von Schwefelsäure).

Von dieser technischen Methode wird der Nahrungsmittelchemiker im allgemeinen keinen Gebrauch machen können; die Ermittelung der Asche und Alkalität geschieht wie bei Fruchtsäften, Honig und anderen zuckerhaltigen Stoffen. Siehe auch den allgemeinen Gang S. 12.

3. Nachweis von mineralischen Beimengungen. Gips, Kreide, Schwerspat mikroskopisch und durch die Untersuchung der Asche. (Kommen wohl selten vor.) Spuren von SO_3, Ca, Cl lassen sich in gewöhnlichem Zucker sehr häufig nachweisen, können aber nicht beanstandet werden.

4. Nachweis von Mehl, Stärke. Mikroskopisch und mit Jodlösung in der üblichen Weise.

Zucker und Zuckerwaren, künstliche Süßstoffe. 259

5. **Bestimmung des Saccharosegehaltes:**
a) Polarimetrisch [1]). Das für die Polarisationsapparate mit Zuckerskala geltende Normalgewicht (siehe unten) löst man in Wasser, klärt, wenn nötig mit Bleiessig oder Tonerdehydrat, polarisiert im 200 mm-Rohr und korrigiert die direkt abgelesene Zuckermenge unter Berücksichtigung der Zusätze; entfärbt man mit frisch geglühter Knochenkohle, so ist für absorbierten Zucker der mit den Normalgewichten hergestellten Lösungen eine Korrektion in der Weise anzubringen, daß man die Resultate um 0,3—0,5 % für 3—5 g angewendeter Knochenkohle erhöht. Wird die Lösung durch diese Zusätze um $1/10$ (Bleiessig) vermehrt, so hat man im 220 mm-Rohr zu beobachten, andernfalls muß man die Resultate um $1/10$ vermehren. Für den Soleil-Ventzke-Scheibler-Apparat und für den Halbschattenapparat von Schmidt und Haensch ist das abzuwägende Normalgewicht 26,048 g zu 100 ccm. Das Normalgewicht für den Soleil-Dubosq-Apparat ist 16,35 g zu 100 ccm, das für die Kreisgradapparate 75,000 g. Beobachtet man im 200 mm-Rohr, so entspricht bei den mit Zuckerskala versehenen Apparaten jeder Grad = 1 % Zucker. Bei den mit Kreisgradteilung versehenen Apparaten von Mitscherlich, Laurent, Landolt und Wild bezw. dem jetzt am meisten gebräuchlichen Halbschattenapparat von Schmidt und Haensch müssen die abgelesenen Gradzahlen auf Prozente umgerechnet werden. Bei Benutzung dieser Apparate sind 15,0 g Zucker zu 100 zu lösen, da das Normalgewicht (75,00) dafür eine zu konzentrierte Lösung gäbe. Die im 200 mm-Rohr gefundenen Resultate sind mit 5 zu multiplizieren, wenn man Gewichtsprozente Reinzucker erhalten will. Ebenso ist die Korrektur bei Verlust durch Klärung in Anrechnung zu bringen (s. oben).

Die für Lösungen unbekannter Stärke gefundenen Grade entsprechen dem Drehungsvermögen des vorhandenen Zuckers. Wird z. B. eine Saccharoselösung im 200 mm-Rohr bei $17,5^0$ polarisiert, so entspricht im Polarisationsapparat
mit Kreisgradteilung 0,75 g Zucker in 100 ccm Lösung

mit Zuckerskala
{ Soleil-Ventzke-Scheibler 0,26048 g ,, ,, ,, ,, ,,
Schmidt-Haensch 0,26048 g ,, ,, ,, ,, ,,
Soleil-Dubosq 0,16350 g ,, ,, ,, ,, ,,

Die spezifische Drehung (αD) der Saccharose beträgt bei $17,5^0$ = $+66,5^0$ C. Man kann den Gehalt einer Saccharoselösung (c), bestimmt mit Rohrlänge l (ausgedr. in dm) und abgelesener Drehung α auch nach folgender Formel berechnen:

$$c = 1,504 \frac{\alpha}{l}$$

In Sirupen und Melassen wird die Polarisation nach Anlage A der Ausführungsbestimmungen zum Zuckersteuergesetz unter Anwendung des halben Normalgewichts der Substanz (13,00 g) ausgeführt. (Verdoppelung der Polarisationsgrade!)

---
[1]) Nähere Ausführung siehe die Ausführungsbestimmungen zum deutschen Zuckersteuergesetz vom 27. Mai 1896 bezw. 6. Januar 1903. S. 273.

17*

b) Gewichtsanalytisch nach der Inversionsmethode siehe S. 20.

Berechnung des Saccharosegehaltes aus der Differenz der direkt und nach Inversion erhaltenen Polarisationswerte s. Abschnitt Honig S. 301.

6. Bestimmung von Saccharose neben Invertzucker, wenn weniger als 2 % Invertzucker vorhanden sind [1]), neben Raffinose [2]), Stärkezucker und Milchzucker, siehe Anlagen B und E der Ausführungsbestimmungen zum deutschen Zuckersteuergesetz. Da der Stärkezucker stets nicht unbeträchtliche Mengen von Dextrin, Maltose u. s. w. enthält, so läßt er sich neben den anderen Zuckerarten zurzeit nicht genau bestimmen, oder seine Anwesenheit verhindert die Bestimmung anderer Zuckerarten nebeneinander, z. B. die von Invertzucker oder Raffinose.

Nachweis und Bestimmung von Saccharose neben Stärkezucker (Glucose) durch Vergärung (vgl. unter B und im Abschnitt Honig) bestimmbar. Ist Saccharose frei von Stärkezucker, so bleibt die Drehung nach der Polarisation der vergorenen Flüssigkeit ± 0. Vgl. auch Methode Juckenack-Pasternack im Abschnitt Fruchtsäfte.

7. Unterscheidung von Rübenzucker und Zuckerrohrzucker. Indigokarmin (indigschwefelsaures Kalium) entfärbt sich beim Erwärmen mit konzentrierten Lösungen von Rübenzucker bei einer Temperatur, bei welcher diese noch nicht die zum Erstarren nötige Konsistenz haben infolge des Gehaltes an geringen Spuren von Nitraten, mit Zuckerrohrzuckerlösungen dagegen nicht.

Beurteilung:

Rohzucker zeigt 94—98° Polarisation (Saccharose); 0,5—1,6 % Asche und 0 7—2,5 % Wasser; reine Handelsware enthält nur Spuren von Mineralstoffen und Wasser. Konsumzuckersorten sind Brot-, Würfel-, Pilé- und Farinzucker. Kandiszucker war ursprünglich nur ein Zuckerrohrzucker, wird neuerdings auch aus Rübenzucker, die braune Sorte mit Kouleur, hergestellt. Verfälschungen mit Mineralstoffen und Mehl u. s. w. lassen sich leicht erkennen. Stärkezucker eignet sich wegen seiner Hygroskopizität nicht zu Verfälschungen von Rübenzucker. Ultramarinzusatz ist erlaubt.

Betreffs der Forderungen des Zuckersteuergesetzes in zolltechnischem Interesse siehe S. 277, insbesondere auch betr. Feststellung des Zuckergehalts in Schokolade und anderen kakaohaltigen Waren, Bonbons, Marzipan, Kakao, gezuckerten Früchten, eingedickter Milch u. s. w.

Betr. Sirupe und eingedickte Rübensäfte siehe unter Stärkezucker S. 263.

---

[1]) Sind mehr als 2 % vorhanden, vgl. Zeitschr. d. Vereins der deutschen Zuckerindustrie 1898. 779. Zucker gilt als invertzuckerfrei, wenn 10 g davon mit 100 ccm heißem Wasser gelöst und mit 5 ccm Fehling'scher Lösung gekocht, keine Reduktion ergeben.

[2]) Raffinose (Melitriose) ist hauptsächlich in der Melasse enthalten, ist stärker rechtsdrehend als Rohrzucker, reduziert Fehling'sche Lösung nicht, gärt aber leicht mit Hefe. Wegen ihres stärkeren Rechtsdrehungsvermögens kann danach zur Ausfuhr bestimmter Zucker zuckerreicher erscheinen, als er ist; derselbe würde alsdann eine höhere Summe bei der Ausfuhr als Steuerbonifikation erhalten, als er seinem wirklichen Saccharosegehalt nach erhalten würde.

B. Traubenzucker (Glucose), Stärkezucker-[sirup].

1. Bestimmung des Wassers. Man löst 10 g Trauben-Stärkezucker bezw. Sirup in 100 ccm Wasser, gibt hiervon 25 oder 50 ccm in eine mit Seesand beschickte Schale, dampft auf dem Wasserbad, soweit es geht, ein und trocknet 4—5 Stunden bei 105° C; oder besser im Vakuum (siehe auch unter A). Indirekte Bestimmung des Extraktes bezw. Wassers aus dem spezifischen Gewicht der 10 %-igen Lösung wird mit Hilfe der nachstehenden Tabellen vorgenommen; vgl. auch unter A.

2. Bestimmung der Asche (siehe unter A).

3. Bestimmung von in Wasser unlöslichen Stoffen durch Filtrieren, Trocknen und Wägen des Niederschlages in der üblichen Weise.

4. Bestimmung des Säuregehalts durch Titration mit $^1/_{10}$ Normallauge (nur Tüpfeln auf Lackmus). Säure als SO_3 zu berechnen. Qualitativ oder auch quantitativ eventuell auch auf schweflige Säure zu prüfen. (Vgl. die Abschnitte Fleisch und Wein.)

5. Bestimmung von Glucose und Dextrin.

a) Glucose.

α) polarimetrisch: Spezifische Drehung der Glucose $+ 53°$ (bis zu 14 g wasserfreie Glucose in 100 ccm). Glucoselösungen kann man erst nach 24-stündigem Stehen der Lösung in der Kälte oder nach $^1/_4$-stündigem Erwärmen auf 100° wegen der Birotation der krystallinischen Glucose polarisieren. Verwendet man zur Polarisation Glucose-Lösungen, welche bis zu 14 g wasserfreie Glucose in 100 ccm enthalten, so entspricht 1° Drehung im 200 mm-Rohr

	im Polarisationsapparat	g Glucose in 100 ccm Lösung
mit Kreisgradteilung		0,9434 g
mit Zuckerskala	Soleil-Ventzke-Scheibler	
	Schmidt und Haensch	0,3268 g
	Soleil-Dubosq	0,2051 g

Für Kreisgradapparate geschieht die direkte Berechnung bei Anwendung von Natriumlicht nach folgender Formel: $c = 1{,}894 \frac{\alpha}{l}$, $c =$ Anzahl Gramme Glucose in 100 ccm, $l =$ Röhrenlänge in Dezimetern, $\alpha =$ abgelesene Grade.

β) Gewichtsanalytisch[1]) nach Meißl siehe S. 19. Eventuell ist vorher mit Bleiessig zu entfärben und das überschüssige Blei mit phosphorsaurem Natrium zu entfernen.

b) Glucose und Dextrin nebeneinander: Die Bestimmung erfolgt nach Sieben[2]) mit $^1/_2$ normaler Kupferacetatlösung[3]).

---

[1]) Verfahren nach Rössing, Zeitschr. f. öffentl. Chem. 1903. 9. 133 und 1904. 10. 61. 277.
[2]) Zeitschr. des Vereins für Rübenzuckerindustrie. 1884. 837.
[3]) Man stellt sich eine Lösung von tunlichst neutralem Kupferacetat her, bestimmt darin den Kupfergehalt durch Reduktion mit überschüssiger Traubenzuckerlösung, die Essigsäure durch Übersättigen mit titrierter Natronlauge und Zurücktitrieren mit Schwefelsäure, und verdünnt die Lösung so, daß sie im Liter 15,86 g Cu enthält.

10 g Stärkezucker bezw. Sirup löse man in 500 ccm Wasser, versetze hiervon zwei Proben, 25 ccm, 50 ccm u. s. w. in Kolben mit je 100 ccm der Kupferacetatlösung, verschließe mit Pfropfen und digeriere 2 Tage lang bei 45⁰ C. Nun ziehe man 50 oder 75 ccm der klaren Flüssigkeit ab, und kocht, wenn nach eintägigem Stehen keine Reduktion mehr erfolgt, mit 45 ccm Seignettesalzlösung und 40 ccm der 1 %-ig gemachten Glucoselösung und wägt das Kupferoxydul als Cu. Die Differenz zwischen der ursprünglich angewendeten und zuletzt noch in Lösung befindlichen Kupfermenge gibt die von der Glucose reduzierte Menge Kupfer. Das Dextrin wird durch Inversion (5 g Stärkezucker, 400 ccm Wasser, 40 ccm Salzsäure vom spezifischen Gewicht 1,19 g) als Glucose nach Meißl und Allihn bestimmt (vergl. auch S. 22 im allgemeinen Gang). Die vorher gefundene Glucose muß abgezogen werden; der Rest mit 0,9 multipliziert = Dextrin (vgl. die Tabelle S. 39) oder man fällt die Dextrine durch Alkohol, wie unter S. 17 angegeben ist und bestimmt die Glucose nach α).

c) Bestimmung der Glucose durch Gärung[1]: Man stellt eine Lösung 1 : 10 her, versetzt 100 ccm derselben mit 20—30 g reiner ausgewaschener Bierhefe und überläßt diese Lösung mehrere (3—4) Tage der Gärung (die Zusammenstellung des Gärapparates und weitere Behandlung ist im Abschnitt Hefe beschrieben). Der Gewichtsverlust an Kohlensäure mit 2,15 multipliziert, gibt den Glucosegehalt. Man kann auch so verfahren, daß man den Alkoholgehalt in der vergorenen Flüssigkeit bestimmt. Durch Multiplikation der gefundenen Zahl mit 2,06 erfährt man den Gehalt an Glucose.

Oder man bestimmt mittels spezifischer Gewichtsbestimmung den Zucker- (Extrakt-) gehalt (Tabelle S. 283) einer 10 %-igen Lösung nebst zugegebener Hefe, läßt unter Schwefelsäureverschluß so lange gären, bis keine Gewichtsabnahme mehr stattfindet, und bestimmt dann wieder den Zuckergehalt (Extrakt-) der Lösung, nachdem man zuvor den durch die Gärung entstandenen Alkohol durch Eindampfen der Lösung auf etwa $\frac{1}{3}$ verjagt und dann die Lösung mit Wasser auf das ursprüngliche Volumen gebracht hat; die Differenz vor und nach der Gärung × 10 = Glucosegehalt in Prozenten.

Die Dextrine und unvergärbaren Stoffe des Stärkezuckers drehen stark rechts, mittels 90 %-igem Alkohol können sie aus einer stark konzentrierten Lösung aufgenommen und nach dem Abdampfen des Alkohols gewonnen werden; nach der Reinigung durch Wasser ist ihre nähere Untersuchung (Polarisation) möglich.

Zuckercouleur vgl. die Abschnitte Bier und Spirituosen.

Dieselbe ist meist aus Stärkezucker (-sirup) unter Zusatz von etwas Natriumcarbonat hergestellt.

a) Rumcouleur muß in 84 %-igem Alkohol löslich sein.

b) Biercouleur muß in 75 %-igem Alkohol löslich sein. Der Gehalt an Asche soll nicht mehr als 0,5 % betragen. Melassecouleur hat jedoch einen höheren Aschegehalt.

---

[1] Methode Jodlbaur, Zeitschr. des Vereins f. Rübenindustrie. 38. 308 und Zeitschr. f. analyt. Chem. 1889. 28. 625.

Beurteilung.

Der Stärkezucker des Handels ist weiß (Prima-) und gelb (Sekundaware), sehr hygroskopisch, klar löslich. Wassergehalt 15—20%; Glucosegehalt (nebst Maltose) 65—75 % (Rest: Dextrine, unvergärbare Stoffe u. s. w. etwa 5 bis 15 %), Asche 0,2—0,5 %.

Der Stärkesirup ist weiß und gelb, zum Teil trüb; sogenannter Kapillärsirup ist weiß, sowie reiner und gehaltreicher als Stärkesirup; Wassergehalt 15—20 %; Glucosegehalt 35—45 %[1]) (Rest: Dextrine u. s. w. etwa 40 %); Asche 0,2—0,7 %. Freie Säure pro 100 g = 0,25—2,00 ccm N-NaOH verbrauchend. Unreine Stärkesirupe enthalten häufig schweflige Säure. Die früher angenommene Gesundheitsschädlichkeit der unvergärbaren Stoffe (Gallisine) wird neueren Untersuchungen zufolge verneint. Stärkezucker bezw. Stärkesirup (auch Kartoffel- und Kapillärsirup genannt) besitzen höchstens $1/3$—$1/4$ der Süßkraft des Rohr- (Rüben-) Zuckers. Stärkesirup wird zur Verdickung von Marmeladen, Fruchtsäften, Likören, Marzipan und ferner in der Bonbonfabrikation verwendet. Die Beurteilung dieser Anwendungsform ist eine verschiedene, vgl. deshalb die einzelnen Abschnitte, bei welchen Stärkesirup vorkommt. Gutachten des Präsid. d. Kaiserl. Gesundh.-Amtes über die Verwendung von Kartoffelsirup bei der Herstellung von Nahrungsmitteln. Zeitschr. f. öff. Chem. 1906, 295.

Eingedickte Rübensäfte werden bisweilen mit Stärkesirup oder Melasse verfälscht. Speise- und Bäckersirupe sind meistens Mischungen von Stärkesirup und Melasse; sie enthalten reichlich Kochsalz und Gips. Ihre polarimetrische Untersuchung stößt vielfach auf Schwierigkeiten, da sie schwer oder oft gar nicht entfärbbar sind. Man muß meistens mit stark verdünnten Lösungen arbeiten, erst mit Bleiessig (s. Wein) und danach noch mit Tierkohle entfärben.

C. Zucker- und Konditoreiwaren, sowie Speiseeis.

Man untersucht auf:

a) Mineralische Körper wie Kreide, Gips, Schwerspat und ermittelt den Aschengehalt in bekannter Weise.

b) Farbstoffe.

1. Prüfung auf Metallfarben:

Man schabt den Farbstoff ab, oder man behandelt die Substanz direkt mit HCl und $KClO_3$ bezw. nach Halenke S. 15 und untersucht auf Metalle nach den Regeln der anorganischen Analyse. (Siehe die verbotenen Farbstoffe im Gesetz vom 5. Juli 1887 S. 612 im Anhang und die amtliche Anleitung zur Untersuchung auf Arsen und Zinn S. 614. Vgl. auch den toxikologischen Teil betr. Nachweis von Metallen.)

2. Teerfarbstoffe.

Ihr Nachweis geschieht durch Probefärben mit Wolle u. s. w.,

---

[1]) H. Matthes und F. Müller, Zeitschr. f. öffentl. Chem. 1903. 9. 103; J. König, Die menschlichen Nahrungs- und Genußmittel. 1904. 2. 993; Verlag von J. Springer, Berlin.

sowie durch Spezialreaktionen, die mit dem abgeschiedenen Farbstoffe vorzunehmen sind. Siehe Abschnitt Wein, Fruchtsäfte, Senf.

Nachweis von Dinitrokresol oder Pikrinsäure: Man zieht die Probe mit Alkohol aus, verdunstet den Alkohol und übergießt den Rückstand mit 10 %-iger Salzsäure. Pikrinsäure entfärbt sich sofort, Dinitrokresol nach einigen Minuten. Mit metallischem Zink versetzt entsteht nach 1—2 Stunden bei Anwesenheit von Pikrinsäure eine blaue Färbung, von Dinitrokresol eine hellblutrote.

c) Bestimmung und Nachweis der Zuckerstoffe, auch von Honig, von Stärkesirup, Dextrinen siehe die betreffenden Abschnitte.

d) Umhüllungen von Stanniol auf Blei u. s. w.

e) Künstliche Süßstoffe in der üblichen Weise, siehe die Abschnitte Bier, Wein und Süßstoffe, sowie Z. f. U. N. 1910, 20, 489 (Nachweis in Gebäcken etc.).

f) Hühnereigelb vgl. Eiernudeln S. 208.

g) Fremde Fette siehe dortselbst.

h) Nachweis von Blausäure und Nitrobenzol in Marzipan siehe Abschnitt Branntwein S. 335 und F. Schwarz, Zeitschr. f. Unters. d. Nahr.- u. Genußm. 1904, 7, 705.

Beurteilung.

Neben dem Nahrungsmittelgesetz kommen das Farbengesetz vom 5. Juli 1887 und das Süßstoffgesetz in Betracht. Zucker und Konditorwaren können Nahrungs- oder Genußmittel sein. Alle Arten lassen sich nicht aufführen; u. a. seien nur genannt Bonbons, Zeltchen, Karamellen, Pralinés, Konfekt, Marzipan, Kuchen, Torten, Kleinbackwerk, Lebkuchen, kandierte Früchte, gebrannte Mandeln u. s. w. sowie Speiseeis.

Verfälschungen sind Beschwerungsmittel wie Gips, Mehl (z. B. letzteres in Speiseeis, wo es nicht zur normalen Herstellungsweise gehört wie bei Backwerk, Kuchen), fremde Fette (z. B. Margarine bei sogen. Buttergebäcken), Stärkesirup als Ersatz von Honig in Honiglebkuchen oder von Rübenzucker in Marzipan, Nachmachungen kommen bei Speiseeis, Ersatz des Fruchtsaftes von Himbeereis durch Teerfarbe vor. Statt mit Karamelzucker werden gebrannte Mandeln nur braun gefärbt. Der Ersatz von Mandeln durch Pfirsichkerne, Pinienkerne[1]) ist Nachmachung bezw. auch Betrug, in Marzipan Nahrungsmittelfälschung, ebenso Zusatz von künstlichen Süßstoffen. Bei Bonbons ist Stärkesirup als notwendig und weil nicht zur Täuschung geeignet, zulässig.

Verdorbene Waren kommen am ehesten bei Backwerk, Kuchen und dergleichen vor. Anlässe dazu sind Schimmelpilze, Insekten- und Mäusefraß (-exkremente), Ranzigkeit, starke Feuchtigkeitsaufnahme, Zusammenkleben und Zerfließen (z. B. Eisbonbons; sie werden mit Wein- oder Citronensäure hergestellt) u. s. w. Als gesundheitsschädliche Bestandteile kommen Metalle, metallhaltige Farben, eventuell auch aus Überzugsmasse stammend, ferner blausäurehaltiges Bittermandelöl und Nitrobenzol in Betracht. Speiseeis soll nicht zu kalt sein (höchstens — 4^0 haben).

---

[1]) R. Racine, Zeitschr. f. öffentl. Chem. 1909. 15. 206.

Ausführungsbestimmungen (v. 18. Juni 1903) zum Zuckersteuergesetz vom $\frac{\text{27. Mai 1896}}{\text{6. Jan. 1903}}$

(Zentralbl. f. d. Deutsche Reich 1903, S. 284 und 1906 Nr. 4 und S. 947—949).

Anlage A.

Anleitung für die Steuerstellen zur Untersuchung der Zuckerabläufe auf Invertzuckergehalt und Feststellung des Quotienten der weniger als 2 vom Hundert Invertzucker enthaltenden Zuckerabläufe.

1. Allgemeine Vorschriften.

1. Bei Beginn der Untersuchung ist zunächst eine Prüfung des Ablaufs nach dem unter II 1 beschriebenen Verfahren auf den Gehalt an Invertzucker auszuführen. Sobald sich dieser Gehalt zu 2 vom Hundert oder mehr ergibt, erfolgt das weitere Verfahren nach § 2, Abs. 4, 5 der Ausführungsbestimmungen.

2. Ergibt die nachfolgend unter II 2 beschriebene Untersuchung einen Quotienten von 70 oder mehr, so ist von der weiteren Prüfung des Ablaufs Abstand zu nehmen, falls nicht der Anmelder eine Untersuchung durch den Chemiker beantragt.

3. Die bei der Untersuchung der Abläufe zu verwendenden Gewichte, Meßgeräte und Spindeln müssen geeicht oder eichamtlich beglaubigt sein.

2. Ausführung der Untersuchung.

1. Untersuchung der Zuckerabläufe auf Invertzuckergehalt.

In einer Messing- oder Porzellanschale, deren Gewicht auszugleichen ist, werden genau 10 g des nötigenfalls durch Anwärmen dünnflüssig gemachten Ablaufs abgewogen und durch Zusatz von etwa 50 ccm warmem Wasser und Umrühren mit einem Glasstab in Lösung gebracht. Die Lösung bedarf, auch wenn sie getrübt erscheinen sollte, in der Regel einer Filtrierung nicht. Man bringt sie in einen sogenannten Erlenmeyer'schen Kolben von etwa 200 ccm Raumgehalt und fügt 50 ccm Fehling'sche Lösung hinzu.

Die Fehling'sche Lösung erhält man durch Zusammengießen gleicher Teile von Kupfervitriollösung (34,6 g reiner kristallisierter Kupfervitriol, zu 500 ccm mit Wasser gelöst) und Seignettesalz-Natronlauge (173 g krystallisiertes Seignettesalz, zu 400 ccm mit Wasser gelöst; die Lösung vermischt mit 100 ccm einer Natronlauge, welche 500 g Natronhydrat im Liter enthält). Beide Flüssigkeiten sind fertig von einer Chemikalienhandlung zu beziehen und müssen getrennt aufbewahrt werden; von jeder sind 25 ccm mittels besonderer Pipette zu entnehmen und der Lösung des Zuckerablaufs unter Umschütteln zuzusetzen.

Die mit der Fehling'schen Lösung versetzte Flüssigkeit wird im Kochkolben auf ein durch einen Dreifuß getragenes Drahtnetz gestellt, welches sich über einem Bunsenbrenner oder einer guten Spirituslampe befindet, aufgekocht und 2 Minuten im Sieden erhalten. Die Zeit des Siedens darf nicht abgekürzt werden.

Hierauf entfernt man den Brenner oder die Lampe, wartet einige Minuten, bis ein in der Flüssigkeit entstandener Niederschlag sich abgesetzt hat, hält den Kolben gegen das Licht und beobachtet, ob die Flüssigkeit noch blau gefärbt ist. Ist noch Kupfer in der Lösung vorhanden, was durch die blaue Farbe angezeigt wird, so enthält die Lösung weniger als 2 vom Hundert Invertzucker, anderenfalls sind 2 oder mehr vom Hundert dieses Zuckers vorhanden.

Die Färbung erkennt man deutlicher, wenn man ein Blatt weißes Schreibpapier hinter den Kolben hält und so beobachtet, daß das Licht durch die Flüssigkeit hindurch auf das Blatt Papier fällt.

Sollte die Flüssigkeit nach dem Kochen gelbgrün oder bräunlich erscheinen, so liegt die Möglichkeit vor, daß noch unzersetzte Kupferlösung vorhanden ist und deren blaue Farbe nur durch die gelbbraune Farbe des Ablaufs verdeckt wird. In solchen Fällen ist wie folgt zu verfahren:

Man fertigt aus gutem, dickem Filtrierpapier ein kleines Filter, feuchtet es mit etwas Wasser an und setzt es in einen Glastrichter ein, wobei es am Rande des Trichters gut festgedrückt wird. Der letztere wird auf ein Reagensgläschen gesetzt. Hierauf filtriert man etwa 10 ccm der Flüssigkeit durch das Filter und setzt dem Filtrat ungefähr die gleiche Menge Essigsäure und einen oder zwei Tropfen einer wässerigen Lösung von gelbem Blutlaugensalz zu. Entsteht hierbei eine stark rote Färbung des Filtrats, so ist noch Kupfer in der Lösung und somit erwiesen, daß der Zuckerablauf weniger als 2 vom Hundert Invertzucker enthält.

2. Bestimmung des Quotienten.

Als Quotient im Sinne der Vorschrift im § 1 der Ausführungsbestimmungen gilt diejenige Zahl, welche durch Teilung des hundertfachen Betrags der Polarisationsgrade des Ablaufs durch die Prozente Brix berechnet wird.

a) Ermittelung der Prozente Brix.

Man wägt in einem reinen Becherglase von etwa $1/_2$ Liter Raumgehalt zusammen mit einem hinlänglich langen Glasstabe 200 bis 300 g des Ablaufs auf 1 g genau ab. Nachdem man das Glas von der Wage heruntergenommen hat, fügt man etwa 150 ccm heißes destilliertes Wasser hinzu, rührt mit dem stets im Glase verbleibenden Stabe so lange vorsichtig (um das Glas nicht zu zerstoßen) um, bis der Ablauf im Wasser sich vollständig gelöst hat, stellt das Glas in kaltes Wasser und beläßt es daselbst, bis der Inhalt ungefähr die Zimmerwärme angenommen hat. Hierauf trocknet man das Glas sorgfältig ab, stellt es wieder auf die Wage, setzt auf die andere Schale zu den vorhandenen weitere Gewichtsstücke, welche dem Gewichte des Ablaufs entsprechen, und läßt in das Glas so lange destilliertes Wasser von Zimmerwärme, zuletzt vorsichtig und tropfenweise, einlaufen, bis die Wage abermals einspielt.

Nachdem die zweite Wägung beendet ist, rührt man die Flüssigkeit mit dem inzwischen im Glase verbliebenen Glasstabe so lange gehörig um, bis sich auch nicht die geringste Schlierenbildung mehr zeigt. Der ursprüngliche Ablauf ist dann auf die Hälfte seines Gehalts an Zucker verdünnt.

Zum Zwecke der Spindelung wird ein Teil der so vorbereiteten Flüssigkeit in einen Glaszylinder hineingegeben. Die Spindelung selbst erfolgt mittels der Brix'schen Spindel nach den für die Spindelung von Branntwein, Mineralöl, Wein u. s. w. bestehenden Regeln (siehe z. B. Alkoholermittelungsordnung, Zentralblatt für das Deutsche Reich 1900, S. 377). Zu beachten ist, daß die Prozente auf Fünftelprozente, die Wärmegrade auf ganze Grade abzulesen sind.

Da die abgelesenen Wärmegrade nicht immer mit der Normaltemperatur (20° C) übereinstimmen, sind die abgelesenen Prozente nur scheinbare. Zu ihrer Umrechnung auf berichtigte Prozente Brix dient die am Schlusse dieser Anlage abgedruckte Tafel 1. Sie enthält in der ersten mit „Wärmegrade" überschriebenen Zeile die Temperaturen von 10 bis 29°, in der ersten mit „Abgelesene Prozente" überschriebenen Spalte die scheinbaren abgelesenen Prozente. Die folgenden Spalten geben die berichtigten Prozente. Man sucht die der abgelesenen Temperatur entsprechende Spalte und geht in dieser bis zu derjenigen Zeile, an deren Anfang, in der ersten Spalte, die abgelesenen Prozente stehen, Die Zahl, auf die man trifft, gibt die berichtigten Prozente der verdünnten Lösung. Beträgt z. B. die abgelesene Temperatur 22° und die abgelesene Prozentangabe 38,6, so findet man für die berichtigten Prozente 38,7.

Die so ermittelten berichtigten Prozente sind mit 2 zu vervielfältigen, um die berichtigten Prozente der unverdünnten Lösung zu erhalten.

b) Polarisation.

Bei der Polarisation der Zuckerabläufe ist nach Anlage C zu verfahren. Jedoch geschieht das Abwägen und Entfärben in nachfolgend angegebener Weise.

Zur Untersuchung wird nur das halbe Normalgewicht — 13,0 g — des Zuckerablaufs verwendet. Man wägt diese Menge in eine Messing- oder Porzellanschale ab, fügt 40 bis 50 ccm lauwarmes destilliertes Wasser hinzu und rührt mit einem Glasstabe so lange um, bis der Ablauf im Wasser sich vollständig gelöst hat. Hierauf wird die Flüssigkeit in einen Meßkolben von 100 ccm Raumgehalt gefüllt, und der an der Schale und dem Glasstabe noch haftende Rest mit etwa 10 bis 20 ccm Wasser in den Kolben nachgespült. Darauf folgt die Klärung.

Man läßt zunächst etwa 5 ccm Bleiessig in den Kolben einfließen und mischt durch vorsichtiges Umschwenken. Ist die Flüssigkeit, nachdem der entstehende Niederschlag sich abgesetzt hat — was meist in wenigen Minuten geschieht —, noch zu dunkel, so fährt man mit dem Zusatz von Bleiessig fort, bis die genügende Helligkeit erreicht ist. Oft sind bis zu 12 ccm Bleiessig zur Klärung erforderlich. Dabei ist jedoch zu beachten, daß Bleiessig zwar genügend, aber in nicht zu großen Mengen zugesetzt werden darf; jeder hinzugesetzte Tropfen Bleiessig muß noch einen Niederschlag in der Flüssigkeit hervorbringen.

Gelingt es nicht, die Flüssigkeit durch den Zusatz von Bleiessig so weit zu klären, daß die Polarisation im 200 mm-Rohre ausgeführt werden kann, so ist zu versuchen, ob dies im 100 mm-Rohre möglich ist. Gelingt auch dies nicht, so muß eine neue Lösung hergestellt und diese vor dem Bleiessigzusatz mit etwa 10 ccm Alaunlösung versetzt werden; diese Lösungen geben mit Bleiessig starke Niederschläge, welche klärend wirken, und gestatten die Anwendung großer Mengen Bleiessig.

Die zur Klärung hinzugefügten Flüssigkeiten dürfen zusammen nicht so viel betragen, daß die Lösung im Kolben über die begrenzende Marke steigt. Nach der Klärung wird mit Wasser bis zur Marke aufgefüllt und gehörig durchgeschüttelt.

Nachdem die Polarisation ausgeführt ist, sind die abgelesenen Polarisationsgrade mit 2 zu vervielfältigen, weil nur das halbe Normalgewicht des Ablaufs zur Untersuchung verwendet worden ist. Hat man statt eines 200 mm-Rohres nur ein 100 mm-Rohr angewendet, so sind die abgelesenen Grade mit 4 zu vervielfältigen.

Berechnung des Quotienten. Bezeichnet man die ermittelten berichtigten Prozente Brix der unverdünnten Lösung mit B und die ermittelten Polarisationsgrade mit P, so berechnet sich der Quotient Q nach der Formel $Q = \frac{100\,P}{B}$. Bei der Angabe des Endergebnisses sind die Bruchteile auf volle Zehntel abzurunden, und zwar, wenn die zweite Stelle nach dem Komma weniger als 5 beträgt, nach unten, andernfalls nach oben.

Beispiel für die Feststellung des Quotienten. 223 g eines Zuckerablaufs sind mit 223 g Wasser verdünnt worden. Die Brix'sche Spindel zeigt 35,2 Prozent bei 21° C; nach der Tafel 1 ist die berichtigte Prozentangabe 35,3, dieses mit 2 vervielfältigt gibt 70,6. Die Polarisation des halben Normalgewichts im 200 mm-Rohre sei 25,2°; daher beträgt die wirkliche Polarisation 25,2 × 2 = 50,4°. Der Quotient berechnet sich hiernach auf $\frac{100 \cdot 50{,}4}{70{,}6}$ 71,39 oder abgerundet 71,4.

Schlußbestimmung.

Über die Untersuchung ist eine Befundsbescheinigung auszustellen, welche außer einer genauen Bezeichnung der Probe folgende Angaben zu enthalten hat: das Ergebnis der Prüfung auf Invertzuckergehalt, die abgelesenen Prozente Brix der verdünnten Lösung, die Temperatur der Lösung, die berichtigten Prozente Brix nach der Vervielfältigung mit 2, das Ergebnis der Polarisation für das ganze Normalgewicht (also die abgelesenen Polarisationsgrade vervielfältigt mit 2 oder — bei Anwendung eines 100 mm-Rohres — mit 4) und den Quotienten.

Anmerkung. Die für die Steuerbeamten bestimmte Tabelle 1 zur Ermittelung der berichtigten Prozente Brix aus den abgelesenen Prozenten und Wärmegraden ist hier fortgelassen.

Anlage B.
Anleitung für die Chemiker zur Feststellung des Quotienten der Zuckerabläufe und zur Ermittelung des Raffinosegehalts.

Allgemeine Vorschriften.

Die Vorschriften unter I Ziffer 2 und 3 der Anlage A finden auch auf diese Feststellung Anwendung mit der Maßgabe, daß auch nicht geeichte, jedoch eichfähige Geräte Verwendung finden dürfen, sofern sie einer genauen Prüfung durch den untersuchenden Chemiker unterzogen sind; hierüber ist bei der Mitteilung des Ergebnisses ein entsprechender Vermerk zu machen. Auf die Spindeln und Gewichte bezieht sich diese Ausnahme nicht.

In allen Fällen, in denen eine chemische Ermittelung des Gesamtzuckergehaltes stattfindet, ist bei der Berechnung des Quotienten an die Stelle der Polarisationsgrade der Gesamtzuckergehalt, als Rohrzucker berechnet, zu setzen.

Nach den Ausführungsbestimmungen soll die Feststellung des Quotienten eines Zuckerablaufs einem Chemiker übertragen werden, wenn

    a) bei der Abfertigungsstelle oder dem Amte, an welches die Probe versendet ist, zur Ermittelung des Quotienten geeignete Beamte nicht vorhanden sind;

    b) der Zuckerablauf 2 oder mehr vom Hundert Invertzucker enthält;

    c) der Anmelder die Berechnung des Quotienten nach dem chemisch ermittelten reinen Zuckergehalte beantragt hat.

Den Chemikern wird bei der Übersendung der Proben von der Amtsstelle jedesmal mitgeteilt werden, aus welchem der angegebenen Gründe die Untersuchung erfolgen soll, und ob die Anwendung der Raffinoseformel gemäß § 2 Absatz 5 der Ausführungsbestimmungen zulässig ist.

In den unter a und b bezeichneten Fällen haben die Chemiker zunächst nach den Vorschriften der Anlage A zu verfahren, jedoch sind die Prozente Brix durch Ermittelung der Dichte des unverdünnten Ablaufs bei 20° C mittels des Pyknometers zu berechnen. Die Berechnung darf nur auf Grund der nachstehenden Tafel 2 geschehen. Ergibt diese vorläufige Untersuchung einen Quotienten, der kleiner ist als 70, und einen Invertzuckergehalt von 2 oder mehr vom Hundert, so tritt die chemische Untersuchung nach den Vorschriften des nachstehenden Abschnitts 1 ein.

Die gleichen Vorschriften gelten im Falle unter c, sobald es sich nicht um Berücksichtigung des Raffinosegehalts handelt. Ist dagegen auch die Berücksichtigung des Raffinosegehaltes vom Anmelder verlangt, so ist bei einem 2 vom Hundert nicht erreichenden Gehalt an Invertzucker nach den Vorschriften des nachfolgenden Abschnitts 2a zu verfahren. Enthält der Ablauf 2 oder mehr vom Hundert Invertzucker und ist bei der Übersendung der Proben von der Amtsstelle mitgeteilt, daß die Anwendung der Raffinoseformel zulässig ist, so ist nach Abschnitt 2b zu verfahren. Die Untersuchung auf den Gehalt an Invertzucker geschieht in beiden Fällen nach der unter II 1 der Anlage A gegebenen Vorschrift.

1. Feststellung des Quotienten ohne Rücksicht auf Raffinosegehalt.

Die folgende Vorschrift gilt in allen Fällen, unbeschadet ob Stärkezucker vorhanden ist oder nicht.

Man wägt das halbe Normalgewicht (13 g) vom Ablauf ab, löst es in einem Meßkolben von 100 ccm Raumgehalt in 75 ccm Wasser, setzt 5 ccm Salzsäure vom spezifischen Gewicht 1,19 zu und erwärmt auf 67—70° C im Wasserbade. Auf dieser Temperatur wird der Kolbeninhalt noch 5 Minuten unter häufigem Umschütteln gehalten. Da das Anwärmen 2½ bis 5 Minuten dauern kann, wird die Arbeit im ganzen 7½ bis 10 Minuten in Anspruch nehmen; in jedem Falle soll sie in 10 Minuten beendet sein. Man füllt nach dem Erkalten zur Marke auf, verdünnt darauf 50 ccm von den 100 ccm zum Liter, nimmt davon 25 ccm (entsprechend 0,1625 g des Ablaufs) in einen Erlenmeyer schen Kolben und setzt, um die vorhandene freie Säure abzustumpfen, 25 ccm einer Lösung von kohlensaurem Natrium zu, welche durch Lösen von 1,7 g wasserfreiem Salze zum Liter bereitet ist. Darauf versetzt man mit 50 ccm Fehling'scher Lösung (Anlage A II 1), erhitzt in derselben Weise wie bei einer Invertzuckerbestimmung zum Sieden und hält die Flüssigkeit genau 2 Minuten im Kochen. Das Anwärmen der Flüssigkeit soll möglichst rasch mittels eines guten Dreibrenners geschehen und unter Benutzung eines Drahtnetzes mit übergelegter ausgeschnittener Asbestpappe 3½ bis 4 Minuten in Anspruch nehmen; sobald die Flüssigkeit kräftig siedet, wird der Dreibrenner mit einem Einbrenner vertauscht. Nach dem Erhitzen verdünnt man die Flüssigkeit in dem Kolben mit der gleichen Raummenge luftfreien kalten Wassers und verfährt im übrigen genau nach dem für Invertzuckerbestimmung bekannten Verfahren der Gewichtsanalyse mittels Reduktion des Kupferoxyduls im Wasser-

Zucker und Zuckerwaren, künstliche Süßstoffe.

Tafel 2
zur Ermittelung der Prozente Brix aus der Dichte bei 20° C.

Prozente Brix	Zehntel-Prozente									
	,0	,1	,2	,3	,4	,5	,6	,7	,8	,9

Dichte bei 20° C für die nebenstehenden ganzen Prozente und obenstehenden Zehntel-Prozente Brix

	,0	,1	,2	,3	,4	,5	,6	,7	,8	,9
0	0,9982	0,9986	0,9990	0,9994	0,9998	1,0002	1,0006	1,0010	1,0013	1,0017
1	1,0021	1,0025	1,0029	1,0033	1,0037	1,0041	1,0045	1,0048	1,0052	1,0056
2	1,0060	1,0064	1,0068	1,0072	1,0076	1,0080	1,0084	1,0088	1,0091	1,0095
3	1,0099	1,0103	1,0107	1,0111	1,0115	1,0119	1,0123	1,0127	1,0131	1,0135
4	1,0139	1,0143	1,0147	1,0151	1,0155	1,0159	1,0163	1,0167	1,0171	1,0175
5	1,0179	1,0183	1,0187	1,0191	1,0195	1,0199	1,0203	1,0207	1,0211	1,0215
6	1,0219	1,0223	1,0227	1,0231	1,0235	1,0239	1,0243	1,0247	1,0251	1,0255
7	1,0259	1,0263	1,0267	1,0271	1,0275	1,0279	1,0283	1,0287	1,0291	1,0295
8	1,0299	1,0303	1,0308	1,0312	1,0316	1,0320	1,0324	1,0328	1,0332	1,0336
9	1,0340	1,0343	1,0349	1,0353	1,0357	1,0361	1,0365	1,0369	1,0373	1,0377
10	1,0381	1,0386	1,0390	1,0394	1,0398	1,0402	1,0406	1,0410	1,0415	1,0419
11	1,0423	1,0427	1,0431	1,0435	1,0440	1,0444	1,0448	1,0452	1,0456	1,0460
12	1,0465	1,0469	1,0473	1,0477	1,0481	1,0486	1,0490	1,0494	1,0498	1,0502
13	1,0507	1,0511	1,0515	1,0519	1,0524	1,0528	1,0532	1,0536	1,0541	1,0545
14	1,0549	1,0553	1,0558	1,0562	1,0566	1,0570	1,0575	1,0579	1,0583	1,0587
15	1,0592	1,0596	1,0600	1,0605	1,0609	1,0613	1,0617	1,0622	1,0626	1,0630
16	1,0635	1,0639	1,0643	1,0648	1,0652	1,0656	1,0661	1,0665	1,0669	1,0674
17	1,0678	1,0682	1,0687	1,0691	1,0695	1,0700	1,0704	1,0708	1,0713	1,0717
18	1,0721	1,0726	1,0730	1,0735	1,0739	1,0743	1,0748	1,0752	1,0757	1,0761
19	1,0765	1,0770	1,0774	1,0779	1,0783	1,0787	1,0792	1,0796	1,0801	1,0805
20	1,0810	1,0814	1,0818	1,0823	1,0827	1,0832	1,0836	1,0841	1,0845	1,0850
21	1,0854	1,0859	1,0863	1,0868	1,0872	1,0877	1,0881	1,0886	1,0890	1,0895
22	1,0899	1,0904	1,0908	1,0913	1,0917	1,0922	1,0926	1,0931	1,0935	1,0940
23	1,0944	1,0949	1,0953	1,0958	1,0962	1,0967	1,0971	1,0976	1,0981	1,0985
24	1,0990	1,0994	1,0999	1,1003	1,1008	1,1013	1,1017	1,1022	1,1026	1,1031
25	1,1036	1,1040	1,1045	1,1049	1,1054	1,1059	1,1063	1,1068	1,1072	1,1077
26	1,1082	1,1086	1,1091	1,1096	1,1100	1,1105	1,1110	1,1114	1,1119	1,1124
27	1,1128	1,1133	1,1138	1,1142	1,1147	1,1152	1,1156	1,1161	1,1166	1,1170
28	1,1175	1,1180	1,1185	1,1189	1,1194	1,1199	1,1203	1,1208	1,1213	1,1218
29	1,1222	1,1227	1,1232	1,1237	1,1241	1,1246	1,1251	1,1256	1,1260	1,1265
30	1,1270	1,1275	1,1279	1,1284	1,1289	1,1294	1,1299	1,1303	1,1308	1,1313
31	1,1318	1,1323	1,1327	1,1332	1,1337	1,1342	1,1347	1,1351	1,1356	1,1361
32	1,1366	1,1371	1,1376	1,1380	1,1385	1,1390	1,1395	1,1400	1,1405	1,1410
33	1,1415	1,1419	1,1424	1,1429	1,1434	1,1439	1,1444	1,1449	1,1454	1,1459
34	1,1463	1,1468	1,1473	1,1478	1,1483	1,1488	1,1493	1,1498	1,1503	1,1508
35	1,1513	1,1518	1,1523	1,1528	1,1533	1,1538	1,1542	1,1547	1,1552	1,1557
36	1,1562	1,1567	1,1572	1,1577	1,1582	1,1587	1,1592	1,1597	1,1602	1,1607
37	1,1612	1,1617	1,1622	1,1627	1,1632	1,1637	1,1642	1,1647	1,1653	1,1658
38	1,1663	1,1668	1,1673	1,1678	1,1683	1,1688	1,1693	1,1698	1,1703	1,1708
39	1,1713	1,1718	1,1724	1,1729	1,1734	1,1739	1,1744	1,1749	1,1754	1,1759
40	1,1764	1,1770	1,1775	1,1780	1,1785	1,1790	1,1795	1,1800	1,1806	1,1811
41	1,1816	1,1821	1,1826	1,1831	1,1837	1,1842	1,1847	1,1852	1,1857	1,1863
42	1,1868	1,1873	1,1878	1,1883	1,1888	1,1894	1,1899	1,1904	1,1909	1,1915
43	1,1920	1,1925	1,1931	1,1936	1,1941	1,1946	1,1951	1,1957	1,1962	1,1967
44	1,1972	1,1978	1,1983	1,1988	1,1994	1,1999	1,2004	1,2010	1,2015	1,2020
45	1,2025	1,2031	1,2036	1,2041	1,2047	1,2052	1,2057	1,2063	1,2068	1,2073
46	1,2079	1,2084	1,2089	1,2095	1,2100	1,2105	1,2111	1,2116	1,2122	1,2127
47	1,2132	1,2138	1,2143	1,2149	1,2154	1,2159	1,2165	1,2170	1,2176	1,2181
48	1,2186	1,2192	1,2197	1,2203	1,2208	1,2214	1,2219	1,2224	1,2230	1,2235
49	1,2241	1,2246	1,2252	1,2257	1,2263	1,2268	1,2274	1,2279	1,2285	1,2290

Prozente Brix	,0	,1	,2	,3	,4	,5	,6	,7	,8	,9
50	1,2296	1,2301	1,2307	1,2312	1,2318	1,2323	1,2329	1,2334	1,2340	1,2345
51	1,2351	1,2356	1,2362	1,2367	1,2373	1,2379	1,2384	1,2390	1,2395	1,2401
52	1,2406	1,2412	1,2418	1,2423	1,2429	1,2434	1,2440	1,2446	1,2451	1,2457
53	1,2462	1,2468	1,2474	1,2479	1,2485	1,2490	1,2496	1,2502	1,2507	1,2513
54	1,2519	1,2524	1,2530	1,2536	1,2541	1,2547	1,2553	1,2558	1,2564	1,2570
55	1,2575	1,2581	1,2587	1,2592	1,2598	1,2604	1,2610	1,2615	1,2621	1,2627
56	1,2632	1,2638	1,2644	1,2650	1,2655	1,2661	1,2667	1,2673	1,2678	1,2684
57	1,2690	1,2696	1,2701	1,2707	1,2713	1,2719	1,2725	1,2730	1,2736	1,2742
58	1,2748	1,2754	1,2759	1,2765	1,2771	1,2777	1,2783	1,2788	1,2794	1,2800
59	1,2806	1,2812	1,2818	1,2824	1,2830	1,2835	1,2841	1,2847	1,2853	1,2859
60	1,2865	1,2870	1,2876	1,2882	1,2888	1,2894	1,2900	1,2906	1,2912	1,2918
61	1,2924	1,2929	1,2935	1,2941	1,2947	1,2953	1,2959	1,2965	1,2971	1,2977
62	1,2983	1,2989	1,2995	1,3001	1,3007	1,3013	1,3019	1,3025	1,3031	1,3037
63	1,3043	1,3049	1,3055	1,3061	1,3067	1,3073	1,3079	1,3085	1,3091	1,3097
64	1,3103	1,3109	1,3115	1,3121	1,3127	1,3133	1,3139	1,3145	1,3151	1,3157
65	1,3163	1,3169	1,3175	1,3182	1,3188	1,3194	1,3200	1,3206	1,3212	1,3218
66	1,3224	1,3230	1,3236	1,3243	1,3249	1,3255	1,3261	1,3267	1,3273	1,3279
67	1,3286	1,3292	1,3298	1,3304	1,3310	1,3316	1,3323	1,3329	1,3335	1,3341
68	1,3347	1,3353	1,3360	1,3366	1,3372	1,3378	1,3384	1,3391	1,3397	1,3403
69	1,3409	1,3416	1,3422	1,3428	1,3434	1,3440	1,3447	1,3453	1,3459	1,3465
70	1,3472	1,3478	1,3484	1,3491	1,3497	1,3503	1,3509	1,3516	1,3522	1,3528
71	1,3535	1,3541	1,3547	1,3553	1,3560	1,3566	1,3572	1,3579	1,3585	1,3591
72	1,3598	1,3604	1,3610	1,3617	1,3623	1,3630	1,3636	1,3642	1,3649	1,3655
73	1,3661	1,3668	1,3674	1,3681	1,3687	1,3693	1,3700	1,3706	1,3713	1,3719
74	1,3725	1,3732	1,3738	1,3745	1,3751	1,3757	1,3764	1,3770	1,3777	1,3783
75	1,3790	1,3796	1,3803	1,3809	1,3816	1,3822	1,3829	1,3835	1,3841	1,3848
76	1,3854	1,3861	1,3867	1,3874	1,3880	1,3887	1,3893	1,3900	1,3907	1,3913
77	1,3920	1,3926	1,3933	1,3939	1,3946	1,3952	1,3959	1,3965	1,3972	1,3978
78	1,3985	1,3992	1,3998	1,4005	1,4011	1,4018	1,4025	1,4031	1,4038	1,4044
79	1,4051	1,4058	1,4064	1,4071	1,4077	1,4084	1,4091	1,4097	1,4104	1,4111
80	1,4117	1,4124	1,4130	1,4137	1,4144	1,4150	1,4157	1,4164	1,4170	1,4177
81	1,4184	1,4190	1,4197	1,4204	1,4210	1,4217	1,4224	1,4231	1,4237	1,4244
82	1,4251	1,4257	1,4264	1,4271	1,4278	1,4284	1,4291	1,4298	1,4305	1,4311
83	1,4318	1,4325	1,4332	1,4338	1,4345	1,4352	1,4359	1,4365	1,4372	1,4379
84	1,4386	1,4393	1,4399	1,4406	1,4413	1,4420	1,4427	1,4433	1,4440	1,4447
85	1,4454	1,4461	1,4468	1,4474	1,4481	1,4488	1,4495	1,4502	1,4509	1,4515
86	1,4522	1,4529	1,4536	1,4543	1,4550	1,4557	1,4564	1,4570	1,4577	1,4584
87	1,4591	1,4598	1,4605	1,4612	1,4619	1,4626	1,4633	1,4640	1,4646	1,4653
88	1,4660	1,4667	1,4674	1,4681	1,4688	1,4695	1,4702	1,4709	1,4716	1,4723
89	1,4730	1,4737	1,4744	1,4751	1,4758	1,4765	1,4772	1,4779	1,4786	1,4793
90	1,4800	1,4807	1,4814	1,4821	1,4828	1,4835	1,4842	1,4849	1,4856	1,4863
91	1,4870	1,4877	1,4884	1,4891	1,4898	1,4905	1,4912	1,4919	1,4926	1,4934
92	1,4941	1,4948	1,4955	1,4962	1,4969	1,4976	1,4983	1,4990	1,4997	1,5004
93	1,5012	1,5019	1,5026	1,5033	1,5040	1,5047	1,5054	1,5061	1,5069	1,5076
94	1,5083	1,5090	1,5097	1,5104	1,5112	1,5119	1,5126	1,5133	1,5140	1,5147
95	1,5155	1,5162	1,5169	1,5176	1,5183	1,5191	1,5198	1,5205	1,5212	1,5219
96	1,5227	1,5234	1,5241	1,5248	1,5255	1,5263	1,5270	1,5277	1,5285	1,5292
97	1,5299	1,5306	1,5313	1,5321	1,5328	1,5335	1,5342	1,5350	1,5357	1,5364
98	1,5372	1,5379	1,5386	1,5393	1,5401	1,5408	1,5415	1,5423	1,5430	1,5437
99	1,5445	1,5452	1,5459	1,5467	1,5474	1,5481	1,5489	1,5496	1,5503	1,5511
100	1,5518	—	—	—	—	—	—	—	—	—

Zucker und Zuckerwaren, künstliche Süßstoffe.

Tafel 3
zur Berechnung des Rohrzuckergehalts aus der gefundenen Kupfermenge bei 2 Minuten Kochdauer und 0,1625 g Ablauf.

Kupfer mg	Rohrzucker %	Kupfer mg	Rohrzucker %	Kupfer mg	Rohrzucker %	Kupfer mg	Rohrzucker %
79	23,57	126	38,58	173	53,42	220	68,68
80	23,88	127	38,89	174	53,72	221	69,05
81	24,12	128	39,20	175	54,03	222	69,42
82	24,43	129	39,51	176	54,34	223	69,66
83	24,74	130	39,82	177	54,65	224	70,03
84	25,05	131	40,18	178	55,01	225	70,40
85	25,35	132	40,43	179	55,32	226	70,71
86	25,66	133	40,74	180	55,63	227	71,02
87	25,97	134	41,11	181	55,94	228	71,38
88	26,28	135	41,42	182	56,25	229	71,69
89	26,52	136	41,66	183	56,62	230	72,00
90	27,45	137	42,03	184	56,86	231	72,37
91	27,69	138	42,34	185	57,17	232	72,68
92	28,00	139	42,65	186	57,54	233	73,05
93	28,31	140	42,95	187	57,85	234	73,35
94	28,62	141	43,26	188	58,15	235	73,66
95	28,92	142	43,57	189	58,52	236	74,03
96	29,23	143	43,88	190	58,83	237	74,34
97	29,54	144	44,18	191	59,14	238	74,71
98	29,85	145	44,49	192	59,45	239	75,02
99	30,15	146	44,86	193	59,82	240	75,38
100	30,46	147	45,11	194	60,18	241	75,69
101	30,83	148	45,48	195	60,43	242	76,00
102	31,08	149	45,78	196	60,80	243	76,37
103	31,38	150	46,15	197	61,17	244	76,68
104	31,75	151	46,40	198	61,42	245	77,05
105	32,06	152	46,77	199	61,78	246	77,35
106	32,31	153	47,08	200	62,15	247	77,72
107	32,68	154	47,32	201	62,46	248	78,03
108	33,05	155	47,69	202	62,77	249	78,40
109	33,29	156	48,00	203	63,08	250	78,71
110	33,60	157	48,37	204	63,45	251	79,02
111	33,91	158	48,62	205	63,75	252	79,38
112	34,22	159	48,98	206	64,06	253	79,69
113	34,58	160	49,29	207	64,43	254	80,06
114	34,83	161	49,60	208	64,80	255	80,37
115	35,14	162	49,91	209	65,05	256	80,74
116	35,51	163	50,22	210	65,42	257	81,05
117	35,75	164	50,58	211	65,78	258	81,35
118	36,06	165	50,83	212	66,03	259	81,72
119	36,43	166	51,20	213	66,40	260	82,09
120	36,74	167	51,51	214	66,77	261	82,40
121	36,98	168	51,82	215	67,08	262	82,71
122	37,35	169	52,12	216	67,38	263	83,08
123	37,66	170	52,43	217	67,69	264	83,45
124	37,97	171	52,80	218	68,06	265	83,69
125	38,28	172	53,11	219	68,37	266	84,06

stoffstrom oder Ausfällung des Kupfers aus der salpetersauren Lösung des Kupferoxyduls auf elektrolytischem Wege. Zur Berechnung des Ergebnisses aus der gefundenen Kupfermenge ist ausschließlich die nachfolgende Tafel zu benutzen, welche den Rohrzuckergehalt unmittelbar in Prozenten angibt. Die Umrechnung des Invertzuckers in Rohrzucker ist demnach nicht erforderlich.

Bei der Berechnung des Quotienten sind im Endergebnisse die Bruchteile auf Zehntel abzurunden, und zwar, wenn die zweite Stelle nach dem Komma weniger als 5 beträgt, nach unten, anderenfalls nach oben.

B e i s p i e l: 25 ccm des invertierten Zuckerablaufs, enthaltend 0,1625 g des Ablaufs, geben bei der Reduktion 171 mg Kupfer; diese entsprechen 52,80 Prozent Zucker. Angenommen, der Ablauf zeige 74,6 Prozent Brix, so ist sein Quotient 70,77 oder abgerundet 70,8.

2. Feststellung des Quotienten der Zuckerabläufe mit Rücksicht auf Raffinosegehalt.

a) Besteht Sicherheit darüber, daß der Gehalt an Invertzucker 2 vom Hundert nicht erreicht, so bedarf es außer der Feststellung der Prozente Brix nur der Bestimmung der Polarisation nach Anlage A und C vor und nach der Inversion, bezogen auf das ganze Normalgewicht. Die Inversion ist nach dem unter 1. beschriebenen Verfahren auszuführen. Bezeichnen P und J die Polarisationsgrade, so ist

$$\text{der Gehalt an Zucker } Z = \frac{0{,}5124 \cdot P - J}{0{,}839}.$$

Will man außerdem den Gehalt an Raffinosehydrat ermitteln, so dient dazu die Formel $R = \frac{P-Z}{1{,}572}$.

Beispiel: Für einen Ablauf von 56,2 Prozent Brix, 56,6° direkter Polarisation und — 13,1° Polarisation nach der Inversion (bezogen auf das ganze Normalgewicht) berechnet sich der Zuckergehalt auf

$$Z = \frac{0{,}5124 \cdot 56{,}6 - (-13{,}1)}{0{,}839} = 50{,}18 \text{ oder abgerundet } 50{,}2 \text{ Prozent;}$$

der Gehalt an Raffinosehydrat auf $R = \frac{56{,}6 - 50{,}2}{1{,}572} = 4{,}07$ oder abgerundet 4,1 Prozent; der Quotient auf $Q = \frac{100 \cdot 50{,}2}{56{,}2} = 89{,}32$ oder abgerundet 89,3.

b) Bei einem Gehalte von 2 vom Hundert Invertzucker und darüber muß statt der direkten Polarisation (P) des vorigen Verfahrens die Bestimmung des Gesamtzuckers in dem invertierten Ablauf mittels Fehling'scher Lösung treten.

Nachdem die Prozente Brix ermittelt worden sind, bestimmt man den Gehalt des Ablaufs an Zucker (Z), indem man die durch den invertierten Ablauf aus Fehling'scher Lösung abgeschiedene Menge Kupfer (Cu) nach den Vorschriften des Abschnitts 1 und die Inversionspolarisation (J) — bezogen auf das ganze Normalgewicht — feststellt.

Der Berechnung ist die folgende Formel zugrunde zu legen:

$$Z = \frac{582{,}98 \cdot Cu - J \cdot F_2}{0{,}9491 \cdot F_1 + 0{,}3266 \cdot F_2}$$

in welcher F_1 und F_2 die Reduktionsfaktoren einerseits des invertierten Rohrzuckers, anderseits der invertierten Raffinose bedeuten. Nachstehend sind diese Werte unter der Voraussetzung, daß nur Zucker, Invertzucker und Raffinose vorhanden sind, für die hauptsächlich in Betracht kommenden Kupfermengen von 0,120 bis 0,230 g berechnet und ist die Formel durch Einsetzung der berechneten Werte vereinfacht worden.

Für Cu = 120 mg ist $Z = 247{,}0 \cdot Cu - 0{,}608 \cdot J$
130 mg $Z = 247{,}4 \cdot Cu - 0{,}607 \cdot J$
140 mg $Z = 247{,}7 \cdot Cu - 0{,}606 \cdot J$
150 mg $Z = 248{,}1 \cdot Cu - 0{,}605 \cdot J$
160 mg $Z = 248{,}4 \cdot Cu - 0{,}604 \cdot J$
170 mg $Z = 248{,}7 \cdot Cu - 0{,}604 \cdot J$
180 mg $Z = 249{,}2 \cdot Cu - 0{,}604 \cdot J$
190 mg $Z = 249{,}7 \cdot Cu - 0{,}604 \cdot J$
200 mg $Z = 250{,}0 \cdot Cu - 0{,}604 \cdot J$
210 mg $Z = 250{,}4 \cdot Cu - 0{,}605 \cdot J$
220 mg $Z = 251{,}2 \cdot Cu - 0{,}606 \cdot J$
230 mg $Z = 251{,}7 \cdot Cu - 0{,}607 \cdot J$.

Da die Reduktionsfaktoren sich nur sehr langsam ändern, so genügt die vorstehende Berechnung von 0,01 zu 0,01 g Kupfer. Milligramme Kupfer rundet man beim Aufsuchen des entsprechenden Wertes in der Tafel auf Zentigramme ab, und zwar unterhalb 5 nach unten, andernfalls nach oben.

Den Gehalt an Raffinosehydrat findet man nach der Formel

$$R = (1{,}054 \cdot J + 0{,}344 \cdot Z) \cdot 1{,}178.$$

Beispiel: Der Ablauf habe eine Inversionspolarisation $J = -8{,}5°$ und eine Menge Kupfer — nach der Inversion und bezogen auf 0,1625 g — Cu = 0,184 g ergeben. Dann ist aus der Tafel für Cu = 180 mg der Wert

Z = 249,2 . Cu — 0,604 . J oder
Z = 249,2 . 0,184 — 0,604 . (— 8,5)
Z = 50,98 Prozent oder abgerundet 51,0 Prozent.
Daraus berechnet sich nach obiger Raffinoseformel der Gehalt an Raffinosehydrat
R = [1,054 . (— 8,5) + 0,344 . 51,0] . 1,178 = 10,11 Prozent
oder abgerundet = 10,1 Prozent.

Schlußbestimmung.

Über jede Untersuchung ist eine Befundsbescheinigung auszustellen und der Amtsstelle, welche die Probe eingesendet hat, zu übermitteln. Die Bescheinigung hat außer der genauen Bezeichnung der Probe sowie einem Vermerk über die Art der verwendeten Meßgeräte zu enthalten:

1. in den eingangs unter a bezeichneten Fällen:
    α) wenn der Invertzuckergehalt 2 vom Hundert nicht erreicht: das Ergebnis der Prüfung auf Invertzuckergehalt, die Prozente Brix oder die Dichte bei 20° und die daraus berechneten Prozente Brix, die direkte Polarisation und den berechneten Quotienten;
    β) wenn der Invertzuckergehalt 2 oder mehr vom Hundert beträgt: das Ergebnis der Prüfung auf Invertzuckergehalt, die Prozente Brix oder die Dichte bei 20° und die daraus berechneten Prozente Brix, die nach dem Verfahren unter 1 gefundene Kupfermenge und den sich daraus ergebenden Gesamtzuckergehalt, schließlich den berechneten Quotienten;
2. in den eingangs unter b bezeichneten Fällen:
    wie zu 1 β;
3. in den eingangs unter c bezeichneten Fällen:
    α) wenn der Invertzuckergehalt 2 vom Hundert nicht erreicht: das Ergebnis der Prüfung auf Invertzuckergehalt, die Prozente Brix oder die Dichte bei 20° und die daraus berechneten Prozente Brix, die Polarisation des Ablaufs vor und nach der Inversion — bezogen auf das ganze Normalgewicht —, den nach dem Verfahren unter 2a ermittelten Gehalt an Zucker, gegebenenfalls den an Raffinosehydrat, schließlich den berechneten Quotienten;
    β) wenn der Invertzuckergehalt 2 oder mehr vom Hundert beträgt: das Ergebnis der Prüfung auf Invertzuckergehalt, die Prozente Brix oder die Dichte bei 20° und die daraus berechneten Prozente Brix, die gefundene Kupfermenge, die Polarisation nach der Inversion — bezogen auf das ganze Normalgewicht —, die nach 2b berechnete Menge Zucker und gegebenenfalls des Raffinosehydrats, schließlich den berechneten Quotienten.

Anlage C.

Anleitung zur Bestimmung der Polarisation.

Zur Bestimmung der Polarisation für Zwecke der Steuerverwaltung darf nur ein Halbschattensaccharimeter benutzt werden. Für dieses entspricht bei Beobachtung im 200 mm-Rohre ein Grad Drehung einem Gehalte von 0,26 g Zucker in 100 ccm Flüssigkeit bei der Normaltemperatur von 20° C; eine Zuckerlösung, welche in 100 ccm 26 g — das sogenannte Normalgewicht — Zucker enthält, bewirkt sonach eine Drehung von 100 Grad. Demgemäß zeigen, wenn man im 200 mm-Rohre eine Lösung untersucht, welche in 100 ccm 26 g der Probe enthält, die Grade der Skala die Prozente Zucker an. Wendet man nur die Hälfte des Normalgewichts zur Untersuchung an, so müssen die abgelesenen Grade verdoppelt werden, um Prozente Zucker zu erhalten. Dasselbe gilt für diejenigen Fälle, in denen die Untersuchung einer, das ganze Normalgewicht enthaltenden Lösung in einem 100 mm-Rohre erfolgt. Andererseits machen Untersuchungen von Lösungen des doppelten Normalgewichts im 200 mm-Rohre, sowie von solchen des einfachen Normalgewichts im 400 mm-Rohre die Halbierung der abgelesenen Grade erforderlich.

Die Untersuchungen sind namentlich bei Polarisationen nach der Inversion, möglichst bei der vorangegebenen Normaltemperatur vorzunehmen.

Bei der Polarisation ist wie folgt zu verfahren:

Man stellt auf einer Wage zunächst das Gewicht einer Messingschale oder eines zur Aufnahme des zu untersuchenden Zuckers dienenden, zweckmäßidg an den beiden Langseiten umgebogenen Kupferblechs fest und wägt darauf das Normalgewicht, 26 g, des zu untersuchenden Zuckers ab. Falls die Zuckerprobe nicht gleichmäßig gemischt ist, ist es notwendig, sie vor dem Abwägen unter Zerdrücken der etwa vorhandenen Klumpen gut durchzurühren. Die Wägung muß mit einer gewissen Schnelligkeit geschehen, weil sonst, besonders in warmen Räumen, die Probe Wasser abgeben kann, wodurch die Polarisation erhöht wird. Man löst die abgewogene Zuckermenge alsdann in der Messingschale auf oder schüttet sie vom Kupferblech durch einen Trichter in einen Meßkolben von 100 ccm Raumgehalt, spült anhängende Zuckerteilchen mit etwa 80 ccm destilliertem Wasser von Zimmerwärme, welches man einer Spritzflasche entnimmt, nach und bewegt die Flüssigkeit im Kolben unter leisem Schütteln und Zerdrücken größerer Klümpchen mit einem Glasstabe so lange, bis der Zucker sich vollständig gelöst hat. Am Glasstabe haftende Zuckerlösung wird beim Entfernen des Stabes mit destilliertem Wasser ins Kölbchen zurückgespült, und dieses eine halbe Stunde lang in Wasser von 20° C gestellt. Hierauf wird die Flüssigkeit im Kolben mittels destillierten Wassers genau bis zu der Marke aufgefüllt. Zu diesem Zwecke hält man den Kolben in senkrechter Stellung gegen das Licht so vor sich, daß in der Höhe des Auges die Kreislinie der Marke sich als eine gerade Linie darstellt, und setzt tropfenweise destilliertes Wasser zu, bis der untere, dunkel erscheinende Rand der gekrümmten Oberfläche der Flüssigkeit im Kolbenhalse in eine Linie mit dem als Marke dienenden Ätzstrich fällt. Nach dem Auffüllen ist der Kolbenhals mit Filtrierpapier zu trocknen und die Flüssigkeit durch Schütteln gut mindestens 1 bis 2 Minuten lang durchzumischen.

Zuckerlösungen, welche nach der weiterhin zu erwähnenden Filtrierung nicht klar oder noch so dunkel gefärbt sind, daß sie im Polarisationsapparate nicht hinlänglich durchsichtig sind, müssen vor dem Auffüllen zur Marke geklärt oder, wenn erforderlich, entfärbt werden.

Die Klärung geschieht in der Regel durch Zusatz von 3 bis 5 ccm eines dünnen Breies von Tonerdehydrat nebst 1 bis 3 ccm Bleiessig. Gelingt die Klärung auf diese Weise nicht, so ist der Bleiessigzusatz vorsichtig zu vermehren, jedoch nur soweit, daß jeder neu hinzugesetzte Tropfen Bleiessig noch einen Niederschlag hervorruft.

Nach der Klärung wird der innere Teil des Halses des Kölbchens mit destilliertem Wasser mittels einer Spritzflasche abgespült und die Lösung in der oben angegebenen Weise bis zur Marke aufgefüllt. Hierauf wird die im Halse des Kölbchens etwa noch anhaftende Flüssigkeit mit Fließpapier abgetupft, die Öffnung des Kölbchens durch Andrücken eines Fingers geschlossen und der Inhalt durch wiederholtes Umkehren und Schütteln des Kolbens gut durchgemischt.

Bezüglich der Klärung gelten folgende allgemeine Bemerkungen:
1. Die Flüssigkeit braucht um so weniger entfärbt zu sein, je größer die Lichtstärke der Lampe ist, welche zur Beleuchtung des Polarisationsapparats dient. Man bedient sich einer Glühlichtlampe (Spiritus oder Gas) oder einer Petroleumlampe, im Notfalle auch einer gewöhnlichen Gaslampe oder einer elektrischen Lampe, welche zu dem vorliegenden Zwecke zugerichtet ist. Doch ist ein chromsäurehaltiges Strahlenfilter zwischen Lichtquelle und Auge einzuschalten.
2. Bleiessig darf nie in allzu großer Menge zugesetzt werden. Bei einiger Übung lernt man sehr bald erkennen, wann mit dem Bleiessigzusatz aufgehört werden muß.
3. Die Wirkung des Klärmittels ist um so besser, je kräftiger die Flüssigkeit nach dem Auffüllen zur Marke durchgeschüttelt wird.

Man schreitet alsdann zur Filtrierung der Flüssigkeit mittels eines in einen Glastrichter eingesetzten Papierfilters. Der Trichter wird auf einen sogenannten Filtrierzylinder, welcher die Flüssigkeit aufnimmt, gesetzt und, um Verdunstung zu verhüten, mit einer Glasplatte oder einem Uhrglase bedeckt Trichter und Zylinder müssen ganz trocken sein; ein Feuchtigkeitsgehalt würde eine nachträgliche Verdünnung der Zuckerlösung bewirken.

Zweckmäßig wird das Filter so groß hergestellt, daß man die 100 ccm Flüssigkeit auf einmal aufgeben kann; auch empfiehlt es sich, falls das Papier nicht sehr dick ist, ein doppeltes Filter anzuwenden. Die ersten durchlaufenden Tropfen werden weggegossen, weil sie trübe sind und durch den Feuchtigkeitsgehalt des Filtrierpapiers beeinflußt sein können. Ist das nachfolgende Filtrat trübe, so muß auf das Filter zurückgegossen werden, bis die Flüssigkeit klar durchläuft. Es ist dringend notwendig, diese Vorsichtsmaßregel nicht zu verabsäumen, da nur mit ganz klaren Flüssigkeiten sich sichere polarimetrische Beobachtungen anstellen lassen.

Nachdem auf die beschriebene Weise eine klare Lösung erzielt worden ist, wird das Rohr, welches zur polarimetrischen Beobachtung dienen soll, mit dem dazu erforderlichen Teile der im Filtrierzylinder aufgefangenen Flüssigkeit gefüllt.

In der Regel ist ein 200 mm-Rohr zu benutzen; wird dabei eine genügende Klarheit des Bildes im Polarisationsapparat nicht erreicht, so ist die Benutzung eines 100 mm-Rohres vorzuziehen.

Die Beobachtungsrohre sind aus Messing oder Glas gefertigt; ihr Verschluß an beiden Enden wird durch runde Glasplatten, sogenannte Deckgläschen, bewirkt. Festgehalten werden die Deckgläschen entweder durch aufzusetzende Schraubenkapseln oder durch federnde Kapseln, welche über das Rohr geschoben und von den Federn festgehalten werden.

Die Rohre müssen gut gereinigt und getrocknet sein. Die Reinigung geschieht zweckmäßig durch wiederholtes Ausspülen mit Wasser und Nachstoßen eines trockenen Pfropfens aus Papier oder entfetteter Watte mittels eines Holzstabs. Die Deckgläser müssen blank geputzt sein und dürfen keine fehlerhaften Stellen oder Schrammen zeigen. Beim Füllen des Rohres ist seine Erwärmung durch die Hand zu vermeiden. Man faßt deshalb das unten geschlossene Rohr am oberen Teile nur mit zwei Fingern an, gießt es so voll, daß die Flüssigkeitskuppe die obere Öffnung überragt, wartet kurze Zeit, um etwa entstandenen Luftblasen Zeit zum Aufsteigen zu lassen — was durch sanftes Aufstoßen des senkrecht gehaltenen Rohres beschleunigt wird —, und schiebt das Deckgläschen von der Seite in wagerechter Richtung über die Öffnung des Rohres. Das Aufschieben muß so schnell und sorgfältig ausgeführt werden, daß unter dem Deckgläschen keine Luftblase entstehen kann. Ist das Überschieben das erste Mal nicht befriedigend ausgefallen, so muß es wiederholt werden, nachdem man das Deckgläschen wieder geputzt und getrocknet und die Kuppe der Zuckerlösung an der Mündung des Rohres durch Hinzufügen einiger Tropfen der Flüssigkeit wieder hergestellt hat. Nach dem Aufschieben des Deckgläschens wird das Rohr mit der Kapsel verschlossen. Erfolgt der Verschluß mit einer Schraubenkapsel, so ist mit Sorgfalt darauf zu achten, daß diese nur soweit angezogen wird, daß das Deckgläschen nur eben in fester Lage sich befindet; ist das Deckgläschen zu fest angezogen, so kann es optisch aktiv werden, und man erhält bei der Polarisation ein unrichtiges Ergebnis. Ist die Schraube zu stark angezogen worden, so genügt es nicht, sie zu lockern, sondern man muß auch längere Zeit warten, bevor man die Polarisation vornimmt, da die Deckgläschen das angenommene Drehungsvermögen zuweilen nur langsam wieder verlieren. Um sicher zu gehen, wiederholt man alsdann die Beobachtung mehrere Male nach Verlauf von je 10 Minuten, bis das Ergebnis eine Änderung nicht mehr erleidet.

Nachdem das Rohr gefüllt ist, hält man es gegen das Licht und überzeugt sich, ob das Gesichtsfeld kreisrund erscheint, und ob insbesondere keine Teile des zur Milderung der Pressung des Deckgläschens eingelegten Gummiringes über den inneren Metallrand der Verschlußkapsel hervorragen. Zeigen sich solche Gummiteile, so ist ein anderes trockenes Rohr unter Verwendung eines weiter ausgeschnittenen Gummiringes mit der Flüssigkeit zu füllen. Sodann wird der Polarisationsapparat zur Beobachtung bereit gemacht. Dieser soll in einem Raum aufgestellt werden, welcher möglichst eine Wärme von 20° C zeigt und welcher durch Verhängen der Fenster und dergleichen nach Möglichkeit verdunkelt ist, damit das Auge bei der Beobachtung durch seitliche Lichtstrahlen nicht gestört wird. Es ist darauf zu achten, daß die zum Apparat gehörige Lampe in gutem Stande sei. Man stellt die Lampe in einer Entfernung von 15 bis 20 cm vom Apparat auf. Nach dem Anzünden wartet man mindestens eine Viertelstunde, ehe man zur Polarisation schreitet. Jede Veränderung der Beschaffenheit der Flamme oder der Entfernung der Lampe vom Apparat, also jedes Hoch- oder Niedrigschrauben des Dochtes oder der Flamme, jedes Vorwärtsschieben oder Drehen der Lampe beeinflußt das Ergebnis der Beobachtung.

Durch Verschiebung des Fernrohrs, welches an dem vorderen Ende des Apparats sich befindet, stellt man diesen alsdann so ein, daß die Linie, welche das Gesichtsfeld im Apparat in zwei Teile teilt, scharf zu erkennen ist. Man drückt dabei das Auge nicht an das Augenglas des Fernrohrs an, sondern hält es 1 bis 3 cm davon ab und sorgt dafür, daß der Körper während der Beobachtung in bequemer Stellung sich befindet, da jede unnatürliche Stellung zu einer störenden Anstrengung des Auges führt. Wenn der Apparat richtig eingestellt ist, muß das Gesichtsfeld kreisrund und scharf begrenzt erscheinen. Man beruhige sich niemals mit einer unvollkommenen Erfüllung dieser Vorbedingung, sondern ändere die Stellung der Lampe des Apparats oder des Fernrohres so lange, bis man das bezeichnete Ziel erreicht hat.

Man überzeugt sich zunächst von der Richtigkeit des Apparats, indem man die Polarisation einer Quarzplatte bestimmt, deren Drehungswert bekannt ist. Man legt die Platte so in den vorderen Teil des Apparats hinein, daß sie dem Beobachter zugekehrt ist, schließt den Deckel des Apparats und schreitet nun zur Beobachtung, indem man die Schraube unterhalb des Fernrohrs hin und her spielen läßt, bis die beiden durch die Linie getrennten Hälften des Gesichtsfeldes gleich beschattet erscheinen.

Das Ergebnis der Nullpunktablesung wird in folgender Weise festgestellt. Man liest an der mit einem Nonius versehenen Skala des Apparats, welche man durch Verschiebung eines Spiegels scharf sichtbar machen kann, das Ergebnis der Einstellung ab. Auf dem festliegenden Nonius ist der Raum von 9 Teilen der Skala in 10 gleiche Teile geteilt. Auf der Skala liest man die ganzen Grade von 0 bis zum letzten Gradstriche vor dem Nullpunkte des Nonius ab, die Teilung des Nonius wird zur Ermittelung der zuzuzählenden Zehntel benutzt; diese sind durch die Nummer desjenigen Nonienstrichs gegeben, welcher sich mit einem der Striche der Skala deckt. Wenn der Apparat richtig ist, so muß die gefundene Drehung mit dem bekannten Polarisationswerte der Quarzplatte übereinstimmen. Ist dies nicht der Fall, so muß die Abweichung bei der Polarisation der Zuckerprobe in Anrechnung gebracht werden.

Man begnügt sich nicht mit einer Einstellung, sondern macht mindestens 6 Einstellungen und berechnet das Mittel der dabei gefundenen Abweichungen. Geben einzelne Ablesungen eine Abweichung von mehr als $3/10$ Teilstrichen von dem Durchschnitte, so werden sie als unrichtig ganz außer Betracht gelassen. Zwischen je zwei Beobachtungen gönnt man dem Auge 20 bis 40 Sekunden Ruhe.

Nachdem die Prüfung des Apparats stattgefunden hat, wird das Rohr mit der Zuckerlösung in den Apparat gelegt. Man wiederholt jetzt die Scharfeinstellung des Fernrohrs, bis die Linie, welche das Gesichtsfeld teilt, wieder deutlich sichtbar und ein scharfes kreisrundes Bild des Gesichtsfeldes erzielt wird. Bleibt das Gesichtsfeld auch nach Veränderung der Einstellung getrübt, so muß die ganze Untersuchung noch einmal von vorn begonnen werden. Hat man dagegen ein klares Bild erzielt, so dreht man die unter dem Fernrohre befindliche Schraube wieder so lange, bis gleiche Beschattung eingetreten ist. Hierauf liest man an der Skala denjenigen Grad, welcher dem Nullpunkt des Nonius vorangeht, und an letzterem die Zehntelgrade ab. Wiederum führt man die einzelnen Beobachtungen mit Zwischenräumen von 10 bis 40 Sekunden so lange aus, bis 5 oder 6 derselben untereinander um nicht mehr als $3/10$ Grade abweichen; als Endergebnis der Polarisation nimmt man den Durchschnitt der so ermittelten Werte. Ergab die Prüfung der Quarzplatte nicht den richtigen Wert, so muß man die Abweichung berücksichtigen, und zwar hinzurechnen, wenn die Polarisation zu niedrig, und abziehen, wenn sie zu hoch war.

Zucker und Zuckerwaren, künstliche Süßstoffe.

Anlage E[1]).
Anleitung
zur Ermittelung des Zuckergehalts von zuckerhaltigen Waren.

Nach §§ 2, 3 der Anlage D darf für zuckerhaltige Waren mit den dort gedachten Ausnahmen die Vergütung der Zuckersteuer nur gewährt werden, wenn die Waren ohne Mitverwendung von Honig, Abläufen, Rübensäften und Stärkezucker hergestellt sind. Während die Nichtverwendung dieser Stoffe im allgemeinen durch die Überwachung der Fabrik und die Einsicht der Betriebsbücher ausreichend gesichert erscheint, ist die Nichtverwendung von Stärkezucker auch durch die chemische Untersuchung von Proben der Waren auf Stärkezuckergehalt festzustellen, und zwar soll das Vorhandensein von Stärkezucker angenommen werden, wenn für 100° Rechtsdrehung, welche sich aus der direkten Polarisation berechnet, die L i n k s drehung der zu untersuchenden Lösung nach der Inversion 28° oder weniger beträgt.

Der Zuckergehalt der stärkezuckerfreien zuckerhaltigen Waren ist auf verschiedene Weise festzustellen, je nachdem sie weniger als zwei vom Hundert oder mindestens zwei vom Hundert Invertzucker enthalten. Infolgedessen ist zunächst die Untersuchung auf Invertzuckergehalt nach den Vorschriften des Abschnitts II 1 der Anlage A mit der Abweichung vorzunehmen, daß die mit der F e h l i n g'schen Lösung zu kochende Zuckerlösung nicht 10 g der Probe, sondern 10° Polarisation zu entsprechen hat.

Von zuckerhaltigen Waren, welche weniger als zwei vom Hundert Invertzucker enthalten, wird der Zuckergehalt nach dem C l e r g e t'schen Verfahren festgestellt, wobei die Inversion genau nach den bezüglichen Vorschriften unter 1 der Anlage C zu bewirken, die Polarisation nach den Vorschriften in der Anlage C auszuführen ist.

Zur Berechnung des Zuckergehalts Z dient die Formel

$$Z = \frac{100\ (P-J)}{C - \frac{1}{2} t}$$

P ist die Polarisation vor der Inversion, bezogen auf eine Lösung des in dem ganzen Normalgewicht der zu untersuchenden Ware enthaltenen Zuckers zu 150 ccm und bestimmt im 200 mm-Rohr.

J bedeutet die Polarisation der vorstehenden Lösung nach der Inversion im 200 mm-Rohr.

Benutzt man zur Inversion die nämliche Lösung, welche zur ersten Polarisation gedient hat, was zweckmäßig ist, so genügt es, wenn man hierzu 50 ccm der Lösung verwendet.

C ist ein Wert, der von der Menge des in der zu invertierenden Lösung wirklich vorhandenen Zuckers abhängt. Diese Menge erhält man mit hinreichender Annäherung durch Vervielfältigung der abgelesenen Polarisation vor der Inversion mit der Zahl Kubikzentimeter des zur Inversion benutzten Teiles der ursprünglichen Lösung und mit dem ganzen Normalgewicht in Gramm und durch Teilung mit 10 000. Die so ermittelte Menge, abgerundet auf ganze Gramm, ergibt den Betrag von C aus der nachfolgenden Tafel:

Für g Zucker in 100 ccm	ist C einzusetzen mit
1	141,85
2	141,91
3	141,98
4	142,05
5	142,12
6	142,18
7	142,25
8	142,32
9	142,39
10	142,46
11	142,52
12	142,59
13	142,66

---

[1]) Anlage D enthält die Bestimmungen über Steuervergütung und Steuerbefreiung.

t ist die Temperatur während der Polarisation nach der Inversion im Polarisationsapparat in Graden Celsius.

Beispiel: Es sei der in dem halben Normalgewichte der Ware, 13 g, enthaltene Zucker zu 200 ccm gelöst; 100 ccm der Lösung entsprechen also dem $^1/_4$ Normalgewichte. Die abgelesene Polarisation vor der Inversion betrage bei Benutzung des 100 mm-Rohres + 7°. Sie ist demnach mit 4 und, weil das 100 mm-Rohr verwendet wurde, nochmals mit 2 zu vervielfältigen. Es ergibt sich P = + 56°.

Von der Lösung seien 50 ccm zur Inversion benutzt. Die Polarisation nach der Inversion betrage bei Benutzung des 200 mm-Rohres — 2,35° und somit für die 100 ccm der obigen ursprünglichen Lösung — 4,7°; da die Lösung dem $^1/_4$ Normalgewicht entspricht, so ist J = — 18,8°. Ferner ist die Menge des Zuckers, der in den zur Inversion verwendeten 50 ccm enthalten ist, = $\frac{26.14.50}{10\,000}$ = 1,82. Damit findet sich aus der Tafel für C der Wert 141,91 und es wird nunmehr die Formel zur Berechnung des Zuckergehalts, falls die Temperatur während der Polarisation nach der Inversion 19° betrug,

$$Z = \frac{100\ (56 + 18,8)}{141,91 - 9,5} = 56,49$$

oder abgerundet 56,5 Prozent.

Der Zuckergehalt derjenigen Waren, welche 2 vom Hundert oder mehr Invertzucker enthalten, ist nach dem unter 1 der Anlage B angegebenen Verfahren zu ermitteln. Zur Berechnung des Zuckergehalts dient die nachstehende

Tafel 4
zur Berechnung des Rohrzuckergehalts aus der gefundenen Kupfermenge bei 2 Minuten Kochdauer.

Cu mg	Rohrzucker mg	Cu mg	Rohrzucker mg	Cu mg	Rohrzucker mg	Cu mg	Rohrzucker mg
32	16,2	67	32,6	102	50,5	137	68,3
33	16,6	68	33,1	103	51,0	138	68,8
34	17,1	69	33,5	104	51,6	139	69,3
35	17,6	70	34,0	105	52,1	140	69,8
36	18,0	71	34,5	106	52,5	141	70,3
37	18,4	72	35,0	107	53,1	142	70,8
38	18,9	73	35,4	108	53,7	143	71,4
39	19,4	74	35,9	109	54,1	144	71,8
40	19,9	75	36,4	110	54,6	145	72,3
41	20,3	76	36,9	111	55,1	146	72,9
42	20,8	77	37,3	112	55,6	147	73,3
43	21,3	78	37,8	113	56,2	148	73,9
44	21,8	79	38,3	114	56,6	149	74,4
45	22,2	80	38,8	115	57,1	150	75,0
46	22,7	81	39,2	116	57,7	151	75,4
47	23,2	82	39,7	117	58,1	152	76,0
48	23,7	83	40,2	118	58,6	153	76,5
49	24,1	84	40,7	119	59,2	154	77,0
50	24,6	85	41,2	120	59,7	155	77,5
51	25,1	86	41,7	121	60,1	156	78,0
52	25,6	87	42,2	122	60,7	157	78,6
53	26,0	88	42,7	123	61,2	158	79,0
54	26,5	89	43,1	124	61,7	159	79,6
55	27,0	90	44,6	125	62,2	160	80,1
56	27,4	91	45,0	126	62,7	161	80,6
57	27,8	92	45,5	127	63,2	162	81,1
58	28,3	93	46,0	128	63,8	163	81,6
59	28,8	94	46,5	129	64,2	164	82,2
60	29,3	95	47,0	130	64,7	165	82,7
61	29,7	96	47,5	131	65,3	166	83,2
62	30,2	97	48,0	132	65,7	167	83,7
63	30,7	98	48,6	133	66,2	168	84,2
64	31,2	99	49,0	134	66,8	169	84,7
65	31,6	100	49,5	135	67,3	170	85,2
66	32,1	101	50,1	136	67,7	171	85,8

Zucker und Zuckerwaren, künstliche Süßstoffe.

Cu mg	Rohrzucker mg	Cu mg	Rohrzucker mg	Cu mg	Rohrzucker mg	Cu mg	Rohrzucker mg
172	86,3	208	105,3	244	124,6	280	144,3
173	86,8	209	105,7	245	125,2	281	144,9
174	87,3	210	106,3	246	125,7	282	145,4
175	87,8	211	106,9	247	126,3	283	146,0
176	88,4	212	107,4	248	126,8	284	146,6
177	88,8	213	107,9	249	127,4	285	147,2
178	89,4	214	108,5	250	127,9	286	147,7
179	89,9	215	109,0	251	128,4	287	148,3
180	90,4	216	109,5	252	129,0	288	148,9
181	90,9	217	110,0	253	129,5	289	149,3
182	91,4	218	110,6	254	130,1	290	149,9
183	92,0	219	111,2	255	130,6	291	150,5
184	92,4	220	111,6	256	131,2	292	151,0
185	92,9	221	112,2	257	131,7	293	151,6
186	93,5	222	112,8	258	132,2	294	152,2
187	94,1	223	113,2	259	132,8	295	152,8
188	94,5	224	113,8	260	133,4	296	153,3
189	95,1	225	114,4	261	133,9	297	153,9
190	95,6	226	114,9	262	134,4	398	154,5
191	96,1	227	115,4	263	135,0	299	155,0
192	96,6	228	116,0	264	135,6	300	155,6
193	97,2	229	116,5	265	136,0	301	156,2
194	97,8	230	117,0	266	136,6	302	156,7
195	98,2	231	117,6	267	137,2	303	157,3
196	98,8	232	118,1	268	137,7	304	157,9
197	99,4	233	118,7	269	138,2	305	158,5
198	99,8	234	119,2	270	138,8	306	158,9
199	100,4	235	119,7	271	139,4	307	159,5
200	101,0	236	120,3	272	139,8	308	160,1
201	101,5	237	120,8	273	140,4	309	160,6
202	102,0	238	121,4	274	141,0	310	161,2
203	102,5	239	121,9	275	141,6	311	161,8
204	103,1	240	122,5	276	142,0	312	162,4
205	103,6	241	123,0	277	142,6		
206	104,1	242	123,5	278	143,2		
207	104,7	243	124,1	279	143,7		

Hierauf wird der Prozentgehalt an Zucker berechnet und demnächst der Gesamtgehalt als Rohrzucker in Prozenten der Probe ausgedrückt. Geringere Bruchteile als volle Zehntel-Prozente bleiben unberücksichtigt.

Bei der Herstellung der Lösung ist es in der Regel nicht zulässig, die festen Proben (Schokolade u. s. w.) mit Wasser in einem Kölbchen bis zur Marke aufzufüllen, weil auch die unlöslichen Bestandteile einen gewissen Raum einnehmen und der hierdurch verursachte Fehler oft zu erheblich sein würde. Es ist daher in der Regel die Lösung erst nach der Filtrierung und dem Auswaschen des Rückstandes sowie nach Zusatz der Klärungsmittel zu einer bestimmten Raummenge aufzufüllen, oder durch die doppelte Polarisation einer auf 100 ccm und auf 200 ccm verdünnten Lösung die Raummenge der unlöslichen Anteile in Anrechnung zu bringen.

Für die Klärung können bestimmte Vorschriften nicht gegeben werden. Gute Dienste leistet Tonerdebrei oder Bleiessig mit darauffolgendem Zusatz einer gleich großen Menge kaltgesättigter Alaunlösung. Für die Inversionspolarisation erfolgt die Klärung zweckmäßig durch mit Salzsäure ausgewaschene Knochenkohle, deren Aufnahmevermögen für Zucker bekannt ist.

einzelnen ist noch folgendes hervorzuheben:

A. Schokolade und andere kakaohaltige Waren.

Man feuchtet das halbe Normalgewicht der auf einem Reiteisen zerkleinerten Probe je in einem 100- und 200 ccm-Kölbchen mit etwas Alkohol an und übergießt das Gemisch mit 75 ccm kaltem Wasser. Das Ganze bleibt unter öfterem Umschwenken ungefähr $^3/_4$ Stunden bei Zimmerwärme stehen. Alsdann füllt man genau zur Marke auf, schüttelt nochmals durch und filtriert.

Die klaren Filtrate werden darauf im 200 mm-Rohre polarisiert. Bedeutet x die Raummenge der unlöslichen Anteile, a die Polarisation der Lösung im 100 ccm-Kölbchen, b diejenige im 200 ccm-Kölbchen, so ist

$$x = 100 \frac{a - 2b}{a - b}$$

und die tatsächliche Polarisation des halben Normalgewichts Schokolade für 100 ccm Lösung:

$$P = \frac{(100 - x) a}{100}.$$

B. Zuckerwerk.

a) Karamellen (Bonbons, Boltjes) mit Ausnahme der nicht vergütungsfähigen Gummibonbons.

Bei Karamellen, welche vom Anmelder als stärkezuckerhaltig bezeichnet worden sind, ist durch die Untersuchung festzustellen, daß sie mindestens 80° Rechtsdrehung und mindestens 50 vom Hundert Zucker nach der vorstehend angegebenen Clerget'schen Formel zeigen. Anderenfalls sind sie als nicht vergütungsfähig zu bezeichnen.

Karamellen, welche als stärkezuckerfrei angemeldet sind, müssen zunächst auf Stärkezuckergehalt geprüft werden. Ist kein Stärkezucker vorhanden, so erfolgt die Untersuchung ähnlich wie bei den Raffinadezeltchen.

b) Dragees (überzuckerte Samen und Kerne, auch unter Zusatz von Mehl).

Dragees werden ähnlich wie Schokolade ausgezogen.

c) Raffinadezeltchen (Zucker in Zeltchenform, auch mit Zusatz von ätherischen Ölen oder Farbstoffen).

Man löst das Normalgewicht der Probe im Meßkolben von 100 ccm Raumgehalt, füllt zur Marke auf und nimmt die Filtrierung erst nachträglich vor.

d) Schaumwaren (Gemenge von Zucker mit einem Bindemittel, wie Eiweiß, auch nebst einer Geschmacks- oder Heilmittelzutat).

Die durch Zerreiben zerkleinerte Probe wird wiederholt in der Wärme mit 70-prozentigem Branntwein ausgezogen. Die Auszüge werden filtriert; der Rückstand ist auf dem Filter mit 70-prozentigem Branntwein auszuwaschen. Die vereinigten Filtrate sind durch Eindampfen auf dem Wasserbade völlig von Alkohol zu befreien; der Rückstand wird mit Wasser in ein Kölbchen von 100 ccm Raumgehalt gespült. Nach Zusatz von Bleiessig und der doppelten Menge kaltgesättigter Alaunlösung wird bis zur Marke aufgefüllt und filtriert.

e) Dessertbonbons (Fondants u. s. w. aus Zucker und Einlagen von Schachtelmus, Früchten u. s. w.).

Die Probe wird in einem Meßkolben von 100 ccm Raumgehalt mit Wasser übergossen. Bleibt wenig Rückstand, so kann ohne weiteres zur Marke aufgefüllt werden; anderenfalls muß die Polarisation wie unter A bestimmt werden.

f) Marzipanmasse und Marzipanwaren (Zucker mit zerquetschten Mandeln).

Die Masse wird zweckmäßig mit kaltem Wasser in einer Porzellanschale zerrieben. Das Gemisch wird durch feine Gaze oder durch einen Wattebausch filtriert und der Rückstand mit Wasser nachgewaschen. Das milchig getrübte Filtrat wird geklärt und entsprechend aufgefüllt. Marzipan ist in der Regel frei von Invertzucker.

g) Kakes und ähnliche Backwaren.

Man übergießt das halbe Normalgewicht der fein zerriebenen Probe in einem Kolben von ungefähr 50 ccm Raumgehalt mit etwa 30 ccm kaltem Wasser und läßt das Ganze unter öfterem Umschwenken 1 Stunde stehen. Nach dieser

Zeit filtriert man die überstehende Flüssigkeit mit Hilfe einer sehr schwach wirkenden Saugpumpe, zieht den Rückstand im Kolben noch mehrmals kürzere Zeit mit kaltem Wasser aus, bringt schließlich die unlöslichen Bestandteile mit auf das Filter und wäscht mehrmals mit kaltem Wasser nach. Die vereinigten klaren Auszüge werden auf 100 ccm aufgefüllt. Der Zuckergehalt der Lösung wird in allen Fällen nach dem für die Untersuchung solcher zuckerhaltigen Waren angegebenen Verfahren ermittelt, welche 2 vom Hundert Invertzucker und darüber enthalten.

h) **Verzuckerte Süd- und einheimische Früchte — glasiert oder kandiert; in Zuckerauflösungen eingemachte Früchte (Schachtelmus, Pasten, Kompott, Gallerte).**

Sind die Waren stärkezuckerfrei, so ist die Bestimmung des Zuckers nach dem unter 1 in Anlage B gegebenen Verfahren auszuführen. Sind sie unter Verwendung von Stärkezucker eingemacht, so ist das weiter unten beschriebene Verfahren anzuwenden. Die Vorbereitung der Proben zur Untersuchung hat in folgender Weise zu geschehen:

Die für die Untersuchung entnommenen Früchte werden gewogen und in einen großen Trichter, in welchem sich ein Porzellansieb befindet, geschüttet. Man läßt die Zuckerlösung möglichst gut abtropfen und nimmt darauf, falls bei Steinobst die Steine vor dem Einmachen nicht entfernt worden waren, deren Entfernung vor. Die Steine werden möglichst vom Fruchtfleisch befreit, gewogen und ihr Gewicht von dem Gesamtgewicht abgezogen. Die etwa an den Händen haften gebliebenen Teile des Fruchtfleisches werden am zweckmäßigsten mit einem Messer entfernt und mit den Früchten in eine gut verzinnte Fleischhackmaschine oder eine andere geeignete Vorrichtung gebracht. Um einen gleichmäßigen Brei zu erzielen, läßt man die Masse mehrere Male durch die Maschine gehen, fügt alsdann die Zuckerlösung hinzu und schickt das Ganze noch vier- bis fünfmal durch die Maschine. Beim Arbeiten nach diesem Verfahren kann nicht vermieden werden, daß kleine Mengen des Breies an den inneren Wandungen der Gefäße haften bleiben; doch sind diese im Vergleiche zum Gesamtgewichte so gering, daß sie, ohne das Ergebnis der Untersuchung wesentlich zu beeinträchtigen, vernachlässigt werden können. Will man jedoch auf diese Menge nicht verzichten, so spült man die betreffenden Gefäße mit etwa 100 ccm lauwarmem Wasser aus, fängt die Flüssigkeit für sich auf, füllt sie zu 100 ccm auf und bestimmt darin den Rohrzuckergehalt auf dieselbe Weise wie in der Hauptmenge. Die in diesen Resten ermittelte Rohrzuckermenge ist in entsprechender Weise zu berücksichtigen.

200 g des durch die Zerkleinerung erhaltenen Breies werden auf einer empfindlichen Tarierwage abgewogen und mit destilliertem Wasser auf 1 Liter verdünnt. Man läßt die Mischung unter häufigem Umschütteln 24 Stunden an einem kühlen Orte stehen und filtriert nach dem letzten Absetzen 200 ccm durch ein großes Faltenfilter.

Handelt es sich um glasierte oder kandierte Früchte, so werden diese unter sinngemäßer Abänderung des Verfahrens in gleicher Weise für die Untersuchung vorbereitet.

Zur Ausführung der Zuckerbestimmung werden bei stärkezuckerfreien Früchten 50 ccm des nach obiger Anleitung erhaltenen Filtrates nach dem unter 1 der Anlage B vorgeschriebenen Verfahren invertiert und nach der Abstumpfung der Säuren mit einer Natriumkarbonatlösung, welche 10 g trockenes Natriumkarbonat im Liter enthält, mit Wasser zu 1 Liter aufgefüllt. 25 ccm dieser verdünnten Lösung dienen nach Zusatz von 25 ccm Wasser und 50 ccm **Fehling**'scher Lösung zur Zuckerbestimmung gemäß dem obengenannten Verfahren.

Bei stärkezuckerhaltigen Früchten werden
a) zur Bestimmung des reduzierenden Zuckers (Invertzucker + Stärkezucker) 100 ccm des Filtrats auf 500 ccm verdünnt; für gewöhnlich reicht dieser Grad der Verdünnung für die Ausführung der Bestimmung des reduzierenden Zuckers aus. Will man sich darüber Sicherheit verschaffen, so kocht man als Vorprobe 2 ccm **Fehling**'sche Lösung 2 Minuten lang mit 1 ccm des verdünnten Filtrats; wird dabei nicht alles Kupfer reduziert, so ist die Verdünnung hinreichend. Im anderen Falle müssen 25 ccm des verdünnten oder 5 ccm des

ursprünglichen Filtrats auf 50 ccm aufgefüllt werden. Mit dieser Verdünnung wird alsdann in allen Fällen die Ausführung der Bestimmung des reduzierenden Zuckers möglich sein; dazu verwendet man 25 ccm der verdünnten Lösung, setzt 25 ccm Wasser und 50 ccm Fehling'sche Lösung zu und verfährt weiter nach 1 in Anlage B.

b) Die Bestimmung des Gesamtzuckers erfolgt in der gleichen Weise, wie die Zuckerbestimmung in den stärkezuckerfreien Früchten.

Der Gehalt der stärkezuckerhaltigen Früchte an Rohrzucker ergibt sich aus dem Unterschiee der auf 100 g Brei berechneten Mengen Rohrzucker vor und nach der Inversion.

Ist die bei der Zerkleinerung der Früchte an den inneren Gefäßwandungen haften gebliebene Menge des Breies besonders gesammelt und der Zuckergehalt darin ermittelt worden, so ist dieses Ergebnis bei der Berechnung entsprechend zu berücksichtigen.

Behufs Untersuchung von Schachtelmus, Pasten, Kompott, Gallerte u. dgl. werden 200 g der Ware in einer Porzellan-Reibschale mit Wasser zu einem gleichmäßigen Brei zerrieben und mit Wasser zu 1 Liter aufgefüllt. Die Untersuchung erfolgt weiter nach dem für stärkezuckerfreie gezuckerte Früchte angegebenen Verfahren.

C. Zuckerhaltige alkoholhaltige Flüssigkeiten.

Bei der Polarisation braucht der Alkohol nicht entfernt zu werden; vor der Inversion muß dies jedoch geschehen.

D. Flüssiger Raffinadezucker.

Der flüssige Raffinadezucker enthält inder Regel Invertzucker. Die Untersuchung kann sich darauf beschränken festzustellen, daß mindestens ein Zuckergehalt von insgesamt 75 vom Hundert vorhanden ist.

E. Invertzuckersirup.

Die Feststellung des Zuckergehalts erfolgt nach dem unter 1 in Anlage B angegebenen Verfahren.

F. Eingedickte Milch.

100 g der Milchprobe werden abgewogen, mit Wasser zu einer leicht flüssigen Masse verrührt und in einen Meßkolben von 500 ccm Raumgehalt gespült. Die Flüssigkeit wird darauf mit etwa 20 ccm Bleiessig versetzt, mit Wasser zu 500 ccm aufgefüllt, durchgeschüttelt und filtriert.

Vom Filtrat werden 75 ccm in einem Kolben von 100 ccm Raumgehalt gebracht und, wenn erforderlich, mit etwas Tonerdebrei versetzt. Darauf wird mit Wasser zur Marke aufgefüllt, filtriert und nach Anlage C polarisiert.

Ferner werden 75 ccm desselben Filtrats mit 5 ccm Salzsäure vom spezifischen Gewicht 1,19 versetzt, nach Vorschrift der Anlage B invertiert, zu 100 ccm aufgefüllt und filtriert, worauf wiederum die Polarisation für 20° C bestimmt wird. Hiernach berechnet sich der Gehalt Z der eingedickten Milch an Rohrzucker aus der Gleichung

$$Z = 1,25 \ (1,016 \cdot P - J),$$

worin P die vor der Inversion, J die nach der Inversion gefundene Polarisation bedeutet.

Beispiel: Die Polarisation P sei $+ 28,10$; die Polarisation J werde zu $- 0,30$ ermittelt. Setzt man diese beiden Zahlenwerte für P und J in die eben angegebene Formel, so erhält man

$$Z = 1,25 \ (1,016 \cdot 28,10 + 0,30) = 36,06.$$

Demnach ist der Gehalt der eingedickten Milch an Rohrzucker zu 36,1 vom Hundert anzunehmen.

Schlußbestimmung.

Über jede Untersuchung ist der Amtsstelle, welche die Probe eingesendet hat, eine Befundsbescheinigung zu übermitteln, welche außer der genauen Bezeichnung der Probe Angaben über die Art und das Ergebnis der Ermittelungen und den daraus berechneten in Hundertteilen anzugebenden Zuckergehalt, sowie einen Vermerk über die Art der verwendeten Meßgeräte zu enthalten hat.

Tafel[1])
zur Ermittelung des Zuckergehaltes wässriger Zuckerlösungen aus der Dichte bei 15°.

Zugleich Extrakttafel für die Untersuchung von Bier, Süßweinen, Likören, Fruchtsäften u. s. w. (nach K. Windisch).

Dichte bei 15° C $d\left(\frac{15^0}{15^0}C\right)$	Gewichtsprozent Zucker	Gramm Zucker in 100 ccm	Dichte bei 15° C $d\left(\frac{15^0}{15^0}C\right)$	Gewichtsprozent Zucker	Gramm Zucker in 100 ccm
1,000	0,00	0,00	1,034	8,51	8,79
1,001	0,26	0,26	1,035	8,75	9,05
1,002	0,52	0,52	1,036	9,00	9,31
1,003	0,77	0,77	1,037	9,24	9,57
1,004	1,03	1,03	1,038	9,48	9,83
1,005	1,28	1,29	1,039	9,72	10,09
1,006	1,54	1,55	1,040	9,96	10,35
1,007	1,80	1,81	1,041	10,20	10,61
1,008	2,05	2,07	1,042	10,44	10,87
1,009	2,31	2,32	1,043	10,68	11,13
1,010	2,56	2,58	1,044	10,92	11,39
1,011	2,81	2,84	1,045	11,16	11,65
1,012	3,07	3,10	1,046	11,40	11,91
1,013	3,32	3,36	1,047	11,63	12,17
1,014	3,57	3,62	1,048	11,87	12,43
1,015	3,82	3,87	1,049	12,10	12,69
1,016	4,07	4,13	1,050	12,34	12,95
1,017	4,32	4,39	1,051	12,58	13,21
1,018	4,57	4,65	1,052	12,81	13,47
1,019	4,82	4,91	1,053	13,05	13,73
1,020	5,07	5,17	1,054	13,28	13,99
1,021	5,32	5,43	1,055	13,52	14,25
1,022	5,57	5,69	1,056	13,75	14,51
1,023	5,82	5,94	1,057	13,99	14,77
1,024	6,06	6,20	1,058	14,22	15,03
1,025	6,31	6,46	1,059	14,45	15,29
1,026	6,56	6,72	1,060	14,69	15,55
1,027	6,80	6,98	1,061	14,92	15,81
1,028	7,05	7,24	1,062	15,15	16,07
1,029	7,29	7,50	1,063	15,38	16,33
1,030	7,54	7,76	1,064	15,61	16,60
1,031	7,78	8,02	1,065	15,84	16,86
1,032	8,02	8,27	1,066	16,07	17,12
1,033	8,27	8,53	1,067	16,30	17,38

[1]) Erschienen im Verlag von Julius Springer, Berlin 1896. Die 4. Dezimalen sind nicht abgedruckt worden; sie können jedoch für den Ausdruck „Gramm Zucker in 100 ccm" aus der Weinextrakttafel (Spalte E, Abschnitt Wein) bis zum spezifischen Gewicht 1,1150, entsprechend 29,99 g Zucker, entnommen werden.

Dichte bei 15° C $d\left(\frac{15°}{15°}C\right)$	Gewichtsprozent Zucker	Gramm Zucker in 100 ccm	Dichte bei 15° C $d\left(\frac{15°}{15°}C\right)$	Gewichtsprozent Zucker	Gramm Zucker in 100 ccm
1,068	16,53	17,64	1,113	26,50	29,47
1,069	16,76	17,90	1,114	26,71	29,73
1,070	16,99	18,16	1,115	26,92	29,99
1,071	17,22	18,43	1,116	27,13	30,26
1,072	17,45	18,69	1,117	27,35	30,52
1,073	17,68	18,95	1,118	27,56	30,79
1,074	17,90	19,21	1,119	27,77	31,05
1,075	18,13	19,47	1,120	27,98	31,31
1,076	18,35	19,73	1,121	28,19	31,58
1,077	18,58	20,00	1,122	28,40	31,84
1,078	18,81	20,26	1,123	28,61	32,11
1,079	19,03	20,52	1,124	28,82	32,37
1,080	19,26	20,78	1,125	29,03	32,64
1,081	19,48	21,04	1,126	29,24	32,90
1,082	19,71	21,31	1,127	29,45	33,17
1,083	19,93	21,57	1,128	29,66	33,43
1,084	20,16	21,83	1,129	29,87	33,70
1,085	20,38	22,09	1,130	30,08	33,96
1,086	20,60	22,36	1,131	30,29	34,23
1,087	20,83	22,62	1,132	30,49	34,49
1,088	21,05	22,88	1,133	30,70	34,75
1,089	21,27	23,14	1,134	30,91	35,02
1,090	21,49	23,41	1,135	31,12	35,29
1,091	21,72	23,67	1,136	31,32	35,55
1,092	21,94	23,93	1,137	31,53	35,82
1,093	22,16	24,20	1,138	31,73	36,08
1,094	22,38	24,46	1,139	31,94	36,35
1,095	22,60	24,72	1,140	32,14	36,61
1,096	22,82	24,99	1,141	32,35	36,88
1,097	23,04	25,25	1,142	32,55	37,14
1,098	23,25	25,51	1,143	32,76	37,41
1,099	23,47	25,78	1,144	32,96	37,67
1,100	23,69	26,04	1,145	33,17	37,95
1,101	23,91	26,30	1,146	33,37	38,21
1,102	24,13	26,56	1,147	33,57	38,47
1,103	24,34	26,83	1,148	33,78	38,75
1,104	24,56	27,09	1,149	33,98	39,01
1,105	24,78	27,35	1,150	34,18	39,27
1,106	24,99	27,62	1,151	34,38	39,54
1,107	25,21	27,88	1,152	34,58	39,80
1,108	25,42	28,15	1,153	34,79	40,08
1,109	25,64	28,41	1,154	34,99	40,34
1,110	25,85	28,67	1,155	35,19	40,61
1,111	26,07	28,94	1,156	35,39	40,88
1,112	26,28	29,20	1,157	35,59	41,14

Zucker und Zuckerwaren, künstliche Süßstoffe.

Dichte bei 15°C $d\left(\frac{15°}{15°}C\right)$	Gewichts- prozent Zucker	Gramm Zucker in 100 ccm	Dichte bei 15°C $d\left(\frac{15°}{15°}C\right)$	Gewichts- prozent Zucker	Gramm Zucker in 100 ccm
1,158	35,79	41,41	1,203	44,50	53,49
1,159	35,99	41,68	1,204	44,69	53,76
1,160	36,19	41,94	1,205	44,88	54,03
1,161	36,39	42,21	1,206	45,07	54,30
1,162	36,59	42,48	1,207	45,25	54,58
1,163	36,78	42,74	1,208	45,44	54,85
1,164	36,98	43,01	1,209	45,63	55,12
1,165	37,18	43,28	1,210	45,81	55,39
1,166	37,38	43,55	1,211	46,00	55,66
1,167	37,58	43,82	1,212	46,19	55,93
1,168	37,77	44,08	1,213	46,37	56,20
1,169	37,97	44,35	1,214	46,56	56,48
1,170	38,17	44,62	1,215	46,74	56,75
1,171	38,36	44,88	1,216	46,93	57,02
1,172	38,56	45,15	1,217	47,11	57,28
1,173	38,76	45,42	1,218	47,30	57,56
1,174	38,95	45,69	1,219	47,48	57,83
1,175	39,15	45,96	1,220	47,66	58,10
1,176	39,34	46,22	1,221	47,85	58,38
1,177	39,54	46,49	1,222	48,03	58,65
1,178	39,73	46,76	1,223	48,22	58,92
1,179	39,92	47,03	1,224	48,40	59,19
1,180	40,12	47,30	1,225	48,58	59,46
1,181	40,31	47,57	1,226	48,76	59,73
1,182	40,50	47,83	1,227	48,95	60,01
1,183	40,70	48,11	1,228	49,13	60,28
1,184	40,89	48,37	1,229	49,31	60,55
1,185	41,08	48,64	1,230	49,49	60,82
1,186	41,28	48,91	1,231	49,67	61,10
1,187	41,47	49,18	1,232	49,85	61,37
1,188	41,66	49,45	1,233	50,04	61,64
1,189	41,85	49,72	1,234	50,22	61,92
1,190	42,04	49,99	1,235	50,40	62,19
1,191	42,23	50,26	1,236	50,58	62,46
1,192	42,42	50,53	1,237	50,76	62,73
1,193	42,62	50,80	1,238	50,94	63,01
1,194	42,81	51,07	1,239	51,12	63,28
1,195	43,00	51,34	1,240	51,30	63,56
1,196	43,19	51,61	1,241	51,48	63,83
1,197	43,37	51,87	1,242	51,66	64,11
1,198	43,56	52,15	1,243	51,83	64,37
1,199	43,75	52,42	1,244	52,01	64,65
1,200	43,94	52,68	1,245	52,19	64,92
1,201	44,13	52,95	1,246	52,37	65,20
1,202	44,32	53,22	1,247	52,55	65,47

Dichte bei 15° C $d\left(\frac{15°}{15°}C\right)$	Gewichtsprozent Zucker	Gramm Zucker in 100 ccm	Dichte bei 15° C $d\left(\frac{15°}{15°}C\right)$	Gewichtsprozent Zucker	Gramm Zucker in 100 ccm
1,248	52,73	65,75	1,293	60,52	78,19
1,249	52,90	66,02	1,294	60,69	78,46
1,250	53,08	66,29	1,295	60,85	78,73
1,251	53,26	66,57	1,296	61,02	79,02
1,252	53,43	66,84	1,297	61,19	79,30
1,253	53,61	67,12	1,298	61,36	79,57
1,254	53,79	67,40	1,299	61,53	79,86
1,255	53,96	67,67	1,300	61,69	80,13
1,256	54,14	67,94	1,301	61,86	80,41
1,257	54,32	68,22	1,302	62,03	80,69
1,258	54,49	68,49	1,303	62,20	80,97
1,259	54,67	68,77	1,304	62,36	81,25
1,260	54,84	69,04	1,305	62,53	81,53
1,261	55,02	69,32	1,306	62,70	81,81
1,262	55,19	69,59	1,307	62,86	82,09
1,263	55,37	69,87	1,308	63,03	82,37
1,264	55,54	70,14	1,309	63,19	82,65
1,265	55,72	70,42	1,310	63,36	82,93
1,266	55,89	70,69	1,311	63,52	83,21
1,267	56,06	70,97	1,312	63,69	83,49
1,268	56,24	71,25	1,313	63,86	83,77
1,269	56,41	71,52	1,314	64,02	84,05
1,270	56,58	71,80	1,315	64,19	84,34
1,271	56,76	72,08	1,316	64,35	84,61
1,272	56,93	72,35	1,317	64,52	84,90
1,273	57,10	72,63	1,318	64,68	85,18
1,274	57,27	72,90	1,319	64,85	85,46
1,275	57,45	73,18	1,320	65,01	85,74
1,276	57,62	73,46	1,321	65,17	86,02
1,277	57,79	73,73	1,322	65,34	86,30
1,278	57,96	74,01	1,323	65,50	86,58
1,279	58,13	74,29	1,324	65,66	86,86
1,280	58,31	74,57	1,325	65,82	87,14
1,281	58,48	74,85	1,326	65,99	87,43
1,282	58,65	75,12	1,327	66,15	87,71
1,283	58,82	75,40	1,328	66,31	87,99
1,284	58,99	75,68	1,329	66,48	88,27
1,285	59,16	75,95	1,330	66,64	88,55
1,286	59,33	76,23	1,331	66,80	88,84
1,287	59,50	76,51	1,332	66,96	89,12
1,288	59,67	76,79	1,333	67,12	89,40
1,289	59,84	77,07	1,334	67,29	89,69
1,290	60,01	77,35	1,335	67,45	89,97
1,291	60,18	77,63	1,336	67,61	90,25
1,292	60,35	77,90	1,337	67,77	90,53

Zucker und Zuckerwaren, künstliche Süßstoffe.

Dichte bei 15° C $d\left(\frac{15^0}{15^0}C\right)$	Gewichts-prozent Zucker	Gramm Zucker in 100 ccm	Dichte bei 15° C $d\left(\frac{15^0}{15^0}C\right)$	Gewichts-prozent Zucker	Gramm Zucker in 100 ccm
1,338	67,93	90,81	1,361	71,59	97,35
1,339	68,09	91,09	1,362	71,75	97,64
1,340	68,25	91,38	1,363	71,90	97,92
1,341	68,41	91,66	1,364	72,06	98,21
1,342	68,57	91,94	1,365	72,22	98,50
1,343	68,73	92,23	1,366	72,38	98,78
1,344	68,89	92,51	1,367	72,53	99,07
1,345	69,05	92,79	1,368	72,69	99,35
1,346	69,21	93,08	1,369	72,85	99,64
1,347	69,37	93,36	1,370	73,00	99,92
1,348	69,53	93,65	1,371	73,16	100,21
1,349	69,69	93,94	1,372	73,31	100,50
1,350	69,85	94,21	1,373	73,47	100,79
1,351	70,01	94,50	1,374	73,62	101,07
1,352	70,16	94,79	1,375	73,78	101,36
1,353	70,32	95,07	1,376	73,94	101,65
1,354	70,48	95,35	1,377	74,09	101,93
1,355	70,64	95,64	1,378	74,25	102,23
1,356	70,80	95,93	1,379	74,40	102,51
1,357	70,96	96,21	1,380	74,56	102,81
1,358	71,12	96,49	1,381	74,71	103,09
1,359	71,27	96,78	1,382	74,87	103,38
1,360	71,43	97,07	1,383	75,02	103,66

Dichte bei 15° C $d\left(\frac{15^0}{15^0}C\right)$	Gewichts-prozent Zucker	Gramm Zucker in 100 ccm	Dichte bei 15° C $d\left(\frac{15^0}{15^0}C\right)$	Gewichts-prozent Zucker	Gramm Zucker in 100 ccm
1,380	74,56	102,81	1,480	89,40	132,20
1,390	76,10	105,69	1,490	90,82	135,21
1,400	77,63	108,59	1,500	92,23	138,23
1,410	79,14	111,49	1,510	93,63	141,26
1,420	80,64	114,41	1,520	95,03	144,32
1,430	82,13	117,35	1,530	96,41	147,38
1,440	83,61	120,29	1,540	97,78	150,46
1,450	85,07	123,25	1,550	99,15	153,55
1,460	86,52	126,22	1,55626	100,00	155,49
1,470	87,97	129,20			

Tabelle
betr. Reduktion der spezifischen Gewichte auf Saccharometerprozente nach Balling.

	0	1	2	3	4	5	6	7	8	9
1,008	2,000	2,025	2,050	2,075	2,100	2,125	2,150	2,175	2,200	2,225
1,009	2,250	2,275	2,300	2,325	2,350	2,375	2,400	2,425	2,450	2,475
1,010	2,500	2,525	2,550	2,575	2,600	2,625	2,650	2,675	2,700	2,725
1,011	2,750	2,775	2,800	2,825	2,850	2,875	2,900	2,925	2,950	2,975
1,012	3,000	3,025	3,050	3,075	3,100	3,125	3,150	3,175	3,200	3,225
1,013	3,250	3,275	3,300	3,325	3,350	3,375	3,400	3,425	3,450	3,475
1,014	3,500	3,525	3,550	3,575	3,600	3,625	3,650	3,675	3,700	3,725
1,015	3,750	3,775	3,800	3,825	3,850	3,875	3,900	3,925	3,950	3,975
1,016	4,000	4,025	4,050	4,075	4,100	4,125	4,150	4,175	4,200	4,225
1,017	4,250	4,275	4,300	4,325	4,350	4,375	4,400	4,425	4,450	4,475
1,018	4,500	4,525	4,550	4,575	4,600	4,625	4,650	4,675	4,700	4,725
1,019	4,750	4,775	4,800	4,825	4,850	4,875	4,900	4,925	4,950	4,975
1,020	5,000	5,025	5,050	5,075	5,100	5,125	5,150	5,175	5,200	5,225
1,021	5,250	5,275	5,300	5,325	5,350	5,375	5,400	5,425	5,450	5,475
1,022	5,500	5,525	5,550	5,575	5,600	5,625	5,650	5,675	5,700	5,725
1,023	5,750	5,775	5,800	5,825	5,850	5,875	5,900	5,925	5,950	5,975
1,024	6,000	6,024	6,048	6,073	6,097	6,122	6,146	6,170	6,195	6,219
1,025	6,244	6,268	6,292	6,316	6,341	6,365	6,389	6,413	6,438	6,463
1,026	6,488	6,512	6,536	6,560	6,584	6,609	6,633	6,657	6,683	6,708
1,027	6,731	6,756	6,780	6,804	6,828	6,853	6,877	6,901	6,925	6,950
1,028	6,975	7,000	7,024	7,048	7,073	7,097	7,122	7,146	7,170	7,195
1,029	7,219	7,244	7,268	7,292	7,316	7,341	7,365	7,389	7,413	7,438
1,030	7,463	7,488	7,512	7,536	7,560	7,584	7,609	7,633	7,657	7,681
1,031	7,706	7,731	7,756	7,780	7,804	7,828	7,853	7,877	7,901	7,925
1,032	7,950	7,975	8,000	8,024	8,048	8,073	8,097	8,122	8,146	8,170
1,033	8,195	8,219	8,244	8,268	8,292	8,316	8,341	8,365	8,389	8,413
1,034	8,438	8,463	8,488	8,512	8,536	8,560	8,584	8,609	8,633	8,657
1,035	8,681	8,706	8,731	8,756	8,780	8,804	8,828	8,853	8,877	8,901
1,036	8,925	8,950	8,975	9,000	9,024	9,048	9,073	9,097	9,122	9,146
1,037	9,170	9,195	9,219	9,244	9,268	9,292	9,316	9,341	9,365	9,389
1,038	9,413	9,438	9,463	9,488	9,512	9,536	9,560	9,584	9,609	9,633
1,039	9,657	9,681	9,706	9,731	9,756	9,780	9,804	9,828	9,853	9,877
1,040	9,901	9,925	9,950	9,975	10,000	10,023	10,047	10,071	10,095	10,119
1,041	10,142	10,166	10,190	10,214	10,238	10,261	10,285	10,309	10,333	10,357
1,042	10,381	10,404	10,428	10,452	10,476	10,500	10,523	10,547	10,571	10,595
1,043	10,618	10,642	10,666	10,690	10,714	10,738	10,761	10,785	10,809	10,833
1,044	10,857	10,881	10,904	10,928	10,952	10,976	11,000	11,023	11,047	11,071
1,045	11,095	11,119	11,142	11,166	11,190	11,214	11,238	11,261	11,285	11,309
1,046	11,333	11,357	11,381	11,404	11,428	11,452	11,476	11,500	11,523	11,547
1,047	11,571	11,595	11,619	11,642	11,666	11,690	11,714	11,738	11,761	11,785

Zucker und Zuckerwaren, künstliche Süßstoffe.

	0	1	2	3	4	5	6	7	8	9
1,048	11,809	11,833	11,857	11,881	11,904	11,928	11,952	11,976	12,000	12,023
1,049	12,047	12,071	12,095	12,119	12,142	12,166	12,190	12,214	12,238	12,361
1,050	12,285	12,309	12,333	12,357	12,381	12,404	12,428	12,452	12,476	12,500
1,051	12,523	12,547	12,571	12,595	12,619	12,642	12,666	12,690	12,714	12,738
1,052	12,761	12,785	12,809	12,833	12,857	12,881	12,904	12,928	12,952	12,976
1,053	13,000	13,023	13,047	13,071	13,095	13,119	13,142	13,166	13,190	13,214
1,054	13,238	13,261	13,295	13,309	13,333	13,357	13,381	13,404	13,428	13,452
1,055	13,476	13,500	13,523	13,547	13,571	13,595	13,619	13,642	13,666	13,690
1,056	13,714	13,738	13,761	13,785	13,809	13,833	13,857	13,881	13,904	13,928
1,057	13,952	13,976	14,000	14,023	14,047	14,071	14,095	14,119	14,142	14,166
1,058	14,190	14,214	14,238	14,261	14,285	14,309	14,333	14,357	14,381	14,404
1,059	14,428	14,452	14,476	14,500	14,523	14,547	14,571	14,595	14,619	14,642
1,060	14,666	14,690	14,714	14,738	14,761	14,785	14,809	14,833	14,857	14,881
1,061	14,904	14,928	14,952	14,976	15,000	15,023	15,046	15,070	15,093	15,116
1,062	15,139	15,162	15,186	15,209	15,232	15,255	15,278	15,302	15,325	15,348
1,063	15,371	15,395	15,418	15,441	15,464	15,488	15,511	15,534	15,557	15,581
1,064	15,604	15,627	15,650	15,674	15,697	15,721	15,744	15,767	15,790	15,814
1,065	15,837	15,860	15,883	15,907	15,930	15,953	15,976	16,000	16,023	16,046
1,066	16,070	16,093	16,116	16,139	16,162	16,186	16,209	16,232	16,255	16,278
1,067	16,302	16,325	16,348	16,371	16,395	16,418	16,441	16,464	16,488	16,511
1,068	16,534	16,557	16,581	16,604	16,627	16,650	16,674	16,697	16,721	16,744
1,069	16,767	16,790	16,814	16,837	16,860	16,883	16,907	16,930	16,953	16,976
1,070	17,000	17,022	17,045	17,067	17,090	17,113	17,136	17,158	17,181	17,204
1,071	17,227	17,250	17,272	17,295	17,318	17,340	17,363	17,386	17,409	17,431
1,072	17,454	17,477	17,500	17,522	17,545	17,568	17,590	17,613	17,636	17,659
1,073	17,681	17,704	17,727	17,750	17,772	17,795	17,818	17,841	17,863	17,886
1,074	17,909	17,931	17,954	17,977	18,000	18,022	18,045	18,067	18,090	18,113
1,075	18,137	18,158	18,181	18,204	18,227	18,250	18,272	18,295	18,318	18,340
1,076	18,363	18,386	18,409	18,431	18,454	18,477	18,500	18,522	18,545	18,569
1,077	18,590	18,613	18,636	18,659	18,681	18,704	18,724	18,750	18,772	18,795
1,078	18,818	18,841	18,863	18,886	18,909	18,931	18,954	18,977	19,000	19,022
1,079	19,045	19,067	19,090	19,113	19,136	19,158	19,181	19,204	19,227	19,250

Tabelle
zum Vergleiche zwischen Gewichtsprozenten Zucker oder Graden nach Brix (oder Balling), spezifischem Gewichte und Graden nach Beaumé (bei 17,5°).

Gew.-Prozent. Zucker oder Brix°	Spez. Gewicht	Grade Beaumé	Gew.-Prozent. Zucker oder Brix°	Spez. Gewicht	Grade Beaumé	Gew.-Prozent. Zucker oder Brix°	Spez. Gewicht	Grade Beaumé
60,1	1,290	33,0	64,0	1,314	35,1	67,9	1,338	37,0
60,2	1,291	33,1	64,1	1,314	35,1	68,0	1,338	37,1
60,3	1,292	33,1	64,2	1,315	35,2	68,1	1,339	37,1
60,4	1,292	33,2	64,3	1,316	35,2	68,2	1,340	37,2
60,5	1,293	33,2	64,4	1,316	35,3	68,3	1,340	37,3
60,6	1,293	33,3	64,5	1,317	35,3	68,4	1,341	37,3
60,7	1,294	33,35	64,6	1,317	35,4	68,5	1,341	37,4
60,8	1,295	33,4	64,7	1,318	35,4	68,6	1,342	37,4
60,9	1,295	33,45	64,8	1,319	35,5	68,7	1,343	37,5
61,0	1,296	33,5	64,9	1,319	35,5	68,8	1,343	37,5
61,1	1,296	33,6	65,0	1,320	35,6	68,9	1,344	37,6
61,2	1,297	33,6	65,1	1,320	35,6	69,0	1,345	37,6
61,3	1,298	33,7	65,2	1,321	35,7	69,1	1,345	37,7
61,4	1,298	33,7	65,3	1,322	35,7	69,2	1,346	37,7
61,5	1,299	33,8	65,4	1,322	35,8	69,3	1,346	37,8
61,6	1,299	33,8	65,5	1,323	35,8	69,4	1,347	37,8
61,7	1,300	33,9	65,6	1,324	35,9	69,5	1,348	37,9
61,8	1,301	33,9	65,7	1,324	35,9	69,6	1,348	37,9
61,9	1,301	34,0	65,8	1,325	36,0	69,7	1,349	38,0
62,0	1,302	34,0	65,9	1,325	36,0	69,8	1,350	38,0
62,1	1,302	34,1	66,0	1,326	36,1	69,9	1,350	38,1
62,2	1,303	34,1	66,1	1,327	36,1	70,0	1,351	38,1
62,3	1,304	34,2	66,2	1,327	36,2	70,1	1,351	38,2
62,4	1,304	34,2	66,3	1,328	36,2	70,2	1,352	38,2
62,5	1,305	34,3	66,4	1,328	36,3	70,3	1,353	38,3
62,6	1,305	34,3	66,5	1,329	36,3	70,4	1,353	38,3
62,7	1,306	34,4	66,6	1,330	36,4	70,5	1,354	38,4
62,8	1,307	34,4	66,7	1,330	36,4	70,6	1,355	38,4
62,9	1,307	34,5	66,8	1,331	36,5	70,7	1,355	38,5
63,0	1,308	34,5	66,9	1,331	36,5	70,8	1,356	38,5
63,1	1,308	34,6	67,0	1,332	36,6	70,9	1,357	38,6
63,2	1,309	34,6	67,1	1,333	36,6	71,0	1,357	38,6
63,3	1,310	34,7	67,2	1,333	36,7	71,1	1,358	38,7
63,4	1,310	34,7	67,3	1,334	36,75	71,2	1,358	38,7
63,5	1,311	34,8	67,4	1,335	36,8	71,3	1,359	38,8
63,6	1,311	34,85	67,5	1,335	36,85	71,4	1,360	38,8
63,7	1,312	34,9	67,6	1,336	36,9	71,5	1,360	38,9
63,8	1,313	34,95	67,7	1,336	36,95	71,6	1,361	38,9
63,9	1,313	35,0	67,8	1,337	37,0	71,7	1,362	39,0

Zucker und Zuckerwaren, künstliche Süßstoffe.

Gew.-Prozent. Zucker oder Brix°	Spez. Gewicht	Grade Beaumé	Gew.-Prozent. Zucker oder Brix°	Spez. Gewicht	Grade Beaumé	Gew.-Prozent. Zucker oder Brix°	Spez. Gewicht	Grade Beaumé
71,8	1,362	39,0	76,1	1,390	41,2	80,4	1,419	43,3
71,9	1,363	39,1	76,2	1,391	41,2	80,5	1,419	43,3
72,0	1,364	39,1	76,3	1,392	41,3	80,6	1,420	43,4
72,1	1,364	39,2	76,4	1,393	41,3	80,7	1,420	43,45
72,2	1,365	39,2	76,5	1,393	41,4	80,8	1,421	43,5
72,3	1,365	39,3	76,6	1,394	41,4	80,9	1,422	43,55
72,4	1,366	39,3	76,7	1,395	41,5	81,0	1,422	43,6
72,5	1,367	39,4	76,8	1,395	41,5	81,1	1,423	43,65
72,6	1,367	39,4	76,9	1,396	41,6	81,2	1,424	43,7
72,7	1,368	39,5	77,0	1,396	41,6	81,3	1,425	43,7
72,8	1,369	39,5	77,1	1,397	41,7	81,4	1,425	43,8
72,9	1,369	39,6	77,2	1,397	41,7	81,5	1426	43,8
73,0	1,370	39,6	77,3	1,398	41,8	81,6	1,427	43,9
73,1	1,370	39,7	77,4	1,399	41,8	81,7	1,427	43,9
73,2	1,371	39,7	77,5	1,399	41,9	81,8	1,428	44,0
73,3	1,372	39,8	77,6	1,400	41,9	81,9	1,429	44,0
73,4	1,373	39,8	77,7	1,400	42,0	82,0	1,429	44,1
73,5	1,373	39,9	77,8	1,401	42,0	82,1	1,430	44,1
73,6	1,374	39,9	77,9	1,402	42,1	82,2	1,431	44,2
73,7	1,374	40,0	78,0	1,402	42,1	82,3	1,431	44,2
73,8	1,375	40,0	78,1	1,403	42,2	82,4	1,432	44,3
73,9	1,376	40,1	78,2	1,404	42,2	82,5	1,433	44,3
74,0	1,376	40,1	78,3	1,404	42,3	82,6	1,433	44,4
74,1	1,377	40,2	78,4	1,405	42,3	82,7	1,434	44,4
74,2	1,378	40,2	78,5	1,406	42,4	82,8	1,435	44,5
74,3	1,378	40,3	78,6	1,406	42,4	82,9	1,435	44,5
74,4	1,379	40,3	78,7	1,407	42,5	83,0	1,436	44,6
74,5	1,380	40,4	78,8	1,408	42,5	83,1	1,437	44,6
74,6	1,380	40,4	78,9	1,408	42,6	83,2	1,438	44,7
74,7	1,381	40,5	79,0	1,409	42,6	83,3	1,438	44,7
74,8	1,381	40,5	79,1	1,410	42,7	83,4	1,439	44,8
74,9	1,382	40,6	79,2	1,410	42,7	83,5	1,440	44,8
75,0	1,383	40,6	79,3	1,411	42,8	83,6	1,440	44,9
75,1	1,383	40,7	79,4	1,412	42,8	83,7	1,441	44,9
75,2	1,384	40,7	79,5	1,412	42,9	83,8	1,442	45,0
75,3	1,385	40,8	79,6	1,413	42,9	83,9	1,442	45,0
75,4	1,385	40,8	79,7	1,414	43,0	84,0	1,443	45,1
75,5	1,386	40,9	79,8	1,415	43,0	84,1	1,444	45,1
75,6	1,387	40,9	79,9	1,416	43,1	84,2	1,444	45,15
75,7	1,387	41,0	80,0	1,416	43,1	84,3	1,445	45,2
75,8	1,388	41,0	80,1	1,417	43,2	84,4	1,446	45,25
75,9	1,389	41,1	80,2	1,418	43,2	84,5	1,446	45,3
76,0	1,389	41,1	80,3	1,418	43,2	84,6	1,447	45,35

Gew.-Prozent. Zucker oder Brix°	Spez. Gewicht	Grade Beaumé	Gew.-Prozent. Zucker oder Brix°	Spez Gewicht	Grade Beaumé	Gew.-Prozent. Zucker oder Brix°	Spez. Gewicht	Grade Beaumé
84,7	1,448	45,4	88,2	1,472	47,1	91,7	1,497	48,7
84,8	1,448	45,4	88,3	1,473	47,1	91,8	1,498	48,8
84,9	1,449	45,5	88,4	1,473	47,2	91,9	1,498	48,8
85,0	1,450	45,5	88,5	1,474	47,2	92,0	1,499	48,9
85,1	1,450	45,6	88,6	1,475	47,3	92,1	1,500	48,9
85,2	1,451	45,6	88,7	1,476	47,3	92,2	1,500	49,0
85,3	1,452	45,7	88,8	1,476	47,4	92,3	1,501	49,0
85,4	1,453	45,7	88,9	1,477	47,4	92,4	1,502	49,05
85,5	1,453	45,8	89,0	1,478	47,45	92,5	1,503	49,1
85,6	1,454	45,8	89,1	1,478	47,5	92,6	1,503	49,15
85,7	1,455	45,9	89,2	1,479	47,55	92,7	1,504	49,2
85,8	1,455	45,9	89,3	1,480	47,6	92,8	1,505	49,2
85,9	1,456	46,0	89,4	1,481	47,6	92,9	1,506	49,3
86,0	1,457	46,0	89,5	1,481	47,7	93,0	1,506	49,3
86,1	1,457	46,1	89,6	1,482	47,7	93,1	1,507	49,4
86,2	1,458	46,1	89,7	1,483	47,8	93,2	1,508	49,4
86,3	1,459	46,2	89,8	1,483	47,8	93,3	1,508	49,5
86,4	1,460	46,2	89,9	1,484	47,9	93,4	1,509	49,5
86,5	1,460	46,3	90,0	1,485	47,9	93,5	1,510	49,6
86,6	1,461	46,3	90,1	1,485	48,0	93,6	1,511	49,6
86,7	1,462	46,35	90,2	1,486	48,0	93,7	1,511	49,7
86,8	1,462	46,4	90,3	1,487	48,1	93,8	1,512	49,7
86,9	1,463	46,45	90,4	1,488	48,1	93,9	1,513	49,8
87,0	1,464	46,5	90,5	1,488	48,2	94,0	1,513	49,8
87,1	1,464	46,55	90,6	1,489	48,2	94,1	1,514	49,85
87,2	1,465	46,6	90,7	1,490	48,3	94,2	1,515	49,9
87,3	1,466	46,65	90,8	1,490	48,3	94,3	1,516	49,9
87,4	1,466	46,7	90,9	1,491	48,35	94,4	1,516	50,0
87,5	1,467	46,7	91,0	1,492	48,4	94,5	1,517	50,0
87,6	1,468	46,8	91,1	1,493	48,45	94,6	1,518	50,1
87,7	1,469	46,8	91,2	1,493	48,5	94,7	1,519	50,1
87,8	1,469	46,9	91,3	1,494	48,5	94,8	1,519	50,2
87,9	1,470	46,9	91,4	1,494	48,6	94,9	1,520	50,2
88,0	1,471	47,0	91,5	1,495	48,6	95,0	1,520	50,3
88,1	1,471	47,0	91,6	1,496	48,7			

D. Künstliche Süßstoffe.

1. Saccharin (Benzoesäuresulfinid) kommt, auch als Natriumsalz, (mit 2 Mol. Krystallen) unter verschiedenen Namen (Zuckerin, Sykose, Monnets Süßstoff u. s. w.) vor. Diese Süßstoffe zeichnen sich durch einen etwa 300—500-mal süßeren Geschmack aus, als ihn Rohr- bezw. Rübenzucker besitzt. Der Geschmack ist aufdringlich und sehr nachhaltig. Chemischer Nachweis bezw. Identitätsreaktionen: durch Schmelzen mit Ätznatron, Überführung in Salicylsäure (Bruylants, C. Schmidt). Nachweis letzterer mit Eisenchlorid bezw. durch Oxydation des im Saccharin enthaltenen Schwefels zu Schwefelsäure durch Schmelzen mit Soda und Salpeter[1]). 1 mg $BaSO_4$ = 0,78 mg Saccharin. Das den Nahrungs- und Genußmitteln beigemischte Saccharin muß daraus erst auf ziemlich umständliche Weise isoliert werden (vgl. „Konditoreiwaren", „Bier" und „Wein"). Das dabei gewonnene Saccharin ist häufig mit Gerbstoffen, Hopfenharzen u. s. w., von denen es schwer zu trennen ist, verunreinigt. Zur Beseitigung dieser Stoffe empfiehlt Ed. Späth[2]) Zusatz von etwas Kupfernitrat, J. de Brevans[3]) behandeln mit Eisenchlorid und kohlensaurem Kalk. A. Herzfeld und F. Wolff[4]) isolierten Saccharin durch Sublimation in besonderer Weise. Für die Geschmacksprüfung ist Zusatz einiger Tropfen verdünnter Sodalösung zu dem Extraktionsrückstand zu empfehlen.

Trennung des Saccharins von organischen Säuren, wie Salicylsäure und Benzoesäure, sowie von Fetten, Duftstoffen siehe Zeitschr. f. Unters. d. Nahr.- u. Genußm. 1909, 18, 577 (G. Testoni).

Siehe auch die am Schlusse dieses Abschnittes befindliche amtliche Anweisung zur Untersuchung von Saccharin selbst.

2. Dulcin (Paraphenetolcarbamid) etwa 400-mal süßer als Rübenzucker, durch Chloroform den Nahrungsmitteln entziehbar. Identitätsreaktion nach Jorissen[5]). Das extrahierte Dulcin wird in einem Reagensglase in 5 ccm Wasser suspendiert, mit 2—4 Tropfen einer salpetersauren Lösung von Merkurinitrat versetzt und das Gläschen dann 8—10 Min. in siedendes Wasser gebracht, wobei eine schwachviolette Färbung eintritt, die auf Zusatz geringer Mengen von Bleisuperoxyd an Stärke zunimmt; bei Anwesenheit von 0,01 g Dulcin noch sehr deutliche Reaktion. Merkurinitratlösung wird folgendermaßen hergestellt: 1—2 g frisch gefälltes HgO wird in HNO_3 gelöst, zur Lösung so lange NaHO zugesetzt, bis der entstehende Niederschlag sich nicht mehr ganz löst; man verdünnt mit H_2O auf 15 ccm, läßt absitzen und dekantiert.

Weitere Reaktionen z. B. nach Berlinerblau u. s. w. siehe Vereinbarungen für das Deutsche Reich.

---

[1]) Die sog. Björklund'sche Resorzinreaktion (grüne Fluoreszenz) ist nicht brauchbar, da auch zahlreiche andere organische Substanzen diese Reaktion veranlassen können. Vgl. auch v. Mahler, Chem.-Ztg. 1905. 29. 32. betr. der Schmidt'schen Reaktion.
[2]) Zeitschr. f. angew. Chemie. 1897. 579.
[3]) Zeitschr. f. Unters. d. Nahr.- u. Genußm. 1901. 4. 180. (Ref.)
[4]) Zeitschr. d. Vereins f. Rübenzuckerindustrie. 1898. 558 und Zeitschr. f. Unters. d. Nahr.- u. Genußm. 1898. 1. 839. (Ref.)
[5]) Chemiker-Ztg. 1896. 20. Rep. 114.

3. Saxin soll ein dem Dulcin und Saccharin ähnlicher Süßstoff sein.

4. Glucin (Nasalz eines Gemisches einer Mono- und Disulfosäure einer Verbindung $C_{19}H_{16}N_4$.) 300-mal süßer als Zucker, in verdünnter Salzsäure gelöst und nach dem Abkühlen Natriumnitritlösung und der Mischung eine alkalische α-Naphthollösung zugegeben, gibt rote, mit Resorcin oder mit Salicylsäure ebenfalls in alkalischer Lösung, eine hellgelbe Lösung.

Die Beurteilung der Zusätze von künstlichen Süßstoffen zu Nahrungs- und Genußmitteln ergibt sich aus dem Süßstoffgesetz und dessen Ausführungsbestimmungen S. 693, sowie aus den einzelnen Abschnitten.

Anweisung[1])
zur chemischen Untersuchung der künstlichen Süßstoffe.

Die chemische Untersuchung der im Handel vorkommenden Zubereitungen (Krystalle, Pulver, Tabletten, Plätzchen u. s. w.)[2]) künstlicher Süßstoffe hat sich zu erstrecken:
I. Auf den Nachweis der Art und Menge des in jenen Zubereitungen enthaltenen reinen Süßstoffes.
II. Auf die Bestimmung des Wassers und auf den Nachweis der Art und Menge der anderweitigen Stoffe, welche dem reinen Süßstoffe zur Erhöhung seiner Löslichkeit in Wasser oder zur Herabminderung und Ausgleichung seiner Süßkraft beigemengt worden sind.

I. Nachweis der Art und Menge des reinen[3]) Süßstoffes.

Vorbemerkung. Da von den bis jetzt bekannten künstlichen Süßstoffen nur das Benzoesäuresulfinid (Saccharin) Bedeutung besitzt, so ist in vorliegender Anweisung nur diese Verbindung berücksichtigt worden. Wo daher im folgenden von Süßstoff schlechthin die Rede ist, ist darunter Saccharin zu verstehen, während die Zubereitungen des Saccharins, wie sie im Handel unter mannigfachen Namen vorkommen, als künstliche Süßstoff-Präparate oder künstliche Süßstoff-Zubereitungen bezeichnet sind.

Wo es sich nachstehend um quantitative Bestimmungen handelt, sind deren Ergebnisse auf lufttrockene Substanz zu berechnen.

1. **Qualitative Prüfung auf Saccharin**, $C_6H_4\!<\!\!{}^{CO}_{SO_2}\!\!>\!NH$.

Wenn der künstliche Süßstoff frei von Beimengungen ist, so kann man ihn unmittelbar an seinem Schmelzpunkt erkennen: Saccharin schmilzt bei 224°, in völlig reinem Zustande bei 227—228°.

Liegt der Süßstoff jedoch in Verbindung oder Mischung mit anderen Stoffen vor, z. B. als Salz oder gemischt mit Zucker oder Parasulfaminbenzoesäure oder anderen Substanzen, so muß das Saccharin zu seiner Kennzeichnung zunächst aus dieser Mischung abgeschieden werden. Dies geschieht, indem das Süßstoff-Präparat in Wasser oder, wenn es darin schwer löslich ist, in verdünnter Natronlauge gelöst und das Saccharin aus der Lösung durch Zusatz von verdünnten Mineralsäuren gefällt und erforderlichen Falles durch Umkrystallisieren gereinigt wird. Alsdann wird der Schmelzpunkt des so erhaltenen Süßstoffes bestimmt. Ergibt sich hierbei die Vermutung, daß Parasulfaminbenzoesäure anwesend ist, so ist nach 2 zu verfahren. Zur Erkennung des Saccharins dienen ferner folgende Reaktionen:

---

[1]) Diese Anweisung ist auf Anregung des Reichsschatzamtes im Kaiserlichen Gesundheitsamt ausgearbeitet und in der Zeitschrift für Untersuchung der Nahrungs- und Genußmittel 1903, 6. 861, veröffentlicht.

[2]) Zersetzte Saccharintabletten. Köhler, Zeitschr. f. Unters. d. Nahr.- u. Genußm. 1906. 11. 168; Fahlberg, List u. Comp., Unzersetzlichkeit der Saccharintabletten. Pharm. Z. 1905. 50. 227.

[3]) Über gefälschtes Saccharin. R. K r z i z a n , Zeitschr. f. Unters. d. Nahr.- u. Genußm. 1905. 10. 245.

Charakteristisch für das Saccharin ist vor allem sein intensiv süßer Geschmack.

Durch Erhitzen mit Ätznatron auf 250° wird der Süßstoff in Salicylsäure übergeführt. Die Schmelze wird in Wasser gelöst, die Lösung mit Schwefelsäure angesäuert und die Salicylsäure mit Äther ausgeschüttelt, die ätherische Lösung wird verdunstet und der Rückstand in Wasser aufgenommen. Die so erhaltene Lösung gibt mit Eisenchlorid eine charakteristische violette Färbung.

Ferner kann man den Schwefel des Saccharins durch Schmelzen mit einem Gemisch von Soda und Salpeter zu Schwefelsäure oxydieren und diese nachweisen.

2. Qualitative Prüfung auf Parasulfaminbenzoesäure,
$$C_6H_4 {<}^{COOH}_{SO_2-NH_2}.$$

Die Parasulfaminbenzoesäure steht dem Saccharin in ihrer chemischen Zusammensetzung sehr nahe; bei der Fabrikation des letzteren wird sie als Nebenprodukt gewonnen, welchem jedoch die süßenden Eigenschaften des Saccharins vollkommen fehlen. Nur die reinsten Saccharin-Präparate sind frei von Parasulfaminbenzoesäure. Auf die Gegenwart dieser Säure muß daher besonders Rücksicht genommen werden.

Wenn ein in Wasser leicht lösliches Süßstoff-Präparat vorliegt, so löst man dieses in wenig Wasser auf; ist das Präparat aber in Wasser schwer löslich, so übergießt man es mit wenig Wasser und fügt tropfenweise Natronlauge hinzu, bis Lösung erfolgt ist. In beiden Fällen wird die Lösung mit Essigsäure angesäuert.

Ein sogleich oder innerhalb 24 Stunden sich bildender Niederschlag wird abfiltriert, mit Wasser bis zum Verschwinden des süßen Geschmacks ausgewaschen und getrocknet. Darauf wird der Schmelzpunkt des Rückstandes bestimmt. Parasulfaminbenzoesäure schmilzt bei 288° unter Zersetzung. Aus dem Filtrat wird durch Zusatz von verdünnter Salzsäure das Saccharin abgeschieden, und wie unter 1. angegeben, umkrystallisiert und gekennzeichnet.

Wenn sich aber aus der mit Essigsäure angesäuerten Lösung auch nach 24-stündigem Stehen keine Krystalle ausgeschieden haben, so wird 1 g der künstlichen Süßstoff-Zubereitung in 10 ccm Salzsäure (1,124 spez. Gewicht) und mit 10 ccm Wasser am Rückflußkühler 1 bis 2 Stunden erhitzt. Die Lösung wird darauf auf dem Wasserbade eingedampft, der Rückstand mit wenig heißem Wasser aufgenommen und 24 Stunden hingestellt. Wenn Parasulfaminbenzoesäure, auch in kleiner Menge, zugegen ist, so scheidet sie sich in Form glänzender Blättchen aus. Diese werden abfiltriert und, wie oben angeführt, weiter behandelt.

3. Quantitative Bestimmungen des Saccharins und sonstiger stickstoffhaltiger Beimengungen.

a) Bestimmung des Saccharin-Stickstoffs.

0,5—0,7 g oder bei geringerem Gehalte der künstlichen Süßstoff-Zubereitung an reinem Süßstoff entsprechend größere Mengen, werden mit 20 ccm oder einer entsprechend größeren Menge einer etwa 20 %-igen Schwefelsäure 2 Stunden am Steigrohre zum gelinden Sieden erhitzt. Nach dem Erkalten wird die Flüssigkeit mit 200 ccm Wasser sowie mit Natronlauge im geringen Überschuß versetzt, das hierdurch entbundene Ammoniak überdestilliert und in einer Zehntelnormal-Schwefelsäure aufgefangen. Aus der gefundenen Menge Stickstoff ergibt sich durch Multiplikation mit 13,045 die Menge des Saccharins in der untersuchten Probe.

Dies gilt aber nur für den Fall, daß weder Ammoniumsalze noch andere, Ammoniak unter den angeführten Bedingungen abspaltende Stoffe vorliegen. Sind Ammoniumsalze vorhanden, so müssen sich nach den allgemein üblichen Verfahren der Analyse durch Destillation mit Magnesia bestimmt und die so gefundene Stickstoff-Menge von dem Gesamtstickstoff in Abrechnung gebracht werden.

b) Bestimmung des Gesamtstickstoffs und der Parasulfaminbenzoesäure.

Die quantitative Bestimmung der Parasulfaminbenzoesäure ist nur erforderlich, wenn durch die qualitative Prüfung die Anwesenheit dieser Säure nachgewiesen wurde.

Die Bestimmung des Gesamtstickstoffs geschieht nach dem Verfahren von Kjeldahl.

Wird von der Menge des Gesamtstickstoffs die für Saccharin gefundene Menge Stickstoff abgezogen, so ergibt sich die Menge Stickstoff, welche in Form von Parasulfaminbenzoesäure vorhanden ist. Hieraus wird durch Multiplikation mit 14,328 die Menge der vorhandenen Parasulfaminbenzoesäure berechnet. Lagen gleichzeitig noch Ammoniumsalze vor, so ist von der Menge des Gesamtstickstoffs nicht nur die Menge des Saccharinstickstoffs, sondern auch die für die Ammoniumsalze berechnete in Abzug zu bringen.

II. Bestimmung des Wassers sowie Nachweis der Art und Menge der den künstlichen Süßstoffen beigemengten anderweitigen Süssstoffe.

a) Bestimmung des Wassers.

0,5 bis 1 g der feingepulverten Masse werden bei 105—110° bis zum gleichbleibenden Gewichte getrocknet.

Wenn die Süßstoffzubereitung indes doppeltkohlensaures Natrium enthält, so ist vorstehendes Verfahren wegen gleichzeitiger Verflüchtigung von Kohlensäure nicht angängig. Liegt ein besonderer Anlaß vor, in diesem Falle eine quantitative Bestimmung des Wassers vorzunehmen, so ist dieselbe in der Weise auszuführen, daß die Substanz in einem Rohr im Trockenofen unter Durchleiten von trockener Luft auf 105 = 110° erwärmt und das Wasser in einem Chlorcalcium-Rohr aufgefangen und gewogen wird.

b) Nachweis der Art und Menge der beigemengten anderweitigen Stoffe.

Von Stoffen, welche dem reinen künstlichen Süßstoffe zur Erhöhung seiner Löslichkeit in Wasser oder zur Herabminderung und Ausgleichung seiner Süßkraft beigemengt sein können, kommen von mineralischen Beimengungen Natriumbicarbonat, von kohlenstoffhaltigen Beimengungen Stärkezucker, Milchzucker, Rohrzucker besonders in Betracht. Außerdem kommt der Süßstoff in Form seines leichter löslichen Natriumsalzes in Betracht.

Soweit der Nachweis solcher Bestandteile oder Beimengungen nicht in dem Nachstehenden besonders beschrieben ist, hat er nach den allgemein üblichen Verfahren der Analyse zu geschehen.

1. Bestimmung mineralischer Bestandteile und Beimengungen.

1—2 g Substanz werden in einer gewogenen Platinschale verascht; wenn ein Rückstand von mehr als 1—2 % hinterbleibt, so wird derselbe zunächst einer qualitativen Prüfung unterworfen.

Wird Natrium in der Asche nachgewiesen, so wird eine kleine Menge des künstlichen Süßstoffpräparates in Wasser aufgelöst. Tritt hierbei eine Entwickelung von Kohlensäure ein, so weist dies auf die Anwesenheit von Natriumcarbonat (Natriumbicarbonat) hin.

Quantitative Bestimmung des Natriums.

Wenn die qualitative Prüfung die Gegenwart von Natrium ergeben hat, so werden 0,5—1 g der feingepulverten Masse von neuem in einem gewogenen Platintiegel vorsichtig mit einigen Tropfen konzentrierter Schwefelsäure durchfeuchtet und verascht. Aus der gefundenen Menge Natriumsulfat berechnet man durch Multiplikation mit 0,3243 den Gehalt an Natrium. Löst sich die untersuchte künstliche Süßstoffzubereitung in kaltem Wasser leicht und ohne Entwickelung von Kohlensäure auf, so liegt das Natriumsalz des Süßstoffes vor.

2. Bestimmung kohlenstoffhaltiger Beimengungen.

Schon beim Kochen des Süßstoffes nach I 3a kann man an der Bräunung der Lösung erkennen, ob kohlenstoffhaltige Beimengungen, besonders Zuckerarten, vorhanden sind. Man nimmt folgende Prüfungen auf Zucker vor:

a) Qualitative Prüfung auf Zucker.

1 bis 2 g der feingepulverten Masse werden in Wasser aufgelöst, wenn nötig unter Zusatz von einigen Tropfen verdünnter Natronlauge. Die Lösung wird mit Fehling'scher Lösung versetzt und zum Sieden erhitzt. Tritt eine Reduktion der Kupferlösung ein, so ist ein reduzierend wirkender Zucker

vorhanden, dessen Art nach den hierfür üblichen analytischen Verfahren bestimmt werden kann. Im allgemeinen kommt hierbei nur Milchzucker in Frage.

Wenn aber die F e h l i n g'sche Lösung nicht reduziert worden ist, so werden 1 bis 2 g des künstlichen Süßstoffpräparates in 10 ccm Wasser gelöst und unter Zusatz von Salzsäure kurze Zeit auf dem Wasserbade erwärmt. Darauf wird die Lösung nahezu neutralisiert und mit F e h l i n g'scher Lösung zum Sieden erhitzt. Tritt hierbei eine Reduktion der Kupferlösung ein, so ist die Anwesenheit von Rohrzucker nachgewiesen.

b) Quantitative Bestimmung des Zuckers.

Liegt ein besonderer Anlaß vor, den vorhandenen Zucker auch der Menge nach zu bestimmen, so wird

α) die quantitative Bestimmung der unmittelbar reduzierend wirkenden Zucker, wenn es sich um Stärkezucker handelt, in sinngemäßer Anwendung der „Anweisung zur chemischen Untersuchung des Weines", Abschnitt II, 10a (Zentralbl. f. d. Deutsche Reich 1896, S. 203) ausgeführt; die Bestimmung des Milchzuckers geschieht in gleicher Weise, nur wird die Kochdauer des Reduktionsgemisches auf 6 Minuten erhöht und zur Berechnung die S o x h l e t'sche Tabelle zur Bestimmung des Milchzuckers benutzt.

β) Die quantitative Bestimmung des Rohrzuckers geschieht durch Polarisation in sinngemäßer Anwendung der Anlage C der Ausführungsbestimmungen zum Deutschen Zuckersteuergesetze vom 27. Mai 1896 (Zentralbl. f. d. Deutsche Reich 1896, S. 269).

γ) Die quantitative Bestimmung von Rohrzucker neben Stärkezucker geschieht in sinngemäßer Anwendung der „Anweisung zur chemischen Untersuchung des Weines", Abschnitt II, 10b (Zentralbl. f. d. Deutsche Reich 1896, S. 204).

δ) Die quantitative Bestimmung von Rohrzucker neben Milchzucker geschieht in sinngemäßer Anwendung der Anlage zur Bekanntmachung des Reichskanzlers vom 8. November 1897, betreffend Änderungen der Ausführungsbestimmungen zum Deutschen Zuckergesetze.

XI. Honig.

Da durch Auskrystallisieren des Honigs bisweilen eine Entmischung eintritt, ist es empfehlenswert[1]), sich für den ganzen Analysengang eine einheitliche Ausgangslösung herzustellen und dieselbe mit einigen Tropfen Formalin zu konservieren. Säurebestimmung ist dann damit allerdings nicht ausführbar. 125 g Honig mit 375 ccm Wasser lösen, das spezifische Gewicht dieser Lösung bestimmen und für die übrigen Bestimmungen 300 g dieser Lösung zu 1 l auffüllen.

Die Untersuchung erstreckt sich auf folgende Bestandteile:

1. Wasser und Trockensubstanz. In bekannter Weise. Das Trocknen geschieht jedoch am besten im Vakuum bei 100^0 unter Zusatz von etwas ausgeglühtem Sand. Einen Wasserzusatz ermittelt man ferner nach Lenz aus dem spezifischen Gewicht einer Lösung von Honig (1 + 2). Den Wasser- bezw. Trockensubstanzgehalt kann man auch unter Benutzung der Halenke-Möslinger'schen Tabelle (Abschnitt Wein) oder der Zucker-(Extrakt-)Tabelle von K. Windisch (desgl.) durch Bestimmung des spezifischen Gewichtes einer etwa 10 %-igen unfiltrierten Honiglösung bei 15^0 ermitteln.

---

[1]) Nach den Beschlüssen der freien Vereinigung Deutscher Nahrungsmittelchemiker 1908.

2. Die Asche wird aus 10—20 g in bekannter Weise ermittelt. In derselben bestimmt man bisweilen die Phosphorsäure nach S. 49.

Mineralische Beimengungen kommen selten vor; ihr Nachweis erfolgt nach den Regeln der Analyse in der eingeäscherten Substanz.

3. Säuregehalt wird in wässerig verdünntem Honig (1 : 5) durch Titration bestimmt. Ausgedrückt in ccm Normallauge in 100 g Honig. 1 ccm Normalalkali = 0,067 g Äpfelsäure [1]).

4. Mehlzusatz. Man behandelt 10—20 g Honig mit 70 %-igem Alkohol, filtriert, wäscht den Rückstand mit diesem aus und bestimmt in demselben die Stärke nach S. 42.

5. Direkt reduzierender Zucker (kann Invertzucker oder Glucose oder ein Gemisch beider sein) wird gewichtsanalytisch nach der auf S. 19 angegebenen Methode bestimmt. Über vorherige Verdünnung und Behandlung des Honigs vgl. S. 300, Nr. 7.

6. Nachweis und Gehaltsermittelung von Stärkesirup (-Zucker kommt kaum in Betracht), **Dextrinen u. s. w.** Für den qualitativen Nachweis sind nachstehend verschiedene Methoden angegeben, von welchen die nach Fiehe (a) ebenso einfach wie zuverlässig ist; außerdem weist starke Rechtsdrehung der invertierten Honiglösung (vgl. unter 7.) auf Stärkesirup- bezw. Dextrinzusatz hin. Die Rechtsdrehung der direkt polarisierten Honiglösung ist kein genügender Verdachtsgrund auf Stärkesirup, da auch natürliche rechtsdrehende Honige vorkommen und überdies die Rechtsdrehung auch von Saccharosezusatz herrühren kann. Jeder Honig muß also vor und nach der Inversion polarisiert werden. Man kann quantitativ den Stärkesirup annähernd auch nach Juckenacks Verfahren (S. 229) bestimmen. Natürliche rechtsdrehende Honige kann man in dieser Weise nicht untersuchen, Saccharosegehalt ist besonders zu berücksichtigen.

a) Die Unterscheidung der Honigdextrine von denjenigen des Stärkesirups bezw. der qualitative Nachweis des letzteren geschieht nach J. Fiehe [2]).

Die Methode beruht darauf, daß Honig-Dextrine bei Gegenwart von HCl durch Alkohol nicht mehr gefällt werden. Die Honiglösung (1 + 2) wird auf dem Wasserbade erwärmt und mit Gerbsäurelösung zur Ausfällung der Eiweißstoffe versetzt. Nach 12-stündigem Stehen wird filtriert und zu 2 ccm des klaren Filtrats 2 Tropfen konzentrierte HCl (1,19) hinzugesetzt. Auf Zusatz von 20 ccm 94 %-igem Alkohol bleiben reine Bienenhonige absolut klar, während Stärkesirup sich durch milchartige Trübung bemerkbar macht.

b) Gärmethode. Man löse 25 g Honig in 200 ccm Raulin'scher Nährsalzlösung [3]), sterilisiere die Lösung und bringe dazu nach dem Er-

---

[1]) Vgl. K. Farnsteiner, Zeitschr. f. Unters. d. Nahr.- u. Genußm. 1908. **15**. 598 fand, daß die Säure des Honigs hauptsächlich aus Äpfelsäure besteht und überhaupt keine einheitliche Säure ist.

[2]) Zeitschr. f. Unters. d. Nahr.- u. Genußm. 1909. **18**. 30.

[3]) Wasser 1500 ccm ; Weinsäure 4,00 g; Ammoniumnitrat 4,00 g; Ammoniumphosphat 0,60 g; Ammoniumsulfat 0,25 g; Kaliumkarbonat 0,60 g; Kaliumsilikat 0,07 g; Magnesiumkarbonat 0,40 g; Eisensulfat 0,07 g; Zinksulfat 0,07 g.

kalten etwa 5 ccm stärkefreie untergärige Bierhefe [1]) (womöglich Reinzucht). Nach der Vergärung (etwa 3—5 Tagen) bei etwa 30^0 wird unter Tonerdebreizusatz behufs Klärung zu 250 ccm aufgefüllt, die Lösung auf etwa 50 ccm eingedampft und im 200 mm-Rohr polarisiert.

Erhebliche Rechtsdrehung deutet auf Stärkesirup, Stärkezucker bezw. deren Dextrine hin. Der rechtsdrehende Gärrückstand ist durch Alkoholfällung auf Dextrin näher zu prüfen.

Zur Ermittelung des Dextringehaltes verfährt man wie folgt:

25 ccm der ursprünglichen vergorenen geklärten Lösung werden mit 25 ccm Wasser und 4 ccm Salzsäure (1,19) 2½ Stunden lang im kochenden Wasserbade erhitzt, auf 100 ccm gebracht, neutralisiert und in dieser Flüssigkeit nach Allihn der Zucker als Glucose nach S. 19 bestimmt; der Zuckergehalt mit 40 multipliziert, gibt die auf den Gärrückstand von 100 g Honig entfallende Menge Glucose (bzw. Dextrin). Echter Bienenhonig soll nach Sieben nur einige Milligramme Glucose liefern, mit Stärkezucker versetzter mehr. Andere (Kayser u. s. w.) finden mehr als 1 % Glucose (Dextrin) nach der Inversion.

c) Untersuchung nach Klinger: 20 g Honig werden in der gleichen Menge Wasser gelöst, mit 80 ccm 90 %-igem Weingeist versetzt, das Gemisch auf dem Wasserbade bis etwa 70^0 C erwärmt und die noch heiße Flüssigkeit mit 80 ccm absolutem Alkohol gefällt. Der entstandene Niederschlag wird auf einem Filter gesammelt, mit absolutem Alkohol ausgewaschen, in Wasser gelöst, die Lösung zu 50 ccm aufgefüllt, filtriert und im Polarisationsapparat (200 mm-Rohr) geprüft. Reiner Honig gibt optisch völlig inaktive Lösung; mit Stärkesirup verfälschte Honige geben mehr oder weniger Rechtsdrehung (bei 6,6 % Stärkesirup = $+ 0,5^0$ Wild).

d) Das Verfahren von Beckmann [2]) beruht darauf, daß die Dextrine des Stärkezuckers und Stärkesirups, insbesondere deren Barytverbindung durch Methylalkohol leicht gefällt werden, die Dextrine des Naturhonigs dagegen nicht.

Qualitativ [3]): Man bringt in ein Reagensglas 5 ccm einer 20 %-igen Honiglösung, versetzt sie mit 3 ccm Barythydratlösung (2 g $Ba(OH)_2$ zu 100 ccm) und fügt zu der noch klaren Mischung sofort auf einmal 17 ccm Methylalkohol. Liegt reiner Honig vor, so bleibt die Mischung beim Umschütteln klar oder wird nur wenig getrübt. Bei starker flockiger Trübung (ev. Niederschlag) ist auf Zusatz von Stärkesirup oder Dextrin des Handels zu schließen.

Die quantitative Bestimmung erfolgt ebenso, nur nimmt man bei geringer Trübung konzentriertere (bis 50 %-ige) Honiglösungen. Der

---

[1]) Nicht Preß- oder Weinhefe.
[2]) Zeitschr. f. analyt. Chemie 1896, 263; Zeitschr. f. Unters. d. Nahr.- u. Genußm. 1901. 4. 1065; J. König, Die Untersuchung landwirtschaftlicher und gewerblich wichtiger Stoffe. III. Aufl. 1906. 591.
[3]) Nach den im Jahre 1907 gefaßten Beschlüssen der freien Vereinigung deutscher Nahrungsmittelchemiker. Zeitschr. f. Unters. d. Nahr.- u. Genußm. 1907. 14. 21.

Niederschlag wird in einen bei 55—60° getrockneten Gooch-Tiegel gebracht und dann mit 10 ccm Methylalkohol und 10 ccm Äther gewaschen, bei 55—60° getrocknet und gewogen. 5 ccm einer 5 %-igen Stärkesiruplösung = 0,116 g Fällung; durchschnittlich berechnet sich auf 1 g Sirup = 0,455 g Fällung. 5 ccm einer 5 %-igen Stärkezuckerlösung geben 0,036 g Fällung; durchschnittlich gibt 1 g Stärkezucker 0,158 g Fällung. (Die Durchschnitte sind aus Versuchen mit 5,10 und 15 %-igen Lösungen berechnet.)

e) Das Verfahren von König und Karsch [1]) ist dem Klingerschen Verfahren ähnlich, nur wird nicht die Fällung, sondern das Filtrat benutzt und schließlich polarisiert.

40 g Honig werden in einem Meßzylinder auf 40 ccm mit Wasser aufgefüllt. 20 ccm dieser Lösung werden in einem ¼ l-Kolben unter langsamem Zuträufeln und fortgesetztem Umschwenken mit absolutem Alkohol bis zur Marke aufgefüllt und unter Umschütteln 2—3 Tage stehen gelassen. Von dem nach dieser Zeit herzustellenden Filtrat werden 100 ccm nach Verjagung des Alkohols nicht ganz zur Trockne verdampft, der noch flüssige Rückstand mit Wasser auf 20 ccm gebracht, nachdem er zuvor mit Bleiessig in bekannter Weise geklärt war. Die Lösung wird polarisiert. Falls Rechtsdrehung eintritt, muß die Lösung noch auf Saccharose geprüft werden.

Siehe auch Verfahren von E. Mader [2]), A. Hilger und P. Wolff [3]).

7. **Saccharose** wird neben Invertzucker nach dem Invertieren polarimetrisch bezw. gewichtsanalytisch bestimmt: Die meisten Honige enthalten geringe Mengen Saccharose; die Erkennung der letzteren durch die Polarisation ist meist nur durch Vornahme der Inversion möglich, da der direkt polarisierte Honig in der Regel links dreht, der Saccharosegehalt also durch den überwiegenden Fructosegehalt im Invertzucker verdeckt sein kann. Im übrigen beweist Rechtsdrehung des direkt polarisierten Honig noch nicht Anwesenheit von Saccharose; es kann vielmehr auch Glucose bezw. Stärkesirup oder Dextrin vorhanden sein. Man muß also stets invertieren bezw. nach 6. verfahren, um einen tieferen Einblick in die Zusammensetzung der Zuckerstoffe zu erhalten. (Vgl. auch unter 6.)

a) 10 g Honig löst man in 100 ccm warmem Wasser, klärt mit etwas Tonerdehydratbrei, filtriert und polarisiert nach dem Abkühlen im 200 mm-Rohr nach 24 Stunden (Birotation kann jedoch mit 1—2 Tropfen Ammoniak aufgehoben werden), oder man füllt zum Liter auf, nimmt davon 25 ccm und verfährt nach E. Meißl S. 19.

b) 50 g voriger Lösung 1 : 10 geklärt wie oben, invertiert man mit 5 ccm Salzsäure (spezifisches Gewicht 1,19) 5 Minuten auf dem Wasserbad bei 67—70°, kühlt sofort ab, neutralisiert, bringt auf das ursprüngliche Volumen und polarisiert wie unter a), oder man füllt zum Liter auf, pipettiert 25 ccm heraus und verfährt mit ihnen eben-

---
[1]) Zeitschr. f. analyt. Chemie. 1895. 1.; J König, l. c. 1906.
[2]) Arch. f. Hygiene 1890. 399 und J. König, Die Untersuchung landwirtschaftlich und gewerblich wichtiger Stoffe. 1906. 591.
[3]) Zeitschr. f. Unters. d. Nahr.- u. Genußm. 1904. 8. 110 und König, ebenda 592.

falls nach Meißl (S. 19). Die Differenz beider Invertzuckerbestimmungen multipliziert mit 0,95 = Saccharose.

Der Saccharosegehalt läßt sich auch aus den Ergebnissen der Polarisation vor und nach der Inversion berechnen, indem man nach P. Lehmann und H. Stadlinger[1]) die Differenz beider Werte[2]) mit 2,2896 multipliziert. Produkt = Saccharose in Prozenten. Die Vorbereitung der Lösungen für diesen Zweck ist folgende: Je 37,5 g der ursprünglichen Lösung (1 + 2) werden in zwei Kolben von 50 ccm Inhalt abgewogen; der Inhalt des einen Kölbchens wird mit Tonerdehydratbrei geschüttelt und nach dem Auffüllen zur Marke (nach 24-stündigem Stehen) polarisiert, der Inhalt des anderen Kölbchens wird in der unter 7b beschriebenen Weise invertiert und nach dem Abkühlen mit konzentrierter NaOH (500 g zu 1 l) unter Kühlen fast neutralisiert (tropfenweise Zugabe; Überschuß mit verdünnter Salzsäure ausgleichen), nach dem Klären wird polarisiert.

Vgl. auch die Saccharosebestimmung in den Abschnitten Fruchtsäfte und Marmeladen.

8. Glucose und Fructosebestimmung nach Soxhlet-Sachsse S. 23 des Hilfsbuches. Kommt kaum in Betracht, da die Mengenverhältnisse dieser Zuckerarten auch im natürlichen Invertzucker des Honigs erheblich variieren.

9. Nichtzuckergehalt ergibt sich aus der Differenz zwischen Trockensubstanz und ermitteltem Gesamtzuckergehalt (einschl. etwa vorhandenen Stärkesirups).

10. Melasse soll man nach Beckmann an der starken, weißen bis weißlichgelben Fällung, welche in 25 %-igen nicht sehr wässerigen Honiglösungen durch Zusatz von Bleiessig und Methylalkohol entsteht, erkennen.

11. Nachweis von Stickstoff nach Kjeldahl vgl. S. 13; siehe auch unter 14. S. 304.

12. Spezialreaktionen:

a) Reaktion nach G. Marpmann[3]): Zur Erkennung einer Erhitzung: Eine Lösung von Paraphenylendiamin mischt man mit der verdünnten Honigprobe und setzt tropfenweise Wasserstoffsuperoxyd zu. Der reine Schleuder-Honig färbt sich dann blaugrau über violett bis indigoblau. Auch mit Guajactinktur tritt Blaufärbung ein. Tritt die Reaktion nicht ein, so sind die Honigsorten entweder minderwertig, also heißgepreßte oder ausgekochte Naturhonige oder Gemenge von Honig mit Zuckerhonig oder reiner Zuckerhonig, da man einen Mischhonig auf kaltem Wege nicht herstellt und im großen überhaupt nicht vorteilhaft mischen kann. — Vgl. auch die Storchsche Reaktion bei Milch und den Nachweis von Enzymen unter 14. Die Marpmannsche Reaktion beruht auf dem Verhalten der Enzyme gegen obiges Reagens.

---

[1]) Zeitschr. f. Unters. d. Nahr.- u. Genußm. 1907. 13. 415. Anwendung der Clergetschen Formel (s. S. 277).
[2]) In Frage kommen drei Fälle; a = Polarisation vor der Inversion; b = Polarisation nach der Inversion.
1. (+ a) — (+ b) = a — b; 2. (+ a) — (— b) = a + b; 3. (— a) — (— b) = b — a.
[3]) Pharm. Ztg. 1903. 48. 603, ferner Zeitschr. f. Unters. d. Nahr.- u. Genußm. 1904. 8. 518 und F. Schwarz, 1908. 15. 408.

b) **Reaktion nach Ley**[1]) zur Unterscheidung des Naturhonigs von Kunsthonig: 5 ccm der filtrierten Honiglösung 1 + 2 werden in einem Reagensglase mit 5 Tropfen einer möglichst frisch bereiteten Silberlösung gemischt, die man durch Fällen einer Lösung von 1,0 g Silbernitrat in 10,0 ccm Wasser mit 2,0 ccm 15 %-iger Natronlauge, Lösen des gesammelten und mit etwa 40,0 ccm Wasser gewaschenen Silberoxyds in 10 %-igem Ammoniak zum Gewichte von 11,5 g erhält. Das Reagensglas wird dann mit einem Wattepfropfen verschlossen in ein siedendes Wasserbad gesetzt; nach 5 Minuten (unter Lichtabschluß) wird es herausgenommen und beobachtet. Naturhonige geben nach Ley ein Gemisch von dunkler Farbe, das nicht durchsichtig, aber fluoreszierend ist, letzteres namentlich bei Heidehonigen. Beim Umschütteln wird das Gemisch braunrot, durchsichtig, an der Glaswandung einen braungrünlichen bezw. gelbgrünlichen Schein zurücklassend, das ein besonders bezeichnendes Merkmal der Reaktion sein soll. Kunsthonige, Honigsurrogate oder deren Gemische mit Naturhonigen erscheinen nach gleicher Behandlung undurchsichtig braun bis schwarz, besonders aber fehlt der gelblichgrüne Schein. (Die Methode entbehrt aber vorerst noch der völligen Zuverlässigkeit.) Das Wesen der Reaktion wurde neuerdings durch Amberger[2]) erforscht.

c) **Reaktion nach Fiehe**[3]): Nachweis von künstlichem Invertzucker bezw. Kunsthonig. Bei der Inversion von Saccharose und Säuren bildet sich β-Oxymethylfurfurol, welches auf Zersetzung des Invertzuckers, besonders der Fructose zurückzuführen ist. Die auf den Nachweis dieses Zersetzungsproduktes begründete Reaktion wird folgendermaßen angestellt: Man zieht eine wässerige Honiglösung (5 g Honig und 5 g Wasser) mit Äther aus, filtriert die Ätherlösung, läßt diese auf einer Porzellanplatte, wie sie zum Tüpfeln gebraucht wird, freiwillig verdunsten und übergießt den Rückstand mit einigen Tropfen einer 1 %-igen Lösung von Resorcin in Salzsäure (1,25). Bei Gegenwart von Kunsthonig oder künstlichem Invertzucker entsteht eine rote Färbung, welche allmählich in Kirschrot übergeht. Anstatt des Ausschüttelns kann die Reaktion auch in der Weise ausgeführt werden, daß man einige Gramm des Honigs mit wenig Äther in der Reibschale verreibt, den Äther filtriert und wie oben angegeben weiter behandelt.

Anderweitige Vorschriften zur Ausführung der Reaktion (nach der unten angegebenen Literatur) stellen keine Verbesserungen dar. Verfährt man genau nach der Fiehe schen Vorschrift unter Hinzuziehung einwandfreien Materials zu Kontrollprüfungen, so erhält man einen sicheren Blick über die Fehlerquellen und die Tragweite der Methode. Schwache Rotfärbungen sind nicht als positive Reaktion anzusehen, ebensowenig nachträglich nach kurzer Beobachtungsdauer (etwa 5 Min.) eintretende Färbungen. Der Einwand, daß das Erhitzen des Honigs auf 100° allein schon zu einer positiven Reaktion führe, wird von der Mehrzahl der Autoren bestritten. Wenn dies bei höherer Temperatur bis zu einem gewissen Grade der Fall ist, so kann diesem Umstand aber keine praktische

---

[1]) Zeitschr. f. Unters. d. Nahr.- u. Genußm. 1904. 8. 519.
[2]) Ebenda 1910, 20, 655.
[3]) Zeitschr. f. Unters. d. Nahr.- u. Genußm. 1908. 16. 75.

Bedeutung beigemessen werden. Allmählich scheint erfreulicherweise der Wert der Methode erkannt zu werden; vgl. auch weiter unten.

d) Reaktion nach Jägerschmid[1]) stellt eine Modifikation der Fieheschen Reaktion dar. Zahlreichere Beobachtungen sind bisher damit nicht gemacht.

e) Tanninfällung nach R. Lund[2]) zur Erkennung von Kunsthonig: 10 ccm einer 20 %-igen Honiglösung läßt man nach dem Filtrieren in eine Röhre fließen. Letztere hat etwa 32,5 cm Länge, die im oberen Teile 16, im unteren 8 mm lichte Weite hat. Der untere Teil faßt etwa 4,5 ccm und ist in ccm geteilt. Der Übergang vom unteren zum oberen Teil verteilt sich auf 3—4 cm Länge, die Verjüngung ist aber eine allmähliche. Der obere Teil trägt Marken bei 20, 25 und 40 ccm. Das Filter wird nachgewaschen bis zur Marke 35 ccm. Man fügt dann 5 ccm einer 0,5 %-igen Tanninlösung hinzu und mischt vorsichtig. Nach 24 Stunden wird das Volumen des entstandenen Niederschlages abgelesen. Die an den Wandungen haftenden Niederschläge lassen sich leicht durch Neigen oder Drehen u. s. w. der Röhre loslösen. Dunkle Färbung des Niederschlages weist auf Fe-Gehalt hin.

f) Brownesche Reaktion[3]) zum Nachweis von Kunsthonig: 5 ccm der ursprünglichen Lösung 1 + 2 werden in einem Reagensglase vorsichtig mit etwa 2 ccm einer Mischung von 5 ccm Anilin mit 5 ccm Wasser und 2 ccm Eisessig überschichtet. Die Berührungszone soll bei Kunsthonig rot sein.

13. Nachweis von Farbstoffen und künstlichen Süßstoffen wie bei Wein, Fruchtsäften u. s. w.

---

[1]) Zeitschr. f. Unters. d. Nahr.- u. Genußm. 1909. 17. 113. Siehe auch H. Witte, ebenda. 18. 628.
Literatur zur Leyschen und Fieheschen Reaktion.
J. Fiehe, Zeitschr. f. Unters. d. Nahr.- u. Genußm. 1907. 14. 299,
E. v. Raumer, ebenda. 1908. 16. 517.
A. Jägerschmid, ebenda. 1909. 17. 113 und 671.
A. Reinsch, ebenda. 1909. 17. 646 und Bericht des Chem. Unters. Altona 1909. 25. 28.
W. Bremer und F. Sponnagel, ebenda. 1909. 17. 664.
Neuhoff, ebenda. 1909. 18. 33.
H. Kreis, ebenda. 1909. 18. 482.
G. Benz, ebenda. 1909. 18. 482.
Utz, Zeitschr. f. angew. Chem. 1908. 21. 2315.
E. Baier, Jahresber. d. Nahrungsm.-Unters.-Amtes d. Landw.-Kammer f. d. Provinz Brandenburg 1908. Zeitschr. f. Unters. d. Nahr.- u. Genußm. 1910. 19. 348. (Ref.)
F. Riechen und J. Fiehe, Chem.-Ztg. 1908. 32. 1090.
K. Keiser, Arbeiten aus dem Kais. Gesundh.-Amt 1909. 30. 637.
A. Behre, Pharm. Zentralh. 1909. 50. 175.
A. Lührig, ebenda. 1909. 50. 605.
F. Reinhardt, Zeitschr. f. Unters. d. Nahr.- u. Genußm. 1910. 20. 113 gibt eine andere Vorschrift für die Fiehesche Reaktion als Fiehe selbst.
²) Zeitschr. f. Unters. d. Nahr.- u. Genußm. 1909. 17. 128; die Methode beruht auf der Ausfällung der Eiweißstoffe (Enzyme) durch Tannin. Soltsien fällt mit Ferrocyankalium in essigsaurer Lösung; vergl. Pharm.-Ztg. 1907. 52. 1071.
³) Zeitschr. d. Vereins deutscher Zuckerindustr. 1908. 45. 751—806; Zeitschr. f. Unters. d. Nahr.- u. Genußm. 1909. 17. 469.

14. Biologische Untersuchung[1]) mit Hilfe von Antisera befindet sich z. Z. noch im Versuchsstadium; ebenso ist die Kenntnis der Honigenzyme noch nicht so weit gefördert, daß sie zu einer praktischen Bedeutung gelangt wäre; siehe aber A. Auzinger[2]) über Fermente (Enzyme) im Honig und den Wert ihres Nachweises für die Honigbeurteilung,

15. Die mikroskopische Untersuchung auf Pollenkörner, Wachs u. s. w. dient zum Nachweis, ob Blütenhonig vorliegt; ist aber nicht als ausschlaggebend zu betrachten, da diese Bestandteile auch künstlich zugesetzt sein können. Vorbereitung durch Verdünnen des Honigs, Absetzen lassen oder Zentrifugieren.

Beurteilung:

Gesetze: Das Nahrungsmittelgesetz und das Süßstoffgesetz.

Begriffsauslegung und Eigenschaften. Nach den Beschlüssen der freien Vereinigung deutscher Nahrungsmittelchemiker[3]) ist „Honig als Nahrungs- und Genußmittel der durch die Arbeitsbiene von den verschiedenen Teilen der lebenden Pflanze aufgesaugte, in der Honigblase der Biene verdichtete und fermentierte Saft, der in die Waben (Wachszellen) zum Zwecke der Ernährung des Bienenvolkes abgeschieden wird". Mangels eingehender Kenntnisse über die biologischen Vorgänge bei der Arbeit der Bienen läßt sich z. Z. eine nähere Begriffsauslegung nicht geben. Ihrer Herkunft entsprechend, unterscheidet man verschiedene Sorten, z. B. Akazien-, Coniferen-, Heide-, Obstblüte-Honig u. s. w. Zum Zwecke des Handels werden vielfach verschiedene Honigsorten miteinander vermischt und dazu auch ausländische Honige (Cuba u. s. w.) verwendet. Diese überseeischen sog. Havannahonige sind bisweilen ungereinigt, von trüber Beschaffenheit und schwachem oder minderwertigem Aroma. Wabenhonig, d. h. den noch in den Waben verdeckelten Honig, kaufen meist nur Liebhaber oder Händler, die ihn selbst schleudern wollen.

Die Farbe des Honigs ist eine sehr verschiedenartige — weiß bis dunkelbraun — und kann nicht als Maßstab für die Echtheit gelten.

Das Krystallisieren der Honige tritt meist allmählich ein und hängt mit dem verschiedenen Gehalt an Glucose und Fructose zusammen. Die Krystallisierfähigkeit hört in der Regel nach dem Erwärmen auf 70 bis 90° gänzlich auf. Zum Zweck der Vermischung mehrerer Honigsorten und bequemeren Handhabung wird das Erwärmen des Honigs neuerdings öfter vorgenommen. Das öftere Erwärmen und dasjenige auf höhere Temperaturen ist dem Aroma des Honigs schädlich.

Zusammensetzung und Auslegung der Befunde. Der Prozentgehalt der Honigbestandteile schwankt, abgesehen vom Wassergehalt, innerhalb erheblicher Grenzen, weßhalb die Angabe von Durchschnittswerten unterbleibt und man beim Nachweis von Verfälschungen häufig auf erhebliche Schwierigkeiten stößt.

---

[1]) J. Langer, Zeitschr. f. Unters. d. Nahr.- u. Genußm. 1902. 5. 1204 und 1903. 6. 1010. Im städt. Labor. Stuttgart ist man ebenfalls mit derartigen Unters. beschäftigt.

[2]) Ebenda, 1910. 19. 65, sowie 353, J. Langer, ebenda 1902. 5. 1204.

[3]) Zeitschr. f. Unters. d. Nahr.- u. Genußm. 1907. 14. 17.

Das spezifische Gewicht der Lösung (1 + 2) sei nicht unter 1,11. Der Wassergehalt soll darnach 21,5 % nicht übersteigen. Asche: schwankend von 0,1—0,8 %; vereinzelt kommen auch niedrigere Werte vor (u. a. Akazien- und italienischer Honig). Honig aus Honigtau gesammelt, erhöht die Asche. Die Honige sind im allgemeinen linksdrehend, doch gibt es auch rechtsdrehende Honige (Coniferen- und Honigtauhonige). Der Saccharosegehalt überschreitet einige Prozente nicht, indessen kommt echter Honig mit bis zu 10 % Saccharosegehalt vor. In vereinzelten Fällen sollen angeblich auch darüber hinausgehende Mengen gefunden worden sein (s. weiter unten). Weniger als 1,5 % Nichtzuckerstoffe deuten auf künstlichen Zusatz von Invertzucker, Saccharose und Glucose. Natürliche Honige enthalten im allgemeinen 5—6 % Nichtzucker. Wenn die Rechtsdrehung der 10 %-igen vergorenen Honiglösung bei Anwendung des 200 mm-Rohres mehr als + 1 Kreisgrad gibt, und die qualitative Dextrinreaktion nach Beckmann eintritt, so ist der Honig als mit Glucose bezw. Stärkezucker und Stärkesirup versetzt zu bezeichnen, desgleichen wenn die nach dem Vergären quantitativ ermittelte Dextrinmenge mehr als Spuren beträgt. 0,9 g Barytniederschlag = 1 g Dextrin des Stärkesirups und des Stärkezuckers. Das spezifische Drehungsvermögen des nach der Vergärung quantitativ bestimmten Dextrins ist bei Anwesenheit von Stärkesirup = + 170 bis + 193°.

Von den Spezial-Reaktionen ist namentlich die Fiehesche sehr wertvoll; siehe auch oben. Wohl sind absprechende Urteile darüber erfolgt; im wesentlichen scheinen dieselben jedoch auf den anfänglich verschiedenen bezw. zu hohen an die Schärfe der Reaktion gestellten Anforderungen zu beruhen. Erhitzung des Honigs auf 100° beeinflußt die praktische Bedeutung der Methode nicht (vgl. die oben zitierten Abhandlungen). Deutliche Kirschrotfärbung weist auf künstliche Inversion hin. Auf die Ermittelung des Stickstoffsubstanzgehaltes wird von mehreren Seiten neuerdings Wert gelegt. Grenzwerte können nicht angegeben werden, ebenso ist die Tanninfällung nach Lund noch nicht als sicheres Kriterium erwiesen. Schwankungen im N-Gehalt wurden von 0,03—2,67 beobachtet; auch der Säuregehalt kann für den Nachweis von Fälschungen nur unter gewissen Umständen von Bedeutung sein. Schwankungen zwischen 0,03—0,21 %. Relativ erhebliche Mengen von schwefelsauren Salzen in der Asche verraten bisweilen künstlichen Invertzucker-(Kunsthonig)-Zusatz (Juckenack).

Nach dem heutigen Stand der Honiganalyse kann man die Anwesenheit von Saccharose (Beurteilung als Fälschung siehe unten) und Stärkesirup, erstere auch in den kleinsten Mengen ohne Mühe und mit Sicherheit konstatieren. Der Nachweis von Invertzucker (bezw. Kunsthonig im allgemeinen), mit dem die meisten Verfälschungen und Nachmachungen ausgeführt werden, beruht zurzeit auf der Feststellung verschiedener Nebenerscheinungen und Bestimmung verschiedener nichtzuckerartiger Stoffe, wie Eiweißstoffe (Fermente), Asche u. s. w. Die darauf gegründeten Methoden entbehren noch teilweise allgemeiner Anerkennung als in allen Fällen untrüglich zuverlässige Hilfsmittel, bezw.

fehlt es noch an hinreichendem statistischen Material über die Zusammensetzung der Honigsorten. Laufen jedoch mehrere oder alle Ermittelungen auf unnormale Beschaffenheit hinaus, so ist dieser Umstand ein genügender Grund für eine Beanstandung.

Verfälschungen und Nachmachungen. Während Beschwerungsmittel, Wasser, Mehl u. s. w. Farbstoff und auch Stärkesirup gänzlich sicher direkt nachgewiesen werden können, ist der Nachweis von Invertzucker meistens von dem Eintreffen indirekt angestellter Ermittelungen (siehe oben) abhängig. Beim Rohrzucker verursacht zwar der Nachweis kleinster Mengen keinerlei Schwierigkeiten, dagegen die Beurteilung, ob der Rohrzuckergehalt etwa ein natürlicher Rest oder auf künstlichen Zusatz zurückzuführen ist. Erfahrungsgemäß übersteigt der natürliche Rohrzuckergehalt 4—5 % nur in seltenen Fällen. Bei Akazienhonigen sind schon größere Mengen vorgekommen. Als allgemeine Höchstgrenze geben die Beschlüsse der freien Vereinigung deutscher Nahrungsmittelchemiker 10 % an, womit unseres Erachtens ein mehr als hinreichender Spielraum gegeben ist. Nach Literaturangaben älteren Datums sollen zwar auch schon in vereinzelten Fällen 18 % und darüber an Saccharose durch Zuckerfütterung (Entnahme desselben durch die Bienen aus Zuckerfabriken) vorgekommen sein. Diesen Angaben steht aber die neuere Beobachtung gegenüber, daß die Bienen auch bei reiner Zuckerfütterung Honige mit nur solchem Saccharosegehalt liefern, der auch bei normalen Bienenhonigen vorkommt [1]).

Das Füttern mit Saccharose oder sogenannten Bienenfuttermitteln (Nectarin u. s. w.), die meist mehr oder weniger Saccharose enthalten, ist zur Überwinterung der Bienenvölker bisweilen unumgänglich nötig, namentlich bei Honigmangel, jedoch darf damit eine Honiggewinnung nicht verbunden sein. Dem durch Füttern gewonnenen Produkt fehlen die den Wert des Honigs in erster Linie bedingenden Aromastoffe, Eiweißkörper (Fermente) u. s. w. mehr oder weniger, die sonst bei normaler Honiggewinnung den Blütennectarien entnommen und mit als Honig eingesammelt werden; es hat also keinen Anspruch auf die Bezeichnung Honig.

Kunsthonige (nachgemachter Honig) bestehen meist gänzlich aus Invertzucker und enthalten bisweilen auch größere Mengen Saccharose und auch Stärkesirup. Färbung wird durch entsprechendes Karamelisieren bezw. auch durch Zusatz von Farbstoffen erhalten. Zur Verbesserung des Aromas bezw. Aromagebung überhaupt erhalten Kunsthonige mehr oder weniger große Zusätze von Bienenhonig; beliebt sind dazu besonders aromakräftige ausländische Honige. Von inländischen soll sich dazu besonders der Heidehonig eignen. Auch künstliches Aroma wird verwendet. Neben dem vielfach vorkommenden Unterschieben von Kunsthonig als Honig, Bienenhonig, Naturhonig u. s. w.

---

[1]) U. a. E. Baier, Jahresber. d. Nahrungsm.-Unters.-Amtes der Landw.-Kammer f. d. Provinz Brandenburg. 1908, Zeitschr. f. Unters. d. Nahr.- u. Genußm. 1910. 19. 346. (Ref.) u. a.

findet nicht selten eine unzulässige Anpreisung zu Täuschungszwecken statt, z. B. als feinster präparierter Tafelhonig (vgl. Entscheidung des Reichsgerichts bezw. Landgerichts zu Güstrow vom 4. Januar 1906, ferner des preußischen Kammergerichts zu Berlin vom 21. Dez. 1906 und des Landgerichts I daselbst vom 5. September 1906), Florida-Blütenhonig (Entscheidung des Reichsgerichts bezw. Landgerichts I zu Berlin vom 14. Juni 1904[1]). Zuckerhonig, Schweizerhonig ist ebenfalls eine für Kunsthonig öfters benutzte Bezeichnung. Als Zuckerhonig kann auch das durch Füttern der Bienen mit Zucker gewonnene Produkt bezeichnet werden.

Betreffs Honigverfälschungen siehe auch den preußischen Ministerialerlaß vom 1. April 1908 in den Veröffentlichungen des Kaiserl. Gesundheits-Amtes 1908, 32, 676—679; sowie Zeitschr. f. Unters. d. Nahr.- u. Genußm. Anhang Gesetze u. s. w. 1909, 85. Über Zusammensetzung, Gewinnung und Verfälschung der Honige siehe auch die Denkschrift des Kaiserl. Gesundheits-Amtes vom Jahre 1902.

Die Zuziehung von praktischen Sachverständigen (Imkern, Honighändlern) zum Zwecke der Geschmacksprüfung ist meist nur dann angängig und zweckmäßig, wenn Honige zur Beurteilung vorliegen, deren Charakter den betreffenden Sachverständigen bekannt sind, andernfalls ist sie wertlos.

Verunreinigter, in Gärung befindlicher und verbrannter Honig gilt als verdorben. Gesundheitsschädliche Eigenschaften entstehen durch Entnahme vom Honig giftiger Pflanzen. Der Honig nicht aller giftigen Pflanzen ist aber gesundheitsschädlich. Durch Verfütterung von Honig, der von ruhrkranken oder von der Faulbrut befallenen Völkern gewonnen ist, können diese Krankheiten leicht weiter verbreitet werden; s. auch den bakteriologischen Teil.

XII. Kaffee und Kaffeeersatzstoffe[2]).

Die Untersuchung erstreckt sich bei:

1. Ungebranntem Kaffee auf:

a) den Nachweis von Farbstoffen.

Die künstliche Färbung havarierter, verdorbener, unreifer oder überhaupt minderwertiger Bohnen wird mit Berlinerblau, Indigo und Curcuma, Chromverbindungen, Kupfer-, Eisenvitriol, Kohle, Smalte, Ultramarin, Ocker u. dgl., zu welchem Zweck mit denselben verschieden-

---

[1]) Zeitschr. f. Unters. d. Nahr.- u. Genußm. 1907. 14. 735 bzw. 1905. 9. 56. G. Ambühl, ebenda 1910. 19. 349.
[2]) L. Medicus und H. Trillich, Forschungsberichte 1894. 1. 411; H. Trillich, Zeitschr. f. angew. Chem. 1891. 540. 719; 1894. 203. 350. 1896. 440; Forschungsberichte 1896. 8. 351. Beschlüsse d. freien Vereinig. bayr. Vertreter d. angewandt. Chem. über d. Kaffeesorten u. Kaffeesurrogate d. Handels, ebenda 1895. ?. 275; Ed. Späth, ebenda 1896. 3. 144.

artige Mischungen zur Nüanzierung der Bohnen hergestellt werden, ausgeführt.

Der Nachweis der Farbstoffe geschieht in den meisten Fällen nach den allgemeinen analytischen Methoden, am besten auf mikrochemischem Wege. Bei Anwesenheit gewisser Zusätze, wie Graphit, Kohle, Talk u. s. w., wird nur das Mikroskop entscheiden können [1]).

b) Nachweis von Seewasser in havarierten Bohnen: Man zieht mit Wasser aus und ermittelt im Auszug den Gehalt an Chlor.

c) Bestimmung des Wassergehaltes, von Coffein u. s. w. siehe unter gebrannte Bohnen.

2. Gebranntem Kaffee (ganz und gemahlen) auf:

a) den Nachweis von Beschwerungs- und Glasurmitteln.

Wasser, Glycerin, Palmöl, Vaselinöl, Caramel (Zucker), auch Colophonium und Schellack.

Wasser wird wie bekannt stets im gemahlenen Kaffee (5 g drei Stunden lang im Dampftrockenschranke trocknen) bestimmt. Es ist zu beachten, daß sich bei der Wasserbestimmung auch noch andere Substanzen verflüchtigen. Sind die Bohnen mit Zucker gebrannt, so sind sie sehr hygroskopisch und nehmen beim Lagern noch ziemliche Mengen von Wasser auf; zwecks Beschwerung werden sie mit Zuckerlösung getränkt.

Glycerin wird mit Alkohol extrahiert und letzterer abdestilliert; zum Rückstand setzt man Baryt und verseift das Fett; die erhaltene Seife wird unter Zusatz von etwas Sand nahezu zur Trockene verdampft und der Rückstand mit Äther-Alkohol ausgezogen. (Siehe Abschnitt Wein.)

Vaselinöl, Paraffin, Schellack u. s. w. werden dadurch nachgewiesen, daß man etwa 100—200 g Bohnen mehrmals mit Äther oder Petroläther schüttelt, die Filtrate eindampft, wiederum in Äther aufnimmt, nochmals filtriert und den Äther verjagt. Der Rückstand wird auf Verseifbarkeit und andere Eigenschaften geprüft. (Vergl. Abschnitt Fette.)

Abwaschbare Stoffe Saccharose, Stärkesirup (Caramel), Dextrin können nach folgenden Methoden bestimmt werden:

1. Nach Stutzer-Reitmaier:

20 g ganze Bohnen übergießt man mit 500 ccm Wasser im Literkolben und schüttelt 5 Minuten lang, dann wird mit Wasser zum Liter aufgefüllt und filtriert. Im Filtrate bestimmt man Trockensubstanz (getrocknet bei 100°) und Asche.

2. Nach König [2]): 10 g ganze Bohnen werden zweimal mit je 200 ccm siedenden Wassers 5 Minuten geschüttelt. Die Lösung wird jedesmal abgegossen und dann noch mit 100 ccm heißem Wasser nachgewaschen. Das Ganze wird auf 500 ccm gebracht. Weiterbehandlung wie unter 1.

3. Nach Hilger [3]): 10 g ganze Bohnen werden dreimal gleichmäßig je ½ Stunde mit 100 ccm verdünntem Alkohol (gleiche Teile

---

[1]) v. Raumer, Forschungsberichte 1896, S. 333: „Über den Nachweis künstlicher Färbung bei Rohkaffee." Derselbe hat auch einen einfachen Reibeapparat zum Ablösen der Farbe von den Bohnen konstruiert.

[2]) Zeitschr. f. angew. Chemie. 1888. 631.

[3]) Zeitschr. f. analyt. Chemie. 1897. 226.

90 %-igen Alkohol und Wasser) bei gewöhnlicher Temperatur stehen gelassen. Die vereinigten, jeweilig abgegossenen Flüssigkeiten werden dann auf 500 ccm gebracht und filtriert. Dextrin läßt sich mit warmem Wasser auflösen.

4. Nach den Vereinbarungen: 20 g unverletzte Kaffeebohnen werden in einen Literkolben geschüttet, mit 500 ccm Wasser von 15⁰ C übergossen, sofort und genau 5 Minuten lang in einem mechanischen Schüttelapparat bei ungefähr 120 Touren in der Minute geschüttelt. Die Flüssigkeit wird sofort durch ein Sieb gegossen und dann filtriert. Von dem Filtrat dunstet man in einer Wein-Platinschale 250 ccm auf dem Wasserbade ein, trocknet 3 Stunden lang in einem Wasserdampftrockenschranke, wägt, verascht und wägt nochmals. Die Differenz gibt die abwaschbare organische Substanz.

Welche von diesen Methoden angewendet worden ist, soll stets angegeben werden, da nach den vergleichenden Untersuchungen von W. Fresenius und L. Grünhut[1]) die Methoden verschiedene Werte liefern, wovon die Stutzer-Reitmaier'sche die niedrigsten gibt (der Aschengehalt ist stets in Abzug zu bringen).

Die Bestimmung des Zuckers der abwaschbaren Substanz erfolgt in der etwa auf 50 ccm eingeengten Abwaschflüssigkeit, nachdem man erst mit Bleiessig gefällt bezw. das überschüssige Blei entfernt hat, nach den S. 19 angegebenen Methoden. Bei Anwesenheit von Saccharose muß invertiert werden.

b) Extrakt (wässeriger Auszug bezw. in Wasser löslicher Teil).

Nach Krauch:

30 g Kaffeepulver digeriert man mit 500 ccm Wasser 6 Stunden auf dem Wasserbad, filtriert durch ein gewogenes Filter und wäscht mit heißem Wasser, bis 1000 ccm erreicht sind, nach. Der Rückstand auf dem Filter wird getrocknet, gewogen und so auf indirektem Wege der Extraktgehalt bestimmt.

Nach Trillich[2]):

10 g Kaffeepulver (lufttrockene Substanz) werden in einem 400 ccm-haltigem Becherglase oder Messingbecher mit 200 ccm Wasser übergossen und mit einem Glasstabe gewogen. Man erhitzt dann unter fleißigem Umrühren 5 Minuten lang zum Sieden, füllt nach dem Erkalten auf das ursprüngliche Gewicht auf, filtriert, dampft einen aliquoten Teil ein und trocknet den Rückstand im Wasserdampftrockenschrank. Das Resultat wird auf 100 g Kaffee umgerechnet.

Es gibt noch andere direkte und indirekte Extraktbestimmungs-

---

[1]) Zeitschr. f. analyt. Chemie. 1897. 225 und ff.
[2]) Forschungsber. 1894. 413. Diese Trillichsche Methode ist die übliche. Das Kaffeepulver wird am besten durch Mahlen in einer Kaffeemühle mit sehr feiner Mahlung vorgenommen. Zum Vornehmen der „Tassenprobe" werden so viel Gramme gemahlener Kaffee als annähernd 3 g trockenem wasserlöslichem Extrakt entsprechen, in einem Blechkochgefäß mit Deckel mit 200 ccm lebhaft kochendem Wasser überbrüht, umgerührt und 2 Minuten lang aufgekocht. Der Kaffee bleibt zur Klärung etwa 5—10 Minuten lang ruhig stehen und wird durch ein Sieb in eine Porzellantasse gegossen; darnach Feststellung von Farbe, Geruch, Geschmack sowohl „schwarz" als mit Zucker und Milch.

methoden, keine derselben gibt jedoch absolute Werte. Die angewendete Methode ist deshalb stets anzugeben. Befriedigende übereinstimmende Untersuchungsergebnisse erhält man selbstverständlich nur bei Vergleichsversuchen; wie bei a).

c) Zucker, Stärke und Rohfaser.

Nach Kornauth[1]):

5 g getrocknetes Kaffeepulver wird mit Äther entfettet und dann mit 95 %-igem Alkohol extrahiert; der alkoholische Auszug wird filtriert und der Alkohol abdestilliert. Der Rückstand wird dann mit Bleiessig behandelt und überschüssiges Blei mit H_2S oder gesättigter Na_2SO_4 oder Na_2CO_3-Lösung entfernt. Das Filtrat wird darauf mit Salzsäure ½ Stunde im Wasserbade invertiert und dann der Zucker, Invertzucker nach S. 20 bestimmt. Stärke wird in dem mit Äther und Alkohol behandelten rückständigen Kaffeepulver nach einer der S. 42 angegebenen Methoden bestimmt.

Rohfaser vgl. S. 43 und S. 322 (Kakao).

d) Stickstoffsubstanzen werden nach Kjeldahl S. 13 bestimmt.

e) Fettgehalt, Mineralstoffe und Salzsäureunlösliches, Chlorgehalt, Metalle nach den bekannten Methoden.

f) Säuregehalt (Acidität) wird in der Extraktlösung (b) in üblicher Weise bestimmt.

g) Coffein.

1. Nach A. Juckenack und A. Hilger[2]):

20 g fein gemahlener Kaffee werden mit 900 g Wasser bei Zimmertemperatur einige Stunden aufgeweicht und dann unter Ersatz des verdampfenden Wassers vollständig ausgekocht (Dauer bei Rohkaffee 3 Stunden, bei geröstetem 1½ Stunde). Nach dem Erkalten auf 60—80° setzt man 75 g einer Lösung von basischem Aluminiumacetat (7,5 bis 8 %-ig) und während des Umrührens allmählich 1,9 g Natriumbicarbonat zu, kocht nochmals etwa 5 Minuten auf und bringt das Gesamtgewicht nach dem Erkalten auf 1020 g. Nun wird filtriert, 750 g des klaren Filtrats (= 15 g Substanz) werden mit 10 g gefälltem, gepulvertem Aluminiumhydroxyd und mit etwas mittels Wassers zum Brei angeschütteltem Filtrierpapier unter zeitweiligem Umrühren im Wasserbade eingedampft, der Rückstand im Wassertrockenschrank völlig ausgetrocknet und im Soxhlet'schen Extraktionsapparat 8—10 Stunden mit reinem Tetrachlorkohlenstoff ausgezogen. Als Siedegefäß dient zweckmäßig ein Schott'scher Rundkolben von etwa 250 ccm, der auf freiem Feuer über einer Asbestplatte erhitzt wird. Der Tetrachlorkohlenstoff, der stets völlig farblos bleibt, wird schließlich abdestilliert, das zurückbleibende ganz weiße Coffein im Wassertrockenschranke getrocknet und gewogen.

Die so erhaltenen Zahlen sind eventuell durch eine N-Bestimmung zu kontrollieren.

---

[1]) Zeitschr. f. angew. Chemie. 1900. 499.
[2]) Forschungsber. 1897. 4. 49, 119.

Nach Gadamer[1]), Wäntig[2]), Lendrich und Murdfield[3]) gibt die Methode gegenüber anderen etwas zu geringe Werte.

2. Nach A. Forster und R. Riechelmann[4]):

20 g gemahlene Substanz werden viermal mit Wasser ausgekocht, auf 1000 ccm gebracht, filtriert und 600 ccm davon in einem besonderen[5]) Apparat mit Chloroform 10 Stunden lang extrahiert, nachdem in denselben zuvor etwas Chloroform gegeben und die Lösung mit NaOH alkalisch gemacht hat. Nach dem Abdunsten des Chloroforms wird eine Stickstoffbestimmung ausgeführt. N × 3,464 = wasserfreies Coffein.

3. Nach K. Lendrich und E. Nottbohm[6]):

Eine Durchschnittsprobe des zu untersuchenden Kaffees wird gemahlen und das erhaltene Pulver auf 1 mm Korngröße gesiebt. Von dem gut durchgemischten Kaffeepulver werden 20 g in einem geeigneten Becherglase mit 10 ccm destilliertem Wasser versetzt und sofort am besten mit einem aus starkem Draht gefertigten Rührer gut durchgemischt. Den durchfeuchteten Kaffee überläßt man bei bedecktem Becherglase, falls Rohkaffee vorliegt, einer zweistündigen, anderenfalls einer einstündigen Weichdauer, indem man während dieser Zeit jede Viertelstunde gut durchmischt. Alsdann wird das Kaffeepulver in eine Schleicher- und Schüll'sche Extraktionshülse (33 × 94) fest eingefüllt, das Becherglas mit etwas angefeuchteter Watte nachgeputzt und die Hülse durch einen Wattebausch oder durch eine Filtrierpapierdecke, die durch Umkanten des Hülsenrandes festgehalten werden, verschlossen.

Die Extraktion erfolgt im Soxhlet-Apparat vermittels Tetrachlorkohlenstoff, indem die wegen des Auftriebes etwa mit einem massiven Glasstopfen zu beschwerende Hülse 3 Stunden in der Weise erschöpft wird, daß der Apparat innerhalb 5 Minuten einmal abhebert. Als Vorlage dient zweckmäßig ein weithalsiger Kolben von 200 ccm Inhalt aus Jenaer Glas, ein sogenannter Verseifungskolben. Um ein gleichmäßiges lebhaftes Sieden des Tetrachlorkohlenstoffes herbeizuführen, ist es angebracht, in den Kolben einige Körnchen Seesand zu geben und die Erhitzung auf einem doppelten Drahtnetz vorzunehmen. Ein Überhitzen der oberen Teile des Kolbens während der Extraktion durch seitliche Wärmestrahlung vermeidet man zweckmäßig durch Auflegen einer in der Größe des Kolbenbodens ausgeschnittenen Asbestplatte auf das Drahtnetz. Nach Verlauf von 3 Stunden wird der Kolben durch einen neuen ersetzt und nochmals eine Stunde extrahiert. Auf diese Weise kann man sich stets überzeugen, ob die erste 3-stündige Extraktion eine vollkommene gewesen ist. Sofern die zweite Extraktion Coffein

---

[1]) Arch. d. Pharm. 1899. **237**. 58.
[2]) Arbeiten aus dem Kais. Gesundh.-Amt. 1906. **23**. 315.
[3]) Zeitschr. f. Unters. d. Nahr.- u. Genußm. 1908. **16**. 649; vgl. auch A. Beitter, sowie J. Katz, Ber. d. Deutsch. Pharm.-Ges. 1901. **11**. 334 und 1902. **12**. 250.
[4]) Zeitschr. f. öffentl. Chem. 1897. **3**. 129 und 235.
[5]) Siehe die Abhandlung.
[6]) Zeitschr. f. Unters. d. Nahr.- u. Genußm. 1909. **17**. 250; dieselben ebenda. **18**. 299; über den Coffeingehalt des Kaffees und den Coffeinverlust beim Rösten des Kaffees.

auch nur in Spuren noch ergibt, ist dieses nach dem Abdestillieren des Tetrachlorkohlenstoffes in dem verbliebenen minimalen Rückstand nach dem Trockenen ohne weiteres mit der Lupe zu erkennen. Bei genauer Innehaltung der gegebenen Vorschrift wird in der zweiten Vorlage niemals Coffein mehr nachgewiesen werden können.

Als Lösungsmittel für das extrahierte Coffein benutzt man Chloroform, Benzol und Tetrachlorkohlenstoff. Der bei der Extraktion erhaltene Tetrachlorkohlenstoffauszug des Kaffees wird mit etwa 1 g festem Paraffin versetzt, durch Destillation vom Lösungsmittel befreit und hierauf etwa $\frac{1}{2}$ Stunde im Wasserdampftrockenschranke nachgetrocknet. Zur Abscheidung des Fettes und der übrigen wasserunlöslichen Bestandteile des Trockenrückstandes verfährt man wie bei der Bestimmung des Coffeingehaltes eines als Getränk benutzten Kaffeeaufgusses [1]), jedoch ohne Anwendung von Salzsäure und Äther, indem der Trockenrückstand zuerst mit 50, dann dreimal mit je 25 ccm Wasser ausgezogen wurde. Hierbei wird der Kolbeninhalt unter Auflegen eines Uhrglases auf einer Asbestplatte jedesmal zum Sieden erhitzt, $\frac{1}{2}$ Minute darin erhalten und nach dem Abkühlen durch ein angefeuchtetes Filter filtriert, wobei tunlichst vermieden wird, daß erstarrte Fetteilchen mit auf das Filter gelangen; schließlich wird gut mit kochendem Wasser nachgewaschen. Findet während der Filtration der einzelnen Auszüge ein Verstopfen des Filters statt, so kann dieser Übelstand unbeschadet einer etwa hierdurch auftretenden stärkeren Trübung des Filtrates durch Auswaschen mit kochendem Wasser behoben werden.

Der gewonnene wässerige Auszug ist entweder blank oder mehr oder weniger opalisierend getrübt und bei Rohkaffee fast farblos, bei geröstetem Kaffee braungelb gefärbt. Auf eine etwa vorhandene Trübung braucht keinerlei Rücksicht genommen zu werden, da dieselbe durch die nachfolgende Permanganatbehandlung vollkommen beseitigt wird.

Der etwa 200 ccm betragende, auf Zimmertemperatur abgekühlte wässerige Auszug wird bei Rohkaffee mit 10, bei geröstetem Kaffee mit 30 ccm einer 1 %-igen Kaliumpermanganatlösung versetzt und durchgemischt. Nach viertelstündiger Einwirkung des Permanganats fügt man tropfenweise eine etwa 3 %-ige Wasserstoffsuperoxydlösung hinzu, die auf 100 ccm 1 ccm Eisessig enthält. Für gerösteten Kaffee sind in der Regel 2—3 ccm Wasserstoffsuperoxyd erforderlich, für rohen Kaffee, der nur verhältnismäßig geringe Mengen Permanganat verbraucht, etwas mehr. Sofort beginnt eine Abscheidung von Mangansuperoxyd, das sich schließlich oben auf der Flüssigkeit ansammelt.

Man erkennt die vollständige Abscheidung des Mangans leicht darin, daß die Flüssigkeit nicht mehr braun, sondern bei Rohkaffee farblos, bei geröstetem Kaffee weingelb aussieht. Jetzt stellt man den Kolben etwa $\frac{1}{4}$ Stunde auf ein siedendes Wasserbad, wobei die Abscheidung allmählich zu Boden sinkt, filtriert heiß und wäscht das Filter mit heißem Wasser nach. Das so gewonnene, völlig blanke Filtrat wird am besten in einer Glasschale auf dem Wasserbade zur Trockene verdampft.

---

[1]) K a t z , Arch. d. Pharm. 1904. 242. 42.

Die nach der Permanganatbehandlung erhaltenen blanken Lösungen sind bei Rohkaffee vollkommen farblos, bei geröstetem Kaffee weingelb gefärbt. Die wässerige Lösung wird in einer geeigneten Glasschale auf dem Wasserbade zur Trockene abgedampft und hierauf $\frac{1}{4}$ Stunde im Wassertrockenschranke nachgetrocknet. Der erhaltene Trockenrückstand, der bei Rohkaffee fast weiß, bei geröstetem Kaffee braungelb ist, wird sofort mit heißem Chloroform auf dem Wasserbade unter Auflage eines Uhrglases aufgenommen und filtriert. Die alsbaldige Aufnahme des coffeinhaltigen Trockenrückstandes mit Chloroform ist notwendig, weil die das Coffein jetzt noch begleitenden, färbenden Extraktstoffe und Salze hygroskopisch sind und entsprechend der Wasseranziehung beim Stehen an der Luft in Chloroform löslich werden. Zur Extraktion des Coffeins genügt ein etwa 4—5-maliges Ausziehen mit je 25—30 ccm Chloroform, so daß einschließlich des Nachwaschens des Filters mit heißem Chloroform etwa 150—175 ccm Lösung erhalten werden.

Nach dem Abdestillieren des Chloroforms ist das Coffein bei Rohkaffee rein weiß, bei geröstetem Kaffee hat es noch einen minimalen Stich ins Gelbliche, ohne daß hierdurch das Gewicht des Coffeins merklich beeinflußt wird.

An Stelle des Eindampfens des mit Kaliumpermanganat gereinigten Coffeinauszuges kann man diesem das Coffein auch durch Ausschütteln mit Chloroform entziehen. Es genügt hierzu ein viermaliges Ausschütteln der wässerigen Lösungen in der Weise, daß man zuerst 100 ccm, dann dreimal 50 ccm Chloroform anwendet.

Das Verfahren zur Bestimmung des Coffeins im Kaffee läßt sich mit geringen Abänderungen auch auf wässerige Kaffeeauszüge, sowie auf andere coffein- oder theobrominhaltige Drogen anwenden.

Auf die Methoden von James Bell[1]), Guillot, Grandval, Lajoux, Gomberg[2]), C. C. Keller[3]) u. s. w. kann nur verwiesen werden.

h) Die mikroskopische Untersuchung von gebranntem Kaffeepulver ist keine leichte Sache. Zunächst hat man sich die zur Verfälschung dienenden Materialien roh, ungemahlen, aber auch geröstet und gemahlen zu verschaffen und dieselben in Beziehung auf ihren Bau, ihre charakteristischen Eigenschaften u. s. w., sowie auch echte Kaffeebohnen mikroskopisch eingehend zu studieren, wozu die Spezialliteratur (Schimper, Anleitung zur mikroskopischen Untersuchung der Nahrungs- und Genußmittel, Jena; Tschirch-Oesterle, Anatomischer Atlas der Pharmakognosie und der Nahrungsmittelkunde, Leipzig; Möller, Mikroskopie der Nahrungs- und Genußmittel, Berlin; T. F. Hanausek, die Nahrungs- und Genußmittel aus dem Pflanzenreiche; die Werke von J. König, l. c.) sowie die „Vereinbarungen" hauptsächlich zu benützen sein würden.

Ersatzstoffe, die zur Verfälschung von Kaffeepulver dienen, sind

---

[1]) König, Die menschlichen Nahrungs- und Genußmittel 3. Aufl. 1903.
[2]) Zeitschr. f. analyt. Chemie. 1897. 36. S. 259.
[3]) Berichte d. Deutsch. Pharm.-Ges. 1893. 7 105.

Cichorien-, Rüben- und Möhrenwurzeln, Feigen, Lupinen, Eicheln, Johannisbrot, Steinnuß, Erdnuß, Sojabohne, Sakka (geröstetes Kaffeefruchtfleisch), Dattelkerne, Getreide, namentlich Gerste und Malz, gedörrtes Obst u. s. w.

Ganze Bohnen legt man vor der Untersuchung mindestens 24 Stunden in ein Gemisch gleicher Teile Glycerin und Alkohol; nebenher kann man auch die trockenen Bohnen zum Vergleich mikroskopieren.

Kaffeepulver zerreibe man zuvor im Mörser möglichst fein (griesartig). Die mikroskopische Untersuchung wird zum Teil mit dem nicht geweichten Pulver vorgenommen, zum Teil muß dazu aber erst das Pulver in Ammoniak und in Chloralhydrat (siehe S. 245) gelegen haben; die nach ersterer Art behandelten Präparate können nach 24—48 Stunden, die nach letzterer nach 24 Stunden untersucht werden.

Die einzelnen Fälschungsmaterialien zu erkennen, ist sehr schwer; dagegen läßt sich die Feststellung, daß ein Kaffeepulver nicht rein ist, auf mikroskopischem Wege treffen. Betreffs Nachweis von Verunreinigungen namentlich von Schimmelpilzen u. s. w. siehe den bakteriologischen Teil.

3. Künstliche Bohnen

werden meist aus Weizen- oder Lupinenmehl unter Zusatz von Coffein hergestellt; sie zerfallen in Wasser, sinken in Äther unter, und werden durch Oxydationsmittel (HCl und $KClO_3$) weniger rasch entfärbt wie echte Bohnen (Stutzer).

Das Fehlen des Samenhäutchens (Silber-) in der Rinne charakterisiert den Kunstkaffee (Hanausek, Samelson).

4. Ersatzstoffe

(Cichorie u. s. w.) werden sinngemäß nach den unter 2 angegebenen Methoden untersucht. Bei diesen Erzeugnissen kommt hauptsächlich die mikroskopische Untersuchung in Betracht. Als Verfälschung bezw. Verunreinigung kommt hauptsächlich nur Sand und Wasser in Betracht; siehe im übrigen die Beurteilung.

Die Unterscheidung von Gersten- und Malzkaffee geschieht durch Feststellung des Fehlens bzw. Vorhandenseins der Keimblättchen. Man läßt zur leichteren Erkennung das Material erst im Wasser aufquellen und stellt die Blattkeimlänge eventuell mit der Lupe bei einer bestimmten Zahl von Körnern fest. Unter Umständen gibt auch der verschiedene Maltosegehalt einige Anhaltspunkte.

Beurteilung [1].

Gesetzliche Bestimmungen. Neben dem Nahrungsmittelgesetz kommt noch die kaiserliche Verordnung betr. das Verbot von Maschinen zur Herstellung künstlicher Kaffeebohnen (vom 1. Februar 1891) in Betracht (vgl. S. 704).

Begriffsbestimmung und Zusammensetzung. Die Kaffeebohnen des Handels sind die von der äußeren Fruchtschale und inneren Samen-

---

[1] Vgl. auch die vom Kais. Gesundh.-Amte herausgegebene Schrift „Der Kaffee", Verlag J. Springer, Berlin 1903; sowie die „Vereinbarungen", III. Teil.

haut (Silberhaut), soweit letztere ablösbar ist (in der Narbenfurche nicht ablösbar), befreiten Samen der strauch- bezw. baumartigen Pflanzen der Gattung Coffea (hauptsächlich arabica L. und liberia). Die Namen der Handelssorten richten sich nach den Ursprungsländern. Der Wassergehalt normaler Handelsware beträgt 9—14 %; der Coffeingehalt 1,0—1,75 %; der Zuckergehalt etwa 9 %; der Fettgehalt 8 bis 16 %; der Aschegehalt etwa 4 % mit höchstens 0,6 % Cl. Durch Seewasser havarierter Kaffee ist asche- und namentlich Cl- (Kochsalz) reicher. Havarierter Kaffee ist minderwertig, unter Umständen aber noch brauchbar. Deklaration ist zu verlangen.

Beim Rösten des Kaffees werden zum Zweck seiner Veredelung bezw. zur Erhaltung seines Aromas Glasurmittel verwendet. Sofern nicht damit eine Täuschung (Verdeckung von Minderwertigkeit und Erweckung des Scheins besserer Beschaffenheit) beabsichtigt wird bezw. eine Beschwerung des Kaffees erzielt werden soll, muß dieser Gebrauch als zulässig angesehen werden; jedoch muß im Interesse der Konsumenten die Deklaration der Zusätze verlangt werden. Neuerdings soll Beschwerung mit Wasser öfters vorkommen (s. auch S. 308).

Verfälschungen und Nachmachungen. Künstliche Färbung oder sonstige lediglich auf Verdeckung von Minderwertigkeit oder von Schäden hinauslaufende Manipulationen, wie z. B. das Waschen und Quellenlassen in Wasser zum Zwecke der Beschwerung, sowie auch die künstliche Fermentation (Quellen und Färben [Fabrikmenado]) ist unzulässig. Das Färben des gerösteten (eventuell) glasierten Kaffees zum Zwecke der Verdeckung von Minderwertigkeit oder Hervorrufung eines besseren Aussehens ist zu beanstanden. Das Waschen oder Anfeuchten des Kaffees vor dem Rösten ist zulässig; dagegen die Behandlung mit Alkalicarbonaten oder Kalkwasser, Borax u. s. w. unzulässig. Der Wassergehalt gerösteten Kaffees soll nicht über 4 % betragen; der Mineralstoffgehalt beträgt 4—5 % (selten über 5 %); Chlorgehalt desselben selten mehr als 0,6 %; SiO_2-Gehalt desselben meist weniger als 0,5 %. Coffeingehalt 1—1,8 %; sog. coffeinfreier Kaffee der Bremer Handelsgesellschaft enthält noch etwa $1/6$ des Coffeins natürlichen Kaffees, also etwa 0,2—0,3 % Coffein[1]); Zucker (reduzierende Stoffe) höchstens 2 %. Wasserlösliche Stoffe 25—33 % (auf wasserfreie Substanz bezogen). Zu den erlaubten Glasurmitteln gehören Zucker (Rüben,- Stärke-) und Stärkesirup, Dextrin, Stärke, Gummi, Gelatine, Schellack und ähnliche Harze, Fette eventuell auch Auszüge aus Kaffeefruchtfleisch, Feigen u. s. w. unzulässig, sind aber Glycerin, Mineralöl und Tannin. Der durch das Glasieren entstandene abwaschbare Überzug soll nicht mehr als 3 %[2]) betragen.

Für gemahlenen gebrannten Kaffee treffen sinngemäß dieselben Gehaltsangaben und Anforderungen zu, wie für gebrannte Bohnen. Mischungen mit mineralischen Stoffen (Beschwerungsmitteln wie Ocker,

---

[1]) Vgl. K. Lendrich und R. Murdfield, Zeitschr. f. Unters. d. Nahr.- u. Genußm. 1908. 15. 706.
[2]) Vgl. E. Orth, Zeitschr. f. Unters. d. Nahr.- u. Genußm. 1905. 9. 132.

Sand u. s. w.) (siehe unten) sind als Verfälschungen anzusehen; unter Kaffeemischungen versteht man natürlich nur Mischungen verschiedener Kaffeesorten, nicht aber solche von Kaffee- und Kaffeeersatzstoffen. Kaffeeextrakte müssen die wasserlöslichen Bestandteile des Kaffees in entsprechenden Mengen enthalten. Der Zusatz von künstlichen Kaffeebohnen und ausgezogenem Kaffee (sog. Kaffeesatz), gebranntem Mais u. s. w. und gemahlenen Produkten solcher Art zu geröstetem Kaffee bezw. gemahlenem Kaffee ist Verfälschung.

Als Nachmachungen im Sinne der Judikatur waren die aus Ton, Brotteig u. dgl. hergestellten Kaffeebohnen bekannt; neuerdings trifft man dieselben im Handel kaum mehr an, dagegen ist die Zahl der sog. Ersatzstoffe groß. Sie bestehen meist aus caramelisierten pflanzlichen Stoffen und enthalten bisweilen auch echten Kaffee. Als Bindemittel dient Sirup (Stärkesirup). In Verbindung mit Stoffnamen und Wortzeichen ist die Bezeichnung „Kaffee" bei Ersatzstoffen eingebürgert und daher zulässig (z. B. Malzkaffee, Zichorienkaffee, Franckkaffee u. s. w.). Bestimmte Grenzzahlen lassen sich nicht aufstellen, da die verwendeten Rohstoffe sehr verschiedener Art sind (Getreide, Frucht, Wurzeln u. s. w.). Zusätze von Kaffeeauszügen sind zulässig, wenn die Bezeichnung sich nicht ausschließlich auf den Kaffeegehalt bezieht. Die Acidität der Ersatzstoffe soll nicht mehr als 25 ccm Normalalkali auf 100 g Trockensubstanz der Extraktlösung betragen. Unstatthaft sind Zusätze von Mineralölen, Glycerin, wertlosen Beimengungen, besonders auch Sand bezw. von solchen Beimengungen oder Bestandteilen, die der Bezeichnung der Ware durchaus nicht entsprechen. Bei pflichtgemäßer Entfernung der erdigen Teile oder sonstiger den Rohstoffen anhängender leicht entfernbarer zweckloser Stoffe läßt sich ein Sandgehalt von unter 2 % ohne Schwierigkeit erzielen, wie die große Mehrzahl der üblichen Handelsfabrikate beweist, ebenso übersteigt der Aschengehalt 8 % normalerweise nicht. Im übrigen ist für die Bewertung der Kaffeeersatzstoffe die Tassenprobe ausschlaggebend.

Malzkaffee wird am besten nach dem Maße der Blattkeimentwickelung beurteilt. Die chemischen Bestandteile bilden kein ausreichendes Kriterium [1]) für die Unterscheidung von Malz- und Gerstenkaffee (aus ungemälzter Gerste), sondern interessieren nur bei Nährwertbestimmungen und dgl. Angekeimte (angespitzte) Gerste kann nicht als gemälzte Gerste (als Malz) gelten.

Verdorbenheit. Verdorbener Kaffee kann durch Havarie, Aufbewahrung in feuchten Räumen u. s. w. entstehen. Als Maßstab gilt das Vorhandensein von Schimmelpilzen bezw. von entwickelungsfähigen Sporen derselben; saurer oder verbrannter bezw. mit Verbrennungsprodukten übermäßig durchsetzter Kaffee ist verdorben. Dieselben Gesichtspunkte gelten auch für Kaffeeersatzstoffe.

---

[1]) Vgl. auch H. Trillich, Zeitschr. f. Unters. d. Nahr.- u. Genußm. 1905. 10. 118.

XIII. Tee.

Die Untersuchung erstreckt sich auf:
Verfälschungen mit geringwertigen oder fremden Teesorten, abgekochtem Tee, Teestaub (-Ziegeltee, Lie-tea), künstliche Färbung u. s. w.

1. Chemische Untersuchung:

a) Asche[1]), Feuchtigkeit nach den bekannten Methoden.

b) Extrakt zur Unterscheidung von ausgezogenem und unausgezogenem Tee (siehe Kaffee). Nach Bell bestimmt man das spezifische Gewicht (bei 15⁰ C) des Aufgusses 1:10. Diese Methoden sind nicht ganz zuverlässig.

Mit einer Teinbestimmung (vgl. c) wird jedenfalls mehr erreicht. Oft genügt die Feststellung der Anwesenheit von größeren Mengen Teins überhaupt. Nach A. Nestler[2]) wird etwas Tee zwischen den Finger verrieben und zwischen zwei Uhrgläsern, über einem Mikrobrenner auf Asbest oder Drahtnetz erhitzt. Auf die Außenfläche des oberen Uhrglases bringt man einen Tropfen Wasser; darunter setzen sich dann an der Innenseite feine Nadeln von Tein ab. Indirekte Extraktbestimmung nach Beythien, Bohrisch und Deiter, Zeitschr. f. Unters. d. Nahr.- u. Genußm. 1900, 3, 145.

c) Tein: Die Teinbestimmung wird nach den bei Kaffee für Coffein angegebenen Methoden ausgeführt. Siehe auch oben bei Extrakt.

d) Gerbstoff (nach Eder siehe Zeitschr. analyt. Chemie 19, 106; nach Löwenthal, S. 498). Genaue Methoden gibt es übrigens nicht.

e) Prüfung auf künstliche Färbung: Zum Auffärben von Tee dienen Berlinerblau, Bleichromat, Caramel, Indigo, Curcuma, Catechu, Campecheholz, Graphit u. s. w. Der Nachweis geschieht wie bei Kaffee.

Eder weist Catechu und Campecheholz folgendermaßen nach: 1 g Tee wird mit 100 ccm Wasser ausgekocht, mit Bleizucker im Überschuß und das Filtrat mit Silberlösung versetzt. Catechu zeigt sich durch einen starken, gelbbraun flockigen Niederschlag an, reiner Tee gibt nur eine geringe Trübung von braunem metallischem Silber. Chromsaures Kali gibt mit Teedekokt von Tee, der mit Campecheholz gefärbt ist, schwärzlichblaue Färbung.

f) Eiweißverbindungen durch N-Bestimmung nach Kjeldahl (Abzug des Teinstickstoffes!).

2. Botanische und mikroskopische Untersuchung:

Die Vorbereitung erfolgt in der Weise, daß man einige Gramm Tee mit warmem Wasser aufweicht und dann auf einer Glasscheibe die Blätter ausbreitet.

Die Untersuchung erfolgt mit einer Lupe; für die genauere mikroskopische Untersuchung legt man die Blätter zuvor zwei Tage lang in Chloralhydratlösung (3:1 Wasser).

---

[1]) Die Asche ist wegen ihres Kali- und Natronreichtums nach dem Auslaugeverfahren zu bestimmen; sie ist in der Regel grün (Mangangehalt).
[2]) Zeitschr. f. Unters. d. Nahr.- u. Genußm. 1901. 4. 289; 1902. 5. 245; 1903. 6. 408.

Vergleiche mit reinen Teesorten hat man stets anzustellen. Nach Schimper[1]) sind es „die Haare, die Steinzellen und die zahlreichen kleinen Kalkoxalatdrusen, auf welche man bei der Untersuchung der Teeblätter seine Aufmerksamkeit vor allem zu lenken hat. Wenn alle drei Merkmale, oder doch die Steinzellen und die Kalkoxalatdrusen vorhanden sind, und die Blätter im übrigen mit Teeblättern übereinstimmen, so wird man mit Sicherheit auf Echtheit der Ware schließen dürfen; findet man diese nie fehlenden Bestandteile des Teeblattes nicht, so wird man ebenso sicher sein dürfen, daß man es mit einer Fälschung zu tun hat". Als Fälschungsmittel werden Blätter von Ahorn, Weiden, Pappeln, Platanen, Weidenröschen, der Erdbeere, der Brombeere u. s. w. verwendet; die betreffenden Arten festzustellen, wird jedoch öfters nicht möglich sein.

Beurteilung.

Der Teingehalt soll im Minimum 1,0 % betragen.

Grüner Tee enthält weniger Tein, mehr ätherisches Öl 0,9—1,0 %.

Wasser etwa 8—12 %. Asche 5—7 % (nicht unter 3 % und nicht über 8 %). Von der Asche sollen mindestens 50 % in Wasser löslich sein. In Salzsäure Unlösliches nicht über 1%. Das spezifische Gewicht des Aufgusses von unausgezogenem Tee beträgt nach Bell im Mittel 1,01246, das des ausgezogenen Tees im Mittel 1,00359.

Wasserlösliche Stoffe mindestens 29 % bei grünem, lufttrockenem Tee, 24 % bei schwarzem, lufttrockenem Tee. Gerbsäuregehalt mindestens 10 % bei grünem, und 7,5 % bei schwarzem Tee.

Beimischungen fremder Teerersatzmittel oder gebrauchter Teeblätter von Färbemitteln und das Beschweren mit indifferenten Stoffen (Ton, Gips u. s. w.) sind Verfälschungen. Havarierter Tee ist verdorben. Gesundheitsschädlich können Verpackungsmaterialien (Zinnfolie mit Blei) oder Farben (Bleichromat) sein.

Teerückstände (Lie-tea, Marke Gunpowder Imperial u. s. w.) bestehen aus Teestaub (Ziegeltee, Backsteintee, wegen ihrer Handelsform); enthalten auch fremde Blätter, Mineralsubstanzen und Bindemittel. Teerersatzmittel sind: Erdbeer-, Brombeerblätter und ähnlich.

Maté (Jesuitentee genannt), die Blätter von Ilex paraguayensis, enthält ebenfalls Tein wie echter Tee.

Kaukasischer Tee[2]) sind die Blätter von Vacciniumarten (Heidelbeerstrauch u. s. w.), Bourbontee die Blätter von einer Orchidee.

XIV. Kakao und Kakaowaren.

(Die in Anführungszeichen stehenden Abschnitte sind der amtlichen Anleitung zur chemischen Untersuchung von Kakaowaren[3]) entnommen.)

---

[1]) Anleitung zur mikroskopischen Untersuchung der Nahrungs- und Genußm. Jena. Vgl. auch die im Abschnitt Kaffee erwähnten Werke.

[2]) F. F. Hanausek, Chem.-Ztg. 1897. 115.

[3]) Ausführungsbestimmungen zum Gesetze betr. Vergütung des Kakaozolls vom 22. April 1892. Zentralbl. f. d. Deutsche Reich. 1903. 429.

„**1. Bestimmung des Wassers.** 5 g der fein gepulverten Probe werden mit 20 g ausgeglühtem Seesande gemischt und bei 100—105° C getrocknet, bis keine Gewichtsabnahme mehr stattfindet (nach 3—5 Stunden). Der Gewichtsverlust wird als Wasser in Rechnung gesetzt."

„**2. Bestimmung der Gesamtasche und Bestimmung ihrer Alkalität**[1]). 5 g der Probe werden in einer ausgeglühten und gewogenen Platinschale durch eine mäßig starke Flamme verkohlt. Die Kohle wird mit heißem Wasser ausgelaugt, das Ganze durch ein möglichst aschefreies Filter oder ein solches von bekanntem Aschegehalt in ein kleines Becherglas filtriert und mit möglichst wenig Wasser nachgewaschen. Das Filter mit dem Rückstande wird alsdann in der Platinschale getrocknet und vollständig verascht, bis keine Kohle mehr sichtbar ist. Zu diesem Rückstande gibt man nach dem Erkalten der Schale das erste Filtrat hinzu, dampft auf dem Wasserbad unter Zusatz von kohlensäurehaltigem Wasser ein, setzt gegen Ende des Eindampfens nochmals mit Kohlensäure gesättigtes Wasser hinzu, dampft vollends zur Trockne, erhitzt bis zur Rotglut und wägt nach dem Erkalten. Die Asche wird alsdann mit 100 ccm heißem Wasser ausgezogen und in dem filtrierten Auszuge die Alkalität durch Titrieren mit $^1/_{10}$ Normalsäure ermittelt."

„**3. Bestimmung des Zuckers** (der Saccharose) und Nachweis des Stärkezuckers.

a) Nach Anlage E der Zuckersteuer-Ausführungsbestimmungen (S. 279)."

b) Auf dem S. 18 angegebenen und üblichen gewichtsanalytischen Wege den Zucker zu bestimmen, dürfte keine weiteren Schwierigkeiten haben, nachdem man die Substanz zuvor entfettet und den Zucker mit Alkohol ausgezogen und invertiert hat. Gefärbte Lösungen sind zuvor mit Bleiessig zu klären. Da die zur Reduktion mit Fehlingscher Lösung zu verwendende Zuckerlösung nicht mehr als 1 %-ig sein darf, so ist zuvor die alkoholische Zuckerlösung einzudampfen, der Rückstand zu wägen und in einer entsprechenden Menge Wassers zu lösen.

c) Durch Polarisation nach F. Rathgen[2]) bezw. R. Woy[3]).

13,024 geraspelte Schokolade (Halbnormalgewicht für den Apparat Soleil-Ventzke oder Halbschattenapparat von Schmidt & Haensch oder bei Benutzung eines anderen Apparates das demselben entsprechende Halbnormalgewicht (vgl. S. 259) werden abgewogen, zur Erleichterung der nachfolgenden Benetzung mit Wasser mit Alkohol angefeuchtet und mit 30 ccm Wasser übergossen, 10—15 Minuten auf dem Wasserbad erwärmt und noch heiß durch ein kleines Faltenfilter in ein 100—110 ccm Kölbchen filtriert, heiß ausgewaschen bis auf 100 ccm Filtrat (bei stärkemehlhaltigen Präparaten darf das Wasser höchstens 50° haben). Dann

---

[1]) Vgl. auch Hüppe, Untersuchungen über Kakao u. s. w. Berlin 1905. Verlag von A. Hirschwald; Mansfeld, Österr. Chem.-Ztg. 1904. 7. 175; A. Fröhner und H. Lührig, Zeitschr. f. Unters. d. Nahr.- u. Genußm. 1905. 9. 263 schließen aus der wasserlöslichen Alkalität auf Schalengehalt; K. Farnsteiner, Nachweis des Kakaoaufschließverfahrens. Zeitschr. f. Unters. d. Nahr.- u. Genußm. 1908. 16. 626.

[2]) Zeitschr. f. analyt. Chem. 1888. 444.

[3]) Zeitschr. f. öffentl. Chem. 1898. 224.

fügt man 5 ccm Bleiessig zu, läßt ¼ Stunde stehen, versetzt hierauf mit einigen Tropfen Alaunlösung und etwas feuchtem Tonerdehydrat, füllt mit Wasser bis zur Marke 110 auf, schüttelt stark um und filtriert ab. Das Filtrat wird im 200 mm-Rohr polarisiert. Die Ablesung hat man um $1/10$ zu vermehren und dann zu verdoppeln.

Diese Methode hat den Nachteil, daß sie nicht rasch zum Ziel führt. R. Woy bestimmt daher das unbekannte Volumen des unlöslichen Teiles durch Auffüllung zu zwei verschiedenen Voluminas:

Das halbe Normalgewicht geraspelter Schokolade, 13,024 g werden in je einem 100 ccm-Kölbchen und einem 200 ccm-Kölbchen mit Alkohol befeuchtet, mit heißem Wasser (bei stärkehaltiger Schokolade nicht über 50^0 C) übergossen, kräftig geschüttelt und 4 ccm Bleiessig zugefügt. Nach dem Abkühlen wird zu den Marken aufgefüllt, geschüttelt und filtriert. Die Filtrate polarisiert man im 200 mm-Rohr.

Berechnung:

a = Polarisation des Filtrates aus dem 100 ccm-Kölbchen.
b = Polarisation des Filtrates aus dem 200 ccm-Kölbchen.
x = Volumen des unlöslichen Teils + Bleiessigniederschlag (x ist selbstverständlich für beide Kölbchen gleich).

Die im halben Normalgewicht enthaltene Zuckermenge ist im 100 ccm-Kölbchen gelöst in (100—x) ccm, im 200 ccm-Kölbchen in (200—x) ccm. Zu vollen 100 ccm gelöst würde erstere $\frac{a\,(100-x)}{100}$ und letztere ebenfalls zu vollen 100 ccm gebracht $\frac{b\,(200-x)}{100}$ polarisieren. Beide Polarisationen müssen dann gleich sein, also: a (100—x) = b (200—x). Beispiel: Es sei Polarisation im Soleil-Ventzke im 100-Kölbchen $26,9^0$ und im 200-Kölbchen $13,0^0$. Aus 26,9 (100—x) = 13,0 (200—x) ergibt sich 2690 — 26,9 x = 2600 — 13 x oder 90 = 13,9 x oder x = 6,47 ccm als Volumen des im Wasser unlöslichen Teils des halben Normalgewichtes. Also hat man 100 — 6,47 = 93,53 ccm und diese polarisieren

$$\frac{93{,}53 \times 26{,}9}{100} = 25{,}16^0,$$

die Schokolade enthielt somit 50,32 % Zucker.

„**4. Bestimmung und Prüfung des Fettes**[1]) (Ätherextraktes). 5—10 g der wasserfreien Probe werden mit der vierfachen Menge Seesand innig verrieben, in eine doppelte Hülse von Filtrierpapier gebracht und im Soxhletschen Extraktionsapparate bis zur Erschöpfung, mindestens 10—12 Stunden[2]) lang mit Äther[3]) ausgezogen. Sodann wird

---

[1] Hanus führt die Fettbestimmung nach der Gottlieb-Röseschen Methode (Milch) aus, Zeitschr. f. Unters. d. Nahr.- u. Genußm. 1906. **11**. 738.

[2]) Nach K. Farnsteiner, Zeitschr. f. Unters. d. Nahr.- u. Genußm. 1908. **16**. 627 ist die Extraktion bei Kakaopulver meist früher (nach 3—4 Stunden) beendet. Wassergesättigter Äther und Chloroform ziehen verschiedene Nichtfettstoffe wesentlich schneller als gewöhnlicher trockener Äther aus.

[3]) Wauters empfiehlt Tetrachlorkohlenstoff als Extraktionsmittel. Zeitschr. f. Unters. d. Nahr.- u. Genußm. 1902. **5**. 84. (Ref.)

der Äther abdestilliert, der Rückstand eine Stunde im Wasserdampftrockenschranke getrocknet und nach dem Erkalten gewogen."

„Zur näheren Prüfung des Fettes müssen größere Materialmengen in Arbeit genommen werden.

Die zur Identitätsbestimmung des Fettes bezw. zum Nachweis von fremden Fetten erforderlichen Methoden sind:

a) Bestimmung des Brechungsvermögens.
b) Bestimmung des Schmelzpunktes.
c) Bestimmung der Jodzahl nach von Hübl.
d) Bestimmung der Verseifungszahl und event. der Reichert-Meißl-Zahl (s. S. 325).
e) Prüfung auf Anwesenheit von Sesamöl, Erdnußöl, Baumwollsamenöl u. s. w.

Ausführung von a—e siehe Abschnitt „Allgemeine Untersuchungsmethoden der Fette".

f) Die Björklundsche Ätherprobe.

3 g Fett werden mit 6 g Äther in einem verschlossenen Reagensglase auf 18⁰ erwärmt. Bei Gegenwart von Wachs ist die Flüssigkeit getrübt. Ist die Lösung klar, so stellt man das Röhrchen in Wasser von 0⁰ und beobachtet die Zeit, nach welcher eine Trübung eintritt. Bei Gegenwart von Rindstalg tritt bereits vor 10 Minuten eine deutliche Trübung ein, während bei reinem Kakaofett erst nach 10—15 Minuten eine Trübung zu beobachten ist. Beim Erwärmen auf 18—20⁰ verschwindet die Trübung wieder."

g) „Die Filsingersche Alkohol-Ätherprobe.

2 g Fett werden in einem eingeteilten Röhrchen geschmolzen und mit 6 ccm einer Mischung aus vier Teilen Äther und einem Teil Alkohol geschüttelt und bei Zimmerwärme beiseite gestellt. Reines Kakaofett liefert eine klarbleibende Lösung."

„5. Bestimmung der Stickstoffverbindungen.

1—2 g der Probe werden in einem etwa 600 ccm fassenden Rundkolben von Kali- oder Jenaer Glas nach dem Verfahren von Kjehldal so lange erhitzt, bis die Flüssigkeit auch in der Hitze farblos erscheint. Alsdann übersättigt man die Flüssigkeit nach dem Erkalten mit etwa 80 ccm einer stickstofffreien Natronlauge von 1,35 spezifischem Gewicht, destilliert, fängt das Ammoniak in einer abgemessenen überschüssigen Menge $\frac{1}{4}$ Normalschwefelsäure auf und titriert die überschüssige Schwefelsäure zurück. Durch Vervielfältigung der gefundenen Menge des Stickstoffs mit 6,25 erhält man die Menge der vorhandenen Stickstoffverbindungen (als Protein angesehen)[1]."

„6. Nachweis eines Zusatzes von stärkemehlhaltigen Stoffen und Bestimmung des Stärkemehls[2].

Der Nachweis fremder Stärke im Kakao und in Schokolade ist zunächst auf mikroskopischem Wege auszuführen. Zur Bestimmung

---

[1] Der Theobrominstickstoff ist abzuziehen.
[2] Vgl. auch die von A. Goske für die Bestimmung des Hafermehlgehalts in Haferkakao angegebene Methode, Zeitschr. f. öffentl. Chem. 1902. 8. 22; Zeitschr. f. Unters. d. Nahr.- u. Genußm. 1902. 5. 1168. Siehe auch Anm. 1 nächste Seite.

ihrer Menge werden 5—10 g der fein gepulverten Probe, welche durch Äther von Fett und durch verdünnten Alkohol (25 %) von Zucker befreit ist, in einem bedeckten Fläschchen oder noch besser in einem bedeckten Zinnbecher von 150—200 ccm Raumgehalt mit 100 ccm Wasser gemengt und in einem Soxhletschen Dampftopfe 3—4 Stunden lang bei 3 Atmosphären Druck erhitzt. In Ermangelung eines Dampftopfes kann man sich auch der Reischauer-Lintnerschen Druckfläschchen bedienen, welche 8 Stunden bei 108—110° C im Glycerinbad erhitzt werden. Der Inhalt des Bechers oder Fläschchens wird sodann noch heiß durch einen mit Asbest gefüllten Trichter filtriert und mit siedendem Wasser ausgewaschen. Der Rückstand darf unter dem Mikroskop keine Stärkereaktion mehr geben. Das Filtrat wird auf etwa 200 ccm ergänzt und mit 20 ccm einer Salzsäure von 1,125 spezifischem Gewicht 3 Stunden lang am Rückflußkühler im kochenden Wasserbad erhitzt. Darauf wird rasch abgekühlt und mit soviel Natronlauge versetzt, daß die Flüssigkeit noch eben schwach sauer reagiert, dann auf 500 ccm aufgefüllt und in dieser Lösung, wenn nötig, nach dem Filtrieren die entstandene Glucose nach dem Verfahren von Allihn bestimmt. Die gefundene Glucosemenge mit 0,9 vervielfältigt, ergibt die entsprechende Menge Stärke.

Will man die Glucose maßanalytisch nach Soxhlet bestimmen, so ist die Zuckerlösung auf eine geringere Raummenge einzuengen."

Bestimmung des Hafermehlgehalts im Kakao [1]).

7. Bestimmung der Rohfaser geschieht nach den S. 43 angegebenen Methoden; die besten Werte gibt die dort beschriebene Methode von J. König [2]). Siehe auch unter Nachweis eines Schalengehaltes.

8. Bestimmung von Theobromin, einschließlich Coffein (Xanthinbasen).

a) Nach H. Beckurts und J. Fromme [3]): 6 g gepulverter Kakao bezw. 12 g gepulverte Schokolade werden mit 200 g einer Mischung von 197 g Wasser und 3 g verdünnter Schwefelsäure in einem tarierten (1 Liter) Kolben am Rückflußkühler ½ Stunde lang gekocht. Hierauf fügt man weitere 400 g Wasser und 8 g damit verriebene Magnesia hinzu und kocht noch 1 Stunde. Nach dem Erkalten wird das verdunstete Wasser genau ergänzt. Man läßt darauf kurze Zeit absetzen und filtriert 300 g, entsprechend 5 g Kakao bezw. 10 g Schokolade, ab und verdunstet das Filtrat für sich oder in einer Schale, deren Boden mit Quarzsand belegt ist, zur Trockne.

Sofern das Filtrat ohne Quarzsand verdunstet wurde, wird der Rückstand mit einigen Tropfen Wasser verrieben, mit 10 ccm Wasser in einen Schüttelzylinder gebracht und 8-mal mit je 50 ccm heißem Chloroform ausgeschüttelt. Das Chloroform wird durch ein trockenes Filter in ein tariertes Kölbchen filtriert, das Filtrat durch Destillation

---

[1]) R. Peters, Pharm. Zentralh. 1901. 42. 819 u. 1902. 43. 324; Zeitschr. f. Unters. d. Nahr.- u. Genußm. 1902. 5. 1168 u. 1903. 6. 468.

[2]) Vgl. auch W. Ludwig, Zeitschr. f. Unters. d. Nahr.- u. Genußm. 1906. 12. 153; H. Matthes und F. Müller, 12. 159. Beiträge zur Kenntnis des Kakaos.

[3]) Apothek.-Ztg. 1903. 18. 593; 1904. 19. 85; Zeitschr. f. Unters. d. Nahr.- u. Genußm. 1905. 9. 377; 1906. 12. 83.

von Chloroform befreit, der Rückstand (Theobromin und Coffein) bei 100° zur Gewichtsbeständigkeit getrocknet und gewogen. Man kann auch den Rückstand mit etwas Wasser in einem geeigneten Perforator auf Chloroform schichten und mit letzterem 6—10 Stunden perforieren. Ist das Filtrat mit Quarzsand eingedunstet, so kann man den fein verriebenen Rückstand in einem geeigneten Fettextraktionsapparat mit Chloroform bis zur Erschöpfung ausziehen. Die getrennte Bestimmung von Theobromin oder Coffein kommt praktisch wegen der geringen Coffeinmengen kaum in Betracht. Ausführung im übrigen nach den auf der vorigen Seite angegebenen Literaturhinweisen.

b) Nach P. Sü ß[1]): Man mische 3—5 g Kakao- oder Schokoladenpulver mit gleichen Teilen Quarzsand und entziehe demselben im Extraktionsapparat das Fett mit Petroläther, koche dann das Gemisch mit 200 ccm Wasser und 6 g frisch geschlämmten, chemisch reinem Bleioxyds ½ Stunde lang unter Umrühren, koliere, filtriere und erhitze den Rückstand noch zweimal mit 100 ccm Wasser je ¼ Stunde lang und verfahre weiter wie oben. Die vereinigten farblosen Filtrate dampfe man dann bis auf 10 ccm ein und schüttele sie mit 100 ccm Chloroform 3 Minuten lang tüchtig um. Nach der Klärung (etwa nach 3 Stunden) wird das Chloroform abgelassen und darauf noch zweimal ausgeschüttelt. Das Chloroform wird nun abgedampft resp. destilliert, der Rückstand mit Chloroform in ein tariertes Glas gespült und nach dem Verdunsten des Chloroforms gewogen.

Auf die Methoden von Mulder, J. Decker[2]), Hilger und Eminger[3]) sei verwiesen; letztere soll etwas niedrigere Werte liefern. Das Theobromin läßt sich auch nach der von Lendrich und Nottbohm für Coffein im Kaffee angegebenen Methode bestimmen, siehe S. 311. Siehe ferner Ad. Kreutz, Zeitschr. f. Unters. d. Nahr.- u. Genußm. 1908. 16. 579.

9. Nachweis von Fettsparern bezw. Befestigungsstoffen in Schokolade.

a) Dextrin nach der S. 22 angegebenen Inversionsmethode (quantitativ); qualitativ durch Vermischen von 10 ccm des wässerigen Auszuges mit der 4-fachen Menge 96 %-igem Alkohols.

Vgl. auch P. Welmans, Zeitschr. f. öffentl. Chemie 1900, 304.

b) Gelatine ergibt sich eventuell aus hohem Gesamtstickstoffgehalt. P. Onfroy[4]) verteilt 5 g Schokolade in 50 ccm siedendem Wasser und setzt 5 ccm einer 10 %-igen Bleizuckerlösung zu. Das Filtrat gibt bei Anwesenheit von Gelatine mit konzentrierter Pikrinsäurelösung einen gelben Niederschlag.

c) Tragant: Mikroskopisch durch Ermittelung der Anwesenheit von den in Tragant enthaltenen Stärkekörnern. P. Welmans[5]) und F. Filsinger[6]) haben besondere Vorbereitungsmethoden für die mikroskopische Untersuchung angegeben.

---

[1]) Zeitschr. f. analyt. Chem. 1894. 60.
[2]) Zeitschr. f. Unters. d. Nahr.- u. Genußm. 1903. 6. 842.
[3]) Forschungsber. 1894. 1. 292; 1896. 3. 275.
[4]) Zeitschr. f. Unters. d. Nahr.- u. Genußm. 1899. 2. 288. (Ref.)
[5]) Zeitschr. f. öffentl. Chem. 1900. 478.
[6]) Ebenda. 1903. 6.

10. Nachweis von Kakaoschalen.

Die Abschätzung des Schalengehaltes im mikroskopischen Bild bietet weit mehr Schwierigkeiten als etwa die von zugesetzter Stärke und ist jedenfalls gänzlich unsicher. Auch die Schlämmverfahren versagen, weil die zu Staub verarbeiteten Kakaoschalen mit abgeschlämmt werden.

Nach Filsingers[1]) Schlämmmethode werden 5,0 g Schokolade bezw. Kakao durch Äther entfettet und getrocknet, mit Wasser angerieben, in ein großes Reagensglas gespült und zu einer gleichförmigen Flüssigkeit von etwa 40—50 ccm Volumen aufgeschüttelt. Diese wird eine Zeitlang der Ruhe überlassen, das Suspendierte bis nahe zum Bodensatz abgegossen und diese Manipulation so oft wiederholt, bis alles Abschlämmbare entfernt ist und das über dem Bodensatz stehende Wasser sich nicht mehr trübt, sondern nach Senkung des dichten, meist großpulverigen Rückstandes wieder klar erscheint. Man spült diesen nun auf ein tariertes Uhrglas, trocknet auf dem Wasserbade ein, läßt im Exsiccator erkalten und wägt. Der gewogene Rückstand wird durch NaOH und Glycerin erweicht und mikroskopisch eingehend besichtigt. Man hat dabei auf ungenügend zermahlene Cotyledonenteilchen, welche sich zufällig der Abschlämmung entzogen haben könnten, zu achten und wird auch Aufschluß gewinnen, ob vorwiegend Hülsen oder Samenhäute vertreten sind. Ist der Schlämmprozeß richtig ausgeführt, so wird Kakaosubstanz, hier besonders an dem Gehalt von Kakaostärke kenntlich, nur spurenweise beobachtet. Man erhält auch den Sand, welcher vom Rotten (etwa 5-tägiges Eingraben in die Erde) her den Hülsen noch anhaftet, in gut erkennbarem Zustande und kann schon immer durch einfache Lupenbesichtigung des ausgewaschenen Rückstandes im Reagierzylinder oder auf dem Uhrglase vor dem Trocknen wertvolle Fingerzeige über manche Eigenschaften des Objektes gewinnen. Als Kontrollbestimmung für den Schlämmrückstand empfiehlt Filsinger die Bestimmung der Rohfaser. (Siehe S. 43).

Aussicht auf eine quantitative Bestimmung verspricht das Verfahren von A. Goske (Trennung der Schalenteile von der fetthaltigen Kakao-Substanz mittels einer Chlorcalciumlösung)[2]).

Für die chemische Untersuchung sind verschiedene Erkennungs- und quantitative Bestimmungsmöglichkeiten angegeben worden wie Erhöhung der Asche, der in kaltem H_2O löslichen Substanz, Erniedrigung des N-gehaltes[3]), des Pentosanegehaltes[4]) (Furfurolzahl), die Bestimmung der löslichen Kieselsäure[5]) u. s. w.

---

[1]) Zeitschr. f. öffentl. Chem. 1899. 27. Siehe ferner P. Drawe, Ebenda. 1903. 161. Abänderungen der Filsingerschen Methode ohne erhebliche Vorzüge.
[2]) Zeitschr. f. Unters. d. Nahr.- u. Genußm. 1910. 19. 154 u. 653.
[3]) P. Welmans, Zeitschr. f. öffentl. Chem. 1899. 479; 1901. 491.
[4]) J. Decker, Zeitschr. f. Unters. d. Nahr.- u. Genußm. 1903. 6. 842; Pharm. Zentralhalle 1905. 46. 863. R. Jäger und E. Unger kritisieren diese Methode. Siehe Zeitschr. f. Unters. d. Nahr.- u. Genußm. 1905. 10. 761.
[5]) G. Devin und H. Strunk, Veröff. a. d. Geb. d. Militär-Sanitätswesens 1908. 38 II. 8—19.

Aus dem Gesagten geht hervor, daß sichere Methoden zur Feststellung des Schalengehaltes fehlen; immerhin vermögen die obigen Methoden manchmal gewisse Fingerzeige zu bieten.

11. Ermittelung von Milch bezw. Rahm in Schokolade nach E. Baier und P. Neumann[1]). Sie zerfällt in:

α) Bestimmung des Caseingehaltes: 20 g der fein zerriebenen Schokolade werden in eine Soxhletsche Extraktionshülse locker hineingegeben und 16 Stunden lang mit Äther extrahiert. Von dem extrahierten Rückstande werden nach dem Verdunsten des Äthers an der Luft 10 g zur Bestimmung des Caseins verwendet. Diese werden hierzu in einem Mörser unter allmählichem Zusatz einer 1 %-igen Natriumoxalatlösung ohne Klumpenbildung gleichmäßig verrührt und in einen mit Marke versehenen 250 ccm-Kolben gespült, bis hierzu 200 ccm der Natriumoxalatlösung verbraucht sind. Alsdann wird der Kolben auf ein Asbestdrahtnetz gesetzt und mit einer Flamme, die das Drahtnetz berührt, unter öfterem Umrühren erhitzt, bis der Inhalt eben ins Kochen kommt. Die Öffnung des Kolbens wird während der Zeit mit einem unten zusammengeschmolzenen Trichterchen bedeckt. Hierauf füllt man nicht ganz bis zum Ansatz des Kolbenhalses siedend heiße Natriumoxalatlösung hinzu, läßt den Kolben anfangs unter öfterem Umschütteln bis zum anderen Tage stehen, füllt dann mit Natriumoxalatlösung bei 15⁰ bis zur Marke auf, schüttelt ordentlich um und filtriert durch ein Faltenfilter. Zu 100 ccm des Filtrates werden 5 ccm einer 5 %-igen Uranacetatlösung und tropfenweise unter Umrühren so lange 30 %-ige Essigsäure hinzugegeben, bis der Niederschlag entsteht (etwa 30—120 Tropfen, je nach der vorhandenen Caseinmenge). Es wird dann noch ein Überschuß von etwa 5 Tropfen Essigsäure hinzugefügt. Der Niederschlag trennt sich auf diese Weise sehr schnell von der völlig klaren, darüber stehenden Flüssigkeit, er wird durch Zentrifugieren von der Flüssigkeit getrennt und mit einer Lösung, die in 100 ccm 5 g Uranacetat und 3 ccm 30 %-ige Essigsäure enthält, so lange ausgewaschen, bis Natriumoxalat durch Calciumchlorid nicht mehr nachweisbar ist (etwa nach dreimaligem Zentrifugieren). Alsdann wird der Inhalt der Röhrchen mittels der Waschflüssigkeit auf das Filterchen gespült, letzteres in einem Kjeldahl-Kolben mit konzentrierter Schwefelsäure und Kupferoxyd zerstört und der gefundene Stickstoff durch Multiplikation mit 6,37 auf Casein umgerechnet. Unter Berücksichtigung des Fettes wird hierauf der Caseingehalt auf ursprüngliche Schokolade prozentisch umgerechnet.

β) Bestimmung des Gesamtfettgehaltes der Schokolade nach den Angaben S. 16.

γ) Feststellung der Reichert-Meißl-Zahl des nach β gewonnenen wasserfreien Fettes.

Aus diesen drei Komponenten berechnet man mit Hilfe nachstehender Formeln: die Menge des Milchfettes, die gesamte Milchtrockensubstanzmenge, das Verhältnis des Caseins zu Milchfett, den Fettgehalt

---

[1]) Zeitschr. f. Unters. d. Nahr.- u. Genußm. 1909, **18**, 13; vgl. auch O. Laxa, 1904, **7**, 471.

der ursprünglich verwendeten Milch bezw. des Rahms und die fettfreie Milchtrockenmasse in Milch- oder Rahmenschokolade.

a) Berechnung der Menge vorhandenen Milchfettes.

$$\text{Formel: } F = \frac{b\,(a-1)}{27}$$

F = gesuchte Milchfettmenge,
b = gefundener Gesamtfettgehalt,
a = mittlere Reichert-Meißlsche Zahl des Gesamtfettes.

b) Berechnung der übrigen Milchbestandteile (Gesamteiweißstoffe, Milchzucker, Mineralstoffe) zum Zwecke der Feststellung der Gesamtmilchtrockensubstanzmenge (T)

Formel:

Gesamteiweißstoffe (E) = gefundenes Casein × 1.111

$$\text{Milchzucker} \quad (M) = \frac{\text{gefundenes Casein} \times 1.111 \times 13}{10}$$

$$\text{Mineralstoffe} \quad (A) = \frac{\text{gefundenes Casein} \times 1.111 \times 2{,}1}{10}$$

c) Berechnung der gesuchten Milchtrockensubstanzmenge (T)
Formel: $T = F + E + M + A$.
(Zeichenerklärung wie bei den Berechnungen a und b.)

d) Berechnung des Verhältnisses von Casein zu Milchfett und des sich daraus ergebenden Quotienten (Q).

$$\text{Formel: } Q = \frac{\text{Gefundene Fettmenge}}{\text{Gefundene Kaseinmenge}}$$

e) Berechnung des Fettgehaltes der ursprünglich verwendeten Milch oder des Rahmes. Diese geschieht durch Multiplikation des aus dem Verhältnis von Casein zu Fett gewonnenen Quotienten mit dem Caseingehalt (a) der betreffenden normalen Durchschnittsmilchpräparate (bei Milch 3,15, bei 10 %-igem Rahm 3,06 u. s. w.).

Formel: $X = Q \times a$

Q = Quotient der Formel d,
a = Faktor für Casein (3,15 bezw. 3,06 u. s. w.),
X = Fettgehalt der ursprünglichen Milch.

f) Berechnung der fettfreien Milch- bezw. Rahmtrockenmasse. Diese findet man in der üblichen Weise durch Subtraktion des Fettgehaltes von der Trockenmasse; sie ist = $(T - F)$.

12. Teerfarbstoffe, Saccharin s. Abschnitt Fruchtsäfte u. Wein.

13. Mikroskopische Prüfung.

„Das Hauptaugenmerk ist auf die fett- aleuron- und stärkeführenden Parenchymzellen, sowie auf die Pigmentzellen zu richten. Die Epidermis mit ihren Farbstoffkörnern ist eigenartig. Bei den Schalen sind die eigentümlichen Epidermiszellen, Skleraiden und Gefäßbündel und -elemente zu beachten. Das Fett muß vor der mikroskopischen Untersuchung nach Möglichkeit durch Äther entfernt werden."

Die Untersuchung von Kakaopulver (Schokolade u. s. w.) wird an Wasser-, Chloralhydrat- und an Ammoniakpräparaten vorgenommen

Kakao und Kakaowaren. 327

(siehe Kaffee). Vergleichspräparate aus zweifellos reinem Material sind stets heranzuziehen. Als Verfälschungsmittel werden hauptsächlich benutzt:

a) Mehl (die gewöhnliche Verfälschungsart): Der Nachweis desselben bereitet kaum Schwierigkeiten, da die Stärkekörner von fast allen Mehlarten größer sind, als die der Kakaofrucht. Am ähnlichsten mit dem der letzteren ist Eichelmehl.

b) Mineralstoffe: Ziegelmehl, Ocker, Bolus u. s. w. Ihr Nachweis ist mehr Sache der chemischen Untersuchung.

c) Geriebene Hasel-, Erd-, Cocosnüsse und Mandeln. Man sucht am besten nach Fragmenten der Samenhaut.

d) Sandelholz [1]) gibt folgende chemische Reaktionen, alkoholischer Auszug mit Na^2CO^3 = dunkelviolett, $FeSO^4$ = violett, SO^3 = kochenillerot, $ZnSO^4$ = rot, $SnCl^2$ = blutrot.

e) Kakaoschalen (Samenschalen der Kakaobohne) werden vielfach billigen Schokoladesorten, Kakao- und Schokoladepulvern zugesetzt. Nach Tschirch-Oesterle [2]) machen sich beigemengte Schalen teils durch die eigentümlichen Epidermisbilder, teils durch die Sklereiden, sowie reichliches Vorkommen von Gefäßbündelelementen bemerkbar. Spuren von Schalen findet man aber selbst in den besten Kakaopulvern.

Geringe Mengen von Zimt und Vanille werden zum Würzen der Schokolade häufig verwendet; bei der mikroskopischen Untersuchung ist dies eventuell zu berücksichtigen. Vanille wird übrigens durch Vanillin, Peru, Tolubalsam, Storax, Benzoe u. s. w. ersetzt.

Beurteilung [3]).

Gesetzliche Bestimmungen. Das Nahrungsmittelgesetz und das Süßstoffgesetz, außerdem sei auf die Ausführungsbestimmungen des Gesetzes betr. die Vergütung des Kakaozolls vom 22. April 1892 verwiesen (s. S. 330).

1. Kakao.

Herkunft und Zusammensetzung der Rohprodukte u. Fabrikate.
Kakaobohnen sind die Samen des ursprünglich mexikanischen Kakaobaumes, Theobroma Kakao (Büttneriaceen); seine Kultur ist über mehrere Weltteile verbreitet; der N-gehalt beträgt etwa 14 %, der Fettgehalt etwa 40—48 % im geschälten, gebrannten Zustande etwa 7 % mehr, der Theobromingehalt etwa 1,3—1,7 %, der Stärkegehalt 5—7 %.

Kakaomasse ist das Produkt, welches lediglich durch Mahlen und Formen der gerösteten und enthülsten Kakaobohnen gewonnen wird.

Kakaobutter ist das aus enthülsten Kakaobohnen oder aus Kakaomasse gewonnene Fett (Konstanten s. S. 117).

---

[1]) Vgl. auch Riechelmann und Leuscher, Zeitschr. f. öffentl. Chem. 1902. 203; Zeitschr. f. Unters. d. Nahr. u. Genußm. 1903. 6. 467.

[2]) Anatomischer Atlas der Pharmakognosie und Nahrungsmittelkunde, vgl. auch Möller, Mikroskopie der Nahrungs- und Genußmittel.

[3]) Unter Verwendung der Beschlüsse der freien Vereinigung deutscher Nahrungsmittel-Chemiker, Zeitschr. f. Unters. d. Nahr.- u. Genußm. 1909. 18. 13.

Kakaomasse darf keinerlei fremde Beimengungen enthalten. Kakaoschalen [1]) dürfen nur in Spuren vorhanden sein. Die beim Reinigen der Kakaobohnen sich ergebenden Abfälle dürfen weder der Kakaomasse zugefügt, noch für sich auf Kakaomasse verarbeitet werden.

Kakaomasse hinterläßt 2,5—5 % Asche und enthält 52—58 % Fett. Aufgeschlossene Kakaomasse ist eine mit Alkalien, Carbonaten von Alkalien bezw. alkalischen Erden, Ammoniak oder deren Salzen bezw. mit Dampfdruck behandelte Kakaomasse.

Kakaopulver, entölter Kakao, löslicher Kakao, aufgeschlossener Kakao sind gleichbedeutende Bezeichnungen für eine in Pulverform gebrachte Kakaomasse bezw. in Pulverform gebrachte, geröstete enthülste Kakaobohnen, nachdem diese durch Auspressen in der Wärme von dem ursprünglichen Gehalte an Fett teilweise befreit und in der Regel einer Behandlung mit Alkalien, Carbonaten von Alkalien bezw. alkalischen Erden, Ammoniak und deren Salzen bezw. einem starken Dampfdruck ausgesetzt sind.

Verfälschungen und Nachmachungen.

Unter 20 % Fett enthaltende (sog. entölte) Kakaopulver[2]), sowie gewürzte (aromatisierte oder parfümierte) Kakaopulver müssen entsprechend gekennzeichnet sein. Betreffs Verfälschungen des Kakaofettes siehe unter Schokolade.

Kakaopulver u. s. w. darf keine fremden Beimengungen enthalten[3]). Kakaoschalen dürfen nur in Spuren vorhanden sein. Die beim Reinigen der Kakaobohnen sich ergebenden Abfälle dürfen weder dem Kakaopulver zugefügt, noch für sich auf Kakaopulver verarbeitet werden.

Der Zusatz von Alkalien oder alkalischen Erden darf 3 % des Rohmaterials nicht übersteigen.

Nur gepulverter Kakao und mit Ammoniak und dessen Salzen behandeltes bezw. starkem Dampfdruck ausgesetztes Kakaopulver hinterläßt, auf Kakaomasse mit einem Gehalte von 55 % Fett umgerechnet, 3—5 % Asche.

Mit Alkalien und mit alkalischen Erden aufgeschlossene Kakaopulver dürfen, auf Kakaomasse mit 55 % Fett umgerechnet, nicht mehr als 8 % Asche hinterlassen.

Der Gehalt an Wasser darf 9 % nicht übersteigen. Zusätze von Farbstoffen, Mehl u. s. w. sowie völlige Nachmachungen kommen nur ganz vereinzelt vor.

2. Schokolade.

Begriffsbestimmung und Zusammensetzung. Schokolade ist eine Mischung von Kakaomasse mit Rüben- oder Rohrzucker neben

---

[1]) Unvermeidlich sollen nach Welmans 1—2 % sein.
[2]) Nach A. Juckenack, Zeitschr. f. Unters. d. Nahr.- u. Genußm. 1905. 10. 41, Hueppe (l. c.) u. a. verliert der Kakao mit der Steigerung des Fettentzuges an Aroma. R. O. Neumann, Zeitschr. f. Unters. d. Nahr.- u. Genußm. 1906. 12. 101, sowie Hueppe geben dem weniger stark entölten Kakao in physiologischer Beziehung den Vorzug vor dem stark auf etwa 13 % Fett entölten Kakao. Ferner A. Beythien u. K. Frerichs, Zeitschr. f. Unters. d. Nahr.- u. Genußm. 1908. 16. 679.
[3]) Vgl. auch die Urteile in Sachen Hämatogenkakao Zeitschr. f. Unters. d. Nahr.- u. Genußm. 1908. 15. 121.

einem entsprechenden Zusatze von Gewürzen (Vanille, Vanillin, Zimt, Nelken u. dgl.). Manche Schokoladen enthalten außerdem einen Zusatz von Kakaobutter.

Der Gehalt an Zucker in Schokolade darf nicht mehr als 68 % betragen. Zusätze von Stoffen von diätetischen und medizinischen Zwecken zu Schokolade sind zulässig, doch darf dann die Summe dieses Zusatzes und des Zuckers nicht mehr als 68 % ausmachen.

Verfälschungen und Nachmachungen.

Schokoladen, welche Mehl, Mandeln, Wal- oder Haselnüsse, sowie Milchstoffe enthalten, müssen mit einer diesen Zusatz anzeigenden, deutlich erkennbaren Bezeichnung versehen sein, doch darf auch dann die Summe dieses Zusatzes und des Zuckers ebenfalls nicht mehr als 68 % betragen.

Außer dem Zusatze von Gewürzen dürfen der Schokolade andere pflanzliche Zusätze nicht gemacht werden. Auch darf Schokolade kein fremdes Fett und keine fremden Mineralbestandteile enthalten. Kakaoschalen dürfen nur in Spuren vorhanden sein. Die beim Reinigen der Kakaobohnen sich ergebenden Abfälle dürfen weder der Schokolade zugesetzt[1]), noch für sich auf Schokolade verarbeitet werden.

Kuvertüre oder Überzugsmasse muß den an Schokolade gestellten Anforderungen[2]) genügen, auch wenn die damit überzogenen Waren Bezeichnungen tragen, in welchen die Worte Kakao oder Schokolade nicht vorkommen, jedoch dürfen diesen ohne Kennzeichnung Zusätze von Nüssen, Mandeln und Milchstoffen bis zu 5% gemacht werden. Milch- oder Rahm- (Sahne-) Schokolade muß die vollen Bestandteile dieser Zusätze enthalten. Niedrigste Grenzwerte sind noch nicht festgestellt; (Vorschläge d. fr. Vereinigung Deutscher Nahrungsmittelchemiker 1910. 20. 358, Zeitschr. f. Unters. d. Nahr.- u. Genußm. und Verband deutscher Schokoladenfabrikanten, Deutsche Nahrungsmittelrundschau, Nürnberg 1909). Nach den Entscheidungen des Landgerichts zu Potsdam vom 31. März 1909 bezw. preußischen Kammergerichts vom 12. Jan. 1909 ist eine als Rahmschokolade bezeichnete, jedoch nur mit Milch hergestellte Ware als Nachahmung anzusehen.

Teerfarbstoffe, Sandelholz, Ocker und andere Färbemittel geben den Kakaos wertvollerer Beschaffenheit und bilden somit eine Verfälschung; Ersatz des Kakaofettes durch fremde Fette (bekannt sind als solche: Cocosfett, Sesamöl, Margarine, Rindsfett, Paraffin, Dickafett), künstliche Mischungen mehrerer Fette oder mit Teilen derselben, auch sog. Fettsparer (vgl. S. 323), Mehl und Stärke sind, sofern sie verschwiegen werden, ebenfalls Verfälschungsstoffe. Der Gehalt an Asche darf 2,5 % nicht übersteigen.

Nachmachungen von Schokolade selbst sind schon vereinzelt vorgekommen und an ihrer gänzlich abweichenden Zusammensetzung erkannt worden; verbreiteter sind dagegen Nachmachungen von Schokoladenpulvern mit Mehl, Farbstoffen, Sandelholz, Kakaoschalen u. s. w. und auch als Vanillenpulver, Suppenmehl geführte Waren. Schoko-

---

[1]) Abfallschokolade ist also nur eine aus Schokoladeabfällen (-Resten) hergestellte Ware und darf nicht mehr Schalen als z. B. Dessertschokolade enthalten.

[2]) Vgl. Reichsger.-Entscheid. vom 27. April 1894.

ladenmehl muß als gleichbedeutend mit Schokoladenpulver angesehen werden. Letzteres darf nicht mehr als 68% Zucker enthalten.

Verdorbene bzw. gesundheitsschädliche Kakaowaren kommen seltener bezw. kaum vor; zu lange oder in ungünstigen Räumen vorgenommene Aufbewahrung leistet dem Entstehen von Ranzigkeit, Verpilzung, Insektenfraß u. s. w. Vorschub. Havarierte Kakaobohnen können verdorben sein.

Auszug aus den Ausführungsbestimmungen vom 9. Juli 1896 bezw. 3. November 1898 zum Gesetz, betreffend die Vergütung des Kakaozolls bei der Ausfuhr von Kakaowaren, vom 22. April 1892.

§ 1. . . . .

Abs. 2: Zur Vergütung werden vorerst nur zugelassen:

a) Kakaomasse, gemahlen, gestoßen oder gequetscht, in Teig-, Pulver- oder sonstiger Form, unentölt oder mehr oder weniger entölt, ohne Beimischung anderer Stoffe, insbesondere ohne Beimischung von Abfällen der Verarbeitung von Rohkakao (Staub, Gries, Schalen u. s. w.). Kakaopulver in Pulverform, mehr oder weniger entölt) darf bis zu 3% bei der Herstellung zugesetzte Alkalien enthalten;

b) Schokolade, welche lediglich aus einer Mischung von Kakaomasse der unter a bezeichneten Art und Zucker (Rüben- und Rohrzucker) besteht, wobei ein Zusatz von Gewürzen und medizinischen Stoffen bis zu 1% gestattet ist. Die Kakaomasse muß in der Schokolade in einer Menge von mindestens 40% vorhanden sein;

c) kakaohaltige Zuckerwaren, einschließlich der nicht unter b fallenden Schokolade, welche mindestens 10% Kakaomasse und 50% Zucker der zu b gedachten Art enthalten.

. . . .

§ 9. Absatz 3: Durch die chemische Untersuchung ist festzustellen, daß die Ware die in § 1 dieser Bestimmungen vorgeschriebene Beschaffenheit besitzt.

Die Untersuchung hat sich insbesondere zu erstrecken auf:

1. die Bestimmung des Zuckergehaltes;
2. den Zusatz von Stärkezucker;
3. den Zusatz von stärkemehlhaltigen Stoffen (durch mikroskopische Untersuchung);
4. den prozentualen Gehalt an Fett beziehungsweise den Zusatz fremder Fette;
5. den Aschengehalt; dieser darf bei pulverförmigem Kakao 9,5% und bei Kakaomasse in Teig oder sonstiger Form 4,5% nicht übersteigen. Die Asche ist darauf zu prüfen, ob fremde Mineralbestandteile darin enthalten sind.

XV. Tabak.

Die Untersuchung zerfällt in die Bestimmung von:

1. Wasser, Stickstoff (gesamt), **Rohfaser, Fett** nach den allgemeinen Methoden, nach S. 10 u. s. w.

2. Nikotin (nach R. Kießling):

Der entrippte und zerschnittene Tabak wird bei 50—60° 1 Stunde getrocknet und dann pulverisiert. 20 g dieses Pulvers werden hierauf mit 10 ccm einer alkoholischen Natronlösung (6 g NaOH in 40 ccm Wasser gelöst und mit 60 ccm 95%-igem Alkohol versetzt) angerührt und diese Masse im Extraktionsapparat mit Äther extrahiert. Letzterer wird sodann größtenteils abdestilliert, der Rückstand mit 50 ccm Natronlauge (4 g NaOH in 1000 g Wasser) aufgenommen und diese Flüssigkeit mit Wasserdampf destilliert. Je 100 ccm Destillat (man destilliert etwa 400 ccm ab) werden dann gesondert aufgefangen und mit Normalschwefelsäure titriert:

1 Teil SO_3 = 4,05 Teile Nikotin.

3. Amidstickstoff (nach Fesca):

10 g lufttrockenes Tabakpulver digeriere man mit 40 %-igem Alkohol 1 Stunde lang bei 100⁰, lasse dann erkalten, wäge das Ganze, filtriere, nehme vom Filtrat einen aliquoten Teil (abgewogenen Teil) und dampfe diesen zum Sirup ein: den Sirup nehme man mit Wasser auf, filtriere und wasche aus. Das eingedampfte Filtrat säure man mit Schwefelsäure an, fälle mit möglichst wenig phosphorsaurem Natrium Eiweiß, Pepton, Nikotin, Ammoniak. Nun bringe man das Ganze (Flüssigkeit + Niederschlag) auf ein bestimmtes Volumen, filtriere hiervon einen aliquoten Teil ab, dampfe unter Zusatz eines Chlorbariumkrystalls im Hoffmeisterschen Schälchen zur Trockene und bestimme den Stickstoff nach Kjeldahl nach S. 13.

Mitbestimmter, etwa vorhandener Salpetersäurestickstoff wird in folgender Weise ermittelt:

Man extrahiert wie bei der Bestimmung der Amide mit 40 %-igem Alkohol, verdampft das Filtrat unter Zusatz von Natronlauge bis zur alkalischen Reaktion, nimmt mit Wasser auf, filtriert und bestimmt die Salpetersäure als Stickoxyd nach der Methode Schlösing-Tiemann (siehe Untersuchung des Wassers). Der Stickstoffgehalt dieser ermittelten Salpetersäure ist von dem oben ermittelten Amidstickstoff in Abzug zu bringen.

4. Beimengungen von mineralischen Bestandteilen u. s. w werden durch die Asche erkannt und ermittelt. Schnupftabake enthalten bisweilen infolge der Umhüllung mit Bleifolie größere Mengen von Blei.

5. Die Verwendung von „Saucen" kann durch den Zuckergehalt (vergorener Tabak enthält nur Spuren) oder durch Bestimmung der in Wasser löslichen Extraktivstoffe ermittelt werden. Die Menge derselben soll nach Philipps nicht mehr als 55 % betragen.

6. Stanniolumhüllungen von Schnupf- und Kautabak dürfen in 100 Teilen nur 1 Teil Blei enthalten (siehe das Gesetz vom 25. Juni 1887).

7. Mikroskopische Untersuchung.

Zu Verfälschungszwecken werden folgende Blätter verwendet: Ampfer-, Cichorien-, Huflattig-, Linden-, Kirsch-, Kartoffel-, Rosen-Weichsel-, Runkelrübenblätter u. s. w.

Bezüglich der mikroskopischen Untersuchungsweise ist nur zu sagen, daß stets Vergleichspräparate mit echten Tabaksblättern angefertigt werden müssen. (Vgl. König: Die menschlichen Nahrungs- und Genußmittel, und Möller: Die Mikroskopie der Nahrungs- und Genußmittel aus dem Pflanzenreiche, Tschirch-Oesterle, Schimper l. c.)

Auf Suxlands Versuche über die Tabaksfermentation kann hier nur verwiesen werden (siehe Zentralblatt für Bakteriologie, S. 723, Bd. XII und den bakteriologischen Teil).

Beurteilung.

Gesetzliche Bestimmungen: Das Nahrungsmittelgesetz und das Gesetz betr. blei- und zinkhaltige Gegenstände vom 25. Juni 1887. Verfälschungen kommen fast gar nicht vor. In Frage kommen bei Schnupf- und Kautabak Beimengungen von Beschwerungsmitteln (Mineralstoffen) und Blei durch bleihaltigen Staniol. Bei Cigarren und Rauchtabak würde Ersatz des echten Tabaks durch unechten Fälschung bzw. Nachmachung oder auch Betrug bedeuten. Besondere Voraussetzungen (Garantieen) müssen aber geboten sein, sonst läßt sich bei der üblichen Kaufweise am Tabak kein Tatbestandsmerkmal finden. Die Beurteilung erfolgt im allgemeinen nach Qualität der Rauchprobe, nach Aussehen, Geruch, Brand u. s. w.

Nach den Versuchen von Thoms gehen in den Rauch über bzw. entstehen: Nikotin, Pyridin, ätherisches Öl, Kohlensäure, Buttersäure, Kohlenoxyd (geringe Mengen). Der Nikotingehalt ist variabel und für die Wertschätzung nicht maßgebend.

Siehe auch R. Kissling, Fortschritte auf dem Gebiete der Tabakchemie, Chem.-Ztg. 1908. 32. 717. J. Tóth, Beiträge zur Bestimmung der organischen flüchtigen Säuren im Tabak, ebenda 1906. 30. 57; 1908. 32. 242.

XVI. Branntweine und Liköre [1].

Die Untersuchungsmethoden sind im wesentlichen für beide Spirituosensorten dieselben. Bei den Likören u. s. w. kommt sinngemäß bezw. dem Charakter der Produkte entsprechend die Bestimmung des Extraktes, der Mineralstoffe, der Alkalität, des Zuckers, Nachweis von Stärkesirup, von Farbstoffen, Ermittelung von Eibestandteilen, Prüfung auf Süßstoffe u. s. w. in Betracht.

1. Bestimmung des spezifischen Gewichtes.

Nach den bekannten Methoden mit Pyknometern, Aräometern u. s. w. Die pyknometrische Bestimmung wird, wie bei Wein angegeben, vorgenommen.

2. Bestimmung des Alkohols.

a) Mit Alkoholometern bei alkoholischen Flüssigkeiten, die nur Alkohol und Wasser enthalten; sie werden mit dem Normalalkoholo-

---

[1] E. Sell, Über Kognak, Rum und Arak (Arb. a. d. Kaiserl. Gesundheitsamte, Bd. VI und VII) und K. Windisch, „Über die Zusammensetzung der Trinkbranntweine" (Kornbranntwein, Kirsch- und Zwetschenbranntwein), ebenda Bd. VIII, XI, XIV, ferner von Amthor und Zink: „Zur Beurteilung der Edelbranntweine", Forschungsberichte 1897, 362 ff.

meter verglichen und geben direkt den Alkoholgehalt nach Volumprozenten an, wenn die Temperatur des Alkohols genau 15⁰ beträgt. Wenn die Mischung nicht diese Temperatur hat, muß die besondere Temperatur der Alkoholmischung bestimmt und aus der den geeichten Alkoholometern beigegebenen Reduktionstabelle[1]) die wahre Stärke des Alkohols bei 15⁰ abgelesen werden.

Gewichtsanalytisch mit dem Pyknometer (Dichtefläschchen) bezw. mit Hilfe einer besonderen Brennvorrichtung für Steuerzwecke vgl. S. 346.

b) Durch Destillation, wenn außer Alkohol und Wasser noch andere Stoffe in der alkoholischen Flüssigkeit enthalten sind [2]). (Siehe Alkoholbestimmung des Weines S. 396.) An Alkohol hochprozentige Branntweine verdünnt man vor der Destillation mit Wasser 1:1. Liköre, Essenzen u. s. w., die viel ätherisches Öl enthalten, sind zuvor mit Kochsalz zu behandeln (siehe die Ausführungsbestimmungen zum Branntweinsteuergesetz, Anlage 2; S. 348.

c) Refraktom. Alkoholbestimmung[3]) ist nur anwendbar, wenn außer Alkohol keine lichtbrechende Substanzen (z. B. ätherische Öle oder Bukettstoffe) in den Destillaten enthalten sind.

3. Bestimmung des Fuselöls[4]) (der Nebenerzeugnisse der Gärung und Destillation). Nach der amtlichen Anweisung vom 17. Juli 1895 bezw. nach der ursprünglichen Röseschen von Stutzer, Reitmaier, Sell modifizierten Methode[5]). Dieselbe beruht im wesentlichen auf dem verschiedenen physikalischen Verhalten des fuselölhaltigen und des reinen Alkohols gegen Chloroform, welches die höheren Glieder der Alkohole der Methanreihe, nicht aber den Äthylalkohol bei wässeriger Lösung in größerer Menge aufzunehmen vermag. 200 bei 15⁰ C abgemessene Kubikzentimeter der zu untersuchenden alkoholischen Flüssigkeit destilliert man unter Zusatz von etwas Alkali zu $^4/_5$ ab, mit dem Zweck, die Substanzen, welche auch von Chloroform aufgenommen würden, zu beseitigen. Das Destillat wird mit Wasser wieder auf 200 ccm von 15⁰ C aufgefüllt, der Alkoholgehalt in bekannter Weise pyknometrisch ermittelt und dann diese 200 ccm mit Hilfe der in der amtlichen Anleitung stehenden Tabellen S. 363 u. 367 so mit destilliertem Wasser verdünnt, dass 30 Volum %-iger Alkohol entsteht mit dem spezifischen Gewicht von 0,96564 bei 15⁰ C.

Man füllt nun in den völlig trockenen Röse-Herzfeld-Windischschen Apparat, der in Wasser von 15⁰ C gestanden hatte, mittels einer langen Trichterröhre auf 15⁰ C temperiertes Chloroform bis zum Teilstrich 20, sodann 100 ccm des ebenfalls auf 15⁰ C temperierten 30 Vol.-

---

[1]) Siehe die Anleitung zur steueramtlichen Ermittelung des Alkoholgehaltes im Branntwein. J. Springer, Berlin.
[2]) Gegebenenfalls ist das Destillat noch qualitativ auf die Identität des Alkohols, ob außer Äthyl- auch Methylalkohol vorhanden, zu prüfen. Siehe S. 355 unter Nachweis von Denaturierungsmitteln sowie S. 504.
[3]) A. Frank-Kamenetzky, Zeitschr. f. öffentl. Chem. 1908. 10. 185.
[4]) Qualitativ, indem man 200 ccm eines auf 20 % verdünnten Alkohols mit 20 ccm Chloroform umschüttelt; nach dem Verdunsten des letzteren soll kein Geruch nach Fuselöl nachweisbar sein (Uffelmann).
[5]) Arbeiten aus dem Kais.Gesundh.-Amt. 1888. 4. 109; Zeitschr. f. angew. Chem. 1890. 522.

%-igen Alkohols und 1 ccm Schwefelsäure (s = 1,2857) und schüttelt den mit einem Korkstopfen verschlossenen Apparat 150-mal kräftig durch. Man setzt dann den Apparat in ein Temperierbad (Kühlzylinder) von 15⁰ C. Das Chloroform scheidet sich nun in großen Tropfen ab, die zu Boden sinken; einzelne an den Wandungen hängen gebliebene Tropfen bringt man durch Drehen des Apparates um seine Vertikalachse in dem Kühlzylinder zum Untersinken. Ist alles Chloroform vereinigt, so liest man die Steighöhe ab und entnimmt aus der für das Chloroform aufgestellten Tabelle den entsprechenden Fuselölgehalt (siehe unten). Die Ablesung gibt jedoch zunächst nur die „scheinbare" Steighöhe des Chloroforms an, da das Chloroform beim Schütteln mit verdünntem reinem Alkohol stets einen gewissen Prozentgehalt Alkohol aufnimmt, also sein Volumen vergrößert. Um nun die „absolute" Steighöhe zu erhalten, muß die bei reinem Spiritus erhaltene Steighöhe von der bei der Untersuchung des Branntweines beobachteten Steighöhe des Chloroforms abgezogen werden. Im Kaiserlichen Gesundheitsamte ist für reinen 30 Vol.-%-igen Alkohol eine absolute Steighöhe von 1,64 (Stutzer und Reitmaier 1,4) gefunden worden. Da nun 20 ccm Chloroform zum Ausschütteln des Fuselöls angewendet werden und 1,64 die absolute Steighöhe von reinem 30 %-igen Alkohol ist, so ist der Nullpunkt nachstehender Tabelle = 21,64.

Tabelle zur Ermittelung des Fuselölgehaltes
(nach den Beobachtungen im Kaiserlichen Gesundheitsamte).

Abgelesen ccm	Vol.-% Fuselöl	Abgelesen ccm	Vol.-% Fuselöl
21,64	0	21,98	0,2255
21,66	0,0133	22,00	0,2387
21,68	0,0265	22,02	0,2520
21,70	0,0398	22,04	0,2652
21,72	0,0530	22,06	0,2785
21,74	0,0663	22,08	0,2918
21,76	0,0796	22,10	0,3050
21,78	0,0928	22,12	0,3183
21,80	0,1061	22,14	0,3316
21,82	0,1194	22,16	0,3448
21,84	0,1326	22,18	0,3581
21,86	0,1459	22,20	0,3713
21,88	0,1591	22,22	0,3846
21,90	0,1724	22,24	0,3979
21,92	0,1857	22,26	0,4111
21,94	0,1989	22,28	0,4244
21,96	0,2122		

Der nach der obigen Tabelle entnommene Fuselölgehalt bedarf noch einer Umrechnung nach nachstehender Formel, da der untersuchte

Branntwein nicht 30 % (wie nachträglich eingestellt), sondern einen Alkoholgehalt von n Prozenten hatte.

$$x = \frac{f\,(100 + a)}{100}$$

f = ccm Fuselöl, welche in dem 30 %-igen Alkohol (Branntwein) gefunden wurden.

x = ccm Fuselöl in 100 ccm des ursprünglichen Branntweins.

a = Anzahl ccm Wasser bezw. Alkohol, welche 100 ccm dem Branntwein zu dessen Verdünnung auf 30 % zugesetzt werden mußten.

Auf die Methoden von Allen-Marquardt, Girard[1]), sowie E. Beckmann[2]) sei verwiesen. Komarowsky u. Roth (rasche kolorimetrische Bestimmung der höheren Alkohole), Zeitschr. f. Unters. d. Nahr. u. Genußm. 1904, 7, 568, siehe darüber auch H. Kreis, Chem.-Ztg. 1907, 31, 999.

4. Bestimmung der Gesamtsäure (organischen und Mineralsäuren): mit $^1/_{10}$ Normal-Kalilauge unter Benutzung des Phenolphtaleins als Indikator. Bei gefärbten Likören ist auf violettes Lackmuspapier zu tüpfeln. Die gefundene Menge wird als Essigsäure ausgedrückt. 1 ccm = 0,006 $C_2H_4O_2$. Über Nachweis und Trennung der gebundenen (esterifizierten) und flüchtigen Säuren (Fettsäuren) vgl. E. Sell, Arb. a. d. Kaiserl. Gesundheitsamt 1891 und 1982, sowie K. Windisch, Beiträge zur Kenntnis der Edelbranntweine, ebenda 18, 292 und Zeitschr. f. Unters. d. Nahr.- u. Genußm. 1904, 8, 465.

5. Bestimmung von freien Mineralsäuren siehe Essig, S. 368.

6. Freie Blausäure in Kirschwasser weisen Neßler und Barth folgendermaßen nach: 10 ccm werden mit 3 Tropfen einer 0,5 %-igen $CuSO_4$-Lösung und 1,5 ccm einer frisch bereiteten Guajakholztinktur (5 g Guajakharz mit 100 ccm Alkohol von 90 % kurze Zeit bis zur weingelben Färbung der Lösung extrahiert) vermischt. Freie Blausäure gibt sich durch Blaufärbung zu erkennen. Die Methode kann auch zur quantitativen kolorimetrischen Prüfung dienen.

Zum Nachweis der gebundenen HCN (ohne Anwesenheit freier HCN) macht man den Branntwein alkalisch, dann nach einigen Minuten mit Essigsäure schwach sauer und verfährt weiter wie beim Nachweis der freien Blausäure. Ist neben der freien HCN auch gebundene HCN vorhanden, so führt man die Reaktion mit und ohne vorhergehende Behandlung der gleichen Menge Branntwein mit Alkali aus und vergleicht die Stärke der Reaktion. Es empfiehlt sich, event. mit Wasser zu verdünnen, damit die Unterschiede besser hervortreten können.

Quantitativ: freie Blausäure fällt man in mindestens 100 ccm Branntwein bezw. dessen Destillat mit überschüssiger $AgNO_3$-Lösung (s. unten) und füllt zur Marke 300 auf, in einem aliquoten Teil

---

[1]) J. König, die Untersuchung landwirtschaftlich und gewerblich wichtiger Stoffe. 1906. 682.
[2]) Zeitschr. f. Unters. d. Nahr.- u. Genußm. 1899. 2. 709; 1901. 4. 1059; 1905. 10. 143.

der abfiltrierten Lösung wird das überschüssige Silber zurücktitriert. Gebundene HCN ergibt sich aus Differenz der gesamten und freien HCN. Gesamte HCN wird nach Amthor und Zink[1]) folgendermaßen bestimmt. Mindestens 100 ccm Branntwein bezw. seine Destillate (wenn Chloride anwesend sind) werden mit NH_3 alkalisch gemacht mit $AgNO_3$-Lösung (3,1496 g pro Liter; 1 ccm = 0,5 mg HCN) versetzt und sofort mit Salpetersäure angesäuert. Man füllt auf 300 ccm auf, filtriert Niederschlag durch trockenes Filter ab und titriert in einem abgemessenen Teil unter Zusatz von 5 ccm kaltgesättigtem Eisenammonsulfat (Eisenalaun) als Indikator das überschüssige Silber zurück. Differenz zwischen Zusatz und Verbrauch = Blausäure.

7. Extrakt und Mineralstoffe, Glycerin, Weinsteinsäure u. s. w. werden nach S. 396 u. folg. Abschnitt Wein bestimmt. In der Asche ist eventuell auf Metalle zu prüfen.

8. Zucker bezw. die verschiedenen Zuckerarten werden nach dem Neutralisieren, Entgeisten und Wiederauffüllen der Flüssigkeit auf das ursprüngliche Volumen, nach Allihn, S. 19 u. ff. oder polarimetrisch (siehe Abschnitte Wein, Fruchtsäfte und Honig) bestimmt; gefärbte Liköre entfärbt man mit ausgeglühter Tierkohle und Tonerdebrei (auch Teerfarbstoffe werden durch die Kohle zurückgehalten). Vgl. auch die Ausführungsbestimmungen zum Zuckersteuergesetz S. 282.

9. Künstliche Süßstoffe (Saccharin, Dulcin u. s. w.) siehe Abschnitt Wein, S. 293 u. 417.

10. Ätherische Öle: Man schüttelt die spirituöse Flüssigkeit mit Äther aus, läßt verdunsten und prüft auf Geschmack bezw. Geruch.

11. Ätherarten (Ester-): Man destilliert dieselben ab, kocht das Destillat 15—30 Minuten mit verdünnter KOH am Rückflußkühler (Verseifung) und prüft auf Geruch; im alkalischen Rückstand des Destillates kann die dazu gehörige Säure ermittelt werden. Bestimmung der Gesamtester: 50—100 ccm Branntwein bezw. Destillat von Likören bezw. gefärbter und extraktreicher Branntweine im Hartglaskolben (!) mit $^1/_{10}$ Normal-Alkali und Phenolphtalein genau neutralisieren und dann mit einer abgemessenen Menge desselben Alkali 10 Minuten am Rückflußkühler kochen. Darnach das überschüssige Alkali mit $^1/_{10}$ Normal-Schwefelsäure zurücktitrieren. Esterzahl = Verbrauch an $^1/_{10}$ Normal-Alkali für 100 ccm angewendetes Untersuchungsmaterial.

Geruchsstoffe (Äther u. s. w. speziell bei Edelbranntweinen wie Kognak und Rum) isoliert A. Micko[2]) durch fraktionierte Destillation. Bei einiger Übung läßt sich z. B. ein typischer Rumgeruchsstoff im echten Rum in der 5.—6. Fraktion ermitteln.

12. Farbstoffe:
Nachweis von Teerfarbstoffen: Siehe unter Wein; vgl. auch die durch das Gesetz vom 5. Juli 1887 verbotenen Farbstoffe. Eine braungelbe Färbung kann durch Lagern in Eichenholzfässern verursacht

---

[1]) Forschungsberichte. 1897. **4.** 362.
[2]) Zeitschr. f. Unters. d. Nahr.- u. Genußm. 1908. **16.** 433; 1910. **19.** 305.

sein (Holzfarbstoff, Gerbsäure); ist dies der Fall, so entsteht als Zusatz von Eisenchlorid eine schwarzgrünliche Färbung.

13. Caramel wird nach Amthor nachgewiesen, indem man 10 ccm der spirituösen Flüssigkeit mit 30—50 ccm Paraldehyd mischt (es ist eventuell noch Alkoholzusatz nötig, um eine richtige Mischung zu erhalten) — der Caramel scheidet sich nach 24 Stunden aus — man filtriert dann den Niederschlag ab, löst in Wasser, dampft eventuell noch ein und prüft das Filtrat mit 1 g salzsaurem Phenylhydrazin und 2 g essigsaurem Natrium auf Zucker. Es muß ein gelblichrötlicher Niederschlag entstehen, der sich in Ammoniak löst und durch Salzsäure wieder gefällt wird.

Nach A. Jägerschmid [1]): 100 ccm des Branntweins mit Eiweißlösung (gleiche Teile frisches Hühnereiweiß und Wasser) in hohem Becherglase gehörig durchmischen und auf direktem Feuer unter stetem Bewegen bis zur vollständigen Abscheidung des Eiweißes erhitzen. Das Filtrat auf dem Dampfbade bis zur Sirupkonsistenz eindampfen und einen Teil desselben mit Äther, den anderen mit Aceton in einer Porzellanschale emulgieren. Die ätherische Lösung nach und nach (Porzellantüpfelplatte) abgießen, nach dem Verdunsten des Äthers 1—2 Tropfen einer frisch bereiteten Resorcinlösung (1 g zu 100 g konzentrierter HCl) zuträufeln — kirschrote Färbung. Der nötigenfalls filtrierte Acetonauszug gibt mit gleichem Teil konzentrierter HCl in einem Reagensglase übergossen karmoisinrote Färbung.

14. Nachweis von Vergällungsmitteln [2]). Die Vergällung des Trinkbranntweins geschieht durch Zusatz von 2,5 Liter eines Gemisches von 4 Raumteilen Holzgeist und 1 Raumteil Pyridinbasen auf je 100 l Alkohol. Nach der amtlichen Anweisung [3]) soll zunächst auf Aceton, dann auf Pyridinbasen geprüft werden. Ergeben beide Prüfungen übereinstimmend die Gegenwart oder Abwesenheit von Vergällungsmitteln, so kann von der weiteren Untersuchung auf Methylalkohol abgesehen werden.

a) **Holzgeist.**

1. Acetonnachweis: 500 ccm werden in einem geräumigen Kolben mit 10 ccm N.-Schwefelsäure versetzt und nach Zugabe von Bimssteinchen, sowie nach Verwendung eines einfachen Destillationsaufsatzes von etwa 20 cm Länge und eines absteigenden Kühlers von etwa 25 cm Länge auf dem Wasserbade destilliert. Für die Verbindung der Glasteile des Destillationsgerätes sind Glasschliffe anzuwenden. Ein in Kubikzentimeter geteilter Meßzylinder ist vorzulegen. Die Destillation ist zu unterbrechen, wenn die Raummenge des Destillats etwa $^2/_3$ der in den 500 ccm des betreffenden Trinkbranntweins enthaltenen Alkoholmenge beträgt. Der Rückstand im Kolben wird zum Nachweis von Pyridinbasen verwendet.

Das etwa 100—150 ccm betragende Destillat wird mit einigen

---
[1]) Ebenda. 1909. 17. 269.
[2]) Amtliche Anleitung zur Untersuchung der Vergällungsmittel siehe S. 352.
[3]) Zeitschr. f. Unters. d. Nahr.- und Genußm. 1906. 12. 765.

Siedesteinchen in einen kleinen Kolben gegeben und mit Hilfe eines wirksamen Fraktionsaufsatzes (nach Vigreux) am absteigenden Kühler mit Vorstoß auf dem Wasserbade nochmals sorgfältig einer fraktionierten Destillation unterworfen. (Destillationsgeräte mit Glasschliff.) Die Fraktionierung wird in der Weise vorgenommen, daß von der langsam in Tropfen übergehenden Flüssigkeit jedesmal etwa soviel wie die Hälfte des Kolbeninhaltes beträgt, aufgefangen und sodann aus einem anderen Kölbchen erneut mit dem gleichen Fraktionsaufsatz fraktioniert wird, bis man ein Destillat von 25 ccm erhalten hat. Dieses wird schließlich nochmals fraktioniert, und nun der erste übergehende Kubikzentimeter in einem mit Glasstopfen verschließbaren Probiergläschen gesondert aufgefangen, ebenso auch der zweite in einem anderen Probiergläschen. Man destilliert dann 10 ccm ab und verwahrt diese unter Verschluß. Zu dem Inhalt der beiden Probiergläschen wird je 1 ccm Ammoniakflüssigkeit von der Dichte 0,96 unter Umschütteln gegeben, die Röhrchen verschlossen und 3 Stunden beiseite gestellt. Darnach wird in jedes Probiergläschen je 1 ccm einer 15 %-igen NaOH, sowie je 1 ccm einer frischbereiteten 2½ %-igen Nitroprussidnatriumlösung gegeben. Bei Gegenwart von Aceton entsteht in beiden oder mindestens in dem Probiergläschen, das den zuerst übergegangenen Kubikzentimeter des Destillats enthält, eine deutliche Rotfärbung, die auf tropfenweisen und unter äußerer Kühlung erfolgenden vorsichtigen Zusatz von 50 %-iger Essigsäure in Violett übergeht. Ist Aceton nicht vorhanden, so tritt, selbst bei Anwesenheit von Aldehyd, höchstens eine goldgelbe Färbung auf, die auf Essigsäurezusatz verschwindet oder in mißfarbenes Gelb umschlägt.

2. Prüfung auf Methylalkohol. Für den Nachweis des Methylalkohols werden weiter 500 ccm des zu prüfenden Trinkbranntweines in der soeben beschriebenen Weise nach Zusatz von Schwefelsäure auf dem Wasserbade destilliert. Der Rückstand im Kolben wird für den Nachweis des Pyridins verwendet. Das alkoholische Destillat wird wieder in der gleichen Weise, wie vorhin angegeben, einer fraktionierten Destillation unterworfen. Beträgt die Menge des Destillats etwa 25 ccm, so wird es mit der bei der Prüfung auf Aceton noch erhaltenen Endfraktion (10 ccm) gemischt. Aus diesem Gemische wird ein Vorlauf von 10 ccm herausfraktioniert und dieser nach dem von K. Windisch[1]) umgearbeiteten Verfahren nach Riche und Bardy[2]) auf die Anwesenheit von Methylalkohol in folgender Weise geprüft:

Der erhaltene Vorlauf wird in einem Kölbchen mit Rückflußkühler mit 15 g gepulvertem Jod und 2 g amorphem Phosphor versetzt. Nach Beendigung der heftigen Umsetzung werden die entstandenen Alkyljodide auf dem Wasserbade am absteigenden Kühler abdestilliert und in einem kleinen 30—40 ccm destilliertes Wasser enthaltenden Scheidetrichter aufgefangen. Die ein schweres, schwach rötliches Öl bildenden Alkyljodide werden nach beendeter Destillation in eine etwa 100 ccm fassendes Kölbchen mit nicht zu weitem Hals abgelassen, indem sich 6 ccm frisch destilliertes Anilin befinden. Nach dem Aufsetzen

---

[1]) Arbeiten aus dem Kais. Gesundh.-Amt. 1893. 286.
[2]) Compt. rend. 1875. 1076.

eines als Kühler dienenden langen Glasrohres erwärmt man das Kölbchen auf dem Wasserbade etwa 10 Minuten lang auf 50—60°, wobei eine heftige Umsetzung eintritt, nach deren Beendigung der Kolbeninhalt zu einem Krystallbrei erstarrt. Dann fügt man etwa 30—40 ccm siedendes Wasser hinzu und kocht nach Zugabe von Siedesteinchen so lange, bis die Lösung klar geworden ist. Durch Zusatz von 20 ccm Natronlauge von 15 % Gehalt scheidet man die entstandenen Basen ab, bringt sie durch Wasserzugabe in den Hals des Kölbchens, läßt sie sich dort klären und hebt sie dann ab. Zur Oxydation der Basen dient ein Gemisch von 2 g Chlornatrium und 3 g Kupfernitrat mit 100 g Sand. Man verreibt diese Stoffe gleichmäßig, trocknet das Gemisch bei 50°, zerdrückt die zusammengebackenen Klümpchen; 10 g dieses Gemisches bringt man in ein 2 cm weites Probierröhrchen, läßt 1 ccm der erhaltenen Basen darauf tropfen, mischt das Ganze mit einem Glasstabe gut durch und erhitzt 10 Stunden lang im Wasserbade auf 90°. Dann zerreibt man den eine schwarze, zusammengebackene Masse darstellenden Rohrinhalt in einer Porzellanschale, kocht ihn mit 100 ccm absolutem Alkohol kurz auf, filtriert durch ein Faltenfilter und löst 1 ccm des Filtrates in 500 ccm destilliertem Wasser auf. Bei Gegenwart selbst geringer Mengen von Methylalkohol ist diese Lösung deutlich violett gefärbt. Reiner Äthylalkohol gibt nur eine ganz schwach rötlichgelb gefärbte Lösung. Es sind stets mit reinem Äthylalkohol, gegebenenfalls auch mit selbsthergestellten Mischungen von Methyl- und Äthylalkohol Gegenversuche anzustellen. (Amtliche Anweisung.)

Nach Cazeneuve und Cotton[1]) 1 g $KMnO_4$ in 1 Liter Wasser und setzt zu 10 ccm des Branntweins 1 ccm dieser Lösung. Ist nur reiner Äthylalkohol zugegen, so dauert die Entfärbung bis „gelb" 20 Minuten, während bei Gegenwart von 1 ccm Methylalkohol in 10 ccm Branntwein die Entfärbung nach 4 Minuten, bei einem Gehalt von 0,1 ccm nach 5 Sekunden eintritt.

b) **Pyridinbasen:**

Etwa $\frac{1}{4}$—$\frac{1}{2}$ Liter Branntwein mit Schwefelsäure ansäuern, Alkohol abdestillieren und Rückstand stark einengen. Auf Zusatz von festem Alkali und Anwärmen Geruch nach Pyridinbasen. Eindampfen des Branntweins mit Schwefelsäure, genau neutralisieren mit 5 %-iger wässeriger Lösung von Cadmiumchlorid versetzen — weißer Niederschlag. Letztere Reaktion allein deutet nicht unter allen Umständen auf Pyridin.

Quantitativ verfährt man so, daß man von 100—200 ccm mit Schwefelsäure angesäuertem Branntwein den Alkohol zunächst abdestilliert, dem alkalisch gemachten Destillationsrückstand Wasser hinzufügt und nochmals destilliert unter Auffangen des Destillates in etwa 25 ccm $^{1}/_{10}$ N.-HCl. Man titriert die nicht verbrauchte $^{1}/_{10}$ N.-Säure mit Alkali unter Zusatz von Methylorange als Indikator zurück. 1 ccm $^{1}/_{10}$ N.-HCl = 0,079 Pyridin.

Nach der amtlichen Anweisung wird folgendermaßen verfahren: Die bei der Prüfung auf Aceton und Methylalkohol erhaltenen

---

[1]) Siehe auch Loock, Zeitschr. f. öffentl. Chem. 1898. 316.

entgeisteten, sauren Rückstände eines Liters Trinkbranntweins werden in einer Porzellanschale auf dem Wasserbade bis auf etwa 10 ccm oder bei hohem Extraktgehalt bis zur Dickflüssigkeit eingeengt. Der Schaleninhalt wird mittels destillierten Wassers in ein etwa 100—150 ccm fassendes Rundkölbchen übergespült, auf dieses ein Kugelaufsatz, wie er bei der Kjeldahl-Bestimmung üblich ist, aufgesetzt und an einen absteigenden Kühler angeschlossen. Das Ende des Kühlers trägt einen Vorstoß, der in ein 10 ccm Normal-Schwefelsäure enthaltendes Porzellanschälchen hineinragt. In das Destillationskölbchen werden einige Siedesteinchen gegeben und sein Inhalt wird durch Zusatz von 20 ccm Natronlauge von 15 % Gehalt alkalisch gemacht. Man destilliert dann unter Verwendung eines Baboschen Siedeblechs mittels freier Flamme etwa die Hälfte der im Kölbchen enthaltenen Flüssigkeit ab. Nach beendeter Destillation wird der Inhalt des Porzellanschälchens auf dem Wasserbade bis auf etwa 5 ccm eingeengt. Nach dem Erkalten wird dieser Rückstand mit neutral reagierendem Calciumcarbonat übersättigt, wobei die Gegenwart von Pyridinbasen sich oft schon durch den Geruch bemerkbar macht. Der Schaleninhalt wird, nötigenfalls unter Zugabe von wenig destilliertem Wasser auf eine in einem Trichter befindliche und mit Filtrierpapier belegte kleine Wittsche Saugplatte gebracht und nach dem Aufsetzen des Trichters auf ein mit seitlichem Sauganatz versehenes Probiergläschen mit Hilfe einer Wasserstrahlpumpe kräftig abgesaugt. Das etwa 3 ccm betragende klare Filtrat wird in ein gewöhnliches Probiergläschen übergeführt, zunächst mit 5—6 Tropfen einer 5 %-igen Bariumchloridlösung versetzt und der entstandene Niederschlag durch ein gehärtetes Filter abfiltriert. Das völlig klare Filtrat, welches durch Zusatz eines weiteren Tropfens Bariumchlorid nicht getrübt werden darf, wird alsdann mit 1—2 Tropfen einer heiß gesättigten und wieder erkalteten wässerigen Cadmiumchloridlösung versetzt. Bei Gegenwart von Pyridinbasen entsteht sehr bald, oft aber auch nach 2—3-tägigem Stehen eine weiße krystallinische Fällung. Zur Unterscheidung von zuweilen eintretenden durch die Gegenwart anderer basischer Stoffe in Trinkbranntweinen verursachten Fällungen bringt man eine geringe Menge des erhaltenen Niederschlags mit Hilfe eines Glasstabes aus dem Probiergläschen auf einem Objektträger unter das Mikroskop. Bei etwa 100—150-facher Vergrößerung betrachtet, erscheinen die Krystalle des Pyridincadmiumchlorids als spießige, oft sternförmig gruppierte Nadeln.

Als weiteres Erkennungszeichen dient der Geruch nach Pyridinbasen, der auftritt, wenn man eine kleine Probe des abfiltrierten Niederschlages mit 1 Tropfen Natronlauge in einem verschlossenen Probiergläschen erwärmt und dann den Stopfen entfernt.

15. Nachweis von Aldehyd und Furfurol.

a) Aldehyd: 25—50 ccm zuckerfreier Branntwein oder besser das Destillat desselben werden mit durch SO_2 entfärbter Fuchsinlösung[1]) versetzt. Rotfärbung bei Aldehyd. Der Branntwein darf nur 30 Vol.-%

---

[1]) 0,5 g reinstes Diamantfuchsin werden in $^1/_2$ l Wasser unter schwachem Erwärmen gelöst, die Lösung filtriert und mit einer Lösung von 3,9 g SO_2 in $^1/_2$ l Wasser gemischt. Der Gehalt der SO_2 ist jodometrisch festzustellen. Nach Verlauf einiger Stunden ist die Mischung wasserhell, falls ein reines Fuchsin verwendet wurde.

Alkohol enthalten. (Atmosphärische Luft abhalten!) Vergleichsobjekt Lösung von Aldehydammoniak 1:10 000.

Ammoniakalische Silberlösung wird durch Aldehyd reduziert; Metaphenylendiaminchlorhydratlösung 1 : 3 gibt mit Aldehyd in warmer Lösung gelbrote-schwachgelbe Zone, wenn man Reagens und Branntwein bezw. Destillat überschichtet. Die Reaktion muß innerhalb 3—5 Minuten auftreten. Nach W. Windisch verschwindet dieselbe auf Zusatz von NH_3 oder Alkalien und erscheint auf Zusatz von HCl wieder. Nach demselben entsteht bei Vermischen von Branntwein mit einigen Tropfen Neßlers Reagens (Herstellung S. 467) ein hellgelber bezw. rotgelber Niederschlag.

b) Furfurol: 10 ccm Branntwein bezw. dessen Destillat werden mit 10 Tropfen Anilinöl und 2—3 Tropfen HCl (1,125) versetzt: Rosafärbung bei Anwesenheit von Furfurol (Jorissen). Zur kolorimetrischen Bestimmung diene eine Vergleichslösung 1 Teil Furfurol in 500 000 Teilen Alkohol von 50 %.

16. Bitterstoffe, Branntweinschärfen, Verstärkungsessenzen u. s. w. erstere siehe Dragendorff, Zeitschr. f. analyt. Chemie 1874, 13, 67. Um einen höheren Alkoholgehalt vorzutäuschen, wird den ordinären Schnäpsen (Korn u. s. w.) bisweilen eine scharfe Würze, die in der Regel aus Paprika, Pfeffer, Paradieskörnerauszügen u. s. w. besteht, zugesetzt. Auch Schwefelsäure ist dazu schon verwendet worden. Der Nachweis der scharfen Würze geschieht im Extrakt durch Geschmacksprüfung, bei Anwesenheit von SO_3 tritt beim Eindampfen meist Schwärzung des Extraktes ein; zur Isolierung und Identitätsbestimmung der Bestandteile (Harze) dieser Würzestoffe behandelt man den Abdampfrückstand mit Petroläther oder Chloroform, filtriert die Lösungen und prüft nach dem Abdunsten des Lösungsmittels mit Schwefelsäure und Zucker. Harze des spanischen Pfeffers färben vorübergehend schmutzigblau, die Lösung färbt sich bald vom Rande kirschrot. Harze von Paradieskörnern und Ingwerwurzeln färben gelb, innerhalb 1 Minute färbt sich der Rand der Lösung grün, bald darauf blau. Tritt beim Betupfen des Harzes mit einem Tropfen verdünnter $FeCl_3$-lösung und wenig Alkohol eine vorübergehende rötlich-violette Färbung ein, so handelt es sich um Harz der Paradieskörner, tritt eine hellgrün-gelbliche Färbung auf, so handelt es sich um Ingwerwurzelharz.

Zum Nachweis der Branntweinschärfen hat namentlich E. Polenske[1]) verschiedene wertvolle Beiträge geliefert. Vgl. ferner auch Beythien und Bohrisch[2]) sowie Kickton[3]).

17. Metalle werden nach den allgemeinen Regeln der Analyse in der entgeisteten Flüssigkeit oder in dem aus größeren Mengen des Untersuchungsobjekten erhaltenen Abdampfungsrückstande und in der Asche nachgewiesen. Geringe Kupfermengen (0,2—1 mg) bestimmt man kolorimetrisch als Kupferoxydammoniak oder mit Guajakharztinktur (90 %-ig. Alkohol) und mit Cyankalium.

---

[1]) Arbeiten aus dem Kais. Gesundh.-Amte d. Jahrg. 1898. **14.** 684.
[2]) Zeitschr. f. Unters. d. Nahr.- u. Genußm. 1901. **4.** 107.
[3]) Ebenda. 1904. **8.** 678.

18. Bestandteile von unreinem Wasser mit dem der Schnaps (verdünnt) hergestellt wurde: Nachweis von N_2O_3, N_2O_5, NaCl.

19. Nachweis von Stärkesirup, Lezithin- (Eigelb-) gehalt, Milch[1]) in **Eierkognak, -likör** u. s. w. vgl. Abschnitte „Fruchtsäfte", sowie „Eiernudeln", „Milchschokolade". Um klare zur Polarisation brauchbare Lösungen zu erhalten, fällt man die Stickstoffsubstanzen am besten mit 5 ccm einer 10%igen Gerbsäurelösung, 5 ccm Bleiessig und 10 ccm einer 10%-igen Na-Biphosphatlösung, die hintereinander nach jedesmaligem Umschütteln zugesetzt werden.

Beurteilung.

Gesetzliche Bestimmungen: das Branntweinsteuergesetz[2]) vom 15. Juli 1909, das Nahrungsmittelgesetz, und betr. Kognak das Weingesetz, ferner das Süßstoffgesetz.

Begriffsbestimmung, Zusammensetzung und Verfälschungen. Branntweine im wahren Sinne des Wortes sind, sofern sie nicht nachgemacht sind, stets Destillate von Rohstoffen, die Zucker oder in Zucker überführbare Stoffe enthalten und einem Gärungsprozeß unterworfen waren. Die Destillate erhalten bisweilen noch Zuckerzusätze. Die gewöhnlichen Sorten bilden die Kornbranntweine, die zum Teil Herkunftsbezeichnungen wie Nordhäuser tragen oder auch noch unter Zufügen von Gewürzen, z. B. Kümmel, Wachholder u. s. w. destilliert und dementsprechend benannt sind. Die Herkunftsbezeichnungen sind allerdings vielfach Gattungsbegriffe geworden. Edlere Produkte stellen die aus Obst gebrauten Produkte (Kirsch-, Zwetschenwasser) dar; unter den eigentlichen Edelbranntweinen versteht man Kognak (Wein-), Rum (Zuckerrohrmelasse-), Arrak (Reisdestillat).

Die Frage, ob ein Branntwein echt ist, kann chemisch oft nicht mit Sicherheit beantwortet werden; die von zuverlässigen, sachverständigen Fachleuten ausgeführte Geschmacksprobe gibt darüber eher Auskunft. Der Gehalt an Estern, Aldehyden u. s. w., an aromagebenden Stoffen und an Fuselöl schwankt bei den einzelnen Destillaten im allgemeinen sehr erheblich und kann daher als Maßstab für die Rein- und Echtheit eines Destillats nicht angesehen werden; an besonders anormaler Zusammensetzung lassen sich aber trotzdem bisweilen Feststellungen über unechte Beschaffenheit treffen.

Zu den Branntweinen zählt man außerdem auch die mit Pflanzenauszügen bereiteten Spirituosen, die bitteren Schnäpse, schlechtweg

---

[1]) A. Juckenack, Zeitschr. f. Unters. d. Nahr.- u. Genußm. 1903. **6**. 830; A. Kickton, ebenda. 1902. **5**. 554; Boes, ebenda. 1903. **6**. 474.

[2]) Für den Nahrungsmittelchemiker sind nur die §§ 107 und 129 des Branntweinsteuergesetzes von besonderem Interesse, welche lauten: § 107. Die Verwendung von Branntweinschärfen ist untersagt. Die Bestimmungen, die hierüber vom Bundesrate getroffen werden, sind dem Reichstage mitzuteilen. Unter der Bezeichnung Kornbranntwein darf nur Branntwein feilgehalten werden, der ausschließlich aus Roggen, Weizen, Buchweizen, Hafer oder Gerste hergestellt ist. § 129. Wer den Vorschriften des § 107 oder den vom Bundesrat dazu erlassenen Bestimmungen zuwider handelt, wird von der zuständigen Polizeibehörde mit einer Geldstrafe von zehn bis zehntausend Mark bestraft.

Außerdem darf im Kleinhandel Brennspiritus nur in Behältnissen verkauft werden, die verschlossen und mit Angabe des Alkoholgehaltes (90 bezw. 95 Vol.-%) versehen sind.

auch Bitter genannt. Da sie oft erhebliche Mengen Zucker enthalten und auf kaltem Wege durch Mischungen hergestellt werden, stehen sie den Likören im allgemeinen näher als den Branntweinen. Bei Likören unterscheidet man zwischen solchen, welche die Bezeichnung ihrer wesentlichsten Grundbestandteile tragen, wie z. B. die Frucht- oder Eierliköre (-Kognaks), Schokoladenlikör u. s. w. und solchen, welche ihres Aromas wegen benannt sind, Rosen-, Pfefferminz-, Kaffeelikör; die größte Gruppe bilden wohl die Fantasieliköre, die zum Teil nach erprobten feststehenden Rezepten hergestellt sind (Halb und Halb, Maraschino, Benediktiner u. s. w.). Besonders dickflüssige, meist eihaltige Liköre werden auch Creme, Cocktail u. s. w. benannt.

Der Alkoholgehalt der gewöhnlichen Trinkbranntweine und der Liköre schwankt im allgemeinen zwischen 20—30 Vol.-%; Grenzen sind nicht gezogen.

Der Verkehr mit Kognak ist durch die § § 10, 16, und 18 des Weingesetzes vom 7. April 1909 geregelt. Der Name Kognak stellt nach der amtlichen Denkschrift im allgemeinen keinen Herkunfts-, sondern einen Gattungsbegriff dar; das als Kognak bezeichnete Destillat muß aber von der Art des in Frankreich (Charente) gewonnenen Erzeugnisses sein; nicht jedes Weindestillat ist also Kognak. Die technische Gewinnung ist vielmehr ausschlaggebend. Enthält die Bezeichnung aber einen Hinweis auf französische Firmen u. s. w., so muß er auch dementsprechender Abstammung sein. Die in den Ausführungsbestimmungen zu § 10 bezw. 16 des genannten Gesetzes verbotenen Stoffe dürfen auch im Kognak nicht enthalten sein. Zum Färben ist also nur noch gebrannter Zucker (Zuckerkulör) in kleinen Mengen zulässig. Weiteren Gebrauch hat der Bundesrat von den im § 16 vorbehaltenen Befugnissen bis jetzt nicht gemacht. Zusätze von Süßwein, Zuckerstoffen, soweit sie nicht den Charakter des Kognaks beeinflussen, sind demnach vorerst nicht verboten, dagegen Glycerin, Stärkesirup u. dgl. Vorschriften, betreffend die Kennzeichnung, das Feilhalten und Verkaufen vergleiche Ausführungsbestimmungen zu § 18, S. 648. Aus Essenzen hergestellte Erzeugnisse dürfen nicht als Kognak in Verkehr kommen, auch Bezeichnungen, wie Kunst-, Fassonkognak, Kognakextrakt und ähnlich klingende Namen, z. B. Konak sind unzulässig. Kognak und Kognakverschnitt dürfen nicht weniger als 38 Raumprozente Alkohol enthalten. Höherer Alkoholgehalt darf also auf diese Trinkstärke mit Wasser herabgesetzt werden. Im Verschnitt mit Spiritus müssen $1/10$ des Alkohols aus Wein gewonnen sein. Bezeichnung muß lauten: Kognakverschnitt; eventuell auch auf zwei Linien, aber stets auf einem Etikett und durch Bindestrich verbunden und in ein und derselben Buchstabengröße. Bei Verschnitten ist Herkunftsbezeichnung nicht nötig, muß aber gegebenenfalls der Wahrheit und den Ausführungsbestimmungen (§ 18) entsprechen.

Die Herkunft des Weines, aus dem der Kognak gewonnen wird, ist nicht maßgebend für die Bezeichnung. Wird ein deutscher Kognak aus französischem Wein hergestellt, so ist dieses Produkt deutscher Kognak. Die Bezeichnung Medizinalkognak ist statthaft für ein den Bestimmungen des § 18 und des Deutschen Arzneibuches entsprechendes Erzeugnis. Eierkognak muß aus Kognak hergestellt sein; Eierlikör,

Advokat, Eiercreme und andere Benennungen ohne Kognak machen Kognakzusatz nicht erforderlich.

Siehe auch das Weingesetz und dessen Ausführungsbestimmungen [1]).

Rum ist ein durch Vergären von Zuckerrohrsaft-, -melasse und -Rückständen in Jamaika, Cuba, Barbados und anderen Erzeugungsländern gewonnenes Destillat. Bisweilen sollen vor der Destillation auch aromatische Pflanzen zugesetzt werden. Der Alkoholgehalt des echten (Original-) Rums beträgt etwa 75—80 Vol.-%; die übliche Handelsware ist durch Wasser auf etwa 40—45 Vol.-% herabgesetzt, hat aber dann keinen Anspruch mehr auf die Bezeichnung echt oder Original [2]). Rum wird in den Ursprungsländern schon vielfach mit Zuckerkulör gefärbt. Verschnitte mit Sprit müssen entsprechend klar deklariert werden. Im Hinblick auf die Bestimmungen für Kognakverschnitte, kann man auch bei Rum verlangen, daß mindestens $^1/_{10}$ des Alkohols aus Rum besteht. Verschnittrums sind vielfach mit Zuckerkulör oder Teerfarben gefärbt. Nachmachungen wie Kunstrum, Fassonrum, Rumextrakt u. s. w. müssen ausdrücklich gekennzeichnet sein. Die vielfach gebrauchten Bezeichnungen in fremden Sprachen führen das unkundige Publikum irre; auf deutsche allgemein verständliche Deklaration muß Wert gelegt werden.

Erzeugungsländer für Arrak sind Goa, Java, Ceylon; als Rohstoffe kommen Palmblattsaft (Cocospalme), gemälzter Reis, gegorener Zuckerrohrsaft, Kajusaft u. s. w. in Betracht. Der Alkoholgehalt des Originaldestillats beträgt etwa 60 Vol.-%. Dem Arrak wird bisweilen etwas gebrannter Zucker zugesetzt. Betreffs Herabsetzung der Alkoholstärke und Verschnitt mit Sprit trifft dasselbe wie bei Rum zu.

Kirsch- und Zwetschenbranntweine enthalten meist hohen Alkoholgehalt, erstere enthalten im allgemeinen auch Blausäure. Nachmachungen kommen häufig vor.

Der Zusatz von sog. Schärfungs- und Verstärkungsessenzen, die mit Paprika-, Pfeffer- oder Kockelskörnerextrakt, Mineralsäuren u. s. w. hergestellt sind, ist Verfälschung [3]), da sie einen höheren Alkoholgehalt vortäuschen. Verdünnungen der Edel- und echten Branntweine mit Wasser unter normale Trinkstärke müssen als Verfälschungen angesehen werden. Metalle wie Pb, Cu u. s. w. dürfen in Branntweinen nicht enthalten sein.

Bei Likören und Punschessenzen (-extrakten), soweit es sich um Fantasieprodukte (siehe oben) handelt, kommen als Fälschungsmittel künstliche Süßstoffe, giftige Farben, Metalle, Konservierungsmittel, giftige Bitterstoffe u. s. w. in Frage. Solche Fabrikate können Stärkesirup enthalten. Fruchtliköre (Himbeer-, Kirsch- u. s. w.) sowie

---

[1]) K. Windisch, Weingesetz vom 7. April 1909; Berlin. P. Parey, 1910 und O. Zöller, Das Weingesetz für das Deutsche Reich, München und Berlin, J. Schweitzer. A. Günther u. R. Marschner, Weingesetz; Berlin 1910.

[2]) Urteil des Landgerichts I zu Berlin vom 2. November 1906; Z. f. U. N. 1907. 14. 337.

[3]) Entscheidung des Hanseatischen Oberlandesgerichts in Hamburg vom 22. Dezember 1905; des Preußischen Kammergerichts vom 7. April 1902. Siehe außerdem § 107 des Branntweinsteuergesetzes (oben).

Weinpunschextrakte dürfen nicht mit Teerfarbstoff oder dunklen Fruchtsäften (Kirschsaft) gefärbt, sondern müssen ihrer Bezeichnung entsprechend zusammengesetzt sein. Bei Fruchtlikören bilden normale Fruchtsäfte, bei Eierlikören [1]) ausreichende Mengen Eigelb (20—25 % = 12—16 Eigelb von Eiern mittlerer Größe) die Grundstoffe; die Eigelbmenge berechnet sich meist in ziemlicher Übereinstimmung aus Lecithinphosphorsäure, Ätherextrakt und Stickstoffsubstanz; die ersten beiden sind am meisten maßgebend. (Siehe betreffs Berechnung den Abschnitt „Eierteigwaren", S. 208.) Stärkesirup, Sahne, Eiweißstoff, Gelatine, Traganth (s. Nachweis S. 323 , Glycerin, Farbstoffe[2]) u. s. w. sind Verdickungs-, daher Verfälschungsmittel. Bezüglich Kognak in Eierkognak siehe oben. Konservierungsmittel wie Borsäure, Fluorwasserstoffsäure können namentlich in Eierlikören u. s. w. vorkommen, da vielfach nicht frisches, sondern haltbar gemachtes Eigelb Verwendung findet.

Als Himbeerliköre werden häufig Produkte in den Handel gebracht, die in ihrem Wesen und ihrer Zusammensetzung entsprechend den Fruchtsäften meist näher stehen als den Likören. Der Zweck ihrer Verwendung ist als Geschmacksverbesserungsmittel — sog. „Schuß" — zu Weißbier, Kornschnaps u. s. w. zu dienen. Den Gewohnheiten des Publikums entsprechend, sollen solche Produkte völlige Fruchtsirupe sein; man wird sie deshalb auch in der Regel so zu beurteilen haben, wenn die Analyse dies zuläßt. Himbeerliköre [3]) oder „Himbeer" werden oft mit viel Nachpresse, Wasser, Kirschsaft oder Teerfarbstoffen hergestellt. Zusatz bezw. ausschließliche Verwendung von vergälltem Branntwein zu Spirituosen bedeutet Fälschung und außerdem Steuerhinterziehung. Des unangenehmen Geschmackes wegen muß derartiger Trinkbranntwein auch als verdorben gelten. Betr. Weinpunschextraktes. S. 536.

Gesundheitsschädlichkeit kann in Betracht kommen bei Zugabe drastisch wirkender Bitterstoffe, von Konservierungsmitteln, Farben, Branntweinschärfen, von Vergällungsmitteln (Methylalkohol), und Nitrobenzol, bei hohem Fuselölgehalt u. s. w.

Ausführungsbestimmungen zum Branntweinsteuergesetz[4])
vom 1. Oktober 1900 bzw. 28. März 1901 und 18. Sept. 1902.
Zentralblatt f. d. Deutsche Reich vom 31. Juli 1900 (Beilage) und von 1901,
S. 91 und 1902, S. 315—360.
(Auszugsweise.)
Anleitung
zur Ermittelung der Alkoholmenge mit Hilfe einer besonderen Brennvorrichtung.
(Anlage 2 zu § 16 der Alkohol-Ermittlungsordnung.)
1. Die Brennvorrichtung wird durch nachstehende Zeichnung veranschaulicht.
Sie besteht aus dem Siedekolben F und dem durch das Rohr R damit zu verbindenden Kühler K.

---
[1]) Siehe auch A. J u c k e n a c k , Zeitschr. f. Unters. d. Nahr.- u. Genußm. 1903. **6.** 830.
[2]) Künstliche Färbung täuscht höheren Eigelbgehalt vor. Reichsger.-Urteil vom 12. Nov. 1900.
[3]) Urteil des Preußischen Kammergerichts vom 29. Januar 1909 und Landgericht zu Landsberg a. W. vom 14. Dezember 1908.
[4]) Das jetzt gültige Branntweinsteuergesetz selbst datiert vom 15. Juli 1909 (Centralblatt f. d. Deutsche Reich 1909, S. 945).

Die Zeichnung gibt die Aufstellung der Brennvorrichtung beim Gebrauche. Kolben F und Kühler K hängen in den Ringen des Doppelträgers D; dieser wird von der Säule S gehalten, die in das auf dem Kastendeckel vorgesehene Gewinde eingeschraubt ist. Das Rohr R läßt sich durch die Überwurfschraube r an den Kolben und durch eine zweite etwas kleinere Überwurfschraube r^1 an den Kühler dicht anziehen; die Dichtung wird an beiden Stellen durch Lederplättchen gesichert. Der Kühlzylinder umschließt eine innen verzinnte Messingschlange, die oben mit dem Rohre R in Verbindung steht und unten bei w aus dem Kühler heraustritt. Der Deckel des letzteren trägt den Trichter T, dessen Fortsatzrohr bis nahe auf den Boden von K reicht, so daß das durch T eingefüllte Kühlwasser zuerst den unteren Teil der Schlange umspült. Das warm gewordene überschüssige Wasser fließt durch das Rohr v und den übergezogenen Schlauch ab. Das obere Ende von v steigt bis über den Deckel des Kühlers K auf und liegt unter der Kappe u die zur vollständigen Entleerung von K dient.

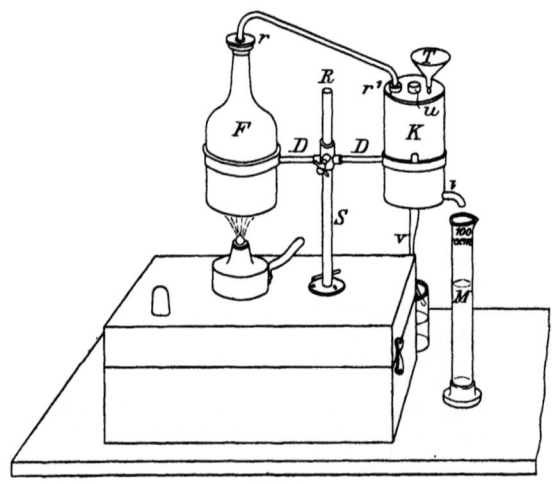

Fig. 5.

2. Der Brennvorrichtung sind beigegeben:
a) ein Meßglas M mit einer dem Raumgehalte von 100 Kubikzentimeter entsprechenden Marke;
b) eine Bürette nebst Halter; diese trägt eine mit 10 Kubikzentimeter beginnende, von 2 zu 2 Kubikzentimeter fortschreitende Einteilung bis zu 300 Kubikzentimeter; sie ist oben mit einem geschliffenen Glasstöpsel, unten mit einem Glashahne versehen;
c) zwei kurze Thermo-Alkoholometer für 0 bis 30 und für 29 bis 57 Gewichtsprozent.

3. Die Probe wird vor ihrem Abtriebe mit Salz ausgeschüttelt, um etwa vorhandene aromatische Bestandteile (Ester u. s. w.) auszuscheiden. Zu diesem Zwecke wird die Bürette senkrecht in den Halter gespannt und bis zum Teilstriche 30 Kubikzentimeter mit gewöhnlichem körnigen (nicht pulverisierten) Kochsalz gefüllt. Sodann werden mit dem Meßglase M genau 100 Kubikzentimeter des zu untersuchenden Fabrikats sorgfältig abgemessen und in die Bürette geschüttet. Das Meßglas wird nach der Entleerung mit Wasser ausgespült und letzteres gleichfalls in die Bürette gegossen; sodann wird noch so viel Wasser zugegossen, daß die Bürette bis zum Striche 270 Kubikzentimeter gefüllt ist. Nunmehr wird die Bürette mit dem Glasstöpsel geschlossen, aus dem Halter genommen und kräftig geschüttelt. Hat sich das Salz ganz oder

bis auf einen kleinen Rückstand aufgelöst, so werden kleine Mengen Salz zugesetzt, und es wird damit unter fortwährendem kräftigen Schütteln so lange fortgefahren, bis auf dem Boden der Bürette eine Schicht ungelösten Salzes in der Höhe von einigen Millimetern dauernd zurück leibt. Anhaltendes und kräftiges Schütteln ist unbedingt erforderlich, damit eine vollständig gesättigte Salzlösung entsteht. Die Bürette wird sodann in den Halter wieder senkrecht gespannt und bleibt etwa eine Stunde lang stehen. Sind aromatische Bestandteile in dem Fabrikate vorhanden, so sondern sie sich auf der Oberfläche schwimmend als ölig scheinende dünne Schicht ab. Diese Absonderung wird durch öfteres Anklopfen an die Bürette beschleunigt; auch werden hierdurch die etwa an der Wandung haftenden Tröpfchen der aromatischen Beimengungen zum Aufsteigen gebracht.

Nach Ablauf der angegebenen Zeit wird die in der Bürette enthaltene Menge der alkoholhaltigen Salzlösung durch Ablesen an der Teilung der Bürette festgestellt. Dabei ist zu beachten, daß in der etwa ausgeschiedenen öligen Schicht der aromatischen Bestandteile Alkohol nicht enthalten ist; hat sich daher eine solche Schicht gebildet, so ist nur der darunter befindliche Teil der Flüssigkeit zu berücksichtigen, mithin die Ablesung an derjenigen Stelle vorzunehmen, an welcher sich die obere ölige Schicht von dem übrigen Inhalte der Bürette abscheidet.

4. Von der auf diese Weise bestimmte Menge der alkoholhaltigen Lösung wird durch Öffnen des Hahnes der Bürette genau die Hälfte in den Siedekolben F der Brennvorrichtung langsam entleert. Sodann werden in diesen Kolben mit dem Meßglase noch 100 Kubikzentimeter Wasser hinzugefügt. Hierauf werden Kolben und Kühler in den Doppelträger D gehängt und durch das mittels der Überwurfschrauben r und r^1 fest angezogene Rohr R miteinander verbunden. Endlich wird der Kühler mit kaltem Wasser angefüllt, bis der Überschuß aus v abzulaufen beginnt. Wird nun der Kolben F erhitzt, so fließt bald aus dem Kühler bei w eine klare Flüssigkeit in Tropfen ab, die man in dem vorher mit reinem Wasser ausgespülten und sodann völlig entleerten Meßglase M auffängt. Während des Abtriebs ist der obere Teil des Kühlers möglichst oft zu befühlen; sobald er sich warm anfühlt, gießt man sofort in den Trichter von neuem so lange kaltes Wasser, bis der ganze Kühler sich wieder kalt anfühlt. Auf rechtzeitige Erneuerung des Kühlwassers ist in der ersten Hälfte des Abtriebs mit besonderer Aufmerksamkeit zu achten. Zweckmäßig ist es, den Kühler, wo sich dazu Gelegenheit bietet, durch einen Gummischlauch mit der Wasserleitung in Verbindung zu setzen, so daß ihn fortwährend kaltes Wasser langsam durchfließt.

Der Abtrieb ist so vorsichtig zu führen, daß ein unmittelbares Übertreten der Flüssigkeit aus dem Brennkolben durch den Kühler in das Meßglas vermieden wird. Es ist daher auch auf die Größe der Heizflamme zu achten, insbesondere empfiehlt es sich, die Flamme nur während des Anheizens nahe der Mitte des Kolbens zu halten, dagegen, sobald das Sieden eingeleitet ist und das Abtropfen von Flüssigkeit aus dem Kühler beginnt, die Lampe so weit zur Seite zu rücken, daß die Flamme nicht nur den Boden, sondern zum Teil auch den Mantel des Kolbens bestreicht. Proben, bei denen fahrlässigerweise der Abtrieb so stürmisch erfolgt, daß das Erzeugnis nicht ausschließlich in Tropfen, sondern zum Teil in zusammenhängendem Flusse abläuft, sind zu verwerfen.

Hat sich der Spiegel der Flüssigkeit im Meßglase M allmählich der Marke genähert und liegt nur noch 1 bis 2 Millimeter darunter, so wird das Glas vom Ausflusse w entfernt und der Abtrieb durch Beseitigung der Heizflamme unterbrochen. Hierauf füllt man in das Meßglas behutsam so viel Wasser ein, daß der Flüssigkeitsspiegel die Marke gerade erreicht, sodann schüttelt oder rührt man den Inhalt des Glases durch und senkt schließlich von den zu der Brennvorrichtung gehörigen beiden kurzen Thermo-Alkoholometern das entsprechende ein. Sollte etwa beim Auffangen des Erzeugnisses im Meßglas oder beim letzten Auffüllen mit Wasser der Flüssigkeitsspiegel bis über die Marke angestiegen sein, so ist der Versuch zu verwerfen.

Vor der Prüfung einer zweiten Sorte von Fabrikaten ist das Verbindungsrohr R nach Lösung der Schrauben zu entfernen und der Kolben F zu entleeren. Eine sorgfältige Reinigung des Kolbens, insbesondere von Rückständen an Salz, sowie der Bürette und des Meßglases vor jeder neuen Untersuchung, wenn möglich mit warmem Wasser, ist unbedingt nötig.

Der Kühler, der während des Gebrauches stets mit Wasser angefüllt bleibt, ist vor dem Einlegen in den zugehörigen Kasten zu entleeren, zu welchem Zwecke die Kappe u abgeschraubt werden muß.

5. Die Ermittelung der scheinbaren Stärke des durch den Abtrieb gewonnenen, genau 100 ccm betragenden Erzeugnisses mit Hilfe des entsprechenden Thermo-Alkoholometers und die Ermittelung der wahren Stärke unter Anwendung der Tafel 1 erfolgen nach Maßgabe der allgemeinen Vorschriften.

Aus der Temperatur und der wahren Stärke des Erzeugnisses wird mit Hilfe der Tafel 3 das Gewicht von 1 Liter des Erzeugnisses und durch Verschiebung des Komma um vier Stellen nach rechts das Gewicht von 10 000 Liter ermittelt. Für diese Gewichtsmenge wird aus der wahren Stärke des Erzeugnisses mit Hilfe der Tafel 2 die entsprechende Alkoholmenge ermittelt. Die gefundene Zahl vervielfältigt man mit 2 und erhält dadurch die Zahl der Liter Alkohol, die in 10 000 Liter der zur Abfertigung gestellten Ware enthalten sind.

6. Die in dem abzufertigenden Fabrikat enthaltene Alkoholmenge wird aus der für 10 000 Liter gefundenen Alkoholmenge und der Gesamtmenge des Fabrikats in der Weise ermittelt, daß die beiden Zahlen miteinander vervielfältigt werden und sodann in der erhaltenen Summe das Komma um vier Stellen nach links verschoben wird.

7. Werden z. B. 124 Liter Birnenessenz vorgeführt, so ist wie folgt, zu verfahren: Nachdem eine Probe von 100 ccm in die Bürette gefüllt und nach entsprechendem Wasserzusatze mit Kochsalz durchschüttelt ist, wird nach einstündigem Stehen der Lösung, währenddessen sich eine Schicht aromatischer Beimengungen oben abgesetzt hat, die oberste Grenze des übrigen Inhalts der Bürette bei dem Striche für 268 ccm gefunden. Die Menge der alkoholhaltigen Kochsalzlösung beträgt hiernach 268 ccm, wovon die Hälfte, 134 ccm, in den Kolben abzulassen ist, indem der Hahn so lange offen gehalten wird, bis die untere Fläche der öligen Schicht mit dem Strich 134 der Skala zusammenfällt. Man füllt nun 100 ccm Wasser in den Kolben nach und treibt in das Meßglas 100 ccm nach dem unter Ziffer 4 beschriebenen Verfahren über. Haben diese 100 ccm Erzeugnis bei einer Temperatur von + 13° eine scheinbare Stärke von 16,5 Prozent, so beträgt nach Tafel 1 die wahre Stärke 17 Prozent. Ein Liter des Erzeugnisses wiegt nach Tafel 3 bei + 13° und der wahren Stärke von 17 Prozent 0,9740 Kilogramm, mithin wiegen 10 000 Liter 9740 Kilogramm. Bei 17 Prozent wahrer Stärke sind nach Tafel 2 an Alkohol enthalten:

in 9000 Kilogramm . . . . 1932 Liter
„ 700   „   . . . . 150,2 „
„   40   „   . . . .   8,6 „
zusammen in 9740 Kilogramm . . . . 2090,8 Liter.

Das Doppelte oder 4181,6 Liter bildet die Alkoholmenge von 10 000 Liter des Fabrikats. Hiernach enthalten die vorgeführten 124 Liter Birnenessenz

$$\frac{124 \times 4181,6}{10\,000} = 51{,}85184 \text{ Liter}$$

oder abgerundet 51,9 Liter Alkohol.

(Die Tafeln sind wegen großen Umfangs nicht mit abgedruckt. Sie sind sämtlich in der Alkohol-Ermittelungsordnung, amtliche Ausgabe, enthalten. Diese ist bei Julius Springer, Berlin, erschienen.)

Anleitung
zur Untersuchung von alkoholhaltigen Parfümerien, Kopf-, Zahn- und Mundwassern, deren Alkoholgehalt nicht nach Massgabe der Alkoholermittelungsordnung festgestellt werden kann.

(Anlage 21 zu § 65 Branntweinsteuer-Befreiungsordnung.)

50 Gramm der Parfümerien u. s. w. werden mit 50 Gramm Wasser und 50 Gramm Petroleumbenzin von der Dichte 0,69 bis 0,71 in einem Scheidetrichter kräftig geschüttelt. Nach mindestens zwölfstündiger Ruhe wird das Gewicht der unteren Schicht bestimmt, ihre Dichte mit der W e s t p h a l'schen

Wage oder einem Pyknometer bei 15 Grad ermittelt und daraus die absolute Menge des Alkohols in dieser Schicht berechnet. Durch Vervielfältigung mit 2 wird die in der untersuchten Flüssigkeit enthaltene Alkoholmenge gefunden.

Enthalten die Parfümerien Harze oder andere Extraktivstoffe, so werden 50 Gramm derselben mit 50 Gramm Wasser versetzt und von dem Gemische mindestens 90 Gramm abdestilliert. Das Destillat wird mit Wasser auf 100 Gramm aufgefüllt und, wie oben beschrieben, weiter untersucht. Falls freie Säure zugegen ist, wird ebenso verfahren, vor der Destillation jedoch die Säure mit Natronlauge schwach übersättigt.

Stark glycerinhaltige Zubereitungen (Brillantine) werden mit ihrem doppelten Gewichte Wasser verdünnt; 150 Gramm dieser Verdünnung werden destilliert, bis nahezu 100 Gramm Destillat übergegangen sind. Das Destillat wird mit Wasser auf 100 Gramm aufgefüllt, die in ihm enthaltene Alkoholmenge ermittelt und diese durch Vervielfältigung mit 2 auf diejenige der untersuchten Brillantine u. s. w. umgerechnet.

Anleitung
zur Untersuchung der im § 71 unter c bis h genannten Äther[1]).

(Anlage 24 zu § 75 Branntweinsteuer-Befreiungsordnung.)

Aus den zu untersuchenden Äthern sind Proben in Mengen von je 100 Gramm zu entnehmen. Genau 25 Gramm Äther werden durch Kochen mit Kalilauge am Rückflußkühler verseift, alsdann wird der Alkohol abdestilliert und das Destillat auf das Gewicht des angewandten Äthers oder ein mehrfaches davon mit Wasser aufgefüllt. In dem Destillate wird der Alkohol nach Gewichtsprozenten ermittelt und daraus berechnet, wieviel Kilogramm Alkohol in 100 Kilogramm des untersuchten Äthers enthalten sind. Durch Vervielfältigung mit 1,25 werden die Kilogramme Alkohol auf Liter Alkohol umgerechnet. Es ist anzugeben, wieviel Liter vergütungsfähigen Alkohols in 100 Kilogramm des vorgeführten Äthers enthalten sind.

Die Destillate sind ferner auf die Abwesenheit von Schwefeläther sowie solcher Stoffe zu prüfen, welche nicht oder nicht notwendig aus Branntwein hergestellt sind und eine geringere Dichte als Wasser haben, wie z. B. Aceton und Holzgeist.

Anleitung
zur Bestimmung des Gehalts an Nebenerzeugnissen der Gärung und Destillation.
(Sogen. Fuselölbestimmung.)

(Anlage 1 zu § 5 Alkohol-Ermittelungsordnung.)

Die Bestimmung der Nebenerzeugnisse der Gärung und Destillation erfolgt durch Ausschütteln des auf einen Alkoholgehalt von 24,7 Gewichtsprozent verdünnten Branntweins mit Chloroform. Die hierzu erforderlichen Meßgeräte müssen von der Normal-Eichungskommission bezogen werden.

a) Bestimmung der Dichte (des spezifischen Gewichts) beziehungsweise des Alkoholgehalts des Branntweins.

Zur Feststellung der Dichte des Branntweins bedient man sich eines mit einem Glasstopfen verschließbaren Dichtefläschchens von 50 Kubikzentimeter Raumgehalt. Das Dichtefläschchen wird in reinem, trockenem Zustande leer gewogen, nachdem es eine halbe Stunde im Wagekasten gestanden hat. Dann wird es mit Hilfe eines fein ausgezogenen Glockentrichters bis über die Marke mit destilliertem Wasser gefüllt und in ein Wasserbad von 15° C gestellt. Nach einstündigem Stehen im Wasserbade wird das Fläschchen herausgehoben, wobei man nur den leeren Teil des Halses anfaßt, und es wird sofort die Oberfläche des Wassers auf die Marke eingestellt. Dies geschieht durch Eintauchen kleiner Stäbchen oder Streifen aus Filtrierpapier, die das über der Marke stehende Wasser aufsaugen. Die Oberfläche des Wassers bildet in dem Halse des Fläschchens eine nach unten gekrümmte Fläche; man stellt die Flüssigkeit am besten in der Weise ein, daß bei durchfallendem Lichte der schwarze Rand der ge-

---

[1]) An a. O. sind genannt: Ameisenäther, Baldrianäther, Butteräther, Oxaläther, Sebacinäther.

krümmten Oberfläche soeben die Marke berührt. Nachdem man den inneren Hals des Fläschchens mit Stäbchen aus Filtrierpapier getrocknet hat, setzt man den Glasstopfen auf, trocknet das Fläschchen äußerlich ab, stellt es eine halbe Stunde in den Wagekasten und wägt es. Die Bestimmung des Wasserinhalts des Dichtefläschchens ist dreimal auszuführen und aus dem Ergebnisse der drei Wägungen das Mittel zu nehmen. Wenn das Dichtefläschchen längere Zeit im Gebrauche gewesen ist, müssen die Gewichte des leeren und des mit Wasser gefüllten Fläschchens von neuem bestimmt werden, da diese Gewichte mit der Zeit sich nicht unerheblich ändern können. Nachdem man das Dichtefläschchen entleert und getrocknet oder mehrmals mit dem zu untersuchenden Branntwein ausgespült hat, füllt man es mit dem Branntwein und verfährt in derselben Weise wie bei der Bestimmung des Wasserinhalts des Dichtefläschchens; besonders ist darauf zu achten, daß die Einstellung der Flüssigkeitsoberfläche stets in derselben Weise geschieht.

Bedeutet:
a das Gewicht des leeren Dichtefläschchens,
b das Gewicht des bis zur Marke mit destilliertem Wasser von 15° C gefüllten Dichtefläschchens,
c das Gewicht des bis zur Marke mit Branntwein von 15° C gefüllten Dichtefläschchens,

so ist die Dichte d des Branntweins bei 15° C, bezogen auf Wasser von derselben Temperatur $d = \dfrac{c-a}{b-a}$.

Den der Dichte entsprechenden Alkoholgehalt des Branntweins in Gewichtsprozenten entnimmt man der zweiten Spalte der Alkoholtafel von Windisch (Berlin 1893, bei Julius Springer).

b) **Verdünnung des Branntweins auf einen Alkoholgehalt von 24,7 Gewichtsprozent.**

100 Kubikzentimeter des Branntweins, dessen Alkoholgehalt bestimmt wurde, werden bei 15° C in einem amtlich geeichten Meßkölbchen abgemessen und in eine Flasche von etwa 400 Kubikzentimeter Raumgehalt gegossen. Die Hilfstafel I (S. 000) lehrt, wieviel Kubikzentimeter destillierten Wassers von 15° C zu 100 Kubikzentimeter Branntwein von dem vorher bestimmten Alkoholgehalte zugefügt werden müssen, um einen Branntwein von annähernd 24,7 Gewichtsprozent Stärke zu erhalten. Man läßt die aus der Tafel I sich ergebende Menge Wasser von 15 C aus einer nach Fünftel-Kubikzentimeter geteilten amtlich geeichten Bürette zu dem Branntwein fließen, wobei etwa 50 Kubikzentimeter Wasser zum Ausspülen des Kölbchens dienen. Man schüttelt die Mischung um, verstopft die Flasche, kühlt die Flüssigkeit auf 15° C ab und bestimmt aufs neue die Dichte beziehungsweise den Alkoholgehalt nach der unter a) gegebenen Vorschrift. Der Alkoholgehalt des verdünnten Branntweins beträgt genau oder nahezu 24,7 Gewichtsprozent. Ist er höher als 24,7 Gewichtsprozent, so setzt man noch eine nach Maßgabe der Hilfstafel I berechnete Menge Wasser von 15° C zu dem verdünnten Branntwein. Ist der Alkoholgehalt des verdünnten Branntweins niedriger als 24,7 Gewichtsprozent, so entnimmt man aus der Hilfstafel II (S. 000) die Anzahl Kubikzentimeter absoluten Alkohols von 15° C, die auf 100 Kubikzentimeter des verdünnten Branntweins zuzusetzen sind. Die etwa erforderliche Menge absoluten Alkohols wird mit Hilfe einer amtlich geeichten Meßpipette oder Bürette zugegeben, die nach fünfzigstel oder hundertstel Kubikzentimeter geteilt ist.

Beträgt der Alkoholgehalt des verdünnten Branntweins nicht weniger als 24,6 und nicht mehr als 24,8 Gewichtsprozent, so wird er durch den berechneten Wasser- bezw. Alkoholzusatz hinreichend genau auf 24,7 Gewichtsprozent gebracht; von einer nochmaligen Alkoholbestimmung kann in diesem Falle abgesehen werden. Wird dagegen der Alkoholgehalt des verdünnten Branntweins kleiner als 24,6 oder größer als 24,8 Gewichtsprozent gefunden, so muß der Alkoholgehalt nach Zugabe der berechneten Menge Wasser bezw. Alkohol nochmals bestimmt werden, um festzustellen, ob er nunmehr hinreichend genau gleich 24,7 Gewichtsprozent ist. Ein hierbei sich ergebender Unterschied muß durch einen dritten Zusatz von Wasser bezw. Alkohol nach Maßgabe der Hilfstafel I bezw. II ausgeglichen werden.

c) **Ausschütteln des verdünnten Branntweins von 24,7 Gewichtsprozent Alkohol mit Chloroform**[1).

Zwei amtlich geeichte Schüttelapparate werden in geräumige mit Wasser gefüllte Glasgefäße gesenkt, das Wasser wird auf die Temperatur von 15° C gebracht. Sodann gießt man unter Anwendung eines Trichters, dessen in eine Spitze auslaufende Röhre bis zu dem Boden der Schüttelapparate reicht, in jeden der beiden Schüttelapparate etwa 20 Kubikzentimeter Chloroform von 15° C und stellt die Oberfläche des Chloroforms genau auf den untersten die Zahl 20 tragenden Teilstrich ein; einen etwaigen Überschuß an Chloroform nimmt man mit einer langen in eine Spitze auslaufenden Glasröhre mit der Vorsicht aus den Apparaten, daß die Wände derselben nicht von Chloroform benetzt werden. In jeden Apparat gießt man 100 Kubikzentimeter des auf einen Alkoholgehalt von 24,7 Gewichtsprozent verdünnten Branntweins, die man in amtlich geeichten Meßkölbchen abgemessen und auf die Temperatur von 15° C gebracht hat, und läßt je 1 Kubikzentimeter verdünnte Schwefelsäure von der Dichte 1,286 bei 15° C zufließen. Man verstopft die Apparate und läßt sie zum Ausgleiche der Temperatur etwa eine Viertelstunde in dem Kühlwasser von 15° C schwimmen. Dann nimmt man einen gut verstopften Apparat aus dem Kühlwasser heraus, trocknet ihn äußerlich rasch ab, läßt durch Umdrehen den ganzen Inhalt in den weiten Teil des Apparats fließen, schüttelt das Flüssigkeitsgemenge 150-mal kräftig durch und senkt den Apparat wieder in das Kühlwasser von 15° C; genau ebenso verfährt man mit dem zweiten Apparate. Das Chloroform sinkt rasch zu Boden; kleine in der Flüssigkeit schwebende Chloroformtröpfchen bringt man durch Neigen und Umherwirbeln der Apparate zum Niedersinken. Wenn das Chloroform sich vollständig gesammelt hat, wird seine Raummenge d. h. der Stand des Chloroforms in der eingeteilten Röhre abgelesen.

d) **Berechnung der Menge der in dem Branntweine enthaltenen Nebenerzeugnisse der Gärung und Destillation.**

Zur Berechnung des Gehalts des Branntweins an Nebenerzeugnissen der Gärung und Destillation muß die Vermehrung der Raummenge bekannt sein, die das Chloroform beim Schütteln mit vollkommen reinen Branntweinen von 24,7 Gewichtsprozent erleidet. Man bestimmt sie in der Weise, daß man mit dem reinsten Erzeugnisse der Branntwein-Reinigungsanstalten, dem sogenannten neutralen Weinsprit, genau nach den unter a, b und c gegebenen Vorschriften verfährt und die Raummenge des Chloroforms nach dem Schütteln feststellt. Wegen der grundsätzlichen Bedeutung dieses Versuchs mit reinstem Branntwein ist der Alkoholgehalt mit größter Genauigkeit auf 24,7 Gewichtsprozent zu bringen und ist die Ermittelung der Raummenge des Chloroforms für jeden Schüttelapparat drei- bis fünfmal zu wiederholen.

Dieser Versuch mit reinem Branntwein muß für jedes neue Chloroform und jeden neuen Apparat wieder angestellt werden; solange dasselbe Chloroform und dieselben Apparate in Anwendung kommen, ist nur eine Versuchsreihe nötig. Man mache daher den Vorversuch mit einem Chloroform, von dem eine größere Menge zur Verfügung steht. Das Chloroform ist vor Licht geschützt, am besten in Flaschen aus braunem Glase, aufzubewahren.

Ist die Raummenge des Chloroforms nach dem Ausschütteln des zu untersuchenden Branntweins gleich a Kubikzentimeter, ferner die Raummenge des Chloroforms nach dem Ausschütteln des im Absatz I bezeichneten verdünnten Weinsprits gleich b Kubikzentimeter, so zieht man b von a ab. Je nachdem a — b kleiner oder größer ist als 0,45 Kubikzentimeter, enthält der Branntwein weniger oder mehr als 1 Gewichtsprozent Nebenerzeugnisse der Gärung und Destillation auf 100 Gewichtsteile wasserfreien Alkohols. Die Zahl der Gewichtsprozente dieser Nebenerzeugnisse bis zu 5 Prozent erhält man erforderlichenfalls durch Vervielfältigung des Unterschiedes a — b mit 2,22.

---

[1]) Nach Röse, Herzfeld, Windisch, Arbeiten aus dem Kais. Gesundh.-Amt. 1889. 5. 391.

Anleitung
zur Untersuchung der Vergällungsmittel mit Ausnahme des Essigs.
Anlage 2 zur Befreiungsordnung § 5.

I. Holzgeist.

1. Farbe. Die Farbe des Holzgeistes soll nicht dunkler sein als die einer Auflösung von 2 Kubikzentimeter Zehntel-Normal-Jodlösung in einem Liter destillierten Wassers.

2. Siedepunkt. 100 Kubikzentimeter Holzgeist werden in einem Kupferkolben mit kurzem Halse von 180 bis 200 Kubikzentimeter Raumgehalt gebracht und der Kolben auf eine Asbestplatte mit einem kreisförmigen Ausschnitte von 30 Millimeter Durchmesser gestellt. Auf diesen Kolben wird ein mit einer Kugel versehenes 12 Millimeter weites und 170 Millimeter langes Siederohr aufgesetzt, das durch ein, einen Zentimeter über der Kugel seitlich angesetztes Rohr mit einem Liebig'schen Kühler verbunden wird, dessen Wasserhülle mindestens 400 Millimeter lang ist. Durch die obere Öffnung des Siederohres wird ein amtlich beglaubigtes, die Temperaturen von 0 Grad bis 200 Grad anzeigendes Thermometer so eingeführt, daß dessen Quecksilbergefäß die Mitte der Kugel einnimmt. Die Destillation wird so geleitet, daß in der Minute etwa 5 Kubikzentimeter Destillat übergehen; das Destillat wird in einem in Kubikzentimeter geteilten Glaszylinder aufgefangen. Es sollen bei 75 Grad und bei dem normalen Barometerstande von 760 Millimeter mindestens 90 Kubikzentimeter übergegangen sein.

Beträgt der Barometerstand während der Destillation nicht 760 Millimeter, so soll für je 30 Millimeter ein Grad in Anrechnung gebracht werden, z. B. sollen bei 770 Millimeter Barometerstand 90 Kubikzentimeter bei 75,3 Grad übergegangen sein und bei 750 Millimeter Barometerstand 90 Kubikzentimeter bei 74,7 Grad.

3. Mischbarkeit mit Wasser. 20 Kubikzentimeter Holzgeist sollen mit 40 Kubikzentimeter Wasser eine klare oder doch nur so schwach opalisierende Mischung geben, daß Druckschrift nach 5 Minuten durch eine Schicht von 15 Zentimeter noch deutlich erkennbar ist.

4. Gehalt an Aceton.

a) Abscheidung mit Natronlauge. Beim Durchschütteln von 20 Kubikzentimeter Holzgeist mit 40 Kubikzentimeter Natronlauge von 1,3 Dichte sollen nach einer halben Stunde mindestens 5 Kubikzentimeter des Holzgeistes abgeschieden sein.

b) Titration. 1 Kubikzentimeter einer Mischung von 10 Kubikzentimeter Holzgeist mit 90 Kubikzentimeter Wasser wird mit 10 Kubikzentimeter Doppelt-Normal-Natronlösung versetzt. Darauf werden 50 Kubikzentimeter Zehntel-Normal-Jodlösung unter Umschütteln hinzugefügt und die Mischung 3 Minuten nach Beginn des Zusetzens der Jodlösung mit verdünnter Schwefelsäure angesäuert. Der Jodüberschuß wird mit Zehntel-Normal-Natriumthiosulfatlösung, zuletzt unter Zusatz einiger Tropfen Stärkelösung zurücktitriert. Es sollen mindestens 22 Kubikzentimeter Zehntel-Normal-Jodlösung durch den Holzgeist gebunden werden. Die Temperatur der Flüssigkeiten soll während des Versuches zwischen 15 und 20 Grad liegen.

5. Aufnahmefähigkeit für Brom. 100 Kubikzentimeter einer Lösung von Kaliumbromat und Kaliumbromid, die nach der unten folgenden Anweisung hergestellt ist, werden mit 20 Kubikzentimeter einer verdünnten Schwefelsäure von 1,29 Dichte versetzt. Zu diesem Gemische, das eine Lösung von 0,703 Gramm Brom darstellt, wird aus einer in Zehntel-Kubikzentimeter geteilten Bürette mit einer genügend (im Lichten etwa 2 Millimeter) weiten Ausflußspitze tropfenweise unter fortwährendem Umrühren so lange Holzgeist zugesetzt, bis dauernde Entfärbung eintritt. Das Tropfen soll so geregelt werden, daß in einer Minute annähernd 10 Kubikzentimeter Holzgeist ausfließen. Zur Entfärbung sollen nicht mehr als 30 Kubikzentimeter und nicht weniger als 20 Kubikzentimeter Holzgeist erforderlich sein.

Die Prüfung der Aufnahmefähigkeit für Brom ist stets bei vollem Tageslicht auszuführen, die Temperatur der Flüssigkeiten soll 20 Grad nicht übersteigen.

Branntweine und Liköre.

Anweisung zur Herstellung der Bromsalzlösung. Nach wenigstens zweistündigem Trocknen bei 100 Grad und Abkühlenlassen im Exsiccator werden 2,447 Gramm Kaliumbromat und 8,719 Gramm Kaliumbromid, die vorher auf ihre Reinheit geprüft sind, abgewogen und in Wasser gelöst. Die Lösung wird zu 1 Liter aufgefüllt.

II. Pyridinbasen.

1. Farbe. Wie beim Holzgeiste.

2. Verhalten gegen Cadmiumchlorid. 10 Kubikzentimeter einer Lösung von 1 Kubikzentimeter Pyridinbasen in 100 Kubikzentimeter Wasser werden mit 5 Kubikzentimeter einer 5 prozentigen wässerigen Lösung von wasserfreiem geschmolzenem Cadmiumchlorid versetzt und kräftig geschüttelt; es soll alsbald eine deutliche kristallinische Ausscheidung eintreten. Mit 5 Kubikzentimeter Neßler'schem Reagens sollen 10 Kubikzentimeter derselben Pyridinbasenlösung einen weißen Niederschlag geben.

3. Siedepunkt. Werden 100 Kubikzentimeter Pyridinbasen in der für den Holzgeist vorgeschriebenen Weise destilliert, so sollen bei 140 Grad mindestens 90 Kubikzentimeter übergegangen sein.

4. Mischbarkeit mit Wasser. Wie beim Holzgeiste.

5. Wassergehalt. Beim Durchschütteln von 20 Kubikzentimeter Basen mit 20 Kubikzentimeter Natronlauge von 1,4 Dichte sollen nach einigem Stehenlassen mindestens 18,5 Kubikzentimeter der Basen abgeschieden sein.

6. Titration. 1 Kubikzentimeter Pyridinbasen in 10 Kubikzentimeter Wasser gelöst, werde mit Normal-Schwefelsäure versetzt, bis ein Tropfen der Mischung auf Kongopapier einen deutlichen blauen Rand hervorruft, der alsbald wieder verschwindet. Es sollen nicht weniger als 10 Kubikzentimeter der Säurelösung bis zum Eintritte dieser Reaktion verbraucht sein.

Zur Herstellung des Kongopapiers wird Filtrierpapier durch eine Lösung von 1 Gramm Kongorot in 1 Liter Wasser gezogen und getrocknet.

III. Lavendelöl.

1. Farbe und Geruch. Die Farbe des Lavendelöls soll die des Holzgeistes sein. Das Öl soll den charakteristischen Geruch der Lavendelblüten haben.

2. Dichte. Die Dichte des Lavendelöls soll bei 15 Grad zwischen 0,880 und 0,900 liegen.

3. Löslichkeit in Branntwein. 10 Kubikzentimeter Lavendelöl sollen sich bei 20 Grad in 30 Kubikzentimeter Branntwein von 63 Gewichtsprozent klar lösen.

IV. Rosmarinöl.

1. Farbe und Geruch. Die Farbe des Rosmarinöls soll die des Holzgeistes, der Geruch soll kampferartig sein.

2. Dichte. Die Dichte des Rosmarinöls soll bei 15 Grad zwischen 0,895 und 0,920 liegen.

3. Löslichkeit in Branntwein. 10 Kubikzentimeter Rosmarinöl sollen sich bei 20 Grad in 100 Kubikzentimeter Branntwein von 73,5 Gewichtsprozent klar lösen.

V. Kristallviolettlösung.

Kristallviolettlösung soll eine Auflösung von Kristallviolett (salzsaurem Hexamethylpararosanilin) in Branntwein von mindestens 85,6 Gewichtsprozent sein; in 1 Liter der Lösung sollen mindestens 0,4 Gramm des Farbstoffes enthalten sein.

1. Verdampfungsrückstand. Werden 100 Kubikzentimeter der Lösung verdampft, so soll der bei 100 Grad getrocknete Rückstand nicht weniger als 40 und nicht mehr als 45 Milligramm betragen.

2. Farbstärke. Wird Kristallviolettlösung mit Wasser auf die vierhundertfache Raummenge verdünnt, so soll diese Verdünnung klar und nicht weniger tief gefärbt sein als eine Lösung von 0,04 Gramm eines zuverlässig reinen Musters von Kristallviolett in 100 Kubikzentimeter Branntwein von mindestens 85,6 Gewichtsprozent, welche ebenfalls mit Wasser auf die vierhundertfache Raummenge verdünnt ist.

Bujard-Baier. 3. Aufl.

VI. Schellacklösung.

10 Gramm der Lösung sollen mindestens 3,3 Gramm Schellack hinterlassen, nachdem ihre Verdunstung auf dem Wasserbade vorgenommen und der eingedampfte Rückstand im Trockenschranke eine halbe Stunde lang einer Temperatur von 100 bis 105 Grad ausgesetzt worden ist.

VII. Kampfer.

Weiße kristallinische Masse oder weißes kristallinisches Pulver von starkem eigenartigem Geruch und brennend scharfem, bitterlichem Geschmacke. Werden Kampferstücke in einer Reibschale zerdrückt, so sollen die Bruchstücke dabei etwas zusammenbacken, sollen sich jedoch nach Befeuchten mit Äther zerreiben lassen.

0,5 Gramm Kampfer sollen sich in 10 Kubikzentimeter Branntwein von 73,5 Gramm Gewichtsprozent bei 15 Grad vollständig lösen. Werden 0,5 Gramm Kampfer bei einer 100 Grad nicht überschreitenden Temperatur verdunstet, so soll das Gewicht eines etwa verbleibenden Rückstandes nicht mehr als 25 Milligramm betragen.

VIII. Terpentinöl.

1. Dichte. Die Dichte des Terpentinöls soll bei 15 Grad zwischen 0,855 und 0,875 liegen.

2. Siedepunkt. Werden 100 Kubikzentimeter Terpentinöl in der für den Holzgeist vorgeschriebenen Weise destilliert, so sollen unter 150 Grad nicht mehr als 5 Kubikzentimeter, bis 175 Grad mindestens 90 Kubikzentimeter übergegangen sein.

3. Mischbarkeit mit Wasser. 20 Kubikzentimeter Terpentinöl werden mit 20 Kubikzentimeter Wasser kräftig geschüttelt. Wenn nach einigem Stehen beide Schichten sich getrennt haben und klar geworden sind, so soll die obere mindestens 19 Kubikzentimeter betragen.

IX. Benzol.

1. Löslichkeit im Wasser. Werden 10 Kubikzentimeter Benzol mit 10 Kubikzentimeter Wasser in einem in Zehntel-Kubikzentimeter geteilten Zylinder geschüttelt, so soll die obere Schicht nach 5 Minuten noch mindestens 9,5 Kubikzentimeter betragen.

2. Siedepunkt. Werden 100 Kubikzentimeter Benzol in der für Holzgeist vorgeschriebenen Weise destilliert, so sollen bis 77 Grad nicht mehr als 1 Kubikzentimeter, bis 100 Grad nicht weniger als 90 Kubikzentimeter übergegangen sein.

Beträgt der Barometerstand während der Destillation nicht 760 Millimeter, so soll in der beim Holzgeist erläuterten Weise für je 22 Millimeter 1 Grad in Anrechnung gebracht werden.

3. Verhalten gegen Schwefelsäure. Werden 5 Kubikzentimeter Benzol mit 5 Kubikzentimeter konzentrierter reiner Schwefelsäure in einem Stöpselgläschen 5 Minuten lang kräftig geschüttelt und sodann der Ruhe überlassen, so soll nach Verlauf von weiteren 2 Minuten oder doch, sobald Schichtenbildung eingetreten ist, die Farbe der unteren Schicht nicht dunkler sein als diejenigen einer Auflösung von 1 Gramm reinen doppelt-chromsauren Kalis in 1 Liter Schwefelsäure von 50 Prozent Gehalt an Schwefelsäurehydrat. Für die Farbenvergleichung sind 5 Kubikzentimeter dieser Chromatlösung in einem Stöpselglase von gleicher Art, wie das für die Probe benutzte, jedesmal frisch abzumessen und mit reinem Benzol zu überschichten.

X. Äther (Schwefeläther).

1. Dichte. Die Dichte des Äthers soll bei 15 Grad zwischen 0,720 und 0,735 liegen.

2. Mischbarkeit mit Wasser. Werden 20 Kubikzentimeter Äther mit 20 Kubikzentimeter Wasser kräftig geschüttelt, so soll nach dem Absetzen die obere Schicht mindestens 16,5 Kubikzentimeter betragen.

XI. Tieröl.

1. Farbe. Die Farbe des Tieröls soll schwarzbraun sein.

2. Siedepunkt. Werden 100 Kubikzentimeter Tieröl in der für den Holzgeist vorgeschriebenen Weise destilliert, so sollen unter 90 Grad nicht mehr als

5 Kubikzentimeter, bis 180 Grad mindestens 50 Kubikzentimeter übergegangen sein.

3. Pyrrolreaktion. 2,5 Kubikzentimeter einer 1 prozentigen Lösung des Tieröls in Branntwein von 86 Gewichtsprozent werden mit Alkohol auf 100 Kubikzentimeter verdünnt. Bringt man in 10 Kubikzentimeter dieser Lösung, die 0,025 Prozent Tieröl enthält, einen mit konzentrierter Salzsäure befeuchteten Fichtenholzspan, so soll er nach wenigen Minuten deutliche Rotfärbung zeigen.

4. Verhalten gegen Quecksilberchlorid. 4 Kubikzentimeter der 1 prozentigen Lösung des Tieröls in Branntwein von 86 Gewichtsprozent sollen beim Versetzen mit 5 Kubikzentimeter einer 2 prozentigen Lösung von Quecksilberchlorid in Branntwein von 86 Gewichtsprozent alsbald eine voluminöse fleckige Fällung geben. 5 Kubikzentimeter der 0,025 prozentigen Lösung des Tieröls, mit 5 Kubikzentimeter der Quecksilberchloridlösung versetzt, sollen alsbald noch eine deutliche Trübung zeigen.

XII. Chloroform.

1. Dichte. Die Dichte des Chloroforms soll bei 15 Grad zwischen 1,485 und 1,489 liegen.

2. Mischbarkeit mit Wasser. Werden 10 Kubikzentimeter Chloroform mit 20 Kubikzentimeter Wasser geschüttelt, so soll nach dem Absetzen die untere Schicht mindestens 9,5 Kubikzentimeter betragen.

XIII. Jodoform.

1. Äußere Beschaffenheit. Das Jodoform soll ein zitronengelbes kristallinisches Pulver von durchdringendem Geruche sein.

2. Flüchtigkeit. Wird 1 Gramm Jodoform durch Erhitzen verflüchtigt, so soll ein wägbarer Rückstand nicht verbleiben.

3. Schmelzpunkt. Der in kapillaren Glasröhrchen und in einem Luft- oder Flüssigkeitsbade mit einem amtlich geprüften Thermometer ohne Berücksichtigung von Korrekturen bestimmte Schmelzpunkt soll zwischen 110 und 120 Grad liegen.

XIV. Bromäthyl.

1. Dichte. Die Dichte des Bromäthyls soll bei 15 Grad zwischen 1,452 und 1,458 liegen.

2. Mischbarkeit mit Wasser. Werden 10 Kubikzentimeter Bromäthyl mit 20 Kubikzentimeter Wasser geschüttelt, so soll nach dem Absetzen die untere Schicht mindestens 9,5 Kubikzentimeter betragen.

XV. Petroleumbenzin.

1. Äußere Beschaffenheit. Das Benzin soll aus farblosen nicht fluoreszierenden Anteilen des Petroleums bestehen.

2. Dichte. Die Dichte des Petroleumbenzins bei 15 Grad soll zwischen 0,65 und 0,72 liegen.

3. Siedepunkt. Werden 100 Kubikzentimeter Petroleumbenzin in der für den Holzgeist vorgeschriebenen Weise destilliert, so sollen bis 40 Grad nicht mehr als 5 Kubikzentimeter, bis 110 Grad mindestens 75 Kubikzentimeter übergegangen sein.

4. Löslichkeit im Wasser. Werden 20 Kubikzentimeter Petroleumbenzin mit 20 Kubikzentimeter Wasser geschüttelt, so soll nach einer halben Stunde die obere Schicht mindestens 19 Kubikzentimeter betragen.

5. Löslichkeit in Branntwein. 2 Kubikzentimeter Petroleumbenzin sollen sich bei nicht mehr als 20 Grad in 20 Kubikzentimeter Branntwein von 86 Gewichtsprozent klar lösen.

XVI. Technisch reiner Methylalkohol.

1. Äußere Beschaffenheit. Der Methylalkohol soll eine farblose mit blauer Flamme brennbare Flüssigkeit sein.

2. Dichte. Die Dichte des Methylalkohols soll bei 15 Grad zwischen 0,795 und 0,810 liegen.

3. Siedepunkt. Werden 100 Kubikzentimeter Methylalkohol in der für den Holzgeist vorgeschriebenen Weise destilliert, so sollen bis 63 Grad nicht mehr als 2 Kubikzentimeter, bis 67 Grad mindestens 90 Kubikzentimeter übergegangen sein. Der Einfluß des Barometerstandes ist wie bei dem Holzgeiste in Anrechnung zu bringen.

4. Löslichkeit in Wasser und in Natronlauge. 20 Kubikzentimeter Methylalkohol sollen sich mit 40 Kubikzentimeter Wasser und mit 40 Kubikzentimeter Natronlauge von 1,3 Dichte zu je einer klaren Flüssigkeit mischen.

XVII. Rizinusöl.

1. Äußere Beschaffenheit. Das Riziniusöl soll ein bei gewöhnlicher Temperatur zähflüssiges, hellgelbliches, fettes Öl sein.

2. Löslichkeit in Branntwein. 5 Gramm Rizinusöl sollen sich bei 15 bis 20 Grad in 15 Gramm Branntwein von 86 Gewichtsprozent klar lösen.

3. Gehalt an freier Säure. Werden 5 Gramm Rizinusöl in 25 Kubikzentimeter Branntwein von mindestens 80 Gewichtsprozent gelöst und mit einigen Tropfen Phenolphthaleinlösung versetzt, so sollen zur Rotfärbung der Lösung nicht mehr als 5 Kubikzentimeter Zehntel-Normal-Kalilauge nötig sein.

XVIII. Natronlauge.

1. Äußere Beschaffenheit. Die Natronlauge soll eine farblose oder gelbliche Flüssigkeit sein.

2. Dichte. Die Dichte der Natronlauge soll nicht weniger als 1,357 (38 Grad Beaumé) betragen.

3. Titration. 1 Kubikzentimeter Natronlauge mit 50 Kubikzentimeter Wasser und einigen Tropfen Phenolphthaleinlösung versetzt, soll durch Zusatz von 10 Kubikzentimeter Normal-Schwefelsäure noch nicht entfärbt werden.

XIX. Kalilauge.

1. Äußere Beschaffenheit. Wie bei Natronlauge.

2. Dichte Die Dichte der Kalilauge bei 15° soll nicht weniger als 1,468 (46° Beaumé) betragen.

3. Titration. Wie die Natronlauge, jedoch sollen zur Entfärbung der durch Phenolphtaleïnlösung rot gefärbten Flüssigkeit nicht weniger als 10 und nicht mehr als 13 ccm Normal-Schwefelsäure verbraucht werden.

Anleitung
zur Untersuchung von Kollodium auf den Gehalt an Kollodiumwolle.
(Anlage 1a zu § 4 Branntweinsteuer-Befreiungsordnung.)

10 Gramm der zu untersuchenden Flüssigkeit sind bei einer Temperatur von etwa 40 Grad in dünner Schicht zwei Stunden lang der Verdunstung zu überlassen. Es soll mindestens 0,1 Gramm fester Rückstand verbleiben.

Anleitung
zur Untersuchung von Lacken und Polituren auf den Harzgehalt.
(Anlage 1 zu § 4 Branntweinsteuer-Befreiungsordnung.)

10 Gramm der zu untersuchenden Flüssigkeit sind auf dem Wasserbade bis zum Verdunsten des Alkohols zu erwärmen und hierauf im Trockenschranke zwei Stunden lang einer Temperatur von 100 bis 105 Grad auszusetzen. Es soll mindestens 1 Gramm fester Rückstand verbleiben.

Anleitung zur Untersuchung von Rücklaufaceton[1]).
(Anlage 1 zu § 4 Branntweinsteuer-Befreiungsordnung.)

1. Farbe. Die Farbe des Rücklaufacetons soll nicht dunkler sein als die einer $^1/_{100}$-normalen Lösung von doppeltchromsaurem Kali.

2. Siedeverhalten. Werden 100 Kubikzentimeter Rücklaufaceton in der für den Holzgeist vorgeschriebenen Weise destilliert, so sollen bis 60 Grad nicht mehr als 2 Kubikzentimeter, bis 80 Grad nicht mehr als 50 Kubikzentimeter und nicht weniger als 40 Kubikzentimeter, bis 150 Grad nicht weniger als 80 Kubikzentimeter und bis 180 Grad nicht weniger als 90 Kubikzentimeter übergegangen sein.

Beträgt der Barometerstand während der Destillation nicht 760 Millimeter, so soll für je 25 Millimeter Unterschied ein Grad angerechnet werden.

3. Mischbarkeit mit Wasser. Werden 10 Kubikzentimeter Rücklaufaceton mit 40 Kubikzentimeter Wasser geschüttelt, so soll eine entstehende obere Schicht nach einer halben Stunde nicht mehr als 4 Kubikzentimeter betragen.

4. Gehalt an Ketonen.

a) Abscheidung mit Natronlauge. Werden 20 Kubikzentimeter Rücklaufaceton mit 40 Kubikzentimeter Natronlauge von der Dichte

---

[1]) Z. f. öffentl. Chemie 1909. 316

1,3 eine halbe Minute durchgeschüttelt und dann der Ruhe überlassen, so soll die untere Schicht nach einer halben Stunde nicht mehr als 42 Kubikzentimeter betragen.

b) T i t r a t i o n. 5 Kubikzentimeter Rücklaufaceton werden mit Wasser zu einem halben Liter aufgefüllt und eine halbe Minute kräftig geschüttelt; hierauf werden sofort 2 Kubikzentimeter der entstandenen trüben Flüssigkeit mit 5 Kubikzentimeter Doppel-Normal-Natronlösung und mit 20 Kubikzentimeter Zehntel-Normal-Jodlösung versetzt. Die Mischung wird durchgeschüttelt und eine Stunde der Ruhe überlassen; nach dieser Zeit wird sie mit verdünnter Schwefelsäure angesäuert. Der Jodüberschuß wird mit Zehntel-Normal-Natriumthiosulfatlösung, zuletzt unter Zusatz einiger Tropfen Stärkelösung, zurücktitriert. Es sollen mindestens 10 Kubikzentimeter Zehntel-Normal-Jodlösung durch das Rücklaufaceton gebunden werden.

5. Aufnahmefähigkeit für Brom. 100 Kubikzentimeter einer Lösung von Kaliumbromat und Kaliumbromid, die nach der unten folgenden Anweisung hergestellt ist, werden mit 20 Kubikzentimeter einer verdünnten Schwefelsäure von 1,29 Dichte versetzt. Zu diesem Gemische, das eine Lösung von 0,703 Gramm Brom darstellt, wird aus einer in Zehntelkubikzentimeter geteilten Bürette unter fortwährendem Umschwenken solange eine Lösung von 10 Kubikzentimeter Rücklaufaceton in 90 Kubikzentimeter Methylalkohol, der nach der unten angegebenen Anweisung auf Reinheit geprüft ist, zugesetzt, bis dauernde Entfärbung eintritt. Der Zufluß soll so geregelt werden, daß in 1 Minute annähernd 10 Kubikzentimeter Rücklaufacetonlösung ausfließen. Zur Entfärbung sollen nicht weniger als 20 Kubikzentimeter Rücklaufacetonlösung, entsprechend 2 Kubikzentimeter Rücklaufaceton, erforderlich sein.

Die Prüfung der Aufnahmefähigkeit für Brom ist stets bei vollem Tageslicht auszuführen; die Temperatur der Flüssigkeit soll 20 Grad nicht übersteigen.

A n w e i s u n g z u r H e r s t e l l u n g d e r B r o m s a l z l ö s u n g.

Nach wenigstens zweistündigem Trocknen bei 100 Grad und Abkühlenlassen im Exsiccator werden 2,44 Gramm Kaliumbromat und 8,719 Gramm Kaliumbromid, die vorher auf ihre Reinheit geprüft sind, abgewogen und in Wasser gelöst. Die Lösung wird zu 1 Liter aufgefüllt.

A n w e i s u n g z u r P r ü f u n g d e s b e i d e r F e s t s t e l l u n g d e r A u f n a h m e f ä h i g k e i t f ü r B r o m z u v e r w e n d e n d e n M e t h y lalkohols auf Reinheit.

0,5 Kubikzentimeter obiger Bromsalzlösung werden mit 0,1 Kubikzentimeter (gleich 3 Tropfen) verdünnter Schwefelsäure von 1,29 Dichte versetzt. Zu diesem Gemische, das eine Lösung von 0,0035 Gramm Brom darstellt, läßt man aus einer Pipette 25 Kubikzentimeter reinen Methylalkohol zufließen. Es darf vor Ablauf von 3 Minuten seit Beginn des Zusatzes keine Entfärbung eintreten.

Anleitung zur Untersuchung von Seifen auf ihren Gehalt an Alkohol, Wasser und verseifbaren Bestandteilen.

(Anlage zu § 4 Branntweinsteuer-Befreiungsordnung.)

1. Alkoholgehalt. 25 g Seife werden in etwa 250 ccm Wasser gelöst und mit 15 ccm einer 30%,-igen Chlorkalziumlösung versetzt. Durch einen eingeleiteten Dampfstrahl wird der in der Mischung enthaltene Alkohol in eine tarierte Vorlage abdestiliert, bis nahezu 100 ccm Destillat übergegangen sind. Nachdem das Destillat auf 100 g aufgefüllt ist, wird der darin enthaltene Alkohol seiner Menge nach bestimmt.

2. Wassergehalt. 10 g Seife werden in einem Becherglase von etwa 200 ccm Raumgehalt, welches zusammen mit etwa 20 g geglühten Sand und einem Glasstäbchen gewogen ist, mit 25 ccm Branntwein von nicht weniger als 98 Gewichtsprozent übergossen, unter zeitweiligem Umrühren auf dem Wasserbade 2 Stunden lang erwärmt und nach dem Erkalten gewogen. Die Gewichtsabnahme soll 4 g nicht überschreiten.

3. Gehalt an verseifbaren Bestandteilen. Der Rückstand von 2 wird mit 50 ccm Wasser und hierauf mit 10 ccm verdünnter Schwefelsäure (von der Dichte 1,29) versetzt. Nachdem das Gemisch eine halbe Stunde auf dem Wasserbade unter zeitweiligem Umrühren erwärmt ist, wird es mit Hilfe von heißem Wasser zur Hälfte befülltes Papierfilter gebracht. Die ablaufende wässerige Flüssigkeit wird so lange durch heißes Wasser ersetzt, bis ein Tropfen des Filtrats mit Baryumchloridlösung keinen Niederschlag mehr gibt. Man läßt nun die wässerige Flüssigkeit völlig ablaufen und löst aus dem Rückstand die verseifbaren Bestandteile mit 10 ccm Branntwein von nicht weniger als 95 Gewichtsprozent und hierauf mit etwa 50 ccm Äther; das Filter wird mit 50 ccm einer Mischung von gleichen Teilen Branntwein der ebengenannten Stärke und Äther ausgewaschen und diese ätheralkoholische Lösung nach Zusatz von 2 Tropfen Phenolphtaleïnlösung mit Normal-Kalilauge bis zur Rotfärbung titriert. Es sollen mindestens 14 ccm Normal-Kalilauge verbraucht werden.

Tafel zur Ermittelung des Alkoholgehalts

von Alkohol-Wassermischungen aus dem spezifischen Gewichte; auf Wasser von 15^0 C = 1 bezogen. Nach K. Windisch[1]).

Spezifisches Gewicht $d\left(\frac{15^0}{15^0}\right)$	Gewichtsprozente Alkohol	Maßprozente Alkohol	Gramm Alkohol in 100 ccm	Spezifisches Gewicht $d\left(\frac{15^0}{15^0}\right)$	Gewichtsprozente Alkohol	Maßprozente Alkohol	Gramm Alkohol in 100 ccm
1,0000	0,00	0,00	0,00	0,9845	9,57	11,86	9,42
0,9995	0,26	0,33	0,26	0	9,94	12,32	9,78
0	0,53	0,67	0,53	0,9835	10,32	12,78	10,14
0,9985	0,80	1,00	0,80	0	10,71	13,25	10,52
0	1,06	1,34	1,06	0,9825	11,09	13,72	10,89
0,9975	1,34	1,68	1,33	0	11,48	14,20	11,27
0	1,61	2,02	1,60	0,9815	11,88	14,68	11,65
0,9965	1,89	2,37	1,88	0	12,28	15,16	12,03
0	2,17	2,72	2,16	0,9805	12,68	15,65	12,42
0,9955	2,45	3,07	2,43	0	13,08	16,14	12,81
0	2,73	3,42	2,72	0,9795	13,49	16,64	13,20
0,9945	3,02	3,78	3,00	0	13,90	17,14	13,60
0	3,31	4,14	3,29	0,9785	14,32	17,64	14,00
0,9935	3,60	4,51	3,58	0	14,73	18,14	14,39
0	3,90	4,88	3,87	0,9775	15,15	18,64	14,79
0,9925	4,20	5,25	4,17	0	15,56	19,14	15,19
0	4,51	5,63	4,47	0,9765	15,98	19,65	15,59
0,9915	4,81	6,01	4,77	0	16,40	20,15	15,99
0	5,13	6,40	5,08	0,9755	16,82	20,65	16,39
0,9905	5,44	6,79	5,38	0	17,23	21,16	16,79
0	5,76	7,18	5,70	0,9745	17,65	21,66	17,19
0,9895	6,09	7,58	6,02	0	18,07	22,16	17,58
0	6,41	7,99	6,34	0,9735	18,48	22,65	17,98
0,9885	6,75	8,40	6,66	0	18,89	23,14	18,37
0	7,08	8,81	6,99	0,9725	19,30	23,63	18,76
0,9875	7,42	9,23	7,33	0	19,71	24,12	19,14
0	7,77	9,66	7,66	0,9715	20,12	24,60	19,53
0,9865	8,12	10,09	8,00	0	20,52	25,08	19,91
0	8,48	10,52	8,35	0,9705	20,92	25,56	20,28
0,9855	8,84	10,96	8,70	0	21,32	26,03	20,66
0	9,20	11,41	9,06	0,9695	21,71	26,50	21,03

Anmerkung: Die Alkoholmengen der zwischen 0 und 5 der 4. Dezimalstelle liegenden spezifischen Gewichte können durch Interpolieren gefunden werden, oder sind bis zum spezifischen Gewicht 0,9620 = 26,13 g Alkohol in 100 ccm bzw. 32,93 Volumprozenten Alkohol aus der Tafel I Kapitel Wein zu entnehmen. Betreffs noch genauerer Bestimmung des Alkohols mit der 5. Dezimalstelle siehe die ausführliche Alkoholtafel von K. Windisch. Für die Praxis genügt indessen in der Regel die 4. Dezimale.

---

[1]) Erschienen bei Julius Springer, Berlin 1893.

Branntweine und Liköre.

Spezifisches Gewicht $d\left(\frac{15°}{15°}\right)$	Gewichtsprozente Alkohol	Maßprozente Alkohol	Gramm Alkohol in 100 ccm	Spezifisches Gewicht $d\left(\frac{15°}{15°}\right)$	Gewichtsprozente Alkohol	Maßprozente Alkohol	Gramm Alkohol in 100 ccm
0,9690	22,10	26,96	21,40	0,9465	36,48	43,47	34,50
0,9685	22,49	27,42	21,76	0	36,75	43,77	34,73
0	22,87	27,87	22,12	0,9455	37,01	44,06	34,96
0,9675	23,25	28,32	22,47	0	37,28	44,35	35,20
0	23,63	28,76	22,82	0,9445	37,54	44,64	35,43
0,9665	24,00	29,20	23,17	0	37,80	44,93	35,66
0	24,37	29,64	23,52	0,9435	38,07	45,22	35,88
0,9655	24,73	30,06	23,86	0	38,33	45,50	36,11
0	25,09	30,49	24,19	0,9425	38,59	45,79	36,34
0,9645	25,45	30,91	24,53	0	38,84	46,07	36,56
0	25,81	31,32	24,85	0,9415	39,10	46,35	36,78
0,9635	26,16	31,73	25,18	0	39,35	46,63	37,00
0	26,51	32,14	25,50	0,9405	39,61	46,90	37,22
0,9625	26,85	32,54	25,82	0	39,86	47,18	37,44
0	27,19	32,93	26,13	0,9395	40,11	47,45	37,66
0,9615	27,53	33,33	26,45	0	40,37	47,72	37,87
0	27,86	33,71	26,75	0,9385	40,62	47,99	38,09
0,9605	28,19	34,10	27,06	0	40,87	48,26	38,30
0	28,52	34,47	27,36	0,9375	41,11	48,53	38,51
0,9595	28,85	34,85	27,66	0	41,36	48,80	38,72
0	29,17	35,22	27,95	0,9365	41,61	49,06	38,93
0,9585	29,49	35,59	28,24	0	41,85	49,33	39,14
0	29,81	35,95	28,53	0,9355	42,10	49,59	39,35
0,9575	30,12	36,31	28,82	0	42,34	49,85	39,56
0	30,43	36,67	29,10	0,9345	42,59	50,11	39,76
0,9565	30,74	37,02	29,38	0	42,83	50,37	39,97
0	31,05	37,37	29,66	0,9335	43,07	50,62	40,17
0,9555	31,36	37,72	29,93	0	43,31	50,88	40,38
0	31,66	38,06	30,21	0,9325	43,55	51,14	40,58
0,9545	31,96	38,40	30,48	0	43,79	51,39	40,78
0	32,25	38,74	30,74	0,9315	44,03	51,64	40,98
0,9535	32,55	39,07	31,01	0	44,27	51,89	41,18
0	32,84	39,40	31,27	0,9305	44,51	52,14	41,38
0,9525	33,13	39,73	31,53	0	44,75	52,39	41,58
0	33,42	40,06	31,79	0,9295	44,98	52,64	41,78
0,9515	33,71	40,38	32,05	0	45,22	52,89	41,97
0	33,99	40,70	32,30	0,9285	45,46	53,14	42,17
0,9505	34,28	41,02	32,55	0	45,69	53,39	42,37
0	34,56	41,33	32,80	0,9275	45,93	53,63	42,56
0,9495	34,84	41,64	33,05	0	46,16	53,88	42,76
0	35,11	41,95	33,30	0,9265	46,39	54,12	42,95
0,9485	35,39	42,26	33,54	0	46,63	54,36	43,14
0	35,66	42,57	33,78	0,9255	46,86	54,60	43,33
0,9475	35,94	42,87	34,02	0	47,09	54,84	43,52
0	36,21	43,17	34,26	0,9245	47,32	55,08	43,71

Spezifisches Gewicht $d\left(\frac{15^0}{15^0}\right)$	Gewichtsprozente Alkohol	Maßprozente Alkohol	Gramm Alkohol in 100 ccm	Spezifisches Gewicht $d\left(\frac{15^0}{15^0}\right)$	Gewichtsprozente Alkohol	Maßprozente Alkohol	Gramm Alkohol in 100 ccm
0,9240	47,55	55,32	43,90	0,9015	57,62	65,40	51,90
0,9235	47,78	55,56	44,09	0	57,84	65,61	52,07
0	48,01	55,80	44,28	0,9005	58,06	65,82	52,24
0,9225	48,24	56,03	44,47	0	58,27	66,03	52,40
0	48,47	56,27	44,65	0,8995	58,49	66,24	52,57
0,9215	48,70	56,50	44,84	0	58,71	66,45	52,74
0	48,93	56,74	45,03	0,8985	58,93	66,66	52,90
0,9205	49,16	56,97	45,21	0	59,15	66,87	53,07
0	49,39	57,21	45,40	0,8975	59,36	67,08	53,23
0,9195	49,61	57,44	45,58	0	59,58	67,29	53,40
0	49,84	57,67	45,76	0,8965	59,80	67,50	53,56
0,9185	50,07	57,90	45,95	0	60,02	67,70	53,73
0	50,29	58,13	46,13	0,8955	60,23	67,91	53,89
0,9175	50,52	58,36	46,31	0	60,45	68,12	54,05
0	50,75	58,59	46,49	0,8945	60,66	68,32	54,22
0,9165	50,97	58,82	46,67	0	60,88	68,53	54,38
0	51,20	59,05	46,86	0,8935	61,10	68,73	54,54
0,9155	51,42	59,27	47,04	0	61,31	68,94	54,71
0	51,65	59,50	47,22	0,8925	61,53	69,14	54,87
0,9145	51,87	59,72	47,39	0	61,75	69,34	55,03
0	52,09	59,95	47,57	0,8915	61,96	69,55	55,19
0,9135	52,32	60,17	47,75	0	62,18	69,75	55,35
0	52,54	60,40	47,93	0,8905	62,39	69,95	55,51
0,9125	52,76	60,62	48,11	0	62,61	70,16	55,67
0	52,99	60,84	48,28	0,8895	62,82	70,36	55,83
0,9115	53,21	61,06	48,46	0	63,04	70,56	55,99
0	53,43	61,29	48,64	0,8885	63,25	70,76	56,15
0,9105	53,65	61,51	48,81	0	63,47	70,96	56,31
0	53,88	61,73	48,99	0,8875	63,68	71,16	56,47
0,9095	54,10	61,95	49,16	0	63,90	71,36	56,63
0	54,32	62,17	49,33	0,8865	64,11	71,56	56,79
0,9085	54,54	62,39	49,51	0	64,33	71,76	56,94
0	54,76	62,61	49,68	0,8855	64,54	71,96	57,10
0,9075	54,98	62,82	49,86	0	64,75	72,15	57,26
0	55,20	63,04	50,03	0,8845	64,97	72,35	57,42
0,9065	55,43	63,26	50,20	0	65,18	72,55	57,57
0	55,65	63,47	50,37	0,8835	65,40	72,74	57,73
0,9055	55,87	63,69	50,54	0	65,61	72,94	57,88
0	56,09	63,91	50,71	0,8825	65,82	73,14	58,04
0,9045	56,31	64,12	50,89	0	66,04	73,33	58,19
0	56,52	64,34	51,06	0,8815	66,25	73,53	58,35
0,9035	56,74	64,55	51,23	0	66,46	73,72	58,50
0	56,96	64,76	51,39	0,8805	66,67	73,92	58,66
0,9025	57,18	64,98	51,56	0	66,89	74,11	58,81
0	57,40	65,19	51,73	0,8795	67,10	74,30	58,96

Branntweine und Liköre.

Spezifisches Gewicht $d\left(\frac{15^0}{15^0}\right)$	Gewichtsprozente Alkohol	Maßprozente Alkohol	Gramm Alkohol in 100 ccm	Spezifisches Gewicht $d\left(\frac{15^0}{15^0}\right)$	Gewichtsprozente Alkohol	Maßprozente Alkohol	Gramm Alkohol in 100 ccm
0,8790	67,31	74,49	59,12	0,8565	76,74	82,75	65,67
0,8785	67,52	74,69	59,27	0	76,94	82,92	65,81
0	67,74	74,88	59,42	0,8555	77,15	83,10	65,94
0,8775	67,95	75,07	59,57	0	77,35	83,27	66,08
0	68,16	75,26	59,73	0,8545	77,56	83,44	66,22
0,8765	68,37	75,45	59,88	0	77,76	83,61	66,36
0	68,58	75,64	60,03	0,8535	77,97	83,78	66,49
0,8755	68,80	75,84	60,18	0	78,17	83,96	66,63
0	69,01	76,02	60,33	0,8525	78,38	84,13	66,76
0,8745	69,22	76,21	60,48	0	78,58	84,30	66,90
0	69,43	76,40	60,63	0,8515	78,79	84,47	67,03
0,8735	69,64	76,59	60,78	0	78,99	84,64	67,16
0	69,85	76,78	60,93	0,8505	79,20	84,80	67,30
0,8725	70,06	76,97	61,08	0	79,40	84,97	67,43
0	70,27	77,15	61,23	0,8495	79,60	85,14	67,57
0,8715	70,48	77,34	61,38	0	79,81	85,31	67,70
0	70,70	77,53	61,52	0,8485	80,01	85,47	67,83
0,8705	70,91	77,71	61,67	0	80,21	85,64	67,96
0	71,12	77,90	61,82	0,8475	80,42	85,81	68,09
0,8695	71,33	78,08	61,97	0	80,62	85,97	68,23
0	71,54	78,27	62,11	0,8465	80,82	86,14	68,36
0,8685	71,74	78,45	62,26	0	81,02	86,30	68,49
0	71,95	78,64	62,40	0,8455	81,22	86,46	68,62
0,8675	72,16	78,82	62,55	0	81,43	86,63	68,75
0	72,37	79,00	62,69	0,8445	81,63	86,79	68,88
0,8665	72,58	79,18	62,84	0	81,83	86,95	69,00
0	72,79	79,37	62,98	0,8435	82,03	87,11	69,13
0,8655	73,00	79,55	63,13	0	82,23	87,28	69,26
0	73,21	79,73	63,27	0,8425	82,43	87,44	69,39
0,8645	73,42	79,91	63,41	0	82,63	87,60	69,52
0	73,63	80,09	63,56	0,8415	82,83	87,76	69,64
0,8635	73,83	80,27	63,70	0	83,03	87,92	69,77
0	74,04	80,45	63,85	0,8405	83,23	88,08	69,90
0,8625	74,25	80,63	63,99	0	83,43	88,23	70,02
0	74,46	80,81	64,13	0,8395	83,63	88,39	70,15
0,8615	74,67	80,99	64,27	0	83,83	88,55	70,27
0	74,87	81,17	64,41	0,8385	84,03	88,71	70,40
0,8605	75,08	81,34	64,55	0	84,22	88,86	70,52
0	75,29	81,52	64,69	0,8375	84,42	89,02	70,65
0,8595	75,50	81,70	64,74	0	84,62	89,18	70,77
0	75,70	81,87	64,97	0,8365	84,82	89,33	70,89
0,8585	75,91	82,05	65,11	0	85,01	89,48	71,01
0	76,12	82,23	65,25	0,8355	85,21	89,64	71,14
0,8575	76,32	82,40	65,39	0	85,41	89,79	71,26
0	76,53	82,57	65,53	0,8345	85,60	89,94	71,38

Spezifisches Gewicht $d\left(\frac{15°}{15°}\right)$	Gewichtsprozente Alkohol	Maßprozente Alkohol	Gramm Alkohol in 100 ccm	Spezifisches Gewicht $d\left(\frac{15°}{15°}\right)$	Gewichtsprozente Alkohol	Maßprozente Alkohol	Gramm Alkohol in 100 ccm
0,8340	85,80	90,09	71,50	0,8135	93,49	95,76	75,99
0,8335	85,99	90,24	71,62	0	93,67	95,88	76,09
0	86,19	90,40	71,74	0,8125	93,85	96,00	76,19
0,8325	86,38	90,55	71,85	0	94,03	96,13	76,29
0	86,58	90,70	71,97	0,8115	94,20	96,25	76,38
0,8315	86,77	90,84	72,09	0	94,38	96,37	76,48
0	86,97	90,99	72,21	0,8105	94,55	96,49	76,57
0,8305	87,16	91,14	72,33	0	94,73	96,61	76,67
0	87,35	91,29	72,44	0,8095	94,90	96,73	76,76
0,8295	87,55	91,43	72,56	0	95,08	96,85	76,86
0	87,74	91,58	72,67	0,8085	95,25	96,96	76,95
0,8285	87,93	91,72	72,79	0	95,43	97,08	77,04
0	88,12	91,87	72,90	0,8075	95,60	97,19	77,13
0,8275	88,31	92,01	73,02	0	95,77	97,31	77,22
0	88,50	92,15	73,13	0,8065	95,94	97,42	77,31
0,8265	88,69	92,30	73,24	0	96,11	97,54	77,40
0	88,88	92,44	73,36	0,8055	96,29	97,65	77,49
0,8255	89,07	92,58	73,47	0	96,46	97,76	77,58
0	89,26	92,72	73,58	0,8045	96,63	97,87	77,67
0,8245	89,45	92,86	73,69	0	96,79	97,99	77,76
0	89,64	93,00	73,80	0,8035	96,96	98,09	77,85
0,8235	89,83	93,14	73,91	0	97,13	98,20	77,93
0	90,02	93,28	74,02	0,8025	97,30	98,31	78,02
0,8225	90,20	93,41	74,13	0	97,47	98,42	78,10
0	90,39	93,55	74,24	0,8015	97,63	98,52	78,19
0,8215	90,58	93,68	74,35	0	97,80	98,63	78,27
0	90,76	93,82	74,45	0,8005	97,97	98,74	78,36
0,8205	90,95	93,95	74,56	0	98,13	98,84	78,44
0	91,13	94,09	74,66	0,7995	98,30	98,95	78,52
0,8195	91,32	94,22	74,77	0	98,46	99,05	78,61
0	91,50	94,35	74,87	0,7985	98,63	99,15	78,69
0,8185	91,68	94,48	74,98	0	98,79	99,26	78,77
0	91,87	94,61	75,08	0,7975	98,95	99,36	78,85
0,8175	92,05	94,75	75,19	0	99,11	99,46	78,93
0	92,23	94,87	75,29	0,7965	99,28	99,56	79,01
0,8165	92,41	95,00	75,39	0	99,44	99,66	79,08
0	92,59	95,13	75,49	0,7955	99,60	99,76	79,16
0,8155	92,77	95,26	75,59	0	99,76	99,86	79,24
0	92,96	95,38	75,69	0,7945	99,92	99,95	79,32
0,8145	93,13	95,51	75,79	0,79425	100,00	100,00	79,36
0	93,31	95,63	75,89				

Branntweine und Liköre. 363

Hilfstafel I.

Verdünnung von höherprozentigem Branntwein auf 24,7 Gewichtsprozent (= 30 Vol.-%) mittels Wasser bei 15° C.

Zu 100 ccm Branntwein von Gewichtsprozent	sind zuzusetzen: Wasser ccm	Zu 100 ccm Branntwein von Gewichtsprozent	sind zuzusetzen: Wasser ccm	Zu 100 ccm Branntwein von Gewichtsprozent	sind zuzusetzen: Wasser ccm	Zu 100 ccm Branntwein von Gewichtsprozent	sind zuzusetzen: Wasser ccm
24,7	0,1	28,6	15,3	32,5	30,2	36,4	45,0
24,8	0,5	28,7	15,6	32,6	30,6	36,5	45,3
24,9	0,9	28,8	16,0	32,7	31,0	36,6	45,7
25,0	1,3	28,9	16,4	32,8	31,4	36,7	46,1
25,1	1,7	29,0	16,8	32,9	31,7	36,8	46,5
25,2	2,0	29,1	17,2	33,0	32,1	36,9	46,8
25,3	2,4	29,2	17,6	33,1	32,5	37,0	47,2
25,4	2,8	29,3	18,0	33,2	32,9	37,1	47,6
25,5	3,2	29,4	18,3	33,3	33,3	37,2	48,0
25,6	3,6	29,5	18,7	33,4	33,7	37,3	48,3
25,7	4,0	29,6	19,1	33,5	34,0	37,4	48,7
25,8	4,4	29,7	19,5	33,6	34,4	37,5	49,1
25,9	4,8	29,8	19,9	33,7	34,8	37,6	49,5
26,0	5,2	29,9	20,3	33,8	35,2	37,7	49,8
26,1	5,6	30,0	20,7	33,9	35,5	37,8	50,2
26,2	5,9	30,1	21,0	34,0	35,9	37,9	50,6
26,3	6,3	30,2	21,4	34,1	36,3	38,0	51,0
26,4	6,7	30,3	21,8	34,2	36,7	38,1	51,4
26,5	7,1	30,4	22,2	34,3	37,1	38,2	51,7
26,6	7,5	30,5	22,6	34,4	37,4	38,3	52,1
26,7	7,9	30,6	23,0	34,5	37,8	38,4	52,4
26,8	8,3	30,7	23,3	34,6	38,2	38,5	52,8
26,9	8,7	30,8	23,7	34,7	38,6	38,6	53,2
27,0	9,1	30,9	24,1	34,8	39,0	38,7	53,5
27,1	9,4	31,0	24,5	34,9	39,3	38,8	53,9
27,2	9,8	31,1	24,9	35,0	39,7	38,9	54,3
27,3	10,2	31,2	25,3	35,1	40,1	39,0	54,7
27,4	10,6	31,3	25,6	35,2	40,5	39,1	55,0
27,5	11,0	31,4	26,0	35,3	40,8	39,2	55,4
27,6	11,4	31,5	26,4	35,4	41,2	39,3	55,7
27,7	11,8	31,6	26,8	35,5	41,6	39,4	56,1
27,8	12,2	31,7	27,2	35,6	42,0	39,5	56,5
27,9	12,6	31,8	27,6	35,7	42,3	39,6	56,9
28,0	12,9	31,9	27,9	35,8	42,7	39,7	57,2
28,1	13,3	32,0	28,3	35,9	43,1	39,8	57,6
28,2	13,7	32,1	28,7	36,0	43,5	39,9	58,0
28,3	14,1	32,2	29,1	36,1	43,8	40,0	58,4
28,4	14,5	32,3	29,5	36,2	44,2	40,1	58,7
28,5	14,9	32,4	29,8	36,3	44,6	40,2	59,1

Zu 100 ccm Branntwein von Gewichtsprozent	sind zuzusetzen: Wasser ccm	Zu 100 ccm Branntwein von Gewichtsprozent	sind zuzusetzen: Wasser ccm	Zu 100 ccm Branntwein von Gewichtsprozent	sind zuzusetzen: Wasser ccm	Zu 100 ccm Branntwein von Gewichtsprozent	sind zuzusetzen: Wasser ccm
40,3	59,5	44,6	75,1	48,9	90,4	53,2	105,3
40,4	59,8	44,7	75,5	49,0	90,8	53,3	105,7
40,5	60,2	44,8	75,8	49,1	91,1	53,4	106,0
40,6	60,6	44,9	76,2	49,2	91,5	53,5	106,4
40,7	60,9	45,0	76,5	49,3	91,8	53,6	106,7
40,8	61,3	45,1	76,9	49,4	92,2	53,7	107,1
40,9	61,7	45,2	77,3	49,5	92,5	53,8	107,4
41,0	62,0	45,3	77,6	49,6	92,9	53,9	107,7
41,1	62,4	45,4	78,0	49,7	93,2	54,0	108,1
41,2	62,8	45,5	78,3	49,8	93,6	54,1	108,4
41,3	63,1	45,6	78,7	49,9	93,9	54,2	108,8
41,4	63,5	45,7	79,1	50,0	94,3	54,3	109,1
41,5	63,9	45,8	79,4	50,1	94,6	54,4	109,5
41,6	64,2	45,9	79,8	50,2	95,0	54,5	109,8
41,7	64,6	46,0	80,1	50,3	95,3	54,6	110,1
41,8	65,0	46,1	80,5	50,4	95,7	54,7	110,5
41,9	65,3	46,2	80,8	50,5	96,0	54,8	110,8
42,0	65,7	46,3	81,2	50,6	96,4	54,9	111,2
42,1	66,1	46,4	81,6	50,7	96,7	55,0	111,5
42,2	66,4	46,5	81,9	50,8	97,1	55,1	111,8
42,3	66,8	46,6	82,3	50,9	97,4	55,2	112,2
42,4	67,1	46,7	82,6	51,0	97,8	55,3	112,5
42,5	67,5	46,8	83,0	51,1	98,1	55,4	112,9
42,6	67,9	46,9	83,3	51,2	98,5	55,5	113,2
42,7	68,2	47,0	83,7	51,3	98,8	55,6	113,5
42,8	68,6	47,1	84,1	51,4	99,1	55,7	113,9
42,9	69,0	47,2	84,4	51,5	99,5	55,8	114,2
43,0	69,3	47,3	84,8	51,6	99,8	55,9	114,6
43,1	69,7	47,4	85,1	51,7	100,2	56,0	114,9
43,2	70,0	47,5	85,5	51,8	100,5	56,1	115,2
43,3	70,4	47,6	85,8	51,9	100,9	56,2	115,6
43,4	70,8	47,7	86,2	52,0	101,2	56,3	115,9
43,5	71,1	47,8	86,5	52,1	101,6	56,4	116,2
43,6	71,5	47,9	86,9	52,2	101,9	56,5	116,6
43,7	71,9	48,0	87,2	52,3	102,3	56,6	116,9
43,8	72,3	48,1	87,6	52,4	102,6	56,7	117,3
43,9	72,6	48,2	87,9	52,5	102,9	56,8	117,6
44,0	72,9	48,3	88,3	52,6	103,3	56,9	117,9
44,1	73,3	48,4	88,7	52,7	103,6	57,0	118,3
44,2	73,7	48,5	89,0	52,8	104,0	57,1	118,6
44,3	74,0	48,6	89,4	52,9	104,3	57,2	118,9
44,4	74,4	48,7	89,7	53,0	104,7	57,3	119,3
44,5	74,7	48,8	90,1	53,1	105,0	57,4	119,6

Zu 100 ccm Branntwein von Gewichtsprozent	sind zuzusetzen: Wasser ccm	Zu 100 ccm Branntwein von Gewichtsprozent	sind zuzusetzen: Wasser ccm	Zu 100 ccm Branntwein von Gewichtsprozent	sind zuzusetzen: Wasser ccm	Zu 100 ccm Branntwein von Gewichtsprozent	sind zuzusetzen: Wasser ccm
57,5	119,9	61,8	134,2	66,1	148,0	70,4	161,5
57,6	120,3	61,9	134,5	66,2	148,3	70,5	161,8
57,7	120,6	62,0	134,8	66,3	148,7	70,6	162,1
57,8	120,9	62,1	135,2	66,4	149,0	70,7	162,4
57,9	121,3	62,2	135,5	66,5	149,3	70,8	162,8
58,0	121,6	62,3	135,8	66,6	149,6	70,9	163,1
58,1	122,0	62,4	136,1	66,7	149,9	71,0	163,4
58,2	122,3	62,5	136,5	66,8	150,2	71,1	163,7
58,3	122,6	62,6	136,8	66,9	150,6	71,2	164,0
58,4	123,0	62,7	137,1	67,0	150,9	71,3	164,3
58,5	123,3	62,8	137,4	67,1	151,2	71,4	164,6
58,6	123,6	62,9	137,8	67,2	151,5	71,5	164,9
58,7	124,0	63,0	138,1	67,3	151,8	71,6	165,2
58,8	124,3	63,1	138,4	67,4	152,1	71,7	165,5
58,9	124,6	63,2	138,7	67,5	152,5	71,8	165,8
59,0	124,9	63,3	139,0	67,6	152,8	71,9	166,1
59,1	125,3	63,4	139,4	67,7	153,1	72,0	166,4
59,2	125,6	63,5	139,7	67,8	153,4	72,1	166,7
59,3	125,9	63,6	140,0	67,9	153,7	72,2	167,0
59,4	126,3	63,7	140,3	68,0	154,0	72,3	167,4
59,5	126,6	63,8	140,7	68,1	154,4	72,4	167,7
59,6	126,9	63,9	141,0	68,2	154,7	72,5	168,0
59,7	127,3	64,0	141,3	68,3	155,0	72,6	168,3
59,8	127,6	64,1	141,6	68,4	155,3	72,7	168,6
59,9	127,9	64,2	142,0	68,5	155,6	72,8	168,9
60,0	128,3	64,3	142,3	68,6	155,9	72,9	169,2
60,1	128,6	64,4	142,6	68,7	156,2	73,0	169,5
60,2	128,9	64,5	142,9	68,8	156,5	73,1	169,8
60,3	129,2	64,6	143,2	68,9	156,9	73,2	170,1
60,4	129,6	64,7	143,6	69,0	157,2	73,3	170,4
60,5	129,9	64,8	143,9	69,1	157,5	73,4	170,7
60,6	130,2	64,9	144,2	69,2	157,8	73,5	171,0
60,7	130,6	65,0	144,5	69,3	158,1	73,6	171,3
60,8	130,9	65,1	144,8	69,4	158,4	73,7	171,6
60,9	131,2	65,2	145,2	69,5	158,7	73,8	171,9
61,0	131,5	65,3	145,5	69,6	159,0	73,9	172,2
61,1	131,9	65,4	145,8	69,7	159,3	74,0	172,5
61,2	132,2	65,5	146,1	69,8	159,7	74,1	172,8
61,3	132,5	65,6	146,4	69,9	160,0	74,2	173,1
61,4	132,9	65,7	146,8	70,0	160,3	74,3	173,4
61,5	133,2	65,8	147,1	70,1	160,6	74,4	173,7
61,6	133,5	65,9	147,4	70,2	160,9	74,5	174,0
61,7	133,8	66,0	147,7	70,3	161,2	74,6	174,3

Zu 100 ccm Branntwein von Gewichtsprozent	sind zuzusetzen: Wasser ccm	Zu 100 ccm Branntwein von Gewichtsprozent	sind zuzusetzen: Wasser ccm	Zu 100 ccm Branntwein von Gewichtsprozent	sind zuzusetzen: Wasser ccm	Zu 100 ccm Branntwein von Gewichtsprozent	sind zuzusetzen: Wasser ccm
74,7	174,6	79,0	187,3	83,3	199,6	87,6	211,5
74,8	174,9	79,1	187,6	83,4	199,9	87,7	211,7
74,9	175,2	79,2	187,9	83,5	200,2	87,8	212,0
75,0	175,5	79,3	188,2	83,6	2,005	87,9	212,3
75,1	175,8	79,4	188,5	83,7	200,8	88,0	212,6
75,2	176,1	79,5	188,8	83,8	201,0	88,1	212,8
75,3	176,4	79,6	189,1	83,9	201,3	88,2	213,1
75,4	176,7	79,7	189,4	84,0	201,6	88,3	213,4
75,5	177,0	79,8	189,6	84,1	201,9	88,4	213,6
75,6	177,3	79,9	189,9	84,2	202,1	88,5	213,9
75,7	177,6	80,0	190,2	84,3	202,4	88,6	214,2
75,8	177,9	80,1	190,5	84,4	202,7	88,7	214,4
75,9	178,2	80,2	190,8	84,5	203,0	88,8	214,7
76,0	178,5	80,3	191,1	84,6	203,3	88,9	215,0
76,1	178,8	80,4	191,4	84,7	203,5	89,0	215,2
76,2	179,1	80,5	191,7	84,8	203,8	89,1	215,5
67,3	179,4	80,6	192,0	84,9	204,1	89,2	215,8
76,4	179,7	80,7	192,2	85,0	204,4	89,3	216,0
76,5	180,0	80,8	192,5	85,1	204,6	89,4	216,3
76,6	180,3	80,9	192,8	85,2	204,9	89,5	216,6
76,7	180,6	81,0	193,1	85,3	205,2	89,6	216,8
76,8	180,9	81,2	193,4	85,4	205,5	89,7	217,1
76,9	181,2	81,2	193,7	85,5	205,7	89,8	217,3
77,0	181,5	81,3	194,0	85,6	206,0	89,9	217,6
77,1	181,8	81,4	194,3	85,7	206,3	90,0	217,9
77,2	182,1	81,5	194,5	85,8	206,6	90,1	218,1
77,3	182,4	81,6	194,8	85,9	206,8	90,2	218,4
77,4	182,6	81,7	195,1	86,0	207,1	90,3	218,7
77,5	182,9	81,8	195,4	86,1	207,4	90,4	218,9
77,6	183,2	81,9	195,7	86,2	207,7	90,5	219,2
77,7	183,5	82,0	196,0	86,3	207,9	90,6	219,4
77,8	183,8	82,1	196,2	86,4	208,2	90,7	219,7
77,9	184,1	82,2	196,5	86,5	208,5	90,8	220,0
78,0	184,4	82,3	196,8	86,6	208,8	90,9	220,2
78,1	184,7	82,4	197,1	86,7	209,0	91,0	220,5
78,2	185,0	82,5	197,4	86,8	209,3	91,1	220,7
78,3	185,3	82,6	197,7	86,9	209,6	91,2	221,0
78,4	185,6	82,7	197,9	87,0	209,9	91,3	221,3
78,5	185,9	82,8	198,2	87,1	210,1	91,4	221,5
78,6	186,2	82,9	198,5	87,2	210,4	91,5	221,8
78,7	186,5	83,0	198,8	87,3	210,7	91,6	222,0
78,8	186,7	83,1	199,1	87,4	210,9	91,7	222,3
78,9	187,0	83,2	199,4	87,5	211,2	91,8	222,5

Branntweine und Liköre.

Zu 100 ccm Branntwein von Gewichtsprozent	sind zuzusetzen: Wasser ccm	Zu 100 ccm Branntwein von Gewichtsprozent	sind zuzusetzen: Wasser ccm	Zu 100 ccm Branntwein von Gewichtsprozent	sind zuzusetzen: Wasser ccm	Zu 100 ccm Branntwein von Gewichtsprozent	sind zuzusetzen: Wasser ccm
91,9	222,8	94,0	228,1	96,1	233,3	98,1	238,1
92,0	223,1	94,1	228,4	96,2	233,5	98,2	238,3
92,1	223,3	94,2	228,6	96,3	233,8	98,3	238,5
92,2	223,6	94,3	228,9	96,4	234,0	98,4	238,8
92,3	223,8	94,4	229,1	96,5	234,3	98,5	239,0
92,4	224,1	94,5	229,4	96,6	234,5	98,6	239,2
92,5	224,3	94,6	229,6	96,7	234,7	98,7	239,5
92,6	224,6	94,7	229,9	96,8	235,0	98,8	239,7
92,7	224,9	94,8	230,1	96,9	235,2	98,9	239,9
92,8	225,1	94,9	230,4	97,0	235,5	99,0	240,1
92,9	225,4	95,0	230,6	97,1	235,7	99,1	240,4
93,0	225,6	95,1	230,9	97,2	235,9	99,2	240,6
93,1	225,9	95,2	231,1	97,3	236,2	99,3	240,8
93,2	226,1	95,3	231,3	97,4	236,4	99,4	241,1
93,3	226,4	95,4	231,6	97,5	236,6	99,5	241,3
93,4	226,6	95,5	231,9	97,6	236,9	99,6	241,5
93,5	226,9	95,6	232,1	97,7	237,1	99,7	241,8
93,6	227,1	95,7	232,3	97,8	237,3	99,8	242,0
93,7	227,4	95,8	232,6	97,9	237,6	99,9	242,2
93,8	227,6	95,9	232,8	98,0	237,8	100,0	242,4
93,9	227,9	96,0	233,1				

Hilfstafel II.

Bereitung des Branntweines von 24,7 Gewichts-% (= 30 Vol.-%) aus niedriger prozentigem mittels Zusatzes von absolutem Alkohol bei 15° C.

Zu 100 ccm Branntwein von Gewichtsprozent	sind hinzuzusetzen absoluter Alkohol ccm	Zu 100 ccm Branntwein von Gewichtsprozent	sind hinzuzusetzen absoluter Alkohol ccm	Zu 100 ccm Branntwein von Gewichtsprozent	sind hinzuzusetzen absoluter Alkohol ccm	Zu 100 ccm Branntwein von Gewichtsprozent	sind hinzuzusetzen absoluter Alkohol ccm
22,50	3,52	23,05	2,63	23,60	1,74	24,15	0,85
22,55	3,44	23,10	2,55	23,65	1,66	24,20	0,77
22 60	3,36	23,15	2,47	23,70	1,58	24,25	0,69
22,65	3,28	23,20	2,39	23,75	1,50	24,30	0,61
22,70	3,20	23,25	2,31	23,80	1,42	24,35	0,53
22,75	3,11	23,30	2,23	23,85	1,34	24,40	0,45
22,80	3,04	23,35	2,15	23,90	1,26	24,45	0,37
22,85	2,96	23,40	2,07	23,95	1,18	24,50	0,29
22,90	2,88	23,45	1,98	24,00	1,09	24,55	0,21
22,95	2,79	23,50	1,90	24,05	1,01	24,60	0,12
23,00	2,71	23,55	1,82	24,10	0,93	24,65	0,04

XVII. Essig.

Die Untersuchung erstreckt sich auf folgende Bestimmungen:

1. Säure (freie):

10 g Essig titriert man mit Normalalkali und Phenolphtalein [1])
1 ccm Normalalkali = 0,06 g Essigsäurehydrat = 0,051 g Essigsäureanhydrid.

2. Das spezifische Gewicht, der Extrakt und die Mineralstoffe werden wie bei Wein angegeben ermittelt.

3. Aldehyd, Alkohol, siehe unter Branntweine S. 333 und 340; auf Alkohol prüft man qualitativ mit der Jodoformprobe, siehe forensische Analyse, zur quantitativen Prüfung wird zuvor die Essigsäure neutralisiert.

4. Metalle bestimmt man in üblicher Weise nach den Regeln der analytischen Chemie. Cu kann auch nach S. 341 (Branntwein) nachgewiesen werden.

5. Freie Mineralsäuren.

a) Qualitativ: Von einer Lösung von 0,1 g Methylviolett, B_2, No. 56 der Farbenfabrik Bayer & Comp., Elberfeld, in 1 Liter Wasser setzt man 4—5 Tropfen zu 20—25 ccm Essig, der auf 2 % verdünnt ist. Mineralsäuren verändern die blauviolette Farbe in blau-grün bis grün. (H. Stockmeier.) Vergleichsproben anstellen! 50—100 ccm Essig unter Zusatz von etwas Stärke (0,01 g) auf $^1/_5$ eindampfen und dann Zusatz von Jodlösung, bei Gegenwart freier Mineralsäuren (H_2SO_4) keine Blaufärbung.

b) Quantitativ: Salz- und Salpetersäure: Man destilliert ab und bestimmt wie üblich im Destillat die Säuren.

Schwefelsäure (und Salzsäure) nach Hilger: Man neutralisiert 20 ccm Essig genau mit Normalalkali (Tüpfeln!), verdampft bis auf etwa den 10. Teil und setzt einige Tropfen Methylviolett (siehe oben) hinzu, verdünnt bis auf etwa 3—4 ccm mit Wasser und titriert heiß mit Normalschwefelsäure bis zum Farbenübergang. Die verbrauchte Menge Säure wird vom Alkali abgezogen und der Rest auf die vorhandene Mineralsäure berechnet. 1 ccm Normalalkali = 0,049 H_2SO_4 und 0,0365 HCl [2]).

6. Freie organische Säuren: Oxalsäure wird wie üblich bestimmt. 1 CaO = 2,25 krystallisierte Oxalsäure, **Weinsäure, Citronensäure, Apfelsäure** vgl. unten bei Nachweis des Ursprungs des Essigs.

7. Scharfe Pflanzenstoffe: Man dampft den Essig unter genauer Neutralisation ein; der Rückstand darf an sich nicht scharf schmecken und auch an Äther keine scharf schmeckenden Bestandteile abgeben.

8. Farbstoffe: siehe Abschnitt Wein und das Gesetz vom 5. Juli 1887.

9. Konservierungsmittel: siehe Milch, Fleisch, Wein; betreffs Formaldehyd siehe auch Farnsteiner, Forschungsberichte 1896, 54.

10. Zur Feststellung der Art und Herkunft des Essigs (ob Wein-, Trauben-, Obst-, Bier-, Malz-, Holz-, Spiritusessig u. s. w.) dienen die

---

[1]) Bei dunkelgefärbten Essigsorten tüpfelt man mit Azolithmin-, Kongorot- oder Lackmuspapier.
[2]) Weitere Verfahren: Kohnstein, Dingl. polyt. Journ. 1885, 256; Vigern, Chem.-Ztg. Repert. 1886, 93.

Bestimmungen des Extraktes, der Asche des Glycerins, des Weinsteins, der freien Weinsäure, der Apfelsäure, der Phosphorsäure und anderer Aschenbestandteile u. s. w. Vgl. Abschnitt Wein, Bier u. s. w. Sichere Feststellung der Abstammung ist jedoch manchmal schwierig, da bei der Essigsäuregärung ein Rückgang mancher Bestandteile der ursprünglichen Rohstoffe (Wein u. s. w.) eintritt.

Zur Unterscheidung dienen folgende Anhaltspunkte: Sprit- (Branntwein-) essig hat sehr geringen Abdampf- und Glührückstand; letzterer neutral oder schwach alkalisch. Abdampfrückstand von Wein-, Bier- und Obstessig 0,5—1,5 %, Asche etwa 0,25 %. Kali und Phosphorsäure, Äpfelsäure, freie Weinsäure, Weinstein, Glycerin weisen auf Obst- und Weinessiggehalt hin; Bier- und Malzessig enthalten Dextrin, fällbar durch Alkohol; Holzessig kann eventuell Phenol enthalten -Nachweis mit Bromwasser.

11. Unterscheidung von Gärungsessig und Holzessig (Essigessenz) nach F. Rothenbach, Zeitschr. f. Unters. d. Nahr.- u. Genußm. 1902, 817.

Beurteilung.

Gesetzliche Bestimmungen: Das Nahrungsmittelgesetz und die Kaiserl. Verordnung vom 14. Juli 1908 betr. den Verkehr mit Essigessenz (S. 710 im Anhang).

Zusammensetzung und Verfälschungen bzw. Nachmachungen. Speise- (Koch-) Essig[1]) soll mindestens 3,5 %, jedoch nicht unter 3 % Essigsäure (-hydrat, $C_2H_4O_2$), Doppelessig mindestens 7 % enthalten, Essigsprit 10—11 %; betreffs Essigessenz vgl. die gesetzlichen Vorschriften für den Verkauf. Sie sollen rein schmecken, klar und appetitlich aussehen.

Aus Essenzen und Sprit hergestellter Essig hat meist nur einen sehr geringen Extraktgehalt; Zusatz von schlechtem Wasser läßt sich am Nitrat- und Nitritgehalt erkennen. Wein-, Bier- und Obstessige enthalten gewöhnlich mehr Extrakt als Spritessig, ihre Asche reagiert alkalisch und ist phosphorsäurehaltig. Weinessige enthalten meistens Weinstein, Glycerin und auch eventuell Weinsäure; Bieressige (Malz-) sind dextrinhaltig; Obstweinessige enthalten Apfelsäure. Diese Bestandteile sind allerdings als sichere Erkennungsmittel nicht anzusehen, andererseits können dieselben dem Essig auch künstlich zugesetzt werden, um einen Spritessig z. B. die Beschaffenheit eines Weinessigs zu geben. Künstliche Färbungen werden mit Caramel, Weinfarbstoffen u. s. w. vorgenommen. (Nachweis: siehe Spiritus und Wein.)

In den Kreisen der Weinessigfabrikanten [2]) gilt als Weinessig ein Produkt, das unter Verwendung von mindestens 20 % reinem Wein zur Essigmaische hergestellt ist. Indessen entspricht diese Auffassung nicht den Anschauungen des Verkehrs.

---

[1]) Vgl. auch G. Popp, Zeitschr. f. Unters. d. Nahr.- u. Genußm. 1903. 6. 952.
[2]) K. Farnsteiner, Forschungsberichte über Lebensmittel etc. 1896, S. 54 u. Bericht d. hygien. Instituts zu Hamburg 1896; A. Jonscher, Zeitschr. f. öffentl. Chemie 1905. 468.

Verunreinigungen: Essigfliege (Drosophila funebris) und namentlich Essigälchen (Anguillula oxophila), sowie Faßschmutz, Trübung, Flockenbildung, Pilzfäden u. s. w. (siehe auch Essig im bakteriologischen Teil). Damit behaftete und durchsetzte Essige sind als unappetitlich bezw. verdorben im Sinne des Nahrungsmittelgesetzes zu beanstanden. Mineralsäuren, schärfende Stoffe und Konservierungsmittel sind Verfälschungen.

Essigsäure-Ordnung (E.-O.)[1].

(Branntweinsteuer-Ausführungsbestimmungen vom 3. September 1909; Zentralblatt f. d. Deutsche Reich 1909, 37.)

Laut § 1 ist Gegenstand der Besteuerung die im Inlande aus Holzessig oder essigsauren Salzen gewonnene, zu Genußzwecken geeignete Essigsäure, soweit sie nicht ausgeführt oder zu gewerblichen Zwecken verwendet wird.

Welche Essigsäure als zu Genußzwecken und welche als nur zu gewerblichen Zwecken geeignet anzusehen ist, ergibt sich aus Anlage 1.

Anlage 1.

Die Unterscheidung der Essigsäure für Genußzwecke und für gewerbliche Zwecke.

(Auszugsweise.)

Die im Inland aus Holzessig oder aus essigsauren Salzen gewonnene, zu Genußzwecken geeignete Essigsäure unterliegt, soweit sie nicht ausgeführt wird, einer Verbrauchsabgabe, die 0,30 M. für das Kilogramm wasserfreier Essigsäure beträgt.

Die Menge der wasserfreien Essigsäure ist aus dem Reingewicht der Essigsäure und deren Gehalt an wasserfreier Essigsäure zu berechnen. Zur Ermittelung dieses Gehaltes dient eine Tabelle, in deren Spalte 1 die verbrauchten ccm Doppel-Normal-Natronlauge von 0,4 bis 44,0 aufgeführt sind, entsprechend einem Gehalt an wasserfreier Essigsäure in Gewichtsteilen v. H. 1 bis 100 in Spalte 2.

Ergibt sich ein Gehalt von wasserfreier Essigsäure von mehr als 60 Gewichtsteilen v. H., so ist die Essigsäure als zu Genußzwecken geeignet anzusehen; jedoch ist auch Essigsäure mit geringerem Gehalt als für dieselben geeignet anzusehen, wenn die Prüfung mit Kaliumpermanganat, bzw. die Prüfung auf Geruch, die Verwendung zu gewerblichen Zwecken nicht bedingt.

Zur Ausführung dieser Prüfung benötigt man eine Kaliumpermanganatlösung, die 3 g dieses Salzes im Liter Wasser enthält.

Es werden 5 ccm der Essigsäure mit 15 ccm Wasser in einem Erlenmeyer - Kölbchen vermischt und hierzu 0,3 ccm der Permanganatlösung gegeben. Bleibt die hierdurch hervorgerufene Violettfärbung bestehen, so ist nur noch die Gehaltsstärke der genußtauglichen Essigsäure festzustellen. Verschwindet jedoch diese Färbung oder geht sie in rot, braun oder gelb über, so ist zunächst noch die Prüfung auf den Geruch vorzunehmen. Es werden alsdann 5 ccm der Probe nach Zugabe einiger Tropfen einer weingeistigen Phenolphtaleinlösung (1:100) so lange mit Doppel-Normal-Natronlauge versetzt, bis die Flüssigkeit beim Umschütteln rot gefärbt bleibt. Diese Flüssigkeit wird sodann bis zum beginnenden Sieden erhitzt und nun darauf geachtet, ob ein unangenehmer Geruch, etwa nach Rauch oder Schiffsteer auftritt. Ist dies der Fall, so ist die Essigsäure als nur für gewerbliche Zwecke verwendbar anzusehen und steuerfrei. Macht sich aber ein obstartiger oder sonst angenehmer Geruch bemerkbar oder tritt überhaupt kein Geruch auf, so ist die Essigsäure als für Genußzwecke geeignet anzusprechen.

In Zweifelsfällen ist die Prüfung auf Aceton vorzunehmen, 100 ccm der Probe werden im 300 ccm-Kolben mit wasserfreiem Natriumcarbonat übersättigt und auf den Kolben ein etwa 75 cm langes zweimal rechtwinkelig ge-

---

[1] Branntweinsteuergesetz vom 15. Juli 1909; Zeitschr. f. Unters. d. Nahr.- u. Genußm. 1910, 20, Beiheft S. 1. § 110. E.-O. ebenda 137. Die E.-O. zerfällt in 107 Paragraphen; für den Chemiker hat sie nur allgemeines Interesse.

bogenes Glasrohr aufgesetzt. Als Vorlage bei der Destillation dient ein Reagensglas. Nach Erhitzen des Kolbeninhalts läßt man etwa 0,5 bis 1,0 ccm in den Zylinder übergehen, entfernt hierauf die Flamme und fügt zum Destillat 1 ccm Ammoniakflüssigkeit (0,96 spez. Gew.). Man verschließt mit einem Kork oder Glasstopfen und läßt zur Bindung etwa vorhandenen Aldehyds 3 Stunden stehen. Dann fügt man 1 ccm einer 15 %-igen Natron- oder Kalilauge, sowie 1 ccm einer frisch bereiteten 2,5 %-igen Nitroprussidnatriumlösung hinzu.

Anlage 2.

Die Stärke der Essigsäure (an wasserfreier Essigsäure) wird ermittelt, indem man von der zu untersuchenden Probe 50 g abwägt, in einem Literkolben überspült und mit Wasser bis zur Marke auffüllt. 50 ccm der mit einigen Tropfen Phenolphtalein versetzten Mischung werden mit Normal-Natronlauge bis zur Rotfärbung titriert. Die Anzahl der verbrauchten ccm Lauge, mit 2,4 vervielfacht, ergibt den Gehalt der Probe an wasserfreier Essigsäure in Gewichtteilen v. H.

Für die Benutzung der Tafel gilt die Vorschrift, 5 ccm Essigsäure in einem Kolben mit 50 ccm Wasser zu vermischen und nach Zugabe von Phenolphtaleinlösung mit Doppelt-Normal-Natronlauge auf rot zu titrieren. Sind beispielsweise 31,3 bis 31,8 bis 32,2 oder 33,6 ccm der Lauge verbraucht worden, so zeigt die Tabelle (Spalte 2) hierfür 70 bis 71 bis 72 bis 75 Gewichtshundertstel wasserfreier Essigsäure an.

Zur Vergällung von Wein, welcher als Essigrohstoff verwendet werden kann, vgl. den Preuß. Erlaß vom 30. November 1909, s. S. 692.

XVIII. Bier und seine Rohstoffe.

A. Materialien.

1. Brauwasser.

Das verwendete Wasser soll hinsichtlich Reinheit den Anforderungen, die man an Trinkwasser stellt, entsprechen. Siehe die „Anforderungen der industriellen Betriebe an Gebrauchswasser" S. 480 und die Ausführungsbestimmungen zum Reichsbrausteuergesetz. Bezüglich Feststellung des Keimgehaltes siehe die zymotechnische Wasseruntersuchung im bakteriologischen (mykologischen) Teil.

2. Gerste[1]).

a) Bestimmt wird der Gehalt an Stärkemehl in der geschroteten Gerste nach S. 42, der Stickstoff nach Kjeldahl (S. 13), die Asche nach S. 12, der Phosphorsäuregehalt nach S. 420 und der Wassergehalt in üblicher Weise durch Austrocknen bei 100—105° C (S. 10). Weitere Bestimmungen, Eiweißstickstoff u. s. w. siehe bei den Futtermitteln.

b) Prüfung auf Keimungsenergie und Keimfähigkeit. Von der zuvor 6 Stunden lang in Brunnenwasser eingeweichten Gerste zählt man 400—500 Körner ab, legt sie zwischen mehrere Lagen Löschpapier, bringt das Ganze unter eine Glasglocke oder auch in eine Doppelglasschale (feuchte Kammer), hält das Papier mäßig feucht und die Temperatur auf 15—20° C, und zählt nach Verlauf von 3 Tagen ab, was ausgekeimt ist. Das Ergebnis ist die Keimungsenergie, sie soll mindestens 90 % betragen. Die Keimfähigkeit wird erst nach 10—12

---

[1]) Die nachstehenden Untersuchungsmethoden können auch aus der amtl. Anweisung zur Gerstenzollordnung entnommen werden. Weiteres siehe unter Beurteilung.

Tagen ermittelt und soll bei guter Braugerste mindestens 95—96 % betragen.

c) Die Prüfung auf **Schimmelpilze** erfolgt nach der im bakteriologischen Teil angegebenen Methode.

d) **Prüfung auf Schwefelung.** Etwa 10 g Gerste mit 50 ccm Wasser anrühren, 1 Stunde lang unter öfterem Schütteln digerieren und die abgegossene Flüssigkeit mit verdünnter Phosphorsäure und Aluminiumblech oder schwefelfreiem Zink versetzen und mit Bleipapier den sich bei Anwesenheit von schwefliger Säure bildenden Schwefelwasserstoff nachweisen. Quantitativ: 10 g Gerste mit 250 ccm Wasser übergießen und nach Zusatz von etwas Phosphorsäure im CO_2-strom in Jodlösung destillieren. Oxydation der SO_2 zu SO_3. Fällen mit $BaCl_2$. $BaSO_4 \times 0{,}27439 = SO_2$.

e) **Prüfung mittels der Schnittprobe.** Man schneidet eine Anzahl der Gerstenkörner in der Mitte durch und stellt das Verhältnis der mehligen, halbspeckigen und ganzspeckigen Mehlkörper in Prozenten fest. Zum Durchschneiden und Prüfen der Schnitte bedient man sich einer sog. Farinotoms und eines Diaphanoskops (nach Ashton).

f) Nachweis des Eosins in den aus gekennzeichneter (für zollamtliche Zwecke) Gerste hergestellten Erzeugnissen siehe unten.

Beurteilung:
Gesetz betr. die zollwidrige Verwendung von Gerste vom 3. Aug. 1909 (Reichsgesetzbl. S. 899) siehe Zeitschr. f. Unters. d. Nahr.- u. Genußm. 1910, **20**, Beiheft 274, ebenda 275 Gerstenzollordnung (Beschluß des Bundesrats vom 27. Juli 1909) nebst Anweisung für die technische und chemische Untersuchung der Gerste und die Erzeugnisse aus gekennzeichneter Gerste.

Diese Anweisung zerfällt in nachstehende Abschnitte:
I. Reinigen der Gerste;
II. Feststellung des Hektolitergewichts;
III. Absieben der Gerste;
IV. Prüfung der Gerste nach äußerer und innerer Beschaffenheit. Tausendkörnergewicht. Sog. nackte Gerste.
V. Untersuchung der Gerste durch die Kaiserl. Techn. Prüfungsstelle;
VI. Prüfung der Gerste auf Keimfähigkeit.
VII. Nachweis des Eosins in den aus gekennzeichneten Gerste hergestellten Erzeugnissen.

Äußere Merkmale guter Braugerste sind frischer Strohgeruch, glänzendes Aussehen, sowie möglichst gleichmäßig gelbe Farbe. Die Körner sollen groß, etwas bauchig, hart und feinhülsig sein und eine bestimmte Schwere haben. Letztere wird durch das Gewicht eines Hektoliters Gerste bestimmt:

62—63 kg ist ein niederes (Stärkearmut),
64—67 kg ist ein mittleres und
68—72 kg ein hohes Hektolitergewicht (Stärkereichtum).

Die Prüfung sub 1 ist zur Beurteilung der Braugerste nur von untergeordneter Bedeutung. Proteinarme und stärkereichere Gerste wird der proteinreichen und stärkearmen vorgezogen. Günstigster Proteingehalt 8—10,5 %. Er sei nicht über 11,5 %.

Wassergehalt etwa 10—16 %.

Das aus speckiger Gerste gewonnene Malz ist hart, verarbeitet sich im Maischprozeß schlecht und gibt eine geringere Ausbeute.

3. Malz[1]).

(Vereinbarungen der Brauereiversuchsstationen Berlin, Hohenheim, München, Nürnberg, Weihenstephan, Wien und Zürich, betreffend die Ausführung der Handelsmalzuntersuchung[2]).

a) Probenahme. Die zur Untersuchung dienende Malzprobe soll einer wirklichen Durchschnittsprobe entsprechen. Unter Berücksichtigung, daß aufgeschüttetes Malz in den verschiedenen Teilen des Haufens ungleiche Zusammensetzung hat, ist die ganze Malzpartie vorher gründlich um- und überzuschaufeln. Alsdann werden von verschiedenen Stellen möglichst viele gleichgroße Proben entnommen, gut gemischt und aus dieser Mischung die Untersuchungsprobe gezogen. Für die Probenahme aus Silos und Säcken ist es besonders wichtig, aus verschiedenen Tiefen Teilproben zur Probemischung zu erhalten, wozu der Probestecher von Barth-Eckhardt mit verschließbaren Kammern anzuwenden ist. Von in Säcken lagerndem Malz sind die Stichproben aus 10 % der Säcke zu entnehmen.

b) Größe und Verpackung der Probe. Die Menge des zur Analyse einzusendenden Malzes muß mindestens 500 g betragen. Die Verpackung muß eine Veränderung des Malzes, insbesondere hinsichtlich des Wassergehaltes, ausschließen. Glasflaschen (Bierflaschen) mit Korkstöpsel oder Patentverschluß, Pulvergläser mit eingeriebenem Stöpsel, Konservengläser oder auch gut schließende Musterblechdosen sind dazu geeignet; Steinkrüge, Kartons, Säcke oder Holzschachteln sind ausgeschlossen. Die Restprobe ist zwei Monate aufzubewahren und vor Wasseranziehung in geeigneter Weise zu schützen. Bei etwaigen Differenzen wird die Restprobe geteilt: α) zur eigenen Kontrolle, β) zur Absendung an eine der sieben Versuchsstationen zum Obergutachten, sofern der Auftraggeber einen solchen Auftrag stellt. Die Wahl der Versuchsstation steht dem Einsender frei.

c) Vorbereitung der Probe zur Analyse. Es sind nur grobe Fremdkörper (Steinchen, Bindfadenreste, Holzstückchen u. s. w.) zu entfernen und ist hierüber eine Angabe in dem Attest zu machen, die jedoch nicht zahlenmäßig zu erfolgen hat. Eine weitere Reinigung (Unkrautentfernung, Entstauben) darf nicht stattfinden.

d) Untersuchung. Jede Untersuchung, auch die auf besonderen Wunsch eventuell vorzunehmende mechanische Analyse, ist doppelt auszuführen und die Mittel werden im Analysenattest angegeben.

1. Chemische Untersuchung: a) Auf Wasser. Zweimal 55 g werden auf einer rasch mahlenden Mühle gemahlen (d. h. ein Mahlgut, welches nach einmaligem Durchgang des Malzes durch die Mühle 85 % Mehl liefert) und von dem Mehl sofort je etwa 4 g zur Wasserbestimmung entnommen. Der Rest bleibt zum Vermaischen. Das Trocknen der vorher tarierten, mit Mehl beschickten, genau abgewogenen Wägegläschen oder Schiffchen hat im Scholvienschen oder Ulschschen Schrank zu erfolgen und zwar dauert die Trockenzeit mindestens 2, höchstens 4 Stunden bei 104—105° C. Zwei Parallelbestimmungen dürfen um 0,25 %

---

[1]) H. Trillich, Was ist Malz? Zeitschr. f. öffentl. Chem, 1905, 11, 259.
[2]) Zeitschr. ges. Brauw. 1907. 30. 501—503.

differieren, die Fehlergrenze bei zwei an verschiedenen Stationen gemachten Bestimmungen beträgt 0,5 %. Die Feinmehlmühle ist etwa jeden 8. Tag auf den Grad des Mahlgutes nachzuprüfen. b) Auf Extrakt. Zur Extraktbestimmung dient das aus dem Malz hergestellte, zum Vermaischen auf genau 50 g gebrachte Mehl, von dem vorher schon ein Teil zur Wasserbestimmung abgenommen wurde. Behufs Erzielung einer einheitlichen Maischzeit ist die erste Wasserzugabe — 200 ccm von etwa 45—47° C — erst dann vorzunehmen, wenn sämtliche Maischbecher fertig beschickt und abgewogen sind. Zum Maischen ist ein mechanisches Rührwerk anzuwenden, seine Konstruktion und die Tourenzahl bleibt freigestellt. Auch während des Verweilens bei 45° C in der ersten halben Stunde ist das Rührwerk einzuschalten. Sind dann beim Aufmaischen in 25 Minuten 70° C erreicht (gleichmäßige Steigerung in einer Minute um einen Grad), dann werden 100 ccm destilliertes Wasser von 70° zum Abspülen des Maischrandes im Becher zugegeben und bei ständig laufendem Rührwerk 1 Stunde bei 70° vermaischt. — Die Prüfung auf Verzuckerung ist 10 Minuten, nachdem die Maische 70° erreicht hatte, auszuführen, und zwar mit treberhaltiger Maische auf Gipsplättchen (Jodlösung 2,5 g Jod und 8 g Jodkalium in 1 Liter Wasser). Die Verzuckerungszeit ist als beendet anzusehen, sofern ein rein gelber Fleck auf der Gipsplatte resultiert. Ist die Verzuckerung bei der ersten Prüfung nicht erreicht, so wird von 5 zu 5 Minuten weiter beobachtet. Die Angabe der Verzuckerung hat im Attest in Perioden zu erfolgen. (1. Periode 10—15 Minuten, 2. Periode 15—20 Minuten u. s. w.) Das Ergebnis der Verzuckerungszeit darf zwischen höchster und niedrigster Zeit bei Kontrollanalysen der einzelnen Stationen um 10 Minuten differieren. Nachdem 1 Stunde bei 70° C verweilt, wird das Rührwerk ausgeschaltet, die Rührer abgespült, die Becher herausgenommen, ihr Inhalt rasch auf etwa 17° C abgekühlt und die Maische durch Zusatz von Wasser auf das Gewicht von 450 g gebracht. Die gewogene und gründlich durchgerührte Maische wird nunmehr auf ein zur Aufnahme der ganzen Maische genügend großes unbefeuchtetes Faltenfilter gegossen und filtriert. Ein Bedecken des Trichters ist nicht erforderlich, auch ein bestimmtes Filtrierpapier wird nicht vorgeschrieben. — In dem Analysenattest wird nur angegeben, ob die Würze schnell oder langsam abläuft. Die Dichte der Würze wird bei 14° R = 17,5° C mit enghalsigem Pyknometer bestimmt und aus der Balling-Tabelle der Extraktgehalt entnommen. — Bei den vergleichenden Analysenzahlen der einzelnen Stationen ist eine Differenz von 0,8 % Extrakt, auf wasserfreie Substanz berechnet, gestattet. — c) Auf Farbe der Würze. Als Ausgang für die Farbenbestimmung dient $^1/_{10}$ N.-Jodlösung, 12,7 g Jod, 40 g Jodkalium auf 1 Liter Wasser. Als Ersatz hierfür gelten die Brandschen Farbenkästen mit der Erweiterung, daß zwischen den Farbenflaschen, welchen eine Farbentiefe von 0,15 und 0,2 ccm $^1/_{10}$ N.-Jodlösung entspricht, ein neues Farbenglas, entsprechend 0,175 ccm $^1/_{10}$ N.-Jodlösung einzuschalten ist. Die Angabe der Farbentiefe erfolgt in Intervallen und zwar 0,15—0,175, 0,175—0,2, 0,2—0,25 ccm $^1/_{10}$ N.-Jodlösung u. s. w. Eine Umrechnung auf 10-grädige Würze findet nicht statt. — Als Fehlergrenze von zwei an verschiedenen Stationen gemachten

Farbenbestimmungen ist eine Differenz von 0,1 ccm $^1/_{10}$ N.-Jodlösung zwischen höchstem und niedrigstem Wert zulässig. Zur Gleichstellung opalisierender Würze sind von 7 Stationen Versuche vorgesehen (vorgeschlagen wurden Zusätze von alkoholischer Kolophoniumlösung, Hefepartikelchen, Hausenblase, Hordein).

2. Mechanische Untersuchung. Die mechanische Analyse wird nur auf besonderen Wunsch des Einsenders vorgenommen und hat im gegebenen Falle doppelt zu erfolgen. a) Hektolitergewicht. Dasselbe ist mit der von der deutschen Normaleichungskommission eingeführten Getreidewage festzustellen und zwar ohne Korrektur. b) Das Tausendkörnergewicht ist mindestens mit je 500 Körnern zu ermitteln, das erhaltene Gewicht auf Malztrockensubstanz zu berechnen; c) die Beschaffenheit des Mehlkörpers ist durch die Schnittprobe mittels Farinotom von Pohl, Printz oder Grobecker zu prüfen, wozu wenigstens 200 Körner zu verwenden sind. Angegeben wird nur in Prozenten der Gehalt an mehligen und weißen, gelben und braunen Körnern. Die Bestimmung der Blattkeimentwicklung fällt fort.

Beurteilung:

Gutes Malz soll nur aus ganzen Körnern bestehen, eine gleichmäßige Farbe haben und leicht zerreiblich sein. Schimmelpilze, verbrannte und glasige Körner dürfen nicht darin enthalten sein.

Die Verzuckerungszeit beträgt etwa 25 Minuten und schwankt zwischen 15—45 Minuten (Aubry), schlechtes Malz braucht länger.

Die Extraktausbeute in der Trockensubstanz = 74—82 %, Verhältnis der Maltose (M) zu Nichtmaltose (NM), Nichtmaltose ist Extrakt minus Maltose.

Münchner Malz M: NM = 1 : 0,6;
Lichtes Malz M: NM = 1 : 0,45—0,5;
Fermentativvermögen: Grünmalz = 80;
bayer. Darrmalz = 15—20;
lichtes Malz = 25—30;

Säure in Malz, als Milchsäure berechnet: = 0,2—0,5 %.

Bei der Würze charakterisiert man den Geruch, bestimmt die Filtrationsdauer der Würze (beim Extraktausbeuteversuch) nicht nach Minuten, sondern gibt nur an, ob sie rasch oder langsam, klar oder trüb durchs Filter läuft.

4. Hefe [1]).

a) Prüfung auf Gär- oder Triebkraft.

Als Maßstab gilt die Menge Kohlensäure, die aus einer bestimmten Menge Zucker bei bestimmter Temperatur und Zeit gebildet wird.

Gebräuchliche Methoden:

1. Nach Meißl (gewichtsanalytisch), welcher die gebildete Kohlensäure wägt.

---

[1]) In diesem Abschnitte ist auch gleichzeitig die Untersuchung von Preßhefe (Getreidepreßhefe), auch Backhefe und Bärme genannt, miteingeschlossen. Die Verwendung von Bierhefe als Backhefe kommt auch vor. Siehe im übrigen die Beurteilung. Betreffs Hefenextrakt vgl. Abschnitt Fleischextrakt.

2. Nach Hayduk-Kusserow, welche die gebildete Kohlensäure in einem dem Scheiblerschen Apparat ähnlichen Apparat messen. Für technische Zwecke. (Apparat mit Gebrauchsanweisung käuflich)[1]). Nach eigenen Erfahrungen gibt die Methode keine zuverlässigen Resultate.

Die Meißlsche Methode verdient jedenfalls den Vorzug.

Ausführung[2]): Man stellt sich eine Mischung im Verhältnis von 400 g feinster Saccharose, 25 g sauren phosphorsauren Ammoniums und 25 g sauren phosphorsauren Kaliums her, gibt hiervon 4,5 g in ein Erlenmeyer-Kölbchen und löst sie in 50 ccm gipshaltigem Wasser (15 Teile gesättigte Gipslösung werden mit 35 Teilen destilliertem luftgesättigtem Wasser verdünnt) auf. In diese Lösung verbringt man genau 1 g Hefe, verteilt dieselbe aufs feinste, so daß eine gleichmäßige Aufschwemmung entsteht, setzt einen doppelt durchbohrten Kautschukstopfen auf, der ein bis auf den Boden des Gläschens reichendes, am oberen Ende mit Kautschukstöpsel verschlossenes Röhrchen und ein kleines Chlorcalciumrohr oder mit Schwefelsäure gefülltes sog. Gärventil trägt. Das so hergerichtete Kölbchen wird gewogen, in Wasser oder einem Brutschrank von 30° C gestellt und nun 6 Stunden auf dieser Temperatur gehalten. Nach Ablauf dieser Zeit nimmt man das Kölbchen heraus, kühlt rasch mit Eis ab, entfernt den Kautschukstöpsel, saugt 3 Min. lang Luft durch, um die CO_2 völlig zu verjagen, und wägt das Kölbchen wieder. Der Gewichtsverlust ist gleich der Menge der durch Vergärung des Zuckers entstandenen Kohlensäure. (Mehrere Bestimmungen ausführen).

Berechnung: Zum Vergleich einer Hefe mit einer anderen, nimmt Meißl eine Normalhefe an, welche unter den gleichen Bedingungen wie oben 1,75 g CO_2 entwickelt und setzt deren Triebkraft = 100.

Die Proportion lautet dann:

1,75 : n = 100 : x

n = gefundene Menge CO_2 der untersuchten Hefe.

b) Bestimmung der Stärke nach den S. 42 bei den allgemeinen Untersuchungsmethoden angegebenen Methoden. Rascher durch die von A. Hebebrand[3]) angegebenen Methode. 1 g Hefe wird mit 20 ccm Sodalösung (7%-iger) angerieben, in ein Kelchglas gebracht und in das Gemisch eine Minute lang Chlor geleitet. (4—5 Gasblasen pro Sek.) Darnach wird das Gefäß mit Wasser aufgefüllt, ½ Stunde stehen gelassen und vom Bodensatz vorsichtig abgegossen. Dieser wird dann aufgerührt, mit Wasser gewaschen und das Waschwasser wieder vorsichtig vom Bodensatz abgegossen. Das Auswaschen wird öfters wiederholt. Endlich wird der Bodensatz auf ein Filter gebracht, mit Alkohol, Äther und Petroläther behandelt, bei 100—105° getrocknet und gewogen. Annähernd erfährt man nach Prior den Stärkegehalt, indem man eine in Wasser suspendierte Menge Hefe mit Jod-Jodkalilösung behandelt und die entstehende Blaufärbung mit selbst-

---

[1]) Siehe auch die bekannten Handbücher für Nahrungsmitteluntersuchungen von J. König; H. Röttger u. s. w.
[2]) Zeitschr. f. ges. Brauwesen 1884. 6. 312.
[3]) Zeitschr. f. Unters. der Nahr.- u. Genußm. 1902. 5. 58.

hergestellten Hefe-Stärkemischungen, die in derselben Weise hergestellt sind, vergleicht.

c) **Wasser und Mineralstoffe** in üblicher Weise.

d) **Säuregrad**. 20 g Hefe werden mit destilliertem Wasser angerieben und die Masse auf 100 ccm mit Wasser aufgefüllt. 50 ccm des Filtrats mit Phenolphtalein und $^1/_{10}$ n-Alkali titrieren. Säuregrad = mg n-Alkali auf 100 g Hefe. 1 ccm n-Alkali = 0,09 g Milchsäure.

e) **Nachweis von Bierhefe (Unterhefe) in Preßhefe (Oberhefe).**

1. Nach A. Bau[1]). Man bringt in 3 Reagensgläser je 10 ccm einer 1 %-igen Melitriose- (Gossypiose, Raffinose-) Lösung und je 0,4 g der zu prüfenden Hefe und verschließt mit Watte. Die Reagensgläser werden bei 30° warm gehalten und je ein Gläschen nach ein-, zwei- und dreimal 24 Stunden filtriert, 3 ccm Filtrat mit 1 ccm frisch bereiteter Fehlingscher Lösung versetzt und 5 Minuten im kochendem Wasserbade (Reischauerscher Stern) erhitzt. Ist die Flüssigkeit über dem Niederschlage des ersten Röhrchens, welches 24 Stunden bei 30° gestanden war, blau, so war die Hefe mit 10% Unterhefe (Bierhefe) vermischt. Ist das Gleiche nach 48 Stunden der Fall, so ist auf eine Beimischung von 5%, nach 72 Stunden von 1% und darüber zu schließen. Zeigt die Lösung dagegen nach 72 Stunden eine gelbe oder braungelbe Farbe, so war keine Unterhefe vorhanden.

Das Verfahren hat sich bisher in praxi bewährt; wissenschaftlich ist allerdings erwiesen, einerseits, daß nicht alle Unterhefen Melitriose, andererseits auch Oberhefen dieselbe vergären. Ältere Hefe muß vo· dem Versuch erst gewaschen werden. Neben dieser Methode kann die nachfolgende Vorprüfungsmethode von H. Herzfeld angewendet werden.

2. Methode nach H. Herzfeld. 10 ccm einer 1 %-igen Melitriose- lösung werden mit 1 g Hefe gut gemischt, in das Einhornsche Gärungssaccharometer ohne Luftblasen eingefüllt, durch einen Tropfen Quecksilber im offenen Schenkel abgesperrt und bei 30° 24 Stunden lang aufbewahrt. Die gleiche Probe wird mit abgekochtem Wasser an Stelle der Melitrioselösung durchgeführt und die hierbei entwickelte CO_2 von der dort entwickelten in Abzug gebracht. Ergibt die Differenz in einem Saccharometer, welches 5 ccm faßt, 2 bis höchstens 2,5 ccm, dann ist die Hefe als rein oder nahezu rein aufzufassen. Bei 4,5 ccm und darüber ist dagegen der Nachweis einer Mischung mit Unterhefe als erbracht anzusehen.

3. Mykologischer Nachweis siehe S. 573 (Tröpfchenadhäsions- kulturverfahren).

4. Teiggär- und Backversuche geben in praktischer Hinsicht die beste Auskunft über die Qualität einer Backhefe; siehe auch Abschnitt Mehl.

f) Mikroskopische Hefeprüfung und -beurteilung siehe den bakteriologischen Teil S. 574.

Anhaltspunkte zur Beurteilung[3]).

Bierhefe kann ober- oder untergärig sein, als Verfälschungs-

---

[1]) Zeitschr. f. Spiritusind. 1894. **17**. 374; 1895. **18**. 372 ff.; 1898. **21**. 241.
[2]) Vgl. auch H. Trillich, Zeitschr. f. öffentl. Chemie 1899. **5**. 379.

mittel der Preßhefe kommt untergärige Hefe und Stärkemehl in Betracht; Preßhefe ist obergärig; man heißt sie auch Korn- oder Getreide- bzw. Getreidepreßhefe. Hefe ist nach den Entscheidungen des Reichsgerichts vom 28. Mai und 29. September 1900[1]) als Nahrungsmittel zu beurteilen. Sie ist zwar im wesentlichen nur Backhilfsstoff, verbleibt aber in den Backwaren. Gesunde gute Hefe riecht obstartig und ist von heller Hefenfarbe; bei schlecht gereinigter Bierhefe ist noch Biergeruch bemerkbar; außerdem Hopfenharze u. s. w. schwer oder gar nicht entfernbar. Saure oder faulige, verpilzte Hefe ist verdorben und eventuell gesundheitsschädlich. Vertrocknete Hefe ist minderwertig. Der Wassergehalt der Preßhefe schwankt zwischen 50—70 %. Der Gebrauchswert wird hauptsächlich nach der Gärkraft beurteilt. Bierhefe hat geringere Gärkraft als Preßhefe; Beimischungen der ersteren sind deshalb als Verfälschung anzusehen; Stärkemehl (meist Kartoffelmehl) ebenfalls. Bezeichnungen wie Doppel- oder gemischte Hefe u. s. w. ohne nähere Deklaration sind unzulässig. Nach der Methode Meißl soll gute Preßhefe 75—85 % Gärkraft aufweisen. Backversuche geben ebenfalls Aufschluß über Gebrauchswert (siehe unter Mehl). Siehe auch die Ausführungsbestimmungen zum Brausteuergesetz betr. Hefe S. 701.

5. Hopfen.

Über die Qualität des Hopfens gibt die chemische Untersuchung im allgemeinen wenig Auskunft. Man bestimmt meist nur den Wassergehalt, das Hopfenmehl, alkohollösliche Bestandteile, prüft auf Schwefelung des Hopfens und bestimmt das Lupulin und auch die Asche.

1. **Wassergehalt.** 3—5 g zerzupfter Hopfenzapfen werden auf Uhrgläsern im Vakuum über konzentrierte Schwefelsäure bei gewöhnlicher Temperatur bis zum konstant bleibenden Gewicht getrocknet; zwei an zwei aufeinander folgenden Tagen ausgeführte Wägungen werden Gewichtskonstanz ergeben.

2. **Der Aschengehalt** wird in bekannter Weise bestimmt.

3. **Petrolätherlösliche Bestandteile.** 5 g getrocknete und zerkleinerte Dolden werden in eine Extraktionshülse verbracht, im Soxhletschen Extraktionsapparat mit niedrig siedendem Petroläther extrahiert und der Hopfenrückstand bei 100° getrocknet und gewogen. Der Gewichtsverlust, durch Zurückwägen der extrahierten Hopfenmenge ermittelt, gibt die Menge des Petrolätherextrakts an.

4. **Prüfung auf schweflige Säure** wie bei Gerste, S. 372, unter Verwendung von 10 g zerschnittenen Hopfens.

5. **Lupulin-Bestimmung** (mechanisch-botanische Analyse nach Haberland)[2]): 10—20 Dolden werden abgewogen, einzeln mittels zweier feiner Pinzetten über einem Sieb mit 0,5 mm weiten Löchern so zerzupft, daß die Deckblätter einzeln auf das Sieb fallen. Fruchtspindeln und Stiele sammelt man in einem Glasschälchen; die Deckblätter aber im Sieb scheuert man mittels eines Pinsels tüchtig, sodaß das Lupulin abfällt und durch das Sieb geht und auf einem untergelegten Glanzpapier

---

[1]) Entsch. Bd. XXIII, 301 und 386.
[2]) Wiener landw. Ztg. 1875. Nr. 44.

leicht gesammelt werden kann; auch die Spindeln u. s. w. befreit man auf die gleiche Weise vom Lupulinmehl.

Man wägt alle Teile einzeln, addiert die Gewichte, zählt etwaige Verluste zum Gewichte der Deckblätter und berechnet darnach den Prozentsatz an den einzelnen Bestandteilen.

Um den wahren Gehalt an Lupulin zu erfahren, wird das nach der Haberlandschen Methode sorgfältig gesammelte Lupulin (einschl. Hülsen) gewogen und in bekannter Weise im Extraktionsapparat mit Chloroform extrahiert. Mittels einer Federfahne wird, nachdem das Chloroform verdunstet, der Rückstand in ein Wägegläschen gebracht, bei 100^0 getrocknet und gewogen (nach Reinitzer [1]).

Man erfährt so die Lupulinhülsen und aus der Differenz den Lupulingehalt.

6. Gerbstoffgehalt: 10 g Hopfen werden durch zweistündiges Kochen mit Wasser extrahiert und unter Auswaschen des Rückstandes filtriert. Das Filtrat bringt man auf 1 Liter. In 20 ccm wird die Gerbsäure mit überschüssiger ammoniakalischer Zinkacetatlösung gefällt, dann auf $2/_3$ des Volumens eingedampft. Der Niederschlag wird abfiltriert, mit warmem Wasser ausgewaschen, in verdünnter H_2SO_4 (1 : 4) gelöst und der Gerbstoff nach der Löwenthalschen Methode (Abschnitt Gerbstoffbestimmungsmethoden) bestimmt.

Beurteilung (nach dem chemischen Befund)[2]: Der Wassergehalt soll 10, höchstens 17 % betragen; die Asche nicht mehr als 6—10 % ausmachen. Guter Hopfen gibt an Alkohol 30—40 % ab. Die Zahlen schwanken aber zwischen 18 und 45 %. Gerbsäure 2—6 %. Nach Haberland schwankt der Gehalt an Lupulin bei verschiedenen untersuchten Hopfen von 7,92—15,7; an Deckblättern 69,79—78,36 %, an Spindeln und Stengeln von 8,50—17,54 %, an reifen Früchten von 0,02—7,80 %.

B. Erzeugnisse.

Würze.

Man hat unter Umständen zu bestimmen: Extrakt, Maltose, Dextrin (vgl. Malzuntersuchung sowie Bier), Stickstoffsubstanz (nach S. 13), Säure (nach S. 382), Asche (nach S. 383).

Bier.

Vorbemerkung über die Probenahme. Hier gelten die allgemeinen Regeln: reine Flaschen, guter, neuer Kork oder Bügelverschluß, reine Gummiringeinlage. Bei Probenahme vom Faß: Vorlaufenlassen von mindestens 1 Liter Bier. Bei Pressionen und Leitungen: Auslaufenlassen der Leitung, ehe die Probenahme erfolgt.

Bezüglich der Bieruntersuchung halten wir uns in der Folge im wesentlichen an die Bestimmungen der bayerischen freien Vereinigung [3].

---

[1] Allgem. Br. u. Hopfenztg. 1889, 1335.
[2] Weitere Beurteilung vgl. König, Die Untersuchung landwirtsch. und gewerbl. wichtiger Stoffe, l. c. Vgl. auch Fruhwirth: Hopfenbau und -behandlung, Parey. Berlin 1888.
[3] Vereinbarungen betr. die Untersuchung und Beurteilung des Bieres 1898. Siehe auch die Vereinbarungen f. d. Deutsche Reich 1902.

Prüfung auf äußere Beschaffenheit, Farbe, Klarheit, Trübung, Süße, Vollmundigkeit, Frische u. s. w.

1. Bestimmung des spezifischen Gewichts.

Mittels des Pyknometers oder der Westphalschen Wage bei 15⁰ C (mit letzterer weniger genau) unter Berücksichtigung der 4 ten Dezimale (siehe auch Bestimmung des spezifischen Gewichtes von Wein); das Bier ist zuvor durch Schütteln oder mehrfaches Umgießen in andere Gefäße von der Kohlensäure zu befreien und eventuell zu filtrieren; dies gilt auch für die folgenden Bestimmungen.

2. Bestimmung des Alkohols.

a) Destillationsmethode. Man wägt in einem Destillationskölbchen 75 ccm Bier genau ab und destilliert unter Verwendung eines Liebigschen Kühlers direkt in ein 50 ccm-Pyknometer (siehe ad 1), bis das Destillat durch den dem Pyknometer beigegebenen Trichter bis nahe zur Marke des Pyknometerhalses gestiegen ist, dann temperiert man dasselbe auf 15⁰, füllt mit Wasser zur Marke auf und wägt (vgl. Alkoholbestimmung im Wein). Den Alkoholgehalt des Destillates (δ) entnimmt man aus der Windischschen Tabelle S. 358. Stark saure Biere sind vor der Destillation zu neutralisieren. Schäumen wird durch Zugabe von etwas Tannin vermieden.

Der prozentische Alkoholgehalt (A) des Bieres wird unter Berücksichtigung der verwendeten Biermenge (g = Gramme Bier oder 75 ccm × spezifisches Gewicht = s), des Alkoholgehaltes des Destillates δ und des Gewichtes des Destillates (D) nach der Gleichung $A = \dfrac{D\delta}{g}$ oder $\dfrac{D\delta}{75 \cdot s}$ berechnet.

b) Indirekte Methoden. Diese gründen sich auf die Differenz der spezifischen Gewichte des entkohlensäuerten ursprünglichen Bieres und des entgeisteten Bieres; man findet deshalb die dem Alkoholgehalt entsprechende Zahl für das spezifische Gewicht durch Rechnung, indem man entweder die Differenz der spezifischen Gewichte des entgeisteten Bieres und des entkohlensäuerten Bieres von 1,0000 abzieht, oder indem man das spezifische Gewicht des entkohlensäuerten Bieres durch das spezifische Gewicht des entgeisteten Bieres dividiert. Die gefundene Zahl entspricht dem spezifischen Gewicht des Alkohols, dessen Menge man in der Tabelle S. 358 nachschlägt.

Die indirekten Methoden gelten nur als Orientierungsmethoden, die Alkoholbestimmung durch Destillation können sie nicht ersetzen.

Verwiesen wird auch auf die Methoden von E. Ackermann und A. Steinmann: Alkoholbestimmung mittels des Zeißschen Eintauchrefraktometers, Zeitschr. f. d. gesamte Brauwesen 1905. **28**. 33. 259, O. Mohr, Wochenschr. f. Brauerei 1905. **22**. 616, sowie 1908. **25**. 454 und Zeitschr. f. Unters. d. Nahr.- u. Genußm. 1906. **11**. 306. Siehe auch G. Barth dortselbst 307.

3. Bestimmung des Extraktes (Extraktrestes)

wird zweckmäßig mit der Ermittelung des Alkohols verbunden.

75 ccm Bier werden gewogen und in einer Schale oder einem Becherglase auf der Asbestplatte unter Vermeidung des Kochens auf

25 ccm abgedampft und nach dem Erkalten mit Wasser wieder auf das ursprüngliche Gewicht gebracht. Von der sorgfältig gemischten Flüssigkeit bestimmt man das spezifische Gewicht bei 15⁰ wie unter 1., und benützt als Extrakttabelle die Zuckertafel nach Windisch S. 283 [1]). Benützt man eine andere Extraktabelle (Schultze-Ostermann, Balling u. s. w.), so ist dies in der Analysenzusammenstellung anzugeben. Etwa beim Eindampfen ausgeschiedene Eiweißflocken dürfen aus der Flüssigkeit nicht entfernt werden.

Vgl. auch Ackermann und v. Spindler, Zeitschr. f. d. gesamte Brauwesen 1903. **26.** 441 und Zeitschr. f. Unters. d. Nahr.- u. Genußm. 1904. **7.** 510.

4. Bestimmung des Extraktgehaltes der Stammwürze und des Vergärungsgrades.

a) Man findet den Extraktgehalt der ursprünglichen Würze (sog. Stammwürze) annähernd durch Verdoppelung des Alkoholgehaltes und Addierung des letzteren zum Extraktgehalt des Bieres.

b) Genauer aber durch die Formel: Extraktgehalt der Stammwürze = e

$$e = \frac{100\,(E + 2{,}0665\,A)}{100 + 1{,}0665\,A}$$

den Gärungsgrad V durch die Formel:

$$V = 100\left(1 - \frac{E}{e}\right) \text{ oder } 100\,\frac{e - E}{e}$$

E = Extraktgehalt des Bieres,
A = Alkoholgehalt des Bieres,
e = Stammwürzeextraktgehalt.

5. Zuckerbestimmung (Rohmaltose). (Wert für Zucker + Reduktionswert der Dextrine.)

50 ccm entkohlensäuertes Bier werden entgeistet und auf 200 ccm mit Wasser verdünnt. Auch das zur Extraktbestimmung entgeistete und auf das ursprüngliche Gewicht gebrachte Bier kann man entsprechend verdünnen und verwenden; von diesen werden 25 ccm mit 50 ccm Fehlingscher Lösung zum Sieden erhitzt, 4 Minuten im Sieden erhalten und nach der Weinschen Methode weiter verfahren nach S. 20.

Saccharose (bisweilen findet man noch Reste davon in obergärigen Bieren) wird auf dem üblichen Wege durch Polarisation (siehe Fruchtsäfte, Wein, Honig) oder auf gewichtsanalytischem Wege festgestellt (s. S. 20). Stärkesirupnachweis gelingt nicht, da die Malzdextrine sich von den Kartoffelsirupdextrinen nicht mit Sicherheit unterscheiden lassen.

6. Bestimmung des Dextrins.

100 ccm des wie oben verdünnten Bieres versetzt man mit 10 ccm Salzsäure (S = 1,125), füllt auf 200 ccm auf und erhitzt 3 Stunden hindurch am Rückflußkühler im siedenden Wasserbade; alsdann neu-

---

[1]) Über die Bestimmung von Alkohol und Extrakt nach H. Tornöes spektrometrisch-aräometrischer Methode s. Forschungsberichte 1897, S. 304.

tralisiert man nach dem Erkalten mit Natronlauge, füllt auf 200 ccm auf und bestimmt in 25 ccm dieser Flüssigkeit die gebildete Dextrose mit alkalischer Kupferlösung: Die Dextrose, verringert um die gefundene Menge Maltose, entspricht dem im Biere enthaltenen Dextrin; Maltose mal 1,052 oder $\frac{20}{19}$ = Dextrose.

Der Rest mit 0,925 multipliziert ergibt dann die enthaltene Menge Dextrin in Gewichtsprozenten (nach H. Ost).   Glucosebestimmung S. 19.

7. Bestimmung der stickstoffhaltigen Substanzen.

20 ccm Bier werden in einem Kaliglasrundkolben auf dem Wasserbade (unter Einleitung eines erhitzten Luftstromes mittels des Wasserstrahlgebläses) unter Zusatz von 1—2 Tropfen konzentrierter Schwefelsäure eingedampft und der Abdampfungsrückstand nach Kjeldahl weiter behandelt (s. S. 13). Bei extraktreichen Bieren empfiehlt es sich, den Zuckergehalt erst durch etwas Hefezusatz zu vergären (N-vermehrung darf aber durch den Hefezusatz nicht stattfinden).

8. Bestimmung der Säure (Gesamtsäure, Säuregrad, Acidität).

50 ccm mit dem doppelten Volumen aufgekochten destillierten Wassers verdünntes Bier erwärmt man zur Entfernung der CO_2 auf 40° C etwa ½ Stunde lang und titriert mit $^1/_{10}$ N.-Lauge unter Verwendung von rotem Phenolphtalein[1]) als Indikator im bedeckten Becherglase. Die Acidität wird in Kubikzentimeter Normalalkali für 100 ccm Bier ausgedrückt.

Von dem roten Phenolphtalein bringt man vermittels eines Glasstabes einen großen Tropfen in eine der napfförmigen Vertiefungen einer weißen Porzellanplatte. Die Titration ist beendet, wenn 6 Tropfen der Flüssigkeit zu einem Tropfen des Indikators gegeben und vermischt, die Rotfärbung nicht zum Verschwinden bringen.

Die Vereinbarungen lassen auch als Indikator die Tüpfelprobe auf sog. neutralem Lackmuspapier zu. Die Methode gibt aber niederige Zahlen. Vgl. Glaser, Zeitschr. f. Unters. d. Nahr.- u. Genußm. 1899. 2. 61.

9. Bestimmung der flüchtigen Säuren.

Die Bestimmung erfolgt entweder nach dem Weigertschen Verfahren durch Abdestillieren im luftverdünnten Raume oder nach dem Verfahren von Landmann durch Einleitung von Wasserdampf ohne Luftverdünnung wie bei Wein, S. 399. Es wird auf Essigsäure berechnet.

1 ccm $^1/_{10}$ N.-Alkali = 0,006 g Essigsäure.

Trennung und Bestimmung der Säuregruppen erfolgt nach E. Prior (Chemie und Physiologie des Malzes und Bieres, S. 80).

10. Bestimmung des Glycerins.

50 ccm Bier werden mit etwa 2—3 g Ätzkalk versetzt, zum Sirup

---

[1]) Das als Indikator dienende rote Phenolphtalein, das jedesmal frisch zu bereiten ist, wird durch Zusatz von 10—12 Tropfen der alkoholischen Phenolphtaleinlösung (s. S. 599 im Anhang) und 0,2 ccm $^1/_{10}$ Normallauge (nicht mehr!) zu 20 ccm kohlensäurefreiem Wasser erhalten.

eingedampft, dann mit etwa 10 g grob gepulvertem Marmor oder Seesand vermischt und zur Trockene gebracht. Der ganze Trockenrückstand wird zerrieben, in eine Extraktionshülse gebracht und 6—8 Stunden mit höchstens 50 ccm starkem Alkohol in einem Extraktionsapparat extrahiert. Zu dem gewonnenen, schwach gefärbten Auszuge wird mindestens das gleiche Volumen wasserfreier Äther hinzugefügt und die Lösung nach einigem Stehen in ein gewogenes Kölbchen abgegossen oder durch ein kleines Filter und mit etwas Alkoholäther nachgewaschen. Nach Abdunstung des Ätheralkohols wird der Rückstand im Dampftrockenschranke 1 Stunde lang getrocknet und gewogen.

Bei sehr extraktreichen Bieren kann noch der Aschengehalt des Glycerins bestimmt und in Abzug gebracht werden. Bei etwaigem Zuckergehalte des Glycerins ist dieser nach Meißl bezw. Kjeldahl zu bestimmen und ebenfalls in Abrechnung zu bringen. Auf das von Prior modifizierte, von den bayerischen Vereinbarungen ebenfalls empfohlene Verfahren von Borgman wird verwiesen. (Siehe bayerische Vereinbarungen 1898 und Priors, Chemie und Physiologie des Malzes und Bieres, S. 560, siehe außerdem Abschnitt Wein.

11. Bestimmung der Asche (Mineralbestandteile), **Phosphorsäure und Alkalität.**

50 ccm Bier werden eingedampft und der Rückstand langsam verbrannt (vgl. bei Wein). Extraktreiche Biere versetzt man zuvor mit einer Spur Hefe und läßt im Bierschrank vergären und dampft dann erst ein.

Phosphorsäure siehe „Wein".

Die Alkalität wird, wie bei Wein angegeben, ermittelt.

12. Bestimmung der Kohlensäure nach Langer-Schultze.

1 Liter-Kolben wird evakuiert, gewogen, etwa 300 ccm Bier eingesaugt, und gewogen. Der Kolben wird mit einem als Rückflußkühler aufgestellten Destillierapparat, Chlorcalciumrohr, Kugelapparat mit konzentrierter SO_3, Kaliapparat (mit Kalilauge) u. s. w. wie bei der Elementaranalyse verbunden. Mäßige Erwärmung und schließliches Durchleiten von Luft. Die Gewichtszunahme des Kaliapparates u. s. w. entspricht der vorhandenen Kohlensäure.

Ist das Bier in gut verkorkten Flaschen eingesandt, so stellt man die Flasche in ein Wasserbad, das langsam erwärmt wird, steckt durch den Kork einen sog. Champagnerhahn, verbindet ihn mit Schlauch und Glasröhren und den nötigen Vorlagen zur Zurückhaltung der Feuchtigkeit, und fängt die CO_2 in U-förmigen Natronkalkröhren oder Kaliapparaten auf und wägt. Die ganze Vorrichtung muß jedoch so eingerichtet sein, daß zum Schluß ein kohlensäurefreier Luftstrom durchgeleitet werden kann. Siehe Vereinbarungen für das Deutsche Reich III. 10.; Zeitschr. f. d. gesamte Brauwesen 1879. **2.** 369. Prior l. c. 555. Bode, Wochenschrift für Brauereien 1904. **21.** 510.

13. Nachweis von Konservierungsmitteln.

1. Schweflige Säure[1]). Siehe Wein, Fleisch, Milch u. s. w.

---

[1]) Betr. Schwefelsäure siehe Muntz u. Trillat, Anal. Chim. analyt. 1908. **13.** 253; Zeitschr. f. Unters. d. Nahr.- u. Genußm. 1909. **18.** 766.

2. **Salicylsäure.** Siehe ebenda.
3. **Benzoesäure.** Siehe ebenda.
4. **Formaldehyd.** Siehe ebenda.
5. **Borsäure** ist in Spuren ein normaler Bierbestandteil. Qualitativ im wässerigen Auszuge des zuvor mit verdünnter Kalilauge alkalisch gemachten, eingedampften und verkohlten Bieres (nach Brand, Zeitschrift für das gesamte Brauwesen 1892. **15.** 426). Die aus mindestens 100 ccm Bier durch Auslaugen der Kohle gewonnene alkalische Flüssigkeit wird in einer Pt-Schale auf etwa 1 ccm eingedampft und nach dem Ansäuern ein Streifen Kurkumapapier eingehängt. Quantitativ nach Rosenbladt u. a. durch Überführen in Borsäuremethylester (Zeitschrift für analyt. Chemie 1897, S. 568 u. f., siehe auch die Abschnitte Wein, Fleisch, Milch u. s. w. Man verwende die Asche von 200—300 ccm Bier.
6. **Fluorverbindungen** nach W. Windisch[1]). 500 ccm entkohlensäuertes Bier werden zum Sieden erhitzt und mit Kalkwasser bis zur starkalkalischen Reaktion versetzt. Vom Niederschlag hebert man die überstehend klare Flüssigkeit ab, erhitzt den Niederschlag zum Kochen, filtriert durch Leinwand, preßt ihn in dasselbe zwischen Fließpapier ab, kratzt ihn mit einem Messer von der Leinwand ab, bringt ihn in einen Pt-Tiegel, trocknet, glüht und pulvert, durchfeuchtet mit etwa 3 Tropfen Wasser, gibt 1 ccm konzentrierter Schwefelsäure zu und bedeckt ihn mit einem beschriebenen und mit Wachs überzogenen Uhrglas und erhitzt auf einer Asbestplatte. Um das Schmelzen des Wachses zu verhüten, legt man in das Uhrglas ein Stückchen Eis. Methode Hefelmann und Mann: Zeitschrift für analyt. Chemie 1887, S. 18 und 364. H. Ost und Schumacher: Über die quantitative Bestimmung des Fluors durch Ätzverlust, Berl. Ber. 1893. **26.** S. 151. Siehe ferner auch Zeitschrift für Unters. d. Nahr.- u. Genußm. 1904. **7.** 510. F. P. Treadwell und A. A. Koch, Volumetrische Bestimmung des Fluors im Bier nach Penfield. (Im schweiz. Lebensmittelbuch 1909 als Methode offiziell angenommen.) S. Abschnitt Wein.

16. Künstliche Süßstoffe.

Siehe den besonderen Abschnitt „Künstliche Süßstoffe" und die bei „Wein" beschriebenen Methoden. Siehe auch Gunner Jörgensen, Ann. Falsif. 1909, **2,** 58; Zeitschr. f. Unters. d. Nahr.- u. Genußm. 1909, 18, 766.

17. Prüfung auf Neutralisation.

Zusätze von Neutralisationsmitteln werden oft schon an der geringen Gesamtacidität des Bieres (unter 1,2 ccm), selten an der Zunahme des Aschengehaltes erkannt. Nach Ed. Späth, Forschungsberichte 1895. **2.** 303, werden 500 ccm Bier mit 100 ccm 10%-igem Ammoniak versetzt, 4—5 Stunden stehen gelassen, worauf man den entstandenen, die an CaO und MgO gebundene Phosphorsäure enthaltenden Niederschlag abfiltriert.

---

[1]) Wochenschr. f. Br. 1896. 449. Siehe auch J. Flamand, Bull. Soc. Chim. Belg., 1908. **22.** 451; Zeitschr. f. Unters. d. Nahr.- u. Genußm. 1909. 17. 709; A. G. Woodman u. H. P. Talbot, ebenda 1907. 14. 311.

a) Zweimal je 60 ccm des Filtrates, entsprechend 50 ccm Bier, werden eingedampft, verascht und in der Asche die Phosphorsäure nach der Molybdänmethode bestimmt (s. Wein).

b) 250 ccm des ammoniakalischen Filtrates werden, ohne das Ammoniak zu verjagen, zur Ausfällung der Phosphorsäure mit 25 ccm Bleiessig versetzt, tüchtig geschüttelt und nach 5—6-stündiger Ruhe filtriert.

Vom Filtrat dampft man zur Entfernung des Ammoniaks 200 ccm auf etwa 30—40 ccm ein, verdünnt nach dem Erkalten wieder auf 200 ccm, gibt einige Tropfen Essigsäure zu und leitet Schwefelwasserstoff ein. Der überschüssige Schwefelwasserstoff wird durch einen Luftstrom entfernt und das Schwefelblei abfiltriert. Von dem Filtrat werden 150 ccm in einer Platinschale eingedampft und verascht. Die vollkommen weiße Asche wird in Wasser aufgenommen, 15—20 Minuten CO_2 durch die Lösung geleitet, bis zum Kochen erhitzt, 30—35 ccm $1/_{10}$ H_2SO_4 zugegeben und im Becherglas $1/_4$ Stunde gekocht und der Alkaligehalt durch Zurücktitrieren mit $1/_{10}$ N.-KOH ermittelt.

Unter der Annahme, daß sämtliche an Alkali gebundene Phosphorsäure als primäres Phosphat im Bier enthalten ist, läßt sich aus der gefundenen Phosphorsäure und dem Alkaligehalt der Zusatz des Neutralisationsmittels berechnen. Da 0,01 der gefundenen Phosphorsäure (P_2O_5) = 0,0191 KH_2PO_4 = 1,4 ccm $1/_{10}$-Säure entsprechen, hat man nur die gefundene Menge Phosphorsäure mit 1,4 zu multiplizieren, um die für die normale Bierasche erforderliche Menge $1/_{10}$-Säure zu erhalten. Der Mehrverbrauch entspricht dem zugesetzten Neutralisationsmittel und wird, da fast ausschließlich Natriumcarbonat in Betracht kommt, auf dieses berechnet: 1 ccm $1/_{10}$-Säure = 0,00837 g $NaHCO_3$. —

Nach diesem Verfahren wird in der Regel etwas Natriumbicarbonat zu wenig gefunden, da bei der Ausfällung der Kalk- und Magnesiaphosphate durch Ammoniak geringe Mengen lösliche Ammoniumphosphate gebildet werden. Der Fehler ist aber bei den geringen Mengen von ursprünglich vorhandenen Kalk- und Magnesiaphosphaten sehr gering und kommt außerdem dem Bierpantscher zugute.

Die gefundene Menge Neutralisationsmittel entspricht daher stets der geringsten zugesetzten Quantität.

18. Prüfung auf Bitterstoffe und Alkaloide.

Pikrinsäure (nach Vitali): 10 ccm Bier mit 5 ccm Amylalkohol ausschütteln und den Abdampfrückstand mit KCN oder Schwefelammonium in der Wärme behandeln; es muß eine blutrote Färbung entstehen. Prüfung siehe S. 264.

Prüfung auf pflanzliche Bitterstoffe und Alkaloide siehe Dragendorff, Die gerichtl.-chem. Ermittlung von Giften.

19. Prüfung auf Metalle und Teerfarbstoffe in üblicher Weise.

20. Prüfung auf Trübungen nach Will [1]).

1. Harztrübung: Das Mikroskop läßt hellgelbe und gelbe bis braune Körnchen oder krümelige Massen, die alter, wilder Hefe ähnlich

---

[1]) Vgl. Wills Arbeit in den Forschungsberichten 1894. 1 389.

sehen, erkennen. Durch einen Zusatz von 10 % Kalilauge zu dem mikroskopischen Präparat unterscheidet man sie von letzterer. Wird häufig mit Glutintrübungen verwechselt, kommt selten vor.

2. **Stärke- oder Kleistertrübung** (durch fehlerhaften Betrieb im Maischprozeß entstanden). 10 ccm Bier versetzt man mit 50 ccm Alkohol, läßt absitzen, gießt ab, löst die ausgeschiedenen Dextrine und Stärke in sehr wenig Wasser und versetzt mit Jodkaliumlösung; es entsteht sodann eine violette oder rötlich-violette Färbung. (Amylo-Erythrodextrinreaktion.)

3. **Eiweiß- bezw. Glutintrübungen**: Flockige Ausscheidungen, die unter dem Mikroskop die bekannten Eiweißreaktionen mit Jod u. s. w. zeigen.

4. **Bakterien- und Hefetrübungen**: Siehe im bakteriol. Teil.

Manche Biere erleiden Trübungen durch starke Abkühlung (Kälteempfindlichkeit) oder durch Berührung mit Metall (Zinn). Helle Biere sind darin empfindlicher als dunkle.

Beurteilung.

Gesetzliche Bestimmungen. Neben dem Nahrungsmittelgesetz sind die Brausteuergesetze maßgebend. Während zur Bereitung von Bier in Bayern, Württemberg und Baden nur Gerstenmalz und Hopfen auf Grund besonderer Gesetze als Rohstoffe benutzt werden dürfen, sind im übrigen Reiche [1]) zur Herstellung obergäriger Biere auch technisch reine Rohr-, Rüben- oder Invertzucker, Stärkezucker, auch aus solchem Zucker hergestellte Farbmittel, sowie auch andere Malze, zulässig; nicht aber solche aus Reis, Mais oder Dari. Für die Herstellung von untergärigem Bier läßt auch das Reichsbrausteuergesetz nur Gerstenmalz, Hopfen und Wasser zu. Die Brausteuergesetze sind unter Weglassung der nur für Brauereien und Steuerbehörden wichtigen Paragraphen im Anhang S. 698 u. f. nebst Ausführungsbestimmungen abgedruckt.

Zusammensetzung und Verfälschung. Untergäriges Bier wird hell oder dunkel (Zusatz von Farbmalz), schwach oder stark eingebraut (gewöhnliches bzw. Lagerbiere, auch bayerisch Bier genannt, ferner Doppel-, Bock-, Salvatorbier). Die Ortsgebräuche sind hinsichtlich Brauart und Benennung sehr verschieden.

Als obergäriges Bier kennt man Weiß-, Braun- sog. Malz-, Grätzer-, Stangen-, Ammenbier, Schöps, englische Biere wie Porter, Ale u. s. w.

Alkoholfreie Biere gibt es nicht; die Bezeichnung Bier ist an die Vergärung und damit an den Alkoholgehalt gebunden (Vorschrift des Reichsbrausteuergesetzes).

Bierähnliche Getränke [2]) dürfen mit anderen Malzersatzstoffen als Zucker nicht hergestellt werden.

---

[1]) Auch Elsaß-Lothringen und das Großherzogl. Sächsische Vordergericht Ostheim sowie das Herzogl. Sachsen-Koburg und Gothaische Amt Königsberg sind außer den oben genannten größeren Bundesstaaten davon ausgenommen.

[2]) Über einige Bierersatzmittel vgl. A. Beythien, Pharm. Zentralh. 1904, 47, 169.

Das Reichsbrausteuergesetz verbietet ferner den Zusatz von Wasser zum Bier nach Abschluß des Brauverfahrens. Bei untergärigem Bier galt eine solche Verdünnung schon immer als Nahrungsmittelfälschung. Das Zusetzen von Wasser zu obergärigem Bier (namentlich Weiß- und Braunbier) war bisher in manchen Gegenden zum Schaden der Konsumenten als legaler Gebrauch bezeichnet; durch das Reichsbrausteuergesetz ist auch diesem Unfug gesteuert. Die Ausführungsbestimmungen enthalten noch Bestimmungen über Zulässigkeit gewisser mechanisch wirkender, sowie über verbotene Klärmittel, über die Verwendung von CO_2, über die Qualität des Brunnenwassers und andere Dinge. Für die Herstellung und den Verkauf sog. Malzbiere sind im § 6 Abs. 1 und 2 der Ausführungsbestimmungen besondere Vorschriften enthalten.

Gut vergorene Biere besitzen in der Regel einen wirklichen Vergärungsgrad von 48 % und darüber, mindestens aber einen solchen von 44 %. Bestimmte Vorschriften gibt es nicht.

Der Stammwürzegehalt ist variabel, bei untergärigen Bieren beträgt er zwischen 10—14 %, bei obergärigen weniger. Der Stickstoffgehalt in Prozenten der Stammwürze beträgt 0,4—0,5 %.

Der Aschengehalt liegt selten über 0,3 %; ein Mehr deutet auf Zusatz von Neutralisationsmitteln (Moussierpulvern, Natriumbicarbonat u. s. w.).

Die Gesamtsäure (ausschließlich CO_2) überschreitet bei untergärigen Sorten selten eine Menge, die 3 ccm N.-Alkali für 100 g Bier entspricht. Geht die Menge unter 1,2 ccm N.-Alkali, so ist das Bier der Neutralisation verdächtig. Geringe Überschreitung der Säurezahl beim Fehlen anderer Anhaltspunkte berechtigt jedoch nicht zur Beanstandung. Manche Biere, namentlich obergärige (Berliner Weiße u. s. w.), weisen überhaupt höhere Säuregrade auf.

Der Kohlensäuregehalt des im Konsum befindlichen Bieres schwankt zwischen 0,2 und 0,3 %, bei Bier im Lagerfaß bis 0,4 % CO_2. Biere mit weniger als 0,2 % CO_2 werden schal. (Prior.)

Der Alkoholgehalt (A) und Extraktgehalt (E) schwankt bei den einzelnen Biersorten innerhalb weiter Grenzen (A = 1,5 — 6 %, E 2 — 8 %). Maßgebend dafür ist der Vergärungsgrad und die Stammwürzemenge.

Der normale Glyceringehalt des Bieres beträgt etwa 0,3 %.

Das Färben von Bier darf nur mit mehr oder weniger stark gedarrtem Malz (Farbmalz und Karamel) geschehen, soweit nicht die für obergäriges Bier im Reichsbrausteuergesetz zutreffenden Bestimmungen Platz greifen. Teerfarbstoffe sind überhaupt unzulässig. Zusatz von künstlichen Süßstoffen ist in Deutschland gesetzlich verboten. (Süßstoffgesetz.) Beim Detail- bzw. Straßenverkauf von obergärigem Bier werden nicht selten durch die Bierfahrer u. s. w. Tabletten von künstlichem Süßstoff zum Bier gegeben. Nach dem Urteil des Reichsgerichts vom 2. Dezember 1904, Auszüge B. VII, 128, ist darin kein Schenkungsakt, sondern eine mit dem Verkauf verbundene Manipulation zu erblicken.

Salicylsäure [1]) und andere Konservierungsmittel dürfen nicht gebraucht werden, statthaft ist nur die Verwendung von Kohlensäure und das Pasteurisieren. Spuren von Borsäure (natürlicher Hopfenbestandteil), sowie von schwefliger Säure (herrührend vom Schwefeln des Hopfens) können im Bier vorkommen, doch sollte der SO_2-Gehalt für 200 ccm Bier nicht mehr betragen als 10 mg $BaSO_4$ entspricht.

Außer den bereits erwähnten Verfälschungen kommen noch als solche in Betracht: das Vermischen einer besseren Biersorte mit einer geringwertigen; Zusatz von Neigen- oder Tropf- oder abgestandenem bzw. in anderer Weise verdorbenem Bier zu frischem Bier [2]); Zusatz von Alkohol, Wasser oder Zucker (letzterer darf untergärigem Bier überhaupt nicht zugesetzt werden, obergärigem nur im Reichsbraustuergebiet), ferner von Glycerin, Süßholz [3]), Hopfenersatz- (Bitter-) stoffe, Nachmachungen von Bier sind bisher nur vereinzelt vorgekommen.

Als sauer bezw. verdorben ist ein Bier zu bezeichnen, welches einen sauren und schlechten Geschmack hat, dessen Säuregrad (Azidität) 3 ccm Normalalkali pro 100 g Bier überschreitet und in dessen Absatz bzw. im suspendierten Zustande sich neben Hefe viele Säurebakterien nachweisen lassen. Ferner ist ein Bier, wenn obige Aziditätsgrenze auch nicht überschritten wird, als sauer oder stichig dann zu bezeichnen, wenn es zu viel flüchtige Säuren (über 0,08 % als Essigsäure berechnet) enthält und die erwähnten anomalen Eigenschaften hat. Betreffs obergäriger Biere ist das über den Gesamtsäuregehalt Gesagte zu berücksichtigen.

Schal nennt man ein Bier, das viel CO_2 verloren bzw. längere Zeit ohne Verschluß gestanden hat. Solches Bier kann nicht mehr als normales Genußmittel angesehen werden. Im allgemeinen ist untergäriges Bier völlig klar; bei stärker eingebrauten Sorten kommt leichter Hefeschleier vor, jedoch darf derselbe nicht so stark sein, daß sich nach Ablauf von 24 Stunden merkliche Hefemengen absetzen.

Hefetrübe Biere sind meist auch sauer. Derartige Biere gelten als verdorben. Gewisse Biersorten, wie Lichtenhainer, Berliner Weißbier u. s. w. sind mit Hefetrübung zulässig.

Gesundheitsschädlichkeit kann durch giftige Bitterstoffe (Colchicin, Pikrinsäure), Metalle (z. B. Blei, Zinn aus Druckleitungen, Bleischrot, wie solches zum Reinigen von Bierflaschen schon verwendet wurde), hervorgerufen sein. Die Verwendung von schädlichen Bitterstoffen dürfte kaum mehr vorkommen. Die Gesundheitsschädlichkeit eines Bieres dürfte im allgemeinen auf zufälligen Verunreinigungen und Unachtsamkeit beruhen.

Malzextrakte werden nach entsprechender Verdünnung wie Würze untersucht; bisweilen sind noch besondere Zusätze, Eisen, Chinin u. dgl.

---

[1]) Reichsger.-Urt. vom 3. Juli 1906; Zeitschr. f. Unters. d. Nahr.- u. Genußm. 1907. 13, 300; Salicylsäurezusatz ist bei Exportbieren gestattet, die nach Ländern gesandt werden, in welchen ein solcher erlaubt ist.
[2]) Reichsger. I. Urteil vom 1. 10. 1885; II. Urteil vom 29. 11. 1889.
[3]) Urteil des Landger. Leipzig und des Reichsgerichts. Zeitschr. f. Unters. d. Nahr.- u. Genußm. 1910, 20, Beiheft 329.

darin festzustellen. Bezüglich Beurteilung hält man sich am besten an den Vergleich mit Analysen ähnlicher Produkte (siehe J. König, Chemie der menschlichen Nahrungsmittel, Bd. I).

XIX. Trauben- und Obstsaft (-most), Wein und Obstwein.

A. Moste. Unvergorener bzw. auch eingedickter Traubensaft.

Die Untersuchung[1]) des süßen Mostes erstreckt sich zumeist nur auf die Bestimmung des Zuckers und der Säure, die des angegorenen Mostes außerdem auf die Bestimmung des Alkohols.

1. Der Zucker- bzw. Extraktgehalt wird in süßen Mosten für praktische Zwecke hinreichend genau durch Ermittelung des spezifischen Gewichtes gefunden; hierzu dienen in der Praxis sogenannte Mostwagen von Oechsle, Schmidt-Achert, v. Babo, Wagner u. a.

a) **Die Oechslesche Mostwage** gibt die Grade 51—130 an. Sie sind die spezifischen Gewichte von 1,051—1,130. Die Schmidt-Achertsche Wage gibt außer den Oechsleschen Graden noch die Zuckerprozente an.

b) **Die v. Babosche** oder **Klosterneuburger Wage** ist ein Saccharimeter, dessen Skala die Zuckerprozente annähernd angibt.

c) **Die Wagnersche Mostwage** ist mit einer willkürlichen Skala versehen.

d) **Das Ballingsche Saccharimeter** gibt den Extraktgehalt der Flüssigkeiten an. Um den Zuckergehalt zu erfahren, ist ein Abzug zu machen, dessen Größe aus der Tabelle S. 390 ersichtlich ist.

Die einzuhaltende Temperatur ist 15⁰ C. Der Most ist vor dem Wägen zu filtrieren. Zur Konservierung des Mostes setzt man 3 Tropfen Formalin zu ½ l Most zu. Der Extrakt, Trockensubstanz- bzw. Zuckergehalt ist dann aus umstehender Tabelle, welche die entsprechenden Zuckermengen bzw. eine vergleichende Zusammenstellung der Angaben der vier Mostwagen angibt, zu entnehmen. In der Praxis berechnet man den Zuckergehalt (= kg in 100 l), indem man die ermittelten Öchslegrade durch 4 dividiert und von dem erhaltenen Resultat in guten Jahren 2, in geringen 3 abzieht.

Genau wird der Zuckergehalt sowie auch Saccharosezusatz u. s. w. nach dem Kupferreduktionsverfahren als Invertzucker nach Meißl oder Kjeldahl eventuell auch mit Hilfe der Polarisation (siehe unten) bestimmt.

---

[1]) Siehe die Beschlüsse der Kommission für Bearbeitung der Weinstatistik. (Zeitschr. f. analyt. Chemie 1893, 32, 648.) Über die Ergebnisse der Weinmostuntersuchungen werden ebenso wie über die der vergorenen Weine der deutschen Weinbaubezirke durch das Kaiserl. Gesundheitsamt alljährlich fortlaufend Berichte gesammelt und veröffentlicht (Kommission für Weinstatistik). Vgl. Arbeiten a. d. Kaiserl Gesundh.-Amt sowie die Zeitschr f. Unters. d. Nahr.- u. Genußm.

Tabelle für Angaben verschiedener Mostwagen nach Halenke und Möslinger[1].

Spez. Gewicht	Trockensubst. n Halenke u. Mösl. g in 100 ccm	Oechsle's Grade	Klosternenburger Mostwage Zucker %	Wagner's Mostwage Baumé Grade	Balling's Saccharometer Extraktprozente	Spez. Gewicht	Trockensubst. n Halenke u. Mösl. g in 100 ccm	Oechsle's Grade	Klosternenburger Mostwage Zucker %	Wagner's Mostwage Baumé Grade	Balling's Saccharometer Extraktprozente
1,051	13,39	51	10,5	7,0	12,5	1,091	23,98	91	18,3	12,0	21,7
1,052	13,66	52	10,7	7,1	12,8	1,092	24,24	92	18,5	12,1	21,9
1,053	13,92	53	10,9	7,3	13,0	1,093	24,51	93	18,6	12,3	22,2
1,054	14,18	54	11,1	7,4	13,2	1,094	24,78	94	18,8	12,4	22,4
1,055	14,44	55	11,3	7,5	13,5	1,095	25,05	95	18,9	12,5	22,6
1,056	14,71	56	11,5	7,6	13,7	1,096	25,31	96	19,0	12,6	22,8
1,057	14,97	57	11,7	7,7	14,0	1,097	25,58	97	19,2	12,7	23,0
1,058	15,23	58	12,0	7,9	14,2	1,098	25,85	98	19,3	12,8	23,2
1,059	15,50	59	12,2	8,0	14,4	1,099	26,11	99	19,5	13,0	23,5
1,060	15,76	60	12,4	8,15	14,7	1,100	26,38	100	19,7	13,1	23,7
1,061	16,02	61	12,6	8,3	14,9	1,101	26,65	101	19,9	13,2	23,9
1,062	16,29	62	12,8	8,4	15,1	1,102	26,92	102	20,1	13,3	24,1
1,063	16,55	63	13,0	8,5	15,4	1,103	27,18	103	20,3	13,4	24,3
1,064	16,82	64	13,3	8,65	15,6	1,104	27,45	104	20,5	13,5	24,5
1,065	17,08	65	13,5	8,8	15,8	1,105	27,72	105	20,8	13,7	24,7
1,066	17,34	66	13,7	8,9	16,1	1,106	27,99	106	21,0	13,8	25,0
1,067	17,61	67	13,9	9,0	16,3	1,107	28,22	107	21,2	13,9	25,2
1,068	17,87	68	14,1	9,1	16,5	1,108	28,48	108	21,4	14,0	25,4
1,069	18,14	69	14,2	9,25	16,8	1,109	28,75	109	21,6	14,1	25,6
1,070	18,40	70	14,4	9,4	17,0	1,110	29,05	110	21,8	14,3	25,8
1,071	18,66	71	14,6	9,5	17,2	1,111	—	111	22,0	14,4	26,1
1,072	18,93	72	14,8	9,6	17,5	1,112	—	112	22,2	14,5	26,3
1,073	19,19	73	15,0	9,75	17,7	1,113	—	113	22,4	14,6	26,5
1,074	19,46	74	15,2	9,9	17,9	1,114	—	114	22,6	14,7	26,7
1,075	19,72	75	15,4	10,0	18,1	1,115	—	115	22,8	14,8	26,9
1,076	19,99	76	15,6	10,2	18,4	1,116	—	116	23,0	14,9	27,1
1,077	20,25	77	15,8	10,3	18,6	1,117	—	117	23,2	15,1	27,3
1,078	20,52	78	15,9	10,4	18,8	1,118	—	118	23,5	15,2	27,5
1,079	20,78	79	16,1	10,5	19,0	1,119	—	119	23,8	15,3	27,8
1,080	21,05	80	16,3	10,6	19,3	1,120	—	120	24,1	15,4	28,0
1,081	21,32	81	16,5	10,8	19,5	1,121	—	121	24,3	15,6	28,2
1,082	21,58	82	16,7	10,9	19,7	1,122	—	122	24,6	15,7	28,4
1,083	21,85	83	16,9	11,1	20,0	1,123	—	123	24,9	15,8	28,6
1,084	22,11	84	17,1	11,2	20,2	1,124	—	124	25,2	15,9	28,8
1,085	22,38	85	17,3	11,3	20,4	1,125	—	125	25,5	16,0	29,0
1,086	22,65	86	17,4	11,4	20,6	1,126	—	126	25,8	16,1	29,2
1,087	22,91	87	17,6	11,5	20,8	1,127	—	127	26,0	16,2	29,4
1,088	23,18	88	17,8	11,7	21,1	1,128	—	128	26,2	16,4	29,7
1,089	23,44	98	18,0	11,8	21,3	1,129	—	129	26,4	16,5	29,9
1,090	23,71	90	18,2	11,9	21,5	1,130	—	130	26,8	16,6	30,1

[1] König, Die Untersuchung landw. u. gewerbl. wichtiger Stoffe. Vgl. Zeitschr. f. analyt. Chemie 1895, 34, 263.

In angegorenen Mosten bestimmt man den Alkoholgehalt, wie bei Wein S. 396 angegeben, aufs genaueste und die ursprünglichen Oechsleschen Grade wie folgt:

Zu den direkt gefundenen Oechsleschen Graden des angegorenen Mostes wird das Zehnfache der gefundenen Gramme Alkohol in 100 ccm Most hinzugezählt [1]), z. B.:

$$\begin{aligned}\text{direkt gefundene Oechslesche Grade} &= 80{,}4\\ \text{Alkohol gefunden } 0{,}94 \times 10 &= 9{,}4\\ \hline \text{Urspr. Oechsle-Grade} &= 89{,}8\end{aligned}$$

Ist die Gärung schon weit fortgeschritten, so daß das Gewicht weniger als 40° Öchsle beträgt, so läßt man den Most vollends ganz vergären und findet man das ursprüngliche Mostgewicht durch Multiplikation des Alkoholgehaltes mit 10.

2. Gesamtsäure wie bei Wein S. 399.

Außerdem können noch folgende Bestimmungen in Betracht kommen:

3. Spezifisches Gewicht des filtrierten Mostes genau pyknometrisch wie bei Wein S. 395.

4. Trockensubstanz. Man bestimmt das spezifische Gewicht nach 3, des angegorenen Mostes wie bei Wein nach der Methode der indirekten Extraktbestimmung und entnimmt den Trockensubstanzgehalt aus der Tabelle von Halenke und Möslinger S. 390. 1° Oechsle = annähernd 0,25 % Trockensubstanz.

5. Polarisation
6. Weinstein
7. Phosphorsäure } wie bei Wein, Fruchtsäften u. s. w.
8. Mineralbestandteile

9. Konservierungsmittel (siehe Milch, auch bei Bier, Wein, Fruchtsäften, Fleisch); kommen bei pasteurisierten Trauben- und Obstsäften (alkoholfreien Getränken) in Betracht.

Betr. Weinmostverbesserung gibt die von P. Kulisch herausgegebene Anleitung zur sachgemäßen Weinverbesserung, einschließlich der Umgärung der Weine, Berlin 1909, Verlag von P. Parey, eingehende Aufschlüsse. Man unterscheidet Trockenzuckerung und Verbesserung mit Zuckerwasser, erstere findet im allgemeinen seltener statt. Der mutmaßliche natürliche Säurerückgang[2]) beträgt etwa 4—5 °/$_{00}$ und muß bei der Berechnung des Zuckerwasserzusatzes berücksichtigt werden. Auch beim Umgären älterer Weine muß man mit Säurerückgang noch rechnen. 50 kg Zucker in Wasser aufgelöst, vermehrt die Menge des Wassers um etwa 30 l. Für 1 g Alkohol in 100 ccm Wein sind 10° Öchsle in Rechnung zu setzen. Aus 100 l Rotweinmaische ergeben sich etwa 75 l Most (bei entrappter Maische etwas mehr). Die Verbesserung der Moste und das Umgären der Weine soll nur inso-

---

[1]) Begründung dieser Berechnungsweise Zeitschr. f. analyt. Chemie, **32**. 648.

[2]) Einen Teil der ursprünglichen Säure kann man auch durch Chaptalisieren entfernen. Zur Entsäuerung eines Hektoliters Wein nehme man für jedes zu entfernende 1°/$_{00}$ Säure 66,6 g $CaCO_3$ oder 92,0 g K_2CO_3.

weit stattfinden, als die Wahrung des Charakters der Weine erhalten bleiben soll, weshalb keine zu weitgehende Verdünnung und keine übermäßige Erhöhung des Alkoholgehaltes stattfinden soll. Im übrigen ist die Höchstgrenze des Zuckerwasserzusatzes durch das Weingesetz festgesetzt; er darf nicht mehr als 20 % der Gesamtmenge betragen. Es dürfen nur Naturweine (-Moste, -Maischen) gezuckert werden. Siehe auch S. 428.

Obstmost (-säfte).

1. Apfelmost (süßer).

Zeigt in der Regel etwa 50—60^0 Oechsle; der Extraktgehalt schwankt zwischen 13,5—16 g in 100 ccm Most. 9—10 Ztr. Äpfel liefern erfahrungsgemäß etwa 300 Liter reinen Äpfelsaft.

2. Birnenmost (süßer).

Zeigt in der Regel 50—60° Oechsle. Der Extraktgehalt beträgt etwa 13,5—16 g in 100 ccm Most. 9,5—10 Ztr. Birnen liefern erfahrungsgemäß 300 Liter reinen Birnensaft.

Wasser- und Zuckerzusatz ist im allgemeinen überflüssig.

Durch Vermischen verschiedener (zuckerarmer bezw. -reicher und säurearmer bezw. -reicher) Obstsorten miteinander kann der Säure- oder Zuckergehalt leicht ausgeglichen werden. Die Untersuchung des süßen Obstmostes erstreckt sich auf die Bestimmung von Zucker und Säure (siehe Weinmost).

Der Säuregehalt beträgt bei rationell hergestelltem Apfelmost 8 $^0/_{00}$ im Mittel, bei Birnenmost 3 $^0/_{00}$ im Mittel, er wird als Citronensäure berechnet und ausgedrückt.

1 ccm $^1/_{10}$-Normalalkali = 0,0067 Citronensäure.

Unterscheidung von Obst- und Traubensaft: Äpfel- und Birnenmost bezw. Wein enthalten Weinsäure und deren Salze nicht oder nur in geringen Mengen, dagegen hauptsächlich Citronensäure. Traubenweine enthalten höchstens Spuren von Citronensäure.

Künstlicher Most (hergestellt aus sog. Mostsubstanzen) läßt sich ebenfalls durch Citronensäurenachweis (siehe Wein) erkennen, da das vielfach dazu verwendete Tamarindenmus Citronensäure enthält, wenn nicht zur Aufbesserung des Säuregehaltes Citronensäure zugesetzt worden ist. Laut § 11 des Weingesetzes darf als sog. Mostsubstanz Weinsäure jedenfalls nicht zugesetzt werden. Kunstessenzen und Rosinenauszüge sind nicht gestattet. Siehe im übrigen unter Obstweine und Haustrunk S. 436.

3. Beerenmost (-saft).

Bei der Bereitung des Beerenweins muß, da die Beerenobstsäfte reich an Säure und arm an Zucker sind, der Gehalt an letzteren festgestellt werden, um die nötige Verbesserung dieser Säfte vornehmen zu können. Die Ermittelung der Säure und des Zuckergehaltes erfolgt wie bei Weinmost. 1 kg Beerenfrüchte liefert durchschnittlich 0,9 Liter Saft. Die Berechnung des Wasser- und Zuckerzusatzes kann, wie bei Weinmost angegeben, vorgenommen werden. Siehe Näheres über die Obstweinbereitung in Dr. Barths Schrift „Die Obstweinbereitung" 5. Aufl.

H. Beckers oder in Timms „Der Johannisbeerwein", ferner Ed. Hotter, Beiträge zur Obstweinbereitung [1]), E. Saillard [2]). Untersuchungsgang wie bei Fruchtsäften und Wein. Beurteilung der Moste (Säfte) siehe unter „Wein" bzw. „Obstwein".

B. Wein.

Traubenwein.

Amtliche Anleitung [3]) zur Untersuchung des Weines vom 25. Juni 1896.

A. Vorschriften für die Entnahme und Bezeichnung, für das Aufbewahren und Einsenden von Wein zum Zwecke der chemischen Untersuchung.

I.

1. Von jedem Wein, welcher einer chemischen Untersuchung unterworfen werden soll, ist eine Probe von mindestens 1½ Liter zu entnehmen. Diese Menge genügt für die in der Regel auszuführenden Bestimmungen (siehe No. 5). Der Mehrbedarf für anderweite Untersuchungen ist von der Art der letzteren abhängig.

2. Die zu verwendenden Flaschen und Korke müssen vollkommen rein sein. Krüge oder undurchsichtige Flaschen, in welchen etwa vorhandene Unreinlichkeiten nicht erkannt werden können, dürfen nicht verwendet werden.

3. Jede Flasche ist mit einem das unbefugte Öffnen verhindernden Verschlusse und einem anzuklebenden Zettel zu versehen, auf welchem die zur Feststellung der Identität notwendigen Vermerke angegeben sind. Außerdem ist gesondert anzugeben: die Größe und der Füllungsgrad der Fässer und die äußere Beschaffenheit des Weines; insbesondere ist zu bemerken, wie weit etwa Kahmbildung eingetreten ist.

4. Die Proben sind sofort nach Entnahme an die Untersuchungsstelle zu befördern; ist eine alsbaldige Absendung nicht ausführbar, so sind die Flaschen an einem vor Sonnenlicht geschützten, kühlen Orte liegend aufzubewahren. Bei Jungweinen ist wegen ihrer leichten Veränderlichkeit auf besonders schnelle Beförderung Bedacht zu nehmen.

5. Zum Zweck der Beurteilung der Weine sind die Prüfungen und Bestimmungen in der Regel auf folgende Eigenschaften und Bestandteile jeder Weinprobe zu erstrecken:
1. Spezifisches Gewicht, 2. Alkohol, 3. Extrakt, 4. Mineralbestandteile, 5. Schwefelsäure bei Rotweinen, 6. Freie Säuren (Gesamtsäure), 7. Flüchtige Säuren, 8. Nichtflüchtige Säuren, 9. Glycerin, 10. Zucker, 11. Polarisation, 12. Unreinen Stärkezucker, qualitativ, 13. Fremde Farbstoffe bei Rotweinen.

Unter besonderen Verhältnissen sind die Prüfungen und Bestimmungen noch auf nachbezeichnete Bestandteile auszudehnen:

---

[1]) Z. landw. Versuchsw. Österr. 1902, 333 und Zeitschr. f. Unters. d. Nahr.- u. Genußm. 1903. 6. 1013.
[2]) Zeitschr. f. Unters. d. Nahr.- u. Genußm. 1906. 11. 542. (Ref).
[3]) Mit zahlreichen Literaturangaben sowie Bemerkungen und Ergänzungen der Verf. Die Untersuchung ist mit amtlich geaichten Meßgefäßen auszuführen.

14. Gesamtweinsteinsäure, freie Weinsteinsäure, Weinstein und an alkalische Erden gebundene Weinsteinsäure, 15. Schwefelsäure bei Weißweinen, 16. Schweflige Säure, 17. Saccharin, 18. Salicylsäure, qualitativ, 19. Gummi und Dextrin, qualitativ, 20. Gerbstoff, 21. Chlor, 22. Phosphorsäure, 23. Salpetersäure, qualitativ, 24. Barium, 25. Strontium, 26. Kupfer[1]).

Die Ergebnisse der Untersuchungen sind in der angegebenen Reihenfolge aufzuführen. Bei dem Nachweis und der Bestimmung solcher Weinbestandteile, welche hier nicht aufgeführt sind, ist stets das angewandte Untersuchungsverfahren anzugeben.

6. Als Normaltemperatur wird die Temperatur von 15° C festgesetzt; mithin sind alle im Folgenden vorgeschriebenen Abmessungen des Weines bei dieser Temperatur vorzunehmen und sind die Ergebnisse hierauf zu beziehen. Trübe Weine sind vor der Untersuchung zu filtrieren; liegt ihre Temperatur unter 15° C, so sind sie vor dem Filtrieren mit den ungelösten Teilen auf 15° C zu erwärmen und umzuschütteln.

7. Die Mengen der Weinbestandteile werden in der Weise ausgedrückt, daß angegeben wird, wie viel Gramme des gesuchten Stoffes in 100 ccm Wein von 15° C gefunden worden sind.

II.

B. Ausführung der Untersuchungen.

Vorprüfung. Bei allen Untersuchungen, besonders bei gerichtlichen, ist auf die Art der Verpackung, die Flaschen, Bezeichnung und vorhandenem Siegel Rücksicht zu nehmen.

Ferner ist zu berücksichtigen:

a) Die Farbe,

b) Die Klarheit. Ist der Wein klar, so bringt man etwa 20 ccm desselben in ein etwa 100 ccm fassendes Kölbchen, schüttelt den Wein öfters mit Luft, läßt 12—24 Stunden unbedeckt stehen und beobachtet, ob sich die Farbe des Weines nicht ändert (Braunwerden, Schwarzwerden des Weines).

Ist der Wein trüb, so gibt man eine Portion des Weines in ein Spitzglas, läßt ruhig absetzen und unterwirft den Bodensatz der mikroskopischen Prüfung; auch kann man den Wein filtrieren.

Weinproben in halbgefüllten Flaschen, welche eine weiße Kahmhaut zeigen, sind als verdorben anzusehen bezw. nur in gewisser Richtung zur Analyse verwendbar, da eine teilweise Zersetzung von Weinbestandteilen durch den Kahmpilz nicht ausgeschlossen ist.

c) Geschmack und Geruch. Prüfung auf erhebliche Mengen unvergorenen Zuckers, Hefegeschmack, Faßgeschmack, Essig-, Milchsäurestich, auf abnorm bittern Geschmack, Böcksern u. s. w.

1. Bestimmung des spezifischen Gewichtes.

Das spezifische Gewicht des Weines wird mit Hilfe des Pyknometers bestimmt.

---

[1]) Neuerdings kommt man mit diesen Bestimmungen beim Nachweis von Verfälschungen nicht mehr aus. Das Nähere ergibt sich aus den nachstehenden Untersuchungsmethoden sowie aus der Beurteilung.

Als Pyknometer ist ein durch einen Glasstopfen verschließbares oder mit becherförmigem Aufsatz für Korkverschluß versehenes Fläschchen von etwa 50 ccm Inhalt mit einem etwa 6 cm langen, ungefähr in der Mitte mit einer eingeritzten Marke versehenen Halse von nicht mehr als 6 mm lichter Weite anzuwenden.

Das Pyknometer wird in reinem und trockenem Zustande leer gewogen, nachdem es $\frac{1}{4}$–$\frac{1}{2}$ Stunde im Wagenkasten gestanden hat. Dann wird es, gegebenenfalls mit Hilfe eines fein ausgezogenen Glockentrichters, bis über die Marke mit destilliertem Wasser gefüllt und in ein Wasserbad von 15° C gestellt. Nach halbstündigem Stehen in dem Wasserbade wird das Pyknometer herausgehoben, wobei man nur den oberen leeren Teil des Halses anfaßt, und die Oberfläche des Wassers auf die Marke eingestellt. Letzteres geschieht durch Eintauchen kleiner Stäbchen oder Streifen aus Filtrierpapier[1]), welche das über der Marke stehende Wasser aufsaugen. Die Oberfläche des Wassers bildet in dem Halse des Pyknometers eine nach unten gekrümmte Fläche; man stellt die Flüssigkeit in dem Pyknometerhalse am besten in der Weise ein, daß bei durchfallendem Lichte der schwarze Rand der gekrümmten Oberfläche die Pyknometermarke eben berührt. Nachdem man den inneren Hals des Pyknometers mit Stäbchen aus Filtrierpapier gereinigt hat, setzt man den Stopfen auf, trocknet das Pyknometer äußerlich ab, stellt es $\frac{1}{2}$ Stunde in den Wagenkasten und wägt. Die Bestimmung des Wasserinhaltes des Pyknometers ist dreimal auszuführen und aus den drei Wägungen das Mittel zu nehmen.

Nachdem man das Pyknometer entleert und getrocknet oder mehrmals mit dem zu untersuchenden Weine ausgespült hat, füllt man es mit dem Weine und verfährt genau in derselben Weise wie bei der Bestimmung des Wasserinhaltes des Pyknometers; besonders ist darauf zu achten, daß die Einstellung der Flüssigkeitsoberfläche stets in derselben Weise geschieht.

Die Berechnung des spezifischen Gewichtes geschieht nach folgender Formel.

Bedeutet:

a das Gewicht des leeren Pyknometers,
b das Gewicht des bis zur Marke mit Wasser gefüllten Pyknometers,
c das Gewicht des bis zur Marke mit Wein gefüllten Pyknometers,

so ist das spezifische Gewicht s des Weines bei 15° C, bezogen auf Wasser von derselben Temperatur:

$$s = \frac{c-a}{b-a}.$$

Der Nenner dieses Ausdrucks, das Gewicht des Wasserinhaltes des Pyknometers, ist bei allen Bestimmungen mit demselben Pyknometer gleich; wenn das Pyknometer indessen längere Zeit in Gebrauch gewesen ist, müssen die Gewichte des leeren und des mit Wasser gefüllten Pyknometers von neuem bestimmt werden, da sich diese Gewichte mit der Zeit nicht unerheblich ändern können.

Bemerkung: Die Berechnung wird wesentlich erleichtert, wenn man ein Pyknometer anwendet, welches bis zur Marke genau 50 g Wasser faßt. Das Auswägen des Pyknometers geschieht in folgender Weise. Man bestimmt das Gewicht des Pyknometers in leerem, reinem und trockenem Zustande, wägt dann genau 50 g Wasser ein, stellt das Pyknometer 1 Stunde in ein Wasserbad von 15° C und ritzt an der Oberfläche der Flüssigkeit im Pyknometerhalse eine Marke ein. Das Auswägen des Pyknometers muß stets von dem Chemiker selbst ausgeführt werden. Bei Anwendung eines genau 50 g Wasser fassenden Pyknometers ist in der oben gegebenen Formel $b-a = 50$ und $s = 0{,}02 \cdot (c-a)$.

---

[1]) Man saugt besser oder angenehmer als mit Filtrierpapier die überstehende Flüssigkeit mit einer in rechtwinklig gebogenen zu einer Spritze ausgezogenen feinen Glasröhre (Haarröhrchen) ab oder umwickelt ein Glasstäbchen mit Filtrierpapier. Für die Ausführung mehrerer Bestimmungen empfiehlt sich die Verwendung eines Temperierbads mit besonderer Reguliervorrichtung (Bezugsquelle G. Christ & Comp., Berlin-Weißensee) — Die Temperatur des Temperierbades wird zweckmäßig auf $+14{,}8°$ eingestellt. Abweichungen der Temperatur um mehr als $\pm 0{,}25°$ dürfen nicht stattfinden.

2. Bestimmung des Alkohols.

Der zum Zweck der Bestimmung des spezifischen Gewichtes (II No. 1) im Pyknometer enthaltene Wein wird in einen Destillierkolben von 150—200 ccm Inhalt übergeführt und das Pyknometer dreimal mit wenig Wasser nachgespült. Man gibt zur Verhinderung etwaigen Schäumens ein wenig Tannin[1]) in den Kolben und verbindet diesen durch Gummistopfen und Kugelröhre mit einem Liebigschen Kühler[2]); als Vorlage benutzt man das Pyknometer, in welchem der Wein abgemessen worden ist. Nunmehr destilliert man (indem man einen lang ausgezogenen Glockentrichter auf das Pyknometer aufsetzt und den Trichter mit einer Pappscheibe, durch welche das Ende des Destillationsrohrs hindurchführt, bedeckt), bis etwa 35 ccm Flüssigkeit übergegangen sind, füllt das Pyknometer mit Wasser bis nahe zum Halse auf, mischt durch quirlende Bewegung so lange, bis Schichten von verschiedener Dichtigkeit nicht mehr wahrzunehmen sind, stellt die Flüssigkeit ½ Stunde in ein Wasserbad von 15° C und fügt mit Hilfe eines Haarröhrchens vorsichtig Wasser von 15° C zu, bis der untere Rand der Flüssigkeitsoberfläche gerade die Marke berührt. Dann trocknet man den leeren Teil des Pyknometerhalses mit Stäbchen aus Filtrierpapier, wägt und berechnet das spezifische Gewicht des Destillates in der unter II No. 1 angegebenen Weise. Die diesem spezifischen Gewichte entsprechenden Gramme Alkohol in 100 ccm Wein werden aus der zweiten Spalte der als Anlage beigegebenen Tafel I entnommen.

Anmerkung: Betr. Untersuchung von Verschnittweinen auf Alkohol vgl. S. 688.

3. Bestimmung des Extraktes (Gehaltes an Extraktstoffen).

Unter Extrakt (Gesamtgehalt an Extraktstoffen) im Sinne der Bekanntmachung vom 29. April 1892[3]) (Reichs-Gesetzbl. S. 600) sind die ursprünglich gelöst gewesenen Bestandteile des entgeisteten und entwässerten ausgegorenen Weines zu verstehen.

Da das für die Bestimmung des Extraktgehaltes zu wählende Verfahren sich nach der Extraktmenge richtet, so berechnet man zunächst den Wert von x aus nachstehender Formel:

$$x = 1 + s - s_1.$$

Hierbei bedeutet

s das spezifische Gewicht des Weines (nach II No. 1 bestimmt),

s_1 das spezifische Gewicht des alkoholischen, auf das ursprüngliche Maß aufgefüllten Destillats des Weines (nach II No. 2 bestimmt).

Die dem Werte von x nach Maßgabe der Tafel II (S. 450) entsprechende Zahl E wird aus der zweiten Spalte dieser Tafel entnommen.

a) Ist E nicht größer als 3, so wird die endgültige Bestimmung des Extraktes in folgender Weise ausgeführt. Man setzt eine gewogene

---

[1]) Ein Neutralisieren bzw. schwaches Alkalischmachen ist bisweilen nötig; z. B. bei essigstichigen Weinen.

[2]) Für die Ausführung mehrerer Bestimmungen nebeneinander werden mehrere Kühler zu einem Apparat vereinigt. Solche Apparate sind käuflich.

[3]) Die Bekanntmachung ist zwar außer Kraft; die Definition für „Extrakt" hat aber heute noch dieselbe Bedeutung.

Platinschale von etwa 85 mm Durchmesser, 20 mm Höhe und 75 ccm Inhalt, welche ungefähr 20 g wiegt[1]), auf ein Wasserbad mit lebhaft kochendem Wasser und läßt aus einer Pipette 50 ccm Wein von 15⁰ C in dieselbe fließen. Sobald der Wein bis zur dickflüssigen Beschaffenheit eingedampft [2]) ist, setzt man die Schale mit dem Rückstande 2½ Stunden in einen Trockenkasten, zwischen dessen Doppelwandungen Wasser lebhaft siedet, läßt dann im Exsiccator erkalten und findet durch Wägungen den genauen Extraktgehalt. Der Trockenkasten soll die von W. Möslinger angegebene Konstruktion (Forschungsber. 1896, 3, 286) besitzen. Die Schalen müssen darin auf Drahtgestellen stehen.

b) Ist E größer als 3, aber kleiner als 4, so läßt man aus einer Bürette in die beschriebene Platinschale eine so berechnete Menge Wein fließen, daß nicht mehr als 1,5 g Extrakt zur Wägung gelangen, und verfährt weiter, wie unter II No. 3a angegeben.

Berechnung zu a und b. Wurden aus a Kubikzentimeter Wein b Gramm Extrakt erhalten, so sind enthalten:

$$x = 100 \ \frac{b}{a} \ \text{Gramm Extrakt in 100 ccm Wein.}$$

c) Ist E gleich 4 oder größer als 4, so gibt diese Zahl endgültig die Gramme Extrakt in 100 ccm Wein an.

Um demgemäß den Extraktgehalt des vergorenen Weines (siehe II No. 3, Absatz 1) zu ermitteln, sind die bei der Zuckerbestimmung (vgl. II No. 10) gefundenen Zahlen zu Hilfe zu nehmen. Beträgt darnach der Zuckergehalt mehr als 0,1 g in 100 ccm Wein, so ist die darüber hinausgehende Menge von der nach II No. 3a, 3b oder 3c gefundenen Extraktzahl abzuziehen. Die verbleibende Zahl entspricht dem Extraktgehalt des vergorenen Weines [3]).

4. Bestimmung der Mineralbestandteile (und Alkalität)[4]).

Enthält der Wein weniger als 4 g Extrakt in 100 ccm, so wird der nach II No. 3a oder 3b erhaltene Extrakt vorsichtig verkohlt, indem man eine kleine Flamme unter der Platinschale hin und herbewegt. Die Kohle wird mit einem dicken Platindraht zerdrückt und mit heißem Wasser wiederholt ausgewaschen; den wässerigen Auszug filtriert man durch ein kleines Filter von bekanntem, geringem Aschen-

---

[1]) Solche Platinschalen heißen im allgemeinen „Weinschalen".

[2]) Nach etwa 40 Minuten; sobald der Wein dickflüssiger wird, soll man durch öfteres Neigen der Schale nach allen Seiten nach Möglichkeit dafür sorgen, daß alle Teile des Schaleninhaltes durch den noch herumfließenden Anteil immer aufs neue benetzt werden bis zum Eintritt des Endpunktes der Verdampfung, d. h. wenn nur noch sehr langsam Tropfen fließen können (W. Möslinger).

[3]) Nach den Angaben von O. Krug, Zeitschr. f. Unters. d. Nahr.- u. Genußm. 1907, 14, 117 soll man das Aussehen des Extraktes als Anhaltspunkt zur Beurteilung der Reinheit des Weines benützen können; besonders soll rauher, körniger und trockener Extrakt auf Tresterwein deuten.

[4]) Bei der Veraschung mögen nachstehende Winke beachtet werden. Verbrennung bei niedriger Temperatur mittels Pilzbrenner; der Boden der Schale darf nicht ins Glühen kommen, beim Nachlassen der Rauchentwickelung wird die Bunsenflamme allmählich vergrößert. Nachdem die Rauchentwickelung vorbei ist, wird ein blanker Nickeldeckel aufgelegt (Zweck: Zusammenhalten der Hitze; Schutz gegen Verunreinigungen von außen; Erkennung von etwaigen Alkalidämpfen [Beschlag]).

gehalte in ein Becherglässchen. Nachdem die Kohle vollständig ausgelaugt ist, gibt man das Filterchen in die Platinschale zur Kohle, trocknet beide und verascht sie vollständig. Wenn die Asche weiß geworden ist, gießt man die filtrierte Lösung in die Platinschale zurück, verdampft dieselbe zur Trockne, benetzt den Rückstand mit einer Lösung von Ammoniumcarbonat, glüht ganz schwach, läßt im Exsikkator erkalten und wägt.

Enthält der Wein 4 g oder mehr Extrakt in 100 ccm, so verdampft man 25 ccm des Weines in einer geräumigen Platinschale und verkohlt den Rückstand sehr vorsichtig; die stark aufgeblähte Kohle [1]) wird in der vorher beschriebenen Weise weiter behandelt.

Berechnung: Wurden aus a ccm Wein b g Mineralbestandteile erhalten, so sind enthalten:

$$x = 100 \, \frac{b}{a} \text{ Gramm Mineralbestandteile in 100 ccm Wein.}$$

Bestimmung der Alkalität der Asche siehe S. 414 die Bestimmung der freien Weinsteinsäure, sowie unter Abschnitt Fruchtsäfte.

$$\text{Alkalitätsfaktor} = \frac{\text{Gesamtalkalität} \times 0{,}1}{\text{Mineralstoffgehalt}}$$

5. Bestimmung der Schwefelsäure in Rotweinen.

50 ccm Wein werden in einem Becherglase mit Salzsäure angesäuert und auf einem Drahtnetz bis zum beginnenden Kochen erhitzt; dann fügt man heiße Chlorbariumlösung (1 Teil krystallisiertes Chlorbarium in 10 Teilen destilliertem Wasser gelöst) zu, bis kein Niederschlag mehr entsteht. Man läßt den Niederschlag absitzen und prüft durch Zusatz eines Tropfens Chlorbariumlösung zu der über dem Niederschlage stehenden klaren Flüssigkeit, ob die Schwefelsäure vollständig ausgefällt ist. Hierauf kocht man das Ganze nochmals auf, läßt dasselbe 6 Stunden in der Wärme stehen, gießt die klare Flüssigkeit durch ein Filter von bekanntem Aschengehalte, wäscht den im Becherglase zurückbleibenden Niederschlag wiederholt mit heißem Wasser aus, indem man jedesmal absetzen läßt und die klare Flüssigkeit durch das Filter gießt, bringt zuletzt den Niederschlag [2]) auf das Filter und wäscht so lange mit heißem Wasser, bis das Filtrat mit Silbernitrat keine Trübung mehr erzeugt. Filter und Niederschlag werden getrocknet, in einem gewogenen Platintiegel verascht und geglüht; hierauf befeuchtet man den Tiegelinhalt mit wenig Schwefelsäure, raucht letztere ab, glüht schwach nach, läßt im Exsikkator erkalten und wägt.

Berechnung: Wurden aus 50 ccm Wein a Gramm Bariumsulfat erhalten, so sind enthalten:

$x = 0{,}6869$ a Gramm Schwefelsäure (SO_3) in 100 ccm Wein.

Diesen x Gramm Schwefelsäure (SO_3) in 100 ccm Wein entsprechen:

$y = 14{,}958$ a Gramm Kaliumsulfat (K_2SO_4) in 1 Liter Wein.

---

[1]) Vorsichtig verfahren! Bei zuckerreichen Weinen nur 20—25 ccm in Arbeit nehmen oder man kann zur Vermeidung von Verlusten, sofern es die Zeit gestattet, erst den Zucker durch Zusatz von etwas Hefe vergären.

[2]) Nach W. Fresenius, Borgmanns Anl. zur chem. Analyse des Weines, Wiesbaden, soll man zur Erleichterung des Filtrierens erst einige Tropfen NH_4Cl zusetzen.

Bemerkung: Da es in den meisten Fällen darauf ankommt, zunächst nur zu erfahren, ob mehr als 0,2 % Kaliumsulfat in einem Weine (§ 13 des Weingesetzes und dessen Ausführungsbestimmungen), so schlägt man folgendes abgekürztes Verfahren ein, ehe man eine quantitative Bestimmung vornimmt. Man setzt zu 10 ccm Wein 2 ccm reine Chlorbariumlösung (bestehend aus 14 g trockener, krystallisiertem $BaCl_2 + 2 H_2O$, unter Zusatz von 50 ccm HCl vom spezifischen Gewicht 1,10 zum Liter gelöst) zu, von welcher 1 ccm = 0,1 g K_2SO_4 in 100 ccm entspricht, kocht auf, läßt absitzen (zentrifugiert), filtriert und prüft, ob das Filtrat noch eine Fällung mit $BaCl_2$ gibt [1]).

6. Bestimmung der freien Säuren (Gesamtsäure).

25 ccm Wein werden bis zum beginnenden Sieden erhitzt und die heiße Flüssigkeit mit einer Alkalilauge [2]), welche nicht schwächer als $1/4$-normal ist, titriert. Wird Normallauge verwendet, so müssen Büretten von etwa 10 ccm Inhalt benutzt werden, welche die Abschätzung von $1/100$ ccm gestatten. Der Sättigungspunkt wird durch Tüpfeln auf empfindlichem violettem Lackmuspapier [3]) festgestellt; dieser Punkt ist erreicht, wenn ein auf das trockene Lackmuspapier aufgesetzter Tropfen keine Rötung mehr hervorruft. Die freien Säuren sind als Weinsteinsäure zu berechnen.

Berechnung: Wurden zur Sättigung von 25 ccm Wein a ccm $1/4$-Normal-Alkali verbraucht, so sind enthalten:

x = 0,075 a Gramm freie Säuren (Gesamtsäure), als Weinsteinsäure berechnet, in 100 ccm Wein.

Bei Verwendung von $1/5$-Normal-Alkali lautet die Formel:

x = 0,1 a g freie Säuren (Gesamtsäure), als Weinsteinsäure berechnet, in 100 ccm Wein.

7. Bestimmung der flüchtigen Säuren.

Man bringt 50 ccm Wein in einen Rundkolben von 200 ccm Inhalt und verschließt den Kolben durch einen Gummistopfen mit zwei Durchbohrungen; durch die erste Bohrung führt ein bis auf den Boden des Kolbens reichendes, dünnes, unten fein ausgezogenes, oben stumpfwinkelig umgebogenes Glasrohr, durch die zweite ein Destillationsaufsatz mit einer Kugel, welcher zu einem Liebigschen Kühler führt. Als Destillationsvorlage dient eine 300 ccm fassende Flasche, welche an der einem Rauminhalt von 200 ccm entsprechenden Stelle eine Marke trägt. Die flüchtigen Säuren werden mit Wasserdampf überdestilliert. Dies geschieht in der Weise, daß man das bis auf den Boden des Destillierkolbens reichende enge Glasrohr [4]) durch einen Gummischlauch mit einer ein Sicherheitsrohr tragenden Flasche in Verbindung setzt, in welcher ein lebhafter Strom von Wasserdampf entwickelt wird. Durch Erhitzen des Destillierkolbens mit einer Flamme engt man unter stetem Durchleiten von Wasserdampf den Wein auf etwa 25 ccm ein und trägt dann durch zweckmäßiges Erwärmen des Kolbens dafür Sorge, daß die

---

[1]) E. Houdard, Berl. Ber. 1882, 264.
[2]) Halenke u. Möslinger empfehlen Einstellung auf Normal-Weinsteinsäurelösung 18,75 = $1/4$ Aequ. chem. reiner kryst. b. 100° getrockneter Weinsteinsäure. Zeitschr. f. analyt. Chemie 1895. 278.
[3]) Oder Azolithminpapier.
[4]) Lichte Weite der Einströmungsspitze 1 mm (Möslinger).

Menge der Flüssigkeit in demselben sich nicht mehr ändert. Man unterbricht die Destillation, wenn 200 ccm Flüssigkeit übergegangen sind. Man versetzt das Destillat mit Phenolphtalein und bestimmt die Säuren mit einer titrierten Alkalilösung. Die flüchtigen Säuren sind als Essigsäure ($C_2H_4O_2$) zu berechnen.

Berechnung: Sind zur Sättigung der flüchtigen Säuren aus 50 ccm Wein a Kubikzentimeter $^1/_{10}$ N.-Alkali verbraucht worden, so sind enthalten:

x = 0,012 a Gramm flüchtige Säuren, als Essigsäure ($C_2H_4O_2$)[1] berechnet, in 100 ccm Wein.

Siehe auch H. Windisch und Th. Roettgen, Zeitschr. f. Unters. d. Nahr.- u. Genußm. 1905, 9, 70 u. 278.

8. Bestimmung der nichtflüchtigen Säuren [2]).

Die Menge der nichtflüchtigen Säuren im Wein, welche als Weinsteinsäure anzugeben sind, wird durch Rechnung gefunden.

Bedeutet:
a die Gramme freie Säuren in 100 ccm Wein, als Weinsteinsäure berechnet,
b die Gramme flüchtige Säuren in 100 ccm Wein, als Essigsäure berechnet,
x die Gramme nichtflüchtige Säuren in 100 ccm Wein, als Weinsteinsäure berechnet,

so sind enthalten:
x = (a — 1,25b) Gramm nicht flüchtige Säuren, als Weinsteinsäure berechnet, in 100 ccm Wein.

---

[1]) Milchsäure soll stets daneben vorkommen. Die Bestimmung der Milchsäure ist nach Möslingers Entdeckung (Rückgang der Säure durch Zerfall der Apfelsäure in Kohlensäure und Milchsäure) für die Weinbeurteilung von erhöhter Bedeutung, wenn es sich um alte Weine handelt. Nichtsdestoweniger wird sie selten angewendet werden können.
W. Möslinger, Zeitschr. f. Unters. d. Nahr.- u. Genußm. 1901. 4. 1120; Zeitschr. f. öffentl. Chemie 1903. 371; R. Kunz, Zeitschr. f. Unters. d. Nahr.- u. Genußm. 1903. 6. 728; A. Partheil, ebenda 1902. 5. 1053; K. Windisch, „Die chemischen Vorgänge beim Werden des Weines", Festschrift 1905; derselbe, „Die chemische Untersuchung des Weines", Verlag J. Springer, Berlin. Ausführung der Methode Möslinger siehe am Schlusse der nächsten Anmerkung.

[2]) Citronensäure, Bernsteinsäure, Apfelsäure, Weinsteinsäure. Die für den Nachweis und die Bestimmung der drei erstgenannten Säuren bekannt gewordenen Methoden sind teils mangelhaft, teils noch nicht genügend praktisch erprobt; eingehenderes Studium der Literatur und eventuelle Nachprüfungen sind daher sehr zu empfehlen. Eine zusammenfassende Übersicht bzw. Beschreibungen der z. T. ziemlich zeitraubenden Untersuchungen enthalten die oben zitierten Werke von K. Windisch.

Für Apfelsäure und Bernsteinsäure kommen an neueren Arbeiten namentlich in Betracht: W. Möslinger, Zeitschr. f. Unters. d. Nahr.- u. Genußm. 1901. 4. 1120; R. Kunz, ebenda 1903. 6. 721 u. 728; C. v. d. Heide und H. Steiner, ebenda 1909. 17. 304 u. 309. Diese Methoden sind weiter unten beschrieben. Für Citronensäure: A. Klinger u. A. Bujard, Zeitschr. f. angew. Chemie 1891. 514; A. Devarda, Zeitschr. f. Unters. d. Nahr.- u. Genußm. 1904. 8. 624; W. Möslinger, Zeitschr. f. Unters. d. Nahr.- u. Genußm. 1899. 2. 105; O. Krug, ebenda 1906. 11. 155; A. Partheil und W. Hübner, Arch. Pharm. 1903, 412. Über die Bestimmung einiger organ. Säuren (Wein-, Bernstein- und Citronensäure), Trennung der Citronensäure von Apfelsäure, Bestimmung der Apfelsäure bei An- bzw. Abwesenheit von Citronensäure, Identifizierung der Apfelsäure vgl. G. Jörgensen, Zeitschr. f. Unters. d. Nahr.- u. Genußm. 1907. 13. 241; 1909. 17. 396.

9. Bestimmung des Glycerins.

a) **In Weinen mit weniger als 2 g Zucker in 100 ccm.**
Man dampft 100 ccm Wein in einer Porzellanschale auf dem Wasserbade auf etwa 10 ccm ein, versetzt den Rückstand mit etwa 1 g

---

Nachweis von Citronensäure nach W. Möslinger:
50 ccm Wein auf dem Wasserbade zu dünnem Sirup eindampfen; Rückstand unter stetem Rühren anfangs tropfenweise, später in dünnem Strahl mit 95 %-igem Alkohol versetzen, bis keine weitere Trübung erfolgt (70—80 ccm Alkohol). Filtrieren und Alkohol verjagen, Rückstand mit 10 ccm H_2O aufnehmen, 5 ccm dieser Flüssigkeit mit 0,5 ccm Eisessig versetzen u. tropfenweise gesättigte Lösung von Bleiacetat zusetzen. Bei Anwesenheit von Citronensäure entsteht Fällung oder Trübung, welche sich in der Wärme auflöst, in der Kälte wieder erscheint. Um Täuschungen zu entgehen, muß man aber die Flüssigkeit nach Anstellen der Reaktion noch siedendheiß filtrieren und das Entstehen des Niederschlags im klaren Filtrate während oder nach dem Erkalten beobachten. Nach O. Krug (s. oben) hat man aber bei Vorhandensein eines Säurerestes von wesentlich mehr als 0,28 (bei viel Apfelsäure), so zu verfahren, daß man den oben nach Möslinger erhaltenen Auszug von 10 ccm so verdünnt, daß die Lösungen in demselben Verhältnisse zueinander stehen wie der Mindestsäurerest von 0,28 zu dem gefundenen, betrug der Säurerest z. B. 0,56, so sind die 10 ccm also auf 20 zu verdünnen.

Vorhandene Weinsäure muß bei dieser Bestimmung stets erst durch Zusatz einer berechneten Menge N.-Alkali bzw. eines kleinen Überschusses derselben über die gefundene Weinsteinazidität in Weinstein übergeführt werden. Der Zusatz hat vor der Fällung mit Alkohol (s. oben) stattzufinden.

Statt dieses Verfahrens, das nicht immer zum Ziele führt, kann man nach G. Denigès (Zeitschr. f. analyt. Chemie 1899. 38. 718) folgende Methode anwenden:

10 ccm Wein schüttelt man mit 1—1,5 g Bleisuperoxyd und mit 2 ccm Merkurisulfatlösung (5 g HgO, 20 ccm konz. H_2SO^4 und 100 ccm Wasser). Nach dem Filtrieren erhitzt man 5—6 ccm zum Sieden und fügt tropfenweise (bis zu 10 Tropfen) $KMnO^4$-Lösung bis zur Entfärbung zu. Normale Weine geben nur minimale schleierartige Trübung (normale Spuren von Citronensäure). Bei Gegenwart von 0,01 g in 100 ccm tritt Trübung ein, bei mehr als 0,04 g setzt sich ein pulveriger Niederschlag ab. Zuckerhaltige Weine sind erst zu vergären.

Nach E. Dupont, Annal. chem. analyt. 1908. 13. 338; Zeitschr. f. Unters. d. Nahr.- u. Genußm. 1909. 18. 571, soll die vielfach angenommene konservierende Wirkung der Citronensäure bei Wein nicht bestehen. (Französ. Weine namentlich sind schon öfters eines Zusatzes von Citronensäure verdächtig erklärt worden.) Die Brauchbarkeit der Methode von Denigès wird von demselben angezweifelt Nach dessen Meinung sei in den meisten Weinen ein Körper vorhanden, der den positiven Ausfall der Denigèsschen Probe bewirke, aber in normalen Weinen früher oder später verschwinde. Soll die Reaktion 0,1 g Citronensäure in 1 Liter noch richtig anzeigen, so empfehle es sich, konzentriertere Reagentien zu verwenden, als sie der ursprünglichen Vorschrift entsprächen. (Verf. haben mit der Reaktion bei Mengen über 0,05 % noch günstige Ergebnisse erzielt.)

Bestimmung der Bernsteinsäure. Nach C. v. d. Heide u. H. Steiner, Zeitschr. f. Unters. d. Nahr.- u. Genußm. 1909. 17. 304.

Das Verfahren stammt ursprünglich von R. Kunz (s. oben).

50 ccm Wein werden in einer Porzellanschale von etwa 200 ccm Fassungsraum durch Eindampfen auf dem Wasserbade entgeistet. Hierauf versetzt man mit 1 ccm 10 °-iger Bariumchloridlösung und fügt nach Zusatz von einem Tropfen alkoholischer Phenolphtaleinlösung fein gepulvertes Bariumhydroxyd in kleinen Anteilen so lange zu, bis eintretende Rotfärbung das Überschreiten des Neutralisationspunktes anzeigt. Während dieser Behandlung wird möglichst genau auf 20 ccm eingeengt, zu welchem Zwecke man in der Schale vorher eine Marke angebracht hat. Ist ein zu großer Barytüberschuß zugesetzt worden, so entfernt man ihn vor dem Alkoholzusatz dadurch, daß man unter gleichzeitigem Rühren der Flüssigkeit Kohlensäure auf die Flüssigkeitsoberfläche strömen

Quarzsand und soviel Kalkmilch von 40 %₀ Kalkhydrat, daß auf je
1 g Extrakt 1,5—2 ccm Kalkmilch kommen, und verdampft fast bis
zur Trockne. Der feuchte Rückstand wird mit etwa 5 ccm Alkohol von
96 Maßprozent versetzt, die an der Wand der Porzellanschale haftende

läßt. Durch diese Überführung des Bariumhydroxyds in Carbonat wird die
spätere Filtration sehr begünstigt. Nach dem Erkalten werden unter eifrigem
Umrühren 85 ccm 96 %-igen Alkohols zugegeben. Hierdurch werden neben
anderen Bestandteilen die Bariumsalze der Bernstein-, Wein- und Apfelsäure
quantitativ niedergeschlagen, während die der Milchsäure und Essigsäure in
Lösung bleiben. Nach mindestens 2-stündigem Stehen wird der Niederschlag
abfiltriert und einige Male mit 80 %-igem Alkohol ausgewaschen, da hierdurch
besonders bei extraktreichen Weinen die spätere Oxydation erleichtert wird.
Ein sorgfältiges Überspielen des Niederschlages von der Schale auf das Filter
ist unnötig, weil nunmehr der gesamte Niederschlag mit heißem Wasser von
dem Filter in dieselbe Schale zurückgespritzt wird. Der Schaleninhalt wird
zur vollständigen Entfernung des Alkohols auf dem siedenden Wasserbade
eingeengt und alsdann unter gleichzeitigem weiteren Erhitzen mit je 3—5 ccm
5 %-iger Kaliumpermanganatlösung so lange versetzt, bis die rote Farbe 5 Minuten bestehen bleibt. Man gibt jetzt nochmals 5 ccm der Kaliumpermanganatlösung hinzu und läßt weitere 15 Minuten einwirken. Bei einem etwaigen abermaligen Verschwinden der Rotfärbung ist diese letzte Operation zu wiederholen.

Ist endlich die Oxydation beendet, so zerstört man den Überschuß an
Kaliumpermanganat durch schweflige Säure. Nach dem Verschwinden der
Rotfärbung säuert man vorsichtig mit 25 %-iger Schwefelsäure an und fährt
dann fort, schweflige Säure zuzusetzen, bis auch der Braunstein gelöst ist.

Alsdann dampft man auf ein angemessenes Maß von etwa 30 ccm ein,
führt die Flüssigkeit mitsamt dem vorhandenen Niederschlag von Bariumsulfat
mit Hilfe der Spritzflasche quantitativ in einen Äther-Perforationsapparat
über, indem man durch Zusatz von 40 %-iger Schwefelsäure dafür sorgt, daß
die Flüssigkeit etwa 10 % freier Schwefelsäure enthält.

Nach 9 Stunden kann in den meisten Fällen die Perforation (mit besonderem
Apparat, Zeitschr. f. Unters. d. Nahr.- u. Genußm. 1909. 17. 315) als beendet
angesehen werden. Nach 12 Stunden ist mit Sicherheit die Bernsteinsäure
quantitativ in den Äther übergegangen. Der Kolbeninhalt wird mit Hilfe von
etwa 20 ccm Wasser in ein Becherglas übergeführt, worauf man den Äther unter
Vermeiden des Siedens, das mit Verspritzen verbunden ist, am besten durch
Stehenlassen an einem warmen Ort verdunstet.

Unter Verwendung von Phenolphtalein neutralisiert man hierauf mit
einer völlig halogenfreien $1/_{10}$ N.-Lauge, führt den Inhalt des Becherglases in
ein 100 ccm Meßkölbchen über, versetzt mit 20 ccm $1/_{10}$ N.-Silbernitratlösung
und füllt unter tüchtigem Umschütteln bis zur Marke auf. Man filtriert vom
ausgefallenen bernsteinsauren Silber ab, bringt 50 ccm des Filtrates in ein Becherglas und titriert nach Zusatz von Salpetersäure und Eisenammoniakalaunlösung
mit $1/_{10}$ N.-Rhodanammonlösung das überschüssige Silbersalz zurück.

Hat man 50 ccm Wein verarbeitet, zur Titration der mit Äther ausgezogenen Säuren 20 ccm $1/_{10}$ N.-Silbernitratlösung vorgelegt und zur Zurück-
titration von 50 ccm Filtrat c ccm $1/_{10}$ N.-Rhodanammonlösung verbraucht,
so sind in 100 ccm Wein y = 0,0236 a Gramm Bernsteinsäure enthalten,, wobei a = 10 — c ist.

Das Verfahren eignet sich auch für Moste und stark zuckerhaltige Weine.

Bestimmung der Apfelsäure. Nach C. v. d. Heide u. H. Steiner,
Zeitschr. f. Unters. d. Nahr.- u. Genußm. 1909. 17. 307.

Man bestimmt zuerst den Bernsteinsäuregehalt des Weines nach dem
beschriebenen Verfahren. Hierauf ermittelt man die Menge der Bernstein- und
Apfelsäure zusammen auf einem später näher anzugebenden Wege. Aus der
Differenz dieser beiden Größen berechnet man die Menge der vorhandenen
Apfelsäure.

Den Apfel- und Bernsteinsäuregehalt zusammen bestimmt man auf folgende Weise:

Masse mit einem Spatel losgelöst und mit einem kleinen Pistill unter Zusatz kleiner Mengen Alkohol von 96 Maßprozent zu einem feinen Brei zerrieben. Spatel und Pistill werden mit Alkohol von gleichem Gehalte abgespült. Unter beständigem Umrühren erhitzt man die Schale

---

Zuerst entfernt man aus dem Weine die Weinsäure. Hierzu wird die Vorschrift der „amtlichen Anweisung", sinngemäß in folgender Weise abgeändert:

„Man setzt zu 50 ccm Wein in einem Becherglase 1 ccm Eisessig, 0,25 ccm einer 20 %-igen Kaliumacetatlösung, 7,5 g gepulvertes reines Chlorkalium, das man durch Umrühren nach Möglichkeit in Lösung bringt und fügt dann noch 7,5 ccm Alkohol von 95 Maßprozent hinzu. Nachdem man durch starkes, etwa 1 Minute anhaltendes Reiben des Glasstabes an der Wand des Becherglases die Abscheidung des Weinsteines eingeleitet hat, läßt man die Mischung wenigstens 15 Stunden bei Zimmertemperatur stehen und filtriert dann den krystallinischen Niederschlag mit Hilfe der Wasserstrahlpumpe ab; zum Auswaschen dient ein Gemisch von 15 g Chlorkalium, 20 ccm Alkohol von 95 Maßprozent und 100 ccm destilliertem Wasser. Das Becherglas wird etwa dreimal mit wenigen Kubikzentimetern dieser Lösung abgespült, wobei man jedesmal gut abtropfen läßt. Sodann werden Filter und Niederschlag durch etwa dreimaliges Abspülen und Aufgießen von einigen Kubikzentimetern der Waschflüssigkeit ausgewaschen, von der im ganzen nicht mehr als 10 ccm verbraucht werden dürfen.

Das sorgfältig gesammelte Filtrat, das nur noch geringe, nicht weiter störende Weinsäuremengen enthält, wird in einer Porzellanschale auf dem Wasserbade zur Beseitigung des Alkohols und der Essigsäure auf wenige Kubikzentimeter eingeengt. Die sich hierbei bildenden Krystallkrusten, als Kaliumchlorid bestehend, müssen wiederholt mit Hilfe eines Pistills zerdrückt werden. Wenn die Essigsäure zum größten Teile vertrieben ist, nimmt man den Rückstand mit wenig Wasser auf, versetzt mit 5 ccm einer 10 %-igen Bariumchloridlösung und muß soviel fein gepulvertem Bariumhydroxyd (unter Verwendung eines Tropfens Phenolphtaleinlösung als Indikator) bis bleibende Rotfärbung die alkalische Reaktion der Lösung anzeigt. Durch Einleiten von Kohlendioxyd in die Flüssigkeit bindet man hierauf das überschüssige Bariumhydroxyd, durch dessen Beseitigung die spätere Filtration sehr erleichtert wird. Zu der genau auf ein Maß von 20 ccm gebrachten Flüssigkeit werden nach dem Erkalten unter Umrühren 85 ccm Alkohol von 96 Maßprozent gegeben. Nach mindestens 2-stündigem Stehen wird der entstandene Niederschlag abfiltriert und sorgfältig mit 80 % igem Alkohol ausgewaschen. Alsdann wird der Niederschlag mit heißem Wasser vom Filter in die Schale zurückgespritzt und auf dem Wasserbade fast bis zur Trockene eingedampft, wobei die auskrystallisierenden Kaliumsalzkrusten wiederholt mit einem Pistill zerdrückt werden müssen.

Nachdem man hierauf den gerade noch feuchten Rückstand mit 2½ bis 3 ccm 40 %-iger Schwefelsäure versetzt hat, gibt man unter sorgfältigem Umrühren mit einem Pistill so lange fein gepulvertes, wasserfreies Natriumsulfat hinzu, bis das Gemisch ein lockeres, trockenes Pulver darstellt, mit dem nun eine S c h l e i c h e r sche Papierhülse beschickt wird. Die gefüllte Papierhülse wird in einen S o x h l e t - Apparat beliebiger Konstruktion gebracht, oben mit einem Wattebausch bedeckt und 6 Stunden mit Äther extrahiert, wodurch die Apfelsäure und Bernsteinsäure vollständig in Lösung gehen. Man unterbricht nach dieser Zeit die Extraktion, nimmt die Papierhülse aus dem Apparat, setzt diesen wieder zusammen, indem man gleichzeitig zu der ätherischen Säurelösung 10—20 ccm Wasser zugibt und benutzt ihn nunmehr zum Abdestillieren des Äthers, wobei man natürlicherweise für rechtzeitige Unterbrechung der Destillation Sorge tragen muß. Die letzten Anteile des Äthers läßt man am zweckmäßigsten durch Stehen des Extraktionskölbchens an einem mäßigwarmen Ort verdunsten. Die zurückbleibende wässerige Lösung wird mit einer angemessenen Menge Tierkohle (1—3 g) Tierkohle (die Tierkohle muß durch Behandlung mit Säuren von Salzen vorher sorgfältig gereinigt worden sein) versetzt und eine Stunde auf dem Wasserbad digeriert. Hierauf filtriert man die von Gerbstoff befreite Flüssigkeit in eine geräumige Platinschale und wäscht das Filter sorgfältig mit heißem Wasser aus. Das gesammelte Filtrat wird mit

auf dem Wasserbade bis zum Beginn des Siedens und gießt die trübe alkoholische Flüssigkeit durch einen kleinen Trichter in ein 100 ccm-

einem Tropfen Phenolphtaleinlösung versetzt und mit einer Lauge von bekanntem Titer genau neutralisiert. Hierauf dampft man auf dem Wasserbad zur Trockene und verascht unter den üblichen Vorsichtsmaßregeln die organischen Salze. Die schließlich erhaltenen Carbonate werden mit einer gemessenen Menge von $^1/_{10}$ N.-Salzsäure im Überschuß versetzt, auf dem Wasserbade kurze Zeit erhitzt und der Überschuß von Salzsäure mit $^1/_{10}$ N.-Lauge zurückgemessen.

Wurden bei Verwendung von 50 ccm Wein b_1 ccm $^1/_{10}$ N.-Salzsäure vorgelegt, und zur Neutralisation c_1 ccm $^1/_{10}$ N.-Salzsäure verbraucht, so erforderten die Carbonate aus 50 ccm Wein $a_1 = (b_1 - c_1)$ ccm $^1/_{10}$ N.-Salzsäure zur Neutralisation.

Hat man ferner gefunden, daß 100 ccm Wein y g Bernsteinsäure enthalten, so würden die Alkalisalze dieser Säuremenge nach dem Veraschen zur Neutralisation verbrauchen:

$$z = \frac{1000\,y}{5,9} \text{ ccm } ^1/_{10} \text{ N.-Salzsäure;}$$

die Asche des apfelsauren Alkalis aus 100 ccm Wein erfordert mithin zur Neutralisation:

$$\left(2\,a_1 - \frac{1000\,y}{5,9}\right) \text{ ccm } ^1/_{10} \text{ N.-Salzsäure;}$$

diese Säuremenge entspricht:

$$x = \left(2\,a_1 - \frac{1000\,y}{5,9}\right) \frac{6,7}{1000} = (0,0134\,a_1 - 1,1373\,y)$$

Gramm Apfelsäure.

Bequemer ist folgende Berechnung:

Haben die Zahlen $a_1 = (b_1 - c_1)$ dieselbe Bedeutung, wie oben angegeben, und die Zahl $a = (10 - c)$ auf die Bernsteinsäure bezügliche Bedeutung, so ist die Apfelsäuremenge:

$$x = (a_1 - 2\,a) \cdot 0{,}0134.$$

Zur Bestimmung der sämtlichen organischen Säuren im Wein verfährt man zweckmäßig in folgender Weise:

1. In 50 ccm Wein wird nach der amtlichen Vorschrift die flüchtige Säure bestimmt; im Rückstand wird nach Möslingers Angaben die Milchsäure (s. unten) bestimmt. Der dabei erhaltene, in 80 %-igem Alkohol unlösliche Niederschlag dient zur Bestimmung der Bernsteinsäure nach C. v. d. Heide und H. Steiner.

2. In 500 oder 100 ccm Wein wird nach der amtlichen Vorschrift die Weinsäure bestimmt; das Filtrat dient zur Bestimmung der Apfel- und Bernsteinsäure nach dem Verfahren von C. v. d. Heide und H. Steiner.

3. Die Gerbsäure muß in einer besonderen Probe nach Neubauer, Annalen der Önologie 1872. II. 2, oder Ruoß, Zeitschr. analyt. Chemie 1902. **41**. 717. bestimmt werden.

Nachweis von Weinsteinsäure u. s. w. s. S. 413.

Bestimmung der Milchsäure nach W. Möslinger.

Aus 50 oder 100 ccm Wein flüchtige Säure mit Wasserdampf abtreiben und zurückbleibende Flüssigkeit in Porzellanschale mit Barytwasser bis zur neutralen Reaktion gegen Lackmus absättigen. Nach Zusatz von 5–10 ccm 10 %-iger $BaCl_2$ auf 25 ccm eindampfen und mit einigen Tropfen Barytwasser aufs neue genaue Neutralität herstellen. Vorsichtig in kleinen Portionen unter Umrühren 95 %-igem Alkohol zusetzen, bis Flüssigkeit ca. 70–80 ccm beträgt, den ganzen Inhalt der Porzellanschale nun unter Nachspülen mit Alkohol in 100 ccm-Kolben überführen mit Alkohol auffüllen und durch ein trockenes Faltenfilter unter Bedecken des Trichters filtrieren, 80 ccm des Filtrates (eventl. auch mehr) unter Zusatz von etwas Wasser in einer Porzellanschale verdampfen, Rückstand dann vorsichtig verkohlen, seine Alkalität in üblicher Weise mit $^1/_2$ N.-HCl bestimmen und in ccm N.-Alkali ausdrücken. 1 ccm Aschenalkalität = 0,090 g Milchsäure, oder wenn diese in Weinsäure umzurechnen ist = 0,075 Weinsäure.

Kölbchen. Der in der Schale zurückbleibende pulverige Rückstand wird unter Umrühren mit 10—12 ccm Alkohol von 96 Maßprozent wiederum heiß ausgezogen, der Auszug in das 100 ccm-Kölbchen gegossen und dies Verfahren so lange wiederholt, bis die Menge der Auszüge etwa 95 ccm beträgt; der unlösliche Rückstand verbleibt in der Schale. Dann spült man das auf dem 100 ccm-Kölbchen sitzende Trichterchen mit Alkohol ab, kühlt den alkoholischen Auszug auf 15° C ab und füllt ihn mit Alkohol von 96 Maßprozent auf 100 ccm auf. Nach tüchtigem Umschütteln filtriert man den alkoholischen Auszug durch ein Faltenfilter in einen eingeteilten Glaszylinder. 90 ccm Filtrat[1]) werden in eine Porzellanschale übergeführt und auf dem heißen Wasserbade unter Vermeiden eines lebhaften Siedens des Alkohols eingedampft. Der Rückstand wird mit kleinen Mengen absoluten Alkohols aufgenommen, die Lösung in einen eingeteilten Glaszylinder mit Stopfen gegossen und die Schale mit kleinen Mengen absolutem Alkohol nachgewaschen, bis die alkoholische Lösung genau 15 ccm beträgt. Zu der Lösung setzt man dreimal je 7,5 ccm absoluten Äther und schüttelt nach jedem Zusatz tüchtig durch. Der verschlossene Zylinder bleibt so lange stehen, bis die alkoholisch-ätherische Lösung ganz klar geworden ist; hierauf gießt man die Lösung in ein Wägegläschen mit eingeschliffenem Stopfen. Nachdem man den Glaszylinder mit etwa 5 ccm einer Mischung von 1 Raumteil absolutem Alkohol und 1½ Raumteilen absolutem Äther nachgewaschen und die Waschflüssigkeit ebenfalls in das Wägegläschen gegossen hat, verdunstet man die alkoholisch-ätherische Flüssigkeit auf einem heißen, aber nicht kochenden Wasserbade, wobei wallendes Sieden der Lösung zu vermeiden ist. Nachdem der Rückstand im Wägegläschen dickflüssig geworden ist, bringt man das Gläschen in einen Trockenkasten, zwischen dessen Doppelwandungen Wasser lebhaft siedet, läßt nach einstündigem Trocknen im Exsiccator erkalten und wägt.

Berechnung. Wurden a Gramm Glycerin gewogen, so sind enthalten: $x = 1,111$ a Gramm Glycerin in 100 ccm Wein.

b) In Weinen mit 2 g oder mehr Zucker in 100 ccm.

50 ccm Wein werden in einem geräumigen Kolben auf dem Wasserbade erwärmt und mit 1 g Quarzsand und so lange mit kleinen Mengen Kalkmilch versetzt, bis die zuerst dunkler gewordene Mischung wieder eine hellere Farbe und einen laugenhaften Geruch angenommen hat. Das Gemisch wird auf dem Wasserbade unter fortwährendem Umschütteln

---

[1]) Bei extraktreichen Weinen oder Verwendung eines zu großen Filters erhält man keine 90 ccm Filtrat. Die erhaltene Filtratmenge ist dann in entsprechender Weise für die Berechnung des Glycerins in Rechnung zu ziehen. Um ein Überkriechen der alkoholischen Lösung zu verhindern, senkt man die Porzellanschale möglichst tief in den Dampfraum des Wasserbades und füllt dieses nur soweit, daß die gesamte Flüssigkeit vom Dampfe umgeben wird. Das Wasserbad darf nur schwach „singen". Sobald nämlich der Alkohol siedet, geht Glycerin mit weg. Zum Abdampfen der ätherischen Lösung und zur Wägung des Glycerins nimmt man sog. Wägegläser von niedriger weiter Form (Bodenfläche etwa 8 cm Durchmesser und mit etwa 4 cm weitem Halse). Das Abdunsten kann bei einiger Vorsicht unbedenklich auf dem schwachsiedenden Wasserbade geschehen, wenn man ein Uhrglas unterlegt, beim Abdunsten auf dem Dampftrockenschrank legt man Papier unter.

erwärmt. Nach dem Erkalten setzt man 100 ccm Alkohol von 96 Maßprozent zu, läßt den sich bildenden Niederschlag absitzen, filtriert die alkoholische Lösung ab und wäscht den Niederschlag mit Alkohol von 96 Maßprozent aus. Das Filtrat wird eingedampft und der Rückstand nach der unter II No. 9a gegebenen Vorschrift weiter behandelt.

Berechnung. Wurden a Gramm Glycerin gewogen, so sind enthalten: x = 2,222 a Gramm Glycerin in 100 ccm Wein.

Anmerkung. Wenn die Ergebnisse der Zuckerbestimmung nicht mitgeteilt sind, so ist stets anzugeben, ob der Glyceringehalt der Weine nach II No. 9a oder 9b bestimmt worden ist[1]).

10. Bestimmung des Zuckers.

Die Bestimmung des Zuckers geschieht gewichtsanalytisch mit Fehlingscher Lösung.

Herstellung der erforderlichen Lösungen.

1. Kupfersulfatlösung: 69,278 g krystallisiertes Kupfersulfat werden mit Wasser zu 1 Liter gelöst.

2. Alkalische Seignettesalzlösung: 346 g Seignettesalz (Kaliumnatriumtartrat) und 103,2 g Natriumhydrat werden mit Wasser zu 1 Liter gelöst und die Lösung durch Asbest filtriert.

Die beiden Lösungen sind getrennt aufzubewahren.

Vorbereitung des Weines zur Zuckerbestimmung.

Zunächst wird der annähernde Zuckergehalt des zu untersuchenden Weines ermittelt, indem man von dem Extraktgehalt desselben die Zahl 2 abzieht. Weine, die hiernach höchstens 1 g Zucker in 100 ccm enthalten, können unverdünnt zur Zuckerbestimmung verwendet werden; Weine, die mehr als 1 g Zucker in 100 ccm enthalten, müssen dagegen soweit verdünnt werden, daß die verdünnte Flüssigkeit höchstens 1 g Zucker in 100 ccm enthält. Die für den annähernden Zuckergehalt gefundene Zahl (Extrakt weniger 2) gibt an, auf das wievielfache Maß man den Wein verdünnen muß, damit die Lösung nicht mehr als 1 % Zucker enthält. Zur Vereinfachung der Abmessung und Umrechnung rundet man die Zahl (Extrakt weniger 2) nach oben zu auf eine ganze Zahl ab. Die für die Verdünnung anzuwendende Menge Wein ist so auszuwählen, daß die Menge der verdünnten Lösung mindestens 100 ccm beträgt. Enthält beispielsweise ein Wein 4,77 g Extrakt in 100 ccm, dann ist der Wein zur Zuckerbestimmung auf das 4,77—2 = 2,77-fache oder abgerundet auf das dreifache Maß mit Wasser zu verdünnen. Man läßt in diesem Falle aus einer Bürette 33,3 ccm Wein von 15⁰ C in ein 100 ccm-Kölbchen fließen und füllt den Wein mit destilliertem Wasser bis zur Marke auf.

---

[1]) Geeignetere Methoden können z. Zt. nicht empfohlen werden. Vgl. im übrigen Zeisel und Fanto (Jodidmethode), Zeitschr. f. analyt. Chemie 1903. **42**. 549; J. Schindler und H. Swoboda, Zeitschr. f. Unters. d. Nahr.- u. Genußm. 1909. **17**. 735 (dieselbe Methode empfohlen); ferner F. Zetzscher, Pharm. Zentralbl. 1907. **48** (Zeitschr. f. Unters. d. Nahr.- u. Genußm. 1908. **15**. 177).

Trauben- und Obstsaft (-most), Wein und Obstwein. 407

Ausführung der Bestimmung des Zuckers im Weine.

100 ccm Wein oder, bei einem Zuckergehalte von mehr als 1 %, 100 ccm eines in der vorher beschriebenen Weise verdünnten Weines werden in einem Meßkölbchen abgemessen, in eine Porzellanschale gebracht, mit Alkalilauge neutralisiert und im Wasserbade auf etwa 25 ccm eingedampft. Behufs Entfernung von Gerbstoff und Farbstoff fügt man zu dem entgeisteten Weinrückstande, sofern es sich um Rotweine oder erhebliche Mengen Gerbstoff enthaltende Weißweine handelt, 5—10 g gereinigte Tierkohle[1]), rührt das Gemisch unter Erwärmen auf dem Wasserbade mit einem Glasstabe gut um und filtriert die Flüssigkeit in das 100 ccm-Kölbchen zurück. Die Tierkohle wäscht man so lange mit heißem Wasser sorgfältig aus, bis das Filtrat nach dem Erkalten nahezu 100 ccm beträgt. Man versetzt dasselbe sodann mit 3 Tropfen einer gesättigten Lösung von Natriumcarbonat (zur Ausfällung des Calciumphosphates, das sonst als Kupfer zur Wägung kommen würde), schüttelt um, füllt die Mischung bei 15° C auf 100 ccm auf. Entsteht durch den Zusatz von Natriumcarbonat eine Trübung, so läßt man die Mischung 2 Stunden stehen und filtriert sie dann. Das Filtrat dient zur Bestimmung des Zuckers.

An Stelle der Tierkohle kann zur Entfernung von Gerbstoff und Farbstoff aus dem Wein auch Bleiessig benutzt werden. In diesem Falle verfährt man wie folgt: 160 ccm Wein werden in der vorher beschriebenen Weise neutralisiert und entgeistet und der entgeistete Weinrückstand bei 15° C mit Wasser auf das ursprüngliche Maß wieder aufgefüllt. Hierzu setzt man 16 ccm Bleiessig, schüttelt um und filtriert. Zu 88 ccm des Filtrates fügt man 8 ccm einer gesättigten Natriumcarbonatlösung oder einer bei 20° C gesättigten Lösung von Natriumsulfat, schüttelt um und filtriert aufs neue. Das letzte Filtrat dient zur Bestimmung des Zuckers. Durch die Zusätze von Bleiessig und Natriumcarbonat oder Natriumsulfat ist das Volumen des Weines um $1/5$ vermehrt worden, was bei der Berechnung des Zuckergehaltes zu berücksichtigen ist [2]).

a) Bestimmung des Invertzuckers.

In einer vollkommen glatten Porzellanschale (besser sind Erlenmeyerkolben, da sie meist glattere Flächen haben) werden 25 ccm Kupfersulfatlösung, 25 ccm Seignettesalzlösung und 25 ccm Wasser gemischt und auf einem Drahtnetz zum Sieden erhitzt. In die siedende Mischung läßt man aus einer Pipette 25 ccm des in der beschriebenen Weise vorbereiteten Weines fließen und kocht nach dem Wiederbeginn des lebhaften Aufwallens noch genau 2 Minuten. Man filtriert das ausgeschiedene

---

[1]) Siehe auch A. Kickton, Zeitschr. f. Unters. d. Nahr.- u. Genußm. 1906. 11. 65. Vergleichende Zuckerbestimmungen in entfärbten und nicht entfärbten Lösungen.
[2]) Bequemer ist es 100 ccm neutralisierten und entgeisteten Wein mit 10 ccm Bleiessig zu fällen, davon 55 ccm Filtrat und 5 ccm Natriumphosphat zu nehmen. Bei Süßweinen muß man eine dem vorhandenen Zuckergehalte (ungefähr aus dem Extraktgehalt zu ersehen) entsprechende Verdünnung des fertigen Filtrates vornehmen. 50 ccm desselben auf 250 bzw. 500 ccm vor der Zuckerbestimmung verdünnen. Siehe auch No. 11 Polarisation, S. 410. Man verbindet die Zuckerbestimmung am besten mit derjenigen der Polarisation.

Kupferoxydul unter Anwendung einer Saugpumpe sofort durch ein gewogenes Asbestfilterröhrchen und wäscht letzteres mit heißem Wasser und zuletzt mit Alkohol und Äther aus. Nachdem das Röhrchen mit dem Kupferoxydulniederschlage bei 100^0 C getrocknet ist, erhitzt man letzteren stark bei Luftzutritt, verbindet das Röhrchen alsdann mit einem Wasserstoff-Entwickelungsapparat, leitet trocknen und reinen Wasserstoff hindurch und erhitzt das zuvor gebildete Kupferoxyd mit einer kleinen Flamme, bis dasselbe vollkommen zu metallischem Kupfer reduziert ist. Dann läßt man das Kupfer im Wasserstoffstrom erkalten und wägt. Die dem gewogenen Kupfer entsprechende Menge Invertzucker entnimmt man der Tabelle Meißl S. 19. (Die Reinigung des Asbestfilterröhrchens geschieht durch Auflösen des Kupfers in heißer Salpetersäure, Auswaschen mit Wasser, Alkohol und Äther, Trocknen und Erhitzen im Wasserstoffstrome. Siehe im übrigen weitere Winke betr. Ausführung des Kupferreduktionsverfahrens S. 18.)

Bei den gewöhnlichen Weinen kommt es meistens nur darauf an, größere als 0,2 bzw. 0,1 g betragende Zuckermengen festzustellen. Durch nachstehendes einfaches Verfahren läßt sich nachweisen, ob dies zutrifft: 5 ccm des mit festem K_2CO_3 versetzten oder 5,5 ccm des zur Polarisation im Verhältnis 10 : 11 verdünnten, entgeisteten Weines werden mit 2 ccm Fehling scher Lösung in einem Reagensglase im siedenden Wasserbade erhitzt, bis die über dem entstandenen Niederschlage stehende Flüssigkeit völlig klar ist. Ist die Flüssigkeit gelb, so war mehr als 0,2 % Zucker vorhanden, ist sie blau geblieben, so war weniger als 0,2% Zucker vorhanden. In derselben Weise wird verfahren mit 5 ccm Wein und 1 ccm Fehling scher Lösung hinsichtlich der Feststellung, ob der Wein mehr oder weniger als 0,1 % Zucker enthält. Rotweine sind mit Tierkohle oder bei mehr als 0,5 % Zuckergehalt mit Bleiessig erst zu entfärben. Aus herben Rotweinen muß der Gerbstoff zuvor entfernt werden, da er vermöge seines dem Zucker gleichen Reduktionsvermögens einen Zuckergehalt vortäuscht.

Der nicht vergärungsfähige Zuckerrest der Weine (etwa 0,03 bis 0,13 g) besteht nach Weiwers, Zeitschr. f. Unters. d. Nahr.- u. Genußm. 1907. 13. 53 aus l-Arabinose.

b) Bestimmung des Rohrzuckers.

Man mißt 50 ccm des in der vorherbeschriebenen Weise erhaltenen entgeisteten, alkalisch gemachten, gegebenenfalls von Gerbstoff und Farbstoff [1] befreiten und verdünnten Weines mittels einer Pipette in ein Kölbchen von etwa 100 ccm Inhalt, neutralisiert genau mit Salzsäure, fügt sodann 5 ccm einer 1 %-igen Salzsäure hinzu [2]) und erhitzt

---

[1]) Es ist stets anzugeben, ob die Entfernung des Gerbstoffes und Farbstoffes durch Kohle oder durch Bleiessig stattgefunden hat.

[2]) Die Salzsäure ist, wie Kulisch (Zeitschr. f. angew. Chemie 1897. 45 u. 205) schon angegeben hat, zu schwach; es wird unter Umständen nicht alles invertiert. Kulisch empfiehlt bis zu 1 ccm 25 %-iger Salzsäure bei nicht verdünnten Weinen, bei solchen, welche weniger als aufs Fünffache, aber doch mindestens auf das Doppelte verdünnt sind, genügt 0,5 ccm 25 %-iger Salzsäure. Man kann auch nach der Zollvorschrift (s. S. 268) invertieren (W. Fresenius und L. Grünhut), wenn nicht ausdrücklich obige amtliche Anweisung vorgeschrieben ist, wie z. B. in der Weinzollordnung. Im ersteren Falle verfährt man bei nicht süßen Weinen nach folgender bewährter Vorschrift: 100 ccm mit Normal-NaOH neutralisieren und entgeisten, Rückstand in 100 ccm-Kölbchen spülen, auf 75 ccm bringen, mit soviel ccm Normal-HCl versetzen als vorher Normal-NaOH verbraucht war, 5 ccm Salzsäure (1,19) zufügen und darnach invertieren (Zollvorschrift 5 Min. 67—70° erwärmen, öfters umschütteln). Nach

die Mischung ½ Stunde im siedenden Wasserbade. Dann neutralisiert man die Flüssigkeit genau, dampft sie im Wasserbade etwas ein, macht sie mit einer Lösung von Natriumcarbonat schwach alkalisch und filtriert sie durch ein kleines Filter in ein 50 ccm-Kölbchen, das man durch Nachwaschen bis zur Marke füllt. In 25 ccm der zuletzt erhaltenen Lösung wird, wie unter II No. 10a angegeben, der Invertzuckergehalt bestimmt.

Berechnung. Man rechnet die nach der Inversion mit Salzsäure erhaltene Kupfermenge auf Gramme Invertzucker in 100 ccm Wein um. Bezeichnet man mit

a die Gramme Invertzucker in 100 ccm Wein, welche vor der Inversion mit Salzsäure gefunden wurden,

b die Gramme Invertzucker in 100 ccm Wein, welche nach der Inversion mit Salzsäure gefunden wurden,

so sind enthalten:

x = 0,95 (b—a) Gramm Rohrzucker in 100 ccm Wein.

11. Polarisation.

Zur Prüfung des Weines auf sein Verhalten gegen das polarisierte Licht sind nur große, genaue Apparate zu verwenden, an denen noch Zehntelgrade abgelesen werden können. Die Ergebnisse der Prüfung sind in Winkelgraden, bezogen auf eine 200 mm lange Schicht des ursprünglichen Weines, anzugeben. Die Polarisation ist bei 15⁰ C auszuführen.

Ausführung der polarimetrischen Prüfung des Weines.

a) Bei Weißweinen. 60 ccm Weißwein werden mit Alkali neutralisiert, im Wasserbade auf ⅓ eingedampft, auf das ursprüngliche Maß wieder aufgefüllt und mit 3 ccm Bleiessig versetzt; der entstandene Niederschlag wird abfiltriert. Zu 31,5 ccm des Filtrates setzt man 1,5 ccm einer gesättigten Lösung von Natriumcarbonat oder einer bei 20⁰ C gesättigten Lösung von Natriumsulfat, filtriert den entstandenen Niederschlag ab und polarisiert[1]) das Filtrat. Der von dem Weine eingenommene Raum ist durch die Zusätze um $^1/_{10}$ (= × 1,1) vermehrt worden, worauf Rücksicht zu nehmen ist.

b) Bei Rotweinen. 60 ccm Rotwein werden mit Alkali neutralisiert, im Wasserbade auf ⅓ eingedampft, filtriert, auf das ursprüngliche Maß wieder aufgefüllt und mit 6 ccm Bleiessig versetzt. Man filtriert den Niederschlag ab, setzt zu 33 ccm des Filtrates 3 ccm einer gesättigten Lösung von Natriumcarbonat oder einer bei 20⁰ C gesättigten Lösung

---

Abkühlen auf 100 ccm auffüllen, mit Tierkohle entfärben. Filtrieren. Vom Filtrat 50 ccm mit N-NaOH (30,9) neutralisieren. 3 Tropfen konz. Na_2CO_3-lösung zufügen, auf 100 ccm ergänzen, davon 50 ccm zur Zuckerbestimmung.

Bei Süßweinen werden 75 ccm des entsprechend verdünnten Filtrats (s. Anmerkung 2 S. 407) mit 5 ccm HCl (1,19) etc. behandelt, nach Abkühlen mit festem Na_2CO_3 nahezu neutralisiert und auf 150 ccm gebracht. Sonst wie oben. Berechnung der Saccharose wie in der amtlichen Vorschrift oben angegeben; diejenige der Fructose und Glucose s. S. 25 im Abschnitt „Allgemeine Untersuchungsmethoden".

[1]) Im 200 mm Rohr bei Zimmertemperatur.

von Natriumsulfat[1]), filtriert den Niederschlag ab und polarisiert das Filtrat. Der von dem Rotweine eingenommene Raum wird durch die Zusätze um $1/5$ (= × 1,2) vermehrt.

Gelingt die Entfärbung eines Weines durch Behandlung mit Bleiessig nicht vollständig, so ist sie mittels Tierkohle[2]) auszuführen. Man mißt 50 ccm Wein in einem Meßkölbchen ab, führt ihn in eine Porzellanschale über, neutralisiert ihn genau mit einer Alkalilösung und verdampft den neutralisierten Wein auf etwa 25 ccm. Zu dem entgeisteten Weinrückstande setzt man 5—10 g gereinigte Tierkohle, rührt unter Erwärmen auf dem Wasserbade mit einem Glasstabe gut um und filtriert die Flüssigkeit ab. Die Tierkohle wäscht man so lange mit heißem Wasser sorgfältig aus, bis je nach der Menge des in dem Weine enthaltenen Zuckers das Filtrat 75—100 ccm beträgt. Man dampft das Filtrat in einer Porzellanschale auf dem Wasserbade bis zu 30—40 ccm ein, filtriert den Rückstand in das 50 ccm-Kölbchen zurück, wäscht die Porzellanschale und das Filter mit Wasser aus und füllt das Filtrat bis zur Marke auf. Das Filtrat wird polarisiert; eine Verdünnung des Weines findet bei dieser Vorbereitung nicht statt."

Wenn man die Bestimmung des Zuckers mit der Polarisation verbinden will, was der rascheren Erledigung wegen vielfach praktisch ist, verfährt man nach den in der Anmerkung 2 S. 407 angegebenen Mengeverhältnissen mit der Maßgabe, daß bei Süßweinen mehr Bleiessig anzuwenden ist und die Verdünnung nur zur Zuckerbestimmung nicht aber auch zur Polarisation vorgenommen wird oder nach L. Grünhut[3]). Der Rückstand von 100 ccm des neutralisierten und entgeisteten Weines wird in einem 100 ccm-Kölbchen mit 10 ccm Bleiessig gefällt, auf 100 dann aufgefüllt und filtriert, 50 ccm des Filtrates fällt man in einem 100 ccm-Kölbchen mit Na_2CO_3 (Na_2SO_4), füllt zur Marke, filtriert und bestimmt in 50 ccm = 25 ccm Wein mit 50 ccm Fehling scher Lösung den Zucker.

Weitere 30 ccm des Filtrates vom Bleiessigniederschlage werden mit 3 ccm Na_2CO_3 etc. gefällt. Nach dem Filtrieren resultiert eine Lösung 10 : 11 wie in der amtlichen Anweisung oben unter a) zur Polarisation vorgeschrieben ist.

Bei Süßwein ist mehr Bleiessig (20—25 ccm) erforderlich.

Man kann auf Invertzuckerzusatz annähernd in folgender Weise schließen. Die spezifische Drehung des Invertzuckers (d. h. 100 g in 100 ccm) beträgt im 100 mm-Rohr rund —20° bei 20° C. Bei Vornahme der Polarisation im 200 mm-Rohr wird also auf jedes Gramm vorhandenen Invertzuckers eine Drehung von —0,4° entfallen. Beträgt der Extraktgehalt eines Weines z. B. 13,5 g in 100 ccm, so wird der Zuckergehalt annähernd 11 bis 11,5 % betragen (Extrakt zu 2 bis 2,5 % geschätzt). Diesem Zuckergehalt (betrachtet als Invert-) entspricht demnach eine Drehung von 11 × 0,4 bezw. 11,5 × 0,4 = —4,4 bezw. —4,6°. Ist die gefundene Drehung des Weines größer als die berechnete, so würde dieser Umstand auf stattgefundene Gärung hindeuten, weil die Lävulose dann vorherrscht.

Will man den Nachweis von Saccharose durch Polarisation führen, so muß man noch invertieren S. 408, Abschnitt Wein S. 408 und „Allgemeiner Gang der Untersuchungen", S. 20, sowie Abschnitt „Fruchtsäfte" u. s. w. (Vgl. auch die Berechnung der Saccharose aus der Polarisation im Abschnitt Honig S. 300).

---

[1]) Die Fällung des Bleies mit Natriumcarbonat oder Natriumsulfat führt nach Bornträger, Zeitschr. f. analyt. Chemie 1898. 160; Woy, Seyda, Zeitschr. f. analyt. Chemie 1895. 286, und anderen zu kleinen Fehlern. Anstatt dieser wird empfohlen das Blei als Phosphat mittels Dinatriumphosphat zu fällen.

[2]) Besser ist es, unter allen Umständen erst mit Bleiessig zu fällen und eventl. noch die letzten Farbstoffreste mit Tierkohle zu entfernen.

[3]) Zeitschr. f. analyt. Chemie 1897. 36. 175.

12. Nachweis des unreinen Stärkezuckers durch Polarisation.

a) Hat man bei der Zuckerbestimmung nach II No. 10 höchstens 0,1 g reduzierenden Zucker in 100 ccm Wein gefunden und dreht der Wein bei der gemäß II No. 11 ausgeführten Polarisation nach links oder gar nicht oder höchstens $0,3^0$ nach rechts, so ist dem Weine unreiner Stärkezucker nicht zugesetzt worden.

b) Hat man bei der Zuckerbestimmung nach II No. 10 höchstens 0,1 g reduzierenden Zucker gefunden, und dreht der Wein mehr als $0,3^0$ bis höchstens $0,6^0$ nach rechts, so ist die Möglichkeit des Vorhandenseins von Dextrin in dem Weine zu berücksichtigen und auf dieses nach II No. 19 zu prüfen. Ferner ist nach dem folgenden, unter II No. 12d beschriebenen Verfahren die Prüfung auf die unvergorenen Bestandteile des unreinen Stärkezuckers vorzunehmen.

c) Hat man bei der Zuckerbestimmung nach II No. 10 höchstens 0,1 g Gesamtzucker in 100 ccm Wein gefunden, und dreht der Wein bei der Polarisation mehr als $0,6^0$ nach rechts, so ist zunächst nach II No. 19 auf Dextrin zu prüfen. Ist dieser Stoff in dem Weine vorhanden, so verfährt man zum Nachweis der unvergorenen Bestandteile des unreinen Stärkezuckers nach dem folgenden, unter II No. 12d angegebenen Verfahren. Ist Dextrin nicht vorhanden, so enthält der Wein die unvergorenen Bestandteile des unreinen Stärkezuckers.

d) Hat man bei der Zuckerbestimmung nach II No. 10 mehr als 0,1 g Gesamtzucker in 100 ccm Wein[1]) gefunden, so weist man den Zusatz unreinen Stärkezuckers auf folgende Weise nach.

α) 210 ccm Wein werden im Wasserbade auf $\frac{1}{3}$ eingedampft; der Verdampfungsrückstand wird mit so viel Wasser versetzt, daß die verdünnte Flüssigkeit nicht mehr als 15 % Zucker enthält; die verdünnte Flüssigkeit wird in einem Kolben mit etwa 5 g gärkräftiger Bierhefe, die optisch aktive Bestandteile nicht enthält, versetzt und so lange bei 20—25⁰ C stehen gelassen, bis die Gärung beendet ist.

β) Die vergorene Flüssigkeit wird mit einigen Tropfen einer 20 %-igen Kaliumacetatlösung versetzt und in einer Porzellanschale auf dem Wasserbade unter Zusatz von Quarzsand zu einem dünnen Sirup verdampft. Zu dem Rückstande setzt man unter beständigem Umrühren allmählich 200 ccm Alkohol von 90 Maßprozent. Nachdem sich die Flüssigkeit geklärt hat, wird der alkoholische Auszug in einen Kolben filtriert, Rückstand und Filter mit wenig Alkohol von 90 Maßprozent gewaschen und der Alkohol größtenteils abdestilliert. Der Rest des Alkohols wird verdampft und der Rückstand durch Wasserzusatz auf etwa 10 ccm gebracht. Hierzu setzt man 2—3 g gereinigte, in Wasser aufgeschlemmte Tierkohle, rührt mit einem Glasstabe wiederholt tüchtig um, filtriert die entfärbte Flüssigkeit in einen kleinen eingeteilten Zylinder und wäscht die Tierkohle mit heißem Wasser aus, bis das auf 15⁰ C abgekühlte Filtrat 30 ccm beträgt. Zeigt dasselbe bei der Polari-

---

[1]) Darnach müßte jeder Jungwein einer Vergärung unterworfen werden, da solche Weine oft mehr als 0,1% Zucker enthalten; nach Grünhut ist dies aber nicht erforderlich, wenn man erst durch die Bestimmung des spezifischen Drehungsvermögens einen Schluß auf die vorhandene Zuckerart gezogen hat. Das Nähere siehe Zeitschr. f. analyt. Chemie 36. 168.

sation eine Rechtsdrehung von mehr als 0,5°, so enthält der Wein die unvergorenen Bestandteile des unreinen Stärkezuckers. Beträgt die Drehung gerade + 0,5° oder nur wenig über oder unter dieser Zahl, so wird die Tierkohle aufs neue mit heißem Wasser ausgewaschen, bis das auf 15° C abgekühlte Filtrat 30 ccm beträgt. Die bei der Polarisation dieses Filtrates gefundene Rechtsdrehung wird der zuerst gefundenen hinzugezählt. Wenn das Ergebnis der zweiten Polarisation mehr als den fünften Teil der ersten beträgt, muß die Kohle noch ein drittes Mal mit 30 ccm heißem Wasser ausgewaschen und das Filtrat polarisiert werden.

Anmerkung: Die Rechtsdrehung kann auch durch gewisse Bestandteile mancher Honigsorten verursacht sein."

13. Nachweis fremder Farbstoffe in Rotweinen.

Rotweine sind stets auf Teerfarbstoffe und auf ihr Verhalten gegen Bleiessig zu prüfen. Ferner ist in dem Weine ein mit Alaun [1]) und Natriumacetat gebeizter Wollfaden zu kochen und das Verhalten des auf der Wollfaser niedergeschlagenen Farbstoffes gegen Reagentien zu prüfen. Die bei dem Nachweise fremder Farbstoffe im einzelnen befolgten Verfahren sind stets anzugeben.

Bemerkung der Verfasser: Zur Ermittelung der Teerfarbstoffe ist außerdem das Ausschütteln von 100 ccm Wein mit Äther vor und nach dem Übersättigen mit Ammoniak zu empfehlen. Die ätherischen Ausschüttelungen sind nach dem Verdampfen des Äthers getrennt durch die Wollprobe in der oben angegebenen Weise zu prüfen. Die zur Weinfärbung hauptsächlich benutzten Teerfarbstoffe färben sich auf, Pflanzenfarbstoffe nicht. Rotwein läßt auf dem Wollfaden zuweilen eine schwache schmutzige, braunrote Farbe zurück, die aber nicht zu verwechseln ist mit Auffärbungen. Man zieht den Wollfaden dann noch mit Ammoniak aus, wobei die Wolle entweder rot bleibt oder gelblich wird; letztere Färbung geht beim Auswaschen des Ammoniaks wieder in rot über. Die natürliche Rotweinauffärbung verfärbt sich mit Ammoniak grünlich.

Cazeneuves Verfahren nach Wolf. 10 ccm Wein werden mit 10 ccm einer kaltgesättigten Quecksilberchloridlösung geschüttelt, sodann mit 10 Tropfen Kalilauge von 1,27 spezifischem Gewicht versetzt, wieder geschüttelt und durch ein trockenes Filter filtriert.

Das Filtrat kann sein:

1. Schwach gelblich (auch bei natürlichem Weinfarbstoff). Man versetzt mit Essigsäure bis zur sauren Reaktion; war Säurefuchsin zugegen, so färbt sich das Filtrat schön rosa.

2. Gelb-rot bis rosa bis rot-violett. Man säuert mit Salzsäure an; die Farbe bleibt unverändert oder wird nur rosa: Oxyazofarben (Bordeauxrot, Ponceau u. s. w.)[2]).

Die Farbe geht von gelb-rot über in blau-rot bis blau-violett:

---

[1]) 50 ccm Wein mit $^1/_{10}$ Vol. einer 10 %-igen Lösung von $KHSO_4$ versetzen, entfettete Wollfäden 10 Minuten darin kochen (Strohmer, Arata).
[2]) Manche stark gefärbte echte Rotweine (z. B. von Trollinger und Portugieser Trauben) liefern nach eigener Beobachtung ebenfalls ein rotes Filtrat! Die Cazeneuvesche Probe allein ist daher nicht ausschlaggebend.

Amidoazofarben: z. B. Kongo, Benzopurpurin, Methylorange u. s. w.

Alkali im Überschuß färbt wieder gelb-rot.

Geht die ursprüngliche blau-rote Farbe des mit Salzsäure angesäuerten Filtrats in gelb-rot über und wird dieselbe mit Ammoniak wieder hergestellt, so ist der Farbstoff Cochenille oder Orseille, welche beide sich jedoch erst zu erkennen geben, wenn sie in ziemlich großer Menge vorhanden sind.

Auf die Ermittelung von Teerfarbstoffen auf spektroskopischem Weg kann hier nicht eingegangen werden (siehe Literatur, namentlich Formanek-Grandmougin, Verlag J. Springer, Berlin).

Von den Pflanzenfarbstoffen ist nur der Nachweis der Kermesbeerfarbe (Phytolacca) und Heidelbeerfarbe möglich. Nachweis von Kermesbeeren: Mit Bleiessig versetzt fällt in einem solchen gefärbten Wein der Niederschlag rot-violett. Mit Ätzbaryt versetzt scheiden sich blaue bis violette Flocken aus." Nachweis von Heidelbeerfarbe nach Plahl, Z. f. U. N. 1908. 15. 262.

Nachweis von Caramel nach dem Verfahren von C. Amthor, siehe S. 337, Abschnitt Branntweine.

14. Bestimmung der Gesamtweinsteinsäure, der freien Weinsteinsäure, des Weinsteins und der an alkalische Erden gebundenen Weinsteinsäure.

a) Bestimmung der Gesamtweinsteinsäure.

Man setzt zu 100 ccm Wein in einem Becherglase 2 ccm Eisessig, 3 Tropfen einer 20 %-igen Kaliumacetatlösung und 15 g gepulvertes reines Chlorkalium. Letzteres bringt man durch Umrühren nach Möglichkeit in Lösung und fügt dann 15 ccm Alkohol von 95 Maßprozent hinzu. Nachdem man durch starkes, etwa 1 Minute anhaltendes Reiben des Glasstabes an der Wand des Becherglases die Abscheidung des Weinsteins eingeleitet hat, läßt man die Mischung wenigstens 15 Stunden bei Zimmertemperatur stehen und filtriert dann den krystallinischen Niederschlag ab. Hierzu bedient man sich eines Goochschen Platin- oder Porzellantiegels mit einer dünnen Asbestschicht, welche mit einem Platindrahtnetz von mindestens ½ mm weiten Maschen bedeckt ist, oder einer mit Papierfilterstoff bedeckten Wittschen Porzellansiebplatte; in beiden Fällen wird die Flüssigkeit mit Hilfe der Wasserstrahlpumpe abgesaugt. Zum Auswaschen des krystallinischen Niederschlages dient ein Gemisch von 15 g Chlorkalium, 20 ccm Alkohol von 95 Maßprozent und 100 ccm destilliertem Wasser. Das Becherglas wird etwa dreimal mit wenigen Kubikzentimetern dieser Lösung abgespült, wobei man jedesmal gut abtröpfeln läßt. Sodann werden Filter und Niederschlag durch etwa dreimaliges Abspülen und Aufgießen von wenigen Kubikzentimetern der Waschflüssigkeit ausgewaschen; von letzterer dürften im ganzen nicht mehr als 20 ccm gebraucht werden. Der auf dem Filter gesammelte Niederschlag wird darauf mit siedendem, alkalifreiem, destilliertem Wasser in das Becherglas zurückgespült und die erhaltene, bis zum Kochen erhitzte Lösung in der Siedhitze mit ¼ N.-Alkalilauge unter Verwendung von empfindlichem blauviolettem Lackmuspapier titriert.

Berechnung. Wurden bei der Titration a Kubikzentimeter ¼ N.-Alkalilauge verbraucht, so sind enthalten:

x = 0,0375 (a + 0,6) [1]) Gramm Gesamtweinsteinsäure in 100 ccm Wein.

b) Bestimmung der freien Weinsteinsäure [2]).

50 ccm eines gewöhnlichen ausgegorenen Weines, bezw. 25 ccm eines erhebliche Mengen Zucker enthaltenden Weines, werden in der unter II No. 4 vorgeschriebenen Weise in einer Platinschale verascht. Die Asche wird vorsichtig mit 20 ccm ¼ N.-Salzsäure versetzt und nach Zusatz von 20 ccm destilliertem Wasser über einer kleinen Flamme bis zum beginnenden Sieden erhitzt (Bedecken mit Uhrglas). Die heiße Flüssigkeit wird mit ¼ N.-Alkalilauge unter Verwendung von empfindlichem, blauviolettem Lackmuspapier titriert.

Berechnung. Wurden a Kubikzentimeter Wein angewendet und bei der Titration b Kubikzentimeter ¼ N.-Alkalilauge verbraucht, enthält ferner der Wein c Gramm Gesamtweinsteinsäure in 100 ccm (nach II No. 14a bestimmt) so sind enthalten:

$$x = c - \frac{3,75\,(20-b)}{a}$$ Gramm freie Weinsteinsäure in 100 ccm Wein.

Ist a = 50, so wird x = c + 0,075 b — 1,5; ist a = 25, so wird x = c + 0,15 b — 3.

c) Bestimmung des Weinsteins [3]).

50 ccm eines gewöhnlichen ausgegorenen Weines, bzw. 25 ccm eines erhebliche Mengen Zucker enthaltenden Weines, werden in der unter II No. 4 vorgeschriebenen Weise in einer Platinschale verascht. Die Asche wird mit heißem destilliertem Wasser ausgelaugt, die Lösung durch ein kleines Filter filtriert und die Schale sowie das Filter [4]) mit heißem Wasser sorgfältig [5]) ausgewaschen. Der wässerige Aschenauszug wird vorsichtig mit 20 ccm ¼ N.-Salzsäure versetzt und über einer kleinen Flamme bis zum beginnenden Sieden erhitzt. Die heiße Lösung wird mit ¼ N.-Alkalilauge unter Verwendung von empfindlichem blauviolettem Lackmuspapier titriert.

Berechnung. Wurden d Kubikzentimeter Wein angewendet und bei der Titration e Kubikzentimeter ¼ N.-Alkalilauge verbraucht, enthält ferner der Wein c Gramm Gesamtweinsteinsäure in 100 ccm (nach II No. 14a bestimmt), so berechnet man zunächst den Wert von n aus nachstehender Formel:

$$n = 26{,}67\,c - \frac{100\,(20-e)}{d}.$$

---

[1]) Die Zahl 0,6 bedeutet die Korrektur für die Löslichkeit des Weinsteins in der Chlorkalium-Weingeistmischung.

[2]) = Alkalität der Gesamtasche; der Alkalitätsfaktor wird folgendermaßen berechnet $\frac{\text{Gesamtalkalität} \times 0{,}1}{\text{Mineralstoffgehalt}}$ (siehe unter Beurteilung).

[3]) = wasserlösliche Alkalität.

[4]) von höchstens 3 cm Radius, nach Grünhut, Zeitschr. f. analyt. Chemie 1899. 38. 474.

[5]) Etwa 8 mal.

α) Ist n gleich Null oder negativ, so ist sämtliche Weinsteinsäure in der Form von Weinstein in dem Weine vorhanden; dann sind enthalten: x = 1,2533 c Gramm Weinstein in 100 ccm Wein.

β) Ist n positiv, so sind enthalten:
$$x = \frac{4{,}7\,(20-e)}{d} \text{ Gramm Weinstein in 100 ccm Wein.}$$

d) **Bestimmung der an alkalische Erden gebundenen Weinsteinsäure.**

Die Menge der an alkalische Erden gebundenen Weinsteinsäure wird aus den bei der Bestimmung der freien Weinsteinsäure und des Weinsteins unter II No. 14b und c gefundenen Zahlen berechnet. Haben b, d und e dieselbe Bedeutung wie dort, und ist:

α) n gleich Null oder negativ gefunden worden, so ist an alkalische Erden gebundene Weinsteinsäure in dem Weine nicht enthalten;

β) n positiv gefunden worden und freie Weinsteinsäure vorhanden, so sind
$$x = \frac{3{,}75\,(e-b)}{d}$$
Gramm an alkalische Erden gebundene Weinsteinsäure in 100 ccm Wein;

γ) n positiv gefunden worden und freie Weinsäure nicht vorhanden, so sind
$$x = c - \frac{3{,}75\,(20-e)}{d}$$
Gramm an alkalische Erden gebundene Weinsteinsäure in 100 ccm Wein enthalten.

15. Bestimmung der Schwefelsäure in Weißweinen.

Das unter II No. 5 für Rotweine angegebene Verfahren zur Bestimmung der Schwefelsäure gilt auch für Weißweine.

16. Bestimmung der schwefligen Säure.

Zur Bestimmung der schwefligen Säure bedient man sich folgender Vorrichtung. Ein Destillierkolben von 400 ccm Inhalt wird mit einem zweimal durchbohrten Stopfen verschlossen, durch welchen zwei Glasröhren in das Innere des Kolbens führen. Die erste Röhre reicht bis auf den Boden des Kolbens, die zweite nur bis in den Hals. Die letztere Röhre führt zu einem Liebigschen Kühler; an diesen schließt sich luftdicht mittels durchbohrten Stopfens eine kugelig aufgeblasene U-Röhre (sog. Peligotsche Röhre).

Man leitet durch das bis auf den Boden des Kolbens führende Rohr Kohlensäure, bis alle Luft aus dem Apparat verdrängt ist, bringt dann in die Peligotsche Röhre 50 ccm Jodlösung (erhalten durch Auflösen von 5 g reinem Jod und 7,5 g Jodkalium in Wasser zu 1 Liter), lüftet den Stopfen des Destillierkolbens und läßt 100 ccm Wein aus einer Pipette in den Kolben fließen, ohne das Einströmen der Kohlensäure zu unterbrechen. Nachdem noch 5 g sirupdicke Phosphorsäure zugegeben sind, erhitzt man den Wein vorsichtig und destilliert ihn unter stetigem Durchleiten von Kohlensäure zur Hälfte ab.

Man bringt nunmehr die Jodlösung, die noch braun gefärbt sein muß, in ein Becherglas, spült die Peligotsche Röhre gut mit Wasser aus, setzt etwas Salzsäure zu, erhitzt das Ganze kurze Zeit und fällt die durch Oxydation der schwefligen Säure entstandene Schwefelsäure mit Chlorbarium. Der Niederschlag von Bariumsulfat wird genau in der unter II No. 5 vorgeschriebenen Weise weiter behandelt.

Berechnung. Wurden a g Bariumsulfat gewogen, so sind: x = 0,2744 a Gramm schweflige Säure (SO_2) in 100 ccm Wein.

Bemerkung 1. Der Gesamtgehalt der Weine an schwefliger Säure kann auch nach dem folgenden Verfahren bestimmt werden. Man bringt in ein Kölbchen von ungefähr 200 ccm Inhalt 25 ccm Kalilauge, die etwa 56 g Kaliumhydrat im Liter enthält, und läßt 50 ccm Wein so zu der Lauge fließen, daß die Pipettenspitze während des Auslaufens in die Kalilauge taucht. Nach mehrmaligem vorsichtigen Umschwenken läßt man die Mischung 15 Minuten stehen. Hierauf fügt man zu der alkalischen Flüssigkeit 10 ccm verdünnte Schwefelsäure (erhalten durch Mischen von 1 Teil Schwefelsäure mit 3 Teilen Wasser) und einige Kubikzentimeter Stärkelösung und titriert die Flüssigkeit mit $1/50$ N.-Jodlösung; man läßt die Jodlösung hierbei rasch, aber vorsichtig so lange tropfen, bis die blaue Farbe der Jodstärke nach vier- bis fünfmaligem Umschwenken noch kurze Zeit anhält.

Berechnung der gesamten schwefligen Säure. Wurden auf 50 ccm Wein a ccm $1/50$ N.-Jodlösung verbraucht, so sind enthalten: x = 0,00128 a Gramm gesamte schweflige Säure (SO_2) in 100 ccm Wein.

Zufolge neuerer Erfahrungen ist ein Teil der schwefligen Säure im Weine an organische Bestandteile gebunden [1]), ein anderer im freien Zustande oder als Alkalibisulfit im Weine vorhanden. Die Bestimmung der freien schwefligen Säure geschieht nach folgendem Verfahren. Man leitet durch ein Kölbchen von etwa 100 ccm Inhalt 10 Minuten lang Kohlensäure, entnimmt dann aus der frisch entkorkten Flasche mit einer Pipette 50 ccm Wein und läßt diesen in das mit Kohlensäure gefüllte Kölbchen fließen. Nach Zusatz von 5 ccm verdünnter Schwefelsäure wird die Flüssigkeit in der vorher beschriebenen Weise mit $1/50$ N.-Jodlösung titriert.

Berechnung der freien schwefligen Säure. Wurden auf 50 ccm Wein a Kubikzentimeter $1/50$ N.-Jodlösung verbraucht, so sind enthalten:

x = 0,00128 a Gramm freie schweflige Säure (SO_2) in 100 ccm Wein.

Der Unterschied der gesamten schwefligen Säure und der freien schwefligen Säure ergibt den Gehalt des Weines an schwefliger Säure, die an organische Weinbestandteile gebunden ist [2]).

Bemerkung 2. Wurde der Gesamtgehalt an schwefliger Säure nach dem in der Bemerkung 1 beschriebenen Verfahren bestimmt, so ist dies anzugeben. Es ist wünschenswert, daß in jedem Falle die freie bzw. die an organische Bestandteile gebundene schweflige Säure bestimmt wird.

---

[1]) An Aldehyd.
[2]) Methode M. Ripper, Forschungsber. 1895. 12. 35.

17. Bestimmung des Saccharins.

Man verdampft 100 ccm Wein unter Zusatz von ausgewaschenem groben Sande in einer Porzellanschale auf dem Wasserbade, versetzt den Rückstand mit 1—2 ccm einer 30 %-igen Phosphorsäurelösung und zieht ihn unter beständigem Auflockern mit einer Mischung von gleichen Raumteilen Äther und Petroleumäther bei mäßiger Wärme aus. Man filtriert die Auszüge durch gereinigten Asbest in einen Kolben und fährt mit dem Ausziehen fort, bis man 200—250 ccm Filtrat erhalten hat. Hierauf destilliert man den größten Teil der Äther-Petroleumäthermischung im Wasserbade ab, führt die rückständige Lösung aus dem Kolben in eine Porzellanschale über, spült den Kolben mit Äther gut nach, verjagt dann Äther und Petroleumäther völlig, und nimmt den Rückstand mit einer verdünnten Lösung von Natriumcarbonat auf. Man filtriert die Lösung in eine Platinschale, verdampft sie zur Trockne, mischt den Trockenrückstand mit der vier- bis fünffachen Menge festem Natriumcarbonat und trägt dieses Gemisch allmählich in schmelzenden Kalisalpeter ein. Man löst die weiße Schmelze in Wasser, säuert sie vorsichtig (mit aufgelegtem Uhrglase) in einem Becherglase mit Salzsäure an und fällt die aus dem Saccharin entstandene Schwefelsäure mit Chlorbarium in der unter II No. 5 vorgeschriebenen Weise.

Berechnung. Wurden bei der Verarbeitung von 100 ccm Wein a Gramm $BaSO_4$ gewonnen, so sind enthalten:

$x = 0{,}7857$ a Gramm Saccharin in 100 ccm Wein."

Methode nach F. Wirthle [1]) (zum qualitativen Nachweis, namentlich von sehr geringen Mengen Saccharin). 200 ccm in einer Schale auf etwa 20 ccm eingeengten Wein bringt man in einen Scheidetrichter, spült den Rest in der Schale mit einigen Tropfen NaOH und etwas Wasser nach und schüttelt die mit HCl kräftig angesäuerte Flüssigkeit dreimal mit je 50 ccm Äther aus. Die ätherische Lösung wird filtriert, einige Tropfen konzentrierte NaOH und etwa 10 ccm Wasser zugesetzt, umgeschüttelt und hierauf der Äther abdestilliert. Den Rückstand dampft man, nachdem der Kolben mit einigen Tropfen NaOH und etwas Wasser nachgespült ist, in einer kleinen Porzellanschale ein, fügt etwa 1 g festes NaOH (kein KOH) hinzu und erhitzt in einem kleinen mit Einsatz versehenen Lufttrockenschrank langsam auf 215^0 und erhält die Temperatur ¼ Stunde zwischen 215 und 220^0, wobei jedoch das Thermometer so in den Trockenschrank eingesetzt wird, daß dasselbe von 37^0 an über den Kork des Trockenschrankes hinausragt.

Die erkaltete Schmelze wird mit warmen Wasser gelöst, mit HCl langsam angesäuert und nach dem Abkühlen· mit Äther-Petroleumäther ausgeschüttelt. Die ätherische Lösung wird vorsichtig verdampft, der Rückstand mit einigen Kubikzentimetern H_2O aufgenommen und tropfenweise zu der Lösung verdünnte $FeCl_3$-Lösung hinzugefügt. Wird die Farbe der Reaktion nicht deutlich violett, sondern unsicher (schmutzig-

---

[1]) Chem. Ztg. 1901. 25. 816; Salicylsäure darf neben Saccharin nicht vorhanden sein; in diesem Falle Trennung nach S. 418. Geschmacksproben sind daneben auch stets anzustellen.

braun), so löst man nochmals in Wasser auf und schüttelt nach dem Ansäuern mit Äther-Petroleumäther aus. Diese ätherische Lösung reinigt man durch dreimaliges Ausschütteln mit je etwa 20 g Wasser, worauf mit der ätherischen Lösung wie oben verfahren wird.

Zur Vorbereitung des Weines und Anreicherung des Saccharins kann man auch so verfahren, daß man 200 ccm Wein mit soviel $FeCl_3$-Lösung, als erforderlich zur Ausfällung des Gerbstoffes, versetzt und unter Erwärmen auf dem Wasserbade soviel $CaCO_3$ (Schlemmkreide) zufügt, daß die Flüssigkeit neutral oder schwach alkalisch reagiert. Nach dem Erkalten filtriert man und wäscht das Filter einige Male mit Wasser aus. Filtrat wird nach dem Eindampfen wie oben weiter behandelt.

Nachweis von Saccharin neben Salicylsäure[1]).

Ist in einer Flüssigkeit Saccharin neben Salicylsäure vorhanden, so muß behufs einwandfreier Identifizierung des Saccharins mittels $FeCl_3$ die Salicylsäure vorher entfernt werden. Dies geschieht nach Mac Kay Chace (Journ. Am. Chem. Soc. 1904. 26. 1627—1630; Zeitschr. f. Unters. d. Nahr.- u. Genußm. 1905. 9. 232) durch Kochen mit $KMnO_4$-Lösung. Hierdurch werden nicht nur die Salicylsäure, sondern auch andere die $FeCl_3$-Reaktion ungünstig beeinflussenden Substanzen wie Tannin zerstört. Man verfährt nach folgender Vorschrift: 50 ccm der zu untersuchenden Flüssigkeit werden mit Äther geschüttelt und der Rückstand des Ätherauszuges mit Petroleumäther extrahiert. In dem dann bleibenden Rückstand wird mit 0,5%-iger $FeCl_3$-Lösung auf Salicylsäure geprüft, und gleichgültig, ob diese zugegen ist oder nicht, der Rückstand in 10 ccm Wasser gelöst, 1 ccm verd. H_2SO_4 zugesetzt, zum Kochen erhitzt und ein Überschuß einer 5%-igen $KMnO_4$-Lösung langsam hinzugefügt. Bei Anwesenheit von vorher nachgewiesener Salicylsäure wird jetzt 1 Minute gekocht, im anderen Falle sofort zur heißen Lösung ein Stückchen NaOH hinzugefügt und nach einigen Minuten der Fe und Mn-Niederschlag abfiltriert. Das stark alkalische Filtrat wird im Ag-Tiegel zur Trockne gedampft und 20 Minuten bei 210—215° erhitzt. Der Rückstand wird in wenig Wasser gelöst, mit H_2SO_4 angesäuert, mit Äther extrahiert und die Salicylsäure mit $FeCl_3$ nachgewiesen. Ein Zusatz von 10 mg Saccharin pro Liter kann nach dieser Methode noch mit Sicherheit erkannt werden.

Weitere Verfahren zur Trennung von organischen Säuren, Fetten, Duftstoffen u. s. w. vgl. Zeitschr. f. Unters. d. Nahr.- u. Genußm. 1909. 18. 577 (G. Testoni); Pharm. Zentralh. 1910. 51. 303.

Siehe auch den Abschnitt Süßstoffe S. 293.

18. Nachweis von arabischem Gummi und Dextrin.

Man versetzt 4 ccm Wein mit 10 ccm Alkohol von 96 Maßprozent. Entsteht hierbei nur eine geringe Trübung, welche sich in Flocken absetzt, so ist weder Gummi noch Dextrin anwesend. Entsteht dagegen ein klumpiger, zäher Niederschlag, der zum Teil zu Boden fällt, zum Teil an den Wandungen des Gefäßes hängen bleibt, so muß der Wein nach dem folgenden Verfahren geprüft werden.

100 ccm Wein werden auf etwa 5 ccm eingedampft und unter Umrühren so lange mit Alkohol von 90 Maßprozent versetzt, als noch ein Niederschlag entsteht. Nach 2 Stunden filtriert man den Niederschlag ab, löst ihn in 30 ccm Wasser und führt die Lösung in ein Kölbchen von etwa 100 ccm Inhalt über. Man fügt 1 ccm Salzsäure vom spezi-

---

[1]) Zeitschr. f. Unters. d. Nahr.- u. Genußm. 1905. 9. 232. (Ref.)

fischen Gewicht 1,12 hinzu, verschließt das Kölbchen mit einem Stopfen, durch welchen ein 1 m langes, beiderseits offenes Rohr führt, und erhitzt das Gemisch 3 Stunden im kochenden Wasserbade. Nach dem Erkalten wird die Flüssigkeit mit einer Sodalösung alkalisch gemacht, auf ein bestimmtes Maß verdünnt und der entstandene Zucker mit Fehlingscher Lösung nach dem unter II No. 10 beschriebenen Verfahren bestimmt. Der Zucker ist aus zugesetztem Dextrin oder arabischem Gummi gebildet worden; Weine ohne diese Zusätze geben, in der beschriebenen Weise behandelt, höchstens Spuren einer Zuckerreaktion.

Anmerkung der Verfasser: Mannit. Da man in einigen Fällen das Vorkommen von Mannit im Weine beobachtet hat, so ist beim Auftreten von spießförmigen Krystallen im Extrakt und Glycerin auf Mannit Rücksicht zu nehmen.

19. Bestimmung des Gerbstoffes.

a) Schätzung des Gerbstoffgehaltes.

In 100 ccm von Kohlensäure befreitem Weine werden die freien Säuren mit einer titrierten Alkalilösung bis auf 0,5 g in 100 ccm Wein abgestumpft, sofern die Bestimmung nach II No. 6 einen höheren Betrag ergeben hat. Nach Zugabe von 1 ccm einer 40 %-igen Natriumacetatlösung läßt man eine 10 %-ige Eisenchloridlösung tropfenweise so lange hinzufließen, bis kein Niederschlag mehr entsteht. Ein Tropfen der 10 %-igen Eisenchloridlösung genügt zur Ausfällung von 0,05 g Gerbstoff.

b) Bestimmung des Gerbstoffgehaltes.

Die Bestimmung des Gerbstoffes kann nach einem der üblichen Verfahren erfolgen; das angewendete Verfahren ist in jedem Falle anzugeben.

Bemerkung der Verfasser. Von denselben ist die Bestimmung des Gerbstoffes (eventuell des Gerb- und Farbstoffes) nach Neubauer-Löwenthal[1]) am meisten zu empfehlen (siehe Hilfsbuch S. 499). Auf das Verfahren zur approximativen Gerbstoffbestimmung nach Neßler und Barth[2]) wird verwiesen.

20. Bestimmung des Chlors.

Man läßt 50 ccm Wein aus einer Pipette in ein Becherglas fließen, macht ihn mit einer Lösung von Natriumcarbonat alkalisch und erwärmt das Gemisch mit aufgedecktem Uhrglase bis zum Aufhören der Kohlensäureentwickelung. Den Inhalt des Becherglases bringt man in eine Platinschale, dampft ihn ein, verkohlt den Rückstand und verascht genau in der bei der Bestimmung der Mineralbestandteile (II No. 4) angegebenen Weise. Die Asche wird mit einem Tropfen Salpetersäure befeuchtet, mit warmem Wasser ausgezogen, die Lösung in ein Becherglas filtriert und unter Umrühren so lange mit Silbernitratlösung (1 Teil Silbernitrat in 20 Teilen Wasser gelöst) versetzt,

---

[1]) Anal. Önologie 1873. 2. 1. und K. Windisch, die chem. Untersuchung und Beurteilung des Weines, S. 165, 1. Auflage.
[2]) Zeitschr. f. analyt. Chemie 1883. 22. 595 und K. Windisch, siehe oben.

als noch ein Niederschlag entsteht. Man erhitzt das Gemisch kurze Zeit im Wasserbade, läßt es an einem dunklen Orte erkalten, sammelt den Niederschlag auf einem Filter von bekanntem Aschengehalte, wäscht denselben mit heißem Wasser bis zum Verschwinden der sauren Reaktion aus und trocknet den Niederschlag auf dem Filter bei 100° C. Das Filter wird in einem gewogenen Porzellantiegel mit Deckel verbrannt. Nach dem Erkalten benetzt man das Chlorsilber mit je einem Tropfen Salpetersäure und Salzsäure, erhitzt vorsichtig mit aufgelegtem Deckel, bis die Säure verjagt ist, steigert hierauf die Hitze bis zum beginnenden Schmelzen, läßt sodann das Ganze im Exsikkator erkalten und wägt.

Berechnung: Wurden aus 50 ccm Wein a Gramm Chlorsilber erhalten, so sind enthalten:

x = 0,4945 a Gramm Chlor in 100 ccm Wein.
oder y = 0,816 a Gramm Chlornatrium in 100 ccm Wein.

21. Bestimmung der Phosphorsäure.

50 ccm Wein werden in einer Platinschale mit 0,5—1 g eines Gemisches von 1 Teil Salpeter und 3 Teilen Soda versetzt und zur dickflüssigen Beschaffenheit verdampft[1]). Der Rückstand wird verkohlt, die Kohle mit verdünnter Salpetersäure ausgezogen, der Auszug abfiltriert, die Kohle wiederholt ausgewaschen und schließlich samt dem Filter verascht. Die Asche wird mit Salpetersäure befeuchtet, mit heißem Wasser aufgenommen und zu dem Auszuge in ein Becherglas von 200 ccm Inhalt filtriert, zu der Lösung setzt man ein Gemisch[2]) von 25 ccm Molybdänlösung (150 g Ammoniummolybdat in 1 %-igem Ammoniak zu 1 Liter gelöst) und 25 ccm Salpetersäure vom spezifischen Gewichte 1,2 und erwärmt auf einem Wasserbade auf 80° C, wobei ein gelber Niederschlag von Ammoniumphosphomolybdat entsteht. Man stellt die Mischung 6 Stunden an einen warmen Ort, gießt dann die über dem Niederschlage stehende klare Flüssigkeit durch ein Filter, wäscht den Niederschlag 4—5-mal mit einer verdünnten Molybdänlösung (erhalten durch Vermischen von 100 Raumteilen der oben angegebenen Molybdänlösung mit 20 Raumteilen Salpetersäure vom spezifischen

---

[1]) Es genügt auch, die vorschriftsmäßig gewonnene Asche (n. S. 397) als Ausgangssubstanz für die Phosphorsäurebestimmung zu nehmen, und diese mit etwas Soda und Salpeter zu schmelzen. Bei Süßweinen kann auch eine vorherige Vergärung des Zuckers (W. Fresenius) vorgenommen werden oder man verfährt nach R. Woy (Chem.-Zeitung 1897, S. 471), indem man erst mit kleiner Flamme erhitzt, dann die Masse anzündet und mit voller Flamme verkohlt, mit Alkohol die Kohle anfeuchtet und mit einem Glaspistill zerdrückt. Die Platinschale bedeckt man zur Hälfte mit einem Platinblech, bis der Alkohol abgebrannt ist und brennt die Kohle weiß. Die Asche kann dann noch zur Rückverwandlung etwa gebildeter Pyrophosphate mit Soda geschmolzen werden.

[2]) Die Molybdänlösung ist in die Salpetersäure zu gießen, nicht umgekehrt, da anderenfalls eine Ausscheidung von Molybdänsäure stattfindet, die nur schwer wieder in Lösung zu bringen ist.

Die Molybdänlösung kann auch in folgender Weise hergestellt werden: 750 ccm konzentrierte reine Salpetersäure werden mit 750 ccm Wasser verdünnt und 600 g salpetersaures Ammoniak darin gelöst. Zu dieser Lösung setze man eine heiß bereitete Lösung von 225 g molybdänsaurem Ammoniak unter fortwährendem Umschwenken. Das Ganze wird dann auf 3 l gebracht.

Gewichte 1,2 und 80 Raumteilen Wasser), indem man stets den Niederschlag absitzen läßt und die klare Flüssigkeit durch das Filter gießt. Dann löst man den Niederschlag im Becherglase in konzentriertem Ammoniak auf und filtriert durch dasselbe Filter, durch welches vorher die abgegossenen Flüssigkeitsmengen filtriert wurden. Man wäscht das Becherglas und das Filter mit Ammoniak aus und versetzt das Filtrat vorsichtig unter Umrühren mit Salzsäure, so lange der dadurch entstehende Niederschlag sich noch löst. Nach dem Erkalten fügt man 5 ccm Ammoniak und langsam und tropfenweise unter Umrühren 6 ccm Magnesiamischung (68 g Chlormagnesium und 165 g Chlorammonium in Wasser gelöst, mit 260 ccm Ammoniak vom spezifischen Gewichte 0,96 versetzt und auf 1 Liter aufgefüllt) zu und rührt mit einem Glasstabe um, ohne die Wandung des Becherglases zu berühren. Den entstehenden krystallinischen Niederschlag von Ammonium-Magnesiumphosphat läßt man nach Zusatz von 40 ccm Ammoniaklösung 24 Stunden bedeckt stehen. Hierauf filtriert man das Gemisch durch ein Filter von bekanntem Aschengehalte und wäscht den Niederschlag mit verdünntem Ammoniak (1 Teil Ammoniak vom spezifischen Gewichte 0,96 und 3 Teile Wasser) aus, bis das Filtrat in einer mit Salpetersäure angesäuerten Silberlösung keine Trübung mehr hervorbringt. Der Niederschlag wird auf dem Filter getrocknet und letzteres in einem gewogenen Platintiegel verbrannt. Nach dem Erkalten befeuchtet man den aus Magnesiumpyrophosphat bestehenden Tiegelinhalt mit Salpetersäure, verdampft dieselbe mit kleiner Flamme, glüht den Tiegel stark, läßt ihn im Exsikkator erkalten und wägt.

Berechnung: Wurden aus 50 ccm Wein a Gramm Magnesiumpyrophosphat erhalten, so sind enthalten:
x = 1,2751 a Gramm Phosphorsäureanhydrid (P_2O_5) in 100 ccm Wein.

W. Plücker, Zeitschr. f. Unters. d. Nahr.- u. Genußm. 1909. 17. 446 empfiehlt die Bestimmung der P_2O_5 in Aschen nach N. v. Lorenz (Landw. Versuchsst. 1901. 55. 183).

Woy führt die Phosphorsäurebestimmung folgendermaßen aus:
In einem Becherglase von etwa 400 ccm Inhalt werden zu der betr. Phosphatlösung 30 ccm Ammoniumnitratlösung, 20 ccm HNO_3, in einem Meßzylinder (zuvor zusammen abgemessen), hinzugefügt und auf einem Drahtnetz bis zum Blasenwerfen erhitzt. Darauf wird die ebenfalls bis zum Blasenwerfen erhitzte abgemessene Menge Molybdänlösung (für 0,1 g P_2O_5 braucht man 100 ccm derselben) mittels eines Glastrichters mit eingeschliffenem Hahn, in dünnem Strahl unter stetem Schwenken der Flüssigkeit in die Mitte der heißen Phosphatlösung eingegossen. Das Becherglas wird dann noch etwa 1 Minute geschwenkt und dann bei Seite gestellt (nicht umrühren!). Nach Verlauf von 10—15 Minuten, wenn die Flüssigkeit sich geklärt und der Niederschlag sich abgesetzt hat, wird die über demselben stehende Flüssigkeit durch einen gewogenen Goochschen Porzellantiegel dekantiert, der Niederschlag mit 50 ccm der Waschflüssigkeit behandelt und die letztere wiederum dekantiert. Der Niederschlag wird nunmehr im Becherglas nochmals durch 10 ccm 8 % Ammoniak gelöst, der Lösung 20 ccm Ammoniumnitrat, 30 ccm Wasser und 1 ccm Molybdatlösung zugesetzt, die ganze Flüssigkeit auf einer Asbestplatte bis zum Blasenwerfen erhitzt und durch 20 ccm Salpetersäure, welche durch den schon früher benutzten Tropftrichter eingebracht werden, unter Schwenken gefällt. Nach 10 Minuten filtriert man wieder durch den zu den beiden ersten Dekantationen benutzten Goochtiegel. Mittels der Spritzflasche, in welcher sich die heiße Waschflüssigkeit befindet, wird der Niederschlag dann vollends in den Goochtiegel gespritzt und mehrmals mit Alkohol

und Äther nachgewaschen (mit Hilfe der Saugpumpe). Die Erhitzung des Tiegels geschieht am besten im Platin- oder Nickeltiegel mit eingelegter Porzellanplatte; man wärmt zunächst langsam an und steigert die Hitze dann bis zu dunkler Rotglut. Nach etwa 15 Minuten ist der gelbe Niederschlag in das schwarze Anhydrid verwandelt. (0,1 g P_2O_5 = 24 $MoO_3 . P_2O_5$; Faktor = 0,039467.)

Reagentien: 1. Ammoniummolybdat (3 %-ig): 120 g bestes käufliches Ammoniummolybdat werden mit destilliertem Wasser zu 4 l gelöst.

2. Ammoniumnitratlösung: 340 g Ammoniumnitrat werden auf 1 l in Wasser gelöst.

3. Salpetersäure (S = 1,153; 25 % HNO_3 enthaltend).

4. Waschflüssigkeit (5 % Ammoniumnitrat und 160 ccm Salpetersäure zu 4 l gelöst).

22. Nachweis der Salpetersäure.

1. In Weißweinen.

a) 10 ccm Wein werden entgeistet, mit Tierkohle entfärbt und filtriert. Einige Tropfen des Filtrates läßt man in ein Porzellanschälchen, in welchem einige Körnchen Diphenylamin mit 1 ccm konzentrierter Schwefelsäure übergossen worden sind, so einfließen, daß sich die beiden Flüssigkeiten nebeneinander lagern. Tritt an der Berührungsfläche eine blaue Färbung auf, so ist Salpetersäure in dem Weine enthalten.

b) Zum Nachweis kleinerer Mengen von Salpetersäure, welche bei der Prüfung nach II No. 22 unter 1a nicht mehr erkannt werden, verdampft man 100 ccm Wein in einer Porzellanschale auf dem Wasserbade zum dünnen Sirup und fügt nach dem Erkalten so lange absoluten Alkohol zu, als noch ein Niederschlag entsteht. Man filtriert, verdampft das Filtrat, bis der Alkohol vollständig verjagt ist, versetzt den Rückstand mit Wasser und Tierkohle, verdampft das Gemisch auf etwa 10 ccm, filtriert dasselbe und prüft das Filtrat nach II No. 22 unter 1a.

2. In Rotweinen.

100 ccm Rotwein versetzt man mit 6 ccm Bleiessig und filtriert. Zum Filtrate gibt man 4 ccm einer konzentrierten Lösung von Magnesiumsulfat und etwas Tierkohle. Man filtriert nach einigem Stehen und prüft das Filtrat nach der in II No. 22 unter 1a gegebenen Vorschrift. Entsteht hierbei keine Blaufärbung, so behandelt man das Filtrat nach der in II No. 22 unter 1b gegebenen Vorschrift.

Alle zur Verwendung gelangenden Stoffe, auch das Wasser und die Tierkohle, müssen selbstverständlich zuvor auf Salpetersäure geprüft werden.

Die quantitative Bestimmung erfolgt nach Schulze-Tiemann. Siehe Abschnitt Wasser.

23. und 24. Nachweis von Barium und Strontium.

100 ccm Wein werden eingedampft und in der unter II No. 4 angegebenen Weise verascht. Die Asche nimmt man mit verdünnter Salzsäure auf, filtriert die Lösung und verdampft das Filtrat zur Trockne. Das trockene Salzgemenge wird spektroskopisch auf Barium und Strontium geprüft. Ist durch die spektroskopische Prüfung das Vorhandensein von Barium oder Strontium festgestellt, so ist die quantitative Bestimmung derselben auszuführen.

25. Bestimmung des Kupfers.

Das Kupfer wird in ½—1 Liter Wein elektrolytisch bestimmt. Das auf der Platinelektrode abgeschiedene Metall ist nach dem Wägen in Salpetersäure zu lösen und in üblicher Weise auf Kupfer zu prüfen.

Literatur: Neumann, Theorie und Praxis der analytischen Elektrolyse der Metalle; Halle a. S. oder Alexander Classen, Quantitative Analyse durch Elektrolyse, Berlin, Julius Springer.

Statt der elektrolytischen Methode kann man selbstverständlich auch eine chemische anwenden.

26. Konservierungsmittel [1]).

Nachweis der Salicylsäure.

50 ccm Wein werden in einem zylindrischen Scheidetrichter mit 50 ccm eines Gemisches aus gleichen Raumteilen Äther und Petroleumäther versetzt und mit der Vorsicht häufig umgeschüttelt, daß keine Emulsion entsteht, aber doch eine genügende Mischung der Flüssigkeiten stattfindet. Hierauf hebt man die Äther-Petroleumätherschicht ab, filtriert sie durch ein trockenes Filter, verdunstet das Äthergemisch auf dem Wasserbade und versetzt den Rückstand mit einigen Tropfen Eisenchloridlösung (am besten verdünnter!). Eine rot-violette Färbung zeigt die Gegenwart von Salicylsäure an.

Entsteht dagegen eine schwarze oder dunkelbraune Färbung, so versetzt man die Mischung mit einem Tropfen Salzsäure, nimmt sie mit Wasser auf, schüttelt die Lösung mit Äther-Petroleumäther aus und verfährt mit dem Auszug nach der oben gegebenen Vorschrift.

Quantitative Bestimmung auf kolorimetrischem Wege unter Anwendung obiger Methode oder durch Wägen des mehrmals gelösten und filtrierten Abdampfrückstandes des Auszuges.

In der amtlichen Anleitung nicht aufgenommen sind:

a) Nachweis des Abrastols [2]). Das Abrastol (auch Asaprol), ist das Calciumsalz der β-Naphtholsulfosäure. Der Nachweis beruht auf der Zerlegung derselben in β-Naphthol, Calciumsulfat und Schwefelsäure durch längeres Kochen mit Salzsäure. 200 ccm Wein werden mit 8 ccm HCl 1 Stunde am Rückflußkühler oder nach Verdampfen des Alkohols ½ Stunde über freiem Feuer gekocht oder 3 Stunden auf dem Wasserbade erhitzt. Nach dem Erkalten schüttelt man die Flüssigkeit mit Petroleumäther aus, filtriert den Auszug und verdampft ihn. Den Abdampfungsrückstand löst man in 10 ccm Chloroform, gießt die Lösung in ein Reagensglas, gibt ein Stückchen Ätzkali und einige Tropfen Alkohol zu und erhitzt das Ganze 2 Minuten zum Sieden. Es entsteht eine dunkelblaue, rasch in Grün und dann in Gelb übergehende Färbung. Enthielt der Wein nur kleine Mengen Abrastol, so ist das Chloroform grünlich,

---

[1]) Die Abschnitte 26—29 sind von den Verfassern eingefügt.
[2]) Sanglé-Ferrière, Compt. rend. 1893, 117, S. 796. Vgl. Windisch, Die chemische Untersuchung und Beurteilung des Weines, Verlag von J. Springer, Berlin.

das Ätzkalistückchen aber blau gefärbt. Nach Scheurer-Kestner[1]) soll das Abrastol geeignet sein, den Gips zu ersetzen, nach Sinibaldi[2]) werden auf 1 Hektoliter Wein 10 g Abrastol zugesetzt.

β) **Nachweis und Bestimmung der Borsäure**; qualitativ siehe S. 109 und 165, quantitativ als Borsäuremethylester in folgender Weise nach Rosenbladt, Gooch[3]) u. s. w.:

150 ccm Wein macht man mit Na_2CO_3-Lösung deutlich alkalisch, dampft ein und verascht; die Asche versetzt man mit wenig Wasser und neutralisiert mit HNO_3 (spezifisches Gewicht = 1,18), setzt dann noch 2 ccm HNO_3 zu und füllt mit Wasser auf 50 ccm auf. 20 ccm dieser Lösung gießt man in ein 200—300 ccm fassendes Fraktionierkölbchen, fällt etwa vorhandenes Chlorid mit $AgNO_3$-Lösung aus, setzt einen mit Methylalkohol beschickten Scheidetrichter auf den Fraktionskolben, setzt letzteren auf ein 120° C erhitztes Öl- oder Glycerinbad, verbindet mit einem Kühler, der in 27 %-iges Ammoniak taucht, läßt aus dem Scheidetrichter Methylalkohol zuerst tropfenweise, dann 1—2 ccm auf einmal zufließen, bis 15 ccm verbraucht sind, destilliert zur Trockne und wiederholt diese Manipulation so lange, bis eine Probe des Destillates keine Borsäurereaktion mehr gibt (Curcumapapierprobe); dann läßt man noch 3 ccm Wasser ins Kölbchen fließen und destilliert nochmals zur Trockne. Die ammoniakalische Flüssigkeit der Vorlage wird darauf in eine mit etwa 0,5 g (genau ausgewogen) frisch geglühten Ätzkalks beschickte Platinschale übergeführt, zur Trockne verdampft, bei 160° getrocknet, vorsichtig bis zu konstant bleibendem Gewicht stark geglüht und dann gewogen. Die Gewichtszunahme des Ätzkalks ist borsaurer Kalk (B_2O_4Ca).

γ) **Nachweis von Fluor**. Qualitative Untersuchung siehe bei Fleisch und Bier; quantitative nach der Methode von Penfield gemäß den Angaben von Treadwell und Koch, Zeitschr. f. analyt. Chemie 1904, 43, 469. Diese Methode eignet sich auch für Fluornachweis in Bier. Siehe ebenda auch die von Treadwell u. Koch selbst angegebene Methode, die sich aber nur für Wein eignet. Vgl. darüber Schweizer. Lebensmittelbuch 1909, II. Aufl. — Siehe ferner die kritisierende Arbeit von A. Kickton und W. Behncke, Zeitschr. f. Unters. d. Nahr.- u. Genußm. 1910, 20, 193.

δ) **Ameisensäure, Benzoesäure** und **Zimtsäurenachweis** siehe Abschnitt Fruchtsäfte sowie auch C. v. d. Heide u. F. Jakob, 1910, 19, 137.

Auf das natürliche Vorkommen von Salicylsäure, Benzoesäure, Fluor und namentlich Borsäure in Trauben, Beeren- und Kernobst sei ausdrücklich verwiesen. Siehe auch Abschnitt Fruchtsäfte.

27. Nachweis von Schwefelwasserstoff.

Derselbe ist im Destillat durch die gewöhnlichen Reagentien nachzuweisen: Das Destillat gibt mit alkalischer Bleilösung (1 Bleiacetat, 10 Wasser und soviel Natronlauge bis der entstehende Nieder-

---

[1]) Compt. rend. 1894. 118. S. 74. Vgl. Windisch, Die chemische Untersuchung und Beurteilung des Weines. Verlag von J. Springer, Berlin.
[2]) Monit. scientif. [4] 1893. 7. S. 842. Vgl. Windisch, Anm. 1.
[3]) Zeitschr. f. analyt. Chemie 1887. 26. 18, siehe auch K. Windisch, Die chemische Untersuchung und Beurteilung des Weines, 1896. 236, ebenda auch Verfahren nach Stromeyer (Bestimmung als Borfluorkalium), siehe auch Thaddeef, Zeitschr. f. analyt. Chemie 1887. 26. 568.

schlag sich eben wieder gelöst hat) eine braune Färbung [bis Niederschlag], alkalisch gemacht entsteht mit Nitroprussidnatrium eine violette Färbung.

Quantitative Bestimmung: Man kann bei Abwesenheit von schwefliger Säure, die Seite 415 für schweflige Säure angegebene Methode benutzen, indem man anstatt Jodlösung salzsäurehaltiges Bromwasser vorlegt. Die entstandene Schwefelsäure wird mit Bariumchloridlösung gefällt und in bekannter Weise zur Wägung gebracht.

Faktor für Schwefelwasserstoff = 0,1461.

Schwefelwasserstoff und freie schweflige Säure können nur kurze Zeit nebeneinander im Wein bestehen ($2 H_2S + SO_2 = 3S + 2 H_2O$).

28. Stickstoff nach Kjeldahl (siehe Bier).

29. Kalk, Magnesia, Alkalien, Kieselsäure, Eisen- und Tonerde, Mangan und Alkalien

werden in der nach Vorschrift (aus einer größeren Menge Weines) gewonnenen Asche nach den Regeln der analytischen Chemie untersucht und bestimmt. Der Natriumgehalt der Weine hat neuerdings einige Bedeutung für die Beurteilung der Reinheit erlangt. Siehe die Beurteilung.

II. Weinähnliche und weinhaltige Getränke.

Die Untersuchung der als weinähnlich geltenden Obstweine geschieht wie die von „Traubenwein", diejenige der weinhaltigen Getränke, wozu namentlich Arzneiweine und die den Spirituosen nahestehenden Getränke, wie Weinpunschessenzen, -extrakte u. s. w. (s. Beurteilung S. 436), zählen, wird z. T. auch nach den unter „Spirituosen" angegebenen Gesichtspunkten zu erfolgen haben. Zum Nachweis von Obstwein, namentlich wenn Verdacht auf Beimischung zu Wein besteht, empfiehlt es sich die mikroskopische Untersuchung des Weingelägers (Hefe, Satz im Faß) auf Obsttresterbestandteile vorzunehmen.

Beurteilung[1]).

Die Weinbegutachtung ist schwierig und erfordert eingehende Kenntnisse des Weinbaus, der Weinchemie und der entsprechenden Literatur, sowie der bisherigen Weinrechtssprechung. Eine auch nur einigermaßen erschöpfende Darstellung kann nach Sachlage in dem Rahmen des Hilfsbuches nicht untergebracht werden. Die wichtigsten Gesichtspunkte dürften jedoch im Nachstehenden erörtert sein.

---

[1]) A. von Babo und E. Mach, Handbuch des Weinbaus und der Kellerwirtschaft, herausgegeben von J. Wortmann, Verlag von P. Parey, Berlin 1910; J. Wortmann, die wissenschaftlichen Grundlagen der Weinbereitung und Kellerwirtschaft, in demselben Verlag 1905; P. Kulisch, Anleitung zur sachgemäßen Weinverbesserung einschließlich der Umgärung per Weine, bei demselben Verlag 1909; R. Meißner, Des Küfers Weinbuch, Verlag von E. Ulmer in Stuttgart; H. W. Dahlen, Die Weinbereitung, Verlag von Vieweg in Braunschweig; F. Goldschmidt, Der Wein von der Rebe bis zum Konsum, nebst einer Beschreibung der Weine aller Länder, Verlag der Deutschen Weinzeitung, Mainz 1909; Deutsches Nahrungsmittelbuch, Verlag von C. Winter, Heidelberg 1910.

I. Allgemeines.

Die Beschaffenheit und Zusammmensetzung der Möste und Weine ist eine sehr verschiedenartige und von der Traubensorte, der Boden- und Düngungsart, von dem Klima, der Lage, den Witterungsverhältnissen, die namentlich von Einfluß auf die Ausbreitung von Pflanzenkrankheiten (s. bakteriol. Teil) sind, sowie auch von der Gewinnungsweise, der Behandlung und Pflege des Weines abhängig. Auf die näheren Umstände kann hier nicht eingegangen werden. Farbe, Geschmack und Geruch (Blume) bilden die für den Handel und Konsum maßgebenden Anhaltspunkte zur Beurteilung. Sie werden zusammen kurz mit der Bezeichnung „Charakter" ausgedrückt. Geübte Weinschmecker (Kenner) vermögen unter Umständen daraus auch Schlüsse auf die Naturreinheit sowie auf die Produktionsgegend, Zuckerung u. s. w. zu ziehen, jedoch darf der Wert solcher Geschmacksprüfungen, so sehr wichtig dieselben für die amtliche Kontrolle und den Handel sind, doch nicht überschätzt werden. Bei den vielfach im Handel vorkommenden Verschnitten versagt öfters die Geschmacksprüfung. Da auch die Weinchemie erhebliche Lücken aufweist, sind durch das Weingesetz zahlreiche Bestimmungen getroffen worden, welche die Überwachung des Verkehrs mit Wein erleichtern (Weinkontrolle durch Beamte im Hauptberufe, wobei auch in die Geschäftsbücher Einsicht genommen werden kann; siehe im übrigen das Weingesetz und dessen Ausführungsbestimmungen selbst). Die Bestandteile des Weins schwanken innerhalb erheblicher Grenzen[1]) je nach Traubensorten, Gewinnungsart u. s. w. Gewisse sinnenfällige und namentlich chemisch greifbare Unterscheidungsmerkmale bestehen zwischen Weiß-, Rot-, Dessert- (Süd-, Süß-, Likörweinen) und Schaumweinen, wobei innerhalb der beiden letzteren Gruppen noch besondere Untergruppen (trockene, herbe u. s. w.) bestehen. Der Weinhandel ordnet pflichtgemäß (teils in Anbetracht gesetzlicher Vorschriften, teils nach reellem Handelsgebrauch) die Preisliste nach Weingattung, Gewächs u. s. w. und bezeichnet gewisse Sorten je nach Preislage als sog. Qualitätsweine, Hochgewächse, Schloßabzug, Auslese, Ausbruch, wobei man unter letzteren Benennungen namentlich solche Weine (Strohweine) versteht, welche aus Trockenbeeren edelfauler Trauben (nicht Rosinen) gewonnen sind. Das Weingesetz (§§ 6, 7, 8) gibt Vorschriften über die Benennungsweise der Weine (siehe auch weiter unten). Eine weitere Art Wein ist der sog. Haustrunk; indessen unterliegt dessen Herstellung und Verbrauch besonderer Beschränkung (§ 11 des W.G.; siehe auch S. 436).

---

[1]) Über die Zusammensetzung der deutschen Traubenmoste und Weine verschiedenster Sorten und Herkunft gibt die „Kommission für die amtliche Weinstatistik", deren Ergebnisse alljährlich veröffentlicht werden, nähere Auskunft; vgl. Arbeiten aus dem Kaiserlichen Gesundheitsamt, Verlag J. Springer, Berlin. Über die Zusammensetzung ausländischer Weine vgl. J. König, Chemie der menschlichen Nahrungs- und Genußmittel 1903. 1. 1907. 2. Verlag von J. Springer, Berlin, sowie die Ungarische und Schweizerische Weinstatistik (Auszüge siehe Zeitschr. f. Unters. d. Nahr.- u. Genußm. 1907).

Gesetzliche Bestimmungen[1]: Das Weingesetz (W.G.) vom 7. April 1909 sowie die Bekanntmachung betr. Bestimmungen zur Ausführung des Weingesetzes vom 9. Juli 1909; die Weinzollordnung vom 17. Juli 1909 nebst Abänderungen vom 20. Juli 1910. Laut § 32 des Weingesetzes bleiben alle die Herstellung und den Vertrieb von Wein betreffenden Gesetze unberührt, soweit nicht die Vorschriften des Weingesetzes entgegenstehen. In Frage kommt in erster Linie das Nahrungsmittelgesetz, sowie ferner das Süßstoffgesetz. Diese Gesetze sind also nicht ausgeschaltet, werden jedoch nur in bestimmten Fällen, z. B. bei Verdorbenheit, Verwendung von künstlichen Süßstoffen, Verfälschungen von weinhaltigen Getränken, soweit sie nicht durch §§ 10, 16 d. W.G. getroffen werden, zur Anwendung gelangen.

Begriffsbestimmung. Nach § 1 des W.G. ist Wein das durch alkoholische Gärung aus dem Safte der Weintraube hergestellte Getränk (giltig für in- und ausländische Weine, ungegorene Traubenmaischen, sowie alkoholfreie Weine, die aus vergorenen Traubensäften hergestellt sind). Süße Moste (ohne jeden Alkoholgehalt) fallen nicht unter den Begriff Wein, sind aber ebenfalls durch das Weingesetz geschützt; ebenso weinähnliche (Obstweine) und weinhaltige Getränke (z. B. Arzneiweine, Weinpunschessenzen, s. das Nachstehende). Als Dessertwein haben nur solche Weine zu gelten, die zu ihrem wesentlichen Teile vergorene Weine im Sinne des § 1 sind. Vielfach werden Dessertweine unter Zusatz erheblicher Mengen von Rosinenauszügen, Mosten sowie Alkohol hergestellt.

II. Inländische Weine.

a) Verschnitte[2] (§ 2 des W.G., siehe auch § 8 und weiter unten betr. Benennung der Verschnitte). Zulässig ist der Verschnitt von Naturerzeugnissen verschiedener Herkunft, Jahr und Farbe (rot mit weiß), deutschen oder ausländischen Ursprungs (untereinander oder miteinander). Ferner ist es gestattet, Most mit Most, Maische mit Maische,

---

[1] Einschlägige Literatur: Der Weingesetzentwurf vom 19. Oktober 1908 sowie die amtliche Denkschrift zum Entwurf eines Weingesetzes und die Berichte der Kommission des Reichstages. Sämtliche sind ganz oder auszugweise in den nachbenannten Kommentaren sowie in den Gesetzbeilagen der Zeitschr. f. Unters. d. Nahr.- u. Genußm. 1909 enthalten. Kommentare: A. Günther und R. Marschner, „Weingesetz", Verlag C. Heymann, Berlin 1910; O. Zöller, „Das Weingesetz", Verlag J. Schweitzer, München und Berlin; K. Windisch, „Das Weingesetz vom 7. April 1909", Verlag P. Parey, Berlin; G. Lebbin, „Das Weingesetz", Verlag Guttentag, Berlin; Goldschmidt, „Weingesetz vom 7. April 1909", Verlag J. Diemer, Mainz; A. Günther, „Die Gesetzgebung des Auslandes über den Verkehr mit Wein", Verlag C. Heymann, Berlin; ferner die Abhandlungen von P. Kulisch, „Das neue Weingesetz", Zeitschr. f. Unters. d. Nahr.- u. Genußm. 1909. 18. S. 85, sowie „Beurteilung der Weine auf Grund der chemischen Untersuchung nach dem Weingesetz vom 7. April 1909", ebenda, 1910. 20. S. 323.

[2] Die nachstehend erwähnten Vorschriften der §§ 2, 4 bis 9 des Weingesetzes finden gemäß § 12 des Weingesetzes auch auf Traubenmost, die Vorschriften der §§ 4 bis 9 auch auf Traubenmaischen Anwendung.

Trauben mit Trauben (rote und weiße Trauben zusammen gekeltert geben den sog. Schillerwein), Wein mit Most und Wein oder Most mit Maische zu verschneiden. Zu Most oder Wein kann auch teilweise entmostete Maische zugesetzt werden. Der Verschnitt von Naturerzeugnissen mit gezuckertem (vergorenem) Wein ist zulässig. Verboten ist das Verschneiden von Weißwein (-most) mit Dessertwein (s. oben über den Begriff Dessertwein).

Alle Weine, welche zum Verschnitt dienen, müssen den gesetzlichen Anforderungen entsprechen; Rückverbesserung[1]) (s. S. 430) verfälschter oder sonst ungesetzlicher sowie verdorbener Weine durch Verschnitt ist nicht erlaubt. Betr. Benennung der Verschnitte vgl. §§ 7 und 8 des W.G. bezw. weiter unten.

b) **Verbesserung durch Zucker** (§ 3 des W.G.). Der Zweck dieser Manipulation muß als bekannt vorausgesetzt werden (Beseitigung von Mangel an Zucker, bezw. eines Übermaßes an Säure, auch Gallisieren genannt). Nur inländische Erzeugnisse (Traubenmost, Wein, volle Rotweintraubenmaische) dürfen gezuckert werden. Die Zuckerung darf nur zu dem oben angedeuteten Zwecke und insoweit erfolgen, als das Erzeugnis der Beschaffenheit dem aus Trauben gleicher Art und Herkunft in guten Jahren ohne Zusatz gewonnenen entspricht. Der Zusatz darf jedoch in keinem Falle mehr als **ein Fünftel** der gesamten Flüssigkeit betragen (**räumliche Begrenzung**). Werden Trauben mit Absicht bezw. ohne besondere Gründe zu früh geerntet, so darf ihr Saft nicht zum Zwecke der Weingewinnung verbessert werden. Die Zuckerung kann ohne Zuhilfenahme von Wasser erfolgen (Trockenzuckerung), wenn der Säuregehalt nicht zu hoch ist bezw. bei starkem natürlichem Säurerückgang (s. auch S. 440). Trockenzuckerung wird selten angewendet. Die Bemessung der nötigen Zucker- bzw. Wassermenge geschieht auf Grund besonderer Feststellungen und Beobachtungen (s. auch S. 391). Es dürfen nur Naturweine minder guter Jahrgänge aufgezuckert werden; Moste oder Verschnitte inländischer mit ausländischen, auch wenn sie eine inländische Benennung tragen, dürfen nicht gezuckert werden. Umgärung kranker Weine durch Zuckerzusatz ist verboten. Dagegen kann ein kranker Wein mit Hilfe eines Verschnittes mit Most oder Maische umgegoren werden (§ 2 des W.G.). Die Vornahme der Zuckerung ist **zeitlich** begrenzt (s. § 3 Abs. 2 des W.G.); sie darf auch nur in bestimmten Landesteilen (Weinbaugebieten) vorgenommen und es muß die Absicht des Zuckerns der zuständigen Behörde angezeigt werden.

c) **Kellerbehandlung** (erlaubte Stoffe). (§§ 4, 11, 12 d. W.G. sowie die dazu erlassenen Ausführungsbestimmungen S. 645.) Siehe die dort **angegebenen Stoffe und Verfahren**. Andere als die dort genannten Hilfsmittel sind verboten, abgesehen von gewissen physikalischen Verfahren, wie Pasteurisieren, Peitschen u. dgl., bei welchen eine Beimischung fremder Stoffe nicht in Frage kommt. — Der Zusatz von

---

[1]) Urt. d. bayer. Oberst. Landger. v. 18. Oktober 1904; Auszüge a. d. gerichtl. Entscheidungen. 7. S. 184; ferner Urteil d. Reichsger. v. 4. Jan. 1909 und v. 6. Nov. 1908. Auszüge a. d. gerichtl. Entsch. 8. 315 bzw. Zeitschr. f. Rechtspflege in Bayern, Verlag von J. Schweitzer, München u. Berlin.

Zucker ist in dem durch § 3 bestimmten Umfang gestattet, solcher gezuckerter Wein gilt nicht mehr als Naturwein (siehe auch § 5), dagegen bleibt reiner Naturwein jeder inländische Wein, welcher nur die übliche Kellerbehandlung erfahren hat. Äußerlich zulässig erscheinende Klärmittel sind bisweilen verfälscht bzw. mit unerlaubten Stoffen vermengt. Die Weiterverarbeitung von Wein zu Schaumwein, weinhaltigen Getränken, aromatisiertem Wein (Wermut-, Arzneiwein u. s. w.) fällt nicht unter § 4, sondern unter § 16. Für Traubenmost bezw. -maische haben die Bestimmungen des § 4 ebenfalls Gültigkeit.

d) Bezeichnungen und Herkunftsbenennungen (§§ 5, 6, 7, 8 d. W.G.). Gezuckerter in- (und ausländischer) Wein darf nicht mit der Bezeichnung als „rein", „naturrein" u. s. w. feilgehalten und verkauft werden, auch dann nicht, wenn der ursprüngliche Naturwein mit gezuckertem Wein verschnitten wurde. Gezuckerter Wein kann als „Wein" bezeichnet werden. Die Zuckerung ist den Abnehmern nur auf Verlangen mitzuteilen. Bezeichnungen wie „Original", „echt", „garantiert", „unverfälscht" u. s. w. und Phantasiebezeichnungen wie „Naturperle" u. dgl. sind als „Reinheitsbezeichnungen" aufzufassen. Auf die Verwendung besonderer Sorgfalt hindeutende Bezeichnungen wie „Auslese", „Schloßabzug", „Grand vin" sind nicht statthaft, wenn eine Zuckerung vorgenommen wurde, auch selbst dann nicht, wenn tatsächlich eine Auslese stattgefunden hat. Bei einem gezuckerten Wein darf auch der Name eines bestimmten Weinbergbesitzers nicht genannt werden. (Vgl. des Näheren die genannten Kommentare.) Die Traubensorte kann aber auch bei gezuckertem Wein genannt werden. Geographische Bezeichnungen müssen grundsätzlich bei in- (und ausländischen) Weinen wahrheitsgemäß sein. § 6 enthält Bestimmungen betr. die unverschnittenen Weine. Nach denselben dürfen im „gewerbsmäßigen Verkehr" mit Wein geographische Bezeichnungen nur zur Kennzeichnung der Herkunft verwendet werden. Gestattet bleibt jedoch, die Namen einzelner Gemarkungen oder Weinbergslagen, die mehr als „einer" Gemarkung angehören, zu benutzen, um gleichartige und gleichwertige Erzeugnisse benachbarter oder nahegelegener Gemarkungen oder Lagen zu bezeichnen (näheres ergibt sich aus den Kommentaren und den Reichstagsverhandlungen Z. f. U. d. N. u. G. 1909, Beiheft S. 149, 266, 325).

Für die Benennungen der Verschnittweine sind im § 7 besondere Bestimmungen getroffen. Unter Verschnittweine sind nur solche Erzeugnisse verschiedener Herkunft, nicht aber solche nur verschiedener Jahrgänge zu verstehen. Die bezüglichen Vorschriften sind ebenfalls nur für den „gewerbsmäßigen Verkehr" erlassen. Ein Verschnitt aus Erzeugnissen verschiedener Herkunft darf nur dann nach „einem" Anteil allein benannt werden, wenn dieser in der Gesamtheit überwiegt und die Art bestimmt. Gestattet bleibt, die Namen einzelner Gemarkungen oder Weinberglagen, die mehr als einer Gemarkung angehören, zu benutzen, um gleichartige und gleichwertige Erzeugnisse benachbarter oder nahegelegener Gemarkungen oder Lagen zu bezeichnen (§ 6 Abs. 2 Satz 2). Die Angabe einer Weinbergslage ist, abgesehen vom letzterem Falle, jedoch nur zulässig, wenn der aus der betreffenden Lage stammende

Anteil nicht gezuckert ist. Nach § 7 Absatz 2 ist es verboten, in der Benennung anzugeben oder anzudeuten, daß der Wein Wachstum eines bestimmten Weinbergsbesitzers sei. Nach Abs. 3 des § 7 treffen diese Beschränkungen der Bezeichnung (Führung des Lagenamens und der Wachstumsbenennung) den Verschnitt durch Vermischung von Trauben oder Traubenmost mit Trauben oder Traubenmost gleichen Wertes derselben oder einer benachbarten Gemarkung und den Ersatz (Auffüllung) der Abgänge, die sich aus der Pflege des Weines ergeben, nicht. — Gemische von Rot- und Weißwein dürfen, wenn sie als Rotwein in den Verkehr gebracht werden sollen, nur unter einer die Mischung kennzeichnenden Bezeichnung (Rot-Weiß-Mischung) feilgehalten oder verkauft werden (§ 8 d. W.G.). Unter Rotwein sind nur rote in- (und ausländische) Tisch- und Tafelweine zu verstehen (nicht Dessertweine). Siehe im übrigen die Verschnittvorschriften des § 7. Die Rot-Weiß-Mischung kann auch als „Schillerwein" benannt werden ohne Hinweis auf Rot-Weiß-Mischung. Betreff echten Schillerwein vgl. S. 428.

e) Zur Verfälschung und Nachmachung von Wein (Traubenmost und -maische) dienende Verfahren und Stoffe. Vorschriften betr. die Ausschließung gesetzwidriger Erzeugnisse aus dem Verkehr sind in den §§ 9, 13, 14, 15 und 16 d. W.G. und dessen Ausführungs- und Vollzugsbestimmungen enthalten.

In Betracht kommen hauptsächlich das Überstrecken mit Wasser oder Zuckerwasser[1]), der Zusatz von Alkohol, auch von Alkohol und Wasser (sog. Mouillage), die Verwendung von überstrecktem Wein als Weingrundlage nebst Aufbesserung mit Chemikalien und künstlichen Moststoffen wie Glycerin, Weinsäure, Citronensäure, Alkohol, Bukettstoffen, Pottasche und anderen Mineralsalzen, getrockneten Weinbeeren (Rosinen, Cibeben), Korinthen, Sultaninen, Tamarindenmuß u. a.; die Verwendung von Weintrestern und Heferückständen (Geläger, Trub u. s. w.). Sogenanntes Petiotisieren besteht darin, daß man die ausgepreßten Trester mit einem Aufguß von Zuckerwasser vergären läßt und dieses Erzeugnis mit dem aus dem Most erhaltenen wirklichen Wein vermischt; dieses Verfahren stellt somit eine Vermischung von Wein mit Tresterwein dar. Völlige, sozusagen synthetische Kunstprodukte, die also lediglich unter Ausschluß von natürlichem Weinrohstoff hergestellt wurden, dürften wohl kaum vorkommen. Von größerer praktischer Bedeutung für die Weinkontrolle ist jedenfalls die Rückverbesserung (s. auch S. 428 und die dort aufgeführten gerichtl. Urteile) überstreckter Weine, z. B. das Verschneiden übergipster Rotweine

---

[1]) Von besonderem Interesse, wenn auch vor Inkrafttreten des jetzt bestehenden Weingesetzes gefällt, sind die Urteile der Landgerichte Trier und Saarbrücken sowie des Reichsgerichts betr. Verfälschung von Wein durch übermäßige Erhöhung des Alkoholgehaltes infolge von zu starker Zuckerung (Vergehen gegen das Nahrungsmittelgesetz); siehe Zeitschr. f. Unters. d. Nahr.- u. Genußm. 1910, 20, Beilage S. 403. — Ebenda auch S. 427. Urt. d. Reichsger. betr. Kunstweins. Ebenda 1910. 19. 88. Beilage. Urteil d. Reichsgerichts vom 19. Febr. 1906 betr. gewerbsmäßiger Herstellung u. betr. Einziehung von Wein; ebenda 90 u. 92. Urteile d. Reichsgerichts betr. Zusatz von wässeriger Zuckerlösung zu Wein.

mit anderen gipsarmen Weinen oder das Verschneiden eines durch übermäßige Zuckerung an Alkohol zu reich gewordenen Weines mit einem anderen geeigneten Wein, bzw. eines infolge übermäßiger Streckung zu säurearm gewordenen Weines mit einem säurereichen Wein. Umgärung ist unerlaubt, sofern ein Zusatz von Zucker zu dem betreffenden kranken Wein verwendet wird. Gezuckerte Weine dürfen überhaupt nicht umgegoren werden. Verfälschung ist ferner Zusatz von Dessertwein zu Weißwein, Vermischung von Traubensaft bzw. -wein mit Obstwein, die Vermengung von Wein mit Weinneigen oder verdorbenem Wein. Zu den Nachmachungen zählen nicht nur diejenigen von Wein überhaupt, sondern auch die Nachmachungen bestimmter Weinsorten durch Benutzung unzutreffender Benennungen wie Naturwein, Blutwein u. s. w., ferner die Bezeichnung alkoholfrei bei Anwesenheit von Alkohol über 0,5 ccm in 100 ccm u. s. w. sowie namentlich die Verwendung unrichtiger geographischer Bezeichnungen.

In rechtlicher Beziehung wird im Einzelfalle zu prüfen sein, ob das Weingesetz selbst die nötige Handhabe gibt oder ob nur die Tatbestandsmerkmale des Nahrungsmittelgesetzes vorliegen, wobei das im Anfang S. 427 über die Bestimmungen des Weingesetzes Gesagte sowie das Gesetz selbst (S. 638) einige Anhaltspunkte gibt, namentlich aber die bereits erwähnten Kommentare eventuell noch zu Rate zu ziehen sind.

Dem § 15 d. W.G. unterliegt das Verbot, Wein, der nach § 13 vom Verkehr ausgeschlossen ist, zur Herstellung von weinhaltigen Getränken, Schaumwein und Kognak zu verwenden; die Möglichkeit einer Verwendung zu anderen Zwecken (Essigfabrikation) unter behördlicher Aufsicht ist aber ausdrücklich erwähnt.

III. Ausländische Weine[1].

Das Weingesetz erstreckt sich nicht nur auf die inländischen, sondern auch auf die ausländischen Erzeugnisse. Zahlreiche Vorschriften gelten für beide Arten; im übrigen sind, abgesehen von einigen besonderen Vorschriften, welche namentlich gegen einige bei ausländischen Weinen öfter vorgekommene Verfälschungen gerichtet sind, die gesetzlichen Bestimmungen des Auslandes als maßgebend angesehen worden. Naturgemäß kann die Kontrolle der ausländischen Erzeugnisse keine so strenge sein, wie dies bei denjenigen des Inlandes möglich ist, da die Ausführung einer Kellerkontrolle nicht möglich ist. Indessen entbehren auch die Gesetze des Auslandes z. T. nicht der nötigen Strenge und ist die Produktion des größten Teils des Auslandes eine so große, daß die Vornahme von Verfälschungen und Nachmachungen oft nicht lohnend genug sein dürfte. Außerdem ist durch § 14 des Weingesetzes und die im Anschluß daran erlassene Weinzollordnung für eine Untersuchung an den Zollstellen Sorge getragen, wodurch die Einfuhr gesetzwidriger Weine unterbunden ist. Die erlassenen Bestimmungen beziehen sich auf Traubenmaische, -Most oder -Wein.

---

[1] A. Günther, Die Gesetzgebung des Auslandes über den Verkehr mit Wein, Berlin, 1910.

Während die Beurteilung der Trockenweine des Auslandes, abgesehen von nachstehenden Spezialbestimmungen, im allgemeinen analog derjenigen inländischer Erzeugnisse geschehen kann, bietet die der Süß-, Südweine[1]) bezw. „Dessertweine" (gemäß dem Wortlaut des Weingesetzes) mancherlei Schwierigkeiten, da die Herstellungsweise dieser Erzeugnisse in den betreffenden Ländern sehr verschiedenartig vorgenommen wird. Namentlich findet vielfach ein Alkohol- bezw. Zuckerzusatz statt. Als sog. konzentrierte Süßweine sieht man solche an, welche mehr als 3 g zuckerfreien Extrakt (bei Ungarweinen 3,5 g) und mehr als 0,03 g (bzw. 0,055 g bei Ungarsüßwein) in 100 ccm Wein enthalten. Für die rechtliche Beurteilung bildet diese Ansicht keine Grundlage, für die Charakterisierung der Herstellungsart ist die Unterscheidung zwischen konzentriertem und nichtkonzentriertem Süßwein jedoch zweckdienlich.

Für die ausländischen Erzeugnisse ist der § 1 des Weingesetzes ebenso maßgebend wie für inländische. Auch Dessertweine müssen mindestens einen erheblichen Teil vergorenen Weines enthalten. Mit Alkohol versetzte Weine sind von der Einfuhr und dem Verkehr ausgeschlossen, wenn ihre Herstellung den Bestimmungen des Ursprungslandes nicht entspricht. § 2 handelt vom Verschnitt. Inwieweit ausländische Weine dazu benutzt werden können, geht aus S. 427 hervor (§ 12 nimmt auf Verschnitt mit Traubenmost, -maische Bezug). Nach § 3, Abs. 3 (betrifft Zuckerung) dürfen aus ausländischen Trauben gewonnene Erzeugnisse oder Verschnitte solcher mit inländischen Erzeugnissen nicht gezuckert werden, auch wenn sie eine inländische Herkunftsbezeichnung tragen. Die im § 4 betr. Kellerbehandlung enthaltenen Vorschriften beziehen sich auch auf ausländische Erzeugnisse (§ 12 nimmt dieserhalb auch Bezug auf Traubenmost und -maische). Jedoch können auf Grund des § 13 Ausnahmen vom Bundesrate bewilligt werden (s. Ausführungsbestimmungen betr. § 13 S. 646). Gemäß § 5 darf bei vorgenommener Zuckerung keine Bezeichnung, die auf Reinheit oder besondere Sorgfalt bei der Gewinnung der Trauben hindeutet, im Verkehr gebraucht werden. (S. die Ausführungen S. 429.) Ungarische Süßweine, z. B. Ausbruchweine wie Tokajer oder Sorten wie Szamorodner, Hegyaljaer u. s. w., dürfen nach dem Ungarischen Weingesetz vom 14. Dezember 1908 nicht gezuckert und auf Grund des Handelsvertrags mit Österreich-Ungarn nur naturrein eingeführt werden. § 6 regelt die Verwendung geographischer Bezeichnungen und Sammelnamen; diese dürfen nur zur Kennzeichnung der Herkunft verwendet werden (s. S. 429)[2]). In einzelnen Ländern sind offizielle Bestimmungen über die Bezeichnungen der einzelnen Weinbaugegenden erlassen, z. B. in Ungarn und Frankreich, ebenso sind für die genaue Unterscheidung von Portwein und Madeira genaue Ursprungsbezeichnungen erlassen, welche gemäß des Deutsch-Portugiesischen Handels- und Schiffahrts-Vertrages vom 30. Nov. 1908 in Deutschland anzuer-

---

[1]) Südweine können aber auch Trockenweine sein.
[2]) Urt. d. Landger. Bielefeld u. des Reichsgerichts betr. die Bezeichnung von Tokajer betr. Vergehen gegen § 16 des Warenzeichengesetzes v. 12. Mai 1894 vgl. Zeitschr. f. Unters. d. Nahr.- u. Genußm. 1910. 19. Beilage S. 170.

kennen sind. (Bezüglich des näheren muß auf A. Günther, Die Gesetzgebung des Auslandes über den Verkehr mit Wein verwiesen werden.) Die Verwendung geographischer Bezeichnungen bei Verschnitt ist durch § 7 geregelt und betrifft auch ausländische Erzeugnisse (auch Dessertweine). Die im § 8 verlangte Kennzeichnung von Rotweißverschnitt bezieht sich auch auf ausländische Weine.

Das Verbot des Nachmachens gemäß § 9 des Weingesetzes hat auch auf ausländische Weine volle Gültigkeit. Dessertweine sind ebenfalls damit getroffen (s. die Ausführungen S. 430). Diese Bestimmung ist gemäß § 12 auch auf Traubenmost und -maische gerichtet. Die Bestimmungen des § 13 regeln namentlich den Verkehr mit Wein und stellen die Vorschriften für die ausländischen Weine mit den inländischen mit folgenden Ausnahmen bzw. Sonderbestimmungen gleich. Der Verschnitt von Dessertwein mit weißem Wein (§ 2) anderer Art ist im Auslande zulässig. Ausländische Weine können die für den Verkehr innerhalb des Ursprungslandes erlaubte Kellerbehandlung (§ 13) erfahren. Rotwein mit Ausnahme von Dessertwein, desgl. Traubenmost oder -maische zu rotem Wein, deren Gehalt an SO_3 in 1 l Flüssigkeit mehr beträgt als 2 g neutralen schwefelsauren Kalis[1]) entsprechen, sowie Traubenmaische oder -most oder Weine, die einen Zusatz von Alkalicarbonaten (Pottasche oder dergl.), an organischen Säuren oder deren Salzen (Weinsäure, Citronensäure, Weinstein, neutrales weinsaures Kalium oder dgl.) oder einen der im § 10 und 16 des Gesetzes und dessen Ausführungsbestimmungen genannten Stoffe erhalten haben, sind vom Verkehr ausgeschlossen.

Die namentlich auf ausländische Süßweine angewandte Bezeichnung „Medizinalwein", „Blutwein" etc. kann billigerweise nur auf reine vergor ne Weine angewandt werden; die mit Hilfe von Rosinen und Alkohol u. s. w. hergestellten Süßweine mit Bezeichnungen wie Medizinalwein verstoßen daher gegen die Bestimmungen des Nahrungsmittelgesetzes.

Für die Untersuchung und Begutachtung der Auslandsweine mag nachstehende Übersicht zweckdienlich sein.

Übersicht über die wichtigsten Bestimmungen der ausländischen Weingesetze [2]).

Frankreich. Erlaubt ist Zusatz von:
Ammon- oder Calciumphosphat,
schwefliger Säure bis 350 mg im Liter [3]),
Alkalibisulfit bis 200 mg im Liter,
Weinsäure zu Most,
Citronensäure bis 0,5 im Liter,
Chlornatrium bis 1 g im Liter.

Hiervon sind die vier letzten nach § 10 des deutschen Weingesetzes zu beanstanden.

---

[1]) Urt. d. Reichsger. betr. übergipstem Rotwein. Zeitschr. f. Unters. d.. Nahr.- u. Genußm. 1910. 20. Beilage S. 426.
[2]) Näheres siehe A. Günther, Die Gesetzgebung des Auslandes über den Verkehr mit Wein. Berlin 1910.
[3]) Weiße Bordeaux werden durch starke Schwefelung in der Gärung unterbrochen, um die diesen Weinen eigentümliche Süße zu erzielen.

Spanien. Erlaubt ist Zusatz von:
>Rohrzucker,
>Chlornatrium bis 0,2 %,
>Gips bis 0,2 % K_2SO_4,
>Weinstein.

Dessertweine dürfen mehr Gips enthalten.

Außer dem Rohrzuckerzusatz sind diese Stoffe in Deutschland verboten. Ein über die angegebene Grenze hinausgehender Gipsgehalt ist also auch bei weißen spanischen Trockenweinen verboten. Aschenreiche Weine wie Malaga sind gelegentlich außer Chlornatrium auf Zusatz von Magnesia oder löslichen Tonerdeverbindungen zu prüfen.

Österreich: a) Süßweine. Süßweine (Dessert-) sind solche Weine, deren Stammzucker sich zu mehr als 26 g in 100 ccm berechnet. Bei der Herstellung von solchen Weinen ist erlaubt die Verwendung von:
>Rohrzucker, Rosinen, Korinten, sowie Alkohol bis zu einer Grenze von $22^1/_2$ Vol.-%.

b) Trockenweine. Gestattet ist der Zusatz von:
>1 Vol.-% Alkohol,
>50 mg Bisulfit im Liter,
>0,1 % Weinsäure.

Die beiden letzten Zusätze schließen den Wein von der Einfuhr in Deutschland aus. Unter den verbotenen Zusätzen sind Gips und Chlornatrium aufgeführt. Bei Rotweinen sind daher solche Weine, die bei der Prüfung auf Schwefelsäure ein gänzlich negatives Resultat geben, auf Entgipsung zu prüfen, d. h. auf einen Gehalt an Barium und Strontium.

Ungarn. Alle in der Liste der erlaubten Zusätze (Kellerbehandlung) nicht aufgeführten Stoffe sind verboten; insbesondere Weinsäure und andere Säuren. Wie in Österreich ist auch hier Chlornatrium- und Gipszusatz besonders untersagt; ferner Zusätze von Zucker und Rosinen, eingekochtem Most zur Herstellung von Süßwein.

Erlaubt ist:
>Der Zusatz von 1 Vol.-% Alkohol,
>Färbung mit Saflor mit Ausnahme der in der Tokajergegend erzeugten Weine (in Deutschland jedoch zu beanstanden, § 13 des Weingesetzes).

Italien. Bei Wein, der zum unmittelbaren Verbrauch in den Handel kommt, sind die höchsten zulässigen Mengen von schwefliger Säure im Liter 20 mg freie, 200 mg gesamte schweflige Säure.

Im übrigen sind im Ursprungslande außer 0,1 % NaCl noch folgende Zusätze gestattet, deren Verwendung aber die Einfuhr nach Deutschland ausschließt:
>Citronensäure 0,1 %,
>Weinsäure und Kaliumtartrat,
>Pottasche,
>Kalium- oder Calciumsulfit.

Portugal. (Portwein und Madeira nehmen eine Sonderstellung ein; siehe Näheres Handels- und Schiffahrtsvertrag vom 30. Nov. 1908. Erlaubt ist Gehalt an:
>Sulfiten oder schwefliger Säure bis zum Gehalt von 350 mg SO_2 im Liter,
>Rosinenzusatz zu Most,
>Moste dürfen mit soviel Weinsäure und Wasser versetzt werden, daß der Alkoholgehalt des Weines nicht unter 12 Vol.-% sinkt.
>Weinsäure (nach Ausführungsbestimmungen § 13 b zu beanstanden).

Besonders verboten sind Zusätze von
>Zuckerarten, die nicht von der Weintraube herstammen.
>Farbstoffen, die nicht von der Weintraube herstammen,
>Alkohol, der nicht von der Weintraube herstammt,
>Gips,
>Kochsalz,
>Gummi,
>Schwefelsäure u. a. m.

Vereinigte Staaten von Amerika.
Von der amerikanischen Gesetzgebung interessiert für die Beurteilung
für Einfuhr hauptsächlich, daß
        der Chlornatriumgehalt nicht über 1 % hinausgehen darf,
        daß gewisse Teerfarbstoffe gestattet sind, sofern nicht der Zweck
        vorliegt, Minderwertigkeit zu verdecken.
        Da Teerfarbstoffe im Wein nach a) § 13 b dessen Einfuhr ausschließen, so ist auf Teerfarben bei amerikanischen Weinen besonders zu achten.

Kapkolonie. Erlaubt ist:
    ein Chlornatriumgehalt von 0,05 %,
    schweflige Säure
    a) in Trockenweinen   21 mg freie (= $1^1/_2$ grains auf das Gallon),
                                    200 mg gesamt im Liter (= 14 grains auf das Gallon),
    b) in anderem Wein   32 mg freie SO_2 (= $2^1/_4$ grains auf das Gallon),
                                    356 mg gesamte SO_2 im Liter (= 25 grains auf das Gallon).
Alkohol darf zugesetzt werden:
    a) bei Trockenweinen bis zu einem Gehalt von 16 Vol.-% des Weines,
    b) bei Süßweinen ,, ,,   ,,   ,,   ,, 20 Vol.-% ,,   ,, ,
Gips,
Weinsäure (die Einfuhr nach Deutschland ausschließend).

Rumänien. Erlaubt sind Zusätze von:
    Phosphaten,
    konzentriertem Most,
    Chlornatrium bis 0,05 %,
    schwefliger Säure, gesamte: 350 mg im Liter,
                               500 mg bei Dessertweinen,
    Schwefelsäure bis 0,09 % (= 2 g Kaliumsulfat im Liter).
Da diese Bestimmung auch für weiße Weine gilt, so sind rumänische Weißweine, wenn sie diesen Gehalt an Schwefelsäure überschreiten, nicht einfuhrfähig (§ 13 des Weingesetzes).
Zusätze von Weinsäure und Citronensäure [1]) sind erlaubt, bei der Einfuhr nach Deutschland aber ausgeschlossen.

Schweiz. Gestattet sind:
    Schweflige Säure bis zu 20 mg freier SO_2 im Liter,
    Schweflige Säure bis zu 200 mg gesamter SO_2 im Liter,
    Schwefelsäure bis 0,93 im Liter.
    In Mosten oder Sausern dürfen nicht mehr als 10 mg Kupfer enthalten sein,
    Färbung ist verboten.

IV. Weinähnliche und weinhaltige Getränke.

Weinähnliche Getränke sind Fruchtweine, (Obst-, Beeren-) auch gespritete Fruchtsäfte, sofern sie sonst weinähnlich sind (wie die sog. Kirschweine und Gewürzweine), ferner aus Pflanzensäften hergestellte Getränke (z. B. Rhabarberwein), aus Malzauszügen gewonnene Getränke (Maltonweine). Die Herstellung solcher Getränke fällt gemäß § 10 des Weingesetzes nicht unter § 9 dieses Gesetzes. Die Bezeichnungen dieser Getränke in Verbindung mit dem Worte „Wein" müssen die „Stoffe" kennzeichnen, aus denen sie hergestellt sind, z. B. Maltonwein. Bestimmte gesundheitsgefährliche und täuschende Stoffe sind auch bei Herstellung von weinähnlichen Getränken verboten, (vergl. § 10, Abs. 2

---

[1]) Da Rumänien analytische Grenzzahlen aufstellt und unter diesen die nichtflüchtige Säure 0,45 g in 100 ccm verlangt, so ist der Zusatz von Weinsäure und Citronensäure besonders im Auge zu behalten.

und dessen Ausführungsbestimmungen). Soweit die Beurteilung der weinähnlichen Getränke nicht danach zu erfolgen hat, unterliegt dieselbe den Bestimmungen des Nahrungsmittelgesetzes.

Über die Zusammensetzung der Obstweine lassen sich Werte nicht angeben, da die Schwankungen sehr groß sind; bei Äpfel- und Birnenwein sind letztere im allgemeinen geringer als bei den Beerenweinen, die in verschiedenen Sorten als gewöhnliche Trink- und Tafel- sowie Likörweine hergestellt werden. Infolge eines meist großen Säuregehalts muß bei Beerenweinen oft eine erhebliche Streckung mit Zuckerwasser vor der Vergärung vorgenommen werden. Der Zucker- und Säuregehalt der Apfel und Birnen erfordert einen solchen Zusatz jedoch nicht. Die noch vielfach gemachten Wasserzusätze (lediglich Verdünnungen) bei derartigen Obstweinen sind daher als Verfälschung im Sinne des § 10 des Nahrungsmittelgesetzes anzusehen. Der Extraktgehalt unverdünnter Apfelweine beträgt etwa 2,5 g, der Aschengehalt etwa 0,25 g, der Alkoholgehalt 5—6 g in 100 ccm. Nach allgemeinen Grenzzahlen lassen sich Verfälschungen nicht nachweisen.

Weinhaltige Getränke sind solche, welche mit mehr oder weniger Wein zubereitet sind, z. B. Wermutwein, Maiwein (Maitrank)[1], Weinpunschessenzen, (Burgunder-)[2], -extrakte[3], Weinbrausen[4], Bowlen, Schorle-Morle, sowie ferner Arzneiweine wie Pepsinwein, Chinawein[5] u. s. w. Nach § 16 bzw. dessen Ausführungsbestimmungen sind dieselben Stoffe als Zusätze zu diesen Getränken wie bei weinähnlichen Getränken verboten und fällt die übrige Beurteilung unter das Nahrungsmittelgesetz.

§ 15 verbietet jedoch, daß Wein bzw. Getränke, die nach § 13 vom Verkehr ausgeschlossen (verfälscht u. s. w) sind, zur Herstellung von weinhaltigen Getränken verwendet werden. Die Benennung weinhaltiger Getränke unterliegt nicht dem § 6 des Weingesetzes, sondern nur dem Warenzeichen- und Wettbewerbgesetz. Werden die weinhaltigen und weinähnlichen Getränke mit Wein oder Traubenmost in einem Raume verwahrt, so müssen die Gefäße der ersteren mit einer deutlichen Bezeichnung des Inhalts an einer in die Augen fallenden Stelle versehen sein.

V. Haustrunk.

Haustrunk ist der für den eigenen Haushalt hergestellte Wein oder Kunstwein. Gemäß § 11 des Weingesetzes finden die Vorschriften des § 2 Satz 2 und §§ 3 und 9 auf Haustrunk keine Anwendung (s. S. 427). Erlaubt ist daher die Verwendung von Wein und Weinrückständen, Trestern, getrockneten Weinbeeren, Zuckerwasser.

---

[1] Entsch. d. Kammergerichts v. 10. Juni 1910. Zeitschr. f. Unters. d. Nahr.- u. Genußm. 1910, Beiheft S. 430. Danach wird Maitrank wie Maiwein beurteilt. Maiwein muß aus Traubenwein hergestellt sein.
[2] Urt. d. Reichsg. v. 2. Okt. 1905; Auszüge a. d. gerichtl. Entscheid. 8. S. 258.
[3] Urt. d. Landg. Chemnitz v. 31. März 1905; ebenda S. 263.
[4] Urt. d. Landg. I. Berlin v. 25. Juli 1910.
[5] Pepsinwein kann Glycerin enthalten, vgl. Arzneibuch f. d. Deutsche Reich.

Dagegen finden auch die Vorschriften des § 4 betr. die zur Kellerbehandlung erlaubten Stoffe entsprechende Anwendung. Ausgeschlossen von der Verwendung sind Traubenmost und -maische (auch in eingedicktem Zustand), Tamarindenmus, Mostansätze, Kunstmostsubstanzen, Mostessenzen und Weinsäure. Die Bestimmungen des § 11 beziehen sich aber nicht auf jeden beliebigen Privathaushalt, sondern sollen solche Betriebe treffen, in welchen Wein gewerbsmäßig hergestellt oder in Verkehr gebracht wird und beziehen sich überhaupt nur auf den aus den Erzeugnissen des Weinstocks hergestellten Haustrunk. Die Betriebsinhaber haben die Verpflichtung, die Herstellung von Haustrunk unter Angabe der herzustellenden Menge und der zur Verarbeitung kommenden Stoffe den zuständigen Behörden anzuzeigen u. s. w. Der gänzlich aus Kunstmoststoffen bereitete Haustrunk, der meistens in Süddeutschland hergestellt wird, soll nicht als Ersatz von Wein, sondern nur von Obstwein (dem sog. Most) gelten. Der Handel mit Moststoffen zur Haustrunkbereitung unterliegt dem Weingesetz; es dürfen also nur die erlaubten Stoffe Rosinen und Citronensäure in einem solchen Falle in Verkehr gebracht werden. Wird Haustrunk mit Wein in einem Raume gelagert, so ist an in die Augen fallender Stelle besondere deutliche Bezeichnung des Haustrunks erforderlich (§ 20 des Weingesetzes).

VI. Schaumwein und schaumweinähnliche Getränke sowie Kognak.

Der Verkehr mit diesen Genußmitteln ist durch die §§ 15, 16, 17 und 18 geregelt. Wie bei weinhaltigen Getränken ist die Verwendung verfälschter Produkte zu ihrer Herstellung (§ 15) sowie diejenige bestimmter Stoffe (§ 16) verboten.

Bezüglich des gewerbsmäßigen Verkaufens und Feilhaltens von Schaumwein und schaumweinähnlichen Getränken, wobei unter letzteren die Fruchtschaumweine zu verstehen sind, sind im § 17 und dessen Ausführungsbestimmungen eingehende Vorschriften erlassen. Die Nachmachung oder Verfälschung von Schaumwein fällt nicht unter § 9 des Weingesetzes, sondern unter § 10 des Nahrungsmittelgesetzes. Die Verarbeitung von Wein zu Schaumwein fällt nicht unter § 4 (Kellerbehandlung); ebenso braucht die Zuckerung des Weines behufs Schaumweinbereitung nicht nach den Vorschriften des § 3 des Weingesetzes durchgeführt zu werden. Fruchtschaumweine können künstlich eingepreßte CO_2 ohne Deklaration enthalten, bei Schaumwein ist letztere erforderlich (§ 17). Die für den Verkehr mit Kognak erlassenen Bestimmungen (§ 18 des Weingesetzes) sind im Abschnitt Branntwein und Liköre S. 343 erörtert.

VII. Sonstige Bestimmungen
beziehen sich auf die Ausführung der Buchführung und Weinkontrolle (§§ 19—23), auf die Einziehung und Vernichtung der betreffenden Getränke (§ 31), auf Vollzugs- und Strafbestimmungen (§§ 25—30), auf das Verhältnis des Weingesetzes zu anderen Gesetzen (§ 32). Ferner sei auf die Weinzollordnung, insbesondere auf Anlage 2 derselben hingewiesen.

VIII. Allgemeine Anhaltspunkte zur Deutung der Analysenergebnisse.

Die vielfach verschiedene und selbst bei einem und demselben Gewächs alljährlich mehr oder weniger erheblich wechselnde Zusammensetzung des Traubensaftes bzw. Weines sowie auch die durch den Verschnitt mehrerer Weinsorten herbeigeführte Änderung der Zusammensetzung erschweren den sicheren Nachweis gesetzwidriger Manipulationen sehr häufig. Man ist deshalb in vielen Fällen auf einen Vergleich mit der Zusammensetzung bekannter naturreiner Weine derselben Gegend, derselben Lage, desselben Jahrgangs u. s. w. angewiesen und zieht zu diesem Zwecke bei inländischen Weinen die Untersuchungsergebnisse der amtlichen deutschen Weinstatistik[1]) zu Rate; auch bei ausländischen würde sich dasselbe Verfahren empfehlen, sofern solche zuverlässigen amtlichen Statistiken vorhanden wären; soviel den Verfassern bekannt ist, sind aber nur in Ungarn und in der Schweiz amtliche Weinstatistiken (s. auch S. 426) geführt.

Es wäre daher grundfalsch die im nachstehenden angegebenen oder sonst in der Literatur zu findenden Werte etwa als Grenzwerte anzusehen; dieselben sollen nur eine gewisse Vorstellung von den etwa in Betracht kommenden Zahlengrößen geben, die bisher eventuell als äußerste Werte beobachtet sind. Für Beanstandungen gibt es kein Schema, sondern man muß von Fall zu Fall die Entscheidung treffen. Im allgemeinen, d. h. sofern es sich nicht um die Feststellung eines überhaupt abnormen Stoffes in einem Wein handelt, wird man aus einer Abweichung der üblichen Analysenwerte nie eine Beanstandung mit völliger Sicherheit ableiten können, vielmehr müssen stets mehrere in engeren Zusammenhang zu bringende Verdachtsgründe sowohl hinsichtlich der chemischen Zusammensetzung als auch des allgemeinen Charakters des Weines vorhanden sein.

Alkohol: Die Feststellung der Alkoholmenge bietet allein keinen Maßstab für die Beurteilung. Inländische deutsche Naturweine enthalten etwa 5—11 g Alkohol in 100 ccm; derartige äußerste Grenzfälle wird man im allgemeinen bei Handelsweinen nicht antreffen, da diese durch Verschnitte mundgerecht und haltbar gemacht werden; bei Süßweinen steigt der Alkoholgehalt bis zu 18 g in 100 ccm. Die Süßweine sind oft erheblich gespritet; sofern die Gesetzgebung des betreffenden Landes, aus welchem solche Weine zur Einfuhr gelangen, es gestattet, läßt auch das deutsche Weingesetz den Alkoholzusatz bei derartigen Weinen zu (s. im übrigen S. 432). Bei inländischen Weinen ist Alkoholzusatz verboten. Betreffend die zulässige Verwendung von Alkohol bei der Kellerbehandlung vgl. § 4 und die dazu erlassenen Ausführungsbestimmungen. Apfel- und Birnenwein weisen im allgemeinen etwa 4—6 g Alkoholgehalt auf, bei Beerenweinen nähert er sich nicht selten demjenigen der Süßweine. — Zusatz von Alkohol ist an dem zwischen Alkohol- und Glyceringehalt bestehenden Verhältnisse, das zwischen

---

[1]) Arb. a. d. Kais. Gesundh.-Amte. Zeitschr. f. Unters. d. Nahr.- u. Genußm. sowie J. König, Die Zusammensetzung der menschl. Nahrungs- u. Genußmittel. Bd. I. 1903.

etwa 100 : 7 bis 100 : 14 bei Naturweinen schwankt, zu erkennen; bei verdorbenen oder sehr alten Weinen kann das Verhältnis steigen, zeigt aber dann auf natürliche Glycerinvermehrung[1]). Bei den Dessertweinen kommen niedrigere Alkoholglycerinverhältniswerte vor, da diese Weine vielfach keine ausgegorenen Weine sondern mehr oder weniger mit Alkohol stumm gemachte Moste sind. Die ausländischen Gesetze lauten bezüglich dieses Punktes sehr verschiedenartig. Siehe das über die ausländischen Weingesetze Gesagte S. 433.

Extrakt: Der Extraktgehalt bildet nur beim Vergleich mit Weinen derselben Gegend (bzw. Lage) und desselben Jahrganges, namentlich soweit nur geringwertige Sorten in Frage kommen, einen brauchbaren Anhaltspunkt. Im allgemeinen enthalten deutsche naturreine bzw. in den gesetzlichen Grenzen gezuckerte Weine nur ganz ausnahmsweise einen geringeren Extraktgehalt als 1,6 g in 100 ccm Weißwein und 1,8 g in 100 ccm Rotwein. Der zuckerfreie Extraktgehalt steigt ganz ausnahmsweise bis etwa 4,8 %, bei Süßweinen bzw. stummgemachten Mosten noch erheblich höher (s. auch S. 432). Die Mehrzahl der deutschen Handelsweine weist einen zwischen 2,00 und 2,50 g in 100 ccm betragenden Extraktgehalt auf. Doch sind in diesen Angaben keine Grenzzahlen zu erblicken. Dabei sind größere Zuckermengen als 0,1 g in 100 ccm in Abzug gebracht. Extraktarmut kann unzulässigerweise durch Verdünnen und Überstrecken der Weine bei der Weinverbesserung sowie bei der sog. Rückverbesserung (s. S. 430) und bei der Herstellung von Kunstweinen (aus Rosinen-, Most- und Bukettstoffen, organische Säuren, Glycerin u. s. w. hergestellten Weinen) sowie bei der Herstellung von Trester- und Hefenweinen u. s. w. (s. S. 430) entstehen. Dabei sei erwähnt, daß die sog. Rückverbesserung überstreckter (auch gezuckerter) oder übergipster Weine gemäß §§ 2, 13 d. W.G. verboten ist. Derartige Weine können nicht mehr in Verkehr gebracht, sondern nur noch als Haustrunk (§ 11) verwendet oder mit behördlicher Genehmigung zu bestimmten Zwecken (Weinessigfabrikation u. s. w.) verarbeitet werden. (Siehe auch S. 430, namentlich die dort angezogenen Urteile höchster deutscher Gerichte).

Extraktreste, zuckerfreie, können in zweierlei Weise gebildet sein, einerseits durch Abzug der nichtflüchtigen (fixen) Säuren (d. h. der freien Säuren abzüglich der flüchtigen Säure) vom Extraktgehalt; anderseits durch Abzug der freien Säure (Gesamtsäure) vom Extraktgehalt. Die dafür früher angenommene Grenzwerte von 1,1 g bzw. 1,0 g in 100 ccm sind sehr niedrig gesetzt und entsprechen den wirklichen Extraktrestwerten der meisten Weine nicht.

Der totale Extraktrest verbleibt nach Abzug der Summe der nichtflüchtigen Säuren, der Mineralstoffe und des Glycerins. Auch die hierfür angenommenen äußersten Werte von mindestens 0,45 g in 100 ccm bei Naturweinen bzw. 0,35 g bei normal gezuckerten Weinen dürften im allgemeinen zu niedrig gegriffen sein.

---

[1]) Siehe auch K. Windisch, Die chemischen Vorgänge beim Werden des Weines 1905 (Festschrift).

Mineralstoffe (Asche): Bestimmte Werte können dafür ebensowenig wie für den Extraktgehalt angegeben werden. Der Mineralstoffgehalt beträgt aber im allgemeinen etwa 10% des Extraktgehaltes. Abweichungen kommen namentlich bei analytischen Grenzfällen vor. Tresterweine kennzeichnen sich, abgesehen von anderen Anhaltspunkten durch Erhöhung des Mineralstoffgehaltes und des dadurch erheblich veränderten Verhältnisses von Extrakt: Mineralstoffen. Auch NaCl-zusatz und Chaptalisieren (Entsäuerung mit Kalk, Pottasche) kann eine Erhöhung hervorrufen. Der Zusatz letzterer bewirkt eine Verbindung des Alkali mit Säuren, die im Wein z. T. verbleiben (besond. Verbot dieses Zusatzes laut § 13 d. W.G.). Verringerung der Mineralstoffgehalte kann unter Umständen durch Abscheiden von Weinstein in größerer Menge (bei Frostwetter oder dgl.) eintreten.

Alkalität: kann an sich, da sie zu erheblich schwankt, keinen Hinweis auf Verfälschungen geben; jedoch läßt sich der sog. Alkalitätsfaktor [1]) (s. S. 398) als Index für den Nachweis von Tresterweinen verwenden. Der Faktor soll normalerweise 0,8—1,0 betragen, kann bei Tresterwein erhöht sein; indessen können auch andere Ursachen die Erhöhung des Alkalitätsfaktors zur Folge haben, wie z. B. Zusatz organischer Säuren, Alkalibicarbonat. Starkes Schwefeln (Bildung von Schwefelsäure in größeren Mengen) sowie Gipsen drückt die Alkalität bzw. den Alkalitätsfaktor herab. Auch die wasserlösliche Alkalität ist in die amtliche Weinstatistik mit aufgenommen.

Organische Säuren: Der Gehalt an freier Säure gibt keinen Aufschluß über die Naturreinheit eines Weines. Der natürliche Säuregehalt schwankt innerhalb weiter Grenzen (etwa 0,4—1,2 g in 100 ccm); bei Süßweinen ist er meist geringer als bei den üblichen leichteren Weinen. Der Säuregehalt wird im allgemeinen teils durch Zuckerwasserzusatz auf dem Wege der legalen Weinverbesserung, teils durch Verschneiden geeigneter Weine miteinander für Handelszwecke ausgeglichen. Die natürliche Säure der Traubenweine besteht im wesentlichen aus Wein- und Äpfelsäure, ferner aus Milchsäure, Bernsteinsäure und Essigsäure. Letztere drei sind Nebenerzeugnisse, die erst nach Eintritt der alkoholischen Gärung entstehen. Die Säure des ursprünglichen Mostes nimmt im Verlauf der Gärungsperiode infolge verschiedener Vorgänge an Menge erheblich ab (Säurerückgang, s. auch S. 391 bei Weinverbesserung). Die Milchsäure des Weines ist ein Zersetzungsprodukt der Äpfelsäure und ist ein normaler Bestandteil des Weines. Ihre Entstehung wird durch einen bei der Nachgärung nach der Zuckervergärung sich vollziehenden, durch Bakterien veranlaßten biologischen Prozeß hervorgerufen. Die Äpfelsäure zersetzt sich dabei in Milchsäure und Kohlensäure. Der übliche Säurerückgang beträgt im allgemeinen etwa 0,2—0,3 g; wenn er mit Zersetzung der Äpfelsäure verbunden ist, erheblich mehr, etwa bis 0,7 g. Milchsäure in Mengen von etwa 0,08 g kommen in jedem Wein vor; bei stärkerer Äpfelsäurezersetzung entstehen Mengen

---

[1]) W. Fresenius und L. Grünhut, Zeitschr. f. analyt. Chemie. 1899. **38**.

von über 0,1 g. Die Weinsäure ist zum größten Teil als Weinstein im Wein vorhanden; der Gehalt an letzterem hängt von der Löslichkeit des Weinsteins im Weine ab und ist daher sehr schwankend. Ein Wein, der 8 g Alkohol in 100 ccm enthält, vermag etwa 0,27 g Weinstein in Lösung zu halten. Freie Weinsäure kommt in der vollreifen Traube meistens nicht vor. Die in der unreifen Traube enthaltene freie Weinsäure wird beim Reifungsprozeß durch zuwanderndes Kali gebunden. Nur ausnahmsweise, z. B. in Jahrgängen, wo der Mineralstoffgehalt des Weines auffällig gering ist, reicht das vorhandene Kali dazu nicht aus. Freie Weinsäure kann also in Naturweinen bei mangelnder Traubenreife sowie bei Mangel an Mineralstoffen vorhanden sein. Der ursprüngliche Weinsäuregehalt nimmt teils durch Abscheidung von Weinstein, teils durch biologische Vorgänge (Weinkrankheiten) ab. Weinsäure kann dem Wein auch mit Kalk oder Alkalibicarbonaten entzogen werden (s. S. 440). Die Menge der an alkalischen Erden gebundenen Weinsäure ist nur ausnahmsweise geringer als 0,1 g in 100 ccm. Die Entsäuerung soll sich nicht auch auf die anderen Säuren erstrecken, weil äpfelsaurer und milchsaurer Kalk leicht lösliche Salze bilden, daher im Wein verbleiben und den Geschmack desselben beeinflussen können. Der Gesamt-Weinsäuregehalt der Weine schwankt innerhalb erheblicher Grenzen (0,04—0,56%) und bildet daher wenig Anhaltspunkte für die Beurteilung. Der Gehalt an freier Weinsäure soll möglichst niedrig sein; Schwankungen von 0—0,2"/o kommen aber vor. Bernsteinsäure und Essigsäure sind Gärungsprodukte; letztere als flüchtige Säure ermittelt, darf ein gewisses geringes Maß, das jedoch bei den einzelnen Weinsorten verschieden sein kann, nicht übersteigen (s. Verdorbenheit weiter unten). Bei Süßweinen kann der Gehalt an flüchtiger Säure normalerweise 0,25 g in 100 ccm betragen. Citronensäure ist kein normaler (höchstens Spuren) Bestandteil des Traubensaftes bzw. -weines; ihre Anwesenheit deutet auf Obstwein (namentlich Booronwein), Tamarindenwein (künstliche Mostsubstanzen) bzw. direkten Citronensäurezusatz. Jeder künstlicher Säurezusatz (Weinsäure, Citronensäure u. s. w.) ist nach §§ 9 und 13 des W.G. bzw. den dazu erlassenen Ausführungsbestimmungen verboten. Das Verbot erstreckt sich auch auf Auslandsweine, selbst wenn Gesetze dieser Länder solche Zusätze gestatten, sind derart verfälschte Weine, bei denen eine nachträgliche Streckung möglich ist, nicht einfuhrfähig und überhaupt vom Verkehr in Deutschland ausgeschlossen.

Säurerest (n. Möslinger) nennt man den vom Gesamtsäuregehalt (berechnet als Weinsäure) verbleibenden Rest nach Abzug der auf Weinsäure umgerechneten flüchtigen Säuren und nach Abzug der gefundenen freien (Weinstein) und der Hälfte der halbgebundenen Weinsäure. Siehe die Ergebnisse der amtlichen Weinstatistik betreffs der natürlichen Säurerestwerte. Besonders niedrige Säurereste lassen auf Tresterwein, Rosinenwein und namentlich stark überstreckten Wein schließen.

Schwefelsäure: ist von Natur aus nur in geringen Mengen im Wein enthalten; jedoch kann Schwefelsäure durch starkes Schwefeln oder durch sog. Gipsen der Weine, welch letzteres zum Zweck des

Schönens und Klärens der Rot- und Südweine geschieht, in den Wein gelangen. Nach § 13 des W.G. bzw. dessen Ausführungsbestimmungen bleiben vom Verkehr ausgeschlossen: roter Wein, mit Ausnahme von Dessertwein, desgleichen Traubenmost oder Traubenmaische zu rotem Weine, deren Gehalt an Schwefelsäure in einem Liter Flüssigkeit mehr beträgt als zwei Gramm neutralem, schwefelsaurem Kali (= 0,09186% SO_3) entspricht. Dieses direkte Verbot trifft speziell die ausländischen Weine (abgesehen von den Dessertweinen), da im Auslande viel gegipst wird und der Gesundheit nachteilige Folgen durch das Gipsen eintreten können. Bei inländischen Weinen ist das Gipsen schon auf Grund des § 4 des W.G. ausgeschlossen.

Zucker: Der Zuckergehalt spielt bei der Beurteilung der Analyse insofern im allgemeinen keine erhebliche Rolle, als er in der Regel bei den üblichen Tafel- (Trocken-) weinen völlig oder bis auf einen kleinen Rest vergoren ist. Die Verwendung von ,,reinem'' Zucker in Form von Saccharose, Glucose (d. h. technisch reinem, aber nicht unreinem Stärkezucker) und Invertzucker ist zur Verbesserung mancher Weine in der durch das Weingesetz (siehe § 3) zugelassenen Anwendungsweise erlaubt. Verwendung von Stärkesirup ist laut §§ 3, 10, 13 und 16 des W.G. jedoch verboten. Bei edleren Weinsorten bleibt oft ein größerer unvergorener Invertzuckerrest zurück. Durch starkes Schwefeln zuckerreicher Weine wird öfters die Gärung frühzeitig aufgehoben, um noch Zucker im Wein zu erhalten und damit dem Wein den Charakter hochwertiger Sorten zu geben. Natürlich kann diese Manipulation auch nur bei besseren Sorten geschehen, weil der Charakter des Weines in allen Teilen eine gewisse Güte haben muß. Dieses Verfahren verstößt, wenn dabei eine falsche Benennung des Weines vorgenommen ist, gegen das W.G., im übrigen wird im Einzelfalle eventuell das Gesetz gegen den unlauteren Wettbewerb oder § 263 des St.G.B. (Betrug) in Frage kommen.

Süßweine sind durch mehr oder weniger Zuckergehalt charakterisiert. Bestimmung der Glucose und Fructose kann bisweilen über die Herstellungsweise von Süßweinen Auskunft geben (s. auch S. 410). Im echten ungezuckerten, ohne Rosinen hergestellten Weine wird im allgemeinen die Fructose die Glucose überwiegen, während im anderen Falle beide Zuckerarten in gleicher Menge vorhanden sind.

Glycerin: Der Glyceringehalt schwankt innerhalb weiter Grenzen; er ist neueren Untersuchungen zufolge wahrscheinlich kein direktes Gärungs-, sondern ein Stoffwechselprodukt der Hefe (etwa durch Verseifen von Fett in der Hefe entstanden). Glycerinzusatz ist geeignet, eine künstliche Erhöhung des Extraktgehaltes herbeizuführen sowie einem rauhen Wein eine gewisse Mundigkeit, Süße zu geben. Dieser Grund und die Möglichkeit, daß unreines Glycerin gesundheitsschädliche Eigenschaften haben kann, führte zu dem direkten Verbote (§§ 4, 10 u. 16 d. W.G.). Bezüglich zulässiger Verwendung von Glycerin in Arzneiwein s. diese S. 436. Die oben erwähnten Alkohol-Glycerinverhältnisse (S. 439) sind auch ein Maßstab für die Beurteilung des Glyceringehaltes. Steigung der Verhältnisse deutet auf

Glycerinzusatz. Glycerin beträgt in der Regel das 0,3—0,4-fache des Extraktes; körperreiche Weine haben meist auch hohen Glyceringehalt. Wenn ein Wein mehr als 0,5 g Glycerin in 100 ccm enthält, und der Extraktgehalt nach Abzug der flüchtigen Säure zu mehr als $^2/_3$ aus Glycerin besteht oder wenn das Verhältnis zu Alkohol mehr als 10,5 : 100 und der Gesamtextrakt nicht mindestens 1,8 g in 100 ccm beträgt, soll nach den Beschlüssen der Kommission für Weinstatistik in Deutschland im Jahre 1898 ein Wein als mit Glycerin versetzt, gelten können.

Der Stickstoffgehalt: bildet im allgemeinen keinen Maßstab für Verfälschungen, da auch durch Schönen der N-gehalt des Weines sich erhöhen kann.

Die Gerbstoffmenge: ist bei Rotweinen erheblich höher als bei Weißweinen. Bei Weißtresterweinen ist bisweilen der Gerbstoffgehalt sehr hoch; bei Tresterweinen tritt unter Umständen eine Abnahme des Gerbstoffgehaltes ein, weil der Gerbstoff vielfach in den Wein übergegangen ist. Durch Schönen kann übrigens auch der Gerbstoff teilweise entfernt sein. Näheres ist darüber aus der Spezialliteratur zu entnehmen.

Die Mineralbestandteile der Asche: zeigen keine Konstanz, weshalb sie sich relativ selten zur Feststellung von Gesetzwidrigkeiten verwerten lassen. Zum Nachweise von Fälschungen mögen folgende Anhaltspunkte unter Umständen von Wert sein. Der CaO-gehalt beträgt normalerweise etwa 0,003—0,05%; MgO-gehalt 0,003—0,03%, der K_2O-gehalt 0,02—0,2%; der Na_2O-gehalt 0,002—0,015 (NaCl-zusatz, der zur Erhöhung der Asche als Klärmittel in Betracht kommt, wird also schon bei verhältnismäßig geringen Mengen erkannt werden können). O. Krug[1]) mißt dem Vorhandensein von Na_2O in Weinen Bedeutung bei, da nach seinen Beobachtungen Natriumsalze normalerweise nur in minimalen Mengen (von 0,0004—0,0006 g in 100 ccm) vorkommen. Der P_2O_5-gehalt schwankt sehr erheblich (etwa von 4—90 mg), weßhalb ihm nur in Ausnahmefällen eine besondere Bedeutung beizulegen sein dürfte. Bei konzentrierten Süßweinen soll der P_2O_5-gehalt mindestens 0,03 g, bei Ungarsüßwein mindestens 0,055 g in 100 ccm betragen.

Bukett- und Essenzenstoffe: werden zwar häufig zur Kunstweinfabrikation verwendet, indessen ist ihr Nachweis im Weine chemisch schwer, eher aber durch die Geschmacksprobe und durch Nachforschungen mittels der Kontrollorgane möglich.

Bei Beurteilung von Konservierungsmitteln ist auf das natürliche Vorkommen von Borsäure, Fluor, Salicylsäure u. s. w. in den Früchten (auch Trauben, Äpfel und Birnen) hinzuweisen; vgl. auch S. 424. Hinsichtlich der schwefligen Säure enthält das Weingesetz die Bestimmung (§ 4), daß beim Schwefeln nur kleine Mengen von SO_2 oder SO_3 in die Flüssigkeit gelangen dürfen. Gewürzhaltiger Schwefel ist nicht erlaubt. Schwefligsaure Salze (Sulfite aller Art) sind gemäß (§§ 4, 10, 16) verboten. Im übrigen ist zu unterscheiden zwischen freier

---

[1]) Zeitschr. f. Unters. d. Nahr.- u. Genußm. 1908. 10. S. 417.

und gebundener SO_2 (aldehydschwefliger Säure)[1]), da letztere als weniger gesundheitsgefährlich angesehen wird. Mehrere ausländische Gesetze schreiben Grenzzahlen für Gesamt-SO_2 bzw. freie SO_2 vor.

Bemerkungen betreffend die Untersuchung der Auslandweine[2]).

Der Umfang der Analyse ist durch den Nachtrag Anlage 2 zur Zollordnung vom 17. Juli 1909 vorgeschrieben (siehe S. 686). Es sollen darnach fünf vom Hundert der eingehenden Weine genauer analysiert und insbesondere auf verbotene Stoffe (§§ 10, 16 des Weingesetzes) geprüft werden, wobei namentlich den Stoffen Aufmerksamkeit zu schenken ist, die in dem betreffenden Auslande gestattet, nach der deutschen Gesetzgebung aber verboten sind. Es sind daher für diese Untersuchungen Stichprüfungen auszuwählen. Die Wahl dieser Prüfungen soll nicht schematisch geschehen, sondern ist der Bereitungsweise der betreffenden Weine bzw. den Gepflogenheiten des Landes bei der Weinbereitung und dem vorliegenden analytischen Bilde anzupassen. Zum Beispiel wäre dem Sinne und Zwecke der Weinzollordnung nicht entsprochen, wenn ein Rotwein, von dem man schon weiß, daß er eine gewisse Menge Schwefelsäure enthält, auf Barium und Strontium geprüft wurde.

Auf Fluorzusatz wird man namentlich solche Weine prüfen, bei deren Herstellung die Gärung unterbrochen worden ist, also z. B. bei Samosweinen spanischen und griechischen Süßweinen; bei solchen Weinen aber, die schon ein anderes Konservierungsmittel enthalten, z. B. den weißen Bordeauxweinen, die durch große Mengen von schwefliger Säure stumm gemacht werden, dürfte eine Prüfung auf Fluor kaum Erfolg haben. Bei der Prüfung auf extraktvermehrende Zusätze sind vor allem die Verschnittweine ins Auge zu fassen, da bei diesen der ermäßigte Zollsatz von einem Mindestgehalt an Extrakt abhängig gemacht wird (2,8 g in 100 ccm). Da für diese Weine auch eine Mindestgrenze für den Alkohol gezogen ist, so wäre die Möglichkeit einer Spritung im Auge zu behalten.

Auf Mineralstoffzusätze, die nach § 13 b verboten sind, zu prüfen, gibt auffällig hoher Aschengehalt, wie man ihn namentlich bei Malaga und französischen Rotweinen öfters findet, Veranlassung. Verschiedene Stoffe verraten sich unter Umständen dem geübten Geschmack; ein nur geringer Kupfergehalt gibt dem Wein einen ausgesprochenen metallischen Beigeschmack. Zusätze von 0,1 Ameisensäure und kleinen Mengen freier Weinsäure verraten sich mitunter im Geschmack.

IX. Fehlerhafte oder verdorbene Weine[3])

können auf verschiedene Weise entstehen; ihre tiefere Ursache läßt sich häufig nicht ergründen, sofern nicht Mikroorganismen dabei im Spiele sind. Die bekanntesten Weinfehler (-krankheiten) sind der Kahm, der Essigstich, das Zäh- und Langwerden, das Trübwerden (Umschlagen), der Milchsäurestich (Zickendwerden). Über diese auf Tätigkeit von Mikroorganismen zurückführenden Weinfehler finden sich im bakteriologischen Teil (S. 575) einige Angaben. Der Böckser wird durch Bildung von Schwefelwasserstoff veranlaßt, das Schwarzwerden durch die gleichzeitige Gegenwart von Eisenoxydsalzen und Gerbstoff

---

[1]) Vgl. darüber W. Kerp, Arb. a. d. Kaiserl. Gesundh.-Amte. 1904. **12**. S. 141.
[2]) Weinhaltige Getränke, wie Wermutwein, unterliegen nicht den Einfuhrbeschränkungen der Weinzollordnung.
[3]) Über die Krankheiten des Weinstocks bzw. der Trauben am Stocke selbst gibt die S. 425 aufgeführte Literatur Auskunft.

verursacht. Das Braun- (Rahn-, Fuchsig-) werden von Weißweinen tritt namentlich auf, wenn faulige Trauben mitgekeltert wurden oder der Most längere Zeit auf den Trestern geblieben war.

Fehlerhafte Weine können als verdorben im Sinne des Nahrungsmittel-Gesetzes gelten, wenn die durch die Fehler hervorgerufene Abweichung vom Normalen im allgemeinen als unangenehm bzw. ekelerregend empfunden werden kann, womit jedoch nicht ausgeschlossen ist, daß ein fehlerhafter Wein unter Umständen durch entsprechende Behandlung wieder genußfähig gemacht werden kann.

In den meisten Fällen bildet ,,Essigstich" bzw. ,,Umschlagen" den Grund der Beanstandung wegen Verdorbenheit. Als Maßstab dient dafür im allgemeinen die Menge an flüchtiger Säure. Diese ist dann häufig eine über 0,2 g pro 100 ccm hinausgehende, jedoch kommt ein derartiger Gehalt auch bei normalen Weinen vor; andererseits gibt es auch Weine mit weniger flüchtiger Säure, die trotzdem ungenießbar und verdorben sind. Wie bei der Beurteilung der Weine überhaupt, so muß auch die Erklärung, ob ein Wein verdorben ist, mit Vorsicht abgegeben werden. Die Kostprobe ist dabei oft wertvoller als die chemische Feststellung, oder es ergänzen sich beide Prüfungsarten zu einem sicheren Urteil.

X. Gesundheitsschädlichkeit

kann, wenn nicht durch ganz besondere, nicht vorherzusehende Umstände hervorgerufen, zum Teil auch durch die in den §§ 10, 13, 16 des Weingesetzes benannten verbotenen Stoffe bzw. auch durch Essigstich entstehen. Die Beurteilung ist dem medizinischen Sachverständigen zu überlassen.

Tafel I.

Ermittelung des Alkoholgehaltes. Aus K. Windisch. Alkoholtafel. Berlin 1893.

Spezifisches Gewicht des Destillates	Gramm Alkohol in 100 ccm	Volumprozente Alkohol[1]	Spezifisches Gewicht des Destillates	Gramm Alkohol in 100 ccm	Volumprozente Alkohol
1,0000	0,00	0,00	0,9965	1,88	2,37
			4	1,93	2,44
0,9999	0,05	0,07	3	1,99	2,51
8	0,11	0,13	2	2,04	2,58
7	0,16	0,20	1	2,10	2,65
6	0,21	0,27	0	2,16	2,72
5	0,26	0,33			
4	0,32	0,40	0,9959	2,21	2,79
3	0,37	0,47	8	2,27	2,86
2	0,42	0,53	7	2,32	2,93
1	0,47	0,60	6	2,38	3,00
0	0,53	0,67	5	2,43	3,07
			4	2,49	3,14
0,9989	0,58	0,73	3	2,55	3,21
8	0,64	0,80	2	2,60	3,28
7	0,69	0,87	1	2,66	3,35
6	0,74	0,93	0	2,72	3,42
5	0,80	1,00			
4	0,85	1,07	0,9949	2,77	3,49
3	0,90	1,14	8	2,82	3,56
2	0,96	1,20	7	2,88	3,64
1	1,01	1,27	6	2,94	3,71
0	1,06	1,34	5	3,00	3,78
			4	3,06	3,85
0,9979	1,12	1,41	3	3,12	3,93
8	1,17	1,48	2	3,17	4,00
7	1,22	1,54	1	3,23	4,07
6	1,28	1,61	0	3,29	4,14
5	1,33	1,68			
4	1,39	1,75	0,9939	3,35	4,22
3	1,44	1,82	8	3,40	4,29
2	1,50	1,88	7	3,46	4,36
1	1,55	1,95	6	3,52	4,43
0	1,60	2,02	5	3,58	4,51
			4	3,64	4,58
0,9969	1,66	2,09	3	3,69	4,65
8	1,71	2,16	2	3,75	4,73
7	1,77	2,23	1	3,81	4,80
6	1,82	2,30	0	3,87	4,88

[1] Angabe der Gewichtsprozente s. Tafel S. 244 im Abschnitt Branntwein.

Spezifisches Gewicht des Destillates	Gramm Alkohol in 100 ccm	Volumprozente Alkohol	Spezifisches Gewicht des Destillates	Gramm Alkohol in 100 ccm	Volumprozente Alkohol
0,9929	3,93	4,95	0,9887	6,53	8,23
8	3,99	5,03	6	6,59	8,31
7	4,05	5,10	5	6,66	8,40
6	4,11	5,18	4	6,73	8,48
5	4,17	5,25	3	6,79	8,56
4	4,23	5,33	2	6,86	8,64
3	4,29	5,40	1	6,93	8,73
2	4,35	5,48	0	6,99	8,81
1	4,41	5,55			
0	4,47	5,63	0,9879	7,06	8,89
			8	7,12	8,98
0,9919	4,53	5,70	7	7,19	9,06
8	4,59	5,78	6	7,26	9,15
7	4,65	5,86	5	7,33	9,23
6	4,71	5,93	4	7,39	9,32
5	4,77	6,01	3	7,46	9,40
4	4,83	6,09	2	7,53	9,48
3	4,89	6,16	1	7,60	9,57
2	4,95	6,24	0	7,66	9,66
1	5,01	6,32			
0	5,08	6,40	0,9869	7,73	9,74
			8	7,80	9,83
0,9909	5,14	6,47	7	7,87	9,91
8	5,20	6,55	6	7,94	10,00
7	5,26	6,63	5	8,00	10,09
6	5,32	6,71	4	8,07	10,17
5	5,38	6,79	3	8,14	10,26
4	5,45	6,86	2	8,21	10,35
3	5,51	6,94	1	8,28	10,43
2	5,57	7,02	0	8,35	10,52
1	5,64	7,10			
0	5,70	7,18	0,9859	8,42	10,61
			8	8,49	10,70
0,9899	5,76	7,26	7	8,56	10,79
8	5,83	7,34	6	8,63	10,88
7	5,89	7,42	5	8,70	10,96
6	5,95	7,50	4	8,77	11,05
5	6,02	7,58	3	8,84	11,14
4	6,08	7,66	2	8,91	11,23
3	6,14	7,74	1	8,98	11,32
2	6,21	7,82	0	9,06	11,41
1	6,27	7,90			
0	6,34	7,99	0,9849	9,13	11,50
			8	9,20	11,59
0,9889	6,40	8,07	7	9,27	11,68
8	6,47	8,15	6	9,34	11,77

Spezifisches Gewicht des Destillates	Gramm Alkohol in 100 ccm	Volumprozente Alkohol	Spezifisches Gewicht des Destillates	Gramm Alkohol in 100 ccm	Volumprozente Alkohol
0,9845	9,42	11,86	0,9802	12,65	15,95
4	9,49	11,95	1	12,73	16,04
3	9,56	12,05	0	12,81	16,14
2	9,63	12,14			
1	9,70	12,23	0,9799	12,89	16,24
0	9,78	12,32	8	12,97	16,34
			7	13,05	16,44
0,9839	9,85	12,41	6	13,13	16,54
8	9,92	12,50	5	13,20	16,64
7	9,99	12,59	4	13,28	16,74
6	10,07	12,69	3	13,36	16,84
5	10,14	12,78	2	13,44	16,94
4	10,22	12,88	1	13,52	17,04
3	10,29	12,97	0	13,60	17,14
2	10,36	13,06			
1	10,44	13,16	0,9789	13,68	17,24
0	10,52	13,25	8	13,76	17,34
			7	13,84	17,44
0,9829	10,59	13,34	6	13,92	17,54
8	10,66	13,44	5	14,00	17,64
7	10,74	13,53	4	14,08	17,74
6	10,81	13,63	3	14,15	17,84
5	10,89	13,72	2	14,23	17,94
4	10,96	13,82	1	14,31	18,04
3	11,04	13,91	0	14,39	18,14
2	11,12	14,01			
1	11,19	14,10	0,9779	14,47	18,24
0	11,27	14,20	8	14,55	18,34
			7	14,63	18,44
0,9819	11,34	14,29	6	14,71	18,54
8	11,42	14,39	5	14,79	18,64
7	11,49	14,48	4	14,87	18,74
6	11,57	14,58	3	14,95	18,84
5	11,65	14,68	2	15,03	18,94
4	11,72	14,77	1	15,11	19,04
3	11,80	14,87	0	15,19	19,14
2	11,88	14,97			
1	11,96	15,07	0,9769	15,27	19,24
0	12,03	15,16	8	15,35	19,34
			7	15,43	19,44
0,9809	12,11	15,26	6	15,51	19,55
8	12,19	15,36	5	15,59	19,65
7	12,27	15,46	4	15,67	19,75
6	12,34	15,55	3	15,75	19,85
5	12,42	15,65	2	15,83	19,95
4	12,50	15,75	1	15,91	20,05
3	12,58	15,85	0	15,99	20,15

Trauben- und Obstsaft (-most), Wein und Obstwein.

Spezifisches Gewicht des Destillates	Gramm Alkohol in 100 ccm	Volumprozente Alkohol	Spezifisches Gewicht des Destillates	Gramm Alkohol in 100 ccm	Volumprozente Alkohol
0,9759	16,07	20,25	0,9716	19,45	24,51
8	16,15	20,35	5	19,53	24,60
7	16,23	20,45	4	19,60	24,70
6	16,31	20,55	3	19,68	24,80
5	16,39	20,65	2	19,76	24,89
4	16,47	20,75	1	19,83	24,99
3	16,55	20,86	0	19,91	25,08
2	16,63	20,96			
1	16,71	21,06	0,9709	19,98	25,18
0	16,79	21,16	8	20,06	25,27
			7	20,13	25,37
0,9749	16,87	21,26	6	20,21	25,47
8	16,95	21,36	5	20,28	25,56
7	17,03	21,46	4	20,36	25,66
6	17,11	21,56	3	20,43	25,75
5	17,19	21,66	2	20,51	25,84
4	17,27	21,76	1	20,58	25,94
3	17,35	21,86	0	20,66	26,03
2	17,42	21,96			
1	17,50	22,06	0,9699	20,73	26,13
0	17,58	22,16	8	20,81	26,22
			7	20,88	26,31
0,9739	17,66	22,26	6	20,96	26,41
8	17,74	22,35	5	21,03	26,50
7	17,82	22,45	4	21,10	26,59
6	17,90	22,55	3	21,18	26,69
5	17,98	22,65	2	21,25	26,78
4	18,05	22,75	1	21,32	26,87
3	18,13	22,85	0	21,40	26,96
2	18,21	22,95			
1	18,29	23,05	0,9689	21,47	27,05
0	18,37	23,14	8	21,54	27,14
			7	21,61	27,24
0,9729	18,45	23,24	6	21,69	27,33
8	18,52	23,34	5	21,76	27,42
7	18,60	23,44	4	21,83	27,51
6	18,68	23,54	3	21,90	27,60
5	18,76	23,63	2	21,97	27,69
4	18,84	23,73	1	22,05	27,78
3	18,91	23,83	0	22,12	27,87
2	18,99	23,93			
1	19,07	24,02	0,9679	22,19	27,96
0	19,14	24,12	8	22,26	28,05
			7	22,33	28,14
0,9719	19,22	24,22	6	22,40	28,23
8	19,30	24,32	5	22,47	28,32
7	19,37	24,41	4	22,54	28,41

Bujard-Baier. 3. Aufl.

Spezifisches Gewicht des Destillates	Gramm Alkohol in 100 ccm	Volumprozente Alkohol	Spezifisches Gewicht des Destillates	Gramm Alkohol in 100 ccm	Volumprozente Alkohol
0,9673	22,61	28,50	0,9646	24,46	30,82
2	22,68	28,59	5	24,53	30,91
1	22,75	28,67	4	24,59	30,99
0	22,82	28,76	3	24,66	31,07
			2	24,73	31,16
0,9669	22,89	28,85	1	24,79	31,24
8	22,96	28,94	0	24,85	31,32
7	23,03	29,03			
6	23,10	29,11	0,9639	24,92	31,41
5	23,17	29,20	8	24,99	31,49
4	23,24	29,29	7	25,05	31,57
3	23,31	29,38	6	25,12	31,65
2	23,38	29,46	5	25,18	31,73
1	23,45	29,55	4	25,25	31,81
0	23,52	29,64	3	25,31	31,89
			2	25,37	31,98
0,9659	23,59	29,72	1	25,44	32,06
8	23,65	29,81	0	25,50	32,14
7	23,72	29,89			
6	23,79	29,98	0,9629	25,56	32,22
5	23,86	30,06	8	25,63	32,30
4	23,93	30,15	7	25,69	32,38
3	23,99	30,23	6	25,76	32,46
2	24,06	30,32	5	25,82	32,54
1	24,13	30,40	4	25,88	32,62
0	24,19	30,49	3	25,95	32,70
			2	26,01	32,78
0,9649	24,26	30,57	1	26,07	32,85
8	24,33	30,66	0	26,13	32,93
7	24,39	30,74			

Fortsetzung siehe die Tafel S. 359.

Tafel II.

(Zur Ermittelung der Zahl E, welche für die Wahl des bei der Extraktbestimmung des Weines anzuwendenden Verfahrens maßgebend ist.)
Nach den Angaben der Kaiserlichen Normal-Eichungs-Kommission berechnet im Kaiserlichen Gesundheitsamt.

x	E [1]	x	E	x	E	x	E
1,0000	0,00	1,0005	0,13	1,0010	0,26	1,0015	0,39
1	0,03	6	0,15	1	0,28	6	0,41
2	0,05	7	0,18	2	0,31	7	0,44
3	0,08	8	0,20	3	0,34	8	0,46
4	0,10	9	0,23	4	0,36	9	0,49

[1] $E = g$ Zucker in 100 ccm; die Gewichtsprozente finden sich in der Tafel S. 283 im Abschnitt Zucker.

x	E	x	E	x	E	x	E
1,0020	0,52	1,0063	1,63	1,0106	2,74	1,0150	3,87
1	0,54	4	1,65	7	2,76	1	3,90
2	0,57	5	1,68	8	2,79	2	3,93
3	0,59	6	1,70	9	2,82	3	3,95
4	0,62	7	1,73			4	3,98
5	0,64	8	1,76	1,0110	2,84	5	4,00
6	0,67	9	1,78	1	2,87	6	4,03
7	0,69			2	2,89	7	4,06
8	0,72	1,0070	1,81	3	2,92	8	4,08
9	0,75	1	1,83	4	2,94	9	4,11
		2	1,86	5	2,97		
1,0030	0,77	3	1,88	6	3,00	1,0160	4,13
1	0,80	4	1,91	7	3,02	1	4,16
2	0,82	5	1,94	8	3,05	2	4,19
3	0,85	6	1,96	9	3,07	3	4,21
4	0,87	7	1,99			4	4,24
5	0,90	8	2,01	1,0120	3,10	5	4,26
6	0,93	9	2,04	1	3,12	6	4,29
7	0,95			2	3,15	7	4,31
8	0,98	1,0080	2,07	3	3,18	8	4,34
9	1,00	1	2,09	4	3,20	9	4,37
		2	2,12	5	3,23		
1,0040	1,03	3	2,14	6	3,26	1,0170	4,39
1	1,05	4	2,17	7	3,28	1	4,42
2	1,08	5	2,19	8	3,31	2	4,44
3	1,11	6	2,22	9	3,33	3	4,47
4	1,13	7	2,25			4	4,50
5	1,16	8	2,27	1,0130	3,36	5	4,52
6	1,18	9	2,30	1	3,38	6	4,55
7	1,21			2	3,41	7	4,57
8	1,24	1,0090	2,32	3	3,43	8	4,60
9	1,26	1	2,35	4	3,46	9	4,63
		2	2,38	5	3,49		
1,0050	1,29	3	2,40	6	3,51	1,0180	4,65
1	1,32	4	2,43	7	3,54	1	4,68
2	1,34	5	2,45	8	3,56	2	4,70
3	1,37	6	2,48	9	3,59	3	4,73
4	1,39	7	2,50	1,0140	3,62	4	4,75
5	1,42	8	2,53	1	3,64	5	4,78
6	1,45	9	2,56	2	3,67	6	4,81
7	1,47			3	3,69	7	4,83
8	1,50	1,0100	2,58	4	3,72	8	4,86
9	1,52	1	2,61	5	3,75	9	4,88
		2	2,63	6	3,77		
1,0060	1,55	3	2,66	7	3,80	1,0190	4,91
1	1,57	4	2,69	8	3,82	1	4,94
2	1,60	5	2,71	9	3,85	2	4,96

x	E	x	E	x	E	x	E
1,0193	4,99	1,0236	6,10	1,0280	7,24	1,0323	8,35
4	5,01	7	6,12	1	7,26	4	8,38
5	5,04	8	6,15	2	7,29	5	8,40
6	5,06	9	6,18	3	7,32	6	8,43
7	5,09			4	7,34	7	8,46
8	5,11	1,0240	6,20	5	7,37	8	8,48
9	5,14	1	6,23	6	7,39	9	8,51
		2	6,25	7	7,42		
1,0200	5,17	3	6,28	8	7,45	1,0330	8,53
1	5,19	4	6,31	9	7,47	1	8,56
2	5,22	5	6,33			2	8,59
3	5,25	6	6,36	1,0290	7,50	3	8,61
4	5,27	7	6,38	1	7,52	4	8,64
5	5,30	8	6,41	2	7,55	5	8,66
6	5,32	9	6,44	3	7,58	6	8,69
7	5,35			4	7,60	7	8,72
8	5,38	1,0250	6,46	5	7,63	8	8,74
9	5,40	1	6,49	6	7,65	9	8,77
		2	6,51	7	7,68		
1,0210	5,43	3	6,54	8	7,70	1,0340	8,79
1	5,45	4	6,56	9	7,73	1	8,82
2	5,48	5	6,59			2	8,85
3	5,51	6	6,62	1,0300	7,76	3	8,87
4	5,53	7	6,64	1	7,78	4	8,90
5	5,56	8	6,67	2	7,81	5	8,92
6	5,58	9	6,70	3	7,83	6	8,95
7	5,61			4	7,86	7	8,97
8	5,64	1,0260	6,72	5	7,89	8	9,00
9	5,66	1	6,75	6	7,91	9	9,03
		2	6,77	7	7,94		
1,0220	5,69	3	6,80	8	7,97	1,0350	9,05
1	5,71	4	6,82	9	7,99	1	9,08
2	5,74	5	6,85			2	9,10
3	5,77	6	6,88	1,0310	8,02	3	9,13
4	5,79	7	6,90	1	8,04	4	9,16
5	5,82	8	6,93	2	8,07	5	9,18
6	5,84	9	6,95	3	8,09	6	9,21
7	5,87			4	8,12	7	9,23
8	5,89	1,0270	6,98	5	8,14	8	9,26
9	5,92	1	7,01	6	8,17	9	9,29
		2	7,03	7	8,20		
1,0230	5,94	3	7,06	8	8,22	1,0360	9,31
1	5,97	4	7,08	9	8,25	1	9,34
2	6,00	5	7,11			2	9,36
3	6,02	6	7,13	1,0320	8,27	3	9,39
4	6,05	7	7,16	1	8,30	4	9,42
5	6,07	8	7,19	2	8,33	5	9,44
		9	7,21				

x	E	x	E	x	E	x	E
1,0366	9,47	1,0410	10,61	1,0453	11,73	1,0496	12,84
7	9,49	1	10,63	4	11,75	7	12,87
8	9,52	2	10,66	5	11,78	8	12,90
9	9,55	3	10,69	6	11,81	9	12,92
		4	10,71	7	11,83		
1,0370	9,57	5	10,74	8	11,86	1,0500	12,95
1	9,60	6	10,76	9	11,88	1	12,97
2	9,62	7	10,79			2	13,00
3	9,65	8	10,82	1,0460	11,91	3	13,03
4	9,68	9	10,84	1	11,94	4	13,05
5	9,70			2	11,96	5	13,08
6	9,73	1,0420	10,87	3	11,99	6	13,10
7	9,75	1	10,90	4	12,01	7	13,13
8	9,78	2	10,92	5	12,04	8	13,16
9	9,80	3	10,95	6	12,06	9	13,18
		4	10,97	7	12,09		
1,0380	9,83	5	11,00	8	12,12	1,0510	13,21
1	9,86	6	11,03	9	12,14	1	13,23
2	9,88	7	11,05			2	13,26
3	9,91	8	11,08	1,0470	12,17	3	13,29
4	9,93	9	11,10	1	12,19	4	13,31
5	9,96			2	12,22	5	13,34
6	9,99	1,0430	11,13	3	12,25	6	13,36
7	10,01	1	11,15	4	12,27	7	13,39
8	10,04	2	11,18	5	12,30	8	13,42
9	10,06	3	11,21	6	12,32	9	13,44
		4	11,23	7	12,35		
1,0390	10,09	5	11,26	8	12,38	1,0520	13,47
1	10,11	6	11,28	9	12,40	1	13,49
2	10,14	7	11,31			2	13,52
3	10,17	8	11,34	1,0480	12,43	3	13,55
4	10,19	9	11,36	1	12,45	4	13,57
5	10,22			2	12,48	5	13,60
6	10,25	1,0440	11,39	3	12,51	6	13,62
7	10,27	1	11,42	4	12,53	7	13,65
8	10,30	2	11,44	5	12,56	8	13,68
9	10,32	3	11,47	6	12,58	9	13,70
1,0400	10,35	4	11,49	7	12,61	1,0530	13,73
1	10,37	5	11,52	8	12,64	1	13,75
2	10,40	6	11,55	9	12,66	2	13,78
3	10,43	7	11,57			3	13,81
4	10,45	8	11,60	1,0490	12,69	4	13,83
5	10,48	9	11,62	1	12,71	5	13,86
6	10,51			2	12,74	6	13,89
7	10,53	1,0450	11,65	3	12,77	7	13,91
8	10,56	1	11,68	4	12,79	8	13,94
9	10,58	2	11,70	5	12,82	9	13,96

x	E	x	E	x	E	x	E
1,0540	13,99	1,0583	15,11	1,0626	16,23	1,0670	17,38
1	14,01	4	15,14	7	16,26	1	17,41
2	14,04	5	15,16	8	16,28	2	17,43
3	14,07	6	15,19	9	16,31	3	17,46
4	14,09	7	15,22			4	17,48
5	14,12	8	15,24	1,0630	16,33	5	17,51
6	14,14	9	15,27	1	16,36	6	17,54
7	14,17			2	16,39	7	17,56
8	14,20	1,0590	15,29	3	16,41	8	17,59
9	14,22	1	15,32	4	16,44	9	17,62
		2	15,35	5	16,47		
1,0550	14,25	3	15,37	6	16,49	1,0680	17,64
1	14,28	4	15,40	7	16,52	1	17,67
2	14,30	5	15,42	8	16,54	2	17,69
3	4,33	6	15,45	9	16,57	3	17,72
4	14,35	7	15,48			4	17,75
5	14,38	8	15,50	1,0640	16,60	5	17,77
6	14,41	9	15,53	1	16,62	6	17,80
7	14,43			2	16,65	7	17,83
8	14,46	1,0600	15,55	3	16,68	8	17,85
9	14,48	1	15,58	4	16,70	9	17,88
		2	15,61	5	16,73		
1,0560	14,51	3	15,63	6	16,75	1,0690	17,90
1	14,54	4	15,66	7	16,78	1	17,93
2	14,56	5	15,68	8	16,80	2	17,95
3	14,59	6	15,71	9	16,83	3	17,98
4	14,61	7	15,74			4	18,01
5	14,64	8	15,76	1,0650	16,86	5	18,03
6	14,67	9	15,79	1	16,88	6	18,06
7	14,69			2	16,91	7	18,08
8	14,72	1,0610	15,81	3	16,94	8	18,11
9	14,74	1	15,84	4	16,96	9	18,14
		2	15,87	5	16,99		
1,0570	14,77	3	15,89	6	17,01	1,0700	18,16
1	14,80	4	15,92	7	17,04	1	18,19
2	14,82	5	15,94	8	17,07	2	18,22
3	14,85	6	15,97	9	17,09	3	18,24
4	14,87	7	16,00			4	18,27
5	14,90	8	16,02	1,0660	17,12	5	18,30
6	14,93	9	16,05	1	17,14	6	18,32
7	14,95			2	17,17	7	18,35
8	14,98	1,0620	16,07	3	17,20	8	18,37
9	15,00	1	16,10	4	17,22	9	18,40
		2	16,13	5	17,25		
1,0580	15,03	3	16,15	6	17,27		
1	15,06	4	16,18	7	17,30	1,0710	18,43
2	15,08	5	16,21	8	17,33	1	18,45
				9	17,35	2	18,48

Trauben- und Obstsaft (-most), Wein und Obstwein.

x	E	x	E	x	E	x	E
1,0713	18,50	1,0756	19,63	1,0800	20,78	1,0843	21,91
4	18,53	7	19,65	1	20,81	4	21,94
5	18,56	8	19,68	2	20,83	5	21,96
6	18,58	9	19,71	3	20,86	6	21,99
7	18,61			4	20,89	7	22,02
8	18,63	1,0760	19,73	5	20,91	8	22,04
9	18,66	1	19,76	6	20,94	9	22,07
		2	19,79	7	20,96		
1,0720	18,69	3	19,81	8	20,99	1,0850	22,09
1	18,71	4	19,84	9	21,02	1	22,12
2	18,74	5	19,86			2	22,15
3	18,76	6	19,89	1,0810	21,04	3	22,17
4	18,79	7	19,92	1	21,07	4	22,20
5	18,82	8	19,94	2	21,10	5	22,22
6	18,84	9	19,97	3	21,12	6	22,25
7	18,87			4	21,15	7	22,28
8	18,90	1,0770	20,00	5	21,17	8	22,30
9	18,92	1	20,02	6	21,20	9	22,33
		2	20,05	7	21,23		
1,0730	18,95	3	20,07	8	21,25	1,0860	22,36
1	18,97	4	20,10	9	21,28	1	22,38
2	19,00	5	20,12			2	22,41
3	19,03	6	20,15	1,0820	21,31	3	22,43
4	19,05	7	20,18	1	21,33	4	22,46
5	19,08	8	20,20	2	21,36	5	22,49
6	19,10	9	20,23	3	21,38	6	22,51
7	19,13			4	21,41	7	22,54
8	10,16	1,0780	20,26	5	21,44	8	22,57
9	19,18	1	20,28	6	21,46	9	22,59
		2	20,31	7	21,49		
1,0740	19,21	3	20,34	8	21,52	1,0870	22,62
1	19,23	4	20,36	9	21,54	1	22,65
2	19,26	5	20,39			2	22,67
3	19,29	6	20,41	1,0830	21,57	3	22,70
4	19,31	7	20,44	1	21,59	4	22,72
5	19,34	8	20,47	2	21,62	5	22,75
6	19,37	9	20,49	3	21,65	6	22,78
7	19,39			4	21,67	7	22,80
8	19,42	1,0790	20,52	5	21,70	8	22,83
9	19,44	1	20,55	6	21,73	9	22,86
		2	20,57	7	21,75		
		3	20,60	8	21,78	1,0880	22,88
1,0750	19,47	4	20,62	9	21,80	1	22,91
1	19,50	5	20,65			2	22,93
2	19,52	6	20,68	1,0840	21,83	3	22,96
3	19,55	7	20,70	1	21,86	4	22,99
4	19,58	8	20,73	2	21,88	5	23,01
5	19,60	9	20,75				

x	E	x	E	x	E	x	E
1,0886	23,04	1,0930	24,20	1,0973	25,33	1,1016	26,46
7	23,07	1	24,22	4	25,36	7	26,49
8	23,09	2	24,25	5	25,38	8	26,51
9	23,12	3	24,27	6	25,41	9	26,54
		4	24,30	7	25,43		
1,0890	23,14	5	24,33	8	25,46	1,1020	26,56
1	23,17	6	24,35	9	25,49	1	26,59
2	23,20	7	24,38			2	26,62
3	23,22	8	24,41	1,0980	25,51	3	26,64
4	23,25	9	24,43	1	25,54	4	26,67
5	23,28			2	25,56	5	26,70
6	23,30	1,0940	24,46	3	25,59	6	26,72
7	23,33	1	24,49	4	25,62	7	26,75
8	23,35	2	24,51	5	25,64	8	26,78
9	23,38	3	24,54	6	25,67	9	26,80
		4	24,57	7	25,70		
1,0900	23,41	5	24,59	8	25,72	1,1030	26,83
1	23,43	6	24,62	9	25,75	1	26,85
2	23,46	7	24,64			2	26,88
3	23,49	8	24,67	1,0990	25,78	3	26,91
4	23,51	9	24,70	1	25,80	4	26,93
5	23,54			2	25,83	5	26,96
6	23,57	1,0950	24,72	3	25,85	6	26,99
7	23,59	1	24,75	4	25,88	7	27,01
8	23,62	2	24,78	5	25,91	8	27,04
9	23,65	3	24,80	6	25,93	9	27,07
		4	24,83	7	25,96		
1,0910	23,67	5	24,85	8	25,99	1,1040	27,09
1	23,70	6	24,88	9	26,01	1	27,12
2	23,72	7	24,91			2	27,15
3	23,75	8	24,93	1,1000	26,04	3	27,17
4	23,77	9	24,96	1	26,06	4	27,20
5	23,80			2	26,09	5	27,22
6	23,83	1,0960	24,99	3	26,12	6	27,25
7	23,85	1	25,01	4	26,14	7	27,27
8	23,88	2	25,04	5	26,17	8	27,30
9	23,91	3	25,07	6	26,20	9	27,33
1,0920	23,93	4	25,09	7	26,22	1,1050	27,35
1	23,96	5	25,12	8	26,25	1	27,38
2	23,99	6	25,14	9	26,27	2	27,41
3	24,01	7	25,17			3	27,43
4	24,04	8	25,20	1,1010	26,30	4	27,46
5	24,07	9	25,22	1	26,33	5	27,49
6	24,09			2	26,35	6	27,51
7	24,12	1,0970	25,25	3	26,38	7	27,54
8	24,14	1	25,28	4	26,41	8	27,57
9	24,17	2	25,30	5	26,43	9	27,59

x	E	x	E	x	E	x	E
1,1060	27,62	1,1083	28,22	1,1106	28,83	1,1130	29,47
1	27,65	4	28,25	7	28,86	1	29,49
2	27,67	5	28,28	8	28,88	2	29,52
3	27,70	6	28,30	9	28,91	3	29,54
4	27,72	7	28,33	1,1110	28,94	4	29,57
5	27,75	8	28,36	1	28,96	5	29,60
6	27,78	9	28,38	2	28,99	6	29,62
7	27,80			3	29,02	7	29,65
8	27,83	1,1090	28,41	4	29,04	8	29,68
9	27,86	1	28,43	5	29,07	9	29,70
		2	28,46	6	29,09		
1,1070	27,88	3	28,49	7	29,12	1,1140	29,73
1	27,91	4	28,51	8	29,15	1	29,76
2	27,93	5	28,54	9	29,17	2	29,78
3	27,96	6	28,57			3	29,81
4	27,99	7	28,59	1,1120	29,20	4	29,83
5	28,01	8	28,62	1	29,23	5	29,86
6	28,04	9	28,65	2	29,25	6	29,89
7	28,07			3	29,28	7	29,91
8	28,09	1,1100	28,67	4	29,31	8	29,94
9	28,12	1	28,70	5	29,33	9	29,96
		2	28,73	6	29,36		
1,1080	28,15	3	28,75	7	29,39	1,1150	29,99
1	28,17	4	28,78	8	29,41		
2	28,20	5	28,81	9	29,44		

Fortsetzung siehe in der Tafel S. 284.

XX. Trink-, Gebrauchs-, Mineral- und Abwasser. Eis.

A. Trinkwasser.

Literatur: Klut, Untersuchung des Wassers an Ort und Stelle, Springer, Berlin 1908; Flügge, Grundriß der Hygiene, 6. Aufl. 1908; K. B. Lehmann, Die Methoden der praktischen Hygiene, 1901, 2. Aufl.; Rubner, Lehrbuch der Hygiene, 7. Aufl., 1903; auf andere wichtige Werke ist im Nachstehenden öfters verwiesen; ferner Anleitung des Bundesrates vom 16. Juni 1906 für die Errichtung, den Betrieb und die Überwachung öffentlicher Wasserversorgungsanlagen, welche nicht ausschließlich technischen Zwecken dienen sowie kgl. Preußischer Ministerialerlaß vom 23. April 1907 betr. die Gesichtspunkte für Beschaffung eines brauchbaren, hygienisch einwandfreien Trinkwassers (§ 6). (Zeitschr. f. Unters. d. Nahr.- u. Genußm. 1910, Beilage S. 25 u. folg.)

Vorbemerkung: In vielen Fällen, insbesondere bei der Beurteilung von Wasservorkommen ist es wichtig, eine Reihe von Untersuchungen an Ort und Stelle einzuleiten bzw. auch die Untersuchungen dort ganz durchzuführen, z. B. die Prüfung auf äußere Beschaffenheit, die Temperaturbestimmungen, den Gehalt an gelöstem Sauerstoff, die bakteriologische Prüfung u. s. w.

Wo die Prüfung an Ort und Stelle vorgenommen werden muß oder wo sich deren Vornahme empfiehlt, wird jeweils im Nachstehenden entsprechend angegeben werden.

Probenahme siehe S. 7.

Physikalische Untersuchung.

a) Temperaturbestimmung: Man verwende ein geprüftes und in halbe Grade geteiltes Thermometer und ermittle gleichzeitig die Lufttemperatur. Angaben über die zur Zeit der Probenahme bzw. Vorprüfung an Ort und Stelle herrschenden Witterungsverhältnisse sind nützlich. Die Temperaturbestimmung gibt wertvolle Aufschlüsse über die Herkunft der Wässer u. s. w., oft auch über die Möglichkeit der Kommunikation von Wässern.

b) Klarheit und Durchsichtigkeit. Vgl. § 5 des S. 457 zitierten kgl. Preußischen Ministerialerlasses. Die Klarheit ermittelt man in etwa 30 cm langen und 3—5 cm weiten Glaszylindern. Als Grade der Klarheit wähle man folgende Bezeichnungen: klar, schwach opal, opalisierend, schwach trübe, trübe und stark trübe. Die Durchsichtigkeit bzw. der Durchsichtigkeitsgrad wird im städtischen Laboratorium zu Stuttgart in folgender Weise gemessen: In über 1 Meter langen Glasröhren mit ebenen Boden gießt man von dem Wasser so lange ein, bis eine auf ein Porzellanplättchen eingebrannte schwarze Zeichnung, z. B. ein schwarzes Kreuz, der Röhre untergelegt, beim Betrachten von oben eben unsichtbar wird; die Höhe der Wassersäule in dem Rohr wird gemessen oder wenn sich an dem Rohr eine Zentimeterteilung befindet, direkt abgelesen. Die Anzahl Zentimeter bedeutet den Durchsichtigkeitsgrad. Sonst benützt man auch einen ebensolchen Glaszylinder, der aber ein am Boden befindliches, mit Gummischlauchstück und Quetschhahn versehenes Abflußrohr hat. Man füllt das Wasser in den Zylinder, legt die mit dem Zylinder aus den Apparathandlungen zu beziehende Snellsche Schriftprobe [1] unter, und läßt so lange von dem Wasser seitlich ausfließen, bis man die Schrift eben lesen kann. An der am Zylinder befindlichen Zentimeterteilung liest man den Durchsichtigkeitsgrad ab. Dieser Zylinder eignet sich seiner Größenverhältnisse halber mehr für trübere Wasser und für Abwasser. Für Oberflächenwasser, Flußwasser, Seewasser u. s. w. benützt man auch eine Porzellanscheibe, die an einer mit Maßeinteilung versehenen Kette hängt und die man im Wasser so weit versenkt, bis die Scheibe eben unsichtbar wird.

Auf den „Wassergucker" von Kolkwitz (Mitteilungen der kgl. Preuß. Prüfungsanstalt für Wasserversorgung und Abwasserbeseitigung in Berlin, Heft 9, 1907) sei verwiesen. Für genauere Bestimmungen wird

---

[1] S. H. Klut l. c.

Königs Diaphanometer (Zeitschrift f. Unters. d. Nahr.- u. Genußm. 1904, S. 129 u. 587) empfohlen.

c) **Bestimmung der Farbe.** Wird ebenfalls durch Besichtigung des Wassers in einem farblosen Glase und in dicken Schichten in den langen Glasröhren mit ebenem Boden vorgenommen.

Für deutlich gefärbte Wasser könnte es sich um die Heranziehung kolorimetrischer Methoden handeln. Wir verweisen auf die Ohlmüllersche Methode mit Caramellösung (Ohlmüller und Spitta, Die Untersuchung und Beurteilung des Wassers und Abwassers. 3. Aufl. 1910, 13); auf die Verwendung des bei b) erwähnten Diaphanometers von König und auf die amerikanische Methode, bei welcher als Vergleichsflüssigkeit eine Mischung einer Kaliumplatinchloridlösung mit einer Kobaltchloridlösung verwendet wird. (Siehe Klut, Die Untersuchung des Wassers an Ort und Stelle, Springer, Berlin 1908; Gärtner, Journal für Gasbeleuchtung und Wasserversorgung, Bd. 49. 1906. S. 464.)

Die Farbe von Oberflächenwasser erkennt man auch durch Betrachtung des Wassers über der eingesenkten bei b) erwähnten Porzellanscheibe.

d) **Geschmack.** Die Geschmacksprüfung nimmt man, wenn angängig, am besten bei einer Temperatur von 10—12⁰ vor, ferner nach dem Erwärmen des Wassers auf 30—35⁰.

e) **Geruch.** Erwärmen des Wassers auf 40—50⁰ im Kolben oder im Becherglase. Man benützt hierfür am besten eine elektrisch heizbare Eisenplatte. Das Auftreten von Nebengerüchen durch die Heizflamme wird auf diese Weise vermieden.

f) Bestimmung der **Radioaktivität** durch das Fontaktoskop (beziehbar von Günther & Tegetmeyer in Braunschweig, auch als Reiseapparat) vgl. auch Pharm. Zentralh. 1910, 579, Ohlmüller u. Spitta, Die Untersuchung und Beurteilung des Wassers und Abwassers, Verlag von J. Springer, 1910, S. 27.

Chemische Untersuchung.

Ständige Vorprüfung bildet die Feststellung der Reaktion mit Lackmuspapier.

1. Suspendierte (Sediment- und Schwebe-) Stoffe.

Dieselben werden entweder durch Filtrieren des Wassers durch ein getrocknetes und ein gewogenes Filter (oder Goochtiegel mit Asbest) und Wägen des getrockneten Niederschlages oder auf indirektem Wege bestimmt, indem man den Abdampfungsrückstand (siehe bei 2) des filtrierten Wassers von einem zweiten Abdampfrückstand, der aus unfiltriertem Wasser hergestellt ist, abzieht.

Die suspendierten Stoffe werden meist nur in besonderen Fällen, z. B. bei Abwässern u. s. w. ermittelt. Die Probenahme hierfür gestaltet sich zuweilen besonders schwierig, wenn es sich um Durchschnittsproben handelt. Bei Abwässern, Schlamm u. s. w. müssen die suspendierten Stoffe noch näher z. B. auf Fettgehalt analysiert werden. Im übrigen ist jedes zu untersuchende Wasser, das nicht gänzlich frei von Schwimm- und Sinkstoffen ist, vor der chemischen Untersuchung zu filtrieren.

2. Abdampfrückstand und Glühverlust.

Man verdampft auf dem Wasserbade 100—500 ccm Wasser in einer Platinschale, erhitzt etwa 2 Stunden lang im Trockenschrank bei 100—110⁰ [1]) und wägt nach dem Erkalten.

Durch Glühen des Trockenrückstandes, Abglühen mit Ammoniumcarbonat und Differenzberechnung aus Abdampfungsrückstand und Glührückstand erhält man den Glühverlust (namentlich bei Abwässern oft von Bedeutung). Das Glühen des Trockenrückstandes darf der Alkalichloride wegen nicht zu stark und nicht zu lange vorgenommen werden.

3. Chloride.

Die Bestimmung der Chloride erfolgt in der Regel auf titrimetrischem Wege nach der Methode von Mohr.

Ausführung derselben: Man versetzt 50—100 ccm Wasser mit 2—3 Tropfen einer 10 %-igen Lösung von neutralem chromsaurem Kali und titriert so lange mit $^1/_{10}$ normaler Silberlösung, bis der Niederschlag bleibend schwach rötlich gefärbt erscheint. Ammoniakhaltige bzw. überhaupt alkalisch reagierende und auch saure Wasser müssen vor der Titration neutral gemacht werden. Bei schwachem Chlorgehalt ist ein größeres Quantum Wasser auf das vorgeschriebene Volumen einzudampfen.

Die Anzahl der verbrauchten ccm Silberlösung multipliziert mit 0,00355 ergibt den Chlor-, mit 0,00585 den NaCl-Gehalt der angewendeten Wassermengen. In Abwässern, Schmutzwässern, Jauche u. s. w. wird der Chlorgehalt entweder im Glührückstande (gewichtsanalytisch oder titrimetrisch) oder nach Wollny und Baier [2]) nach Ausfällung von Schwefelwasserstoff und anderen störenden, organischen Substanzen durch Zugabe von 1 ccm Bleiacetatlösung (1 : 10) ermittelt.

4. Sulfate.

Diese werden gewöhnlich im Trockenrückstande oder im Rückstand einer bestimmten Menge (je nach vorhandener SO_3 aus 250 bis 1000 ccm Wasser) durch Verwandlung der Schwefelsäure in schwefelsauren Baryt bestimmt. Vor der Fällung wird erhitzt; der Niederschlag wird getrocknet, geglüht und gewogen.

5. Salpetersäure.

Qualitativ: Mit der Diphenylaminreaktion (siehe S. 422) oder besser mit der Brucinreaktion (5 ccm Reagens + 1 ccm des betr. Wassers) [3]), da sie schärfer ist. Ferrosalze müssen in jedem Falle erst mit nitratfreier NaOH entfernt werden.

---

[1]) Der Temperaturgrad und die Erhitzungsdauer sind im Gutachten anzugeben. Einige Vorschriften geben auch 100—102⁰ C an.

[2]) Vierteljahrsschrift für gerichtliche Medizin und öffentliches Sanitätswesen. Dritte Folge, XVI. Band, Supplementheft S. 124.

[3]) Reagens: 0,5 g Brucin auf 200 ccm konz. H_2SO_4. Vgl. Klut, die Untersuchung des Wassers an Ort und Stelle, Berlin 1908. S. 39; derselbe, Mitt. d. kgl. Prüfungsanst. f. Wasserversorgung und Abwasserbeseitigung 1908. 10. 86; Lunge und Winkler, Zeitschr. f. angew. Chemie 1902. S. 170 u. 241. Die Brucinreaktion gestattet auch den Nachweis von Nitraten bei Anwesenheit von Nitriten. Winkler gibt besondere Vorschrift zur Anstellung der Reaktion.

a) Quantitativ (nach Marx-Tromsdorff oder nach der von Mayrhofer modifizierten Marxschen Methode). Keine zuverlässigen Resultate, nur Annäherungswerte. Ebenso die Indigomethode von Warrington. Auf die kolorimetrische Methode nach Noll, Zeitschrift für angewandte Chemie 1901, S. 1317 wird verwiesen. Sie basiert auf der Brucinreaktion und liefert gute Resultate.

b) Nach Schulze-Tiemann:
Diese Methode beruht auf der Reduktion der Salpetersäure zu Stickoxyd mittels Salzsäure und Eisenchlorür und Messung des gebildeten Stickoxydvolumens.

100—300 ccm Wasser dampfe man auf 50 ccm ein und gebe den ganzen Abdampfungsrückstand in einen 150 ccm fassenden festen Kolben, durch dessen Stopfen zwei spitzwinklig gebogene Glasröhren gehen, deren eine unterhalb des Stopfens zu einer feinen Spitze ausgezogen ist und durch einen Kautschukschlauch mit einer unten spitz ausgezogenen Glasröhre verbunden ist (Gaszuleitungsrohr), während die andere durch einen Kautschukschlauch mit der unten aufwärts gebogenen Gaszuführungsröhre verbunden ist. Beide Verbindungen sind mit Quetschhähnen zu versehen. Die Gaszuleitungsröhre taucht in eine mit 10 %-iger ausgekochter NaHO gefüllte Glaswanne, in welche auch ein in $^1/_{10}$ ccm geteiltes Gasmeßrohr, das festgeschraubt ist, eintaucht. — Man läßt nun durch Kochen die Wasserdämpfe zur Vertreibung der Luft einige Minuten entweichen; ist alle Luft verdrängt, so drückt man den Schlauch der Gaszuleitungsröhre mit den Fingern zusammen, darauf steigt die Natronlauge schnell zurück, wobei man einen gelinden Schlag spürt. Nun kocht man nach dem Schließen des Verbindungsschlauches auf etwa 10 ccm ein, unter Offenlassen des anderen Glasrohres, und verschließt dann mit einem Quetschhahn. Sodann entferne man die Flamme, bringe die Meßröhre über das Ende des Entwicklungsrohres und lasse nach Verlauf einiger Minuten durch das zuletzt geschlossene Glasrohr, welches zuvor mit ausgekochtem Wasser vollgespritzt war, unter Öffnen des Quetschhahns aus einem Becherglas etwa 15 ccm konzentrierter Eisenchlorürlösung und endlich konzentrierte Salzsäure in den Kolben sich einsaugen, bis die Eisenchlorürlösung aus dem Rohr verdrängt ist. Man erwärmt dann den Kolben unter geschlossenen Quetschhähnen bis die Schläuche sich zu blähen beginnen, ersetzt dann den Quetschhahn der Gaszuleitungsröhre durch Daumen und Zeigefinger der rechten Hand und drücke noch so lange den Schlauch zu, bis das entwickelte Stickoxydgas durch das Rohr in die Meßröhre überzusteigen vermag. Man kocht nun so lange, bis das Volumen in der Meßröhre nicht mehr zunimmt. Letztere bringt man vorsichtig in einen großen mit Wasser gefüllten Glaszylinder. Nach 15—20 Minuten notiert man den Barometerstand, die Temperatur des Wassers und das Stickoxydvolumen, indem man das Rohr an einer Klemme so weit heraufzieht, daß die Flüssigkeit im Meßrohr und Zylinder gleiches Niveau hat, und berechnet nach folgender Formel die Menge Stickoxyds.

$$V_1 = \frac{V(b-w)}{(1+0{,}00367) \cdot 760}$$

unter Reduktion auf 0° und 760 mm Barometerstand.

V_1 = Volum bei 0° und 760 mm Barometerstand,
V = abgelesenes Volum,
b = Barometerstand in Millimeter,
w = Tension des Wasserdampfes (s. Tabelle, S. 484),
t = Temperatur des Wassers,
$V_1 \times 2{,}417$ = Salpetersäure in Milligramm.

c) Nach Ulsch[1]):

500—2000 ccm Wasser werden unter Zusatz von einigen ccm Lauge auf etwa 15 ccm eingedampft und mit möglichst wenig heißem Wasser in einen Kolben von etwa 300 ccm Inhalt gespült. In denselben bringt man darauf 5 g Ferrum reductum und 10 ccm verdünnte Schwefelsäure von (S = 1,35). Man erhitzt nun dieses Gemisch mit schwacher Flamme etwa 5 Minuten lang zum schwachen Sieden und erhält die mäßig schäumende Flüssigkeit weitere 3—5 Minuten auf Siedetemperatur. Während dieser Operation ist der Kolben mit einer Glasbirne oder einem unten zugeschmolzenen Trichterchen zu bedecken. Hierauf setzt man 100 ccm destilliertes Wasser und 20—25 Natronlauge (S = 1,25) (bis zur Übersättigung) zu, verbindet den Kolben rasch mit dem Destillationsrohr des Liebigschen Kühlers und destilliert etwa die Hälfte der Flüssigkeit in eine vorgelegte, abgemessene Menge $1/10$ oder $1/20$ normale Schwefelsäure ab. Diese wird dann mit Kochenille oder Kongorot und $1/10$ bzw. $1/20$ normaler Natronlauge zurücktitriert. 1 ccm $1/10$ SO_3 = 0,0014 N = 0,0054 N_2O_5. Diese Methode ist sehr einfach, bequem und gibt sehr gute Resultate. Bei Trinkwässern kann sie stets angewandt werden. Bei Abwässern (Jauchen u. s. w.), die organische, durch MgO (siehe Ammoniakbestimmung) schwer zersetzbare und durch Wasserstoff reduktionsfähige Substanzen, wie Harnstoff u. s. w. enthalten, können auch zu hohe Resultate erzielt werden; in diesem Falle ist die Methode Schulze-Tiemann anzuwenden.

Bemerkung zu den Salpetersäurebestimmungen: Da bei denselben stets auch die etwa anwesende salpetrige Säure mitbestimmt wird, so ist die letztere gegebenenfalls für sich zu ermitteln und in Abzug zu bringen; in der Regel unterbleibt dies zwar und man gibt statt mg N_2O_5 einfacher den Gehalt von Salpeterstickstoff insgesamt an. Die qualitative Prüfung auf Nitrate an Ort und Stelle (an der Entnahmestelle) ist zweckmäßig.

Nitronmethode nach Busch, Zeitschr. f. Unters. d. Nahr.- u. Genußm. 1905, 9, 464.

6. Bestimmung der salpetrigen Säure.

a) Qualitativ:

α) Mit Jodzinkstärkelösung[2]), indem man etwa 100 ccm farbloses oder mit Alaun (siehe Ammoniak) entfärbtes Wasser mit 1—2 ccm

---

[1]) Diese Methode ist bequemer und ebenso genau.

[2]) Man bereite sich aus 4 g Stärkemehl einen Stärkekleister, setze demselben nach und nach unter Umrühren eine heiße Lösung von 20 g $ZnCl_2$ in 100 ccm Wasser zu und erhitze diese Flüssigkeit unter Ersatz des verdampfenden Wassers, bis dieselbe fast klar geworden ist. Man verdünne nun, gebe 2 g reines Zinkjodid zu, fülle zum Liter auf und filtriere. (Im Dunkeln bzw. in braunen Flaschen aufzubewahren.)

verdünnter Schwefelsäure und dem Reagens versetzt. Blaufärbung zeigt salpetrige Säure an, jedoch ist eine Färbung, die erst nach 10 Minuten oder später auftritt, nicht mehr als sichere Reaktion zu betrachten (Tromsdorff). Fe_2O_3-Verbindungen, H_2O_2 und Ozon können Reaktionen vortäuschen.

β) Mit Metaphenylendiamin (schwefelsaures), in 0,5%-iger Lösung, das in dem nach α angesäuerten Wasser mit salpetriger Säure eine gelbe oder gelbbraune Färbung erzeugt (Peter Grieß).

γ) Mit α-Naphthylamin-Sulfanilsäurelösung[1]). 20 ccm Wasser werden mit 2—3 ccm obiger Lösung auf 70—80° erwärmt, sofern nicht direkt schon Rosa-Rotfärbung eingetreten ist (Grieß und Lunge). Die Reaktion ist zu empfindlich (Einfluß von HNO_2 der Luft).

Auch Rieglers Naphtholreagens ist zu empfehlen: Zeitschr. f. analyt. Chemie 1896, S. 677 und 1897, S. 377; ferner Vereinbarungen für Nahrungsm.-Unters. 1899, Heft 2, S. 155.

b) Quantitativ (kolorimetrisch) nach Tromsdorff:

Man gibt in hohe Standzylinder 0,1, 0,2, 0,3, 0,4 u. s. w. ccm einer Natriumnitritlösung von bekanntem Gehalt und füllt mit destilliertem H_2O bis zu 100 ccm auf. In gleiche Zylinder gibt man 100 ccm der Wasserprobe; zu jeder Probe setzt man 1 ccm 30 %-iger H_2SO_4 und 2 ccm Zinkjodidstärkelösung (siehe die vorige Seite). Nun wird nach 5 Minuten verglichen, die gleiche Färbung ermittelt und der Gehalt berechnet.

Die Bestimmung kann auch mit den Hehnerschen Zylindern oder noch einfacher mit Königs drehbarem Kolorimeter, welches die Vergleichslösung zu ersetzen hat, ausgeführt werden. Das zu untersuchende Wasser soll zweckmäßiger Weise nicht mehr als 0,05 g N_2O_3 in 100 ccm enthalten. Bei eisenhaltigen Wässern kann auch bei Abwesenheit von N_2O_3 Blaufärbung eintreten, weshalb Fe durch kohlensaures Natron zuvor zu entfernen ist. Die kolorimetrische Bestimmung wird in allen Fällen genügen und kann auch statt mit Jodzinkstärkelösung mit Metaphenylendiamin vorgenommen werden. Auf die titrimetrische Methode mittels der Chamäleonmethode wird verwiesen. Siehe Vereinbarungen, Heft 2, S. 156.

7. Phosphorsäure. (Im Trinkwasser selten.)

1—4 Liter Wasser werden mit etwas Soda und Salpeter in einer Pt-Schale zur Trockne verdampft und der Rückstand geglüht. Den Glührückstand löst man in Salzsäure, spült in eine Porzellanschale, scheidet durch Eindampfen mit Salzsäure die Kieselsäure ab, filtriert, setzt Salpetersäure zu und verdampft wiederholt mit Salpetersäure. Den Rückstand nimmt man mit Salpetersäure auf, filtriert und bestimmt die Phosphorsäure nach dem Molybdänverfahren.

---

[1]) Einerseits 0,5 g Sulfanilsäure in 150 ccm einer 30%-igen Essigsäure (s = 1,041), andererseits 0,1 g α-Naphthylamin (Schmelzpunkt 50°) durch Kochen mit 20 ccm H_2O lösen. Man mische die beiden Lösungen zu gleichen Teilen erst direkt vor dem Gebrauche, da die Mischung rot wird.

8. Schwefelwasserstoff.

Qualitativ: Nach Entfernung der Erdalkalien durch Zusatz von 1—2 ccm Natriumhydroxyd und Natriumcarbonatlösung (1:2) prüft man die überstehende klare Flüssigkeit mit alkalischer Bleilösung (siehe unten)[1]) oder mit Nitroprussidnatrium und NaOH. Beide qualitative Reaktionen können auch quantitativ-kolorimetrisch benutzt werden.

Quantitativ: Man titriere mit $^1/_{100}$ Normaljod- und $^1/_{100}$ Natriumhyposulfitlösung in bekannter Weise. Erdalkalien müssen zuvor abgeschieden werden.

1 ccm $^1/_{100}$ Normaljodlösung = 0,00017 H_2S (Dupasquier-Fresenius).

9. Eisen- und Manganverbindungen.

Eisen wird meist qualitativ ermittelt und zwar empfiehlt sich die Vornahme der Reaktion an Ort und Stelle des Wasservorkommens. Fe ist vorwiegend in Form seiner Oxydulverbindungen in den Wassern vorhanden. Man prüft mit 10 %-iger Natriumsulfidlösung und benützt einen etwa 30 cm hohen, 2—2,5 cm weiten Zylinder aus farblosem Glase und ebenem Boden. Der Zylinder steckt in einer schwarzen Metall- oder Papphülse. Man füllt ihn mit dem zu untersuchenden Wasser, versetzt mit 1 ccm der Natriumsulfidlösung und blickt von oben durch die Wassersäule auf eine weiße Unterlage (Porzellanplatte). Je nach der Eisenmenge tritt sofort, spätestens aber in 2 Minuten eine grüngelbe bis blauschwarze Färbung ein.

Eisenoxydulsalze fallen auch vielfach schon beim Schütteln der Wasserprobe mit Luft als Oxydsalze aus. Letztere weist man in bekannter Weise mit Rhodankalium oder mit Ferrocyankalium in salzsaurer Lösung nach. Quantitativ ermittelt man Fe am besten kolorimetrisch in Hehnerschen Zylindern, nachdem man die Oxydulsalze erst mit HCl und $KClO_3$ oxydiert hat (Cl entfernen!). Als Vergleichslösung nimmt man reines umkristallisiertes Kaliumferrisulfat (Eisenalaunlösung, 0,901 g in 1 l), indem man die Lösung mit HCl ansäuert. Die Methode gibt noch Mengen von 0,05 mg Fe_2O_3 an.

Mangan. Qualitativ nach der Volhardschen Methode: 25 ccm des Wassers werden mit 10 ccm konzentrierter HNO_3 zum Kochen erhitzt, mit einer Messerspitze voll chemisch reinen Bleioxydes versetzt und nach 2—3 Minuten gekocht. Die überstehende Flüssigkeit ist schwach bis deutlich rötlich bis violett gefärbt (Übermangansäure). Mit dieser Methode können noch 0,05 mg Mn in 1 Liter Wasser erkannt werden (Klut, Untersuchungen des Wassers an Ort und Stelle, Berlin 1908, S. 126). Die Vornahme der Prüfung an Ort und Stelle des Wasservorkommen empfiehlt sich.

Quantitativ: 5—10 Liter des Wassers dampft man unter Zusatz von 5 ccm Schwefelsäure ein, glüht den Rückstand mit einigen Körnchen Kaliumdisulfat, nimmt mit Wasser auf und filtriert. Das Filtrat wird auf 150 ccm verdünnt, mit 5 ccm Schwefelsäure (1 + 3) und 10 ccm Ammoniumpersulfatlösung 20 Minuten lang gekocht, das ausgeschiedene Mangansuperoxyd nach dem Abkühlen in 10 ccm Wasserstoffsuperoxyd gelöst und der Überschuß an letzterem mit $KMnO_4$ zurücktitriert. Der

---
[1]) Bleiessig mit NaOH bis zum Wiederauflösen des entstehenden Niederschlages versetzt.

Titer der Wasserstoffsuperoxydlösung soll mit der $KMnO_4$-Lösung annähernd übereinstimmen. Letztere wird auf Eisen eingestellt. Entspricht z. B. 1 ccm der Permanganatlösung 5,61 mg Fe so berechnet sich nach dem Ansatze:

Eisentiter $\times \dfrac{55}{112} = 5{,}61 \times 0{,}491$ der Mangantiter zu 2,7545 mg Mn.

Vgl. Beythien, Hempel, Kraft, Zeitschr. f. Unters. d. Nahr.- u. Genußm. 1904. 7. 215 u. Baumert u. Holdefleiß, Zeitschr. f. Unters. d. Nahr.- u. Genußm. 1904. 8. 177.

10. Tonerde (nebst Eisenoxyd), Kalk und Magnesia.

Der Trockenrückstand von 2, S. 460, wird mit verdünnter Salzsäure aufgenommen und filtriert, nach Zusatz einiger Körnchen $KClO_3$ gekocht, Eisenoxyd + Tonerde mit wenig Ammoniak gefällt und die Bestimmung sowie diejenige von Kalk und Magnesia im Filtrat nach den Regeln der quantitativen Analyse durchgeführt.

Der Kalk kann auch aus dem eingedampften Wasser mit NH_3 und einer überschüssigen Menge von $^1/_{10}$-Normaloxalsäure ausgefällt und dann der Überschuß der letzteren durch Titration mit einer titrierten etwa $^1/_{10}$-Permanganatlösung ermittelt werden. Die zur Fällung des CaO verbrauchte Oxalsäure ergibt sich dann durch Rechnung. 1 ccm $^1/_{10}$-Normaloxalsäure = 0,0028 CaO.

11. Härte (Titrimetrisches Verfahren nach Boutron und Boudet)[1].

Die Methode gibt keine genauen Resultate und hat nur den Wert einer ungefähren Schätzung.

a) **Gesamthärte:** Man bedient sich hierzu des Hydrotimeters (einer einfachen, gläsernen Meßpipette besonderer Konstruktion). 22° B Seifelösung (s. nächste Seite) vermögen 8,8 mg CaO in $CaCO_3$ in 40 ccm wässeriger Lösung zu zersetzen. 22 mg $CaCO_3$ = 22° Seifelösung, 1° Seifelösung = 1 Teil $CaCO_3$.

Zur Ausführung gißt man 40 ccm des Wassers, oder wenn der Vorversuch mehr als 22° am Hydrotimeter ergibt, eine entsprechend kleinere mit destilliertem Wasser auf 40 ccm verdünnte Menge Wasser in einen mit Glasstöpsel versehenen Meßzylinder, und fügt die im Hydrotimeter enthaltene Seifelösung in kleineren Mengen unter starkem Umschütteln so lange zu, bis ein feinblasiger dichter Schaum entsteht, der sich mindestens fünf Minuten lang hält. Sind viel Magnesiasalze im Wasser, so tritt der Seifenschaum oft auf, ehe die vollständige Zersetzung der Erdalkalisalze beendet ist. Ein solcher Schaum verschwindet bei weiterem Zusatz von Seifelösung wieder. Hat man verdünnen müssen, so muß die erhaltene Gradzahl auf 40 ccm des untersuchten Wassers umgerechnet werden. Das Hydrotimeter gibt die französischen Härtegrade an, welche durch Multiplikation mit 0,56 in deutsche Grade (Methode Clark) umzurechnen sind.

---

[1] Vgl. auch Klut, über vergleichende Härtebestimmungen im Wasser, Mitteilungen der kgl. Prüfungsanstalt f. Wasserversorgung und Abwasserbeseitigung 1908. 10. 75.

b) **Bleibende Härte:** Man kocht 100 ccm Wasser während einer halben Stunde unter Ersatz des verdampfenden Wassers mit destilliertem, filtriert dann die abgeschiedenen Salze ab, füllt nach dem Erkalten wieder bis 100 ccm auf und verfährt dann mit diesem Wasser wie bei Bestimmung der Gesamthärte. Die bleibende Härte ist auch $2 + (70 \times$ gefundene SO_3 im Liter).

c) **Temporäre Härte** (vorübergehende Härte) = Gesamthärte abzüglich bleibende Härte. Die temporäre Härte kann auch durch Titration von 200 Wasser in weißer Porzellanschale mit $1/5$ N.-Salzsäure und Methylorange als Indikator ohne zu erwärmen (Bestimmung der festgebundenen Kohlensäure) ermittelt werden.. 1 ccm $1/5$ Normal HCl entspricht 0,028 g CaO bzw. 0,050 g $CaCO_3$ (Mg mit eingerechnet) im Liter bei Anwendung von 200 ccm Wasser. Multipliziert man die für 200 ccm Wasser verbrauchte Anzahl ccm $1/5$-HCl mit 2,8, so erfährt man die deutsche, mit 5 die französische und mit 3,5 die englische temporäre Härtegrade.

Bereitung der titrierten Seifen- und Bariumnitratlösung (nach Boutron und Boudet). 10 Teile medizinischer Kaliseife löse man in 260 Teilen Alkohol von 56 Vol.-%, filtriere heiß und lasse erkalten. Mit dem Hydrotimeter (bis zu dem Strich über dem Nullpunkte zu füllen) bestimmt man dann den Gehalt der Lösung, indem man 40 ccm Bariumnitratlösung (0,574 reines bei 100° getrocknetes Bariumnitrat in 1 l Wasser löst; 100 ccm dieser Lösung entsprechen 22 mg $CaCO_2$; 40 ccm dieser Lösung entsprechen 8,8 mg $CaCO_2$ = 22 französische Härtegrade), in einem Schüttelzylinder nach und nach unter jedesmaligem Umschütteln mit der Seifelösung versetzt, bis der gebildete Schaum sich mindestens 5 Minuten lang hält. Werden hierzu weniger als 22 auf dem Hydrotimeter verzeichnete Grade gebraucht, so ist die Seifenlösung zu konzentriert und muß mit 56 %igem Alkohol soweit verdünnt werden, bis genau 22° Seifenlösung 40 ccm der Bariumnitratlösung entsprechen.

12. Berechnung der Härte aus der gefundenen Menge Kalk und Magnesia.

Diese Methode ist die beste. Die bleibende Härte erhält man durch eine Kalk- und Magnesiabestimmung in dem Filtrat des nach 11 b) gekochten Wassers, nur muß man je nach der Menge der gelösten Stoffe eine größere Menge Wassers in Arbeit nehmen, 200—500 ccm (vgl. auch S. 465).

Man multipliziert die gefundene Menge MgO mit 1,4 und addiert dieselbe zu der gefundenen Menge CaO. 1 Teil CaO in 100 000 Teilen Wasser = 1° deutscher Härte. Durch Division mit 0,56 erhält man die französischen Härtegrade (1° = 1 Teil $CaCO_3$).

13. Bestimmung der Magnesia aus der Differenz zwischen Gesamthärte und Kalkbestimmung.

Die Differenz der Resultate aus Gesamthärte und Kalk mit $5/7$ multipliziert ergibt die Magnesia.

Vgl. S. 478 Kesselspeisewasser.

14. Kieselsäure und Alkalien

werden nach den Regeln der analytischen Chemie bestimmt. Siehe im übrigen auch S. 54, Abschnitt Düngemittel.

15. Ammoniak.

Qualitativ: Man versetze etwa 150 ccm Wasser mit 10 Tropfen Natronlauge (1:2) und 20 Tropfen Sodalösung (1:3) [beide Lösungen ammoniakfrei], schüttele und lasse die gefällten Erdalkalien absitzen; einem mit der Pipette abgezogenen Volumen von 100 ccm der klaren Flüssigkeit, welche man in besondere zylindrische Gefäße (eventuell Hehnersche Zylinder) bringt, setze man dann 1 ccm Neßlers Reagens[1]) zu. Schwach gelbe bis rote Färbung = Spuren, roter Niederschlag = viel Ammoniak.

Gefärbte Wässer kann man außerdem durch Zugabe einiger Tropfen Alaunlösung 1 : 10 entfärben.

Quantitativ:
a) Kolorimetrisch (Methode von Frankland und Armstrong) mit Neßlers Reagens und einer Ammoniumchloridlösung von bekanntem Gehalt (nach Ausfällung der Erdalkalien) wie bei der kolorimetrischen Bestimmung der salpetrigen Säure angegeben ist (Anwendung der Hehnerschen Zylinder). Auch für diese Bestimmung hat König ein Kolorimeter konstruiert (s. S. 463).

b) Nach Miller.

Man destilliert in einer geräumigen Retorte 500—2000 ccm des Wassers mit 3 ccm einer gesättigten, durch Kochen zuvor von Ammoniak vollständig befreiten Sodalösung oder mit Kalkmilch. Das Destillat, das man durch einen Liebigschen Kühler leitet, wird in titrierter $^1/_{10}$-Normalsäure aufgefangen und mit $^1/_{10}$ N.-Lauge zurücktitriert.

1 ccm $^1/_{10}$ N.-Säure = 0,0017 NH_3.
„   „   „   „   = 0,0014 Ammoniakstickstoff.

Bei Abwässern treibt man das Ammoniak besser mit Magnesia (in Wasser aufgeschwemmt und durch Kochen von NH_3-Spuren befreit) aus, um nicht zuviel aus organischen Verbindungen durch starke Basen abspaltbares Ammoniak zu bekommen.

Das Ammoniak leicht zersetzlicher organischer Stickstoffverbindungen, das sog. Albuminoidammoniak, bestimmt man im Rückstand von 15 b, indem man ihn mit etwa 100 ccm einer Lösung versetzt, die 200 g Kalihydrat und 8 g $KMnO_4$ im Liter enthält, kocht und das nun neu gebildete Ammoniak wie oben in titrierter $^1/_{10}$ N.-Säure auffängt. Vgl. auch L. W. Winkler, Chem. Zeitg. 1899. 23. 454. 541, Z. f. analyt. Chem. 1902, 290 betr. Proteidammoniak.

16. Gesamtstickstoff

(gesamte organische, ev. unorganische stickstoffhaltige Substanzen).

Nach Kjeldahls Methode.

250—500 ccm des Wassers werden in einem geräumigen Hartglaskolben mit verdünnter Schwefelsäure angesäuert und auf etwa 20—50 ccm eingedampft; die Bestimmung des Stickstoffs erfolgt darauf

---

[1]) 50 g KJ in 50 ccm heißem Wasser lösen und mit heißer konzentr. $HgCl_2$-Lösung in solcher Menge versetzt, daß der beim Zusammengießen entstehende rote Niederschlag aufhört, sich wieder aufzulösen. Man filtriert, vermischt mit 300 g 50 $^0/_0$-iger KOH-Lösung, verdünnt auf 1 l, gibt noch 5 ccm $HgCl_2$-Lösung zu, läßt absitzen und dekantiert.

wie S. 13 angegeben ist. Sind in dem betreffenden Wasser mehr als Spuren von Nitraten enthalten, so sind dieselben vor der Aufschließung zuvor zu reduzieren. Zu dem Zweck setzt man zu dem flüssigen Abdampfungsrückstand 30 ccm kalt gesättigter Lösung von schwefliger Säure und nach 5 Minuten einige Tropfen Eisenchloridlösung hinzu und erwärmt etwa 20 Minuten im Wasserbade, oder man reduziert die Nitrate nach Proskauer und Zülzer vor dem Eindampfen der Wässer durch eine lebhafte Wasserstoffentwickelung. Man kann auch nach Jodlbaur s. S. 52 verfahren.

Zieht man von dem Gesamtstickstoffgehalt den Gehalt an Ammoniakstickstoff ab, so erfährt man bei nitratfreien Wässern den wirklichen Gehalt an **organischem Stickstoff**, bei nitrathaltigen den letzteren + dem Nitratstickstoff (= Reststickstoff). Die Nitrate sind übrigens in vielen Fällen gesondert zu bestimmen und ihr Stickstoff ist dann zur Ermittelung des organischen Stickstoffs von dem Reststickstoff abzuziehen.

Anmerkung: Bei Trinkwässern sind in der Regel Stickstoffbestimmungen nicht nötig: dagegen sind dieselben für die Beurteilung von Abwässern, Kanalwässern, Jauche u. s. w. wie die quantitative Bestimmung von Ammoniak (durch Destillation) unentbehrlich.

Wasserproben, in denen Ammoniak und Stickstoffbestimmungen vorgenommen werden sollen, sind, falls sie nicht sofort in Untersuchung genommen werden, stets durch Ansäuern mit einer abgemessenen Menge verdünnter Schwefelsäure oder mit Chloroform zu konservieren.

17. Organische Substanz
(durch Kaliumpermanganat bestimmte Oxydierbarkeit des Wassers) nach Kubel-Tiemann.

Lösungen: $^1/_{100}$ **Normal-Kaliumpermanganatlösung zur organischen Substanzbestimmung.**

Man löse etwa 3,3 g käufliches Kaliumpermanganat in 1 l destilliertem Wasser auf, verdünne 100 ccm dieser $^1/_{10}$ n-Kaliumpermanganatlösung auf 1 l und stelle den Titer dieser Lösung mit einer $^1/_{100}$-Normaloxalsäurelösung (siehe unten) fest, indem man 10 ccm dieser Oxalsäure in einem Becherglas mit 50 ccm Wasser verdünnt, 5 ccm Schwefelsäure (Verd. 1 : 3) zusetzt, auf etwa 60° erwärmt und mit der Kaliumpermanganatlösung titriert, bis eine schwache Rötung der Flüssigkeit entsteht, die sich einige Minuten erhält.

Den Titer der Kaliumpermanganatlösung kann man auch, wie bei der Bestimmung der Oxydierbarkeit angegeben ist, erfahren. Da die Kaliumpermanganatlösung ihren Titer leicht verändert, so muß derselbe bei jeder neuen Versuchsreihe von neuem bestimmt werden.

$^1/_{100}$-**Normaloxalsäurelösung zur Bestimmung der Oxydierbarkeit.**

10 ccm Normaloxalsäurelösung (63 g reinste kristall. Oxalsäure im Liter) verdünne man auf 1 Liter. (Die Oxalsäurelösung ist lichtempfindlich und muß deshalb im Dunkeln aufbewahrt werden. Durch Zusatz einiger Tropfen Schwefelsäure läßt sich die Lösung für längere Zeit haltbar machen.)

Die organische Substanz wird durch Titrieren mit $^1/_{100}$ Kaliumpermanganatlösung, die auf $^1/_{100}$ N.-Oxalsäure eingestellt ist, bestimmt; der Titer der Kaliumpermanganatlösung muß bei jeder neuen Versuchsreihe zuvor bestimmt werden. Die Gefäße sind zuvor mit der Kaliumpermanganatlösung und Schwefelsäure 1 : 3 auszukochen.

Titerbestimmung: 100 ccm [1]) destilliertes Wasser werden mit soviel (etwa 10 ccm) $^1/_{100}$-Kaliumpermanganatlösung und mit 5 ccm Schwefelsäure (1 : 3) in Kochkölbchen 10 Minuten im Sieden erhalten, daß die Flüssigkeit einen roten Farbenton behalten muß. Die heiße Lösung wird dann mit 10 ccm $^1/_{100}$ N.-Oxalsäurelösung versetzt und mit der Kaliumpermanganatlösung bis zu derselben Rotfärbung austitriert; die verbrauchte Anzahl Kubikzentimeter Kaliumpermanganat ist dann der Titer für 10 ccm $^1/_{100}$ N.-Oxalsäure.

Man kann die Bestimmung der Titers und die der organischen Substanz auch in alkalischer Lösung vornehmen (wenn z. B. viele Chloride im Wasser sind). Die Manipulation ist dann folgende, s. S. 470:

Tabelle zur Berechnung der Oxydierbarkeit des Wassers nach Kubel-Tiemann.

T	$\frac{0,8 \times 10}{T}$	$\frac{3,16 \times 10}{T}$	T	$\frac{0,8 \times 10}{T}$	$\frac{3,16 \times 10}{T}$	T	$\frac{0,8 \times 10}{T}$	$\frac{3,16 \times 10}{T}$
9,0	0,888	3,51	11,0	0,727	2,87	13,0	0,615	2,43
9,1	0,879	3,47	11,1	0,720	2,85	13,1	0,610	2,41
9,2	0,869	3,43	11,2	0,714	2,82	13,2	0,606	2,39
9,3	0,860	3,40	11,3	0,708	2,80	13,3	0,601	2,38
9,4	0,851	3,36	11,4	0,701	2,77	13,4	0,597	2,36
9,5	0,842	3,33	11,5	0,695	2,75	13,5	0,592	2,34
9,6	0,833	3,29	11,6	0,689	2,72	13,6	0,588	2,32
9,7	0,824	3,26	11,7	0,683	2,70	13,7	0,584	2,31
9,8	0,816	3,22	11,8	0,677	2,68	13,8	0,579	2,29
9,9	0,808	3,19	11,9	0,672	2,66	13,9	0,575	2,27
10,0	0,800	3,16	12,0	0,666	2,63	14,0	0,571	2,26
10,1	0,792	3,12	12,1	0,661	2,61	14,1	0,567	2,24
10,2	0,784	3,09	12,2	0,655	2,59	14,2	0,563	2,23
10,3	0,776	3,07	12,3	0,650	2,57	14,3	0,559	2,21
10,4	0,769	3,04	12,4	0,645	2,55	14,4	0,555	2,19
10,5	0,761	3,01	12,5	0,640	2,53	14,5	0,552	2,18
10,6	0,754	2,98	12,6	0,635	2,51	14,6	0,548	2,16
10,7	0,748	2,95	12,7	0,629	2,49	14,7	0,544	2,15
10,8	0,740	2,93	12,8	0,625	2,47	14,8	0,540	2,13
10,9	0,734	2,90	12,9	0,620	2,45	14,9	0,536	2,12

$$x = a \left(\frac{0,8 \times 10}{T} \right) = \text{verbrauchte Milligramme Sauerstoff pro Liter,}$$

---

[1]) Bei stark verunreinigten Wässern muß man mit reinem, an organ. Stoffen möglichst freiem, destill. Wasser verdünnen (s. auch S. 470), ev. den $KMnO_4$-Verbrauch des destill. Wassers besonders bestimmen und in Rechnung ziehen; außerdem ist natürlich auch die Verdünnung des Wassers bei der Ausrechnung des Resultates in Betracht zu ziehen.

Die Kaliumpermanganatlösung darf nur in Büretten mit Glashahn gegossen werden. Gummischläuche sind ganz zu vermeiden. Aufbewahrung der Lösung in braunen Glasflaschen.

$$y = a \left(\frac{3{,}16 \times 10}{T} \right) =$$ verbrauchte Milligramme Kaliumpermanganat pro Liter,

T (Titer) . . . . = Zahl der ccm Permanganatlösung, die 10 ccm $\frac{n}{10}$ Oxalsäure entsprechen und

a . . . . = die zur Oxydation der organischen Substanz verbrauchten ccm Permanganatlösung.

Die Zahlen für Sauerstoff sind von B a i e r , die für Kaliumpermanganatlösung von A c k e r m a n n - S t e i n m a n n berechnet.

Zu 100 ccm Wasser setze man etwa 10 ccm Kaliumpermanganatlösung und ½ ccm Natronlauge (1 Teil reinstes NaOH in 3 Teilen Wasser) zu und erhitze die oben vorgeschriebene Zeit; nach dem Erkalten auf 50—60⁰ C setze man sodann etwa 5 ccm verdünnte Schwefelsäure (1 : 3) zu und verfahre weiter wie oben angegeben worden.

Die Ausführung mit dem zu untersuchenden Wasser ist dieselbe wie beim Titer beschrieben, und ist in demselben Kolben (Porzellanschale) vorzunehmen, in welchem die Titerbestimmung vorgenommen wurde. Ist zu viel organische Substanz vorhanden, was sich dadurch anzeigt, daß die reine Permanganatfärbung sich verändert durch Übergehen in braunrot, braun oder gelb, bzw. daß braunflockige Ausscheidungen eintreten, so muß das Wasser entsprechend verdünnt werden (s. auch S. 469).

Berechnung: Man ziehe von der Gesamtmenge der beim Versuch verbrauchten Kubikzentimeter Kaliumpermanganatlösung die zur Titerstellung von 10 ccm $^1/_{100}$ N.-Oxalsäurelösung erforderlich gewesene Menge ab und multipliziere die Differenz mit

$$\frac{0{,}00316}{x} \quad (x = \text{Titer}),$$

wenn man die Teile Kaliumpermanganat haben will; mit $\frac{0{,}0008}{x}$, wenn man die Teile Sauerstoff erfahren will, für 1 Liter Wasser (s. die vorstehende Tabelle). Man gibt entweder Kaliumpermanganat- oder Sauerstoffverbrauch in Milligrammen pro Liter an. Die früher beliebte B e r e c h n u n g auf organische Substanz durch Multiplikation des verbrauchten Permanganats mit der konventionellen Zahl 5 ist fast allgemein verlassen.

Da auch anorganische im Wasser häufig vorkommende Stoffe, wie N_2O_3, FeO u. s. w., durch Permanganat oxydiert werden, so ist deutlich ersichtlich, daß diese Methode nur annähernde Werte geben kann, ihre Anwendung bietet aber die einzige Möglichkeit, die Menge an organischen Substanzen in einem Zahlenausdruck rasch zu erfahren.

18. Gase [1]).

I. Kohlensäure.

a) Bestimmung der gesamten Kohlensäure:

Dieselbe beruht darauf, daß man die Kohlensäure als Calciumcarbonat abscheidet, dieses durch Salzsäure zersetzt und die entwickelte

---

[1]) Betr. Stickstoff, Methan u. anderer Gase siehe L u n g e und B e r l, Chem. techn. Untersuchungsmethoden, 4. Aufl., 1910, J. Springer, Berlin.

Kohlensäure von einem gewogenen Liebigschen Kaliapparat absorbieren läßt oder in zwei Pettenkoferschen Barytröhren leitet und den Kohlensäuregehalt durch Titrieren mit Oxalsäure ermittelt. Die nähere Anleitung zur Aufstellung der erforderlichen Apparate und zur genaueren Durchführung der Bestimmung, die ziemlich viel Übung erfordert, findet sich in Tiemann-Gärtners Handbuch der Untersuchung und Beurteilung der Wässer, 4. Aufl., S. 237 u. folg., sowie in dem Leitfaden „Die Untersuchung und Beurteilung des Wassers und Abwassers" von Ohlmüller und Spitta, S. 45.

b) Bestimmung von freier Kohlensäure nach v. Pettenkofer-Trillich.

Qualitativ: 50—100 ccm Wasser versetzt man mit 5—10 Tropfen Rosolsäurelösung [1]). Beobachtung auf weißer Unterlage. Farblos bis Gelbfärbung. Bei Anwesenheit von nur Bicarbonaten rötlich!

Quantitativ: 100 oder 200 ccm des Wassers versetzt man mit 10 Tropfen Phenolphtaleinlösung und titriert über weißem Papier mit $^1/_{10}$-Normal-NaOH, bis die Flüssigkeit 3—5 Minuten lang deutlich rot bleibt. 1 ccm $^1/_1$ NaOH = 4,4 mg Kohlensäure. Titriert man mit einer Lösung von 0,909 g Natriumhydroxyd im Liter Wasser, so entspricht jedes Kubikzentimeter dieser Lösung 1 mg freier Kohlensäure. Man kann auch mit Sodalösung titrieren. Alsdann titriert man am einfachsten mit einer Lösung, die 2,409 g wasserfreie oder 6,502 g wasserhaltige reine Soda im Liter enthält. 1 ccm dieser Lösung = 1 mg freier CO_2. Den Versuch hat man zweimal auszuführen, wobei man beim zweiten Versuch die beim ersten ermittelte Menge Lauge nahezu auf einmal zusetzt und dann unter Umschütteln erst austitriert. Die Bestimmung muß an der Entnahmestelle des Wassers ausgeführt werden. Kompendiöse Apparatkasten für diese Untersuchung an Ort und Stelle gibt es im Handel. Am besten stellt man sich die Apparate selbst zusammen, den eigenen speziellen Bedürfnissen entsprechend. Im Stuttgarter städtischen Laboratorium sind schon seit Jahren für alle Untersuchungen an Ort und Stelle Apparatzusammenstellungen im Gebrauch für Rucksack, Fahrrad und für größere Expeditionen, bei welchen Wagen benützt werden.

c) Bestimmung der freien und halbgebundenen, sowie der gesamten Kohlensäure. (Nach v. Pettenkofer-Trillich[2]).)

Man versetze 100 ccm Wasser in einem Meßkolben von 150 ccm Inhalt mit 5 ccm einer beinahe gesättigten Chlorbariumlösung und 45 ccm eines mit nachstehender Oxalsäurelösung titrierten Barytwassers [3]) und lasse etwa 12 Stunden verschlossen stehen. Nun pipettiere man 50 ccm der Flüssigkeit vorsichtig von dem Niederschlage ab und titriere mit Oxalsäure (1 Liter = 2,8636 Oxalsäure enthaltend) und Phenolphtalein (3 : 100 Wasser); 1 ccm dieser Lösung = 0,001 CO_2.

---

[1]) 0,2 reine Rosolsäure in 100 ccm 80 Vol.-%-igem Äthylalkohol und durch tropfenweisen Zusatz von klarem Barytwasser bis zur eben eintretenden rötlichen Färbung lösen.

[2]) Vgl. auch H. Noll, Zeitschr. f. angew. Chemie 1908. 21. 640.

[3]) 9 g reines kryst. Bariumhydroxyd in 1 Liter destillierten Wassers gelöst und dazu 0,5 g Chlorbarium hinzugefügt.

Die erhaltenen Kubikzentimeter werden mit 3 multipliziert und das Produkt von der zur Neutralisation von 45 ccm Barytwasser erforderlichen Anzahl Kubikzentimeter Oxalsäure abgezogen; die Differenz in Kubikzentimetern ist gleich der in 100 ccm Wasser enthaltenen freien und halbgebundenen Kohlensäure in Milligramm.

Da die im Wasser vorhandene Magnesia durch Baryt mitgefällt wird, so ist es notwendig, gleichzeitig den Magnesiagehalt des Wassers zu bestimmen und in Abzug zu bringen, 1 Teil Magnesia = 1,1 Teil Kohlensäure.

Von den 150 ccm Flüssigkeit bleiben nach zweimaliger Titration noch 50 ccm nebst dem Niederschlage übrig. In demselben bestimmt Trillich dann noch die Gesamtkohlensäure in folgender Weise: Man titriert den Rest (Niederschlag + 50 ccm Flüssigkeit) mit Salzsäure, von der 1 ccm 1 mg CO_2 entspricht, (6,0 ccm reiner HCl [S = 1,124] zum Liter aufgefüllt und dann auch auf das obige Barytwasser eingestellt) und mit Kochenilletinktur, und zieht von der Anzahl verbrauchter ccm Salzsäure die beim ersten Versuche pro 50 ccm Flüssigkeit verbrauchten ccm Oxalsäure sowie die der gefundenen Menge Magnesia entsprechende Menge CO_2 ab. Rest = mg Gesamt-CO_2 in 100 ccm Wasser.

Diese Methode zur Bestimmung der Gesamtkohlensäure soll nicht so gute Werte liefern wie die oben angeführte.

Quantitative Bestimmung der freien CO_2 und der Hydrocarbonate nach C. A. Seyler, Z. f. analyt. Chemie, 1900, 731.

II. Sauerstoff.

Seine Bestimmung ist in biologischer Hinsicht sehr wertvoll und wird am zweckmäßigsten nach der Winklerschen (jodometrischen) Methode vorgenommen.

Zur Ausführung benutzt man:

a) starkwandige, braune Glasflaschen von etwa 250 ccm Inhalt, die mit Glasstopfen und Lübbert-Schneiderschem Flaschenverschluß (Klemme) versehen sind. Der genaue Fassungsraum ist an der äußeren Wand der Flasche eingeätzt. Die Glasstopfen sind eingeschliffen und unten abgeschrägt, wodurch Füllung der Flasche ohne Einfluß einer Luftblase ermöglicht wird.

b) 2 ccm-Pipetten, deren Ausflußspitzen zu Kapillaren von etwa 12 cm Länge ausgezogen sind.

Ferner sind an Lösungen notwendig:

α) Manganochloridlösung: 80 kristall. $MnCl_2$: 100 ccm destilliertem ausgekochtem Wasser.

β) Jodkalium-Natriumhydroxydlösung: 33 g NaOH : 100 ccm Wasser; darin löst man 10 g KJ auf; muß nitritfrei sein.

γ) $^{1}/_{100}$ N.-Natriumthiosulfatlösung, 2,481 g Na-Thiosulfat zu 1 Liter, 1 ccm $\frac{N}{100}$-Thiosulfatlösung = 0,055825 ccm Sauerstoff bei 0° und 760 mm.

Trink-, Gebrauchs-, Mineral- und Abwasser. Eis. 473

δ) $^1/_{100}$ N.-Kaliumbichromatlösung, 0,4908 g $K_2Cr_2O_7$ zu 1 Liter, zur Titerstellung der Thiosulfatlösung.

Ausführung:
Die Flasche, deren Inhalt in ccm genau bekannt ist, vorsichtig mit dem zu prüfenden Wasser füllen; dann auf den Boden der Gefäße die Reagenzien, erst 3 ccm Jodkaliumnatronlauge, dann 3 ccm Manganochloridlösung zufließen lassen. Die Flasche sogleich verschließen und tüchtig umschwenken. Niederschlag absetzen lassen, dann zufügen von 3 ccm reiner HCl (1,19); Flasche verschließen und durchschütteln. Die Flüssigkeit in Erlenmeyerkolben spülen und das ausgeschiedene Jod mit $^1/_{100}$ Thiosulfat und Stärkelösung titrieren.

Berechnung:
In 1 Liter Wasser sind x mg Sauerstoff enthalten:
$$x = \frac{0,08 \cdot n \cdot 1000}{v}$$

wobei n die Anzahl der verbrauchten ccm $\frac{n}{100}$ Thiosulfatlösung.

v = der Inhalt der Flasche abzüglich der 6 ccm für Reagenzien.
Will man den Sauerstoffgehalt in ccm bei 0° und 760 mm Druck angeben, so setzt man in obige Formel statt 0,08 die Zahl 0,0558 ein.

Ein weiterer Maßstab ist der durch die Lebenstätigkeit der Mikroorganismen nebst dem durch die Oxydation von organischer Substanz verbrauchten Sauerstoff — die Sauerstoffzehrung (Spitta) genannt. Sie wird in Prozenten des nach 24 bzw. 48-stündigem Stehen (ev. im Brutschranke bei 22°) verbrauchten Sauerstoffs zum ursprünglichen enthaltenen Sauerstoff angegeben. Die Zeit des Stehens kann den Umständen entsprechend vermehrt oder vermindert werden.

19. Zusammenstellung und Berechnung der analytischen Resultate.

Die Resultate berechnet man der besseren Übersicht halber vorteilhaft auf Milligramm im Liter; die Metalle als Oxyde, die Säuren als Anhydride. Die chemischen Formeln fügt man bei.

Über die Berechnung der Verteilung bzw. Zusammengehörigkeit der Basen und Säuren siehe die schon erwähnten Lehrbücher.

20. Blei, Kupfer, Zink[1]).

Zur Feststellung dieser Metalle im Wasser hat man stets größere Wassermengen, mindestens 1 l, in Arbeit zu nehmen, die man erst durch Abdampfen auf den fünften Teil etwa einengt. Der qualitative wie quantitative Nachweis geschieht auf dem üblichen Wege, bei Kupfer und Zink, ev. elektrolytisch; Blei bestimmt man quantitativ am besten kolorimetrisch als Bleisulfid in essigsaurer Lösung unter Benützung einer Bleinitratlösung (0,16 : 1 l Wasser; 1 ccm = 0,1 mg Pb). Benutzung von Hehnerzylindern.

Zum Nachweis von Blei bei Ausschluß von Kupfer an Ort und Stelle werden nach Klut 300 ccm Wasser mit 3 ccm Essigsäure

---
[1]) Arsen, Zinn u. dgl. dürften bei Trinkwasser kaum in Frage kommen; ersteres bei Heilquellen oder auch in Abwässern von Gerbereien u. s. w.

(10%-ige) und mit 1,5 ccm einer 10%-igen wässrigen Lösung von reinem Na_2S versetzt (Glaszylinder muß völlig farblos sein). Es sollen noch 0,3 mg Pb im Liter Wasser sich nachweisen lassen. — Bezüglich Bleilösungsfähigkeit eines Wassers vgl. Beurteilung.

21. Mikroskopische Untersuchung.

Man läßt in einem Spitzglas oder in einem sonst geeigneten Gefäß das Sediment absitzen (zentrifugiert) und nimmt damit die mikroskopische Prüfung vor.

Als Verunreinigungen, die selbstredend in keinem Trink-, ja selbst in keinem Nutzwasser enthalten sein sollen, können folgende in Betracht kommen;

Durch Menschen und Tiere verursachte Abfälle, wie Sand, Lehm, Papier, Holzpartikel, Pflanzenteile, Haare (auch von Insekten) u. s. w., Gespinste, Bestandteile von Stuhlentleerungen, Stärkekörner, Fleischfasern, ferner Infusorien, Diatomaceen, Confervaceen u. s. w., Bakterien, Eier von parasitischen Darmwürmern u. s. w.

Man vgl. bei Vornahme dieser Prüfung gute Abbildungen der einschlägigen Werke:

Tiemann-Gärtner, Handbuch der Untersuchung und Beurteilung der Wässer, Braunschweig, 1895. W. Ohlmüller und O. Spitta, Die Untersuchung und Beurteilung des Wassers und Abwassers, 1910. C. Mez, Das Mikroskop und seine Anwendung, Berlin, 1898. C. Mez, Mikroskopische Wasseranalyse, ebendaselbst; letztere 3 Werke im Verlag von Julius Springer, Berlin erschienen. Vgl. ferner den Abschnitt Abwasser und die dort aufgeführten Werke.

Die bakteriologische bzw. biologische Untersuchung des Wassers siehe im bakteriologischen Teil S. 577.

Beurteilung [1]).

Die Genuß- und Gebrauchsfähigkeit eines Wassers läßt sich in zutreffender und erschöpfender Weise am besten bei näherer Kenntnis der geologischen und hydrologischen Verhältnisse und nach Vornahme einer genauen Besichtigung der in Frage kommenden Örtlichkeit an Hand der chemischen und bakteriologischen Befunde beurteilen. Bisweilen kann von einer dieser beiden Untersuchungsarten abgesehen werden. Die chemische Analyse gibt stets ein Bild über den Charakter eines Wassers und ist deshalb in der Regel unerläßlich, die bakteriologische Untersuchung ist nicht in allen Fällen erforderlich, kann aber öfters den chemischen Befund wertvoll ergänzen und ist in manchen Fällen ausschlaggebend und unentbehrlich. Zum Nachweis von Krankheits- und Fäkalkeimen (Cholera, Typhus, Coli) kann nur die bakteriologische Untersuchung Anwendung finden; sie ist außerdem bei den perio-

---

[1]) Auf die vom Bundesrat erlassene Anleitung für die Einrichtung, den Betrieb und die Überwachung öffentlicher Wasserversorgungsanlagen u. s. w. vom 16. Juni 1906, Veröff. d. Kais. Gesundh.-Amtes 1906, 777 sei verwiesen. Siehe auch Preuß. Ministerialerlaß vom 23. April 1907 betreffend die Gesichtspunkte für Beschaffung eines brauchbaren hygienisch einwandsfreien Wassers. Zeitschr. f. Unters. d. Nahr.- u. Genußm. 1910, Beilage.

dischen Kontrollen von Zentralwasserleitungen, Filteranlagen u. s. w. zu benutzen. (Siehe den bakteriologischen Teil.) Biologische Untersuchungen (Plankton-) kommen bei Trinkwasser seltener vor (siehe unter Abwasser). Die an dieser Stelle zunächst in Frage kommende Beurteilung der chemischen Untersuchungsergebnisse läßt sich, wie aus dem oben Gesagten hervorgeht, nicht an Grenzzahlen binden. Ausschlaggebend können auch nicht einzelne Feststellungen, sondern nur das Gesamtanalysenbild sein. Folgende Zahlen nebst Erläuterungen geben aber einen Maßstab für den Durchschnittsgehalt guter Trinkwässer, ausgedrückt in mg im Liter.

Abdampfrückstand 300—500; wird bei Wässern, je nach der geologischen Herkunft, sehr erheblich überschritten.

Chlor (in Form von NaCl) 7—30; höherer Cl-Gehalt, soweit er nicht in natürlichen Bodenverhältnissen begründet ist, bedeutet namentlich bei gleichzeitiger Anwesenheit von NH_3, N_2O_3, N_2O_5 Verunreinigung durch Abfallstoffe aus menschlichen Wohnstätten, Gruben, Ställen u. s. w.

Ammoniak (NH_3) keines; in eisenhaltigem Grundwasser Spuren bis 1 mg und mehr, namentlich in der norddeutschen Tiefebene vielfach vorkommend.

Schwefelsäure (SO_3) 60 (aus gipshaltigen Formationen stammende Wässer können erheblich größere Mengen enthalten, ohne bedenklich zu sein).

Salpetersäure (N_2O_5) meist keine, selten Mengen bis zu 30. Größere Mengen N_2O_5 ohne NH_3 und N_2O_3 weisen auf zurückliegende Verunreinigung hin (Mineralisierung).

Salpetrige Säure (N_2O_3) keine, kommt bisweilen spurenweise auch in Grundwasser vor.

Kaliumpermanganatverbrauch ($KMnO_4$) bzw. 12, bei Moorwässer kommen vielfach weit höhere Zahlen vor. } Eisengehalt kann diese Werte erhöhen.

Sauerstoffverbrauch (O) 3,

Gesamthärte 10—18

Die Carbonate der Erdalkalien bezeichnet man als „temporäre" (vorübergehende) Härte; Gips und ähnliche mit Mineralsäuren gebildete Salze bilden die „bleibende" Härte. Beide Arten sind sehr verschieden. Siehe auch den Abschnitt „Gebrauchswasser".

[Für Kalk, Magnesia u. s. w. lassen sich annähernde Grenzen nicht angeben; ihre Menge spielt bei der hygienischen Beurteilung keine irgendwie bedeutende Rolle, dagegen eine erhebliche bei der Bewertung für industrielle und ev. auch für häusliche Zwecke (Wäsche u. s. w.).]

Eisen (Fe) ist im allgemeinen als unschädlich zu betrachten, verleiht aber dem Wasser, in dem es zunächst als Oxydulcarbonat gelöst, unsichtbar erscheint, bei Luftzutritt aber in gelbbraunen Flocken als Oxydhydrat sich ausscheidet, bisweilen ein unappetitliches Aussehen; höherer Eisengehalt kann auch bei Zentralwasserversorgungen erhebliche Störungen (Verstopfungen) verursachen und schließt auch die direkte Verwendung solcher Wasser für technische und industrielle Zwecke aus. Die Entfernung des Fe geschieht für größere Betriebe mit Hilfe besonderer Enteisenungsanlagen, wofür verschiedene Verfahren und Systeme[1]), die meisten auf Durchlüftung und Filtration beruhen, angewendet werden. Für Pumpbrunnen und sonstige kleine Anlagen kann man unter Umständen auch mit einem mit Koks beschickten Fasse (unten mit Ablaßhahn) auskommen[2]).

H. Klut[3]) gibt folgende, jedoch nicht immer zutreffende allgemeine Anhaltspunkte für die Beurteilung des Fe-Gehaltes an:

Für größere Zentralwasserversorgungen bis zu 0,2 mg Fe pro Liter.

Für technische Betriebe (Wäschereien, Papierfabriken u. s. w.) 0,1 mg und unter Umständen noch weniger.

Als mittlerer Fe-Gehalt sind bei größeren Anlagen 0,2—1,5 mg Fe anzusehen. Mehr als 3 mg darf in diesem Fall als hoher Gehalt gelten.

Bei kleineren Anlagen (auch Brunnen), namentlich für Trinkzwecke dienenden, sind 0,75 mg noch als geringer Fe-Gehalt anzusehen. Bei größeren Mengen sollte man schon enteisenen.

Metallischer (tintenartiger) Geschmack kann unter Umständen schon bei 1,5 mg Fe beobachtet werden.

Vgl. auch den bakteriologischen Teil betr. eisenverzehrende Pilze (Crenothrix, Chlamydotrix u. s. w.).

Fe-Ausscheidungen treten infolge von Luftzufuhr, meist jedoch nur wenn der Fe-Gehalt mehr als 0,2 mg pro Liter beträgt, ein.

Mangan kommt als Carbonat und auch als Sulfat vielfach als Begleiter von Eisen im Grundwasser vor, oft in solchen Mengen, daß schwere Störungen daraus für die Zentralwasserwerke entstehen (z. B. Breslau). Mangan ist auch technischen Betrieben schädlich. Entfernung geschieht nach B. Proskauer meist gleichzeitig mit Fe durch Lüftung und Filtration; in größeren Mengen mit Ätzkalk (Lührig).

Näheres siehe H. Lührig, Zeitschr. f. Unters. d. Nahr.- u. Genußm. 1907. 14. 40; derselbe u. Becker, Pharm. Zentralh. 1907, 137; Enzyklopädie d. Hygiene v. R. Pfeiffer u. B. Proskauer, Leipzig, 1905.

Kohlensäure: Die Menge der ganz und halb gebundenen Kohlensäure fällt nur bei der Härtebestimmung des Wassers ins Gewicht. Sind größere Mengen (mehr als 10 mg pro Liter) freie Kohlensäure in einem Wasser vorhanden, so muß eine bleilösende Wirkung derselben in Betracht

---

[1]) Vgl. G. Östen, Die Wasserversorgung der Städte (im Handbuch der Ingenieurwissenschaften von A. Frühling, Bd. III, Leipzig 1904; O. Kröhnke, Die Reinigung des Wassers. Stuttgart 1900.
[2]) Vgl. H. Klut, Pharm.-Ztg. 1906. Nr. 86 macht geeignete Vorschläge für Enteisenung im kleinen; ebenso F. Dunbar, Vierteljahrschr. f. öff. Gesundheitspflege 37, Heft 3.
[3]) Gesundheit 1907. 19.

gezogen werden. Bei gleichzeitiger Anwesenheit von Sauerstoff und freier CO_2 nimmt das Bleilösungsvermögen mit sinkendem Gehalt an freier CO_2 ab [1]). Außer auf Blei kann die freie CO_2 auch auf andere Metalle (Zink, Kupfer, Eisen u. s. w.) sowie auf Mörtel, Mauerwerk u. s. w. zersetzend wirken [2]).

Phosphorsäure: kommt in reinen Wässern so gut wie gar nicht vor, dagegen in Abwässern fast stets.

Sauerstoff: Der Gehalt an O spielt bei Trinkwasser keine Rolle; dagegen können schon von 5 ccm O pro Liter Wasser ab korrodierende Wirkungen auf Fe-Rohre ausgeübt werden [3]). Vgl. auch das bei CO_2 betreffend Sauerstoffwirkung Gesagte. Im wesentlichen kommt der O-Gehalt eines Wassers hauptsächlich bei der Beurteilung der Reinheit von Flüssen und anderen offenen Gewässern, namentlich hinsichtlich ihres Einflusses auf die Fischerei in Betracht (s. S. 482).

Giftige Metalle: Blei kommt in erster Linie in Frage. Wegen der großen Giftigkeit des Bleis sollte das Wasser am besten ganz frei davon sein. Wo bleilösende Wirkung besteht, sollte dieselbe keinesfalls mehr als 0,35 mg pro Liter Wasser betragen (Rubner). Die bleilösende Wirkung eines Wassers ist durch Versuche (24 stündiges Stehenlassen des Wassers in der betreffenden Leitung) oder durch das in dem Preußischen Ministerialerlaß vom 23. IV. 1907 l. c. angegebene Verfahren festzustellen. Hoher Gehalt an Chloriden befördert die Bleiaufnahme. Die Löslichkeit des Bleis beruht nicht immer auf freier CO_2 und Sauerstoff; auch elektrische Ströme, die durch Bleirohre geführt werden oder denselben nahe kommen, können ihre Einwirkung darauf ausüben. Alle Feststellungen sind von Fall zu Fall besonders zu treffen.

Arsen kommt in kleinen Mengen natürlich nicht nur in den bekannten Heilquellen von Levico etc. vor, sondern bisweilen in minimalen Mengen auch in anderen Wässern. Über den hygienischen Wert der Radioaktivität hat man noch keine ausreichenden Kenntnisse.

J. König faßt die Forderung betreff der chemischen Grenzwerte folgendermaßen: „Der durchschnittliche Gehalt eines Gebrauchswassers darf nicht wesentlich den durchschnittlichen Gehalt des natürlichen, nicht verunreinigten Wassers derselben Gegend und derselben Formation überschreiten."

Äußere Beschaffenheit: Wasser soll möglichst farblos klar, gleichmäßig kühl, frei von fremdartigem Geruch oder Geschmack, kurz von solcher Beschaffenheit sein, daß es gern genossen wird [4]).

Sonstige Hinweise: Bei Quellen und Brunnen, die entfernt von menschlichen Wohnungen sind, gestalten sich die Bedingungen für die Beschaffung von brauchbarem Wasser bei geeigneter Bodenbe-

---

[1]) Vgl. Arb. d. Kais. Gesundh.-Amtes 1906. **23**. 37. und die empfehlenswerte Schrift von H. Wehner, Die Sauerkeit der Gebrauchswässer 1904, Frankfurt a. M.
[2]) H. Klut, Gesundh. Ingenieur 1907. **32**. 517—524, sowie die mehrfach erwähnten Handbücher und Zeitschriften.
[3]) H. Wehner, l. c.
[4]) § 3 der Preuß. Ministerialverf. v. 23. IV. 1907 vgl. S. 474.

schaffenheit in der Regel günstig, denn es dauert oft recht lange Zeit, mitunter jahrelang, bis das in die Erdoberfläche einsickernde Wasser durch die Bodenschichten dringt. Durch den Boden werden Bakterien und schädliche Stoffe zurückgehalten, sodaß das Quellwasser oder auch das Grundwasser in der Regel rein und brauchbar ist. Bakterienhaltiges Quellwasser hat sich mit den Bakterien zumeist beim Zutagetreten aus den oberen Erdschichten bereichert, ein Übelstand, der durch geeignete Quellfassung in der Regel gehoben werden kann. Bei Quell- und Grundwasser (letzteres ist durch eine geeignete und gegen nachträgliche Verunreinigung gesicherte Brunneneinrichtung rein zu beschaffen) ist daher an der Forderung einer geringen Keimzahl festzuhalten (vgl. im bakteriologischen Teil).

Anders liegt der Fall bei Brunnen (Pumpbrunnen) in der Nähe von Wohnungen, inmitten dicht bewohnter Städte und namentlich auch vielfach auf dem Lande. Reines Grundwasser gibt es hier nur in sehr seltenen Fällen. In der Regel hat hier der Boden bzw. der Untergrund seine Absorptionsfähigkeit durch Verschmutzung und Verjauchung verloren, und die Bedingungen sind für die Abscheidung und Oxydation der Verunreinigungen sehr ungünstig.

Alle Brunnen, die Grundwasser zutage fördern, seien stets von Dunglagen und Abtritten u. s. w. entfernt angelegt und durch Erhöhung der Umgebung und zementierte Abdeckung gegen das Eindringen von Schmutzwasser u. s. w. geschützt. Kessel- sowie Schöpfbrunnen sind überhaupt zu verwerfen. Bei Tief- (Röhren-, Abessynier-)Brunnen von genügender Tiefe kommen nur ausnahmsweise Verunreinigungen vor.

Über die Wasserfiltration und Kontrolle von Filteranlagen, sowie die bakteriologische Beurteilung siehe den bakteriologischen Teil.

B. Gebrauchs- (Nutz-) Wasser.

Die allgemeine chemische und bakteriologische Untersuchung erfolgt nach den bei Trinkwasser bzw. im bakteriologischen Teil angegebenen Methoden.

Kesselspeisewasser[1]).

Die Anforderungen der industriellen Betriebe an dieselben sind sehr verschiedenartig.

Dampfkesselbetriebe erfordern: möglichst wenig bleibende und temporäre Härte wegen Kesselsteinbildung. Auf 60—70° Vorwärmen zur Austreibung von freier und halbgebundener CO_2.

Durch vorsichtigen Zusatz von Kalkwasser lassen sich Bicarbonate, Fettsäuren u. s. w., durch Zusatz von 1,9 g reiner calcinierter Soda auf 1° bleibender Härte pro 100 Liter die Kalksalze nahezu entfernen.

Statt Soda wird auch, namentlich wenn die bleibende Härte fast

---

[1]) Literatur: J. König; Die Untersuchung landwirtschaftlicher und gewerblicher wichtiger Stoffe 1906, Berlin; F. Fischer, Das Wasser. Berlin 1902; F. Fischer u. G. Basch, Beiträge zur Untersuchung von Kesselspeisewasser. Chem.-Ztg. 1905. 878 u. f.

ausschließlich aus Gips besteht, Bariumchlorid verwendet. Zur Berechnung des Zusatzes ist eine Schwefelsäurebestimmung des Wassers vorzunehmen und auf 1 Teil SO_3 pro 100 Liter Wasser 2,6 Teile wasserfreies Barium ($BaCl_2$) anzuwenden. — Bei unreiner (technisch reiner) Soda bzw. Bariumchlorid ist der Gehalt an Na_2CO_3 bzw. BaO erst festzustellen und dann die nötige Menge zu berechnen. Neuerdings verwendet man die künstlichen Aluminatsilikate (Zeolithe), als Permutit (Patent Gans) von J. D. Riedel, Berlin in Handel gebracht. Näheres siehe R. Gans (Zeitschr. f. Unters. d. Nahr.- u. Genußm. 1908, **16**, 486); W. Appelius, Chem. Rev. Fett- u. Harzind. 1909, **16**, 300 u. Zeitschr. f. Unters d. Nahr.- u. Genußm. 1910, **20**, 484. Für kleinere Betriebe eignet sich das Permutitverfahren zur Wasserenthärtung ganz gut.

Am besten ist es, zuvor folgende von Lunge und anderen empfohlenen Prüfungen vorzunehmen:

1. **Gesamtalkalität:** Durch Titrieren von 200 ccm des Wassers ohne Erwärmen mit $^1/_5$ N.-HCl und Methylorange. 1 ccm $^1/_5$ N.-HCl = 0,050 g $CaCO_3$ für 1 l bei Anwendung von 200 ccm Wasser. Befund = temporäre Härte.

2. **Gesamthärte:** Als diese nimmt man den Glührückstand (S. 460) an. Er soll nur ganz schwach geglüht und wiederholt mit Ammoncarbonatlösung behandelt werden. Die Resultate sind nur annähernd richtig, jedoch besser als die mit Seifelösung gefundenen. Milligramme in 100 ccm sind gleich den französischen Härtegraden ($CaCO_3$ in 100 000 Teilen), deutsche Grade (CaO in 100 000 Teilen) erhält man durch Multiplikation der französischen mit 0,56. Oder man bestimmt sämtliche alkalische Erden. 200 ccm des Wassers werden mit einem Überschuß von Sodalösung eingedampft, der Rückstand wird auf etwa 180° erhitzt, mit heißem Wasser aufgenommen, filtriert und der Niederschlag ausgewaschen. Den Niederschlag löst man in $^1/_5$ N.-Salzsäure und titriert mit $^1/_5$ N.-Natron und Methylorange zurück.

1 ccm verbrauchter $^1/_5$ N.-Säure = 0,028 CaO (einschließlich Magnesia) im Liter bei Verwendung von 200 ccm Wasser.

Umrechnung auf Härtegrade ergibt sich aus obigem und dem S. 466 Gesagten.

3. **Sulfate:** Spuren werden vernachlässigt. Die quantitative Bestimmung erfolgt nach S. 460. Die gefundene Schwefelsäure wird als Calciumsulfat in Rechnung gebracht.

Man rechnet nun den Kalk des Calciumsulfates auf den sub 2 gefundenen Gesamtgehalt an alkalischen Erden, zieht ihn davon ab und erhält so als Differenz die Carbonate. Gilt auch als Kontrolle für die Bestimmung der Carbonate nach No. 1.

Vorstehende Daten genügen in den meisten Fällen, um die Menge der Zusätze zum Weichmachen des Wassers berechnen zu können.

Auf die Vorschläge, Verfahren und Arbeiten für die Untersuchung des Kesselspeisewassers und die Ermittlung der Art und Menge der Zusätze von Wartha und Pfeifer, Zeitschr. f. angew. Chem. 1902; I. 901; L. W. Winkler, Zeitschr. f. anal. Chem. 1901. 82 u. Hundeshagen, Zeitschr. f. öffentl. Chemie 1907. S. 457 sei verwiesen.

Gute Kesselspeisewasser enthalten von Sulfaten (Gips) nur etwa 20—30 mg, von fr. CO_2, O und H_2S höchstens Spuren; der Gehalt an Chloriden soll nicht 200 mg übersteigen.

Brauereibetriebe (Gärungsgewerbe).

Diese brauchen nicht zu hartes (10—30⁰ Härte) Wasser; (Chlorkalium und Chlormagnesium verhindern leicht das Quellen und Keimen der Gerste. Wenig organische Substanz und eine geringe Bakterienzahl sollen enthalten sein. Siehe auch S. 371 u. 582.

Gips verringert die Extraktausbeute aus dem Malz und setzt den Phosphorsäuregehalt der Würze herab. Gipshaltiges Wasser befördert aber andererseits die Klärung der Würze, weshalb es von den englischen Brauern als vorteilhaft bezeichnet wird (Burtonisieren — Zusatz von Gips). (Anforderungen an Wasser siehe auch das Reichsbraust,euergesetz im Anhang.)

Leim-, Papierfabriken, Färbereien, Bleichereien bedürfen eines weichen, eisenfreien möglichst wenige organische Substanzen und Bakterien enthaltenen Wassers; s. betr. Eisengehalt auch die Beurteilung des Trinkwassers.

Zuckerfabriken eines wenig salpetersäure- und schwefelsäurehaltigen Wassers.

Wäschereien eines sehr weichen Wassers (Seifeersparnis).

20 Härtegrade vernichten im Kubikmeter Wasser 2,4 kg Seife (nach H. Klut).

C. Natürliches und künstliches Mineralwasser.

Die Mineralwässer werden im allgemeinen wie Trinkwasser untersucht und deren besondere natürliche oder künstlich zugesetzte Bestandteile wie Brom, Lithiumverbindungen u. s. w. nach den Regeln der allgemeinen Analyse in dem Eindampfrückstand für sich bestimmt. Wer sich mit der Analyse natürlicher Mineralwasser, sog. Brunnenanalysen befaßt, muß sich in der einschlägigen Literatur umsehen. Wir empfehlen: Fresenius, quantit. Analyse II. Bd. S. 184 u. ff. Braunschweig. 1905.

Die Beurteilung der Mineralwässer bezüglich hygienischer Beschaffenheit erfolgt nach den für reines Trinkwasser geltenden Grundsätzen.

Die Fabrikation künstlicher Mineralwässer steht in vielen Orten (Bezirken u. s. w.) unter polizeilicher Kontrolle, was auch aus hygienischen Gründen sehr notwendig ist, da die Fabrikation vielfach gänzlich verständnislos, mit unsauberen und schlechten Apparaten und in schmutzigen Räumen u. s. w. betrieben wird.

Die bestehenden Polizeiverordnungen stellen im allgemeinen bezüglich der Beschaffenheit der Apparate und der Mineralwässer (Selters, Soda u. s. w.) folgende Anforderungen:

1. Prüfung auf gute Verzinnung der Apparate. „Die Apparate werden mit 2%-iger Essigsäure gefüllt und nach dem Ablassen derselben mehrfach mit Wasser ausgespült, sodann werden sie mit Mineralwasser

soweit angefüllt, daß die Innenwandungen vollständig davon benetzt werden, und unter dem bei der Fabrikation üblichen Drucke unter amtlichen Verschluß 24 Stunden lang stehen gelassen.

Sollte der etwa gefundene Blei- und Kupfergehalt die zulässige Grenze überschreiten, so ist der betreffende Apparat außer Betrieb zu setzen und eine erneute Verzinnung zu veranlassen. Alsdann ist die Prüfung auf die Güte der Verzinnung noch einmal zu wiederholen (Preußen, Regbez. Potsdam, Königsberg u. s. w.). Im allgemeinen wird man Blei oder Kupfer überhaupt nicht dulden.

2. Zur Herstellung von Mineralwasser darf nur destilliertes oder mindestens nur Wasser, das in chemischer und bakteriologischer Hinsicht den hygienischen Anforderungen entspricht, benutzt werden. Atteste von Chemikern sind beizubringen. —

3. Die bei der Mineralwasserfabrikation zu verwendenden Salze sollen den Vorschriften des Deutschen Arzneibuches entsprechen."

Über die Untersuchung und Beurteilung von Brauselimonaden, Fruchtsäften u. s. w. siehe S. 238.

D. Abwasser[1]).

(Verunreinigung der Wasserläufe durch Zufluß von Kanalwässern, gewerblichen Anlagen, Fabriken u. dgl.)

Für die Beurteilung eines Abwassers können die oben angeführten Grenzzahlen natürlich ebenfalls in keiner Weise in Betracht kommen. Zu berücksichtigen ist dabei die Herkunft, die Jahreszeit, Zusammensetzung, Verdünnung, der Ablauf in ein Flußwasser, die Wassergefälle, Vorflutverhältnisse u. s. w. Bei Verwendung von Flußwasser zu häuslichen und gewerblichen Zwecken kommen die in den Flußlauf gelangenden Abwässer besonders in Frage. Ein Urteil betreffs einer Schädigung[2]) oder Belästigung durch ein Abwasser läßt sich nur unter Berücksichtigung aller für den betreffenden Fall überhaupt denkbaren Umstände fällen. Als giftige Beimengungen kommen auch Arsen-, Cyan- und Chromsalze, SO_2 u. s. w. in Betracht.

Bei Abwasseruntersuchungen ist neben der chemischen Untersuchung die mikroskopische Prüfung und namentlich, wenn es sich um hygienische Fragen handelt, die bakteriologische Untersuchung, ferner für Städtewasser die Prüfungen auf Fäulnisfähigkeit nach Spitta, Weldert und Röhlich von ganz besonderer Bedeutung, siehe in den Mitteilungen der k. Prüfungsstelle für Abwasserbeseitigung und Wasserversorgung, Berlin 1906, 160.

Methylenblaumethode zum Nachweis der Fäulnisfähigkeit nach Spitta und Weldert: 50 ccm des Abwassers werden mit 0,3 ccm einer 0,05%-igen wässerigen Lösung von Methylenblau (B. extra Kahlbaum)

---

[1]) Konservierung der Abwasser, wenn sie nicht sofort nach Entnahme in Arbeit genommen werden, ist nötig und geschieht am besten mit Chloroform; für denjenigen Teil, in welchem NH_3, Gesamt-N und Oxydierbarkeit bestimmt werden, auch mit H_2SO_4 bis zur sauren Reaktion.

[2]) Die Schädigungen oder Belästigungen sind entweder gesundheitlicher und hauswirtschaftlicher Natur, oder solche für Industrie und Fischerei.

versetzt und im Brutschrank bei 37° aufbewahrt. Je nach der Menge der im Abwasser enthaltenen Fäulnisstoffe wird der Farbstoff nach wenigen Minuten oder nach mehreren Tagen gebleicht (Übergang in Leukobase). Ist nach 6 Stunden noch keine Entfärbung eingetreten, so kann man annehmen, daß ein Nachfaulen des Wassers auch nach Tagen nicht eintreten wird. — Die Fäulnisfähigkeit wird in der Regel nur durch Stehenlassen des betreffenden Wassers in offenen Glaszylindern und ev. auch in verschlossenen Glasflaschen, welche bei 22° im Brutschrank gehalten werden, während mehrerer Tage (meist 8), durch Sinnenprüfung und H_2S-Nachweis beobachtet[1]).

Für die Beurteilung des Reinheitsgrades von Flußläufen, Seen u. s. w. namentlich auch betreffs Fischereiwesen[2]) gibt besonders die biologische (Plankton-) Untersuchung Auskunft. Zu ihrer Ausführung bedarf man verschiedener sachgemäßer Ausrüstungsgegenstände zwecks Einholung des Materials, z. B. Planktonnetz, Pfahlkratzer. Aus dem Fehlen oder Vorhandensein bestimmter Organismen lassen sich Schlüsse auf den Reinheits- bzw. Verunreinigungsgrad der Gewässer ziehen. Es würde zu weit führen, die große Zahl dieser Organismen[3]) und deren Formen u. s. w. zu beschreiben. Einschlägige Literatur: R. Kolkwitz und M. Marsson, Mitteil. d. kgl. Prüfungsanstalt f. Wasserversorgung und Abwasserbeseitigung 1902 und folgende Jahrgänge; J. König, Die Verunreinigung der Gewässer, Jul. Springer, Berlin, II. Aufl.; C. Mez, Mikroskopische Wasseranalysen, Berlin 1898; B. Eyferth, Einfachste Lebensformen des Tier- u. Pflanzenreiches, Braunschweig 1900; Knauth, Das Süßwasser, Neudamm 1907; C. Lampert, Das Leben der Binnengewässer, Leipzig 1908; A. Steuer, Planktonkunde, Leipzig 1905; Schiemenz u. a.

Für die chemische Untersuchung kommen in erster Linie die Bestimmungen von Gesamtstickstoff und Ammoniakstickstoff neben den sonstigen üblichen Bestimmungen in Betracht (siehe auch S. 467).

Über Abwasserreinigungs- und Klärverfahren sowie über Untersuchung siehe Speziallitteratur:

Vierteljahrsschrift für gerichtliche Medizin und öffentliches Sanitätswesen, Supplementhefte 1897/98 u. ff.; Mitteil. d. kgl. preuß. Prüfungsstelle für Wasserversorgung und Abwasserbeseitigung, Verlag Hirschfeld, Berlin; Ferd. Fischer, Das Wasser, l. c.; Tiemann-Gärtner, Handbuch der Untersuchung und Beurteilung der Wässer, Braunschweig, 4. Auflage; J. H. Vogel, Die Verwertung städtischer Abfallstoffe, 1896, Berlin; Weldert und Schiele, Wasser und Abwasser, Zentralblatt, Leipzig und als analytische Anleitung insbesondere: Leitfaden für die

---

[1]) Hamburger Test, Korn und Kamman, Gesundh.-Ing. 1907, 165. — Thumm u. Dunbar halten ein geklärtes Abwasser, das mit dem Rohwasser verglichen, an Oxydierbarkeit um 60—65% oder mehr herabgesetzt wurde, nicht mehr für fäulnisfähig.

[2]) Wesentliche Anforderungen an Fischereiwasser: der Gehalt an Sauerstoff betrage nicht unter 1 ccm O pro Liter in Wässern (Schiemenz).

[3]) Besonders häufig vorkommende Organismen sind im bakteriologischen Teil erwähnt.

chemische Untersuchung von Abwasser von Farnsteiner, Buttenberg und Korn, München-Berlin, 1902 sowie Ohlmüller und Spitta l. c.
Die Untersuchungsweise von Schlammproben deckt sich bisweilen bzw. zum Teil mit derjenigen von Abwasser, indessen wird die Analyse meist auf technische Verwertung des Schlammes als Düngemittel oder zur Nutzbarmachung des darin enthaltenen Fettes u. dgl. einzurichten sein. Das zur Erzielung des Schlammes benutzte Klärverfahren ist natürlich von größtem Einfluß auf die Beschaffenheit des Schlammes. Auch seine mikroskopische Untersuchung wird manchmal vorzunehmen sein.

E. Eis.

Die Untersuchung und Beurteilung geschieht nach den für Trinkwasser geltenden Grundsätzen. Sog. ,,Natureis" aus Seen, Tümpeln u. s. w. ist oft sehr zweifelhafter Natur, doch wird es sehr gern dem milchweißen Kunsteis, das hygienisch weit besser ist, vorgezogen. Siehe auch den bakteriologischen Teil. Das glasharte, durchsichtige Gebirgseis ist am besten.

XXI. Luft.

Die Untersuchung der Luft erstreckt sich auf die Bestimmung von:
1. der Temperatur: in bekannter Weise mit einem in $1/_{10}$ Grade geteilten Thermometer, das womöglich mit einem Normalthermometer verglichen worden ist;
2. der Feuchtigkeit (des Wasserdampfes); Resultate sind auf $t = 0^0$ und $B = 760$ mm zu berechnen, Formel siehe Wasser S. 461.

a) absolute = Gramme Wasserdampf in 1 cbm Luft. Man bestimmt diesen durch Überleiten eines gewissen Volumens[1]) Luft (0,5—1 cbm) mittels eines Aspirators über gewogenes Chlorcalcium und Wägen des letzteren, oder man leitet die Luft über gewogenen, mit Schwefelsäure getränkten Bimsstein.

b) relative = Verhältnis der aufgelösten Wasserdampfmenge zu derjenigen, welche das gleiche Volumen Luft bei gleicher Temperatur zu seiner Sättigung mit Wasserdampf bedarf; dasselbe wird mit dem Psychrometer von August und den Hygrometern von Koppe, Daniel u. s. w. bestimmt.

Das Verhältnis von wirklich vorhandener absoluter (a) und höchst möglicher (m) Feuchtigkeit in Prozenten ausgedrückt, ergibt die relative Feuchtigkeit (r). Über den höchstmöglichen Feuchtigkeitsgehalt bei der betreffenden Temperatur siehe die umstehende Tabelle; Berechnung nach der Formel

$$r = \frac{a \cdot m}{100}.$$

---

[1]) Das Volumen der durchgeleiteten Luft bestimmt man in der Weise, daß man die als Aspirator dienende, mit Wasser gefüllte Flasche wägt und nach Ablassen eines gewissen Teils des Wassers mittels Hebers wieder wägt. Gewichtsdifferenz = Menge der durchgeleiteten Kubikzentimeter Luft. — Einfacher mittels einer Experimentier-Gasuhr.

Chemischer Teil.

Höchstmöglicher Wassergehalt in cbm Luft.

Temp. °C	Tension	g Wasser	Temp. °C	Tension	g Wasser
−10	2,0	2,1	14	11,9	12,0
− 8	2,4	2,7	15	12,7	12,8
− 6	2,8	3,2	16	13,5	13,6
− 4	3,3	3,8	17	14,4	14,5
− 2	3,9	4,4	18	15,2	15,1
0	4,6	4,9	19	16,0	16,2
1	4,9	5,2	20	17.4	17,2
2	5,3	5,6	21	18,5	18,2
3	5,7	6,0	22	19,7	19,3
4	6,1	6,4	23	20,9	20,4
5	6,5	6,8	24	22,2	21,5
6	7,0	7,3	25	23,6	22,9
7	7,5	7,7	26	25,0	24,2
8	8,0	8,1	27	26,5	25,6
9	8,5	8,8	28	28,1	27,0
10	9,1	9,4	29	29,8	28,6
11	9,8	10,0	30	31,6	30,1
12	10,4	10,6	50	—	33,4
13	11,1	11,3	70	—	199,3

3. Kohlensäurebestimmung.

a) Gewichtsanalytisch, indem man ein bestimmtes Volumen Luft (siehe Anmerkung S. 483) über mit SO_3 getränkten Bimsstein (zur Absorption von Wasserdampf und dann durch KOH ($S = 1,27$) leitet.

b) Titrimetrische Methode (nach Pettenkofer). Die hierzu notwendigen Normallösungen siehe unten [1]). Eine Flasche von bekanntem, oder genau festgestelltem Inhalt (etwa 5—6 Liter) füllt man mit der zu untersuchenden Luft mittels eines Blasebalges an, notiert Temperatur und Barometerstand, gibt 100 ccm der Barytlauge rasch zu und schüttelt die Flasche 15 Minuten lang. Das nun durch entstandenes Bariumcarbonat getrübte Barytwasser spült man in einen 100—200 ccm fassenden Zylinder mit Glasstöpsel und läßt absitzen. Von der klaren Flüssigkeit hebt man nun 25 ccm ab und gibt unter Zusatz von etwas Rosolsäure (siehe S. 471) so viel Oxalsäurelösung zu, bis die rote Farbe in Gelb umgeschlagen ist. Der Titer der Barytlösung muß zuvor bestimmt werden. Die Differenz des Oxalsäureverbrauchs für die ursprüngliche Barytlauge und für die nach dem Schütteln mit Luft gebliebene gibt den Säuregehalt an.

1 ccm Oxalsäurelösung = 0,25 ccm Kohlensäure.

---

[1]) 1. Oxalsäurelösung: 1,405 g reinste kristall. Oxalsäure in 1 l H_2O gelöst. 1 ccm = 0,25 ccm CO_2. — 2. Barytwasser: 3,5 g alkalifreies Bariumhydroxyd in 1 l Wasser lösen. Das etwa vorhandene Bariumsulfat läßt man sich absetzen. Man prüfe auf Ätzalkalien in folgender Weise: die vollständig klare Barytlauge titriere man mit Oxalsäure, setze dann derselben etwas gefülltes reines $BaCO_3$ zu und titriere wieder; braucht man zur letzten Probe mehr Oxalsäure als zur ersteren, so ist Alkali vorhanden. (Das Barytwasser ist von CO_2 geschützt aufzubewahren.)

Man rechnet endlich auf 100 ccm angewendete Barytlauge und die erhaltene Menge auf Kubikzentimeter Kohlensäure um.

Die erhaltene Zahl gibt dann den Kohlensäuregehalt in dem betreffenden angewendeten Luftvolumen an; dieselbe muß jedoch auf 0^0 und 760 mm Barometerstand umgerechnet werden.

Bei auswärts vorzunehmenden Kohlensäurebestimmungen hält man sich im Stuttgarter städt. chemischen Laboratorium (Bujard) die 100 ccm titrierter Barytlauge in dünnwandige Glasröhren eingeschmolzen vorrätig, welche man beim Gebrauch direkt in die Glasflasche gleiten läßt und durch geeignete Bewegung der Flasche, nachdem diese verschlossen worden ist, zertrümmert.

Auf die Verfahren von Babo, Wolpert u. a. auch auf die Lunge-Zeckendorfsche minimetrische Methode (Zeitschr. f. angew. Chemie, 1888, S. 395 und 1889, S. 12) kann nur verwiesen werden; den dazu nötigen Apparaten sind Gebrauchsanweisungen beigegeben. Die gasvolumetrischen Methoden eignen sich zur Luftuntersuchung auf Kohlensäure in der Regel nicht, weil sich nur relativ geringe Mengen CO_2 in der Luft finden, welche durch Messung des Volumens nicht erkannt werden können.

4. Kohlenoxyd.

a) Nach Weltzel:

Die solches Gas enthaltende Luft wird erst durch defibrinierte Blutlösung geleitet.

Beim schwachen Schütteln von kohlenoxydhaltigem Blut mit 15 ccm einer 20%-igen Ferrocyankaliumlösung und 2 ccm Essigsäure (1 Eisessig, 2 Wasser) entsteht ein kirschrotes Koagulum, während normales Blut sich schwarzbraun färbt.

b) Tanninprobe:

Man bringt 20 ccm 20%-ige wässerige Blutlösung in eine Glasflasche von etwa 10 Liter Inhalt, füllt die Flasche mittels eines Blasbalges mit der zu untersuchenden Luft, verschließt mit einer Kautschukkappe und schwenkt eine halbe Stunde lang um. Alsdann füllt man ein Reagenzglas ein Viertel voll, füllt es mit 1%-iger Tanninlösung auf und schüttelt durch, genau so macht man einen blinden Versuch mit 20%-iger Blutlösung. Der Niederschlag im Kontrollglas (blinder Versuch) ist graubraun, beim Kohlenoxydblut rötlich braun, die Färbung tritt, wenn es sich um geringe Mengen handelt. oft erst nach einiger Zeit ein. Die Färbung hält sich monatelang; es können deshalb die Proben für gerichtliche Zwecke aufbewahrt werden.

Über den spektroskopischen Nachweis von Kohlenoxyd siehe forensische Analyse. Auf die Fodorsche qualitative und quantitative Methode sei hier nur verwiesen[1]). Besser ist die Verbrennung mit ammoniakal. Kupferchlorür. Siehe Hempel oder Winkler, Gasanalyse. Bei der Untersuchung auf Kohlenoxydgas wird übrigens in den meisten Fällen ein qualitativer Nachweis genügen.

---

[1]) Lunge - Berl, Chem.-techn. Unters.-Methoden. 6. Auflage J. Springer, Berlin, Bd. II. 1910. S. 407; K. B. Lehmann, Die Method. d. prakt. Hygiene. 2. Aufl. Wiesbaden. 1901.

Hempel empfiehlt für manche Fälle eine eigentümliche, aber zweckmäßige Probenahme, wenn es sich um Räume handelt, in denen geringe Mengen Kohlenoxyd vermutet werden: Heizräume u. s. w. Man läßt Mäuse, die sich in Fallen befinden, in solcher Luft 24 Stunden hindurch und länger atmen. Hierauf tötet man dieselben durch Eintauchen der Fallen in Wasser. Das Blut dieser Tiere untersucht man dann spektroskopisch. Auf weitere Methoden von Nicloux, Gautier, Spitta, Clowes, Gréhant muß verwiesen werden.

5. Organische Substanz (Staub u. s. w.) wird nach Uffelmann bestimmt, indem man 1 Liter Luft durch 10 ccm Kaliumpermanganatlösung (1 ccm = 0,395 mg, also 0,1 mg = 0,07 ccm Sauerstoff) streichen läßt.

1 cbm Luft soll nach Uffelmann nicht mehr als 12 ccm Sauerstoff zur Oxydation erfordern. Die Methode bedarf vor ihrer Ausführung zuvor eines gründlicheren Studiums, und verweisen wir daher auf die Abhandlung im Arch. für Hyg. Bd. VIII. Über die Genauigkeit dieser Methode herrschen Zweifel.

Die Bestimmung der organischen Substanzen und die der Keimzahl der Luft (siehe im bakteriologischen Teil) ist mehr als Maßstab für die Reinheit der Luft zu betrachten als die Bestimmung der Kohlensäure.

6. Ozonnachweis durch Jodkaliumstärkekleisterpapier oder Thalliumoxydulhydratpapier. Erwähnt sei die Anordnung zur Vornahme obiger Reaktionen von Engler und Wild, Berichte der Deutsch. Chem. Ges. 1896. **29**. 1940.

Methoden zur quantitativen Bestimmung des Ozons in Luft gibt es wohl mehrere, aber keine sichere.

7. Die Bestimmung von Ammoniak, Salzsäure, schwefliger Säure, Schwefelwasserstoff u. s. w. geschieht titrimetrisch oder auch gewichtsanalytisch nach den üblichen Methoden.

Derartige Bestimmungen kommen namentlich bei Feststellungen von Rauchbeschädigungen an Pflanzen in Betracht. Vgl. darüber J. König, Die Untersuchung landw. u. gewerblich wichtiger Stoffe und andere Spezialwerke.

Beurteilung:

Relative Feuchtigkeit 30—60%. Der Kohlensäuregehalt soll $1^0/_{00}$, in Krankenzimmern $0,7^0/_{00}$ und in Wohnräumen für kürzeren Aufenthalt $2—3^0/_{00}$ nicht übersteigen. Betreffs der Zulässigkeitsgrenze anderer Gase (Fabrikgase, CO u. s. w.) siehe Lehmann, Die Methode d. prakt. Hygiene, 2. Aufl. 1901.

XXII. Boden.

A. Mineralboden.

Probennahme: Man nehme je nach der Ausdehnung des zu untersuchenden Grundstückes (Ackerkrume oder Untergrund) an 3 bis 12 Stellen Proben von je 30—50 qcm, untersuche je nach Bedürfnis entweder jede einzelne oder nach dem Mischen der Proben eine Durchschnittsprobe. Zugleich ist es notwendig, über die sonstige Beschaffenheit des betreffenden Bodens, wie Untergrund, Art der Bestellung, Düngung, Ertragsfähigkeit, Berieselung u. s. w. sich zu informieren.

Die Untersuchung erstreckt sich auf:

1. Mechanische bzw. Schlemmanalyse nach der Knop-Wolfschen Methode.

2. Bestimmung des Absorptionskoeffizienten. (Größe der Nährstoffaufnahme des Bodens aus Lösungen) nach Wolf.

Auf diese beiden Methoden sei hier verwiesen (König, Die Untersuchung landwirtschaftlich und gewerblich wichtiger Stoffe).

3. Chemische Untersuchung.

a) Ausziehen des lufttrockenen Bodens.

α) Mit 25%-iger kalter Salzsäure.

(1 Gewichtsteil Boden, 2 Volumteile obiger Salzsäure, also etwa 750 g mit 1500 ccm.)

Man bestimmt in dieser Lösung:

Kieselsäure, Eisenoxyd, Tonerde, Kalk, Magnesia, Alkalien, (Kali), Schwefelsäure, Phosphorsäure, je nach Maßgabe. (Aufschließen der Erden mit Königswasser; Abscheiden von Kieselsäure!) Citratlösliche Phosphorsäure im Boden bestimmt man, indem man 60 g Erde mit 300 ccm 2%-iger Citronensäure 24 Stunden in der Kälte und unter Umschütteln digeriert; einen aliquoten Teil pipettiert man dann von der filtrierten Lösung in einen Kjeldahlschen Kolben ab und verfährt weiter wie bei Thomasmehl.

β) Oder mit heißer Salzsäure (1 Gewichtsteil Boden mit 2 Volumteilen 10%-iger Salzsäure).

Man erhitzt eine Stunde und verfährt wie bei α.

In beiden Fällen muß bei der Berechnung auf die enthaltenen Carbonate Rücksicht genommen werden.

γ) Mit kohlensäurehaltigem Wasser und weiterer Behandlung.

δ) Sandgehalt ergibt sich aus dem Rückstand, der nach der Behandlung der Säuren unlöslich geblieben ist.

b) Bestimmung von hygroskopischem Wasser und Glühverlust, (organische Substanz und Kohlensäure u. s. w.), von Kohlensäure, nach den bekannten Methoden.

α) Bestimmung von Kohlenstoff nach Loges (siehe Fresenius, Quantitative Analyse, 6. Aufl., S. 675); besser durch die Elementaranalyse, nachdem die Kohlensäure zuvor mit verdünnter Phosphorsäure entfernt worden ist.

Die Bestimmung des Kohlenstoffs ist oft wichtig, wenn der Boden Abort-, Jauche- u. s. w. Abflüsse aufnimmt.

Zur Berechnung nimmt man 58% C in den Humussubstanzen an, man hat deshalb die gefundene CO_2 mit 0,471 zu multiplizieren. (Jeder Boden enthält übrigens an und für sich schon etwas organischen Kohlenstoff!)

β) Gesamtstickstoff nach Kjeldahl (siehe allgem. Gang S. 13). Man kann auch Ammoniak und Salpetersäuregehalt für sich ermitteln.

B. Moorboden:

Die chemischen Methoden sind im allgemeinen die gleichen wie bei I., doch ermittelt man noch das Volumgewicht, indem man aus dem mit den Händen gekneteten, zusammengeballten Moorboden mit einem Blechwürfel von 10 oder 15 cm Höhe einen Würfel aussticht und diesen wägt. Die Substanz wird alsdann bei 90° C getrocknet und wieder gewogen. Die zerriebene, so gewonnene trockene Masse wird zur chemischen Untersuchung verwendet.

Trockensubstanz: 2—3 g von der vorgetrockneten Probe trocknet man im Vakuum über Schwefelsäure. Es muß schnell gewogen werden, weil die trockene Substanz sehr hygroskopisch ist.

Mineralstoffe: Bei der Veraschung soll die Hitze nicht über Dunkelrotglut steigen. Die Moorasche ist ebenfalls hygroskopisch.

Die Bestimmung der einzelnen Substanzen erfolgt nach den bekannten Methoden; in erster Linie ist auf Stickstoff, Schwefel, Gesamtphosphor, Kalk, pflanzenschädliche Stoffe, sowie auf die Absorption wichtiger Pflanzennährstoffe und auf die Bestimmung der freien Humussäuren Rücksicht zu nehmen. Siehe Lunge, Chemisch-technische Methoden, Bd. I, S. 906, Springer, Berlin 1904, und die Bestimmung der freien Humussäure ebenda, und Chem. Ztg. 1897, S. 74, Tackes Verfahren.

Bei der Untersuchung von Moorschlamm (zu Heil- bzw. Badezwecken) kann auch der Nachweis von Radioaktivität in Frage kommen. Siehe darüber Abschnitt Wasser.

Über die bakteriologische Untersuchung des Bodens. Siehe den bakteriologischen Teil.

Anhang: Untersuchung des Bodens auf Leuchtgas (nach G. Königs). Man verreibe größere Quantitäten des Bodens mit Wasser zu einem Brei, versetze mit Schwefelsäure und destilliere mit Wasserdampfstrom aus großen Steinbehältern. Als Vorlage dienen mehrere unter sich verbundene Glasgefäße, die gut gekühlt sein müssen. Es destilliert Naphtalin über und schwimmt als Öl auf dem Wasser; dasselbe erstarrt später zu einer festen weißen Masse; man reinige dasselbe durch Destillation mit Kalilauge.

Die Identität des Naphtalins kann dann noch durch spezielle Reaktionen nachgewiesen werden.

Außer dem Naphtalin sind in dem wässerigen Destillat noch andere flüchtige Kohlenwasserstoffe enthalten, die sich durch den Geruch als solche erkennen lassen.

XXIII. Gebrauchsgegenstände.

Untersuchung und Beurteilung richtet sich nach den beiden Spezialgesetzen:
a) betreffend den Verkehr mit blei- und zinkhaltigen Gegenständen vom 25. Juni 1887.
b) betreffend die Verwendung gesundheitsschädlicher Farben bei der Herstellung von Nahrungsmitteln, Genußmitteln und Gebrauchsgegenständen vom 5. Juli 1887 [1]),
sowie nach den Bestimmungen des Gesetzes vom 14. Mai 1879, §§ 12—14 betreffend Gesundheitsschädlichkeit.

A. In Frage kommen Eß-, Koch- und Trinkgeschirre, Töpferwaren, emaillierte Gefäße, Konservenbüchsen, Spielwaren, Tuschfarben, Buntpapiere, Legierungen (Bierglasdeckel), Metallfolien, Faßhähne mit metallener Abflußröhre, Tapeten, Abziehbilder u. s. w. Siehe Näheres in den Reichsgesetzen selbst, im Anhang. Wo die Spezialgesetze keine Handhabe [2]) bieten, ist das Nahrungsmittelgesetz maßgebend.

[1]) Es sei darauf besonders aufmerksam gemacht, daß dieses Gesetz nicht in allen Fällen ausschließlich die giftigen Farben (z. B. Bleichromat) sondern z. T. auch die im § 1 Abs. 3 ausdrücklich bezeichneten Stoffe (z. B. Blei) treffen will (vgl. z. B. § 3 betr. Kosmetische Mittel und § 4 betr. Tuschfarben u. s. w. Siehe auch K. von Buchka, Zeitschr. f. Unters. d. Nahr.- u. Genußm. 1910, 19. 417).

[2]) Kinderspielwaren aus Metall, wie Pfeifen u. s. w. soweit sie nicht den Gesetzen vom 25. Juni und 5. Juli 1887 (betr. blei- und zinkhaltige Gegenstände und gesundheitsschädliche Farben) unterliegen, fallen unter § 12, Abs. 2 des Gesetzes vom 14. Mai 1879 (Nahrungsmittelgesetz).

Trillerpfeifen mit sehr hohem (gegen 80—90 %) Bleigehalt sind vielfach im Handel und Verkehr. Nach Aussage ärztlicher Sachverständiger soll aber bei den aus Hartblei hergestellten Pfeifen die Gefahr der Gesundheitsschädigung nicht größer als bei den nach dem Gesetz ausdrücklich gestatteten Bleilegierungen für Eß-, Trinkgeschirre und Saugpfropfen sein. Entscheidung des Landgerichts I Berlin; vgl. Zeitschr. f. öffentl. Chemie. V. 1896) auch Bd. V. d. Auszüge aus gerichtl. Entscheidungen der Beilage zu den Veröffentlichungen des Kaiserl. Gesundheitsamtes 1902.

In der XVIII. Versammlung (1898) der freien Vereinigung bayerischer Vertreter der angewandten Chemie hat H. Stockmeier in einem Vortrage über die Beurteilung der Metallspielwaren mit Rücksicht auf § 12, Abs. 2 des Nahrungsmittelgesetzes berichtet.

Er vertritt zunächst auf Grund eingehender Versuche und längerer Erfahrungen den Standpunkt, daß die Reichslegierung (90 Zinn + 10 Blei) sich nicht besser verhält, als bleireichere Kompositionen, und daß die erstere außerdem teils aus technischen, teils aus nationalökonomischen Gründen nicht verwendbar sei, und stellt folgende Leitsätze betr. der Kinderspielwaren auf:

1. Gegen die Herstellung und Weitergabe von Pfeifchen, Schreihähnchen etc. aus Blei, Zinn- und Antimonlegierungen mit einem Bleigehalt bis zu 80 %, welche vernickelt sind oder ein Mundstück mit nur 10 % Blei haben, ist eine Beanstandung nicht auszusprechen.

2. Puppengeschirre aus einer 40 % Blei und 60 % Zinn enthaltenen Legierung sind nicht zu beanstanden, A. Beythien hält diese Forderung für berechtigt, Zeitschr. f. Untersuch. d. Nahr.- u. Genußm. 1900. 3. 221; auch A. Gärtner, C. Fränkel u. a. rechnen Puppengeschirre nicht zu den Eß- u. s. w. Geschirren des Gesetzes.

3. Puppengeschirre aus verzinntem Blech sind wie Eßgeschirre nach dem Reichsgesetz zu behandeln.

4. Kindertrompeten und Puppengeschirr aus Zinkblech finden keine Beanstandung.

Die Untersuchung der Objekte geschieht nach den allgemeinen Regeln der Analyse. Außerdem mögen noch nachstehende Winke berücksichtigt werden:

Eß-, Trink- u. Kochgeschirre, emaillierte Gefäße, Töpferwaren werden zuvor mit Wasser gut gereinigt und dann mit 50 ccm 4%-iger Essigsäure eine halbe Stunde lang gekocht. Ein Teil der Flüssigkeit (etwa 10—20 ccm) wird mit Schwefelwasserstoffwasser auf Blei geprüft. Entsteht hierbei sofort oder nach wenigen Minuten ein schwarzer Niederschlag von PbS, so ist erwiesen, daß die untersuchte Glasur mehr als 2 mg Blei, berechnet auf 1 Liter Gefäßinhalt, abgegeben hat, und das Gefäß ist zu beanstanden. Jedoch ist es zur Vermeidung von Täuschungen erforderlich, qualitativ und quantitativ die Anwesenheit bzw. Menge des Bleies in der übrigen Flüssigkeit mittels des Chromatverfahrens festzustellen.

Siehe auch Beck, Löwe und Stegmüller, Arb. a. d. Kaiser. Gesundheitsamte 1910. 33, Heft 2 sowie die Denkschrift d. Kais. Ges.-A. betr. die Bleiabgabe von glasiertem irdenem Eß-, Trink- und Kochgeschirr.

Von Zinnbleilegierungen (Bierglasdeckeln[1]), Faßhähnen, Metallröhren an Bierdruckleitungen, Torpedoflöten, Trillerpfeifen, Schreihähnen u. s. w.) feilt man zweckmäßig 0,5—1 g ab; Metallfolien zerschneidet man mit der Schere, löst zur Bestimmung des Gehaltes an Blei in Salpetersäure[2]), dampft zur Trockne ein, trocknet scharf, befeuchtet mit wenig verdünnter Salzsäure, löst in heißem Wasser, filtriert ab und wäscht gut aus (Metazinnsäure bleibt als ein weißes Pulver zurück). Das in Lösung gegangene Blei wird mit Schwefelsäure gefällt, der Lösung das gleiche Volum Weingeist zugefügt, das schwefelsaure Blei abfiltriert, ausgewaschen, geglüht und gewogen. Um den Bleigehalt eines „Lotes" zu ermitteln, wird das Lot mittels Gebläses abgeschmolzen. Andere Legierungen werden ebenso behandelt. Die Lösung ist zu untersuchen auf Cu, Zn, Pb, ev. Fe und Ni.

Von Gummi-Spielwaren, Gummiwaren, Schläuchen, Kindersaugern u. s. w. verpufft man zur Zerstörung der organischen Substanzen die Proben mit Salpetersodamischung[3]) und prüft die Schmelze auf gesundheitsschädliche Metalle (speziell Blei) (für Hg ist die Methode nicht anwendbar). Meist genügt aber ein einfaches Ausziehen der zerkleinerten Proben mit den entsprechenden Säuren. Man beachte, wenn

---

5. Herstellung und Vertrieb von Bleisoldaten und Bleifiguren aus Bleiantimon oder Bleizinn fällt bei dem voraussichtlichen oder bestimmungsgemäßen Gebrauch derselben nicht unter das Nahrungsmittelgesetz. Zur Beurteilung der Bleisoldaten siehe auch Stockmeier, Zeitschr. f. öffentl. Chemie 1908. 208.

[1]) Auch die Scharniere und Krücken der Bierglasdeckel dürfen wie die Deckel selbst nicht mehr als 10 Gewichtsteile Blei in 100 Gewichtsteilen enthalten (preuß. Ministerialerlaß v. 10. Juni 1901; z. T. auch in anderen Bundesstaaten in derselben Weise geregelt). Siehe auch Sackur, Arb. a. d. Kaiser. Gesundheitsamte. Bd. 20. 3. u. Bd. 22. 1. über die Bleilöslichkeit (auch in Legierungen) in verdünnten Säuren.

[2]) Knöpfle, Zeitschr. f. Unters. d. Nahr.- u. Genußm. 1909. 17. 760 gibt Verfahren an für den Fall, daß viel Eisen in der Legierung vorhanden ist.

[3]) Henriques oxydiert zunächst mit konzentrierter Salpetersäure und schmilzt die eingedampfte Masse mit Salpetersodamischung. Chem.-Ztg. 1892. No. 87.

es sich um die Prüfung auf Zink handelt, daß Schwefelzink, weil in Wasser und Essigsäure unlöslich, dem Gummi zugesetzt werden darf; dasselbe gilt für die zinkhaltigen Farben der sog. Malerkästchen, in welchen sich das Zink als sog. Lithopone ($BaSO_4$ + ZnS + ZnO durch Fällung von Zinksulfat mit Schwefelbarium erhalten) befinden kann. Diese sind direkt, nachdem sie in geeigneter Weise zerkleinert worden sind, mit Essigsäure auszuziehen, um das als ZnO und $ZnCO_3$ u. s. w. darin enthaltene Zn nachzuweisen. Kautschukschläuche für Bierdruckapparate dürfen Zink in jeder Form enthalten!

Farben an Spielwaren sucht man mit heißem Wasser abzulösen, zur Ermittelung der betreffenden Bestandteile kratzt man sie von einer gemessenen Oberfläche ab. Mit Lack überzogene gefärbte Spielwaren unterliegen nicht dem Reichsgesetz. Kerzen kommen bisweilen mit Zinnober gefärbt vor. Da das Hg beim Brennen in die Luft übergeht, ist der Zinnoberzusatz zu beanstanden.

Bei der Untersuchung von Gespinsten, Kleidungsstoffen u. s. w. auf Sb und As [1]) unterlasse man nie zu prüfen, ob diese Stoffe auch in wässerige Lösung übergehen; handelt es sich um Ba, so sehe man stets, ob das betreffende Salz in Wasser und in HCl löslich oder unlöslich ist. Organische Stoffe kann man auch durch Behandeln mit HCl und $KClO_3$ zerstören und die Metalle wie bei der forensischen Untersuchung angegeben in Lösung bringen. Die Untersuchung geschieht sodann nach dem allgemeinen Gang der Analyse.

Bezüglich der Beurteilung dieser Gegenstände ist zu bemerken, daß das Reichsgesetz vom 5. Juli 1887 nur über die Verwendung von Arsen sich ausspricht; somit bleibt die Beurteilung der anderen in Betracht kommenden Metalle den betreffenden Sachverständigen überlassen. Die von Prior und Kayser für andere Elemente aufgestellten und von der freien Vereinigung der bayerischen Chemiker seiner Zeit angenommenen Grenzwerte mögen hier, da sie allgemeine Anhaltspunkte geben, mitgeteilt werden:

In 100 g von den gestatteten Farben sollen als Verunreinigung von den verbotenen Metallen folgende Mengen erlaubt sein:

a) Sb, Pb, Cu und Cr zusammen oder von jedem 0,2 g,
b) Ba, Co, Ni, U, Zn und Sn zusammen oder von jedem 1,0 g.

Nach Prior sind zum Färben von 100 qcm bemalten Holzes oder 600 qcm Buntpapier oder Tapete 1 g Deckfarbe nötig. Außerdem sollen in den grünen gemischten Farben für Buntpapiere, Tapeten, künstliche Blumen u. s. w. bis zu 12 % Zinkchromat, in den Farblacken bis zu 3 % Bariumcarbonat zu gestatten sein.

Abziehbilder sind als Bilderbogen im Sinne des § 4 Abs. 1 d. Ges. v. 5. Juli 1887 anzusehen (Kaiserl. Ges.-Amt). Nach der Entscheidung des Obersten Landgerichts zu Nürnberg v. 15. Juli 1909 ist indessen der § 5 des genannten Gesetzes maßgebend. Abziehbilder sind darnach als mit Steindruck hergestellt, anzusehen. Vgl. H. Schlegel, Jahresbericht der U.-Anstalt Nürnberg (Ref. Zeitschr. f. Unters. d. Nahr.- u. Genußm. 1909. 18. 394) und A. Röhrig, sowie Bujard, Mezger, Müller eben-

---

[1]) Siehe die amtliche Anleitung zur Arsenbestimmung S. 614.

dort. Außerdem sei auf die Verwendung des sehr giftigen Rhodanquecksilbers zu Spielwaren (Hinterlader, Choleramännchen u. s. w.) hingewiesen. (P. Buttenberg, Zeitschr. f. Unters. d. Nahr.- u. Genußm. 1910, Beilage S. 101).

Hinsichtlich der kosmetischen Mittel[1]), auf die das Gesetz vom 5. Juli 1887 Anwendung findet, ist zu erwähnen, daß die giftigen Silbersalze sowie das ebenfalls als schädlich erkannte Paraphenylendiamin (Haarfärbemittel) nicht unter das Gesetz fallen, letzteres in Bayern aber offiziell als Giftstoff gilt.

Wo keine gesetzlich festgelegten Grenzzahlen bestehen, überläßt man die Beurteilung der Gesundheitsschädlichkeit dem Arzte. Der Chemiker tut am besten, lediglich nur den betreffenden Metallgehalt festzustellen, (siehe auch die Beurteilung von Konserven S. 222).

B. Gespinste. 1. Wolle. 2. Seide, Baumwolle, Flachs, Jute, Hanf. 3. Haare. 4. Ramie u. s. w.

Von untergeordneter Bedeutung sind anorganische Faserrohmaterialien wie Asbest, Glas, Metalle, sie unterscheiden sich von den organischen durch ihre Nichtveraschbarkeit.

Die Untersuchung ist hauptsächlich eine mikroskopische bzw. mikrochemische. Ob vegetabilische oder animalische Fasern vorliegen, gibt sich in folgender Weise zu erkennen. (NB. Die Fasern sind zuvor zu reinigen, siehe unten).

1. Vegetabilische Fasern brennen mit anhaltender Flamme; schmelzen nicht; Geruch nach Papier.

2. Animalische Fasern erlöschen rasch (versengen;) Geruch nach verbrannten Haaren; Wolle und Seide werden von Pikrinsäure direkt gefärbt, Baumwolle und andere Pflanzenfasern nicht.

Das Verhalten der Fasern gegen chemische Reagenzien ist in der nachfolgenden Übersicht (nach Lehmann)[2]) zusammengestellt:

Reagenzien	Wolle	Seide	Baumwolle	Leinwand	Hanf	Jute
Kochende Kalilauge	etwas schwer löslich	leicht löslich	ungelöst	ungelöst	ungelöst	ungelöst
Kupferoxydammoniak	quillt langsam	unverändert	leicht löslich unter blasigem Aufquellen	Quellung ohne Lösung	Quellung ohne Lösung	Quellung ohne Lösung
Anilinsulfat	unverändert	unverändert	unverändert	unverändert oder blaßgelb	stark gelb	stark gelb
Molischs Reaktion (s. unten)	fehlt	fehlt	purpurviolett	purpurviolett	purpurviolett	purpurviolett

Mikrochemische Reaktionen.

Kupferoxydammoniaklösung: Man fällt $CuSO_4$-Lösung mit wenig Ammoniak, filtriert durch Glaswolle oder Asbest ab und löst den

---

[1]) Siehe auch S. 489.
[2]) Die Methoden der praktischen Hygiene, Wiesbaden.

Niederschlag in wenig Ammoniak. Cellulose wird schon in der Kälte gelöst, verholzte Cellulose kaum angegriffen.

Anilinsulfat: Einige Tropfen Anilin löst man in verdünnter H_2SO_4 und filtriert, wenn nötig. Verholzte ligninhaltige Cellulose färbt sich, hiermit befeuchtet, intensiv gelb; reine Cellulose nicht. Gebleichte Fasern geben die Ligninreaktion nicht.

Molischs Reaktion: Man übergießt eine Probe des von der Farbe durch Auskochen mit Wasser u. s. w. möglichst befreiten Stoffes mit 2 ccm konzentrierter H_2SO_4 und fügt 2 Tropfen einer kaltgesättigten Lösung von Thymol in Wasser hinzu. Sind Pflanzenfasern zugegen, so färbt sich die Flüssigkeit beim Umschütteln rotviolett.

Jod mit Schwefelsäure: Jodlösung: 1 g KJ löst man in 100 ccm Wasser, dann fügt man Jod zu, bis sich nichts mehr auflöst. Schwefelsäure: Man mischt 2 Volum Glycerin, 1 Volum Wasser und 3 Volum konzentrierte H_2SO_4 unter Abkühlung. Man behandelt die Faser auf dem Objektträger mit der Jodlösung, nimmt den Überschuß fort und setzt zu dem fast trockenen Präparat 1—2 Tropfen von der H_2SO_4. Reine Cellulose wird blau, verholzte gelb. Weitere Unterscheidungsmerkmale sind überhaupt viele der den Kohlenhydraten und Eiweißkörpern zukommende Reaktionen. Auf den Gang zur chemischen Trennung der Faserstoffe u. s. w. von Pinchon (Königs Chemie der menschlichen Nahrungs- und Genußmittel u. s. w.) sei hier verwiesen. Amtliche Anweisung zum Nachweis von Baumwolle in Wolle siehe S. 494.

Ausschlaggebend ist stets die mikroskopische Prüfung. Über das mikroskopische Verhalten der Fasern, Gespinste und Stoffe muß auf die Spezialliteratur verwiesen werden. Man verschaffe sich zum Vergleich reine Gespinstfasern:

Aus Gespinsten und Geweben müssen die Fasern (Ketten- und Schußfäden) möglichst unverletzt isoliert werden. Auf denselben haftende Substanzen der Appretur, Schlichte, Farben u. s. w. extrahiert man mit den entsprechenden Lösungsmitteln (Äther, Alkohol, Wasser, Säuren u. dgl.). Appreturmittel sind unlösliche Mineralstoffe wie die Sulfate von Ca, Ba, Pb; die Carbonate und Chloride von Mg und Ba; ferner Ton, Talkum u. s. w.; von organischen Stoffen: Harze, Dextrin, Leimsubstanzen, Fette.

In der Regel genügt eine einfache Bestimmung [ohne Berücksichtigung der Art des Beschwerungs-(Appretur-)mittels] der Asche; der in Wasser und der in Alkohol (80 %) löslichen Substanzen. Die Bestimmung der Feuchtigkeit der Gespinste und Gewebe erfolgt wie üblich bei 105° C.

Betreffs Verwendung gesundheitsschädlicher Farben siehe das Gesetz vom 5. Juli 1887 und die Anweisung zur Untersuchung in den Ausführungsbestimmungen S. 612 und 614 im Anhang.

Kunstwolle (Shoddywolle) ist ein Gemisch von ungebrauchter Wolle (Wollfasern) mit mehr oder weniger bereits verarbeiteten Fasern.

Amtliche Anleitung [1]
zur Bestimmung des Baumwollengehalts im Wollengarn.

In einem 1 Liter fassenden Becherglas übergießt man 5 g Wollengarn mit 200 ccm 10 %-iger Natronhydratlösung, bringt sodann die Flüssigkeit über einer kleinen Flamme langsam (in etwa 20 Minuten) zum Sieden und erhält dieselbe während weiterer 15 Minuten in einem gelinden Sieden. In dieser Zeit wird die Wolle vollständig aufgelöst.

Bei appretierten Wollengarnen hat der Behandlung mit Natronhydrat eine solche mit 3 %-iger Salzsäure voranzugehen; hierauf ist die zu untersuchende Probe so lange mit heißem Wasser auszuwaschen, bis empfindliches Lackmuspapier nicht mehr gerötet wird.

Nach der Auflösung der Wolle filtriert man die Flüssigkeit durch einen sog. Goochschen Tiegel (einem kleinen etwa 4—5 cm hohen Porzellantiegel mit engmaschigem Sieb als Boden, auf welchen erforderlichenfalls eine Schicht Asbest gelegt wird), trocknet alsdann bei gelinder Wärme den Tiegel samt den darin zurückgebliebenen Baumwollenfasern und läßt die hygroskopische Masse vor dem Verwiegen noch einige Zeit an der Luft stehen.

Die Gewichtsdifferenz des Tiegels vor und nach der Beschickung gibt das Gewicht der Baumwollenfasern.

Anweisung für die chemische Untersuchung von Zündwaren [2] auf einen Gehalt an weißem oder gelbem Phosphor.

I. Vorbemerkung.

Die nachstehenden Untersuchungsvorschriften finden Anwendung bei der Prüfung

1. von rotem und von hellrotem Phosphor, sowie von Phosphor — namentlich Schwefelphosphorverbindungen, welche zur Bereitung von Zündmassen Verwendung finden,
2. von Zündmassen,
3. von Zündhölzern, sowie sonstigen Zündwaren.

Von diesen sind Zündmassen, Zündhölzer und sonstige Zündwaren stets nach dem nachstehend unter III angegebenen Verfahren und bei positivem Ausfall weiter nach Verfahren IV zu untersuchen.

Roter Phosphor ist nur nach Verfahren III zu prüfen. Bei der Untersuchung von Schwefelphosphorverbindungen und hellrotem Phosphor findet das Verfahren III keine Anwendung.

---

[1] Bundesratsbeschluß vom 30. Januar 1896, Bekanntmachung des Reichskanzlers vom 6. Februar 1896, Zentralbl. f. d. Deutsche Reich 1896, No. 7.

[2] Nach dem Inkrafttreten des Weißphosphorverbotes ist auch der Handel mit Zündhölzern zu kontrollieren. Hierbei handelt es sich um den Nachweis von gelben (weißen) Phosphor in den Zündholzköpfen. Bei den scharfen Methoden zum Phosphornachweis (siehe forensischer Teil, S. 503) käme z. B. auch der spurenweise Gehalt des amorphen Phosphor an gelbem Phosphor zum Nachweis, was nicht erwünscht ist, da man nur gröbere Beimengungen dem Nachweis unterwerfen soll, die Verunreinigung des roten mit gelben Phosphor aber außer Betracht bleiben soll. Die nachstehende amtliche Anweisung ist im Kaiserl. Gesundheitsamte eigens ausgearbeitet worden, und man hat sich genau an die Vorschrift zu halten. Das Gesetz siehe S. 703.

Vergl. auch Zündmittel im Muspratt Bd. X (Bujard) und Bujard, Zündwaren, Sammlung Göschen 1910.

Gebrauchsgegenstände. 495

II. Herrichtung der Probe zur Untersuchung.

Der zu prüfende Stoff wird zunächst, soweit es notwendig ist, im Exsiccator so lange getrocknet, bis eine Probe sich mit Benzol gut benetzt, und darauf, soweit die Explosionsgefährlichkeit dies zuläßt, möglichst zerkleinert. Bei Zündhölzern ist ein Trocknen im Exsiccator in der Regel nicht erforderlich; es wird hier die Zündmasse vorsichtig mit einem Messer abgeschabt. Läßt die leichte Entzündlichkeit der Zündmasse eine derartige Ablösung nicht zu, so werden die Zündköpfe möglichst kurz abgeschnitten. Die also vorbereitete Masse wird hierauf in einem mit einem Rückflußkühler verbundenen Kolben auf kochendem Wasserbade eine halbe Stunde lang mit Benzol im Sieden erhalten, und zwar werden hierzu von Phosphor und Phosphorverbindungen je 3 g und je 150 ccm Benzol, von Zündmassen 3 g und 15 ccm Benzol, von Zündhölzern entweder 3 g der abgeschabten Zündmasse oder 200 Zündholzköpfe mit 15 ccm Benzol angewendet. Die gewonnene Benzollösung, welche den etwa vorhandenen weißen oder gelben Phosphor enthält, wird nach dem Erkalten durch ein Faltenfilter filtriert und dient zu den nachstehenden Prüfungen.

III. Prüfung mittels ammoniakalischer Silbernitratlösung.

1 ccm der Benzollösung wird zu 1 ccm einer ammoniakalischen Silbernitratlösung gegeben, welche durch Auflösen von 1,7 g Silbernitrat in 100 ccm einer Ammoniakflüssigkeit von spez. Gewicht 0,992 erhalten worden ist.

Tritt nach kräftigem Durchschütteln der beiden Lösungen und Absitzenlassen keine Änderung oder nur eine rein gelbe Färbung der wässerigen Schicht auf, so ist die Abwesenheit von weißem oder gelbem Phosphor anzunehmen. Die Beurteilung der Färbung hat sofort nach dem Durchschütteln und Absetzen der Flüssigkeiten und nicht erst nach längerem Stehen zu erfolgen.

Tritt dagegen nach dem Durchschütteln der Flüssigkeiten alsbald eine rötliche oder braune Färbung oder eine schwarze oder schwarzbraune Fällung in der wässerigen Schicht ein, so können diese sowohl von weißem oder gelbem Phosphor, als auch von hellrotem Phosphor oder von Schwefelphosphorverbindungen herrühren. Handelt es sich um die Untersuchung von rotem Phosphor, so ist bei dem vorstehend angegebenen Ausfall der Reaktion die Anwesenheit von weißem oder gelbem Phosphor nachgewiesen, und es bedarf einer weiteren Prüfung nicht mehr.

In allen anderen Fällen ist mit dem Rest der Benzollösung wie folgt zu verfahren.

IV. Prüfung auf Anwesenheit von weißem oder gelbem Phosphor mittels der Leuchtprobe.

Ein Streifen Filtrierpapier von 10 cm Länge und 3 cm Breite wird durch Eintauchen in die Benzollösung mit dieser getränkt. Nach dem Abtropfen der überschüssigen Lösung, welche zu sammeln und aufzubewahren ist, wird der Streifen mittels eines Drahthakens an einem Korke befestigt, der seinerseits in das obere Ende eines Glasrohrs von

50 cm Länge und 4,5 cm Durchmesser eingesetzt wird. Dieses wird mittels einer Klammer in senkrechter Lage gehalten und ragt mit seinem unteren offenen Ende ungefähr 3 cm tief in den etwa 10 cm weiten Innenraum eines Viktor-Meyerschen Heizapparates hinein. In den Kork am oberen Ende des Glasrohrs ist ein Thermometer so eingesetzt, daß seine Quecksilberkugel etwa 20 cm vom unteren Ende des Glasrohrs entfernt ist. Der Heizapparat wird mit Wasser als Siedeflüssigkeit beschickt und

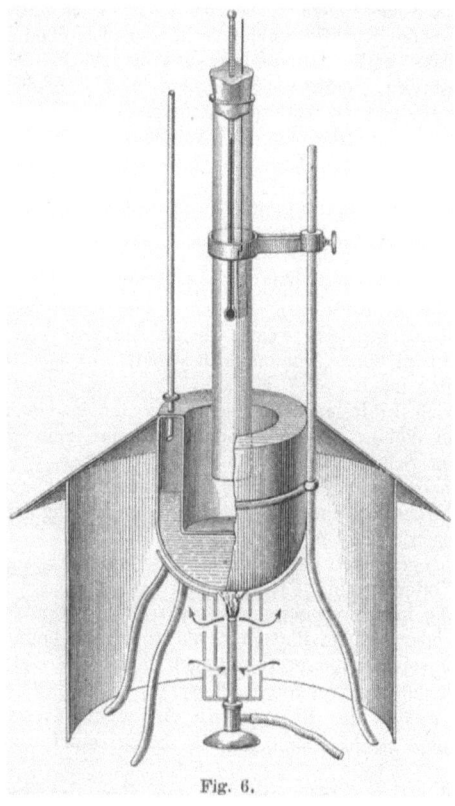

Fig. 6.

das Wasser mittels eines Bunsen- oder Spiritusbrenners zum Sieden erhitzt, der durch einen Mantel aus Schwarzblech so umschlossen ist, daß möglichst wenig Licht nach außen dringen kann. Eine zylindrische Hülse aus dünnem Schwarzblech, welche den Heizapparat nebst Brenner umgibt, sowie eine schirmartige Hülle gleichfalls aus dünnem Schwarzblech, welche auf die erstgenannte Hülse aufgesetzt wird, dienen zum Abblenden der seitlichen und nach oben gerichteten Strahlen der Flamme (vgl. die Zeichnung).

Beim Aufsetzen des Korkes auf das Glasrohr ist darauf zu achten, daß weder der mit der Benzollösung getränkte Papierstreifen die Glaswandung berührt, noch daß diese von der Benzollösung benetzt wird. Damit die notwendige Luftbewegung in dem Glasrohr stattfinden kann, ist der Kork, der zum Festhalten des Thermometers und des Papierstreifens dient, mit vier seitlichen Einschnitten zu versehen. Die Temperatur des Luftstroms in dem Glasrohr soll während des Versuchs 45—50° betragen. Diese wird in der Weise erzielt und geregelt, daß man das Glasrohr mehr oder weniger tief in den Innenraum des Heizapparates hineinragen läßt. In keinem Falle darf die Temperatur im Glasrohre über 55° steigen. Die Untersuchung ist in einem Raume auszuführen, der vollkommen verdunkelt werden kann, und es ist darauf zu achten, daß weder von außen, noch von der Flamme des Brenners aus ein Lichtschimmer in das Auge des Beobachters gelangen kann. Ferner ist es nötig, das Auge vor Beginn der Untersuchung durch einiges Verweilen in dem verdunkelten Raume an die Dunkelheit zu gewöhnen, da sonst die Leuchtscheinungen nicht mit der erforderlichen Sicherheit wahrgenommen werden. Die vor der eigentlichen Beobachtung notwendigen Handgriffe werden am besten bei einer schwachen, nach der Seite des Beobachters hin abgeblendeten künstlichen Beleuchtung ausgeführt. Auf die Einhaltung dieser Maßregeln ist besonderer Wert zu legen. Vor Ausführung der Untersuchung selbst ist der Apparat durch einen Vorversuch mittels einer Benzollösung, welche in 10 ccm 1 mg weißen Phosphor enthält, auf seine Brauchbarkeit und Zuverlässigkeit zu prüfen; hierbei ist namentlich darauf zu achten, daß die Temperatur des Luftstroms in dem Glasrohre die angegebenen Grenzen nicht übersteigt.

Nach sorgfältiger Reinigung des Apparates wird nunmehr zur eigentlichen Prüfung geschritten.

Tritt bei dieser nach etwa 2—3 Minuten ein Leuchten des Papierstreifens ein, so ist die Anwesenheit von weißem oder gelbem Phosphor nachgewiesen. Die Leuchterscheinung selbst beginnt meist mit einem schwachen Leuchten des Papierstreifens an seinem unteren und oberen Ende und verbreitet sich nach der Mitte zu. Sind größere Mengen Phosphor − entsprechend etwa 1 mg Phosphor in 10 ccm Benzol oder mehr − zugegen, so nimmt das Leuchten an Stärke zu, und nach kurzer Zeit beginnen charakteristische Leuchtwolken von dem Streifen aus in dem Glasrohr emporzusteigen. Bisweilen erscheinen auch auf den Papierstreifen, von unten und oben, oder von den Rändern beginnend, und nach der Mitte zu fortschreitend, schlangenförmig gewundene Leuchtlinien, und erst später kommt es auf kürzere Zeit zu einer flächenförmigen Lichterscheinung auf dem Papierstreifen. Das Auftreten der Leuchtwolken ist in diesem Falle auch etwas später, aber sonst in der gleichen Weise zu beobachten.

Tritt nach 2—3 Minuten eine Leuchterscheinung nicht auf, so ist der Versuch noch 2—3 Minuten fortzusetzen; erst nach Ablauf dieser Beobachtungsdauer darf beim Ausbleiben der Leuchterscheinung auf Abwesenheit von weißem oder gelbem Phosphor geschlossen werden. Nach Beendigung des Versuchs ist jedesmal festzustellen, ob die Temperatur nicht über 55° gestiegen ist; bejahendenfalls ist, wenn die Leuchterscheinung eintrat, der Versuch zu wiederholen. Ebenso ist zu verfahren, wenn das Ergebnis des Versuchs zweifelhaft war, sei es, daß die Leuchterscheinung undeutlich, sei es, daß sie zu spät eintrat.

V. Prüfung auf die Anwesenheit von Schwefelphosphorverbindungen.

War mit ammoniakalischer Silbernitratlösung eine Reaktion eingetreten und liegt, gleichviel zu welchem Ergebnisse die Leuchtprobe geführt hatte, ein Anlaß vor, festzustellen, ob Schwefelphosphorverbindungen vorhanden sind, so ist noch die folgende Prüfung auszuführen:

1 ccm der ursprünglichen Benzollösung wird mit 1 ccm einer zweifach normalen wässerigen Bleinitratlösung versetzt und das Gemisch gut durchgeschüttelt. Entsteht nach dem Absetzen der Flüssigkeitsschichten eine braune Färbung an der Trennungsfläche beider Flüssigkeiten, oder ein schwarzer oder schwarzbrauner Niederschlag von Schwefelblei, so ist das Vorhandensein von Schwefelphosphorverbindungen nachgewiesen.

VI. Schlußbemerkung.

War mit ammoniakalischer Silbernitratlösung eine Reaktion eingetreten, verliefen dagegen die Leuchtprobe und die Reaktion mit Bleinitratlösung ergebnislos, so ist die Anwesenheit von hellrotem Phosphor anzunehmen.

XXIV. Gerbstoffbestimmungsmethoden.

Diese Methoden kommen in erster Linie für Gerbmaterialien in Betracht, können aber auch z. T. in entsprechender Form bei Nahrungsmitteln, Wein, Bier u. s. w. Anwendung finden. Wer sich mit der Untersuchung von Gerbmaterialien befaßt, hat sich mit den nötigen Spezialapparaten zu versehen und kommt ohne Speziallitteratur oft nicht aus. Wir haben daher auch in dieser Auflage des Hilfsbuches die Ausdehnung dieses Abschnittes unterlassen und verweisen darauf, daß die Herrichtung und Gewinnung der Lösungen aus den Untersuchungsmaterialien, Rinden, Früchten, Extrakten ein schwieriger Punkt ist und daß auf Probenahme, Herstellung der Lösungen ebenso großer Wert gelegt werden muß, wie auf die Untersuchung selbst.

Die Probenahme von ganzen Warenposten, die Vorbereitung der Proben für die Analyse, die Herstellung des Auszuges, Auflösung der Extrakte, Ausziehen fester Gerbmaterialien, die Bestimmung der „Gerbenden Stoffe" und der „Nichtgerbstoffe" ist von den Chemikern für Lederindustrie international vereinbart (in London 1897 und in Turin 1904). Auf diese Vereinbarungen muß verwiesen werden. Ausführlich bzw. wörtlich in Bd. III von Lunges Chem. techn. Untersuchungsmethoden, Springer, Berlin 1905, S. 708 u. ff. Lunge-Berl, Chemisch-technische Untersuchungsmethode. 6. Auflage unter der Presse.

1. Extrakte werden in heißem Wasser gelöst und filtriert.
2. Aus rohen Gerbmaterialien (Rinden, Früchten, Hölzern) werden die Gerbstofflösungen durch Auslaugen und Auskochen mit Wasser hergestellt; man benütze womöglich die Schrödersche Presse (Zeitschr. für analyt. Chemie 25, 132) oder zweckmäßiger einen Kochschen Extraktionsapparat [1]).

Anzuwendende Menge:
5—20 g je nach dem Gerbstoffgehalt des Materials. Der Wassergehalt des Gerbmaterials muß zuvor durch eine Bestimmung ermittelt werden.

Untersuchungsmethoden.

1. Methode nach Löwenthal, verbessert von v. Schröder.

Erforderliche Chemikalien:

a) Kaliumpermanganatlösung: (1,667 g $KMnO_4$ in 1 Liter Wasser.)

b) Indigolösung: (10 g indigoschwefelsaures Natron (Indigotin) wird in 1 Liter verdünnter Schwefelsäure (1 : 5) gelöst, dazu 1 Liter destilliertes Wasser zugegeben, stark geschüttelt bis zur Lösung und filtriert.) Bei jeder Titration werden 20 ccm Indigolösung zu $^3/_4$ Liter Wasser zugesetzt; diese reduzieren etwa 10,7 ccm der obigen Kaliumpermanganatlösung.

c) Hautpulver [2]): Es muß weiß-wollig sein und darf keine durch Kaliumpermanganat reduzierenden Stoffe an kaltes Wasser abgeben. Man stelle einen blinden Versuch mit 3 g Hautpulver an!

d) Tannin (chemisch reinstes).

Titerstellung der Kaliumpermanganatlösung.

Man löst 2 g lufttrockenes reines Tannin in 1 Liter Wasser und bestimmt den gesamten Kaliumpermanganatverbrauch von 10 ccm dieser Lösung und 20 ccm Indigolösung, deren bekannter Reduktionswert abzuziehen ist. Ferner bestimmt man den Kaliumpermanganatverbrauch der mit Hautpulver behandelten Tanninlösung, indem man 50 ccm Tanninlösung mit 3 g Hautpulver (das zuvor eingeweicht und dann wieder gut ausgepreßt war) unter öfterem Schütteln 18—20 Stunden behandelt, dann filtriert und hiervon 10 ccm mit Kaliumpermanganat und Indigo titriert. Beträgt der Kaliumpermanganatverbrauch des Hautfiltrats nicht mehr als 10 % des Gesamtverbrauchs, so ist das Tannin zur Titerstellung brauchbar.

Es wird der Wassergehalt des Tannins durch Trocknen bei 100° C bestimmt, und man berechnet nun aus dem Gesamtkaliumpermanganatverbrauch den Titer nach der Trockensubstanz des Tannins. Diesen so erhaltenen Titer hat man mit 1,05 zu multiplizieren, um den wahren Titer des Kaliumpermanganats zu finden.

Ausführung der Titration (Einkubikzentimeterverfahren). Zu der die Indigo- und Gerbstofflösung (20 bzw. 10 ccm, von Wein

---

[1]) Dingl. polyt. Journal. 267. 513.
[2]) Statt mit Hautpulver sind in letzter Zeit aussichtsvolle Versuche mit Formalingelatine von Schmitz-Dumont gemacht worden. Zeitschr. f. öffentl. Chemie 1897. III. S. 209.

10 ccm¹)) enthaltenden, auf ³/₄ Liter verdünnten Flüssigkeit läßt man aus einer Bürette 1 ccm-weise Kaliumpermanganatlösung einfließen und rührt nach jedem Zusatz 5—10 Sekunden stark um. Ist die Flüssigkeit hellgrün geworden, so läßt man nur je 2—3 Tropfen einfließen und zwar so lange, bis die Flüssigkeit rein goldgelb erscheint. Um das Ende der Reaktion zu erkennen, stelle man das Becherglas auf ein weißes Papier.

Bei der Ausführung einer Gerbstoffbestimmung muß man genau dieselben Bedingungen einhalten, wie bei der Titerstellung!

Da die gerbstoffhaltigen Materialien (Extrakte, Rinden, Hölzer u. s. w.) auch solche reduzierende Substanzen enthalten können, die nicht Gerbstoffe sind, so bestimmt man in 10 ccm der wässerigen Lösung derselben den Kaliumpermanganatverbrauch, hierauf nach dem Ausfällen mit Hautpulver (3 g auf 80 ccm Lösung) die zur Oxydation notwendige Kaliumpermanganatlösung; die Differenz beider Resultate ergibt den Kaliumpermanganatverbrauch, welcher der vorhandenen wahren Gerbstoffmenge entspricht. Die Gerbstofflösung muß so bereitet sein, daß 100 ccm derselben 4—10 ccm Kaliumpermanganatlösung reduzieren. Zwischen dem Gerbstoffgehalt und dem Kaliumpermanganatverbrauch herrscht keine vollständige Proportionalität, da der Kaliumpermanganatverbrauch von der Konzentration der Lösungen abhängig ist²).

2. Gewichtsanalytische Methode nach von Schröder.

Eignet sich für Laboratorien, welche Gerbstoffbestimmungen nicht häufig auszuführen haben. Die Lösung der Gerbmaterialien (siehe oben) bringe man auf 1 Liter und dampfe 100 ccm der filtrierten Lösung ein, trockne den Rückstand bei 100° C, wäge, verasche und ziehe die Asche des Rückstandes ab. Man erhält so das Gesamtgewicht der organischen Stoffe in 100 ccm Lösung.

Nun digeriere man 200 ccm der digerierten Lösung mit 10 g gut gereinigten Hautpulvers unter Schütteln ½—1 Stunde, filtriere dann durch ein Tuchfilter, presse vom Hautpulver ab und behandele das Filtrat nochmals 20—24 Stunden mit 4 g Hautpulver. Von dem Filtrat dieser Lösung endlich dampft man 100 ccm ein und behandelt weiter genau wie oben. Man erhält so die organischen Nichtgerbstoffe. Die Differenz zwischen dem Gesamtgewicht der organischen Stoffe und der organischen Nichtgerbstoffe ergibt dann „die wahre gerbende Substanz".

---

[1] Bei Gerbstoffbestimmungen in Flüssigkeiten wie Wein muß erst entgeistet und wieder das ursprüngliche Volumen hergestellt werden. Der Oxydationswert der KMnO₄-Lösung wird mit Hilfe einer ¹/₁₀-Normaloxalsäurelösung ermittelt. Einstellung mit Tanninlösung in diesem Falle entbehrlich. Statt mit Hautpulver wird der entgeistete Wein mit Tierkohle (chlorfreier) behandelt. 10 ccm ¹/₁₀ N.-Oxalsäure = 0,04157 g Tannin. Der mitoxydierte Farbstoff kann außer Acht gelassen werden.

[2] Die nach Löwenthals Methode gefundenen Prozente Gerbstoff sind nicht zu verwechseln mit Gewichtsprozenten; es sind vielmehr Prozente Gerbstoff, die gleich viel Prozenten Tannin in dem betreffenden Gerbmaterial entsprechen würden.

XXV. Gerichtliche Chemie.

Ausmittelung von Giften — Blutuntersuchung — Schriften und Tinten — Arznei- und Geheimmittel — Einführung in die Mikrophotographie.

A. Ausmittelung von Giften[1]).

Vorbedingungen.

Man prüfe die zu verwendenden Reagenzien und nehme hierzu nicht zu kleine Mengen. Von arsenfreier Salzsäure und von Schwefelbarium zur Entwickelung von reinem H_2S halte man sich einen eisernen Bestand. Ebenso von arsenfreiem Zink. Man hat dann im Bedarfsfall die reinen Präparate sofort zur Hand. Die Apparate, Schalen u. s. w. reinige man womöglich selbst und beachte, daß es häufig arsenhaltige Glassorten gibt. Äther, Amylalkohol, Benzin, Chloroform u. s. w. müssen rein und vollkommen, ohne Rückstand zu hinterlassen, flüchtig sein (Alkaloidprüfung).

Voruntersuchung.

Man nehme die Untersuchung ohne Verzögerung sofort in Angriff.

1. Man überzeuge sich von der intakten Beschaffenheit der Verpackung eingesendeter Objekte, der Siegel u. s. w. und bestimme das Gewicht des Inhalts der einzelnen Gläser oder der einzelnen Gegenstände.

2. Man prüfe die zu untersuchende Masse auf Aussehen, Geruch, auf etwaige unorganische Beimengungen, graue, weiße oder farbige Partikelchen, Streichholzköpfchen, Reste fester Gifte, (Stückchen von As_2O_3, grauer Fliegenstein, Realgar, Schweinfurter Grün), sodann auf Pflanzenreste (Samen, Pilzfragmente, Fragmente von Blättern, Früchten sind manchmal in der Speiseröhre zu finden), Kantharidin. Man sammelt sie ev. mit der Pinzette. Man prüfe chemisch, sowie mit Lupe oder Mikroskop.

Geruch bei Öffnung des Gefäßes: HCN, P, $CHCl_3$, Phenole, Kresole.

Farbe: Gelbe Farbe deutet auf Cr-Verbindungen, Pikrinsäure, blaugrüne auf Cu und auf HCN-Verbindungen u. s. w.

Reaktion: Mittels Lackmuspapier. Stark saure Reaktion deutet auf Mineralsäuren, Oxalsäure, sehr stark alkalische auf KOH, NaOH, NH_3.

---

[1]) K r a t t e r , Vierteljahrsschrift f. gerichtl. Medizin 1907. Suppl. 119. „Über Giftwanderung in Leichen und die Möglichkeit der Giftnachweise bei späterer Enterdigung".
  1. In den Leichnam eingeführte Gifte, namentlich Arsenik werden nach längerer Zeit auch in benachbarten Organen nachweisbar.
  2. Leicht bewegliche Gifte sind Pflanzengifte (Strychnin, Atropin; Morphin dagegen nicht!); schwer bewegliche Gifte sind Metallgifte.
  3. Für die Pflanzenalkaloide kommen Blut, Nieren und Harn, für die Metallgifte vor allem die Leber als größtes Giftfilter in Betracht.
     Bei Ausgrabungen sind Kleider und Sargboden für die Untersuchung wichtig (sobald die Körperhöhlen geöffnet und der Körper zerfallen ist!).

Arsenikreste, Cu-, Hg-Verbindungen erkennt man direkt an ihren Reaktionen, As-Spiegel im schwer schmelzbaren Glasröhrchen direkt oder bei Realgar, Auripigment nach vorausgegangenem Zusammenschmelzen mit Na_2CO_3 und KCN.

Kupfer, durch Einstellen von blankem Eisen (Messerklinge) in eine angesäuerte Probe, Quecksilber desgleichen durch Einlegen einer blanken Kupfermünze in eine angesäuerte Probe: der graue, beim Reiben silberähnlich werdende Überzug der Münze verschwindet beim Erhitzen!

Leuchten im Dunkeln: Phosphor.

Das Leuchten des Phosphor findet jedoch nicht immer statt. Ammoniak, Alkohol, Terpentinöl verhindern dasselbe.

Phosphorkügelchen: Man verwandelt durch Oxydation mit HNO_3, Cl-Wasser oder Brom in H_3PO_4 und prüft mit molybdänsaurem Ammoniak oder mit NH_3 und Magnesiamischung.

Eine kleine Probe der angesäuerten Substanz bringe man in ein Glaskölbchen, verschließe mit einem Kork, klemme ein mit $AgNO_3$-Lösung und einen mit Bleiessig getränkten Filtrierpapierstreifen hinein, und stelle bei Lichtabschluß in ganz gelinde Wärme.

Ist das Silberpapier nur geschwärzt, so ist die Anwesenheit von P wahrscheinlich, sind beide Streifen geschwärzt (durch H_2S), so beweist die Reaktion nichts.

Blausäure erkennt man durch Einklemmen eines mit frisch bereiteter alkoholischer Guajakharzlösung getränkten und nach dem Verdampfen des Alkohols mit einer 0,05 %-igen $CuSO_4$-Lösung befeuchteten Filtrierpapierstreifens in ein in gleicher Weise wie obiges hergerichtetes Kölbchen. Bleibt das Papier ungefärbt, so ist keine HCN vorhanden; wird es blau, so kann sie zugegen sein; ist H_2S da, so wird das Papier schwarz, womit aber nichts bewiesen ist.

3. Leichenteile, Magen u. s. w. zerkleinere man durch Zerschneiden mit blanker Schere und scharfem Messer und teile die Masse in vier annähernd gleiche Teile. Ein Teil der Objekte dient zur Untersuchung auf flüchtige Stoffe und metallische Gifte, ein zweiter Teil zur Untersuchung auf nichtflüchtige organische Stoffe (Alkaloide), der dritte Teil zum Nachweis der Stoffe S. 503 und der vierte Teil dient als Reserve. Ist bei der Vorprüfung der Nachweis schon gelungen oder hat man den Auftrag, auf ein bestimmtes Gift zu prüfen, so vereinfacht sich die Sache natürlich wesentlich, immer aber wird man sich einen Teil für alle Fälle in Reserve halten. Hat man wenig Objekte, so kann man auch zum Nachweis der flüchtigen Körper, der Alkaloide und der metallischen Gifte ein und dieselbe Substanz benützen.

Hauptuntersuchung.

(Nachweis von Blausäure und deren Verbindungen, Chloroform, Äthyl- und Methyl-Alkohol, Äther, Phosphor, Karbolsäure, Kreosot, Chloralhydrat, Jodoform, Nitrobenzol, Aceton und Schwefelkohlenstoff, Bittermandelöl, Jod und Brom durch Destillation.)

Die gut zerkleinerte Masse wird, wenn nötig, mit etwas destilliertem Wasser verdünnt, mit Weinsäurelösung angesäuert und aus einem kurzhalsigen Kolben destilliert, unter Verwendung eines größeren, zweimalig rechtwinklig gebogenen Steigrohrs, das direkt in den aufrecht stehenden Kühler führt. So hergerichtet dient die Destillation gleichzeitig zum Nachweis von Phosphor nach Mitscherlich (siehe auch S. 504). Während der Destillation muß der Raum verdunkelt werden.

Zur Vermeidung von Verlusten setze man den Kolben auf ein gereinigtes Wasserbad und destilliere unter Einleitung von Wasserdampf.

Das Destillat kann enthalten:

Blausäure (auch von Cyaniden herrührend):

Reaktionen: Eine mit NaOH versetzte Probe wird mit 2—3 Tropfen $FeSO_4$-Lösung versetzt, gelinde erwärmt, dann werden einige Tropfen verdünntes Eisenchlorid zugefügt, worauf mit HCl angesäuert wird: blauer Niederschlag von Berlinerblau. Geringe Cyanmengen geben nur blaugrüne Färbung, bei längerem Stehenlassen scheiden sich dann noch Spuren eines Niederschlages ab (Berlinerblaureaktion).

Eine Probe wird mit NaOH und einigen Kubikzentimetern gelbem Schwefelammon zur Trockene verdampft, der Rückstand in wenig Wasser gelöst, mit HCl schwach angesäuert und mit sehr wenig verdünntem Eisenchlorid versetzt: Blutrote Färbung, die durch HCl-Zusatz nicht verschwindet (Rhodanreaktion). Die sehr empfindliche Reaktion mit Guajak und $CuSO_4$ siehe S. 502.

Die HCN kann auch von Ferrocyankalium herrühren; man prüfe daher, wenn HCN gefunden wurde, eine mit Wasser verdünnte, abfiltrierte Probe von der Original-Substanz direkt durch Zusatz von Eisenchlorid. Vermutet man Ferrocyankalium neben giftigen Cyaniden und HCN, so destilliere man unter Zusatz von viel doppelkohlensaurem Natron. Man hat so nur die von giftigen Cyaniden herrührende HCN im Destillat.

Hat man auf Cyanquecksilber zu prüfen, so ist es zweckmäßig, unter Zusatz von etwas NaCl, mit Oxalsäure angesäuert, zu destillieren; auch durch Zusatz von frischem Schwefelwasserstoffwasser erhält man die HCN im Destillat. Letztere Methode ermöglicht es, den Nachweis von Cyanquecksilber neben Ferrocyankalium zu führen: Man setzt Natriumbicarbonat (nicht zu wenig) und frisches Schwefelwasserstoffwasser zu und destilliert. Die HCN des Ferrocyankaliums geht auf diese Weise nicht in das Destillat.

Chloroform: Das darnach riechende Destillat wird möglichst entwässert und das $CHCl_3$ aus dem Wasserbad nochmals destilliert. Reaktionen: Jod wird violett gelöst. Erwärmen mit einigen Tropfen alkoholischer KOH und wenig Anilin: widerlicher Geruch nach Phenylcarbylamin. Durchleiten der Dämpfe durch ein glühendes Glasrohr und Einleiten in Jodzinkstärkelösung: Bläuung durch gebildetes freies J. Beim Kochen einer Resorcinlösung mit etwas Chloroform und KOH: Rotfärbung, die beim Verdünnen schön grün fluoresziert. Mit Naphtol (α oder β) und konzentrierter KOH erwärmt, entsteht Blaufärbung. Fehlings Lösung, ammoniakalische Silberlösung werden beim Kochen mit etwas $CHCl_3$ reduziert, es wird Kupferoxydul bzw. metallisches

Silber ausgefällt (infolge der Bildung von Ameisensäure durch das Alkali), vgl. auch bei Chloralhydrat.

Chloralhydrat: Läßt sich durch Wasserdampfdestillation oder durch Extraktion mit Äther isolieren. Zweckmäßig verbindet man beide Operationen und schüttelt das Destillat mit Äther aus.

Der krystallinische Ätherabdampfungsrückstand gibt wie Chloroform die Phenylcarbylamin-, die Resorcin- und Naphtolreaktion und geht beim Behandeln mit Alkalien (auch mit MgO) [½-stündiges Erhitzen am Rückflußkühler im Wasserbad] in Chloroform und Formiat über, welch letzteres nach dem Neutralisieren des Reaktionsgemenges mit HCl auf Zusatz von Eisenchlorid an dem entstehenden Eisenformiat (braunrot) erkannt wird. Fehlingslösung und Silberlösung werden reduziert!

Äthylalkohol: Derselbe muß rektifiziert werden.

Charakteristisch ist der Geruch, dann die Brennbarkeit. Grünfärbung von $K_2Cr_2O_7$ in Schwefelsäure, mit letzterem destilliert Aldehyd gebend. Das Destillat, mit NaOH erwärmt, bildet Aldehydharz und wird bräunlich (Zimtgeruch des Aldehydharzes). Liefert, mit Natriumacetat und Schwefelsäure erwärmt, Essigäther. Jodoformreaktion: Zugeben von etwas Jod und KOH, bis eben entfärbt ist, und gelindes Erwärmen: Jodoformabscheidung.

Aceton, Aldehyd geben ebenfalls diese Reaktion, ferner Milchsäure, Dextrin und eine Menge anderer Stoffe. Aceton kann als natürliches Produkt im Harn sein, ferner im Destillat der Leichenteile (Blut, Leber, Milz u. s. w.). Giftig ist es nicht, aber sein Nachweis kann praktisch werden, wenn es sich um den Alkoholnachweis handelt, da es auch die Jodoformprobe liefert: das Aceton weist man durch Zugabe von frisch bereiteter gesättigter Nitroprussidnatriumlösung und Übersättigen mit NaOH nach (rote Färbung, die bald in gelb übergeht), übersättigt man nun mit Essigsäure, so wird die Mischung karmin- bis purpurrot. Aldehyd gibt diese Reaktion auch. Es ist dies die Legalsche Reaktion. Eine weitere Reaktion beruht auf der Eigenschaft des Acetons, daß es frisch gefälltes HgO auflöst. Die Lösung wird mit etwas $HgCl_2$ und überschüssiger alkoholischer KOH gut durchschüttelt, filtriert und das klare Filtrat mit Schwefelammonium überschichtet. Es muß sich bei Anwesenheit von Aceton an den Berührungsflächen eine schwarze Zone von Quecksilbersulfid bilden (Reynolds Reaktion).

Methylalkohol: Siedet bei 66°, ist mit Wasser mischbar, gibt mit KOH und J erwärmt kein Jodoform und verhindert die Ammoniakreaktion durch Neßlers Reagens (Äthylalkohol verhindert diese Reaktion nicht).

Äther: Wird ebenfalls entwässert und rektifiziert, Spezialreaktionen fehlen. Charakteristisch ist sein Geruch und die leichte Entzündlichkeit, sein Siedepunkt und spezifisches Gewicht, wenn größere Mengen vorhanden sind.

Phosphor: Destillieren im dunklen Raume nach Mitscherlich. (Vgl. S. 503.) Der P destilliert teils als solcher, teils als phosphorige Säure über, das Leuchten entsteht an der Stelle, wo die Dämpfe ins

Kühlrohr eintreten; es ist oft allein beweisend. Geringe Mengen P geben im Destillat nur phosphorige Säure. Alkohol, Äther, ätherische Öle verhindern das Leuchten. Diese destillieren jedoch zuerst über. Das Leuchten tritt dann erst ein, wenn diese wegdestilliert sind.

Allgemeine Reaktionen siehe unter P (Vorprüfung, S. 502), auf die Dusart-Blondelotsche Reaktion sei hier nur verwiesen: Das nach Mitscherlich erhaltene Destillat (wenn Silberlösung als Vorlage diente, das Phosphorsilber), phosphorige Säure und Phosphor geben mit Zn und verdünnter Schwefelsäure ein Wasserstoffgas, das angezündet einen smaragdgrünen Flammenkegel zeigt. Zweckmäßig nimmt man die Prüfung der Reagenzien durch einen nebenhergehenden blinden Versuch vor. Diese Reaktion ist bei Untersuchung von Leichenteilen nicht beweisend, da Selmi bei der in ähnlicher Weise vorgenommenen Destillation faulender, Phosphorverbindungen enthaltender, tierischer Stoffe (Gehirn u. s. w.) ein Destillat erhalten hat, welches nach Dusart-Blondelot behandelt, dieselbe Flammenfärbung lieferte [1]).

Carbolsäure: Das wässerige Destillat schüttelt man mit Äther aus, verdunstet den Äther in gelinder Wärme, löst den Rückstand in etwas Wasser und prüft mit Eisenchlorid (Blaufärbung) und mit Millons Reagens [2]). Letzteres gibt beim Erwärmen Rotfärbung. Die wässerige Lösung gibt ferner mit Bromwasser Tribromphenol (Niederschlag weiß). Ist Carbolsäure vorhanden, so muß man für die quantitative Bestimmung so lange fortdestillieren, bis man keine Phenolreaktion mehr erhält.

Quantitativ wird die Carbolsäure im Destillate aus einer bestimmten Menge des Untersuchungsobjektes oder einem aliquoten Teil des Destillates mit überschüssigem Bromwasser als Tribromphenol bestimmt. Letzteres sammelt man auf einem im Schwefelsäureexsiccator zuvor getrockneten und gewogenen Filterchen, wäscht ihn gut aus und trocknet ihn in demselben Exsiccator oder bei 80^0 C bis zum gleich bleibenden Gewicht. 331 Gewichtsteile Niederschlag = 94 Gewichtsteile Carbolsäure oder Tribromphenol × 0,2839 = Phenol. Spuren von Phenolen können sich in stark verfaulten Leichenteilen bilden und deshalb finden!

Kreosot: Dasselbe wird aus dem wässerigen Destillat wie Carbolsäure isoliert: Charakteristisch ist der Geruch und die Grünfärbung der wässerigen Lösung auf Zusatz von verdünntem Eisenchlorid. Die Grünfärbung ist nur vorübergehend. Unterscheidung von Carbol dürfte nicht immer gelingen.

Jodoform: Man schüttelt das schwach alkalisch gemachte Destillat mit Äther und läßt den Äther, ohne zu erwärmen, freiwillig verdunsten. Charakteristischer Geruch. Prüfung des Rückstandes unter dem Mikroskop = hexagonale Kristallform. Ferner: Eine kleine Probe löst man in

---

[1]) Unterphosphorige Säure reduziert Silberlösung.
[2]) Vorschrift zur Herstellung: 1 Teil Hg wird in 2 Teilen HNO_3 (s = 1,42) zuerst kalt und dann warm gelöst und 1 Volumen der Lösung mit 2 Volumen Wasser verdünnt; man läßt um einige Stunden absitzen und gießt die Flüssigkeit klar ab. Das Reagens dient sonst namentlich als Identitätsreaktion für Eiweiß.

2—3 Tropfen Alkohol und erhitzt mit wenig Phenolnatrium. Die entstehende rötliche Abscheidung löst sich in verdünntem Weingeist mit karminroter Farbe.

Nitrobenzol wird aus dem Destillat mit Äther ausgeschüttelt, charakteristisch ist der bittermandelölähnliche Geruch.

Reaktion: Man reduziert zu Anilin, indem man es in Weingeist löst, mit Zinkstaub und etwas verdünnter HCl digeriert und einige Zeit stehen läßt. Das entstandene Anilin kann sodann aus dem alkalisch gemachten Reaktionsgemenge durch Äther ausgeschüttelt werden. Das Anilin, mit wenig Wasser aufgenommen, gibt auf Zusatz von Chlorkalk oder NaOCl-Lösung eine blaue bis blauviolette Färbung, die allmählich in schmutzigrot übergeht. Unterschied von Bittermandelöl.

Bittermandelöl: Wird aus dem Destillat mit Äther ausgeschüttelt; charakteristischer Geruch; beim Stehen an der Luft bildet sich allmählich Benzoesäure, welche an der charakteristischen Kristallform, am Geruch und an der Benzolbildung beim Erhitzen mit Kalkhydrat zu erkennen ist.

Jod: Freies J oder bei saurer Reaktion freigewordenes J. Farbe der Dämpfe violett, löslich in CS_2, $CHCl_3$, Alkohol, Äther; Stärkemehl blau. —

Brom (freies): Farbe der Dämpfe gelb, Löslichkeit in CS_2 u. s. w. wie oben; Stärkemehl gelb.

Ausmittelung der Alkaloide und ähnlich wirkender Stoffe.
Gang nach Stas-Otto.

Eine größere Quantität der erforderlichenfalls auf dem Wasserbad zuvor eingedickten Substanz wird mit dem doppelten Volumen starken Alkohols, nachdem mit Weinsäure deutlich angesäuert worden ist, längere Zeit digeriert und nach dem Erkalten filtriert.

In gleicher Weise stellt man einen zweiten Auszug her, filtriert, spült mit Alkohol nach und dampft die vereinigten Filtrate bei gelinder Wärme (40—50° C) ein, bis der Alkohol verjagt ist. Der wässerige Rückstand wird mit etwas destilliertem Wasser verdünnt, nach dem Erkalten durch ein benetztes Filter filtriert und das Filtrat bis zur Sirupkonsistenz eingedampft. Man kann auch die wässerige Flüssigkeit unter Zusatz von Sand eintrocknen, die Masse verreiben und dann mit heißem Alkohol ausziehen. Die sirupförmige Masse wird nun nach und nach vorsichtig mit absolutem Alkohol vermischt, dann von der ausgeschiedenen zähen Masse abfiltriert und eingedampft. Der Abdampfungsrückstand wird sodann mit Wasser aufgenommen, bei stark saurer Reaktion die Säure mit NaOH etwas abgestumpft und die noch deutlich saure, wässerige Flüssigkeit[1]) mit Äther im Scheidetrichter wiederholt ausgeschüttelt. Die vereinigten Ätherauszüge werden als-

---

[1]) Diese saure Flüssigkeit kann auch in Weingeist lösliche Gifte wie $HgCl_2$ As, Br und J-Verbindungen, Metallacetate, Oxalsäure etc. enthalten. Von deren Vorhandensein oder Nichtvorhandensein muß man sich durch vorzunehmende qualitative Reaktionen überzeugen.

dann durch ein trockenes Filter filtriert und in einer größeren Uhrschale verdunstet. Ein hierin verbleibender Rückstand ist zu untersuchen auf: Pikrotoxin, Digitalin, Colchicin, Cantharidin, Pikrinsäure, Acetanilid, Antipyrin, Coffein (Spuren von Salicylsäure u. s. w.) siehe S. 509.

Außer diesen Körpern werden der sauren Lösung auch in Äther lösliche Verunreinigungen, Farbstoffe u. s. w. entzogen. Man reinigt daher den Abdampfungsrückstand, indem man mit siedendem Wasser aufnimmt, in welchem sich sämtliche Körper bis auf einen Teil von etwa vorhandenem Cantharidin lösen, harzige Bestandteile aber zurückbleiben. Ist Colchicin zugegen, so ist diese Lösung gelb gefärbt. Man verteilt sie auf mehrere Uhrschälchen oder Porzellanschälchen, verdunstet in gelinder Wärme zur Trockene und stellt mit den Rückständen die Reaktionen an (S. 509).

Die mit Äther ausgeschüttelte saure Flüssigkeit wird zur Verjagung des Äthers gelinde erwärmt, dann nach dem Erkalten[1]) mit NaOH[2]) deutlich alkalisch gemacht und nun diese alkalische Flüssigkeit zunächst mit Äther ausgeschüttelt. Die Ätherlösungen werden verdunstet und der Rückstand, wenn nötig, gereinigt. Man löst zu dem Zweck in mit Weinsäure angesäuertem Wasser, schüttelt wieder mit Äther oder Petroläther aus, um färbende Stoffe aufzunehmen, macht dann die saure, die Alkaloide u. s. w. enthaltende wässerige Flüssigkeit mit NaOH alkalisch und schüttelt wieder mit Äther aus. Ist der Ätherabdampfungsrückstand nicht genügend rein, so muß das Verfahren wiederholt werden.

Aus der alkalischen Flüssigkeit gehen in den Äther über: Nikotin, Coniin, Veratrin, Strychnin, Brucin, Atropin, Hyoscyamin, Emetin, Pysostigmin, Cocain, Chinin, Narkotin, Codein (Spuren von Colchicin, Digitalin). Reaktionen S. 511.

Die alkalische Flüssigkeit wird nach Verjagen des Äthers mit Chlorammonium ammoniakalisch gemacht und nun mit Äther ausgeschüttelt: Ätherabdampfungsrückstand:

Apomorphin. Reaktionen S. 516.

Ist hierauf nicht Rücksicht zu nehmen, so schüttelt man direkt mit warmem Amylalkohol[3]) aus, andernfalls ist der Äther zuvor durch Erwärmen zu entfernen. Der Abdampfungsrückstand enthält:

Morphin und Narcein, letzteres teilweise. Reaktionen S. 516.

Ist der Rückstand noch gefärbt, so löse man ihn in wenig Amylalkohol und schüttele die Lösung mit angesäuertem (SO_3) Wasser aus. Die wässerige, saure Lösung ist sodann wieder ammoniakalisch zu machen und mit Amylalkohol auszuschütteln, ein Verfahren, das nötigenfalls zu wiederholen ist.

---

[1]) Macht man die noch warme Flüssigkeit alkalisch, so können sich manche Alkaloide (z. B. Strychnin) krystallinisch ausscheiden, in welcher Form sie in Äther schwer löslich sind.

[2]) Hat man nur auf Apomorphin Rücksicht zu nehmen, so wird man einen größeren Überschuß von NaOH zu vermeiden haben, Morphin dagegen verlangt einen solchen.

[3]) Besser mit heißem Chloroform (Autenrieth, Ber. der D. pharm. Gesellschaft 1901, 494) od. mit Isobutylalkohol (Nagelvoort).

Die von Amylalkohol befreite ammoniakalische Flüssigkeit wird nun nach Dragendorff unter Zusatz von etwas Sand oder Glaspulver zur Trockene verdampft und der zerriebene Rückstand mit absolutem Alkohol längere Zeit (½ Tag) digeriert. Aus dieser Lösung fällt man durch Einleiten von getrockneter CO_2 die Alkalien aus, filtriert, wäscht mit absolutem Alkohol nach und verdunstet zur Trockene. Man nimmt sodann mit kaltem, mit HCl schwach angesäuertem Wasser auf — Narcein bleibt zurück — dunstet ein und behandelt den Rückstand mit Chloroform. Der erste Auszug ist noch verunreinigt, die folgenden Auszüge hinterlassen als eine fast reine, sirupdicke, hygroskopische Masse, das
Curarin: Reaktionen S. 517. Behandelt man dann den Verdunstungsrückstand (s. o) mit warmem Wasser, filtriert, dampft zur Trockene ein, zieht mit heißem Alkohol aus und verdunstet letzteren, so erhält man

Narcein: Reaktionen S. 517.

Opium, Opiumtinktur. Für Opium charakteristisch sind (neben Narkotin und Morphin) die Meconsäure und das Meconin.

a) Meconsäure. Einen Teil der Originalsubstanz zieht man mit starkem, mit einigen Tropfen HCl angesäuertem Alkohol aus, filtriert, verdunstet das Filtrat im Wasserbad zur Trockene, nimmt mit Wasser auf und kocht nach dem Filtrieren mit überschüssigem MgO. Man filtriert nun ab, verdunstet das Filtrat auf ein kleines Volumen, säuert mit HCl an und versetzt mit verdünnter Eisenchloridlösung: Die Meconsäure gibt sich durch dunkelbraunrote bis blutrote Färbung zu erkennen, welche weder beim Erhitzen noch auf Zusatz von HCl, sowie von $AuCl_3$-Lösung verschwinden darf (Unterschied von Essigsäure, Ameisensäure und Rhodanwasserstoffsäure).

Im Auszug von 0,03 g Opium läßt sich die Meconsäure noch nachweisen (Autenrieth, Auffindung der Gifte. 1909).

b) Das Meconin wird nach Dragendorff aus der sauren, wässerigen Lösung mit Benzol ausgeschüttelt: Die saure, wässerige Lösung erhält man, indem man die ursprüngliche Substanz mit schwefelsäurehaltigem Alkohol auszieht, filtriert, das Filtrat zur Sirupkonsistenz eindampft und mit wenig Wasser aufnimmt. Es löst sich der Verdunstungsrückstand in konzentrierter H_2SO_4 mit grüner, nach 24—48 Stunden in rot übergehender Farbe, wenn Meconin vorhanden ist.

Santonin: Ein Teil der Originalsubstanz wird mit Kalkmilch einige Stunden digeriert (auf dem Wasserbad), dann filtriert und das Filtrat mit Benzol ausgeschüttelt. Die abgetrennte wässerige Flüssigkeit wird nun mit HCl angesäuert und dann mit Chloroform ausgeschüttelt. Der Verdunstungsrückstand enthält das Santonin.

Reaktionen: Charakteristische, am Sonnenlicht gelb werdende Kristalle.

2 Volumen H_2SO_4, 1 Volum Wasser und etwas Santonin erhitze man bis zur Gelbfärbung auf kleiner Flamme. Nach dem Erkalten Zusatz von sehr verdünnter Eisenchloridlösung und Erhitzen: Violettfärbung.

Alkoholische KOH löst namentlich das gelb gewordene Santonin mit vorübergehend roter Färbung.

Gang nach Stas-Otto unter Anwendung des Gipsverfahrens nach Hilger.

Hilger, Jansen und Küster haben behufs Isolierung der Alkaloide das sogenannte Gipsverfahren eingeführt: Die wie oben beschriebene erhaltene saure Lösung wird, anstatt sie direkt mit Äther auszuschütteln, zur Konsistenz eines dünnen Extraktes eingedampft und mit etwa 25,0 g gebrannten Gipses zur Trockene gebracht. Die so erhaltene sauere, fein gepulverte Gipsmasse wird nun im Soxhletschen Apparat mit Äther extrahiert. Die ätherische Lösung enthält die aus saurer Lösung in Äther übergehenden Alkaloide (vgl. oben). Alsdann wird die sauere Gipsmasse nach Verdunstung des noch anhaftenden Äthers mit einer konzentrierten Lösung von kohlensaurem Natron alkalisch gemacht und die getrocknete und gepulverte Masse wiederum im Soxhletschen Apparat mit Äther extrahiert. Diese Lösung enthält die aus der alkalischen Lösung in Äther übergehenden Alkaloide und Bitterstoffe. Jansen empfiehlt, die alkalische Gipsmasse zur Reingewinnung der Alkaloide mit Chloroform zu extrahieren, wobei man auch nachweisbare Mengen von Morphin erhält, den Rest des Morphins aber in der vom Chloroform befreiten Gipsmasse in ähnlicher Weise mit Amylalkohol auszuziehen.

Hervorzuheben ist. daß bei Anwendung des Gipsverfahrens die Extraktion der Alkaloide eine erschöpfende ist, daß sich ferner die Ptomaine größtenteils durch die Ätherextraktion der sauren Gipsmasse entfernen lassen und daß der Gips die Farbstoffe bei der Extraktion so zurückhält, daß die Alkaloide zumeist in genügender Reinheit direkt erhalten werden.

Reaktionen der Alkaloide und ähnlich wirkender Körper[1].

I. Aus saurer Lösung in Äther übergehend:

1. Colchicin. In konz. HNO_3 lösen: schmutzig violett, dann mit Wasser verdünnen (gelb werdend) und mit NaOH übersättigen: Orange-

---

[1] **Allgemeine und spezielle Alkaloidreagentien.**
1. Platinchloridlösung: 1 : 20.
2. Quecksilberchloridlösung: 1 : 20.
3. Goldchloridlösung: 1 : 30.
4. Jod-Jodkaliumlösung (Lugolsche): 1 Teil Jod, 2 Teile Jodkalium, 50 Teile Wasser.
5. Kaliumquecksilberjodidlösung (Mayers Reagens): 1,35 g $HgCl_2$, 5 g KJ, 100 g Wasser.
6. Kaliumwismuthjodidlösung (Dragendorffs Reagens): Man löst Wismuthjodid in einer warmen konzentrierten wässerigen Lösung von Jodkalium auf und setzt das gleiche Volumen der Jodkaliumlösung hinzu.
7. Phosphormolybdänsäurelösung (Sonnenscheins Reagens): Man sättigt eine wässerige Lösung von Natriumkarbonat mit reiner Molybdänsäure, fügt auf 5 Teile der Säure 1 Teil kristallisiertes Dinatriumphosphat hinzu, verdunstet zur Trockne, schmilzt und löst den Rückstand in Wasser. Zu der abfiltrierten Flüssigkeit setzt man soviel Salpetersäure, bis die Lösung gelb gefärbt erscheint.
8. Phosphorwolframsäurelösung (Scheiblers Reagens): Zur wässerigen Lösung von wolframsaurem Natrium setzt man wenig offizinelle (20%-ige) Phosphorsäure.
9. Gerbstofflösung: 1 : 10.
10. Pikrinsäurelösung (wässerig konzentriert).
11. Erdmanns Reagens (salpeterhaltige Schwefelsäure): 20 ccm konzentrierte Schwefelsäure versetze man mit 10 Tropfen einer Lösung von 6 Tropfen konzentrierter Salpetersäure in 100 ccm Wasser. **(Fortsetzung umstehend.)**

rot, in Wasser mit gelber Farbe löslich, in konz. H_2SO_4 gelb, auf Zusatz von etwas Salpeter braunviolett, später violett. Auf die Zeiselsche Reaktion (Baumerts Gerichtschemie, 1907, S. 361) wird verwiesen.

2. Digitalin (deutsches). Konz. Lösung durch Gerbsäure fällbar. Konz. H_2SO_4 löst rötlichbraun, in kirschrot übergehend; Bromwasserzusatz: violettrot (Grandeausche Reaktion). Wässerige Lösung der Phosphormolybdänsäure grün, auf NH_3-Zusatz blau. Ein physiologischer Versuch am Froschherz in essigsaurer Lösung ist kaum entbehrlich.

Physiologische Wirkung: Verlangsamt die Herztätigkeit.

Näheres über die Digitaline und deren Reaktionen siehe in Baumert Gerichtschemie.

3. Cantharidin. Nicht löslich in kaltem Wasser, löslich in säure- und alkalihaltigem Wasser und in fetten Ölen. Wird in Ermangelung anderer Reaktionen mit wenig fettem Öl verrieben auf die Haut gebracht: Rötung der Haut; blasenziehende Wirkung.

4. Pikrotoxin. In heißem und in alkalischem Wasser löslich. Durch Gerbsäure, $HgCl_2$, $PtCl_4$ nicht fällbar, weil es kein Alkaloid ist. Reduziert alkalische Kupferlösung (Fehlingslösung). — Konz. H_2SO_4 löst orangerot, dann in gelb übergehend, mit dieser Lösung zugefügter Spur $K_2Cr_2O_7$ violett, mit mehr $K_2Cr_2O_7$ braun werdend. — Mit der dreifachen Menge Salpeter gemischt, mit konz. H_2SO_4 befeuchtet, entsteht auf Zusatz von NaOH im Überschuß: Rotfärbung (Langleysche Reaktion).

Ein Körnchen Pikrotoxin färbt sich mit 1—2 Tropfen einer Lösung von Benzaldehyd in absolutem Alkohol und 1 Tropfen konz. H_2SO_4 rot, die Flüssigkeit wird beim Bewegen rot-violett (Melzersche Reaktion). Phytosterin und Cholesterin geben diese Reaktion anfangs auch, die Farbe geht aber dann in dunkelviolett über [1]).

5. Pikrinsäure. Ausfärbung der Lösung mit Wolle- und Seidefäden: gelb; Baumwolle färbt sich nicht.

Erwärmen der wässerigen Lösung auf 50—60° C, Zusatz von einigen Tropfen Natronlauge und Cyankaliumlösung (1 : 2): Blutrote Färbung (Isopurpursäurereaktion).

6. Acetanilid. Mit KOH erhitzen und nach $CHCl_3$-Zusatz aufkochen: Geruch nach Phenylcarbylamin.

Mit KOH erhitzt: Anilin gebend. Ausschütteln desselben mit Äther, Lösung des Verdunstungsrückstandes im Wasser, Zusatz von Chlorkalklösung: violettblaue Färbung.

Kocht man mit wenig HCl, so erhält man eine klare Lösung, die, erkaltet, auf Zusatz von einigen Kubikzentimeter 5 %-iger Karbolsäurelösung und einigen Tropfen frischer Chlorkalklösung zwiebelrot

---

12. **Fröhdes Reagens** (Lösung von Molybdänsäure in konzentrierter Schwefelsäure): Vor dem Gebrauche stets neu herzustellen! 5 mg Molybdänsäure oder deren Na-Salz löse man in 1 ccm heißer, konzentrierter Schwefelsäure. In konzentriertem Zustand enthält dieses Reagens 0,001 g Molybdänsäure in 1 ccm konz. Schwefelsäure.

13. **Vanadinschwefelsäure:** Diese ist eine Lösung von vanadinsaurem Ammoniak in konzentrierter Schwefelsäure (1 : 200).

[1]) Kreis, Chem.-Ztg. **23**, 1899. Näheres in Baumert, Gerichtl. Chemie 1907. S. 386.

wird, überschichtet man mit Ammoniak, so färbt sich die obere Flüssigkeit schön indigoblau (Indophenolprobe). Phenacetin gibt diese Reaktion auch.

Schmelzpunkt: 113—114⁰ C.

7. **Antipyrin.** Gerbstofflösung fällt weiß. Wässerige Lösung färbt sich mit verdünnter H_2SO_4 und einigen Tropfen Natrium- oder Kaliumnitratlösung intensiv grün, werden dieser Lösung mehrere Tropfen rauchende HNO_3 zugesetzt, so erhält man Rotfärbung.

Mit $FeCl_2$ (sehr verdünnt) wird die wässerige Lösung tiefrot; auf Zusatz von H_2SO_4 hellgelb werdend.

Über den Nachweis einiger weiterer Arzneimittel siehe S. 517.

II. Ätherischer Auszug der alkalischen Lösung.

8. **Nikotin.** Farblose, an der Luft braun werdende, nach Tabakslauge riechende Flüssigkeit von brennendem Geschmack. In Wasser leicht löslich bzw. in allen Verhältnissen mit demselben mischbar. Lösung (verdünnt) gibt mit $PtCl_4$, $AuCl_3$ und Gerbsäure Fällungen.

Nikotin in Äther (1 : 100) gelöst, Zusatz von gleichem Volumen ätherischer Jodlösung: Abscheidung eines rotbraunen, allmählich erstarrenden Öles. Die hier gebildeten Krystallnadeln sind rubinrot, im reflektierenden Lichte blau schillernd (Roussinsche Reaktion); nach Kippenberger[1]) allein nicht beweisend. Schindelmeisters Reaktion[2]): Man versetzt mit einem Tropfen 30%-iger Formaldehyd-HNO_3: Rosa bis dunkelrote Färbung. Reichards Reaktion[3]): Mit Wismutsubnitrat und Salzsäure gemischt: Tiefe Gelbfärbung. Coniin und ähnliche Basen geben diese beiden Reaktionen nicht. Physiologische Wirkung: Erzeugt Lähmung.

9. **Coniin.** Farblose, an der Luft braun werdende, allmählich verharzende Flüssigkeit. Geruch stechend und an Mäuseharn erinnernd. Schwer löslich in Wasser, in der Wärme noch schwerer löslich, daher Trübung einer kalten wässerigen Lösung beim Erwärmen. (Charakteristisch für Coniin.)

Das salzsaure Salz bildet nadel- oder säulenförmige, sternförmig zusammengelagerte oder balkengerüstartig ineinander gewachsene, doppeltbrechende, farblose Krystalle. Man dampft mit HCl zur Trockene ein, etwa auf vertieftem Objektträger, und mikroskopiert bei etwa 200 facher Vergrößerung. Nikotin hat diese Krystallbildung nicht.

1 Tropfen Coniin in 2 ccm Alkohol gelöst gibt mit 5 Tropfen Schwefelkohlenstoff (einige Minuten schütteln) auf Zusatz einiger Tropfen Kupfersulfats (1 : 200) einen gelben bis braunen Niederschlag, bei weniger Coniin eine entsprechende Färbung (coniylthiocarbaminsaures Coniin) Melzers Reaktion[4]).

Physiologischer Versuch: Lähmung der peripherischen Nerven.

---

[1]) Zeitschr. für analyt Chemie. 1903. 42. 232 bis 276.
[2]) Pharm. Zentralhalle. 1899. 40. 703.
[3]) Ebenda. 1905. 46. 252 u. 309.
[4]) Zeitschr. für analyt. Chemie. 1898. 37. 345.

10. Strychnin[1]). Rhombische Krystalle; schwer löslich in Wasser. Intensiv bitterer Geschmack.

Lösung in konz. H_2SO_4 farblos. Zusatz eines Kryställchens $K_2Cr_2O_7$ und Neigen des Schälchens: **violette** Streifen, rührt man das Ganze durcheinander (mit Glasstab), so färbt sich die Flüssigkeit blau bis blauviolett. Die Färbung ist nicht sehr beständig und geht in rot, dann in schmutziggrün über. Die ätherische Lösung bildet mit gelöstem $K_2Cr_2O_7$ Strychninchromat (rote Krystalle), das mit konz. H_2SO_4 befeuchtet, violett wird.

Vanadinschwefelsäure [1 Teil vanadinsaures Ammoniak, 200 Teile H_2SO_4 (1:4)] löst erst blau, dann violett, dann zinnoberrot, auf Wasserzusatz: **Rosafärbung**.

Nach **Reichard**[2]) färbt sich ein Körnchen Strychnin oder dessen Salz beim Erwärmen mit Titanschwefelsäure schwarzblau und löst sich beim Bewegen der Flüssigkeit mit dunkelbrauner Farbe auf. Die Lösung wird auf Zusatz von Wasser gelb. Brucin verhält sich wie Strychnin gegenüber der Titanschwefelsäure, nur wird die Lösung beim Verdünnen nicht gelb, sondern farblos.

Denigès Reaktion[3]): 1 kleines Tröpfchen Strychninsalzlösung (1:1000!) verdunstet man vorsichtig auf einem Objektträger bei 40—50°, fügt nach dem Erkalten 1 Tröpfchen Normalnatronlauge zu und beobachtet unter dem Mikroskop ohne Auflegen eines Deckelgläschens: **Prismat. Krystalle.** Man soll so noch 0,0001 mg Strychnin erkennen können. Unterschied von Ptomainen.

Malaquins Reaktion, siehe Chem. Zentralbl. 1910. 577.

Physiologischer Versuch: Erzeugt Starrkrampf.

11. Brucin. Monokline Krystalle. Identitätsreaktion: Konz. HNO_3 löst **blutrot**, allmählich orange und dann gelb werdend. Diese Lösung mit Wasser verdünnt, wird auf Zusatz von $SnCl_2$ (**Pelletier** und **Caventon**) oder farblosem NH_4HS (**Fresenius**) intensiv **violett**. Unterschied von Morphin, das sich gegen Salpetersäure allein ähnlich verhält.

Konz. H_2SO_4 löst farblos, auf Zusatz einer Spur HNO_3 intensiv blutrot, allmählich gelb werdend. Chlorwasser färbt hellrot, durch Ammoniak braun werdend.

12. Strychnin und Brucin nebeneinander. Beide in konz. H_2SO_4 lösen, mit HNO_3 auf Brucin prüfen (Rotfärbung) und zu der gelb gewordenen Lösung einen Krystall von $K_2Cr_2O_7$ fügen (violette Färbung). Die Trennung beider gelingt durch Zusatz von $K_2Cr_2O_7$ zur schwach essigsauren Lösung. Niederschlag: Strychninchromat.

13. Veratrin. Amorphes oder krystallinisches weißes Pulver. Reizt heftig zum Niesen, mit konz. H_2SO_4 benetzt, sich zusammenballend und sich langsam **gelb** lösend. Die Lösung wird dann allmählich orange,

---

[1]) Über die Möglichkeit des Nachweises von Strychnin in Leichenteilen bei fortgeschrittener Verwesung siehe Ibsen, Vierteljahrsschrift für gerichtliche Medizin 1894. S. 1.

[2]) Chem.-Ztg. 1904. 28. 977.

[3]) Bull. Soc. Pharm. Bordeaux. 1903. 97. (Durch Baumerts Gerichtl. Chemie. Braunschweig. 1907.)

Gerichtliche Chemie. 513

dann blutrot, schließlich kirschrot. Die gleiche Färbung entsteht durch
Fröhdes und Erdmanns Reagens (S. 509 u. 510).

Mit konz. HCl länger erwärmt: rosenrot bis intensiv rot. Mit
der 5—6 fachen Menge Rohrzucker verrieben und mit wenig konz.
H_2SO_4 gelöst: Lösung vom Rande aus allmählich grün, dann blau werdend
(Weppens Reaktion). Wasserzusatz erzeugt die blaue Farbe sofort.
Anstatt des Rohrzuckers kann man nach Laves auch einige Tropfen
Furfurollösung verwenden. Die Farbe wird dann grün, blau und schließlich violett.

Grandeausche Reaktion: Mit konz. H_2SO_4 gelb werdend, schlägt
die Farbe auf Zusatz von Bromwasser in Purpurfarben um.

Vitalische Reaktion: Spur Veratrin mit rauchender HNO_3 eindampfen. Verbleibender gelber Rückstand färbt sich beim Befeuchten
mit alkohol. KOH rotviolett bis orangerot und gibt beim Erwärmen
einen coniinähnlichen Geruch. Nach Kondakow[1]) tritt der Geruch
noch bei 0,00025 g Veratrin auf, während die Grenze der Farbenreaktion
bei 0,0013 g liegt.

14. **Atropin.** Farblose spießige Nadeln. In Wasser kaum löslich.
Mit Wasserdämpfen und Alkoholdämpfen flüchtig, sehr empfindliche
Substanz, was bei der Abscheidung aus Objekten zu beachten ist. Mit
einigen Tropfen rauchender HNO_3 verdampft und den gelben Rückstand
mit nicht zu konzentrierter, frischer, alkoholischer KOH befeuchtet,
gibt Violettfärbung, die bald in Kirschrot übergeht. Diese Reaktion
(Vitalische Reaktion) teilt das Atropin mit dem Veratrin, und nach
Menyazzi[2]) auch mit den Strychninsalzen.

Geruchsreaktionen:

Im trockenen Reagenzglas bis zum Auftreten weißer Dämpfe erhitzt: Blumengeruch (orchideenartig). Mit konz. H_2SO_4 bis zur Bräunung
erwärmen und sofortiger Zusatz von 2 Volumen Wasser: Angenehmer
Geruch nach Schlehenblüten oder Spiräa. Von Reichard wurden einige
weitere Reaktionen angegeben [3]).

Physiologische Wirkung: Pupillen erweiternd.

Empfindliche allgemeine Alkaloidreagenzien sind: Jodjodkalium
und Phosphormolybdänsäure.

15. **Hyoscyamin.** In physiologischer und chemischer Beziehung
dem Atropin ähnlich. Isomer mit Atropin. Unterschied beider in den
Schmelzpunkten — Atropin bei 115⁰ C, Hyoscyamin bei 108,5⁰ C —
und in dem Verhalten der Platin- und Gold-Chlorid-Doppelsalze: Das
Platindoppelsalz des Atropins krystallisiert monoklin, das des Hyos-
cyamins rhombisch. Das Golddoppelsalz des Atropins schmilzt bei
135—137⁰ C, unter siedendem Wasser jedoch schmelzend, das des Hyos-
cyamins schmilzt bei 159—160⁰ C, unter siedendem Wasser nicht
schmelzend. Die heiß gesättigte Atropin-Goldsalzlösung scheidet sich
beim Erkalten nicht sofort ab, sondern trübt sich zuerst, ehe sich allmählich kleine, meist zu Warzen vereinigte Krystalle bilden, welche

---

[1]) Chem.-Ztg. 1899. **23.** 4.
[2]) Boll. chirur. farmac. 1894. **33.** 103.
[3]) Chem.-Ztg. 1904. **28.** 1048.

getrocknet ein gelbes glanzloses Pulver darstellen. Die heißgesättigte Lösung des Hyoscyamin-Goldsalzes scheidet beim Erkalten sofort, ohne sich zu trüben, die großen glänzenden, goldgelben Blättchen aus.

16. Emetin. In kleinen Blättchen kristallisierend. Fröhdes Reagens (S. 510) löst schokoladebraun, auf HCl-Zusatz tiefblau, dann grün werdend.

Physiologisches Verhalten: Subkutan beigebracht, brechenerregend wirkend.

17. Physostigmin (Eserin). Farblose, rhombische Kristalle (auch amorph und firnißartig). Die wässerige Lösung wird, an der Luft stehend, rot. — Konz. HNO_3 löst gelb. Bromwasser färbt gelblich. — Spur Chlorkalklösung färbt rot. — Heißes Ammoniak löst gelbrot, verdunstet, blau bis blaugrau werdend; der Abdampfungsrückstand ist in Weingeist mit blauer Farbe löslich, die weingeistige Lösung, mit Essigsäure versetzt, fluoresziert und wird rot. Besonders empfindliche allgemeine Alkaloidreagenzien sind: Phosphormolybdänsäure, Jodjodkalium, Kalium-Wismutjodid. (Siehe S. 509.)

Physiologisches Verhalten: Pupillenverengernd.

18. Cocain. Schwer löslich in Wasser. Die Geruchsprobe mit dem Äthylester der Benzoesäure erfordert nach Autenrieth mindestens 0,2 g Cocain. Hat man so viel, so bestimmt man den Schmelzpunkt, der bei 98° C liegt.

Das Untersuchungsobjekt wird einige Minuten mit ca. 2 ccm konz. H_2SO_4 auf dem Wasserbad erwärmt und nach dem Erkalten unter weiterem Abkühlen Wasser hinzugefügt. Hierbei scheidet sich Benzoesäure als ein weißer kristallinischer Niederschlag aus. Weiterer Nachweis: Sublimation und Schmelzpunktbestimmung, oder man schüttelt die Benzoesäure mit Äther aus und erhitzt den Ätherrückstand mit 1 ccm absolutem Alkohol und gleichviel konz. SO_3: Geruch nach Benzoesäureäthylester. Erhitzt man ein trockenes Gemisch von salzsaurem Cocain und äthylschwefelsaurem Kalium mit konz. H_2SO_4: Pfefferminzgeruch.

Mäßig konzentrierte, salzsaure Cocainsalzlösung und tropfenweiser Zusatz von $KMnO_4$-Lösung (1 : 100) bewirken Ausscheidung violetter Blättchen (Cocainpermanganat). Mit Selenschwefelsäure: Rosagelb (Mecke). Mit Titanschwefelsäure (d. i. konz. Schwefelsäure mit einer Messerspitze voll Titansäure erhitzt und erkaltet) farblos, beim Erwärmen violett bis blau, auf Wasserzusatz blauer Niederschlag. Beste Reaktion, wenn geringe Mengen vorhanden sind.

Weitere Reaktionen siehe in Baumerts gerichtl. Chemie, 1907.

Physiologische Wirkung: Lokale Anästhesie. Man kann dies probieren, indem man von dem Ätherrückstand der alkalischen Lösung in einer Spur HCl auflöst, die Lösung verdunstet und den Rückstand mit etwas Wasser (1—2 Tropfen) aufnimmt und auf die Zunge bringt; hierbei entsteht eine vorübergehende Gefühllosigkeit.

19. Chinin. Meist amorph sich abscheidend. Blaue Fluoreszenz der Lösung in H_2SO_4-haltigem Wasser.

Gerichtliche Chemie. 515

Thalleiochinreaktion: Man versetzt die Chininlösung mit einer Spur verdünnter Essigsäure, dann Chlorwasser und Ammoniak: Grünlich bis grüner Niederschlag bei größeren Mengen, im Überschuß von Ammoniak smaragdgrün löslich; mit einer Säure neutralisiert blau, damit übersättigt violett bis feuerrot werdend; Ammoniak macht wieder grün. Die Lösung in Chlorwasser, mit Ferricyankalium versetzt, wird auf Zusatz von Ammoniak dunkelrot.

Herapathitreaktion: Herapathit ist eine schwerlösliche Jodverbindung des Chinins, die wegen ihrer Schwerlöslichkeit die quantitative Bestimmung und Trennung von anderen leicht löslichen Jodverbindungen der Chinaalkaloide ermöglicht. Es sind grüne, metallisch glänzende, aus Alkohol umkristallisierbare Blättchen: Man versetzt die Chininlösung (mindestens 0,01 g Chinin) mit 20 Tropfen einer Mischung von 30 Tropfen Essigsäure, 20 Tropfen absolutem Alkohol und 1 Tropfen verdünnter Schwefelsäure und versetzt mit 1 Tropfen 1 %-iger alkoholischer Jodlösung: Nach längerem Stehen scheiden sich oben beschriebene grüne Blättchen ab.

Eiolartsche Reaktion: Mit Bromwasser, Quecksilbercyanidlösung und Calciumcarbonat, Rotfärbung selbst bei großer Verdünnung.

Nach Reichard[1]): Trockene Mischung von Chininsulfat und $K_2Cr_2O_7$ wird mit konz. H_2SO_4 tief dunkelblau (ebenso Cinchoninsulfat). Ammonpersulfat liefert mit dem Alkaloid und Schwefelsäure tiefe Gelbfärbung (Unterschied von Cinchonin).

20. Narkotin (ist ein Opiumalkaloid). Rhombische Nadeln, in kaltem Wasser fast unlöslich.

Konz. H_2SO_4 löst in der Kälte zuerst grünlichgelb, dann geht die Färbung durch gelb, rotgelb bis himbeerrot; beim Erwärmen wird die Lösung in konz. H_2SO_4 rotgelb, vom Rande aus dann blauviolett, schließlich rotviolett. Dieselben Färbungen zeigt eine Narkotinlösung in verdünnter H_2SO_4 (1 : 5) bei der Verdunstung. — Die gelbe Lösung in H_2SO_4 wird auf Zusatz von einer Spur HNO_3 oder Fröhdes sowie Erdmanns Reagens rot. Fröhdes Reagens löst grünlich, wendet man konzentriertes Reagens an, so entsteht rote Färbung, wie zuvor angegeben. Wenige mg Narkotin mit ca. 20 Tropfen konz. H_2SO_4 und 1—2 Tropfen 1 %-iger Rohrzuckerlösung unter Umrühren 1 Minute lang erwärmen: Anfangs grüngelblich, durch Gelbbraun, Braunviolett in tiefes Blau übergehend. Nach einigen Stunden mißfarbig werdend und einen schmutzigen Niederschlag absetzend (vergl. Wangerin[2])). Unterscheidet sich von anderen Opiumalkaloiden noch dadurch, daß es infolge seines geringen basischen Charakters (es gibt keine alkalische Reaktion) aus weinsaurer Lösung mit $CHCl_3$ ausgeschüttelt werden kann.

Sein Geschmack ist nicht bitter.

21. Codein (Methylmorphin). Farblose durchsichtige Oktaeder. In Wasser, Alkohol, Äther, Chloroform, Amylalkohol leicht löslich. Geschmack bitter.

---

[1]) Pharm. Ztg. 1905. 50. 314.
[2]) Pharm. Ztg. 1903. 48. 667.

Konz. H_2SO_4 löst farblos; setzt man eine Spur $FeCl_3$ zu, so wird die Lösung tiefblau (D. Arzn.-B).

Konz. H_2SO_4-Lösung und 2 Tropfen konzentrierte Rohrzuckerlösung gelinde erwärmt, geben purpurrote Färbung.

Fröhdes Reagens löst gelb, dann grün und blau.

Codein zeigt wie Morphin die Pellagrische Reaktion.

III. Äther-Auszug aus der ammoniakalischen Lösung.

22. Apomorphin (aus Morphium dargestellte Base). Leicht löslich in Alkohol, Äther, Chloroform und Amylalkohol. Weiß, amorph.

Konz. H_2SO_4 mit etwas HNO_3 versetzt, löst in der Kälte blutrot. — Salzsaures Apomorphin in wässeriger Lösung mit wenig alkoholischer Jodlösung versetzt, färbt sich beim Umschütteln grün. Äther nimmt beim Ausschütteln dieser Lösung das grüne Zersetzungsprodukt mit violetter Farbe auf (Pellagrische Reaktion). Die Lösung in Alkalilauge färbt sich an der Luft purpurrot, dann schwarz. Die Lösung in kalter konz. Schwefelsäure wird durch eine Spur konz. Salpetersäure sofort blutrot (Husemanns Reaktion).

IV. Amylalkoholauszug aus der wässerigen ammoniakalischen Lösung[1]).

23. Morphin (Opiumalkaloid). Wasserhaltig: rhombische Krystalle. Konz. HNO_3 löst blutrot, allmählich gelb werdend, Zusatz von SnCl färbt nicht violett (Unterschied von Brucin).

Die auf 180° erhitzte Lösung in konz. H_2SO_4 (auch einhalbstündiges Erhitzen auf dem Wasserbad genügt) gibt nach dem Erkalten auf Zusatz von einer Spur HNO_3 oder $KMnO_4$ oder $KClO_3$, eine violette, dann blutrot werdende, allmählich verblassende Färbung (beruht auf der Überführung des Morphins in Apomorphin, Husemanns Reaktion). — Aus HJO_3 scheidet Morphin J ab: Violettfärbung durch CS_2 oder $CHCl_3$, Stärkemehl blau. — Fröhdes Reagens löst violett. Vanadin und Titanschwefelsäure liefern ähnliche Färbungen wie Fröhdes Reagens. Titanschwefelsäure gibt mit festem Morphinsalz an der Berührungsstelle eine tiefschwarze Färbung, die beim Umschütteln blutrot wird und auf Wasserzusatz verschwindet (Reichard[2])). Verdünnte neutrale Eisenchloridlösung färbt neutrale Morphinlösung königsblau. 1 Morphin + 4 Rohrzucker in konz. H_2SO_4 gebracht, färben diese dunkelrot. — Gerbsäure fällt nicht oder nur schwach.

Die Pellagrische Reaktion (auch für Codein): Diese Reaktion ist zur Unterscheidung des Morphins von manchen Ptomainen, Leichenalkaloiden, welche mit Morphin ähnliche Reaktionen zeigen, besonders wichtig. Letztere geben diese Reaktion nicht. Erwärmt man Morphin mit 1 ccm konz. HCl und einigen Tropfen konz. H_2SO_4 einige Zeit auf 100 bis 120°, so tritt purpurrote Färbung ein. Versetzt man diese Lösung wieder mit wenig HCl und darauf mit einer konz. Lösung von $NaHCO_3$ bis zur neutralen oder schwach alkalischen Reaktion, so färbt sie sich häufig schwach violett. Bringt man nun eine Lösung von

---
[1]) Vergleiche die Fußnote ³) S. 507. Siehe auch Gadamer, Chem. Toxikologie. Göttingen 1909.
[2]) Zeitschr. für analyt. Chemie. 1903. 42. 95.

Jod in HJ hinzu, so erfolgt eine intensiv smaragdgrüne Lösung, welche mit Äther ausgeschüttelt diesen violett färbt.

Auf die quantitativen Morphinbestimmungen von Cloëtta u. Rußwurm wird verwiesen. Siehe Gadamer, Lehrbuch der Chem. Toxikologie, 1909, Göttingen.

24. **Narcein** (Opiumalkaloid). Konz. HNO_3 und Erdmanns Reagens (S. 509) lösen gelb, dann braungelb, beim Erwärmen dunkelorange werdend. Festes Narcein wird durch Jodwasser blau. Aus Narceinlösungen fällt eine freies Jod enthaltende Kaliumzinkjodidlösung lange, haarförmige blaue Nadeln.

V. Aus der ammoniakalischen Lösung nicht in Amylalkohol übergehend.

25. **Curarin,** Alkaloid des Pfeilgiftes der Indianer (Curare). Vierseitige in Wasser und Alkohol leicht lösliche Prismen.

Konz. H_2SO_4 löst blaßviolett, dann schmutzigrot bis rosenrot.

Erdmanns Reagens löst bräunlich violett bis violett. Konz. HNO_3 löst purpurrot. Konz. $H_2SO_4 + K_2Cr_2O_7$ geben die für Strychnin charakteristische Reaktion; nur ist die Violettfärbung viel beständiger.

Physiologischer Versuch bei Fröschen: Subkutan, Lähmung der Atem-, sowie aller willkürlicher Bewegungen. Herz und Bewegung des Darmes bleiben intakt. Die Pupillen sind erweitert. (Sehr charakteristisch.)

26. **Opium.** (Siehe S. 508.)

27. **Santonin.** (Siehe S. 508.)

Reaktionen einiger Arzneimittel.

Veronal (Diäthylbarbitursäure) findet sich nach dem Stas-Ottoschen Gang im Ätherauszug der sauren Flüssigkeit. Schmelzpunkt 187—188⁰, sauer reagierend. Lösung in NH_3 oder NaOH scheidet auf Zusatz von HCl Krystalle wieder aus. Wässerige Lösung gibt mit Hg_2Cl_2-Lösung und dann Na_2CO_3-Lösung einen weißen Niederschlag.

Sulfonal: Nachweis durch Erhitzen mit der gleichen Menge Cyankalium in einem trockenen Röhrchen: Durchdringender Merkaptangeruch. Die wässerige Lösung des Rückstandes gibt nach dem Ansäuern mit HCl und Eisenchlorid die Rhodanreaktion (Vulpius).

Beim Erwärmen mit Eisenpulver: Knoblauchartiger Geruch, Rückstand mit HCl H_2S entwickelnd.

Mit der doppelten Menge Magnesiumpulver im trockenen Röhrchen erhitzt: Weiße Nebel von Schwefeldioxyd und öliges, erstarrendes Sublimat von penetrantem Geruch (Kippenberger).

Phenacetin. Schmelzpunkt 134—135⁰. In Alkohol leicht löslich, Nachweis im Harn, in welchem es leicht teils als solches, teils als Paraamidophenol übergeht.

Der sauer reagierende, event. mit HCl angesäuerte Harn wird mit Tierkohle entfärbt.

1—2 ccm des entfärbten Harns liefern mit 4—5 Tropfen 3%-iger Chromsäurelösung eine braune, allmählich in Rotbraun übergehende Färbung.

2 ccm mit verd. HCl erwärmt liefern mit 2—3 Tropfen Eisenchlorid rotbraune Färbung.

Mit 2 Tropfen HCl, 2 Tropfen Natriumnitritlösung (1%-ig), α-Naphtollösung und etwas Natronlauge entsteht eine rote, auf Zusatz von HCl in Violett übergehende Färbung.

Bemerkungen zu dem Stas-Ottoschen Verfahren.

Der Stassche Gang ist einfacher und bequemer als der Dragendorffsche, welch letzterer es allerdings ermöglicht, mit möglichst wenig Material eine ganze Reihe von Alkaloiden u. s. w. hintereinander zu isolieren [1]).

In der Praxis wird auf eine solche Kollektion von Alkaloiden nie Rücksicht zu nehmen sein, sondern es wird sich stets nur um einige wenige (z. B. bei Brechnüssen— erkenntlich an den charakteristischen Haaren unter dem Mikroskop — kann es sich nur um Strychnin und Brucin handeln), oder um das eine oder andere Alkaloid handeln. Es ist deshalb für den erfahrenen Experten nicht nötig, einen der beiden Gänge strikte einzuhalten, besonders dann nicht, wenn auf ein bestimmtes Alkaloid zu fahnden ist. In welcher Weise man dann vom Gange abweichen kann und wie man direkt vorzugehen hat, ergibt sich aus dem Gange selbst und durch die in der Praxis gemachten Erfahrungen, in welcher sich die Untersuchungen in der Regel einfacher gestalten. Trotzdem aber haben wir, um ein ziemlich vollständiges Bild des Giftnachweises zu geben, auch den Nachweis von Stoffen angegeben, die in der Praxis wohl nie oder nur ausnahmsweise einmal vorkommen dürften.

Folgende positive Befunde aus Leichenteilen kamen den Verf. häufig vor: Karbolsäure, Schwefelsäure, Salzsäure, Cyankali, arsenige Säure, Sublimat, Phosphor, Sauerkleesalz, Strychnin, Morphin, Opium, Kohlenoxyd. Zum Teil handelte es sich dabei um Selbstmord und eigene Unvorsichtigkeit der betroffenen Personen. In einigen Fällen waren vorher Anhaltspunkte vorhanden, so daß nur Idenditätsnachweise notwendig waren.

Auch Schlafmittel im Mageninhalt (Vortäuschung eines Raubanfalles durch Chloroformierung in einem Hotel). Der Betreffende hatte eine gehörige Dosis geschluckt. Die Narkosesimulierung gelang ihm nicht.

Leichenalkaloide (Ptomaine) können bei der Untersuchung von faulenden Fleischmassen, Leichenteilen u. s. w. nach dem Verfahren von Stas-Otto (und nach Dragendorff u. s. w.) ebenfalls erhalten werden. Man unterscheidet zwei Gruppen: sauerstofffreie und sauerstoffhaltige. Die ersten sind wie die sauerstoffreien Alkaloide (Nikotin, Coniin) flüchtig und von bestimmtem Geruch, die sauerstoffhaltigen sind fest, manchmal kristallinische Massen.

Alle Ptomaine sind stark reduzierende Substanzen, sie zersetzen Jodsäure, Chromsäure und Silbernitrat; manche geben mit Kaliumeisencyanür und Eisenchlorid Berlinerblau, werden durch viele der allgemeinen Alkaloidreagenzien gefällt und teilen auch manche Spezial-

---

[1]) Vgl. Dragendorff, Die gerichtl.-chem. Ermittelung von Giften in gerichtlichen Fällen. 4. Auflage.

reaktionen der Alkaloide mit diesen, aber nicht alle einem bestimmten Alkaloid zukommenden Reaktionen. Hat man daher ein Alkaloid bei der Untersuchung gefunden, so müssen seine sämtlichen bekannten Reaktionen eintreffen, auch sollte dessen physiolngisches Verhalten geprüft werden, da hierin die etwa gefundenen Ptomaine den grössten Unterschied zeigen.

Kresol, Lysol, Kreolin, Kresin, Solveol u. dgl. Hierzu können besondere Vorschriften nicht gegeben werden. Es sind meistens durch Auflösen in Seifen wasserlöslich gemachte Teerdestillationsprodukte. Sie werden durch Säuren zersetzt, scheiden die entsprechende Fettsäure und phenolartige Körper dabei aus, welche durch Ausschütteln mit Äther erhalten werden können. Übrigens geben sie auch die Phenolreaktionen. Quantitativ bestimmt man die Kresole nach dem Messinger-Vortmannschen Verfahren, welches auf der Fällbarkeit der Phenole bzw. Kresole durch titrierte Jodlösung und Rücktitrieren des überschüssigen Jodes mit Natriumthiosulfat beruht[2]).

Notiz über die allgemeinen und speziellen Alkaloidreagentien.

Diese geben mit vielen Alkaloiden, aber auch mit Ammoniak, Aminbasen, Proteinstoffen[1]), mannigfach gefärbte, teils amorphe, teils krystallinische Niederschläge. Dieselben werden verwendet, um nachzusehen, ob überhaupt ein Alkaloid u. s. w. vorliegt, sie dienen also zur Vorprüfung, ehe man die speziellen Reaktionen vornimmt, und man nimmt hierzu die wässerige mit einer Spur HCl angesäuerte Alkaloidlösung. Die Aufzählung und Darstellung dieser Reagentien siehe S. 509.

Untersuchung auf mineralische Gifte.

Hat man eine genügende Menge des Untersuchungsmaterials, so nimmt man zu dieser Prüfung einen besonderen Teil in Arbeit. Sind die von der Alkaloidprüfung verbleibenden Rückstände zu verwenden, so hat man zuvor den Alkohol zu verjagen, weil sonst bei der nachfolgenden Chlorentwickelung Explosionen entstehen, welche so heftig sein können, daß die Masse teilweise herausgeschleudert wird. Die organische Substanz wird sodann nach Fresenius und v. Babo durch Chlor im statu nascendi zerstört. Man übergießt die Masse mit mäßig konzentrierter HCl, gibt je nach dem Mengenverhältnis $KClO_3$ zu, läßt zweckmäßig längere Zeit kalt stehen (wenn angängig über Nacht) und erwärmt sodann unter Umrühren langsam auf dem Wasserbade, indem man von Zeit zu Zeit portionenweise $KClO_3$ zugibt, bis die Masse möglichst hellgelb geworden ist und beim Erwärmen sich nicht mehr bräunt. (Nicht alle organischen Stoffe werden ganz zerstört, bei Untersuchung von Leichenteilen bleiben namentlich Fett und Darmteile, Muskeln u. s. w. zurück, auch wird die Lösung nicht immer hellgelb; sie bleibt vielfach braun.) Man verdampft schließlich den Überschuß von HCl unter Verdünnen mit Wasser und filtriert. Statt $KClO_3$ kann man nach Sonnen-

---

[1]) Hat man z. B. Brot oder Mehl auf eine Beimischung von Alkaloiden zu untersuchen, so erhält man im Gange mit den Alkaloidreagenzien häufig Niederschläge (Proteïne).

[2]) Baumert, Gerichtl. Chemie. Braunschweig 1907, S. 273.

schein und Jeserich $HClO_3$ anwenden; man rührt die Masse mit Wasser zu einem dünnen Brei an, erwärmt, setzt nach und nach kleine Mengen $HClO_3$ zu, bis die Masse aufgetrieben erscheint, und fügt dann allmählich HCl zu. — Man erhält so einen Rückstand R und eine Lösung L.

Diese Lösung kann enthalten:

As, Sb, Sn — Hg, Pb, Cu — Zn, Cr, Ni — Ba.

Die entsprechend verdünnte salzsaure Lösung L sättigt man nun in üblicher Weise mit Schwefelwasserstoff [1]). Die Sulfide der Schwermetalle werden dann in der üblichen Weise nach den Regeln der analytischen Chemie getrennt bzw. weiter behandelt und identifiziert [2]).

---

[1]) Derselbe muß arsenfrei sein. Man entwickelt den H_2S daher im Kippschen Apparat aus reinem Schwefelbarium.

[2]) Betreffs Arsennachweis, der am meisten in Frage kommt, sei darauf hingewiesen, daß statt der Fällung des As mit H_2S die Lösung L direkt zur Gutzeitschen Reaktion bzw. Prüfung im Marshschen Apparat zum qualitativen As-Nachweis zu benützen ist. Für die quantitative Bestimmung dient dann die H_2S-Methode u. s. w. — C. Mai u. H. Hurt (Zeitschr. f. Unters. d. Nahr.- u. Genußm. 1905. 9. 193) haben ein elektrolytisches quantitatives Verfahren angegeben.

Unterschiede der Arsen- und Antimonspiegel.

Arsenspiegel.

1. Bilden eine graue bis braunschwarze, in dünnen Schichten braunmetallglänzende, zusammenhängende Masse, die unter der Lupe nicht aus einzelnen Kügelchen zusammengesetzt erscheinen soll.
2. Entsteht hinter der erhitzten Stelle der Röhre Geruch nach Knoblauch.
3. Der Arsenspiegel ist leicht flüchtig.
4. Leicht löslich in unterchlorigsaurer Natronlösung.
5. Beim Betupfen des Spiegels mit wenig Schwefelammoniumlösung und vorsichtigem Erwärmen bis zur Trockne entsteht ein gelber Rückstand von Schwefelarsen.
6. In Salpetersäure von 1,3 spez. Gew. kalt gelöst, dann mit Silbernitrat und hierauf vorsichtig mit Ammoniak versetzt, entsteht ein gelber Niederschlag von arsenigsaurem Silberoxyd, sobald die Flüssigkeit neutral geworden ist.

Antimonspiegel.

1. Schwarz, silberglänzend bis sammetschwarz.

2. Entsteht vor und hinter der erhitzten Stelle der Röhre; riecht nicht nach Knoblauch.
3. Schwer flüchtig.
4. Nicht löslich.
5. Antimonspiegel, der gleichen Behandlung unterworfen, liefern einen orangefarbenen Rückstand von Schwefelantimon.

6. Geht durch HNO_3 in unlösliches weißes Antimonoxyd über.

Bemerkung zur Arsenprüfung.

Nach Fricke (Chem.-Ztg. 1897. 303) bekommt man außer durch reduziertes Silicium (aus dem Glas) auch durch Kohlenstoff braune Anflüge. Auch das reinste Zink enthält etwas Kohlenstoff; bei der Wasserstofferzeugung entwickeln sich Kohlenwasserstoffe, die sich in der glühenden Reduktionsröhre unter Spiegelbildung zerlegen können. Um einer solchen Verwechslung vorzubeugen, wird eine zweite Fällung mit Schwefelwasserstoff empfohlen. Man leitet nach der Zerstörung der organischen Substanz in die filtrierte Flüssigkeit Schwefelwasserstoff, löst den entstandenen Niederschlag in Schwefelammon, verdampft, schmilzt mit der dreifachen Menge Soda und Natron-Salpeter und verdampft die wässerige Lösung mit Schwefelsäure zur Verjagung von Salpetersäure und salpetriger Säure. In diese Flüssigkeit, die etwa vorhandenes Arsen in Form von Arsensäure enthält und völlig frei ist von allen

Bemerkt wird, daß in derartigen Flüssigkeiten meist auch Niederschläge mit H_2S entstehen, wenn auch kein Metallgift vorhanden ist. Dieselben rühren in der Regel von nicht vollständig zerstörten Resten organischer Substanzen, von Schwefel, von Eisen, von Spuren von Kupfer her, welche beiden Metalle beinahe in der Regel in den aus Organen gewonnenen Lösungen enthalten sind. Zu bemerken ist, daß Chrom bei Gegenwart von organischen Substanzen durch NH_4SH nicht gefällt wird. Man bringt daher das Filtrat vom H_2S-Niederschlag zur Trockene, schmilzt den Rückstand mit KNO_3, nimmt mit Wasser auf, behandelt die Lösung mit CO_2, erwärmt und filtriert. Cr ist dann im Filtrat, Zn im Rückstand.

Der Rückstand R kann enthalten:
Ag, Pb und Ba.

Man trocknet den Rückstand gut aus, zerreibt, mischt mit der etwa dreifachen Menge Salpetersodamischung (2 Teile KNO_3, 1 Teil Na_2CO_3) und trägt die Mischung portionenweise in einen glühenden Porzellantiegel oder in einen mit heißer Säure gut gereinigten hessischen Tiegel ein und gibt noch eine kleine Menge Salpetersodamischung hinzu. Infolge richtig gewählten KNO_3-Zusatzes muß die organische Substanz völlig zerstört sein. Die Schmelze wird nach dem Erkalten mit Wasser aufgeweicht und zur Sättigung etwa vorhandenen Ätzkalis CO_2 in die trübe Flüssigkeit eingeleitet und hierauf aufgekocht, erkalten gelassen, filtriert und ausgewaschen.

Der Filterrückstand kann aus $PbCO_3$, $BaCO_3$ und metallischem Ag bestehen, welche durch Behandlung mit verdünnter HCl (AgCl), mit H_2S (PbS) und durch Zusatz von verdünnter H_2SO_4 ($BaSO_4$) in bekannter Weise getrennt und erkannt werden können.

Nachweis von chlorsaurem Kali (bzw. von Natriumchlorat).

Man zieht die zerkleinerten Massen mit heißem Wasser aus, verdünnt die Lösung und bringt sie auf einen Dialysator, in welchem man das Wasser im äußeren Gefäße während 24 Stunden ein- bis zweimal wechselt. Die vereinigten Dialysate dampft man auf dem Wasserbade ein, filtriert heiß und stellt das Filtrat zur Krystallisation bei Seite. Ist so wenig Kaliumchlorat vorhanden, daß keine Abscheidung des Salzes erfolgt, so prüft man diese Flüssigkeit auf Chlorsäure.

Prüfung auf Mineralsäuren, Oxalsäure und ätzende Alkalien.

Vorbemerkung: Zur Untersuchung auf Mineralsäuren wird sowohl Erbrochenes, als auch oft der Magen selbst genommen; des weitern ist, wenn möglich, auch der Harn zu untersuchen.

---

störenden Substanzen, wird nun nochmals Schwefelwasserstoff eingeleitet. Zeigt sich ein gelber Niederschlag, so ist er weiter im Marshschen Apparat zu untersuchen, bleibt aber die Flüssigkeit hell und klar, so ist Arsen nicht vorhanden. Auf die weiteren Methoden kann hier nur verwiesen werden. Vgl. hierüber die Spezialehrbücher der analytischen Chemie.

Da As auch im Erdboden vorkommt und von da aus auch in Leichenteile gelangt, so hat man bei exhumierten Leichen stets darauf Rücksicht zu nehmen. Vgl. darüber auch H. Lührig, Zeitschr. f. Unters. d. Nahr.- u. Genußm. 1909. 18. 277 sowie Pharm. Zentralh. 1909. 50. 63.

Ebenso müssen auch die säurewidrigen Mittel, die etwa als Gegenmittel angewendet wurden, zur Kenntnis gebracht werden.

1. Nachweis der Salpetersäure:

Die zu untersuchenden Körperteile sind mit kaltem Wasser auszuziehen, dann Prüfung der Reaktion und Nachweis mit den bekannten Reagenzien, z. B. Indigolösung, H_2SO_4 + $FeSO_4$, Diphenylamin u. s. w. Als Beweismittel gibt man die HNO_3 in der Form des Kalisalzes.

2. Nachweis der freien Salz- und Schwefelsäure:

Ausziehen der Massen mit absolutem Alkohol. Die Alkohollösung reagiert sauer. Neutralisieren der Lösung mit NaOH und Eindampfen unter Wasserzusatz zur Verjagung des Alkohols, sodann Fällen mit $AgNO_3$ bzw. $BaCl_2$. Sind Gegengifte (gebr. Magnesia, Kreide), gegeben worden, so säuert man die Massen mit HNO_3 an und fällt mit $AgNO_3$ bzw. $BaCl_2$.

3. Nachweis der Oxalsäure:

Ist Oxalsäure, gleichviel ob sie in freiem Zustand oder als Sauerkleesalz oder oxalsaurer Kalk vorhanden ist, nachzuweisen, so trocknet man die Substanz auf dem Wasserbad und kocht den Rückstand mit Salzsäurealkohol (5 ccm verdünnte HCl auf 100 Alkohol) aus; die heiß filtrierte Flüssigkeit wird eingedampft, mit Wasser aufgenommen und mit Essigsäure angesäuert, bleibt hierbei ein Rückstand (oxalsaurer Kalk), so filtriert man ab.

Den Rückstand prüft man auf oxalsauren Kalk, indem man in etwas verdünnter HCl löst und die Lösung mit überschüssigem essigsaurem Natrium essigsauer macht. Ein entstehender weißer Niederschlag ist oxalsaurer Kalk. Das Filtrat teilt man in zwei Teile, einen Teil versetzt man mit Chlorcalcium, den anderen mit Gipslösung; es muß auch auf Zusatz von Gipslösung ein Niederschlag entstehen.

Ein weißer, kristallinischer Niederschlag ist oxalsaurer Kalk. Derselbe muß beim gelinden Glühen $CaCO_3$ liefern.

B. Erkennung von Blutflecken und Untersuchung der verschiedenen Blutarten[1].

1. Chemisch-physikalische Methode.

Zunächst unterwirft man die verdächtigen Gegenstände einer Besichtigung mit der Lupe und einfachen chemischen Vorproben zur Feststellung, ob überhaupt an den verdächtig aussehenden Stellen Blut vorhanden ist. Zu diesem Zwecke benutzt man Wasserstoffsuperoxyd (3 %-iges), welches Schaumbildung (Sauerstoffentwickelung) erzeugt bei Anwesenheit von Blut, oder Guajaktinktur (siehe S. 335), welche Blau-

---

[1] Spezialliteratur: Baumert, Lehrbuch der gerichtl. Chemie, Verlag F. Vieweg u. Sohn, Braunschweig; Dennstedt u. Voigtländer, Verlag von F. Vieweg u. Sohn, Braunschweig; A. H. Schmidtmann, Handbuch der gerichtl. Medizin, Verlag A. Hirschwald, Berlin; H. Marx, Praktikum der gerichtlichen Medizin, derselbe Verlag; P. Uhlenhuth u. O. Weidanz, Praktische Anleitung zur Ausführung des biolog. Eiweißdifferenzierungsverfahrens, Verlag G. Fischer, Jena 1909.

färbung des Blutfleckens hervorruft. Die Guajakprobe ist der Wasserstoffsuperoxydmethode vorzuziehen. Die Guajaktinktur ist jeweils frisch zu bereiten aus dem Harz und 96%-igem Alkohol. Das Terpentinöl muß alt sein (Ozon). Reaktionsfähiges frisches Terpentinöl erhält man durch Aufstellen desselben in flachen Schalen bei Licht (Sonnenlicht). Auch ein Zusatz von Kolophonium ist zweckdienlich. Positive Reaktionen geben aber keine bestimmten Anhaltspunkte über das Vorhandensein von Blut, da auch andere organische Substanzen die Reaktion hervorrufen können, immerhin erleichtern diese Vorproben das Aufsuchen verdächtiger Stellen. Sicherer, weil spezifisch, ist die Benzidinprobe nach Ascarelli.

Eine Messerspitze voll Benzidin (pro analysi Merck oder Kahlbaum) löst man in 2 ccm Eisessig, gießt davon 10—12 Tropfen in ein Reagenzglas, fügt 2½—3 ccm 3%-iger Wasserstoffsuperoxydlösung hinzu (in dieser Mischung darf eine Grün- oder Blaufärbung nicht auftreten) und gibt zu dieser Mischung einige Tropfen der Blutlösung (mit physiolog. NaCl-Lösung oder 10%-igem Glycerin ausgelaugte Blutflecke etc.). Bei Anwesenheit von Blut tritt eine grüne, blaugrüne bis rein blaue Färbung auf, je nach der Menge des vorhandenen Blutes. Bei sehr geringem Blutgehalt dauert es einige Zeit bis zum Eintreten der charakteristischen Färbungen. Das Reagens hält sich zwar einige Tage, doch benutzt man es am besten immer frisch bereitet. Die Reaktion ist sehr empfindlich. Die Methode versagt selbst beim geringsten Blutgehalt nicht. Eisen, Stoffproben stören die Reaktion nicht. Ein Nachteil ist, daß Eiter ebenfalls die Reaktion gibt, selbst wenn man die Lösung kocht. Oxydasen, pflanzliche und tierische Fermente geben die Reaktion ebenfalls, allein durch Kochen der auf Blut zu untersuchenden Auslaugungen wird deren Wirkung ausgeschaltet, für den Blutnachweis stört das Kochen der Lösung nicht. Im Zusammenhang mit dem mikroskopischen Nachweis (nachstehend) ist die Benzidinprobe demnach eine Methode, die man nicht mehr gern vermißt. Ist das Blut nicht alt, so kann man auf den Gegenständen selbst, z. B. Dolchen, Messerklingen und ähnlichen Objekten schon kleine Blutmengen unter Verwendung eines Vertikalilluminators unter dem Mikroskop erkennen. Für die gewöhnliche mikroskopische Untersuchung frischer Blutflecke bringt man etwas auf das Deckgläschen, feuchte oder erst eingetrocknete Flecke weicht man mit physiologischer Kochsalzlösung oder 10%-igem Glycerin auf. Deutlich erkennbar macht man die Blutkörperchen durch Färbung. Man streicht die Blutlösung dünn auf die Deckgläschen, fixiert durch Erwärmen bis 102—103° und legt einige Stunden in Karbolfuchsinglycerin (1 g Fuchsin in 10 ccm absolutem Alkohol gelöst, dazu 100 ccm 5%-ige Karbolsäureglycerinlösung) spült mit Wasser ab und färbt mit Delafields verdünnter Hämatoxylinlösung [1]) nach.

Nach Beendigung dieser Vorprüfungen beginnt man mit dem eigentlichen Nachweis von Blut mittels der Teichmannschen Häminprobe und gegebenenfalls auch der Blutart.

Man kratzt Proben von den auf Messerklingen, Beilen, Holzstücken, auf Wäsche u. dgl. befindlichen Flecken ab, oder laugt sie zweckmäßig mit Chlornatriumlösung aus und trocknet das ausgelaugte Blut auf Objektträgern an. Sodann betupft man mit wenigen Tropfen Eisessig, erwärmt bis zur Blasenbildung, legt das Deckglas auf und verdunstet den Eisessig entweder auf dem Wasserbad oder auf einer gelinde erwärmten Asbestplatte. Es kristallisieren nun die sogenannten

---

[1]) 1 g Hämatoxylin in 6 ccm absolutem Alkohol warm lösen und filtrieren, mit 15 g Ammoniakalaun in 100 ccm destill. Wassers zusammengießen. Mischung bleibt 3 Tage im offenen Gefäße am Licht stehen, wird filtriert und mit 25 ccm reinem Glycerin und 25 ccm Methylalkohol versetzt. Nach wiederum 3 Tagen ist diese filtrierte Mischung für lange Zeit gebrauchsfähig.

Teichmannschen Blutkrystalle oder Häminkrystalle, zwar in verschiedenen Formen (Fig. 7 und 8), aber alle dem rhombischen System angehörend, aus. In der Regel sind es rhombische Tafeln von verschiedener Größe und von rotbrauner Farbe, die häufig zu mehreren kreuzweise angeordnet, übereinander liegen.

Man beobachte bei 300 facher Vergrößerung. Ist die Untersuchung negativ ausgefallen, so wiederhole man die Eisessigbehandlung an demselben Präparat noch einmal, wobei man darauf achte, daß das Lösungsmittel recht langsam verdampft. Bei der zweiten Behandlung scheint die Krystallbildung leichter vor sich zu gehen. Da die Häminreaktion bei altem oder verändertem Blut öfters versagt, also ihr negativer Ausfall keineswegs auch die Abwesenheit von Blut anzeigt, so empfiehlt es sich, den Nachweis mit Hilfe des Spektroskopes zu führen.

Die spektroskopische Untersuchung verdächtiger Flecke ist nach dem gegenwärtigen Stand der Wissenschaft für den Blutnachweis das wichtigste Hilfsmittel[1]). Die Erkennung des Blutes beruht auf der Hervorrufung der verschiedenartigen Absorptionsstreifen im Spektrum

Fig. 7.   Fig. 8.

des Hämoglobins und mehrerer seiner Verbindungen, (Gruppe des Hämoglobins und Methämoglobins, des Hämatins und der Hämatoporphyrins siehe nachstehende Tafel, Fig. 9). Frisches Blut enthält Oxyhämoglobin; sein Absorptionsspektrum tritt bei einem Gehalte bis zu 0,25 pro Mille noch deutlich auf; auf Zusatz von Reduktionsmitteln $(NH_4)_2S$ entsteht Hämoglobin (Doppelreaktion). In wässerigen oder kochsalzhaltigen Lösungen älterer Blutflecken zeigt sich im Spektrum auch Methämoglobin (siehe Tafel) an. Durch Zusatz von Schwefelammonium entsteht Hämoglobin daraus. Hämatin (alte Flecke) löst sich nur in Säuren und Alkalien. Das für die Blutuntersuchung wichtige alkalische Hämatin erhält man durch Zusatz von Ammoniakalkohol oder einer wässerigen oder einer 1%-igen alkoholischen KOH oder 10%-igen wässerigen NaOH. Durch Behandlung des Blutfleckens mit Cyankalilösung entsteht Cyanhämatin. Zusatz reduzierender Mittel zu alkalischem oder Cyanhämatin erzeugt Hämochromogen

---

[1]) P. Uhlenhuth u. O. Weidanz, Praktische Anleitung zur Ausführung des biologischen Eiweißdifferenzierungsverfahrens, Verlag von G. Fischer, Jena. 1909. S. 33.

Spektraltafel
Absorptionsspektra des Oxyhämoglobins und seiner Abkömmlinge.

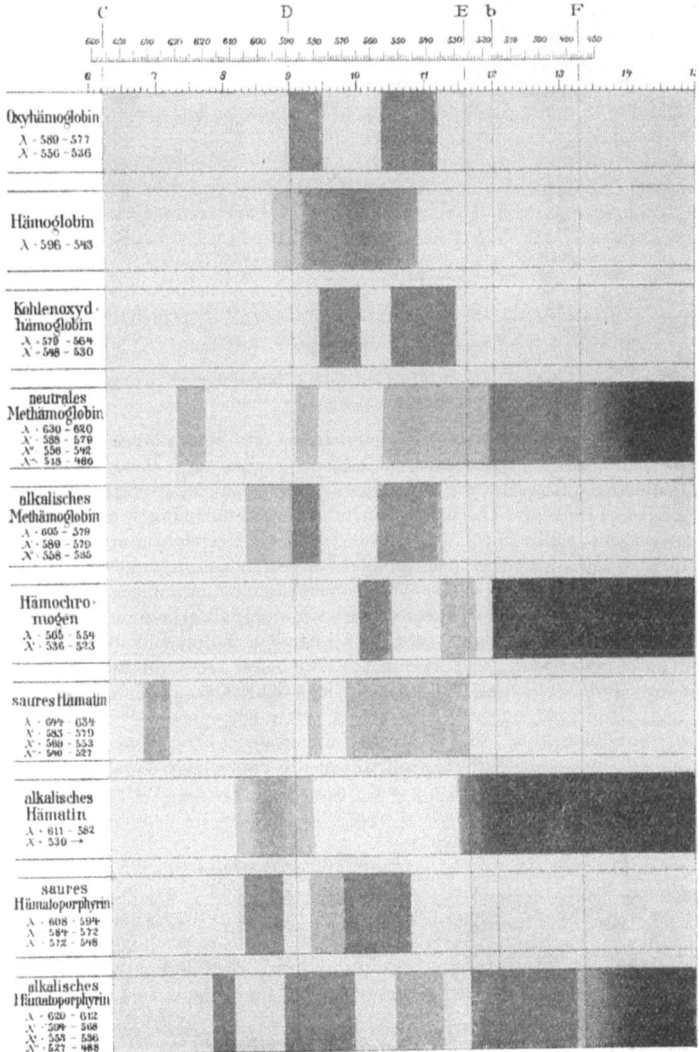

Fig. 9.
Nach E. Ziemke und Franz Müller (Arch. f. Physiologie 1901. Suppl. 177), Röhmanns Biochemie entnommen.

bzw. Cyanhämochromogen. Die Hämochromogene sind für den Nachweis kleiner Spuren von Blut besonders wichtig. Bei Blutflecken, welche höheren Temperaturen (Überhitzung über 140º C) ausgesetzt waren, führt die Methode Kratter[1]) zum Ziel (Darstellung von Hämatoporphyrin mit konzentrierter H_2SO_4). Sehr alte, mit Rost untermischte Flecken behandelt man mit wasserfreier Carbolsäure oder einer Mischung gleicher Raumteile dieser Säure und absoluten Alkohols (Szigetti[2]). Sind die Blutmengen sehr gering, so kann die Anwendung des Mikroskopes[3]) zum Ziele führen.

Die Unterscheidung der Blutarten durch Größe und Form der Blutkörperchen ist schwierig und nicht objektiv beweisend, es gelingt nur die Unterscheidung von Menschen- und Säugetierblut einerseits, Vogelblut andererseits. Vollen Ersatz gibt Uhlenhuths biologisches Verfahren. Über Blutnachweis, Kritik einzelner Methoden vgl. auch die Verhandlungen der V. Tagung der Deutschen Gesellschaft für gerichtl. Medizin in Salzburg 1909, in Vierteljahrsschrift für gerichtl. Medizin, III. Folge, Bd. XXXIX, 1910, S. 42 u. ff.

2. Die Untersuchung der Blutarten auf biologischer Grundlage nach P. Uhlenhuth.

Auf die wissenschaftliche Seite dieses Verfahrens und seinen unschätzbaren Wert für die forensische Blut-, Fleisch- und Nahrungsmitteluntersuchung, überhaupt für die Erkenntnis verschiedener naturwissenschaftlicher Probleme (Abstammungslehre), für die medizinischen Wissenschaften und selbst für historische Zwecke (Altersbestimmung von Mumien) kann hier nicht eingegangen werden; es muß daher auf die in Uhlenhuths Werk (siehe oben) verzeichnete umfangreiche Spezialliteratur Uhlenhuths sowie seiner Vorläufer, Mitarbeiter und der übrigen auf diesem Gebiet tätigen zahlreichen Forscher hingewiesen werden. Ebensowenig ist hier nicht Raum zur Beschreibung der Gewinnung der Sera und Antisera. Die wichtigeren und praktisch am häufigsten gebrauchten Sera werden zur allgemeinen Erleichterung von Spezialinstituten und Fabriken geliefert; bei Identifizierung besonderer Tierarten wird man allerdings die Sera erst entweder selbst herstellen oder die Herstellung an Spezialinstitute in Auftrag geben müssen. Man sollte aber solches bezogene Material nie ohne vorherige Prüfung in Gebrauch nehmen.

Es sei ferner darauf aufmerksam gemacht, daß auch der in nachstehendem kurz angegebene Gang des biologischen Verfahrens (Ausführung der entscheidenden Reaktion nebst der erforderlichen Vorarbeiten) die Ausführung des Verfahrens nicht völlig erschöpfend darstellen kann. Zur Sicherung eines einwandfreien Ergebnisses der Untersuchung hat man sich der größten Vorsicht, Pünktlichkeit und Genauigkeit zu befleißigen und vor allem durch Versuche an bekannten Objekten

---

[1]) Vierteljahrsschrift für gerichtl. Medizin III. F., IV. Bd. 1892. S. 62: Über den Wert des Hämatoporphyrinspektrums für den forens. Blutnachweis.
[2]) Ebenda. 1896. XII. Bd. Supplem. S. 103.
[3]) Außer dem üblichen Spektroskop eignet sich für die Blutuntersuchungen auch besonders das Mikrospektroskop nach Abbé.

und Materialien sich erst ein richtiges Bild von dem Gang und den möglichen Nebeneinflüssen und Störungen der Reaktionen und des Materials zu verschaffen.

Gang des biologischen Verfahrens.
Nach Uhlenhuth und Beumer[1]).
a) **Vorversuch zur Bestimmung der Wirksamkeit des spezifischen Serums.**

„Die Verarbeitung des Untersuchungsmaterials für die biologische Methode ist erst dann in Angriff zu nehmen, wenn der Untersucher sicher ist, ein brauchbares spezifisch wirkendes Serum zu besitzen und nachdem er sich in einem Vorversuch von seiner Wirksamkeit überzeugt hat. Die Vorprüfung nimmt man im Gegensatz zur eigentlichen genauen Titerbestimmung (s. weiter unten) nicht mit genau hergestellten Verdünnungen und nicht ausschließlich mit Serum vor, sondern, um möglichst der Praxis gleiche Verhältnisse zu schaffen, mit angetrocknetem Blut. Zu diesem Zwecke soll sich jeder, der sich mit der Ausführung von Untersuchungen mittels der biologischen Methode beschäftigt, angetrocknetes Blut vorrätig halten. Zur Gewinnung desselben kann man sich der Antrocknungsmethode in Petrischalen (Uhlenhuth), auf Fließpapier, Gaze, Leinwand oder in Sand bedienen. Die Eintrocknung auf Fließpapier oder Gaze hat den Vorzug, daß eine schnellere Auslaugung stattfindet, und daß die so gewonnenen Lösungen immer klar sind (Nutall). Ferner wird man zur Vermeidung großer Altersunterschiede gut tun, wenigstens bei den leicht zu beschaffenden und für forensische Fälle vorzugsweise in Frage kommenden Blutsorten wie Menschen- Rind-, Pferde-, Schweine-, Hammel-, Reh-, Hasen-, Ziegen-, Hunde- und Kaninchenblut, von Zeit zu Zeit (alle 4—6 Wochen) frisches Blut in der oben geschilderten Weise zu konservieren. Diejenige Blutart, auf welche das Untersuchungsmaterial geprüft werden soll, wird dann zur Vorprüfung benutzt. Zur Herstellung der genügenden Bluteiweißlösung wird eine geringe Menge des angetrockneten Test-Blutmaterials in eingewöhnliches Reagenzglas gebracht und hierzu etwa 5 ccm steriler physiologischer Kochsalzlösung gesetzt. Ohne zu schütteln — um eine möglichst klare Lösung zu erzielen — bleibt das Gemisch so lange stehen bis eine genügende Menge Eiweiß in Lösung übergegangen ist. Man erkennt das daran, daß beim Schütteln eines vorsichtig in ein zweites Reagenzglas übergegossenen Probequantums (2 ccm) eine längere Zeit stehenbleibende Schaumbildung auftritt. Ist das der Fall, so wird auch der Rest der Lösung in das zweite Röhrchen gegossen; beim Übergießen hat man, besonders, wenn man angetrocknetes Blut benutzt hat, zu vermeiden, den noch nicht ganz aufgelösten Bodensatz aufzurühren. Die so gewonnene Lösung ist dann auf ihre Klarheit zu prüfen. Sollte sie nicht ganz klar sein, so muß sie filtriert werden und zwar genügt hier in fast jedem Falle ein Papierfilter.

Da für die biologische Reaktion eine Verdünnung des Untersuchungsmaterials von etwa 1 : 1000 verlangt wird, so hat man natürlich auch bei der Vorprobe diesen Konzentrationsgrad herzustellen. Man erkennt die geforderte Verdünnung, abgesehen von der beim Schütteln entstehenden Schaumbildung, an dem Ausfall der mit einer kleinen Menge von etwa 1 ccm unter Zusatz eines Tropfens 25 %-iger Salpetersäure angestellten Kochprobe. Es entsteht nämlich bei dieser Reaktion in einer Verdünnung von 1 : 1000 eine leicht opaleszierende Eiweißtrübung. Da nun die ausgelaugte Bluteiweißlösung im allgemeinen konzentrierter ist, so muß sie so lange mit steriler 0,85 %-iger Kochsalzlösung verdünnt werden, bis die Salpetersäurekochprobe den richtigen Grad der Verdünnung von annähernd 1 : 1000 angibt.

---

[1]) Praktische Anleitung zur gerichtsärztl. Blutuntersuchung mittels der biologischen Methode, Zeitschr. f. Medizinalbeamte 1903, No. 5 u. 6; siehe ferner: P. Uhlenhuth u. O. Weidanz, Praktische Anleitung zur Ausführung des biologischen Eiweißdifferenzierungsverfahrens, Verlag G. Fischer, Jena 1909; § 16 Abs. 3 der Anlage und zu den am 1. April 1908 erlassenen Ausführungsbestimmungen D zum Fleischbeschaugesetz siehe S. 172 dieses Hilfsbuchs. Uhlenhuth, Weidanz u. Wedemann, Arb. a. d. Kaiserl. Gesundheitsamte, Bd. 28; O. Weidanz, Zeitschr. f. Fleisch- u. Milchhygiene, 1907. 18. 33; Vierteljahrsschr. f. gerichtl. Medizin 1909, Bd. 37, 2. Suppl.-Heft; siehe im übrigen auch S. 171.

Für die Ausführung der Serumprüfung, wie überhaupt der biologischen Reaktion, benutzt man zweckmäßig das von Uhlenhuth und Beumer angegebene Reagenzgestell. Es ist so eingerichtet, daß es für 12 kleine Reagenzröhrchen von je 11 cm Länge und 0,9 cm Durchmesser Platz hat. An ihren offenen Enden haben die Röhrchen nach außen umgebogene Ränder, so daß man sie in den Löchern des Gestells pfeifenartig aufhängen kann. Der Übersichtlichkeit halber sind die Löcher, in welche die Röhrchen hineingehängt werden, mit Nummern von 1—12 versehen. Das Aufhängen der Röhrchen hat den Vorteil, daß man die am Boden des Röhrchens auftretende Präzipitinreaktion gut beobachten kann.

Für die Serumprüfung werden 3 gleichmäßig dicke und absolut saubere Reagenzröhrchen ausgesucht und in das Gestell hineingehängt. Im durchfallenden Licht, indem zwischen Lichtquelle und Reagenzglasgestell ein schwarzes Brettchen oder dgl. gehalten wird, sind die leeren Röhrchen vor Ansetzen jeder biologischen Reaktion nochmals auf ihre Sauberkeit zu prüfen. Denn nicht selten kann man gerade bei ganz neuen Röhrchen beim Übergang in die Kuppe einen horizontalen grauweißen Ring, der bei nicht sorgfältiger Herstellung der Gläschen entstehen soll, beobachten. Dieser kann dann leicht eine schwache spezifische Reaktion vortäuschen

Mit einer sterilen Pipette wird in Röhrchen 1 und 2 je 1 ccm der verdünnten Blutlösung gebracht, während Röhrchen 3 mit demselben Quantum steriler Kochsalzlösung (0,85 %) beschickt wird. Mit einer sterilen graduierten Pipette (1 ccm mit 100 Teilstrichen) werden zu Röhrchen 1 und 3 je 0,1 ccm des zu prüfenden absolut klaren Antiserums gesetzt, während in Röhrchen 2 0,1 ccm normales, ebenfalls vollständig klares, normales Kaninchenserum gegeben wird. Ohne zu schütteln, wird die Reaktion im durchfallenden Lichte betrachtet. Tritt nun in Röhrchen 1 sofort oder spätestens nach zwei bis fünf Minuten eine hauchartige in der Regel am Boden beginnende Trübung auf, die sich nach weiteren fünf Minuten in eine wolkige umwandelt und sich weiterhin als Bodensatz absetzt, während die Lösungen in den beiden übrigen Röhrchen völlig klar bleiben, so ist das Serum brauchbar. Die bei Zimmertemperatur ausgeführte Reaktion soll spätestens nach 20 Minuten abgeschlossen sein.

b) **Behandlung des Untersuchungsmaterials zwecks Prüfung mittels der biologischen Methode.**

Die auf fester Unterlage eingetrockneten Blutflecke werden mit einem reinen sterilen Instrument abgekratzt, indem man zweckmäßig einen großen Bogen weißen Schreibpapiers als Unterlage benutzt. Die pulverisierte Masse wird vorsichtig in ein steriles Reagenzröhrchen geschüttet und mit 0,85 %-iger Kochsalzlösung zur Auflösung gebracht. Hat man nur ganz geringe Spuren von Material, so kann man auch Wachs um den Fleck herumlegen und in der so gebildeten Mulde den Fleck mit Hilfe von Kochsalzlösung auflösen. Andere Lösungsmittel wie 0,85 %-ige Kochsalzlösung sind nicht zu verwenden.

Handelt es sich um Material, welches in die Unterlage eingesogen ist, wie in Kleidungsstücke, Leinewand u. s. w., so wird der Fleck herausgeschnitten, mit der Schere möglichst fein zerkleinert, mit Nadeln zerzupft und in einem kleinen Schälchen oder im Reagenzglase möglichst mit geringer Menge physiologischer 0,85 %-iger steriler Kochsalzlösung übergossen. Bei diesem Verfahren gewinnt man gewöhnlich bereits nach einer Stunde eine vollständige Auflösung der eingetrockneten Eiweißkörper. Handelt es sich um altes Material, so dauert die Auslaugung erheblich länger, bisweilen bis zu 24 Stunden. Es ist dann, um Bakterienwachstum möglichst zu verhindern, nötig, die auszulaugende Flüssigkeit in den Eisschrank zu stellen. Die genügend ausgelaugte Flüssigkeit wird dann filtriert. Die Filtration erfolgt zunächst mit gehärteten Papierfiltern (Schleicher und Schüll, No. 575, 603 oder 605) und nur wenn erfolglos durch Berkefeldsche Kieselgur-Filter.

In ganz ähnlicher Weise wie bei der Vorprobe wird auch von der zu untersuchenden Auslaugungsflüssigkeit eine Eiweißverdünnung von etwa 1 : 1000 hergestellt. Ist das geschehen, so muß möglichst bald die biologische Prüfung vorgenommen werden, denn die Aufbewahrung des Extraktes etwa bis zum nächsten Tage ist nicht angängig wegen die Flüssigkeit trübenden Bakterienwachstums.

Zugleich mit der Vorbereitung des Untersuchungsmaterials werden aus Partikelchen von an- resp. eingetrocknetem Blute die Kontrollösungen in derselben Weise hergestellt, und zwar wählt man hierzu Blutlösungen irgendwelcher Haustiere. Handelt es sich bei der Untersuchung um einen auf einem Stoff eingetrockneten Blutfleck, so hat man noch eine weitere Kontrollösung nur aus dem in Frage kommenden Stoff herzustellen.

Vor dem Ansetzen des Versuchs sind die einzelnen Lösungen auf ihre Reaktion gegen Lackmuspapier zu prüfen. Die Lösungen sollen neutral reagieren. Stark saure oder stark alkalische Lösungen sind zu verwerfen, kommen praktisch auch wohl bei der starken Verdünnung der Untersuchungsflüssigkeit kaum vor. Reagieren sie ausnahmsweise sauer (Leder, Baumrinde, siehe u.), so werden sie mit 0,1 %-iger Sodalösung neutralisiert. Als Neutralisationsmittel für die Untersuchung wird Magnesiumoxyd angewendet.

Nachdem sämtliche Lösungen hergestellt sind, kann zur Ausführung der biologischen Reaktion geschritten werden. Als allgemeiner Arbeitsgrundsatz ist zu beachten, daß alle Gefäße, Röhrchen und Instrumente peinlich sauber und steril, und daß sämtliche Flüssigkeiten, die bei der Ausführung der Methoden benutzt werden, absolut klar sind. Die Sterilität der Gefäße und Instrumente ist notwendig, um eventuell anhaftende fremde Eiweißsubstanzen durch die Hitze zu zerstören. Es ist auch zu beachten, daß die Röhrchen infolge häufiger Sterilisation in trockener Hitze zahlreiche außerordentlich feine Unebenheiten aufweisen können, die, falls sie sich in größerer Menge an der Kuppe des Glases befinden, eine beginnende spezifische Trübung vortäuschen können.

c) Ausführung der biologischen Reaktion.

Behufs Ausführung der biologischen Reaktion werden in das kleine Reagensglasgestell sechs bezw. sieben möglichst gleich dicke und gleich lange Röhrchen gehängt; sie sind auf dem Holzgestell mit Nummern eins bis sieben bezeichnet.

In Röhrchen 1 und 2 werden mit einer Pipette je 1 ccm der zu untersuchenden Blutlösung gebracht. Zu Röhrchen 3 wird 1 ccm der dem zugehörigen Antiserum entsprechenden Blutlösung gegeben. Röhrchen 4 und 5 werden mit je 1 ccm der Kontrollblutlösungen (z. B. Schweine- und Rinderblut) beschickt. In Röhrchen 6 wird 1 ccm steriler 0,85 %-iger Kochsalzlösung gegossen. Als weitere Kontrolle würde in einzelnen Fällen dann noch Röhrchen 7 mit einem Auszuge des in Frage kommenden Stoffes beschickt werden.

Zu den einzelnen mit je 1 ccm Lösung gefüllten Röhrchen wird mit Ausnahme von Röhrchen 2 je 0,1 ccm von dem im Vorversuch geprüften Antiserum mit einer graduierten Pipette (1 ccm mit 100 Teilstrichen) zugesetzt, während in Röhrchen 2 0,1 ccm normales, vollständig klares Kaninchenserum gegeben wird.

Beim Zusetzen des Serums zu den einzelnen Flüssigkeiten hat man darauf zu achten, daß es möglichst an der Wand des Reagensröhrchens herunterfließt und nicht direkt auf die Flüssigkeit getropft wird. Das zugesetzte Serum sinkt in der Regel als spezifisch schwerer zu Boden. Die Röhrchen dürfen nach dem Serumzusatz nicht geschüttelt werden, weil sonst die beginnende Reaktion nicht so deutlich in die Erscheinung tritt.

Die Reaktion soll bei Zimmertemperatur nicht im Brutschrank vor sich gehen. Zu einer Untersuchung soll stets nur der Inhalt eines Röhrchens, nicht dagegen eine Mischung des Inhaltes mehrerer Röhrchen verwendet werden. Man hat nämlich wiederholt beobachtet, daß Menschenantisera, die von verschiedenen Kaninchen stammten, zusammengemischt Präzipitate geben.

d) Beurteilung des Befundes.

Wenn die Reaktion als positiv gelten soll, so muß sofort oder spätestens nach 2 Minuten die Reaktion als hauchartige Trübung am Boden der Röhrchen 1 und 3 sichtbar sein. — Ist die Schichtung sehr vorsichtig erfolgt, so zeigt sich die Trübung in Form eines deutlich sichtbaren Ringes an der Berührungsschicht zwischen Untersuchungsflüssigkeit und Serum. — Innerhalb der ersten 5 Minuten muß sich die hauchartige Trübung in eine mehr wolkige verwandeln, die sich dann nach weiteren 10 Minuten gewöhnlich als flockiger Bodensatz absetzt. Während die angegebene Niederschlagbildung in Röhrchen 1 und 3 erfolgt, müssen die Kontrollröhrchen 2, 4, 5, 6 resp. 7 im Verlauf der gesamten Untersuchungszeit vollkommen unverändert klar bleiben. Später etwa entstehende Trübungen, die nach 20 Minuten auftreten, dürfen als positive Reaktion nicht aufgefaßt werden. Um die Reaktion in der geschilderten Weise beobachten zu können, dürfen die Röhrchen, wie oben erwähnt, nicht geschüttelt werden.

Zur besseren Beobachtung der Trübung werden die Röhrchen bei durchfallendem Tages- oder künstlichem Licht betrachtet, indem zwischen Lichtquelle und Reagensglas eine schwarze Tafel oder dgl. gehalten wird. Neuerdings ist von D ü r c k ein Apparat angegeben, der eine bessere Beobachtung schwacher Trübungen ermöglicht.

Um alle Fehlerquellen bei dem biologischen Verfahren sicher auszuschließen, sind, wie aus der obigen Anweisung hervorgeht, unbedingt 5 resp. 6 Kontrollen notwendig.

Die Kontrolle, Röhrchen 2 — Zusatz von normalem Kaninchenserum zu der Untersuchungslösung — die absolut klar bleiben muß, hat den Zweck, nachzuweisen, daß die in Röhrchen 1 etwa beginnende Trübung nicht auf allgemein physikalische Einwirkung infolge von Kaninchenserumzusatz zu beziehen ist.

Die Kontrolle, Röhrchen 3 — Zusatz von spezifischem Serum zu der homologen Blutlösung — dient nur zum Vergleich mit Röhrchen 1 und gibt nochmals über die Wirksamkeit des Antiserums Aufschluß.

Die Kontrollen, Röhrchen 4 und 5, in denen kein Niederschlag entstehen darf, beweisen, daß die in dem Untersuchungsröhrchen 1 sich etwa bildende Präzipitation durch eine spezifische Wirkung des zugesetzten Serums hervorgerufen wird.

Eine der wichtigsten Kontrollen ist die Kontrolle mit der zur Verdünnung der einzelnen Lösungen gebrauchten physiologischen Kochsalzlösung, Röhrchen 6; ihr Klarbleiben nach dem Zusatz des in Frage kommenden Antiserums beweist, daß einmal das zur Verwendung gekommene spezifische Serum vollkommen klar ist und nicht opalesziert und daß außerdem die 0,85 %-ige Kochsalzlösung nicht schon an und für sich beim Zusatz des spezifischen Serums Trübungen bildet, wie das z. B. beim Leitungswasser der Fall sein würde.

Die Kontrolle, Röhrchen 7, liefert endlich den Beweis, daß der Stoff, in dem das Blut eingezogen ist, nicht bereits für sich allein bei Zusatz des Antiserums eine Trübung hervorruft.

Um die Reaktion in der angegebenen Weise ausführen zu können, ist es nötig, mindestens 2 ccm der zu untersuchenden Lösung herzustellen, nämlich je 1 ccm für Röhrchen 1 und 2. Das Verhältnis zwischen den Flüssigkeiten und dem zuzusetzenden Antiserum, welches etwa 1 : 10 beträgt, hat sich nicht als unbedingt notwendig, wohl aber als praktisch erwiesen. 1 ccm von den zu untersuchenden Lösungen zu verwenden, ist insofern vorteilhaft, als man schon bei dieser Menge die allmählich vom Boden des Röhrchens aufsteigende Trübung gut beobachten kann.

Stehen ganz kleine Mengen von Untersuchungsmaterial zur Verfügung, so bedient man sich mit großem Vorteil der von G. H a u s e r [1]) angegebenen Kapillarmethode. Neuerdings ist von C a r n w a t h [2]) diese Methode etwas modifiziert worden.

Die biologische Methode kann selbst bei altem faulen Blute noch Aufschluß geben. Die Reaktionsfähigkeit trockenen Blutes wird auch durch erhebliche Erhitzung auf Temperaturen über 100° und mehrstündige Einwirkung der Hitze nicht aufgehoben oder nur vermindert, ebenso ist das Alter der Blutflecken, wenn es nicht eine ganz abnorme Höhe hat, im allgemeinen ohne Einfluß auf den positiven Ausfall der Reaktion. Durch besondere Umstände, namentlich durch die Beschaffenheit des Materials oder der Gegenstände, an welchen Blutflecken vorkommen, kann die Serumreaktion beeinflußt werden, z. B. durch den Gerbstoffgehalt von Leder und dgl.; alkalisch reagierende Substanzen können besonders verhängnisvoll sein; Säuren müssen abgestumpft werden.

Sind mehrere Blutarten in einer Substanz vorhanden, so müssen selbstverständlich entsprechende verschiedene Antisera angewendet werden. Es ist wohl möglich, in einer Mischung mehrer Blutarten jede einzeln für sich zu er-

---

[1]) Über die Leistungsfähigkeit des U h l e n h u t h schen serodiagnostischen Verfahrens bei Anwendung der Kapillarmethode. Festschrift für J. R o s e n - t h a l 1906.

[2]) Zur Technik der Untersuchung kleinster Blutspuren. Arbeiten aus dem Kaiserl. Gesundheitsamte 1907. 27. Heft 2.

[3]) Biochem. Zeitschr. 1908. 14. 294 u. Chem. techn. Rep. der Chem.-Ztg. 1909. 8. 32.

kennen. Heterologe Trübungen oder Fällungen können nur entstehen, wenn nicht genau nach den Vorschriften gearbeitet ist.

Über die Komplementbindungsmethode (nach Neißer-Sachse), vgl. die oben angegebene Spezialliteratur; sie ist komplizierter als die Uhlenhuthsche Methode und soll auch an Brauchbarkeit hinter dieser zurückstehen. W. A. Schmidt[2]) machte eingehende Studien über den Nachweis erhitzter Eiweißstoffe.

Die biologische Methode ist ebenso wie für die Untersuchung und Differenzierung der Blutarten, auch für diejenigen der Fleischarten und ihrer Gemische in Wurstwaren, Fleischsaft und bluthaltigen Nährpräparaten etc. namentlich zwecks Nachweises von Pferdefleisch oder Beimengungen desselben anwendbar. Das nähere siehe unter Abschnitt „Fleisch und Fleischwaren" S. 171.

3. Nachweis von Kohlenoxyd im Blut.

Durch Einwirken von Kohlenoxydgas auf den Blutfarbstoff bildet sich in ähnlicher Weise wie durch Einwirkung des Sauerstoffs Oxyhämoglobin (siehe S. 524), ein Kohlenoxydhämoglobin, das aber viel beständiger als das Oxyhämoglobin ist. Dasselbe hat ebenfalls ein ganz charakteritisches Spektrum.

Das Verhalten des Blutfarbstoffes zum Kohlenoxyd läßt sich umgekehrt zum Nachweis des Kohlenoxydes in der Luft benützen, indem man eine größere Menge der Luft mit einer sehr verdünnten wässerigen Blutlösung schüttelt und diese Lösung im Spektralapparat prüft.

Außer der spektroskopischen Probe ist die im Abschnitt Luft, S. 485 beschriebene Tanninprobe zu empfehlen.

C. Chemische Untersuchung von Schriften und Tinten [1]).

Der chemische Nachweis von Schriftfälschungen gründet sich auf das verschiedene Verhalten der Tinten gegen einzelne Reagentien, sowie darauf, daß die Fälschungen fast nie mit der gleichen Tinte ausgeführt werden, mit der die betreffende Schrift hergestellt ist.

Als Reagentien dienen folgende Lösungen: 1. 10 %-ige Oxalsäurelösung. 2. 3 %-ige Citronensäurelösung. 3. 2 %-ige Chlorkalklösung. 4. Lösungen von 1 g Zinnchlorür und 1 g Salzsäure in 10 g Wasser. 5. 15 %-ige Schwefelsäure. 6. 10 %-ige Salzsäure. 7. 20 %-ige Salpetersäure. 8. Gesättigte wässerige Lösung von schwefliger Säure. 9. 4 %-ige Goldchloridlösung. 10. Lösung von 1 g Natriumthiosulfat und 1 g Ammoniak in 10 g Wasser. 11. 4 %-ige Natronlauge. 12. Lösung von 1 g Ferrocyankalium und 1 g Salzsäure in 25 g Wasser. 13. 10 %-ige wässerige Jodsäurelösung. 14. Lösung von Wasserstoffsuperoxyd und Chlorammonium. 15. Lösung von Wasserstoffsuperoxyd mit verdünnter Schwefelsäure. 16. Mischung von 2 Teilen Glycerin und 1 Teil 4 %-iger Natronlauge. Die verschiedenen Tinten zeigen gegen diese Reagentien folgendes Verhalten:

Gallentinte mit 1. verschwindet, 2. verblaßt, 3. verschwindet, 4. verschwindet, 5. verschwindet, 6. verschwindet unter Hinterlassung eines bräunlichen Fleckens, 7. verschwindet, 8. verblaßt, 9. verblaßt wenig, 10. tiefrot, 11. tiefrot, 12. blau.

---

[1]) J. J. Hofmann, Rev. intern. fals. 1898, **11**, 89—92 und 130 bis 133 und Zeitschr. f. Unters. d. Nahr.- u. Genußm. 1899, **2**, 511. Näheres siehe Dennstedt u. Voigtländer, Der Nachweis von Schriftfälschungnn, Blut, Sperma, Braunschweig 1906.

Tinte von Campecheholz mit Kaliumchromat mit 1: violett, 2: violett, 3: verschwindet, 4: rot, 5: rot, 6: purpurrot, 7: rot, 8: grauviolett, 9: rotbraun, 10: unverändert, 11: braun, 12: rot.

Tinte aus Campecheholz mit Kupfersulfat: mit 1: orange, 2: orange, 3: verschwindet mit Hinterlassung eines braunen Fleckens, 4: scharlachrot, 5: purpurrot, 6: tiefrot, 7: purpurrot, 8: rot, 9: braun, 10: tiefblau, 11: tiefrot, 12: ziegelrot.

Nigrosine: mit 1. unverändert, 2. breitet sich tiefblau aus, 3. braun, 4. unverändert, 5. unverändert, 6. fast unverändert, 7. breitet sich aus, 8. unverändert, 9. unverändert, 10. und 11. tiefviolett sich ausbreitend, 12. unverändert.

Vanadintinte: mit 1. und 2. verblaßt und breitet sich aus, 3. unverändert, verblaßt, wenig 5., 6. und 7. ebenso, 8. verblaßt wenig und breitet sich aus, 9. unverändert, 10. und 11. breitet sich aus, 12. gelbbraun.

Resorcintinte: mit 1. blaßrot, 2. verschwindet, 3. braun, 4. verschwindet, 5., 6. und 7. blaurosa, 8. verschwindet, 9. breitet sich braun aus, 10. braun, 11. unverändert, 12. rosa.

Um eine Beschädigung des betreffenden Schriftstückes zu vermeiden, können die Reagentien, welche dies erlauben, auch in Gasform angewendet werden. Mit diesen Methoden können nur einzelne Tintengruppen unterschieden werden. Zeigt eine Schrift durchaus verschiedene Reaktionen, so weiß man, daß es sich um zweierlei Tinten handelt. Sind die Reaktionen gleich, so kann die Tinte ein und derselben Ursprungs sein, es kann sich aber auch um verschiedene, nur in den Reaktionen ähnliche Fabrikate handeln, also um Tinten ein und derselben Gruppe. Daher Vorsicht in der Bewertung der Resultate!

Besonders gute Dienste zur Erkennung von Schriftfälschungen leistet die Photographie. An vergrößerten Photogrammen sind oft Unregelmäßigkeiten beim Nachziehen von Buchstaben, Rasuren und andere Verletzungen zu bemerken, verkleinerte Photogramme lassen Farbenunterschiede deutlicher hervortreten und geben Form und Richtung der Striche schärfer wieder. Die Photogramme lassen sich in der Weise herstellen, daß man eine Schrift auf eine lichtempfindliche Platte legt und exponiert. Eine Trennung der Farben läßt sich erzielen, wenn man beim Belichten verschieden gefärbte Glasplatten über das Schriftstück legt oder indem man besondere Lichtquellen, wie z. B. Natriumlicht benutzt. Auch empfiehlt sich die Verwendung von Platten, deren Bromsilbergelatineschicht mit Eosin und Fluorescein gefärbt ist; diese absorbieren die Komplementärfarben und lassen die übrigen schärfer hervortreten. Rasuren erkennt man unter dem Mikroskop oder der Lupe an den zerrissenen Papierfasern, an Aufrauhungen und an dem Fehlen des Glanzes an den betreffenden Stellen. Setzt man radierte Stellen der Einwirkung von Joddampf aus, so färben sie sich blau. Um dem Papier an radierten Stellen seinen Glanz wiederzugeben, überziehen die Fälscher solche Stellen mit Leim oder Gummi, welche beim Befeuchten mit Wasser oder Alkohol leicht zu erkennen sind. Zur Entfernung von Schriftzeichen dienen den Fälschern besonders Oxalsäure, Chlorkalk und schweflige Säure; um hierdurch entfernte Buchstaben wieder hervorzurufen, behandelt man die betreffende Stelle mit gasförmiger oder wässeriger

Gerichtliche Chemie. 533

schwefliger Säure, um die Wirkung des Chlorkalks oder ähnlicher Oxydationsmittel aufzuheben, läßt dann zur Entfernung der überschüssigen schwefligen Säure Wasserstoffsuperoxyd einwirken und behandelt schließlich mit Ammoniak. Falls die Schrift nur undeutlich hervortritt, läßt sie sich mit Tannin verstärken, doch muß vorher durch Erwärmen des Papiers das Ammoniak verjagt werden.

D. Untersuchung von Arznei- und medizinischen Geheimmitteln [1]).

Man hat sich in der Regel auf den qualitativen Nachweis etwa vorhandener schädlicher Stoffe und auf Identitätsbestimmungen zu beschränken. Nähere Anhaltspunkte darüber, wie man die Sache anzugreifen hat, lassen sich nicht geben; vielfach wird das über die „Ausmittelung der Gifte" Gesagte verwendet werden können. Solche Untersuchungen sind nicht immer von Erfolg. Pharmazeutische und namentlich pharmakognostische Kenntnisse sind dabei nötig und führen oft allein zu gewissen Resultaten bei der Untersuchung.

E. Einführung in die Mikrophotographie [2]).

Für den chemischen Experten ist der Nutzen der Mikrophotographie ein ganz bedeutender, und zwar insbesondere auf dem Gebiete der gerichtlichen Chemie. (Nachweis von Blut, Haaren, Spermatozoiden, Urkundenfälschungen Rasuren, nachträgliche Abänderungen u. s. w.). Die lichtempfindliche photographische Platte, welche die Stelle der Netzhaut des Auges vertritt, nimmt das Bild auf, wie es sich darbietet, und zwar mit ganz erstaunlicher Schärfe. Der Experte ist sonach imstande, das Gesehene als ein objektives, haltbares Beweismaterial dem Richter vorzulegen. Auch für die Nahrungsmittelchemie, z. B. für die Gewürzuntersuchung, sowie auch für die Bakteriologie und für die Untersuchung von Geheimmitteln u. s. w. leistet die Mikrophotographie sehr gute Dienste und kann namentlich in gerichtlichen Fällen eine praktische Bedeutung gewinnen.

Die notwendigen Apparate bestehen aus dem Mikroskop und der photographischen Camera. Letztere ist insofern verschiedener Konstruktion, als es Apparate gibt, mit welchen das Bild in vertikaler Stellung, und solche, mit welchen es in horizontaler Lage oder in jeder beliebigen Stellung aufgenommen werden kann.

Die ersten dienen hauptsächlich zur Herstellung kleiner, später zu vergrößernder Bilder und sind namentlich für bewegliche flüssige

---

[1]) Literatur: Hahn-Holfert-Arends, Verlag von J. Springer, Veröffentlichungen des Kaiserl. Gesundheitsamtes betr. Geheimmittel, deren öffentliche Anpreisung verboten ist.
[2]) Literatur: R. Neuhauß, Lehrbuch der Mikrophotographie. 2. Aufl. 1907. Leipzig. Baumert-Dennstedt-Voigtländer l. c. Außer mikrophotographischen Aufnahmen können von dem Gerichtschemiker auch sonstige photographische Aufnahmen, z. B. von Fingerabdrücken, Blutflecken, Handwerkszeug, des Tatortes selbst u. s. w. verlangt werden.

Objekte, welche in horizontaler Lage ablaufen würden, brauchbar; nur wird, wenn das Tageslicht zur Aufnahme nicht genügt, eine besondere Beleuchtung, welche die Benützung von Spiegeln umgehen läßt, notwendig.

Als Lichtquellen kann man das Kalklicht und elektrisches Licht, Auerlicht und Petroleum benützen. Die Apparate mit horizontaler Lage haben den Vorzug, daß man bei Weglassung der Spiegel künstliche Lichtquellen ohne weiteres anwenden kann; auch ist ihnen leichter eine feste Lage zu geben, sodaß etwaige Erschütterungen durch Hin- und Hergehen u. s. w. während der Aufnahme ohne Einfluß sind. Das Mikroskop muß dabei umgelegt werden können.

Das auf einem Tisch befindliche umlegbare Mikroskop wird direkt mit einer gewöhnlichen photographischen Camera mit lang ausziehbarem Balg, welche auf dem ihr zugehörenden Stativ steht, lichtdicht verbunden, indem man über den Tubus des Mikroskopes einen aus schwarzem Tuche gefertigten ärmelartigen Hohlzylinder zieht und das andere Ende über einen an der Stirnseite der Camera befestigten Tubus von geschwärzter Pappe streift. Beide Ansatzstellen sind noch mit Schnur oder mit Gummiringen zu befestigen. Diese Verbindung gestattet die Beweglichkeit der Camera und des Mikroskops. Die Länge dieses Ärmels richtet sich nach der Länge des Balges an der Camera; die Entfernung der Visierscheibe bis zum mikroskopischen Präparat soll sich bis auf wenigstens 1,5 m erstrecken können. Ist der Balg der Camera an sich schon weit ausziehbar, so kann der Vorstoß an der Stirnseite der Camera kürzer sein und umgekehrt.

Die Einstellung des Bildes mit der Visierscheibe genügt in vielen Fällen; zur feinen Einstellung mit der Mikrometerschraube muß bei der Länge des Apparates eine Vorrichtung angebracht sein, daß man vom Beobachtungsplatze aus die Drehung der Mikrometerschraube bewerkstelligen kann. Als einfachste Vorrichtung wird die Neuhaußsche Klemme, ein mit einem kleinen Hebel versehener, an die Mikrometerschraube angeschraubter Ring, an welchem Leitungsschnüre angebracht sind, mittels welcher die Mikrometerschraube durch Anziehen derselben vom Beobachtungspunkte aus beliebig gedreht werden kann. Dieselben Dienste leistet der Hookesche Schlüssel, welcher durch Zahnübersetzung die Bewegungen auf die Mikrometerschraube überträgt. Anstatt der gewöhnlichen Okulare ist die Verwendung von Projektionsokularen zu empfehlen. Firmen wie Zeiß, Leitz, Winkel in Göttingen liefern Apparate von großer Vollkommenheit.

Das geeigneteste Licht zum Photographieren ist das Sonnenlicht. Von ihm macht man sich jedoch, weil es in unseren Breitegraden nicht zu allen Zeiten zu haben ist, gerne unabhängig und wendet sich deshalb den künstlichen Lichtquellen zu, unter denen als sehr brauchbar das Auersche Gasglühlicht sich erwiesen hat. Das Objekt beleuchtet man mit Hilfe des Abbeschen Beleuchtungsapparates und einer Sammellinse. Trotz scharfer Einstellung des Bildes werden aber oft unscharfe Bilder erhalten. Dies hat seinen Grund in Fokusdifferenzen des Linsensystems. Diese Fokusdifferenz wird durch Einschaltung von sog. Lichtfiltern gehoben, indem man parallelwandige, mit Kupferoxydammoniaklösungen gefüllte Gefäße einschaltet. Ist die Flüssigkeitsschicht sehr dick, so werden nur die blauen und violetten auf die lichtempfindliche Platte am kräftigsten wirkenden Strahlen (Wellenlänge 475—400) durchgelassen. In dünneren Schichten tritt allmählich blaugrünes und grünes Licht hinzu. Man benützt am besten die sog. orthochromatischen, lichthoffreien Platten, die auch für rotes Licht empfindlich sind. Für gefärbte bakteriologische Präparate empfiehlt Zettnow ein Kupferchromfilter einzuschalten, welches aus 160 Teilen salpetersaurem Kupfer, 14 Teilen Chromsäure und 250 Teilen destillierten Wassers besteht. Es wandern durch diese Flüssigkeit nur Strahlen von etwa 560 Wellenlänge, also grüne und grüngelbe Strahlen, welche zum Photographieren von gefärbten Bakterienpräparaten notwendig sind. Man benützt diese Lichtfilter in einer Schichte von 1 cm Dicke. Nur braun gefärbte Bakterienpräparate erfordern die Kupferoxydammoniaklichtfilter.

Zur Aufnahme stellt man die Lichtquelle in größerer Entfernung vom Mikroskop auf, bringt vor die Flamme eine Sammellinse in den Brennpunkt und wirft das Licht in die Objektebene. Verwendet man einen Beleuchtungsapparat, so stellt man eine matte Scheibe vor demselben auf und stellt das Lichtbild auf diese Scheibe ein.

Nach der Zentrierung der Beleuchtungsapparate bringt man das Objekt unter das Objektiv, sucht mit der Visierscheibe die passende Stelle und stellt ein. Nachdem scharf eingestellt ist, ersetzt man die matte Visierscheibe durch eine Spiegelscheibe, schaltet die Absorptionslösung in den Beleuchtungsapparat ein und stellt mit der Lupe ein. Beim Einstellen des Bildes bedeckt man die Camera mit dem Einstelltuch.

Über die Technik der Aufnahme selbst, über das Entwickeln der Platten und über die Herstellung der photographischen Bilder braucht bei der weiten Verbreitung der Übung im Photographieren nichts mehr gesagt zu werden. Die richtige Wahl der Expositionsdauer bleibt der Erfahrung überlassen; im allgemeinen gesagt, dauert die Belichtungszeit von wenigen Sekunden bis zehn und mehr Minuten. Die Firmen, welche mikrophotographische Apparate liefern, geben ausführliche Anleitungen zum Mikrophotographieren bei. Auf diese sowie auf das eingangs vermerkte Lehrbuch sei verwiesen.

XXVI. Harnanalyse[1]).

Die Farbe des normalen Harns ist verschieden, hellgelb bis dunkelbraun. Abnorm gefärbt sind Harne durch pathologische Zustände. Das spezifische Gewicht wird mit dem Aräometer oder mittels

---

[1]) Als Spezialwerk zu empfehlen: Ed. Späth, Harnanalyse. 1908. Verlag von J. A. Barth, Leipzig. Zur Konservierung von Harn nimmt man alkoholische Thymollösung (2,0 Thymol zu 1 l Harn, auch Chloroform oder einige Stückchen Kampfer). Namentlich im Sommer bei Einsendungen von auswärts nötig.

des Pyknometers bestimmt und beträgt durchschnittlich etwa 1,017 bei 15⁰ C (1,012—1,025).

Aus dem spezifischen Gewicht läßt sich die Menge der festen Stoffe in 100 ccm des Harns berechnen: Die Häsersche Zahl 2,33 multipliziert man mit dem spezifischen Gewicht, indem man das Komma des spezifischen Gewichts zuvor um zwei Stellen nach rechts rückt und 1 vor dem Komma wegläßt.

Die Reaktion soll eine schwach saure sein. In besonderen pathologischen Fällen reagiert der Harn alkalisch. Der Harn von Herbivoren reagiert neutral bezw. alkalisch, der von Carnivoren sauer. Die Bestimmung der Acidität erfolgt mit $^1/_{10}$ N.-Alkalilauge und Phenolphthalein als Indikator. Endpunkt der Reaktion, wenn die rötliche Nuance bestehen bleibt. (Methode von Naegeli[1]). 1 ccm $^1/_{10}$ NaOH = 0,0063 Oxalsäure. Qualitativ mit empfindlichem blauen und roten Lackmuspapier, auch mit Curcumapapier zu prüfen.

Bestimmung normaler Bestandteile.

a) **Bestimmung des Harnstoffes.** Der Harn[2]) wird mit Oxalsäure in einem Hofmeisterschen Schälchen zur Trockene verdampft und darin der Stickstoff nach Kjeldahls Methode bestimmt (siehe S. 13). Der Harnstoff enthält 46,67 % Stickstoff, hierbei wird Nichtharnstoff mitbestimmt; zu genaueren Resultaten kommt man, wenn man noch Ammoniak und Harnsäure bestimmt, deren N-Gehalt vom gefundenen Gesamt-N abgezogen wird, und erst den aus der Differenz sich ergebenden N auf Harnstoff umrechnet.

Ferner kann er mit dem Knop-Wagnerschen Azotometer bestimmt werden, ein Apparat, auf den hier nur verwiesen wird.

Mit Lunges Nitrometer mit Niveaurohr kann man den Harnstoff in Zeit von einer halben Stunde bestimmen. Die Resultate sind genaue. Die Abscheidung des Stickstoffes geschieht wie beim Azotometer mit Bromnatronlauge. Je 1 ccm Gas aus 5 ccm angewendetem Harn entspricht 0,06 % Harnstoff, die Korrektion für die sog. Absorption des Stickstoffs ist hierbei berücksichtigt.

Die übrigen Harnstoffbestimmungen sind ungenau.

b) **Bestimmung der Harnsäure.** Diese wird

1. mikroskopisch (siehe Sedimente S. 542),

2. qualitativ mittels der Murexidreaktion vorgenommen. Man dampft den Harn mit Salpetersäure auf dem Wasserbade zur Trockene ein und nimmt den Rückstand mit Ammoniak auf: eine purpurrote Färbung zeigt Harnsäure an. Auf Zusatz von Alkali schlägt die Farbe in Violett um; beim Erwärmen verschwindet die violette Färbung rasch — Unterschied von Xanthinkörpern.

3. **Quantitative Bestimmung.**

α) Nach Ludwig. Mit folgenden Lösungen:

1. Magnesiamixtur (100 g $MgCl_2$ im Liter enthaltend) siehe S. 50.

---

[1]) Zeitschr. physiol. Chem. 1900. 30. 313.
[2]) Eiweiß ist zuvor durch Kochen unter Zusatz von einigen Tropfen Essigsäure zu entfernen.

Harnanalyse. 537

2. Ammoniakalische Silberlösung (26 g $AgNO_3$ löst man in überschüssigem Ammoniak und füllt zum Liter auf).
3. Einfach-Schwefelalkalilösung (15 g Ätzkali bezw. 10 g Ätznatron löst man in einem Liter, sättigt die eine Hälfte mit H_2S und vereinigt sie wieder mit der anderen).
Von diesen Lösungen sind auf 100 ccm Harn je 10 ccm zu verwenden.

Je 10 ccm Magnesiamixtur und ammoniakalische Silberlösung mischt man für sich zusammen und gibt so viel Ammoniak zu, daß sich der entstehende Niederschlag wieder löst. Erst dann versetzt man unter Umrühren 100 ccm des Harns mit der so hergerichteten Lösung, läßt ½ Stunde ruhig stehen, bringt den Niederschlag auf ein Saugfilter, wäscht ihn einige Male mit schwach ammoniakalischem Wasser nach, spritzt den Niederschlag vom Filter in ein Becherglas, gibt die 10 ccm Schwefelalkalilösung zu, erhitzt nahe zum Kochen, filtriert durch das erst benützte Filter ab und wäscht mit heißem Wasser nach.

Aus der vom Silbersulfid und Ammoniummagnesiumphosphat abfiltrierten Lösung wird nach Zusatz von Salzsäure bis zur schwach sauren Reaktion und Eindampfen auf ein kleines Volumen (10—15 ccm) und nach 1-stündigem Stehenlassen die Harnsäure ausgeschieden. Man bringt die Harnsäurekrystalle mit Hilfe der Flüssigkeit selbst auf ein bei 110° C getrocknetes und gewogenes Filter, wäscht einigemal mit wenig destilliertem Wasser nach, trocknet bei 100°, wäscht dann, um den vorhandenen Schwefel zu entfernen, 3-mal mit je 2 ccm Schwefelkohlenstoff aus, verdrängt letzteren durch Äther und trocknet das Filter bei 110° bis zum konstant bleibenden Gewicht.

Auf je 100 ccm Harn ist nach Voit und Schwanert 0,0045 g Harnsäure behufs Korrektion zu addieren.

β) 100—200 ccm Harn werden mit 5 ccm Salz- oder konzentrierter Essigsäure versetzt; nach 48-stündigem Stehen bei kühler Temperatur scheidet sich die Harnsäure ab; sie wird dann auf einem tarierten Filter gesammelt, mit wenig Wasser ausgewaschen, getrocknet und gewogen (bei 100° C).

c) **Chlor (Chloride):** nach der Volhardschen Titriermethode mit Silberlösung; oder man dampfe den Harn mit Salpeter ein und glühe den Rückstand; den Glührückstand löse man in Salpetersäure, neutralisiere mit $CaCO_3$ und titriere wie oben angegeben; ein Überschuß von $CaCO_3$ braucht nicht abfiltriert zu werden.

d) **Schwefelsäure (Sulfate)** kommt als Sulfatschwefelsäure (in den Sulfaten der Alkalien) präformiert und als Ätherschwefelsäure in Verbindung mit Phenol u. s. w. vor. Die in letzter Form auftretende Schwefelsäure bildet mit Barium lösliche Salze, die in den Sulfaten enthaltene unlöslichen schwefelsauren Baryt. Diese beiden Formen trennt man nach Baumann folgendermaßen:

α) Sulfatschwefelsäure: Man versetze 100 ccm Harn mit konzentrierter Essigsäure und heißer Chlorbariumlösung. Der entstandene $BaSO_4$ wird in bekannter Weise bestimmt.

β) Ätherschwefelsäure: Der Harn wird eine halbe Stunde mit konzentrierter Salzsäure gekocht und mit Chlorbariumlösung versetzt. Aus dem entstandenen Niederschlag berechnet sich die Gesamtschwefelsäure.

Die Differenz zwischen der zweiten und der ersten Bestimmung ergibt die Ätherschwefelsäure.

e) Phosphorsäure (Phosphate). Diese wird durch Titrieren mit Uranlösung oder nach der Molybdänmethode (siehe S. 420) bestimmt.

f) Alkalien, Kalk, Magnesia, Eisen werden nach den bekannten Methoden bestimmt.

Bestimmung von zufälligen Bestandteilen.

a) Nachweis von Medikamenten:

Antifebrin, Antipyrin, Phenacetin, Salicylsäure, Phenol, Santonin, Chrysophansäure, Alkaloide, Hg, Jod: vgl. den Stas-Ottoschen Gang, S. 506.

Bestimmung der pathologischen Bestandteile.

A. Eiweiß (Albumin).

a) Qualitative Proben:

1. Hellersche Probe: Man schichte den filtrierten Harn vorsichtig über in einem Reagensglas befindliche konzentrierte Salpetersäure (etwa 5 ccm), sodaß eine Mischung beider Flüssigkeiten nicht stattfinden kann. Bei Gegenwart von Albumin und auch Albumosen bildet sich an der Berührungstelle, selbst bei den minimalsten Mengen, ein weißer scharfbegrenzter Ring. Ist der Harn reich an Uraten, so entsteht durch dieselben oft eine Trübung oder Fällung, die sich aber von dem Eiweißring dadurch unterscheidet, daß sie sich in der oberen Harnschicht bildet. Bei gelindem Erwärmen verschwindet der Uratniederschlag. (Scharfe und empfehlenswerte Reaktion!)

2. Kochprobe: Man erhitze eine Probe des Harns im Reagensglase bis zum Aufkochen. Entsteht eine Trübung, so kann diese aus Eiweiß und Erdphosphaten oder aus beiden bestehen. Man setze deshalb 1—2 Tropfen Salpetersäure auf je 1 ccm Harn zu; jetzt darf nicht mehr gekocht werden. Bestand der Niederschlag aus Erdphosphaten, so löst er sich auf den Säurezusatz; bleibt ein flockiger Niederschlag, so ist Albumin nachgewiesen.

3. Man säure eine Probe des Harns mit Essigsäure stark an und versetzte mit dem gleichen Volumen einer gesättigten Glaubersalzlösung und koche. Bei vorhandenem Eiweiß tritt Koagulation ein.

4. Metaphosphorsäureprobe: Diese in konzentrierter, frisch bereiteter Lösung dem Harn zugesetzt, fällt alle Eiweißkörper außer Pepton [1]).

5. Ferrocyanprobe: Man versetze den Harn reichlich mit Essigsäure und gebe nach und nach 5—6 Tropfen Ferrocyankaliumlösung (1 : 20) zu, ein Überschuß davon ist jedoch zu vermeiden. Bei Gegenwart von Albumin und Albumosen entsteht ein starker weißer Niederschlag. Trübt sich der Harn schon beim Zusatz von Essigsäure, so ist der Harn abzufiltrieren. Wir empfehlen diese äußerst empfindliche Probe sehr [2]).

---

[1]) Die Reaktion ist sehr empfindlich.
[2]) Außer diesen 5 Proben existieren noch verschiedene, z. B. die S p i e g - l e r sche; die Pikrinprobe u. a.; letztere fällt auch Pepton. (10 ccm Harn mit

b) **Quantitative Methoden:** Man trockne den nach obigen Methoden aus einer gemessenen Menge Harn erhaltenen, mit Wasser, Alkohol und Äther gut ausgewaschenen Niederschlag auf einem bei 100⁰ getrockneten und gewogenen Filter bei 100⁰ C, wäge, verasche und ziehe den Aschengehalt von der gewogenen Menge Eiweiß ab. Das Eiweiß kann auch durch Ermittelung des Stickstoffsgehaltes des nach S. 13 gefällten Eiweißes festgestellt werden, 6,25 × N-Gehalt = Eiweiß. — Auf Christensens optische Eiweißprobe und Esbachs Albumimetrie und die erforderlichen Apparate hierzu kann hier nur verwiesen werden.

Farbenreaktionen: für den Nachweis und die Identitätsbestimmung von Eiweißkörpern.

1. **Millonsche Reaktion:** Eiweiß gibt beim Kochen mit Millons Reagens (1 Teil Hg auf 2 Teile HNO_3 vom spezifischen Gewicht 1,42 und Verdünnung der Lösung mit dem doppelten Volumen Wasser) unter Zugabe einiger Tropfen rauchender Salpetersäure eine rote Färbung. Die Probe ist auch bei Harn direkt anwendbar.

2. **Biuretreaktion:** Man mischt zu dem betreffenden Eiweiß bezw. zu der Eiweißkörper enthaltenden Lösung etwas Alkalilauge und dann tropfenweise verdünnte Kupfersulfatlösung: violette Färbung mit einem Stich ins Rötliche. (Anwendbar bei Untersuchung von Harn auf Albumosen und Pepton.)

3. **Furfurolreaktion:** Mit konzentrierter Schwefelsäure und sehr wenig Zucker geben Eiweißkörper eine schöne rote Färbung.

B. Zucker (Traubenzucker).

a) Qualitativ:

1. **Trommersche Zuckerprobe,** verbessert von Salkowski. Der vom Eiweiß befreite Harn wird mit ¼—½ N.-Natronlauge und dann tropfenweise mit Kupfersulfatlösung (1 : 10) versetzt und soviel der Kupfersulfatlösung zugesetzt, bis das ausgeschiedene Kupferoxydhydrat sich noch klar löst. Nach dem Erwärmen muß sich das gelbrote Kupferoxydul sofort abscheiden. Verfärbung und Entfärbung beweisen noch nicht, daß Zucker vorhanden ist, da auch andere Stoffe, wie Harnsäure, Kreatinin u. s. w., die Lösung beeinflussen können.

Kreatinin soll nach Campari die Reaktion verhindern: dasselbe kann aus dem alkoholischen Harnextrakt mit konzentrierter neutraler, alkoholischer Chlorzinklösung nach 48-stündigem Stehen ausgeschieden werden.

2. **Fehlingsche Probe.** 10 ccm Fehlingsche Lösung (siehe S. 19) erhitzt man im Reagierzylinder zum Sieden und fügt 0,5—5 ccm Harn zu. Bei Anwesenheit von Zucker treten zunächst braungelbe Wolken auf, welche bei weiterem Erhitzen in rotes Kupferoxydul übergehen. Entstehen Mißfarben (grün, grau u. s. w.), so verdünnt man erst den Harn 2—5-fach.

3. **Wismutprobe nach Böttger-Almén-Nylander.** Man versetze den Harn mit festem Natriumcarbonat und einigen Kubik-

---

10 ccm **Esbachs** Reagens gibt bei Anwesenheit von Albumin, Globulin und Pepton Trübung. **Esbachs** Reagens = Pikrinsäure 5,0, Citronensäure 10,0, Wasser 500,0).

zentimetern alkalischer Wismutlösung[1]) und koche; bei Anwesenheit von Traubenzucker färbt sich die Flüssigkeit schwarz. Um das heftige Stossen derselben beim Kochen zu vermeiden, lege man eine kleine Platinspirale ein oder stelle eine unten und oben offene Glasröhre in das Reagensglas hinein. Eiweiß ist vorher zu entfernen, Harnsäure und Kreatinin beeinflussen die Probe wenig. Die Probe ist sehr zu empfehlen.

4. **Phenylhydrazin-Methode nach Schwarz.** 10 ccm Harn werden mit 1—2 ccm Bleiessig versetzt, dann filtriert und vom Filtrat 5 ccm mit 5 ccm N.-Alkalilauge und 1—2 Tropfen Phenylhydrazin versetzt, geschüttelt und zum Sieden erhitzt. Bei Gegenwart von Harnzucker tritt Gelborangefärbung ein, mit Essigsäure übersättigt fällt ein gelber Niederschlag aus. (Zeitschr. f. analyt. Chemie Bd. 28, S. 380.) Oder:

50 ccm Harn erwärme man mit 2 g salzsaurem Phenylhydrazin und 4 g essigsaurem Natron etwa $\frac{1}{2}$—1 Stunde auf dem Wasserbade. Das abgeschiedene Phenylglykosazon bringt man auf ein Filter, löst es in heißem Alkohol, versetzt das Filtrat mit Wasser und verdampft den Alkohol. Das Phenylglykosazon krystallisiert dann in gelben Nadeln heraus; der Schmelzpunkt desselben ist bei 204—205° C.

b) Quantitativ.

1. **Polarimetrische Probe:** Man entfärbt den Harn und entfernt das etwa vorhandene Eiweiß mit Bleiessig, entbleit alsdann mit Sodalösung und bestimmt den Zuckergehalt in der völlig klaren Lösung mit dem Polarisationsapparat. Es eignet sich hierzu sehr gut das Wildsche Polaristrobometer[2]) oder der Laurentsche (Landolt) Apparat. Vgl. auch S. 261.

2. **Gärprobe:** Man fügt zum Harne gut gewaschene Hefe und bringe ihn in ein Gärkölbchen (siehe d. wie bei Hefe, S. 376) und wäge. Die Gärung dauert 24—48 Stunden bei einer Temperatur von 20—25° C. Nachdem die CO_2 durch Einleiten eines Luftstromes entfernt ist, wird wieder gewogen und aus dem Verlust an Kohlensäure der Zucker berechnet.

Qualitativ kann der Zucker auch mit dem Einhornschen Gärungssaccharometer bestimmt werden; die quantitative Bestimmung damit ist ungenau, es wird auf diesen Apparat daher nur verwiesen.

3. **Titrimetrische Methode:** Mit Fehlingscher Lösung. (Siehe Bereitung S. 19.) Der angewendete Harn muß so verdünnt werden, daß er nicht mehr als 0,5 % Zucker enthält.

10 ccm Fehlingscher Lösung und 40 ccm Wasser bringe man zum Sieden und lasse dann dazu aus einer Bürette nach und nach den Harn, der ev. zu verdünnen ist, zufließen, bis die Flüssigkeit entfärbt

---

[1]) Man löse 4 g Seignettesalz in 100 g NaOH (8 %-haltige) und digeriere die Lösung auf dem Wasserbade mit 2 g basischem Wismuthnitrat. Nach dem Erkalten filtriere man die Lösung.

[2]) Formel zur Berechnung des Harnzuckers:

$$C = 1984 \frac{\alpha}{L}.$$

C = Gramm in Liter; L = Rohrlänge in mm; α = abgelesene Grade.

Harnanalyse. 541

ist. Man filtriere dann einige Tropfen der Lösung vom ausgeschiedenen CuO ab und teile diese in zwei Teile, wovon der eine mit Ferrocyankalium nach Ansäuern mit Essigsäure auf Kupfer geprüft wird; tritt keine Braunfärbung auf, so wird der andere mit einigen Tropfen Fehlingscher Lösung auf etwa überschüssig zugesetzten Harn geprüft. (Es darf keine Kupferreduktion mehr eintreten.) Am besten macht man zuerst einen Vorversuch und führt erst dann die endgültige Titration aus. Enthält ein Harn nur Spuren von Zucker, so behandelt man ihn zuvor mit Bleiessig u. s. w. (siehe unter b 1).

10 ccm der Fehlingschen Lösung sind = 0,05 g Harnzucker. Am genauesten ist es jedoch, wenn man das ausgeschiedene Kupferoxydul abfiltriert und in bekannter Weise als Kupfer quantitativ bestimmt.

C. Nachweis von Gallenfarbstoffen nach Gmelin-Fleischl.

30—50 ccm Harn werden mit Chloroform ausgeschüttelt und das abgehobene Chloroform mit rauchender Salpetersäure überschichtet. Es entsteht ein grüner, allmählich aufsteigender und sich nach unten erst blau, dann violett und gelb färbender Ring. Überschichtet man den Harn vorsichtig mit Jodtinktur, so entsteht eine grüne Zone (Smith)[1].

D. Nachweis von Indican nach Jaffe.

Man mischt 10 ccm Urin mit 10 ccm konzentrierter HCl und fügt tropfenweise und in längeren Pausen filtrierte Chlorkalklösung (5 : 100) zu, bis Blaufärbung auftritt. Normale Urine können Rosafärbung annehmen. Man vermeide einen Überschuß von Chlorkalk.

E. Nachweis von Blut

wird am besten mikroskopisch oder spektroskopisch (Spektraltafel für Blutfarbstoffe siehe S. 525) geführt.

Der chemische Nachweis erfolgt durch die Teichmann-Hellersche Blutprobe:

Der bluthaltige Harn wird mit einem Tropfen Essigsäure versetzt und zum Kochen erhitzt, es entsteht ein braunrotes oder schwärzliches Koagulum. Setzt man nun dieser heißen Lösung etwas Natronlauge zu, so klärt sie sich und liefert einen Bodensatz von Erdphosphaten, die bei auffallendem Lichte grünlich erscheinen (Dichroismus). Wird dieser Niederschlag auf dem Filter gesammelt, so kann er zur Häminprobe[2] gebraucht werden. Ist in dem Niederschlag von Erdphosphaten nur wenig Blutfarbstoff enthalten, so entfernt man die Erdphosphate durch Auflösen in verdünnter Essigsäure und benützt den Rückstand zur Darstellung der Häminkrystalle. Hat man es mit sehr kleinen Blutmengen zu tun, so macht man den Harn mit Natronlauge schwach alkalisch, versetzt mit Tanninlösung und säuert mit Essigsäure an. Den entstehenden Niederschlag (gerbsaures Hämatin) sammelt man auf dem Filter, wäscht mit Wasser aus, trocknet und benützt ihn zur Häminprobe.

---
[1] Bilirubinnachweis: Man fällt den Harn mit Chlorbarium, filtriert den Niederschlag ab, wäscht ihn mit Wasser aus; wenn dann der Niederschlag mit Alkohol und Salzsäure gekocht wird, entsteht eine grüne Lösung (nach Scherer).

[2] Die Häminprobe bzw. Darstellung der Häminkrystalle geschieht nach S. 523.

Alménsche Probe: Man schüttelt 5 ccm altes verharztes Terpentinöl mit 5 ccm Guajakharztinktur (1 : 100) bis zur Emulsion und fügt dann den sauren bezw. mit Essigsäure angesäuerten Urin hinzu. Nicht rasch verschwindende blaue Färbung zeigt Blut an.

Harnsedimente.

Hat der Harn ein Sediment, so muß dieses mikroskopisch untersucht werden. Man läßt den Harn entweder in einem Gefäße absetzen (Spitzglas) und gießt die Flüssigkeit vorsichtig ab, oder man sedimentiert mit einer kleinen Laboratoriumszentrifuge.

Harnsedimente sind: Mechanische Verunreinigungen, Haare, Wollfäden u. s. w.

1. Krystalle:

Gips } feine Nadeln;
Tyrosin

Saurer phosphorsaurer Kalk = rhombische Prismen;
Cystin = rhombische sechsseitige Tafeln;
Oxalsaurer Kalk = tetragonale Oktaeder (Briefumschlagform);
Phosphorsaure Ammoniakmagnesia = drei- bis sechsseitige Prismen (Tripelphosphat, sog. Sargdeckelformen);
Harnsäure = gelbrote oder braun gefärbte Krystalle (Wetzsteinformen);
Gelbrote und braun gefärbte kugelige (Stechapfel-) Gebilde sind Urate.

Von diesen sind löslich in:
Essigsäure (einige Tropfen):
Phosphorsaurer und kohlensaurer Kalk;
Phosphorsaure Ammoniak-Magnesia.
Ungelöst bleiben:
Gips, oxalsaurer Kalk, Cystin, Xanthin, Harnsäure.
In Salzsäure:
Unlöslich ist nur Harnsäure und schwefelsaurer Kalk.

2. Schleim. Runde, stark granulierte Zellen, mit einem oder mehreren Kernen.

3. Epithelien, längliche oder polygonale, auch plattenförmige Zellen mit Kernen (oft sog. Pflasterepithelien).

4. Eiter kommt im eiweißhaltigen Harn vor, derselbe ist den weißen Blutkörperchen ähnlich.

5. Nierenzylinder. Zylinder oder schlauchförmige Körper. Sie sind Abdrücke der Harnkanälchen und bestehen aus granulierter Epithel- oder Blutmasse (namentlich bei Eiweißharnen vorkommend).

6. Pilze und Infusorien. Hefepilze, Sarzinen, Kokken, Vibrionen u. s. w. sind meist nur in älterem Harn vorhanden. Nachweis von Tuberkelbacillen, Gonokokken u. s. w. siehe im bakteriolog. Teil.

7. Weiße Blutkörperchen.

8. Spermatozoiden.

Der Nachweis dieser Sedimente ist mit Ausnahme der anorganischen Bestandteile und einiger organischer wie Oxalsäure, Harnsäure u. s. w. ausschließlich ein mikroskopischer. Vgl. auch A. Daiber, „Die Mikroskopie der Harnsedimente", 1896.

Bakteriologischer Teil.

I. Allgemeiner Teil.

Die Methoden der bakteriologischen Untersuchung[1]).

A. Sterilisation.

Die zu gebrauchenden Instrumente und Gefäße sind zunächst sehr gut in gewöhnlicher Weise zu reinigen. Metallgegenstände u. s. w. sterilisiert man durch Abglühen in der Flamme eines Bunsenbrenners (Scheren, Messer, Pinzetten, Platindrähte, Glasstäbe); da aber die Schneideinstrumente durch wiederholtes Glühen stumpf werden, so sterilisiert man sie besser, ebenso wie die Glasgefäße [2]), Reagensgläser, Glasdosen, Kolben, ungelötete Metallgegenstände, im Heißlufttrockenschrank, einem mit oder ohne Asbest bekleideten doppelwandigen, von Schwarzblech oder Kupferblech nach Art der chemischen Trockenkästen hergestellten Apparat, bei einer Temperatur von 150° etwa ½ bis 1 Stunde lang. Neue Glasgefäße sind vor dem Gebrauch mit salzsäurehaltigem Wasser auszukochen, dann selbstverständlich mit gewöhnlichem und destilliertem Wasser nacheinander auszuspülen, da das Glas häufig Alkalien an die Nährböden abgibt und diese trübt.

Auf die gleiche Weise sterilisiert man Leinwand, Papier u. s. w. Als Watte wird die gewöhnliche sog. kartätschte Watte der gereinigten Verbandwatte vorgezogen. Man erhitze sie nicht über 180° C, da sie sonst braun wird und zerfasert.

Kautschukstöpsel, Schlauchstücke und andere, trockene Hitze nicht ertragende Gegenstände sterilisiert man im strömenden Wasserdampf, welchen man etwa ½ Stunde einwirken läßt, oder man legt sie ¼ Stunde lang in Sublimatlösung (1 °/₀₀), trocknet sie dann mit sterilisiertem Papier ab und wickelt sie, falls man sie aufbewahren will, in sterilisiertes Papier ein.

---

[1]) Literatur: L. Heim, Lehrbuch der Bakteriologie, Verlag Ferd. Enke, Stuttgart, 2. Aufl. 1906; R. Abel, Bakteriol. Taschenbuch 1908, 12. Aufl. R. Abel u. M. Ficker, Einfache Hilfsmittel zur Ausführung bakt. Untersuchungen, 1909, 2. Aufl.; beide Bücher im Verlag C. Kabitzsch, Würzburg erschienen.

[2]) Glasgefäße kann man auch durch Ausspülen mit 1 °/₀₀-iger Sublimatlösung oder mit konzentrierter Schwefelsäure oder mit Äther kalt sterilisieren; diese Gefässe müssen aber dann erst mit der betreffenden Flüssigkeit, mit welcher sie gefüllt werden sollen, gut nachgespült werden.

Von Dampfsterilisierapparaten gibt es verschiedene Systeme; am meisten dürfte wohl der Kochsche Dampfkochtopf im Gebrauche sein. Zum Sterilisieren von Nährlösungen, Nährgelatinen u. s. w. genügt in der Regel ein einmaliges ½-stündiges Erhitzen im strömenden Wasserdampf. Sind widerstandsfähige Keime oder Sporen in der betreffenden Substanz, wie z. B. meistens in Kuhmilch, so wendet man die fraktionierte Sterilisation an, d. h. man erhitzt die zu sterilisierende Substanz (Nährböden u. s. w.) an drei aufeinander folgenden Tagen je 20—60 Minuten im Dampfstrom, wodurch erreicht wird, daß die in der Zwischenzeit zu Bacillen ausgekeimten Sporen wieder zerstört werden.

Eine raschere Sterilisation erlauben die sog. Autoclaven; das sind starkwandige, zylindrische Gefäße mit aufschraubbarem Deckel und Sicherheitsventil. Mit diesen Apparaten erreicht man höheren Atmosphärendruck und Temperaturen bis zu 130° C, sodaß die gegen Hitze sehr widerstandsfähigen Sporen durch einmalige Sterilisierung abgetötet werden. Bei der angegebenen Temperatur werden in einer Minute alle Keime vernichtet.

Nährböden (Substanzen), die Hitze nicht ertragen, können ev. auch kalt, unter Anwendung von Äther, der aus der Flüssigkeit wieder herausgesaugt werden muß, sterilisiert werden.

Substanzen, die leicht filtrierbar sind, kann man auch durch Filtration mittels Ton- oder Kieselgurfiltern (nach Berkefeld oder nach Chamberland u. a.) sterilisieren. (Trennung der Stoffwechselprodukte von den Bakterienleibern bei Heilserum u. s. w.)

Über die Sterilisation von Blutserum siehe S. 545 die Herstellung desselben.

Beim bakteriologischen Arbeiten hat man sich ferner die Hände gründlich zu reinigen (sterilisieren), was durch Abbürsten derselben, und insbesondere der Nägel, mit Wasser und Seife geschieht, sodann taucht man sie aufeinander folgend in Alkohol und dann in 1 %-ige Sublimatlösung oder Kresolseifenlösung 1 : 100, läßt darauf die Sublimatlösung entweder antrocknen oder trocknet die Hände an einem frisch gewaschenen Handtuch.

B. Die Herstellung von Nährböden.

1. Nährbouillon nach Koch: 500 g feingehacktes fettfreies Rind- oder Pferdefleisch zieht man mit 1 Liter Wasser bei etwa 50° C ½ Stunde lang aus und kocht dann noch etwa ¾ Stunden lang. Nach dem Filtrieren und Erkalten füllt man die Flüssigkeit auf 1 Liter auf, gibt 10—50 g Pepton und 5 g Kochsalz zu, kocht und macht mit gesättigter Na_2CO_3- oder Biphosphatlösung schwach alkalisch (Tüpfelprobe mit Lackmuspapier). Nachdem nochmals ¼ Stunde erhitzt ist, wird abermals die Reaktion geprüft und ev. durch Zugabe von Na_2CO_3 (1,5 g krystallisierte) oder bei zu starker Alkalinität mit H_3PO_4 auf schwach alkalische Reaktion eingestellt und wenn nötig auch nochmals filtriert. — Die Nährbouillon kann auch mit Fleischextrakt (Nährstoff Heyden u. a.) in 1—2 %-iger Lösung hergestellt werden; siehe die Vorschrift zur Herstellung von Nährgelatine nach der Anleitung des Kaiserlichen Gesundheitsamtes, S. 580.

Allgemeiner Teil. 545

2. **Nährlösung nach Pasteur:** Weinsaures Ammonium 1,0, Kandiszucker 10,0 und die Asche von 1,0 Hefe auf 100 Wasser.

3. **Nährlösung nach Cohn:** 0,5 phosphorsaures Kali, 0,5 schwefelsaure Magnesia, 0,05 phosphorsaurer Kalk (dreibasischer), 100,0 Wasser und 1,0 weinsaures Ammoniak.

4. **Nährgelatine**[1]): Zu der nach 1 bereiteten Nährbouillon gibt man nach dem Pepton- und Salzzusatz noch 100 g (im Sommer 150 g) weiße Speisegelatine, löst diese vollständig im Dampfkochtopf und stellt die Reaktion in derselben Weise ein wie bei Nährbouillon. Wird die Gelatine nach dem letzten Filtrieren nicht klar, so kann man die Klärung durch Zugabe eines Hühnereiweißes und nachfolgendes ¼-stündiges Kochen und Filtrieren bewirken. Die Gelatine bleibt bis zu 24—27⁰ fest und erstarrt geschmolzen bei Wärmegraden unter 20 bald wieder.

5. **Nährgelatine** nach der Vorschrift des Kaiserlichen Gesundheitsamtes siehe S. 580, dieselbe wird mit Fleischextrakt hergestellt.

6. **Näragar**[1]): Zu 1 Liter Fleischauszug (siehe Nährbouillon) fügt man 10 g Pepton, 5 g Kochsalz und 20 g fein zerschnittenes oder pulverförmiges Agar-Agar, kocht zunächst 1 Stunde auf dem Wasserbade, bis das Agar-Agar aufgequollen ist, und dann 5—6 Stunden direkt auf dem Drahtnetze unter Ersatz des verdampfenden Wassers, bis alles Agar gelöst ist. Es empfiehlt sich, einen ziemlich geräumigen Kochkolben zu benutzen und die kochende Flüssigkeit fleißig darin umzuschwenken. Nach völliger Lösung des Agar-Agar wird in derselben Weise, wie bei Nährbouillon angegeben, neutralisiert (NB. man braucht aber wesentlich weniger Soda!) und entweder im Dampftopf oder mittels eines Heißwassertrichters filtriert. Letzteres wird am besten durch Watte oder Glaswolle vorgenommen.

7. **Glycerin-Agar:** Zu dem fertigen Näragar werden noch 6 bis 8 % Glycerin zugefügt. (Nährboden für Tuberkelbazillen.)

8. **Lackmuslaktose — Krystallviolettagar nach Drigalski-Conradi.** Spezialnährboden für Typhus- und Colinachweis in Wässern, vgl. S. 587.

9. **Peptonwasser:** Ist eine Lösung von 1—2 % Pepton (Witte) mit ½—1 % Kochsalz. Lösung wird wie Nährbouillon sterilisiert. Für die Zwecke der Wasseruntersuchung auf Coli u. s. w. wird noch 0,01 % KNO_3 (für Indolreaktion) und 0,02 % krystallisierte Soda zugefügt. Vgl. auch S. 591.

10. **Blutserum:** Das beim Schlachten aus der Stichwunde austretende Blut wird in hohen, mit Sublimat, Alkohol und Äther sterilisierten Glaszylindern (von mehreren Litern Inhalt) aufgefangen und dann zweimal 24 Stunden im Eisschrank unberührt stehen gelassen. Das sich abscheidende Serum wird mit sterilisierter Pipette in sterilisierte Reagensgläser gefüllt; hat man vorsichtig gearbeitet, so kann das Sterilisieren unterbleiben, ob dies geschehen ist, davon kann man sich dadurch überzeugen, daß man die Reagensgläser 24 Stunden in den Brutschrank bringt und davon diejenigen ausscheidet, welche Entwick-

---

[1]) Wiederholtes Erhitzen oder Kochen von Gelatine- oder Agarlösungen schädigt dessen Erstarrungsvermögen.

lungen zeigen, anderenfalls muß man 5—6 Tage hindurch je 1—2 Stunden lang im Brutschrank erwärmen. Das Blutserum läßt man in einem besonderen Apparat, der käuflich ist, unter Erwärmen auf 70° C schräg erstarren (Kondenswasserausscheidung). Es soll bernsteingelb oder etwas heller gefärbt und durchscheinend sein.

Steriles Blutserum mit 2 %-igem Agar-Agar zu gleichen Teilen gemischt gibt einen festen Nährboden.

11. **Bierwürzegelatine** (als saurer Nährboden besonders gut für Schimmelpilze):

In gehopfter Bierwürze (von etwa 10 % Balling) werden 14 % Gelatine gelöst, das Ganze einige Zeit im Dampftopf gekocht und filtriert. Neutralisiert wird nicht.

12. **Milch**: Frische Magermilch (mit amphot. Reaktion) wird in die betreffenden, mit Wattenpfropf versehenen Gefäße oder Doppelschälchen eingefüllt und dann im Dampfkochtopf an drei aufeinander folgenden Tagen je 30—60 Minuten sterilisiert. Sterilität durch mindestens dreitägiges Stehen bei 37° prüfen.

13. **Kartoffeln**:

a) Ungeschälte Kartoffelhälften.

Die noch mit der Schale versehenen Kartoffeln (Salat-) werden durch Bürsten gründlich vom groben Schmutz befreit und „Augen" und nicht gesund erscheinende Stellen (faule Flecken) ausgeschnitten, dann $\frac{1}{2}$—1 Stunde in 1 $^0/_{00}$-ige Sublimatlösung gelegt, hierauf mit Wasser gründlich abgespült und im Dampfkochtopf $^3/_4$—1 Stunde gekocht. Die mit sterilisierten Händen und sterilisiertem Messer in zwei Hälften geteilten Kartoffeln werden dann in feuchten Kammern (siehe S. 551) aufbewahrt.

b) Geschälte Kartoffelscheiben.

Die Kartoffeln werden geschält, abgewaschen, Augen- und Faulflecke entfernt und dann in etwa 1 cm dicke Scheiben zerschnitten, die in Doppelschälchen hineinpassen. Man sterilisiert nun die Schälchen mit dem Inhalt an drei aufeinander folgenden Tagen im Dampfkochtopf je $^3/_4$—1 Stunde hindurch.

c) Kartoffelkeile ohne Schale.

Aus geschälten Kartoffeln werden mit einem Korkbohrer, dessen Durchmesser etwas kleiner als der des Reagierglases sein muß, zylindrische Stücke ausgestochen und zur Ermöglichung einer großen Oberfläche diese Zylinder schief abgeschnitten resp. durch einen schrägen Längsschnitt in zwei gleiche Keile zerlegt, welche man mit der Basis nach unten in sterile Reagensröhrchen verbringt. Die Sterilisation in den Reagensgläsern erfolgt an drei aufeinander folgenden Tagen im Dampfkochtopf. Will man die Kartoffelscheiben bezw. -Stücke alkalisch machen, so träufelt man eine sterilisierte, verdünnte Natriumcarbonatlösung bis zur wahrnehmbaren Aufsaugung derselben auf. Eine Säuerung bewirkt man in gleicher Weise durch verdünnte, sterile Weinsäurelösung.

Vor Einbringen in die Reagensgläser bringt man zur Aufnahme des entstehenden Kondenswassers etwas Watte oder entsprechende Glasrohrstücke von etwa 1 cm Länge in die Gläser; besser noch ist, die

Reagensgläser 1½ cm über dem Boden derselben durch Einschmelzen über der Stichflamme eines Gebläses zu verengen.

d) Kartoffelbrei.

Geschälte Kartoffeln kocht man ³/₄ Stunden im Dampfkochtopf, preßt in Erlenmeyer-Kölbchen und sterilisiert.

Nach Eisenberg werden die heiß zerriebenen Kartoffeln mit einem Spatel in Glasdosen, auf welchen ein planer Glasdeckel aufgeschliffen ist, gepreßt und geglättet. Sterilisation wie früher. Verwendung zu Dauerkulturen mittels Paraffinverschlusses.

14. Brotbrei. Getrocknete Schwarzbrotkrume (Graubrot) wird zu Pulver zerrieben, hierauf in Erlenmeyersche Kölbchen ½ cm hoch eingefüllt und mit wenig Wasser in einen Brei verwandelt. Mit saurer Reaktion für Schimmelpilze guter Nährboden. Sterilisation im Dampfkochtopf.

15. Frische Eier (nach Hüppe). Man reinigt die Schale gut mit Seife, sterilisiert sie durch Waschen mit 5 %-iger Sublimatlösung, spült mit sterilem Wasser und trocknet mit steriler Watte ab. Die Infektion dieses so präparierten Eies geschieht mit Platindraht durch eine an der Spitze des Eies mit einem spitzen, geglühten Instrument gemachte feine Öffnung, die nachher mit einem Stückchen sterilem Papier bedeckt und mit einem Kollodiumhäutchen geschlossen wird. Dient zu anaeroben Kulturzwecken.

16. Erde als Nährboden. Humöse Gartenerde wird im Tiegel geglüht, in steriler Reibschale gerieben, dann gesiebt und mit wenig sterilem destillierten Wasser zu einem dicken Brei angerührt und entweder in Reagensgläser zur Stichkultur oder in kleine Dosen zur Strichkultur gefüllt. Es empfiehlt sich vor der Impfung, sodann noch nach Tyndall zu sterilisieren (8 Tage lang auf 65—70⁰ C erwärmen).

Allgemeine Bemerkungen zu dem vorstehenden Kapitel.

Es gibt noch eine Reihe von anderen Nährsubstraten, die aber besonderen Zwecken dienen und hier keine Erwähnung finden können bezw. im speziellen Teil erwähnt sind.

Die aufgeführten Nährböden können zum Teil nach Belieben Zusätze verschiedener Art, z. B. Lackmus, Phenolphtalein u. s. w. erfahren, wie es eben die Umstände erfordern. Nährgelatinen, Nähragar, Nährbouillon wird vielfach 2 % Traubenzucker zugesetzt.

Die unter 1—12 aufgeführten Nährböden werden in reine mit Wattepfropfen versehene, sterilisierte Reagensgläser (neue sind mit 1—2 % HCl-haltigem Wasser zuvor auszuspülen) entweder mittels eines Abfüllapparates oder einfach eines mit Schlauch, Glasrohr und Quetschhahn versehenen Trichters abgefüllt. Man füllt etwa 5—10 ccm der Nährsubstanz in jedes Reagensglas ein. (Oberen Rand nicht beschmutzen, da die Watte sonst festklebt!)

Wo nicht direkte Angaben gemacht sind, sterilisiert man alle Nährböden in der Weise, daß man sie in den zur Aufnahme bestimmten Gefäßen an drei aufeinander folgenden Tagen je 15—30 Minuten im Dampfkochtopf kocht, um die beim ersten Kochen nicht zerstörten Sporen zum Auskeimen zu bringen, sodaß sie beim zweiten Kochen leicht zu töten sind.

Zur Verhinderung des raschen Austrocknens der Röhrchen ziehe man im Dampfstrom sterilisierte Pergament- oder Gummikäppchen über dieselben.

Man notiere bei der Aufbewahrung Zusammensetzung, Reaktion und Tag der Herstellung.

C. Herstellung von Farbstofflösungen und anderen Reagentien.

Man benützt dazu hauptsächlich:

Basische Anilinfarben: Gentianaviolett, Methylviolett, Methylenblau, Fuchsin, Rubin, Bismarckbraun, Malachitgrün.

Saure Anilinfarben: Eosin, Säurefuchsin, Safranin;
und Pflanzenfarbstoffe: Karmin, Hämatoxylin.

Die basischen Farbstoffe sind Kern- und Bakterienfarben, die übrigen vorzugsweise Kernfarben.

Gentianaviolett und Bismarckbraun besitzen große Färbekraft; letzteres wird jedoch nur zur Bakterienfärbung gebraucht, wenn die Präparate photographiert werden sollen; sonst dient es als Kontrastfarbe.

Methylenblau färbt schwächer, überfärbt aber fast nie.

1. Herstellung konzentrierter Farbstofflösungen (Stammlösungen).

Konzentrierte alkoholische Teerfarbenlösungen stellt man in bekannter Weise durch Sättigen von absolutem Alkohol mit dem Farbstoff her. Sie dienen zur Herstellung von verdünnten Lösungen (siehe unten). Letztere verderben nämlich rasch, weshalb sie am besten nur für den momentanen Bedarf bereitet werden.

2. Herstellung verdünnter Farbstofflösungen wie sie zum Färben zu benutzen sind.

Von der Stammlösung eines Farbstoffes filtriert man so viel in destilliertes Wasser, daß die Lösung in Reagensglasdicke eben anfängt, undurchsichtig zu werden.

3. Herstellung der gebräuchlichsten, sogenannten verstärkten Farblösungen.

a) Löfflersche Methylenblaulösung.

30 ccm konzentrierte, alkoholische Methylenblaulösung und 100 ccm Kalilauge 1 : 10 000 (= 0,01 g), also 1 ccm 1 %-ige KOH auf 100 ccm Wasser; haltbar.

b) Anilinwasser-Farblösungen.

5 ccm Anilinöl schüttelt man mit 100 ccm Wasser, läßt einige Minuten stehen (es muß noch Anilinöl ungelöst bleiben) und filtriert durch ein angefeuchtetes Filter. Dem völlig klaren Filtrat wird von den Stammlösungen (Methylviolett-, Gentiana-, Fuchsinlösung u. s. w.) so viel zugefügt, bis die Flüssigkeit in einer 1 ccm dichten Schicht un-

durchsichtig wird oder auf der Oberfläche der Flüssigkeit eine Opaleszenz erscheint. (Stets frisch zu bereiten.)

c) Farblösungen unter Zusatz von Karbolsäure hergestellt.

1. Ziehl-Neelsensches Karbolfuchsin: 10 ccm gesättigte alkoholische Fuchsinlösung, 100 ccm 5%-iges Karbolwasser. Die Lösung hält sich längere Zeit und eignet sich vorzüglich zur Tuberkelbazillenfärbung. 3—4 fach verdünnt färbt die Lösung langsamer, aber reiner; sehr haltbar.

2. Kühnes Lösung: 1,5 g Methylenblau, 10 g absoluten Alkohol und 100 ccm 5%-iges Karbolwasser; haltbar.

3. Karbolglycerinfuchsin nach Czaplewski: 1 g Fuchsin mit 5 ccm Karbolsäure (liquefact.) verreiben. 50 ccm Glycerin, dann 100 ccm Wasser zusetzen. Auf das 4—10 fache verdünnt zur Färbung brauchbar; haltbar.

4. Herstellung verschiedener anderer Farbstofflösungen.

a) Methylenblau-Salpetersäurelösung nach B. Fränkel.

Wasser 30 g, Alkohol 50 g, Salpetersäure 20 g, Methylenblau bis zur Sättigung.

b) Methylenblau-Schwefelsäurelösung nach Gabett.

25%ige Schwefelsäure 100 Teile, Methylenblau 1—2 Teile.

c) Carminlösungen:

20 g Soda, 100 g Wasser, 5 g Carmin kocht man auf, fügt dann 30 ccm absoluten Alkohol zu, läßt einen Tag stehen, filtriert, gibt allmählich 300 g Wasser, 8 g einer 20%-igen Essigsäure und 2 g Chloralhydrat zu. Die Färbungsdauer beträgt etwa ¼ Stunde.

Lithion-Carmin nach Orth.

In eine kalt gesättigte Lösung von kohlensaurem Lithion trägt man 2,5% Carmin ein. Färbt in einigen Minuten.

Salzsäure-Carmin.

50,0 g Alkohol (60—80%-iger) werden mit 4 Tropfen Salzsäure und 5,0 g Carmin versetzt, 10 Minuten gekocht und nach dem Erkalten filtriert.

d) Fluorescein-Alkohol.

1 g Fluorescein wird mit 50 ccm absoluten Alkohols angesetzt. Ist etwa die Hälfte verbraucht, so kann man wieder Alkohol nachgießen, so lange noch ungelöster Farbstoff vorhanden ist.

e) Hämatoxylinalaun.

Von einer gesättigten alkoholischen Hämatoxylinlösung setze man zu einer 1%-igen wässerigen Alaunlösung hinzu, bis eine hellviolette Färbung entsteht; dieselbe geht, im Licht stehend, nach einigen Tagen in eine gesättigte blaue Farbe über.

f) Pikrocarmin.

1 g Carmin löst man in 5 ccm Ammoniak und 50 ccm Wasser; darauf setzt man 50 ccm gesättigte wässerige Pikrinsäurelösung zu und filtriert nach dem Verdunsten des Ammoniaks.

e und f dienen hauptsächlich zum Färben von Geweben (Kernen).

5. Sonstige Reagentien, Entfärbungsmittel und Beizen.

a) Gramsche Lösung:

1 g Jod, 2,0 g Jodkalium und 300 g destilliertes Wasser. Beim Gebrauch setzt man dieser Lösung in einem Schälchen so viel Wasser zu, bis dasselbe eine madeiraähnliche Farbe angenommen hat.

b) Säurelösung zum Entfärben.

Salpetersäure, Salzsäure, Schwefelsäure (etwa 25 ccm mit 75 ccm Wasser zu verdünnen). Essigsäure verwendet man in $\frac{1}{2}$—1 %-iger Lösung.

Saurer Alkohol nach Kaatzer.

Salpetersäure 1 Teil, Alkohol 10 Teile oder
90%-iger Alkohol 100 ccm, Wasser 200 ccm, konzentrierte Salzsäure 20 Tropfen.

Saurer Alkohol nach Günther.

Alkohol (90 %iger) 100, Salzsäure 3,0.

c) Ferrotannatbeize nach Löffler (zur Geißelfärbung):

10 ccm 20%-iger wässeriger Tanninlösung, 5 ccm kalt gesättigter Ferrosulfatlösung und 1 ccm alkoholische oder wässerige Fuchsin- oder Methylviolettlösung.

Manche Bakterien erfordern ein Erhitzen der Beizflüssigkeit (3—4 mal je 10 Sekunden) bis zur Dampfbildung.

Andere Beizflüssigkeiten sind von Ermengem, Hessert, Bunge u. a. empfohlen; siehe Spezialliteratur.

D. Die Kulturverfahren.

1. Platten-Kultur-Verfahren (n. Koch).

Dient zum Isolieren der Keime und Gewinnung von Reinkulturen.

Man verflüssige 3 Gelatineröhrchen im Wasserbade bei 30—35°, bringe den Impfstoff mit ausgeglühter Platinnadel in No. 1 (Original) und stelle daraus die 1. und 2. Verdünnung her, indem jedesmal 3 Platindrahtösen aus 1 in 2 und aus 2 in 3 gebracht und darin verteilt werden. (NB! Die Röhrchen sind möglichst horizontal je zwischen 2 Fingern so zu halten, daß eine Infektion derselben durch die Luft gänzlich ausgeschlossen ist.) Wattestopfen und der Rand des Röhrchens sind stets vor dem Gebrauch steril zu machen. Die Platinnadel ist nach jeder Manipulation wieder auszuglühen. Alle Operationen sind unter peinlichstem Ausschluß einer Infektion durch Luft, Hände u. s. w. vorzunehmen. Flüssiger Impfstoff, z. B. Wasser, wird mit Hilfe einer graduierten kleinen Pipette entweder direkt oder nach vorhergehender entsprechender Verdünnung mit sterilem Wasser, das in abgemessenen Mengen vorher in kleinen Kölbchen mit Wattepfropfen sich befindet und durch längeres Kochen darin gewonnen war, in die Gelatineröhrchen gebracht und darin durch mehrfaches Hin- und Herbewegen völlig verteilt. Nachdem vorher schon die Kochschen Platten aus den Büchsen (eisernen Taschen, siehe Seite 551) genommen, auf den Gießapparat (siehe unten) gelegt waren, wird dann langsam die geimpfte Gelatine darauf ausgegossen und mit dem vorher sterilisierten Rand des Reagens-

Allgemeiner Teil. 551

gläschen verteilt. Alsdann setzt man die Glocke darauf und bringt die Platte nach dem Erstarren in die feuchte Kammer[1]). Anstatt der Glasplatten werden jetzt fast nur noch die sogenannten Petrischen[2]) Glasschalen benutzt.

Kochs Gießapparat besteht aus einem zum gleichmäßigen Einstellen mit Schraubenfüßen versehenen Holzdreieck, in welches ein Glasgefäß, das mit Wasser und Eisstücken angefüllt ist, eingesetzt wird. Dieses ist mit einer Glasplatte bedeckt, die mittels einer Wasserwage genau horizontal eingestellt wird. Auf die gut abgekühlte Glasplatte[3]) bringt man die bei 150⁰ C in der eisernen Tasche (einem mit übergreifendem Deckel versehenen, behufs Sterilisierung zur Aufnahme einer größeren Anzahl von Kochschen Kulturplatten dienenden Gefäß von Eisenblech) sterilisierten Platten, indem man dieselben, eine nach der andern nach dem Abkühlen herausnimmt, wobei man sie nur an den Kanten berührt. Ist die Platte abgekühlt, so gießt man geimpfte Gelatine, wie oben beschrieben, darauf, bedeckt mit einer Glasglocke und bringt die erste Platte, nachdem sie erstarrt ist, in die feuchte Kammer. Sodann kommt die zweite Platte an die Reihe u. s. w., die einzelnen Platten werden durch Glasbänkchen voneinander getrennt.

Dasselbe Verfahren wird sinngemäß auch bei den Petrischalen angewendet.

Agarplatten.

Bei Agar müssen die Röhrchen im siedenden Wasserbade völlig geschmolzen und dann auf 40⁰ C abgekühlt werden. Dann wird geimpft und auf die über lauwarmem Wasser stehenden Platten oder in die Petrischalen, Dosen u. s. w. gegossen.

2. v. Esmarchs Rollröhrchenkulturen.

Gelatine oder Agar wird im Reagensgläschen verflüssigt, in bekannter Weise mit dem Impfmaterial versehen, durch Hin- und Herschwenken die Mischung bewirkt, hierauf eine festschließende Gummikappe über den Watteverschluß gezogen und dann durch gleichmäßiges wagerechtes Drehen des Röhrchens in einer Schale mit eiskaltem Wasser oder unter dem Wasserstrahle einer Wasserleitung die Verteilung der Gelatine an den Wänden des Röhrchens und das Erstarren derselben bewirkt. Der Wattepfropf darf aber durch die Gelatine nicht befeuchtet werden.

Vorteile der Methode: Schnelle Ausführung ohne besondere Apparate; Verhinderung von Luftinfektion. Als Nachteil ist anzuführen, daß das Herunterlaufen von die Gelatine verflüssigenden Kolonien

---

[1]) Große Glasdoppelschalen, sog. Krystallisierschalen. Vor dem Gebrauch gut zu reinigen, mit Sublimatlösung auszuspülen und auf den Boden eine mit sterilem Wasser angefeuchtete Lage Fließpapier zu verbringen.

[2]) Für die jetzt meist gebrauchten Petrischalen gibt es entsprechend geeignete in Etagen geteilte Sterilisierblechgefäße, die zugleich auch für den Transport geeignet sind (Transportkosten für bakteriologische Untersuchung von Wasser an Ort und Stelle).

[3]) Das Plattenverfahren wird von manchen durch die sog. „fraktionierte" Aussaat ersetzt, wobei das bakterienhaltige Material durch Ausstreichen auf der Oberfläche der Nährböden (Platten, Petrischalen, schräg erstarrten Röhrchen u. s. w.) verteilt wird. Das Verfahren ist wohl für Reinkulturzwecke, aber nicht zu Keimzählungen geeignet.

störend für die weitere Beobachtung ist. Für Agarkultur überhaupt nicht anwendbar wegen des sich stets abscheidenden Kondenswassers.

3. Stichkulturen.

Werden angelegt, indem man den Wattepfropf des Gelatine- oder Agarröhrchens an seinem oberen Teil zwischen die Finger nimmt (nicht weglegt!), das Gläschen, um Luftinfektion zu vermeiden, mit der Öffnung nach unten hält und nun mit der ausgeglühten und mit dem bazillenhaltigen Material versehenen Platinnadel (ohne Öse!) möglichst senkrecht in das Nährmaterial bis auf den Boden des Reagensröhrchens einmal einsticht. Es wird dann mit dem Wattepfropf geschlossen und das Gläschen bezeichnet. Ältere Gelatineröhrchen, deren Oberfläche durch Austrocknen hart geworden ist, schmilzt man vorher um, läßt erstarren und führt dann erst die Platinnadel mit dem Material ein.

Bei Untersuchung eines Bakteriums bieten die Stichkulturen ganz wesentliche Unterscheidungsmerkmale, man sieht die Art der event. Verflüssigung (trichter-, strumpfförmig u. s. w.), Gasblasenbildung, Farbstoffbildung an der Oberfläche und in der Tiefe u. s. w. Auf Agar ist das Wachstum der Bakterien nicht so charakteristisch, da kein Pilz das Agar verflüssigt; dagegen findet manchmal darauf reichlichere Farbstoffbildung statt.

5. Strichkulturen.

Um das Oberflächenwachstum zu studieren, benützt man schräg erstarrte Gelatine- und Agarröhrchen, sowie Kartoffelkulturen; das Impfmaterial wird einfach mittels der Platinnadel auf die Oberfläche des Nährbodens aufgestrichen, indem man einen oder mehrere nebeneinander herlaufende „Impfstriche" macht.

6. Anaeroben-Kulturen:

a) Bei Luftbeschränkung.

Zu erreichen, indem man auf die Gelatine oder Agarplatten im Beginn des Erstarrens ein ausgeglühtes Täfelchen von Marienglas oder Glimmer legt (Koch). Die Anaerobionten wachsen nur unter der Tafel.

Hesse empfiehlt, Gelatine oder sterilisiertes Öl auf die Stichoder Strichkulturen aufzugießen.

Buchner läßt die Kulturen in ein etwas größeres Gefäß verbringen, auf dessen Boden sich trockene Pyrogallussäure befindet. Dieser werden pro 1 g 10 ccm einer 1%-igen Kalilauge zugefügt und das ganze gut verschlossen. Diese Methode beruht auf Sauerstoffabsorption durch die alkalisch gemachte Pyrogallussäure.

b) Bei vollständigem Luftausschluß.

Dieser wird erreicht, indem man die Luft in den Kulturgefäßen durch Wasserstoffgas verdrängt. Kautschukstöpsel und die Gaszuleitungsröhren müssen, wo sie mit den Kulturgefäßen in Berührung kommen, sterilisiert sein.

Man verfährt nach Hüppe und Fränkel wie folgt:

Die im Reagensglase verflüssigte Gelatine wird geimpft und dann ein doppelt durchbohrter, mit Gasleitungsröhren versehener Kautschukstöpsel aufgesetzt. Durch die längere Gasleitungsröhre, welche durch die Gelatine hindurch auf den Boden des Gefäßes reicht, leitet man in kurz aufeinanderfolgenden Blasen eine Viertelstunde lang einen Strom

Wasserstoffgas, schmilzt dann die Enden der Gasleitungsröhren zu und verteilt die Gelatine als sogenannte Rollkultur (vgl. S. 551) an den Wänden des Reagensrohres.

Dem Chemiker bietet es keine Schwierigkeit, ganze Reihen von Plattenkulturen in eine Wasserstoffatmosphäre zu setzen, das „Wie" kann demselben überlassen bleiben. Übrigens sei auf einen von Botkin konstruierten Apparat zur Aufnahme einer größeren Zahl von Platten, der in den Apparatenhandlungen fertig käuflich ist, aufmerksam gemacht.

Bemerkungen zu den Anaerobenkulturen: Außer den beschriebenen Methoden und Apparaten gibt es noch eine ganze Reihe andere, z. B. von Gruber, Liborius, Fuchs, Epstein, Zupnik, A. Klein[1]) u. a. Der Chemiker wird jedoch meistens mit den obigen auskommen.

Ein Zusatz von reduzierenden Substanzen, wie 0,3—0,5 % ameisensauren Natrons, 1—2 % Zuckers oder 0,1 % indigschwefelsauren Natrons zu den für Anaerobenzüchtung bestimmten Nährböden erweist sich als praktisch.

E. Die Gewinnung von Reinkulturen.

Beim Betrachten einer mit Kolonien bewachsenen Kulturplatte, z. B. von Wasser, fällt sofort die Verschiedenheit vieler der gewachsenen Kolonien in die Augen. Da man jede Kolonie als aus einem Individuum hervorgegangen zu betrachten hat, so wird die Kolonie, von der man eine Reinkultur zu haben wünscht, mit dem sterilisierten Platindraht berührt und in eine geeignete Nährlösung, z. B. Bouillon, verflüssigte Fleischgelatine oder dgl. übergeimpft. Ist jedoch die Platte dicht mit Kolonien besäet und sind dieselben sehr klein, so wird unter dem Mikroskop bei 60—90 facher Vergrößerung mit der Platinnadel das Material von der gewünschten Kolonie entnommen. Dazu bringt man die Platte oder Schale auf den Objekttisch des Mikroskopes, stellt mit der schwachen Vergrößerung ein, sucht die gewünschte Kolonie heraus und entnimmt von der Kolonie, mit der zweckmäßig an ihrer Spitze zu einem kleinen Häkchen umgebogenen Platinnadel, während man durchs Mikroskop sieht, etwas Material, und stellt, wie oben angegeben, die Stichkultur her. Das eine gewisse Übung erfordernde Verfahren nennt man „Fischen". Es empfiehlt sich, jedesmal vor dem Abstechen die Kolonie zuvor mit dem Mikroskop näher zu besichtigen, namentlich darauf, ob sie nicht durch eine andere Kolonie verunreinigt ist. Mit der geimpften Flüssigkeit stellt man dann mehrere Verdünnungen her, die ihrerseits wieder zu Platten-(Schalen-)Kulturen verwendet werden. Um sicher zu einer Reinkultur zu gelangen, muß dieses Verfahren je nach Bedürfnis mehrmals wiederholt werden.

Mit den so gewonnenen Reinkulturen legt man dann zum weiteren Studium des isolierten Pilzes Plattenkulturen, Kartoffelkulturen u. s. w. an (siehe Abschnitt G).

Reinkulturen in Flüssigkeiten zu erzeugen, ist wesentlich schwieriger

---

[1]) Zentralbl. f. Bakteriologie u. s. w. I. 1898. Bd. 24 u. R. Abel, Bakt. Taschenbuch, l. c.

und zeitraubender. Bei Hefepilzen verfährt man nach verschiedenen Methoden; s. Literatur. Auf Lindners Tröpfchenkultur sei verwiesen (Lindner, Mikroskopische Prüfungskontrolle im Gärungsgewerbe. 4.Aufl., S. 189, Berlin, 1905). S. auch S. 573.

Bei Bakterien verfährt man so, daß man durch Desinfektion, Pasteurisierung u. dgl. die nicht gewünschten Arten zu unterdrücken oder abzutöten sucht. Hat nun in einer Flüssigkeit irgend eine Art die Oberhand gewonnen, so kann dieselbe durch längeres und häufiges Überimpfen in frische sterile Nährlösungen bis zur Reinkultur gebracht werden.

Das Tuschpunktverfahren von Burri ermöglicht es ebenfalls zu Reinkulturen zu gelangen. Vergl. S. 555.

Eine Petrischale mit erstarrter steriler Nähr-Gelatine wird mit Hilfe der großen Platinöse mit 4 großen, nebeneinander gesetzten Tuschetröpfchen (Herstellung der Tuschelösung siehe S. 555) beschickt, sofort eine kleine Menge des keimhaltigen Materials in den ersten Tuschetropfen übertragen und darin zerrieben. Vom ersten so vorbereiteten Tuschetropfen mischt man in den zweiten über, verteilt und überträgt vom zweiten in den dritten u. s. f. Alsdann wird ohne Verzögerung mit der unteren konkaven Seite einer sterilen Zeichenfeder aus den zwei letzten Verdünnungen der Tuschetropfen Material entnommen und auf die Gelatineplatte die Punkte in regelmäßigen Reihen aufgetragen, mit sterilem Deckglas bedeckt, durchmustert, bis man ein Tröpfchen mit einem einzelnen Keim findet. Man bezeichnet ihn am Boden der Schale mit Farbe, bebrütet bei 22⁰ C und impft die gewonnene Kolonie weiter.

Zur Aufbewahrung für spätere Verwendung eignen sich hauptsächlich die Agarstrichkulturen, und es genügt, dieselben alle 1 bis 2 Monate in frische Röhrchen abzuimpfen. Das Abimpfen der im Reagensröhrchen befindlichen Reinkultur in ein frisches, mit Nährmaterial versehenes Röhrchen geschieht wie folgt:

Man sengt zunächst die Wattepfröpfe der beiden Röhrchen an, um daraufgefallene Keime zu zerstören, nimmt dann das abzuimpfende Gläschen mit der Mündung nach unten zwischen Daumen und Zeigefinger, holt mit der zuvor ausgeglühten Platinnadel von dem Material heraus, versieht das Röhrchen mit dem Wattepfropf, stellt es weg, nimmt das zu impfende ebenfalls mit der Mündung nach unten, sticht die Platinnadel ein und setzt den Pfropf auf.

Die benutzte Platinnadel ist stets sofort nach dem Gebrauch auszuglühen.

Der Tierkörper kann bei pathogenen Bakterienarten auch als Reinkulturapparat benutzt werden. (Siehe den Abschnitt Tierversuch.)

F. Die mikroskopische Untersuchung und die Methoden der Bakterienfärbung.

Vorbemerkung:

Die mikroskopischen Arbeiten zerfallen in zwei Teile, nämlich erstens in solche Arbeiten, die man mit den Trockenlinsen (bei Platten: schwaches Objektiv, Einstellung mit der großen Triebschraube), und zweitens solche, welche man mit der Immersionslinse (Cedernöl als Immersionsflüssigkeit, Einstellung mit der Mikrometerschraube), auszuführen hat. Zu den ersteren gehört das Zählen der Kolonien, das Absuchen von Plattenkulturen behufs Anlegens von Reinkulturen und die Bestimmung der Form und sonstiger besonderer Merkmale der Kolonien (siehe S. 559), zu den letzteren die Feststellung der Form, Beweglichkeit u. s. w. des einzelnen Organismus, wozu jedoch folgende Vorbereitungen notwendig sind:

1. **Die Herstellung ungefärbter Präparate im hohlen Objektträger (hängender Tropfen).**

Die Untersuchung ungefärbter Bakterien findet in der Regel statt, um die Eigenbewegung und die Anordnung der Bakterien in ihren Wuchsverbänden wie Diplokokken, Tetraden, Streptokokken, Staphylokokken u. s. w. zu studieren.

Mittels der Platinnadel bringt man hierzu ein Tröpfchen der zu untersuchenden bakterienhaltigen Flüssigkeit oder ein Tröpfchen Bouillon, das mit dem zu untersuchenden Material geimpft wird, auf ein gut gereinigtes Deckglas, kehrt das Deckglas schnell um und befestigt dasselbe mit dem nun nach unten hängenden Tropfen über der Höhlung eines hohl ausgeschliffenen Objektträgers, dessen Ausschliffrand ringsum mit Vaselin bestrichen ist. Das Deckgläschen muß rings fest an die Vaseline gedrückt werden, damit ein völlig geschlossener Raum entsteht.

Das Tröpfchen muß halbkugelförmig (möglichst flach), scharfrandig sein und frei in die so gebildete, kleine, feuchte Kammer (den Ausschliff des Objektträgers) hineinhängen. Man untersucht nun bei enger Blende mit der Ölimmersion, indem man scharf auf den Tropfenrand einstellt. Am Rande des Tropfens sammeln sich die Bakterien.

Bei der mikroskopischen Besichtigung ungefärbter Präparate gebrauche man den Hohlspiegel und enge Blende (Irisblende); je stärker aber das Objektiv ist, desto weiter muß die Blende geöffnet werden. Die Beobachtung mittels der **Dunkelfeldbeleuchtung** ersetzt die Anwendung des hängenden Tropfens.

Zur Betrachtung ungefärbter Bakterien ist das **Burrische Tuscheverfahren**[1]) zu empfehlen.

Man stellt sich aus flüssiger Pelikantusche (bezogen von Günther und Wagner, Hannover) zwei verschiedene Tuschgemische 1 : 10 und 1 : 3 mit destilliertem Wasser her, sterilisiert in mit Wattebausch verschlossenen zylindrischen Gefäßen ½ Stunde lang im Dampf, stellt zur Absetzung gröberer Teile etwa 14 Tage beiseite, gießt dann vorsichtig vom Bodensatz in kleine, mit Watte verschlossene Reagensgläser ab, in welchen die Tuschaufschlemmung aufbewahrt wird. Beim Gebrauch bringt man einige Ösen voll auf einen Objektträger, verteilt darin eine Spur des zu untersuchenden Materials, legt ein Deckglas auf und beobachtet mit Trockensystem oder Ölimmersion. Zur Herstellung von Dauerpräparaten trocknet man vor Auflegung des Deckglases bei gewöhnlicher Temperatur.

---

[1]) Das Tuscheverfahren, B u r r i , Jena 1909.

2. Die Herstellung gefärbter Präparate. Ausstrich- bzw. Deckglastrockenpräparate [1]).

Auf ein gut gereinigtes Deckglas bringt man ein Tröpfchen der zu untersuchenden Flüssigkeit (Platinöse von anderem Material), verdünnt event. mit destilliertem Wasser, verteilt die Flüssigkeit mit einer Platinnadel fein, oder man legt bei dickerem Material ein zweites Deckglas darüber, zieht beide Deckgläser in paralleler Richtung voneinander ab (Klatschpräparate bekommt man, wenn man das Deckgläschen auf das Material, z. B. auf eine Kolonie in einer Plattenkultur, auflegt, schwach andrückt und dann wieder mit der Pinzette abzieht) und trocknet an der Luft oder durch leichtes Erwärmen. Das Deckglas wird nun mit der angetrockneten Masse noch dreimal mittels der Cornetschen Pinzette mäßig schnell durch die Gas- oder Spiritusflamme gezogen (fixiert) und ist nun zum Färben bereit.

a) Einfache Färbung.

Man bringt so viel von einer der Seite 548 beschriebenen Farbstofflösungen auf das präparierte Deckglas, daß dasselbe völlig damit bedeckt ist, läßt 5 Minuten in der Kälte und $\frac{1}{2}$—1 Minute in der Wärme (schwaches Erwärmen über der klein gestellten Bunsenschen Flamme) einwirken, spült mit Wasser ab, entfernt das Wasser mit Filtrierpapier, oder bläst es mit einem Luftstrom (Birnspritze) ab, und untersucht das Präparat in einem Tropfen Cedernöl.

Soll das Deckgläschen nach der Färbung noch mit anderen Lösungen behandelt werden, so bringt man dieselben wie die erste Farblösung auf das Deckglas, oder man legt das letztere in ein mit der Lösung beschicktes Uhrglas (Becherglaschen). Soweit nicht besonders angegeben, verfährt man in derselben Weise auch bei den nachstehenden Färbemethoden:

b) Isolierte (Kontrast-) Färbung.

α) Methylenblau — Eosin-Färbung für Ausstriche. $\frac{1}{2}$ Minute mit einer frischen Mischung von 30 g Löfflerscher Methylenblaulösung (S. 548) mit 10 g gesättigter alkoholischer Eosinlösung behandeln. Abspülen in Wasser. Bakterien und Kern blau (matt), das Gewebe rot.

β) Gramsche Färbung [2]) (für Ausstriche):

Die mit einer Anilinwasserfarblösung (Gentiana, Methylviolett [3])) mindestens 2 Minuten lang gefärbten Deckglaspräparate bringt man für $\frac{1}{2}$—2 Minuten in eine Jodjodkaliumlösung (S. 509) und dann sofort in absoluten Alkohol, bis das Präparat entfärbt erscheint. Dann wird mit Wasser abgewaschen. Die entfärbten Elemente können mit einer wässerig-alkalischen Bismarckbraun-, Fuchsin-, Eosin- oder Pikrocarmin-

---

[1]) Statt auf Deckgläser kann das Material vorteilhaft auch auf Objektträger aufgestrichen werden.

[2]) Modifikationen der Gramschen Methode bestehen im Ersatz des Anilinwassers durch Karbolwasser, in salzsäure- (3 %) oder acetonhaltigem (20—30 Vol.-%) absolutem Alkohol zur Beschleunigung der Entfärbung. Die Methode eignet sich besonders zur deutlichen Darstellung der Bakterien und zur Diagnostik; bei Typhus-, Coli-, Cholera-, Hühnercholera-Bazillen u. a. ist die Gramsche Färbung nicht, dagegen bei Tuberkel-, Milzbrandbazillen anwendbar.

[3]) **Besonders geeignet Methylviolett Höchst. 6. B. u. B. N.**

Allgemeiner Teil. 557

lösung nachgefärbt werden (Einwirkungsdauer 2—5 Minuten). Bakterien schwarzblau.

γ) Färbung nach Claudius:
Färben in 1 %-iger wässeriger Methylviolettlösung während einer Minute, dann Abspülen in gesättigter wässeriger Pikrinsäurelösung, Abspülen in Wasser, Trocknen, endlich Abspülen in Chloroform, bis das Präparat ungefärbt erscheint; Abtrocknen.

c) Doppelfärbungen (Gegen-).

Zur besseren Sichtbarmachung der Bakterien, der Sporen derselben in Gewebsteilen u. dgl. nimmt man eine zweimalige Färbung vor, indem man nach der ersten Färbung die Gewebsteile u. s. w. wieder entfärbt und mit einem anderen Farbstoffe nachfärbt. In der Regel werden die S. 549 angegebenen Methoden ausreichen.

Seltenere Doppelfärbungen sind:

α) Sporenfärbung nach Möller:
Man lasse die Deckgläschen nach dem Fixieren 5 Sekunden bis 10 Minuten auf 5 %-iger Chromsäure schwimmen (Zeitdauer ausprobieren!), spüle mit Wasser ab und färbe mit Karbolfuchsin (1 Minute aufkochen), hierauf entfärbe man mit 5 %-iger Schwefelsäure 5 Sekunden lang, spüle in Wasser ab und färbe nach mit Methylenblau. Statt Chromsäure kann man auch Wasserstoffsuperoxyd oder Chlorzinkjodid (beide haben schwächere Wirkung) verwenden.

Nach A. Klein[1]).

1. Das sporenhaltige Material wird in physiologischer NaCl-Lösung (= 0,85 %) und einem gleichen Quantum filtrierter Karbolfuchsinlösung nach Ziehl-Neelsen aufgeschwemmt.

2. Schwache Erwärmung (bis zum Aufsteigen von Dampf an der Oberfläche) während 6 Minuten.

3. Die Präparate werden ausgestrichen, an der Luft getrocknet und mittels zweimaligen Durchziehens durch die Flamme fixiert.

4. Entfärbung in 1 %-iger Schwefelsäure während 1—2 Sekunden.

5. Abspülen in Wasser.

6. Nachfärbung mit verdünnter wässeriger, alkoholischer Methylenblaulösung ohne Erhitzen während 3—4 Minuten, Abspülen in Wasser, Trocknen und Einschließen in Xylol-Kanadabalsam.

Weitere Methoden nach Aujeszky[2]) und Orszag[3]).

β) Geißelfärbung nach Löffler:
Man nimmt am besten wässerige, an Eiweiß und Schleimstoffen, sowie an Salzen arme, bakterienhaltige Flüssigkeiten und streicht davon ohne weiteres, wie oben angegeben, auf dem Deckglas aus oder man verteilt von festem Material (namentlich jungen Agarkulturen) auf dem Deckglas ein wenig in einem Tröpfchen destillierten, sterilisierten Wassers, überträgt von diesem in ein zweites Tröpfchen, macht auf gleiche Weise eine dritte Verdünnung u. s f., läßt lufttrocken werden, zieht womöglich nicht oder höchstens einmal durch die Flamme, da die Geißeln

---
[1]) Zentralbl. f. Bakteriologie. I. 1899. **21**. 376.
[2]) Ebenda. I. 1898. **23**. S. 329.
[3]) Ebenda. I. 1898. **41**. S. 397.

sehr leicht verbrennen, ergreift das Deckgläschen mit der Pinzette, bringt so viel Beizflüssigkeit (Darstellung siehe S. 550) darauf, daß das Gläschen ganz bedeckt ist und hält es unter ständiger Bewegung der Flüssigkeit so lange über die klein gestellte Flamme, bis die Flüssigkeit nach dem Wegnehmen von der Flamme Dampf zu bilden beginnt (nicht kochen!). Nach ½—1 Minute gießt man nun die Beize ab, spült mit destilliertem Wasser das Deckglas gut ab, sodaß dasselbe klar erscheint mit Ausnahme der grauweißlich erscheinenden Stellen, wo das zu untersuchende Material angetrocknet ist. Nachdem man das Deckgläschen zwischen Filtrierpapier getrocknet hat, färbt man mit 2—3 Tropfen schwach alkalischer Anilinwasser-Fuchsinlösung (Darstellung S. 548. Zusatz von 1 % einer 1 %-igen NaOH oder etwas mehr bis zur eintretenden Trübung. Darauf wird in Wasser wieder abgespült. Auf andere Methoden der Geißelfärbung ist schon S. 550 hingewiesen worden.

γ) Kapselfärbung:

Wird wie die Färbung gewöhnlicher Deckglaspräparate vorgenommen (längeres Erwärmen mit Ziehlscher Lösung u. s. w.). Besondere Verfahren sind von Friedländer, Nicolle, Ribbert u. a. angegeben, siehe die Spezialliteratur, insbesondere „Abels bakteriolog. Taschenbuch, Würzburg 1908".

3. Das Färben von Schnitten.

Mit diesem Zweig der Bakteriologie wird sich der Chemiker wohl nur in Ausnahmefällen zu beschäftigen haben, es genügt daher, einige Anhaltspunkte für die Ausführung der Schnitteherstellung und Färbung zu geben.

Die vorzunehmenden Operationen sind folgende:

a) Das Entwässern (Härten), Einbetten und Schneiden der Gewebsteile bzw. der Organe. Als Härtemittel bedient man sich des absoluten Alkohols, indem man Stücke der Organe u. s. w. in den in gut verschließbaren, am besten in sogen. Präparatengläsern befindlichen absoluten Alkohol derart verbringt, daß diese Stücke in der oberen Alkoholschicht schwimmen bzw. zu liegen kommen. Man erreicht dies durch Befestigung der Stücke an der Unterseite schwimmender Korkscheiben mittels Stecknadel, oder man bringt auf den Boden des Gefäßes einen größeren Bausch Filtrierpapier, auf welchen das zu härtende Stück gelegt wird. Nach 2—3 Tagen[1]), wenn die Stücke gehärtet sind, schneidet man sich kleine Stücke von etwa 5 mm Höhe und 1 qcm Grundfläche ab, entfernt den oberflächlich anhaftenden Alkohol mit etwas Fließpapier, sowie durch Verdunstenlassen und klebt die Stücke mit Gummiarabicumlösung oder einer aus 1 Teil Gelatine, 2 Teilen Wasser und 4 Teilen Glycerin hergestellten Klebmischung auf die Querschnittfläche eines Korkes auf. Nach erfolgter Befeuchtung der aufgeklebten Stücke mit Alkohol bringt man den Kork mit dem angeklebten Stück nach unten zur Erhärtung des Klebmittels wieder in Alkohol, was etwa nach 2—6 Stunden der Fall sein wird. Alsdann

---

[1]) Schnellhärtungs- und Einbettungsverfahren von Henke-Zeller. Die 1—3 mm dicken Gewebsstücke bei 37° während 30—40 Minuten in wasserfreies Aceton und dann ebenso lang in Paraffin legen.

Allgemeiner Teil. 559

kann geschnitten werden. Am besten stellt man die Schnitte mit Hilfe eines Mikrotoms her. Beim Schneiden sind Messer und Präparat stets mit Alkohol zu befeuchten. Mit einem auf einer Seite plangeschliffenen Rasiermesser können nach einiger Übung brauchbare Schnitte ebenfalls hergestellt werden.

Das Schneiden sehr zarter Gewebsstücke, das übrigens selten vorzunehmen ist, kann nur erfolgen, wenn man diese Stücke in ein Einbettungsmittel einschließt, hierzu dient Paraffin oder eine sirupdicke, aus Celloidin und gleichen Teilen Alkohol und Äther hergestellte Lösung. Man kann die Schnitte auch in Anisöl oder Kakaobutter einfrieren (Gefriermikrotom).

b) Das Färben. Man bringt die Schnitte in die Färbeschälchen, worin sie, namentlich nach Erwärmen im Brutschrank, gefärbt werden. Als Färbemittel können alle die wässerigen Farbflüssigkeiten dienen, welche auch zur Färbung von Deckglastrockenpräparaten gebraucht werden. Zwecks Hervorhebung der Gewebselemente erfolgt Behandlung in verdünnten Säuren oder verdünntem saurem Alkohol. Darauf folgt Entwässern in absolutem Alkohol und darnach Einlegen in Cedern- (nicht das Immersions-, sondern das gewöhnliche Cedernöl) oder in Xylol. Besonders empfohlen wird die Löfflersche Färbemethode.

1. Färben in alkalischer Methylenblaulösung (5—30 Minuten).
2. Entfärbung in $\frac{1}{2}$—1 %-iger Essigsäure (Zeitdauer je nach Bedarf) bis zum Distinktwerden der Gewebe.
3. Entwässern in absolutem Alkohol.
4. Aufhellen in Cedernöl.

Bemerkungen zu den gefärbten Präparaten:

Will man Dauerpräparate herstellen, so trockne man die Deckglaspräparate vollkommen (jedoch nicht mit Fließpapier) an der Luft und bringe statt eines Tropfen Cedernöls so viel Kanadabalsam unter das Deckglas, daß derselbe nicht über die Deckglasränder heraustreten kann; vor der Aufbewahrung des Präparates muß der Kanadabalsam fest geworden sein (Signieren!). — Gefärbte Präparate werden mit Planspiegel und ohne Blende mikroskopiert. Der Abbésche Beleuchtungsapparat ist so einzustellen, daß von der Lichtquelle und gleichzeitig auch von dem Untersuchungsobjekt ein scharfes Bild erhalten wird.

Direktes Sonnenlicht ist zu vermeiden. Abends verwendet man elektrisches oder Gasglühlicht oder eine Petroleumlampe mit vorgehängter Schusterkugel, welche mit Kupfersulfat-Ammoniak gefüllt ist. Neuerdings hat man zur besonders scharfen Hervorhebung der Objekte die Dunkelfeldbeleuchtung, die mittels des sogen. Ultramikroskops oder des Spiegelkondensors nach Reichert hervorgebracht wird.

G. Anhaltspunkte zur Identifizierung einer Mikroorganismenart.

Hat man irgend einen Mikroorganismus auf dem ihm zusagenden Nährboden reingezüchtet, so sind in erster Linie mikroskopische Prüfungen auf Form, Farbe, Lichtbrechungsvermögen und andere Merkmale der Kolonien und ferner auf Form der Mikroorganismen selbst, deren Beweglichkeit (Geißeln), Größe (in Mikromillimetern), Färbbarkeit, Sporenbildung u. s. w. anzustellen. Diesen Untersuchungen folgen Züchtungen auf anderen Nährböden (auch flüssigen) (Stich-, Strich-, Anaerobenkulturen), ferner Prüfungen auf Farbstoff-, Säure-, Ammoniak- (Zusatz von Lakmus, Phenolphtalein, Salpetrigsaurem Kali [Indolreaktion S. 591] zum Nährboden), auf Gas- (wie H_2S, CO_2, O, H, CH_4) bildung, Verhalten gegen Desinfektionsmittel, auf Proteinochrombildung[1]), Wärmeanpassungsvermögen u. s. w. Zum Nachweis der Gasbildung bedient man sich am besten der Gärapparate zur Zuckerbestimmung im Harn. Man füllt das oben zugeschmolzene Ende des Gärrohres mit der betr. Nährflüssigkeit (Nährbouillon mit Traubenzucker vgl. S. 547) so, daß die Kugel unten etwa noch zu ⅓ ihres Raumes gefüllt ist, und verschließt die Öffnung mit einem Wattepfropfen. Der gefüllte Apparat wird in der üblichen Weise sterilisiert und geimpft. Luftblasen dürfen sich im Gärrohr nicht befinden. Zur näheren Untersuchung der Gase müssen zweckentsprechende größere ähnliche Apparate, die eine reichliche Gasentwickelung gestatten, benutzt werden. Die Zusammenstellung eines solchen Apparates dürfte dem Chemiker nicht schwer fallen.

Die Identifizierungsversuche haben sich außerdem auf das Studium der gebildeten Umsetzungs-(Stoffwechsel-)produkte und Gifte möglichst weit auszudehnen. Diese sehr zeitraubenden und langwierigen Versuche sind allerdings nur von einem wissenschaftlich arbeitenden Chemiker bzw. Bakteriologen ausführbar, aber ein unbedingtes Erfordernis zur Aufklärung der biologischen Eigenschaften der einzelnen Mikroorganismenarten und zur Unterscheidung derselben. Tierversuche sind unter Umständen zur Identifizierung und Reinzüchtung nötig. Material, das zahlreiche Bakterienarten enthält, kann, da sich nur eine spezielle Art in dem Tierkörper verbreitet, nach dem Tode des Tieres in dem betr. von den Bakterien angegriffenen Organ derselben fast in Reinkultur erhalten werden.

Photographische Aufnahmen werden von Kulturen und gefärbten Deckglaspräparaten angefertigt. (Siehe Einführung in die Mikrophotographie S. 533.)

H. Tierversuch.

Der Tierversuch erfordert bestimmte medizinische (namentlich anatomische) Vorkenntnisse, deren Beschreibung zu weit führen würde. Wer sich mit Tierversuchen befassen will, erwerbe sich bei einem medizinisch gebildeten Bakteriologen diese Kenntnisse.

---

[1]) Kulturen in 5 %-iger Peptonbouillon oder 3 %-igem Peptonwasser mit Essigsäure leicht ansäuern und dann tropfenweise mit frisch bereitetem gesättigtem Chlorwasser versetzen (Überschichten!); rotviolette Färbung.

J. Aufbewahrung der mikroskopischen Präparate und der Kulturen.

Einlegen der Präparate auf den Objektträger:

1. Schimmelpilze und Hefe bettet man am besten in Glyceringelatine ein. (Die Bereitung der Glyceringelatine siehe unter „Gewürze" S. 245.)
2. Bakterien, Schnitte u. s. w. bringt man in Kanadabalsam, welcher mit Xylol zweckentsprechend verdünnt ist; man beachte hierbei, daß zuvor jede Spur von Feuchtigkeit entfernt sein muß.

Aufbewahren der Kulturen.

1. Röhrchen: Entweder nach dem Absengen des Wattepfropfens eine Gummikappe aufsetzen oder den abgesengten Wattepfropfen mit ausgeglühter Pinzette etwas tiefer in das Röhrchen hineinschieben und dann entweder zuschmelzen oder Paraffin bzw. Siegellackabschluß anbringen.
2. Schälchen und Platten:

Die übergreifenden Deckel der Glasschälchen (-dosen) dichte man an der Berührungsstelle mit Paraffin oder dgl.

Stückchen von Agarplatten überträgt man auf den Objektträger, legt sie in Glycerin und umrandet das Deckglas mit Lack. Gelatine- und Agarplatten kann man auch direkt auf dem Deckglas anlegen, nach der Entwickelung trocknet man über Schwefelsäure, färbt das Deckglas wie ein Trockenpräparat und legt in Balsam ein.

Alle Arten von Gelatine-Kulturen kann man nach Hauser gut konservieren, wenn man sie einige Zeit Formalindämpfen aussetzt und dann luftdicht abschließt. Die Formalindämpfe verhindern auch die weitere Verflüssigung von Kolonien.

II. Spezieller Teil.

A. Anleitung zur bakteriologischen Untersuchung von Nahrungs- und Genußmitteln.

1. Probenahme [1]:

Flaschen, Kölbchen, Dosen sind (event. mit Watteverschluß) gut zu sterilisieren (siehe S. 543); ebenso Pipetten, metallene Geräte (z. B. Stecher für Erde) u. s. w., die zum Entnehmen der Proben dienen. Eine Infektion [2] durch die Luft, durch die Hände, durch nichtsterilisierte Gegenstände ist unter allen Umständen zu vermeiden. Um ein sicheres und genaues Resultat zu erhalten, ist es unbedingt nötig, von den betr. Materialien sofort nach der Entnahme Kulturen (Platten u. s. w.) anzulegen oder andere Nährmedien damit zu impfen.

---

[1] Die Entnahme und Untersuchung von Wasserproben nach der Anleitung des Kaiserl. Gesundheitsamtes, siehe S. 581.

[2] Brunnen, Wasserleitungen muß man zuvor kurze Zeit abpumpen bzw. laufen lassen.

Wenn angängig nimmt man am besten eine volle Ausrüstung [1]) von Gelatineröhrchen, Petrischalen, sterilisiertem Wasser, Platinnadeln, Spirituslampe u. s. w. an Ort und Stelle, und legt dort Platten an; im besonderen gilt dies für Wasser und Milch. Ist dies nicht möglich, so muß die betreffende zu untersuchende Substanz in Eis verpackt und so rasch als möglich an die Untersuchungsstelle eingesandt werden. Siehe auch S. 8, Abschnitt Probenahme.

2. Das Anlegen und Zählen von Kulturen.

a) Von flüssigen Substanzen:

Das Anlegen von Zählkulturen geschieht in der Weise, daß man mit einer sterilen Pipette 0,1—1,0 ccm des Untersuchungsmaterials in die auf 30—35° C erwärmte und verflüssigte Nährgelatine (Agar, Traubenmost-, Würzegelatine, künstlichen Milchnährboden u. s. w.) gibt, darin völlig verteilt und dann die Platten unter den üblichen Vorsichtsmaßregeln gießt. Bei hohem Bakteriengehalt (vielfach bei Wasser und namentlich bei Milch) muß die Flüssigkeit mit sterilem Wasser (man benützt am besten mit Wattepfropfen versehene sterilisierte Meßzylinder) entsprechend verdünnt und dann erst davon wieder 1 ccm bzw. weniger zum Ansetzen verwendet werden. Zur Vermeidung des durch Zurückbleiben von Nährgelatine in den Röhrchen nach dem Ausgießen entstehenden Fehlers kann das Ansetzen beim Arbeiten mit flüssigem Material (z. B. Wasser) sehr zweckmäßig so vorgenommen werden, daß man das Material erst rasch in ein steriles leeres Petrischälchen gießt, dann den flüssigen Nährboden nachgießt und durch Neigen und Drehen des Schälchens die Vermengung beider herbeiführt. Statt Platten (Schalen) können event. (namentlich bei Wasser verwendet) auch Rollröhrchen [2]) S. 551 angewendet werden. Nach dem Anlegen werden die Platten u. s. w. in den Brutschrank bei etwa 22—24° C (wo nicht höhere Temperatur vorgeschrieben oder nötig ist) gebracht, nach 24 Stunden zum ersten Male und dann nach 48 Stunden endgültig gezählt. Die Temperatur und Zeitdauer sind auf alle Fälle stets anzugeben. Die Zählung der Kolonien erfolgt entweder mit dem Wolffhügelschen Apparat oder mit der in Felder und Quadrate (Sektoren) eingeteilten Zählplatte von Petri oder Lafar; in vielen Fällen genügt es, die Unterseite der Kulturplatte mit kreuzweise gezogenen Tuschestrichen in Felder zu teilen; man arbeitet am besten mit der Lupe oder, namentlich wenn die Kolonien sehr zahlreich sind, mit dem Mikroskop, zu welchem Zwecke man die Größe des Gesichtsfeldes des angewandten Objektivs und Okulars sowie auch die Flächenausdehnung der Platten [3]) kennen muß, um die Zahl der Kolonien berechnen zu können. Dabei verwendet man die Okularzählscheibe von L. Heim und zum Ausmessen des Gesichtsfeldes ein Objektmikrometer, worauf ein Zentimeter in Millimeter und davon ein Millimeter in Zehntelmillimeter geteilt ist. Die Berechnung der Gesichtsfeldgröße wird am besten ein für

---

[1]) Mit allen nötigen Hilfsmitteln versehene Transportkasten sind käuflich.

[2]) Für Rollröhrchenkulturen benutzt man den Esmarchschen Zählapparat.

[3]) Größe der Petrischalen i. A. = 63,6 qcm und 9 qm lichter Weite bzw. r = 4,5 cm.

allemal für die zur Verfügung stehenden Objektive und Okulare (60 bis 100 fache Vergrößerung) ausgeführt. Näheres siehe in den S. 543 erwähnten Werken. Man begnüge sich nie mit der Zählung von nur einer Stelle, sondern zähle stets verschiedene Stellen und berechne aus dem Durchschnitt die Kolonienzahl. Bei Keimzählungen sind stets Doppelproben (event. unter Verwendung verschiedener Verdünnungen) anzulegen. Sollen die Kulturen nicht zum Zählen benutzt werden, so kann man sich statt fester auch flüssiger Nährböden bedienen, z. B. Nährbouillon, Milch, Bierwürze u. s. w. je nach Bedarf.

b) Von festen Substanzen:

Das Anlegen der Kulturen geschieht etwa in derselben Weise wie bei den flüssigen Substanzen; es bedarf jedoch stets einer genauen Angabe, ob die angewandte Substanz nach dem Gewicht oder dem Volumen gemessen worden ist. Mehr als die Zählkulturen sind bei den festen Nahrungsmitteln, wie Mehl, Brot, Futtermitteln, gemahlenem Kaffee und Surrogaten, Gewürze, Preßhefe u. s. w. qualitativ bakteriologische Prüfungen nötig, durch welche die betreffende Substanz auf Verdorbenheit[1]), namentlich Gehalt an Schimmelpilzen und Fäulnisbakterien, geprüft werden soll.

Nach A. Emmerling verfährt man dabei so, daß man die aus dem Innern der Substanz entnommene Probe in ein sterilisiertes, mit Wattebausch versehenes Kölbchen von etwa 50 ccm Inhalt bringt, mehr oder weniger mit sterilem Wasser befeuchtet und dann 24 Stunden einer Temperatur von etwa 25^0 C im Brutschrank aussetzt. Nach Verlauf dieser Zeit beginnt die Untersuchung durch Sinne und Mikroskop (event. Reinzüchtung und Tierversuch).

Bei der Untersuchung von Eis nimmt man einige Eisstückchen mit ausgeglühter Pinzette, zieht sie rasch durch die Flamme und bringt sie in ein steriles Kölbchen mit Watteverschluß. Das geschmolzene Eis wird dann genau wie das Wasser zum Anlegen von Kulturen und zu weiterer Untersuchung benützt.

Die Untersuchung des Bodens erfolgt wie die des Wassers nach der Plattenkulturmethode. (Meist Anaerobenzüchtung nötig!) Man bringt eine gewisse Menge des Bodens, der zuvor mit einem sterilen Platinlöffel (Fränkelschen Bohrer bei Entnahme aus tieferen Schichten) zerdrückt worden ist, in flüssige Gelatine, verteilt die Bodenpartikelchen gleichmäßig darin und gießt in eine Petrischale aus, oder man schüttelt eine bestimmte Menge Boden mit steriler Kochsalzlösung und gießt mit einem aliquoten Teil derselben Platten. Das Zählen muß sehr vorsichtig geschehen, da die Bodenpartikelchen leicht stören können.

c) von gasförmigen Substanzen (Luft):

Zur qualitativen Untersuchung der Luft auf Keime oder zur annähernden Ermittelung der Zahl der Keime stellt man in der zu untersuchenden Luft Gelatine-, Agar- u. s. w. Platten eine bestimmte Zeitdauer offen aus. Das Weitere wie oben angegeben.

Zur genauen Ermittelung des Keimgehalts, insbesondere einer

---
[1]) Die Verdorbenheit ist meist schon durch die Sinnenprüfung zu erkennen.

größeren Menge Luft dient die Methode Petri-Ficker[1]). Mittels einer Pumpe mit Zählwerk oder eines geeichten Gummiballons oder eines Aspirators wird eine bestimmte Menge Luft durch 2 kleine Filter aus Glaspulver oder Sand von 0,25—0,5 mm Korngröße gesaugt, die in einer Glasröhre besonderer Form, mit Metallgazestückchen nach außen und voneinander abgetrennt, sich befinden. Das ganze Filter ist vor dem Versuche zu sterilisieren; die Filtermasse und die Gaze dienen als Material für die Plattenkulturen.

Man kann auch derart verfahren, daß man eine bestimmte Menge Luft durch 3 mit je 2 ccm sterilem Wasser gefüllt und entsprechend hintereinander geschaltete Reagensgläser durchsaugt. Das Wasser enthält dann die Keime und wird zu Kulturplatten weiter verarbeitet.

3. Die Identifizierung der durch die Platten- oder andere Kulturverfahren gewonnenen Kolonien und Mikroorganismen

geschieht mittels des Reinkulturverfahrens, des Studiums der morphologischen und biologischen Eigenschaften der betr. Arten durch Mikroskop, Tierversuch, chemische Untersuchung der Umsetzungsprodukte u. s. w. nach den S. 559 gegebenen allgemeinen Anhaltspunkten.

4. Kontrolle sterilisierter (pasteurisierter) Nahrungs- und Genußmittel auf Haltbarkeit.

Von diesen kommen hauptsächlich in Betracht: Milch (Kindermilch), Milchpräparate (kondensierte Milch u. s. w.), Butter, Bier, Wein, Fruchtsäfte, Konserven verschiedenster Art. Es ist in jedem einzelnen Falle der Zweck der Sterilisation zu berücksichtigen, z. B. ob eine Milch nur für eine kürzere Frist oder für eine (unbeschränkt) lange Zeit haltbar sein soll.

Für die Untersuchung kommt in Frage:

a) Die Plattenzählung; sie wird in üblicher Weise unter Anwendung des passenden Nährbodens bewerkstelligt.

b) Die Prüfung auf Sporen (Dauerformen der Mikroorganismen).

Man stellt die betr. Probe in den Thermostaten bei 22—24⁰ C oder bei einer anderen erforderlichen Temperatur und beobachtet, ob und wenn Veränderungen der Substanz in bezug auf Farbe, Geruch, Konsistenzveränderung (Verdorbensein) eintritt. Bei Flüssigkeiten, die in Glasflaschen aufbewahrt sind, läßt sich dies oft schon von außen, so z. B. an der eingetretenen Trübung, Kaseinfällung u. s. w. beobachten. In Blechdosen, Porzellanbüchsen u. s. w. verpackte Waren werden so lange im Thermostaten belassen, als ihre Haltbarkeit erwartet werden kann, dann werden sie geöffnet und grobsinnlich wie die Flüssigkeiten geprüft.

Eine chemische Untersuchung auf Konservierungsmittel hat der Kontrolle auf Haltbarkeit nebenher zu gelten. Betreffs Unterscheidung von pasteurisierter (sterilisierter) und roher Milch, sowie Nachweis von Fermenten auf chemischem Wege siehe S. 139.

---

[1]) Zeitschr. f. Hygiene. 3. und 22.

Spezieller eil. 565

B. Kurze Übersicht über die in Nahrungs- und Genußmitteln, Wasser, Boden und Luft vorkommenden Mikroorganismen[1]).

Der Abschnitt enthält auch einige wichtige spezielle Untersuchungsmethoden.

1. Milch.

Veränderungen der Milch durch Bakterien[2]).

Dieselben treten durchweg erst mehr oder weniger lange nach dem Melken, oft auch erst an den Milcherzeugnissen hervor.

Solche Milchfehler sind:

„a) Blaue Milch: verursacht durch Bac. cyanogenus Hüppe, (Symbiose mit Milchsäurebacillus), Bac. cyanofluorescens Zangemeister.

b) Rote Milch[3]). Micrococc. prodigiosus, Sarcina rosea Menge, Saccharomyces ruber Demme, Bac. lactis erythrogenes erzeugt totale Rotfärbung u. s. w.

c) Gelbe Milch: Bac. synxanthus Schröter.

d) Schleimige oder fadenziehende Milch: Coccus der schleimigen Milch Schmidt-Mühlheim, Actinobacter der schleimigen Milch Duclaux, Bact. lactis viscosus Adametz, Micrococcus der schleimigen Milch (lange Wei) Streptococc. hollandicus, wirkt bei Bereitung des Edamerkäses mit, Weigmann u. s. w., und noch verschiedene Kartoffel- oder Erdbazillen.

e) Bittere Milch[4]): Bac. lactis amari Weigmann, Micrococcus von Conn, Bac. liquefac. lactis amar. von Freudenreich u. s. w. und eine große Anzahl peptonisierender Kartoffel- und Heubacillen.

f) Käsige Milch, wahrscheinlich durch verschiedene neben den Säurebakterien vorhandene Bakterien und Pilze verursacht, welche ein labartiges und ein peptonisierendes Ferment enthalten und solche, welche Gasbildung bewirken. Die Milch säuert nicht in normaler Weise, sondern das Kasein scheidet sich in größeren Flocken und Klumpen zusammengeballt aus.

g) Seifige Milch, zusammenfallend mit nicht gerinnender Milch oder nicht gerinnendem, schwer zu verbutterndem Rahm. Solche Milch hat einen unangenehm stechenden Geruch, einen laugig-seifigen Geschmack und gerinnt nicht bei längerem Stehen, sondern setzt nur einen schleimi-

---

[1]) Literatur: Lafar, Handb. d. Techn. Mykologie, Verlag von Gustav Fischer, Jena, 5 Bände, 1904/8; L. Heim, Lehrbuch d. Bakteriologie, Verlag von Ferd. Enke, Stuttgart 1906; K. B. Lehmann u. O. Neumann, Bakt. Diagnostik (Atlas), Lehmanns Verlag, München 1907; W. Henneberg, Gärungsbakteriol. Praktikum u. s. w., Verlag P. Parey, Berlin 1909; ebenda P. Lindner, Betriebskontrolle in den Gärungsgewerben, 1905; Ohlmüller u. Spitta, Untersuchung und Beurteilung des Wassers und Abwassers, Verlag J. Springer, Berlin 1910; Zentralbl. f. Bakteriologie, I. u. II. Teil u. a.

[2]) a—i nach den Vereinbarungen. I. Teil.

[3]) Kann auch durch Blut entstehen.

[4]) Kann auch durch Bitterstoffe des Futters entstehen (Wermut, Rainfarn). Bitter kann auch die Milch altmelkender oder an Euterentzündung erkrankter Kühe sein.

gen Bodensatz ab, während die überstehende Milch nach und nach dünnflüssiger und heller wird, vielfach auch bitter schmeckt. Ursachen sind: Bakterien, Schimmelpilze, Oidien und Hefen, welche ein „Lab und Pepsin" ähnliches Ferment abscheiden.

h) Gärende Milch wird durch gasbildende Bakterien und Hefen verursacht. Das Gas ist nicht selten Wasserstoff und wird nicht immer allein durch Zersetzung des Milchzuckers erzeugt.

i) Faulige Milch, wahrscheinlich verursacht durch peptonisierende Bakterien, Schimmelpilze oder Oidien, welche stark riechende Gase erzeugen."

Unter den aufgeführten Mikroorganismen sind verschiedene Arten, welche überhaupt in jeder normalen Milch aufzufinden sind, darin aber unter gewissen Wachstumsbedingungen obige Milchfehler hervorrufen können, so namentlich die peptonisierenden Bakterien (Kartoffel- und Heubacillus, Oidienformen und Hefen). Zu den ersteren sind auch die Buttersäure bildenden Bakterien zu rechnen (Buttersäurebakterien, da sie häufig neben ihrer eiweißlösenden Eigenschaft auch noch diejenige besitzen, Buttersäure zu bilden.) Viele davon sind Anaerobionten. Zu nennen sind hauptsächlich Clostridium butyricum Prazmowski; Bacillus butyricus Hüppe; Bacillus butylicus Fitz und ein solcher von Botkin; Clostridium foeditum Liborius; Granulobacter butylicum Beyerinck (erzeugt auch Butylalkohol); Bacillus amylobacter I Gruber; Paraplectrum foeditum Weigmann; Clostridium foeditum lactis Freudenreich u. s. w.

Dieselben wirken wahrscheinlich auch zum Teil bei der Käsereifung mit.

In jeder Milch sind außerdem vorhanden: die Milchsäurebakterien, welche die Säuerung und Gerinnung (spontane) der Milch veranlassen. Von denselben sind verschiedene bekannt geworden, z. B.:

Bacillus acidi lactici Hüppe; Micrococcus acidi lactici Krüger; Sphaerococcus acidi lactici Marpmann; Streptococcus acidi lact. Grotenfeldt; Micrococcus acidi lactici Leichmann u. s. w. Letzterer scheint einer der wichtigsten Vertreter zu sein, da er die spontane Gerinnung der Milch hervorruft. Die Milchsäurebakterien spalten den Milchzucker in Milchsäure, Kohlensäure (vielleicht auch noch in andere Gase) und geringe Mengen von wahrscheinlich alkohol- und aldehydartigen Körpern.

Reinkulturen gewisser Milchsäurebakterien in flüssiger und trockener Form sind von H. Weigmann in die Molkereiwirtschaft zur Ansäuerung von Rahm für die Butter-(Sauerrahm-)bereitung mit Erfolg eingeführt worden. Sie leisten namentlich zur Unterdrückung und Beseitigung von Milch-(Butter-)fehlern gute Dienste und dienen auch zur Erzielung eines gleichmäßigen guten Aromas, besonders in Verbindung mit Reinkulturen anderer (aromaerzeugender) Bakterien.

Milchsäurebakterien sind auch in den sogen. Kephir- und Yoghurt-Präparaten enthalten. Kefir ist eine schäumende, alkoholhaltige sauere Milch; außer den Milchsäurebakterien sind in den Kephirkörnern noch Hefen (echte Saccharomyceten) und als wesentlicher Bestandteil eine Bakterienart, Dispora caucasica genannt, enthalten. In welcher Weise dieselben zusammenwirken, ist noch nicht gänzlich aufgeklärt. Im Yoghurt spielt der sogenannte Bacillus bulgaricus die Hauptrolle.

Von pathogenen Bakterien, welche in der Milch vorkommen können, sind namentlich zu nennen die Tuberkel-[1]), Typhus-[2]), Diphtherie- und Cholerabacillen. Im Euter sitzende Tuberkulose scheint für die Übertragung auf Milch am gefährlichsten zu sein; Colibakterien, die vielfach in der Milch zu finden sind, treten im Allgemeinen nicht pathogen auf.

Ihr Nachweis kann sicher nur durch Tierversuche mit Kaninchen, Meerschweinchen u. s. w. geliefert werden. Der Nachweis der Tuberkelbacillen in Milch direkt gelingt jedoch bisweilen durch Färbung. Die Deckglaspräparate werden jedoch nicht durch die Flamme gezogen, wie sonst üblich, sondern durch 24-stündiges Einlegen in absolutem Alkohol fixiert, sodann wird durch eintägiges Behandeln mit Äther das Fett ausgezogen und nach den Seite 584 enthaltenen Methoden behandelt. (Siehe dort auch die Anreicherungsverfahren.)

Spezifische animalische Infektionskrankheiten, wie Milzbrand, infektiöse Eutererkrankungen, Maul- und Klauenseuche u. s. w., die auch für den Menschen pathogen sind, werden bisweilen durch Milch übertragen. Eutererkrankungen zeichnen sich namentlich durch eine erhöhte Abscheidung von Leukocyten (weiße Blutzellen) aus. Die Ursache dieser Erkrankung kann verschiedener Art sein. Vielfach ist Infektion (Streptokokkenmastitis und gelber Galt [Streptococc. agalactiae contagiosae]) die Ursache. Vermehrte Leukocytenabscheidung kann aber auch normalerweise auf Milchstauung oder vorgeschrittenes Laktationsstadium zurückzuführen sein. Ohne gleichzeitige klinische Untersuchung durch einen Tierarzt läßt sich kein sicheres Urteil fällen. Die einfachste und schnellste Leukocytenprobe ist die von Trommsdorff eingeführte Zentrifugiermeßmethode, bei der mittels geeichter Kapillare die Menge des abgeschiedenen Sediments direkt gemessen wird. Bei 1 pro Mille Bodensatz hält Trommsdorff den Verdacht auf Streptokokkenmastitis für begründet. Das Sediment enthält natürlich neben den Leukocyten auch andere Bestandteile, Epithelien u. s. w. Die Erreger selbst sind auf dem üblichen Wege festzustellen. Näheres siehe in der sehr umfassenden Literatur: u. a. Trommsdorf, Die Milchleukocytenprobe. Münchener med. Wochenschr. 1906, 12. — Derselbe, Zur Leukocyten- und Streptokokkenfrage der Milch. Berl. tierärztl. Wochenschr. 1909. 4. — J. Bongert, Die Eutererkrankungen. Sommerfelds Handb. d. Milchkunde. Wiesbaden, Bergmann, 1909, 549. — W. Ernst, Über Milchstreptokokken und Streptokokkenmastitis. Monatshefte f. prakt. Tierheilkunde. Bd. 20, 414, 496, Bd. 21, 55. Über Ferment- (Katalase)nachweis siehe S. 139, Abschnitt Milch. Der Erreger der Maul- und Klauenseuche ist noch nicht entdeckt worden. Milch von Tieren, die damit behaftet sind, ist vom Verkehr gänzlich auszu-

---

[1]) Siehe auch den folgenden Abschnitt über „Butter".
[2]) Durch schlechtes Brunnenwasser nicht selten infiziert; sind in Milch oft lange lebensfähig, daher leicht Verschleppung der Typhusbazillen durch Kannen, Gefäße u. s. w.

schließen oder höchstens in gut pasteurisiertem Zustande zum Markte zuzulassen. (Besondere Verordnungen vorhanden.)

Der Bakteriengehalt der Milch ist ein Maßstab für die Sauberkeit bei ihrer Gewinnung.

2. Butter (Margarine, Schmalz und andere Fette.)

Die von Bakterien in Milch hervorgerufenen Fehler treffen im allgemeinen auch für Butter zu.

Das Ranzigwerden[1]) von Butter kann durch Luft, Wärme und Licht sowie auch durch Einwirkung verschiedener Mikroorganismen und Fermente herbeigeführt werden. Rancidität wird an der Zunahme des Säuregehaltes und dem eigentümlichen buttersäureartigen (Spaltung der Fettsäureglyceride) und oft auch talgigen Geruch und Geschmack (Oxydationsvorgang) erkannt.

Naturgemäß können oft mehrere Ursachen gleichzeitig vorhanden sein bzw. zusammenwirken. Von den zahlreichen Arbeiten ist namentlich auf die von O. Jensen, Centralbl. f. Bakt. II. Abt. 1902, 8, 11 und Zeitschr. f. Unters. d. Nahr.- u. Genußm. 1903, 6, 376 hinzuweisen; siehe auch die Angaben im chemischen Teil.

Mit Schimmelpilzkolonien durchsetzte Butter, Margarine u. s. w. ist als verdorben zu beanstanden.

Die in Milch vorkommenden pathogenen Arten können naturgemäß auch in Butter vorkommen. Nachzuweisen sind sie im allgemeinen nur durch den Tierversuch.

Über das Vorkommen von Tuberkelbazillen in Butter[2]) sind vielfach, namentlich aber auch in Deutschland, Untersuchungen angestellt worden. Wie groß die Gefahr der Tuberkuloseübertragung durch Molkereiprodukte ist, läßt sich jedoch darnach vorerst noch nicht übersehen. Es scheint aber, daß sie nicht so groß ist, als ursprünglich von manchen Seiten angenommen wurde. Siehe auch unter Milch.

3. Käse.

Die wichtigsten Käsefehler[3]) sind folgende:

a) **Das Blähen des Käses** ist einer der häufigst vorkommenden Käsefehler, der sich im Inneren des Käses an der Bohrung, im Äußeren an der Form des Käses und auch meist am Geschmack desselben bemerkbar macht. Er ist die Folge des Vorhandenseins einer zu großen Zahl gasproduzierender Mikroorganismen, wobei in den meisten Fällen der Milchzucker das Material liefert[4]).

---

[1]) Näheres siehe Lafar, Handb. d. Technischen Mykologie. II. S. 210. Gustav Fischer, Jena 1904/8. Siehe außerdem die Angaben im chem. Teil S. 79.

[2]) Lydia Rabinowitsch, Zeitschr. f. Hygiene und Infektionskrankheiten 1897. 26; Lydia Rabinowitsch und Walter Kempner; Zeitschr. f. Hygiene und Infektionskrankheiten. 1899. 31; Petri, Arbeiten aus dem Kaiserl. Gesundheitsamte. 1898. 16; Obermüller, Hygienische Rundschau. 1895. 19; Ostertag, Zeitschr. f. Fleisch- u. Milchhygiene. 1899. 221 sowie stadtärztl. bakteriol. Laboratorium Stuttgart (Gastpar).

[3]) a—i nach den Vereinbarungen. I. Teil und den Vorschlägen von A. Weigmann, Zeitschr. f. Unters. d. Nahr.- u. Genußm. Nr. 1910, 20, 379.

[4]) Eine Zusammenstellung der eine starke Gärung in der Milch und demnach eine Blähung im Käse leicht verursachenden Bakterien und Pilze findet sich in: L. Adametz: Über die Ursachen und Erreger der abnormalen Reifungsvorgänge beim Käse. S. 54—55.

Spezieller Teil. 569

b) Die sogen. Gläsler (Glasler) sind Käse ohne Lochung. Sie sind im Geschmack u. s. w. meist normal und haben nur den einen im Handel ins Gewicht fallenden Fehler, daß sie eben ohne Lochung sind. Der sogen. Nißler ist Käse mit zahlreichen, sehr kleinen Löchern. Solche Käse werden meistens rasch brüchig.

c) Das Blauwerden (Blauschwarz-, Blaugrün-) der Käse. Es tritt am häufigsten auf bei mageren Backsteinkäsen und ist ebenfalls Folge einer in der Milch enthaltenen Bakterie oder zuweilen auch Folge der Gegenwart von Eisenrost, Kupfer oder Blei im Käse. Im ersteren Falle greift der Fehler im Käse allmählich immer weiter um sich und wird auch von einem Käse auf den anderen übertragen. Das Auftreten kleiner ultramarinblauer Punkte im Edamer Käse, welches in Holland beobachtet worden und von Hugo de Vries näher beschrieben wurde, ist Folge einer Bakterie, welche Beyerinck in solchen Käsen gefunden und als Bacillus cyaneofuseus bezeichnet hat [1]).

d) Das Rotwerden der Käse (Bankrotwerden bei den Backsteinkäsen) und ähnliche Färbungen sind nicht minder Erscheinungen, welche durch das Wachstum bestimmter Pilze (Bakterien- oder Schimmelpilze) hervorgerufen werden können.

So werden rote Flecken auf Weichkäsen und auch, wiewohl seltener, auf Hartkäsen erzeugt und durch zwei von Adametz aufgefundene „Rote Käsemikrokokken", ebenso rote Färbung der Rinde, der äußeren Schichten und selbst des Innern durch eine von Schaffer aufgefundene und von Demme näher beschriebene Torula-Art, Saccharomyces ruber, erzeugt. Milch, welche mit dieser Torula-Art infiziert ist, erregt bei Kindern Erbrechen und Darmkatarrh. Adametz fand ferner auf einem Emmentaler Käse mit rotbrauner Rinde einen Schimmelpilz, der diese Farbe erzeugt, und auf Weichkäsen mit runden orangegelben bis ziegelroten Flecken eine Oidium-Art (Oidium aurantiacum). Der letztgenannte Pilz wirkt aber auch bei der normalen Reifung der Weichkäse, speziell des Briekäses mit.

e) Das Schwarzwerden der Käse wird ebenfalls durch Wachstum bestimmter Pilze verursacht.

Als Ursache dieses Fehlers wurde von Hüppe eine Schimmelhefe (braune oder schwarze Schimmelhefe), von Adametz ein Hyphenpilz, Cladosporium herbarum Link, gefunden. Adametz hält ferner zwei von Wichmann im Quellwasser gefundene braunschwarze Schimmelpilze, sowie einen von ihm ebenfalls aus Quellwasser isolierten schwarzen Rippenschimmel, sowie die von Marpmann aus Milch gezüchtete schwarze Hefe, Saccharomyces niger, eine Torula-Art und ferner noch das Dematium pullulans für gelegentliche Ursachen der Schwarzfärbung der Käse. Der Fehler kann aber auch durch andere Umstände (bleihaltiges Einwickelpapier oder dergl.) hervorgerufen werden.

f) Bei überreifen Hart- und Weichkäsen, speziell bei wasserreichen, überreifen, mageren Backsteinkäsen, zeigt sich häufig eine starke Miß-

---

[1]) Botan. Ztg. 1891. 49 ff. Nr. 43 u. 47.

färbung der Käsemasse mit Abtönung ins Gelbliche oder Graue. Es darf wohl angenommen werden, daß auch hier nur das Überhandnehmen einer bestimmten Pilz- oder Bakterienart die Schuld trägt.

g) Das Bitterwerden der Käse ist eine Erscheinung, welche bei normalem Reifungsprozeß zu gewisser Zeit regelmäßig eintritt, aber auch bei reifem Käse sich zeigt und als ein Fehler angesehen wird. Daß es sich hierbei um ein durch die Tätigkeit gewisser peptonisierender Bakterien gebildetes peptonartiges Produkt handelt, ist wohl zweifellos. Aus bitterem Käse direkt gezüchtet ist bis jetzt nur ein Pilz, dem diese Eigenschaft zugeschrieben werden muß, das ist der von E. v. Freudenreich rein gezüchtete Micrococcus casei amari.

h) Weitere Reifungsfehler sind das Weißschmierigsein der Käse, wenn der Käsekeller zu kalt und feucht ist; das Schimmligwerden, wenn infolge trockener Luft im Keller die Rinde der Käse spaltet und Schimmelpilze Gelegenheit haben, sich in den Spalten festzusetzen u. s. w.

i) Das sogen. Laufendwerden der Weichkäse besteht in einer Verflüssigung der reifen und überreifen Teile durch Einwirkung der Wärme.

Die Käsereifung ist zweifellos in der Hauptsache Mikroorganismenarbeit; an ihr beteiligen sich wahrscheinlich die verschiedensten Arten, peptonisierende (Buttersäure-) Bakterien, namentlich die sogen. Tyrothrixarten, Milchsäurebakterien, Schimmelpilze u. s. w. unter Mitwirkung chemischer Fermente wie Galaktase, Lab u. dgl. Je nach der Art der Herstellungsweise finden Wachstumsbegünstigungen gewisser Mikroorganismenarten statt, die dann ihrerseits dem Käsestoff eine bestimmte Reiferichtung (Limburger, Holländer, Emmentaler u. s. w.) geben. Über die Rolle, welche die einzelnen Arten dabei spielen, weiß man fast noch nichts, jedenfalls gehen die Meinungen der Forscher darüber noch auseinander. (Duclaux, Adametz, Weigmann, v. Freudenreich u. a.). Reinkulturen von Schimmelpilzen werden bei der Herstellung des Roquefortkäse, solche des Micrococcus hollandicus (die „lange Wei") bei der Herstellung von Edamerkäse, Oidiumpilze zu Camembertkäsen verwendet.

(Näheres über die Käsereifung siehe das Centralbl. f. Bakteriologie und Parasitenkunde II. Abt. 1896, 1897, 1898 u. s. w.)

Tierische Parasiten sind die Maden der Käsefliege (Piophila casei); die Käsemilbe (Acarus siro und Acarus longior) u. s. w. Krankheitskeime sterben im Käse bald ab. Käsevergiftungen können durch Coli-, Buttersäurebakterien u. s. w. hervorgerufen werden.

4. Fleisch- und Wurstwaaren; Fische, Krebse, Austern, Miesmuscheln u. s. w.[1]).

Es kommen ausschließlich pathogene Bakterien, Parasiten, Trichinen und Finnen (Cysticercus), Leberegeln u. s. w. in Betracht. Ihre Feststellung ist jedoch Sache des Arztes bezw. Tierarztes.

---

[1]) L. Heim l. c., siehe auch Kutscher, Zeitschr. f. Unters. d. Nahr.- u. Genußm. 1910, 19, 163; Berlin. klin. Wochenschr. 1908, 12, 1283 u. Pharm. Zentralhalle 1908, 49. A. Dieudonné, Die bakteriellen Nahrungsmittelvergiftungen, Verlag C. Kabitzsch, Würzburg. E. Pfuhl, Zeitschr. f. Hyg. 50, 317 (Fleischkonserven in Büchsen); J. Belser. Arch. f. Hyg. 54, 107 (Gemüsekonserven) u. a.

Spezieller Teil. 571

Maden der Stubenfliege (Musca domest.), Schmeißfliege (M. vornitoria) sowie der nur an faulendem Objekte anzutreffenden grauen Fleischfliege (Sarcophaga carnaria) sind mindestens ekelerregend; daher die betreffenden Objekte eo ipso verdorben. Maden entwickeln sich schon in 24 Stunden aus den Eiern.

Fleisch- und Wurstvergiftungen können verschiedene Ursachen haben. Die Unterscheidung der beiden Vergiftungsarten bezieht sich weniger auf die Objekte selbst, da sie nicht nur bei Fleisch, sondern auch bei Krustentieren, Milch, Käse, Gemüsekonserven u. s. w. vorkommen können, als vielmehr auf die Art der auftretenden klinischen Erscheinungen. Bei Erkrankungen des Magendarmkanals (Fieber, Erbrechen, Schwindel, Durchfälle) spricht man im allgemeinen von Fleischvergiftungen, solche ohne Fieber und Erbrechen, aber mit Störungen einzelner Nervenbahnen (Lähmungen, Augenstörungen, Doppeltsehen u. s. w.) verlaufende Erkrankungen fallen unter den Begriff Wurstvergiftung.

Fleischvergiftungen sind in der Hauptsache Infektionen verschiedener Bakteriengruppen (Coli, Proteus, Kasein peptonis-Arten u.s.w.). Man unterscheidet zwei Hauptgruppen, Enteritisbakterien Gärtner und Paratyphus B. (s. S. 587).

Wurstvergiftung (Botulismus, Allantiasis) wird durch anaerobe Bakterien (Bacillus botulinus von Ermengem) hervorgerufen. Das Gift des Bacillus ist filtrierbar, wird aber durch Kochen zerstört.

Der Nachweis solcher Bakterien gehört im allgemeinen in das Arbeitsgebiet der Medizinaluntersuchungsämter. Neben Kulturversuchen (Lackmuslaktoseagar, event. anaerob nicht über 24°) müssen auch solche an Tieren (Fütterung und subkutane Injektion) sowie event. auch Agglutinationsversuche ausgeführt werden.

Der Nachweis der Toxine, Ptomaine u. dgl., Stoffwechselprodukte der Mikroorganismen, erfordert dagegen ausschließlich den Chemiker von Fach (siehe Speziallitteratur und den chemischen Teil des Hilfsbuches). Wegen der Schwierigkeit, des großen Zeitverbrauches und der häufigen Erfolglosigkeit sieht man indessen meistens von solchen Untersuchungen ab.

Leuchtendes Fleisch, leuchtende Fische werden durch Bakterien hervorgerufen (Photobakt. Pfluegeri). Derartige Gegenstände sind nicht gesundheitsschädlich, aber als verdorben anzusehen; ebenso sind andere bakterielle Veränderungen durch nichtpathogene Arten (Bac. prodigiosus u. s. w.) zu beurteilen.

5. Mehl, Brot, Futtermittel, Gemüse, Obst und deren Dauerwaren, Gewürze, Kaffeepulver und dessen Surrogate, Kakao u. s. w.

In denselben kommen die verschiedensten Arten von Mikroorganismen vor, alle Arten, die in der Luft, speziell der den Gegenstand direkt umgebenden Luft verbreitet sind, werden sich auch wieder in obigen Substanzen finden lassen. Außerdem kommen noch solche dazu, welche bei der Herstellung oder sonstigen Bearbeitung hineingelangen.

Da die festen (pulverförmigen) Nahrungsmittel in erster Linie einen guten Nährboden für Schimmelpilze abgeben, namentlich wo auch genügend Feuchtigkeit geboten wird, so werden dieselben auch betreffs ihrer Genußfähigkeit am besten nach ihrem Gehalt an Schimmelpilzen beurteilt (Untersuchung siehe S. 563).

Die häufigst vorkommenden Schimmelpilze sind:
1. Mucor Mucedo mit weißem Mycel.
2. Penicillium glaucum, erst weiße, dann grün bis blaugrüne Überzüge bildend.
3. Aspergillus glaucus, feiner grüner bis blaugrüner Überzug.

Die Schimmelpilze unterscheiden sich durch die Form der Conidienträger sowie die Art der Conidienanordnung.

Bei Gemüse, Obst u. s. w. kommen ferner Gärungserreger und Säurebildner in Betracht. Normalerweise kommen derartige Organismen bei Sauerkohl, Salzgurken und ähnlichen sogen. eingemachten Produkten vor; z. B. Bacillus Aderholdi (im fadenziehendem Sauregurkensaft), Bacillus cucumeris fermentati (im normalen Sauregurkensaft), Bacillus brassicae fermentatae (im Sauerkohl) — sämtliche sind Milchsäurebakterienarten. Die dabei sich abspielenden Vorgänge sind wissenschaftlich sehr interessant und für die Technik wichtiger als für die Nahrungsmittelkontrolle.

Auf Brot ist außerdem schon beobachtet worden:

Das Thaumidium aurantiacum (Oidium aurantiacum); in Frankreich oft epidemisch aufgetreten, und der Bacillus prodigiosus (rot); Stoffwechselprodukte desselben scheinen jedoch nicht giftig zu sein.

„Fadenziehend" wird Brot durch Kartoffelbacillen, speziell durch Bac. mesent. panis viscosi I und II Vogel[1]). Fadenziehendes Brot ist ekelerregend und daher verdorben.

Näheres siehe Lafar, Mykologie und im bakteriol. Centralblatt, II. Abteilg. Betr. giftiger Bakterien siehe unter 4.

6. Zucker (und Materialien der Zuckerfabrikation) sowie Honig (Bienen)

Durch Leuconostoc mesenterioides Cienkowski erleiden der Zucker, sowie die zuckerhaltigen Säfte Veränderungen, indem die Zuckerlösungen schleimig werden. Der Leuconostoc bildet zu Zoogloen vereinigte, mit einer Gallerthülle umgebene Kokken, die sich besonders gern auf Zuckerrübenscheiben, Möhrenscheiben kultivieren lassen. Eine ähnliche Einwirkung auf den Zucker bringt der von A. Koch entdeckte Spaltpilz Bacterium pediculatum hervor.

Kleisterbildung entsteht durch den Bacillus viscosus sacchari Kramer und andere. Derselbe verwandelt den Rüben- und Möhrensaft zu einer kleisterartigen Masse.

Faulbrut entsteht bei Bienen durch Bac. alvei, Streptococ. apis, Bac. Brandenburgiensis, letzterer namentlich bei Faulbrutseuchen.

7. Hefe. Die Unterscheidung der Heferassen[2]) auf Grund ihrer Wachstumsformen und biologischer Eigenschaften kann nur durch eingehende Spezialstudien erlernt werden. Technisch unterscheidet man Kulturhefen und wilde Hefen, welche letztere wie Bakterien (namentlich Milchsäurebakterien und Sarcinaarten), Schimmelpilze und Moniliarten u. s. w. als Verunreinigungen und Betriebsstörer gelten. Durch ent-

---

[1]) Zeitschr. f. Hygiene u. Infektionskrankheiten. 26. 398.
[2]) W. Will, Anleitg. zur biologischen Untersuchung und Begutachtung von Bierwürze, Bierhefe und Bier, 1910, München und Berlin. Siehe auch Anm. 1, S. 565.

sprechende Züchtung (event. Reinzucht) können solche Verunreinigungen vermieden werden. Zu den Kulturhefen gehören zahlreiche Arten der Gattung der Saccharomyceten (Hauptvertreter Sacch. cerevisiae), von denen die obergärigen und die untergärigen die wichtigsten Gruppen sind. Sie kommen in der freien Natur wohl nicht vor und sie sind durch lange Kulturperioden wahrscheinlich aus den Weinhefen entstanden. Wilde Hefen sind Saccharomyceten, Mycoderma- (Kahm-) Torulaarten u. s. w.

Die einfache mikroskopische Prüfung gibt höchstens dem Geübteren Anhaltspunkte über die Art der Hefe, wobei u. a. die körnige Beschaffenheit des Plasmas der Kulturhefe gegenüber der homogenen der wilden Saccharomyceten ein Unterscheidungsmerkmal sein kann. Genaue Feststellungen werden mittels Kulturversuchen gemacht, wobei die sogen. Tröpfchen- und Adhäsionskulturen nach P. Lindner[1]) oder das von P. Hansen[2]) eingeführte Verfahren, bei welchem man durch Kultur auf Gipsblöckchen die Hefe zur Sporenbildung bringt und die innerhalb verschiedener Temperaturgrenzen sich abspielende verschiedene Sporenbildung der echten und wilden Hefen beobachtet, anwendet. Auch Will[3]) hat ein auf Sporenbildung beruhendes Verfahren angegeben.

Für die Untersuchung von Preßhefe, Getreidehefe (obergärige) auf Bierhefe (untergärige) ist das von Lindner angegebene Tröpfchen-Adhäsionskulturverfahren[4]) geeignet.

Zu diesem Zwecke wird ein Objektträger mit Höhlung über der Flamme erwärmt und um die Höhlung 4 Tropfen Vaseline aufgebracht. Auf das Deckgläschen bringt man ebenfalls eine ganz geringe Spur Vaseline, entfernt dieselbe wieder durch Flambieren und legt das Deckgläschen auf die Höhlung des Objektträgers. Von verschiedenen Stellen des Hefestückes nimmt man mittels einem sterilen Spatels 5 kleine Stückchen und bringt sie je in 15 ccm sterilisierter Bierwürze, zerdrückt sie mit einem sterilen Platindraht und gießt, nachdem die ersten Tröpfchen bei Seite gegossen, 3 Tropfen in ein neues Fläschchen mit steriler Würze. Von letzterer entnimmt man mit steriler Zeichenfeder etwas und bringt auf 3 vorbereitete Deckgläschen je 12 parallele Striche. Zur Anlegung der zweiten Verdünnung spritzt man die Feder aus und gibt einen Tropfen steriler Würze auf die Feder, mischt den Inhalt durch geschicktes Hin- und Herbewegen und bringt wiederum je 12 Striche auf die Deckgläschen. Auf dieselbe Weise wird eine dritte Verdünnung hergestellt. Man drückt nun die Deckgläschen auf die Objektträger an, wobei man sorgfältig beobachtet, daß sich keine Luftblase bildet, da sonst die dünnen Tropfen austrocknen. Man

---

[1]) Mikroskop. Betriebskontrolle in dem Gärungsgewerbe. Berlin 1905; siehe auch J. König, die Untersuchung landw. und gewerbl. wichtiger Stoffe. Berlin 1906. S. 722.
[2]) Jörgensen, Organismen der Gärungsindustrie, Berlin.
[3]) Zeitschr. f. d. gesamte Brauw. 1904. 27. 176—181, 193—198 und 210—214.
[4]) Zeitschr. f. Spiritusindustrie 1904, 16 u. 22; F. W. Dafert und K. Kornauth, Experimentelle Beiträge zur Lösung der Frage nach der zweckmäßigsten gesetzlichen Regelung des Verkehrs mit Hefe (betr. Österreich), Wien 1908. Die kleine Schrift kann sehr empfohlen werden.

bewahrt nun bei 10°, ein zweites bei 18° und ein drittes bei 30° 24—48 Stunden auf. Darnach wird mikroskopiert. Für die untergärige Hefe (Bierhefe) ist die geringe Ausbildung von Sproßverbänden charakteristisch, meistens liegen die Hefezellen einzeln oder in kleinen bezw. nicht stark auseinandergezogenen Verbänden, dagegen bildet obergärige Hefe sparrige (wie stark verzweigte Äste) meist vielzellige Sproßverbände. Die Unterscheidung der genannten beiden Hefetypen erfordert einige Übung, ist an sich aber nicht schwierig. Als weiteres Hilfsmittel dient die Feststellung des Verhaltens zu Raffinose (siehe Methode Bau S. 377).

Außerdem kann auch die Lindnersche Tropfenkultur Anhaltspunkte geben. Die Hefe wird in Würze fein verteilt und mittels einer sterilen Pipette auf beiden Hälften einer Petrischale eine größere Anzahl von Tropfen angelegt, deren jeder höchstens eine Zelle enthalten soll. Die Schale wird durch einen Gummiring luftdicht umschlossen. Schüttelt man eine solche Tropfenkultur vorsichtig, so ballt sich die Hefe in den Tropfen, die untergärige Hefe enthalten, zusammen, während die obergärige staubig aufgewirbelt wird. Siehe auch die amtl. Anweisung (Anlage A der Brausteuer-Ausführungsbestimmungen vom 24. Juli 1909. Zentralbl. f. d. deutsche Reich, 1909, 37, 515) für die Unterscheidung zwischen ober- und untergärigem Bier) (bzw. Hefen). Diese Probe dient indessen nur zur Orientierung für die Steuerbeamten.

Mikroskopische Prüfung der Hefe auf abgestorbene Hefezellen: Lebenskräftige Zellen nehmen nach Lintner keinen Farbstoff auf, abgestorbene werden davon sofort durchdrungen. Man nimmt zur Ausführung der Färbung wasserlösliches Methylenblau oder Gentianaviolett. Ferner wird hierzu Indigolösung [1]) empfohlen. Man fügt zu einer Probe Hefe einen Tropfen Farbstofflösung, läßt einige Sekunden einwirken, verdünnt mit schwachem Zuckerwasser, mischt das Ganze gut durch und bringt davon einen Tropfen auf einen Objektträger und untersucht mit aufgelegtem Deckglas. Tote Zellen färben sich rascher und intensiver als lebende. Kranke, leere und absterbende Hefen, die keine Fortpflanzung mehr aufweisen, färben sich jedoch überhaupt nicht. Man hüte sich vor falschen Schlüssen. In guter Hefe darf man höchstens 3—4 % gefärbter Hefezellen finden.

Färbung der Hefepilze. Das Färben kann wie bei den Bakteriendeckglastrockenpräparaten nach S. 554 mit allen Anilinfarben erfolgen. Empfohlen wird jedoch Methylenblau. Man spült nach der Färbung mit Wasser ab, taucht einen Moment in 33 %-ige Salpetersäure ein, spült wieder ab und färbt mit Eosin nach, so erscheinen die Hefezellen rosa, Sporen blau.

8. Bier [2]).

Im Brauereibetriebe kommen Sproßpilze (Saccharomyceten-Hefen), Spaltpilze (Bakterien) und Schimmelpilze (Eumyceten, Hyphomyceten)

---

[1]) 1 Teil gepulverten Indigo mit 4 Teilen konzentr. H_2SO_4 zusammenreiben, 24 Stunden stehen lassen, dann mit dem 20—30 fachen Volumen Wassers verdünnen, auf 50° C erwärmen und mittels Kreide oder Soda neutralisieren.

[2]) Siehe auch „Hefe".

Spezieller Teil. 575

vor. Die ersteren sind die alkoholbildenden Fermente, soweit nicht Krankheits- und wilde Hefen in Betracht kommen, z. B. Saccharomyces Pastorianus Hansen, S. apiculatus. Mykoderma variabilis u. a. (siehe auch bei Hefe S. 572); Spalt- und Schimmelpilze hemmen unter besonders günstigen Wachstumsbedingungen den Verlauf der einzelnen Brauereiprozesse, oder sie lenken dieselben wenigstens in andere unerwünschte Bahnen (Bierkrankheiten u. s. w.), so z. B. Bacillus subtilis (der sogen. Heubacillus), Bacillus amylobacter und Bacterium termo, ferner Essigsäure-, Milchsäurebakterien (saures Bier), Sarcinen (z. B. Pediococcus cerevisiae und berolinensis, Sarcina candida Reinke, S. aurantiaca Lindner, S. flava de Bary u. s. w.) und Schimmelpilze u. s. w. wie die Mucorarten Penicillium glaucum, Oidium lactis, Monilia candida, Fusarium hordei, Dematium pullulans. Das sogen. Umschlagen des Bieres ist meist auf Milchsäurebakterien zurückzuführen (Saccharobacillus pastorianus van Laer). In der Weißbierbrauerei wird die Entwickelung der Milchsäurebakterien begünstigt. Fadenziehendes Bier entsteht durch die Wirkung des Bacillus viscosus I und II (van Laer), ebenso trübes Bier; wilde Hefe[1]) kann ebenfalls ein „Krankwerden" des Bieres verursachen.

„Bakterientrübung" wird bei Bieren im allgemeinen nur selten beobachtet. „Hefentrübung" hat verschiedene Ursachen, namentlich zu große und zu geringe Viskosität (Maltodextringehalt) oder zu stürmische Nachgärung. Siehe auch den chemischen Teil.

9. Wein.

Von den eigentlichen Weinhefen gibt es unzählige Rassen, besonders bekannt ist Saccharomyces ellipsoides (Rees); Weinhefen haben auch einen Einfluss auf das Weinbukett.

Von Krankheiten (Fehlern[2]), welche auf Mikroorganismen zurückzuführen sind, sind bekannt:

Der Kahm (Kahmhaut) wird durch Spaltpilze, Saccharomyces mycoderma u. s. w. hervorgerufen und entwickelt sich namentlich auf noch jungen alkoholarmen Weinen. Man zieht solche kranke Weine in ein frisch geschwefeltes Faß ab.

Die Bildung von Essigsäure (Umschlagen) geschieht durch Essigsäurebakterien (Essigstich, Kahmhaut) siehe auch Abschnitt Essig.

Das Zickendwerden des Weines ist ebenfalls ein Umschlagen und Brechen des Weines (durch Milchsäurebakterien), zeigt sich durch Färbung, kratzigen Geschmack an; die Färbung kann so stark werden, daß der Wein eine milchige Farbe bekommt (weißer Bruch). In manchen Fällen geht der weiße Bruch in den schwarzen über, dabei tritt häufig eine Ausscheidung von dunklen schleimigen Massen ein (Lafar). Säurearme Moste werden leicht von dieser Krankheit befallen. Mittel gegen das Umsichgreifen der Essigsäure-[3]) und Milchsäuregärungen gibt es nicht. Nach den Untersuchungen von Kramer kann das Umschlagen des Weines auch durch verschiedene Arten des Bacillus saprogenes vini

---
[1]) Siehe S. 423.
[2]) Siehe auch den Abschnitt Weinfehler im chemischen Teil.
[3]) Schwach essigstichigen Wein kann man pasteurisieren und event. mit einem weniger sauren Weine verschneiden.

erzeugt werden, diese Krankheitsart endet gewöhnlich in einer fauligen Gärung (modern).

Das Zähe-(Schleimig-)werden wird ebenfalls durch Spaltpilze (Bakterien) bewirkt, genannt wird besonders der Bacillus viscosus vini. Hoher Alkoholgehalt schützt vor Zähewerden. Wein (Apfelwein, Birnenwein u. s. w.) kann unter Umständen, so lange er noch nicht sehr zähe ist, durch Peitschen und Abziehen in ein frisch geschwefeltes Faß wieder normal werden. Zusatz geringer Mengen von Gerbstoff wird auch empfohlen.

Das Schwarzbraunwerden von Obstmost ist besonders in solchen Jahrgängen beobachtet worden, in welchen das Obst naß, d. h. wenig zuckerreich und sauer war. Das Braunwerden des Rotweines ist nach neueren Untersuchungen[1]) weder auf Bakterientätigkeit allein, noch in Symbiose mit Hefe zurückzuführen. Sie ist lediglich eine Fermentwirkung (Oxydase), wenn schimmlige Trauben mitgekeltert werden. Abhilfe SO_2 oder Pasteurisieren.

Auch bei Weißweinen kommt dieses mit „Rahnwerden" zu bezeichnende Verfärben des Weines vor. Die Farbenänderung tritt oft erst an der Luft, beim Eingießen vom Faß in ein Glas u. s. w. ein, wobei die Färbung oben beginnt und immer tiefer geht. Neßler empfiehlt zur Verhütung dieser Krankheit kräftiges Ausbrennen der Fässer (1—2 g S pro hl).

Bittere Weine und solche mit sog. Mausgeschmack sollen ebenfalls durch Bakterien erzeugt werden.

10. Spiritus (Brennerei).

Als Kulturhefen dienen die obergärigen, siehe unter „Hefe". Die Buttersäurebakterien sind die Feinde der Brennerei; da sie gegen Säure empfindlich sind, so sucht man die Milchsäurebakterien möglichst die Oberhand gewinnen zu lassen (höhere Temperatur beim Maischen), oder gibt direkt Milchsäurereinkulturen zu. Durch Zugabe von Schwefelsäure oder Flußsäure, d. h. Fluorammonium ist nach Effront die Bekämpfung der Buttersäurebakterien ebenfalls zu erreichen; jedoch scheint sich das Verfahren nicht eingebürgert zu haben.

11. Essig.

Technisch unterscheidet man folgende Gruppen: Bieressig-, Weinessig- und Schnellessigbakterien.

Bieressigbakterien sind: Termobacterium aceti Zeitler, B. aceti (Hansen), B. acetosum (Henneberg), B. Pasteurianum, B. Kützigianum (Hansen), B. rancens (Beijerinck).

Die an zweiter und dritter Stelle genannten sind Kulturbakterien.

Weinessigbakterien: B. ascendens (Henneberg), B. vini acetati (Henneberg), B. xylinoides (letztere als Kulturrassen gebräuchlich), B. orleanense.

Schnellessigbakterien: Kulturrassen sind Bac. acetigenium, Bac. Schützenbachi, B. curvum.

Wilde Essigbakterie ist das B. xylinum; Feinde der Essiggärung sind im übrigen verschiedene andere Mikroorganismen, wie Buttersäure-, Milchsäurebakterien u. s. w.

---

[1]) Hamm, Arch. f. Hyg. 56, 380.

Spezieller Teil.

Die Essigbakterien bilden Häute, früher Mycoderma actei (Essigmutter) genannt; diese Bakterienhäute sind Zoogloenmassen, d. i. die einzelnen Bakterien sind von Schleimhüllen umgeben. Diejenigen von Bacterium Pasteur. und Kützingian. werden durch Jodjodkaliumlösung blau gefärbt, diejenigen von Bacterium aceti nicht.

Die sogen. Kahmhaut auf Wein und Bier ist aber nicht immer ein Anzeichen von Essigsäuregärung, sondern sie wird namentlich auch von Sproßpilzen (Mycoderma cerevisiae, Mycoderma vini Pasteur) gebildet.

Beiläufig sei hier angeführt, daß die namentlich in essigarmem Essig vorkommenden Essigälchen (Anguillula aceti) als unappetitlich anzusehen und als verdorben im Sinne des Nahrungsmittelgesetzes zu beanstanden sind, wenn sie in erheblichen Mengen darin vorkommen. Solcher Essig muß vor dem Verkauf filtriert werden. Vereinzelt oder auch in kleinen Mengen finden sich Essigälchen öfters im Essig. Eine Gesundheitsschädlichkeit der Essigälchen ist nicht erwiesen.

12. Tabak.

An der Tabaksfermentation beteiligen sich nicht nur Bakterien, sondern auch Schimmelpilze wie Aspergillus fumigatus, Monilia candida u. s. w. (Behrens). C. Suchsland hat zuerst Bakterienreinzuchten von westindischen Tabaken bei minderwertigen (deutschen) Tabaken mit Erfolg angewendet.

13. Wasser und Eis.

Die im Wasser vorkommenden Organismen sind teils tierische, teils pflanzliche. Zu den ersteren gehören die Infusorien, Rädertierchen, Würmer u. s. w., die allerdings fast nur in verunreinigten Wässern (alten Kesselbrunnen, Abwässern u. dgl.) vorkommen; zu den letzteren zählen: Algen, Schimmelpilze, Hefenpilze, Fadenbakterien und die niedersten Formen, die Bakterien (Kokken, Stäbchen, Spirillen u. s. w.).

Von diesen sind die Algen, namentlich so lange sie nicht in größeren Massen auftreten, für die Beurteilung eines Wassers nur ausnahmsweise von Bedeutung; ebenso die Hefen und Schimmelpilze, wenn sie nur vereinzelt vorkommen, in größerer Anzahl deuten sie auf Verunreinigung durch Oberflächenwässer, Abwässer, je nachdem sogar auf Wässer von bestimmten Betrieben. Von den Fadenbakterien sind hauptsächlich die Crenotrix- und Chlamidotrix-Arten zu nennen, die namentlich in eisenreichen Brunnenwässern vorkommen und darin sich bisweilen so stark ausbreiten, daß Schlammbildungen und Trübungen entstehen. Diese braunen Crenotrix-Ablagerungen haben oft schon zu Kalamitäten bei der Wasserversorgung von Städten geführt, indem durch sie die Wasserleitungsröhren total verstopft worden sind. Die Beggiatoa-Arten sind ebenfalls Fadenbakterien, sie leben speziell in Gewässern und Abwässern, welche Schwefelwasserstoff enthalten; den Schwefel lagern sie in Form von kleinen Körnchen in sich ab.

Die eigentlichen Bakterien kommen meistens für die Beurteilung von Trink- und Nutzwässern in Betracht. Viele derselben sind harmlose typische und auch zufällige Wasserbewohner und daher ohne hygienisches Interesse. Außer diesen kommen aber auch Bakterien (nichtpathogene) im Wasser vor, die einen Schluß auf den Reinheitsgrad eines Wassers zulassen; es sind dies die Fäulniserreger (Proteusarten u. dgl.), welche an der Verflüssigung der Nährgelatine hauptsächlich zu erkennen sind (Eiweißzersetzung). In Wässern also, welche organische Stoffe in größerer Menge enthalten, finden solche Bakterien den besten Nährboden. Brunnen, welche solche Fäulniserreger in größerer Menge bergen, sind des Zuflusses aus Dungstätten, von Oberflächen- und Tagewässern u. s. w. verdächtig. Grundwasser (aus entsprechender Tiefe genommen) ist in der Regel steril oder nahezu steril. Die in solchem gefundenen Mikroorganismen sind gewöhnlich erst bei der Probenahme in das Wasser gelangt.

Aus der Zahl der in einem Wasser enthaltenen Keime (Kolonien) ist ein Schluß auf die Güte eines Wassers ohne weiteres nicht zu ziehen; ein einzelnes Exemplar einer pathogenen Art unter sehr wenigen vorhandenen Arten kann ein Wasser schon unbrauchbar machen. Die Ermittelung der Arten ist zeitraubend und kostet unverhältnismäßig viel Mühe. Hefen, Sarcinen, fluoreszierende, verflüssigende und nicht verflüssigende und verschiedene Farbstoffbildner kann man ohne weiteres an ihren Kolonien erkennen. Immerhin gibt aber die Keimzählung gute Anhaltspunkte für die Beurteilung eines Wassers, und man kann 50 bis 100 Kolonien pro 1 ccm Wasser im Trinkwasser ohne weiteres passieren lassen; je nach Umständen, namentlich wenn Fäulniserreger fast gar nicht vorhanden sind, können auch höhere Zahlen bis zu mehreren 100 Kolonien noch nicht beanstandet werden; jedoch nur dann, wenn die chemische Untersuchung ein gutes Resultat gegeben hat, und auch die örtliche Besichtigung der Brunnen u. s. w. irgend welche Mißstände nicht ergab. Für die fortlaufende Kontrolle von Filteranlagen für Nutzwasser (städtische Wasserversorgungen) ist die Keimzählung unentbehrlich. Siehe die Anweisung des Gesundheitsamtes, S. 580.

Krankheitserreger, wie die von Typhus, Cholera, Bakterium coli u. s. w., werden nach S. 587 u. ff. nachgewiesen; wo sie vorhanden sind, deutet der Befund auf eine Verunreinigung des Wassers durch menschliche und tierische Abfallstoffe.

Zur bakteriologischen Prüfung der Wirkung von Abwasserklärverfahren, namentlich betreffs Abnahme der Fäkalbakterien (Coli[1]), Typhus), verwenden Proskauer und Elsner[2]) außer den Zählkulturen mit Fleischsaftgelatine auch solche mit Jodkalikartoffelgelatine. Spezialverfahren für Coli und Typhus nach Eijkmann, sowie v. Drigalski und Conradi[3]). Vgl. S. 587.

Bei Prüfung des Grades von Flußverunreinigungen u. s. w. ist die Beschaffenheit des Planktons durch eingehende mikroskopische Untersuchung festzustellen. Literaturhinweise siehe im chemischen Teil. Typische Abwasser-Organismen (Polysaprobien bis stark Meso-

---

[1]) Über die Bedeutung des Bacill. coli. comm. als Indikator für Verunreinigungen von Wasser mit Fäkalien. Kenji Saito, Kioto. Arch. f. Hygiene. 63. 1907.

[2]) Nach Vierteljahrsschr. f. gerichtl. Medizin u. öff. Sanitätwesen. Dritte Folge. 16. Supplementheft 1898. S. 111.

[3]) Zeitschr. f. Hyg. 39. 213.

saprobien) sind Sphärotilus natans, Leptomitus lacteus, Beggiatoa alba, Oscillatoriaarten, Carchesium Lackmanni, Lamprocystis roseo-persicina, Streptococcus margaritaceus, Euglena viridis, Spirillumarten u. s. w. Eis wird wie Wasser begutachtet. Es sei aber darauf hingewiesen, daß sehr viele Bakterienarten, auch pathogene, z. B. Typhus, gegen die Einwirkung von Kälte sehr empfindlich sind. Vorsicht beim Genuß von Eis, namentlich von „Natureis" ist deshalb sehr zu empfehlen. Siehe auch den chemischen Teil.

Grundsätze für die Reinigung von Oberflächenwasser durch Sandfiltration.
Erlaß des Reichsamts des Innern vom 13. Jan. 1899.

§ 1. Bei der Beurteilung eines filtrierten Oberflächenwasser sind folgende Punkte zu berücksichtigen:

a) Die Wirkung der Filter ist als eine befriedigende anzusehen, wenn der Keimgehalt des Filtrats jene Grenze nicht überschreitet, welche erfahrungsgemäß durch eine gute Sandfiltration für das betreffende Wasserwerk erreichbar ist. Ein befriedigendes Filtrat soll beim Verlassen des Filters in der Regel nicht mehr als ungefähr 100 Keime im Kubikzentimeter enthalten.

b) Das Filtrat soll möglichst klar sein und darf in bezug auf Farbe, Geschmack, Temperatur und chemisches Verhalten nicht schlechter sein, als vor der Filtration.

§ 2. Um ein Wasserwerk in bakteriologischer Beziehung fortlaufend zu kontrollieren, empfiehlt es sich, wo die zur Verfügung stehenden Kräfte es irgend gestatten, das Filtrat jedes einzelnen Filters täglich zu untersuchen. Von besonderer Wichtigkeit ist eine solche tägliche Untersuchung:

a) nach dem Bau eines neuen Filters, bis die ordnungsgemäße Arbeit desselben feststeht,

b) bei jedesmaligem Anlassen des Filters nach Reinigung desselben, und zwar wenigstens zwei Tage oder länger bis zu dem Zeitpunkte, an welchem das Filtrat eine befriedigende Beschaffenheit hat,

c) nachdem per Filterdruck über zwei Drittel der für das betreffende Werk geltenden Maximalhöhe gestiegen ist,

d) wenn der Filterdruck plötzlich abnimmt,

e) unter allen ungewöhnlichen Verhältnissen, namentlich bei Hochwasser.

§ 3. Um bakteriologische Untersuchungen im Sinne des § 1 a veranstalten zu können, muß das Filtrat eines jeden Filters so zugänglich sein, daß zu beliebiger Zeit Proben entnommen werden können.

§ 4. Um eine einheitliche Ausführung der bakteriologischen Untersuchungen zu sichern, wird das in der Anlage angegebene Verfahren zur allgemeinen Anwendung empfohlen.

§ 5. Die mit der Ausführung der bakteriologischen Untersuchung betrauten Personen müssen den Nachweis erbracht haben, daß sie die hierfür erforderliche Befähigung besitzen. Dieselben sollen, wenn irgend tunlich, der Betriebsleitung selbst angehören.

§ 6. Entspricht das von einem Filter gelieferte Wasser den hygienischen Anforderungen nicht, so ist dasselbe vom Gebrauch auszuschließen, sofern die Ursache des mangelhaften Verhaltens nicht schon bei Beendigung der bakteriologischen Untersuchung beheben ist.

Liefert eine Filter nicht nur vorübergehend ein ungenügendes Filtrat, so ist es außer Betrieb zu setzen und der Schaden aufzusuchen und zu beseitigen.

§ 7. Um ein minderwertiges, den Anforderungen nicht entsprechendes Wasser beseitigen zu können (§ 6), muß jedes einzelne Filter eine Einrichtung besitzen, die es erlaubt, dasselbe für sich von der Reinwasserleitung abzusperren und das Filtrat abzulasssen. Dieses Ablassen hat, soweit es die Durchführung des Betriebes irgend gestattet, in der Regel zu geschehen:

1. unmittelbar nach vollzogener Reinigung des Filters und
2. nach Ergänzung der Sandschicht.

Ob im einzelnen Falle nach Vornahme dieser Reinigung bezw. Ergänzung ein Ablassen des Filtrats nötig ist und binnen welcher Zeit das Filtrat die erforderliche Reinheit wahrscheinlich erlangt hat, muß der leitende Techniker nach seinen aus den fortlaufenden bakteriologischen Untersuchungen gewonnenen Erfahrungen ermessen.

§ 8. Eine zweckmäßige Sandfiltration bedingt, daß die Filterfläche reichlich bemessen und mit genügender Reserve ausgestattet ist, um eine den örtlichen Verhältnissen und dem zu filtrierenden Wasser angepaßte mäßige Filtrationsgeschwindigkeit zu sichern.

§ 9. Jedes einzelne Filter soll für sich regulierbar und in bezug auf Durchfluß, Überdruck und Beschaffenheit des Filtrats kontrollierbar sein; auch soll es sich vollständig entleert, sowie nach jeder Reinigung von unten mit filtriertem Wasser bis zur Sandoberfläche angefüllt werden können.

§ 10. Die Filtrationsgeschwindigkeit soll in jedem einzelnen Filter unter den für die Filtration jeweils günstigsten Bedingungen eingestellt werden können und eine möglichst gleichmäßige und vor plötzlichen Schwankungen oder Unterbrechungen gesicherte sein. Zu diesem Behufe sollen namentlich die normalen Schwankungen, welche der nach den verschiedenen Tageszeiten wechselnde Verbrauch verursacht, durch Reservoire möglichst ausgeglichen werden.

§ 11. Die Filter sollen so angelegt sein, daß ihre Wirkung durch den veränderlichen Wasserbestand im Reinwasserbehälter oder Schacht nicht beeinflußt wird.

§ 12. Der Filtrationsüberdruck darf nicht so groß werden, daß Durchbrüche der obersten Filtrierschicht eintreten können. Die Grenze, bis zur welcher der Überdruck ohne Beeinträchtigung des Filtrats gesteigert werden darf, ist für jedes Werk durch bakteriologische Untersuchungen zu ermitteln.

§ 13. Die Filter sollen derart konstruiert sein, daß jeder Teil der Fläche eines jeden Filters möglichst gleichmäßig wirkt.

§ 14. Wände und Böden der Filter sollen wasserdicht hergestellt sein, und namentlich soll die Gefahr einer mittelbaren Verbindung und Undichtigkeit, durch welche das unfiltrierte Wasser auf dem Filter in die Reinwasserkanäle gelangen könnte, ausgeschlossen sein. Zu diesem Zwecke ist insbesondere auf eine wasserdichte Herstellung und Erhaltung der Luftschächte der Reinwasserkanäle zu achten.

§ 15. Die Stärke der Sandschicht soll mindestens so beträchtlich sein, daß dieselbe durch die Reinigungen niemals auf weniger als 30 cm verringert wird, jedoch empfiehlt es sich, diese niedrigste Grenzzahl, wo der Betrieb es irgend gestattet, auf 40 cm zu erhöhen.

§ 16. Es ist erwünscht, daß von sämtlichen Sandfilterwerken im Deutschen Reiche über die Betriebsergebnisse, namentlich über die bakteriologische Beschaffenheit des Wassers vor und nach der Filtration dem Kaiserlichen Gesundheitsamt, welches sich über diese Frage in dauernder Verbindung mit der seitens der Filtertechniker gewählten Kommission halten wird, alljährlich Mitteilung gemacht wird. Die Mitteilung kann mittels Übersendung der betreffenden Formulare in nur je einmaliger Ausfertigung erfolgen.

Anlage zu § 4.

Ausführung der bakteriologischen Untersuchung.

1. Herstellung der Nährgelatine.

Die Anfertigung der Nährgelatine ist nach folgender, lediglich zu diesem besonderen Zwecke gegebenen Vorschrift vorzunehmen.

Fleischextraktpepton-Nährgelatine.

Zwei Teile Fleischextrakt Liebig 2
zwei Teile trockenes Pepton Witte. 2
und
ein Teil Kochsalz 1
werden in
zweihundert Teilen Wasser 200
gelöst; die Lösung wird ungefähr eine halbe Stunde im Dampfe erhitzt und nach dem Erkalten und Absetzen filtriert.

Spezieller Teil.

Auf neunhundert Teile dieser Flüssigkeit werden 900
einhundert Teile feinste weiße Speisegelatine 100
zugefügt, und nach dem Quellen und Einweichen der Gelatine wird die Auflösung durch (höchstens halbstündiges) Erhitzen im Dampfe bewirkt.
Darauf werden der siedendheißen Flüssigkeit
dreißig Teile Normalnatronlauge[1]) 30
zugefügt und jetzt tropfenweise so lange von der Normal-Natronlauge zugegeben, bis eine herausgenommene Probe auf glattem, blauviolettem Lackmuspapier neutrale Reaktion zeigt, d. h. die Farbe des Papiers nicht verändert. Nach viertelstündigem Erhitzen im Dampfe muß die Gelatinelösung nochmals auf ihre Reaktion geprüft und wenn nötig, die ursprüngliche Reaktion durch einige Tropfen der Normalnatronlauge wieder hergestellt werden.

Alsdann wird der so auf den Lackmusblauneutralpunkt eingestellten Gelatine 1$\frac{1}{2}$ Teil krystallisierte, glasblanke, nicht verwitterte Soda[2]) zugegeben und die Gelatinelösung durch weiteres halb- bis höchstens dreiviertelstündiges Erhitzen im Dampfe geklärt und darauf durch ein mit heißem Wasser angefeuchtetes feinporiges Filtrierpapier filtriert.

Unmittelbar nach den Filtrieren wird die noch warme Gelatine zweckmäßig mit Hilfe einer Abfüllvorrichtung, z. B. des Treskowschen Trichters, in sterilisierte (durch einstündiges Erhitzen auf 130—150°) Reagensröhren in Mengen von 10 ccm eingefüllt und in diesen Röhrchen durch einmaliges 15—20 Minuten langes Erhitzen im Dampfe sterilisiert. Die Nährgelatine sei klar und von gelblicher Farbe. Sie darf bei Temperaturen unter 26° nicht weich und unter 30° nicht flüssig werden. Blauviolettes Lackmuspapier werde durch die verflüssigte Nährgelatine deutlich stärker gebläut. Auf Phenolphthalein reagiere sie noch schwach sauer.

2. Entnahme der Wasserproben.

Die Entnahmegefäße müssen sterilisiert sein. Bei der Entnahme der Proben ist jede Verunreinigung des Wassers zu vermeiden, auch ist darauf zu achten, daß die Mündung der Entnahmegefäße während des Öffnens, Füllens und Verschließens nicht mit den Fingern berührt wird.

3. Anlegen der Kulturen.

Nach der Entnahme der Wasserproben sind möglichst bald die Kulturen anzulegen, damit die Fehlerquelle ausgeschlossen wird, die aus der Vermehrung der Keime während der Aufbewahrungszeit des Wassers entsteht. Die Gelatineplatten sind daher möglichst unmittelbar nach Entnahme der Wasserproben anzulegen.

Die zum Abmessen der Wassermengen für das Anlegen der Kulturplatten zu benutzenden Pipetten müssen mit Teilstrichen versehen sein, welche gestatten, Mengen von 0,1 bis 1 ccm Wasser genau abzumessen. Sie sind in gut schließenden Blechbüchsen durch einstündiges Erhitzen auf 130—150° im Trockenschrank zu sterilisieren.

Für die Untersuchung des filtrierten Wassers genügt die Anfertigung einer Gelatineplatte mit 1 ccm der Wasserprobe; für die Untersuchung des Rohwassers dagegen ist die Herstellung mehrerer Platten in zweckentsprechenden Abstufungen der Wassermengen meist sogar eine vorherige Verdünnung der Wasserproben mit sterilem Wasser erforderlich.

Das Anlegen der Gelatineplatten soll in der Weise erfolgen, daß die aus der zu untersuchenden Wasserprobe mit der Pipette unter der üblichen Vorsicht herausgenommene Wassermenge in ein Petrischälchen entleert und dazu gleich der zwischen 30 und 40° verflüssigte Inhalt eines Gelatineröhrchens gegossen wird. Wasser und Gelatine werden alsdann durch wiederholtes sanftes Neigen des Doppelschälchens miteinander vermischt; die Mischung wird gleichmäßig auf den Boden der Schale ausgebreitet und zum Erstarren gebracht.

Die fertigen Kulturschälchen sind vor Licht und Staub geschützt bei einer Temperatur von 20—22° aufzubewahren; zu diesem Zwecke empfiehlt sich die Benutzung eines auf die genannte Temperatur eingestellten Brutschrankes

---

[1]) An Stelle der Normalnatronlauge kann auch eine 4 %-ige Natriumhydroxydlösung angewandt werden.

[2]) Statt 1,5 Gewichtsteile kryst. Soda können auch 10 Raumteile Normal-Sodalösung genommen werden.

4. Zählung der Keime.

Die Zahl der entwickelten Kolonien ist 48 Stunden nach Herrichtung der Kulturplatten mit Hilfe der Lupe und nötigenfalls einer Zählplatte festzustellen. Die gefundene Zahl ist unter Bemerkung der Züchtungstemperatur in die fortlaufend geführten Tabellen einzutragen.

Die zymotechnische Wasseranalyse (nach Hansen).

Für den Brauereibetrieb ist es wichtig, zu wissen, ob das zur Bierbereitung benutzte Wasser und die Luft solche Keime enthalten, welche sich in Würze und in Bier entwickeln können. Diese Feststellung kann nach Hansen durch die Kochsche bakteriologische Untersuchung mit Fleischwasserpeptongelatine nicht getroffen werden. Neben einander herlaufende Versuche nach Koch und Hansen zeigten schon in der Keimzahl ganz bedeutende Unterschiede (vgl. Jörgensen, Mikroorganismen der Gärungsindustrie, 5. Aufl. 1909, Berlin). Um brauchbare Resultate zu erhalten, verwendet man anstatt der Kochschen Nährgelatine die S. 546 erwähnte Würzegelatine und legt mit dieser die Plattenkulturen in gewöhnlicher Weise an oder verfährt nach Hansen:

20—25 Freudenreichsche Kölbchen, welche je 20 ccm sterilisierte Würze oder Bier enthalten, werden mit je 1 Tropfen = $^1/_{25}$ ccm des zu untersuchenden Wassers oder mit entsprechenden Verdünnungen (mit sterilem Wasser) geimpft, wie dies auch bei der bakteriologischen Untersuchung der Fall ist. Nach 8-tägigem Stehen bei 25^0 C im Brutschrank und weiteren 8 Tagen bei Zimmertemperatur werden die Kulturkolben untersucht. Zeigt nur ein Teil von ihnen Entwickelung und bleiben andere steril, so ist es ziemlich sicher, daß die ersteren nur einen entwickelungsfähigen Keim empfangen haben. Hierdurch erhält man Aufklärung über die Zahl der entwickelungsfähigen Keime in einem gewissen Volumen.

14. Boden.

Der Boden beherbergt die verschiedensten Arten von Mikroorganismen; ihre Zahl ist eine sehr variable und richtet sich nach dessen Gehalt an Nährstoffen, Feuchtigkeit, Wärme u. s. w. Der höchste Keimgehalt findet sich jedoch nicht in den obersten Schichten, sondern erst in einer Tiefe von 25—50 cm (nach R. Koch). Die bakterienfeindlichen Sonnenstrahlen und andere Umstände (Wechsel von Trockenheit und Feuchtigkeit) sind wohl daran schuld. Die bakteriologische Untersuchung des Bodens wird im hygienischen Interesse nur ausnahmsweise verlangt und hat für den Chemiker kein besonderes Interesse. Pathogene Bakterien weist man direkt durch Tierversuche nach.

Für die Landwirtschaft namentlich sind von den im Boden vorkommenden Bakterien besonders wichtig:

a) Die Stickstoffsammler, Bakterien, welche den Stickstoff der Luft entnehmen und den Pflanzen zuführen (Leguminosenknöllchenbakterien). In Reinkulturen für die Praxis zur Aussaat mit Alinit bezeichnet.

b) Die Nitratbildner (nitrifizierende Bakterien, Leptotrix), wovon die Nitrosobakterien Ammoniak zu salpetriger Säure oxydieren (Winogradsky) und die Nitrobakterien, welche die salpetrige Säure zu Salpetersäure oxydieren.

c) Die denitrifizierenden Bakterien zersetzen stickstoffhaltige Körper und bauen dieselben bis zum Ammoniak, ja Stickstoff ab. Zu den bis zum Ammoniak abbauenden zählen viele Arten von Spaltpilzen, Eumyceten (Schimmelpilzen) u. s. w. Der Abbau bis zum Stickstoff findet bei den salpetersauren Salzen statt und wird durch einige spezifische Denitrifikationsbakterien, zu welchen auch das Bacterium coli commune, namentlich in Symbiose mit anderen Arten, gehört, ausgeführt.

Den unter b) und c) genannten Arten kommt wahrscheinlich auch eine wichtige Rolle bei der biologischen Klärung der Abwässer zu.

15. Luft.

Qualitativ durch offenes Aufstellen von mit Nährgelatine beschickten Petrischalen etwa ¼ Stunde lang. Alsdann bedecken. Es siedeln sich meist Hefen und Sarcinen an. Quantitativ mit der Hesseschen Röhre oder nach Petri, welche in kleine, beiderseitig offene, mit etwa 5 g sterilem Sand gefüllte Röhren die zu untersuchende Luft (gemessene Menge) durchsaugen läßt, den Sand alsdann mit Nährgelatine vermischt und Platten gießt. Ficker nimmt statt Sand Glaspulver. Vgl. im übrigen S. 486.

Das bei der zymotechnischen Wasseranalyse Gesagte ist in sinngemäßer Weise auch auf Luft übertrag- und anwendbar.

C. Anleitung zu medizinisch-bakteriologischen Untersuchungen.

1. Die Untersuchung von Sputum, Milch[1]) u. s. w. auf Tuberkelbazillen.

Die Untersuchung von Sputum zerfällt in eine makroskopische und eine mikroskopische.

Man prüft zunächst auf Aussehen, Geruch, Farbe, Konsistenz, Durchsichtigkeit, Blut, Eiter. Zu diesem Zweck breitet man Sputum auf einem schwarzen Teller aus. Eine Besichtigung mit der Lupe ergibt sodann weitere Beimengungen und bisweilen auch indifferente Körper, wie Brotkrumen, Fleischfasern u. s. w.

Es empfiehlt sich, jede makroskopisch verschiedene Partie besonders mikroskopisch zu untersuchen. Über die Untersuchung auf geformte Elemente durch mikroskopische und zytologische Verfahren siehe Th. Koch, Süddeutsche Apothekerzeitung 1909, No. 47; ebenda auch ausführlich die Prüfung auf Tuberkelbazillen.

Vorbereitung des Sputums für die mikroskopische Untersuchung auf Tuberkelbazillen und Kokken.

Man isoliert die einzelne Partie, nimmt mittels zweier Platinnadeln, die jedesmal vor dem Gebrauch auszuglühen sind, ein kleines Flöckchen und namentlich die gelbkäsigen Knöllchen, sog. Linsen, heraus und bringt sie auf das Deckgläschen, streicht sie hier mit der

---

[1]) Betr. infektiöser Eutererkranku gen. Siehe S. 567.

Nadel in eine feine Schicht aus, oder man bringt sie zwischen zwei Deckgläschen und zieht diese unter mäßigem Zerreiben in paralleler Richtung voneinander ab. Eine Zusatzflüssigkeit zum Verdünnen des Sputums ist nur selten nötig; man nimmt hierzu entweder sterilisiertes, destilliertes Wasser oder 0,75 %-ige sog. physiologische Kochsalzlösung. Diese Präparate werden nun fixiert, indem man sie dreimal mäßig schnell durch die Flamme zieht. Dieselben können nun nach einer der nachstehenden Methoden gefärbt werden.

Man darf sich mit einem oder nur wenigen Präparaten nicht begnügen, wenn man nicht sofort die Tuberkelbazillen findet. Sind wenige Bazillen im Sputum vorhanden, so bediene man sich der folgenden, raschen Anreicherungsverfahren [1]):

a) **Verfahren nach Biedert, Mühlhäuser, Czaplewski:**

Man schüttele ein Volumen Sputum mit 2—4 Vol. 0,1—0,2 %-iger NaOH 1 Minute kräftig durch; falls die Masse noch nicht gleichmäßig ist, setze man noch mehr NaOH zu und schüttele wieder, sodann koche man, bis eine gleichmäßige Flüssigkeit entsteht. Nunmehr setze man 1—2 Tropfen Phenolphtaleinlösung und tropfenweise 5 %-ige Essigsäure unter starkem Umrühren zu, bis die Rotfärbung verschwunden ist; dann lasse man im Spitzglase absitzen und dekantiere. Nach dem Durchmischen werden aus der Masse Präparate hergestellt. Oder man zentrifugiere nach Zusatz des doppelten Volumens 95 %-igen Alkohols und benütze das Sediment zu Präparaten.

b) **Verfahren nach Sachs-Mücke:**

Man setze zu dem Sputum nach und nach Wasserstoffsuperoxyd, wodurch das Sputum verflüssigt wird. Im Rückstand Nachweis der Bazillen ausführen.

c) **Verfahren nach N. Abe** (Arch. f. Hyg. 1908, S. 372).

Homogenisierung der Sputummasse und gleichzeitige Abtötung der Bakterien wird erreicht durch 10 minutenlanges Schütteln des Sputums im Glasstopfenglas mit 30 ccm einer Lösung von 2 g Sublimat, 10 g Kochsalz, 1000 ccm destilliertem Wasser. Dann wird zentrifugiert.

Milch, Harn u. s. w. werden in derselben Weise wie Sputum untersucht. Die verdächtigen Flüssigkeiten müssen längere Zeit erst stark zentrifugiert (4000 Umdrehungen pro Minute) werden, um die Bakterien im Bodensatze anzureichern.

Anstatt auf Deckgläschen kann man das Sputum, wie überhaupt jedes andere Material direkt auf die Objektträger aufstreichen, trocknen und fixieren; jedoch hat man sich zu vergegenwärtigen, daß das dicke Glas langsamer durch die Flamme gezogen werden muß und daß das Glas leicht zu heiß wird, sodaß die Präparate verderben; man läßt deshalb die Präparate am besten lufttrocken werden. Die Färbung der Ausstrichpräparate geschieht dann wie unten angegeben ist, die mikroskopische Untersuchung aber nach dem Trocknen des Objektträgers direkt in Öl, ohne Auflegen eines Deckelglases.

---

[1]) Von den biolog. Verfahren (Nährbodenkulturen) und Tierversuchen, wovon letztere stets am besten den Nachweis erbringen, wird hier abgesehen. Vgl. Abel, bakt. Taschenbuch. l. c.

Spezieller Teil. 585

In Zweifelfällen und wo es die Zeit zuläßt, nimmt man die Verimpfung auf Tiere (Kaninchen) vor.

Färbmethoden. Man benützt bis heute die alten bewährten Verfahren:

a) Die fixierten Präparate färbt man mit Kochscher Anilinwasser-, Fuchsin- oder Ziehl-Neelsenscher Carbolfuchsinlösung, indem man das Uhrschälchen mit der Lösung, auf der die Deckgläser mit der präparierten Seite nach unten schwimmen, über dem Bunsenbrenner so lange erwärmt, bis die Farblösung dampft und Blasen wirft. Man spült die Präparate dann im Wasser ab, bringt sie einen Moment in 5 %-ige Schwefelsäure oder verdünnte Salpetersäure (1 : 3) und dann in 70 %-igen Alkohol. Nachfärben mit Methylenblau. Tuberkelbazillen sind rot, Gewebsteile und andere Organismen blau. Sporen anderer Bakterien und Fettsäurekrystalle färben sich auch rot.

b) Nach Kaatzer. Man färbt kalt mit übersättigter Gentianaviolettlösung 24 Stunden hindurch oder durch Erwärmen auf 80⁰ C drei Minuten lang. Dann entfärbt man mit folgender Flüssigkeit: Mischung von 100 ccm 90 %-igem Alkohol, 20 ccm Wasser und 20 Tropfen konzentrierter Salzsäure, spült mit 90 %-igem Alkohol ab und färbt mit konzentrierter, wässeriger Vesuvinlösung nach.

Tuberkelbazillen dunkelviolett, die Gewebsteile und andere Organismen braun.

c) Nach Fränkel und Gabett. Die Präparate werden zwei Minuten lang in Ziehl-Neelsenscher Lösung gefärbt, eine Minute lang in Gabettsche Methylenblauschwefelsäure oder Fränkelsche Methylenblausalpetersäure (S. 549) gebracht und in Wasser abgespült. Tuberkelbazillen rot, Gewebsteile u. s. w. blau.

d) Nach Chaplewsky. Man färbt auf dem Deckglas mit Ziehl-Neelsenschem Carbolfuchsin, erhitzt über der Flamme bis zur Blasenbildung (das Deckglas muß immer mit Farbstoff bedeckt sein), bringt dann direkt in alkoholische Fluoreszeinmethylenblaulösung, bewegt 6- bis 7-mal darin hin und her, läßt abtropfen und bringt direkt in konzentrierte alkoholische Methylenblaulösung, bewegt in dieser 10—12-mal hin und her und spült mit Wasser ab.

Tuberkelbazillen rot, Strukturbild mit den anderen Organismen blau.

e) Nach Günther. Man färbt heiß mit Anilinwasserfuchsinlösung bis zur Blasenbildung und läßt eine Minute stehen. (Wir verwenden wegen der größeren Haltbarkeit der Lösung Ziehl-Neelsensches Carbolfuchsin.) Dann bringt man das Präparat in 3 %-igen Salzsäurealkohol (3 Salzsäure, 100 ccm 96 %-igen Alkohol) und bewegt eine Minute lang darin hin und her. Alsdann spült man mit Wasser ab, träufelt wässerige Methylenblaulösung oder wässerige Malachitgrünlösung auf, färbt etwa ½—1 Stunde damit und spült mit Wasser ab. Nach dem Abtrocknen dreimaliges Fixieren in der Flamme wie das ungefärbte Deckglas.

Tuberkelbazillen sind rot, Gewebsteile und andere Organismen blau bezw. grün.

f) Kontrastfärbung nach Assmann. (Münch. med. Wochenschr. 1909, S. 658.)

α) Mit heißem Carbolfuchsin etwa 1 Minute lang und Entfärben abwechselnd in 5 %-iger H_2SO_4 und absolutem Alkohol.

β) Abflößen mit Wasser und Trocknen mit Fließpapier.

γ) Einlegen in Petrischälchen und Bedecken mit 40 Tropfen Jennerscher Lösung [1]). 5 Minuten einwirken lassen.

δ) Übergießen mit 20 ccm Wasser, dem vorher 5 Tropfen einer 0,1 %-igen Kaliumcarbonatlösung zugesetzt worden sind. Umschütteln bis zur gleichmäßigen Verdünnung und 3 minutenlanges Nachfärben.

ε) Herausnehmen, kurzes Abspülen mit destilliertem Wasser, vorsichtiges Abtrocknen mit Fließpapier. Ölimmersion: Protoplasmaleib der Leukozyten scharf umschrieben in zartem Graurosaton gefärbt, von dem sich die roten, bei intrazellularer Lagerung anscheinend regelmäßig von einem schmalen Lichthof umgebenen Tuberkelbazillen scharf abheben. Alle nicht säurefesten Bakterien sind tiefblau gefärbt.

g) Nachweis der granulären, nach Ziehl nicht färbbaren Form von Tuberkelbazillen nach Much-Schottmüller.

1. Möglichst gleichmäßiger, dünner Ausstrich von Eiter oder Sputum auf Objektträger;
2. Fixieren des Präparates kurz im Formolalkohol und Abtrocknen mit Filtrierpapier;
3. 1 bis 2-mal 24-stündige Färbung bei Zimmertemperatur in einer alkoholischen Carbol-Methylviolettlösung (10 ccm alkoholische Methylviolettlösung in 100 ccm 2%-iger Carbolwasserlösung, sorgfältiges Filtrieren des Gemisches). Aufrechtes Einstellen der Objektträger in weite Reagensgläser, um möglichst Niederschläge zu vermeiden.
4. Jodierung mit Lugolscher Lösung (s. S. 509) 10—15 Minuten;
5. 5 % Salpetersäure 1 Minute;
6. 3 % Salzsäure 10 Sekunden;
7. Acetonalkohol (gleiche Teile Aceton und Alkohol). Die Entfärbung geschieht so lange, bis kein Farbstoff mehr abfließt. Wiederholte Kontrolle des Präparates unter dem Mikroskop; Abtrocknen mit Filtrierpapier;
8. Nachfärbung mit 1 %-iger Safraninlösung 5—10 Sekunden; Abspülen mit Wasser; Abtrocknen mit Fließpapier;
9. Kurzes Trocknen ohne Flamme;
10. Besichtigung des Präparates mittels Ölimmersion.

Auf die modifizierte Hermansche Granulafärbung wird verwiesen. Siehe Süddeutsche Apothekerzeitung 1909, No. 48.

---

[1]) Darstellung der Jennerschen Färbeflüssigkeit: 1 g Methylenblau med. Höchst, sowie 1 g Eosin B. A. extra Höchst löst man je in einem Liter Wasser, gießt alsdann die Lösungen zusammen, mischt, läßt 1 Tag stehen, sammelt den Niederschlag auf einem Filter, wäscht mit Wasser solange aus, bis das ablaufende Wasser farblos erscheint, trocknet hierauf und löst 0,5 g dieses eosinsauren Methylenblaus in 100 g reinem Methylalkohol.

Spezieller Teil. 587

2. Nachweis von Gonokokken in Urin, Sekreten u. s. w.

Färbung nach Neisser:
Man bringt die Deckglaspräparate, die wie die von Sputum angefertigt werden, in konzentrierte alkoholische Eosinlösung, erhitzt die Flüssigkeit, saugt dann die Eosinlösung mit Filtrierpapier ab, legt ¼ Minute in konzentrierte alkoholische Methylenblaulösung, spült mit Wasser ab und bringt das Deckglas auf den Objektträger wie oben angegeben. (Semmel- bezw. nierenförmige Diplokokken blau, Zellen rot, Zellkerne ebenfalls blau.)

3. Nachweis von Typhus- (Paratyphus-) und Colibakterien im Wasser (Trink- und Abwasser), sowie in Fäces.

Typhus. Es ist von vornherein zu betonen, daß der Nachweis von Typhus im Wasser ein äußerst schwieriger und nur selten mit Sicherheit zu erbringen ist, da die Wässer in der Regel schon reich an den verschiedenartigsten anderen und typhusähnlichen Bakterien, wie die Coliarten u. s. w., sind, wodurch die Typhuskeime schwer erkennbar werden. Man unterscheidet die Typhusbakterien von den Coliarten durch Aussaat auf Lackmuslaktosenutrose-Krystallviolettagar nach v. Drigalski und Conradi[1]). Die beiden Forscher setzen Nutrose zu, um den Nährwert zu verbessern, das Krystallviolett um fremde Bakterien in der Entwicklung zu hemmen. Typhuskolonien wachsen auf diesem Nährboden (Brutschrank-Beobachtung nach 16—24 Stunden) klein, durchsichtig, glasig, blau; Colikolonien sind rot, derber, undurchsichtiger und größer. Typhus- und Paratyphuskolonien kann man sofort auf Agglutination[2]) mit hochwertigem Serum (immunem und normalem) prüfen. Bei Coli ist Agglutination unsicher. Identitätsreaktionen betr. Typhus und Paratyphus vgl. tabellarische Übersicht S. 589.

Ein ihnen eigenes Wachstum zeigen Typhus und Paratyphus nach Conradi auf Brillantgrün-Pikrinsäure-Peptonfleischextraktagar nach 15 bis 20 Stunden im Brutschrank bei 37⁰. Näheres Pharm. Zentralhalle 1908. 985.

Colibakterien werden mittels der Eijkmannschen Gärprobe[3]) wie folgt nachgewiesen:

Eijkmann fand, daß die Colibakterien bei einer Temperatur von 46⁰ C die meisten anderen überwuchern und in Traubenzuckerlösung

---

[1]) Rezept: 1,5 Kilo Rindfleisch mit 2 Liter Wasser 24 Stunden stehen lassen, Abpressen und das Fleischwasser 1 Stunde kochen, filtrieren und 20 g Pepton „Witte", 20 g Nutrose, 10 g Kochsalz zusetzen, wieder eine Stunde kochen, filtrieren, 60 g Agar zusetzen, 3 Stunden kochen, alkalisieren und filtrieren. Andererseits werden 300,0 Kahlbaumsche Lackmuslösung mit 30 g Milchzucker 15 Minuten gekocht. Beide Lösungen gießt man nun zusammen und alkalisiert die rotgewordene Lösung mit 10 %-iger Sodalösung bis zur schwach alkalischen Reaktion und fügt schließlich noch 4 ccm einer heißen sterilen 10 %-igen Sodalösung, 20 ccm einer sterilen 0,1 %-igen Lösung von Krystallviolett Höchst B zu. Zeitschr. f. Hygiene. 39. 283.

[2]) Über die Ausführung dieses Verfahrens vgl. R. Abel, bakt. Taschenbuch, 1908. l. c., sowie Veröffentl. d. Kaiserl. Gesundheitsamtes. 1903. No. 31, besondere Beilage. Typhusimmunsera in trockener Form beziehbar vom Schweizer. Serum- und Impfinstitut Bern, auch durch J. D. Riedel, A.-G., Berlin N. 39.

[3]) Zentralbl. f. Bakteriol. I. 37. 742.

Gas bilden. Die Prüfung wird in einem Gärungskölbchen[1]), wie Fig. 10 zeigt, mit einer Gärungslösung (zu prüfendes Wasser und $^1/_8$ Volumen sterilisierte wässerige Lösung von 10 % Glukose, 10 % Pepton, 5 % Kochsalz) vorgenommen. Man nimmt in der Regel 10 ccm Wasser und 1,2 ccm Gärungslösung. Ist das Wasser sehr rein, so unterbleibt nicht nur jede Gärung[2]), sondern die Flüssigkeit ist auch noch nach 24 Stunden völlig klar und zeigt höchstens nach 48 Stunden im offenen Schenkel eine leichte Trübung.

Stark verunreinigtes Wasser muß mit sterilisiertem destillierten Wasser erst entsprechend verdünnt werden. Stets sind mehrere Kontrollbestimmungen zu machen. Bei besonders bakterienarmen Wasser empfiehlt es sich, eine Anreicherung der Bakterien durch Bebrüten einer Mischung von 300 ccm des betr. Wassers mit derselben Menge neutraler Bouillon bei 37⁰ während 24 Stunden vorzunehmen. Der nach Anreicherung im Brutschrank und nach 48 Stunden getrübte Gärröhrcheninhalt wird durch Ösenausstrich auf Drigalsky-Conradi Nährböden (s. vorige Seite) ausgesät. Nach Padlewsky, Pharmaz. Zentralhalle 1908, S. 736 wachsen auf einem rindergallhaltigen Malachitgrünnährboden Colikolonien grün, Typhus goldgelb. Haben die Plattenkulturen coliähnliche Keime ergeben, so werden sie nach allen gebräuchlichen diagnostischen Methoden, d. h. Anlegen von nach Gram gefärbten Präparaten (vgl. S. 556), Feststellung von Bewegung und Gasbildung, Milchkoagulation, Indolbildung (Methode S, 591), Wachstum auf Kartoffel, Gelatine[3]) und Bouillon weiter untersucht. Siehe tabellarische Übersicht S. 589. Bei der mikroskopischen Untersuchung des bei 46⁰ gärenden Inhaltes des Kolbens findet man mit mehr oder weniger Eigenbewegung begabte, meist jedoch unbewegliche Stäbchen, dann und wann mit Kokken vermischt.

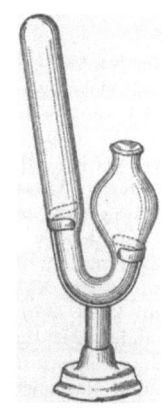

Fig. 10.
Eijkmanns Gärglas.
(Inhalt etwa 12 ccm.)

Jedoch ist folgendes zu beachten. Gasbildner sind nicht immer echte Colibakterien; es gibt auch solche, die z. B. in Peptonwasser kein Indol geben, Milch nicht zum Gerinnen bringen, oder eine andere typische Wuchsform auf Gelatine und Kartoffel zeigen. Auch die Intensität der Gasbildung ist verschieden. Einige dieser Gasbildner müssen zu den Buttersäurebakterien gerechnet werden.

Fortsetzung: nächste Seite unten.

---

[1]) Man kann auch ein gewöhnliches Reagenzglas, das mit der sterilisierten Nährlösung beschickt ist, nehmen, in dem sich ein etwa 2—2,5 cm langes und 6—8 mm weites unten zugeschmolzenes Röhrchen befindet. Letzteres wird mit der Öffnung nach unten hineingestellt und muß völlig mit der Flüssigkeit gefüllt sein. (Durham.)

[2]) Da die in Wasser gelöste Luft als Luftblase am oberen Ende des geschlossenen Schenkels erscheint, so muß, um Irrtümer zu vermeiden, ein Parallelversuch nur mit Wasser gemacht werden.

[3]) Verdünnung 0,1—0,2 ccm in 100 ccm Wasser mit sterilem Pinsel aufstreichen.

Spezieller Teil.

Zur Differenzierung von Typhus- und typhusähnlichen Bazillen dienen folgende Unterscheidungsmerkmale:

	Coli [1])	Typhus	Paratyphus [2])
1. Wachstum auf Gelatine	bräunliche Kolonien ohne Verflüssigung	rein grau bis gelblich, rund oder oval in der Tiefe; schleierartig; tiefgefurcht an d. Oberfläche; ohne Verflüssigung	A. runde oder ovale Oberflächen-Kolonien B. Dasselbe, aber dick, weißlich, jung Kolon. irisierend braun
2. Wachstum auf Kartoffeln	starker, graugelblicher Rasen	kaum sichtbar	
3. Wachstum in Lackmusmolke	stark sauer	produziert nicht mehr als 3 % $^1/_{10}$ N.-Säure	nach 8—10 Tagen alkalisch [3])
4. Säurebildung	stark		keine
5. Gärvermögen (Traubenzucker)	stark	keines	vorhanden
6. Verhalten in Milch	koaguliert	koaguliert nicht	hellt Milch unter Alkalibildung auf
7. Indolbildung [4])	Indolbildung	keine	keine
8. Agglutination	tritt ein, doch nicht bei allen Varietäten	tritt mit Immunserum rascher als mit Normalserum ein	geringer als bei Typhus
9. Besondere Kennzeichen der Bakterien	4—12 seitliche Geißeln	lebhaft beweglich; leicht abreißbare peritriche Geißeln	—

Fortsetzung von S. 588.

Es ist jedoch nicht gesagt, daß diese nicht fäkalischen Ursprungs sind. Im Fäces, Mist, Humus wurden schon Mikroorganismen gefunden, welche, nicht zu den Colibakterien gehörend, noch bei 46° in Glukose enthaltenden Medien sich vervielfältigen und Gas bilden können.

---

[1]) Es gibt verschiedene Arten, die im wesentlichen jedoch morphologisch und biologisch gleichartig sind.
[2]) Man unterscheidet Paratyphusbazillen A und B (die häufigeren).
[3]) In Lackmus-Traubenzucker-Nutroselösung wird Gerinnung erzeugt.
[4]) Näheres darüber siehe Nachweis der Cholerabazillen.

Thermotolerante Gärungsorganismen dürfen also nicht ohne weiteres als zur normalen Flora der Oberflächenwasser gehörend betrachtet werden, ihre Anwesenheit spricht aber im allgemeinen für fäkalische Verunreinigung. Der Nachweis von Coli ist jedoch nur dann als erbracht anzusehen, wenn sämtliche biologischen Merkmale zutreffen. Da gutfunktionierende Sandfilter nur ganz geringe Mengen der Bakterien passieren lassen, so kann bei Infektion eines Wassers der Nachweis der Colibakterien als Indikator für diese Gefahr herangezogen werden.

Keimzahl und Menge der nachweisbaren Colibakterien stehen nach Kenji Saito, Kioto (Archiv für Hygiene 1907, 63, Heft 3) in keinem Zusammenhang. Aus der Menge der nachweisbaren Colibakterien soll demnach nicht ohne weiteres ein Schluß auf den Grad der Verunreinigung des Wassers mit Fäkalien gezogen werden können.

Betr. Thermophilentiter und Colititer vgl. Petruschky und Pusch, Bact. coli als Indikator für Fäkalverunreinigung von Wässern, Zeitschr. für Hyg. 1903, 43, 304, sowie R. Hilgermann, Klin. Jahrb. 1909, 22, 315.

Thermophilentiter ist diejenige Verdünnung, bei welcher nach der Bebrütung bei 37° noch Trübung von Bouillon bezw. Phenolbouillon eintritt; Colititer diejenige Verdünnung, bei welcher sich mittels des Plattenverfahrens noch Colibakterien herauszüchten lassen.

Der Thermophilentiter wird in der Weise angelegt, daß von Wasser
100 ccm mit 100 ccm Bouillon oder Phenolbouillon
10 ,, ,, 50 ,, ,, ,, ,,
5 ,, ,, 10 ,, ,, ,, ,,
1 ,, ,, 10 ,, ,, ,, ,,
0,1 ,, ,, 10 ., ,, ,, ,,
vermischt und nach 24 stündiger Bebrütung bei 37° beobachtet werden. Weitere Verdünnungen werden z. B. angelegt: 0,1 ccm Wasser + 10 ccm steriles Wasser, davon 0,1 = 0,001 ccm des zu prüfenden Wassers mit 10 ccm Bouillon bezw. Phenolbouillon. Die letzte Verdünnung, bei welcher Trübung eintrat, ist der Thermophilentiter. Von dieser und der nächsthöheren Verdünnung werden Plattenaussaaten angelegt. Die letzte Verdünnung, bei welcher noch Coli mittels der Aussaat nachweisbar war, ist der Colititer.

4. Nachweis von Choleravibrionen im Wasser.

Mindestens 1 Liter des Wassers versetzt man mit 10% konzentrierter Peptonwasserlösung (vgl. S. 545), schüttelt gründlich durch, verteilt dann zu je 100 ccm etwa in Kölbchen und setzt dieselben der Bruttemperatur (37°) 8—12 Stunden aus. — Die Bakterien sammeln sich infolge ihres großen Sauerstoffbedürfnisses an der Oberfläche der Flüssigkeit, sodaß sich unter Umständen ein sichtbares, feines Häutchen bildet und bei der mikroskopischen Untersuchung eines Tropfens der Flüssigkeit von der Oberfläche (Untersuchung im hängenden Tropfen- und Ausstrichpräparat) die charakteristischen gekrümmten Bazillen in große Menge sich finden lassen.

Spezieller Teil. 591

Mit dem dieser Flüssigkeit (namentlich von der Oberfläche) entnommenen Material beschickt man nun nach 10, 15 und 20 Stunden Agarplatten (alkalische), indem man dasselbe nicht in das verflüssigte Agar bringt, sondern erst das Agar in die Petrischalen gießt und dann nach dem Erstarren darauf mit der Platinöse von der Oberfläche der Kultur aufstreicht. Die Agarplatten hält man bei 37⁰ C. Die Kolonien auf Agar sind „mäßig groß mit einem eigentümlichen, hell graubraunen, transparenten Aussehen, während fast alle andern in Frage kommenden (spirillenförmigen!) Bakterien weniger transparente Kolonien bilden [1].‟ Durch Überimpfen in Peptonwasserröhrchen können die Bazillen noch angereichert werden. Sehr charakteristisch wachsen die Cholerabazillen auf Alkalialbuminatgelatine (Deycke); das Alkalialbuminat ist von E. Merck in Darmstadt beziehbar; davon 2—3 g, Pepton 1 g, NaCl 1 g, Gelatine 10—15 g und Wasser 100 g zu Nährgelatine verarbeiten, neutralisieren mit HCl, alkalisch machen mit $^2/_3$ % krystallisierter Soda.

Viele dem Choleravibrio ähnliche Vibrionen zeigen im Dunkeln Phosphoreszenzerscheinungen.

Die auf den Agarplatten gewachsenen Kolonien werden zuerst mikroskopisch geprüft und davon sämtliche spirillenförmige Arten rein gezüchtet, bezw. weiter untersucht. Den Cholerabazillen in der Form sehr ähnliche Arten gibt es verschiedene, die zu Verwechslungen Veranlassung geben können. Es ist deshalb nötig, an den „Choleraverdächtigen" eingehendere Identifizierungsversuche, worunter namentlich den Tierversuch, Agglutinationsreaktion (siehe auch S. 587 bei Typhus) und die Nitroso-Indolreaktion, wie folgt, anzustellen.

Versetzt man eine Cholerapeptonkultur mit 1 ccm reinster Schwefelsäure (1 : 3), so nimmt die Mischung innerhalb 5 Minuten Rotfärbung an; die Bakterie reduziert die im Pepton enthaltenen Spuren von Nitraten zu Nitriten. Zur Indolreaktion (Nachweis von Typhus und typhusähnlichen Bakterien) verfahre man in derselben Weise wie vorher, gebe aber noch 1 ccm NaNO$_2$ (von etwa 0,02 %) hinzu. Besonders empfindlich beim Überschichten der mit H$_2$SO$_4$ versetzten Kultur mit der Nitritlösung. (Kitasato-Salkowski).

Nach Ehrlich [2]) ist folgendes Verfahren besonders empfindlich. Zu 10 ccm flüssiger Kultur setze man 5 ccm einer Lösung, bestehend aus 4 Teilen Paradimethylamidobenzaldehyd, 380 Teilen Alkohol (96%) und 80 Teilen konzentrierter Salzsäure, sowie von 5 ccm einer gesättigten wässerigen Lösung von Kaliumpersulfat; schütteln, binnen 5 Minuten Rotfärbung bei Indolbildung.

5. Prüfung von Desinfektionsmitteln und Desinfektionsapparaten auf ihre Wirkung.

Zu Desinfektionsversuchen verwendet man meistens Milzbrandbazillen und deren Sporen, Typhusbazillen, Choleravibrionen, den Staphylococcus pyogenes aureus, und auch Saprophyten, wie den Heubazillus und dessen Sporen, den Bacillus mesentericus vulgatus, den Bacillus prodigiosus u. a.

a) Prüfung von Flüssigkeiten und Salzen:

α) Man stellt sich eine Lösung von bestimmter Konzentration her, z. B. 10 %, und setzt davon 1,0, 0,5, 0,4, 0,3, 0,1 ccm zu je 10 ccm verflüssigter Nähr-

---

[1]) Koch, Zeitschr. f. Hygiene u. Infektionskrankheiten. Bd. 14.
[2]) Zentralbl. f. Bakteriologie. I. 40. 129.

gelatine oder Agar (die Röhrchen enthalten dann 1 %—0,1 % des Desinfiziens) und legt mit dem zu kontrollierenden Pilz, Stich- oder Strichkulturen und Platten an. Verwendet man Sporen, so tötet man in sporenhaltigem Material durch ¹/₂ stündiges Erwärmen auf 70° C die darin enthaltenen Bazillen, impft damit und sieht, ob die Sporen in den mit dem Desinfektionsmittel versehenen Nährböden noch auskeimen. Durch eine solche Versuchsreihe erfährt man, wie viel Prozent des Desinfektionsmittels nötig sind, um Asepsis zu erreichen; d. i. die vegetativen Zustände der Mikroorganismen werden vernichtet, aber nicht die Dauerformen (Sporen).

β) Um zu erfahren, wieviel Prozent des Desinfektionsmittels nötig sind, um vollständige Antisepsis zu erreichen, züchtet man den zu untersuchenden Pilz in Bouillon und versetzt 10 ccm der noch sporenfreien, zur Abscheidung etwaiger Bazillenklümpchen, durch Asbest filtrierter Bouillon wie oben mit einer gewissen Desinfizienslösung von bekanntem Gehalte. Aus diesem Röhrchen nimmt man nach 1 Minute, 5 Minuten, 10 Minuten, 30 Minuten, 1 Stunde usf. eine kleine Platinöse voll Material, bringt diese in 10 ccm verflüssigte Gelatine oder Agar und gießt Platten. Man erhält so Angaben, wieviel bestimmte Mengen des Desinfiziens in bestimmter Zeit die Keime abtöten. Hat man die Vermutung, daß die kleine Spur des Desinfiziens, welche mit der Platinöse übertragen worden ist, Entwickelungshemmung verursacht haben kann, die Keime also möglicherweise nicht zerstört sind, so macht man zur Kontrolle eine Impfung von frischem Pilzmaterial in eine Gelatine, der man eine gleiche Spur der desinfizierenden Flüssigkeit zugesetzt hat.

Man kann Bazillen und Kokken, ähnlich wie die Sporen (s. unten), an Seidenfäden oder an mit einem Korkbohrer ausgehauene Fließpapierstückchen antrocknen (im Exsiccator) und ähnlich wie die sporenhaltigen Präparate verwenden.

γ) Herstellung von Sporenfäden.

Man entnimmt z. B. Milzbrandsporenmaterial von Kartoffelkulturen, welches man mit einem sterilen Messer abgeschabt hat und verrührt es tüchtig mit sterilisiertem, destilliertem Wasser in einer kleinen Schale. In diese Aufschwemmung bringt man ¹/₂ cm lange sterilisierte Seidenfäden, mischt dieselben damit und breitet sie auf sterilisierter Platte in einem Exsiccator zum Trocknen aus. In ähnlicher Weise trocknet man die Sporen an sterilisierten Papierblättchen, Glasstücken, eisernen Nägeln u. s. w. an. Glasstücke und Nägel sind vorzuziehen, weil das Desinfektionsmittel nach der Einwirkung auf die Sporen gründlicher weggespült werden kann und man bei der Weiterbehandlung weniger Gefahr läuft, von dem Desinfektionsmittel störende Mengen mit in die Kulturen überzuführen.

Anstatt die Sporen an Gegenständen anzutrocknen, kann man sicher mit sporenhaltigen Flüssigkeiten arbeiten, indem man die Versuche in analoger Weise wie unter β angegeben ist, anstellt. Die sporenhaltige Bouillon wird hergestellt, indem man auf schräge Agarkulturen der betreffenden Pilze ein wenig Bouillon gießt und mit sterilisierter Nadel etwas über die oberflächlichen Kulturrasen hinstreift und die entstandene Aufschwemmung noch durch Glaswolle filtriert.

δ) Hieran haben sich noch Versuche anzureihen, die dem praktischen Gebrauch der Desinfektionsmittel entsprechen. Wie diese vorzunehmen sind, ergibt sich aus der Verwendungsart, wie denn auch die Versuche mit den Reinkulturen noch auf mannigfache Weise angestellt werden können. Die Art und Weise der Versuchsvornahme muß der Erfahrung und dem Geschick der einzelnen Sachverständigen überlassen bleiben.

Neuerdings stellt man vergleichende Versuche mit Sporen an, die 1, 2, 3, 4 und mehr Minuten in Leinwandbeutelchen im Dampftopf der Einwirkung des strömenden Dampfes ausgesetzt waren, und gibt nun an, daß x % des Desinfektionsmittels in y Zeit Sporen in der Entwickelung hemmen bzw. töten, die der Einwirkung des strömenden Wasserdampfes x Minuten standhielten.

b) Prüfung von Apparaten für die Desinfektion durch Hitze:

Hierzu verwendet man in der Regel Milzbrandsporenfäden in sterilisiertes Papier eingeschlagen, Kartoffelstücke mit Kulturen von Milzbrandbazillen, kleine Packetchen sporenhaltiger Gartenerde, welche man in den zu prüfenden Apparat gibt. Da diese Apparate vorwiegend zur Desinfektion von Kleidern,

Bettzeugen u. s. w. dienen, so bringt man die Packetchen ins Innere von Wäschebündeln, Bettzeug u. s. w.

Man setzt nun den Apparat in Gang und öffnet unter der Kontrolle eines Thermometers, welches die Innentemperatur des Raumes anzeigt (nachdem z. B. $^1/_4$ Stunde oder 1 Stunde eine Temperatur von z. B. 100° oder 105° C im Desinfektionsraum geherrscht), denselben und konstatiert durch Kultur- und Impfversuche die Wirkung auf die Bakterien und Sporen. Man hat jedoch stets 14 Tage zu warten, ehe man die Kultur als steril ansieht, da häufig das Wachstum nur verlangsamt ist.

Anhang, Desinfektionsmittel.

1. **Kalkmilch.** 1 Liter gebrannten Kalk mit 4 Liter Wasser abzulöschen. — Zur Desinfektion nimmt man auf ungefähr ein Teil Fäkalien u. s. w. 1 Teil Kalkmilch. Braucht etwa 1 Stunde zur Wirkung. Zum Tünchen von Krankenzimmerwänden, Begießen beschmutzten Erdbodens, der Abtrittschläuche u. s. w.

2. **Chlorkalk**, entweder unvermischt in Pulverform oder in Lösung; 2 Teile auf 100 Teile Wasser. Anwendung: 2 gehäufte Eßlöffel voll auf $^1/_2$ Liter menschliche Abgänge. Für verdünntere Schmutzwässer genügt weniger. Wirkung nach 15 Minuten.

3. **Lösung von Kaliseife**, 3 Teile gelöst in 100 Teilen Wasser. Für Bett- und Leibwäsche derart zu verwenden, daß solche 24 Stunden darin eingelegt werden.

4. **Karbolsäure** in 5 %-iger Lösung. Die 100 %-ige rohe Säure wird durch 20 Teile Seifenlösung die krystallisierte bloß durch Wasser gelöst. Für Wäsche: 12 Stunden lang einlegen; zum Abreiben von Leder, Papier, Holz- und Metallteilen, Wänden und Fußböden.

5. **Strömender Wasserdampf** von mindestens 105°, nur im Desinfektions-Apparat ausführbar. Für Betten, Matratzen, Strohsäcke, Vorlagen, Teppiche, Wäsche, Kleider, Gardinen, nicht polierte Polstermöbel.

6. **Siedehitze**, mindestens 1 Stunde lang anzuwenden für Wäsche u. s. w.

Außer diesen **von der Reichs-Cholerakommission empfohlenen**, leicht zu beschaffenden und im ganzen ungefährlichen Mitteln gibt es eine große Menge weiterer, deren Verwendung dem Fachmann vorbehalten bleibt: Sublimat (1 %-ige Lösung), freies Chlor, Brom, Jod, Arsenik, Kaliumpermanganat (5 %), Terpentinöl, Ferrichlorid und Ferrosulfat, Mineralsäuren, Alaun, Metallsalze, Äther, Borsäure, Chromsäure, ätherische Öle, Kampfer, Teer, ferner die große Menge der neuen Antiseptica: Salizylsäure, Thymol, Kreolin, Saprol, Solveol, Solutol, Lysol, Jodoform, Aristol, Wasserstoffsuperoxyd, Aseptol, Antiseptol, Kresol, Xylol, Formalin (-aldehyd 1 : 1000), letzteres auch in Dampfform (Formalindesinfektionslampen von Schering, Schloßmann u. a.) u. s. w. Schließlich ist noch die mechanische Entfernung der an den Zimmerwänden, Fußböden hängenden Keime durch Abreiben mit Brot, Schwamm u. s. w. zu erwähnen.

Wohnungsdesinfektion.

1. **Formaldehydverfahren.**

Für 100 cbm des zu desinfizierenden Raumes sind erforderlich 800 ccm Formalin + 3200 ccm Wasser, welche mit Spirituslampe verdampft werden. Nach mindestens 7 stündiger Einwirkung sind 800 ccm 25 %-iger Ammoniakflüssigkeit zu verdampfen. Kosten pro 100 cbm etwa 3,50 Mk.; nach Flügge, Hyg. Rundschau 1901, 649.

Oder statt Formalin Glycoformal (Formalin + 10 % Glycerin) und verdampfen im Lingnerschen Apparat. Schloßmann, Berl. klin. Wochenschr. 1898. No. 25. Oder mit Carboformalglühblock durch Verdampfen von Paraformaldehydkugeln = oder Kerzen, Krell-Elbs cf. Dieudonné. Münch. med. Wochenschr. 1900. p. 1456. Formalin dringt nicht tief ein. Tiefenwirkung wird ermittelt an Reaktionskörpern von Czaplewski, z. B. an durch Natriumsulfit entfärbter Fuchsingelatine, welche durch Aldehyd wieder gefärbt wird. Die Luft muß stark mit Wasserdampf gesättigt sein, desgleichen soll höhere Temperatur im Zimmer vorhanden sein (im Winter durch Heizung), event. kann die Luftmischung durch Flügelventilator beschleunigt werden.

Die zu desinfizierenden Räume müssen durch Einlegen angefeuchteter Wattestreifen zwischen Fenster und Türflügel und deren Rahmen, sowie durch Verstopfen der Schlüssellöcher mit feuchter Watte gründlich abgedichtet werden.

2. **Autanverfahren, Patent der Farbwerke Bayer u. Cie., Elberfeld.**

Das Verfahren zeichnet sich durch Einfachheit und Feuersicherheit aus und eignet sich außer zur Wohnungs- noch zur Desinfektion von Büchern, Federbetten, wollenen Matratzen, Pelzwerk, Gardinen u. dgl., ferner von Krankenwagen, Personenfahrzeugen u. a. Bei der energischen Einwirkung von Bariumsuperoxyd auf Paraform wird nur ein Teil des theoretisch vorhandenen Formaldehyds als solches in Freiheit gesetzt, indem sich ein großer Teil desselben zu Ameisensäure oxydiert, während der Rest nicht zur Verdampfung kommt. Um sozusagen die Brisanz der Einwirkung und die damit verbundenen Verluste herabzusetzen, wird neuerdings Alkalicarbonat zugesetzt. Nach mehrstündiger Einwirkung des feuchten Formaldehyd-Gases wird aus einem Ammonsalz durch caust. Alkali Ammoniak frei gemacht und nach einiger Zeit tüchtig gelüftet. Kosten 8,50 Mk. pro 100 cbm Raum.

3. **Formalin-Permanganatverfahren.**

Für 100 ccm des zu desinfizierenden Raumes werden 2 kg techn. Kaliumpermanganat, 2 Liter Formalin und 2 Liter Wasser verwendet. Die Herstellung des Gemisches geschieht wie beim Autanverfahren in Holzbottichen. Zur Schonung des Fußbodens sind wie bei diesem die Gefäße auf Linoleum oder Holzbretter zu stellen, da sich während des Verfahrens eine erhebliche Wärme entwickelt und bei niederen Gefäßen leicht ein Überschäumen des Gemisches und dadurch Beschmutzung und Anätzen des Fußbodens vorkommen kann. Nach 5 stündiger Einwirkung wird zur Entfernung des überschüssigen Formaldehyds gründlich gelüftet. Kosten etwa 5 Mk. pro 100 cbm Raum. Pharm. Ztg. 1908, 683.

Desinfektion von Büchern im großen.

Nach G ä r t n e r, Zeitschr. f. Hygiene und Infektions-Krankheiten, Bd. 62. H. 1.

Das Verfahren beruht auf Evakuierung und Verdampfung. Dabei wird als Grundlage nur eine Abtötung von nicht sporentragenden Bakterien gewählt, welche für die Praxis ausreichend erscheint. In dem von G ä r t n e r konstruierten Apparat wird eine Erwärmung der Bücher auf 60° erzielt. Das Alkoholgemisch wirkt 1—1½ Stunden ein, worauf 10 Minuten lang Luft in den Apparat eingeleitet wird. Für 1000 Bücher werden 7 Liter Alkohol verbraucht. Bei 10 stündiger Arbeitszeit können 4000 Bücher desinfiziert werden. Sie erleiden hierbei keinerlei Beschädigung. Nur Bücher mit Ledereinband werden nach mehrmaliger Desinfektion brüchig.

Desinfektionsflüssigkeit für Hände.

Kaliumpermanganatsalze: 45 Teile Salzsäure + 1600 ccm Wasser + 500 ccm 4 %-iger Kaliumpermanganatlösung. Die Desinfektionsflüssigkeit soll stärker sein als die einer 5 %-igen Sublimatlösung. Entfärben mit 1,3 %-iger Oxalsäurelösung.

Sterilisierung von Metallinstrumenten.

Nach sorgfältiger mechanischer Reinigung 5 Minuten langes Kochen in 1 %-iger wässeriger Sodalösung. Die so sicher sterilisierten Instrumente werden bis zum Gebrauch in eine wässerige Lösung gelegt, die 1 % Soda und 1 % Karbolsäure enthält. S c h i m m e l b u s c h, Arbeiten a. d. chir. Klinik d. k. Univ. Berlin, 1891, p. 46. Besser nimmt man 0,25 % Natriumhydrat um das Rosten zu vermeiden. Natriumhydrat bindet die im Wasser befindliche Kohlensäure, deren Mitwirkung das Zustandekommen des Rostens besonders begünstigt.

Anhang.

Allgemeine Hilfstabellen sowie Gesetze u. Verordnungen.

1. Tabelle der Atomgewichte[1]
nach den internationalen Vereinbarungen im Jahre 1909.

$O = 16,0.$

Aluminium	Al	27,1	Mangan	Mn	54,93
Antimon	Sb	120,2	Molybdän	Mo	96,0
Arsen	As	75,0	Natrium	Na	23,00
Barium	Ba	137,37	Nickel	Ni	58,68
Blei	Pb	207,10	Phosphor	P	31,0
Bor	B	11,0	Platin	Pt	195,0
Brom	Br	79,92	Quecksilber	Hg	200,0
Cadmium	Cd	112,40	Sauerstoff	O	16,00
Calcium	Ca	40,09	Schwefel	S	32,07
Chlor	Cl	35,46	Selen	Se	79,2
Chrom	Cr	52,1	Silber	Ag	107,88
Eisen	Fe	55,85	Silicium	Si	28,3
Fluor	F	19,0	Stickstoff	N	14,01
Gold	Au	197,2	Strontium	Sr	87,62
Jod	J	126,92	Uran	U	238,5
Kalium	K	39,10	Vanadin	V	51,2
Kobalt	Co	58,97	Wasserstoff	H	1,008
Kohlenstoff	C	12,0	Wismut	Bi	208,0
Kupfer	Cu	63,57	Wolfram	W	184,0
Lithium	Li	7,00	Zink	Zn	65,37
Magnesium	Mg	24,32	Zinn	Sn	119,0

[1] Es sind nur die praktisch wichtigen Atomgewichte aufgeführt.

2. Faktorentabelle zur Berechnung der Analysen [1].

Gesucht	Gefunden	Faktor
Äpfelsäure — $C_4H_6O_5$	Äpfelsaures Calcium — $CaC_4H_4O_5$	0,7787
,, — ,,	Schwefelsäure — SO_3	1,6743
,, — ,,	,, — H_2SO_4	1,3667
Aluminium — 2 Al	Tonerde — Al_2O_3	0,5303
Ammoniak — 2 NH_3	Ammoniumplatinchlorid — $(NH_4Cl)_2PtCl_4$	0,0768
,, — ,,	Schwefelsäure — SO_3	0,4255
,, — NH_3	Stickstoff — N	1,2158
Antimon — 2 Sb	Antimontrisulfid — Sb_2S_3	0,7142
,, — ,,	Antimonpentasulfid — Sb_2S_5	0,5997
Arsen — 2 As	Arsentrisulfid — As_2S_3	0,6093
,, — ,,	Pyroarsensaures Magnesium — $Mg_2As_2O_7$	0,4828
Arsenige Säure — As_2O_3	Arsentrisulfid — As_2S_3	0,8043
,, ,, — ,,	Pyroarsensaures Magnesium — $Mg_2As_2O_7$	0,6374
Bariumoxyd — BaO	Kohlensäure — CO_2	3,4857
,, — ,,	Bariumcarbonat — $BaCO_3$	0,7767
,, — ,,	Bariumsulfat — $BaSO_4$	0,6570
,, — ,,	Bariumchromat — $BaCrO_4$	0,6051
Blei — Pb	Bleisulfid — PbS	0,8697
,, — ,,	Bleisulfad — $PbSO_4$	0,6831
Brom — Br	Bromsilber — AgBr	0,4255
Calciumcarbonat — $CaCO_3$	Calciumoxyd — CaO	1,7844
,, — ,,	Calciumsulfat — $CaSO_4$	0,7351
,, — ,,	Kohlensäure — CO_2	2,2749
Calciumoxyd — CaO	Calciumcarbonat — $CaCO_3$	0,5603
,, — ,,	Calciumsulfat — $CaSO_4$	0,4120
,, — ,,	Kohlensäure — CO_2	1,2748
Calciumsulfat — $CaSO_4$	Calciumcarbonat — $CaCO_3$	1,3603
,, — ,,	Calciumoxyd — CaO	2,4275
,, — ,,	Schwefelsäure — SO_3	1,7004
Chlor — Cl	Chlorsilber — AgCl	0,2474
Dextrose (Glucose) — $C_6H_{12}O_6$	Kupfer — Cu (s. Tab. S. —).	
,, — ,,	Kupferoxyd — CuO (s. Tab. S. —).	
,, — ,,	Alkohol — 2 C_2H_6O	[2]) 1,9555
,, — ,,	Kohlensäure — 2 CO_2	[2]) 2,0465
Dextrin — $nC_6H_{10}O_5$	Kupfer — Cu (s. Tab. S. —).	
Eisen — Fe	Eisenoxydul — FeO	0,7773
,, — 2 Fe	Eisenoxyd — Fe_2O_3	0,6994
Eisenoxyd — Fe_2O_3	Eisenoxydul — 2 FeO	0,1113
Eisenoxydul — 2 FeO	Eisenoxyd — Fe_2O_3	0,8998
Essigsäure — $C_2H_4O_2$	1 ccm $^1/_{10}$ Normal-Schwefelsäure (oder -Alkali)	0,0060
,, — 2 $C_2H_4O_2$	Kohlensäure — CO_2	2,7287
Glukose — vgl. Dextrose		
Invertzucker — vgl. Tab.		
Jod — J	Jodsilber — AgJ	0,5405
Kaliumoxyd — K_2O	Chlorkalium — 2 KCl	0,6317
,, — ,,	Kaliumplatinchlorid — $(KCl)_2PtCl_4$	0,1931
,, — ,,	Überchlorsaures Kali — 2 $KClO_4$	0,3399
,, — ,,	Kohlensäure — CO_2	2,1409
,, — ,,	Schwefelsäure — SO_3	1,1765
,, — ,,	Kaliumsulfat — K_2SO_4	0,5405
Kaliumchlorid — 2 KCl	Kaliumplatinchlorid — $(KCl)_2PtCl_4$	0,3056
,, — KCl	Überchlorsaures Kali — $KClO_4$	0,5381
Kaliumcarbonat — K_2CO_3	Kohlensäure — CO_2	3,1409
,, — ,,	Schwefelsäure — SO_3	1,7259
Kohlensäure — CO_2	Calciumcarbonat — $CaCO_3$	0,4396
,, — ,,	Calciumoxyd — CaO	0,7846
,, — ,,	Bariumcarbonat — $BaCO_3$	0,2229
,, — ,,	Bariumsulfat — $BaSO_4$	0,1885

[1]) Auszugsweise nach der von J. König, Unters. der menschl. Nahr.- und Genußm. 1909. III. Aufl. II. Bd. I. T. berechneten Tabelle.

[2]) Richtiger für Alkohol 2,057, für Kohlensäure 2,153, da nur etwa 95 % der Glucose zu Alkohol und Kohlensäure vergären.

Allgemeine Hilfstabellen.

Gesucht	Gefunden	Faktor
Kupfer — Cu	Kupferoxyd — CuO	0,7988
„ — 2 Cu	Kupfersulfür — Cu$_2$S	0,7986
Lactose — vgl. Milchzucker.		
Magnesiumoxyd — 2 MgO	Pyrophosphorsaures Magnesium — Mg$_2$P$_2$O$_7$	0,3622
„ — MgO	Magnesiumsulfat — MgSO$_4$	0,3349
Magnesiumcarbonat — MgCO$_3$	Kohlensäure — CO$_2$	1,9164
„ — 2 MgCO$_3$	Pyrophosphorsaures Magnesium — Mg$_2$P$_2$O$_7$	0,7574
Maltose	Kupfer — Cu (s. Tab. S. —.)	
Mangansuperoxyd — MnO$_2$	2 Mol. Eisenammoniumsulfat — 2 [(NH$_4$)$_2$SO$_4$ + FeSO$_4$ + 6 H$_2$O]	0,1108
Manganoxyd — 1½ MnO$_2$	Manganoxyduloxyd — Mn$_3$O$_4$	1,0349
Mangansuperoxyd — MnO$_2$	Kohensäure — 2 CO$_2$	0,9878
Manganoxydul — 3 (MnO)	Manganoxyduloxyd — Mn$_3$O$_4$	0,9301
Milchsäure — 2 C$_3$H$_6$O$_3$	Schwefelsäure — SO$_3$	2,2492
„ „	1 ccm $^1/_{10}$ Normal-Schwefelsäure (oder -Alkali)	0,0090
Milchzucker — C$_{12}$H$_{22}$O$_{11}$ + H$_2$O	Kupfer — Cu (s. Tab. S. —.)	
Natriumoxyd — Na$_2$O	Natriumcarbonat — Na$_2$CO$_3$	0,5849
„ — „	Natriumnitrat — 2 NaNO$_3$	0,3646
„ — „	Natriumsulfat — Na$_2$SO$_4$	0,4364
Natriumcarbonat — Na$_2$CO$_3$	Kohlensäure — CO$_2$	2,4091
„	Schwefelsäure — SO$_3$	1,3238
Phosphorsäure — P$_2$O$_5$	Pyrophosphorsaures Magnesium — Mg 2 P$_2$O$_7$	0,6378
„ — „	Phosphorsaures Calcium — Ca$_3$(PO$_4$)$_2$	0,4576
Phosphorsaures Calcium, 3 basisch Ca$_3$(PO$_4$)$_2$	Pyrophosphorsaures Magnesium — Mg$_2$P$_2$O$_7$	1,3935
Phosphorsaures Calcium, 3 basisch Ca$_3$(PO$_4$)$_2$	Phosphorsäure — P$_2$O$_5$	2,1850
Proteinstoffe	Stickstoff — N (vgl. S. 11) im Mittel	6,2500
Quecksilber — Hg	Schwefelquecksilber — HgS	0,8618
„ — 2 Hg	Quecksilberchlorür — Hg$_2$Cl$_2$	0,8492
Saccharose (Rohrzucker) C$_{12}$H$_{22}$O$_{11}$	Invertzucker × 0,95 (s. Tab. S. 20)	
Salpetersäure — N$_2$O$_5$	Ammoniak — 2NH$_3$	3,1707
„ — „	Schwefelsäure — SO$_3$	1,3491
„ — „	Stickstoff — 2 N	3,8551
Salzsäure — 2 HCl	Kohlensäure — CO$_2$	1,6553
„ „	Schwefelsäure — SO$_3$	0,9096
„ „	Chlorsilber — AgCl	0,2544
Schwefel — S	Bariumsulfat — BaSO$_4$	0,1373
Schwefelsäure — SO$_3$	„ — „	0,3430
Schweflige Säure — SO$_2$	„ — „	0,2744
Senföl — C$_3$H$_5$.CNS	„ — „	0,4246
Silber — Ag	Chlorsilber — AgCl	0,7526
Stärke — nC$_6$H$_{10}$O$_5$	Kupfer — Cu (s. Tab. S. 39).	
Stickstoff — N	Ammoniak — NH$_3$	0,8225
„ — 2 N	Ammoniumplatinchlorid (NH$_4$Cl)$_2$PtCl$_6$	0,0631
Strontiumcarbonat — SrCO$_3$	Strontiumsulfat — SrSO$_4$	0,8036
„ — „	Strontiumnitrat — Sr(NO$_3$) 2	0,6975
Strontiumoxyd — SrO	Strontiumcarbonat — SrCO$_3$	0,7019
„ — „	Strontiumsulfat — SrSO$_4$	0,5641
Traubenzucker — C$_6$H$_{12}$O$_6$	Kupfer — Cu (s. Tab. S. 30).	
Wasserstoff — 2 H	Wasser — H$_2$O	0,1119
Weinsteinsäure — C$_4$H$_6$O$_6$	Schwefelsäur — SO$_3$	1,8739
Weinstein — C$_4$H$_6$O$_6$.HK	Schwefelsäure — SO$_3$	2,3497
Wismutoxyd — Bi$_2$O$_3$	Wismutoxydchlorid — 2 BiClO	0,8942
Wismut — 2 Bi	Bismut,lbichromat — (BiO)$_2$Cr$_2$O$_7$	0,6986
„ „	Wismutoxyd — Bi$_2$O$_3$	0,8965
Zink — Zn	Zinkoxyd — ZnO	0,8034
„ „	Schwefelzink — ZnS	0,6709
Zinkoxyd „	„ „	0,8351
Zinn — Sn	Zinnoxyd — SnO$_2$	0,7881
Zitronensäure — 2 C$_6$H$_8$O$_7$	Schwefelsäure — 3 SO$_3$	1,5991

8. Faktorentabelle zur Maßanalyse[1]) sowie Vorschriften zur Herstellung von Indikatoren.

		Molekulargew. bezw. Atomgew.	Abzuwägende Gramme für 1 Liter monovalenter Normallösung
Ammoniak	NH_3	**17,03**	**17,03**
Ammoniumchlorid	NH_4Cl	53,50	53,50
Ammoniumsulfat	$(NH_4)_2SO_4$	132,15	66,075
Ammoniumsulfocyanat	NH_4CNS	76,12	76,12
Arsenige Säure	As_2O_3	198	49,5
Bariumoxyd	BaO	153,37	76,685
Bariumcarbonat	$BaCO_3$	197,37	98,685
Bariumsuperoxyd	BaO_2	169,37	84,685
Bleioxyd	PbO	223,10	111,55
Bleisuperoxyd	PbO_2	239,10	119,55
Brom	Br	79,92	79,92
Calciumcarbonat	$CaCO_3$	100,09	50,045
Calciumchlorid	$CaCl_2 + 6\ H_2O$	219,11	109,555
Calciumhydroxyd	$Ca(OH)_2$	74,106	37,053
Calciumoxyd	CaO	56,09	28,045
Chlor	Cl	35,46	35,46
Chlorwasserstoff	HCl	36,47	36,47
Chromsäure	CrO_3	100,10	34,05
Citronensäure	$C_3H_4OH(CO_2H)_3 + H_2O$	210,08	70,03
Cyanwasserstoff	HCN	27,02	27,02
Eisen	Fe	55,85	55,85
Eisenoxyd	Fe_2O_3	159,70	79,85
Eisenoxydul	FeO	71,85	71,85
Eisenoxydulammonsulfat	$FeSO_4(NH_4)_2SO_4 + 6\ H_2O$	392,17	392,17
Essigsäure	CH_3CO_2H	60,03	60,03
Ferrocyankalium	$K_4Fe(CN)_6$	368,31	368,31
Jod	J	126,92	126,92
Jodkalium	KJ	166,02	166,02
Kaliumcarbonat	K_2CO_3	138,20	69,10
Kaliumbicarbonat	$KHCO_3$	100,11	100,11
Kaliumbichromat	$K_2Cr_2O_7$	294,4	49,07
Kaliumchlorat	$KClO_3$	122,56	122,56
Kaliumhydroxyd	KOH	56,11	56,11
Kaliumnitrat	KNO_3	101,11	101,11
Kaliumpermanganat	$KMnO_4$	158,03	31,606
Kupfer	Cu	63,57	31,785
Kupferoxyd	CuO	79,57	39,785
Kupfervitriol	$CuSO_4 + 5\ H_2O$	249,72	124,86
Magnesia	MgO	40,32	20,16
Magnesiumcarbonat	$MgCO_3$	84,32	42,16
Magnesiumsuperoxyd	MgO_2	86,93	43,465
Natriumhydroxyd	$NaOH$	40,01	40,01
Natriumcarbonat	Na_2CO_3	106,00	53,00
,, ,, prim.	$NaHCO_3$	84,01	42,005
Natriumchlorid	$NaCl$	58,46	58,46
Natriumsulfid	Na_2S	78,07	39,035
Natriumthiosulfat	$Na_2S_2O_3 + 5\ H_2O$	248,22	248,22
Oxalsäure	$(CO_2H)_2 + 2\ H_2O$	126,05	63,025
Quecksilberchlorid	$HgCl_2$	270,9	135,45
Sauerstoff	O	16	8
Salpetersäure	HNO_3	63,02	63,02
Schwefelsäure	H_2SO_4	98,09	49,045
Schwefelwasserstoff	H_2S	34,09	17,045
Schweflige Säure	SO_2	64,07	32,035
Silber	Ag	107,88	107,88
Silbernitrat	$AgNO_3$	169,89	169,89
Wasserstoffsuperoxyd	H_2O_2	34,016	17,008
Weinsäure	$C_2H_2(OH)_2(CO_2H)_2$	150,05	75,025
Zinnchlorür	$SnCl_2$	189,90	94,95
Zinksulfat	$ZnSO_4(+ 7\ H_2O)$	287,55	143,775

[1]) nach den Atomgewichten (Tabelle I).

Allgemeine Hilfstabellen.

Bekanntlich ist die Zahl der vorgeschlagenen Indikatoren für die Acidimetrie und Alkalimetrie eine große. Wohl ist die Mehrzahl wenig angewendet worden, eine große Zahl eignet sich nicht für genaues Arbeiten, viele sind überflüssig, da in allen Fällen die nachstehend aufgeführten Indikatoren genügen:

Phenolphtaleïn:

1 g Phenolphtaleïn löst man in 100 ccm Alkohol von 60 Volum-Prozenten. Säuren machen die Flüssigkeit farblos, fixes Alkali erzeugt Rotfärbung. Nicht geeignet bei Gegenwart von Ammonium- und kohlensauren Salzen.

Lackmustinktur (nach Mohr):

Man zieht den Lackmus mit heißem, destilliertem Wasser wiederholt aus, filtriert und verdampft die mit Essigsäure übersättigte Lösung bis zur Extraktkonsistenz. Man bringt nun die Masse in eine Flasche und fällt den blauen Farbstoff mit einer hinreichenden Menge 90 %igen Alkohols (ein roter Farbstoff und essigsaures Kalium lösen sich), sammelt ihn auf einem Filter, löst ihn nach dem Auswaschen mit Weingeist in heißem Wasser und filtriert.

Aufbewahrung in offenem, mit Wattepfropf bedeckten Gefäßen.

Methylorange:

1 g wird in 1 Liter destilliertem Wasser gelöst. Man titrirt mit kalten Lösungen.

Näheres siehe in Lunge-Berl, Chem.-techn. Untersuchungsmethoden, I, 1910, Verlag von J. Springer, Berlin.

4. Vergleichung der Baumé-Grade mit den Volumgewichten.
(Temp. 12,5° C.)

Grade	Volumgewichte	Grade	Volumgewichte	Grade	Volumgewichte
Für Flüssigkeiten, die leichter sind als Wasser.		32	0,8690	56	0,7604
		33	0,8639	57	0,7565
10	1,0000	34	0,8588	58	0,7526
11	0,9932	35	0,8538	59	0,7487
12	0,9865	36	0,8488	60	0,7449
13	0,9799	37	0,8439		
14	0,9733	38	0,8391		
15	0,9669	39	0,8343	Für Flüssigkeiten, die schwerer sind als Wasser.	
16	0,9605	40	0,8295		
17	0,9542	41	0,8249		
18	0,9480	42	0,8202	0	1,0000
19	0,9420	43	0,8156	1	1,0069
20	0,9359	44	0,8111	2	1,0140
21	0,9299	45	0,8066	3	1,0212
22	0,9241	46	0,8022	4	1,0285
23	0,9183	47	0,7978	5	1,0358
24	0,9125	48	0,7935	6	1,0434
25	0,9068	49	0,7892	7	1,0509
26	0,9012	50	0,7849	8	1,0587
27	0,8957	51	0,7807	9	1,0665
28	0,8902	52	0,7766	10	1,0745
29	0,8848	53	0,7725	11	1,0825
30	0,8795	54	0,7684	12	1,0907
31	0,8742	55	0,7643	13	1,0990

Für Flüssigkeiten, die schwerer sind als Wasser.

Grade	Volum-gewichte	Grade	Volum-gewichte	Grade	Volum-gewichte
14	1,1074	34	1,3082	54	1,5978
15	1,1160	35	1,3202	55	1,6158
16	1,1247	36	1,3324	56	1,6342
17	1,1335	37	1,3447	57	1,6529
18	1,1425	38	1,3574	58	1,6720
19	1,1516	39	1,3703	59	1,6916
20	1,1608	40	1,3834	60	1,7116
21	1,1702	41	1,3968	61	1,7322
22	1,1798	42	1,4105	62	1,7532
23	1,1896	43	1,4244	63	1,7748
24	1,1994	44	1,4386	64	1,7960
25	1,2095	45	1,4531	65	1,8195
26	1,2198	46	1,4678	66	1,8428
27	1,2301	47	1,4828	67	1,839
28	1,2407	48	1,4984	68	1,864
29	1,2515	49	1,5141	69	1,885
30	1,2624	50	1,5301	70	1,909
31	1,2736	51	1,5466	71	1,935
32	1,2849	52	1,5633	72	1,960
33	1,29 5	53	1,5804		

5. 1000 g Alkoholwassermischung messen bei 15,5° C.

Volum-Prozent[1]	Liter	Volum-Prozent	Liter	Volum-Prozent	Liter	Volum-Prozent	Liter
1	1,0036	26	1,0333	51	1,0749	76	1,1457
2	1,0051	27	1,0344	52	1,0772	77	1,1492
3	1,0066	28	1,0356	53	1,0795	78	1,1528
4	1,0080	29	1,0368	54	1,0819	79	1,1564
5	1,0094	30	1,0379	55	1,0843	80	1,1600
6	1,0107	31	1,0392	56	1,0868	81	1,1638
7	1,0120	32	1,0405	57	1,0893	82	1,1676
8	1,0133	33	1,0419	58	1,0919	83	1,1714
9	1,0145	34	1,0433	59	1,0945	84	1,1754
10	1,0157	35	1,0448	60	1,0971	85	1,1795
11	1,0170	36	1,0462	61	1,0998	86	1,1837
12	1,0181	37	1,0477	62	1,1025	87	1,1879
13	1,0193	38	1,0493	63	1,1053	88	1,1923
14	1,0204	39	1,0510	64	1,1081	89	1,1969
15	1,0214	40	1,0528	65	1,1109	90	1,2017
16	1,0226	41	1,0545	66	1,1139	91	1,2065
17	1,0236	42	1,0563	67	1,1168	92	1,2115
18	1,0247	43	1,0582	68	1,1198	93	1,2166
19	1,0257	44	1,0602	69	1,1228	94	1,2220
20	1,0268	45	1,0621	70	1,1260	95	1,2275
21	1,0278	46	1,0642	71	1,1292	96	1,2334
22	1,0289	47	1,0662	72	1,1324	97	1,2397
23	1,0300	48	1,0683	73	1,1356	98	1,2463
24	1,0311	49	1,0704	74	1,1389	99	1,2535
25	1,0322	50	1,0726	75	1,1423	100	1,2612

[1] = Volumprozente Alkohol der Mischung.

Allgemeine Hilfstabellen. 601

6. 1 Liter Alkohol-Wassermischung wiegt bei 15,5° C.

Vol. Proz. Alkohol	Vol. Gew.	Vol. Proz. Alkohol	Vol. Gew.	Vol. Proz. Alkohol	Vol. Gew.	Vol. Proz. Alkohol	Vol. Gew.
1	9976	26	9689	51	9315	76	8739
2	9961	27	9679	52	9295	77	8712
3	9947	28	9668	53	9255	78	8685
4	9933	29	9657	54	9254	79	8658
5	9919	30	9646	55	9234	80	8631
6	9906	31	9634	56	9213	81	8603
7	9893	32	9622	57	9192	82	8575
8	9881	33	9609	58	9170	83	8547
9	9869	34	9596	59	9148	84	8518
10	9857	35	9583	60	9126	85	8488
11	9845	36	9570	61	9104	86	8458
12	9834	37	9559	62	9082	87	8428
13	9823	38	9541	63	9059	88	8397
14	9812	39	9526	64	9036	89	8365
15	9802	40	9510	65	9013	90	8332
16	9791	41	9494	66	8989	91	8299
17	9781	42	9478	67	8965	92	8265
18	9771	43	9461	68	8941	93	8230
19	9761	44	9444	69	8917	94	8194
20	9751	45	9427	70	8892	95	8157
21	9741	46	9409	71	8867	96	8118
22	9731	47	9391	72	8842	97	8077
23	9720	48	9373	73	8817	98	8034
24	9710	49	9354	74	8791	99	7988
25	9700	50	9335	75	8765	100	7939

Aus den gefundenen Volumprozenten lassen sich die Gewichtsprozente finden, indem man das Volumgewicht des absoluten Alkohols (nach Gay-Lussac 0,7949, nach Tralles 0,7939) durch das Volumgewicht des vorliegenden Alkohols dividiert und den Quotienten mit dem Volumprozent-Gehalt dieses Alkohols multipliziert.

7. Verdünnung des Alkohols mit Wasser.

Anzeigend wie viele Volumina Wasser nötig sind, um 100 Volumina Alkohol von bekanntem Gehalt auf ein bestimmtes spez. Gewicht resp. Grade (Tralles bei 15° C) zu verdünnen.

Das verdünnte Produkt soll zeigen:		Der zu verdünnende Weingeist zeigt:								
Spez.Gew.	Grade	0,816 95°	0,833 90°	0,848 85°	0,863 80°	0,876 75°	0,889 70°	0,901 65°	0,912 60°	0,923 55°
0,833 =	90° Tr.	6,40								
0,848 =	85° „	13,30	6,56							
0,863 =	80° „	20,90	13,79	6,83						
0,876 =	75° „	29,50	21,89	14,48	7,20					
0,889 =	70° „	39,10	31,05	23,14	15,35	7,20				
0,901 =	65° „	50,20	41,63	33,03	24,66	16,37	8,15			
0,912 =	60° „	63,00	53,65	44,48	35,44	26,47	17,37	8,76		
0,923 =	55° „	78,00	67,87	57,90	48,07	38,32	28,63	19,02	9,47	
0,933 =	50° „	95,90	74,71	73,90	63,04	52,43	41,73	31,25	20,47	10,35
0,942 =	45° „	117,50	105,34	93,30	81,38	60,54	57,78	46,09	34,47	22,90
0,951 =	40° „	144,40	130,80	117,34	104,01	90,76	77,58	64,48	51,43	38,46
0,958 =	35° „	178,70	163,28	148,01	132,88	117,82	102,84	87,98	73,08	58,21
0,964 =	30° „	223,61	206,22	188,57	171,05	153,61	136,04	118,94	101,71	84,54
0,970 =	25° „	285,50	266,12	245,15	224,30	203,53	182,83	162,21	141,65	121,16
0,975 =	20° „	381,96	355,80	329,80	304,01	278,26	252,68	226,98	201,43	175,95
0,980 =	15° „	539,43	505,27	471,00	436,85	402,81	398,83	334,91	301,07	267,29
0,985 =	10° „	855,53	804,54	753,65	702,63	652,31	601,60	551,06	500,59	450,19

8. Ammoniak
bei 15° nach Lunge und Wiernik.

Spez. Gew. bei 15°	Proz. NH₃	Ein Liter g enthält NH₃ bei 15°	Korrektion des spez. Gewichts für ±1°[1])	Spez. Gew. bei 15°	Proz. NH₃	Ein Liter g enthält NH₃ bei 15°	Korrektion des spez. Gewichts für ±1°
1,000	0,00	0,0	0,00018	0,940	15,63	146,9	0,00039
0,998	0,45	4,5	0,00018	0,938	16,22	152,1	0,00040
0,996	0,91	9,1	0,00019	0,936	16,82	157,4	0,00041
0,994	1,37	13,6	0,00019	0,934	17,42	162,7	0,00041
0,992	1,84	18,2	0,00020	0,932	18,03	168,1	0,00042
0,990	2,31	22,9	0,00020	0,930	18,64	173,4	0,00042
0,988	2,80	27,7	0,00021	0,928	19,25	178,6	0,00043
0,986	3,30	32,5	0,00021	0,926	19,87	184,2	0,00044
0,984	3,80	37,4	0,00022	0,924	20,49	189,3	0,00045
0,982	4,30	42,2	0,00022	0,922	21,12	194,7	0,00046
0,980	4,80	47,0	0,00023	0,920	21,75	200,1	0,00047
0,978	5,30	51,8	0,00023	0,918	22,39	205,6	0,00048
0,976	5,80	56,6	0,00024	0,916	23,03	210,9	0,00049
0,974	6,30	61,4	0,00024	0,914	23,68	216,3	0,00050
0,972	6,80	66,1	0,00025	0,912	24,33	221,9	0,00051
0,970	7,31	70,9	0,00025	0,910	24,99	227,4	0,00052
0,968	7,82	75,7	0,00026	0,908	25,65	232,9	0,00053
0,966	8,33	80,5	0,00026	0,906	26,31	238,3	0,00054
0,964	8,84	85,2	0,00027	0,904	26,98	243,9	0,00055
0,962	9,35	89,9	0,00028	0,902	27,65	249,4	0,00056
0,960	9,91	95,1	0,00029	0,900	28,33	255,0	0,00057
0,958	10,47	100,3	0,00030	0,898	29,01	260,5	0,00058
0,956	11,03	105,4	0,00031	0,896	29,69	266,0	0,00059
0,954	11,60	110,7	0,00032	0,894	30,37	271,5	0,00060
0,952	12,17	115,9	0,00033	0,892	31,05	277,0	0,00060
0,950	12,74	121,0	0,00034	0,890	31,75	282,6	0,00061
0,948	13,31	126,2	0,00035	0,888	32,50	288,6	0,00062
0,946	13,88	131,3	0,00036	0,886	33,25	294,6	0,00063
0,944	14,46	136,5	0,00037	0,884	34,10	301,4	0,00064
0,942	15,04	141,7	0,00038	0,882	34,95	308,3	0,00065

9. Kalilauge, KOH.
(Nach Schiff und Tünnermann bei 15° C.)

Sp. G.	Proz.	Sp. G.	Proz.	Sp. G.	Proz.	Sp. G.	Proz.
1,009	1	1,155	18	1,361	36	1,604	55
1,017	2	1,177	20	1,387	38	1,618	56
1,033	4	1,198	22	1,411	40	1,641	58
1,041	5	1,220	24	1,438	42	1,667	60
1,049	6	1,230	25	1,462	44	1,695	62
1,065	8	1,241	26	1,475	45	1,718	64
1,083	10	1,264	28	1,488	46	1,729	65
1,101	12	1,288	30	1,511	48	1,740	66
1,119	14	1,311	32	1,539	50	1,768	68
1,128	15	1,336	34	1,565	52	1,790	70
1,137	16	1,349	35	1,590	54		

[1]) Die Korrektionsziffern in der 4. Spalte gelten für das Temperaturintervall 13 bis 17°.

10. Natronlauge, NaOH.
(Nach Schiff bei 15° C.)

Sp. G.	Proz.	Sp. G.	Proz.	Sp. G.	Proz.	Sp. G.	Proz.
1,012	1	1,202	18	1,395	36	1,591	55
1,023	2	1,225	20	1,415	38	1,60	56
1,046	4	1,247	22	1,437	40	1,622	58
1,059	5	1,269	24	1,456	42	1,643	60
1,070	6	1,279	25	1,478	44	1,664	62
1,092	8	1,300	26	1,488	45	1,684	64
1,115	10	1,310	28	1,499	46	1,695	65
1,137	12	1,332	30	1,519	48	1,705	66
1,159	14	1,353	32	1,540	50	1,726	68
1,170	15	1,374	34	1,560	52	1,748	70
1,181	16	1,384	35	1,580	54		

11. Kalkmilch.
(Lunge und Blattner bei 15° C.)

Grad Baumé	Gew. von 1 l Kalkmilch in g	CaO in 1 l g	CaO Gew. Proz.	Grad Baumé	Gew. von 1 l Kalkmilch in g	CaO in 1 l g	CaO Gew. Proz.
1	1007	7,5	0,745	16	1125	159	14,13
2	1014	16,5	1,64	17	1134	170	15,00
3	1022	26	2,54	18	142	181	15,85
4	1029	36	3,54	19	1152	193	16,75
5	1037	46	4,43	20	1162	206	17,72
6	1045	56	5,36	21	1171	218	18,61
7	1052	65	6,18	22	1180	229	19,40
8	1060	75	7,08	23	1190	242	20,34
9	1067	84	7,87	24	1200	255	21,25
10	1075	94	8,74	25	1210	268	22,15
11	1083	104	9,60	26	1220	281	23,03
12	1091	115	10,54	27	1231	295	23,96
13	1100	126	11,45	28	1241	309	24,90
14	1108	137	12,35	29	1252	324	25,87
15	1116	148	13,26	30	1263	339	26,84

12. Chlornatrium, NaCl.
(Nach Gerlach bei 15° C.)

Spez. Gew.	Chlornatr. in 100 Teil.	Spez. Gew.	Chlornatr. in 100 Teil.	Spez. Gew.	Chlornatr. in 100 Teil.
1,00725	1	1,08097	11	1,15931	21
1,01450	2	1,08859	12	1,16755	22
1,02174	3	1,09622	13	1,17580	23
1,02899	4	1,10384	14	1,18404	24
1,03624	5	1,11146	15	1,19228	25
1,04366	6	1,11938	16	1,20098	26
1,05108	7	1,12730	17	1,20433	26,395
1,05851	8	1,13523	18	gesättigt	
1,06593	9	1,14315	19		
1,07335	10	1,15107	20		

13. Essigsäure. $C_2H_4O_2$.
(Nach Oudemans bei 15° C.)

Sp. G.	Prozent	Sp. G.	Prozent	Sp. G.	Prozent	Sp. G.	Prozent
1,0007	1	1,0324	23	1,0571	45	1,0744	74
1,0022	2	1,0337	24	1,0580	46	1,0747	76
1,0037	3	1,0350	25	1,0589	47	1,0748	78
1,0052	4	1,0363	26	1,0598	48	1,0748	80
1,0067	5	1,0375	27	1,0607	49	1,0746	82
1,0083	6	1,0388	28	1,0615	50	1,0742	84
1,0098	7	1,0400	29	1,0623	51	1,0736	86
1,0113	8	1,0412	30	1,0631	52	1,0726	88
1,0127	9	1,0424	31	1,0638	53	1,0713	90
1,0142	10	1,0436	32	1,0646	54	1,0705	91
1,0157	11	1,0447	33	1,0653	55	1,0696	92
1,0171	12	1,0459	34	1,0660	56	1,0686	93
1,0185	13	1,0470	35	1,0666	57	1,0674	94
1,0200	14	1,0481	36	1,0673	58	1,0674	95
1,0214	15	1,0492	37	1,0679	59	1,0644	96
1,0228	16	1,0502	38	1,0685	60	1,0625	97
1,0242	17	1,0513	39	1,0697	62	1,0604	98
1,0256	18	1,0523	40	1,0707	64	1,0580	99
1,0270	19	1,0533	41	1,0717	66	1,0553	100[1]
1,0284	20	1,0543	42	1,0725	68		
1,0298	21	1,0552	43	1,0733	70		
1,0311	22	1,0562	44	1,0740	72		

14. Glycerin. $C_3H_8O_3$.
(Nach Lenz bei 12 bis 15° C.)

Sp. G.	Prozent	Sp. G.	Prozent	Sp. G.	Prozent	Sp. G.	Prozent
1,269	100	1,194	72	1,121	46	1,049	20
1,263	98	1,189	70	1,115	44	1,044	18
1,258	96	1,183	68	1,110	42	1,039	16
1,253	94	1,176	66	1,104	40	1,034	14
1,248	92	1,170	64	1,099	38	1,029	12
1,242	90	1,164	62	1,193	36	1,024	10
1,237	88	1,158	60	1,088	34	1,019	8
1,232	86	1,153	58	1,082	32	1,014	6
1,221	82	1,148	56	1,077	30	1,009	4
1,215	80	1,143	54	1,071	28	1,005	2
1,210	78	1,137	52	1,066	26		
1,204	76	1,132	50	1,060	24		
1,199	74	1,126	48	1,055	22		

15. Kohlensaures Kalium. K_2CO_3.
(Nach Gerlach bei 15° C.)

Sp. G.	Prozent	Sp. G.	Prozent	Sp. G.	Prozent	Sp. G.	Prozent
1,009	1	1,102	11	1,203	21	1,312	31
1,018	2	1,112	12	1,214	22	1,324	32
1,027	3	1,122	13	1,224	23	1,335	33
1,036	4	1,131	14	1,235	24	1,347	34
1,045	5	1,141	15	1,245	25	1,358	35
1,055	6	1,152	16	1,256	26	1,370	36
1,064	7	1,162	17	1,267	27	1,394	38
1,074	8	1,172	18	1,279	28	1,418	40
1,083	9	1,182	19	1,290	29	1,480	45
1,098	10	1,192	20	1,301	30	1,544	50

[1]) Wie die Tafel ergibt, erreicht die Essigsäure bei einem spez. Gewicht von 1,0748 = 77—80 % ihre größte Dichtigkeit und nimmt die letztere bei weiterem Essigsäure-Gehalt wieder ab bis zu 1,0553. Zwischen den hier angegebenen Grenzen kann also das spez. Gewicht zwei Säuren von verschiedenem Gehalt anzeigen. Dennoch ist die Unterscheidung leicht. Man braucht nach

Allgemeine Hilfstabellen.

16. Kohlensaures Natrium
bei 15° C nach Gerlach.

Prozente an $Na_2CO_3+10H_2O$	Spez. Gewicht bei 15° C	Prozente an $Na_2CO_3+10H_2O$	Spez. Gewicht bei 15° C	Prozente an $Na_2CO_3+10H_2O$	Spez. Gewicht bei 15° C
1	1,004	14	1,054	27	1,106
2	1,008	15	1,058	28	1,110
3	1,012	16	1,062	29	1,114
4	1,016	17	1,066	30	1,119
5	1,020	18	1,070	31	1,123
6	1,023	19	1,074	32	1,126
7	1,027	20	1,078	33	1,130
8	1,031	21	1,082	34	1,135
9	1,035	22	1,086	35	1,139
10	1,039	23	1,090	36	1,143
11	1,043	24	1,094	37	1,147
12	1,047	25	1,099	38	1,150
13	1,050	26	1,103		

17. Phosphorsäure
bei 15°. Gehalt derselben an H_3PO_4 sowie an P_2O_5.

Vol. Gew.	Prozent H_3PO_4	Prozent P_2O_5	Vol. Gew.	Prozent H_3PO_4	Prozent P_2O_5
1,0054	1	0,726	1,1962	31	22,506
1,0109	2	1,452	1,2036	32	23,232
1,0164	3	2,178	1,2111	33	23,958
1,0220	4	2,904	1,2186	34	24,684
1,0276	5	3,630	1,2262	35	25,410
1,0333	6	4,356	1,2338	36	26,136
1,0390	7	5,082	1,2415	37	26,862
1,0449	8	5,808	1,2493	38	27,588
1,0508	9	6,534	1,2572	39	28,314
1,0567	10	7,260	1,2651	40	29,000
1,0627	11	7,986	1,2731	41	29,766
1,0688	12	8,712	1,2811	42	30,492
1,0749	13	9,438	1,2894	43	31,218
1,0811	14	10,164	1,2976	44	31,944
1,0874	15	10,890	1,3059	45	32,670
1,0937	16	11,616	1,3143	46	33,496
1,1001	17	12,342	1,3227	47	34,222
1,1065	18	13,068	1,3313	48	34,948
1,1130	19	13,794	1,3399	49	35,674
1,1196	20	14,520	1,3486	50	36,400
1,1262	21	14,246	1,3573	51	37,127
1,1329	22	15,973	1,3661	52	37,852
1,1397	23	16,698	1,3750	53	38,578
1,1465	24	17,424	1,3850	54	39,304
1,1534	25	18,150	1,3931	55	40,030
1,1604	26	18,876	1,4022	56	40,756
1,1674	27	19,602	1,4114	57	41,482
1,1745	28	20,328	1,4207	58	42,208
1,1817	29	21,054	1,4301	59	42,934
1,1889	30	21,780	1,4390	60	43,666

der ersten Bestimmung des spez. Gewichts nur etwa 2 % Wasser zuzufügen. Wird dadurch das spez. Gewicht vermehrt, so hat man Säure von **mehr** als als 81 % Gehalt, wird solches vermindert, so hat man Säure von **weniger** als 77 % Gehalt vor sich.

18. Salpetersäure
bei 15° C nach Lunge und Rey.

Sp. Gew. bei 15°	Proz. HNO_3	Sp. Gew. bei 15°	Proz. HNO_3	Sp. Gew. bei 15°	Proz. HNO_3	Sp. Gew. bei 15°	Proz. HNO_3
1,010	1,90	1,160	26,36	1,310	49,07	1,460	79,98
1,020	3,70	1,170	27,88	1,320	50,71	1,470	82,90
1,030	5,50	1,180	29,38	1,330	52,37	1,480	86,05
1,040	7,26	1,190	30,88	1,340	54,07	1,490	89,60
1,050	8,99	1,200	32,36	1,350	55,79	1,500	94,09
1,060	10,68	1,210	33,82	1,360	57,57	1,502	95,08
1,070	12,33	1,220	35,28	1,370	59,39	1,504	96,00
1,080	13,95	1,230	36,78	1,380	61,27	1,506	96,76
1,090	15,53	1,240	38,29	1,390	63,23	1,508	97,50
1,100	17,11	1,250	39,82	1,400	65,30	1,510	98,10
1,110	18,67	1,260	41,34	1,410	67,20	1,512	98,53
1,120	20,23	1,270	42,87	1,420	69,80	1,514	98,90
1 130	21,77	1,280	44,41	1,430	72,17	1,516	99,21
1,140	23,31	1,290	45,95	1,440	74,68	1,518	99,46
1,150	24,84	1,300	47,49	1,450	77,28	1,520	99,67

19. Salzsäure
bei 15° C nach Lunge und Marchlewski.

Sp. Gew. bei 15°	Prozente HCl	Sp. Gew. bei 15°	Prozente HCl	Sp. Gew. bei 15°	Prozente HCl	Sp. Gew. bei 15°	Prozente HCl
1,000	0,16	1,060	12,19	1,115	22,86	1,160	31,52
1,005	1,15	1,065	13,19	1 120	23,82	1,163	32,10
1,010	2,14	1,070	14,17	1,125	24,78	1,165	32,49
1,015	3,12	1,075	15,16	1,130	25,75	1,170	33,46
1,020	4,13	1,080	16,15	1,135	26,70	1,171	33,65
1,025	5,15	1,085	17,13	1,140	27,66	1,175	34,42
1,030	6,15	1,090	18,11	1,1425	28,14	1,180	35,39
1,035	7,15	1,095	19,06	1,145	28,61	1,185	36,31
1,040	8,16	1,100	20,01	1,150	29,57	1,190	37,23
1,045	9,16	1,105	20,97	1,152	29,95	1,195	38,16
1,050	10,17	1,110	21,92	1,155	30,55	1,200	39,11
1,055	11,18						

20. Schwefelsäure
bei 15° nach Lunge und Isler.

Spez. Gewicht	Proz. H_2SO_4	Spez. Gewicht	Proz. H_2SO_4	Spez. Gewicht	Proz. H_2SO_4	Spez. Gewicht	Proz. H_2SO_4
1,010	1,57	1,260	34,57	1,500	59,70	1,740	80,68
1,020	3,03	1,270	35,71	1,510	60,65	1,750	81,56
1,030	4,49	1,280	36,87	1,520	61,59	1,760	82,44
1,040	5,96	1,290	38,03	1,530	62,53	1,770	83,32
1,050	7,37	1,300	39,19	1,540	63,43	1,780	84,50
1,060	8,77	1,310	40,35	1,550	64,26	1,790	85,70
1,070	10,19	1,320	41,50	1,560	65,08	1,800	86,90
1,080	11,60	1,330	42,66	1,570	65,90	1,810	88,30
1,090	12,99	1,340	43,74	1,580	66,71	1,820	90,05
1,100	14,35	1,350	44,82	1,590	67,59	1,825	91,00
1,110	15,71	1,360	45,88	1,600	68,51	1,830	92,10
1,120	17,01	1,370	46,94	1,610	69,43	1,835	93,43
1,130	18,31	1,380	48,00	1,620	70,32	1,837	94,20
1,140	19,61	1,390	49,06	1,630	71,16	1,839	95,00
1,150	20,91	1,400	50,11	1,640	71,99	1,840	95,60
1,160	22,19	1,410	51,15	1,650	72,82	1,8405	95,95
1,170	23,47	1,420	52,15	1,660	73,64	1,841	97,00
1,180	24,76	1,430	53,11	1,670	74,51	1,8415	97,70
1,190	26,04	1,440	54,07	1,680	75,42	1,8410	98,20
1,200	27,32	1,450	55,03	1,690	76,30	1,8405	98,70
1,210	28,58	1,460	55,97	1,700	77,17	1,8400	99,20
1,220	29,84	1,470	56,90	1,710	78,04	1,8395	99,45
1,230	31,11	1,480	57,83	1,720	78,92	1,8390	99,70
1,240	32,28	1,490	58,74	1,730	79,80	1,8385	99,95
1,250	33,43						

Allgemeine Hilfstabellen.

21. Bereitung von Schwefelsäure irgend welcher Konzentration durch Mischen der Säure von 1,85 Vol. Gewicht mit Wasser (Anthon).

100 Teile Wasser von 15°—20° gemischt mit Teil. Schwefelsäure von 1,85 Vol. Gew.	Geben Säure vom Vol. Gewicht	100 Teile Wasser von 15°—20° gemischt mit Teil. Schwefelsäure von 1,85 Vol. Gew.	Geben Säure vom Vol. Gewicht	100 Teile Wasser von 15°—20° gemischt mit Teil. Schwefelsäure von 1,85 Vol. Gew.	Geben Säure vom Vol. Gewicht
1	1,009	130	1,456	370	1,723
2	1,015	140	1,473	380	1,727
5	1,035	150	1,490	390	1,730
10	1,060	160	1,510	400	1,733
15	1,090	170	1,530	410	1,737
20	1,113	180	1,543	420	1,740
25	1,140	190	1,556	430	1,743
30	1,165	200	1,568	440	1,746
35	1,187	210	1,580	450	1,750
40	1,210	220	1,593	460	1,754
45	1,229	230	1,606	470	1,757
50	1,248	240	1,620	480	1,760
55	1,265	250	1,630	490	1,763
60	1,280	260	1,640	500	1,766
65	1,297	270	1,648	510	1,768
70	1,312	280	1,654	520	1,770
75	1,326	290	1,667	530	1,772
80	1,340	300	1,678	540	1,774
85	1,357	310	1,689	550	1,776
90	1,372	320	1,700	560	1,777
95	1,386	330	1,705	570	1,778
100	1,398	340	1,710	580	1,779
110	1,420	350	1,714	590	1,780
120	1,438	360	1,719	600	1,782

22. Schweflige Säure bei 15° (Scott).

Vol. Gew.	Proz. SO_2	Vol. Gew.	Proz. SO_2	Vol. Gew.	Proz. SO_2
1,0028	0,5	1,0221	4,0	1,0401	7,5
1,0056	1,0	1,0248	4,5	1,0426	8,0
1,0085	1,5	1,0275	5,0	1,0450	8,5
1,0113	2,0	1,0302	5,5	1,0474	9,0
1,0141	2,5	1,0328	6,0	1,0497	9,5
1,0168	3,0	1,0353	6,5	1,0520	10,0
1,0194	3,5	1,0377	7,0		

# Gesetze und Verordnungen[1]).

Reichs-Gesetze nebst Ausführungsbestimmungen.

I. Gesetz, betreffend den Verkehr mit Nahrungsmitteln, Genußmitteln und Gebrauchsgegenständen vom 14. Mai 1879.

(R.-G.-Bl. 1879, S. 145.)

§ 1.

Der Verkehr mit Nahrungs- und Genußmitteln sowie mit Spielwaren, Tapeten, Farben, Eß-, Trink- und Kochgeschirr und mit Petroleum unterliegt der Beaufsichtigung nach Maßgabe dieses Gesetzes.

§ 2 [1]).

Die Beamten der Polizei sind befugt, in die Räumlichkeiten, in welchen Gegenstände der in § 1 bezeichneten Art feilgehalten werden, während der üblichen Geschäftsstunden oder während die Räumlichkeiten dem Verkehr geöffnet sind, einzutreten. Sie sind befugt, von den Gegenständen der in § 1 bezeichneten Art, welche in den angegebenen Räumlichkeiten sich befinden, oder welche an öffentlichen Orten, auf Märkten, Plätzen, Straßen oder im Umherziehen verkauft oder feilgehalten werden, nach ihrer Wahl Proben zum Zwecke der Untersuchung gegen Empfangsbescheinigung zu entnehmen. Auf Verlangen ist dem Besitzer ein Teil der Probe amtlich verschlossen oder versiegelt zurückzulassen. Für die entnommene Probe ist Entschädigung in Höhe des üblichen Kaufpreises zu leisten.

---

[1]) Da die Anwendung und Auslegung der einzelnen gesetzlichen Bestimmungen eine sehr verschiedenartige sein kann und ist, wie die praktische Erfahrung lehrt, so empfiehlt es sich, mittels Handbüchern und Kommentaren über Begutachtung und Nahrungsmittelrecht einen tieferen Einblick in die Auslegung der Gesetze und Einzelbegriffe zu erhalten. Den weitgehendsten Aufschluß erhält man beim Studium der Reichstag-Drucksachen (Regierungsvorlagen, Berichte der Kommissionen und des Plenums), welche die Ergebnisse der Beratungen über das Nahrungsmittelgesetz und die einzelnen Sondergesetze enthalten. Ferner bilden die Entscheidungen des Reichsgerichts und anderer Gerichtshöfe eine reiche Quelle zum Studium und Nachschlagen der Rechtsauffassung in einzelnen Fällen. Der enge Rahmen des Hilfsbuches gestattet es nicht, des näheren auf die rechtliche Beurteilung von Nahrungsmitteln u. s. w. einzugehen; einige kurze Hinweise befinden sich in den einzelnen Abschnitten unter der Rubrik „Beurteilung".
Literatur: C. Neufeld, Der Nahrungsmittelchemiker als Sachverständiger, Verlag J. Springer, Berlin 1907; G. Lebbin u. G. Baum, Deutsches Nahrungsmittelrecht, Guttenbergs Verlag, Berlin 1907; G. Lebbin, Die Reichsgesetzgebung betr. den Verkehr mit Nahrungsmitteln, ebendaselbst 1900; Dennstedt, Die Chemie in der Rechtspflege, Leipzig, Akademische Verlagsgesellschaft m. b. H. 1910; Meyer u. Finkelnburg, Das Gesetz betr. den Verkehr mit Nahrungsmitteln u. s. w., Berlin 1885; v. Buchka, Die Nahrungsmittelgesetzgebung im Deutschen Reiche, J. Springer, Berlin 1901 (ohne Kommentar); Würzburg, Die Nahrungsmittelgesetzgebung im Deutschen Reiche und in den einzelnen Bundesstaaten, Leipzig 1894, Berlin 1894; Stenglin, Strafrechtliche Nebengesetze, Berlin 1903; G. Lebbin, das Weingesetz v. 7. April 1909, Ferlin 1903; K. Windisch, Weingesetz vom Jahre 1909, P. Parey, Berlin 1909; O. Zoeller, Das Weingesetz vom 7. April, Verlag J. Schweitzer (Arthur Sellier) München, Berlin 1909; A. Günther u. R. Marschner, Weingesetz vom 7. April 1909, Verlag C. Heymann, Berlin 1910; Schröter, Das Fleischbeschaugesetz, 2. Aufl. Berlin, Schötz, 1904. Fortlaufend bringen Entscheidungen: Zeitschr. f. Unters. d. Nahr.- u. Genußm., sowie Beilagen, seit 1909; Veröffentlichungen des kaiserl. Gesundheitsamtes, Auszüge und Sammlung betr. gerichtl. Entscheidungen.

[2]) Betr. §§ 2 und 3 siehe auch Abschnitt Probeentnahme S. 3.

§ 3.

Die Beamten der Polizei sind befugt, bei Personen, welche auf Grund der §§ 10, 12, 13 dieses Gesetzes zu einer Freiheitsstrafe verurteilt sind, in den Räumlichkeiten, in welchen Gegenstände der in § 1 bezeichneten Art feilgehalten werden, oder welche zur Aufbewahrung oder Herstellung solcher zum Verkaufe bestimmter Gegenstände dienen, während der in § 2 angegebenen Zeit Revisionen vorzunehmen.

Diese Befugnis beginnt mit der Rechtskraft des Urteils und erlischt mit dem Ablauf von 3 Jahren von dem Tage an gerechnet, an welchem die Freiheitsstrafe verbüßt, verjährt oder erlassen ist.

§ 4.

Die Zuständigkeit der Behörden und Beamten zu den in den §§ 2 und 3 bezeichneten Maßnahmen richtet sich nach den einschlägigen landesrechtlichen Bestimmungen. Landesrechtliche Bestimmungen, welche der Polizei weitergehende Befugnisse als die in §§ 2 und 3 bezeichneten geben, bleiben unberührt.

§ 5.

Für das Reich können durch kaiserliche Verordnung mit Zustimmung des Bundesrats zum Schutze der Gesundheit Vorschriften erlassen werden, welche verbieten:

1. Bestimmte Arten der Herstellung, Aufbewahrung und Verpackung von Nahrungs- und Genußmitteln, die zum Verkaufe bestimmt sind.
2. Das gewerbsmäßige Verkaufen und Feilhalten von Nahrungs- und Genußmitteln von einer bestimmten Beschaffenheit oder unter einer der wirklichen Beschaffenheit nicht entsprechenden Bezeichnung.
3. Das Verkaufen und Feilhalten von Tieren, welche an bestimmten Krankheiten leiden, zum Zwecke des Schlachtens, sowie das Verkaufen und Feilhalten des Fleisches von Tieren, welche mit bestimmten Krankheiten behaftet waren.
4. Die Verwendung bestimmter Stoffe und Farben zur Herstellung von Bekleidungsgegenständen, Spielwaren, Tapeten, Eß-, Trink- und Kochgeschirr, sowie das gewerbsmäßige Verkaufen und Feilhalten von Gegenständen, welche diesem Verbote zuwider hergestellt sind.
5. Das gewerbsmäßige Verkaufen und Feilhalten von Petroleum von einer bestimmten Beschaffenheit.

§ 6.

Für das Reich kann durch kaiserliche Verordnung mit Zustimmung des Bundesrats das gewerbsmäßige Herstellen, Verkaufen und Feilhalten von Gegenständen, welche zur Fälschung von Nahrungs- oder Genußmitteln bestimmt sind, verboten oder beschränkt werden.

§ 7.

Die auf Grund der §§ 5, 6 erlassenen kaiserlichen Verordnungen sind dem Reichstag, sofern er versammelt ist, sofort, andernfalls bei dessen nächstem Zusammentreffen vorzulegen. Dieselben sind außer Kraft zu setzen, soweit der Reichstag dies verlangt.

§ 8.

Wer den auf Grund der §§ 5, 6 erlassenen Verordnungen zuwiderhandelt, wird mit Geldstrafe bis zu einhundertfünfzig Mark oder mit Haft bestraft.

Landesrechtliche Vorschriften dürfen eine höhere Strafe nicht androhen.

§ 9.

Wer den Vorschriften der §§ 2—4 zuwider den Eintritt in die Räumlichkeiten, die Entnahme einer Probe oder die Revision verweigert, wird mit Geldstrafe von fünfzig bis einhundertfünfzig Mark oder mit Haft bestraft.

§ 10[1]).

Mit Gefängnis bis zu sechs Monaten und mit Geldstrafe bis zu eintausendfünfhundert Mark oder mit einer dieser Strafen wird bestraft:

---

[1]) Statt oder neben dem Nahrungsmittelgesetz können unter Umständen auch folgende Bestimmungen des Strafgesetzbuches
1. § 263 Abs. 7 (betr. Betrug), welcher lautet:
„Wer in der Absicht, sich oder einem Dritten einen rechtswidrigen Vermögensvorteil zu verschaffen, das Vermögen eines anderen da-

1. Wer zum Zwecke der Täuschung im Handel und Verkehr Nahrungs- oder Genußmittel nachmacht oder verfälscht;
2. wer wissentlich Nahrungs- oder Genußmittel, welche verdorben oder nachgemacht oder verfälscht sind, unter Verschweigung dieses Umstandes verkauft oder unter einer zur Täuschung geeigneten Bezeichnung feilhält.

§ 11.

Ist die in § 10 Abs. 2 bezeichnete Handlung aus Fahrlässigkeit begangen worden, so tritt Geldstrafe bis zu einhundertfünfzig Mark oder Haft ein.

§ 12.

Mit Gefängnis, neben welchem auf Verlust der bürgerlichen Ehrenrechte erkannt werden kann, wird bestraft:
1. Wer vorsätzlich Gegenstände, welche bestimmt sind, anderen als Nahrungs- oder Genußmittel zu dienen, derart herstellt, daß der Genuß derselben die menschliche Gesundheit zu beschädigen geeignet ist, ingleichen, wer wissentlich Gegenstände, deren Genuß die menschliche Gesundheit zu beschädigen geeignet ist, als Nahrungs- oder Genußmittel verkauft, feilhält oder sonst in Verkehr bringt;
2. wer vorsätzlich Bekleidungsgegenstände, Spielwaren, Tapeten, Eß-, Trink- oder Kochgeschirre oder Petroleum derart herstellt, daß der bestimmungsgemäße oder vorauszusehende Gebrauch dieser Gegenstände die menschliche Gesundheit zu beschädigen geeignet ist, ingleichen, wer wissentlich solche Gegenstände verkauft, feilhält oder sonst in Verkehr bringt. Der Versuch ist strafbar.

Ist durch die Handlung eine schwere Körperverletzung oder der Tod eines Menschen verursacht worden, so tritt Zuchthausstrafe bis zu fünf Jahren ein.

§ 13.

War in den Fällen des § 12 der Genuß oder Gebrauch des Gegenstandes die menschliche Gesundheit zu zerstören geeignet und war diese Eigenschaft dem Täter bekannt, so tritt Zuchthausstrafe bis zu zehn Jahren, und wenn durch die Handlung der Tod eines Menschen verursacht worden ist, Zuchthausstrafe nicht unter 10 Jahren oder lebenslängliche Zuchthausstrafe ein. Neben der Strafe kann auf Zulässigkeit von Polizeiaufsicht erkannt werden.

§ 14.

Ist eine der in den §§ 12, 13 bezeichneten Handlungen aus Fahrlässigkeit begangen worden, so ist auf Geldstrafe bis zu eintausend Mark oder Gefängnisstrafe bis zu sechs Monaten und, wenn durch die Handlung ein Schaden an der Gesundheit eines Menschen verursacht worden ist, auf Gefängnisstrafe bis zu einem Jahre, wenn aber der Tod eines Menschen verursacht worden ist, auf Gefängnisstrafe von einem Monat bis zu drei Jahren zu erkennen.

§ 15.

In den Fällen der §§ 12—14 ist neben der Strafe auf Einziehung der Gegenstände zu erkennen, welche den bezeichneten Vorschriften zuwider hergestellt, verkauft, feilgehalten oder sonst in Verkehr gebracht sind, ohne Unterschied, ob sie dem Verurteilten gehören oder nicht; in den Fällen der §§ 8, 10, 11 kann auf die Einziehung[1]) erkannt werden.

---

durch beschädigt, daß er durch Vorspiegelung falscher oder durch Entstellung oder Unterdrückung wahrer Tatsachen einen Irrtum erregt, wird wegen Betrug bestraft."
2. § 367 Abs. 7.
„Mit Geldstrafe bis zu 150 Mark oder mit Haft wird bestraft, wer verfälschte oder verdorbene Getränke oder Eßwaren, insbesondere trichinenhaltiges Fleisch, feilhält oder verkauft."
sowie das Gesetz gegen den unlauteren Wettbewerb vom 7. Juni 1909 (R.-G.-Bl. S. 499) und das Gesetz zum Schutz der Warenbezeichnungen vom 12. Mai 1894 (R.-G.-Bl. S. 290)
in Anwendung gebracht werden.

[1]) Es können nur die untersuchten Gegenstände nicht aber auch Maschinen etc., mittels welchen die Verfälschung ausgeführt wurde, eingezogen werden. Vgl. Urteil d. preuß. Kammerg. v. 13. XII. 1904, betr. Butterknet- und mischmaschinen.

Ist in den Fällen der §§ 12—14 die Verfolgung oder die Verurteilung einer bestimmten Person nicht ausführbar, so kann auf die Einziehung selbständig erkannt werden.

§ 16.

In dem Urteil oder dem Strafbefehl kann angeordnet werden, daß die Verurteilung auf Kosten des Schuldigen öffentlich bekannt zu machen sei.

Auf Antrag des freigesprochenen Angeschuldigten hat das Gericht die öffentliche Bekanntmachung der Freisprechung anzuordnen; die Staatskasse trägt die Kosten, insofern dieselben nicht dem Anzeigenden auferlegt worden sind. In der Anordnung ist die Art der Bekanntmachung zu bestimmen.

Sofern[1]) infolge polizeilicher Untersuchung von Gegenständen der im § 1 bezeichneten Art eine rechtskräftige Verurteilung eintritt, fallen dem Verurteilten die durch die polizeiliche Untersuchung erwachsenen Kosten zur Last. Dieselben sind zugleich mit den Kosten des gerichtlichen Verfahrens festzusetzen und einzuziehen.

§ 17.

Besteht für den Ort der Tat eine öffentliche Anstalt zur technischen Untersuchung von Nahrungs- und Genußmitteln, so fallen die auf Grund dieses Gesetzes auferlegten Geldstrafen, soweit dieselben dem Staate zustehen, der Kasse zu, welche die Kosten der Unterhaltung der Anstalt trägt.

II. Gesetz, betreffend den Verkehr mit blei- und zinkhaltigen Gegenständen, vom 25. Juni 1887.
(Reichs-Gesetzbl. 1887, S. 273.)

§ 1.

Eß-, Trink- und Kochgeschirre, sowie Flüssigkeitsmaße dürfen nicht:
1. ganz oder teilweise aus Blei oder einer in 100 Gewichtsteilen mehr als 10 Gewichtsteile Blei enthaltenden Metalllegierung hergestellt,
2. an der Innenseite mit einer in 100 Gewichtsteilen mehr als 1 Gewichtsteil enthaltenden Metalllegierung verzinnt oder mit einer in 100 Gewichtsteilen mehr als 10 Gewichtsteile Blei enthaltenden Metalllegierung gelötet,
3. mit Email oder Glasur versehen sein, welche bei halbstündigem Kochen mit einem in 100 Gewichtsteilen 4 Gewichtsteile Essigsäure enthaltenden Essig an den letzteren Blei abgeben.

Auf Geschirre- und Flüssigkeitsmaße aus bleifreiem Britanniametall findet die Vorschrift in Ziffer 2 betreffs des Lotes nicht Anwendung.

Zur Herstellung von Druckvorrichtungen zum Ausschank von Bier, sowie von Siphons für kohlensäurehaltige Getränke und von Metallteilen für Kindersaugflaschen dürfen nur Metalllegierungen verwendet werden, welche in 100 Gewichtsteilen nicht mehr als 1 Gewichtsteil Blei enthalten.

§ 2.

Zur Herstellung von Mundstücken für Saugflaschen, Saugringen und Warzenhütchen darf blei- oder zinkhaltiger Kautschuk nicht verwendet sein.

Zur Herstellung von Trinkbechern und von Spielwaren, mit Ausnahme der massiven Bälle, darf bleihaltiger Kautschuk nicht verwendet sein.

Zu Leitungen für Bier, Wein oder Essig dürfen bleihaltige Kautschukschläuche nicht verwendet werden.

§ 3.

Geschirre und Gefäße zur Verfertigung von Getränken und Fruchtsäften dürfen in denjenigen Teilen, welche bei dem bestimmungsgemäßen oder vorauszusehenden Gebrauche mit dem Inhalte in unmittelbare Berührung kommen, nicht den Vorschriften des § 1 zuwider hergestellt sein.

Konservenbüchsen müssen auf der Innenseite den Bedingungen des § 1 entsprechend hergestellt sein. Zur Aufbewahrung von Getränken dürfen Gefäße nicht verwendet sein, in welchen sich Rückstände von bleihaltigem Schrote befinden. Zur Packung von Schnupf- und Kautabak, sowie Käse dürfen Metallfolien nicht verwendet sein, welche in 100 Gewichtsteilen mehr als 1 Gewichtsteil Blei enthalten.

---

[1]) Zusatz durch Gesetz vom 29. VI. 1887.

§ 4.

Mit Geldstrafe bis zu einhundertfünfzig Mark oder mit Haft wird bestraft:
1. wer Gegenstände der im § 1, § 2 Absatz 1 und 2, § 3 Absatz 1 und 2, bezeichneten Art den daselbst getroffenen Bestimmungen zuwider gewerbsmäßig herstellt;
2. wer Gegenstände, welche den Bestimmungen im § 1, § 2 Absatz 1 und 2 und § 3 zuwider hergestellt, aufbewahrt oder verpackt sind, gewerbsmäßig verkauft oder feilhält;
3. wer Druckvorrichtungen, welche den Vorschriften im § 1 Absatz 3 nicht entsprechen, zum Ausschank von Bier oder bleihaltige Schläuche zur Leitung von Bier, Wein oder Essig gewerbsmäßig verwendet.

§ 5.

Gleiche Strafe trifft denjenigen, welcher zur Verfertigung von Nahrungs- oder Genußmitteln bestimmte Mühlsteine unter Verwendung von Blei oder bleihaltigen Stoffen an der Mahlfläche herstellt oder derartig hergestellte Mühlsteine zur Verfertigung von Nahrungs- oder Genußmitteln verwendet.

§ 6.

Neben der in den §§ 4 und 5 vorgesehenen Strafe kann auf Einziehung der Gegenstände, welche den betreffenden Vorschriften zuwider hergestellt, verkauft, feilgehalten oder verwendet sind, sowie der vorschriftswidrig hergestellten Mühlsteine erkannt werden.

Ist die Verfolgung oder Verurteilung einer bestimmten Person nicht ausführbar, so kann auf die Einziehung selbständig erkannt werden.

§ 7.

Die Vorschriften des Gesetzes betreffend den Verkehr mit Nahrungsmitteln, Genußmitteln und Gebrauchsgegenständen vom 14. Mai 1879 (Reichs-Gesetzbl. S. 145) bleiben unberührt. Die Vorschriften in den §§ 16, 17 desselben finden auch bei Zuwiderhandlungen gegen die Vorschriften des gegenwärtigen Gesetzes Anwendung.

§ 8.

Dieses Gesetz tritt am 1. Oktober 1888 in Kraft.

III. Gesetz, betreffend die Verwendung gesundheitsschädlicher Farben bei der Herstellung von Nahrungsmitteln, Genußmitteln und Gebrauchsgegenständen, vom 5. Juli 1887.

(Reichs-Gesetzbl. 1887, S. 277.)

§ 1.

Gesundheitsschädliche Farben dürfen zur Herstellung von Nahrungs- und Genußmitteln, welche zum Verkaufe bestimmt sind, nicht verwendet werden.

Gesundheitsschädliche Farben im Sinne dieser Bestimmung sind diejenigen Farbstoffe und Farbzubereitungen, welche Antimon, Arsen, Barium, Blei, Cadmium, Chrom, Kupfer, Quecksilber, Uran, Zink, Zinn, Gummigutti, Korallin, Pikrinsäure enthalten.

Der Reichskanzler ist ermächtigt, nähere Vorschriften über das bei der Feststellung des Vorhandenseins von Arsen und Zinn anzuwendende Verfahren zu erlassen.

§ 2.

Zur Aufbewahrung und Verpackung von Nahrungs- und Genußmitteln, welche zum Verkaufe bestimmt sind, dürfen Gefäße, Umhüllungen oder Schutzbedeckungen, zu deren Herstellung Farben der im § 1 Absatz 2 bezeichneten Art verwendet sind, nicht benutzt werden.

Auf die Verwendung von
schwefelsaurem Barium (Schwerspat, blanc fixe),
Barytfarblacken, welche von kohlensaurem Barium frei sind,
Chromoxyd,
Kupfer, Zinn, Zink und deren Legierungen als Metallfarben,
Zinnober,
Zinnoxyd,
Schwefelzinn als Musivgold,

sowie auf alle in Glasmassen, Glasuren oder Emails eingebrannte Farben und auf den äußeren Anstrich von Gefäßen aus wasserdichten Stoffen findet diese Bestimmung nicht Anwendung.

§ 3.

Zur Herstellung von kosmetischen Mitteln [1]) (Mitteln zu Reinigung, Pflege oder Färbung der Haut, des Haares oder der Mundhöhle), welche zum Verkaufe bestimmt sind, dürfen die im § 1, Absatz 2 bezeichneten Stoffe nicht verwendet werden.

Auf schwefelsaures Barium (Schwerspat, blanc fixe), Schwefelcadmium, Chromoxyd, Zinnober, Zinkoxyd, Zinnoxyd, Schwefelzink, sowie auf Kupfer, Zinn, Zink und deren Legierungen in Form von Puder findet diese Bestimmung nicht Anwendung.

§ 4.

Zur Herstellung von zum Verkauf bestimmten Spielwaren (einschließlich der Bilderbogen, Bilderbücher und Tuschfarben für Kinder), Blumentopfgittern und künstlichen Christbäumen dürfen die im § 1, Absatz 2 bezeichneten Farben nicht verwendet werden.

Auf die im § 2, Absatz 2 bezeichneten Stoffe, sowie auf Schwefelantimon und Schwefelcadmium als Färbemittel der Gummimasse, Bleioxyd in Firnis, Bleiweiß als Bestandteil des sogenannten Wachsgusses, jedoch nur, sofern dasselbe nicht einen Gewichtsteil in 100 Gewichtsteilen der Masse übersteigt, chromsaures Blei (für sich oder in Verbindung mit schwefelsaurem Blei) als Öl- oder Lackfarbe oder mit Lack- oder Firnisüberzug, die in Wasser unlöslichen Zinkverbindungen, bei Gummispielwaren jedoch nur, soweit sie als Färbemittel der Gummimasse, als Öl- oder Lackfarben oder mit Lack- oder Firnisüberzug verwendet werden, alle in Glasuren oder Emails eingebrannten Farben findet diese Bestimmung nicht Anwendung.

Soweit zur Herstellung von Spielwaren die in den §§ 7 und 8 bezeichneten Gegenstände verwertet werden, finden auf letztere lediglich die Vorschriften der §§ 7 und 8 Anwendung.

§ 5.

Zur Herstellung von Buch- und Steindruck auf den in den §§ 2, 3 und 4 bezeichneten Gegenständen dürfen nur solche Farben nicht verwendet werden, welche Arsen enthalten.

§ 6.

Tuschfarben jeder Art dürfen als frei von gesundheitsschädlichen Stoffen, bezw. giftfrei, nicht verkauft oder feilgehalten werden, wenn sie den Vorschriften im § 4, Absatz 1 und 2 nicht entsprechen.

§ 7.

Zur Herstellung von zum Verkauf bestimmten Tapeten, Möbelstoffen, Teppichen, Stoffen zu Vorhängen oder Bekleidungsgegenständen, Masken, Kerzen, sowie künstlichen Blättern, Blumen und Früchten dürfen Farben, welche Arsen enthalten, nicht verwendet werden.

Auf die Verwendung arsenhaltiger Beizen oder Fixierungsmittel zum Zwecke des Färbens oder Bedruckens von Gespinsten oder Geweben findet diese Bestimmung nicht Anwendung. Doch dürfen derartig bearbeitete Gespinste oder Gewebe zur Herstellung der im Absatz 1 bezeichneten Gegenstände nicht verwendet werden, wenn sie das Arsen in wasserlöslicher Form oder in solcher Menge enthalten, daß sich in 100 cqm des fertigen Gegenstandes mehr als 2 mg Arsen vorfinden.

Der Reichskanzler ist ermächtigt, nähere Vorschriften über das bei der Feststellung des Arsengehaltes anzuwendende Verfahren zu erlassen.

§ 8.

Die Vorschriften des § 7 finden auch auf die Herstellung von zum Verkauf bestimmten Schreibmaterialien, Lampen und Lichtschirmen, sowie Lichtmanschetten Anwendung.

Die Herstellung der Oblaten unterliegt den Bestimmungen im § 1, jedoch sofern sie nicht zum Genusse bestimmt sind, mit der Maßgabe, daß die

---

[1]) Siehe die Anmerkung S. 489.

Verwendung von schwefelsaurem Barium (Schwerspat, blanc fixe), Chromoxyd und Zinnober gestattet ist.

§ 9.

Arsenhaltige Wasser- oder Leimfarben dürfen zur Herstellung des Anstrichs von Fußböden, Decken, Wänden, Türen, Fenstern der Wohn- oder Geschäftsräume, von Roll-, Zug- oder Klappläden oder Vorhängen, von Möbeln und sonstigen häuslichen Gebrauchsgegenständen nicht verwendet werden

§ 10.

Auf die Verwendung von Farben, welche die im § 1, Absatz 2 bezeichneten Stoffe nicht als konstituierende Bestandteile, sondern nur als Verunreinigungen und zwar höchstens in einer Menge enthalten, welche sich bei den in der Technik gebräuchlichen Darstellungsverfahren nicht vermeiden läßt, finden die Bestimmungen der §§ 2 bis 9 nicht Anwendung.

§ 11.

Auf die Färbung von Pelzwaren finden die Vorschriften dieses Gesetzes nicht Anwendung.

§ 12.

Mit Geldstrafe bis zu einhundertfünfzig Mark oder mit Haft wird bestraft:
1. wer den Vorschriften der §§ 1—5, 7, 8 und 10 zuwider Nahrungsmittel, Genußmittel oder Gebrauchsgegenstände herstellt, aufbewahrt oder verpackt, oder derartig hergestellte, aufbewahrte oder verpackte Gegenstände gewerbsmäßig verkauft oder feilhält;
2. wer der Vorschrift des § 6 zuwiderhandelt;
3. wer der Vorschrift des § 9 zuwiderhandelt, ingleichen wer Gegenstände, welche dem § 9 zuwider hergestellt sind, gewerbsmäßig verkauft oder feilhält.

§ 13.

Neben der im § 12 vorgesehenen Strafe kann auf Einziehung der verbotswidrig hergestellten, aufbewahrten, verpackten, verkauften oder feilgehaltenen Gegenstände erkannt werden, ohne Unterschied, ob sie dem Verurteilten gehören oder nicht.

Ist die Verfolgung oder Verurteilung einer bestimmten Person nicht ausführbar, so kann auf die Einziehung selbständig erkannt werden.

§ 14.

Die Vorschriften des Gesetzes betreffend den Verkehr mit Nahrungsmitteln, Genußmitteln und Gebrauchsgegenständen vom 14. Mai 1879 (Reichs-Gesetzbl., S. 145) bleiben unberührt. Die Vorschriften in den §§ 16, 17 desselben finden auch bei Zuwiderhandlungen gegen die Vorschriften des gegenwärtigen Gesetzes Anwendung.

§ 15.

Dieses Gesetz tritt mit dem 1. Mai 1888 in Kraft; mit demselben Tage tritt die kaiserliche Verordnung, betreffend die Verwendung giftiger Farben, vom 1. Mai 1882 (Reichs-Gesetzbl. S. 55), außer Kraft.

Anleitung für die Untersuchung von Nahrungs- und Genußmitteln, Farben, Gespinsten und Geweben auf Arsen und Zinn.

A. Verfahren zur Feststellung des Vorhandenseins von Arsen und Zinn in gefärbten Nahrungs- und Genußmitteln. (§ 1 des Gesetzes.)

I. Feste Körper.

1. Bei festen Nahrungs- oder Genußmitteln, welche in der Masse gefärbt sind, werden 20 g in Arbeit genommen, bei oberflächlich gefärbten wird die Farbe abgeschabt und ist so viel des Abschabsels in Arbeit zu nehmen, als einer Menge von 20 g des Nahrungs- oder Genußmittels entspricht. Nur wenn solche Mengen nicht verfügbar gemacht werden können, darf die Prüfung auch an geringeren Mengen vorgenommen werden.
2. Die Probe ist durch Reiben oder sonst in geeigneter Weise fein zu zerteilen und in einer Schale aus echtem Porzellan mit einer zu messenden Menge reiner Salzsäure von 1,10—1,12 spez. Gewicht und so viel destilliertem

Wasser zu versetzen, daß das Verhältnis der Salzsäure zum Wasser etwa wie 1 zu 3 ist. In der Regel werden 25 ccm Salzsäure und 75 ccm Wasser dem Zwecke entsprechen.

Man setzt nun 0,5 g chlorsaures Kalium hinzu, bringt die Schale auf ein Wasserbad und fügt — sobald ihr Inhalt die Temperatur des Wasserbades angenommen hat — von 5 zu 5 Minuten weitere kleine Mengen von chlorsaurem Kalium zu, bis die Flüssigkeit hellgelb, gleichförmig und dünnflüssig geworden ist. In der Regel wird ein Zusatz von im ganzen 2 g des Salzes dem Zwecke entsprechen. Das verdampfende Wasser ist dabei von Zeit zu Zeit zu ersetzen. Wenn man den genannten Punkt erreicht hat, so fügt man nochmals 0,5 g chlorsaures Kalium hinzu und nimmt die Schale alsdann von dem Wasserbade. Nach völligem Erkalten bringt man ihren Inhalt auf ein Filter, läßt die Flüssigkeit in eine Kochflasche von etwa 400 ccm völlig ablaufen und erhitzt sie auf dem Wasserbade, bis der Geruch nach Chlor nahezu verschwunden ist. Das Filter samt dem Rückstande, welcher sich in der Regel zeigt, wäscht man mit heißem Wasser gut aus, verdampft das Waschwasser im Wasserbade bis auf etwa 50 ccm und vereinigt diese Flüssigkeit samt einem etwa darin entstandenen Niederschlage mit dem Hauptfiltrate. Man beachte, daß die Gesamtmenge der Flüssigkeit mindestens das Sechsfache der angewendeten Salzsäure betragen muß. Wenn z. B. 25 ccm Salzsäure verwendet wurden, so muß das mit dem Waschwasser vereinigte Filtrat mindestens 150, besser 200 bis 250 ccm betragen.

3. Man leitet nun durch die auf 60—80° C erwärmte und auf dieser Temperatur erhaltene Flüssigkeit 3 Stunden lang einen langsamen Strom von reinem, gewaschenen Schwefelwasserstoffgas, läßt hierauf die Flüssigkeit unter fortwährendem Einleiten des Gases erkalten und stellt die dieselbe enthaltende Kochflasche, mit Filtrierpapier leicht bedeckt, mindestens 12 Stunden an einen mäßig warmen Ort.

4. Ist ein Niederschlag entstanden, so ist derselbe auf ein Filter zu bringen, mit schwefelwasserstoffhaltigem Wasser auszuwaschen und dann in noch feuchtem Zustande mit mäßig gelbem Schwefelammonium zu behandeln, welches vorher mit etwas ammoniakalischem Wasser verdünnt worden ist. In der Regel werden 4 ccm Schwefelammonium, 2 ccm Ammoniakflüssigkeit von etwa 0,96 spez. Gewicht und 15 ccm Wasser dem Zwecke entsprechen. Den bei der Behandlung mit Schwefelammonium verbleibenden Rückstand wäscht man mit schwefelammoniumhaltigem Wasser aus und verdampft das Filtrat und das Waschwasser in einem tiefen Porzellanschälchen von etwa 6 cm Durchmesser bei gelinder Wärme bis zur Trockene. Das nach der Verdampfung Zurückbleibende übergießt man, unter Bedeckung der Schale mit einem Uhrglase, mit etwa 3 ccm roter rauchender Salpetersäure und dampft dieselbe bei gelinder Wärme behutsam ab. Erhält man hierbei einen im feuchten Zustande gelb erscheinenden Rückstand, so schreitet man zu der sogleich zu beschreibenden Behandlung. Ist der Rückstand dagegen dunkel, so muß er von neuem so lange der Einwirkung von roter, rauchender Salpetersäure ausgesetzt werden, bis er im feuchten Zustande gelb erscheint.

5. Man versetzt den noch feuchten Rückstand mit fein zerriebenem, kohlensaurem Natrium, bis die Masse stark alkalisch reagiert, fügt 2 g eines Gemisches von 3 Teilen kohlensaurem mit 1 Teil salpetersaurem Natrium hinzu und mischt unter Zusatz von etwas Wasser, so daß eine gleichartige breiige Masse entsteht. Die Masse wird in dem Schälchen getrocknet und vorsichtig bis zum Sintern oder beginnenden Schmelzen erhitzt. Eine weitergehende Steigerung der Temperatur ist zu vermeiden. Man erhält so eine farblose oder weiße Masse. Sollte dies ausnahmsweise nicht der Fall sein, so fügt man noch etwas salpetersaures Natrium hinzu, bis der Zweck erreicht ist [1]).

6. Die Schmelze weicht man in gelinder Wärme mit Wasser auf und filtriert durch ein nasses Filter. Ist Z i n n zugegen, so befindet sich dieses nun im Rückstande auf dem Filter in Gestalt weißen Zinnoxyds, während das A r s e n als arsensaures Natrium im Filtrate enthalten ist. Wenn ein Rückstand auf dem

---

[1]) Sollte die Schmelze trotzdem schwarz bleiben, so rührt dies in der Regel von einer geringen Menge Kupfer her, da Schwefelkupfer in Schwefelammonium nicht ganz unlöslich ist.

Filter verblieben ist, so muß berücksichtigt werden, daß auch in das Filtrat kleine Mengen Zinn übergegangen sein können. Man wäscht den Rückstand einmal mit kaltem Wasser, dann dreimal mit einer Mischung von gleichen Teilen Wasser und Alkohol aus, dampft die Waschflüssigkeit so weit ein, daß das mit dieser vereinigte Filtrat etwa 10 ccm beträgt, und fügt verdünnte Salpetersäure tropfenweise hinzu, bis die Flüssigkeit eben sauer reagiert. Sollte hierbei ein geringer Niederschlag von Zinnoxydhydrat entstehen, so filtriert man denselben ab und wäscht ihn, wie oben angegeben, aus. Wegen der weiteren Behandlung zum Nachweis des Zinns vergleiche No. 10.

7. Zum Nachweis des Arsens wird dasselbe zunächst in arsenmolybdänsaures Ammonium übergeführt. Zu diesem Zwecke vermischt man die nach obiger Vorschrift mit Salpetersäure angesäuerte, durch Erwärmen von Kohlensäure und salpetriger Säure befreite, darauf wieder abgekühlte, klare, (nötigenfalls filtrierte) Lösung, welche etwa 15 ccm betragen wird, in einem Kochfläschchen mit etwa gleichem Raumteile einer Auflösung von molybdänsaurem Ammonium in Salpetersäure[1]) und läßt zunächst drei Stunden ohne Erwärmen stehen. Enthielte nämlich die Flüssigkeit, infolge mangelhaften Auswaschens des Schwefelwasserstoffniederschlages etwas Phosphorsäure, so würde sich diese als phosphormolybdänsaures Ammonium abscheiden, während bei richtiger Ausführung der Operationen ein Niederschlag nicht entsteht.

8. Die klare bezw. filtrierte Flüssigkeit erwärmt man auf dem Wasserbade, bis sie etwa 5 Minuten lang die Temperatur des Wasserbades angenommen hat[2]). Ist Arsen vorhanden, so entsteht ein gelber Niederschlag von arsenmolybdänsaurem Ammonium, neben welchem sich meist auch weiße Molybdänsäure ausscheidet. Man gießt die Flüssigkeit nach einstündigem Stehen durch ein Filterchen von dem der Hauptsache nach in der kleinen Kochflasche verbleibenden Niederschlage ab, wäscht diesen zweimal mit kleinen Mengen einer Mischung von 100 Teilen Molybdänlösung, 20 Teilen Salpetersäure von 1,2 spez. Gewicht und 80 Teilen Wasser aus, löst ihn dann unter Erwärmen in 2—4 ccm wässeriger Ammoniumflüssigkeit von etwa 0,96 spez. Gewicht, fügt etwa 4 ccm Wasser hinzu, gießt, wenn erforderlich, nochmals durch das Filterchen, setzt $^1/_4$ Raumteil Alkohol und dann 2 Tropfen Chlormagnesium-Chlorammonium-Lösung hinzu. Das Arsen scheidet sich sogleich oder beim Stehen in der Kälte als weißes, mehr oder weniger krystallinisches, arseniksaures Ammonium-Magnesium ab, welches abzufiltrieren und mit einer möglichst geringen Menge einer Mischung von 1 Teil Ammoniak, 2 Teilen Wasser und 1 Teil Alkohol auszuwaschen ist.

9. Man löst alsdann den Niederschlag in einer möglichst kleinen Menge verdünnter Salpetersäure, verdampft die Lösung bis auf einen ganz kleinen Rest und bringt einen Tropfen auf ein Porzellanschälchen, einen anderen auf ein Objektglas. Zu ersterem fügt man einen Tropfen einer Lösung von salpetersaurem Silber, dann vom Rande aus einen Tropfen wässeriger Ammoniakflüssigkeit von 0,96 spez. Gewicht; ist Arsen vorhanden, so muß sich in der Berührungszone ein rotbrauner Streifen von arsensaurem Silber bilden. Den Tropfen auf dem Objektglas macht man mit einer möglichst kleinen Menge wässeriger Ammonflüssigkeit alkalisch; ist Arsen vorhanden, so entsteht sogleich oder sehr bald ein Niederschlag von arsensaurem Ammonmagnesium, der, unter dem Mikroskope betrachtet, sich als aus spießigen Kryställchen bestehend erweist.

10. Zum Nachweis des Zinns ist das, oder sind die das Zinnoxyd enthaltenden Filterchen zu trocknen, in einem Porzellantiegelchen einzuäschern und demnächst zu wägen[3]). Nur wenn der Rückstand (nach Abzug der Filter-

---

[1]) Die obenbezeichnete Flüssigkeit wird erhalten, indem man 1 Teil Molybdänsäure in 4 Teilen Ammoniak von etwa 0,96 spez. Gewicht löst und die Lösung in 15 Teile Salpetersäure von 1,2 spez. Gewicht gießt. Man läßt die Flüssigkeit dann einige Tage in mäßiger Wärme stehen und zieht sie, wenn nötig, klar ab.

[2]) Am sichersten ist es, das Erhitzen so lange fortzusetzen, bis sich Molybdänsäure auszuscheiden beginnt.

[3]) Sollte der Rückstand infolge eines Gehaltes an Kupferoxyd schwarz sein, so erwärmt man ihn mit Salpetersäure, verdampft im Wasserbade zur Trockne, setzt einen Tropfen Salpetersäure und etwas Wasser zu, filtriert, wäscht aus, glüht und wägt erst dann.

asche) mehr als 2 mg beträgt, ist eine weitere Untersuchung auf Zinn vorzunehmen. In diesem Falle bringt man den Rückstand in ein Porzellanschiffchen, schiebt dieses in eine Röhre von schwer schmelzbarem Glase, welche vorn zu einer langen Spitze mit feiner Öffnung ausgezogen ist, und erhitzt in einem Strome reinen, trockenen Wasserstoffgases bei allmählich gesteigerter Temperatur, bis kein Wasser mehr auftritt, bis somit alles Zinnoxyd reduziert ist. Man läßt im Wasserstoffstrome erkalten, nimmt das Schiffchen aus der Röhre, neigt es ein wenig, bringt wenige Tropfen Salzsäure von 1,10—1,12 spez. Gewicht in den unteren Teil desselben, schiebt es wieder in die Röhre, leitet einen langsamen Strom Wasserstoff durch dieselbe, neigt sie so, daß die Salzsäure im Schiffchen mit dem reduzierten Zinn in Berührung kommt, und erhitzt ein wenig. Es löst sich dann das Zinn unter Entbindung von etwas Wasserstoff in der Salzsäure zu Zinnchlorür. Man läßt im Wasserstoffstrome erkalten, nimmt das Schiffchen aus der Röhre, bringt nötigenfalls noch einige Tropfen einer Mischung von 3 Teilen Wasser und 1 Teil Salzsäure hinzu und prüft Tropfen der erhaltenen Lösung auf Zinn mit Quecksilberchlorid, Goldchlorid und Schwefelwasserstoff und zwar mit letzterem vor und nach Zusatz einer geringen Menge Bromsalzsäure oder Chlorwasser.

Bleibt beim Behandeln des Schiffchen-Inhaltes ein schwarzer Rückstand, der in Salzsäure unlöslich ist, so kann derselbe Antimon sein.

II. **Flüssigkeiten, Fruchtgelées und dergleichen.**

11. Von Flüssigkeiten, Fruchtgelées und dergl. ist eine solche Menge abzuwägen, daß die darin enthaltene Trockensubstanz etwa 20 g beträgt, also z. B. von Himbeersirup etwa 30 g, von Johannisbeergelée etwa 35 g, von Rotwein, Essig oder dgl. etwa 800 bis 1000 g. Nur wenn solche Mengen nicht verfügbar gemacht werden können, darf die Prüfung auch an einer geringeren Menge vorgenommen werden.

12. Fruchtsäfte, Gelées und dgl. werden genau nach Abschnitt I mit Salzsäure, chlorsaurem Kalium u. s. w. behandelt; dünne, nicht sauer reagierende Flüssigkeiten konzentriert man durch Abdampfen bis auf einen kleinen Rest und behandelt diesen nach Abschnitt I mit Salzsäure und chlorsaurem Kalium u. s. w.; dünne, sauer reagierende Flüssigkeiten aber destilliert man bis auf einen geringen Rest ab und behandelt diesen nach Abschnitt I mit Salzsäure, chlorsaurem Kalium u. s. w. In das Destillat leitet man nach Zusatz von etwas Salzsäure ebenfalls Schwefelwasserstoff und vereinigt einen etwa entstehenden Niederschlag mit dem nach No. 3 erhaltenen.

B. **Verfahren zur Feststellung des Arsengehaltes in Gespinsten oder Geweben.** (§ 7 des Gesetzes.)

13. Man zieht 30 g des zu untersuchenden Gespinstes oder Gewebes, nachdem man dasselbe zerschnitten hat, 3—4 Stunden lang mit destilliertem Wasser bei 70—80° C aus, filtriert die Flüssigkeit, wäscht den Rückstand aus, dampft Filtrat und Waschwasser bis auf etwa 25 ccm ein, läßt erkalten, fügt 5 ccm reine konzentrierte Schwefelsäure hinzu und prüft die Flüssigkeit im Marshschen Apparate unter Anwendung arsenfreien Zinks auf Arsen.

Wird ein Arsenspiegel erhalten, so war **Arsen in wasserlöslicher Form** in dem Gespinste oder Gewebe vorhanden.

14. Ist der Versuch unter No. 13 negativ ausgefallen, so sind weitere 10 g des Stoffes anzuwenden und dem Flächeninhalte nach zu bestimmen. Bei Gespinsten ist der Flächeninhalt durch Vergleichung mit einem Gewebe zu ermitteln, welches aus einem gleichartigen Gespinste derselben Fadenstärke hergestellt ist.

15. Wenn die nach No. 13 und 14 erforderlichen Mengen des Gespinstes oder Gewebes nicht verfügbar gemacht werden können, dürfen die Untersuchungen an geringeren Mengen, sowie im Falle der No. 14 auch an einem Teile des nach No. 13 untersuchten, mit Wasser ausgezogenen, wieder getrockneten Stoffes vorgenommen werden.

16. Das Gespinst oder Gewebe ist in kleine Stücke zu zerschneiden, welche in eine tubulierte Retorte aus Kaliglas von etwa 400 ccm Inhalt zu bringen und mit 100 ccm reiner Salzsäure von 1,19 spez. Gewicht zu übergießen sind. Der Hals der Retorte sei ausgezogen und in stumpfem Winkel gebogen. Man

stellt dieselbe so, daß der an den Bauch stoßende Teil des Halses schief aufwärts, der andere Teil etwas schräg abwärts gerichtet ist. Letzteren schiebt man in die Kühlröhre eines L i e b i g schen Kühlapparates und schließt die Berührungsstelle mit einem Stück Kautschukschlauch. Die Kühlröhre führt man luftdicht in eine tubulierte Vorlage von etwa 500 ccm Inhalt. Die Vorlage wird mit etwa 200 ccm Wasser beschickt und, um sie abzukühlen, in eine mit kaltem Wasser gefüllte Schale eingetaucht. Den Tubus der Vorlage verbindet man in geeigneter Weise mit einer mit Wasser beschickten P é l i g o t schen Röhre.

17. Nach Ablauf von etwa einer Stunde bringt man 5 ccm einer aus Krystallen bereiteten, kalt gesättigten Lösung von arsenfreiem Eisenchlorür in die Retorte und erhitzt deren Inhalt. Nachdem der überschüssige Chlorwasserstoff entwichen, steigert man die Temperatur, so daß die Flüssigkeit ins Kochen kommt, und destilliert, bis der Inhalt stärker zu steigen beginnt. Man läßt jetzt erkalten, bringt nochmals 50 ccm der Salzsäure von 1,19 spez. Gewicht in die Retorte und destilliert in gleicher Weise ab.

18. Die durch organische Substanzen braun gefärbte Flüssigkeit in der Vorlage vereinigt man mit dem Inhalte der P é l i g o t schen Röhre, verdünnt mit destilliertem Wasser etwa auf 600—700 ccm und leitet, anfangs unter Erwärmen, dann in der Kälte reines Schwefelwasserstoffgas ein.

19. Nach 12 Stunden filtriert man den braunen, zum Teil oder ganz aus organischen Substanzen bestehenden Niederschlag auf einem Asbestfilter ab, welches man durch entsprechendes Einlegen von Asbest in einen Trichter, dessen Röhre mit einem Glashahn versehen ist, hergestellt hat. Nach kurzem Auswaschen des Niederschlages schließt man den Hahn und behandelt den Niederschlag in dem Trichter unter Bedecken mit einer Glasplatte oder einem Uhrglase mit wenigen Kubikzentimetern Bromsalzsäure, welche durch Auflösen von Brom in Salzsäure von 1,19 spez. Gewicht hergestellt worden ist. Nach etwa halbstündiger Einwirkung läßt man die Lösung durch Öffnen des Hahnes in den Fällungskolben abfließen, an desssen Wänden häufig noch geringe Anteile des Schwefelwasserstoffniederschlages haften. Den Rückstand auf dem Asbestfilter wäscht man mit Salzsäure von 1,19 spez. Gewicht aus.

20. In dem Kolben versetzt man die Flüssigkeit wieder mit überschüssigem Eisenchlorür und bringt den Kolbeninhalt unter Nachspülen mit Salzsäure von 1,19 spez. Gewicht in eine entsprechende kleinere Retorte eines zweiten, im übrigen dem in No. 16 beschriebenen gleichen Destillierapparates, destilliert, wie in No. 17 angegeben, ziemlich weit ab, läßt erkalten, bringt nochmals 50 ccm Salzsäure von 1,19 spez. Gewicht in die Retorte und destilliert wieder ab.

21. Das Destillat ist jetzt in der Regel wasserhell. Man verdünnt es mit destilliertem Wasser auf etwa 700 ccm, leitet Schwefelwasserstoff, wie in No. 18 angegeben, ein, filtriert nach 12 Stunden das etwa niedergefallene dreifache Schwefelarsen auf einem, nacheinander mit verdünnter Salzsäure, Wasser und Alkohol ausgewaschenen, bei 110° C getrockneten und gewogenen Filterchen ab, wäscht den Rückstand auf dem Filter erst mit Wasser, dann mit absolutem Alkohol, mit erwärmtem Schwefelkohlenstoff und schließlich wieder mit absolutem Alkohol aus, trocknet bei 110° C und wägt.

22. Man berechnet aus dem erhaltenen dreifachen Schwefelarsen die Menge des Arsens und ermittelt, unter Berücksichtigung des nach No. 14 festgestellten Flächeninhaltes der Probe, die auf 100 qcm des Gespinstes oder Gewebes entfallende Arsenmenge.

IV. Gesetz, betr. den Verkehr mit Butter, Käse, Schmalz und deren Ersatzmitteln, vom 15. Juni 1897.

(Reichs-Gesetzbl. 1897, S. 475.)

§ 1.

Die Geschäftsräume und sonstigen Verkaufsstellen, einschließlich der Marktstände, in denen Margarine, Margarinekäse oder Kunstspeisefett gewerbsmäßig verkauft oder feilgehalten wird, müssen an in die Augen fallender Stelle die deutliche, nicht verwischbare Inschrift „Verkauf von Margarine", „Verkauf von Margarinekäse", „Verkauf von Kunstspeisefett" tragen.

Margarine im Sinne dieses Gesetzes sind diejenigen, der Milchbutter oder dem Butterschmalz ähnlichen Zubereitungen, deren Fettgehalt nicht ausschließlich der Milch entstammt.

Margarinekäse im Sinne dieses Gesetzes sind diejenigen käseartigen Zubereitungen, deren Fettgehalt nicht ausschließlich der Milch entstammt.

Kunstspeisefett im Sinne dieses Gesetzes sind diejenigen, dem Schweineschmalz ähnlichen Zubereitungen, deren Fettgehalt nicht ausschließlich aus Schweinefett besteht. Ausgenommen sind unverfälschte Fette bestimmter Tier- oder Pflanzenarten, welche unter den ihrem Ursprung entsprechenden Bezeichnungen in den Verkehr gebracht werden.

§ 2.

Die Gefäße und äußeren Umhüllungen, in welchen Margarine, Margarinekäse oder Kunstspeisefett gewerbsmäßig verkauft oder feilgehalten wird, müssen an in die Augen fallenden Stellen die deutliche, nicht verwischbare Inschrift „Margarine", „Margarinekäse", „Kunstspeisefett" tragen. Die Gefäße müssen außerdem mit einem stets sichtbaren, bandförmigen Streifen von roter Farbe versehen sein, welcher bei Gefäßen bis zu 35 cm Höhe mindestens 2 cm, bei höheren Gefäßen mindestens 5 cm breit sein muß.

Wird Margarine, Margarinekäse oder Kunstspeisefett in ganzen Gebinden oder Kisten gewerbsmäßig verkauft oder feilgehalten, so hat die Inschrift außerdem den Namen oder die Firma des Fabrikanten, sowie die von dem Fabrikanten zur Kennzeichnung der Beschaffenheit seiner Erzeugnisse angewendeten Zeichen (Fabrikmarke) zu enthalten.

Im gewerbsmäßigen Einzelverkaufe müssen Margarine, Margarinekäse und Kunstspeisefett an den Käufer in einer Umhüllung abgegeben werden, auf welcher die Inschrift „Margarine", „Margarinekäse", „Kunstspeisefett" mit dem Namen oder der Firma des Verkäufers angebracht ist.

Wird Margarine oder Margarinekäse in regelmäßig geformten Stücken gewerbsmäßig verkauft oder feilgehalten, so müssen dieselben von Würfelform sein, auch muß denselben die Inschrift „Margarine", „Margarinekäse" eingepreßt sein.

§ 3.

Die Vermischung von Butter oder Butterschmalz mit Margarine oder anderen Speisefetten zum Zwecke des Handels mit diesen Mischungen ist verboten.

Unter diese Bestimmung fällt auch die Verwendung von Milch oder Rahm bei der gewerbsmäßigen Herstellung von Margarine, sofern mehr als 100 Gewichtsteile Milch oder eine dementsprechende Menge Rahm auf 100 Gewichtsteile der nicht der Milch entstammenden Fette in Anwendung kommen.

§ 4.

In Räumen, woselbst Butter oder Butterschmalz gewerbsmäßig hergestellt, aufbewahrt, verpackt oder feilgehalten wird, ist die Herstellung, Aufbewahrung, Verpackung oder das Feilhalten von Margarine oder Kunstspeisefett verboten. Ebenso ist in Räumen, woselbst Käse gewerbsmäßig hergestellt, aufbewahrt, verpackt oder feilgehalten wird, die Herstellung, Aufbewahrung, Verpackung oder das Feilhalten von Margarinekäse untersagt.

In Orten, welche nach dem endgültigen Ergebnisse der letztmaligen Volkszählung weniger als 5000 Einwohner hatten, findet die Bestimmung des vorstehenden Absatzes auf den Kleinhandel und das Aufbewahren der für den Kleinhandel erforderlichen Bedarfsmengen in öffentlichen Verkaufsstätten, sowie auf das Verpacken der daselbst im Kleinhandel zum Verkaufe gelangenden Waren keine Anwendung. Jedoch müssen Margarine, Margarinekäse und Kunstspeisefett innerhalb der Verkaufsräume in besonderen Vorratsgefäßen und an besonderen Lagerstellen, welche von den zur Aufbewahrung von Butter, Butterschmalz und Käse dienenden Lagerstellen getrennt sind, aufbewahrt werden.

Für Orte, deren Einwohnerzahl erst nach dem endgültigen Ergebnis einer späteren Volkszählung die angegebene Grenze überschreitet, wird der Zeitpunkt, von welchem ab die Vorschrift des zweiten Absatzes nicht mehr Anwendung findet, durch die nach Anordnung der Landes-Zentralbehörde zuständigen Verwaltungsstellen bestimmt. Mit Genehmigung der Landes-Zentralbehörde können diese Verwaltungsstellen bestimmen, daß die Vorschrift des zweiten Absatzes von einem bestimmten Zeitpunkt ab ausnahmsweise in einzelnen Orten mit weniger als 5000 Einwohnern nicht Anwendung findet, sofern der unmittelbare räumliche Zusammenhang mit einer Ortschaft von mehr als 5000 Einwohnern ein Bedürfnis hierfür begründet.

Die auf Grund des dritten Absatzes ergehenden Bestimmungen sind mindestens sechs Monate vor dem Eintritte des darin bezeichneten Zeitpunktes öffentlich bekannt zu machen.

§ 5.

In öffentlichen Angeboten, sowie in Schlußscheinen, Rechnungen, Frachtbriefen, Konnossementen, Lagerscheinen, Ladescheinen und sonstigen im Handelsverkehr üblichen Schriftstücken, welche sich auf die Lieferung von Margarine, Margarinekäse oder Kunstspeisefett beziehen, müssen die diesem Gesetz entsprechenden Warenbezeichnungen angewendet werden.

§ 6.

Margarine und Margarinekäse, welche zu Handelszwecken bestimmt sind, müssen einen die allgemeine Erkennbarkeit der Ware mittels chemischer Untersuchung erleichternden, Beschaffenheit und Farbe derselben nicht schädigenden Zusatz enthalten.

Die näheren Bestimmungen hierüber werden vom Bundesrat erlassen und im Reichs-Gesetzblatt veröffentlicht.

§ 7.

Wer Margarine, Margarinekäse oder Kunstspeisefett gewerbsmäßig herstellen will, hat davon der nach den landesrechtlichen Bestimmungen zuständigen Behörde Anzeige zu erstatten, hierbei auch die für die Herstellung, Aufbewahrung, Verpackung und Feilhaltung der Waren dauernd bestimmten Räume zu bezeichnen und die etwa bestellten Betriebsleiter und Aufsichtspersonen namhaft zu machen.

Für bereits bestehende Betriebe ist eine entsprechende Anzeige binnen zwei Monaten nach Inkrafttreten dieses Gesetzes zu erstatten.

Veränderungen bezüglich der der Anzeigepflicht unterliegenden Räume und Personen sind nach Maßgabe der Bestimmung des Absatzes 1 der zuständigen Behörde binnen drei Tagen anzuzeigen.

§ 8.

Die Beamten der Polizei und die von der Polizeibehörde beauftragten Sachverständigen sind befugt, in die Räume, in denen Butter, Margarine, Margarinekäse oder Kunstspeisefett gewerbsmäßig hergestellt wird, jederzeit in die Räume, in denen Butter, Margarine, Margarinekäse oder Kunstspeisefett aufbewahrt, feilgehalten oder verpackt wird, während der Geschäftszeit einzutreten und daselbst Revisionen vorzunehmen, auch nach ihrer Auswahl Proben zum Zwecke der Untersuchung gegen Empfangsbescheinigung zu entnehmen. Auf Verlangen ist ein Teil der Probe amtlich verschlossen oder versiegelt zurückzulassen und für die entnommene Probe eine angemessene Entschädigung zu leisten.

§ 9.

Die Unternehmer von Betrieben, in denen Margarine, Margarinekäse oder Kunstspeisefett gewerbsmäßig hergestellt wird, sowie die von ihnen bestellten Betriebsleiter und Aufsichtspersonen sind verpflichtet, der Polizeibehörde oder deren Beauftragten auf Erfordern Auskunft über das Verfahren bei Herstellung der Erzeugnisse, über den Umfang des Betriebs und über die zur Verarbeitung gelangenden Rohstoffe, insbesondere auch über deren Menge und Herkunft zu erteilen.

§ 10.

Die Beauftragten der Polizeibehörde sind, vorbehaltlich der dienstlichen Berichterstattung und der Anzeige von Gesetzwidrigkeiten, verpflichtet, über die Tatsachen und Einrichtungen, welche durch die Überwachung und Kontrolle der Betriebe zu ihrer Kenntnis kommen, Verschwiegenheit zu beobachten und sich der Mitteilung und Nachahmung der von den Betriebsunternehmern geheim gehaltenen, zu ihrer Kenntnis gelangten Betriebseinrichtungen und Betriebsweisen, so lange als diese Betriebsgeheimnisse sind, zu enthalten.

Die Beauftragten der Polizeibehörde sind hierauf zu beeidigen.

§ 11.

Der Bundesrat ist ermächtigt, das gewerbsmäßige Verkaufen und Feilhalten von Butter, deren Fettgehalt nicht eine bestimmte Grenze erreicht oder deren Wasser- oder Salzgehalt eine bestimmte Grenze überschreitet, zu verbieten.

§ 12.

Der Bundesrat ist ermächtigt,
1. nähere, im Reichs-Gesetzblatte zu veröffentlichende Bestimmungen zur Ausführung der Vorschriften des § 2 zu erlassen,
2. Grundsätze aufzustellen, nach welchen die zur Durchführung dieses Gesetzes, sowie des Gesetzes vom 14. Mai 1879, betreffend den Verkehr mit Nahrungsmitteln, Genußmitteln und Gebrauchsgegenständen (Reichs-Gesetzbl. S. 145), erforderlichen Untersuchungen von Fetten und Käsen vorzunehmen sind.

§ 13.

Die Vorschriften dieses Gesetzes finden auf solche Erzeugnisse der im § 1 bezeichneten Art, welche zum Genusse für Menschen nicht bestimmt sind, keine Anwendung.

§ 14.

Mit Gefängnis bis zu sechs Monaten und mit Geldstrafe bis zu eintausendfünfhundert Mark oder mit einer dieser Strafen wird bestraft:
1. wer zum Zwecke der Täuschung im Handel und Verkehr eine der nach § 3 unzulässigen Mischungen herstellt;
2. wer in Ausübung eines Gewerbes wissentlich solche Mischungen verkauft, feilhält oder sonst in Verkehr bringt;
3. wer Margarine oder Margarinekäse ohne den nach § 6 erforderlichen Zusatz vorsätzlich herstellt oder wissentlich verkauft, feilhält oder sonst in den Verkehr bringt.

Im Wiederholungsfalle tritt Gefängnisstrafe bis zu sechs Monaten ein, neben welcher auf Geldstrafe bis zu eintausendfünfhundert Mark erkannt werden kann; diese Bestimmung findet nicht Anwendung, wenn seit dem Zeitpunkt, in welchem die für die frühere Zuwiderhandlung erkannte Strafe verbüßt oder erlassen ist, drei Jahre verflossen sind.

§ 15.

Mit Geldstrafe bis zu eintausendfünfhundert Mark oder mit Gefängnis bis zu drei Monaten wird bestraft, wer als Beauftragter der Polizeibehörde unbefugt Betriebsgeheimnisse, welche kraft seines Auftrags zu seiner Kenntnis gekommen sind, offenbart oder geheimgehaltene Betriebseinrichtungen oder Betriebsweisen, von denen er kraft seines Auftrags Kenntnis erlangt hat, nachahmt, solange dieselben noch Betriebsgeheimnisse sind.

Die Verfolgung tritt nur auf Antrag des Betriebsunternehmers ein.

§ 16.

Mit Geldstrafe von fünfzig bis zu einhundertfünfzig Mark oder mit Haft wird bestraft:
1. wer den Vorschriften des § 8 zuwider den Eintritt in die Räume, die Entnahme einer Probe oder die Revision verweigert;
2. wer die in Gemäßheit des § 9 von ihm erforderte Auskunft nicht erteilt oder bei der Auskunfterteilung wissentlich unwahre Angaben macht.

§ 17.

Mit Geldstrafe bis zu einhundertfünfzig Mark oder mit Haft bis zu vier Wochen wird bestraft:
1. wer den Vorschriften des § 7 zuwiderhandelt;
2. wer bei der nach § 9 von ihm erforderten Auskunfterteilung aus Fahrlässigkeit unwahre Angaben macht.

§ 18.

Außer den Fällen der §§ 14 bis 17 werden Zuwiderhandlungen gegen die Vorschriften dieses Gesetzes sowie gegen die in Gemäßheit der §§ 11 und 12 Ziffer 1 ergehenden Bestimmungen des Bundesrates mit Geldstrafe bis zu einhundertfünfzig Mark oder mit Haft bestraft.

Im Wiederholungsfall ist auf Geldstrafe bis zu sechshundert Mark oder auf Haft, oder auf Gefängnis bis zu drei Monaten zu erkennen. Diese Bestimmung findet keine Anwendung, wenn seit dem Zeitpunkt, in welchem die für die frühere Zuwiderhandlung erkannte Strafe verbüßt oder erlassen ist, drei Jahre verflossen sind.

§ 19.

In den Fällen der §§ 14 und 18 kann neben der Strafe auf Einziehung der verbotswidrig hergestellten, verkauften, feilgehaltenen oder sonst in Verkehr gebrachten Gegenstände erkannt werden, ohne Unterschied, ob sie dem Verurteilten gehören oder nicht.

Ist die Verfolgung oder Verurteilung einer bestimmten Person nicht ausführbar, so kann auf die Einziehung selbständig erkannt werden.

§ 20.

Die Vorschriften des Gesetzes, betreffend den Verkehr mit Nahrungsmitteln, Genußmitteln und Gebrauchsgegenständen, vom 14. Mai 1879 (Reichs-Gesetzbl. S. 145) bleiben unberührt. Die Vorschriften in den §§ 16, 17 desselben finden auch bei Zuwiderhandlungen gegen die Vorschriften des gegenwärtigen Gesetzes mit der Maßgabe Anwendung, daß in den Fällen des § 14 die öffentliche Bekanntmachung der Verurteilung angeordnet werden muß.

§ 21.

Die Bestimmungen des § 4 treten mit dem 1. April 1898 in Kraft.

Im übrigen tritt dieses Gesetz am 1. Oktober 1897 in Kraft. Mit diesem Zeitpunkte tritt das Gesetz, betreffend den Verkehr mit Ersatzmitteln für Butter, vom 12. Juli 1887 (Reichs-Gesetzbl. S. 375) außer Kraft.

Bekanntmachung, betr. Bestimmungen zur Ausführung des Gesetzes über den Verkehr mit Butter, Käse, Schmalz und deren Ersatzmitteln.

Vom 4. Juli 1897.

Zur Ausführung der Vorschriften in § 2 und § 6 Absatz 1 des Gesetzes, betreffend den Verkehr mit Butter, Käse, Schmalz und deren Ersatzmitteln, vom 15. Juni 1897 (Reichs-Gesetzbl. S. 475) hat der Bundesrat in Gemäßheit der § 12 No. 1 und § 6 Absatz 2 dieses Gesetzes die nachstehenden Bestimmungen beschlossen:

1. Um die Erkennbarkeit von Margarine und Margarinekäse, welche zu Handelszwecken bestimmt sind, zu erleichtern (§ 6 des Gesetzes, betreffend den Verkehr mit Butter, Käse, Schmalz und deren Ersatzmitteln, vom 15. Juni 1897), ist den bei der Fabrikation zur Verwendung kommenden Fetten und Ölen Sesamöl zuzusetzen. In 100 Gewichtsteilen der angewendeten Fette und Öle muß die Zusatzmenge bei Margarine mindestens 10 Gewichtsteile, bei Margarinekäse mindestens 5 Gewichtsteile Sesamöl betragen.

Der Zusatz des Sesamöls hat bei dem Vermischen der Fette vor der weiteren Fabrikation zu erfolgen.

2. Das nach No. 1 zuzusetzende Sesamöl muß folgende Reaktion zeigen: Wird ein Gemisch von 0,5 Raumteilen Sesamöl und 99,5 Raumteilen Baumwollsamenöl oder Erdnußöl mit 100 Raumteilen rauchender Salzsäure vom spezifischen Gewicht 1,19 und einigen Tropfen einer 2 %-igen alkoholischen Lösung von Furfurol geschüttelt, so muß die unter der Ölschicht sich absetzende Salzsäure eine deutliche Rotfärbung annehmen.

Das zu dieser Reaktion dienende Furfurol muß farblos sein.

3. Für die vorgeschriebene Bezeichnung der Gefäße und äußeren Umhüllungen, in welchen Margarine, Margarinekäse oder Kunstspeisefett gewerbsmäßig verkauft oder feilgehalten wird (§ 2 Absatz 1 des Gesetzes), sind die anliegenden Muster mit der Maßgabe zum Vorbilde zu nehmen, daß die Länge der die Inschrift umgebenden Einrahmung nicht mehr als das Siebenfache der Höhe, sowie nicht weniger als 30 cm und nicht mehr als 50 cm betragen darf. Bei runden oder länglich runden Gefäßen, deren Deckel einen größten Durchmesser von weniger als 35 cm hat, darf die Länge der die Inschrift umgebenden Einrahmung bis auf 15 cm ermäßigt werden.

4. Der bandförmige Streifen von roter Farbe in einer Breite von mindestens 2 cm bei Gefäßen bis zu 35 cm Höhe und in einer Breite von mindestens 5 cm bei Gefäßen von größerer Höhe (§ 2 Absatz 1 des Gesetzes) ist parallel zur unteren

Randfläche und mindestens 3 cm von dem oberen Rande entfernt anzubringen. Der Streifen muß sich oberhalb der unter No. 3 bezeichneten Inschrift befinden und ohne Unterbrechung um das ganze Gefäß gezogen sein. Derselbe darf die Inschrift und deren Umrahmung nicht berühren und auf den das Gefäß umgebenden Reifen oder Leisten nicht angebracht sein.

5. Der Name oder die Firma des Fabrikanten, sowie die Fabrikmarke (§ 2 Absatz 2 des Gesetzes) sind unmittelbar über, unter oder neben der in No. 3 bezeichneten Inschrift anzubringen, ohne daß sie den in No. 4 erwähnten roten Streifen berühren.

6. Die Anbringung der Inschriften und der Fabrikmarke (No. 3 und 5) erfolgt durch Einbrennen oder Aufmalen. Werden die Inschriften aufgemalt, so sind sie auf weißem oder hellgelbem Untergrunde mit schwarzer Farbe herzustellen. Die Anbringung des roten Streifens (No. 4) geschieht durch Aufmalen. Bis zum 1. Januar 1898 ist es gestattet, die Inschrift „Margarinekäse", „Kunstspeisefett", die Fabrikmarke und den roten Streifen auch mittels Aufklebens von Zetteln oder Bändern anzubringen.

7. Die Inschriften und die Fabrikmarke (No. 3 und 5) sind auf den Seitenwänden des Gefäßes an mindestens zwei sich gegenüber liegenden Stellen, falls das Gefäß einen Deckel hat, auch auf der oberen Seite des letzteren, bei Fässern auch auf beiden Böden anzubringen.

8. Für die Bezeichnung der würfelförmigen Stücke (§ 2 Absatz 4 des Gesetzes) sind ebenfalls die anliegenden Muster zum Vorbilde zu nehmen. Es findet jedoch eine Beschränkung hinsichtlich der Größe (Länge und Höhe) der Einrahmung nicht statt. Auch darf das Wort „Margarine" in zwei, das Wort „Margarinekäse" in drei untereinander zu setzende, durch Bindestriche zu verbindende Teile getrennt werden.

9. Auf die beim Einzelverkaufe von Margarine, Margarinekäse und Kunstspeisefett verwendeten Umhüllungen (§ 2 Absatz 3 des Gesetzes) findet die Bestimmung unter No. 3 Satz 1 mit der Maßgabe Anwendung, daß die Länge der die Inschrift umgebenden Einrahmung nicht weniger als 15 cm betragen darf. Der Name oder die Firma des Verkäufers ist unmittelbar über, unter oder neben der Inschrift anzubringen.

MARGARINE

MARGARINEKAESE

KUNST-SPEISEFETT

Anmerkung: Um den nach § 8 des Gesetzes vom 15. Juni 1897 mit der Kontrolle zu beauftragenden Behörden die Vornahme der Untersuchungen zu erleichtern, ist mittels Rundschreiben des Reichskanzlers vom 28. August 1897 eine im Kaiserl. Gesundheitsamte ausgearbeitete Anweisung zur Prüfung von Margarine und Margarinekäse, sowie von Butter und Käse bekannt gegeben worden, auf deren Aufnahme wir verzichtet haben, da sie fast wörtlich dasselbe enthält wie die amtliche Anweisung für die chemische Untersuchung von Fetten und Käsen vom 1. April 1898 (s. S. 75 und 93 ff.).

Grundsätze, betreffend die Trennung der Geschäftsräume für Butter etc. und Margarine etc.

(§ 4 des Gesetzes, betreffend den Verkehr mit Butter, Käse, Schmalz und deren Ersatzmitteln, vom 15. Juni 1897, R.-G.-Bl. S. 475.)

Die Verkaufsstätten für Butter oder Butterschmalz einerseits und für Margarine oder Kunstspeisefett andererseits müssen, falls diese Waren nebeneinander in einem Geschäftsbetriebe feilgehalten werden, derart getrennt sein, daß ein unauffälliges Hinüber- und Herüberschaffen der Ware, während des Geschäftsbetriebs verhindert und insbesondere die Möglichkeit, an Stelle von Butter oder Butterschmalz unbemerkt Margarine oder Kunstspeisefett dem kaufenden Publikum zu verabreichen, tunlichst ausgeschlossen wird. Die Entscheidung darüber, in welcher Weise diesen Anforderungen entsprochen wird, kann nur unter Berücksichtigung der besonderen Verhältnisse jedes Einzelfalles und namentlich der Beschaffenheit der dabei in Betracht kommenden Räume erfolgen. Doch werden im allgemeinen folgende Grundsätze zur Richtschnur dienen können:

1. Es ist nicht erforderlich, daß die Räume je einen besonderen Zugang für das Publikum besitzen. Es ist vielmehr zulässig, daß ein gemeinschaftlicher Eingang für die verschiedenen Räume besteht.

2. Wenn auch die Scheidewände nicht aus feuerfestem Material hergestellt zu sein brauchen, so müssen sie immerhin einen so dichten Abschluß bilden, daß jeder unmittelbare Zusammenhang der Räume, soweit er nicht durch Durchgangsöffnungen hergestellt ist, ausgeschlossen wird. Als ausreichend sind beispielsweise zu betrachten abschließende Wände aus Brettern, Glas, Zement- oder Gipsplatten. Dagegen können Lattenverschläge, Vorhänge, weitmaschige Gitterwände, verstellbare Abschlußvorrichtungen nicht als genügend betrachtet werden. Bei offenen Verkaufsständen auf Märkten können jedoch auch Einrichtungen der letzteren Art geduldet werden. Die Scheidewände müssen in der Regel vom Fußboden bis zur Decke reichen und den Raum auch in seiner ganzen Breite oder Tiefe abschließen.

3. Die Verbindung zwischen den abgetrennten Räumen darf mittels einer oder mehrerer Durchgangsöffnungen hergestellt sein. Derartige Öffnungen sind in der Regel mit Türverschluß zu versehen.

Die vorstehenden Grundsätze finden sinngemäße Anwendung auf die Räume zur Aufbewahrung und Verpackung der bezeichneten Waren.

Nach den gleichen Gesichtspunkten ist die Trennung der Geschäftsräume für Käse und Margarinekäse zu beurteilen.

Bekanntmachung, betreffend den Fett- und Wassergehalt der Butter.
Vom 1. März 1902.

Auf Grund des § 11 des Gesetzes, betreffend den Verkehr mit Butter, Käse, Schmalz und deren Ersatzmitteln, vom 15. Juni 1897 (Reichs-Gesetzbl. S. 475) hat der Bundesrat beschlossen:

Butter, welche in 100 Gewichtsteilen weniger als 80 Gewichtsteile Fett oder in ungesalzenem Zustande mehr als 18 Gewichtsteile, in gesalzenem Zustande mehr als 16 Gewichtsteile Wasser enthält, darf vom 1. Juli 1902 ab gewerbsmäßig nicht verkauft oder feilgehalten werden.

V. Gesetz, betreffend die Schlachtvieh- und Fleischbeschau [1]).
Vom 3. Juni 1900 (R.-G.-Bl. S. 547).
§ 1.

Rindvieh, Schweine, Schafe, Ziegen, Pferde und Hunde, deren Fleisch zum Genusse für Menschen verwendet werden soll, unterliegen vor und nach der Schlachtung einer amtlichen Untersuchung. Durch Beschluß des Bundesrats kann die Untersuchungspflicht auf anderes Schlachtvieh ausgedehnt werden.

---

[1]) Nebst Ausführungsbestimmungen D. Die übrigen Ausführungsbestimmungen sind für den Nahrungsmittelchemiker ohne Interesse und daher fortgelassen.

Bei Notschlachtungen darf die Untersuchung vor der Schlachtung unterbleiben.

Der Fall der Notschlachtung liegt dann vor, wenn zu befürchten steht, daß das Tier bis zur Ankunft des zuständigen Beschauers verenden oder das Fleisch durch Verschlimmerung des krankhaften Zustandes wesentlich an Wert verlieren werde oder wenn das Tier infolge eines Unglücksfalls sofort getötet werden muß.

§ 2.

Bei Schlachttieren, deren Fleisch ausschließlich im eigenen Haushalte des Besitzers verwendet werden soll, darf, sofern sie keine Merkmale einer die Genußtauglichkeit des Fleisches ausschließenden Erkrankung zeigen, die Untersuchung vor der Schlachtung und, sofern sich solche Merkmale auch bei der Schlachtung nicht ergeben, auch die Untersuchung nach der Schlachtung unterbleiben.

Eine gewerbsmäßige Verwendung von Fleisch, bei welchem auf Grund des Abs. 1 die Untersuchung unterbleibt, ist verboten.

Als eigener Haushalt im Sinne des Abs. 1 ist der Haushalt der Kasernen, Krankenhäuser, Erziehungsanstalten, Speiseanstalten, Gefangenanstalten, Armenhäuser und ähnlicher Anstalten, sowie der Haushalt der Schlächter, Fleischhändler, Gast-, Schank- und Speisewirte nicht anzusehen.

§ 3.

Die Landesregierungen sind befugt, für Gegenden und Zeiten, in denen eine übertragbare Tierkrankheit herrscht, die Untersuchung aller der Seuche ausgesetzten Schlachttiere anzuordnen.

§ 4.

Fleisch im Sinne dieses Gesetzes sind Teile von warmblütigen Tieren, frisch oder zubereitet, sofern sie sich zum Genusse für Menschen eignen. Als Teile gelten auch die aus warmblütigen Tieren hergestellten Fette und Würste, andere Erzeugnisse nur insoweit, als der Bundesrat dies anordnet.

§ 5.

Zur Vornahme der Untersuchungen sind Beschaubezirke zu bilden; für jeden derselben ist mindestens ein Beschauer sowie ein Stellvertreter zu bestellen.

Die Bildung der Beschaubezirke und die Bestellung der Beschauer erfolgt durch die Landesbehörden. Für die in den Armeekonservenfabriken vorzunehmenden Untersuchungen können seitens der Militärverwaltung besondere Beschauer bestellt werden.

Zu Beschauern sind approbierte Tierärzte oder andere Personen, welche genügende Kenntnisse nachgewiesen haben, zu bestellen.

§ 6.

Ergibt sich bei den Untersuchungen das Vorhandensein oder der Verdacht einer Krankheit, für welche die Anzeigepflicht besteht, so ist nach Maßgabe der hierüber geltenden Vorschriften zu verfahren.

§ 7.

Ergibt die Untersuchung des lebenden Tieres keinen Grund zur Beanstandung der Schlachtung, so hat der Beschauer sie unter Anordnung der etwa zu beobachtenden besonderen Vorsichtsmaßregeln zu genehmigen.

Die Schlachtung des zur Untersuchung gestellten Tieres darf nicht vor der Erteilung der Genehmigung und nur unter Einhaltung der angeordneten besonderen Vorsichtsmaßregeln stattfinden.

Erfolgt die Schlachtung nicht spätestens zwei Tage nach Erteilung der Genehmigung, so ist sie nur nach erneuter Untersuchung und Genehmigung zulässig.

§ 8.

Ergibt die Untersuchung nach der Schlachtung, daß kein Grund zur Beanstandung des Fleisches vorliegt, so hat der Beschauer es als tauglich zum Genusse für Menschen zu erklären.

Vor der Untersuchung dürfen Teile eines geschlachteten Tieres nicht beseitigt werden.

§ 9.

Ergibt die Untersuchung, daß das Fleisch zum Genusse für Menschen untauglich ist, so hat der Beschauer es vorläufig zu beschlagnahmen, den Besitzer hiervon zu benachrichtigen und der Polizei-Behörde sofort Anzeige zu erstatten.

Fleisch, dessen Untauglichkeit sich bei der Untersuchung ergeben hat, darf als Nahrungs- oder Genußmittel für Menschen nicht in Verkehr gebracht werden.

Die Verwendung des Fleisches zu anderen Zwecken kann von der Polizeibehörde zugelassen werden, soweit gesundheitliche Bedenken nicht entgegenstehen. Die Polizeibehörde bestimmt, welche Sicherungsmaßregeln gegen eine Verwendung des Fleisches zum Genusse für Menschen zu treffen sind.

Das Fleisch darf nicht vor der polizeilichen Zulassung und nur unter Einhaltung der von der Polizeibehörde angeordneten Sicherungsmaßregeln in Verkehr gebracht werden.

Das Fleisch ist von der Polizeibehörde in unschädlicher Weise zu beseitigen, soweit seine Verwendung zu anderen Zwecken (Abs. 3) nicht zugelassen wird.

§ 10.

Ergibt die Untersuchung, daß das Fleisch zum Genusse für Menschen nur bedingt tauglich ist, so hat der Beschauer es vorläufig zu beschlagnahmen, den Besitzer hiervon zu benachrichtigen und der Polizeibehörde sofort Anzeige zu erstatten. Die Polizeibehörde bestimmt, unter welchen Sicherungsmaßregeln das Fleisch zum Genusse für Menschen brauchbar gemacht werden kann.

Fleisch, das bei der Untersuchung als nur bedingt tauglich erkannt worden ist, darf als Nahrungs- und Genußmittel für Menschen nicht in Verkehr gebracht werden, bevor es unter den von der Polizeibehörde angeordneten Sicherungsmaßregeln zum Genusse für Menschen brauchbar gemacht worden ist.

Insoweit eine solche Brauchbarmachung unterbleibt, finden die Vorschriften des § 9 Abs. 3—5 entsprechende Anwendung.

§ 11.

Der Vertrieb des zum Genusse für Menschen brauchbar gemachten Fleisches (§ 10 Abs. 1) darf nur unter einer diese Beschaffenheit erkennbar machenden Bezeichnung erfolgen.

Fleischhändlern, Gast-, Schank- und Speisewirten ist der Vertrieb und die Verwendung solchen Fleisches nur mit Genehmigung der Polizeibehörde gestattet; die Genehmigung ist jederzeit widerruflich. An die vorbezeichneten Gewerbetreibenden darf derartiges Fleisch nur abgegeben werden, soweit ihnen eine solche Genehmigung erteilt worden ist. In den Geschäftsräumen dieser Personen muß an einer in die Augen fallenden Stelle durch deutlichen Anschlag besonders erkennbar gemacht werden, daß Fleisch der im Abs. 1 bezeichneten Beschaffenheit zum Vertrieb oder zur Verwendung kommt.

Fleischhändler dürfen das Fleisch nicht in Räumen feilhalten oder verkaufen, in welchen taugliches Fleisch (§ 8) feilgehalten oder verkauft wird.

§ 12.

Die Einfuhr von Fleisch in luftdicht verschlossenen Büchsen oder ähnlichen Gefäßen, von Würsten und sonstigen Gemengen aus zerkleinertem Fleische in das Zollinland ist verboten.

Im übrigen gelten für die Einfuhr von Fleisch in das Zollinland bis zum 31. Dezbr. 1903 folgende Bedingungen:

1. Frisches Fleisch darf in das Zollinland nur in ganzen Tierkörpern, die bei Rindvieh, ausschließlich der Kälber, und bei Schweinen in Hälften zerlegt sein können, eingeführt werden.

Mit den Tierkörpern müssen Brust- und Bauchfell, Lunge, Herz, Nieren, bei Kühen auch das Euter in natürlichem Zusammenhange verbunden sein; der Bundesrat ist ermächtigt, diese Vorschrift auf weitere Organe auszudehnen.

2. Zubereitetes Fleisch darf nur eingeführt werden, wenn nach der Art seiner Gewinnung und Zubereitung Gefahren für die menschliche Gesundheit erfahrungsgemäß ausgeschlossen sind oder die Unschädlichkeit für die menschliche Gesundheit in zuverlässiger Weise bei der Einfuhr sich feststellen läßt. Diese Feststellung gilt als unausführbar insbesondere bei Sendungen von Pökel-

fleisch, sofern das Gewicht einzelner Stücke weniger als 4 kg beträgt; auf Schinken, Speck und Därme findet diese Vorschrift keine Anwendung.

Fleisch, welches zwar einer Behandlung zum Zwecke seiner Haltbarmachung unterzogen worden ist, aber die Eigenschaften frischen Fleisches im wesentlichen behalten hat oder durch entsprechende Behandlung wieder gewinnen kann, ist als zubereitetes Fleisch nicht anzusehen; Fleisch solcher Art unterliegt den Bestimmungen in Ziffer 1.

Für die Zeit nach dem 31. Dezbr. 1903 sind die Bedingungen für die Einfuhr von Fleisch gesetzlich von neuem zu regeln. Sollte eine Neuregelung bis zu dem bezeichneten Zeitpunkte nicht zustande kommen, so bleiben die im Abs. 2 festgesetzten Einfuhrbedingungen bis auf weiteres maßgebend.

§ 13.

Das in das Zollinland eingehende Fleisch unterliegt bei der Einfuhr einer amtlichen Untersuchung unter Mitwirkung der Zollbehörden. Ausgenommen hiervon ist das nachweislich im Inlande bereits vorschriftsmäßig untersuchte und das zur unmittelbaren Durchfuhr bestimmte Fleisch.

Die Einfuhr von Fleisch darf nur über bestimmte Zollämter erfolgen. Der Bundesrat bezeichnet diese Ämter, sowie diejenigen Zoll- und Steuerstellen, bei welchen die Untersuchung des Fleisches stattfinden kann.

§ 14.

Auf Wildbret und Federvieh, ferner auf das zum Reiseverbrauche mitgeführte Fleisch finden die Bestimmungen der §§ 12 und 13 nur insoweit Anwendung, als der Bundesrat dies anordnet.

§ 15.

Der Bundesrat ist ermächtigt, weitergehende Einfuhrverbote und Einfuhrbeschränkungen, als in den §§ 12 und 13 vorgesehen sind, zu beschließen.

§ 16.

Die Vorschriften des § 8 Abs. 1 und der §§ 9—11 gelten auch für das in das Zollinland eingehende Fleisch. An Stelle der unschädlichen Beseitigung des Fleisches oder an Stelle der polizeilicherseits anzuordnenden Sicherungsmaßregeln kann jedoch, insoweit gesundheitliche Bedenken nicht entgegenstehen, die Wiederausfuhr des Fleisches unter entsprechenden Vorsichtsmaßnahmen zugelassen werden.

§ 17.

Fleisch, welches zwar nicht für den menschlichen Genuß bestimmt ist, aber dazu verwendet werden kann, darf zur Einfuhr ohne Untersuchung zugelassen werden; nachdem es zum Genusse für Menschen unbrauchbar gemacht ist.

§ 18.

Bei Pferden muß die Untersuchung (§ 1) durch approbierte Tierärzte vorgenommen werden.

Der Vertrieb von Pferdefleisch sowie die Einfuhr solchen Fleisches in das Zollinland darf nur unter einer Bezeichnung erfolgen, welche in deutscher Sprache das Fleisch als Pferdefleisch erkennbar macht.

Fleischhändlern, Gast-, Schank- und Speisewirten ist der Vertrieb und die Verwendung von Pferdefleisch nur mit Genehmigung der Polizeibehörde gestattet; die Genehmigung ist jederzeit widerruflich. An die vorbezeichneten Gewerbetreibenden darf Pferdefleisch nur abgegeben werden, soweit ihnen eine solche Genehmigung erteilt worden ist. In den Geschäftsräumen dieser Personen muß an einer in die Augen fallenden Stelle durch deutlichen Anschlag besonders erkennbar gemacht werden, daß Pferdefleisch zum Vertrieb oder zur Verwendung kommt.

Fleischhändler dürfen Pferdefleisch nicht in Räumen feilhalten oder verkaufen, in welchen Fleisch von anderen Tieren feilgehalten oder verkauft wird.

Der Bundesrat ist ermächtigt, anzuordnen, daß die vorstehenden Vorschriften auf Esel, Maulesel, Hunde und sonstige seltener zur Schlachtung gelangende Tiere entsprechende Anwendung finden.

§ 19.

Der Beschauer hat das Ergebnis der Untersuchung an dem Fleische kenntlich zu machen. Das aus dem Ausland eingeführte Fleisch ist außerdem als solches kenntlich zu machen.

Der Bundesrat bestimmt die Art der Kennzeichnung.

§ 20.

Fleisch, welches innerhalb des Reiches der amtlichen Untersuchung nach Maßgabe der §§ 8—16 unterlegen hat, darf einer abermaligen amtlichen Untersuchung nur zu dem Zwecke unterworfen werden, um festzustellen, ob das Fleisch inzwischen verdorben ist oder sonst eine gesundheitsschädliche Veränderung seiner Beschaffenheit erlitten hat.

Landesrechtliche Vorschriften, nach denen für Gemeinden mit öffentlichen Schlachthäusern der Vertrieb frischen Fleisches Beschränkungen, insbesondere dem Beschauzwang innerhalb der Gemeinde unterworfen werden kann, bleiben mit der Maßgabe unberührt, daß ihre Anwendbarkeit nicht von der Herkunft des Fleisches abhängig gemacht werden darf.

§ 21.

Bei der gewerbsmäßigen Zubereitung von Fleisch dürfen Stoffe oder Arten des Verfahrens, welche der Ware eine gesundheitsschädliche Beschaffenheit zu verleihen vermögen, nicht angewendet werden. Es ist verboten, derartig zubereitetes Fleisch aus dem Ausland einzuführen, feilzuhalten, zu verkaufen oder sonst in Verkehr zu bringen.

Der Bundesrat bestimmt die Stoffe und die Arten des Verfahrens, auf welche diese Vorschriften Anwendung finden.

Der Bundesrat ordnet an, inwieweit die Vorschriften des Abs. 1 auch auf bestimmte Stoffe und Arten des Verfahrens Anwendung finden, welche eine gesundheitsschädliche oder minderwertige Beschaffenheit der Ware zu verdecken geeignet sind.

§ 22.

Der Bundesrat ist ermächtigt:
1. Vorschriften über den Nachweis genügender Kenntnisse der Fleischbeschauer zu erlassen,
2. Grundsätze aufzustellen, nach welchen die Schlachtvieh- und Fleischbeschau auszuführen und die weitere Behandlung des Schlachtviehs und Fleisches im Falle der Beanstandung stattzufinden hat,
3. die zur Ausführung der Bestimmungen in dem § 12 erforderlichen Anordnungen zu treffen und die Gebühren für die Untersuchung des in das Zollinland eingehenden Fleisches festzusetzen.

§ 23.

Wem die Kosten der amtlichen Untersuchung (§ 1) zur Last fallen, regelt sich nach Landesrecht. Im übrigen werden die zur Ausführung des Gesetzes erforderlichen Bestimmungen, insoweit nicht der Bundesrat für zuständig erklärt ist oder insoweit er von einer durch § 22 erteilten Ermächtigung keinen Gebrauch macht, von den Landesregierungen erlassen.

§ 24.

Landesrechtliche Vorschriften über die Trichinenschau und über den Vertrieb und die Verwendung von Fleisch, welches zwar zum Genusse für Menschen tauglich, jedoch in seinem Nahrungs- und Genußwert erheblich herabgesetzt ist, ferner landesrechtliche Vorschriften, welche mit Bezug auf
1. die der Ausführung zu unterwerfenden Tiere,
2. die Ausführung der Untersuchungen durch approbierte Tierärzte,
3. den Vertrieb beanstandeten Fleisches oder des Fleisches von Tieren, der im § 18 bezeichneten Arten, weitergehende Verpflichtungen als dieses Gesetz begründen,

sind mit der Maßgabe zulässig, daß ihre Anwendbarkeit nicht von der Herkunft des Schlachtviehes oder des Fleisches abhängig gemacht werden darf.

§ 25.

Inwieweit die Vorschriften dieses Gesetzes auf das in das Zollinland eingeführte Fleisch Anwendung zu finden haben, bestimmt der Bundesrat.

§ 26.

Mit Gefängnis bis zu 6 Monaten und mit Geldstrafe bis zu 1500 Mark oder mit einer dieser Strafen wird bestraft:
1. wer wissentlich den Vorschriften des § 9 Abs. 2, 4, des § 10 Abs. 2, 3, des § 12 Abs. 1 oder des § 21 Abs. 1, 2 oder einem auf Grund des § 21 Abs. 3 ergangenem Verbote zuwiderhandelt,

2. wer wissentlich Fleisch, das den Vorschriften des § 12 Abs. 1 zuwider eingeführt oder auf Grund des § 17 zum Genusse für Menschen unbrauchbar gemacht worden ist, als Nahrungs- oder Genußmittel für Menschen in Verkehr bringt,

3. wer Kennzeichen der im § 19 vorgesehenen Art fälschlich anbringt oder verfälscht, oder wer wissentlich Fleisch, an welchem die Kennzeichen fälschlich angebracht, verfälscht oder beseitigt worden sind, feilhält oder verkauft.

§ 27.

Mit Geldstrafe bis zu 150 Mark oder mit Haft wird bestraft:
1. wer eine der im § 26 No. 1 und 2 bezeichneten Handlungen aus Fahrlässigkeit begeht,

2. wer eine Schlachtung vornimmt, bevor das Tier der in diesem Gesetze vorgeschriebenen oder einer auf Grund des § 1 Abs. 1 Satz 2, des § 3, des § 18 Abs. 5 oder des § 24 angeordneten Untersuchung unterworfen worden ist;

3. wer Fleisch in Verkehr bringt, bevor es der in diesem Gesetze vorgeschriebenen oder einer auf Grund des § 1 Abs. 1 Satz 2, des § 3, des § 14 Abs. 1, des § 18 Abs. 5 oder des § 24 angeordneten Untersuchung unterworfen worden ist;

4. wer den Vorschriften des § 2 Abs. 2, des § 7 Abs. 2, 3, des § 8 Abs. 2, des § 11, des § 12 Abs. 2, des § 13 Abs. 2 oder des § 18 Abs. 2—4, imgleichen wer den auf Grund des § 15 oder des § 18 Abs. 5 erlassenen Anordnungen oder den auf Grund des § 24 ergehenden landesrechtlichen Vorschriften über den Vertrieb und die Verwendung von Fleisch zuwiderhandelt.

§ 28.

In den Fällen des § 26 No. 1 u. 2 und des § 27 No. 1 ist neben der Strafe auf die Einziehung des Fleisches zu erkennen. In den Fällen des § 26 No. 3 und des § 27 2—4 kann neben der Strafe auf Einziehung des Fleisches oder des Tieres erkannt werden. Für die Einziehung ist es ohne Bedeutung, ob der Gegenstand dem Verurteilten gehört oder nicht.

Ist die Verfolgung oder Verurteilung einer bestimmten Person nicht ausführbar, so kann auf die Einziehung selbständig erkannt werden.

§ 29.

Die Vorschriften des Gesetzes, betreffend den Verkehr mit Nahrungsmitteln und Gebrauchsgegenständen, vom 14. Mai 1879 (Reichs-Gesetzbl. S. 145) bleiben unberührt. Die Vorschriften des § 16 des bezeichneten Gesetzes finden auch auf Zuwiderhandlungen gegen die Vorschriften des gegenwärtigen Gesetzes Anwendung.

Bekanntmachung, betr. gesundheitsschädliche und täuschende Zusätze zu Fleisch und dessen Zubereitungen.

Vom 18. Februar 1902 (Reichs-Gesetzbl. S. 48) und vom 4. Juli 1908 Reichs-Gesetzbl. S. 470).

Auf Grund der Bestimmungen in § 21 des Gesetzes, betr. die Schlachtvieh- und Fleischbeschau, vom 3. Juni 1900 (Reichs-Gesetzbl. S. 547) hat der Bundesrat die nachstehenden Bestimmungen beschlossen:

Die Vorschriften des § 21 Abs. 1 des Gesetzes finden auf die folgenden Stoffe sowie auf die solche Stoffe enthaltenden Zubereitungen Anwendung:
Borsäure und deren Salze,
Formaldehyd und solche Stoffe, die bei ihrer Verwendung Formaldehyd abgeben[1]),
Alkali- und Erdalkali-Hydroxyde und Carbonate,
Schweflige Säure und deren Salze, sowie unterschwefligsaure Salze,
Fluorwasserstoff und dessen Salze,
Salicylsäure und deren Verbindungen,
Chlorsaure Salze.

Dasselbe gilt für Farbstoffe jeder Art, jedoch unbeschadet ihrer Verwendung zur Gelbfärbung der Margarine oder der Hüllen derjenigen Wurstarten, bei denen die Gelbfärbung herkömmlich und als künstliche ohne weiteres erkennbar ist, sofern diese Verwendung nicht anderen Vorschriften zuwiderläuft.

A n m e r k u n g. Die Gelbfärbung der Margarine ist nach dem Reichsgesetze, betr. den Verkehr mit Käse, Butter, Schmalz und deren Ersatzmitteln

---

[1]) **Hexamethylentetramin**, im Fleischkonservierungsmittel Carvin.

vom 15. Juni 1897 (Reichs-Gesetzbl. S. 475) nicht verboten. Es lag keine Veranlassung dazu vor, nunmehr ein solches Verbot auszusprechen, sofern die zur Gelbfärbung verwendeten Farbstoffe (vgl. die technischen Erläuterungen zu dem Entwurfe des vorbezeichneten Gesetzes in den Arbeiten des kaiserl. Gesundheitsamtes, Bd. 12 für 1896, S. 551) aus gesundheitspolizeilichen Gründen nicht zu beanstanden sind.

Zur Änderung der ursprünglichen Fassung hat gemäß der Bekanntmachung vom 22. Febr. 1908 die Erwägung geleitet, daß durch das bisher allgemein zugelassene Färben der Wursthüllen, namentlich mit roter Farbe, vielfach eine Täuschung über die mangelhafte Beschaffenheit der Würste hervorgerufen wird. Künftig wird deshalb nur noch die, soviel bekannt, besonders in einigen süddeutschen Gebieten übliche und beliebte Gelbfärbung (citronengelb) der Wursthüllen zugelassen sein, bei der Täuschungen der gedachten Art nicht zu befürchten sind. Alle anderen Arten von Wursthüllenfärbung, namentlich die Rotfärbung (Räucherfarbe) sind fortan selbst dann verboten, wenn nicht gesundheitsschädliche Farben verwendet werden.

Ausführungsbestimmungen D zum Schlachtvieh- und Fleischbeschaugesetz vom 3. Juni 1900 [1]).

D. Untersuchung und gesundheitspolizeiliche Behandlung des in das Zollinland eingehenden Fleisches.

Allgemeine Bestimmungen.

§ 1. (1) Fleisch sind alle Teile von warmblütigen Tieren, frisch oder zubereitet, sofern sie sich zum Genusse für Menschen eignen. Als Teile gelten auch die aus warmblütigen Tieren hergestellten Fette und Würste. Als Fleisch sind daher insbesondere anzusehen.:

Muskelfleisch (mit oder ohne Knochen, Fettgewebe, Bindegewebe und Lymphdrüsen), Zunge, Herz, Lunge, Leber, Milz, Nieren, Gehirn, Brustdrüse (Bröschen, Bries, Brieschen, Kalbsmilch, Thymus), Schlund, Magen, Dünn- und Dickdarm, Gekröse, Blase, Milchdrüse (Euter), vom Schweine die ganze Haut (Schwarte), vom Rindvieh die Haut am Kopfe, einschließlich Nasenspiegel, Gaumen und Ohren, sowie die Haut an den Unterfüßen, ferner Knochen mit daran haftenden Weichteilen, frisches Blut;

Fette, unverarbeitet oder zubereitet, insbesondere Talg, Unschlitt, Speck, Liesen (Flohmen, Lünte, Schmer, Wammenfett), sowie Gekrös- und Netzfett, Schmalz, Oleomargarin, Premier jus, Margarine und solche Stoffe enthaltende Fettgemische, jedoch nicht Butter und geschmolzene Butter (Butterschmalz);

Würste und ähnliche Gemenge von zerkleinertem Fleische.

(2) Andere Erzeugnisse aus Fleisch, insbesondere Fleischextrakte, Fleischpeptone, tierische Gelatine, Suppentafeln gelten bis auf weiteres nicht als Fleisch.

§ 2. (1) Als frisches Fleisch ist anzusehen Fleisch, welches, abgesehen von einem etwaigen Kühlverfahren, einer auf die Haltbarkeit einwirkenden Behandlung nicht unterworfen worden ist, ferner Fleisch, welches zwar einer solchen Behandlung unterzogen worden ist, aber die Eigenschaft frischen Fleisches im wesentlichen behalten hat oder durch entsprechende Behandlung wieder gewinnen kann.

(2) Die Eigenschaft als frisches Fleisch geht insbesondere nicht verloren durch Gefrieren oder Austrocknen, ausgenommen bei getrockneten Därmen (§ 3 Abs. 4), durch oberflächliche Behandlung mit Salz, Zucker oder anderen chemischen Stoffen, durch bloßes Räuchern, durch Einlegen in Essig, durch Einhüllung in Fett, Gelatine oder andere, den Luftabschluß bezweckende Stoffe, durch Einspritzen von Konservierungsmitteln in die Blutgefäße oder in die Fleischsubstanz.

---

[1]) In der durch Bekanntmachung des Reichskanzlers vom 22. Februar 1908 festgesetzten abgeänderten Form, unter Weglassung der ausschließlich die tierärztliche Untersuchung betreffenden Bestimmungen. Anlagen c und d zu §§ 11—14 und 16 dieser Ausführungsbestimmungen handelte von der Probeentnahme chemischer Untersuchung des Fleisches einschließlich Fett u. s. w. und sind im Kapitel V Untersuchung von Fleisch, Wurstwaren u. s. w. S. 161 u. folg. eingefügt.

(3) Als ganzer Tierkörper ist unbeschadet der Sonderbestimmung im § 6 das geschlachtete, abgehäutete und ausgeweidete Tier anzusehen; der Kopf vom ersten Halswirbel ab, die Unterfüße einschließlich der sogenannten Schienbeine und der Schwanz dürfen vorbehaltlich derselben Sonderbestimmung fehlen.

§ 3. (1) Als zubereitetes Fleisch ist anzusehen alles Fleisch, welches infolge einer ihm zuteil gewordenen Behandlung die Eigenschaften frischen Fleisches auch in den inneren Schichten verloren hat und durch eine entsprechende Behandlung nicht wieder gewinnen kann.

(2) Hierher gehört insbesondere das durch Pökelung, wozu auch starke Salzung zu rechnen ist, oder durch hohe Hitzegrade (Kochen, Braten, Dämpfen, Schmoren) behandelte Fleisch. Als genügend starke Pökelung (Salzung) ist nur eine solche Behandlung anzusehen, nach der das Fleisch auch in den innersten Schichten mindestens 6 Prozent Kochsalz enthält; auf Speck findet diese Bestimmung insofern Anwendung, als der angegebene Mindestgehalt an Kochsalz nur in den etwa eingelagerten schwachen Muskelfleischschichten enthalten sein muß.

(3) Als zubereitetes Fett sind anzusehen ausgeschmolzenes oder ausgepreßtes Fett mit oder ohne nachfolgende Raffinierung, insbesondere Schmalz, Oleomargarin, Premier jus und ähnliche Zubereitungen; ferner die tierischen Kunstspeisefette im Sinne des § 1 Abs. 4 des Gesetzes, betreffend den Verkehr mit Butter, Käse, Schmalz und deren Ersatzmitteln, vom 15. Juni 1897 (Reichs-Gesetzbl. S. 475), sowie Margarine.

(4) Im Sinne des § 12 des Gesetzes und im Sinne der gegenwärtigen Ausführungsbestimmungen sind anzusehen:

als Schinken die von den Knochen nicht losgelösten oberen Teile des Hinter- oder Vorderschenkels vom Schweine mit oder ohne Haut;

als Speck die zwischen der Haut und dem Muskelfleische, besonders am Rücken und an den Seiten des Körpers liegende Fettschicht vom Schweine mit oder ohne Haut, auch mit schwachen in der Fettschicht eingelagerten Muskelschichten;

als Därme der Dünn- und der Dickdarm sowie die Harnblase vom Rindvieh, Schweine, Schafe von Ziege, der Magen vom Schweine, sowie der Schlund vom Rindvieh;

als Würste und sonstige Gemenge aus zerkleinertem Fleische insbesondere alle Waren, welche ganz oder teilweise aus zerkleinertem Fleische bestehen und in Därme oder künstlich hergestellte Wursthüllen. eingeschlossen sind, ferner Hackfleisch, Schabefleisch, Mett, Brät, Sülzen aus zerkleinertem Fleische, Fleischpulver, Fleischmehl (ausgenommen Fleischfuttermehl mit oder ohne Zusätze;

als luftdicht verschlossene Büchsen oder ähnliche Gefäße insbesondere Büchsen, Dosen, Töpfe (Terrinen) und Gläser jeder Form und Größe, deren Inhalt mit oder ohne anderweitige Vorbehandlung durch Luftabschluß haltbar gemacht worden ist.

§ 4. (1) Die Vorschriften der §§ 12 und 13 des Gesetzes sowie die gegenwärtigen Ausführungsbestimmungen finden auch auf Renntiere und Wildschweine Anwendung, und zwar dergestalt, daß, unbeschadet der Bestimmungen im § 6 Abs. 4 und im § 27 unter A II, erstere dem Rindvieh, letztere den Schweinen gleichgestellt werden. Anderes Wildbret einschließlich warmblütiger Seetiere sowie Federvieh unterliegen weder der Einfuhrbeschränkungen in §§ 12, 13 des Gesetzes noch der amtlichen Untersuchung bei der Einfuhr; das gleiche gilt für das zum Reiseverbrauche mitgeführte Fleisch.

(2) Büffel unterliegen denselben Vorschriften wie Rindvieh.

Beschränkungen der Ein- und Durchfuhr.

§ 5. In das Zollinland dürfen nicht eingeführt werden:

1. Fleisch in luftdicht verschlossenen Büchsen oder ähnlichen Gefäßen sowie Würste und sonstige Gemenge aus zerkleinertem Fleische;

2. Hundefleisch sowie zubereitetes Fleisch, welches von Pferden, Eseln, Maultieren, Mauleseln oder anderen Tieren des Einhufergeschlechts herrührt;

3. Fleisch, welches mit einem der folgenden Stoffe oder mit einer solche Stoffe enthaltenden Zubereitung behandelt worden ist:

a) Borsäure und deren Salze,

b) Formaldehyd und solche Stoffe, die bei ihrer Verwendung Formaldehyd abgeben,
c) Alkali- und Erdalkali-Hydroxyde und -Carbonate,
d) Schweflige Säure und deren Salze sowie unterschwefligsaure Salze,
e) Fluorwasserstoff und dessen Salze,
f) Salicylsäure und deren Verbindungen,
g) Chlorsaure Salze,
h) Farbstoffe jeder Art, jedoch unbeschadet ihrer Verwendung zur Gelbfärbung der Margarine, sofern diese Verwendung nicht anderen Vorschriften zuwiderläuft.

§ 6. (1) Frisches Fleisch darf in das Zollinland nur in ganzen Tierkörpern (vgl. § 2 Abs. 3), die bei Rindvieh, ausgenommen Kälber, und bei Schweinen in Hälften zerlegt sein können, eingeführt werden. Als Kälber gelten Rinder im Fleischgewichte von nicht mehr als 75 kg. Mit den Tierkörpern müssen Brust- und Bauchfell, Lunge, Herz, Nieren, bei Kühen auch das Euter, mit den zugehörigen Lymphdrüsen in natürlichem Zusammenhange verbunden sein. In Hälften zerlegte Tierkörper müssen nebeneinander verpackt und mit Zeichen und Nummern versehen sein, welche ihre Zusammengehörigkeit ohne weiteres erkennen lassen. Die Organe und sonstigen Körperteile, auf welche sich die Untersuchung zu erstrecken hat (vgl. §§ 6—12 der Anlage a), dürfen nicht angeschnitten sein, jedoch darf in die Mittelfelldrüsen und in das Herzfleisch je ein Schnitt gelegt sein.

(2) Bei Rindvieh, ausgenommen Kälber (vgl. Abs. 1), muß auch der Kopf oder der Unterkiefer mit den Kaumuskeln, bei Schweinen auch der Kopf mit Zunge und Kehlkopf in natürlichem Zusammenhange mit den Körpern eingeführt werden; Gehirn und Augen dürfen fehlen. Bei Rindern darf der Kopf getrennt von dem Tierkörper beigebracht werden, sofern er und der Tierkörper derart mit Zeichen oder Nummern versehen sind, daß die Zusammengehörigkeit ohne weiteres erkennbar ist.

(3) Bei Pferden, Eseln, Maultieren, Mauleseln und anderen Tieren des Einhufergeschlechts müssen, außer den in Abs. 1 aufgeführten Teilen, Kopf, Kehlkopf und Luftröhre sowie die ganze Haut mindestens an einer Stelle mit dem Körper noch in natürlichem Zusammenhange verbunden sein.

(4) Bei Wildschweinen, die im übrigen den Schweinen gleich zu behandeln sind, dürfen Lunge, Herz und Nieren fehlen.

§ 7. (1) Pökel-(Salz-)Fleisch, ausgenommen Schinken, Speck und Därme, darf in das Zollinland nur eingeführt werden, wenn das Gewicht der einzelnen Stücke nicht weniger als 4 kg beträgt.

(2) Geräuchertes Fleisch, welches einem Pökelverfahren unterlegen hat, ist als Pökelfleisch zu behandeln.

(3) Die der Untersuchung zu unterziehenden Lymphdrüsen dürfen nicht fehlen oder angeschnitten sein, jedoch darf in die Mittelfelldrüsen und in das Herzfleisch je ein Schnitt gelegt sein.

§ 8. Das nachweislich bereits im Inlande vorschriftsmäßig untersuchte und nach dem Zollauslande verbrachte Fleisch ist im Falle der Zurückbringung der amtlichen Untersuchung nicht unterworfen.

§ 9. Auf das im kleinen Grenzverkehre sowie im Meß- und Marktverkehre des Grenzbezirkes eingehende Fleisch finden die Vorschriften in §§ 12, 13 des Gesetzes sowie die gegenwärtigen Ausführungsbestimmungen Anwendung, soweit die Landesregierungen nicht Ausnahmen zulassen.

§ 10. (1) Die unmittelbare Durchfuhr ist als Einfuhr im Sinne des Gesetzes nicht zu betrachten.

(2) Unter unmittelbarer Durchfuhr ist derjenige Warendurchgang zu verstehen, bei dem die Ware wieder ausgeführt wird, ohne im Inland eine Bearbeitung zu erfahren und ohne aus der zollamtlichen Kontrolle oder — im Postverkehr — aus dem Gewahrsam der Postverwaltung zu treten.

(3) Bei der Überführung von Fleisch auf ein Zollager gilt der Fall der unmittelbaren Durchfuhr nur dann als vorliegend, wenn, abgesehen von den in Abs. 2 bezeichneten Voraussetzungen, bereits bei der Anmeldung des Fleisches zur Niederlage sichergestellt wird, daß eine Abfertigung des Fleisches in den freien Verkehr ausgeschlossen ist.

Grundsätze für die gesundheitliche Untersuchung des in das Zollinland eingehenden Fleisches.

§ 11. (1) Für die Untersuchung des in das Zollinland eingehenden Fleisches ist als Beschauer ein approbierter Tierarzt und als dessen Stellvertreter ein weiterer approbierter Tierarzt zu bestellen. Zur Ausführung der Trichinenschau und zur Unterstützung bei der Finnenschau können andere Personen, welche nach Maßgabe der Prüfungsvorschriften für Trichinenschauer genügende Kenntnisse nachgewiesen haben, bestellt werden.

(2) Die Herrichtung des Fleisches für die tierärztliche Untersuchung (Herausnahme der Eingeweide, Loslösen der Liesen [Flohmen, Lünte, Schmer, Wammenfett], Zerlegung der Schweine in Hälften, Aufhängen oder Auflegen der Fleischteile im Untersuchungsraum) erfolgt nach Anweisung des Tierarztes und zwar soweit der Verfügungsberechtigte nicht selbst eine Hilfskraft stellt, gegen Entrichtung einer besonderen Gebühr nach Maßgabe der hierüber ergehenden Anweisung durch die Beschaustelle.

(3) Die chemischen Untersuchungen sind von einem besonders hierzu verpflichteten Nahrungsmittel-Chemiker, und nur wenn ein solcher nicht zur Verfügung steht, von einem in der Chemie hinreichend erfahrenen anderen Sachverständigen vorzunehmen. Die Vorprüfung der Fette ist von dem Chemiker oder dem Fleischbeschauer vorzunehmen. Ausnahmsweise können hiermit andere Personen, welche genügend Kenntnisse nachgewiesen haben, betraut werden.

§ 12. (1) Die Untersuchung des Fleisches hat sich insbesondere auf die in §§ 13—15 aufgeführten Punkte zu erstrecken.

(2) Sie ist bei frischem Fleische an jedem einzelnen Tierkörper, bei zubereitetem Fleische und zwar bei Därmen und Fetten an den einzelnen Packstücken, im übrigen an den einzelnen Fleischstücken vorzunehmen, soweit nicht eine Beschränkung der Untersuchung auf Stichproben nach den Bestimmungen des folgenden Absatzes zulässig ist.

(3) Bei Sendungen von zubereitetem Fleische kann die Untersuchung auf Stichproben beschränkt werden, und zwar bei Fett und Därmen die gesamte Prüfung, bei sonstigem Fleische die Prüfung auf
 a) Behandlung mit verbotenen Stoffen (§ 5 No. 3 und § 14 Abs. 1 unter b),
 b) Mindestgewicht (§ 7 Abs. 1 und § 14 Abs. 1 unter c),
 c) Durchpökelung oder sonstige genügende Zubereitung (§ 3 Abs. 1, 2 und § 14 Abs. 1 unter d).

Die Beschränkung der Untersuchung auf Stichproben ist jedoch nur insoweit zulässig, als die Sendung nach Inhalt der Begleitpapiere (Rechnungen, Frachtbriefe, Konnossemente, Ladescheine u. dgl.) eine bestimmte gleichartige, aus derselben Fabrikation stammende Ware enthält, die auch äußerlich nach der Art der Verpackung oder Kennzeichnung (vgl. Anlage c unter D) als gleichartig angesehen werden kann. Die Auswahl der Stichproben erfolgt nach den Bestimmungen im § 14 Abs. 3, 4 und § 15 Abs. 5.

(4) Führt die Untersuchung auf Stichprobe zu einer Beanstandung, so hat die Beschaustelle die Untersuchung zu unterbrechen und den Verfügungsberechtigten sofort unter Angabe des Beanstandungsgrundes zu benachrichtigen. Binnen einer eintägigen Frist nach der Benachrichtigung kann der Verfügungsberechtigte die Sendung, insoweit nicht eine unschädliche Beseitigung (§ 19 Abs. 1 unter I) oder eine Zurückweisung (§ 19 Abs. 1 unter II und § 21) erforderlich wird, vor der weiteren Untersuchung freiwillig zurückziehen (vgl. jedoch § 25 Abs. 3). Erfolgt die Zurückziehung nicht, so sind zunächst sämtliche nach § 14 Abs. 3, 4 und § 15 Abs. 5 entnommenen Stichproben auf den Beanstandungsgrund weiter zu untersuchen. Sofern nicht diese Untersuchung wegen Beanstandung aller Stichproben nach § 19 Abs. 1 unter II A oder § 21 Abs. 3 die Zurückweisung der ganzen Sendung zur Folge hat, ist der Verfügungsberechtigte zunächst wiederum von dem Ergebnisse der Untersuchung zu benachrichtigen. Binnen einer zweitägigen Frist nach dieser Benachrichtigung steht ihm erneut das Recht zu, den nicht beanstandeten Rest der Sendung freiwillig zurückzuziehen. Macht er auch von dieser Befugnis keinen Gebrauch, so ist die Untersuchung auf den Beanstandungsgrund bei Därmen und Fetten an der Gesamtheit der Packstücke, im übrigen aber an jedem einzelnen Fleischstücke des Restes der Sendung auszuführen. Die chemische Untersuchung ist jedoch in die$_s$

Falle — abgesehen von Fetten — in der Weise fortzusetzen, daß aus allen noch zu untersuchenden Packstücken oder als solche zu behandelnden Sendungsteilen Proben nach § 14 Abs. 4 entnommen werden. Mit den nach diesem Absatz erforderlichen Benachrichtigungen ist ein Hinweis auf die dem Verfügungsberechtigten zustehenden Befugnisse und auf die sonstigen aus den Beanstandungen sich ergebenden Folgen, insbesondere auf die bei Ausdehnung der Stichprobenuntersuchung eintretenden Gebührenerhöhungen zu verbinden.

§ 13. (1) Bei frischem Fleische ist zu prüfen:
a) ob es den Angaben in den Begleitpapieren entspricht;
b) ob es unter die Verbote im § 5 fällt;
c) ob es den Bestimmungen im § 6 entspricht;
d) ob es in gesundheits- oder veterinärpolizeilicher Beziehung zu Bedenken Anlaß gibt. Insbesondere ist Schweinefleisch auf Trichinen zu untersuchen.

(2) Eine chemische Untersuchung des frischen Fleisches hat stattzufinden, wenn der Verdacht vorliegt, daß es mit einem der im § 5 No. 3 aufgeführten Stoffe behandelt worden ist.

§ 14. (1) Bei zubereitetem Fleische, ausgenommen Fette, ist zu prüfen:
a) ob die Ware den Angaben in den Begleitpapieren entspricht;
b) ob die Ware unter die Verbote im § 5 fällt;
c) ob die Ware der Vorschrift im § 7 Abs. 1 entspricht;
d) ob die Fleischstücke vollständig durchgepökelt (durchgesalzen), durchgekocht oder sonst im Sinne des § 3 Abs. 1 zubereitet sind;
e) ob die Ware in gesundheits- oder veterinärpolizeilicher Beziehung zu Bedenken Anlaß gibt. Insbesondere ist Schweinefleisch auf Trichinen zu untersuchen.

(2) Bei der gemäß Abs. 1 unter b vorzunehmenden Prüfung hat auch eine chemische Untersuchung stattzufinden.
a) Zur Feststellung ob dem Verbot im § 5 No. 2 zuwider Pferdefleisch unter falscher Bezeichnung einzuführen versucht wird, wenn der Verdacht eines Versuchs besteht und die biologische Untersuchung (Anlage a § 16) nicht zu einem entscheidenden Ergebnisse führt;
b) zur Feststellung, ob das Fleisch mit einem der im § 5 No. 3 aufgeführten Stoffe behandelt worden ist; bei Schinken in Postsendungen bis zu 3 Stück, bei anderen Postsendungen im Gewichte bis zu 2 kg, bei Speck und bei Därmen sowie bei Sendungen, die nachweislich als Umzugsgut von Ansiedlern und Arbeitern eingeführt werden, jedoch nur, wenn der Verdacht einer solchen Behandlung besteht.

(3) Liegen die Voraussetzungen des § 12 Abs. 3 für eine Beschränkung der Untersuchung auf Stichproben vor, so hat sich die dort erwähnte Prüfung bei Sendungen, die aus 1 oder 2 Packstücken bestehen, auf jedes Packstück, bei Sendungen von 3—10 Packstücken auf mindestens 2 Packstücke, bei größeren Sendungen auf mindestens den 10. Teil der Packstücke zu erstrecken. Besteht die Sendung aus unverpackten Schinken oder sonstigen Fleischstücken, so sind bis zu 20 Stück als ein Packstück zu rechnen. Aus den hiernach auszuwählenden Packstücken oder als solche zu behandelnden Sendungsteilen ist zum Zwecke der Untersuchung — mit Ausnahme der in Abs. 4 geregelten chemischen Untersuchung nach Abs. 2 unter b — mindestens der 10. Teil des Inhalts, bei eigentlichen Packstücken aus verschiedenen Lagen zu entnehmen. Auf weniger als 2 Fleischstücke aus jedem einzelnen Packstück oder als solches zu behandelnden Sendungsteilen darf die Untersuchung nicht beschränkt werden.

(4) Zu der nach Abs. 2 unter b erforderlichen regelmäßigen chemischen Untersuchung sind aus jedem der nach Abs. 3 ausgewählten Packstücke oder als solche zu behandelnden Sendungsteile mindestens eine Mischprobe und, wenn ein Packstück mehr als 30 Fleischstücke enthält, mindestens 2 Mischproben aus möglichst vielen Fleischstücken und bei eigentlichen Packstücken aus verschiedenen Lagen zu entnehmen. Außerdem ist aus den ausgewählten Packstücken, falls das Fleisch von Pökellake eingeschlossen ist oder äußerlich die Anwendung von Konservesalz erkennen läßt, noch je eine Probe oder Lake oder, wenn möglich, des Salzes zu entnehmen. Besteht bei gleichartigen Sendungen von Speck oder Därmen der Verdacht einer Behandlung mit einem der im § 5 No. 3 aufgeführten Stoffe, so hat die zur Aufklärung dieses Verdachts

nach Abs. 2 unter b erforderliche chemische Untersuchung mindestens an Stichproben zu erfolgen, die nach vorstehenden Grundsätzen auszuwählen sind. Jedoch bedarf es bei Därmen — abgesehen von den darnach etwa zu untersuchenden Lake- oder Konservesalzproben — nur der Untersuchung je einer Mischprobe, die aus den zur Stichprobenuntersuchung ausgewählten Packstücken und zwar aus verschiedenen Lagen zu entnehmen ist.

§ 15. (1) Die Untersuchung des zubereiteten Fettes zerfällt in eine Vorprüfung und in eine Hauptprüfung.

(2) Die Vorprüfung hat sich darauf zu erstrecken:
a) ob die Packstücke den Angaben in den Begleitpapieren entsprechen und gemäß den für den Inlandsverkehr bestehenden Vorschriften bezeichnet sind ("Margarine", "Kunstspeisefett");
b) ob das Fett in den Packstücken einer der betreffenden Gattung entsprechende äußere Beschaffenheit hat, wobei insbesondere auf Farbe und Konsistenz, Geruch und nötigenfalls auf Geschmack, ferner auf das Vorhandensein von Schimmelpilzen oder Bakterienkolonien auf der Oberfläche oder im Innern sowie auf sonstige Anzeichen von Verdorbensein zu achten ist.

(3) Die Hauptprüfung ist nach folgenden Gesichtspunkten vorzunehmen:
a) es ist zu prüfen, ob äußerlich am Fette wahrnehmbare Merkmale auf eine Verfälschung oder Nachahmung oder sonst auf eine vorschriftswidrige Beschaffenheit hinweisen;
außerdem ist:
b) zu prüfen, ob das Fett verfälscht, nachgemacht oder verdorben ist, unter das Verbot des § 3 des Gesetzes vom 15. Juni 1897, betreffend den Verkehr mit Butter, Käse, Schmalz oder deren Ersatzmitteln, fällt oder ob es einen der im § 5 No. 3 der gegenwärtigen Bestimmungen aufgeführten Stoffe enthält;
c) Margarine auf die Anwesenheit des gemäß dem Gesetze vom 15. Juni 1897 und der Bekanntmachung, betreffend Bestimmungen zur Ausführung dieses Gesetzes, vom 4. Juli 1897 (Reichs-Gesetzbl. 1897, S. 591) vorgeschriebenen Erkennungsmittels (Sesamöl) zu prüfen;
d) Schweineschmalz mit dem Zeiß - Wollnyschen Refraktometer zu untersuchen.

(4) Die Proben für die Hauptprüfung sind nach Maßgabe der Bestimmungen in Anlage c zu entnehmen und unverzüglich der zuständigen Stelle zu übermitteln. Bei Postsendungen und bei Warenproben im Gewichte bis zu 2 kg, ferner bei Sendungen, die nachweislich als Umzugsgut von Ansiedlern und Arbeitern eingeführt werden, hat die Hauptprüfung nur im Verdachtsfalle zu erfolgen.

(5) Liegen die Voraussetzungen des § 12 Abs. 3 für eine Beschränkung der Untersuchung auf Stichproben vor, so haben sich die Vorprüfung und die unter Abs. 3a, c und d fallenden Untersuchungen der Hauptprüfung mindestens auf 2 Packstücke, bei 40 und mehr Packstücken bis zu 100 auf 5 vom Hundert, vom Mehrbetrage bis zu 500 Packstücken auf 3 vom Hundert, von einem weiteren Mehrbetrage auf 2 vom Hundert zu erstrecken.

(6) Die nach Absatz 3 unter b vorzunehmende Hauptprüfung ist unter gleicher Voraussetzung auf eine geringere Zahl der für die Hauptprüfung entnommenen Proben zu beschränken, und zwar sind dazu von weniger als 6 Proben 2, von weniger als 18 Proben 3, von weniger als 28 Proben 6 und von weiteren je 6 Proben je eine auszuwählen.

§ 16. Für die Ausführung der Untersuchungen sind maßgebend:
1. die Anweisung für die tierärztliche Untersuchung des in das Zollinland eingehenden Fleisches (Anlage a);
2. die Anweisung für die Untersuchung des Fleisches auf Trichinen und Finnen (Anlage b);
3. die Anweisung für die Probeentnahme zur chemischen Untersuchung von Fleisch einschließlich Fett sowie für die Vorprüfung zubereiteter Fette und für die Beurteilung der Gleichartigkeit der Sendungen (Anlage c);
4. die Anweisung für die chemische Untersuchung von Fleisch und Fetten (Anlage d).

Behandlung des Fleisches nach erfolgter Untersuchung.

§ 17. Unbeschadet der weitergehenden Maßregeln, welche auf Grund veterinärpolizeilicher oder strafrechtlicher Bestimmungen angeordnet werden, ist das beanstandete Fleisch nach den Vorschriften in §§ 18—21 zu behandeln.

(Die folgenden §§ 18 und 19 sind ohne Interesse für den Nahrungsmittelchemiker und daher weggelassen.)

§ 20. In den Fällen der §§ 18, 19 kann an Stelle der unschädlichen Beseitigung des Fleisches die Zurückweisung treten, wenn die das Fleisch beanstandende Beschaustelle im Auslande liegt.

§ 21. (1) Zubereitetes Fett ist zurückzuweisen
I. Auf Grund der Vorprüfung:
 a) wenn die Ware den Angaben in den Begleitpapieren nicht entspricht oder die zugehörige Packung nicht den für den Inlandsverkehr bestehenden Vorschriften entsprechend bezeichnet ist („Margarine", „Kunstspeisefett");
 b) wenn das Fett mit einem ranzigen, sauer-ranzigen, fauligen oder sauerfauligen Geruch oder Geschmack behaftet oder innerlich mit Schimmelpilzen oder Bakterienkolonien durchsetzt oder sonst verdorben befunden wird;
 c) wenn das Fett in einem Packstück äußerlich derart mit Schimmelpilzen oder Bakterienkolonien besetzt ist, daß der Inhalt des ganzen Packstücks als verdorben anzusehen ist;
II. Auf Grund der Hauptprüfung:
 a) in den unter I a bis c angegebenen Fällen;
 b) wenn eine Probe einen der im § 5 No. 3 aufgeführten Stoffe enthält;
 c) wenn eine Probe als verfälscht oder nachgemacht befunden wird;
 d) wenn eine Probe Margarine den Bestimmungen des Gesetzes vom 15. Juni 1897 oder den auf Grund desselben erlassenen Bestimmungen (Reichs-Gesetzbl. 1897 S. 475 und 591) nicht entspricht.

(2) Die Zurückweisung kann bei der Vorprüfung und Hauptprüfung in Fällen zu Abs. 1 und I a unterbleiben, wenn nachträglich das Packstück mit den vorgeschriebenen Bezeichnungen versehen oder die Übereinstimmung mit den Begleitpapieren herbeigeführt wird.

(3) Die Zurückweisung hat sich auf alle zu einer Sendung gehörigen Packstücke einer Fabrikation zu erstrecken, wenn die Untersuchung sämtlicher davon entnommenen Stichproben (§ 15 Abs. 5) zu einer gleichen Beanstandung geführt hat (§ 12 Abs. 4), im übrigen hat sich die Zurückweisung nur auf die einzelnen beanstandeten Packstücke zu erstrecken.

§§ 22—29. Beziehen sich auf „Weitere Behandlung des Fleisches" (§§ 22—24), „Kennzeichnung des Fleisches" (§§ 25—27), „Unschädliche Beseitigung des beanstandeten Fleisches" (§ 28), „Nicht zum Genusse der Menschen bestimmtes Fleisch" (§ 29).

Rechtsmittel.

§ 30. (1) Gegen die seitens der Beschaustelle im Falle des § 12 Abs. 4 vorgenommene Beanstandung einer Stichprobe sowie gegen die von der Polizeibehörde im Falle der §§ 18—21 getroffene Entscheidung kann von dem Verfügungsberechtigten innerhalb einer eintägigen Frist nach der Benachrichtigung (§ 12 Abs. 4 und § 24 Abs. 2) Beschwerde eingelegt werden. Dieses Rechtsmittel ist im ersteren Falle bei der Beschaustelle anzumelden und hat auf Antrag des Beschwerdeführers die Aufschiebung der weiteren Untersuchung zur Folge; im letzteren Falle ist es bei der Polizeibehörde anzumelden und hat stets aufschiebende Wirkung. Über die Beschwerde entscheidet eine von der Landesregierung zu bezeichnende höhere Behörde und zwar, sofern das Rechtsmittel gegen das technische Gutachten gerichtet ist, nach Anhörung mindestens eines weiteren Sachverständigen. Die durch unbegründete Beschwerde erwachsenden Kosten fallen dem Beschwerdeführer zur Last.

(2) Von der endgültigen Entscheidung hat die höhere Behörde den Beschwerdeführer, die Beschaustelle, die Polizeibehörde sowie die Zoll- und Steuerstelle sofort in Kenntnis zu setzen.

Fleischbeschau.

(§ 31 ist ohne Interesse.)

Anlage a.

Anweisung für die tierärztliche Untersuchung des in das Zollinland eingehenden Fleisches.

§§ 1—12 enthalten nur Bestimmungen für den Tierarzt.

II. Zubereitetes Fleisch.

§ 13. Zum Zwecke der im § 2 No. 2 vorgeschriebenen Prüfung ist das betreffende Fleischstück an einer der dicksten Stellen tief einzuschneiden und die Schnittfläche auf Farbe, Konsistenz und Geruch zu untersuchen. Bei Einzelsendungen, welche mit der Post eingehen oder nachweislich nicht zum gewerbsmäßigen Vertriebe bestimmt sind, kann die Untersuchung in anderer Weise vorgenommen werden.

Erforderlichenfalls ist auch die Kochprobe [1]) und die Prüfung auf Kochsalz [2]) vorzunehmen. Hat die Prüfung auf Kochsalz eine deutliche Reaktion nicht ergeben, so ist ein etwa hühnereigroßes Stück aus den innersten Teilen des Fleischstückes zu entnehmen und die Feststellung des Kochsalzgehalts [3]) auszuführen. Die Untersuchung kann auch dem Chemiker übertragen werden.

Frisches Muskelfleisch ist von roter Farbe, bestimmtem, der Tierart eigentümlichem Geruche, weichem Gefüge, zeigt eine unebene, rillige, streifige, Schnittfläche, wird beim Kochen grau, weißlich oder bräunlich und enthält nur Spuren von Kochsalz.

Durchgepökeltes (gesalzenes) Muskelfleisch hat auch in den inneren Schichten den Geruch des frischen Fleisches verloren; es ist von festem Gefüge, hat glatte Schnittflächen, behält beim Kochen unter gewöhnlichen Verhältnissen die rote Farbe (Salzungsröte) auch nach dem Erkalten und enthält erheblich mehr Kochsalz als frisches Fleisch.

Durchgekochtes (gebratenes, gedämpftes, geschmortes) Muskelfleisch hat auch in den inneren Schichten den Geruch des frischen Fleisches verloren, ist von festem Gefüge, hat eine glatte, trockene Schnittfläche und eine graue, weißliche oder bräunliche Farbe.

§ 14. Die einzelnen Fleischstücke sind namentlich zu prüfen zunächst an der Oberfläche a) auf Finnen und andere ungewöhnliche Einlagerungen; b) auf Farbe, Konsistenz und Geruch [4]), insbesondere blutige oder gelbliche

---

[1]) Aus der inneren Schicht des Fleischstückes wird ein flaches handtellergroßes Stück herausgeschnitten, in siedendes Wasser gebracht und 10 Minuten gekocht.

[2]) a) Herstellung des Reagens: 100 ccm einer 2-prozentigen Silbernitratlösung werden mit 100 ccm Normal-Ammoniakflüssigkeit vermischt. Von dieser Flüssigkeit sind je 20 g in gelben Gläschen aufzubewahren.

b) Ausführung der Prüfung: Von dem Fleische wird ein aus den inneren Schichten entnommenes haselnußgroßes, etwa 2 g wiegendes Stück in mit 20 g der Flüssigkeit beschicktes Reagensgläschen gebracht und darin einigemale kräftig geschüttelt. Wenn ein weißer, bei Tageslicht schnell schwärzlich werdender Niederschlag entsteht, ist das Fleisch gesalzen, wenn nicht, so ist es frisch.

[3]) 2 g Fleisch werden mit 2 g chlorfreiem Seesand und 2—3 ccm Wasser in einer Porzellanschale zu einem gleichmäßigen Brei zerrieben. Dieser wird mit geringen Mengen Wasser in einen Maßkolben von 110 ccm Inhalt gespült, der über die 100 ccm-Marke noch einen Steigraum von mindestens 10 cc hat. Darauf wird zu der Mischung Wasser hinzugefügt, bis die 100 ccm-Marke erreicht ist. Hierauf stellt man den Kolben, nachdem sein Inhalt tüchtig durchgeschüttelt ist, 10 Minuten lang in kochendes Wasser. Hierbei gerinnt das Eiweiß und die Flüssigkeit wird fast farblos. Nunmehr wird der Kolbeninhalt durch Einstellen in kaltes Wasser schnell abgekühlt, nochmals durchgeschüttelt und filtriert. Von dem klaren, fast farblosen Filtrate werden je 25 ccm, wenn nötig, mit Natronlauge unter Anwendung von Lackmus als Indikator neutralisiert. In der neutralisierten Flüssigkeit wird nach Zusatz von 1—2 Tropfen einer kalt gesättigten Lösung vom Kaliumchromat durch Titrieren mit $^{1}/_{10}$ N.-Silbernitratlösung der Kochsalzgehalt ermittelt.

[4]) Der Geruch ist erforderlichenfalls durch die Kochprobe genauer festzustellen.

Färbung, ranzigen tranigen Geruch, Erweichung und Lockerung des Zusammenhanges, Gasansammlungen im Bindegewebe, schmierigen Belag, Schimmelbildung, Insekten und dgl.; c) auf die Beschaffenheit der durch Anschneiden leicht erreichbaren Lymphdrüsen.

Organe, die einzeln oder im Zusammenhange miteinander oder mit anderen Fleischstücken eingeführt werden, sind nach Maßgabe der entsprechenden Vorschriften in den §§ 6—9, 11, 12 zu untersuchen.

C. Schlußbestimmungen.

§ 16. In Fällen, in denen das in den §§ 6—15 vorgeschriebene Untersuchungsverfahren für die gesundheitliche und veterinärpolizeiliche Beurteilung des Fleisches nicht ausreicht, ist eine mikroskopische, erforderlichenfalls auch eine bakteriologische [1]) Untersuchung vorzunehmen und die Reaktion des frischen Muskelfleisches festzustellen [2]). Dies gilt namentlich für den Fall des Verdachts von Blutvergiftung.

Beim Vorliegen des Verdachts verbotswidriger Einfuhr von zubereitetem Einhufer-Fleisch (§ 2 Abs. 1 No. 4) ist die biologische Untersuchung auszuführen [3]). Sofern diese Untersuchung z. B. bei ungeeigneter Beschaffenheit des Materials, nicht zu einem entscheidenden Ergebnisse führt, ist die chemische Untersuchung (Anlage d zu den Ausführungsbestimmungen D, erster Abschnitt unter I) vorzunehmen.

Deuten Anzeichen auf Fäulnis, so ist durch Einschnitte festzustellen, ob die Zersetzung auf die Oberfläche beschränkt oder in die Tiefe gedrungen ist. Bestehen über das Vorhandensein von Fäulnis Zweifel, so ist frisches Fleisch der Salmiakprobe [4]) zu unterwerfen, von Salzfleisch eine kleine Probe zu kochen und auf seinen Geruch zu prüfen.

§ 17. Liegt der Verdacht der Anwendung eines der nach § 5 No. 3 der Ausführungsbestimmungen D verbotenen Stoffe vor, so ist unbeschadet der im § 14 Abs. 2 zu b daselbst vorgeschriebenen regelmäßigen chemischen Untersuchung, eine solche zur Aufklärung des Verdachts nach der besonderen Anweisung (Anlage c und d der Ausführungsbestimmungen D zu veranlassen.

VI. Weingesetz. Vom 7. April 1909.
(R.G.Bl. No. 20 vom 16. April 1909.)

§ 1.

Wein ist das durch alkoholische Gärung aus dem Safte der frischen Weintraube hergestellte Getränk.

---

[1]) Nachdem die Oberfläche mit fast zum Glühen erhitzten Messern abgesengt ist, wird mit einem frisch ausgeglühten Messer ein Schnitt in die Tiefe geführt und mit sterilem Messer und ausgeglühter Pinzette aus der Tiefe der Muskulatur eine Probe entnommen. Diese dient 1. zur Anfertigung von Ausstrichpräparaten, 2. zur Anlegung von Kulturen auf schräg erstarrtem Agar.

[2]) Die Reaktion des frischen Muskelfleisches ist in der Weise zu prüfen, daß in die Hinterschenkelmuskulatur und an zwei weiteren möglichst voneinander entfernt liegenden Körpergegenden ein tiefer Schnitt gelegt und auf die Schnittfläche mit einem Messer mit destilliertem Wasser schwach angefeuchtetes Lackmuspapier angedrückt wird. Nach 10 Minuten wird das Papier vom Objekt abgehoben, auf eine weiße Unterlage gelegt und mit einer anderen ebenfalls angefeuchteten Probe des ursprünglichen Lackmuspapiers verglichen.

[3]) Vorschrift siehe S. 172.

[4]) Ein Reagensglas oder zylindrisches Glasgefäß von etwa 2 cm Durchmesser und 10 cm Länge wird mit einem Gemische von 1 Raumteil Salzsäure vom spezifischen Gewicht 1,124 3 Raumteilen Alkohol und 1 Raumteil Äther beschickt, so daß der Boden des Glases etwa 1 cm hoch bedeckt ist, verkorkt und einmal geschüttelt. Darauf wird von dem Fleische mit einem reinen Glasstab eine Probe abgestreift oder ein erbsengroßes Stückchen vermöge der Adhäsion befestigt. Der so präparierte Stab wird schnell in das mit den Chlorwasserstoff-Alkohol-Ätherdämpfen erfüllte Glas gesenkt, sodaß sein unteres Ende etwa 1 cm von dem Flüssigkeitsspiegel entfernt bleibt und auch die Wände des Gefäßes nicht berührt werden. Bei Gegenwart von Ammoniak entsteht nach wenigen Sekunden ein starker Nebel um die in das Gefäß versenkte Fleischprobe, welcher mit dem Grade der Fäulnis an Intensität zunimmt.

§ 2.

Es ist gestattet, Wein aus Erzeugnissen verschiedener Herkunft oder Jahre herzustellen (Verschnitt). Dessertwein (Süd-, Süßwein) darf jedoch zum Verschneiden von weißem Weine anderer Art nicht verwendet werden.

§ 3.

Dem aus inländischen Trauben gewonnenen Traubenmost oder Weine, bei Herstellung von Rotwein auch der vollen Traubenmaische, darf Zucker, auch in reinem Wasser gelöst, zugesetzt werden, um einem natürlichen Mangel an Zucker beziehungsweise Alkohol oder einem Übermaß an Säure insoweit abzuhelfen, als es der Beschaffenheit des aus Trauben gleicher Art und Herkunft in guten Jahrgängen ohne Zusatz gewonnenen Erzeugnisses entspricht. Der Zusatz an Zuckerwasser darf jedoch in keinem Falle mehr als ein Fünftel der gesamten Flüssigkeit betragen.

Die Zuckerung darf nur in der Zeit vom Beginne der Weinlese bis zum 31. Dezember des Jahres vorgenommen werden; sie darf in der Zeit vom 1. Oktober bis 31. Dezember bei ungezuckerten Weinen früherer Jahrgänge nachgeholt werden.

Die Zuckerung darf nur innerhalb der am Weinbaue beteiligten Gebiete des Deutschen Reichs vorgenommen werden.

Die Absicht, Traubenmaische, Most oder Wein zu zuckern, ist der zuständigen Behörde anzuzeigen.

Auf die Herstellung von Wein zur Schaumweinbereitung in den Schaumweinfabriken finden die Vorschriften der Abs. 2, 3 keine Anwendung.

In allen Fällen darf zur Weinbereitung nur technisch reiner nicht färbender Rüben-, Rohr-, Invert- oder Stärkezucker verwendet werden.

§ 4.

Unbeschadet der Vorschriften des § 3 dürfen Stoffe irgend welcher Art dem Weine bei der Kellerbehandlung nur insoweit zugesetzt werden, als diese es erfordert. Der Bundesrat ist ermächtigt, zu bestimmen, welche Stoffe verwendet werden dürfen, und Vorschriften über die Verwendung zu erlassen. Die Kellerbehandlung umfaßt die nach Gewinnung der Trauben auf die Herstellung, Erhaltung und Zurichtung des Weines bis zur Abgabe an den Verbraucher gerichtete Tätigkeit.

Versuche, die mit Genehmigung der zuständigen Behörde angestellt werden, unterliegen diesen Beschränkungen nicht.

§ 5.

Es ist verboten, gezuckerten Wein unter einer Bezeichnung feilzuhalten oder zu verkaufen, die auf Reinheit des Weines oder auf besondere Sorgfalt bei der Gewinnung der Trauben deutet; auch ist es verboten, in der Benennung anzugeben oder anzudeuten, daß der Wein Wachstum eines bestimmten Weinbergsbesitzers sei.

Wer Wein gewerbsmäßig in Verkehr bringt, ist verpflichtet, dem Abnehmer auf Verlangen vor der Übergabe mitzuteilen, ob der Wein gezuckert ist, und sich beim Erwerbe von Wein die zur Erteilung dieser Auskunft erforderliche Kenntnis zu sichern.

§ 6.

Im gewerbsmäßigen Verkehre mit Wein dürfen geographische Bezeichnungen nur zur Kennzeichnung der Herkunft verwendet werden.

Die Vorschriften des § 16 Abs. 2 des Gesetzes zum Schutze der Warenbezeichnungen vom 12. Mai 1894 (Reichs-Gesetzbl. S. 441) und des § 1 Abs. 3 des Gesetzes zur Bekämpfung des unlauteren Wettbewerbes vom 27. Mai 1896 (Reichs-Gesetzbl. S. 145) finden auf die Benennung von Wein keine Anwendung. Gestattet bleibt jedoch, die Namen einzelner Gemarkungen oder Weinbergslagen, die mehr als einer Gemarkung angehören, zu benutzen, um gleichartige und gleichwertige Erzeugnisse benachbarter oder nahegelegener Gemarkungen oder Lagen zu bezeichnen.

§ 7.

Ein Verschnitt aus Erzeugnissen verschiedener Herkunft darf nur dann nach einem der Anteile allein benannt werden, wenn dieser in der Gesamtmenge überwiegt und die Art bestimmt; dabei findet die Vorschrift des § 6 Abs. 2 Satz 2 Anwendung. Die Angabe einer Weinbergslage ist jedoch, von dem Falle

des § 6 Abs. 2 Satz 2 abgesehen, nur dann zulässig, wenn der aus der betreffenden
Lage stammende Anteil nicht gezuckert ist.

Es ist verboten, in der Benennung anzugeben oder anzudeuten, daß der
Wein Wachstum eines bestimmten Weinbergsbesitzers sei.

Die Beschränkungen der Bezeichnung treffen nicht den Verschnitt durch
Vermischung von Trauben oder Traubenmost mit Trauben oder Traubenmost
gleichen Wertes derselben oder einer benachbarten Gemarkung und den Ersatz
der Abgänge, die sich aus der Pflege des im Fasse lagernden Weines ergeben.

§ 8.

Ein Gemisch von Weißwein und Rotwein darf, wenn es als Rotwein in
den Verkehr gebracht wird, nur unter einer die Mischung kennzeichnenden Bezeichnung feilgehalten oder verkauft werden.

§ 9.

Es ist verboten, Wein nachzumachen.

§ 10.

Unter das Verbot des § 9 fällt nicht die Herstellung von dem Weine ähnlichen Getränken aus Fruchtsäften, Pflanzensäften oder Malzauszügen.

Der Bundesrat ist ermächtigt, die Verwendung bestimmter Stoffe bei der
Herstellung solcher Getränke zu beschränken oder zu untersagen.

Die im Abs. 1 bezeichneten Getränke dürfen im Verkehr als Wein nur
in solchen Wortverbindungen bezeichnet werden, welche die Stoffe kennzeichnen,
aus denen sie hergestellt sind.

§ 11.

Auf die Herstellung von Haustrunk aus Traubenmaische, Traubenmost,
Rückständen der Weinbereitung oder aus getrockneten Weinbeeren finden die
Vorschriften des § 2 Satz 2 und der §§ 3, 9 keine Anwendung.

Die Vorschriften des § 4 finden auf die Herstellung von Haustrunk entsprechende Anwendung.

Wer Wein gewerbsmäßig in Verkehr bringt, ist verpflichtet, der zuständigen
Behörde die Herstellung von Haustrunk unter Angabe der herzustellenden Menge
und der zur Verarbeitung bestimmten Stoffe anzuzeigen; die Herstellung kann
durch Anordnung der zuständigen Behörde beschränkt oder unter besondere
Aufsicht gestellt werden.

Die als Haustrunk hergestellten Getränke dürfen nur im eigenen Haushalte des Herstellers verwendet oder ohne besonderen Entgelt an die in seinem
Betriebe beschäftigten Personen zum eigenen Verbrauch abgegeben werden. Bei
Auflösung des Haushalts oder Aufgabe des Betriebs kann die zuständige Behörde
die Veräußerung des etwa vorhandenen Vorrats von Haustrunk gestatten.

§ 12.

Die Vorschriften der §§ 2, 4—9 finden auf Traubenmost, die Vorschriften
der §§ 4—9 auf Traubenmaische Anwendung.

§ 13.

Getränke, die den Vorschriften der §§ 2, 3, 4, 9, 10 zuwider hergestellt
oder behandelt worden sind, ferner Traubenmaische, die einen nach den Bestimmungen des § 3 Abs. 1 oder des § 4 nicht zulässigen Zusatz erhalten hat,
dürfen, vorbehaltlich der Bestimmungen des § 15, nicht in den Verkehr gebracht
werden. Dies gilt auch für ausländische Erzeugnisse, die den Vorschriften des
§ 3 Abs. 1 und der §§ 4, 9, 10 nicht entsprechen; der Bundesrat ist ermächtigt,
hinsichtlich der Vorschriften des § 4 und des § 10 Abs. 2 Ausnahmen für Getränke und Traubenmaische zu bewilligen, die den im Ursprungslande geltenden
Vorschriften entsprechend hergestellt sind.

§ 14.

Die Einfuhr von Getränken, die nach § 13 vom Verkehr ausgeschlossen
sind, ferner von Traubenmaische, die einen nach den Bestimmungen des § 3
Abs. 1 oder des § 4 nicht zulässigen Zusatz erhalten hat, ist verboten.

Der Bundesrat erläßt die Vorschriften zur Sicherung der Einhaltung des
Verbots, er ist ermächtigt, die Einfuhr von Traubenmaische, Traubenmost oder
Wein zu verbieten, die den am Orte der Herstellung geltenden Vorschriften zuwider hergestellt oder behandelt worden sind.

§ 15.

Getränke, die nach § 13 vom Verkehr ausgeschlossen sind, dürfen zur Herstellung von weinhaltigen Getränken, Schaumwein oder Kognak nicht verwendet werden. Zu anderen Zwecken darf die Verwendung nur mit Genehmigung der zuständigen Behörde erfolgen.

§ 16.

Der Bundesrat ist ermächtigt, die Verwendung bestimmter Stoffe bei der Herstellung von weinhaltigen Getränken, Schaumwein oder Kognak zu beschränken oder zu untersagen sowie bezüglich der Herstellung von Schaumwein und Kognak zu bestimmen, welche Stoffe hierbei Verwendung finden dürfen, und Vorschriften über die Verwendung zu erlassen.

§ 17.

Schaumwein, der gewerbsmäßig verkauft oder feilgehalten wird, muß eine Bezeichnung tragen, die das Land erkennbar macht, wo er auf Flaschen gefüllt worden ist; bei Schaumwein, dessen Kohlensäuregehalt ganz oder teilweise auf einem Zusatze fertiger Kohlensäure beruht, muß die Bezeichnung die Herstellungsart ersehen lassen. Dem Schaumwein ähnliche Getränke müssen eine Bezeichnung tragen, welche erkennen läßt, welche dem Weine ähnlichen Getränke zu ihrer Herstellung verwendet worden sind. Die näheren Vorschriften trifft der Bundesrat.

Die vom Bundesrate vorgeschriebenen Bezeichnungen sind auch in die Preislisten und Weinkarten sowie in die sonstigen im geschäftlichen Verkehr üblichen Angebote mit aufzunehmen.

§ 18.

Trinkbranntwein, dessen Alkohol nicht ausschließlich aus Wein gewonnen ist, darf im geschäftlichen Verkehre nicht als Kognak bezeichnet werden.

Trinkbranntwein, der neben Kognak Alkohol anderer Art enthält, darf als Kognakverschnitt bezeichnet werden, wenn mindestens $1/10$ des Alkohols aus Wein gewonnen ist.

Kognak und Kognakverschnitte müssen in 100 Raumteilen mindestens 38 Raumteile Alkohol enthalten.

Trinkbranntwein, der in Flaschen oder ähnlichen Gefäßen unter der Bezeichnung Kognak gewerbsmäßig verkauft oder feilgehalten wird, muß zugleich eine Bezeichnung tragen, welche das Land erkennbar macht, wo er für den Verbrauch fertiggestellt worden ist. Die näheren Vorschriften trifft der Bundesrat.

Die vom Bundesrate vorgeschriebenen Bezeichnungen sind auch in die Preislisten und Weinkarten sowie in die sonstigen im geschäftlichen Verkehre üblichen Angebote mit aufzunehmen.

§ 19.

Wer Trauben zur Weinbereitung, Traubenmaische, Traubenmost oder Wein gewerbsmäßig in Verkehr bringt oder gewerbsmäßig Wein zu Getränken weiter verarbeitet, ist verpflichtet, Bücher zu führen, aus denen zu ersehen ist:
1. welche Weinbergsflächen er abgeerntet hat, welche Mengen von Traubenmaische, Traubenmost oder Wein er aus eigenem Gewächse gewonnen oder von anderen bezogen und welche Mengen er an andere abgegeben oder welche Geschäfte über solche Stoffe er vermittelt hat;
2. welche Mengen von Zucker oder von anderen für die Kellerbehandlung des Weines (§ 4) oder zur Herstellung von Haustrunk (§ 11) bestimmten Stoffen er bezogen und welchen Gebrauch er von diesen Stoffen zum Zuckern (§ 3) oder zur Herstellung von Haustrunk gemacht hat;
3. welche Mengen der im § 10 bezeichneten dem Weine ähnlichen Getränke er aus eigenem Gewächse gewonnen oder von anderen bezogen und welche Mengen er an andere abgegeben oder welche Geschäfte über solche Stoffe er vermittelt hat.

Die Zeit des Geschäftsabschlusses, die Namen der Lieferanten und, soweit es sich um Abgabe im Fasse oder in Mengen von mehr als einem Hektoliter in einzelnen Falle handelt, auch der Abnehmer, sind in den Büchern einzutragen.

Die Bücher sind nebst den auf die einzutragenden Geschäfte bezüglichen Geschäftspapieren bis zum Ablaufe von fünf Jahren nach der letzten Eintragung aufzubewahren.

Bujard-Baier. 3. Aufl.

Die näheren Bestimmungen über die Einrichtung und die Führung der Bücher trifft der Bundesrat; er bestimmt, in welcher Weise und innerhalb welcher Frist die bei dem Inkrafttreten dieses Gesetzes vorhandenen Bestände in den Büchern vorzutragen sind.

§ 20.

Werden in einem Raume, in dem Wein zum Zwecke des Verkaufs hergestellt oder gelagert wird, in Gefäßen, wie sie zur **Herstellung** oder Lagerung von Wein verwendet werden, Haustrunk (§ 11) oder **andere Getränke als Wein** oder Traubenmost verwahrt, so müssen diese Gefäße **mit einer deutlichen** Bezeichnung des Inhalts an einer in die Augen **fallenden Stelle** versehen sein.

Bei Flaschenlagerung genügt die Bezeichnung **der Stapel.**

Personen, die wegen Verfehlungen gegen dieses Gesetz wiederholt oder zu einer Gefängnisstrafe verurteilt worden sind, kann die Verwahrung anderer Stoffe als Wein oder Traubenmost in solchen Räumen durch die zuständige Polizeibehörde untersagt werden.

§ 21.

Die Beobachtung der Vorschriften dieses Gesetzes ist durch die mit der Handhabung der Nahrungsmittelpolizei betrauten Behörden und Sachverständigen zu überwachen.

Zur Unterstützung dieser Behörden sind für alle Teile des Reichs Sachverständige im Hauptberufe zu bestellen.

§ 22.

Die zuständigen Beamten und Sachverständigen (§ 21) sind befugt, außerhalb der Nachtzeit und, falls Tatsachen vorliegen, welche annehmen lassen, daß zur Nachtzeit gearbeitet wird, auch während dieser Zeit, in Räume, in denen Traubenmost, oder dem Weine ähnliche Getränke hergestellt, verarbeitet, feilgehalten oder verpackt werden, und bei gewerbsmäßigem Betrieb auch in die zugehörigen Lager- und Geschäftsräume, ebenso in die Geschäftsräume von Personen, die gewerbsmäßig Geschäfte über Traubenmaische, Traubenmost, Wein, Schaumwein, weinhaltige, dem Weine ähnliche Getränke oder Kognak vermitteln, einzutreten, daselbst Besichtigungen vorzunehmen, geschäftliche Aufzeichnungen, Frachtbriefe und Bücher einzusehen, auch nach ihrer Auswahl Proben zum Zwecke der Untersuchung zu fordern oder selbst zu entnehmen. Über die Probenahme ist eine Empfangsbescheinigung zu erteilen. Ein Teil der Probe ist amtlich verschlossen oder versiegelt zurückzulassen. Auf Verlangen ist für die entnommene Probe eine angemessene Entschädigung zu leisten.

Die Nachtzeit umfaßt in dem Zeitraume vom 1. April bis 30. September die Stunden von 9 Uhr abends bis 4 Uhr morgens und in dem Zeitraume vom 1. Oktober bis 31 März die Stunden von 9 Uhr abends bis 6 Uhr morgens.

§ 23.

Die Inhaber der im § 22 bezeichneten Räume sowie die von ihnen bestellten Betriebsleiter und Aufsichtspersonen sind verpflichtet, den zuständigen Beamten und Sachverständigen auf Erfordern diese Räume zu bezeichnen, sie bei deren Besichtigung zu begleiten oder durch mit dem Betriebe vertraute Personen begleiten zu lassen und ihnen Auskunft über das Verfahren bei Herstellung der Erzeugnisse, über den Umfang des Betriebs, über die zur Verwendung gelangenden Stoffe, insbesondere auch über deren Menge und Herkunft, zu erteilen sowie die geschäftlichen Aufzeichnungen, Frachtbriefe und Bücher vorzulegen. Personen, die gewerbsmäßig Geschäfte über Traubenmaische, Traubenmost, Wein, Schaumwein, weinhaltige oder dem Weine ähnliche Getränke vermitteln, sind verpflichtet, Auskunft über die von ihnen vermittelten Geschäfte zu erteilen sowie die geschäftlichen Aufzeichnungen und Bücher vorzulegen. Die Erteilung von Auskunft kann jedoch verweigert werden, soweit derjenige, von welchem sie verlangt wird, sich selbst oder einem der im § 51 No. 1—3 der Strafprozeßordnung bezeichneten Angehörigen die Gefahr strafgerichtlicher Verfolgung zuziehen würde.

§ 24.

Die Sachverständigen sind, vorbehaltlich der Anzeige von Gesetzwidrigkeiten, verpflichtet, über die Einrichtungen und Geschäftsverhältnisse, welche durch die Aufsicht zu ihrer Kenntnis kommen, Verschwiegenheit zu beobachten und sich der Mitteilung und Verwertung der Geschäfts- oder Betriebsgeheimnisse zu enthalten. Sie sind hierauf zu beeidigen.

§ 25.

Der Vollzug des Gesetzes liegt den Landesregierungen ob.

Der Bundesrat stellt die zur Sicherung der Einheitlichkeit des Vollzugs erforderlichen Grundsätze, insbesondere für die Bestellung von geeigneten Sachverständigen und die Gewährleistung ihrer Unabhängigkeit fest. Er ist ermächtigt, Vorschriften für die jährliche Feststellung der Traubenernte sowie über Zeitpunkt, Form und Inhalt der nach § 3 Abs. 4 vorgeschriebenen Anzeige zu erlassen.

Die weiter erforderlichen Vorschriften zur Sicherung des Vollzugs werden durch die Landeszentralbehörden oder die von diesen ermächtigten Landesbehörden erlassen.

Die Landeszentralbehörden sind außerdem ermächtigt, im Einvernehmen mit dem Reichskanzler die Grenzen der am Weinbau beteiligten Gebiete zu bestimmen (§ 3 Abs. 3).

Der Reichskanzler hat die Ausführung des Gesetzes zu überwachen und insbesondere auf Gleichmäßigkeit der Handlung hinzuwirken.

§ 26.

Mit Gefängnis bis zu 6 Monaten und mit Geldstrafe bis zu dreitausend Mark oder mit einer dieser Strafen wird bestraft:
1. wer vorsätzlich den Vorschriften des § 2 Satz 2, des § 3 Abs. 1—3, 5, 6, der §§ 4, 9, des § 11 Abs. 4, der §§ 13, 15 oder den gemäß § 12 für die Herstellung und Behandlung von Traubenmost oder Traubenmaische geltenden Vorschriften oder den auf Grund des § 4 Abs. 1 Satz 2, des § 10 Abs. 2, des § 11 Abs. 2 oder des § 16 vom Bundesrat erlassenen Vorschriften zuwiderhandelt;
2. wer wissentlich unrichtige Eintragungen in die nach § 19 zu führenden Bücher macht oder die nach Maßgabe des § 23 von ihm geforderte Auskunft wissentlich unrichtig erteilt, desgleichen wer vorsätzlich Bücher oder Geschäftspapiere, welche nach § 19 Abs. 3 aufzubewahren sind, vor Ablauf der dort bestimmten Frist vernichtet oder beiseite schafft;
3. wer Stoffe, deren Verwendung bei der Herstellung, Behandlung oder Verarbeitung von Wein, Schaumwein, weinhaltigen oder weinähnlichen Getränken unzulässig ist, zu diesen Zwecken ankündigt, feilhält, verkauft oder an sich bringt, desgleichen wer einen diesen Zwecken dienenden Verkauf solcher Stoffe vermittelt.

Stellt sich nach den Umständen, insbesondere nach dem Umfange der Verfehlungen oder nach der Beschaffenheit der in Betracht kommenden Stoffe, der Fall als ein schwerer dar, so tritt Gefängnisstrafe bis zu 2 Jahren ein, neben der auf Geldstrafe bis zu zwanzigtausend Mark erkannt werden kann.

Auf die im Abs. 2 vorgesehene Strafe ist auch dann zu erkennen, wenn der Täter zur Zeit der Tat bereits wegen einer der im Abs. 1 mit Strafe bedrohten Handlungen bestraft ist. Diese Bestimmung findet Anwendung, auch wenn die frühere Strafe nur teilweise verbüßt oder ganz oder teilweise erlassen ist, bleibt jedoch ausgeschlossen, wenn seit der Verbüßung oder dem Erlasse der letzten Strafe bis zur Begehung der neuen Straftat drei Jahre verflossen sind.

In den Fällen des Abs. 1 No. 1 wird auch der Versuch bestraft.

§ 27.

Mit Geldstrafe bis zu eintausendfünfhundert Mark oder mit Gefängnis bis zu drei Monaten wird bestraft, wer den Vorschriften des § 24 zuwider Verschwiegenheit nicht beobachtet, oder der Mitteilung oder Verwertung von Geschäfts- oder Betriebsgeheimnissen sich nicht enthält.

Die Verfolgung tritt nur auf Antrag des Unternehmers ein.

§ 28.

Mit Geldstrafe bis zu sechshundert Mark oder mit Haft bis zu sechs Wochen wird bestraft, wer vorsätzlich oder fahrlässig
1. den Vorschriften des § 5 Abs. 1, des § 7 Abs. 2, des § 8, des § 10 Abs. 3 oder des § 18 Abs. 1 zuwiderhandelt;
2. den Vorschriften des § 6 oder des § 7 Abs. 1 zuwider bei der Benennung von Wein eine der Herkunft nicht entsprechende geographische Bezeichnung verwendet;

3. Schaumwein oder Kognak gewerbsmäßig verkauft oder feilhält, ohne daß den Vorschriften des § 17 und des § 18 Abs. 4, 5 genügt ist;
4. außer den Fällen des § 26 No. 2 den Vorschriften über die nach § 19 zu führenden Bücher zuwiderhandelt.

§ 29.

Der im § 28 bestimmten Strafe unterliegt ferner
1. wer vorsätzlich die nach Maßgabe des § 5 Abs. 2 zu erteilende Auskunft nicht oder unrichtig erteilt;
2. wer vorsätzlich die nach § 3 Abs. 4 und nach § 11 Abs. 3 vorgeschriebenen Anzeigen nicht erstattet oder den auf Grund des § 11 Abs. 3 erlassenen Anordnungen zuwiderhandelt;
3. wer vorsätzlich es unterläßt, an Gefäßen oder Flaschenstapeln die nach § 20 Abs. 1, 2 vorgeschriebenen Bezeichnungen anzubringen, oder einem auf Grund des § 20 Abs. 3 ergangenen Verbote zuwiderhandelt;
4. wer vorsätzlich den von den Landeszentralbehörden oder den von diesen ermächtigten Landesbehörden auf Grund des § 25 Abs. 3 erlassenen Vorschriften zuwiderhandelt;
5. wer den Vorschriften der §§ 22, 23 zuwider das Betreten oder die Besichtigung von Räumen, die Begleitung der Beamten oder Sachverständigen bei der Besichtigung der Räume, die Vorlegung oder die Durchsicht von Geschäftsbüchern oder -papieren, die Abgabe oder die Entnahme von Proben verweigert, desgleichen wer die von ihm geforderte Auskunft nicht oder aus Fahrlässigkeit unrichtig erteilt;
6. wer eine der im § 26 Abs. 1 No. 1 bezeichneten Handlungen aus Fahrlässigkeit begeht.

§ 30.

Mit Geldstrafe bis zu einhundertfünfzig Mark oder mit Haft wird bestraft, wer eine der im § 29 No. 1—4 bezeichneten Handlungen aus Fahrlässigkeit begeht.

§ 31.

In den Fällen des § 26 Abs. 1 No. 1 ist neben der Strafe auf Einziehung der Getränke oder Stoffe zu erkennen, welche den dort bezeichneten Vorschriften zuwider hergestellt, eingeführt oder in den Verkehr gebracht worden sind, ohne Unterschied, ob sie dem Verurteilten gehören oder nicht; auch kann die Vernichtung ausgesprochen werden. In den Fällen des § 28 No. 1, 2, 3 und des § 29 No. 6 kann auf Einziehung oder Vernichtung erkannt werden.

In den Fällen des § 26 Abs. 1 No. 3 ist neben der Strafe auf Einziehung oder Vernichtung der Stoffe zu erkennen, die zum Zwecke der Begehung einer nach den Vorschriften dieses Gesetzes strafbaren Handlung bereit gehalten werden.

Die Vorschriften des Abs 1, 2 finden auch dann Anwendung, wenn die Strafe gemäß § 73 des Strafgesetzbuchs auf Grund eines anderen Gesetzes zu bestimmen ist.

Ist die Verfolgung oder Verurteilung einer bestimmten Person nicht ausführbar, so kann auf die Einziehung selbständig erkannt werden.

§ 32.

Die Vorschriften anderer die Herstellung und den Vertrieb von Wein treffender Gesetze, insbesondere des Gesetzes, betreffend den Verkehr mit Nahrungsmitteln, Genußmitteln und Gebrauchsgegenständen, vom 14. Mai 1879 (Reichs-Gesetzbl. S. 145), des Gesetzes zum Schutze der Warenbezeichnungen vom 12. Mai 1894 (Reichs-Gesetzbl. S. 441) und des Gesetzes zur Bekämpfung des unlauteren Wettbewerbes vom 27. Mai 1896 (Reichs-Gesetzbl. S. 145) bleiben unberührt, soweit nicht die Vorschriften dieses Gesetzes entgegenstehen. Die Vorschriften der §§ 16, 17 des Gesetzes vom 14. Mai 1879 finden auch bei Strafverfolgungen auf Grund der Vorschriften dieses Gesetzes Anwendung. Durch die Landesregierungen kann jedoch bestimmt werden, daß die auf Grund dieses Gesetzes auferlegten Geldstrafen in erster Linie zur Deckung der Kosten zu verwenden sind, die durch die Bestellung von Sachverständigen auf Grund des § 21 dieses Gesetzes entstehen. Die Verwendung erfolgt in diesem Falle durch die mit dem Vollzuge des Gesetzes betrauten Landeszentralbehörden, durch welche die etwa verbleibenden Überschüsse auf die nach § 17 des Gesetzes vom 14. Mai 1879 in Betracht kommenden Kassen zu verteilen sind.

Gesetze und Verordnungen. 645

§ 33.

Der Bundesrat ist ermächtigt, im Großherzogtume Luxemburg gewonnene Erzeugnisse des Weinbaues den inländischen gleichzustellen, falls dort ein diesem Gesetz entsprechendes Weingesetz erlassen wird.

§ 34.

Dieses Gesetz tritt am 1. September 1909 in Kraft.

Mit diesem Zeitpunkte tritt das Gesetz, betreffend den Verkehr mit Wein, weinhaltigen und weinähnlichen Getränken, vom 24. Mai 1901 (Reichs-Gesetzbl. S. 175) außer Kraft.

Der Verkehr mit Getränken, die bei der Verkündung dieses Gesetzes nachweislich bereits hergestellt waren, ist jedoch nach den bisherigen Bestimmungen zu beurteilen.

Bekanntmachung, betreffend Bestimmungen zur Ausführung des Weingesetzes. Vom 9. Juli 1909.

(R.G.Bl. Nr. 36 v. 10. Juli 1909.)

Auf Grund der §§ 3, 4, 10—14, 17—19 des Weingesetzes vom 7. April 1909 (R.G.Bl. S. 393) hat der Bundesrat die nachstehenden Ausführungsbestimmungen beschlossen:

Zu § 3 Abs. 4.

Die Absicht, Traubenmaische, Most oder Wein zu zuckern, ist nach Maßgabe der beigefügten Muster schriftlich anzuzeigen; die zuständige Behörde kann die Eintragung in Listen gestatten, die diesen Mustern nachzubilden und an geeigneten Stellen aufzulegen sind.

Für die neue Ernte ist die Anzeige vor Beginn des Zuckerns nach Muster 1[1]) zu erstatten; dabei braucht die Menge der zu zuckernden Erzeugnisse sowie der Zeitpunkt des Zuckerns für die gesamte Ernte vom 1. September des betreffenden Jahres ab nicht angegeben zu werden. Für Wein früherer Jahrgänge ist jeder einzelne Fall des Zuckerns spätestens eine Woche zuvor nach Muster 2 anzuzeigen.

Zu §§ 4, 11, 12.

Bei der Kellerbehandlung dürfen unbeschadet der nach § 3 des Gesetzes zulässigen Zuckerung der Traubenmaische, dem Traubenmost oder dem Weine Stoffe irgend welcher Art nur nach Maßgabe der folgenden Bestimmungen zugesetzt werden.

Gestattet ist

A. Allgemein:
1. die Verwendung von frischer, gesunder, flüssiger Weinhefe (Drusen) oder von Reinhefe, um die Gärung einzuleiten oder zu fördern; die Reinhefe darf nur in Traubenmost gezüchtet sein. Der Zusatz der flüssigen Weinhefe darf nicht mehr als zwanzig Raumteile auf eintausend Raumteile der zu vergärenden Flüssigkeit betragen; doch darf diese Hefemenge zuvor in einem Teile des Mostes oder Weines ververmehrt werden; dabei darf der Wein mit einer kleinen Menge Zucker versetzt und von Alkohol befreit werden;
2. die Verwendung von frischer, gesunder, flüssiger Weinhefe (Drusen), um Mängel von Farbe oder Geschmack des Weines zu beseitigen. Der Zusatz darf nicht mehr als einhundertundfünfzig Raumteile auf eintausend Raumteile Wein betragen; ein Zusatz von Zucker ist hierbei nicht zulässig;
3. die Entsäuerung mittels reinen, gefällten kohlensauren Kalkes;
4. das Schwefeln, sofern hierbei nur kleine Mengen von schwefliger Säure oder Schwefelsäure in die Flüssigkeiten gelangen. Gewürzhaltiger Schwefel darf nicht verwendet werden;
5. die Verwendung von reiner gasförmiger oder verdichteter Kohlensäure oder der bei der Gärung von Wein entstehenden Kohlensäure, sofern hierbei nur kleine Mengen des Gases in den Wein gelangen;

---

[1]) siehe S. 650.

646 Anhang.

6. die Klärung (Schönung) **mittels** nachgenannter technisch reiner Stoffe:
   a) in Wein gelöster Hausen-, Stör- oder Welsblase,
   b) Gelatine,
   c) Tannin bei gerbstoffarmem Weine bis zur Höchstmenge von 100 Gramm auf 1000 Liter in Verbindung mit den unter a, b genannten Stoffen,
   d) Eiweiß,
   e) Käsestoff (Kasein), Milch,
   f) spanischer Erde,
   g) mechanisch wirkender Filterdichtungsstoffe (Asbest, Zellulose und dergl.);
7. die Verwendung von ausgewaschener Holzkohle und gereinigter Knochenkohle;
8. das Behandeln der Korkstopfen und das Ausspülen der Aufbewahrungsgefäße mit aus Wein gewonnenem Alkohol oder reinem mindestens 90 Raumprozente Alkohol enthaltenden Sprit, wobei jedoch der Alkohol nach der Anwendung wieder tunlichst zu entfernen ist; bei dem Versand in Fässern nach tropischen Gegenden auch der Zusatz von solchem Alkohol bis zu einem Raumteil auf einhundert Raumteile Wein zur Haltbarmachung.

B. Bei ausländischem Dessertwein (Süd-, Süßwein):
9. der Zusatz von kleinen Mengen gebrannten Zuckers (Zuckerkouleur);
10. der Zusatz von aus Wein gewonnenem Alkohol oder reinem mindestens 90 Raumprozente Alkohol enthaltenden Sprit bis zu der im Ursprungslande gestatteten Alkoholmenge.

C. Bei der Herstellung von Haustrunk (§ 11 des Gesetzes):
11. die Verwendung von Citronensäure bei der Verarbeitung von getrockneten Weinbeeren außerhalb solcher Betriebe, aus denen Wein gewerbsmäßig in den Verkehr gebracht wird.

Die Landeszentralbehörde kann die Verwendung von Citronensäure auch bei der Verarbeitung von Rückständen der Weinbereitung und für Betriebe zulassen, aus denen Wein gewerbsmäßig in den Verkehr gebracht wird.

Zu §§ 10, 16.

Die nachbezeichneten Stoffe:
lösliche Aluminiumsalze (Alaun und dgl.), Ameisensäure, Baryumverbindungen, Benzoësäure, Borsäure, Eisencyanverbindungen (Blutlaugensalze), Farbstoffe mit Ausnahme von kleinen Mengen gebrannten Zuckers (Zuckerkouleur), Fluorverbindungen, Formaldehyd und solche Stoffe, die bei ihrer Verwendung Formaldehyd abgeben, Glycerin, Kermesbeeren, Magnesiumverbindungen, Oxalsäure, Salicylsäure, unreiner (freien Amylakahol enthaltender) Sprit, unreiner Stärkezucker, Stärkesirup, Strontiumverbindungen, Wismutverbindungen, Zimtsäure, Zinksalze, Salze und Verbindungen der vorbezeichneten Säuren sowie der schwefligen Säure (Sulfite, Metasulfite und dgl.)

dürfen bei der Herstellung der im § 10 des Gesetzes bezeichneten dem Weine ähnlichen Getränke, von weinhaltigen Getränken, deren Bezeichnung die Verwendung von Wein andeutet, von Schaumwein oder von Kognak nicht verwendet werden.

Zu § 13.

Traubenmaische, Traubenmost oder Wein ausländischen Ursprunges, die den Vorschriften des § 4 des Gesetzes nicht entsprechen, werden zum Verkehr zugelassen, wenn sie den für den Verkehr innerhalb des Ursprungslandes geltenden Vorschriften genügen.

Vom Verkehr ausgeschlossen bleiben jedoch:
a) roter Wein, mit Ausnahme von Dessertwein, desgleichen Traubenmost oder Traubenmaische zu rotem Weine, deren Gehalt an Schwefelsäure in einem Liter Flüssigkeit mehr beträgt, als zwei Gramm neutralem schwefelsauren Kaliums entspricht;

b) Traubenmaische, Traubenmost oder Weine, die einen Zusatz von Alkalicarbonaten (Pottasche oder dgl.), von organischen Säuren oder deren Salzen (Weinsäure, Citronensäure, Weinstein, neutrales weinsaures Kalium oder dgl.) oder eines der in den Bestimmungen zu § 10 des Gesetzes genannten Stoffe erhalten haben.

Zu § 14.

Traubenmaische, Traubenmost oder Wein dürfen nur über bestimmte Zollämter eingeführt werden. Der Bundesrat bezeichnet die Ämter sowie diejenigen Zollstellen, bei welchen die Untersuchung von Traubenmaische, Traubenmost oder Wein stattfinden kann.

Die aus dem Ausland eingehenden Sendungen unterliegen bei der Einfuhr einer amtlichen Untersuchung unter Mitwirkung der Zollbehörden.] Die Kosten der Untersuchung einschließlich der Versendung der Proben hat der Verfügungsberechtigte zu tragen.

Die Untersuchung ist staatlichen Fachanstalten und besonders hierzu verpflichteten geprüften Nahrungsmittelchemikern zu übertragen. Ausnahmsweise kann sie auch anderen Personen übertragen werden, welche genügend Kenntnisse und Erfahrung besitzen.

Bei der Untersuchung ist nach der Anweisung des Bundesrats zur chemischen Untersuchung des Weines zu verfahren; der Umfang der Untersuchung bleibt dem Ermessen des untersuchenden Sachverständigen überlassen.

Das Ergebnis der Untersuchung ist der Zollstelle alsbald schriftlich mitzuteilen. Die etwaige Beanstandung ist ausführlich zu begründen.

Von der Untersuchung befreit sind:
a) Sendungen im Einzelrohgewichte von nicht mehr als 5 kg;
b) Wein in Flaschen (Fläschchen), wenn nach den Umständen nicht zu bezweifeln ist, daß er nur als Muster zu dienen bestimmt ist;
c) Wein in Flaschen (Fläschchen), sofern das Gewicht des in einem Packstück enthaltenen Weines einschließlich seiner unmittelbaren Umschließung nicht mehr als 10 kg beträgt. Ist Wein, von dem mehrere Arten gleichzeitig in einer Sendung eingehen, nachweislich nicht zum gewerbsmäßigen Absatze bestimmt, so dürfen auch bei einem höheren Gewichte diejenigen Weinarten von der Untersuchung freigelassen werden, von denen nicht mehr als 2 ¹/₄ l eingehen.
d) Mengen von nicht mehr als 10 Kilogramm Rohgewicht, die im kleinen Grenzverkehr eingehen;
e) zur Verpflegung von Reisenden, Fuhrleuten oder Schiffern während der Reise mitgeführte Mengen;
f) Erzeugnisse, die als Umzugsgut eingehen und nicht zum gewerbsmäßigen Absatze bestimmt sind;
g) zur unmittelbaren Durchfuhr bestimmte Sendungen.

Auch ohne solches Zeugnis kann ausnahmsweise bei hochwertigem Weine in Flaschen von der Untersuchung abgesehen werden, wenn die Einfuhrfähigkeit auf andere Weise glaubhaft gemacht wird.

Zu § 17.

Schaumwein und ihm ähnliche Getränke, die gewerbsmäßig verkauft oder feilgehalten werden, sind wie folgt, zu kennzeichnen:
a) Bei Schaumwein muß das Land, in dem der Wein auf Flaschen gefüllt ist, in der Weise kenntlich gemacht werden, daß auf den Flaschen die Bezeichnung
In Deutschland auf Flaschen gefüllt,
In Frankreich auf Flaschen gefüllt,
In Luxemburg auf Flaschen gefüllt
u. s. w. angebracht wird; ist der Schaumwein in demjenigen Lande, in welchem er auf Flaschen gefüllt wurde, auch fertiggestellt, so kann an Stelle jener Bezeichnung die Bezeichnung
Deutscher (Französischer, Luxemburgischer u. s. w.) Schaumwein
oder
Deutsches (Französisches, Luxemburgisches u. s. w.) Erzeugnis
treten.

b) Bei Schaumwein, dessen Kohlensäuregehalt ganz oder teilweise auf einem Zusatze fertiger Kohlensäure beruht, sind der unter a vorgeschriebenen Bezeichnung die Worte
  Mit Zusatz von Kohlensäure
hinzuzufügen.

c) Bei den dem Schaumwein ähnlichen Getränken sind die zur Herstellung verwendeten, dem Weine ähnlichen Getränke in der Weise kenntlich zu machen, daß auf den Flaschen in Verbindung mit dem Worte Schaumwein eine die benutzte Fruchtart erkennbar machende Bezeichnung, wie Apfel-Schaumwein, Johannisbeer-Schaumwein, angebracht wird.

An Stelle dieser Bezeichnungen können die Worte Frucht-Schaumwein, Obst-Schaumwein, Beeren-Schaumwein treten.

d) Die unter a, b, c vorgeschriebenen Bezeichnungen müssen in schwarzer Farbe auf weißem Grunde, deutlich und nicht verwischbar auf einem bandförmigen Streifen in lateinischer Schrift aufgedruckt sein. Die Schriftzeichen auf dem Streifen müssen bei Flaschen, welche einen Raumgehalt von 425 oder mehr Kubikzentimeter haben, mindestens 0,5 Zentimeter hoch und so breit sein, daß im Durchschnitte je 10 Buchstaben eine Fläche von mindestens 3,5 Zentimeter Länge einnehmen. Die Inschrift darf, falls sie einen Streifen von mehr als 10 Zentimeter Länge beanspruchen würde, auf zwei Zeilen verteilt werden. Die Worte „Mit Zusatz von Kohlensäure" sind stets auf die zweite Zeile zu setzen. Der Streifen, der eine weitere Inschrift nicht tragen darf, ist an einer in die Augen fallenden Stelle der Flasche, und zwar gegebenenfalls zwischen dem den Flaschenkopf bedeckenden Überzug und der die Bezeichnung der Firma und der Weinsorte enthaltenden Inschrift dauerhaft zu befestigen. Wird der Streifen im Zusammenhange mit dieser oder einer anderen Inschrift hergestellt, so ist er gegen diese mindestens durch einen 1 Millimeter breiten Strich deutlich abzugrenzen.

Zu § 18.

Kognak, der in Flaschen gewerbsmäßig verkauft oder feilgehalten wird, ist nach dem Lande, in dem er fertiggestellt ist, als
  Deutscher, Französischer u. s. w. Kognak (Cognac)
zu bezeichnen.

Hat im Auslande hergestellter Kognak in Deutschland lediglich einen Zusatz von destilliertem Wasser erhalten, um unbeschadet der Vorschrift des § 18 Abs. 3 des Gesetzes den Alkoholgehalt auf die übliche Trinkstärke herabzusetzen, so ist er als
  Französischer u. s. w. Kognak (Cognac) in Deutschland fertiggestellt
zu bezeichnen.

Die Bezeichnung muß in schwarzer Farbe auf weißem Grunde deutlich und nicht verwischbar auf einem bandförmigen Streifen in lateinischer Schrift aufgedruckt sein. Die Schriftzeichen müssen bei Flaschen, welche einen Raumgehalt von 350 Kubikzentimeter oder mehr haben, mindestens 0,5 Zentimeter hoch und so breit sein, daß im Durchschnitte je 10 Buchstaben eine Fläche von mindestens 3,5 Zentimeter Länge einnehmen. Die Inschrift darf, falls sie einen Streifen von mehr als 10 Zentimeter Länge beanspruchen würde, auf zwei Zeilen verteilt werden. Der Streifen, der eine weitere Inschrift nicht tragen darf, ist an einer in die Augen fallenden Stelle der Flasche, und zwar gegebenenfalls zwischen dem den Flaschenkopf bedeckenden Überzug und der die Bezeichnung der Firma enthaltenden Inschrift dauerhaft zu befestigen. Wird der Streifen im Zusammenhange mit dieser oder einer anderen Inschrift hergestellt, so ist er gegen diese mindestens durch einen 1 Millimeter breiten Strich deutlich abzugrenzen.

Zu § 19.

Wer durch § 19 des Gesetzes verpflichtet ist, Bücher zu führen, hat sich hierbei sowie bei allen mit der Buchführung zusammenhängenden Aufzeichnungen der deutschen Sprache zu bedienen. Die Landeszentralbehörde kann die Verwendung einer anderen Sprache gestatten.

Die Bücher müssen gebunden und Blatt für Blatt oder Seite für Seite mit fortlaufenden Zahlen versehen sein. Die Zahl der Blätter oder Seiten ist vor Beginn des Gebrauchs auf der ersten Seite des Buches anzugeben. Ein Blatt aus dem Buche zu entfernen ist verboten.

An Stellen, die der Regel nach zu beschreiben sind, dürfen keine leeren Zwischenräume gelassen werden. Der ursprüngliche Inhalt einer Eintragung darf nicht mittels Durchstreichens oder auf andere Weise unleserlich gemacht, es darf nichts radiert, auch dürfen solche Veränderungen nicht vorgenommen werden, deren Beschaffenheit es ungewiß läßt, ob sie bei der ursprünglichen Eintragung oder erst später gemacht worden sind.

Die Bücher und Belege sind sorgfältig aufzubewahren und auf Verlangen jederzeit den nach § 21 des Gesetzes zur Kontrolle berechtigten Beamten oder Sachverständigen vorzulegen. Sind die Geschäftsräume von den Kellereien oder sonstigen Lagerräumen getrennt, so sind die Bücher auf Verlangen auch in den zu kontrollierenden Räumen vorzulegen.

Im einzelnen ist den Vorschriften des Gesetzes nach den den Mustern A bis G S. 652 beigefügten Anweisungen mit folgender Maßgabe zu genügen:

Es haben Buch zu führen:

a) Winzer, die in der Hauptsache eigenes Gewächs in den Verkehr bringen, auch wenn sie nach Erfordernis im Inlande gewonnene Trauben oder Traubenmaische zum Keltern zukaufen, nach Muster A.

Winzer, die im Durchschnitte der Jahre bei einer Ernte mehr als 30 000 Liter Traubenmost einlegen, daneben auch nach Muster C oder D, jedoch jedenfalls nach Muster C, wenn sie mehr als 10 000 Liter Traubenmost oder Wein einer Ernte zuckern;

b) Schankwirte, die ausschließlich für den eigenen Bedarf oder Ausschank im Inlande gewonnene Trauben keltern, auch wenn sie nicht zu den Winzern gehören, sofern die im Durchschnitte der Jahre hergestellte Menge 3000 Liter nicht übersteigt, nach Muster A;

c) Schankwirte, Lebensmittelhändler, Krämer und sonstige Kleinverkäufer, die Traubenmost oder Wein nur in fertigem Zustande beziehen und unverändert wieder abgeben, nach Muster F;

d) Geschäftsvermittler über die von ihnen vermittelten Geschäfte nach Muster E.

Geschäftsvermittler, die für Rechnung ihrer Auftraggeber Traubenmaische, Traubenmost oder Wein einlegen oder behandeln, haben hierüber in gleicher Weise wie über eigene Geschäfte Buch zu führen;

e) Weinhändler, Winzergenossenschaften oder andere Gesellschaften, auch wenn sie nur die Erzeugnisse ihrer Mitglieder verwerten, endlich alle übrigen zur Buchführung Verpflichteten, soweit nicht die Vorschriften unter a bis d etwas anderes ergeben, nach Muster B und daneben nach Muster C oder D, jedenfalls jedoch nach Muster C, wenn sie Traubenmaische, Traubenmost oder Wein zuckern;

f) alle zur Buchführung Verpflichteten über den Bezug und die Verwendung von Zucker oder anderen für die Kellerbehandlung des Weines oder zur Herstellung von Haustrunk bestimmten Stoffen (§ 19 Abs. 1 No. 2 des Gesetzes) nach Muster G.

Die bei dem Inkrafttreten des Gesetzes vorhandenen Bestände sind längstens bis zum 1. Oktober 1909 in den Büchern vorzutragen. Mit Rücksicht auf die Vorschrift des § 34 Abs. 3 des Gesetzes ist bei Getränken, soweit sich dies nicht aus dem Eintrag ohne weiteres ergibt, in der Spalte für Bemerkungen anzugeben, wann sie hergestellt sind.

Den zur Buchführung Verpflichteten ist gestattet, nach Bedarf ihrer Betriebe die Bücher auch zu anderen, in dem Vordrucke der Muster nicht vorgesehenen geschäftlichen Aufzeichnungen zu benutzen und den Vordruck entsprechend zu ergänzen, soweit es unbeschadet der Übersichtlichkeit geschehen kann.

Für Lager unter Zollverschluß ersetzt die von der Zollbehörde angeordnete und überwachte Buchführung die Buchführung nach Muster B, C, D.

Die Verwendung der Muster A bis G darf außerdem unterbleiben, wenn die vorgeschriebenen Angaben in Bücher anderer Form eingetragen werden, die nach den Grundsätzen ordnungsmäßiger Buchführung geführt werden, doch sind die Muster zu verwenden, wenn die von der Landeszentralbehörde hierfür bestimmte Behörde festgestellt hat, daß die geführten Bücher keine genügende Übersicht gewähren. Die Behörde entscheidet hierüber auf Anrufen des Betriebsinhabers oder des nach § 21 Abs. 2 des Gesetzes zur Kontrolle bestellten Sachverständigen endgültig.

Anlage 1.

Muster 1.
Zu § 3 Abs. 4.

Zuckerungsanzeige für Traubenmaische, Most oder Wein neuer Ernte.

Tag der Anzeigeerstattung	Des Anzeigepflichtigen		Es soll gezuckert werden		Die Räume, in denen gezuckert werden soll, befinden sich (Ort, Straße, Hausnummer)
	Zu- und Vorname, Beruf	Wohnort, Wohnung	eigenes Gewächs	fremdes Gewächs	
1	2	3	4	5	6
6. 10. 1909	*Nikolaus Schmitz, Winzer*	*Eheim, Hauptstraße 16.*	*ja*	—	*Eheim, Hauptstraße 16.*

gez. *Nikolaus Schmitz.*

Anmerkung. Die in *Kursivschrift* gedruckten Eintragungen stellen Beispiele für die handschriftlich vorzunehmende Ausfüllung der Listen dar.

Anlage 2.

Muster 2.
Zu § 3 Abs. 4.

Zuckerungsanzeige für Wein früherer Jahre*).

Tag der Anzeigeerstattung	Des Anzeigepflichtigen		Es soll gezuckert werden		Der Wein ist		Die Zuckerung soll erfolgen	
	Zu- und Vorname, Stand, Beruf	Wohnort, Wohnung	Menge	Bezeichnung des Weines nach Jahrgang, Herkunft, Sorte	eigenes Gewächs	fremdes Gewächs	Wann?	Wo? (Ort, Straße, Hausnummer)
1	2	3	4	5	6	7	8	9
16. 11. 1909	Heinrich Leonhardt, Weinhändler	Colmar i. E. Vogesenstraße 19	5000 l	1908er Rappoltsweiler Riesling	—	ja	26. 11. 1909	Rufach i. E. Haus No. 101

gez. *Heinrich Leonhardt.*

---

*) Die Zuckerung darf nur bei **ungezuckerten** Weinen früherer Jahrgänge nachgeholt werden (§ 3 Abs. 2 des Gesetzes).

Muster A. **Anlage 3.**

[Seite 1]

Kellerbuch.

Gültig für die Kellerräume zu ....

Name des Besitzers ....

Anweisung für die Eintragungen.

1. Bei der Anlage des Buches sind die vorhandenen Bestände unter „Eingang" nach Sorten hintereinander einzutragen. Diese Eintragungen sind von den nachfolgenden Eintragungen durch einen Querstrich zu trennen.
2. Die Eintragungen sind spätestens 8 Tage nach dem Ein- oder Ausgange zu bewirken, jedoch genügt für den Verbrauch im eigenen Haushalt oder eigenen Ausschanke monatliche Eintragung. Wird Wein vom Fasse verzapft, so genügt es, wenn der Ausgang des ganzen Fasses auf den Tag des Anstichs gebucht und der Tag der Leerung in Spalte 16 angegeben wird.
3. In jedem Jahre ist das Buch einmal abzuschließen. Der Abschluß ist unter Angabe des Tages zu unterschreiben.
4. Mit dem Abschlusse des Buches ist eine Bestandsaufnahme zu verbinden. Die Bestände sind wie bei Anlage des Buches als „Eingang" neu einzutragen.
5. In den Spalten 4, 5, 12 und 14 genügt die Angabe der Menge in runden Zahlen; auch ist es zulässig, die Menge in ortsüblichem Maße (Stück, Halbstück, Fuder, Logel u. s. w.) anzugeben.
6. Wird Traubenmaische gleich nach der Einlagerung abgepreßt, so genügt in Spalte 4 die Angabe der gewonnenen Mostmenge.
7. Bei jeder Zuckerung, auch zur Herstellung des Haustrunkes, ist in Spalte 2 einzutragen, ob Zuckerwasser oder welche Art trockenen Zuckers zugesetzt wird. Erfolgt die Zuckerung kurz nach Einlagerung eines Erzeugnisses, so ist sie unmittelbar unter der Eintragung desselben zu buchen und das Erzeugnis in Spalte 8 als „gezuckert" zu bezeichnen; erfolgt die Zuckerung erst später, so ist das Erzeugnis zunächst als „ungezuckert" zu bezeichnen und der Zuckerungsvorgang besonders einzutragen. Unter die ursprüngliche Angabe „ungezuckert" ist alsdann zu setzen „nachträglich gezuckert".
8. Abgänge an Hefe oder Trub sind als Ausgang zu buchen.

Gesetze und Verordnungen.

[Seite 2]

Eingang

Tag des Einganges	Herkunft und Sorte (Erntejahr, Gemarkung, Weinberglage, Farbe, Bezugsfirma) sowie Tag des Geschäftsabschlusses	Größe der abgeernteten Weinbergsflächen (Hektar, Ar)	Maische, Most, Wein (Liter, Flaschen) Trauben (Kilogr.)	Menge Haustrunk u. sonstige weinähnliche Getränke (Liter od. Flaschen)	Zucker (Kilogramm) in Zuckerwasser (Liter)	Lagerbezeichnung Faß Nr. oder Wein Nr.	Bemerkungen, insbesondere, ob Wein, Most oder Maische gezuckert oder ungezuckert
1	2	3	4	5	6	7	8
1909 1.10.	Bestandsaufnahme: 1908er Bodenheimer Spiegelberg, weiß		1000 l			Hofkeller 1, 2, 3	gezuckert
	" Bodenheimer Verschnitt Hölle-Hochberg, weiß		500 l			" 4	ungezuckert
	1905er Niersteiner Rehbach, weiß Haustrunk		20¹/₁ Fl.	300 l		Straßenkeller 6	
	Apfelwein (Hartmann, Frankfurt a. M.)			150 l		" 130	
1.10.	1909er Bodenheim, Spiegelberg weiß	75 Ar	2500 l			Hofkeller 9	} gezuckert
1.10.	Zuckerwasser				100 kg in 300 l	" 9	
5.10.	" Bodenheim, Hölle, weiß	68 Ar	2000 l			" (8)10	} ungezuckert
5.10.	Zuckerwasser				75 kg in 400 l	" (8)10	
5.10.	" Bodenheim, Hochberg, weiß, Trauben	15 Ar	600 kg				
10.10.	Apfelwein (Hartmann, Frankfurt a. M., 3. 10. 09)			500 l			
15.10.	1909er Bodenheim, Kreuzweg, weiß	16 Ar	} 800 l			Straßenkeller 15	} ungezuckert, nachträglich gezuckert
15.10.	" Bodenheim, Kieselberg, weiß	15 Ar					
18.10.	" Bodenheim, Kapellenweg, weiß	79 Ar	2000 l			" 18	ungezuckert
18.12.	Weißer Kandiszucker				30 kg	" 15	

Ausgang

Tag des Ausganges	Herkunft und Sorte (Erntejahr, Gemarkung, Weinbergslage, Farbe)	Art des Ausganges (Name und Wohnort des Abnehmers, eigener Verbrauch u. dergl.) sowie Tag des Geschäftsabschlusses	Menge Maische, Most, Wein (Liter) Trauben (Kilogr.)	Menge Wein in Flaschen (Zahl)	Menge Haustrunk u. sonstige weinähnliche Getränke(Liter od.Flaschen)	Lagerbezeichnung Faß Nr. oder Wein Nr.	Bemerkungen, insbesondere ob Wein, Most oder Maische gezuckert oder ungezuckert
9	10	11	12	13	14	15	16
1909 5. 10.	1908er Bodenheimer Spiegelberg, weiß	Verkauf an Richard Meyer, Münster a. Stein (1. 10. 09)	500 l			Hofkeller 3	gezuckert
6. 10.	1909er Bodenheimer Hochberg, weiß, Trauben	Verkauf an W. Klinger, Bodenheim (25. 9. 09)	600 kg				
10. 10.	1908er Bodenheimer Verschnitt Hölle-Hochberg, weiß	Unentgeltlich abgegeben an Kurt Schmitt, Kreuznach	500 l			„ 4	ungezuckert
1. 11.	Haustrunkverbrauch Oktober 1909	Eigener Verbrauch			etwa 60 l	Straßenkeller 6	
27. 12.	Abgang durch Hefe		50 l			Hofkeller 10	
30. 12.	1908er Bodenheimer Spiegelberg, weiß	In Zapf genommen	100 l			„ 1	gezuckert geleert 30. 1. 10.

Muster B.

[Seite 1]

Anlage 4.

Kellerbuch.

Gültig für die Kellerräume zu ....

Name des Besitzers ....

Anweisung für die Eintragungen.

1. Bei der Anlage des Buches sind die vorhandenen Bestände unter „Eingang" nach Sorten hintereinander einzutragen, wobei der Inhalt eines jeden Fasses — bei Führung des Buches D jede Weinnummer — und jede Flaschenweinsorte einzeln aufzuführen sind. Die Eintragung der Flaschenweine darf unter der Voraussetzung summarisch erfolgen, daß der Bestand an einzelnen Sorten aus anderen Büchern genau zu ersehen ist.
2. Die Eintragungen sind spätestens 8 Tage nach dem Ein- oder Ausgange zu bewirken, jedoch genügt für den Verbrauch im eigenen Haushalt oder eigenen Ausschanke monatliche Eintragung. Wird Wein vom Fasse verzapft, so genügt es, wenn der Ausgang des ganzen Fasses auf den Tag des Anstichs gebucht und der Tag der Leerung in Spalte 25 angegeben wird.
   Werden Nebenbücher (Expeditionsbücher u. s. w.) ordnungsgemäß geführt, so genügt es, wenn die Eintragungen in dieses Buch unter Hinweis auf die Nebenbücher spätestens bis zum 10. Tage des auf den Geschäftsvorgang folgenden Monats erfolgen.
3. In jedem Jahre ist das Buch einmal abzuschließen. Der Abschluß ist unter Angabe des Tages zu unterschreiben.
4. Mit dem Abschlusse des Buches ist eine Bestandsaufnahme zu verbinden. Die Bestände sind wie bei Anlage des Buches als „Eingang" neu einzutragen.
5. Wird Traubenmaische gleich nach der Einlagerung abgepreßt, so genügt in Spalte 5 die Angabe der gewonnenen Mostmenge.
6. Bei jeder Zuckerung, auch zur Herstellung des Haustrunkes, ist in Spalte 2 einzutragen, ob Zuckerwasser oder welche Art trockenen Zuckers zugesetzt wird. Erfolgt die Zuckerung kurz nach Einlagerung eines Erzeugnisses, so ist sie unmittelbar unter der Eintragung desselben zu buchen und das Erzeugnis in Spalte 8 als „gezuckert" zu bezeichnen; erfolgt die Zuckerung erst später, so ist das Erzeugnis zunächst als „ungezuckert" zu bezeichnen und der Zuckerungsvorgang besonders einzutragen. Unter die ursprüngliche Angabe „ungezuckert" ist alsdann zu setzen „nachträglich gezuckert".
7. In den Spalten 12 und 24 sind je nach Benutzung des Buches C oder D entweder die Nummern der Lagerfässer oder die Weinnummern, unter denen die Erzeugnisse geführt werden, einzutragen.
8. Bei Benutzung des Buches D darf an Stelle der Herkunftsangabe in Spalte 15 die betreffende Weinnummer angegeben werden.
9. Jeder Eingang von gleichem Weine in Flaschen ist mit einer Flaschenlagernummer zu versehen, die in Spalte 12 zu verzeichnen ist. Unter dieser Nummer ist der Wein in ein Flaschenlagerbuch einzutragen. Aus diesem Buche müssen die Ausgänge der einzelnen Sorten ersichtlich sein.
10. Es ist gestattet, die Ausgänge in Flaschen während eines Monats nicht nach Sorten getrennt, sondern summarisch einzutragen. In diesem Falle muß Spalte 25 einen Hinweis auf das Flaschenlager- oder Flaschenverkaufsbuch enthalten, aus welchem die einzelnen Weinsorten, die abgegebenen Mengen und bei Abgabe in Mengen von mehr als einem Hektoliter im einzelnen Falle auch die Abnehmer zu ersehen sind.
11. Wird Faßwein auf Flaschen gefüllt, so ist der Wein in Ausgang — die Menge in Litern — zu bringen und die Anzahl der Flaschen als neuer Eingang einzutragen.
12. Abgänge an Hefe oder Trub sind als Ausgang zu buchen.

[Seite 2] Eingang.

Tag des Einganges	Herkunft und Sorte (Erntejahr, Gemarkung, Weinbergslage, Farbe, Bezugsfirma) sowie Tag des Geschäftsabschlusses	Größe der abgeernteten Weinbergsflächen (Hektar, Ar)	Maische (Liter) Trauben (Kilogramm)	Wein, Most			Angabe, ob gezuckert oder ungezuckert	Haustrunk (Liter)	Sonstige weinähnliche Getränke (Liter oder Flaschen)	Zucker (Kilogramm) Zuckerwasser (Liter)	Lagerbezeichnung Faß Nr. oder Wein Nr.	Bemerkungen
				In Fässern (Liter)	in Flaschen $1/1$ Fl.	$1/2$ Fl.						
1	2	3	4	5	6	7	8	9	10	11	12	13
1909 2.10.	Nackenheimer, Verschnitt versch. Lagen, 1904/1905, weiß (F. Lange, Mainz, 28. 9. 09)			5000 l			gez.				Hauskeller 12	
3. 10.	Dienheimer 1908, Verschnitt verschiedener Lagen, weiß (C. Simon, Dienheim, 27. 9. 09)			1700 l			gez.				Hauskeller 10	
3. 10.	Zuckerwasser									300 l	Hauskeller 10 Postkeller 18	
31. 10.	Niersteiner 1909, eigenes Gewächs, Verschnitt verschiedener Lagen, weiß	62 Ar		1600 l			gez.				Postkeller 18 Hofkeller 115	
31. 10.	Zuckerwasser									200 l		
30. 11.	Flaschenfüllung, Nackenheimer, Verschnitt verschiedener Lagen, 1904/1905, weiß (F. Lange, Mainz)				546							
5. 12.	Apfelwein (S. Herz, Frankfurt a. M., 20. 11. 09)								1000 l		Hofkeller 29	

Ausgang.

[Seite 3]

Tag des Ausganges	Herkunft und Sorte (Erntejahr, Gemarkung, Weinbergslage, Farbe)	Art des Ausganges (Name und Wohnort des Abnehmers, eigener Verbrauch, Flaschenfüllung u. dergl.) sowie Tag des Geschäftsabschlusses	Maische (Liter) Trauben (Kilogramm)	Wein, Most in Fässern (Liter)	Wein, Most in Flaschen 1/1 Fl.	Wein, Most in Flaschen 1/2 Fl.	Angabe, ob gezuckert oder ungezuckert	Haustrunk (Liter)	Sonstige weinähnliche Getränke (Liter oder Flaschen)	Lagerbezeichnung Faß Nr. oder Wein Nr.	Bemerkungen
14	15	16	17	18	19	20	21	22	23	24	25
1909 30.11.	Nackenheimer, Verschnitt verschiedener Lagen, 1904/1905, weiß (F. Lange, Mainz)	Auf Flaschen gefüllt		410 l			gez.			Hauskeller 12	Flaschenlager Nr. 115
2.12.	Oppenheimer 1907, Verschnitt verschiedener Lagen, weiß	Versand an H. Werner, Mainz (15.11.09)		1000 l			gez.			Hauskeller 15	
15.12.	Dienheimer, Kapellenberg 1907, weiß	desgl. an Julius Krause, Berlin (1.12.09)		8500 l	500		ungez.			Hauskeller 2	Flaschenlager Nr. 109
15.12.	Walporzheimer, Kreuzweg 1906, rot	desgl.				180	ungez.			Hauskeller Flaschenlager 16	

Muster C. **Anlage 5.**

[Seite 1]

Faßlagerbuch.

Gültig für die Kellerräume zu ....

Name des Besitzers ....

Anweisung für die Eintragungen.

1. Bei der Anlage des Buches ist der Inhalt eines jeden Fasses genau zu bezeichnen und einzutragen (Spalten 1—6).
2. Alle Eintragungen sind spätestens 8 Tage nach dem Ein- oder Ausgange vorzunehmen.
3. Bei ausgedehnten Kellereien ist gestattet, für jede Kellerabteilung ein besonderes Buch anzulegen.
4. Haustrunk, weinähnliche Getränke oder sonstige Flüssigkeiten sind im Faßlagerbuche nicht nachzuweisen.
5. Ist ein Faß völlig geleert worden, so ist ein Strich unter Ein- und Ausgang zu ziehen. Die Eintragungen der neuen Füllung können bei hinreichendem Platze unterhalb des Trennungsstrichs vorgenommen werden, andernfalls ist eine neue Seite zu verwenden.
6. Entstammt der eingefüllte Wein einem anderen Fass, so ist in Spalte 2 neben den dort vorgesehenen Eintragungen zu vermerken „aus Faß Nr. . . .".
7. In Spalte 11 können Hinweise auf die Eintragungen im Kellerbuche (Muster A oder B) vermerkt werden.

Lager-Abteilung Nr. 3 [Seite 2] Lagerfaß Raumgehalt

Eingang

Tag des Einganges	Herkunft (Gemarkung, Weinbergslage, Traubensorte, Bezugsfirma)	Jahrgang	Farbe des Weines (weiß, rot oder Schiller)	Angabe, ob gezuckert oder nicht gezuckert	Menge in Litern	Zuckerzusatz (trocken oder in Wasser gelöst) Kilogramm in Litern
1	2	3	4	5	6	7
3. 10. 09	Niersteiner Kehrweg (v. F. Friedrich, Nierstein)	1908	weiß	gezuckert	1900	
10. 10. 09	Oppenheimer Falkenberg (desgl.)	1908	desgl.	ungezuckert	5100	
15. 11. 09	Oppenheimer Verschnitt Hölle und Hinterweg (W. Steeg, Oppenheim) Aus Faß Nr. 508	1909	weiß	ungezuckert	5800	
16. 11. 09	Zuckerwasser					240 kg in 1000 l

660 Anhang.

Nr. 510.
7000 Liter.

[Seite 3]

Ausgang

Tag des Ausganges	Menge in Litern	Angaben über Versand, Ab- und Umfüllung, Verschnitt, Kellerbehandlung und dergl.	Bemerkungen
8	9	10	11
1. 11. 09	1000	in Versandfässer gefüllt, an R. Hansch, Bingen	Vergl. Buch B Fol. 113
4. 11. 09	800	auf Flaschen gefüllt (600 Flaschen, Lager Nr. 66)	Vergl. Buch B Fol. 114
6. 11. 09	5000	auf Versandfässer gefüllt, an M. Nacken, Mainz	Vergl. Buch B Fol. 116
6. 11. 09	50	umgefüllt in Lagerfaß 61 (zum Auffüllen)	
6. 11. 09	150	Verlust durch Trub, Schwund usw.	
11. 2. 10	6100	abgestochen in Lagerfaß 14	
11. 2. 10	400	abgestochen in Lagerfaß 31	Hefe in Faß 91 gefüllt
11. 2. 10	300	Verlust durch Hefe, Schwund usw.	

Muster D.

Anlage 6.

[Seite 1]

Weinlagerbuch.
(Für Bezeichnung der Weine nach Wein-Nummern.)

Gültig für die Kellerräume zu ....

Name des Besitzers ....

Anweisung für die Eintragungen.

1. Bei der Anlage des Buches sind die Weinbestände nach Nummern einzutragen.
2. Alle Eintragungen sind spätestens 8 Tage nach dem Ein- oder Ausgange vorzunehmen. Werden Nebenbücher (Expeditionsbücher u. s. w.) ordnungsmäßig geführt, so genügt es, wenn die Eintragungen in dieses Buch unter Hinweis auf die Nebenbücher je für einen Monat summarisch, spätestens bis zum 10. Tage des folgenden Monats erfolgen.
3. Bei ausgedehnten Kellereien ist gestattet, für jede besondere Kellerabteilung ein besonderes Buch anzulegen.
4. Unter e i n e r Wein-Nummer darf nur der gleiche Wein eingetragen werden, wobei es gleichgültig ist, ob er in einem oder mehreren Gebinden lagert oder ganz oder teilweise auf Flaschen gefüllt ist.
5. Die Gesamtmenge des in mehreren Fässern eingehenden Weines ist in Spalte 6 zu buchen, die Anzahl der einzelnen Fässer in Spalte 7.
6. Werden unter verschiedenen Nummern geführte Weine ihrer ganzen Menge nach oder nur teilweise miteinander verschnitten, so ist der Verschnitt unter einer neuen Nummer zu führen, die einen Hinweis auf die alten Nummern enthalten muß.
7. Bei Flaschenfüllungen ist der Wein — die Menge in Litern — in Ausgang zu bringen und die Flaschenzahl unter Eingang neu einzutragen.
8. In Spalte 10 und 16 können Hinweise auf die Eintragungen im Kellerbuche (Muster A oder B) vermerkt werden.
9. In jedem Jahre ist das Buch einmal abzuschließen. Die vorhandenen Bestände sind unter Eingang vorzutragen.

Wein-
Bordeaux-

[Seite 2]

Eingang

Tag des Einganges	Herkunft (Gemarkung, Weinbergslage, Traubensorte, Bezugsfirma)	Jahr-gang	Farbe des Weines (weiß, rot oder Schiller)	Angabe, ob gezuckert oder nicht gezuckert	Gesamt-menge in Litern oder Gebinde-einheiten	Anzahl der Gebinde	Flaschenzahl 1/1 Fl.	Flaschenzahl 1/2 Fl.	Bemerkungen
1	2	3	4	5	6	7	8	9	10
18. 3. 09	*Bordeaux Pomerol v. Fred. Beauvie, Bordeaux (100 Oxhoft)*	*1905*	*rot*	*ungez.*	*22 500 l*	*100 Oxhoft*			*Lagerkeller B*
30. 5. 09	*desgl. Flaschenfüllung*	*1905*	*rot*	*ungez.*			*1170*	*573*	*Flaschenkeller 3, Abt. 13*

[Seite 3]

Nummer 131.
Pomerol.

Tag des Ausganges	Menge in			Ausgang	Bemerkungen
	Litern oder Gebindeeinheiten	Flaschen		Angaben über Versand, Ab- und Umfüllung, Verschnitt, Kellerbehandlung u. dergl.	
		$^1/_1$ Fl.	$^1/_2$ Fl.		
11	12	13	14	15	16
10. 4. 09	*150 l*			*durch Auffüllung verbraucht*	
30. 5. 09	*1125 l*			*auf Flaschen gefüllt*	
10. 6. 09	*900 l*			*versandt an E. Schmitz, Posen*	
13. 6. 09		*300*		*versandt an R. Körner, Potsdam*	*vergl. Flaschenversandbuch Fol. 116.*

Muster E.   **Anlage 7.**

[Seite 1]

Buch für Geschäftsvermittler.

Name des Geschäftsinhabers ....

Anweisung für die Eintragungen.

1. In das Buch sind nur vermittelte Geschäfte einzutragen.
2. Bei der Anlage des Buches sind die angekauften, aber noch nicht abgelieferten Erzeugnisse in den Spalten 1—9 einzeln einzutragen.
3. Alle Eintragungen haben spätestens 8 Tage nach jedem Geschäftsvorgange zu erfolgen.
4. Jeder Weinankauf ist mit einer besonderen Ankaufnummer zu bezeichnen, die in Spalte 2 und bei Ablieferung der Ware in Spalte 11 einzutragen ist.
5. In jedem Jahre ist das Buch einmal abzuschließen. Die angekauften, aber noch nicht abgelieferten Erzeugnisse sind für das folgende Betriebsjahr in den Spalten 1—9 gesondert mit den früheren Ankaufnummern vorzutragen. Der Abschluß ist unter Angabe des Tages zu unterschreiben.

[Seite 2]

Ankauf

Tag des Ankaufs	Ankauf Nr.	Bezeichnung der Ware (Herkunft, Gemarkung, Lage, Jahrgang, Farbe des Weines u. dergl.)	Menge der Trauben, Maische, des Mostes oder Weines				Name und Wohnort des Verkäufers	Name und Wohnort des Käufers
			Ungezuckert		Gezuckert			
			Liter	Flaschen	Liter	Flaschen		
1	2	3	4	5	6	7	8	9
1909 1. 12.	16	1908er Oppenheimer, verschied. Lagen, weiß	3600				J. Kirchner, Oppenheim	R. Kupfer, Mainz
5. 12.	17	1908er Niersteiner, verschied. Lagen, weiß			50 000		K. Gaul, Nierstein	F. Schwalb, Cochem

[Seite 3]

Ablieferung

Tag der Ablieferung	Ankauf Nr.	Name und Wohnort des Empfängers	Menge der Trauben, Maische, des Mostes oder Weines					Bemerkungen
			Ungezuckert		Gezuckert		
			Liter	Flaschen	Liter	Flaschen	
10	11	12	13	14	15	16	17
1909							
15. 12.	16	R. Kupfer, Mainz	3580				
18. 2.	17	F. Kahn, Leipzig im Namen des Käufers			19 450		
21. 12.	17	F. Schwalb, Cochem			30 215		

Muster F. Anlage 8.

[Seite 1]

Weinbuch

für

Schankwirte, Lebensmittelhändler, Krämer und sonstige Kleinverkäufer von Wein.

Gültig für die Keller- und Geschäftsräume zu..

Name des Geschäftsinhabers ....,.......................

Anweisung für die Eintragungen.

1. Bei der Anlage des Buches sind die vorhandenen Mengen in den Spalten 2—7, nach Sorten gesondert, einzutragen.
2. Bei Abgabe von Wein in Flaschen darf die Gesamtzahl der während eines Monats abgegebenen Flaschen, nach Weinsorten gesondert, summarisch eingetragen werden. Der Eintrag hat spätestens bis zum 10. Tage des folgenden Monats zu erfolgen.
3. Wird Wein vom Fasse verzapft, so ist der Ausgang des ganzen Fasses auf den Tag des Anstichs zu buchen und der Tag der Leerung in Spalte 15 anzugeben.
4. Alle übrigen Eintragungen sind spätestens 8 Tage nach dem Ein- oder Ausgange zu bewirken.
5. Wird Faßwein auf Flaschen gefüllt, so ist die Flaschenfüllung in Spalte 11, die Literzahl in Spalte 12 zu vermerken; die Zahl der Flaschen ist unter „Eingang" zu buchen.
6. Das Buch ist in jedem Jahr einmal abzuschließen. Die vorhandenen Vorräte sind unter „Eingang", nach Weinsorten gesondert, neu einzutragen.

[Seite 2]

Eingang.

Tag des Eingangs	Bezeichnung der Getränke	Bezugsfirma sowie Tag des Geschäftsabschlusses	Gezuckert oder nicht gezuckert	Menge Liter	Flaschen $^{1}/_{1}$	Flaschen $^{1}/_{2}$	Bemerkungen
1	2	3	4	5	6	7	8
1909 9. 11.	Trabener Zeltinger	H. Wagner, Coblenz (1. 11. 09)	gezuckert			25	
„	Brauneberger		„		25		
„	Ober-Emmeler		„		25		
„	Caseler		„		25		
„	Ohligsberger		„		25		
„	Niersteiner		„		25		
1. 12.	Büdesheimer	W. Schilling, Mainz (15. 11. 09)	„	250			
20. 12.	„	Auf Flaschen gefüllt	„		330		
21. 12.	Johannisbeerwein	S. Schröder-Erfurt (11. 12. 09)	„				
22. 12.	Rheinpfälzer	K. Stark, Neustadt a. H. (13. 12. 09)	„	50			

[Seite 3]

Ausgang.

Tag des Ausganges	Bezeichnung der Getränke	Art des Ausganges (ob verkauft, im Ausschank oder im eigenen Haushalte verbraucht, auf Flaschen gefüllt usw.)	Menge			Bemerkungen
			Liter	Flaschen $^{1}/_{1}$	Flaschen $^{1}/_{2}$	
9	10	11	12	13	14	15
1909 1. 12.	Trabener Brauneberger } (von H. Wagner, Coblenz) Niersteiner	Verkauft im Laden (Monat November 09)		13 16	12	
20. 12.	Rüdesheimer (W. Schilling, Mainz)	Auf Flaschen gefüllt	250			
25. 12.	Rheinpfälzer (K. Stark, Neustadt a. H.)	In Zapf genommen	50			Geleert 6. 1. 10.

Muster G.

Anlage 9.

[Seite 1]

Kontrollbuch

für

die Verwendung von Zucker und anderen Stoffen bei der Zubereitung und weiteren Behandlung von Wein und Haustrunk.

Name des Geschäftsinhabers ....

Anweisung für die Eintragungen.

1. Bei der Anlage des Buches sind die vorhandenen Bestände unter „Eingang" — jeder Stoff auf einer besonderen Seite — einzutragen.
2. Alle Eintragungen sind spätestens 3 Tage nach dem Tage des Eingangs oder Verbrauchs zu bewirken.
3. Die Menge der Stoffe ist in handelsüblicher Weise nach Stückzahl, Maß oder Gewicht einzutragen, die Menge des Zuckers in Kilogramm.
4. In Spalte 6 ist die Verwendung von Zucker und derjenigen Stoffe einzutragen, die zur Bereitung von Haustrunk (§ 11, Abs. 1 des Gesetzes) gedient haben. Es sind — für jeden Tag besonders — Verwendungsart und verwendete Menge genau anzugeben. Für andere Stoffe bedarf es einer solchen Eintragung nicht. In den Spalten 4—6 sind auch diejenigen Mengen — unter Angabe des Empfängers — abzuschreiben, die an andere abgegeben werden.
5. Am 31. Dezember eines jeden Jahres ist das Buch abzuschließen. Die vorhandenen Vorräte sind unter „Eingang" neu einzutragen. Bei hinreichendem Platze können die neuen Eintragungen für den gleichen Stoff auf der gleichen Buchseite unterhalb eines Trennungsstrichs vorgenommen werden, andernfalls ist eine neue Seite zu wählen.

[Seite 2]

Bezeichnung der Zuckerart: *Weisser Kandiszucker.*
Bezeichnung des zur Kellerbehandlung des Weines oder
zur Herstellung von Haustrunk bestimmten Stoffes (außer Zucker):

1909/10.

Eingang			Abschreibung der verbrauchten Menge		
Tag des Eingangs	Menge	Name und Wohnort des Verkäufers sowie Tag des Geschäftsabschlusses	Tag des Verbrauches	Menge	Art der Verwendung
1	2	3	4	5	6
1. 9. 09	880 kg	*Bestand*	2. 10. 09	260 kg	*Zur Zuckerung von Most*
10. 9. 09	2000 kg	*Kahn & Co., Mainz (1. 9. 09)*	5. 10. 09	250 kg	*desgl.*
			8. 10. 09	90 kg	*Zur Haustrunkbereitung*
			5. 11. 09	500 kg	*Verkauft an W. Marx, Mühlheim*
			3. 12. 09	300 kg	*Zur Zuckerung von Wein*
			13. 12. 09	400 kg	*desgl.*

1910/11.

1. 9. 10	1080 kg	*Bestand*			

[Seite 3]

Bezeichnung der Zuckerart:
Bezeichnung des zur Kellerbehandlung des Weines oder
zur Herstellung von Haustrunk bestimmten Stoffes (außer Zucker): *Weingelatine.*

1909/10.

| Eingang ||| Abschreibung der verbrauchten Menge |||
Tag des Eingangs	Menge	Name und Wohnort des Verkäufers sowie Tag des Geschäftsabschlusses	Tag des Verbrauchs	Menge	Art der Verwendung
1	2	3	4	5	6
1. 9. 09	*10 kg*	*Bestand*			
1. 10. 09	*20 kg*	*G. Hennig, Neustadt (20. 9. 09)*			

1910/1911

1. 9. 10.	*5 kg*	*Bestand*			

Gesetze und Verordnungen.

Weinzollordnung.
Vom 15. Juli 1909.

Abschnitt I.
Vorschriften über die Mitwirkung der Zollbehörden bei der Untersuchung von Wein, Traubenmost und Traubenmaische auf die Einfuhrfähigkeit.

§ 1.

(1) Die Einfuhr von Wein, Traubenmost und Traubenmaische darf nur über die Zollstellen der vom Bundesrate bestimmten Orte erfolgen. Befinden sich an einem Orte mehrere Zollstellen, so bestimmt die oberste Landesfinanzbehörde, welche von diesen Zollstellen die Befugnisse ausüben.

(2) Die Einfuhrbeschränkung des Abs. 1 findet keine Anwendung auf die Fälle des § 4 Abs. 1 und der §§ 14 und 16.

§ 2.

(1) Wein, Traubenmost und Traubenmaische, die in das Zollinland eingeführt werden, unterliegen einer amtlichen Untersuchung auf ihre Einfuhrfähigkeit unter Mitwirkung der Zollbehörden, auf deren Zuständigkeit der § 1 Abs. 1 entsprechende Anwendung findet.

(2) Die Untersuchung erfolgt durch die staatlichen Fachanstalten oder besonders verpflichteten Sachverständigen, die von den Landesbehörden hierfür bestellt sind.

§ 3.

Die Kosten der Untersuchung einschließlich der Versendung der Proben sind von dem Verfügungsberechtigten zu tragen. Für eine Untersuchung, welche gemäß Anlage 1 und B I 5 lediglich zu dem Zwecke ausgeführt wird, in Zweifelsfällen die Gleichartigkeit einer Sendung im Sinne des § 6 Abs. 1 und der Anlage 1 unter A festzustellen, sind keine Gebühren zu entrichten, falls durch die Untersuchung der Zweifel an der Gleichartigkeit der Sendung nicht bestätigt wird.

§ 4.

(1) Von der Untersuchung befreit sind:
1. Sendungen im Einzelrohgewichte von nicht mehr als 5 Kilogramm;
2. Wein in Flaschen (Fläschchen), wenn nach den Umständen nicht zu bezweifeln ist, daß er nur als Muster zu dienen bestimmt ist;
3. Wein in Flaschen (Fläschchen), sofern das Gewicht des in einem Packstück enthaltenen Weines einschließlich seiner unmittelbaren Umschließung nicht mehr als 10 kg beträgt. Ist Wein, von dem mehrere Arten gleichzeitig in einer Sendung eingehen, nachweislich zum gewerbsmäßigen Absatz bestimmt, so dürfen auch bei einem höheren Gewichte diejenigen Weinarten von der Untersuchung freigelassen werden, von denen nicht mehr als 2 ¼ l eingehen;
4. Mengen von nicht mehr als 10 Kilogramm Rohgewicht, die im kleinen Grenzverkehr eingehen;
5. Erzeugnisse, die aus Zollausschlüssen eingehen, wenn nachgewiesen wird, daß ihre Einfuhrfähigkeit bereits dort amtlich festgestellt worden ist;
6. zur Verpflegung von Reisenden, Fuhrleuten oder Schiffern während der Reise mitgeführte Mengen;
7. Erzeugnisse, die als Umzugsgut eingehen und nicht zum gewerbsmäßigen Absatze bestimmt sind;
8. zur unmittelbaren Durchfuhr bestimmte Sendungen.

(2) Die unmittelbare Durchfuhr, welche im Zollpapier ausdrücklich zu beantragen ist, hat, soweit nicht § 54 des Vereinszollgesetzes und § 18 der Postzollordnung Anwendung finden, auf Begleitschein I oder Begleitzettel und unter zollamtlichem Verschluß, und zwar nach Möglichkeit unter Raumverschluß, zu erfolgen. An Stelle des Verschlusses kann zollamtliche Begleitung treten. Die über derartige Sendungen ausgestellten Begleitscheine oder Begleitzettel erhalten am oberen Rande der ersten Seite den mit Buntstift oder durch Stempelabdruck zu bewirkenden Vermerk „Weinuntersuchung". In die über diese Be-

gleitscheine oder Begleitzettel geführten Register ist an geeigneter Stelle derselbe Vermerk aufzunehmen.

(3) Bei hochwertigen Weinen in Flaschen kann die Untersuchung, auch abgesehen von dem Falle des § 8, durch die zuständige Zollstelle erlassen werden.

§ 5.

(1) Bei der Einfuhr untersuchungspflichtiger Sendungen hat der Verfügungsberechtigte die Wahl, ob er die Untersuchung beim Eingangsamte, sofern dasselbe zuständig ist, oder bei einem anderen zuständigen Amte vornehmen lassen will.

(2) Er hat beim Eingange der Zollstelle schriftlich anzumelden, welchem Amte er die Herbeiführung der Untersuchung zu übertragen wünscht. Wenn nach den zollrechtlichen Bestimmungen eine schriftliche Warendeklaration zu erfolgen hat, so ist die Anmeldung in dieser zu bewirken.

(3) Erfolgt die Anmeldung nicht innerhalb einer von dem Eingangsamt ein für allemal anzuordnenden Frist, und wird nicht die Wiederausfuhr der Sendung oder ihre Aufnahme in die öffentliche Niederlage oder ein Privatlager unter amtlichem Mitverschlusse beantragt, so ist die Untersuchung bei dem Eingangsamt oder, falls dieses nicht zuständig ist, bei einer benachbarten, von dem Amte zu bestimmenden zuständigen Zollstelle von Amts wegen vorzunehmen.

§ 6.

(1) Findet die Untersuchung beim Eingangsamt statt, so hat der Verfügungsberechtigte in der Anmeldung (§ 5 Abs. 2) das Erzeugungsland der Sendung zu erklären und die Begleitpapiere, insbesondere die Rechnungen, vorzulegen. Das Amt hat eine Prüfung der Sendung auf Zahl und Inhalt der Kesselwagen oder Packstücke vorzunehmen. Hierbei ist nach Maßgabe der Vorschriften in Anlage 1 unter A festzustellen, inwieweit der Inhalt der zur Sendung gehörigen Kesselwagen oder Packstücke als gleichartig angesehen werden kann. Legt der Verfügungsberechtigte Begleitpapiere oder sonstige Schriftstücke, die über die Gleichartigkeit ausreichenden Aufschluß geben, nicht vor, so ist die Sendung zur chemischen Untersuchung des Inhalts eines jeden Packstückes und, soweit das Ergebnis der Untersuchung nicht entgegensteht, zur Einfuhr zuzulassen.

(2) Von jeder Sendung sind für die Untersuchung Proben zu entnehmen. Die Entnahme und weitere Behandlung der Proben hat nach der in der Anlage 1 enthaltenen Anweisung unter B zu erfolgen.

(3) Die Prüfung der Sendung und die Entnahme der Proben findet an ordentlicher Amtsstelle statt. Sie kann auf Antrag mit Genehmigung des Amtsvorstandes auch an anderen Orten als der ordentlichen Amtsstelle erfolgen, sofern an diesen Orten Räume zur Verfügung stehen, in denen die Sendung bis zur Beendigung der Untersuchung in der im Abs. 4 vorgeschriebenen Weise aufbewahrt werden kann.

(4) Bis zur Beendigung der Untersuchung ist die Sendung derart unter amtlicher Aufsicht oder unter amtlichem Verschluß aufzubewahren, daß eine Vertauschung oder Veränderung des Inhalts der einzelnen Kesselwagen oder Packstücke ausgeschlossen ist.

§ 7.

(1) Bei der Untersuchung von Wein, Traubenmost und Traubenmaische ist nach den Bestimmungen der Anlage 2 (S. 686) zu verfahren.

(2) Das Ergebnis der Untersuchung ist der Zollstelle alsbald schriftlich mitzuteilen. Die etwaige Beanstandung ist ausführlich zu begründen.

(3) Hat die Untersuchung zu keiner Beanstandung geführt, so ist die ganze Sendung zur Einfuhr zuzulassen. Im Falle der Beanstandung ist die Sendung, unbeschadet der weitergehenden, auf Grund der strafrechtlichen Bestimmungen des Vereinszollgesetzes anzuordnenden Maßregeln, nach den Vorschriften in den §§ 10, 11 zu behandeln.

(4) Auf Ersuchen der Zollstelle sind roter Wein und Most von Trauben zu solchem Weine auch daraufhin zu untersuchen, daß sie einen Zuckerzusatz nicht erhalten haben (§ 22 Abs. 1).

§ 8.

(1) Wein, Traubenmost und Traubenmaische italienischer, österreichisch oder ungarischer Erzeugung sind regelmäßig ohne Untersuchung zur Ein-

fuhr zuzulassen, wenn die Sendung von einem Zeugnis über die Einfuhrfähigkeit des Erzeugnisses begleitet ist, welches von einer der hierzu bestimmten wissenschaftlichen Anstalten des Erzeugungslandes ausgestellt ist und nachweist, daß die Untersuchung unter Beobachtung der Vorschriften vorgenommen worden ist, die hierüber im Erzeugungsland im Einvernehmen mit der Reichsverwaltung erlassen sind, und wenn sich nicht besondere Zweifel an der Richtigkeit des Zeugnisses aus der Beschaffenheit des Erzeugnisses nach Farbe, Geruch, Geschmack u. s. w. oder aus anderen außergewöhnlichen Wahrnehmungen im einzelnen Falle ergeben.

(2) Das Zeugnis muß ersehen lassen:
a) Gewicht, Zeichen und Nummer jedes einzelnen Kesselwagens oder Packstücks;
b) die Art (Wein, Traubenmost, Traubenmaische) und Farbe des Erzeugnisses;
c) die Herkunft des Erzeugnisses (Gemarkung, Jahrgang u. s. w.) und seine Bezeichnung;
d) bei rotem Weine sowie bei Traubenmost und Traubenmaische zu solchem Weine, ob ein Verschnitt mit weißem Weine, weißem Traubenmost oder weißer Traubenmaische vorliegt;
e) ob das Erzeugnis einen Zuckerzusatz erhalten hat.

Der Untersuchungsbefund muß erkennen lassen:
a) daß das Erzeugnis den für den Verkehr im Erzeugungslande geltenden gesetzlichen Vorschriften entspricht;
b) daß es nicht nach den vom Bundesrate zu § 13 des Weingesetzes vom 7. April 1909 (Reichs-Gesetzbl. S. 393) erlassenen Ausführungsbestimmungen vom Verkehr ausgeschlossen ist;
c) daß Proben aus jedem Kesselwagen oder Packstück entweder für sich oder nach Bildung einer Durchschnittsprobe (Mischprobe) untersucht worden sind. In letzterem Falle bedarf es der weiteren Bescheinigung, daß in allen Packstücken, aus deren Inhalt die Durchschnittsprobe (Mischprobe) gebildet wurde, ein gleichartiges Erzeugnis enthalten war.

Schließlich muß das Zeugnis einen Vermerk darüber enthalten, daß jeder Kesselwagen oder jedes Packstück unmittelbar nach der Probeentnahme mit einem die spätere Vertauschung oder Verfälschung des Inhalts ausschließenden Verschlusse versehen worden ist.

(3) In der Regel soll das Zeugnis einschließlich der im Falle seiner Ausfertigung in fremder Sprache ihm beizulegenden oder beizudruckenden deutschen Übersetzung von der zuständigen Kaiserlichen Konsularbehörde beglaubigt sein. Bei Zeugnissen, welche unter Benutzung eines mit der Regierung des Ursprungslandes besonders vereinbarten, sowohl in der fremden wie in deutscher Sprache abgefaßten Vordrucks ausgestellt sind, ist jedoch eine besondere Beglaubigung der Richtigkeit der Übersetzung nicht erforderlich. Außerdem kann bei Zeugnissen, die neben der Unterschrift mit dem Amtssiegel des Ausstellers oder der Anstalt versehen sind, über das Fehlen der konsularischen Beglaubigung der Unterschrift hinweggesehen werden, wenn die Abfertigungsstelle zur Prüfung der Unterschrift auf Grund der ihr amtlich mitgeteilten Nachbildung ermächtigt ist und die durch einen Oberbeamten auszuführende Vergleichung keinen Anlaß zu Bedenken bietet.

(4) Liegen besondere Gründe zum Zweifel an der Richtigkeit des Zeugnisses vor, so hat die Zollstelle eine Nachuntersuchung desjenigen Teiles der Sendung, deren Inhalt ihr Anlaß zu Bedenken gibt, durch eine der im § 2 Abs. 2 bezeichneten Anstalten oder Personen herbeizuführen. Die Kosten der Nachuntersuchung einschließlich der Versendung der Proben hat der Verfügungsberechtigte zu tragen, sofern die Untersuchung zu seinen Ungunsten ausfällt.

(5) Ist der amtliche Verschluß an den vorgeführten Kesselwagen oder Packstücken verletzt, so kann von einer nochmaligen Untersuchung Abstand genommen werden, sofern nach der Überzeugung der Zollstelle aus den Umständen hervorgeht, daß die Verschlußverletzung auf Zufall beruht und eine Veränderung des Inhalts nicht stattgefunden hat.

(6) Auf Erzeugnisse anderer Länder sind die vorstehenden Vorschriften insoweit anwendbar, als die Zollstellen hierzu durch ausdrückliche Anweisung unter Bekanntgabe der zur Ausstellung der Untersuchungszeugnisse befugten Anstalten ermächtigt werden.

§ 9.

(1) Die auf Grund der Untersuchung im Inland oder auf Grund ausländischer Zeugnisse zur Einfuhr zugelassenen Sendungen können zollamtlich weiterbehandelt werden.

(2) Die Mitteilungen über das Untersuchungsergebnis sowie die ausländischen Zeugnisse sind, erforderlichenfalls in amtlich beglaubigten Abschriften oder Auszügen, den über die Sendung vorhandenen Zollpapieren anzustempeln oder als Belege zu den Zollregistern zu nehmen.

§ 10.

(1) Soweit die Sendung beanstandet wird, ist sie durch die Zollstelle von der Einfuhr zurückzuweisen. Dem Verfügungsberechtigten, der von der Zurückweisung unter Angabe des Grundes alsbald zu benachrichtigen ist, steht frei, innerhalb dreier Tage nach Empfang dieser Benachrichtigung bei der die Zurückweisung verfügenden Zollstelle die Entscheidung der von der Landeszentralbehörde bezeichneten höheren Verwaltungsbehörde zu beantragen. Diese Behörde entscheidet endgültig.

(2) Wird eine Probe aus Packstücken mit gleichartigem Inhalte beanstandet, so sind auch die nicht untersuchten Teile der Sendung von der Einfuhr zurückzuweisen, sofern nicht der Verfügungsberechtigte innerhalb der im Abs. 1 bezeichneten Frist ihre Untersuchung beantragt. Diese Untersuchung hat sich auf jedes einzelne Packstück zu erstrecken, kann aber nach dem Ermessen des untersuchenden Sachverständigen auf den Beanstandungsgrund beschränkt bleiben.

§ 11.

Von der Einfuhr zurückgewiesene oder freiwillig zurückgezogene Erzeugnisse sind unter zollamtlicher Überwachung in das Zollausland zurückzuschaffen. An Stelle der Wiederausfuhr hat die Vernichtung unter zollamtlicher Aufsicht zu erfolgen, wenn der Verfügungsberechtigte mit der Vernichtung einverstanden ist oder es ablehnt, für die Zurückschaffung in das Zollausland zu sorgen.

§ 12.

Für die zum Zwecke der Untersuchung entnommenen und dabei verbrauchten oder unbrauchbar gewordenen Proben kommt Zoll nicht zur Erhebung.

§ 13.

(1) Findet die Untersuchung nicht beim Eingangsamt statt, so ist die Sendung an das Amt, bei dem die Untersuchung vorgenommen werden soll, unter zollamtlichem Verschluß, und zwar nach Möglichkeit unter Raumverschluß oder unter zollamtlicher Begleitung mit Begleitschein I oder Begleitzettel zu überweisen.

(2) Die über derartige Sendungen ausgestellten Begleitscheine oder Begleitzettel erhalten am oberen Rande der ersten Seite den mit Buntstift oder durch Stempelabdruck zu bewirkenden Vermerk „Weinuntersuchung", In die über diese Begleitscheine oder Begleitzettel geführten Register ist an geeigneter Stelle derselbe Vermerk aufzunehmen.

(3) Nach Ankunft der Sendung bei dem Amte, bei dem die Untersuchung vorzunehmen ist, findet das in den §§ 5—12 bezeichnete Verfahren entsprechende Anwendung. Die zollamtliche Prüfung (§ 6 Abs. 1) hat sich auch darauf zu erstrecken, ob der Warenführer seinen Verpflichtungen aus dem Begleitschein oder Begleitzettel nachgekommen ist. Die zurückgewiesenen oder freiwillig zurückgezogenen Erzeugnisse sind im Falle ihrer Wiederausfuhr in dem Begleitpapier als solche zu bezeichnen.

§ 14.

(1) Untersuchungspflichtige Postsendungen sind von der Postbehörde durch die Bezeichnung „Weinuntersuchung" kenntlich zu machen und einer für die Untersuchung zuständigen Zollstelle an der Grenze oder im Innern vorzuführen. Dies gilt auch dann, wenn eine Sendung erst bei der zollamtlichen Abfertigung (§§ 9 ff. P. Z. O.) als untersuchungspflichtig erkannt wird und die Zollstelle für die Untersuchung nicht zuständig ist. Die zollamtliche Abfertigung ist in diesem Falle dem für die Untersuchung zuständigen Amte zu überlassen und die Sendung der Postbehörde gegen Empfangsbescheinigung zurückzugeben.

Auf Antrag des Empfängers kann von der Weiterbeförderung abgesehen und die Sendung unter zollamtlicher Aufsicht vernichtet werden.

(2) Im übrigen finden auf den Postverkehr (Abs. 1) die Vorschriften der §§ 5—12 mit der Maßgabe Anwendung, daß bei der Wiederausfuhr zurückgewiesener oder freiwillig zurückgezogener Sendungen die Ausstellung von Begleitscheinen und die Anlegung eines Zollverschlusses oder zollamtliche Begleitung nicht erforderlich ist.

§ 15.

Wird im Falle der Bestimmung einer Sendung zur unmittelbaren Durchfuhr (§ 4 Abs. 1 Ziff. 8) diese Bestimmung nachträglich geändert, so ist die Untersuchung alsbald nachzuholen. Dasselbe gilt für solche Sendungen, die über nicht zugelassene Grenzstellen in anderer Weise als mit der Post eingeführt und erst am Bestimmungsort als untersuchungspflichtig erkannt werden. In beiden Fällen sind die Vorschriften in §§ 5—14 entsprechend anzuwenden.

§ 16.

(1) Wein, Traubenmost und Traubenmaische, welche auf Grund des Regulativs, die zollamtliche Behandlung von Warensendungen aus dem Inlande durch das Ausland nach dem Inlande betreffend, zur Versendung in das Ausland abgefertigt werden, sind unter zollamtlichem Verschluß oder unter zollamtlicher Begleitung abzulassen.

(2) Beim Wiedereingangsamte hat stets die Schlußabfertigung gemäß § 11 des bezeichneten Regulativs einzutreten. Ergeben sich hierbei keine Bedenken hinsichtlich der Nämlichkeit der vorgeführten mit den ausgeführten Waren, so findet der § 2 Abs. 1 und die §§ 5—15 keine Anwendung.

(3) Die genannten Bestimmungen finden ferner keine Anwendung auf Sendungen, die gemäß § 19 der Postzollordnung aus einem Orte des Zollgebiets durch das Zollausland nach einem anderen Orte des Zollgebiets befördert werden.

§ 17.

Zur Kognakbereitung bestimmter Wein darf ohne vorherige Untersuchung zur Einfuhr zugelassen werden, nachdem er mit fein zerriebenem Kochsalz in Menge von 2 vom Hundert seines Reingewichts amtlich ungenießbar gemacht (denaturiert) oder nachdem seine Verwendung zur Kognakbereitung gemäß den Bestimmungen in den §§ 40—46 unter amtliche Überwachung genommen ist.

§ 18.

Im übrigen finden auf die Einfuhr von Wein, Traubenmost und Traubenmaische die Bestimmungen des Vereinszollgesetzes und der dazu erlassenen Ausführungsvorschriften Anwendung.

Abschnitt II.

Vorschriften über die Zollbehandlung von Weinen und Mosten der Tarifnummer 180.

a) Verschnittweine und Verschnittmoste.

§ 19.

(1) Im Sinne der vertragsmäßigen Vereinbarungen gelten:

A. als Verschnittweine solche rote Naturweine von Trauben, welche in 100 Gewichtsteilen mindestens 9,5 und höchstens 20 Gewichtsteile Weingeist und im Liter Flüssigkeit bei 100° C mindestens 28 Gramm trockenen Extrakt enthalten,

B. als Verschnittmoste solche frische Moste von Trauben zu rotem Weine, welche eine dem Mindestgehalte der Verschnittweine an Weingeist entsprechende Menge Fruchtzucker und außerdem im Liter Flüssigkeit bei 100° C mindestens 28 Gramm trockenen Extrakt enthalten.

(2) Verschnittweine und Verschnittmoste, deren Erzeugung in Tarifvertrags- oder meistbegünstigten Staaten außer Zweifel steht, unterliegen dem ermäßigten Zollsatze von 15 Mark für 1 Doppelzentner, sofern ihre Einfuhr in Fässern oder Kesselwagen unmittelbar aus dem Erzeugungsland erfolgt ist und ihre Verwendung zum Verschneiden von Wein unter Erfüllung nachstehender Bedingungen beantragt und unter zollamtlicher Überwachung vorgenommen wird.

A. Verschnittweine.

§ 20.

(1) Die Bedingung der unmittelbaren Einfuhr des Weines aus dem Erzeugungsland ist erfüllt, wenn keine zwischenzeitige Lagerung in einem dritten Lande stattgefunden hat. Als zwischenzeitige Lagerung ist der lediglich durch Umladen oder Erwarten einer geeigneten Beförderungsgelegenheit bedingte Aufenthalt nicht anzusehen.

(2) Die zwischenzeitige Lagerung in einem deutschen Freihafengebiete hat die Ausschließung von dem ermäßigten Zollsatze dann nicht zur Folge, wenn über die Weine während dieser Lagerung eine zollamtliche Kontrolle ausgeübt worden ist und eine Bescheinigung hierüber bei der Einfuhr in das Zollgebiet beigebracht wird.

(3) Zum Nachweise der unmittelbaren Einfuhr aus dem Erzeugungslande sind von dem Antragsteller die Frachtbriefe oder Schiffskonnossemente und auf Verlangen auch der geschäftliche Schriftwechsel über den Bezug der Sendung in Urschrift vorzulegen. Eine deutsche Übersetzung des Schriftwechsels ist auf Verlangen der Zollabfertigungsstelle zu beschaffen.

§ 21.

(1) Die Prüfung der Verschnittweine auf das Vorhandensein der im § 19 angegebenen Eigenschaften kann nur bei den gemäß § 2 Abs. 1 für die Untersuchung auf die Einfuhrfähigkeit zuständigen Zollstellen erfolgen. Zuständig im einzelnen Falle ist diejenige Zollstelle, bei welcher die Untersuchung auf die Einfuhrfähigkeit stattfindet.

(2) Die Absicht der Verwendung als Verschnittwein muß spätestens vor Beginn der gemäß § 6 vorzunehmenden zollamtlichen Prüfung erklärt werden.

§ 22.

(1) Die Zollstelle hat die nach der Vorschrift des § 6 unter Anlage 1 unter B entnommenen Proben von den im § 2 Abs. 2 bezeichneten Anstalten oder Personen außer auf die Einfuhrfähigkeit auch daraufhin untersuchen zu lassen, daß sie einen Zuckerzusatz nicht erhalten haben.

(2) Hat die Untersuchung der Proben zu keiner Beanstandung geführt, so gilt ihr Ergebnis auch für die nicht untersuchten Gefäße der Sendung. Ist nach dem Ergebnisse der Untersuchung der Wein zwar einfuhrfähig, aber gezuckert, so hat die Zollstelle, sofern nicht der Antrag auf Zulassung des Weines als Verschnittwein zurückgezogen wird, die Untersuchung der sämtlichen Gefäße der Sendung auf Zuckerzusatz herbeizuführen.

(3) Von der Untersuchung auf Zuckerzusatz ist mit den im § 8 bezeichneten Maßgaben abzusehen, wenn inhaltlich des zum Nachweise der Einfuhrfähigkeit beigebrachten ausländischen Zeugnisses der Wein einen Zuckerzusatz nicht erhalten hat.

§ 23.

(1) Die Untersuchung der als Verschnittweine erklärten Weine auf den Weingeist- und Extraktgehalt ist, falls sie nicht bereits von der Untersuchungsstelle (§ 2 Abs. 2) mitbewirkt worden ist, durch die Zollstelle auf Grund der aus jedem Kesselwagen oder aus mindestens der Hälfte der zu einer Sendung gehörigen Fässer zu entnehmenden Einzelproben nach der in der Anlage 3 (S. 687) abgedruckten Anweisung vorzunehmen.

(2) Falls die zollamtliche Untersuchung ergibt, daß bei der ganzen Sendung oder bei einem Teile der Fässer der Weingeistgehalt nicht innerhalb der vertragsmäßig festgesetzten Grenzen liegt oder der Extraktgehalt die festgesetzte Mindestgrenze nicht erreicht, ist, sofern nicht der Antrag auf Zulassung des Weines als Verschnittwein zurückgezogen wird, sofort von Amts wegen eine Untersuchung der Weinsendung durch die im § 2 Abs. 2 bezeichneten Anstalten oder Personen herbeizuführen. Zu dem Zwecke werden unter Beachtung der Vorschrift in Ziffer 1 Abs. 1 der vorbezeichneten Anweisung nochmals Proben entnommen und unter amtlichem Verschlusse der Untersuchungsstelle übersandt. Diese hat jede einzelne Probe für sich zu untersuchen und dabei nach der in Anlage 2 Abs. 1 bezeichneten Anweisung zur chemischen Untersuchung des Weines mit der Maßgabe zu verfahren, daß der Weingeistgehalt nach Gewichtsteilen in Hundert anzugeben ist. Eine wiederholte Vornahme dieser Untersuchung ist nicht zulässig.

(3) Hat die Untersuchung der entnommenen Proben zu keiner Beanstandung geführt, so gilt ihr Ergebnis auch für die nicht untersuchten Gefäße derselben Sendung. Muß dagegen auch nur für ein einziges Gefäß die Anerkennung als Verschnittwein versagt werden, so sind sämtliche Gefäße der Sendung auf den Weingeist- und Extraktgehalt zu untersuchen.

(4) Hinsichtlich der Abstandnahme von der Untersuchung auf den Weingeist- und Extraktgehalt findet die Vorschrift im § 22 Abs. 3 entsprechende Anwendung.

§ 24.

(1) Über das Ergebnis der Untersuchung auf den Weingeist- und Extraktgehalt hat die untersuchende Stelle ein schriftliches Zeugnis auszustellen, in welchem für jedes untersuchte Gefäß der Weingeist- und Extraktgehalt anzuführen ist. Mit dem Zeugnis ist nach der Vorschrift im § 9 Abs. 2 zu verfahren.

(2) Der Befund über die unmittelbare Einfuhr aus dem Erzeugungsland ist in dem Abfertigungspapier schriftlich niederzulegen.

§ 25.

(1) Die Kosten der gemäß der §§ 22, 23 vorgenommenen Untersuchungen einschließlich der Versendung der Proben sind von dem Antragsteller zu tragen.

(2) Für die zum Zwecke dieser Untersuchungen entnommenen und dabei vernichteten oder zum Genuß unbrauchbar gewordenen Proben kommt Zoll nicht zur Erhebung.

§ 26.

(1) Verschnittweine, welche nicht sofort nach der Untersuchung zum Verschneiden verwendet oder weiter versendet werden, sind getrennt von den sonstigen Weinen unter amtlicher Aufsicht oder Zollverschluß zu halten.

(2) Tritt aus irgend einem Grunde vor der Durchführung des Verschneidens die Verpflichtung zur Zollentrichtung ein, so ist der Zoll nicht nach dem vertragsmäßigen Satze für Verschnittweine, sondern nach dem für andere Weine von gleichem Weingeistgehalte zutreffenden Satze der No. 180 des Zolltarifs zu erheben.

B. Verschnittmoste.

§ 27.

Frische Moste von Trauben zu rotem Weine, die als Verschnittmoste angemeldet werden, sind nach der in der Anlage 3 abgedruckten Anweisung auf ihren Gehalt an Fruchtzucker und trockenem Extrakte zu untersuchen. Im übrigen finden alle vorstehenden Bestimmungen über die Verschnittweine sinngemäß auf die Verschnittmoste Anwendung.

C. Ausführung des Verschnitts.

§ 28.

Der Verschnitt besteht in der Zumischung der untersuchten Verschnittweine oder Verschnittmoste zu Weißwein oder zu Rotwein in bestimmtem Mengenverhältnis und erfolgt auf Anmeldung unter amtlicher Überwachung. Die Zumischung zu Most ist nicht als ein die Anwendung des vertragsmäßigen Zollsatzes von 15 Mark für einen Doppelzentner begründender Verschnitt anzusehen.

§ 29.

Der Verschnitt kann bei den zur Prüfung der Verschnittweine und Verschnittmoste befugten Zollstellen (§ 21), ferner bei allen mit Niederlagebefugnis versehenen Zollstellen und außerdem auch bei anderen, von den obersten Landesfinanzbehörden dazu ermächtigten Zollstellen auf Antrag vorgenommen werden. Die amtliche Überwachung des Verschnitts kann auf Antrag auch außerhalb der zuständigen Amtsstelle stattfinden. Hierfür hat der Antragsteller Gebühren nach Maßgabe der Zollgebührenordnung zu entrichten.

§ 30.

(1) Die Anmeldung zum Verschneiden hat außer den sonstigen für die Zollabfertigung erforderlichen Angaben zu enthalten:

    a) Menge des zu verwendenden Verschnittweins oder Verschnittmostes in Liter und

    b) Art (Weiß- oder Rotwein), Abstammung (inländisch oder ausländisch) und Menge (Zahl und Art der Gefäße sowie Litermenge) des zu verschneidenden Weines.

(2) Wird roter Wein aus dem freien Verkehre des Zollgebiets zum Verschneiden vorgeführt, so bedarf es außerdem der Angabe, daß kein bereits unter amtlicher Überwachung verschnittener Wein vorliegt.

§ 31.

Die auf einmal zur Abfertigung anzumeldende Mindestmenge des Verschnittweins oder Verschnittmostes wird auf 100 Liter festgesetzt.

§ 32.

Der zu verschneidende weiße oder rote Wein muß den Anforderungen entsprechen, welche für Wein im Weingesetze vom 7. April 1909 (G.R.Bl. S. 393) vorgesehen sind. Getränke, welche nach § 13 des genannten Gesetzes nicht in Verkehr gebracht werden dürfen, sind zum Verschneiden mit zollbegünstigtem Verschnittwein oder Verschnittmoste nicht zuzulassen. Die Zollstelle hat sich von der vorschriftsmäßigen Beschaffenheit der zum Verschneiden vorgeführten Weine zu überzeugen und in Zweifelsfällen Gutachten hierüber von einer der im § 2 Abs. 2 bezeichneten Anstalten oder Personen auf Kosten des Antragstellers einzuholen. Von dem Antragsteller vorgelegte Zeugnisse können nur dann als ausreichender Nachweis anerkannt werden, wenn sie von einem geprüften Nahrungsmittelchemiker auf Grund eigener Untersuchung von Proben der zum Verschneiden vorgeführten Weine nach Maßgabe der in Anlage 2 Abs. 1 bezeichneten Anweisung zur chemischen Untersuchung des Weines ausgestellt sind und die Bescheinigung enthalten, daß die Gefäße unmittelbar nach der Probeentnahme durch die Gemeindebehörde oder durch den Zeugnisaussteller derart verschlossen worden sind, daß jede Veränderung ihres Inhalts bis zur Vornahme des Verschnitts verhindert wird.

§ 33.

(1) Die Zumischung von Verschnittwein zu Rotwein gleicher oder gleichartiger Beschaffenheit ist nicht als Verschnitt im Sinne der vertragsmäßigen Abmachungen anzuerkennen. Mit Rücksicht hierauf hat die Zollstelle die zum Verschneiden vorgeführten Rotweine nach ihren allgemeinen Merkmalen (Farbe, Geschmack, Dichte, Alter u. s. w.) mit den beizumischenden Verschnittweinen zu vergleichen und in Zweifelsfällen einer Untersuchung durch eine der im § 2 Abs. 2 bezeichneten Anstalten oder Personen auf Kosten des Antragstellers zu unterwerfen. Rotwein, dessen Gehalt an Weingeist oder an trockenem Extrakte die für Verschnittwein vorgeschriebene Mindestgrenze erreicht, ist stets als ein dem Verschnittweine gleichartiger Wein anzusehen.

(2) Rotweine, die durch Verschneiden von weißen oder roten Weinen mit zollbegünstigtem Verschnittwein oder Verschnittmoste hergestellt sind, dürfen nach dem Übergange des Gemisches in den freien Verkehr des Zollgebiets nicht wiederholt zum Verschneiden mit zollbegünstigtem Verschnittwein oder Verschnittmoste zugelassen werden. Auf Erfordern der Zollstelle hat der Antragsteller durch Vorlegung der gemäß § 19 des Weingesetzes vom 7. April 1909 (R.G.Bl. S. 393) etwa geführten Bücher oder in sonst geeigneter Weise darzutun, daß ein derartiger Vorverschnitt noch nicht stattgefunden hat.

§ 34.

(1) Der Zusatz von Verschnittwein oder Verschnittmost darf bei dem Verschnitte von Weißwein nicht mehr als die eineinhalbfache Raummenge des zu verschneidenden Weines (60 vom Hundert des ganzen Gemisches) und bei dem Verschnitte von Rotwein nicht mehr als die Hälfte der Raummenge des zu verschneidenden Weines (33 $^1/_3$ vom Hundert des ganzen Gemisches) betragen. Die Mindestmenge des Zusatzes unterliegt, abgesehen von der Bestimmung im § 31, keiner Beschränkung.

(2) Wenn der Zusatz von Verschnittwein oder Verschnittmost die den angegebenen Verhältniszahlen entsprechende Menge nicht erreicht, so kann der Zusatz des an der zulässigen Höchstmenge noch fehlenden Teiles nachträglich angemeldet und mit der Wirkung der Zollermäßigung vorgenommen werden, solange das Gemisch nicht in den freien Verkehr des Zollgebiets übergegangen ist.

§ 35.

(1) Die amtliche Feststellung der Litermenge des Verschnittweins oder Verschnittmostes sowie des zu verschneidenden Weines hat in der Regel durch Vermessung mittels geeichter Gefäße zu erfolgen. Soweit die Flüssigkeit sich

in vollen Fässern der gewöhnlich zur Versendung von Wein benutzten Art befindet, kann die Litermenge aus dem Gewichte des gefüllten Fasses in der Weise berechnet werden, daß für jedes Kilogramm dieses Gewichts 0,8547 Liter in Ansatz gebracht werden. Ebenso kann die Litermenge bei nicht vollgefüllten Fässern durch Umrechnung aus dem Eigengewichte des Weines nach Maßgabe des § 4 A 2 b des Weinlagerregulativs ermittelt werden.

(2) Bleibt gegenüber der Menge des zu verschneidenden Weines die Menge des Verschnittweines oder Verschnittmostes offenbar beträchtlich hinter der zulässigen Höchstmenge zurück und soll das Gemisch sogleich in den freien Verkehr treten, so kann von der Ermittelung der Litermenge des zu verschneidenden Weines abgesehen werden.

§ 36.

(1) Die zum Verschnitt in öffentliche Niederlagen oder in Privatlager unter amtlichem Mitverschluß eingebrachten inländischen Weine behalten ihre Eigenschaft als Güter des freien Verkehrs bei, sind jedoch abgesondert zu lagern.

(2) Innerhalb desselben Teilungslagers können Verschnittweine und andere Faßweine gelagert werden, ohne daß dadurch der höhere Zollsatz der letzteren für den ganzen Lagerbestand begründet wird, wenn die Verschnittweine von den anderen Faßweinen durch räumliche Trennung oder nach dem Ermessen der Zollstelle in sonst geeignet erscheinender Weise auseinandergehalten werden.

D. Behandlung der verschnittenen Weine.

§ 37.

(1) Das durch Verschneiden von unverzolltem ausländischen Weine erhaltene Gemisch ist, wenn es nicht sofort in den freien Verkehr gesetzt wird, bis dahin in einem abgegrenzten Raume der öffentlichen Niederlage oder eines unter amtlichem Mitverschlusse stehenden Privatlagers oder, in Ermangelung solcher Räume, auf Kosten des Antragstellers in einem anderweiten geeigneten, unter amtlichen Mitverschluß zu nehmenden Raume aufzubewahren und bleibt auch bei Versendung auf Begleitschein I sowie im Falle seiner Belassung in der öffentlichen Niederlage oder in einem unter amtlichem Mitverschlusse stehenden Privatlager nach dem anteiligen Verhältnisse des darin enthaltenen ausländischen Verschnittweines oder Verschnittmostes und anderen ausländischen Faßweins zollpflichtig. Das Gemisch ist im Niederlageregister unter Anschreibung des Zollbetrags, welcher nach Maßgabe des Mischungsverhältnisses auf dem Gemische lastet, als „verschnittener Wein" festzuhalten.

(2) Ebenso ist sinngemäß zu verfahren, wenn aus dem freien Verkehre des Zollgebiets zum Verschneiden vorgeführte Weine nach Vornahme eines Teilverschnitts (§ 34 Abs. 2) in der öffentlichen Niederlage oder in einem unter amtlichem Mitverschlusse stehenden Privatlager belassen oder auf Begleitschein I versendet werden, um die spätere Ergänzung des Zusatzes von Verschnittwein oder Verschnittmost auf die zulässige Höchstmenge nicht auszuschließen.

(3) Den obersten Landesfinanzbehörden bleibt überlassen, weitere für die Zollsicherheit erforderliche Bestimmungen über die zollamtliche Behandlung des verschnittenen Weines auf den öffentlichen Niederlagen sowie den unter amtlichem Mitverschlusse stehenden Privatlagern zu treffen sowie auch die erforderlichen Ergänzungen bezüglich der Buchführung u. s. w. vorzuschreiben.

E. Besondere Erleichterungen.

§ 38.

Die obersten Landesfinanzbehörden sind ermächtigt, für diejenigen Weinbauer, welche nicht mehr als 1 Hektar Weinland besitzen, nur selbstgewonnenen Wein verschneiden und nicht zugleich Weinhändler sind, Erleichterungen bezüglich der Überwachung der Verwendung von Verschnittweinen eintreten zu lassen. Die Vornahme des Verschnitts darf jedoch nur unter zollamtlicher Aufsicht stattfinden.

§ 39.

Die obersten Landesfinanzbehörden sind ermächtigt, die Anwendung des vertragsmäßigen Zollsatzes für Verschnittweine oder Verschnittmoste nach ihrer Verwendung zum Verschneiden von Wein ausnahmsweise in denjenigen Fällen zu genehmigen, in welchen den vorstehenden Bestimmungen versehentlich nicht völlig entsprochen worden ist. Die hiernach gewährten Vergünstigungen sind in das von den obersten Landesfinanzbehörden dem Reichskanzler behufs Vorlage an den Bundesrat alljährlich mitzuteilende Verzeichnis der aus Billigkeitsrücksichten auf gemeinschaftliche Rechnung bewilligten Zollerlasse aufzunehmen.

b) Wein zur Kognakbereitung.

§ 40.

(1) Zur Kognakbereitung bestimmte Weine in Fässern oder Kesselwagen mit einem Weingeistgehalte von nicht mehr als 20 Gewichtsteilen in 100 unterliegen, wenn sie einen anderen Zusatz als aus Wein gewonnenen Weingeist nicht enthalten und ihre Erzeugung in Tarifvertrags- oder meistbegünstigten Staaten außer Zweifel steht, dem ermäßigten Zollsatze von 10 Mark für 1 Doppelzentner, sofern sie mit fein zerriebenem Kochsalz in Menge von 2 vom Hundert ihres Reingewichts amtlich ungenießbar gemacht (denaturiert) werden oder ihre Verwendung zur Kognakkereitung unter Erfüllung der in den §§ 41—45 vorgeschriebenen Bedingungen stattfindet.

(2) Der Zollpflichtige hat durch Bescheinigungen der ausländischen Lieferer oder in anderer Weise (Vorlegung von Rechnungen, kaufmännischem Schriftwechsel oder dgl.) glaubhaft darzutun, daß der Wein einen anderen Zusatz als aus Wein gewonnenen Weingeist nicht enthält.

(3) Die Untersuchung der zur Kognakbereitung bestimmten Weine auf den Weingeistgehalt ist durch die Zollstelle nach der in der Anlage 2 abgedruckten Anweisung vorzunehmen.

§ 41.

(1) Wer Wein mit dem Anspruch auf den ermäßigten Zollsatz von 10 Mark zur Kognakbereitung zu verwenden beabsichtigt, hat — vorbehaltlich der in den §§ 40 (Denaturierung) und 45 zugelassenen Ausnahmen — um die Bewilligung eines Teilungslagers unter amtlichem Mitverschlusse (§ 1 Abs. 1 Ziffer 1 des Weinlagerregulativs) für Faßweine einzukommen.

(2) Das beantragte Weinteilungslager kann auch an Orten bewilligt werden, welche nicht der Sitz einer Zoll- oder Steuerstelle sind (§ 2 Abs. 1 des Privatlagerregulativs). Von dem im § 2 Abs. 2 des Weinlagerregulativs vorgeschriebenen Erfordernis eines regelmäßigen Lagerbestandes u. s. w. darf Abstand genommen werden.

§ 42.

(1) In das Teilungslager dürfen nur solche in Fässern oder Kesselwagen eingeführten Weine mit einem Weingeistgehalte von nicht mehr als 20 Gewichtsteilen in 100 aufgenommen werden, die einen anderen Zusatz als aus Wein gewonnenen Weingeist nicht enthalten und deren Erzeugung in Tarifvertrags- oder meistbegünstigten Staaten außer Zweifel steht.

(2) Die in das Teilungslager aufgenommenen Weine dürfen lediglich zur Kognakbereitung in der Gewerbsanstalt des Lagerinhabers verwendet werden. Jede anderweite Verwendung bedarf der nur ausnahmsweise zu erteilenden Genehmigung des zuständigen Hauptamts.

§ 43.

(1) Die Verarbeitung des zur Kognakbereitung abgemeldeten Weines wird amtlich überwacht. Die Überwachung kann auf die Überführung des Weines auf das Brenngerät beschränkt werden, wenn nach den vorhandenen Anlagen ein sicherer Verschluß des Brenngeräts zu bewerkstelligen ist und kein Zweifel besteht, daß die Verarbeitung auf dem Brenngerät erfolgt, um Kognak zu gewinnen.

(2) In der Abmeldung ist die Beaufsichtigung der Überführung der betreffenden Weinmenge auf das Brenngerät und die Überwachung der Kognakbereitung sowie der erfolgte Verschluß des Brenngeräts amtlich zu bescheinigen.

§ 44.

Die weitere Behandlung des gewonnenen Kognaks erfolgt nach den gesetzlichen Vorschriften über die Besteuerung des Branntweins und den dazu erlassenen Ausführungsbestimmungen.

Gesetze und Verordnungen. 683

§ 45.

Wenn der Wein unmittelbar von der Zollstelle unter amtlicher Aufsicht in die Brennereiräume verbracht und dort sofort unter amtlicher Aufsicht verarbeitet werden soll, bedarf es der Einrichtung eines Teilungslagers nicht.

§ 46.

Für die zollamtlichen Abfertigungen sowie für die Überwachung der Verwendung des Weins sind Gebühren nach Maßgabe der Zollgebührenordnung zu entrichten.

c. Anderer Wein und Most.

§ 47.

Die Untersuchung von anderem Weine und Moste der Tarifnummer 180, als Verschnittwein, Verschnittmost und Wein zur Kognakbereitung, auf den Weingeistgehalt ist von der Zollstelle nach der in der Anlage 5 abgedruckten Anweisung vorzunehmen, sofern sie nicht von der Untersuchungsstelle (§ 2 Abs. 2) mitbewirkt worden ist.

Anweisung für die Zollbehörden zur Feststellung der Gleichartigkeit sowie zur Probeentnahme.

A. Feststellung der Gleichartigkeit.

I. Für die Beurteilung der Gleichartigkeit einer Sendung ist lediglich der Inhalt, nicht die Art der Verpackung maßgebend.

Zur Prüfung der Gleichartigkeit ist zunächst festzustellen, ob nach den Angaben in den Begleitpapieren (Rechnungen, Frachtbriefen, Konnossementen, Ladescheinen und dergleichen) oder sonstigen Schriftstücken ein gleichartiges Erzeugnis vorliegt. Als gleichartig kann eine Sendung hierbei nur betrachtet werden, wenn das Erzeugnis in allen Packstücken der Sendung das gleiche, also von der nämlichen Herkunft und der nämlichen Beschaffenheit ist. Erzeugnisse von verschiedenen Herkunftsorten, desgleichen nach Sortenbezeichnung, Jahrgang, Preis von einander verschiedene Weine einer Sendung gelten nicht als gleichartig, auch wenn sie aus ein und demselben Weinbaugebiet, aus ein und demselben Weinbaubezirke (Gemarkung) stammen. Demnach sind auch bei gleicher Sortenbezeichnung Weine als verschiedenartig anzusehen, wenn sie mit verschiedener Jahrgangsbezeichnung eingehen oder im Preise von einander abweichen.

II. Zur Prüfung auf die gleichartige Beschaffenheit des Erzeugnisses und ihre Übereinstimmung mit den Angaben in den Begleitpapieren u. s. w. sind der Sendung nach Maßgabe der folgenden Bestimmungen Proben zu entnehmen und auf Farbe, Geruch, Geschmack und Flüssigkeitsgrad zu prüfen.

1. Bei Sendungen in Kesselwagen ist jedem Kesselwagen (jeder Abteilung eines solchen) eine Probe von etwa 100 ccm zu entnehmen.
2. Bei Sendungen in Fässern oder anderen Umschließungen, ausgenommen Flaschen, von gleicher Art und Größe sind Proben je von etwa 50 ccm aus dem 20. Teile, mindestens aber aus 2 Packstücken der Sendung zu entnehmen.
3. Sind im Falle unter 2 die Fässer oder anderen Umschließungen, ausgenommen Flaschen von ungleicher Art oder Größe, so sind Proben je von etwa 50 ccm aus dem 20. Teile, mindestens aber aus je 2 Packstücken jedes Anteils zu entnehmen.
4. Bei Sendungen teils in Kesselwagen, teils in Fässern oder anderen Umschließungen, ausgenommen Flaschen, ist nach Lage des Falles in sinngemäßer Weise entweder nach II 2 oder II 3 zu verfahren.
5. Bei Sendungen in Flaschen ist die Prüfung auf die Angaben in den Begleitpapieren, die Farbe des Weines und die Ausstattung der Flaschen zu beschränken; Flaschen sind nicht zu öffnen.
6. Teile einer Sendung werden als selbständige Sendungen behandelt.

III. Für die Entnahme der Weinproben aus Fässern sind Stechheber aus Glas zu benutzen, bei Traubenmost und Traubenmaische sind auch andere Heber zulässig.

IV. Die entnommenen Proben dürfen nicht miteinander vermischt werden.

B. Probenentnahme zur chemischen Untersuchung.
I. Die Anzahl der Proben richtet sich nach folgenden Bestimmungen: Es sind zu entnehmen:
1. bei Sendungen in Kesselwagen
aus jedem Wagen (jeder Abteilung eines solchen) 1 Probe;
2. bei Sendungen in Fässern
   a) mit gleichartigem Inhalt:
      bei 1 bis 100 Fässern . . . . 1 Probe
      bei mehr als 100, aber weniger als 201 Fässern 2 Proben
      bei mehr als 200, aber weniger als 301 Fässern 3 Proben
      u. s. w., sodaß auf je 100 weitere Fässer 1 Probe entfällt.

      Wenn das Gesamtgewicht von je 100 Fässern mehr beträgt als 30 000 kg, sind bei einem Gesamtgewichte der Sendung von 30 000 bis 60 000 kg 2 Proben, von 60 000 bis 90 000 kg 3 Proben zu entnehmen u. s. w., sodaß auf je weitere 30 000 kg der Sendung 1 Probe entfällt.
   b) mit ungleichartigem Inhalt:
      von jedem Anteil 1 Probe.

      Bestehen die einzelnen Anteile einer Sendung aus mehreren Fässern mit gleichartigem Inhalt und beträgt die Zahl der Fässer eines solchen Anteils mehr als 100, oder übersteigt das Gesamtgewicht 30 000 kg, so richtet sich die Zahl der Proben aus diesem Anteil nach den Bestimmungen unter a.
3. bei Sendungen in anderen Umschließungen, ausgenommen Flaschen, ist sinngemäß nach 2 zu verfahren.
4. bei Sendungen in Flaschen
   a) mit gleichartigem Inhalt:
      von je 2500 Flaschen . . . . . . 1 Probe;
   b) mit ungleichartigem Inhalt:
      von je 2500 Flaschen jeder Sorte . 1 Probe.
5. Wenn auf Grund der vorstehend unter A vorgeschriebenen Prüfung Zweifel über die Gleichartigkeit einer Sendung oder einzelner Teile bestehen, so ist von jedem nach Ansicht der Zollstelle als verschieden in Betracht kommenden Teile 1 Probe für die chemische Untersuchung zu entnehmen.
6. Im Falle des § 6 Abs. 1 Satz 4 der Weinzollordnung ist aus jedem einzelnen Packstücke, beim Eingang in Flaschen auf je 500 Flaschen 1 Probe für die chemische Untersuchung zu entnehmen.

II. Die Menge der einzelnen Probe ist auf mindestens $^3/_4$ l oder $^1/_1$ Flasche zu bemessen. Die Zollstelle ist befugt, in besonderen Fällen eine größere Menge oder auf Ersuchen der Untersuchungsstelle eine Ersatzprobe zu entnehmen. Wenn der Verfügungsberechtigte auf eine möglichst schnelle Abfertigung der Sendung Wert legt und die Beschaffung einer Ersatzprobe mit Zeitverlust verbunden ist, so ist mit Zustimmung des Verfügungsberechtigten die doppelte Menge der Probe zu entnehmen.

III. Die Bestimmungen unter A III und IV finden Anwendung.

IV. Die für die Proben aus Fässern und Kesselwagen zu verwendenden Flaschen und Korke müssen vollkommen rein sein. Krüge oder undurchsichtige Flaschen, in denen etwa vorhandene Unreinlichkeiten nicht erkannt werden können, dürfen nicht verwendet werden.

V. Bei Traubenmost- und Traubenmaischeproben sind folgende Vorschriften zu beachten:
1. Zur Entnahme der Proben sind Flaschen von etwa 1 l Rauminhalt zu verwenden.
2. Die Proben sind aus der mittleren Flüssigkeitsschicht zu entnehmen. Hierbei ist darauf zu achten, daß die Proben von Schalen, Teilen der Kämme und dergleichen freibleiben. Die Proben dürfen nicht filtriert werden.
3. Die Proben sind in der Weise haltbar zu machen, daß die mit den Proben nur zu drei Vierteln gefüllten Flaschen fest verkorkt, zugebunden und darauf eine halbe Stunde lang im Wasserbade auf 70° C erhitzt werden.

Gesetze und Verordnungen. 685

4. Von der Haltbarmachung ist abzusehen
   a) wenn die Proben ohne größeren Zeitverlust an die Untersuchungsstelle abgeliefert werden können,
   b) wenn die Proben nicht mehr deutlich gären und keinen süßen Geschmack zeigen.

VI. Jede Flasche ist amtlich zu verschließen und mit einem anzuklebenden Zettel zu versehen, auf dem die zur Feststellung der Nämlichkeit notwendigen Vermerke angegeben sind.

In einem Begleitschreiben, zu dem das beigefügte Muster verwendet werden kann, ist, soweit möglich, anzugeben:
1. Name und Wohnort des Absenders, des Empfängers und des Verfügungsberechtigten;
2. Zahl, Art, Zeichen, Nummer und Gewicht der Kesselwagen, Fässer oder anderen Umschließungen;
3. Art und Farbe des Weines, des Traubenmostes, der Traubenmaische;
4. Herkunft (Erzeugungsland, Weinbaugebiet, Gemarkung, Lage) des Weines, des Traubenmostes, der Traubenmaische, bei Wein auch der Jahrgang;
5. bei Fässern und Kesselwagen der Füllungsgrad und wie weit etwa die Kahmbildung eingetreten ist;
6. ob die Proben aus Anlaß von Zweifeln über die Gleichartigkeit entnommen wurden (B I 5);
7. bei Traubenmost und Traubenmaische, ob sich diese in Gärung befinden oder wegen Mangels an Gärung des Zusatzes gärungshemmender Stoffe verdächtig erscheinen.
8. bei der Entnahme der Proben etwa gemachte besondere Beobachtungen.

Für mehrere Proben der gleichen Sorte genügt ein Begleitschreiben.

VII. Die Begleitpapiere der Sendung sind der Untersuchungsstelle auf Erfordern zur Einsichtnahme zuzusenden.

VIII. Die Proben sind sofort nach der Entnahme an die Untersuchungsstelle zu befördern. Ist die Absendung nicht alsbald ausführbar, so sind die Flaschen an einem vor Sonnenlicht geschützten kühlen Orte liegend aufzubewahren. Bei Jungwein, Traubenmost und Traubenmaische ist wegen ihrer leichten Veränderlichkeit auf besonders schnelle Beförderung Bedacht zu nehmen.

Muster.
(Zu Anlage 1.)

Zollamt I Berlin
Nr. 3150

Berlin, den 3. März 1911.
NW. 40, Alt-Moabit 145

Begleitschreiben
für Proben zur chemischen Untersuchung.

1. Zahl der Proben: 1 Flasche Wein, Traubenmost, Traubenmaische.
2. Bezeichnung und No. des zollamtlichen Abfertigungspapiers:
   a) Zollbegleitschein I, Ladungsverzeichnis Nr. 1335.
   b) Überwiesen vom Grenzeingangsamt zu Hamburg, Amerikahöft.
   c) Empfangsregister No. 345.
3. Name und Wohnort;
   a) des ausländischen Absenders: Charles Meunier, Bordeaux.
   b) des Empfängers: W. Müller, Berlin, Friedrichstr. 200.
   c) des Verfügungsberechtigten: R. Schulz, Berlin, Lehrter-Str. 100, Spediteur.
4. Lagerort des Weines, des Traubenmostes, der Traubenmaische: Zollschuppen 6.
5. a) Zahl und Art der Umschließungen: 8 Oxhoftfässer.
   b) Zeichen und No. der Umschließungen: C. M. 8413 bis 8420.
   c) Gewicht der Sendung: 2144 kg.
6. Art und Farbe des Weines, des Traubenmostes, der Traubenmaische: Roter Bordeauxwein.

7. Herkunft des Weines, des Traubenmostes, der Traubenmaische:
   a) Erzeugungsland: Frankreich.
   b) Engerer Bezirk (Weinbaugebiet, Gemarkung, Lage): Bordeaux, Château Dauzak.
   c) Bei Wein Jahrgang: 1910.
8. Bei Fässern und Kesselwagen;
   a) Füllungsgrad: Fast spundvoll.
   b) Ist Kahmbildung eingetreten und wieweit? Nein.
9. Sind die Proben aus Anlaß von Zweifeln über die Gleichartigkeit entnommen worden? Nein.
10. Bei Traubenmost und Traubenmaische:
    a) Sind die Proben haltbar gemacht oder nicht? —
    b) Ist alkoholische Gärung eingetreten oder besteht der Verdacht auf Zusatz gärungshemmender Stoffe? —
11. Bei Verschnittwein:
    a) Soll festgestellt werden, ob der Wein einen Zuckerzusatz erhalten hat? —
    b) Sollen der Weingeist- und Extraktgehalt mitgeteilt werden? —
12. Bei Entnahme der Proben etwa gemachte besondere Beobachtungen: —

Neumann.
(Unterschrift.)

An das Nahrungsmittel-Untersuchungsamt
der Landwirtschaftskammer für die Provinz
Brandenburg
hier NW. 40,
(Untersuchungsstelle.) Kronprinzenufer 5/6.

Anlage 2.

Anweisung für die Untersuchungsstellen zur chemischen Untersuchung von Wein, Traubenmost und Traubenmaische.

Bei der Untersuchung von Wein ist nach der Anweisung des Bundesrats zur chemischen Untersuchung des Weines[1]), bei der Untersuchung von Traubenmost und Traubenmaische in sinngemäßer Anwendung dieser Anweisung zu verfahren.

Die Wahl des Untersuchungsverfahrens bei der Ermittlung solcher Stoffe, die in der Anweisung nicht berücksichtigt sind, bleibt dem Ermessen des Sachverständigen überlassen.

I. Für den Umfang der Untersuchung der Proben zur Feststellung der Einfuhrfähigkeit gelten die folgenden Vorschriften:
 A. Bei allen Proben ist auszuführen:
  1. bei Weißwein:
   a) die Bestimmung des Gehalts an Alkohol,
   b) die Bestimmung des Gehalts an Extrakt (auf direktem Wege),
   c) die Bestimmung des Gehalts an freien Säuren (Gesamtsäure).
  2. bei Rotwein:
   a) die Bestimmung des Gehalts an Alkohol,
   b) die Bestimmung des Gehalts an Extrakt (auf direktem Wege),
   c) die Bestimmung des Gehalts an freien Säuren (Gesamtsäure),
   d) außerdem ist festzustellen, ob die in dem Rotwein enthaltene Menge Schwefelsäure, auf 1 l berechnet, nicht mehr beträgt, als 2 g neutralen schwefelsauren Kaliums entspricht; hierbei ist die Anwendung eines abgekürzten Bestimmungsverfahrens, dessen Wahl dem Sachverständigen überlassen bleibt, zulässig. Wird dabei nicht mit Sicherheit festgestellt, daß der Gehalt an Schwefelsäure unter dem zulässigen Grenzwert liegt, so ist die Bestimmung nach dem Untersuchungsverfahren in der Anweisung erneut auszuführen;
  3. bei Süßwein (süßem Dessert- und Südwein):
   a) die Bestimmung des Gehalts an Alkohol,
   b) die Bestimmung des Gehalts an Extrakt (aus der Dichte),
   c) die Bestimmung des Gehalts an freien Säuren (Gesamtsäure),
   d) die Prüfung auf Rohrzucker,

---

[1]) Vgl. Zentralbl. für das Deutsche Reich 1896, S. 197 und von 1901, S. 234.

4. bei Traubenmost oder Traubenmaische:
   a) die Bestimmung des Gehalts an Alkohol,
   b) die Bestimmung des Gehalts an freien Säuren (Gesamtsäure),
   c) die Bestimmung des Gehalts an Zucker, sofern die Probe nicht vollständig vergoren ist. Die Bestimmung des Zuckers kann auch durch Titrieren mit Fehlingscher Lösung nach dem in der Anlage 3 angegebenen Verfahren ausgeführt werden.
   d) bei Maischen zur Rotweinbereitung ist außerdem festzustellen, ob die darin enthaltene Menge Schwefelsäure, auf 1 l berechnet, nicht mehr beträgt, als 2 g neutralen schwefelsauren Kaliums entspricht, wobei wie vorstehend unter 2 d zu verfahren ist.

B. Falls das Aussehen, der Geruch, der Geschmack der Proben oder sonstige Verdachtsgründe es notwendig erscheinen lassen, ist je nach den Umständen außer den unter A 1 bis 4 vorgeschriebenen Prüfungen noch auszuführen:
   1. bei Weißwein, Traubenmost und Traubenmaische:
      a) die Bestimmung des Gehalts an schwefliger Säure,
      b) die Bestimmung des Gehalts an Gesamtweinsäure,
      c) die Bestimmung des Gehalts an flüchtigen Säuren,
      d) die Bestimmung des Gehalts an Mineralbestandteilen,
      e) bei unvollständig vergorenem Weine die Bestimmung des Gehalts an Zucker;
   2. bei Rotwein:
      a) die Bestimmung des Gehalts an schwefliger Säure,
      b) die Bestimmung des Gehalts an Gesamtweinsäure.
      c) die Bestimmung des Gehalts an flüchtigen Säuren,
      d) die Bestimmung des Gehalts an Mineralbestandteilen,
      e) bei unvollständig vergorenem Weine die Bestimmung des Gehalts an Zucker;
      f) die Prüfung auf fremde Farbstoffe;
   3. bei Süßwein (süßem Dessert- und Südwein):
      a) die Bestimmung des Gehalts an schwefliger Säure,
      b) die Bestimmung des Gehalts an Gesamtweinsäure,
      c) die Bestimmung des Gehalts an flüchtigen Säuren,
      d) die Bestimmung des Gehalts an Phosphorsäure,
      e) die Bestimmung des Gehalts an Rohrzucker,
      f) die Bestimmung des Gehalts an Mineralbestandteilen.

C. Dem Ermessen des Sachverständigen bleibt es überlassen, je nach Lage des Falles außer den unter A und B angeführten noch eine oder mehrere Prüfungen vorzunehmen, die sich auf den Nachweis der bei der Weinbereitung nicht zulässigen Zusätze beziehen (§§ 13, 14 des Weingesetzes; Ausführungsbestimmungen zu §§ 4, 11, 12; 10, 16; 13).

Bei einem Teile der Proben sind diese Untersuchungen regelmäßig vorzunehmen, sodaß im Jahresdurchschnitt 5 v. H. aller Proben auch den Prüfungen unter B und C unterzogen werden. Hierbei ist insbesondere auf die etwaige Anwesenheit der im Ausland als Zusatz erlaubten, im Inland aber verbotenen Stoffe zu achten.

II. Die Wahl der Verfahren zur Feststellung der Gleichartigkeit der Proben bleibt dem Sachverständigen überlassen.

III. Die Einzelbestimmungen sind in der Regel nur einmal auszuführen. Derjenige Teil der Untersuchung aber, der zu einer Beanstandung geführt hat, ist zu wiederholen.

Anlage 3.

Anweisung für die zollamtliche Untersuchung von Verschnittwein und Verschnittmost auf den Weingeist- oder den Fruchtzucker- und den Extraktgehalt.

Die Untersuchung der Verschnittweine und Verschnittmoste hat sich auf die Ermittelung des Gehalts an Weingeist oder Zucker und an Extrakt zu erstrecken. Bei fertigem Weine (reinem vergorenen Traubensafte) kann von der Bestimmung des Zuckergehaltes abgesehen werden.

1. Entnahme und Vorbereitung der Proben.

Die Proben für die Untersuchung sind, soweit nicht nach den bestehenden Bestimmungen Erleichterungen zulässig sind, aus jedem Kesselwagen oder aus mindestens der Hälfte der zu einer Sendung gehörigen Fässer zu entnehmen, und zwar mittels Stechhebers in einer Menge von je etwa 0,4 Liter. Eine Vermischung der Proben miteinander ist nicht zulässig, es muß vielmehr jede einzelne Probe für sich untersucht werden.

Die Proben sind von ihrem etwaigen Kohlensäuregehalte durch wiederholtes kräftiges Schütteln möglichst zu befreien und, wenn sie nicht klar erscheinen, demnächst durch ein doppeltes Faltenfilter von Papier zu filtrieren. Bei Mosten geht dem Filtrieren ein Durchseihen durch ein reines trockenes Tuch voraus. An diese Vorbereitung der Proben muß die eigentliche Untersuchung unmittelbar angeschlossen werden.

2. Ausführung der Untersuchung.

Soweit bei der Untersuchung Spindelungen stattfinden, sind die in den „Tafeln zur zollamtlichen Abfertigung von Verschnittweinen und Verschnittmosten" enthaltenen Vorschriften maßgebend.

Die Untersuchung umfaßt
 a) die Spindelung der Probe,
 b) die Destillation der Probe und die Spindelung des Destillats,
 c) die Titrierung der Probe mit Fehlingscher Lösung.

Die bei der zollamtlichen Untersuchung zu benutzenden Geräte (Alkoholometer, Saccharimeter, Meßzylinder, Meßkolben, Büretten u. s. w.) sind von der Normal-Eichungs-Kommission zu beziehen.

Die Titrierung (Ziffer 2 c) erfolgt nur dann, wenn der Zuckergehalt der Flüssigkeit bestimmt werden soll.

a) Spindelung der Probe.

Nachdem die Probe nach Ziffer 1 vorbereitet ist, wird zunächst die Spindelung derselben nach Maßgabe des § 1 der den Tafeln vorgedruckten Anleitung vorgenommen.

Als Spindeln dienen Alkoholometer oder Saccharimeter, je nachdem die Probe eine geringere oder größere Dichte hat als Wasser. Als Standglas benutzt man das der in Anlage 2 zur Alkoholermittelungsordnung vorgeschriebenen Brennvorrichtung beigegebene Meßglas.

b) Destillation der Probe und Spindelung des Destillats.

Demnächst erfolgt die Destillation eines Teiles der Probe nach Maßgabe der Vorschriften in der Alkoholermittelungsordnung (§ 16 und Anlage 2 dazu). Dabei kommen jedoch der Zusatz von Salz, die starke Verdünnung und das Durchschütteln in der hierzu dienenden Bürette vor der Destillation in Wegfall. Vielmehr wird in folgender Weise verfahren: Man mißt von der Probe in dem Meßglas 100 ccm ab, gießt diese in den Siedekolben, füllt etwa die Hälfte des Meßglases mit Wasser nach, fügt eine Messerspitze Tannin hinzu und destilliert. Nachdem das Destillat nahezu die Marke des als Vorlage dienenden Meßglases erreicht hat und genau bis zu dieser Marke mit Wasser aufgefüllt ist, wird gehörig umgeschüttelt und die Spindelung mittels des Alkoholometers vorgenommen (§ 1 der den Tafeln vorgedruckten Anleitung).

c) Titrierung mit Fehlingscher Lösung.

Nach erfolgter Destillation und Spindelung des Destillats wird bei Mosten stets, bei Weinen nur, wenn es aus besonderen Gründen notwendig erscheint (z. B. wenn es zweifelhaft ist, ob der Wein vollständig vergoren ist), zur Bestimmung des Zuckergehaltes durch Titrierung der Probe mit Fehlingscher Lösung geschritten. Hierzu wird der bei der Destillation nicht verwendete Teil der Probe benutzt. Da nur dann ein hinreichend genaues Ergebnis erzielt werden kann, wenn die Flüssigkeit nicht mehr als 1 vom Hundert Zucker enthält, so ist nötigenfalls der zur Titrierung bestimmte Teil der Probe vorher zu verdünnen. Einen Anhalt für den Grad der vorzunehmenden Verdünnung liefert die Menge des Gesamtextrakts (einschließlich allen Zuckers). Diese Menge ist nach Ziffer 3 c zu berechnen. Die Berechnung muß daher vor der Bestimmung des Zuckergehalts vorgenommen werden. Die Verhältniszahl für die Verdünnung, das ist die Zahl, welche angibt, wie weit die Verdünnung vorgenommen werden muß, ergibt sich, wenn man von der berechneten und nach oben auf ganze Einheiten abgerundeten Zahl für den Gesamtextrakt 3 abzieht. Enthält die Probe beispielsweise 10,8 vom Hundert, also abgerundet 11 vom Hundert Gesamtextrakt, so ist sie mit Wasser auf die 11 weniger 3, also 8 fache Raummenge in der nachstehend beschriebenen Weise zu verdünnen.

Die Verdünnung wird in Verbindung mit dem Eindampfen (zum Zwecke der Entfernung des Weingeistes) und Entfärben vorgenommen. Man füllt von der Probe in eine gehörig gereinigte und getrocknete oder mit der zu untersuchenden Flüssigkeit ausgespülte Bürette so viel, daß die Flüssigkeit einige Zentimeter über der obersten mit 0 bezeichneten Marke steht, und läßt durch den Hahn in das ursprüngliche Gefäß wieder so viel ab, bis der untere Rand der Flüssigkeitsoberfläche diese Marke 0 genau erreicht. Aus der Bürette läßt man dann so viel Kubikzentimeter der eingefüllten Probe in eine etwa 150 ccm fassende Porzellanschale fließen, als die Teilung von 100 durch die Verhältniszahl für die Verdünnung angibt, in obigem Beispiel $\frac{100}{8} = 12,5$ ccm. Faßt die Bürette von der 0-Marke ab nicht die hiernach erforderliche Menge Flüssigkeit, so wird sie so oft in der vorbeschriebenen Weise gefüllt und entleert, als nötig ist, um die erforderliche Anzahl Kubikzentimeter in die Schale zu bringen.

Beträgt die Verhältniszahl mehr als 2, so ist in die Schale so viel Wasser nachzufüllen, bis die Gesamtmenge der Flüssigkeit nahezu 50 ccm erreicht hat, in obigem Beispiel also 37,5 ccm.

Nun stellt man die Schale auf ein siedendes Wasserbad und fügt, je nach der Menge und Färbung der Flüssigkeit, eine oder mehrere Messerspitzen gepulverte, möglichst kalkfreie Tierkohle hinzu, um die rote Farbe der Flüssigkeit vollständig zu beseitigen. Dann wird bis auf etwa $^1/_5$ eingedampft unter häufigem vorsichtigen Umrühren mit einem Glasstabe, welcher während des Eindampfens in der Schale verbleiben muß. Hierauf setzt man etwa 10 ccm heißes Wasser hinzu, rührt um und filtriert, indem man die Flüssigkeit den Glasstab entlang auf das Filter gießt, in ein mit einer Marke versehenes 100 ccm fassendes Meßkölbchen. Dann spült man die Schale zur Gewinnung des Restes und zum Auslaugen der Tierkohle mehrmals mit geringen Mengen kochend heißen Wassers aus, gießt dieses an dem Glasstabe jedesmal auf das Filter, so lange fortfahrend, bis das untergestellte Kölbchen nahezu bis zur Marke gefüllt ist, und läßt die Flüssigkeit erkalten. Um die Flüssigkeit abzukühlen, stellt man das Kölbchen in ein mit Wasser von 14—15° C gefülltes geräumiges Gefäß, wobei zu beachten ist, daß das Wasser bis zur Marke des Kölbchens reicht. Nach 15—20 Minuten füllt man das Kölbchen mit kaltem Wasser genau bis zur Marke auf, schüttelt mehrmals durch und beschickt mit der Flüssigkeit die inzwischen gereinigte und getrocknete Bürette in der vorher beschriebenen Weise. Hierauf gibt man aus einer mit Seignettesalz-Natronlauge und einer anderen mit Kupfervitriollösung (den beiden Teilen der Fehlingschen Lösung) gefüllten Bürette je 5 ccm in einen Kochkolben von etwa 0,2 Liter Inhalt. Nach Zusatz von etwa 40 ccm Wasser erhitzt man zum Sieden und läßt die verdünnte Zuckerlösung aus der Bürette in die heiße Mischung in der Weise fließen, daß anfangs einige Kubikzentimeter auf einmal hineingelangen, später der Zufluß nur in einzelnen Tropfen erfolgt. Der Zusatz in Tropfen beginnt, sobald die ursprünglich dunkelblaue Farbe der Mischung beim Kochen in ein helles Blau übergeht. Sollte die erstmalige Füllung der Bürette hierzu nicht hinreichen, so sind weitere Füllungen vorzunehmen. Nach dem Zusatz eines jeden Tropfens wird bis zum Aufkochen erhitzt und die Farbe der Mischung durch Betrachten gegen einen weißen Untergrund beobachtet. Ist die blaue Farbe der Mischung eben nicht mehr erkennbar, so liest man an der Teilung der Bürette die Anzahl der verbrauchten Kubikzentimeter Zuckerlösung bis auf 0,1 ccm genau ab.

3. Berechnung der Ergebnisse.

Die Berechnung der Ergebnisse erfolgt mit Hilfe der in Ziffer 2 Abs. 1 erwähnten Tafeln nach Maßgabe der folgenden Bestimmungen:

a) Die wahren Alkoholometerangaben sowohl der Probe als auch des Destillats werden aus Tafel 1 entnommen. War zur Spindelung der Probe ein Saccharimeter erforderlich, so werden die wahren Saccharimeterangaben gemäß § 2 Ziffer 2 der Anleitung ermittelt.

b) Die in 100 Gewichtsteilen der Probe (Wein oder Most) enthaltenen Gewichtsteile Weingeist werden aus der Tafel 1 a oder 1 b entnommen, je nachdem zur Spindelung der Probe ein Alkoholometer oder ein Saccharimeter erforderlich war.

c) Aus den Tafeln 2 und 3 entnimmt man mit Hilfe der wahren Alkoholometer- oder Saccharimeterangabe der Probe und der wahren Alkoholometerangabe des Destillats (Ziffer 1) den Gesamtextraktgehalt (einschließlich allen Zuckers).

d) Der Zuckergehalt ist aus der Verhältniszahl für die vorgenommene Verdünnung und der Zahl der bei der Titrierung verbrauchten Kubikzentimeter Zuckerlösung aus Tafel 4 zu entnehmen.

Beträgt die nach d ermittelte Zahl für den Zuckergehalt nicht mehr als 2,5 g im Liter, so geben die nach b und c ermittelten Zahlen bereits den ganzen Weingeistgehalt und den eigentlichen Gehalt an trockenem Extrakte. Beträgt die Zahl für den Zuckergehalt mehr als 2,5, so zieht man zunächst 2,5 davon ab. Der so verbleibende Überschuß wird von der nach c ermittelten Zahl für den Gesamtextrakt in Abzug gebracht; man bekommt dadurch den eigentlichen Extraktgehalt, d. h. den Gehalt an Gesamtextrakt ausschließlich der 2,5 g im Liter übersteigenden Zuckermenge. Ferner entnimmt man mit demselben Überschuß aus der Tafel 5 den entsprechenden Weingeistgehalt und zählt diesen zu dem nach b ermittelten Weingeistgehalte der Probe hinzu; man erhält dadurch den ganzen Weingeistgehalt des dem untersuchten Most oder unvollständig vergorenen Weine entsprechenden fertigen Weines.

Sobald der ganze Weingeistgehalt mindestens 9,5 und höchstens 20 Gewichtsteile in 100 und der eigentliche Gehalt an trockenem Extrakte mindestens 28 g im Liter Flüssigkeit beträgt, darf der Wein oder Most zum Verschneiden gegen Entrichtung des ermäßigten Zollsatzes von 15 Mark für 1 Doppelzentner zugelassen werden.

Anlage 4.

Anweisung für die zollamtliche Untersuchung von Wein zur Kognakbereitung auf den Weingeistgehalt.

1. Entnahme und Vorbereitung der Proben.

Aus jedem Kesselwagen oder aus mindestens der Hälfte der zu einer Sendung gehörigen Fässer sind mittels Stechhebers Proben in einer Menge von je etwa 0,4 Liter zu entnehmen.

Die Proben sind von ihrem etwaigen Kohlensäuregehalte durch wiederholtes kräftiges Schütteln möglichst zu befreien und, wenn sie nicht klar erscheinen, demnächst durch ein doppeltes Faltenfilter von Papier zu filtrieren. An diese Vorbereitung der Proben muß die eigentliche Untersuchung unmittelbar angeschlossen werden.

2. Ausführung der Untersuchung.

a) Spindelung der Proben und deren Vereinigung zu Mischproben.

Als Spindeln dienen zwei Alkoholometer und zwei Saccharimeter. Die Alkoholometer haben eine Teilung nach 0,2 Gewichtsteilen in Hundert und umfassen 0—12 und 10—22 Gewichtsteile. Die Saccharimeter haben ebenfalls eine Teilung nach 0,2 Gewichtsteilen und umfassen 0—16 und 15—31 Gewichtsteile. Die Wärmeskalen der vier Geräte reichen von 10—20 Grad des hundertteiligen Thermometers und sind nach 0,5 Wärmegraden geteilt. Die Geräte müssen amtlich beglaubigt sein.

Jede Probe ist für sich zu spindeln. Die Spindelung wird in dem der amtlichen Brennvorrichtung (Alkoholermittelungsordnung Anlage 2) beigegebenen Meßglase vorgenommen und geschieht mit einem der beiden Alkoholometer, falls die Dichte der Proben geringer, dagegen mit einem der beiden Saccharimeter, falls die Dichte größer ist als diejenige des Wassers, was sich beim probeweisen Einsenken der Geräte ergibt. Das weitere Verfahren richtet sich nach § 1 Ziffer 2 und 3 der den „Tafeln zur zollamtlichen Abfertigung von Verschnittweinen und Verschnittmosten" vorgedruckten Anleitung.

Die Spindelung hat nur den Zweck, die Gleichartigkeit der Proben festzustellen. Die Ermittelung der wahren Alkoholometer- oder Saccharimeterangaben kann daher unterbleiben, wenn bei der Spindelung dieselben Wärmegrade ermittelt wurden. In diesem Falle können die scheinbaren Alkoholometer- oder Saccharimeterangaben der Proben verglichen werden. Andernfalls müssen von denjenigen Proben, die nicht eine Wärme von 15° C hatten, die wahren Alkoholometer- oder Saccharimeterangaben ermittelt werden. Geschah die Spindelung mit einem Alkoholometer, so ist dazu Tafel 1 der „Tafeln zur zollamtlichen Abfertigung von Verschnittweinen und Verschnittmosten" zu benutzen. Geschah die Spindelung mit einem Saccharimeter, so ist nach § 2 Ziffer 2 der diesen Tafeln vorgedruckten Anleitung zu verfahren.

Ergibt sich zwischen sämtlichen gespindelten Proben keine größere Abweichung als 2 vom Hundert, so sind bis zu 25 Proben aus einer gleichen Anzahl nahezu gleich großer Fässer in einer Menge von je 100 ccm unter gutem Durchrühren zu je einer Mischprobe zu vereinigen. Andernfalls sind diejenigen Proben, die sich voneinander um nicht mehr als 2 vom Hundert unterscheiden, in der Reihenfolge, die sich aus den gefundenen Alkoholometer- oder Saccharimeterangaben, von den niedrigsten anfangend, ergibt, in einer Menge von je 100 ccm unter gutem Durchrühren bis zu 25 je einer Mischprobe zu vereinigen.

Diese Mischproben sowie die bei der Vereinigung etwa übriggebliebenen Einzelproben sind alsdann jede für sich auf ihren Weingeistgehalt nach folgender Anweisung zu untersuchen.

b) Destillation der Misch- und Einzelproben und Spindelung der Destillate.

Die Destillation wird nach Anlage 2 zur Alkoholermittelungsordnung vorgenommen.

Von jeder Mischprobe und jeder etwa übriggebliebenen Einzelprobe werden je 100 g in einem dünnwandigen Glaskolben von etwa 100 ccm Rauminhalt genau abgewogen und in den Siedekolben F entleert. Der Glaskolben wird mit etwa 50 g, bei Proben, die mit dem Saccharimeter gespindelt wurden, mit 80—100 g destilliertem Wasser nachgespült, das Spülwasser ebenfalls in den Siedekolben F gegossen und eine Messerspitze Tannin hinzugefügt.

Alsdann wird die Probe destilliert, wobei ein vorher in trockenem Zustande gewogener, dünnwandiger Glaskolben als Vorlage dient, an welchem am unteren Teile des Halses bei 100 ccm Inhalt eine Marke angebracht ist.

Sobald der Flüssigkeitsspiegel des Destillats etwa 1—2 mm unterhalb der Marke an der Vorlage steht, wird die Destillation unterbrochen, die Vorlage auf die Wage gebracht und vorsichtig tropfenweise mittels einer Pipette so viel Wasser zugegoben, daß das Gewicht des Destillats genau 100 g beträgt. Wird hierbei oder schon bei der Destillation das Gewicht von 100 g überschritten, so ist das Destillat zu verwerfen und eine neue Destillation vorzunehmen.

Sodann wird die Vorlage mit einem sauberen Kautschukstopfen verschlossen, der Inhalt durch Schütteln gut durchgemischt, und dann so viel in das der amtlichen Brennvorrichtung beigegebene, völlig getrocknete Meßglas abgegossen, bis die Marke erreicht ist. Hierauf wird der Inhalt des Meßglases mit einem der beiden oben beschriebenen Alkoholometer bei einer Wärme von 13—17° C gespindelt und die wahre Stärke des Destillats in der unter Ziffer 2 a angegebenen Weise abgeleitet. Die so ermittelte Stärke ist der Weingeistgehalt der untersuchten Probe. Sinkt bei Innehaltung der vorgeschriebenen Wärmegrade das Aräometer von 10—22 Gewichtsteilen in Hundert bis über den Skalenteilstrich 21,6 in das Destillat ein oder reicht die Tafel 1 nicht aus, so ist der Weingeistgehalt der Probe höher als 20 Gewichtsteile in Hundert.

Sind an Stelle der in der Anlage 2 zur Alkoholermittelungsordnung vorgeschriebenen Brennvorrichtung andere Brennvorrichtungen zugelassen, so können auch diese Brennvorrichtungen nebst Zubehör zu der in Ziffer 2 vorgesehenen Untersuchung benutzt werden.

3. Schlußbestimmung.

Überschreitet der Weingeistgehalt auch nur einer untersuchten Misch- oder Einzelprobe die in Betracht kommende Grenze und ist der Zollpflichtige mit der Abfertigung der ganzen Sendung nach diesem Weingeistgehalte nicht einverstanden, so sind, soweit dies nicht schon geschehen ist, aus allen zu der

Sendung gehörigen Gefäßen Proben zu entnehmen und nach Vorbereitung gemäß Ziffer 1 Abs. 2 e i n z e l n in der in Ziffer 2 b angegebenen Weise auf ihren Weingeistgehalt zu untersuchen. In diesem Falle sind die Zollgefälle für die innerhalb verschiedener Grenzen liegenden Teile der Sendung getrennt zu berechnen.

Anlage 5.

Anweisung für die zollamtliche Untersuchung von anderem Weine und Moste, als Verschnittwein, Verschnittmost und Wein zur Kognakbereitung, auf den Weingeistgehalt.

Die Untersuchung kann in unbedenklichen Fällen auf eine bloße K o s t - p r o b e , wobei der Wein oder Most möglichst Zimmerwärme haben so ll, beschränkt werden, wenn sich durch das Kosten die Zugehörigkeit des Weines oder Mostes zu der in Betracht kommenden Zollstaffel mit Sicherheit beurteilen läßt und im Falle einer verbindlichen Erklärung der angemeldete Weingeistgehalt nicht in der Nähe der entscheidenden oberen Grenze liegt. Ist letzteres der Fall oder ist das Ergebnis der Kostprobe ein zweifelhaftes oder erhebt der Zollpflichtige gegen das Ergebnis der Kostprobe Einspruch oder handelt es sich um sehr süßen, um sehr sauren oder um verdorbenen Wein, so hat die Feststellung des Weingeistgehalts durch D e s t i l l a t i o n und S p i n d e l u n g des Destillats (Abs. 5) zu erfolgen. Bei Poststendungen darf die Abfertigung in unbedenklichen Fällen auch dann auf Grund einer Kostprobe bewirkt werden, wenn der angemeldete Weingeistgehalt in der Nähe der entscheidenden oberen Grenze liegt.

Beim Vorliegen einer verbindlichen Erklärung des Weingeistgehalts sind mindestens 5 vom Hundert der zu einer Sendung gehörigen Gefäße der Untersuchung (Kostprobe oder Destillation und Spindelung) zu unterwerfen. Liegt eine verbindliche Erklärung des Weingeistgehalts nicht vor, so ist die Untersuchung auf alle Gefäße zu erstrecken. Wird jedoch in letzterem Falle durch Vorlegung von Rechnungen u. s. w. dargetan, daß es sich um Wein oder Most gleicher Art handelt, so kann die Untersuchung nach näherer Bestimmung des Amtsvorstandes auf einen Teil der Gefäße, jedoch nicht unter 10 vom Hundert, beschränkt werden.

Überschreitet bei den probeweise untersuchten Gefäßen der Weingeistgehalt der Flüssigkeit auch nur in einem Gefäße die in Betracht kommende Grenze, so sind auch die übrigen Gefäße auf den Weingeistgehalt der Flüssigkeit zu untersuchen.

Aus jedem der zu untersuchenden Gefäße sind mittels Stechhebers Proben zu entnehmen. F ü r d i e K o s t p r o b e ist nicht mehr Wein oder Most zu entnehmen, als für das Kosten unumgänglich notwendig ist. F ü r d i e D e s t i l l a t i o n und S p i n d e l u n g des Destillats sind die Proben auf je etwa $^1/_4$ Liter zu bemessen. Eine Vermischung der Proben miteinander ist nicht zulässig; jede einzelne Probe muß vielmehr für sich untersucht werden.

Die Destillation und Spindelung des Destillats ist in der unter Ziffer 2 b der Anweisung für die zollamtliche Untersuchung von Wein zur Kognakbereitung auf den Weingeistgehalt (Anlage 4) angegebenen Weise vorzunehmen, nachdem zuvor die Proben durch wiederholtes kräftiges Schütteln von ihrem Kohlensäuregehalte möglichst befreit sind.

Erlaß vom 30. November 1909, betr. Verwertung gerichtlich eingezogener Weine, Getränke und Stoffe.

1. Traubenmost, Weine, weinähnliche und weinhaltige Getränke, Schaumweine und Kognak, die nicht in den Verkehr gebracht werden dürfen (§§ 13 bis 16, § 11 Abs. 2 des Gesetzes), sind zu vergällen und sodann zugunsten der Staatskasse zu verkaufen. Die Vergällung ist von der Polizeibehörde zu überwachen.

Die Vergällung hat, wenn die Flüssigkeit zur Essigbereitung verkauft wird, zu erfolgen durch Zusatz von Essigsäure (auch in Form von Essigsprit oder Essigessenz), in solcher Menge, daß die Flüssigkeit auf 100 Liter etwa 4 Liter Essigsäure enthält. Wenn die Flüssigkeit zur Verarbeitung auf Branntwein verkauft wird, hat die Vergällung durch Zusatz von 2 kg Kochsalz auf 100 Liter Flüssigkeit zu geschehen. Dabei ist darauf zu achten, daß vor Übergabe an den Erwerber das Kochsalz vollständig gelöst ist.

Enthalten die in Abs. 1 bezeichneten Getränke gesundheitsschädliche Stoffe, so sind geeignete Sachverständige darüber zu hören, ob eine Weiterverwendung zulässig ist und welche Art der Vergällung ihr vorauszugehen hat. Die Sachverständigen können für die Vergällung dieser Getränke auch andere als die in Abs. 2 bezeichneten Mittel, je nach der Weiterverwendung des Weines oder Kognaks, vorschlagen, wie z. B. die in der Branntweinsteuerbefreiungsordnung zur Vergällung von Branntwein für technische Zwecke vorgesehenen Mittel.

Genehmigt die Polizeibehörde (der Landrat, in Stadtkreisen die Ortspolizeibehörde) die Weiterverwendung nicht oder ist durch den Verkauf ein angemessener Erlös nicht zu erzielen, so sind die Getränke zu vernichten.

2. Die vorstehenden Bestimmungen gelten auch für Traubenmaische, die einen nach § 3 Abs. 1 oder nach § 4 des Gesetzes nicht zulässigen Zusatz erhalten hat.

3. Ist auf Einziehung von Haustrunk nur darum erkannt worden, weil er entgegen dem § 11 Abs. 4 des Gesetzes in den Verkehr gebracht worden ist, so ist nach Ziffer 1 Abs. 1 dieser Verfügung zu verfahren.

Ist jedoch durch den Verkauf ein angemessener Erlös nicht zu erzielen, so kann von der Vergällung abgesehen und der Haustrunk, sofern er nicht gesundheitsschädlich ist, unentgeltlich an staatliche Behörden oder an Armenoder Krankenanstalten zum eigenen Verbrauch abgegeben werden. Der Empfänger ist darauf hinzuweisen, daß eine weitere Abgabe des Getränkes strafbar sein würde.

4. Getränke, die nur aus dem Grunde eingezogen worden sind, weil ihre Bezeichnung den gesetzlichen Vorschriften nicht entspricht, sind nicht zu vergällen, sondern unter gesetzmäßiger Bezeichnung zugunsten der Staatskasse zu verkaufen.

5. Stoffe, deren Verwendung bei der Herstellung, Behandlung oder Verarbeitung von Wein, Schaumwein, weinhaltigen oder weinähnlichen Getränken unzulässig ist, sind zu vernichten, wenn nicht die Polizeibehörde (Ziffer 1 Abs. 4) ihre Veräußerung oder sonstige Verwendung genehmigt.

VII. Süßstoffgesetz vom 7. Juli 1902.
(R.G.Bl. S. 253.)

§ 1. Süßstoff im Sinne dieses Gesetzes sind alle auf künstlichem Wege gewonnenen Stoffe, welche als Süßmittel dienen können und eine höhere Süßkraft als raffinierter Rohr- oder Rübenzucker, aber nicht entsprechenden Nährwert besitzen.

§ 2. Soweit nicht in den §§ 3—5 Ausnahmen zugelassen sind, ist es verboten:
- a) Süßstoff herzustellen oder Nahrungs- oder Genußmitteln bei deren gewerblicher Herstellung zuzusetzen.
- b) Süßstoff oder süßstoffhaltige Nahrungs- oder Genußmittel aus dem Ausland einzuführen;
- c) Süßstoff oder süßstoffhaltige Nahrungs- oder Genußmittel feilzuhalten oder zu verkaufen.

§ 3. Nach näherer Bestimmung des Bundesrats ist für die Herstellung oder die Einfuhr von Süßstoff die Ermächtigung einem oder mehreren Gewerbetreibenden zu geben.

Die Ermächtigung ist unter Vorbehalt des jederzeitigen Widerrufs zu erteilen und der Geschäftsbetrieb des Berechtigten unter dauernde amtliche Überwachung zu stellen. Auch hat der Bundesrat in diesem Falle zu bestimmen, daß bei dem Verkaufe des Süßstoffs ein gewisser Preis nicht überschritten, sowie ob und unter welchen Bedingungen eine Ausfuhr von Süßstoff in das Ausland erfolgen darf.

§ 4. Die Abgabe des gemäß § 3 hergestellten oder eingeführten Süßstoffs im Inland ist nur an Apotheken und an solche Personen gestattet, welche die amtliche Erlaubnis zum Bezuge von Süßstoff besitzen. Diese Erlaubnis ist nur zu erteilen:

a) an Personen, welche den Süßstoff zu wissenschaftlichen Zwecken verwenden wollen;
b) an Gewerbetreibende zum Zwecke der Herstellung von bestimmten Waren, für welche die Zusetzung von Süßstoff aus einem die Verwendung von Zucker ausschließenden Grunde erforderlich ist;
c) an Leiter von Kranken-, Kur-, Pflege- und ähnlichen Anstalten zur Verwendung für die in der Anstalt befindlichen Personen;
d) an die Inhaber von Gast- und Speisewirtschaften in Kurorten, deren Besuchern der Genuß mit Zucker versüßter Lebensmittel ärztlicherseits untersagt zu werden pflegt, zur Verwendung für die im Orte befindlichen Personen.

Die Erlaubnis ist ferner nur unter Vorbehalt jederzeitigen Widerrufs und nur dann zu erteilen, wenn die Verwendung des Süßstoffs zu den angegebenen Zwecken ausreichend überwacht werden kann.

§ 5. Die Apotheken dürfen Süßstoff außer an Personen, welche eine amtliche Erlaubnis (§ 4) besitzen, nur unter den vom Bundesrate festzustellenden Bedingungen abgeben.

Die im § 4 Abs. 2 zu b benannten Bezugsberechtigten dürfen den Süßstoff nur zur Herstellung der in der amtlichen Erlaubnis bezeichneten Waren verwenden und letztere nur an solche Abnehmer abgeben, welche derart zubereitete Waren ausdrücklich verlangen. Der Bundesrat kann bestimmen, daß diese Waren unter bestimmten Bezeichnungen und in bestimmten Verpackungen feilgehalten und abgegeben werden müssen.

Die zu c und d genannten Bezugsberechtigten dürfen Süßstoff oder unter Verwendung von Süßstoff hergestellte Nahrungs- oder Genußmittel nur innerhalb der Anstalt (zu c) oder des Ortes (zu d) abgeben.

§ 6. Die vom Bundesrate zur Ausführung der Vorschriften in den §§ 3, 4 und 5 zu erlassenen Bestimmungen sind dem Reichstage bis zum 1. April 1903 vorzulegen. Sie sind außer Kraft zu setzen, soweit der Reichstag dies verlangt.

§ 7. Wer der Vorschrift des § 2 vorsätzlich zuwiderhandelt, wird, soweit nicht die Bestimmungen des Vereinszollgesetzes Platz greifen, mit Gefängnis bis zu 6 Monaten und mit Geldstrafe bis zu eintausendfünfhundert Mark oder mit einer dieser Strafen bestraft.

Ist die Handlung aus Fahrlässigkeit begangen worden, so tritt Geldstrafe bis zu einhundertfünfzig Mark oder Haft ein.

§ 8. Der Strafe des § 7 Abs. 1 unterliegen auch diejenigen, in deren Besitz oder Gewahrsam Süßstoff in Mengen von mehr als 50 g vorgefunden wird, sofern sie nicht den Nachweis erbringen, daß sie den Süßstoff nach Inkrafttreten dieses Gesetzes von einer zur Abgabe befugten Person bezogen haben.

Ist in solchen Fällen den Umständen nach anzunehmen, daß der vorgefundene Süßstoff nicht verbotswidrig hergestellt oder eingeführt worden ist, so tritt statt der Strafe des § 7 Abs. 1 diejenige des Abs. 2 daselbst ein.

§ 9. In den Fällen des § 7 und § 8 ist neben der Strafe auf Einziehung der Gegenstände zu erkennen, mit Bezug auf welche die Zuwiderhandlung begangen worden ist.

Ist die Verfolgung oder Verurteilung einer bestimmten Person nicht ausführbar, so kann auf die Einziehung selbständig erkannt werden.

§ 10. Zuwiderhandlungen gegen die auf Grund dieses Gesetzes erlassenen und öffentlich oder den Beteiligten besonders bekannt gemachten Verwaltungsvorschriften werden mit einer Ordnungsstrafe von einer bis zu dreihundert Mark geahndet.

§ 11 (handelt von der Entschädigung der Süßstofffabrikanten und ist daher ohne Bedeutung).

§ 12. Der Reichskanzler ist befugt, von dem Tage der Publikation dieses Gesetzes ab, den einzelnen Fabriken den von ihnen herzustellenden Höchstbetrag von Süßstoff vorzuschreiben.

§ 13. Dieses Gesetz tritt mit dem 1. April 1903 in Kraft. Mit diesem Zeitpunkte tritt das Gesetz, betreffend den Verkehr mit künstlichen Süßstoffen, vom 6. Juli 1898 (R.G.Bl. S. 919) außer Kraft.

Gesetze und Verordnungen.

Ausführungsbestimmungen vom 23. März 1903 zum Süßstoffgesetze vom 7. Juli 1902.

§ 1. Die Durchführung der Vorschriften des Süßstoffgesetzes wird in den einzelnen Bundesstaaten denjenigen Behörden und Beamten übertragen, denen die Verwaltung der Zölle und indirekten Steuern obliegt. Auch sind die Behörden und Beamten der Lebensmittelpolizei verpflichtet, bei der allgemeinen Überwachung des Verkehrs mit Nahrungs- und Genußmitteln darüber zu wachen, daß eine unzulässige Verwendung von Süßstoff nicht stattfindet. Die Reichsbevollmächtigten für Zölle und Steuern und die Stationskontrolleure haben in bezug auf die Ausführung des Süßstoffgesetzes dieselben Rechte und Pflichten, welche ihnen bezüglich der Verwaltung der Zölle und Verbrauchssteuern beigelegt sind. Der Reichskanzler ist ermächtigt, im Einvernehmen mit den beteiligten Bundesregierungen auch andere Behörden und Beamte zur Durchführung des Gesetzes heranzuziehen.

Zu § 3 des Gesetzes.

§ 2. Zur Herstellung von Süßstoff wird unter Vorbehalt des jederzeitigen Widerrufs die Saccharinfabrik, Aktiengesellschaft, vorm. Fahlberg, List & Co. in Salbke-Westerhüsen ermächtigt. Als Süßstoff im Sinne dieser und der nachfolgenden Bestimmungen gelten auch diejenigen süßstoffhaltigen Zubereitungen, welche nicht unmittelbar zum Genusse bestimmt sind, sondern nur als Mittel zur Süßung von Nahrungs- und Genußmitteln dienen. Der Geschäftsbetrieb der Fabrik (Abs. 1) steht unter amtlicher Überwachung, auch unterliegen sämtliche Geschäftsbücher, die über den Bezug und die Verwendung der Rohstoffe, die Herstellung und Verwertung der Zwischenerzeugnisse und Rückstände und die Fertigstellung, den Verbleib und den Verkaufspreis des Süßstoffs in seinen verschiedenen Formen Aufschluß geben, der Prüfung durch die Oberbeamten der Steuerverwaltung. Diese Beamten sind auch befugt, sich die Bestände an Rohstoffen, Zwischenerzeugnissen und fertigen Süßstoffen vorzeigen zu lassen und sie nötigenfalls aufzunehmen. Die näheren Anordnungen hinsichtlich der Überwachung der Fabrik trifft die Steuerdirektivbehörde.

§ 3. Fertiger Süßstoff darf nur in bestimmten, von der Steuerbehörde zu genehmigenden und nach deren Anordnung gegen Diebstahl u. s. w. zu sichernden Räumen aufbewahrt werden. Über den Zu- und Abgang von Süßstoff in den genehmigten Aufbewahrungsräumen und den Verbleib der abgeschriebenen Mengen hat der Leiter der Fabrik für jedes Kalenderjahr ein Lagerbuch nach einem von der Direktivbehörde vorzuschreibenden Muster zu führen. Die Eintragungen haben sofort nach der Fertigstellung und unmittelbar nach der Entnahme von Süßstoff zu erfolgen. Am Schlusse jedes Jahres ist das Lagerbuch abzuschließen und mit den zugehörigen Belegen (Bestellzetteln) der Bezirkssteuerstelle einzureichen, nachdem die Übertragung des verbliebenen Bestandes in das neue Lagerbuch erfolgt ist.

§ 4. Bei dem Verkaufe des Süßstoffes seitens der Fabrik an inländische Abnehmer darf der Preis von 30 Mk. auf ein Kilogramm raffiniertes Saccharin nicht überschritten werden. Der Reichskanzler wird ermächtigt, die Höchstpreise für die einzelnen in der Fabrik hergestellten Süßstoffarten unter Zugrundelegung des vorgenannten Einheitspreises festzusetzen.

§ 5. Die Ausfuhr von Süßstoff in das Ausland ist der Fabrik gestattet. Der auszuführende Süßstoff ist in der Fabrik amtlich abzufertigen und bis zum Ausgang über die Zollgrenze unter Begleitscheinaufsicht und amtlichen Verschluß zu stellen. Bei der Abfertigung des Süßstoffs sowie bei der Ausfertigung, Erledigung, Nachprüfung und Rücksendung der Begleitscheine finden die über das Begleitscheinwesen im Zollverkehr erlassenen Bestimmungen entsprechende Anwendung. Bei Versendungen nach dem Auslande mit der Post kann mit Genehmigung der Direktivbehörde von der Ausfertigung von Begleitscheinen und der Verschlußanlage abgesehen werden, sofern der abgefertigte Süßstoff bis zur Übernahme der Sendungen durch die Post unter Steueraufsicht bleibt und durch Vereinbarung mit der Oberpostbehörde verhindert wird, daß der Absender ohne Zustimmung der Steuerbehörde die aufgegebenen Sendungen zurücknimmt oder ihren Bestimmungsort ändert. Für die Versendung von Süßstoff im Verkehre mit den dem Zollgebiet angeschlossenen fremden Staaten und Gebietsteilen kann der Reichskanzler besondere Bestimmungen treffen.

Zu § 4 des Gesetzes.

§ 6. Im Inlande darf die Fabrik Süßstoff nur gegen Vorlegung des amtlichen Bezugscheins (§ 7) und nur gegen vorschriftsmäßig ausgestellte Bestellzettel (§ 8) abgeben. Auf der Rückseite des dem Besteller zurückzugebenden Bezugscheins hat die Fabrikleitung den Tag der Lieferung sowie die Art und die Menge des gelieferten Süßstoffs einzutragen und diese Eintragung durch Beischrift von Ort und Bezeichnung der Fabrik und des Namens des Eintragenden zu bescheinigen. Die Bestellzettel sind mit einem Vermerk über die Ausführung der Bestellung und mit der Nummer, unter der die Abschreibung des abgegebenen Süßstoffs im Lagerbuche (§ 3) erfolgt ist, zu versehen und bei diesem Buche aufzubewahren.

§ 7. Die Leiter von Apotheken sowie die im § 4 Abs. 2 des Gesetzes bezeichneten Personen haben, soweit sie Süßstoff beziehen wollen, die Ausstellung eines Bezugscheins — für jedes Kalenderjahr besonders — bei der Steuerbehörde durch Vermittelung der Bezirkssteuerstelle zu beantragen. In den Anträgen der im § 4 Abs. 2 des Gesetzes bezeichneten Personen ist der Verwendungszweck des Süßstoffs anzugeben. Die Ausstellung der Bezugscheine hat für die Leiter von Apotheken seitens der zuständigen Hauptzoll- oder Hauptsteuerämter nach Muster 1 zu erfolgen[1]).

Die Erteilung der Erlaubnis zum Bezug und zur Verwendung von Süßstoff an die im § 4 Abs. 2 des Gesetzes bezeichneten Personen bleibt der Direktivbehörde vorbehalten. Sie erfolgt nach Ausstellung eines Bezugscheins nach Muster 2. In den Bezugscheinen für die im § 4 Abs. 2 zu b des Gesetzes bezeichneten Gewerbetreibenden sind auch die Waren, bei deren Herstellung der Süßstoff verwendet werden soll, genau zu bezeichnen. Zur erstmaligen Erteilung eines Bezugscheins an die im § 4 Abs. 2 zu b des Gesetzes bezeichneten Gewerbetreibenden und bei einer Änderung des Verwendungszwecks für den von diesen Gewerbetreibenden zu beziehenden Süßstoff (Herstellung anderer Waren unter Verwendung von Süßstoff als der bisher erlaubten) bedarf die Direktivbehörde der Zustimmung der obersten Landesfinanzbehörde und des Reichskanzlers.

Jedem Bezugschein ist ein Muster zum Süßstoff-Bestellzettel (§ 8) beizufügen.

Widerrufene oder abgelaufene Bezugscheine sind einzuziehen.

§ 8. Die Inhaber von Bezugscheinen (§ 7) können ihren Bedarf an Süßstoff entweder unmittelbar aus der Süßstofffabrik (§ 2) oder aus einer inländischen Apotheke beziehen. Die Bestellungen haben schriftlich mittels eines nach Muster 3 auszustellenden Bestellzettels zu erfolgen. Jeder Bestellung ist der Bezugschein beizufügen.

§ 9. Als Kurort, dessen Besuchern der Genuß mit Zucker gesüßter Lebensmittel ärztlicherseits untersagt zu werden pflegt, ist zurzeit Neuenahr in der preußischen Rheinprovinz anzusehen. Ob künftig noch andere Orte als Kurorte in diesem Sinne anzusehen sind, entscheidet die Landesregierung im Einvernehmen mit dem Reichskanzler. Als Inhaber von Gast- und Speisewirtschaften im Sinne des § 4 Abs. 2 zu d des Gesetzes gelten auch die Wohnungsvermieter, welche ihre Mieter ganz oder teilweise beköstigen. Die Abgabe von Süßstoff oder von Waren, die unter Verwendung von Süßstoff hergestellt sind, seitens dieser Wirtschaftsinhaber an Personen innerhalb des Kurorts unterliegt im allgemeinen keiner Beschränkung; die oberste Landesfinanzbehörde ist jedoch befugt, behufs Verhütung von Mißbräuchen, insbesondere zur Sicherung der Einhaltung der Vorschrift § 5 Abs. 3 des Gesetzes, Beschränkungen in der gedachten Beziehung eintreten zu lassen.

Zu § 5 des Gesetzes.

§ 10. Die Apotheken dürfen Süßstoffe entweder gegen Vorlegung des amtlichen Bezugscheins (§ 7) und vorschriftsmäßig ausgestellte Bestellzettel (§ 8) oder gegen schriftliche, mit Ausstellungstag und Unterschrift versehene Anweisung eines Arztes, Zahnarztes oder Tierarztes abgeben. Gegen eine ärztliche Anweisung dürfen nicht mehr als 50 g Süßstoff verabfolgt werden. Süßstofftäfelchen von höchstens 110-facher Süßkraft in Fabrikpackung (Glasröhrchen) von nicht mehr als 25 Stück mit zusammen nicht über 0,4 g Gehalt an reinem Süßstoffe dürfen auch ohne ärztliche Anweisung abgegeben werden.

---

[1]) Hier fortgelassen.

Die vorgelegten Bezugsscheine sind, nachdem auf ihrer Rückseite der Tag der Abgabe sowie Art und Menge des abgegebenen Süßstoffs eingetragen und diese Eintragung durch Beischrift von Ort und Bezeichnung der abgebenden Apotheke und des Namens ihres Leiters bescheinigt worden ist, dem Besteller zurückzugeben. Die Bestellzettel und die ärztlichen Anweisungen sind zurückzubehalten und geordnet nach dem Tage der Abgabe des Süßstoffs, dem Süßstoffausgabebuche (§ 11) als Belege beizufügen.

§ 11. Über den Verbleib des Süßstoffs hat der Leiter der Apotheke ein besonderes Buch — Süßstoff-Ausgabebuch — für jedes Kalenderjahr zu führen. In dieses ist jede auf Bestellzettel abgegebene Süßstoffmenge sofort nach der Abgabe unter Angabe des Tages der Abgabe, des Empfängers und der Form und Menge des abgegebenen Süßstoffs einzeln einzutragen. Die Eintragung des sonst abgegebenen und des im Apothekenbetriebe verwendeten Süßstoffs kann monatlich im Gesamtbetrag erfolgen.

Den Oberbeamten der Steuerverwaltung sind der Bezugsschein, das Süßstoff-Ausgabebuch nebst Belegen sowie die Bestände an Süßstoff auf Verlangen vorzulegen. Am Schlusse des Jahres sind die von den Lieferern des Süßstoffs auf dem abgelaufenen Bezugsscheine gemachten Anschreibungen und das Süßstoff-Ausgabebuch abzuschließen, die nach dem Süßstoff-Ausgabebuch verwendete oder abgegebene Menge auf dem Bezugsschein abzusetzen und der verbliebene Bestand in dem neuen Bezugsscheine vorzutragen oder, falls auf einen solchen verzichtet ist, im Süßstoff-Ausgabebuche für das neue Jahr zu vermerken. Alsdann sind der abgelaufene Bezugsschein und das Süßstoff-Ausgabebuch mit den zugehörigen erledigten Bestellzetteln und ärztlichen Anweisungen der Bezirkssteuerstelle einzureichen.

§ 12. Den Apothekern ist es ferner gestattet, von Gewerbetreibenden, denen die Erlaubnis erteilt ist, bestimmte Waren unter Verwendung von Süßstoff herzustellen, derart zubereitete Waren zum Wiederverkaufe zu beziehen. Soweit es sich hierbei um Nahrungs- oder Genußmittel handelt, ist beim Verkaufe die Vorschrift im § 16 Abs. 2 zu beachten.

§ 13. Auf Apotheken, in denen Waren unter Verwendung von Süßstoff zum Verkaufe hergestellt werden, finden für die Herstellung und den Vertrieb dieser Waren die Vorschriften des § 7 Abs. 3—5 und der §§ 16, 17 Anwendung.

§ 14. Personen, welche die Erlaubnis zur Verwendung von Süßstoff zu wissenschaftlichen Zwecken erteilt ist, sowie staatliche Behörden und öffentliche Anstalten zur Untersuchung von Nahrungs- und Genußmitteln sind von besonderen Anschreibungen über den Bezug und die Verwendung des Süßstoffs befreit. Sie sind jedoch verpflichtet, hierüber der Direktivbehörde auf Verlangen Auskunft zu geben. Am Schlusse des Jahres haben sie die von den Lieferern des Süßstoffs auf ihrem Bezugsscheine gemachten Anschreibungen abzuschließen, die Menge des im Laufe des Jahres verwendeten Süßstoffs abzusetzen, den verbliebenen Bestand in dem neuen Bezugsscheine vorzutragen und alsdann den abgelaufenen Schein der Bezirkssteuerstelle einzusenden.

§ 15. Leiter von Kranken-, Kur-, Pflege- und ähnlichen Anstalten, welchen die Erlaubnis zur Verwendung von Süßstoff für die in der Anstalt befindlichen Personen erteilt ist, dürfen Süßstoff oder unter Verwendung von Süßstoff hergestellte Nahrungs- oder Genußmittel nur innerhalb der Anstalt abgeben. Sie haben über den abgegebenen oder zur Herstellung von Nahrungs- oder Genußmitteln verwendeten Süßstoff monatlich Anschreibungen zu machen, welche mit dem ihnen erteilten Bezugsscheine den Oberbeamten der Steuerverwaltung auf Verlangen zur Einsichtnahme vorzulegen sind.

Am Schlusse des Jahres sind diese Anschreibungen abzuschließen, ihre Summe von der nach den Anschreibungen der Lieferer des Süßstoffs bezogenen Menge auf dem Bezugsschein abzusetzen und der verbliebene Süßstoff bestand in dem neuen Bezugsschein vorzutragen. Der abgelaufene Bezugsschein ist durch den Leiter der Anstalt mit einer Bescheinigung dahin zu versehen, daß die abgeschriebene Menge lediglich für die in der Anstalt befindlichen Personen verwendet worden ist, und sodann der Bezirkssteuerstelle einzureichen.

§ 16. Die im § 4 Abs. 2 zu b des Gesetzes benannten Gewerbetreibenden dürfen den bezogenen Süßstoff nur zur Herstellung der in den amtlichen Bezugsscheine bezeichneten Waren verwenden. Soweit es sich hierbei um Nahrungs- oder Genußmittel handelt, müssen diese Waren in den Verkaufsräumen an besonderen Lagerstellen aufbewahrt werden, welche von den Lagerstellen für die ohne Verwendung von Süßstoff hergestellten Waren getrennt und durch eine entsprechende Aufschrift gekennzeichnet sind.

Die unter Verwendung von Süßstoff hergestellten Nahrungs- oder Genußmitteln dürfen zum Wiederverkaufe nur an Apotheken, im übrigen nur an solche Abnehmer, welche derart zubereitete Waren ausdrücklich verlangen, und nur in äußeren Umhüllungen oder Gefäßen abgegeben werden, welche an in die Augen fallender Stelle die deutliche nicht verwischbare Inschrift

„Mit künstlichem Süßstoff zubereitet. Wiederverkauf außerhalb der Apotheken gesetzlich verboten."

tragen. Die Ausfuhr der unter Verwendung von Süßstoff hergestellten Waren unterliegt keiner Beschränkung.

§ 17. Der Geschäftsbetrieb der im § 4 Abs. 2 zu b des Gesetzes benannten Gewerbetreibenden untersteht der amtlichen Aufsicht, deren Umfang im einzelnen Falle von der Direktivbehörde zu bestimmen ist. Den Oberbeamten der Steuerverwaltung sind auf Verlangen die Geschäftsbücher, soweit sie Angaben über den Bezug von Süßstoff und seine Verwendung, sowie über die Herstellung und den Absatz der unter Verwendung von Süßstoff zubereiteten Waren enthalten, zur Einsichtnahme vorzulegen, und die Bestände an Süßstoff und an Waren, die unter Verwendung von Süßstoff hergestellt sind, vorzuzeigen.

Nach Anleitung dieser Oberbeamten hat der Gewerbetreibende für jedes Kalenderjahr fortlaufende Anschreibungen über die bezogenen und verwendeten Süßstoffmengen und über die unter Verwendung von Süßstoff hergestellten Waren zu führen. Die Anschreibungen sind am Schlusse des Jahres abzuschließen und mit dem abgelaufenen Bezugsscheine der Bezirkssteuerstelle einzureichen, nachdem die verbliebenen Bestände in den Anschreibungen für das neue Jahr vorzutragen sind.

§ 18. Der Reichskanzler ist ermächtigt, eine vorübergehende Erhöhung der gemäß § 4 festgestellten Höchstpreise für Süßstoff, sowie in einzelnen Fällen die Einfuhr von Süßstoff aus dem Ausland unter Festsetzung der Bedingungen zuzulassen.

VIII. Brausteuergesetzgebung.

a) Reichsbrausteuergesetz[1]).

Vom 15. Juli 1909 (R.G.Bl. No. 43).

Nach erfolgter Zustimmung des Bundesrats und des Reichstags ist für das innerhalb der Zollinie liegende Gebiet des Deutschen Reichs, jedoch mit Ausschluß der Königreiche Bayern und Württemberg, des Großherzogtums Baden, Elsaß-Lothringens, des Großherzoglich Sächsischen Vordergerichts Ostheim und des Herzoglich Sachsen-Koburg- und Gothaischen Amtes Königsberg, folgendes verordnet worden.

§ 1.

Zur Bereitung von untergärigem Biere darf nur Gerstenmalz, Hopfen, Hefe und Wasser verwendet werden. Die Bereitung von obergärigem Biere unterliegt derselben Vorschrift, es ist jedoch hierbei auch die Verwendung von anderem Malze und von technisch reinem Rohr-, Rüben- oder Invertzucker, sowie von Stärkezucker und aus Zucker der bezeichneten Art hergestellten Farbmitteln zulässig.

Für die Bereitung besonderer Biere sowie von Bier, das nachweislich zur Ausfuhr bestimmt ist, können Abweichungen von der Vorschrift im Abs. 1 gestattet werden. Die Vorschrift im Abs. 1 findet keine Anwendung auf die Haustrunkbereitung (§ 6 Abs. 4).

Unter der Bezeichnung Bier — allein oder in Zusammenhang — dürfen nur solche Getränke in Verkehr gebracht werden, die gegoren sind und den Vorschriften der Abs. 1 und 2 entsprechen. Bier, zu dessen Herstellung außer Malz, Hopfen, Hefe und Wasser auch Zucker verwendet worden ist, darf unter der Bezeichnung Malzbier oder unter einer sonstigen Bezeichnung, die das Wort Malz enthält, nur in Verkehr gebracht werden, wenn die Verwendung von Zucker in einer dem Verbraucher erkennbaren Weise kundgemacht wird und die ver-

---

[1]) Ausführungsbestimmungen dazu S. 700.

Gesetze und Verordnungen. 699

wendete Malzmenge nicht unter die festgesetzte Grenze herabgeht. Das Nähere bestimmt der Bundesrat.

Der Zusatz von Wasser zum Biere durch Brauer, Bierhändler oder Wirte nach Abschluß des Brauverfahrens außerhalb der Brauereien ist untersagt.

§ 2.

Die Brausteuer wird von dem zur Bierbereitung verwendeten Malze und Zucker erhoben.

Unter Malz wird alles künstlich zum Keimen gebrachte Getreide verstanden. Der dem obergärigen Biere nach Abschluß des Brauverfahrens und außerhalb der Braustätte zugesetzte Zucker unterliegt nicht der Brausteuer. Der Bundesrat ist befugt, den Zucker von der Brausteuer gänzlich frei zu lassen. Als Zucker im Sinne dieses Gesetzes sind die im § 1 Abs. 1 bezeichneten Zuckerstoffe einschließlich der daraus hergestellten Farbmittel zu verstehen.

Zucker, der zur Herstellung von obergärigen Bieren verwendet wird, bleibt insoweit steuerfrei, als er nach § 5 Abs. 3 bei der Feststellung des für die Höhe der Steuer (§ 6) maßgebenden Gesamtgewichtes der verwendeten steuerpflichtigen Braustoffe nicht zur Anrechnung kommt.

§ 3.

Die Brausteuer kann auch von dem zur Bereitung bierähnlicher Getränke verwendeten Malze und Zucker erhoben werden. Die Herstellung solcher Getränke kann unter Steueraufsicht gestellt, auch kann die Verwendung von anderen Malzersatzstoffen als Zucker verboten werden. Die näheren Bestimmungen trifft der Bundesrat.

Zur Herstellung von Bier oder bierähnlichen Getränken bestimmte Zubereitungen, mit Ausnahme der am Schlusse des § 1 Abs. 1 bezeichneten, aus Zucker hergestellten Farbmittel und der aus Malz, Hopfen, Hefe und Wasser hergestellten Farbebiere, dürfen nicht in den Verkehr gebracht werden.

Die Verwendung der im Abs. 2 bezeichneten Farbebiere zur Bereitung von Bier oder bierähnlichen Getränken ist gestattet, unterliegt jedoch den vom Bundesrat anzuordnenden Überwachungsmaßnahmen.

§ 4.

Ist mit der steuerpflichtigen Bereitung von Bier oder bierähnlichen Getränken zugleich eine Bereitung von Essig oder von Malzextrakt und sonstigen Malzauszügen verbunden oder werden diese Erzeugnisse aus Malz in eigens dazu bestimmten Anlagen zum Verkauf oder zu gewerblichen Zwecken bereitet, so muß die Brausteuer auch von dem zu ihrer Herstellung verwendeten Malze entrichtet werden.

Die übrigen Paragraphen interessieren den Nahrungsmittelchemiker nicht.

Von den nachstehenden Gesetzen ist ebenfalls nur das Bemerkenswerte wiedergegeben.

b) Bayerisches Malzaufschlaggesetz

vom 18. März 1910.

Artikel 1 (3). Unter Malz wird alles künstlich zum Keimen gebrachte Getreide verstanden.

Artikel 2 (1). Zur Bereitung von Bier dürfen andere Stoffe als Malz (Dörr- oder Luftmalz), Hopfen, Hefe und Wasser nicht verwendet werden.

(2) Zur Bereitung von untergärigem Biere darf nur aus Gerste bereitetes Malz verwendet werden.

(3) Für die Herstellung bierähnlicher Getränke kann die Verwendung von Malzersatzstoffen verboten werden.

(4) Zur Herstellung von Bier oder bierähnlichen Getränken bestimmte Zubereitungen dürfen nicht in den Verkehr gebracht werden.

(5) Der Zusatz von Wasser zum Biere durch Brauer nach Feststellung des Extraktgehalts der Stammwürze im Gärkeller oder durch Bierhändler und Wirte ist untersagt.

c) Württembergisches Gesetz betr. die Biersteuer

vom 4. Juli 1900.

Artikel 3. Zur Bereitung von Bier dürfen statt Darr- oder Luftmalz und Hopfen Stoffe irgend welcher Art als Ersatz oder Zusatz nicht verwendet werden.

Zur Bereitung von untergärigem Bier darf als Malz nur Gerstenmalz Verwendung finden.

d) Badisches Gesetz betr. die Biersteuer
vom 30. Juni 1896, in der abgeänderten Fassung vom 2. Juni 1904.

Artikel 6. Zur Bierbereitung darf außer Hopfen, Hefe und Wasser nur Malz verwendet werden.

Bei Erzeugung von untergärigem Bier ist die Verwendung von Malz auf Gerstenmalz beschränkt.

Ausführungsbestimmungen[1])
zum Reichsbrausteuergesetz vom 15. Juli 1909.

Bekanntmachung des Reichskanzlers vom 24. Juli 1909.

Von allgemeinerem Interesse sind die nachstehend abgedruckten Vorschriften.

Zu § 1 Abs. 1 des Gesetzes.

§ 1. Begriff der Bierbereitung. Die Ausdrücke „Bereitung von Bier" und „Bierbereitung" im Brausteuergesetze sind im weitesten Sinne zu verstehen. Sie umfassen alle Teile der Herstellung und Behandlung des Bieres in der Brauerei selbst wie außerhalb dieser — beim Bierverleger, Wirt und dgl. — bis zur Abgabe des Bieres an den Verbraucher.

§ 2. Braustoffe. (1) Bei der Bereitung von Bier ist nicht nur die Verwendung von Malzersatzstoffen aller Art — mit der für obergärige Biere in § 1 Abs. 1 des Gesetzes zugelassenen Ausnahme —, sondern auch aller Hopfenersatzstoffe sowie aller Zutaten irgend welcher Art, auch wenn sie nicht unter den Begriff der Hopfen- oder Malzersatzstoffe gebracht werden können, verboten. Ausgenommen von diesem Verbot ist nach § 3 Abs. 3 des Gesetzes die Verwendung aus Malz, Hopfen, Hefe und Wasser hergestellten Farbebiere. Untergärigem Biere darf nur Farbebier zugesetzt werden, das unter Verwendung von Gerstenmalz hergestellt ist.

(2) Die Verwendung von Bierklärmitteln, die rein mechanisch wirken und vollständig oder doch nahezu wieder vollständig ausscheiden, wie Holzspähne, frische ausgeglühte Holzkohle, ungelöste oder nur in Wasser oder Weinsteinsäure gelöste Hausenblase, verstößt nicht gegen das Verbot der Verwendung von Ersatz- und Zusatzstoffen bei der Bierbereitung. Dagegen ist die Verwendung von Bierklärmitteln die nur unvollständig wieder ausgeschieden werden, wie Gelatine, Wahls Brewers Isinglaß, eine Art künstlicher Hausenblase, die größtenteils aus Gelatine besteht, isländisches Moos (Caragaheen — Carrageen, isländisches Moos, ein Gemenge von Seealgen) u. s. w., bei der Bierbereitung nicht zulässig.

(3) Die Verwendung von Kohlensäure beim Abziehen des Bieres sowie beim Bierausschank ist gestattet.

(4) Die zulässigen Braustoffe müssen in der Beschaffenheit verwendet werden, in der ihnen die im Gesetze gewählte Bezeichnung zukommt.

(5) Hinsichtlich der Zulässigkeit der Verwendung macht es keinen Unterschied, ob das Malz in ganzen Körnern — mit Hülsen ganz oder teilweise enthülst (§ 13) (2) — zerkleinert, trocken oder angefeuchtet, ungedarrt, gedarrt oder geröstet, zur Bierbereitung verwendet wird. Die Verwendung von Malzschrot, aus dem die Hülsen ganz oder teilweise entfernt sind, sowie von Malzmehl ist, soweit nicht von der Direktivbehörde Ausnahmen zugelassen werden, nur unter der Bedingung statthaft, daß das Entfernen der Hülsen oder die Vermahlung zu Mehl in der Brauerei selbst erfolgt.

(6) Die obersten Landesfinanzbehörden sind befugt, auch die Verwendung von Malzextrakt und sonstigen Malzauszügen, deren Versteuerung nachweislich erfolgt ist (§ 4 des Gesetzes), bei der Bierbereitung zu gestatten.

(7) Zur Bereitung von obergärigem Biere darf Malz aus Getreide aller Art, auch aus Buchweizen, nicht aber aus Reis, Mais oder Dari verwendet werden.

(8) Als technisch rein gilt Zucker von solcher Reinheit, wie sie in dem bei der Herstellung von Zucker gebräuchlichen Verfahren erreicht wird. Invertzucker ist das aus Rohr- oder Rübenzucker durch Spaltung mit Säuren ge-

---
[1]) auszugsweise.

wonnene Gemenge von Traubenzucker und Fruchtzucker. Als Stärkezucker gilt derjenige Zucker, der durch Einwirken von Säure auf Stärke gebildet wird. Es ist zulässig, den Zucker auch in Form von wässerigen Lösungen zu verwenden.

(9) Als Wasser im Sinne des § 1 Abs. 1 des Gesetzes ist alles in der Natur vorkommende Wasser anzusehen. Eine Vorbehandlung des Brauwassers durch Entziehen des Eisengehaltes, Entkeimen, Filtrieren, Kochen, Destillieren ist allgemein gestattet. Eine Vorbehandlung des Brauwassers durch Beifügung von Mineralsalzen (z. B. kohlensaurem oder schwefelsaurem Kalke) kann von der Direktivbehörde bei nachgewiesenem Bedürfnis insoweit gestattet werden, als dadurch das Wasser keine andere Zusammensetzung erhält, als sie für Brauzwecke geeignete Naturwässer besitzen. Die Beifügung der Mineralsalze muß vor Beginn des Brauens geschehen. Ein Zusatz von Säuren zum Brauwasser ist verboten.

(10) Unter sichernden Bedingungen darf das Hauptamt die Verwendung von in der Brauerei selbst gewonnenen Rückständen der Bierbereitung (Glattwasser, Hopfenbrühe, abgefangene Kohlensäure und dgl.) gestatten. Die Verwendung von Rückständen, die bei der Bereitung obergärigen Bieres verbleiben, zu dem anderes Malz als Gerstenmalz oder Zucker verwendet wurden, ist bei der Bereitung untergärigen Bieres nicht zulässig.

§ 3. Ober- und untergäriges Bier. (1) Als obergärig gelten die mit obergäriger, Auftrieb gebender Hefe hergestellten, als untergärig, die mit untergäriger, ausschließlich zu Boden gehender Hefe bereiteten Biere. Der Alkoholgehalt der Biere ist für die Unterscheidung ohne Belang. Eine Anleitung für die Unterscheidung zwischen ober- und untergärigem Biere enthält die Anlage A[1]).

(2) Die Verwendung von Zucker ist nur bei Bereitung von solchem Biere zulässig, dessen Würze mit reiner obergäriger Hefe, also weder mit untergäriger Hefe noch mit einer aus obergäriger und untergäriger Hefe zusammengesetzten Mischhefe angestellt worden ist. Das Hauptamt kann jedoch im Bedürfnisfalle die Zuckerverwendung auch bei der Bereitung solcher Biere widerruflich gestatten, die in der Hauptgärung mit reiner Oberhefe vergoren werden, denen jedoch nachher eine verhältnismäßig geringe Menge untergäriger Hefe oder untergäriger Kräusen (in Gärung befindlicher mit untergäriger Hefe angestellter Würze) zum Zwecke einer besseren Klärung oder zur Erzielung eines festeren Absetzens der Hefe zugesetzt wird. Die Genehmigung ist an folgende Bedingungen zu knüpfen:

a) der Zusatz der untergärigen Kräusen darf 15 vom 100 der Menge der mit reiner obergäriger Hefe angestellten Würze nicht überschreiten;

b) der Zusatz von untergäriger Hefe oder untergärigen Kräusen darf niemals in den Anstell- oder Gärbottichen erfolgen, sondern, sofern das Bier die Haupt- und Nachgärung in der Brauerei durchmacht, erst in den Gär- und Lagerfässern und auch hier erst, wenn keine Hefe mehr ausgestossen wird und der auftretende zarte weiße Schaum erkennen läßt, daß die Hauptgärung und der erste Teil der Nachgärung — die sog. beschleunigte Nachgärung — beendet ist. Sofern das Bier in der Brauerei nur angegoren wird, darf der Zusatz erst in den Versandgefäßen stattfinden.

Zu § 1 Abs. 2 des Gesetzes.

§ 4. Abweichungen von der Vorschrift im § 1 Abs. 1 des Gesetzes. (1) Die nach § 1 Abs. 2 des Gesetzes zulässigen Abweichungen von der Vorschrift im § 1 Abs. 1 des Gesetzes für besondere Biere und für Bier, das nachweislich zur Ausfuhr kestimmt ist, unterliegen der Genehmigung der obersten Landesfinanzbehörde und den von ihr angeordneten Bedingungen.

(2) Zur erstmaligen Zulassung von Abweichungen für jede Art der besonderen Biere bedarf die oberste Landesfinanzbehörde der Zustimmung des Reichskanzlers.

Zu § 1 Abs. 4 des Gesetzes.

§ 5. Gegorene Getränke. Ein Getränk, bei dem die Gärung (Alkoholerzeugung) durch Erhitzen (Pasteurisieren) unterbrochen worden ist, ist als gegoren im Sinne des Gesetzes anzusehen.

---

[1]) Hier nicht abgedruckt. Vgl. Beilage zur Zeitschr. f. Unters. d. Nahr.- u. Genußm. 1910.

§ 6. Malzbier. (1) Unter der Bezeichnung „Malzbier" oder einer sonstigen Bezeichnung, die das Wort Malz enthält, darf ein Bier, das unter Mitverwendung von Zucker hergestellt worden ist, nur dann in den Verkehr gebracht werden, wenn neben dem Zucker noch mindestens 15 kg Malz zur Bereitung von einem Hektoliter Bier verwendet worden sind.

(2) Die Verwendung von Zucker bei der Herstellung von Malzbier ist in den auf den Gefäßen (Fässern, Flaschen) anzubringenden Etiketten, sowie auf den von der Brauerei herausgegebenen Plakaten und sonstigen Anpreisungen des Malzbieres in deutlich lesbarer Schrift an augenfälliger Stelle anzugeben.

Zu. § 2 des Gesetzes.

§ 7. Spitzmalz. Sog. Spitzmalz, das ist angekeimtes Getreide, bei dem die Keimung so zeitig unterbrochen worden ist, daß die gebildete Diastase ohne Hinzunahme anderen Malzes zur Verzuckerung der Maische nicht ausreicht, ist nicht als Malz im Sinne des Gesetzes anzusehen.

Zu § 3 des Gesetzes.

§ 8. Bierähnliche Getränke. (1) Als bierähnlich im Sinne des § 3 des Gesetzes sind diejenigen Getränke anzusehen, welche unter Verwendung oder Mitverwendung von Malz oder Malzauszügen oder durch Vergärung von Zucker hergestellt sind und als Ersatz von Bier in den Handel gebracht oder genossen zu werden pflegen. Die Verwendung anderer Malzersatzstoffe als Zucker ist bei der Herstellung dieser Getränke verboten. Die Verwendung von Erzeugnissen der Malzdestillation gilt nicht als Malzverwendung in obigem Sinne.

(2) Malz und Zucker, die zur Bereitung der bierähnlichen Getränke unmittelbar oder mittelbar (z. B. in Gestalt von Malzauszügen) verwendet werden, unterliegen der Brausteuer.

(3) Die Anstalten, in denen die Bereitung bierähnlicher Getränke stattfindet, sind als Brauereien anzusehen.

§ 9. Verbotene Zubereitungen. Das Verbot des § 3 Abs. 2 des Gesetzes bezieht sich auf solche Zubereitungen, die nach ihrer Bezeichnung, Gebrauchsanweisung oder Anpreisung u. s. w. zur Herstellung der im § 8 (1) genannten bierähnlichen Getränke oder von Bier bestimmt sind. Die Lösung einer der im § 1 Abs. 1 des Gesetzes bezeichneten Zuckerarten im Wasser gilt nicht als Zubereitung, wohl aber ein Gemisch von Lösungen verschiedener Zuckerarten oder von Zuckerlösungen mit Farbmitteln, Malzauszügen, Bier oder anderen Stoffen, ebenso Malzauszüge oder Bier allein.

§ 10. Färbebier. (1) Für das zur Bereitung von Farbebier verwendete Malz ist die Brausteuer zu entrichten.

(2) Die Bestimmungen über die Herstellung und Verwendung von Farbebier sind in Anlage B[1]) enthalten.

(3) Farbebiere, die außerhalb des Geltungsgebietes des Brausteuergesetzes hergestellt sind, dürfen nicht verwendet werden.

Zu § 4 des Gesetzes.

§ 11. Besteuerung der Essig- und Malzextraktbereitung. (1) Das zur Essigbereitung verwendete Malz ist auch in dem Falle steuerpflichtig, wenn aus der zur Herstellung des Essigs dienenden Malzwürze zugleich flüssige Hefe gewonnen wird.

(2) Erfolgt die Essigbereitung vorwiegend aus Branntwein, so bleibt ein Zusatz von Malz steuerfrei.

(3) Die Bereitung von Malzextrakt zu Heilzwecken in Apotheken und pharmazeutischen Laboratorien nach den Vorschriften des deutschen Arzneibuches und ebenso die Bereitung von Malzextrakten und sonstigen Malzauszügen in Anlagen, in denen diese Erzeugnisse zur Herstellung anderer Waren, z. B. Zucker- und Malzzuckerwaren, Malzessenz u. dgl. restlos weiter verarbeitet oder weiterverarbeitet werden, ist der Brausteuer nicht unterworfen. Die Bereitung von Malzextrakt und sonstigen Malzauszügen in diesen Anlagen ist jedoch, wenn sie gewerbsmäßig erfolgt, dem zuständigen Hauptamt anzumelden und unterliegt der von diesem erforderlichenfalls anzuordnenden Überwachungsmaßnahmen.

---

[1]) Hier nicht abgedruckt; s. Anmerkung vorige Seite.

(4) Wird Malz in anderen als den in Abs. 3 bezeichneten Anlagen zur Herstellung von Malzextrakt oder sonstigen Malzauszügen verwendet oder wird von den in Abs. 3 bezeichneten Anlagen ein Teil der gewonnenen Malzauszüge verkauft oder zur Herstellung von Bier, bierähnlichen Getränken oder Essig weiterverarbeitet, so ist die Brausteuer von der gesamten verwendeten Malzmenge zu entrichten. Die Anlagen sind in diesem Falle als Brauereien anzusehen.

IX. Gesetz, betreffend Phosphorzündwaren vom 10. Mai 1903.

(R.G.Bl. S. 217.)

§ 1. Weißer oder gelber Phosphor darf zur Herstellung von Zündhölzern und anderen Zündwaren nicht verwendet werden.

Zündwaren, die unter Verwendung von weißem oder gelbem Phosphor hergestellt sind, dürfen nicht gewerbsmäßig feilgehalten, verkauft oder sonst in den Verkehr gebracht werden.

Zündwaren der bezeichneten Art dürfen zum Zwecke gewerblicher Verwendung nicht in das Zollinland eingeführt werden.

Die vorstehenden Bestimmungen finden auf Zündbänder, die zur Entzündung von Grubensicherheitslampen dienen, keine Anwendung.

§ 2. Wer den Vorschriften dieses Gesetzes vorsätzlich zuwiderhandelt, wird mit Geldstrafe bis zu zweitausend Mark bestraft.

Ist die Handlung aus Fahrlässigkeit begangen worden, so tritt eine Geldstrafe bis zu einhundertfünfzig Mark ein.

Neben der Strafe ist auf Einziehung der verbotswidrig hergestellten, eingeführten oder in Verkehr gebrachten Gegenstände sowie bei verbotswidriger Herstellung auf die Einziehung der dazu dienenden Gerätschaften zu erkennen, ohne Unterschied, ob sie den Verurteilten gehören oder nicht. Ist die Verfolgung oder die Verurteilung einer bestimmten Person nicht ausführbar, so ist auf die Einziehung selbständig zu erkennen.

§ 3. Die Vorschriften des § 1 Abs. 2 treten am 1. Januar 1908, im übrigen tritt das Gesetz am 1. Januar 1907 in Kraft.

Kaiserliche Verordnungen.

I. Verordnung über das gewerbsmäßige Verkaufen und Feilhalten von Petroleum, vom 24. Februar 1882.

(R.G.Bl. 1882, S. 40.)

§ 1.

Das gewerbsmäßige Verkaufen und Feilhalten von Petroleum, welches, unter einem Barometerstande von 760 mm, schon bei einer Erwärmung auf weniger als 21 Grade des hunderteiligen Thermometers entflammbare Dämpfe entweichen läßt, ist nur in solchen Gefäßen gestattet, welche an die Augen fallender Stelle auf rotem Grunde in deutlichen Buchstaben die nicht verwischbare Inschrift „Feuergefährlich" tragen.

Wird derartiges Petroleum gewerbsmäßig zur Abgabe in Mengen von weniger als 50 kg feilgehalten oder in solchen geringeren Mengen verkauft, so muß die Inschrift in gleicher Weise noch die Worte: „Nur mit besonderen Vorsichtsmaßregeln zu Brennzwecken verwendbar" enthalten.

§ 2.

Die Untersuchung des Petroleums auf seine Entflammbarkeit im Sinne des § 1 hat mittels des Abelschen Petroleumprobers unter Beachtung der von dem Reichskanzler wegen Handhabung des Probers zu erlassenden näheren Vorschriften[1]) zu erfolgen.

Wird die Untersuchung unter einem anderen Barometerstande als 760 mm vorgenommen, so ist derjenige Wärmegrad maßgebend, welcher nach einer vom Reichskanzler zu veröffentlichenden Umrechnungstabelle unter dem jeweiligen Barometerstande dem im § 1 bezeichneten Wärmegrade entspricht.

---

[1]) Vgl. auch S. 123.

§ 3.
Diese Verordnung findet auf das Verkaufen und Feilhalten von Petroleum in den Apotheken zu Heilzwecken nicht Anwendung.

§ 4.
Als Petroleum im Sinne dieser Verordnung gelten das Rohpetroleum und dessen Destillationsprodukte.

§ 5.
Diese Verordnung tritt mit dem 1. Januar 1883 in Kraft.

II. Verordnung betr. das Verbot von Maschinen zur Herstellung künstlicher Kaffeebohnen. Vom 1. Februar 1891.
(R.G.Bl. 1891, S. 11.)

Das gewerbsmäßige Herstellen, Verkaufen und Feilhalten von Maschinen, welche zur Herstellung künstlicher Kaffeebohnen bestimmt sind, ist verboten. Gegenwärtige Verordnung tritt mit dem Tage ihrer Verkündigung in Kraft.

III. Verordnung betr. den Verkehr mit Arzneimitteln. Vom 22. Oktober 1901.

§ 1.
Die in dem angeschlossenen Verzeichnisse A aufgeführten Zubereitungen dürfen, ohne Unterschied, ob sie heilkräftige Stoffe enthalten oder nicht, als Heilmittel (Mittel zur Beseitigung oder Linderung von Krankheiten bei Menschen oder Tieren) außerhalb der Apotheken nicht feilgehalten oder verkauft werden. Dieser Bestimmung unterliegen von den bezeichneten Zubereitungen, soweit sie als Heilmittel feilgehalten oder verkauft werden:
- a) kosmetische Mittel (Mittel zur Reinigung, Pflege oder Färbung der Haut, des Haares oder der Mundhöhle), Desinfektionsmittel und Hühneraugenmittel nur dann, wenn sie Stoffe enthalten, welche in den Apotheken ohne Anweisung eines Arztes, Zahnarztes oder Tierarztes nicht abgegeben werden dürfen, kosmetische Mittel außerdem auch dann, wenn sie Kreosot, Phenylsalizylat oder Resorcin enthalten;
- b) künstliche Mineralwässer nur dann, wenn sie in ihrer Zusammensetzung natürlichen Mineralwässern nicht entsprechen und zugleich Antimon, Arsen, Barium, Chrom, Kupfer, freie Salpetersäure, freie Salzsäure oder freie Schwefelsäure enthalten.

Auf Verbandstoffe (Binden, Gazen, Watten und dgl.), auf Zubereitungen zur Herstellung von Bädern sowie auf Seifen zum äußerlichen Gebrauche findet die Bestimmung im Abs. 1 nicht Anwendung.

§ 2.
Die in dem angeschlossenen Verzeichnisse B aufgeführten Stoffe dürfen auch außerhalb der Apotheken nicht feilgehalten oder verkauft werden.

§ 3.
Der Großhandel unterliegt den vorstehenden Bestimmungen nicht. Gleiches gilt für den Verkauf der im Verzeichnisse B aufgeführten Stoffe an Apotheken oder an solche öffentliche Anstalten, welche Untersuchungs- oder Lehrzwecken dienen und nicht gleichzeitig Heilanstalten sind.

§ 4.
Der Reichskanzler ist ermächtigt, weitere, im Einzelnen bestimmt zu bezeichnende Zubereitungen, Stoffe und Gegenstände von dem Feilhalten und Verkaufen außerhalb der Apotheken auszuschließen.

§ 5.
Die gegenwärtige Verordnung tritt mit dem 1. April 1902 in Kraft. Mit demselben Zeitpunkte treten die Verordnungen, betreffend den Verkehr mit Arzneimitteln, vom 27. Januar 1890, 31. Dezember 1894, 25. November 1895 und 19. August 1897 (Reichs-Gesetzbl. 1890 S. 9, 1895, S. 1 und 455, 1897 S. 707) außer Kraft.

Gesetze und Verordnungen. 705

Verzeichnis A.

1. Abkochungen und Aufgüsse (decocta et infusa);
2. Ätzstifte (styli caustici);
3. Auszüge in fester oder flüssiger Form (extracta et tincturae), ausgenommen:
   Arnikatinktur,
   Baldriantinktur, auch ätherische,
   Benediktineressenz,
   Benzoëtinktur,
   Bischofessenz,
   Eichelkaffeeextrakt,
   Fichtennadelextrakt,
   Fleischextrakt,
   Himbeeressig,
   Kaffeeextrakt,
   Lakritzen (Süßholzsaft), auch mit Anis,
   Malzextrakt, auch mit Eisen, Lebertran oder Kalk,
   Myrrhentinktur,
   Nelkentinktur,
   Teeextrakt von Blättern des Teestrauchs,
   Vanillentinktur,
   Wachholderextrakt;
4. Gemenge, trockene, von Salzen oder zerkleinerten Substanzen, oder von beiden untereinander, auch wenn die zur Vermengung bestimmten einzelnen Bestandteile gesondert verpackt sind (pulveres, salia et species mixta), sowie Verreibungen jeder Art (triturationes), ausgenommen:
   Brausepulver aus Natriumcarbonat und Weinsäure, auch mit Zucker oder ätherischen Ölen gemischt,
   Eichelkakao, auch mit Malz,
   Hafermehlkakao,
   Riechsalz,
   Salicylstreupulver,
   Salze, welche aus natürlichen Mineralwässern bereitet oder den solchergestalt bereiteten Salzen nachgebildet sind,
   Schneeberger Schnupftabak mit einem Gehalte von höchstens 3 Gewichtsteilen Nieswurzel in 100 Teilen des Schnupftabaks;
5. Gemische, flüssige, und Lösungen (mixturae et solutiones) einschließlich gemischte Balsame, Honigpräparate und Sirupe, ausgenommen:
   Ätherweingeist (Hoffmannstropfen),
   Ameisenspiritus,
   Aromatischer Essig,
   Bleiwasser mit einem Gehalte von höchstens 2 Gewichtsteilen Bleiessig in 100 Teilen der Mischung,
   Eukalyptuswasser,
   Fenchelhonig,
   Fichtennadelspiritus (Waldwollextrakt),
   Franzbranntwein mit Kochsalz,
   Kalkwasser, auch mit Leinöl,
   Kampferspiritus,
   Karmelitergeist,
   Lebertran mit ätherischen Ölen,
   Mischungen von Ätherweingeist, Kampferspiritus, Seifenspiritus, Salmiakgeist und Spanischpfeffertinktur, oder von einzelnen dieser fünf Flüssigkeiten untereinander zum Gebrauche für Tiere, sofern die einzelnen Bestandteile der Mischungen auf den Gefäßen, in denen die Abgabe erfolgt, angegeben werden,
   Obstsäfte mit Zucker, Essig oder Fruchtsäuren eingekocht,
   Pepsinwein,
   Rosenhonig, auch mit Borax,
   Seifenspiritus,
   weißer Sirup;

Bujard-Baier. 3. Aufl. 45

6. **Kapseln**, gefüllte, von Leim (Gelatine) oder Stärkemehl (capsulae gelatinosae et amylaceae repletae), ausgenommen solche Kapseln, welche Brausepulver der unter Nr. 4 angegebenen Art,
>Copaivabalsam,
>Lebertran,
>Natriumbicarbonat,
>Rizinusöl oder
>Weinsäure

enthalten;

7. **Latwergen** (electuaria);
8. **Linimente** (linimenta), ausgenommen flüchtiges Liniment;
9. **Pastillen** (auch Plätzchen und Zeltchen), Tabletten, Pillen und Körner (pastilli-rotulae et trochisci-, tabulettae, pilulae et granula), ausgenommen:
> aus natürlichen Mineralwässern oder aus künstlichen Mineralquellsalzen bereitete Pastillen,
> einfache Molkenpastillen,
> Pfefferminzplätzchen,
> Salmiakpastillen, auch mit Lakritzen und Geschmackszusätzen, welche nicht zu den Stoffen des Verzeichnisses B gehören,
> Tabletten aus Saccharin, Natriumbicarbonat oder Brausepulver, auch mit Geschmackzusätzen, welche nicht zu den Stoffen des Verzeichnisses B gehören;

10. **Pflaster und Salben** (emplastra et unguenta), ausgenommen:
> Bleisalze zum Gebrauche für Tiere,
> Borsalbe zum Gebrauche für Tiere,
> Cold-Cream, auch mit Glycerin, Lanolin oder Vaselin,
> Pechpflaster, dessen Masse lediglich aus Pech, Wachs, Terpentin und Fett, oder einzelnen dieser Stoffe besteht,
> englisches Pflaster,
> Heftpflaster,
> Hufkitt,
> Lippenpomade,
> Pappelpomade,
> Salicyltalg,
> Senfleinen,
> Senfpapier,
> Terpentinsalbe zum Gebrauche für Tiere,
> Zinksalbe zum Gebrauche für Tiere;

11. **Suppositorien** (suppositoria) in jeder Form (Kugeln, Stäbchen, Zöpfchen oder dgl.) sowie Wundstäbchen (cereoli).

Verzeichnis B.

Bei den mit * versehenen Stoffen sind auch die Abkömmlinge der betreffenden Stoffe, sowie die Salze der Stoffe und ihrer Abkömmlinge inbegriffen.

*Acetanilidum. — *Antifebrin.
Acida chloracetica. — Die Chloressigsäuren.
Acidum benzoicum e resina sublimatum. — Aus dem Holze sublimierte Benzoesäure.
— camphoricum. — Kampfersäure.
— cathartinicum. — Kathartinsäure.
— cinnamylicum. — Zimtsäure.
— chrysophanicum. — Chrysophansäure.
— hydrobromicum. — Bromwasserstoffsäure.
— hydrocyanicum. — Cyanwasserstoffsäure (Blausäure).
*— lacticum. — *Milchsäure.
*— osmicum. — *Osmiumsäure.
— sclerotinicum. — Sklerotinsäure.
*— sozojodolicum. — *Sozojodolsäure.
— succinicum. — Bernsteinsäure.
*— sulfocarbolicum. — *Sulfophenolsäure.
*— valerianicum. — *Baldriansäure.
*Aconitinum. — *Akonitin.
Actolum. — Aktol.

Gesetze und Verordnungen.

Adonidinum.	Adonidin.
Aether bromatus.	Äthylbromid.
— chloratus.	Äthylchlorid.
— jodatus.	Äthyljodid.
Aethyleni praeparata.	Die Äthylenpräparate.
Aethylidenum bichloratum.	Zweifachchloräthyliden.
Agaricinum.	Agaricin.
Airolum.	Airol.
Aluminium acetico-tartaricum.	Essigweinsaures Aluminium.
Ammonium chloratum ferratum.	Eisensalmiak.
Amylenum hydratum.	Amylenhydrat.
Amylium nitrosum.	Amylinitrit.
Anthrarobinum.	Anthrarobin.
*Apomorphinum.	*Apomorphin.
Aqua Amygdalarum amararum.	Bittermandelwasser.
— Lauro-cerasi.	Kirschlorbeerwasser.
— Opii.	Opiumwasser.
— vulneraria spirituosa.	Weiße Arquebusade.
*Arecolinum.	*Arekolin.
Argentaminum.	Argentamin.
Argentolum.	Argentol.
Argoninum.	Argonin.
Aristolum.	Aristol.
Arsenium jodatum.	Jodarsen.
*Atropinum.	*Atropin.
Betolum.	Betol.
Bismutum bromatum.	Wismutbromid.
— oxyjodatum.	Wismutoxyjodid.
— subgallicum (Dermatolum).	Basisches Wismutgallat (Dermatol).
— subsalicylicum.	Basisches Wismutsalicylat.
Bismutum tannicum.	Wismuttannat.
Blatta orientalis.	Orientalische Salbe.
Bromum hydratum.	Bromalhydrat.
Bromoformium.	Bromoform.
*Brucinum.	Brucin.
Bulbus Scillae-siccatus.	Getrocknete Meerzwiebel.
Butylchloralum hydratum.	Butylchloralhydrat.
Champhora monobromata.	Einfach-Bromkampfer.
Cannabinonum.	Kannabinon.
Cannabinum tannicum.	Kannabintannat.
Cantharides.	Spanische Fliegen.
Cantharidinum.	Kantharidin.
Cardolum.	Kardol.
Castoreum canadense.	Kanadisches Bibergeil.
— sibiricum.	Sibirisches Bibergeil.
Cerium oxalicum.	Ceriumoxalat.
*Chinidinum.	*Chinidin.
*Chininum.	*Chinin.
Chinoidinum.	Chinoidin.
Chloralum formamidatum.	Chloralformamid.
— hydratum.	Chloralhydrat.
Chloroformium.	Chloroform.
Chrysarobinum.	Chrysarobin.
*Chinchonidinum.	*Chinchonidin.
Chinchoninum.	Chinchonin.
*Cocainum.	*Cocain.
*Coffeinum.	*Koffein.
Colchicinum.	Kolchicin.
*Coniinum.	*Koniin.
Convallamarinum.	Konvallamarin.
Convallarinum.	Konvallarin.
Cortex Chinae.	Chinarinde.
— Condurango.	Condurangorinde.
— Granati.	Granatrinde.
— Mezerei.	Seidelbastrinde.
Cotoinum.	Kotoin.
Cubebae.	Kubeben.
Cuprum aluminatum.	Kupferalaun.
— salicylicum.	Kupfersalicylat.
Curare.	Kurare.
*Curarinum.	*Kurarin.
Delphininum.	Delphinin.
*Digitalinum.	*Digitalin.

*Digitoxinum. — *Digitoxin.
*Duboisinum. — *Duboisin.
*Emetinum. — *Emetin.
*Eucainum. — Eukain.
Euphorbium. — Euphorbium.
Europhenum. — Europhen.
Fel tauri depuratum siccum. — Gereinigte trockene Ochsengalle.
Ferratinum. — Ferratin.
Ferrum arsenicicum. — Arsensaures Eisen.
— arsenicosum. — Arsenigsaures Eisen.
— carbonicum saccharatum. — Zuckerhaltiges Ferrocarbonat.
— citrium ammoniatum. — Ferri-Ammoniumnitrat.
— jodatum saccharatum. — Zuckerhaltiges Eisenjodür.
— oxydatum dialysatum. — Dialysiertes Eisenoxyd.
— oxydatum saccharatum. — Eisenzucker.
— peptonatum. — Eisenpeptonat.
— reductum. — Reduziertes Eisen.
— sulfuricum oxydatum ammoniatum. — Ferri-Ammoniumsulfat.
— sulfuricum siccum. — Getrocknetes Ferrosulfat.
Flores Cinae. — Zitwersamen.
— Koso. — Kosoblüten.
Folia Belladonnae. — Belladonnablätter.
— Bucco. — Buccoblätter.
— Cocae. — Cokablätter.
— Digitalis. — Fingerhutblätter.
— Jaborandi. — Jaborandiblätter.
— Rhois toxicotendri. — Giftsumachblätter.
— stramonii. — Stechapfelblätter.
Fructus Papaveris immaturi. — Unreife Mohnköpfe.
Fungus Laricis. — Lärchenschwamm.
Galbanum. — Galbanum.
*Guajacolum. — *Guajakol.
Hamamelis virginica. — Hamamelis.
Haemalbuminum. — Hamalbumin.
Herba Aconiti. — Akonitkraut.
— Adonidis. — Adoniskraut.
— Cannabis indicae. — Indischer Hanf.
— Cicutae virosae. — Wasserschierling.
— Conii. — Schierling.
— Gratiolae. — Gottesgnadenkraut.
— Hyoscyami. — Bilsenkraut.
— Lobeliae. — Lobelinkraut.
*Homatropinum. — *Homatropin.
Hydrargyrum aceticum. — Quecksilberacetat.
— bijodatum. — Quecksilberjodid.
— bromatum. — Quecksilberbromür.
— chloratum. — Quecksilberchlorür (Kalomel).
— cyanatum. — Quecksilbercyanid.
— formamidatum. — Quecksilberformamid.
— jodatum. — Quecksilberjodür.
— oleinicum. — Ölsaures Quecksilber.
— oxydatum via humida paratum. — Gelbes Quecksilberoxyd.
— peptonatum. — Quecksilberpeptonat.
— praecipitatum album. — Weißer Quecksilberpräzipitat.
— salicylicum. — Quecksilbersalicylat.
— tannicum oxydulatum. — Quecksilbertannat.
*Hydrastininum. — *Hydrastinin.
*Hyoscyaminum. — *Hyoscyamin.
Itrolum. — Itrol.
Jodoformium. — Jodoform.
Jodolum. — Jodol.
Kaïrinum. — Kaïrin.
Kaïrolinum. — Kaïrolin.
Kalium jodatum. — Kaliumjodid.
Kamala. — Kamala.
Kosinum. — Kosin.
Kreosotum (e ligno paratum) — Holzkreosot.
Lactopheninum. — Laktophenin.
Lactucarium. — Giftlattichsaft.
Larginum. — Largin.
Lithium benzoïcum. — Lithiumbenzoat.
— salicylicum. — Lithiumsalicylat.
Losophanum. — Losophan.

Gesetze und Verordnungen.

Magnesium citricum effervescens. — Brausemagnesia.
Magnesium salicylicum. — Magnesiumsalicylat.
Manna. — Manna.
Methylenum bichloratum. — Methylenbichlorid.
Methylsulfonalum (Trionalum) — Methylsulfonal (Trional).
Muscarinum. — Muskarin.
Natrium aethylatum. — Natriumäthylat.
— benzoïcum. — Natriumbenzoat.
— jodatum. — Natriumjodid.
— pyrophosphoricum ferratum. — Natrium-Ferripyrophosphat.
— salicylicum. — Natriumsalicylat.
— santoninicum. — Santoninsaures Natrium.
— tannicum. — Natriumtannat.
Nosophenum. — Nosophen.
Oleum Chamomillae aethereum. — Ätherisches Kamillenöl.
— Crotonis. — Krotonöl.
— Cubebarum. — Kubebenöl.
— Matico. — Matikoöl.
— Sabinae. — Sadebaumöl.
— Santali. — Sandelöl.
— Sinapis. — Senföl.
— Valerianae. — Baldrianöl.
Opium, ejus alcaloida eorumque salia et derivata eorumque salia. (Codeïnum, Heroïnum, Morphinum, Narceïnum, Narcotinum, Peroninum, Thebaïnum et alia). — Opium, dessen Alkaloide, deren Salze und Abkömmlinge, sowie deren Salze. (Kodein, Heroin, Morphin, Narcein, Narkotin, Peronin, Thebain und andere).
*Orexinum. — *Orexin.
*Orthoformium. — *Orthoform.
Paracotoïnum. — Parakotoin.
Paraldehydum. — Paraldehyd.
Pasta Guarana. — Guarana.
*Pelletierinum. — *Pelletierin.
*Phenacetinum. — *Phenacetin.
*Phenocollum. — *Phenokoll.
*Phenylum salicylicum (Salolum). — *Phenylsalicylat (Salol).
*Physostigminum (Eserinum). — *Physostigmin (Eserin).
Picrotoxinum. — Pikrotoxin.
*Pilocarpinum. — *Pilokarpin.
*Piperacinum. — *Piperazin.
Plumbum jodatum. — Bleijodid.
— tannicum. — Bleitannat.
Podophyllinum. — Podophyllin.
Praeparata organotherapeutica. — Therapeutische Organ-Präparate.
Propylaminum. — Propylamin.
Protargolum. — Protargol.
*Pyrazolonum phenyldimethylicum (Antipyrinum). — *Phenyldimethylpyrazolon (Antipyrin).
Radix Belladonnae. — Belladonnawurzel.
— Colombo. — Colombowurzel.
— gelsemii. — Wurzel des gelben Jasmins.
— Ipecacuanhae. — Brechwurzel.
— Rhei. — Rhabarber.
— Sarsaparillae. — Sarsaparille.
— Senegae. — Senegawurzel.
Resina Jalapae. — Jalapenherz.
— Scammoniae. — Scammoniaharz.
Resorcinum purum. — Reines Resorcin.
Rhizoma Filicis. — Farnwurzel.
— Hydrastis. — Hydrastisrhizom.
— Veratri. — Weiße Nieswurzel.
Salia glycerophosphorica. — Glycerinphosphorsaure Salze.
Salophenum. — Salophen.
Santoninum. — Santonin.
*Scopolaninum. — *Skopolamin.
Secale cornutum. — Mutterkorn.
Semen Calabar. — Kalabarbohne.
— Colchici. — Zeitlosensamen.
— Hyoscyami. — Bilsenkrautsamen.
— St. Ignatii. — St. Ignatiusbohne.
— Stramonii. — Stechapfelsamen.
— Strophanthi. — Strophantussamen.
— Strychni. — Brechnuß.

Sera therapeutica, liquida et sicca, et eorum praeparata ad usum humanum.	Flüssige und trockene Heilsera, sowie deren Präparate zum Gebrauche für Menschen.
*Sparteïnum.	*Spartein.
Stipites Dulcamarae.	Bittersüßstengel.
*Strychninum.	*Strychnin.
*Sulfonalum.	*Sulfonal.
Sulfur jodatum.	Jodschwefel.
Summitates Sabinae.	Sadebaumspitzen.
Tannalbinum.	Tannalbin.
Tannigenum.	Tannigen.
Tannoformium.	Tannoform.
Tartarus stibiatus.	Brechweinstein.
Terpinum hydratum.	Terpinhydrat.
Tetronalum.	Tetronal.
*Thallinum.	*Thallin.
*Theobrominum.	*Theobromin.
Thioformium.	Thioform.
*Tropacocaïnum.	Tropacocaïn.
Tubera Aconiti.	Akonitknollen.
— Jalapae.	Jalapenwurzel.
Tuberculinum.	Tuberkulin.
Tuberculocidinum.	Tuberkulocidin.
*Urethanum.	*Urethan.
*Urotropinum.	*Urotropin.
Vasogenum et ejus praeparata.	Vasogen und dessen Präparate.
*Veratrinum.	*Veratrin.
Xeroformium.	Xeroform.
*Yohimbinum.	*Yohimbin.
Zincum aceticum.	Zinkacetat.
— chloratum purum.	Reines Zinkchlorid.
— cyanatum.	Zinkcyanid.
— permanganicum.	Zinkpermanganat.
— salicylicum.	Zinksalicylat.
— sulfoichthyolicum.	Ichthyolsulfosaures Zink.
— sulfuricum purum.	Reines Zinksulfat.

IV. Verordnung, betreffend den Verkehr mit Essigsäure, vom 14. Juli 1908.

(R.G.Bl. S. 475.)

§ 1. Rohe und gereinigte Essigsäure (auch Essigessenz), die in 100 Gewichtsteilen mehr als 15 Gewichtsteile reine Säure enthält, darf in Mengen unter 2 Liter nur in Flaschen nachstehender Art und Bezeichnung gewerbsmäßig feilgehalten oder verkauft werden.

1. Die Flaschen müssen aus weißem oder halbweißem Glase gefertigt, länglich rund geformt und an einer Breitseite in der Längsrichtung gerippt sein.

2. Die Flaschen müssen mit einem Sicherheitsstopfen versehen sein, der bei wagerechter Haltung der gefüllten Flasche innerhalb einer Minute nicht mehr als 50 ccm des Flascheninhalts ausfließen läßt. Der Sicherheitsstopfen muß derart im Flaschenhalse befestigt sein, daß er ohne Zerbrechen der Flasche nicht entfernt werden kann.

3. An der nicht gerippten Seite der Flasche muß eine Aufschrift vorhanden sein, die in deutlich lesbarer Weise

a) die Art des Inhalts einschließlich seiner Stärke an reiner Essigsäure angibt,

b) die Firma des Fabrikanten des Inhalts bezeichnet,

c) in besonderer, für die sonstige Aufschrift nicht verwendeter Farbe die Warnung „Vorsicht! Unverdünnt lebensgefährlich" getrennt von der sonstigen Aufschrift enthält,

d) eine Anweisung für den Gebrauch des Inhalts der Flasche bei der Verwendung zu Speisezwecken erteilt.

Weitere Aufschriften dürfen auf der Flasche nicht vorhanden sein.

§ 2. Die Vorschriften des § 1 finden keine Anwendung auf das Feilhalten und den Verkauf von Essigsäure in Apotheken, soweit es zu Heil- oder wissenschaftlichen Zwecken erfolgt.

§ 3. Das Feilhalten und der Verkauf von Essigsäure der im § 1 bezeichneten Art unter der Bezeichnung „Essig" ist verboten.

§ 4. Diese Verordnung tritt am 1. Januar 1909 in Kraft.

Vorschriften, betreffend die Prüfung der Nahrungsmittelchemiker, Bundesratsbeschluß vom 22. Februar 1894.

§ 1.

Über die Befähigung zur chemisch-technischen Beurteilung von Nahrungsmitteln, Genußmitteln und Gebrauchsgegenständen (Reichsgesetz vom 14. Mai 1879, R.G.Bl. S. 145) wird demjenigen, welcher die in Folgendem vorgeschriebenen Prüfungen bestanden hat, ein Ausweis nach dem beiliegenden Muster erteilt.

§ 2.

Die Prüfungen bestehen in einer Vorprüfung und einer Hauptprüfung.

Die Hauptprüfung zerfällt in einen technischen und einen wissenschaftlichen Abschnitt.

A. Vorprüfung.

§ 3.

Die Kommission für die Vorprüfung besteht unter dem Vorsitz eines Verwaltungsbeamten aus einem oder zwei Lehrern der Chemie und je einem Lehrer der Botanik und Physik.

Der Vorsitzende leitet die Prüfung und ordnet bei Behinderung eines Mitgliedes dessen Vertretung an.

§ 4.

In jedem Studienhalbjahr finden Prüfungen statt.

Gesuche, welche später als vier Wochen vor dem amtlich festgesetzten Schluß der Vorlesungen eingehen, haben keinen Anspruch auf Berücksichtigung im laufenden Halbjahr.

Die Prüfung kann nur bei der Prüfungskommission derjenigen Lehranstalt, bei welcher der Studierende eingeschrieben ist oder zuletzt eingeschrieben war, abgelegt werden.

§ 5.

Dem Gesuche sind beizufügen:

1. Das Zeugnis der Reife von einem Gymnasium, einem Realgymnasium, einer Oberrealschule oder einer durch Beschluß des Bundesrats als gleichberechtigt anerkannten anderen Lehranstalt des Reichs[1]).

Das Zeugnis der Reife einer gleichartigen außerdeutschen Lehranstalt kann ausnahmsweise für ausreichend erachtet werden.

2. Der durch Abgangszeugnisse oder, soweit das Studium noch fortgesetzt wird, durch das Anmeldebuch zu führende Nachweis eines naturwissenschaftlichen Studiums von sechs Halbjahren, deren letztes indessen zurzeit der Einreichung des Gesuchs noch nicht abgeschlossen zu sein braucht. Das Studium muß auf Universitäten oder auf technischen Hochschulen des Reichs zurückgelegt sein.

---

[1]) Der Bundesrat hat in seiner Sitzung vom 13. Mai 1902 beschlossen, das an der chemisch-technischen Abteilung einer bayerischen Industrieschule erworbene Reifezeugnis für den Übertritt in die Technische Hochschule, sowie das an der chemischen Abteilung der Königl. Sächsischen Gewerbeakademie zu Chemnitz erlangte Absolutorialzeugnis als gleichberechtigt im Sinne des § 5 Ziffer 1 der Vorschriften betreffend die Prüfung der Nahrungsmittelchemiker anzuerkennen.

Ausnahmsweise kann das Studium auf einer gleichartigen außerdeutschen Lehranstalt oder die einem anderen Studium gewidmete Zeit in Anrechnung gebracht werden.

3. Der durch Zeugnisse der Laboratoriumsvorsteher zu führende Nachweis, daß der Studierende mindestens fünf Halbjahre in chemischen Laboratorien der unter Nr. 2 bezeichneten Lehranstalten gearbeitet hat.

§ 6.

Der Vorsitzende der Prüfungskommission entscheidet über die Zulassung und verfügt die Ladung des Studierenden. Letztere erfolgt mindestens zwei Tage vor der Prüfung, unter Verfügung eines Abdrucks dieser Bestimmungen. Die Prüfung kann nach Beginn der letzten sechs Wochen des sechsten Studienhalbjahres stattfinden.

Zu einem Prüfungstermin werden nicht mehr als vier Prüflinge zugelassen.

Wer in dem Termin ohne ausreichende Entschuldigung nicht rechtzeitig erscheint, wird in dem laufenden Prüfungsjahr zur Prüfung nicht mehr zugelassen.

§ 7.

Die Prüfung erstreckt sich auf
unorganische, organische und analytische Chemie, Botanik und Physik.

Bei der Prüfung in der unorganischen Chemie ist auch die Mineralogie zu berücksichtigen.

Die Prüfung ist mündlich; der Vorsitzende und zwei Mitglieder müssen bei derselben ständig zugegen sein.

Die Dauer der Prüfung beträgt für jeden Prüfling etwa eine Stunde, wovon die Hälfte auf Chemie, je ein Viertel auf Botanik und Physik entfällt.

Wer die Prüfung für das höhere Lehramt bestanden hat, wird sofern er in Chemie oder Botanik die Befähigung zum Unterricht in allen Klassen oder in Physik die Befähigung zum Unterricht in den mittleren Klassen erwiesen hat, in dem betreffenden Fach nicht geprüft.

§ 8.

Die Gegenstände und das Ergebnis der Prüfung werden von dem Examinator für jeden Geprüften in ein Protokoll eingetragen, welches von dem Vorsitzenden und sämtlichen Mitgliedern der Kommission zu unterzeichnen ist.

Die Zensur wird für das einzelne Fach von dem Examinator erteilt, und zwar unter ausschließlicher Anwendung der Prädikate „sehr gut", „gut", „genügend" oder „ungenügend".

Wenn in der Chemie von zwei Lehrern geprüft wird, haben beide sich über die Zensur für das gesamte Fach zu einigen. Gelingt dies nicht, so entscheidet die Stimme desjenigen Examinators, welcher die geringere Zensur erteilt hat.

§ 9.

Ist die Prüfung nicht bestanden, so findet eine Wiederholungsprüfung statt. Dieselbe erstreckt sich, wenn die Zensur in der ersten Prüfung für Chemie und für ein zweites Fach „ungenügend" war, auf sämtliche Gegenstände der Vorprüfung und findet dann nicht vor Ablauf von sechs Monaten statt.

In allen anderen Fällen beschränkt sich die Wiederholungsprüfung auf die nicht bestandenen Fächer. Die Frist, vor deren Ablauf sie nicht stattfinden darf, beträgt mindestens zwei und höchstens sechs Monate und wird von dem Vorsitzenden nach Benehmen mit dem Examinator festgesetzt. Meldet sich der Prüfling ohne eine nach dem Urteil des Vorsitzenden ausreichende Entschuldigung innerhalb des nächstfolgenden Studiensemesters nach Ablauf der Frist nicht rechtzeitig (§ 4) zur Prüfung, so hat er die ganze Prüfung zu wiederholen.

Lautet in jedem Fache die Zensur mindestens „genügend", so ist die Prüfung bestanden. Als Schlußzensur wird erteilt

„sehr gut", wenn die Zensur für Chemie und ein anderes Fach „sehr gut", für das dritte Fach mindestens „gut" lautet;

„gut", wenn die Zensur nur in Chemie „sehr gut" oder in der Chemie und noch einem Fache mindestens „gut" lautet;

„genügend" in allen übrigen Fällen.

Gesetze und Verordnungen. 713

§ 10.
Tritt ein Prüfling ohne eine nach dem Urteil des Vorsitzenden ausreichende Entschuldigung im Laufe der Prüfung zurück, so hat er dieselbe vollständig zu wiederholen. Die Wiederholung ist vor Ablauf von sechs Monaten nicht zulässig.

§ 11.
Die Wiederholung der ganzen Prüfung kann auch bei einer anderen Prüfungskommission geschehen. Die Wiederholung der Prüfung in einzelnen Fächern muß bei derselben Kommission stattfinden.

Eine mehr als zweimalige Wiederholung der ganzen Prüfung oder der Prüfung in einem Fache ist nicht zulässig.

Ausnahmen von vorstehenden Bestimmungen können aus besonderen Gründen gestattet werden.

§ 12.
Über den Ausfall der Prüfung wird ein Zeugnis erteilt. Ist die Prüfung ganz oder teilweise zu wiederholen, so wird statt einer Gesamtzensur die Wiederholungsfrist in dem Zeugnis vermerkt. Dieser Vermerk ist, falls der Prüfling bei einer akademischen Lehranstalt nicht mehr eingeschrieben ist, auch in das letzte Abgangszeugnis einzutragen. Ist der Prüfling bei einer akademischen Lehranstalt noch eingeschrieben, so hat der Vorsitzende den Ausfall der Prüfung und die Wiederholungsfristen alsbald der Anstaltsbehörde mitzuteilen. Von dieser ist, falls der Studierende vor vollständig bestandener Vorprüfung die Lehranstalt verläßt, ein entsprechender Vermerk in das Abgangszeugnis einzutragen.

§ 13.
An Gebühren sind für die Vorprüfung vor Beginn derselben 30 Mark zu entrichten.

Für Prüflinge, welche das Befähigungszeugnis für das höhere Lehramt besitzen, betragen in den im § 7 Absatz 5 vorgesehenen Fällen die Gebühren 20 Mark. Dasselbe gilt für die Wiederholung der Prüfung in einzelnen Fächern (§ 9 Absatz 2).

B. Hauptprüfung.
§ 14.
Die Kommission für die Hauptprüfung besteht unter dem Vorsitz eines Verwaltungsbeamten aus zwei Chemikern, von denen einer auf dem Gebiete der Untersuchung von Nahrungsmitteln, Genußmitteln und Gebrauchsgegenständen praktisch geschult ist, und aus einem Vertreter der Botanik.

Der Vorsitzende leitet die Prüfung und ordnet bei Behinderung eines Mitgliedes dessen Vertretung an.

§ 15.
Die Prüfungen beginnen jährlich im April und enden im Dezember.

Die Prüfung kann vor jeder Prüfungskommission abgelegt werden.

Die Gesuche um Zulassung sind bei dem Vorsitzenden bis zum 1. April einzureichen. Wer die Vorbereitungszeit erst mit dem September beendigt, kann ausnahmsweise noch im laufenden Prüfungsjahre zur Prüfung zugelassen werden, sofern die Meldung vor dem 1. Oktober erfolgt.

§ 16.
Der Meldung sind beizufügen:
1. Ein kurzer Lebenslauf;
2. die in § 5 Nr. 1 bis 3 aufgeführten Nachweise;
3. das Zeugnis über die Vorprüfung (§ 12);
4. Zeugnisse der Laboratoriums- oder Anstaltsvorsteher darüber, daß der Prüfling vor oder nach der Vorprüfung an einer der im § 5 Nr. 2 bezeichneten Lehranstalten mindestens ein Halbjahr an Mikroskopierübungen teilgenommen und nach bestandener Vorprüfung mindestens drei Halbjahre mit Erfolg an einer staatlichen Anstalt zur technischen Untersuchung von Nahrungs- und Genußmitteln tätig gewesen ist.

Wer die Prüfung als Apotheker mit dem Prädikat „sehr gut" bestanden hat, bedarf, sofern er die im § 5 Nr. 2 bezeichnete Vorbedingung erfüllt hat, der im § 5 Nr. 1 und 3 vorgesehenen Nachweise sowie des Zeugnisses über die Vorprüfung nicht. Wer die Befähigung für das höhere Lehramt in Chemie und

Botanik für alle Klassen und in Physik für die mittleren Klassen dargetan hat. bedarf, sofern er den im § 5 unter Nr. 3 vorgesehenen Nachweis erbringt, des Zeugnisses über die Vorprüfung nicht. Wer an einer technischen Hochschule die Diplom-(Absolutorial-)Prüfung für Chemiker bestanden hat, bedarf des Zeugnisses über die Vorprüfung nicht, wenn die bestehenden Prüfungsvorschriften als ausreichend anerkannt sind [1]).

Wer nach der Vorprüfung ein halbes Jahr an einer Universität oder technischen Hochschule dem naturwissenschaftlichen Studium, verbunden mit praktischer Laboratoriumstätigkeit, gewidmet hat, bedarf nur für zwei Halbjahre des Nachweises über eine praktische Tätigkeit an Anstalten zur Untersuchung von Nahrungs- und Genußmitteln.

Den staatlichen Anstalten dieser Art können von der Zentralbehörde sonstige Anstalten zur technischen Untersuchung von Nahrungs- und Genußmitteln, sowie landwirtschaftliche Untersuchungsanstalten gleichgestellt werden.

§ 17.

Der Vorsitzende der Kommission entscheidet über die Zulassung des Studierenden. Dieser hat sich bei dem Vorsitzenden persönlich zu melden.

Die Zulassung zur Prüfung ist zu versagen, wenn Tatsachen vorliegen, welche die Unzuverlässigkeit des Nachsuchenden in bezug auf die Ausübung des Berufs als Nahrungsmittelchemiker dartun.

§ 18.

Die Prüfung ist nicht öffentlich. Sie beginnt mit dem technischen Abschnitt. Nur wer diesen Abschnitt bestanden hat, wird zu dem wissenschaftlichen Abschnitte zugelassen. Zwischen beiden Abschnitten soll ein Zeitraum von höchstens drei Wochen liegen; jedoch kann der Vorsitzende aus besonderen Gründen eine längere Frist, ausnahmsweise auch eine Unterbrechung bis zur nächsten Prüfungsperiode gewähren.

§ 19.

Die technische Prüfung wird in einem mit den erforderlichen Mitteln ausgestatteten Staatslaboratorium abgehalten. Es dürfen daher gleichzeitig nicht mehr als acht Kandidaten teilnehmen.

Die Prüfung umfaßt vier Teile. Der Prüfling muß sich befähigt erweisen:
1. eine, ihren Bestandteilen nach dem Examinator bekannte chemische Verbindung oder eine künstliche, zu diesem Zweck besonders zusammengesetzte Mischung qualitativ zu analysieren und mindestens vier einzelne Bestandteile der von dem Kandidaten bereits qualitativ untersuchten oder einer anderen dem Examinator in bezug auf Natur und Mengenverhältnis der Bestandteile bekannten chemischen Verbindung oder Mischung quantitativ zu bestimmen;
2. die Zusammensetzung eines ihm vorgelegten Nahrungs- oder Genußmittels qualitativ und quantitativ zu bestimmen;
3. die Zusammensetzung eines Gebrauchsgegenstandes aus dem Bereich des Gesetzes vom 14. Mai 1879 qualitativ und nach dem Ermessen des Examinators auch quantitativ zu bestimmen;
4. einige Aufgaben aus dem Gebiete der allgemeinen Botanik (der pflanzlichen Systematik, Anatomie und Morphologie) mit Hilfe des Mikroskops zu lösen.

Die Prüfung wird in der hier angegebenen Reihenfolge ohne mehrtägige Unterbrechung erledigt. Zu einem späteren Teile wird nur zugelassen, wer den vorhergehenden Teil bestanden hat.

Die Aufgaben sind so zu wählen, daß die Prüfung in vier Wochen abgeschlossen werden kann.

Sie werden von den einzelnen Examinatoren bestimmt und erst bei Beginn jedes Prüfungsteils bekannt gegeben. Die technische Lösung der Aufgabe des ersten Teils muß, soweit die qualitative Analyse in Betracht kommt, in einem Tage, diejenigen der übrigen Aufgaben innerhalb der vom Examinator bei Überweisung der einzelnen Aufgaben festzusetzenden Frist beendet sein.

Die Aufgaben und die gesetzten Fristen sind gleichzeitig dem Vorsitzenden von den Examinatoren schriftlich mitzuteilen.

---

[1]) Als gleichwertig mit der Vorprüfung für Nahrungsmittelchemiker im Sinne des § 16 Abs. 2 der obigen Prüfungsordnung sind bisher von dem Reichskanzler anerkannt worden, die Diplomprüfungen der Technischen Hochschulen in Stuttgart, Karlsruhe, Darmstadt und Braunschweig.

Die Prüfung erfolgt unter Klausur dergestalt, daß der Kandidat die technischen Untersuchungen unter ständiger Anwesenheit des Examinators oder eines Vertreters desselben zu Ende führt und die Ergebnisse täglich in ein von dem Examinator gegenzuzeichnendes Protokoll einträgt.

§ 20.

Nach Abschluß der technischen Untersuchungen (§ 19) hat der Kandidat in einem schriftlichen Bericht den Gang derselben und den Befund zu beschreiben, auch die daraus zu ziehenden Schlüsse darzulegen und zu begründen. Die schriftliche Ausarbeitung kann für die beiden Analysen des ersten Teils zusammengefaßt werden, falls dieselbe Substanz qualitativ und quantitativ bestimmt worden ist; sie hat sich für Teil 4 auf eine von dem Examinator zu bezeichnende Aufgabe zu beschränken. Die Berichte über die Teile 1, 2 und 3 sind je binnen drei Tagen nach Abschluß der Laboratoriumsarbeiten, der Bericht über die mikroskopische Aufgabe (Teil 4) binnen 2 Tagen, mit Namensunterschrift versehen, dem Examinator zu übergeben.

Der Kandidat hat bei jeder Arbeit die benutzte Literatur anzugeben und eigenhändig die Versicherung hinzuzufügen, daß er die Arbeit ohne fremde Hilfe angefertigt hat.

§ 21.

Die Arbeiten werden von den Fachexaminatoren zensiert und mit den Untersuchungsprotokollen und Zensuren dem Vorsitzenden der Kommission binnen einer Woche nach Empfang vorgelegt.

§ 22.

Die w i s s e n s c h a f t l i c h e P r ü f u n g ist mündlich. Der Vorsitzende und zwei Mitglieder der Kommission müssen bei derselben ständig zugegen sein. Zu einem Termin werden nicht mehr als vier Kandidaten zugelassen.

Die Prüfung erstreckt sich:

1. auf die unorganische, organische und analytische Chemie mit besonderer Berücksichtigung der bei der Zusammensetzung der Nahrungs- und Genußmittel in Betracht kommenden chemischen Verbindungen, der Nährstoffe und ihrer Umsetzungsprodukte, sowie auch die Ermittelung der Aschenbestandteile und der Gifte mineralischer und organischer Natur;

2. auf die Herstellung und die normale und abnorme Beschaffenheit der Nahrungs- und Genußmittel, sowie der unter das Gesetz vom 14. Mai 1879 fallenden Gebrauchsgegenstände. Hierbei ist auch auf die sogenannten landwirtschaftlichen Gewerbe (Bereitung von Molkereiprodukten, Bier, Wein, Branntwein, Stärke, Zucker u. dgl. m.) einzugehen;

3. auf die allgemeine Botanik (pflanzliche Systematik, Anatomie und Morphologie) mit besonderer Berücksichtigung der pflanzlichen Rohstofflehre (Drogenkunde u. dgl.), sowie ferner auf die bakteriologischen Untersuchungsmethoden des Wassers und der übrigen Nahrungs- und Genußmittel, jedoch unter Beschränkung auf die einfachen Kulturverfahren;

4. auf die den Verkehr mit Nahrungsmitteln, Genußmitteln und Gebrauchsgegenständen regelnden Gesetze und Verordnungen, sowie auf die Grenzen der Zuständigkeit des Nahrungsmittelchemikers im Verhältnis zum Arzt, Tierarzt und anderen Sachverständigen, endlich auf die Organisation der für die Tätigkeit eines Nahrungsmittelchemikers in Betracht kommenden Behörden.

Die Prüfung in den ersten drei Fächern wird von den Fachexaminatoren, im vierten Fache von dem Vorsitzenden, geeignetenfalls unter Beteiligung des einen oder anderen Fachexaminators abgehalten. Die Dauer der Prüfung beträgt für jeden Kandidaten in der Regel nicht über eine Stunde.

§ 23.

Für jeden Kandidaten wird über jeden Prüfungsabschnitt ein Protokoll unter Anführung der Prüfungsgegenstände und der Zensuren, bei der Zensur „ungenügend" unter kurzer Angabe ihrer Gründe aufgenommen.

§ 24.

Über den Ausfall der Prüfung in den einzelnen Teilen des technischen Abschnitts und in den einzelnen Fächern des wissenschaftlichen Abschnitts werden von den betreffenden Examinatoren Zensuren unter ausschließlicher Anwendung der Prädikate „sehr gut", „gut", „genügend", „ungenügend" erteilt.

Für Botanik und Bakteriologie muß die gemeinsame Zensur, wenn bei getrennter Beurteilung in einem dieser Zweige „ungenügend" gegeben werden würde, „ungenügend" lauten.

§ 25.

Ist die Prüfung in einem Teile des technischen Abschnitts nicht bestanden, so findet eine Wiederholungsprüfung statt. Die Frist, vor deren Ablauf die Wiederholungsprüfung nicht erfolgen darf, beträgt mindestens drei Monate und höchstens ein Jahr; sie wird von dem Vorsitzenden nach Benehmen mit dem Examinator festgesetzt.

Hat der Kandidat die Prüfung in einem Fache des wissenschaftlichen Abschnitts nicht bestanden, so kann er nach Ablauf von sechs Wochen zu einer Nachprüfung zugelassen werden. Die Nachprüfung findet in Gegenwart des Vorsitzenden und der beteiligten Fachexaminatoren statt. Besteht der Kandidat auch in der Nachprüfung nicht, oder verabsäumt er es, ohne ausreichende Entschuldigung sich innerhalb 14 Tagen nach Ablauf der für die Nachprüfung gestellten Frist zu melden, so hat er die Prüfung in dem ganzen Abschnitt zu wiederholen. Dasselbe gilt, wenn der Kandidat die Prüfung in mehr als einem Fache dieses Abschnitts nicht bestanden hat. Die Wiederholung ist vor Ablauf von sechs Monaten nicht zulässig.

§ 26.

Erfolgt die Meldung zur Wiederholung eines Prüfungsteils nicht spätestens in dem nächsten Prüfungsjahre, so muß die ganze Prüfung von neuem abgelegt werden.

Wer bei der Wiederholung nicht besteht, wird zu einer weiteren Prüfung nicht zugelassen.

Ausnahmen von vorstehenden Bestimmungen können aus besonderen Gründen gestattet werden.

§ 27.

Nachdem die Prüfung in allen Teilen bestanden ist, ermittelt der Vorsitzende aus den Einzelzensuren die Schlußzensur, wobei die Zensuren für jeden einzelnen Teil des ersten Abschnitts doppelt gezählt werden, sodaß im ganzen zwölf Einzelzensuren sich ergeben.

Die Schlußzensur „sehr gut" darf nur dann gegeben werden, wenn die Mehrzahl der Einzelzensuren „sehr gut", alle übrigen „gut" lauten; die Schlußzensur „gut" nur dann, wenn die Mehrzahl mindestens „gut" oder wenigstens sechs Einzelzensuren „sehr gut" lauten. In allen übrigen Fällen wird die Schlußzensur „genügend" gegeben.

Nach Feststellung der Schlußzensur legt der Vorsitzende die Prüfungsverhandlungen derjenigen Behörde vor, welche den Ausweis über die Befähigung als Nahrungsmittelchemiker (§ 1) erteilt.

§ 28.

Wer einen Prüfungstermin ohne ausreichende Entschuldigung versäumt, wird in dem laufenden Prüfungsjahr zur Prüfung nicht mehr zugelassen. Der Vorsitzende hat die Zurückstellung bei der im § 27 bezeichneten Behörde zu beantragen, falls er die Entschuldigung nicht für ausreichend hält.

Tritt ein Prüfling ohne ausreichende Entschuldigung von einem begonnenen Prüfungsabschnitt zurück, oder hält er eine der im § 19 Absatz 4 und § 20 vorgesehenen Fristen nicht ein, so hat dies die Wirkung, als wenn er in allen Teilen des Abschnitts die Zensur „ungenügend" hätte.

§ 29.

Die Prüfung kann nur bei derjenigen Kommission fortgesetzt und wiederholt werden, bei welcher sie begonnen ist. Ausnahmen können aus besonderen Gründen gestattet werden.

Die mit dem Zulassungsgesuch eingereichten Zeugnisse werden dem Kandidaten nach bestandener Gesamtprüfung zurückgegeben. Verlangt er sie früher zurück, so ist, falls die Zulassung zur Prüfung bereits ausgesprochen war, vor der Rückgabe in die Urschrift des letzten akademischen Abgangszeugnisses ein Vermerk hierüber, sowie über den Ausfall der schon zurückgelegten Prüfungsteile einzutragen.

§ 30.

An Gebühren sind für die Hauptprüfung vor Beginn derselben 180 Mark zu entrichten. Davon entfallen:
  I. auf den technischen Abschnitt
      für jeden der ersten drei Teile 25 Mark, für den vierten Teil 15 Mark,
  II. auf den wissenschaftlichen Abschnitt 30 Mark,
  III. auf allgemeine Kosten 60 Mark.

Wer von der Prüfung zurücktritt oder zurückgestellt wird, erhält die Gebühren für die noch nicht begonnenen Prüfungsteile ganz, die allgemeinen Kosten zur Hälfte zurück, letztere jedoch nur dann, wenn der dritte Teil des technischen Abschnitts noch nicht begonnen war.

Bei einer Wiederholung sind die Gebührensätze für diejenigen Prüfungsteile, welche wiederholt werden, und außerdem je 15 Mark für jeden zu wiederholenden Prüfungsteil auf allgemeine Kosten zu entrichten. Für die Nachprüfung in einem Fache des wissenschaftlichen Abschnitts sind 15 Mark zu zahlen.

§ 31.

Über die Zulassung der in vorstehenden Bestimmungen vorgesehenen Ausnahmen entscheidet die Zentralbehörde.

Ausweis für geprüfte Nahrungsmittelchemiker.

Dem Herrn ...... aus ...... wird hierdurch bescheinigt, daß er seine Befähigung zur chemisch-technischen Untersuchung und Beurteilung von Nahrungsmitteln, Genußmitteln und Gebrauchsgegenständen durch die vor der .... Prüfungskommission zu ..... mit dem Prädikate ...... abgelegte Prüfung nachgewiesen hat.

......, den ..ten ...... 1...

. . . .

(Siegel und Unterschrift der bescheinigenden Behörde.)

Sachregister.

Abfallschokolade 329.
Abrastol im Wein 423.
Abwasser-Klärverfahren 482, 578.
— -Organismen 577, 578.
— -Untersuchung und Beurteilung 481.
Abziehbilder 489, 491.
Acetanilid 507, 510.
Aceton als Gift 502, 504.
— Rücklauf (gemäß der Branntweinsteuerordnung) 356.
Äpfelschnitte 224.
Äther als Gift 502.
Ätherextrakt 16.
Äthylalkohol als Gift 502, 504.
Agar-Agar, Nachweis in Marmeladen etc. 241.
Agglutinationsverfahren 587, 591.
Agrostemma githago s. Radenmehl.
Albuminbestimmung, allgemeine 17.
— in Fleischextrakten etc. 187, 188.
Albuminnachweis in Harn 188.
Albumosebestimmung 188.
Aldehyd in Branntwein 340.
Aleurometer 202.
Alkalien-Bestimmung 54.
— forensischer Nachweis s. Gifte.
Alkalihydroxyde, Nachweis in Fetten 109.
Alkaloide, Ausmittelung der 506.
Alkaloid-Reagenzien 509, 519.
— -Reaktionen 509.
Alkoholfreie Getränke, Beurteilung 238.
— — Untersuchung 226.
Alkoholometer 332.
Alkoholtafeln betr. Verdünnung von Alkohol mit Wasser 600, 601.
— betr. Verdünnung von höherprozentigem Branntwein für Fuselölbestimmung 363, 367.
— betr. Wein 446.
— nach Windisch 358.
Allantiasis 571.
Almodi 253.
Ameisensäure in Fruchtsäften 232, 238.
— in Wein 424.
Ammoniaktabelle 602.
Anaerobenkulturen 552.
Anchovispasten 197.
Anis 257.
Antimonspiegel 520.
Antipyrin 507, 511.
Antiserum zum Nachweis von Pferdefleisch 171.
Apfelbestandteile, Nachweis in Marmeladen 242, 243.
Apfelmost (saft) 392.

Apfelsaft, Zusatz zu Marme'ade 243.
Apfelsäure in Wein 400, 402.
Apfelsinen 223.
Apfelwein 436.
Apomorphin 507, 516.
Aprikosenkerne 224.
Arabinose 408.
Arabischer Gummi in Wein 418.
Arachinsäure 74, 75.
Arachisöl s. Erdnußöl.
Arrowroot 215, 218.
Arrak 342, 344.
Arsennachweis in Leichen 502, 520, 521.
— in Nahrungs- und Genußmitteln etc. (amtl. Anl.) 614.
Arsenspiegel 520.
Arzneimittel (forensischer Nachweis) 517, 533.
— (Kaiserl. Verordnung) 704.
Arzneiwein 427, 429, 436.
Aschenbestimmung, Allgemeines 12.
— der Extraktivstoffe 17.
Asphaltharze 121.
Atomgewichte 595.
Atropin 507, 513.
Aufhellungsmittel 245.
Ausführungsbestimmungen zum Schlachtvieh- und Fleischbeschaugesetz 107.
— Anweisung für die chemische Untersuchung 164.
Auslandsweine, Gesetze 433.
— Bemerkungen betr. die Untersuchung 444.
Austern 198, 570.
Azolithminpapier 399.

Back-Fähigkeit 202, 217.
— -Hilfs- und Streumittel 219.
— -Milch 149.
— -Ofen s. Versuchsbackofen.
— -Versuch 202.
— -Waren 201, 216, 218, 280.
Bakterien-Färbung 554.
— -Zählung 562.
Bakteriologie, Arbeitsmethoden 543.
Bahmihlsche Probe (bei Mehl) 204.
Bandamacis 249, 250, 251.
Barium im Wein 422.
Bärme s. Hefe.
Baudouinsche Reaktion 74, 87.
Baumöl s. Olivenöl.
Baumwolle 492.
— Gehalt im Wollengarn 494.
Baumwollsamenöl 113.

Sachregister.

Becchiprobe bei Fetten 74.
Beeren-Most 392.
— -Wein 436.
Belliersche Reaktion bei Fetten 74, 98.
Benzoesäure und deren Salze im Bier 384.
— in Fleisch- und Wurstwaren 181.
— in Fruchtsäften 232.
— in Milch 137.
— Vorkommen in Früchten 238.
— im Wein 424.
Bernsteinsäure im Wein 400, 401.
Bienenhonig s. Honig.
Bienenwachs 124.
Bier, ähnliche Getränke 386.
— alkoholfreies 387.
— allgemeiner Untersuchungsgang 379.
— Beurteilung 386.
— Bitterstoffe 385, 388.
— -Druckleitungen 4, 388.
— -Ersatzmittel 386.
— -Glasdeckel 489, 490.
— -Hefe, Nachweis in Preßhefe 377.
— -Klärmittel 387.
— -Krankheiten 575.
— künstliche Süßstoffe 384.
— Mykologie 574.
— -Neigen 388.
— Neutralisationsmittel 384, 387.
— obergäriges 386.
— Rohstoffe 371.
— Stammwürze 381, 387.
— untergäriges 386.
— Vergärungsgrad 381, 387.
— -Würze 379.
Bindegewebsbestimmung in Fleisch 170.
Bindemittel in Fleisch- und Wurstwaren 177.
Biologische Blutuntersuchung 526.
Birnenmost 392.
Birnenwein 436.
Bittermandelöl als Gift 502, 506.
Bitterstoffe 16.
— in Bier 385.
— in Branntweinen 341, 342.
Biuretreaktion 539.
Blausäure als Gift 502, 503.
— in Kirschwasser 335.
— in Marzipan 264.
Bleichen von Graupen, Gerste und Reis 207, 208, 217.
Blei- und zinkhaltige Gegenstände (Gesetz) 489, 611.
Bleisoldaten 489, 490.
Bleizahl bei Pfeffer 247, 248.
Blumen, künstliche 491.
Blut, Nachweis von Kohlenoxyd 531.
Blutprobe im Harn 541.
Blutserum, Sterilisation und Herstellung 544, 545.
Blutuntersuchung, biologische 526.
— chemisch-physikalische 522
Blutwein 433.
Bodenbakteriologie 582.
Boden, chemische Untersuchung 487.
— Entnahme zur bakteriologischen Untersuchung 563.
— mechanische Analyse 487.
— -Satzprobe bei der mikroskopischen Untersuchung 211.
Bombaymacis 249, 250, 251.
Bonbons 264, 280.
Borsäure in Bier 384.
— in Butter 79.

Borsäure, Nachweis in Fetten 109.
— in Fleisch- und Wurstwaren 165, 180.
— in Milch 137.
— Vorkommen in Früchten 238.
— in Wein 424.
Botulismus 198, 571.
Bouillontafeln 197.
Brechungsvermögen bei Fetten 112.
Bowlen (Wein-) 436.
Brandpilze im Mehl 216.
Branntwein, allgemeiner Untersuchungsgang 332.
— Beurteilung 342.
— Fuselölbestimmung 333.
— -Schärfen 341, 344.
— -Steuergesetz 342.
— — Ausführungsbestimmungen 345.
— Vergällungsmittel 337, 352.
Braustеuergesetze 386, 698.
— Ausführungsbestimmungen zum Reichsbraustеuergesetz 700.
Brauwasser 371, 582.
Brom als Gift 502, 506.
Brot, allgemeiner Untersuchungsgang 201.
— Bereitung 216.
— Beurteilung 216, 218.
— mikroskopische Untersuchung 210.
— Mykologie 571.
Brucin 507, 512.
Buchweizen 217.
Bukett- und Essenzenstoffe in Wein 443.
Buntpapier 489, 491.
Butter, allgemeiner Untersuchungsgang 76.
— Bakteriologie 568.
— Beurteilung 88.
— Cadmiumzahl 85.
— Farbstoffe 85, 87.
— -Fehler 566.
— Fettkonstanten 117.
— -Gesetz 618.
— Grenzzahlen für Wasser- und Fettgehalt 624.
— Laurinsäurezahl 85.
— Magnesiumzahl 85.
— -Milch 142, 147.
— Molekulargewicht der Fettsäuren 84, 85.
— Myristinsäurezahl 85.
— Phytosterinnachweis 81.
— Polenskezahl 81.
— Ranzigkeit 568.
— -Refraktometer 57.
— Säuregrad 78.
— -Schmalz 79.
— Schmelzprobe 79.
— Sesamölnachweis 87.
— Silberzahl 85.
— verdorbene 78.
— Verfälschungen und Nachmachungen 89.
— wieder aufgefrischte 79.
— -Zahl, neue 81.
Butyrometer 133.

Cadmiumzahl bei Butter 85.
Cantharidin 507, 510.
Cardamomen 257.
Cazeneuves Verfahren zum Nachweis von Farbstoffen in Wein 412.
Cellulose 43.

Sachregister.

Chilisalpeter, Untersuchung 52, 53.
Chinawein 436.
Chinin 507, 514.
Chloralhydrat als Gift 502, 505.
Chloroform als Gift 502, 503.
Choleravibrionennachweis 590.
Cholesterin 69.
— -Acetat 71.
— in Teigwaren 219.
Chlornatrium (Tafel) 603.
Chlorsaure Salze in Fleisch- und Wurstwaren 169.
Cocain 507, 514.
Codein 507, 515.
Coffein 310.
— als Gift 507.
— in Kakao 322.
Colchicin 507, 509.
Colinachweis 578, 587, 589, 590.
Colititer 590.
Coniin 507, 511.
Cottonöl 73.
— Konstanten des 116.
Curarin 508, 517.
Cutin 44.
Cyanverbindungen als Gift 502, 503.

Dampftopf nach Soxhlet 42.
Dauerpräparate bei Bakterien 559.
— bei Gewürzen 245.
Deckglastrockenpräparate 556.
Denaturierungsmittel s. Vergällungsmittel.
Desinfektion von Büchern, Wohnungen etc. 593, 594.
Desinfektions-Apparate, Prüfung der 591.
— -Flüssigkeit für Hände 594.
— -Mittel 593.
— — Nachweis 519.
— — Prüfung auf Stärke und Wirkung 591.
Dessertwein 426, 431, 432, 433.
Dextrin, Bestimmung 22, 25.
— — neben Glukose 261.
— in Wein 418.
— Trennung von Zucker 417.
Dextrose s. Glukose.
Diamalt 219.
Diaphanometer 459.
Diastase, Herstellung 42.
Dickafett 329.
Digitalin 507, 510.
Dinitrokresol 264.
Dörrgemüse 220.
Dörrobst 224.
— Beurteilung 225.
Dorschlebertran 73.
— Konstanten des 116.
Dragées 280.
Druckkölbchen nach Reischauer 42.
Dulcin 293.
Düngemittel, Untersuchung 49.

Ebersche Probe, Nachweis von Fleischfäulnis 186.
Edelbranntwein, Untersuchung 336.
Ei bezw. Eigelb in Eierteigwaren 208.
Eier, Untersuchung 198.
— Fleck- 199.
— Verhältnis zur Mehlmenge in Eierteigwaren 209.
— Zusammensetzung 200.

Eier-Kognaklikör 343.
— -Nudeln 201.
— -Öl 210.
— -Pulver 200.
— -Spiegel 199.
— -Teigwaren, Färbung 207.
— — Nachweis der Lecithinphosphorsäure 208.
Eigelb, biologischer Nachweis 210.
— in Likören 342.
— in Margarine 93.
Fijkmanns Verfahren zum Nachweis von Colibakterien 578.
Eis 483.
— bakteriologische Untersuchung 579.
Eisenoxyd in Düngemitteln 55.
Eiweiß in Fleisch- und Wurstwaren 177.
— Nachweis in Harn 538.
Eiweißstickstoff 15.
— Bestimmung 13.
Elaidinprobe 73.
Emaillierte Gefäße 490.
Emetin 507, 514.
Entflammungspunkt des Petroleums 122.
Eosinfärbung von Gerste 372.
Erdalkalihydroxyde sowie -carbonate, Nachweis in Fetten 109.
Erdnußöl 73, 75.
— Konstanten des 116.
— in Schweinefett 110.
Erstarrungspunktbestimmung von Fetten 56.
— von Fettsäuren 57.
Eßgeschirre 489, 490.
Essig, allgemeine Untersuchung 368.
— Beurteilung 369.
— -Älchen 370, 577.
— -Bakterien 576.
— -Essenz 369.
Essigsäure, Unterscheidung für Genuß- und gewerbliche Zwecke gemäß Essigsäureordnung 370.
— Kaiserliche Verordnung 710.
— -Ordnung 370.
— Tabelle 604.
Ester in Branntwein 336.
Eutererkrankungen 567.
Extrakttafel für Wein 450.
— nach Windisch 283.
Extraktivstoffe, Bestimmung in Fleisch 170.
— stickstofffreie 16.
— lösliche 17.

Faktorentabelle für Berechnung der Analysen 596.
— für Maßanalyse 598.
Farben, gesundheitsschädliche 493.
— Nachweis von Arsen und Zinn 614.
Farbengesetz 612.
Farberhaltungsmittel für Fleisch und Wurstwaren 184.
Farbmalz 387.
Farbstoffe 16.
— Nachweis s. die betr. Gegenstände.
Farbstofflösungen für bakteriologische Zwecke 548.
Fasern, animalische und vegetabilische 492.
Faßhähne 489, 490.
Fassonkognak 343.
Faulbrut bei Honig 572.
Fenchel 257.

Sachregister.

Fermentativvermögen des Grünmalzes 375.
Fette, allgemeine Untersuchungsmethoden 16, 56, 111.
— Alkali- und Erdalkalihydroxyde 109.
— Borsäure 109.
— Farbstoffe 111.
— Fluorwasserstoff 110.
— Formaldehyd 109.
— Lichtbrechungsvermögen 112.
— Salicylsäure 111.
— schweflige Säure 110.
— unterschweflige Säure 110.
— zubereitete, gemäß Schlachtvieh- und Fleischbeschaugesetz 107.
— zubereitete, Untersuchung 163.
Fettgehalt in Butter (Bekanntmachung des Bundesrats) 624.
Fettsäuren, freie 63.
— flüchtige 63.
— nichtflüchtige 65.
— unlösliche (feste) 66.
— Gewinnung fester 66.
— Trennung der flüssigen von den festen 72.
Filtrierröhrchen, Herrichtung 18.
Finnen 570.
Fische, leuchtende 570, 571.
— marinierte 185.
Fischkonserven, Verdorbenheit 185.
Flachs 492.
Fleckeier 199.
Fleisch, allgemeiner Untersuchungsgang 170.
— Basen 188.
— Benzoesäure und deren Salze 181.
— Beschaugesetz 624.
— Beurteilung 191.
— Bindemittel (Mehl, Stärkemehl, Semmel, Eiweiß) 177.
— Borsäure 165, 180.
— chlorsaure Salze 169.
— ekelerregendes 198.
— Extrakte 180, 190.
— Extraktivstoffe 170.
— Farbstoffe 169, 179.
— Fäulnis 186.
— Fluorwasserstoff und dessen Salze 168, 184.
— Formaldehyd 166.
— Genußtauglichkeit 161.
— Gifte 186.
— Glykogennachweis 175.
— Konserven 161.
— Konservierungsmittel 180.
— leuchtendes 198, 571.
— Mehl 187.
— minderwertige Stoffe, Nachweis 185.
— Parasiten 570.
— Pferdefleisch s. dieses.
— Probeentnahme 161.
— Salicylsäure und deren Salze 168, 184.
— Salpeter 182.
— schweflige Säure und deren Salze 167, 183.
— unterschweflige Säure und deren Salze 167, 183.
— verbotene Zusätze 165.
— Verdorbenheit 161, 185.
— Vergiftung 198, 571.
Fluorwasserstoff und dessen Salze in Bier 384.

Bujard-Baier. 3. Aufl.

Fluorwasserstoff in Fetten 110.
— in Fleisch 168, 184.
— in Fruchtsäften 232, 238.
— in Wein 424.
Flußverunreinigung 578.
Fondants 280.
Formaldehyd in Bier 384.
— in Fetten 109.
— in Fleisch 166, 182.
— in Milch 137.
Freie Fettsäuren, Bestimmung der 63.
— — in Ätherextrakt 16.
Freie Säuren in Fetten 115.
Früchte, Beurteilung 225.
— kandierte 224, 281.
— Untersuchung 223.
Frucht(-saft)liköre 344.
Fruchtsäfte, -Sirupe, allgemeiner Untersuchungsgang 226.
— — Beurteilung 234.
— — Nachweis von Konservierungsmitteln 232.
— — Nachweis von Stärkesirup 229, 231.
— — Verfälschungen 235, 237.
Fruchtschaumweine 437.
Fruchtweine, Beurteilung 435.
Fruktose 24, 25.
— in Honig 301.
— in Wein 410.
Furfurol in Branntwein 340.
— bei Eiweiß 539.
Furfurolprobe bei Fetten 74.
Fuselölbestimmung 333.
Futtermittel, Untersuchung 46.

Galaktose 24.
Gallenfarbstoffe im Harn 541.
Gallisine 263.
Gänsefett 103.
— Konstanten des 117.
Gärapparat nach Einhorn 540.
Gärkraft von Hefe 375.
Gebrauchsgegenstände 489.
Gebrauchswasser, Untersuchung s. Wasser.
— Beurteilung 478.
Gefrorenes s. Speiseeis.
Gegenstände, blei- und zinkhaltige 489.
Geheimmittel 533.
Geißelfärbung 557.
Gelatine in Kakaowaren 323.
— Nachweis in Marmeladen etc. 241.
Geldstrafen 3.
Gelée 239.
Geliermittel bei Obsterzeugnissen 241, 243.
Gelose in Marmeladen etc. 241.
Gemüse, Dauerwaren, Beurteilung 222.
— Mykologie 571.
— Untersuchung 220.
Genußmittel, bakteriologische Untersuchung 561.
Gerbmaterialien 498, 500.
Gerbstoff, Bestimmung 498.
— in Wein 419.
Gerichtliche Chemie 501.
Gerichtlich eingezogene Weine etc. 692.
Gerste, eosinhaltige 207.
— als Rohmaterial für die Bierbereitung 371.
Gerstenkaffee 316.
Gerstenmehl 212.

Sachregister.

Gerstenzollordnung 372.
Getreide, Ölen der 217.
— Untersuchung 46.
Gesetze (Reichs-) 608. (S. im übrigen bei dem betreffenden Gegenstand, z. B. Weingesetz oder im Inhaltsverzeichnis.)
Gespinste 491, 492.
— Nachweis von Arsen und Zinn 614.
Gesundheitsschädliche Zusätze zu Fleisch etc. (Bekanntmachung) 629.
Getreidefrüchte und -Fabrikate, allgemeine Untersuchung 201.
— kranke, mikroskopischer Nachweis 216.
Getreidekrankheiten 206.
Getreidepreßhefe s. Hefe.
Gewebe, Nachweis von Arsen und Zinn 614.
Gewürze, allgemeiner Untersuchungsgang 244.
— Mykologie 571.
Gewürznelken 251.
Gewürzwein 435.
Gifte, Ausmittelung der 501.
— in Fleisch- und Wurstwaren 186.
— Nachweis der mineralischen 519.
Gipsen von Wein 430.
Gliadin 202.
Glucin 294.
Glukose, Bestimmung 19, 21, 22, 23, 261.
— in Fleischwaren 176.
— in Fruchtdauerwaren 225, 240.
— in Honig 301.
— in Wein 409.
Glutenin 202.
Glycerin, Tabelle 604.
— Bestimmung in Wein 401.
Glykogen, Nachweis in Fleisch- und Wurstwaren 175.
Gonokokken, Nachweis 587.
Gossypiose 377.
Gramsche Färbung 556.
Graupen 216.
— mit schwefliger Säure 208, 217.
— mit Talkum 207.
Gries 216.
Grünkern 216.
Grünmalz 42.
— Fermentativvermögen 375.
Grünmalzextrakt 219.
Gummi 16.
— arabisches im Wein 418.
Gummispielwaren 490.
Gutzeitsche Reaktion 520.

Haare 492.
Haarfärbemittel 492.
Haferflocken 216.
Hafergrütze 216.
Hafermehl 214.
Hafermehlkakao 321, 322.
Halphensche Reaktion 74, 98.
Hammelfett 103.
Hammeltalg, Konstanten des 117.
Hanf 492.
Hanföl 73.
Hängender Tropfen (Untersuchung im) 555.
Harn, Analyse 535.
— bakteriologische Untersuchung 584.

Harnsäure, Nachweis 536.
Harnsedimente 536.
Harnstoff, Nachweis 536.
Härtebestimmung von Wasser 465.
Harzöle 118.
Haustrunk 392, 436.
Hefe, ober- und untergärige, chemische Untersuchung 375, 377.
— Kultur und wilde 572, 573, 575.
— mykologische Unterscheidung derselben 572—575.
Hefeextrakt 191.
Hefepilze, Färbung 574.
Heferassen 572.
Hefetrübung bei Bier 575.
Hefezellen, Nachweis abgestorbener 574.
Hehnersche Zahl 66.
Herkunftsbenennungen bei Wein 429.
Hilfstabellen 595.
Himbeerlikör 345.
Hinterlader 492.
Hirse 217.
Holzessig 369.
Holzgeist, Nachweis 337.
Honig, allgemeiner Untersuchungsgang 297.
— Beurteilung 304.
— biologische Untersuchung 304.
— -Dextrine 228.
— -Fermente 304, 305, 305.
— mikroskopische Untersuchung 304.
— Mykologie 572.
— Spezialreaktionen nach Marpmann 301.
— — nach Browne 303.
— — nach Fiehe 302, 305.
— — nach Jägerschmid 303.
— — nach Lund 303.
Hopfen 378.
Hüblsche Zahl s. Jodzahl.
Hülsenfrüchte, Beurteilung 217.
— Färbung 207.
— mikroskopische Untersuchung 214.
— Talkumnachweis 207.
— und Fabrikate, allgemeine Untersuchung 201.
Hühnerei s. Ei.
Hummern 197.
Hyoscyamin 507, 513.

Identifizierung der Mikroorganismen 559, 564.
Indikatoren 599.
Indolreaktion 560, 591.
Ingwer 257.
Invertin 25.
Invertzucker, Bestimmung des 19, 24, 25.
— in Fruchtdauerwaren 229, 240.
— in Honig 300.
— in Wein 407, 409, 410.
— Bestimmung neben Saccharose 260.
Invertzuckersirup 282.
Isomaltose 25.

Jamaikarum 344.
Jams, Untersuchung 239.
Jesuitentee 318.
Jod als Gift 502, 506.
Jodzahl, Ausführung 67.
— bei Fetten 112.
Jute 492.

Sachregister.

Kaffee, allgemeiner Untersuchungsgang 307.
— Beschwerungs- und Glasurmittel 308.
— Beurteilung 315.
— -Bohnen (Verordnung betr. Maschinenverbot) 704.
— coffeïnfreier 315.
— -Ersatzstoffe 307, 314, 316.
— gebrannter 308.
— havarierter 315.
— künstliche Bohnen 314.
— -Pulver 316.
— -Rahm 147.
— ungebrannter 307.
— und Ersatzstoffe, Mykologie 571.
Kakao, allgemeiner Untersuchungsgang 318.
— Befestigungsstoffe 323.
— Beurteilung 327.
— -Bohnen 327.
— -Butter \} 320, 327.
— -Fett /
— Fettsparer 323.
— -Masse 327, 328.
— Mykologie 571.
— und Kakaowaren, mikroskopische Prüfung 326.
— Konstanten des Kakaofettes 117.
Kakaoschalennachweis 324.
Kakaowaren, allgemeiner Untersuchungsgang 318.
— Ausführungsbestimmungen zum Gesetz betr. Kakaoozll 330.
Kakes 280.
Kalibestimmung 54.
Kalilauge, Tabelle 602.
Kalium, kohlensaures, Tabelle 604.
Kalkmilch, Tabelle 603.
Kandierte Früchte 224.
Kapillaranalysen bei Macis 250.
— bei Safran 253.
Kapillärsirup s. Stärkesirup.
Karamel, Nachweis in Branntweinen 337.
— — in Wein 413.
Karamellen 264, 280.
Karbolsäure als Gift 502, 505.
Kartoffelmehl 214.
Kartoffeln als Nährboden 546.
Kartoffelsirup s. Stärkesirup.
Kartoffelwalzmehl, Nachweis in Brot 214.
Käse, Bakterien 568.
— Beurteilung 159.
— -Fehler 568, 569.
— fetter 160.
— Fettgehaltsstufen 160.
— -Gesetz 618.
— halbfetter, Mager- 160.
— Probeentnahme 156.
— -Reifung 570.
— Untersuchung 156.
— Rahm-, vollfetter 160.
Kastormehl 214.
Kaviar 197.
Kefir 142.
— -Bakterien 566.
Keimzählung 562, 582.
Kellerbehandlung beim Wein 428, 432.
Kerzen 489.
Kesselspeisewasser 418.
Kieselsäure in Düngemitteln 55.
Kindermehl 217.
— allgemeine Untersuchung 201.

Kindermehl diastasiertes 204.
— Bestimmung des Milchanteils 202.
Kindermilch 144.
— Beurteilung 147.
Kindersauger 490.
Kinderspielwaren 489, 491.
Kirschsaft, Nachweis 232.
Kirschwasser 342.
Kirschwein 435.
Kjeldahlsche Methode 13.
Klärmittel bei Bier 387.
Klärverfahren bei Abwasser 482.
Kleberuntersuchung 202.
Knochenfett, Konstanten des 117.
Kochgeschirr 489, 490.
Kochsalz 258.
— Nachweis in Butter 76.
— — in Pökelfleisch 169.
Kognak 437.
— Beurteilung 343.
— Untersuchung 336.
Kognakextrakt 343.
Kohlenhydrate, Bestimmung und Trennung 16.
— lösliche 17.
Kohlenoxyd in Blut 531.
— in Luft 485.
Kohlensäure in Düngemitteln 55.
— in Luft 489.
— in Wasser 470, 476.
Kokosfett 106, 107.
— und Palmkernfett in Schweinefett 100.
Kokosnußöl 73.
Kolophonium 121.
Kolorimeter 463, 467.
Kolostrum 142, 147.
Kompotte, Untersuchung 239.
Konditoreiwaren, Untersuchung und Beurteilung 263.
Konfekt 264.
Konservenbüchsen 222, 489.
Konservierungsmittel in Bier 383.
— in Butter 79.
— in Fleisch- und Wurstwaren 180.
— in Fruchtsäften 232.
— in Likören 345.
— in Milch 136.
— in Schweinefett 100.
— in Wein 423.
Konservierungssalze für Fleisch- und Wurstwaren 184.
Konstanten der Fette 116.
Koriander 257.
Kornbranntwein 342.
Kornrade 206.
Kosmetische Mittel 489, 492.
Köttstorfersche Zahl 65, 113.
Krabben, -Konserven 196, 197.
Kraftmehl 216.
Krankes Getreide 206.
Kreatinin 191.
Krebsbutter 170, 197.
Krebse 185, 570.
Krebsschwänze 570.
Kreolin als Gift 519.
Kreosot als Gift 502, 505.
Kresin als Gift 519.
Kresol als Gift 519.
Krustentiere 198.
Kuchen 218.
Kulturverfahren (Bakterien-) 550.
Kumys 142.
Kümmel 257.

46*

Kunsthonig, Nachweis von 305.
Kunstkäse s. Margarinekäse.
Künstliche Süßstoffe, allgemeiner Untersuchungsgang 293.
— — in Branntweinen und Likören 336.
— — in Bier 384.
— — in Fruchtsäften 232.
— — in Honig 303.
— — in Kakaowaren 326.
— — in Konditorwaren 264.
— — in Limonaden 232.
— — in Marmeladen etc. 241.
— — in Milch 141.
— — in Wein 417.
Kunst-Kaffee 314, 316.
— -Kognak 343.
— -Moststoffe 437.
— -Rum 344.
— -Wein 430, 436.
— -Wolle 493.
Kupfer in Brot 205.
— in Gemüsen 221.
— als Gift 502.
— in Wein 423.
Kupferoxyd, Umrechnung auf Kupfer 26.
Kupferreduktionsverfahren, das 18.
Kurkuminpapier 165.
Kuvertüre 329.

Laktation 144.
Laktodensimeter 129, 131.
Laktose, Bestimmung der 20, 24, 25, 135.
Laurinsäurezahl bei Butter 85.
Lävulose s. Fruktose.
Lebkuchen 264.
Lebkuchen 264.
Lebertran s. Dorschlebertran.
Lecithingehalt in Eierkognak etc. 342.
— in Eierteigwaren 208.
Lecithinphosphorsäure, Berechnung auf Eigehalt, Eidotter 209.
Leichenalkaloide 518.
Leichenuntersuchung 501.
Leimstickstoff 190.
Leinöl 73, 75.
— Konstanten des 116.
Leukocytenprobe bei Milch 567.
Lichtbrechungsvermögen von Fetten 57.
— des Milchserums 130.
— von Ölen 62.
Lignin 44.
Liköre, allgemeiner Untersuchungsgang 332.
— Beurteilung 342.
Likörwein 426, 436.
Limonaden, allgemeiner Untersuchungsgang 226.
— Beurteilung 239.
Lithopone 491.
Lolium temulentum s. Taumellolchmehl.
Luft, bakteriologische und zymotechnische Untersuchung 583.
— Beurteilung 486.
— chemische Untersuchung 483.
— Entnahme zur bakteriologischen Untersuchung 563.
Lugolsche Lösung 509.
Lupulin 378.
Lutein 219.
Lysol 519.

Macis s. Muskatblüte.
Madeirawein 432.

Maden auf Fleisch etc. 571.
Magerkäse 160.
Magermilch 147.
Magnesiumzahl bei Butter 85.
Mais-Gries 217.
— -Mehl 212.
— -Stärke 217.
— -Öl, Konstanten des 116.
Maiwein 436.
Maizena 217.
Majoran 258.
Makkaroni 216, 219.
Malkasten 491.
Maltonwein 435.
Maltose, Bestimmung 20, 24, 25.
Malz als Rohstoff für die Bierbereitung 373.
— -Bier 387.
— -Ersatzstoffe 386.
— -Essig 368.
— -Extrakt 388.
— -Kaffee 314, 316.
Mandeln 224.
— gebrannte 264.
Mandelöl 73.
— Konstanten des 116.
Marantastärke s. Arowroot.
Margarine, allgemeiner Untersuchungsgang 93.
— Beurteilung 94.
— Eigelb in 93.
— -Gesetz 618.
— -Käse 149.
— Kokosfett 93.
— Konstanten der 117.
— Nachweis von Milchzucker 94.
— — von Rohrzucker 94.
— Schmelzprobe 93.
— Sesamölnachweis 93.
Marktmilch 144.
Marmeladen, allgemeiner Untersuchungsgang 239.
— Beurteilung 242.
— mikroskopische Untersuchung 242.
— Nachweis von Stärkesirup 240.
Marsscher Apparat 521.
Marzipan 264, 280.
Maté 318.
Medizinalwein 433.
Medizinisch-bakteriologische Untersuchung 583.
Mehl, allgemeiner Untersuchungsgang 201.
— Beurteilung 217.
— (Semmel) in Fleisch- und Wurstwaren 177.
— Färbung 207.
— und Brot, Nachweis von Metallen 205.
— mikroskopische Untersuchung 210.
— Mykologie 571.
— Ozonnachweis 206.
— Unkrautsamen 206.
— und Brot, Verdorbenheit 204.
Mehlschädlinge 205.
Melasse in Honig 301.
Melassesirup 263.
Melitriose 377.
Metallfolien 489.
Metallgifte 502.
— in Gemüsen 221.
Methylalkohol, Nachweis 338.
— als Gift 345, 502, 504.
Miesmuscheln 186, 198.

Mikrophotographie 533.
Mikroskopische Präparate, Herstellung und Aufbewahrung 561.
Milben in Mehl etc. 205.
Milch, Alkohol 142.
— allgemeiner Untersuchungsgang 129.
— — Zusammensetzung 144.
— -Bakterien 565.
— Beurteilung 143.
— Einflüsse auf die Zusammensetzung 144.
— eingedickte 282.
— Eiweißstoffe 135.
— -Erzeugnisse 129.
— Entrahmung 146.
— Farbstoffe 142.
— -Fehler 565.
— Fermente 139.
— Fettbestimmungsmethoden 132.
— fettfreie Trockensubstanz 131.
— Nachweis der Frische 136.
— Gärprobe 140.
— geronnene, Untersuchung 142.
— Hilfstabellen 148, 150, 152, 155.
— Kaseïnprobe 140.
— Katalasegehalt 139.
— Konserven 142.
— Konservierung 129.
— Konservierungsmittel 136.
— Leukocytenprobe 567.
— Mehl 141.
— mikroskopische Untersuchung 142.
— Milchzucker 135.
— Mineralbestandteile 136.
— Nährboden 546.
— Oxydasen 139.
— Präparate, -Pulver 142.
— Probeentnahme 129.
— Reduktasen 139.
— Saccharin 141.
— Salpetersäure 138.
— Säuregrad 136.
— Schmutzgehalt 138.
— Schokolade 325, 329.
— -Serum, spezifisches Gewicht und Lichtbrechungsvermögen 130.
— spezifisches Gewicht 129.
— — — der Trockensubstanz 131.
— -Säure in Wein 400, 404.
— Stickstoff 135.
— Trockensubstanz 131.
— Untersuchung auf Tuberkelbazillen 583.
— Unterscheidung gekochter Milch von frischer 139.
— Verdickungsmittel 147.
— Verfälschungen 145.
— Verordnungen 143.
— Wässerung 146.
— -Zucker s. Laktose.
— Zuckerkalk 140.
Millonsche Reaktion 539.
Mineralöle 118.
Mineralwasser, Untersuchung s. Wasser.
— Beurteilung 480.
Modegewürz 253.
Mohnöl 73, 75.
— Konstanten 116.
Molekulargewicht der flüchtigen wasserlöslichen Fettsäuren 85.
— mittleres der nichtflüchtigen wasserunlöslichen Fettsäuren 84.
Molken 142, 147.
Monnet (Süßstoff) 293.

Moosbeeren, Nachweis in Preißelbeeren und Marmeladen 242.
Moorboden 488.
— -Schlamm 488.
Morphin 507, 516.
Most, allgemeiner Untersuchungsgang 391.
— künstlicher 392.
Mostrich 255.
Mostwagen 389.
— Tabellen 390.
Mouillage bei Wein 430.
Mühlsteine, Bleigehalt 217.
Murexidreaktion 536.
Muse, Untersuchung 239.
Muskatblüte 249.
Muskatnuß 249.
Muskelfaser, Bestimmung in Fleisch 170.
Mutterkorn 206.
Myristinsäurezahl bei Butter 85.
Mytilotoxin 186.

Nähragar 545.
Nährböden, Herstellung bakteriologischer 544—547.
— für Kultur von Coli- und Typhusbakterien 545, 587.
Nährbouillon 544.
Nährgeldwert, Berechnung 44.
Nährlösung nach Raulin 298.
Nährmittel, fleischhaltige 186.
Nährpräparate 216.
Nahrungsmittel, bakteriologische Untersuchung 561.
Nahrungsmittelchemiker (Prüfungsvorschriften) 608.
Nahrungsmittelgesetz 608.
Nahrungsmittelkontrolle 2.
Nährwerteinheiten 45.
Narcein 507, 508, 516.
Narkotin 507, 515.
Natrium, kohlensaures, Tabelle 605.
— doppeltkohlensaures in Milch 137.
Natronlauge, Tabelle 603.
Nelken s. Gewürznelken.
Nelkenpfeffer 253.
Neutralisationsmittel in Bier 384, 387.
Nikotin 330, 507, 511.
Nitrate in Milch 138.
Nitrobenzol als Gift 502, 506.
— in Likören 345.
— in Marzipan 264.
Nitronmethode (bei Wasser) 462.
Nitroso-Indolreaktion 591.
Nudeln s. Eier-Teigwaren.

Obst und Obsterzeugnisse, allgemeiner Untersuchungsgang 223, 224, 226, 239.
— — — Bakteriologie 571.
— — — Beurteilung 225, 234, 242.
Obstessig 368, 369.
Obstkraut, Untersuchung 239.
Obstmost (-Säfte) 389, 392.
Obsttrester 242, 243.
Obstwein 389, 425, 431, 435.
Öle, Untersuchung und Beurteilung 73, 74.
Oleomargarin 103.
Olivenkernöl 73.
Olivenöl 73.
— bei Fischkonserven 170.

Olivenöl, Konstanten des 116.
Opium 508, 517.
Optisches Drehungsvermögen bei ätherischen Ölen 57.
— — bei Fruchtdauerwaren 228, 240.
— — bei Harzölen 57.
— — bei Honig 300.
— — bei Wein 409.
— — bei Zucker 18, 25, 259, 261, 273.
Ozonnachweis in Luft 486.
Ozonisiertes Mehl 206.

Palmfett, Konstanten des 117.
Palmöl 73.
Paprika 249.
Papuamacis 249, 250, 251.
Paraffin in Butter 72, 88.
Paratyphusbazillen 198, 587, 589.
Pasteurisierte Nahrungs- unb Genußmittel, bakteriologische Untersuchung 564.
Pekarisieren von Mehl 204.
Pentosane 43.
— bei Pfeffer 246.
Pepsinwein 436.
Peptone 15, 186.
Peptonstickstoff 188.
Peptonwasser 545.
Perchlorat in Düngemitteln 53.
Petiotisieren bei Wein 430.
Petroleum 122.
— (Kaiserl. Verordnung) 703.
Pfeffer 245.
— -Abfälle 246.
— -Köpfe 246, 248.
— -Schalen 246, 248.
— -Stiele 246, 248.
Pferdefett, Konstanten 177.
Pferdefleisch, biologischer Nachweis 171.
— chemischer Nachweis 164, 175.
Pfirsichkerne 224.
Pflanzenöle, Nachweis in Schmalz 112.
Pflanzenschleim 16.
Pflanzliche Fette, Unterscheidung von tierischen 72, 73.
Pflaumen, getrocknete 226.
Pflaumenmus, Nachweis von Stärkesirup 231.
Phenacetin 517.
Phosphor als Gift 502, 504.
Phosphorsäure, Bestimmung in Düngemitteln 49, 51.
— in Bier 383.
— in Wein 420.
— Tabelle 605.
— zitratlösliche 50.
— zitronensäurelösliche 52.
Phosphorzündwaren (Gesetz) 703.
Photographische Aufnahmen 560.
Phylocyaninsäure 223.
Physostigmin 507, 514.
Phytosterin 113.
— in Schweinefett 99.
— neben Paraffin 62.
Phytosterinacetat 69.
Pikrinsäure 264, 507, 510.
Pikrotoxin 507, 510.
Pilze 220, 222.
Piment 253.
Piperin 246, 247, 248.
Plankton 482.
Plattenkulturverfahren 550.
Polarisation s. optisches Drehungsvermögen.

Polarisationsmikroskop 85.
Polenskezahl 81.
Polieren von Graupen und Reis 217.
Pökelfleisch, Nachweis von Kochsalz 169.
Portwein 432.
Präzipitate 49, 50.
Premier jus 103.
Preßhefe s. Hefe.
Preßrückstände von Früchten 243.
Preßtalg 103.
Probeentnahme, allgemeine und amtliche 1, 2.
— von Kunstspeisefett 9.
— von Margarine 9.
— von Margarineköse 9.
— von Milch 6.
— von Trinkwasser 7.
— Verweigerung der P. von Nahrungs- und Genußmitteln 3
— für bakteriologische Zwecke 561.
Probenehmer, sachverständige 3.
Protein 47.
Proteinstoffe, Bestimmung 13, 47.
Provenceröl 74, 75.
Prüfungsvorschriften für Nahrungsmittelchemiker 711.
Ptomaine 186, 518, 571.
Puppengeschirr 489.
Pyridinbasen 339.

Quecksilber als Gift 502.

Radenmehl 215.
Radioaktivität des Wassers 459.
Raffinadezucker, flüssiger 282.
Raffinose 25.
— beim Nachweis in Bierhefe 377.
— in Rohrzucker 260.
Rahm 142.
— Fettbestimmung s. Milch.
— -Schokolade 325, 329.
— Zuckerkalk 140.
Rahmkäse 160.
Ramie 492.
Ranzigkeit bei Butter 79, 568.
Rapsöl 75.
— Konstanten des 116.
Reagenzien für bakteriologische Zwecke 548.
— für mikroskopische Untersuchung 245.
Refraktion s. Lichtbrechungsvermögen.
Refraktometer 57.
Refraktometerzahl 61.
Reichert-Meißl-Zahl 63.
Reinasche 13.
Reinkulturen, Gewinnung 553.
Reinprotein 15, 47.
Reis, Färben 207.
— -Flocken 216.
— -Mehl 212, 216.
— -Stärke 216.
— Talkum 207.
Reverdissage 222.
Rhabarberwein 435.
Ricinusöl 73.
Rinderfett (-Talg), 103.
— Konstanten des 117.
— und Hammelfett in Schweinefett 100.
Rindsschmalz 75.
Roggenmehl, mikroskopischer Nachweis in Weizenmehl 211.

Sachregister.

Rohfaser 43.
— in Mehl und Brot 204.
Rohfett, allgemeine Bestimmung 16.
Rohphosphate 49.
Rohrzucker s. Saccharose.
Rollgerste 216.
Rollröhrchen 551.
Rosenpaprika 249.
Rotwein 426.
Rübenkraut, Untersuchung 239.
Rübensaft, eingedickter 263.
Rübensirup 261, 263.
Rübenzucker s. Saccharose.
Rüböl 73.
— Konstanten des 116.
Rückverbesserung bei Wein 430.
Rum, Untersuchung und Beurteilung 336, 342.

Saccharimeter 389.
Saccharin s. künstliche Süßstoffe.
Saccharose, Bestimmung 20, 22, 25, 258.
— in Fruchtdauerwaren 225, 228, 240.
— in Honig 300.
— in Kakaowaren 319.
— in Margarine 94.
— in Milch und Rahm 140.
— polarimetrische Bestimmung 259.
— in Wein 408, 442.
Safran 252.
Sago 215, 218.
Salicylsäure in Bier 384.
— in Fetten 111.
— in Fleisch- und Wurstwaren 168, 184.
— in Fruchtsäften 232, 238.
— in Milch 137.
— neben Saccharin 418.
— in Wein 423.
Salpeter in Fleisch- und Wurstwaren 182.
Salpetersäure, Tabelle 606.
Salzsäure, Tabelle 606.
Santonin 508, 517.
Sand, Allgemeiner Nachweis 13.
Saponin 206, 239.
Sauerstoff in Wasser 472.
Säuregrad s. freie Fettsäuren.
— in Ätherextrakt 16.
— bei Butter 78.
— von Fetten 115.
— von Milch 136.
Säurerückgang bei Wein 391.
Saxin (Süßstoff) 294.
Schädlinge in Mehl 205.
Schaumprobe bei der mikroskopischen Untersuchung 210.
Schaumwaren 280.
Schaumwein 426.
— Beurteilung 437.
Schaumweinähnliche Getränke 437.
Schillerwein 428.
Schlachtviehgesetz 624.
Schlagrahm (-sahne) 147.
Schlämmanalyse bei Kakao 324.
— bei Boden 487.
Schmalz s. Schweinefett.
Schmalzgesetz 618.
Schmelzbutter 75.
Schmelzmargarine s. Margarine.
Schmelzprobe bei Butter 79.
Schmelzpunktbestimmung von Fetten 56.
— von Fettsäuren 57.

Schmelzpunktbestimmungs-Verfahren nach Polenske 85.
Schmiermittel 120.
Schnaps s. Branntwein.
Schnitte, Herstellung und Färbung 558.
Schokolade, allgemeiner Untersuchungsgang 318.
— Beurteilung 328.
Schokoladenpulver 329.
Schriftenuntersuchung 531.
Schweinefett, allgemeiner Untersuchung
Schweinefett, allgemeiner Untersuchungsgang 96.
— Baumwollsamenöl 97.
— Beurteilung 100.
— Fettuntersuchung 97.
— Halphensche Reaktion 98.
— Nachweis von Erdnußöl 100.
— — fremder Farbstoffe 100.
— Nachweis von Kokosfett und Palmkernfett 100.
— — von Konservierungsmitteln 100.
— Konstanten des 117.
— Nachweis von Pflanzenölen im allgemeinen 98.
— — von Phytosterin 99.
— — von Rind- und Hammelfett 100.
— — von Sesamöl 97.
— Wasserbestimmung 96.
— Nachweis geringer Mengen Wassers 115.
Schwefelkohlenstoff als Gift 502.
Schweflige Säure in Bier 383.
— — in Dörrobst 226.
— — in Fetten 116.
— — in Fleisch- und Wurstwaren 167, 183.
— — in Fruchtsäften 232.
— — Tabelle 606, 607.
— — in Wein 415.
Seifen 126.
— -Pulver, 128.
— Untersuchung gemäß der Branntweinsteuerordnung 357.
Sesamöl 73, 112.
— in Butter 87.
— in Käse 159.
— in Margarine 93.
— Konstanten des 116.
— in Ölen 74.
— in Schweinefett 97.
Senf 255.
— -Mehl 255.
— -Öl 255.
Shoddywolle s. Kunstwolle.
Siebprobe bei Mehl 203.
Silberzahl bei Butter 85.
Sirup s. Speisesirup.
Snellsche Schriftprobe 458.
Soda in Milch 137.
Solanin 210.
Soltsiensche Probe 74.
Solveol als Gift 519.
Spanischer Pfeffer s. Paprika.
Spezialreaktion der Öle 73.
Spezifisches Gewicht bei festen Fetten 62.
— bei flüssigen Fetten 62.
Speiseeis, Beurteilung 264.
— Untersuchung 263.
Speisefette, Untersuchung und Beurteilung 73.
Speisesirup 263.
Spektroskopische Blutuntersuchung 524.

Spielwaren 489, 491.
Spiritus, Mykologie 576.
Spiritusessig 368.
Sputum, Untersuchung auf Tuberkelbazillen 583.
Stallprobe bei Milch 6, 145.
Stammwürze bei Bier 381, 387.
Stärke, Bestimmung 42.
— als stickstofffreier Extraktivstoff 16.
Stärkemehl in Hefe 376, 378.
Stärkesirup s. Glucose.
— — Nachweis in Fruchtsäften 229, 231.
— — in Honig 298.
— in Likören 342.
— in Marmeladen 240.
— Tabelle 230.
Stärkezucker, Untersuchung 261.
— in Wein 411.
Stas-Ottoscher Gang 518.
Sterilisation 543.
Sterilisierte Nahrungs- und Genußmittel, bakteriologische Untersuchung 564.
Sterilisierung von Metallinstrumenten 594.
Stickstoff, Bestimmung 13.
— in Düngemitteln 15, 52.
— als Amidstickstoff 15.
— als Ammoniakstickstoff 15.
— als Salpeterstickstoff 15.
— in Theobromin 15.
— in tierischem Eiweiß 15.
— in Pflanzeneiweiß 15.
Stickstofffreie Extraktivstoffe (Bestimmung und Trennung) 16.
Streptokokken in Milch 567.
Strichkulturen 552.
Strohwein 426.
Strontium in Wein 422.
Strychnin 507, 512.
Superphosphate 49, 50.
Suppenmehl 217, 329.
Suppentafeln 217.
Suppenwürze 186, 190.
Süßstoffe s. künstliche Süßstoffe.
Süßstoffgesetz 693.
— Ausführungsbestimmungen 695.
Süßwein 426, 432, 433.
Sykose (Süßstoff) 293.

Tabak, Untersuchung und Beurteilung 330, 332.
— Bakteriologie 577.
Tabellen (Hilfs-) s. den betreffenden Gegenstand bezw. das Inhaltsverzeichnis.
Talkum bei Graupen, Reis und Hülsenfrüchten 207.
Tamarindenmus 392, 430.
Tapeten 489, 491.
Tapioka 215.
— -Julienne 216.
Tätosin 219.
Täuschende Zusätze zu Fleisch etc. (Bekanntmachung) 629.
Taumellolchmehl 215.
Tee, Untersuchung und Beurteilung 317, 318.
Teeröle 119.
Teichmannsche Blutprobe 523.
Teigwaren s. Eierteigwaren.
Temperierbad 395.
Thermophylentiter 590.

Theobromin 322.
— Gehalt in Kakao 327.
Theobrominstickstoff 15.
Thomasmehl 49, 51.
Thonerde in Düngemitteln 55.
Tierische Fette, Unterscheidung von pflanzlichen 72.
Tilletia caries 216.
— laevis 216.
Tierversuch 554, 560.
Tintenuntersuchung 531.
Tokajerwein 432.
Töpferwaren 489, 490.
Torpedoflöten 490.
Toxine 571.
Tragant in Kakao 323.
Trane 118.
Traubensaft 387, 389.
Traubenzucker s. Glukose.
Trennungsverfahren der Zuckerarten und Dextrine 22.
Tresterwein 430.
Trillerpfeifen 489, 490.
Trinkeier 570.
Trinkgeschirr 489, 490.
Trinkwasser s. Wasser.
Trockenschrank 10, 11.
— für Wein 397.
Trockensubstanz der Extraktivstoffe 17.
— Bestimmung (Allgemeines) 18.
Trockenzuckerung bei Wein 428.
Tröpfenadhäsionskulturverfahren 573.
Tröpfenkultur 554.
Tuberkelbazillen in Butter 568.
— in Milch 567.
Tuschepunktverfahren 554, 555.
Tuschfarben 489.
Typhusbazillen, Vorkommen 567.
— -Nachweis 578, 587, 589.

Überzugsmasse bei Schokoladenwaren 329.
Uhlenhuthsche Methode 527.
Ultramarin in Rohrzucker 260.
Ultramikroskop 559.
Umgärung bei Wein 391.
Ungarwein 432.
Unkrautsamen in Getreide und Mehl 205, 206, 217.
Unlösliches in Salzsäure 12.
Unterschwefligsaure Salze in Fleisch- und Wurstwaren 167, 183.
— — in Fetten 110.
Untersuchungsgegenstände, Verzeichnis der 4.
Untersuchungskosten, Erstattung gerichtlicher 3.
Unverseifbare Bestandteile in Fetten 69.
Urkunden, Untersuchung 531, 533.

Vanille 256.
Vanillenpulver 329.
Vanillin 256.
Veratrin 507, 512.
Verdauliches Protein, Bestimmung 47.
Verdickungsstoffe bei Likören 345.
Verdorbenheit bei Fleisch- und Wurstwaren 78.
— bei Butter 78.
Vergällungsmittel 352.
— Nachweis in Branntwein 337.

Sachregister.   729

Vergärungsgrad bei Bier 381, 387.
Verkleisterungsprobe bei Mehl 211.
Veronal 517.
Verordnungen (Kaiserl.) 703. (S. im übrigen bei den betreffenden Gegenständen, z. B. Petroleum).
Verschnitte bei Wein 427.
Verseifungszahl 65.
Verstärkungsessenzen in Branntwein 341, 344.
Versuchsbackofen 203.
Viskosimeter 121.
Volumgewichte, Tabelle zum Vergleich der 599.

Wachs s. Bienenwachs.
Walnußöl 73.
Wasser, Abdampfrückstand 460.
— Albuminoid-Ammoniak 467.
— Alkalien 466.
— Ammoniak 467.
— Bakteriologie 577.
— Beurteilung 474.
— chemische Untersuchung 459.
— Chloride 460.
— Eisenoxyd 465.
— Eisenverbindungen 464.
— Glühverlust 460.
— Härtebestimmung 465, 466.
— Kaliumpermanganatverbrauch 468.
— Kalk 465.
— Kieselsäure 466.
— Kohlensäure, freie 471.
— — gesamte 470, 471.
— — halbgebundene 471.
— Magnesia 465.
— Manganverbindungen 464.
— Metalle 473.
— mikroskopische Untersuchung 474.
— organische Substanz 468.
— Oxydierbarkeit 468.
— Phosphorsäure 463.
— physikalische Untersuchung 458.
— Radioaktivität 459.
— Reinigung von Oberflächenwasser durch Sandfiltration 579.
— Salpetersäure 460.
— salpetrige Säure 462.
— Sauerstoff 472.
— Schwefelwasserstoff 464.
— Stickstoff 467.
— — organischer 468.
— Sulfate 460.
— suspendierte Stoffe 459.
— Temperaturbestimmung 458.
— Tonerde 465.
— Untersuchung an Ort und Stelle 458.
Wasseranalyse, zymotechnische 582.
Wasserbakterien 578.
Wasserbestimmung (Allgemeines) 10.
Wassergehalt der Butter (Bekanntmachung des Bundesrats) 624.
Wassergucker 458.
Wasserprobenentnahme 7, 581.
Wasserstoffsuperoxyd in Milch 137.
Waterhouseprobe bei Butter 79.
Wein, Abrastol 423.
— Alkoholtafel 446.
— Ameisensäure 424.
— (Trauben-), amtliche Anleitung zur chemischen Untersuchung 393.
— Apfelsäure 400, 402.
— arabischer Gummi 418.

Wein, Beurteilung, allgemeine 425, 431, 443.
— — der Analysenergebnisse 438.
— Benzoësäure 424.
— Borsäure 424.
— Citronensäure 392, 400, 401.
— Dextrin 418.
— Extrakttafel 450.
— fehlerhafter 444, 475.
— Fluor 424.
— Gerbstoff 419.
— gesundheitsschädlicher 445.
— Gipsen 430.
— Konservierungsmittel 423.
— Milchsäure 400, 404.
— Mykologie 575.
— Untersuchung von ausländischem 444.
— verdorbener 444.
— Verwendung zu anderen Zwecken 431.
— Weinstein 414.
— Weinsteinsäure 413.
— Zimtsäure 424.
Weinähnliche Getränke 425.
Weinbrause 436.
Weinessig 368, 369.
Weingesetz 638.
— Ausführungsbestimmungen 545.
— — Auslegung der 427.
Weingesetzgebung, ausländische 433.
Weinhaltige Getränke 425.
Weinkontrolle 9, 426.
Weinkrankheiten 444, 475.
Weinmaische 427.
Weinmostverbesserung 391.
Weinpunschessenz 427, 436.
Weinschalen 397.
Weinstatistik 389, 426.
Weinverbesserung 428.
Weinzollordnung 673.
Weizenmehl, mikroskopischer Nachweis in Roggenmehl 211.
Weizenöl (-Fett) Konstanten 202.
Weinmannsche Reaktion 74, 98.
Wermutwein 429, 436.
Wicken 206.
Wildpret 197.
Wohnungsdesinfektion 593.
Wolle 492.
Wurstbakterien 570.
Wurstvergiftung 571.
Würze (Suppen-) 197.
Würze s. Bierwürze.
Würzegelatine 546.
Wursthüllen, Nachweis der Färbung 179.
Wurstwaren s. Fleisch.

Yoghurt 142.
Yoghurtbakterien 567.

Zählen von Kulturen 562.
Ziegenmilch 143.
Zimt 254.
Zimtsäure in Wein 424.
Zink in Dörrobst 226.
Zinnnachweis in Nahrungs- und Genußmitteln etc. (amtliche Anleitung) 617.
Zitronensaft, Untersuchung 227.
— Beurteilung 238.

Zitronensäure in Wein 392, 400, 401.
Zollamtliche Anweisung zur Erkennung von Maismehl in Weizenmehl 212.
Zolltarifgesetz bezüglich Mehlausfuhr 217.
Zolltechnische Untersuchung des Talgs, der schmalzartigen Fette der Kerzenstoffe 103.
Zucker, allgemeine Untersuchung 258.
— in Gemüsen 222.
— Mykologie 572.
Zuckerbestimmungen, 18, 19, 20; maßanalytische 21.
— (S. i. übrigen Saccharose, Laktose, Maltose, Glukose und Invertzucker, sowie optisches Drehungsvermögen.)

Zuckercouleur 262.
Zuckerfütterung bei Honig 306.
Zuckerhaltige Waren, Anleitung zur Ermittelung des Zuckergehalts (für Steuerzwecke) 277.
Zuckereier 293.
Zuckerin (Süßstoff) 293.
Zuckerkalk in Milch und Rahm 140.
Zuckernachweis in Harn 538.
Zuckersteuergesetz, Ausführungsbestimmungen 265.
Zuckertafel nach Windisch 283.
Zuckerwaren, Untersuchung und Beurteilung 263.
Zündwaren, -Hölzer 494.
Zwetschgenbranntwein 342.

Verlag von Julius Springer in Berlin.

Chemie der menschlichen Nahrungs- und Genußmittel.
Vierte, vollständig umgearbeitete Auflage. In drei Bänden. Herausgegeben von Geh. Reg.-Rat Professor **Dr. J. König**, Münster i. W.
I. Band: **Chemische Zusammensetzung der menschlichen Nahrungs- und Genußmittel.** Bearbeitet von Prof. **Dr. A. Bömer**, Münster i. W. Mit Textabb. In Halbleder geb. Preis Mk. 36.—.
II. Band: **Die menschlichen Nahrungs- und Genußmittel, ihre Herstellung, Zusammensetzung und Beschaffenheit,** nebst einem Abriß über die Ernährungslehre. Von Prof. **Dr. J. König**, Münster i. W. Mit Textabbildungen. In Halbleder geb. Preis Mk. 32.—.
III. Band: **Untersuchung von Nahrungs-, Genußmitteln und Gebrauchsgegenständen.** In Gemeinschaft mit Fachmännern bearbeitet von Prof. **Dr. J. König**, Münster i. W.
   1. Teil: **Allgemeine Untersuchungsverfahren.** Mit 405 Textabbildungen. In Halbleder geb. Preis Mk. 26.—.
Der 2. Teil, der die **Untersuchung und Beurteilung der einzelnen Nahrungsmittel** usw. behandelt, ist in Vorbereitung und soll tunlichst bald folgen.

Nährwerttafel.
Gehalt der Nahrungsmittel an ausnutzbaren Nährstoffen, ihr Kalorienwert und Nährgeldwert, sowie der Nährstoffbedarf des Menschen graphisch dargestellt. Von Geh. Reg.-Rat Prof. **Dr. J. König**, Münster i. W. Eine Tafel in Farbendruck nebst erläuterndem Text in Umschlag. Zehnte, neu umgearbeitete Aufl.
Preis Mk. 1.60.

Vereinbarungen zur einheitlichen Untersuchung und Beurteilung von Nahrungs- und Genußmitteln
sowie Gebrauchsgegenständen für das Deutsche Reich. Ein Entwurf, festgestellt nach den Beschlüssen der auf Anregung des Kaiserl. Gesundheitsamtes einberufenen Kommission deutscher Nahrungsmittel-Chemiker.
Einzeln: Heft I—III in 1 Bd. gcbd. Preis Mk. 14.50. Heft I Preis Mk. 3.— Heft II vergriffen; Heft III Preis Mk. 5.—.

Experimentelle und kritische Beiträge zur Neubearbeitung der Vereinbarungen
zur einheitlichen Untersuchung von Nahrungs- und Genußmitteln sowie Gebrauchsgegenständen für das Deutsche Reich. Herausgegeben vom Kaiserl. Gesundheitsamte. (Sonderabdruck aus „Arbeiten aus dem Kais. Gesundheitsamte".)
I. Band. 1911. Preis Mk. 4.—.

Der Nahrungsmittelchemiker als Sachverständiger.
Anleitung zur Begutachtung der Nahrungsmittel, Genußmittel und Gebrauchsgegenstände nach den gesetzlichen Bestimmungen. Mit praktischen Beispielen. Von Prof. **Dr. C. A. Neufeld**, Vorsteher der Kgl. Untersuchungsanstalt für Nahrungs- und Genußmittel zu Würzburg. Preis Mk. 10.—; in Leinwand geb. Mk. 11.50.

Die Nahrungsmittelkontrolle durch den Polizeibeamten.
Eine Anleitung zur Probeentnahme für amtliche Untersuchungen. Von **Dr. W. Bremer**, Vorsteher des Öffentlichen Chemischen Untersuchungsamtes der Stadt Harburg a. E. Kart. Preis Mk. 1.60.

Zu beziehen durch jede Buchhandlung.

Verlag von Julius Springer in Berlin.

Mikroskopie der Nahrungs- und Genußmittel aus dem Pflanzenreiche.
Von Dr. **Josef Moeller**, o. ö. Professor u. Vorstand des pharmakologischen Instituts der Universität Graz. Zweite, gänzlich umgearbeitete und unter Mitwirkung A. L. Wintons vermehrte Auflage. Mit 599 Figuren.
Preis Mk. 18.—; in Leinwand geb. Mk. 20.—.

Chemisch-technische Untersuchungsmethoden,
unter Mitwirkung zahlreicher hervorragender Fachmänner herausgegeben von Prof. **Dr. G. Lunge**, Zürich und **Dr. E. Berl**, Tubize. Sechste, vollständig umgearbeitete und vermehrte Auflage. In 4 Bänden.

I. Band. Mit 163 Textabbildungen.
Preis Mk. 18.—; in Halbleder geb. Mk. 20.50.

II. Band. Mit 138 Textabbildungen.
Preis Mk. 20.—, in Halbleder geb. Mk. 22.50.

III. Band. Mit 150 Textabbildungen.
Preis Mk. 22.—; in Halbleder geb. Mk. 24.50.

Ausführlicher Prospekt steht zur Verfügung.

Analyse der Fette und Wachsarten.
Von **Benedikt-Ulzer**. Fünfte, umgearbeitete Auflage, unter Mitwirkung hervorragender Fachmänner herausgegeben von Prof. **Ferd. Ulzer**, Dipl. Chem. **P. Pastrovich** und Dr. **A. Eisenstein** in Wien. Mit 113 Textfiguren.
Preis Mk. 26.—; in Halbleder gebunden Mk. 28,60.

Allgemeine und physiologische Chemie der Fette.
Für Chemiker, Mediziner und Industrielle. Von **F. Ulzer** und **J. Klimont**. Mit 9 Textfiguren. Preis Mk. 8.—.

Technologie der Fette und Öle.
Handbuch der Gewinnung und Verarbeitung der Fette, Öle und Wachsarten des Pflanzen- und Tierreichs. Unter Mitwirkung von Fachmännern herausgegeben von **Gustav Hefter**, Triest.

Erster Band: **Gewinnung der Fette und Öle.** Allgemeiner Teil.
Preis Mk. 20.—; in Halbleder gebunden Mk. 22.50.

Zweiter Band: **Gewinnung der Fette und Öle.** Spezieller Teil.
Preis Mk. 28.—; in Halbleder gebunden Mk. 31.—.

Dritter Band: **Die Fett verarbeitenden Industrien.**
Preis Mk. 32.—; in Halbleder gebunden Mk. 35.—.

Der Vierte (Schluß-) Band, enthaltend die **Seifenfabrikation** soll, Ende 1911 erscheinen.

Untersuchung der Mineralöle und Fette
sowie der ihnen verwandten Stoffe. Von Prof. **Dr. D. Holde**, Berlin. Dritte, verbesserte und vermehrte Auflage. Mit 92 Figuren.
In Leinwand geb. Preis Mk. 12.—.

Einheitsmethoden zur Untersuchung von Fetten, Ölen, Seifen und Glyzerinen
sowie sonstigen Materialien der Seifenindustrie. Herausgegeben vom Verband der Seifenfabrikanten Deutschlands.
Kartoniert Preis Mk. 2.40.

Zu beziehen durch jede Buchhandlung.

Verlag von Julius Springer in Berlin.

Die offizinellen ätherischen Öle und Balsame. Zusammenstellung der Anforderungen der 14 wichtigsten Pharmakopöen in wortgetreuer Übersetzung. Im Auftrag der Firma E. Sachsse & Co., Fabrik ätherischer Öle, Leipzig, bearbeitet von Apotheker **C. Rohden**.
Preis Mk. 7,— in Leinwand gebunden Mk. 8.—.

Die Citronensäure und ihre Derivate. Vom **Wilhelm Hallerbach**, Uerdingen. Preis Mk. 3.60.

Biochemisches Handlexikon. Unter Mitarbeit hervorragender Fachgenossen herausgegeben von Prof. **Dr. Emil Abderhalden,** Direktor des Physiologischen Instituts der Tierärztlichen Hochschule in Berlin.
Bisher liegen vor:
II. Band, Preis Mk. 44.—; geb. Mk. 46,50. — III. Band, Preis Mk. 20.—; geb. Mk. 22.50. — IV. Band, 1. Hälfte, Preis Mk. 14.—. — V. Band, Preis Mk. 38.—; geb. Mk. 40,50. — VI. Band, Preis Mk. 22.—; geb. Mk. 24,50. — VII. Band, 1. Hälfte, Preis Mk. 22.—.
Das ganze, ca. 250 Druckbogen umfassende und in 7 Bänden erscheinende Werk soll noch im Jahre 1911 vollständig vorliegen. Ausführliches Inhaltsverzeichnis steht zur Verfügung.

Biochemie. Ein Lehrbuch für Mediziner, Zoologen und Botaniker von **Dr. F. Röhmann,** a. o. Professor an der Universität und Vorsteher der chemischen Abteilung des Physiologischen Instituts zu Breslau. Mit 43 Textfig. und 1 Tafel. In Leinwand geb. Preis Mk. 20.—.

Die Untersuchung des Harnes sowie der anderen Sekrete und Exkrete von Mensch und Tier. Ein Handbuch für Ärzte, Apotheker und Chemiker. Unter Mitarbeit hervorragender Fachmänner herausgegeben von Prof. **Dr. C. Neuberg,** Berlin. Mit ca. 240 Textfiguren und ca. 10 Tabellen. Erscheint im Sommer 1911.

Die Untersuchung und Beurteilung des Wassers und des Abwassers. Ein Leitfaden für die Praxis und zum Gebrauch im Laboratorium. Von Prof. **Dr. W. Ohlmüller** und Prof. **Dr. O. Spitta,** Berlin. Dritte, neu bearbeitete und veränderte Auflage. Mit 77 Figuren und 7 zum Teil mehrfarbigen Tafeln.
Preis Mk. 12.—; in Leinwand geb. Mk. 13.20.

Untersuchung des Wassers an Ort und Stelle. Von **Dr. Hartwig Klut,** wissenschaftlichem Hilfsarbeiter der Kgl. Versuchs- und Prüfungsanstalt für Wasserversorgung und Abwässerbeseitigung zu Berlin. Mit 29 Textfiguren. In Leinwand geb. Preis Mk. 3.60.

Neuere Erfahrungen über die Behandlung und Beseitigung der gewerblichen Abwässer. Von Geh. Reg.-Rat Prof. **Dr. J. König,** Münster i. W. Vortrag, gehalten in der Sitzung des Deutschen Vereins für öffentliche Gesundheitspflege am 5. September 1910 in Elberfeld. Preis Mk. 1.—.

Zu beziehen durch jede Buchhandlung.

Verlag von Julius Springer in Berlin.

Untersuchungen über Kohlenhydrate und Fermente.
1884—1908. Von **Emil Fischer**.
Preis Mk. 22.-; in Leinwand gebunden Mk. 24.—.

Untersuchungen über Aminosäuren, Polypeptide und Proteïne. 1899—1906. Von **Emil Fischer**.
Preis Mk. 16.—; in Leinwand gebunden Mk. 17.50.

Untersuchungen in der Puringruppe. 1882—1906. Von **Emil Fischer**.
Preis Mk. 15.—; in Leinwand geb. Mk. 16.50.

Untersuchung und Nachweis organischer Farbstoffe auf spektroskopischem Wege. Von Prof. **J. Formánek**, Prag, unter Mitwirkung von Prof. Dr. E. Grandmougin, Mülhausen i. E. Zweite, vollständig umgearbeitete und vermehrte Auflage.
I. Teil. Mit 19 Textfig. und 2 lithogr. Tafeln. Preis Mk. 12.—.
II. Teil. 1. Lief. Mit 3 Textfig. und 6 Tafeln. Preis Mk. 10.—.

Spektroskopie. Von Prof. **E. C. C. Baly**, F. J. C., London. Autorisierte Übersetzung von Prof. Dr. Richard Wachsmuth. Mit 158 Textfiguren. Preis Mk. 12.—; in Halbfranz geb. Mk. 14.50.

Analyse und Konstitutionsermittlung organischer Verbindungen. Von **Dr. Hans Meyer**, Professor an der Deutschen Universität in Prag. Zweite, vermehrte und umgearbeitete Auflage. Mit 235 Textfiguren. Preis Mk. 28.—, in Halbfranz geb. Mk. 31.—.

Die physikalischen und chemischen Methoden der quantitativen Bestimmung organischer Verbindungen. Von **Dr. W. Vaubel**. Mit 95 Textfiguren. Zwei Bände.
Preis Mk. 24 —; in Leinwand gebunden Mk. 26.40.

Grundriß der anorganischen Chemie. Von **F. Swarts**, Prof. an der Universität Gent. Autorisierte deutsche Ausgabe von Dr. Walter Cronheim, Privatdozent an der Kgl. Landwirtschaftlichen Hochschule zu Berlin. Mit 82 Textfiguren.
Preis Mk. 14.—; in Leinwand gebunden Mk. 15.—.

Lehrbuch der analytischen Chemie. Von **Dr. H. Wölbling**, Dozent und etatsmäßiger Chemiker an der Kgl. Bergakademie zu Berlin. Mit 83 Textfiguren und 1 Löslichkeitstabelle.
Preis Mk. 8.—; in Leinwand gebunden Mk. 9 —.

Das Mikroskop und seine Anwendung. Handbuch der praktischen Mikroskopie und Anleitung zu mikroskopischen Untersuchungen. Von **Dr. Hermann Hager**. Nach dem Tode des Verfassers vollständig umgearbeitet und in Gemeinschaft mit Regierungsrat Dr. O. Appel, Privatdozenten Dr. G. Brandes und Prof. Dr. Th. Lochte neu herausgegeben von **Dr. Karl Mez**, Professor der Botanik an der Universität Halle. Zehnte, stark vermehrte Auflage. Mit 463 Textfig.
In Leinwand geb. Preis Mk. 10.—.

Zu beziehen durch jede Buchhandlung.

MIX
Papier aus verantwortungsvollen Quellen
Paper from responsible sources
FSC® C105338

If you have any concerns about our products,
you can contact us on
ProductSafety@springernature.com

In case Publisher is established outside the EU,
the EU authorized representative is:
**Springer Nature Customer Service Center GmbH
Europaplatz 3, 69115 Heidelberg, Germany**

Printed by Libri Plureos GmbH
in Hamburg, Germany